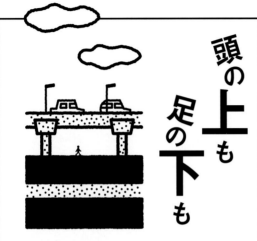

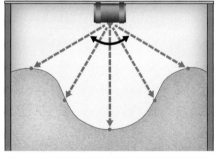

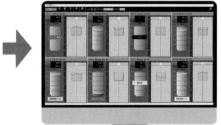

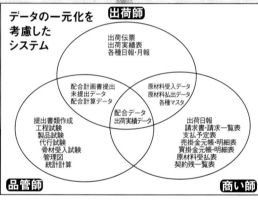

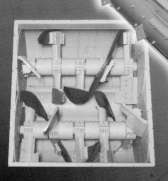

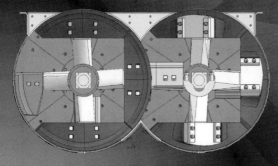

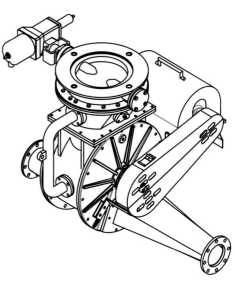

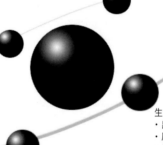

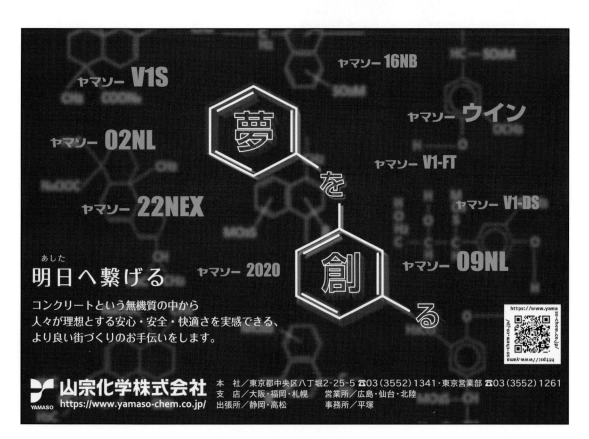

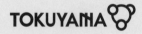

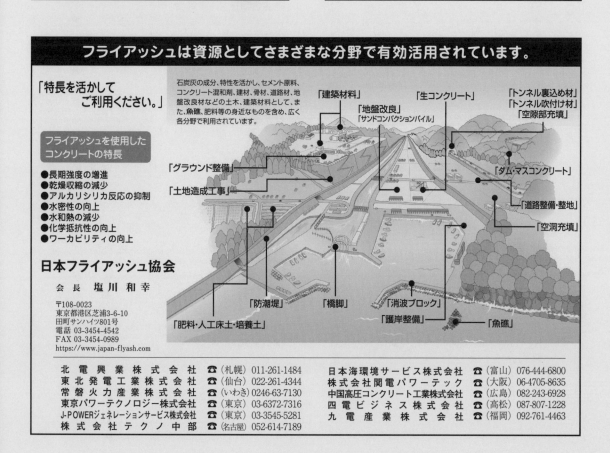

住友大阪セメント特約販売店会

会長　塚本福二

●札幌支店（北翔会）

上田商事株式会社
スミセ建材株式会社　北海道支店
住友商事北海道株式会社
ナラサキ産業株式会社　北海道支社
ホッコウ資材株式会社
株式会社三田商店　札幌支店
三谷商事株式会社　札幌支店

●東北支店（奥友会）

秋田建材株式会社
安積興産株式会社
株式会社角弘
金屋株式会社
株式会社小西
株式会社小松
合資会社澤口元商店
鹿間株式会社
住商セメント株式会社　東北営業所
スミセ建材株式会社　東北支店
株式会社滝井商店
田中合名会社
ナラサキ産業株式会社　東北支店
野原産業セメント株式会社　東北支店
株式会社三田商店
三谷商事株式会社　東北支社
株式会社ワタヤス

●東京支店（緑窯会）

株式会社イデア
株式会社糸庄
大司産業株式会社
木村屋金物建材株式会社
桐生英建販株式会社
スミセ建材株式会社
住商セメント株式会社
株式会社ソエヤ
株式会社タカサワマテリアル
株式会社タカボシ
滝田建材株式会社
塚本建材株式会社
東武開発株式会社
株式会社東武資材
中川商事株式会社
株式会社中島屋
ナカツネ建材株式会社
株式会社ナビック
ナラサキ産業株式会社
沼家興業株式会社
野原産業セメント株式会社
藤田商事株式会社
株式会社ブラスト
株式会社三田商店　東京支店
三谷商事株式会社　東京支社
三谷商事株式会社　北関東支社
吉田建材株式会社
株式会社吉永商店
渡辺産商株式会社

●北陸支店（越路会）

金沢セメント商事株式会社
柴田商事株式会社
株式会社セザワ
東亜工業株式会社　福井営業所
富山交易株式会社
福鶴酒造株式会社
藤川商産株式会社
三谷商事株式会社　北陸支社

●名古屋支店（東雄会）

株式会社稲葉商店
植田商事株式会社　名古屋営業所
上原成商事株式会社　名古屋支店
株式会社大嶽安城
株式会社大嶽名古屋
尾鷲石川商工株式会社
株式会社鬼頭忠兵衛商店
桐井産業株式会社
三窯商事株式会社
住商セメント株式会社　中部支店
セイノーエンジニアリング株式会社
株式会社土屋産業
東海スミセ販売株式会社
株式会社西川松助商店
野原産業セメント株式会社　名古屋営業所
丸高株式会社
三谷商事株式会社　中部支社
明起興業株式会社
安田株式会社
山建商事株式会社
株式会社渡邉

住友大阪セメント特約販売店会

●大阪支店（泉窯会）

上原成商事株式会社
株式会社 上山商店
大阪耐火煉瓦株式会社
株式会社 大津二橋商店
紀伊商事株式会社
株式会社 北浦栄蔵商店
北浦エスオーシー株式会社
株式会社 北村セメント店
株式会社 キヅキ商会
桑原物産株式会社
京阪産業株式会社
五條セメント販売株式会社
株式会社 サン建材
株式会社 白子松次郎商店
株式会社 シンコー
住商セメント株式会社 大阪支店
株式会社 泉北ニシイ
大弘建材株式会社
大興物産株式会社 西日本支店
株式会社 大和商会
株式会社 つち寅
東亜工業株式会社
株式会社 新田本店
野原産業セメント株式会社 大阪支店
株式会社 はい政商店
阪急産業株式会社
株式会社 土方商店
株式会社 福井勝三商店
藤田商事株式会社 大阪支店
株式会社 二橋商店
株式会社 古川建材店
平和産業株式会社
マツダ建材株式会社
松島建材株式会社
松本伊株式会社
株式会社 三田商店 大阪支店
三谷商事株式会社 関西支社
村野建材株式会社
株式会社 安田商会
株式会社 吉澤商店
吉村商店

●四国支店（四友会）

安藤工業株式会社 セメント事業部
上原成商事株式会社 松山支店
株式会社 エヌプラス
北浦エスオーシー株式会社 四国支店
住商セメント西日本株式会社 中四国支店
多田建材株式会社
東海産業株式会社
株式会社 トクダイ
TOTO四国販売株式会社
西山セメント販売株式会社
日和崎セメント販売株式会社
富士産業株式会社
三谷商事株式会社 四国支店
陽和産業株式会社

●広島支店（広友会）

株式会社 イシガイ建材商会
株式会社 小原産業
北浦エスオーシー株式会社 岡山営業所
共栄商工株式会社
三洋株式会社
株式会社 シシド建材商会
住商セメント西日本株式会社
デルタ建材工業株式会社
野原産業セメント株式会社 広島事務所
株式会社 平沢商店 下関営業所
株式会社 光田建材店
安野産業株式会社

●福岡支店（久友会）

今別府産業株式会社
株式会社 栄進
株式会社 大分南協産業
株式会社 三友
住商セメント西日本株式会社
スミセ建材株式会社 九州支店
株式会社 善徳丸
善徳丸建材株式会社
東隆商事株式会社
南協商事株式会社
野原産業セメント株式会社 福岡営業所
株式会社 平沢商店
株式会社 福岡商店
株式会社 ヤマムラ

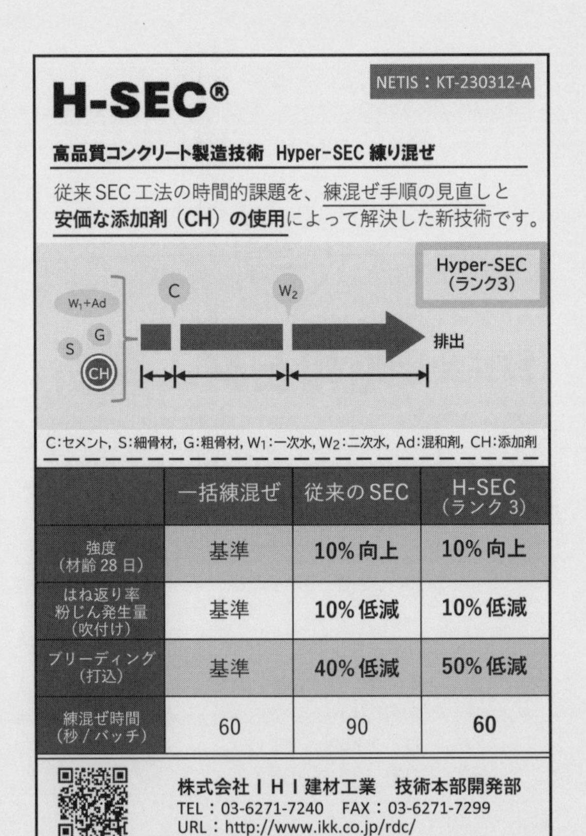
H-SEC®
NETIS：KT-230312-A
高品質コンクリート製造技術 Hyper-SEC 練り混ぜ
従来SEC工法の時間的課題を、練混ぜ手順の見直しと
安価な添加剤（CH）の使用によって解決した新技術です。
Hyper-SEC
（ランク3）
W1+Ad
C
W2
G
S
CH
排出
C:セメント, S:細骨材, G:粗骨材, W1:一次水, W2:二次水, Ad:混和剤, CH:添加剤
一括練混ぜ
従来のSEC
H-SEC（ランク3）
強度（材齢28日）
基準
10%向上
10%向上
はね返り率 粉じん発生量（吹付け）
基準
10%低減
10%低減
ブリーディング（打込）
基準
40%低減
50%低減
練混ぜ時間（秒／バッチ）
60
90
60
株式会社ＩＨＩ建材工業 技術本部開発部
TEL：03-6271-7240 FAX：03-6271-7299
URL：http://www.ikk.co.jp/rdc/

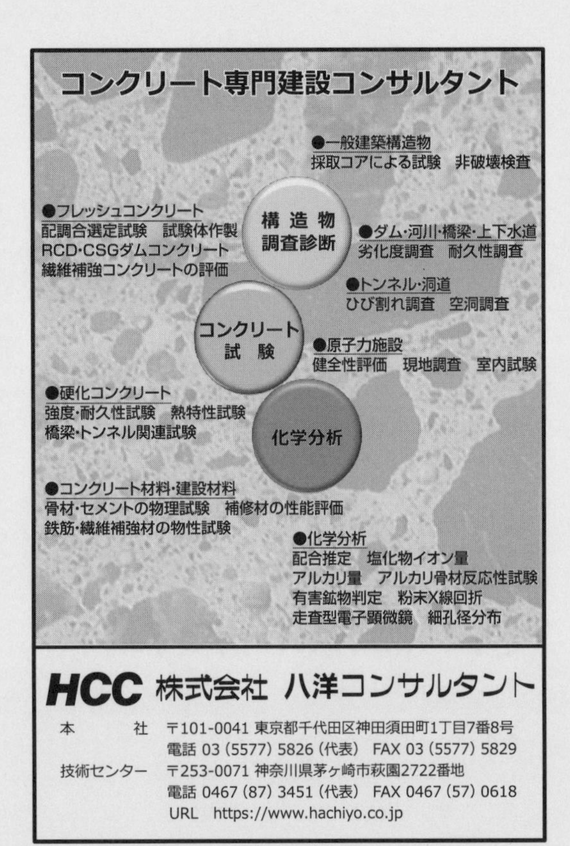
コンクリート専門建設コンサルタント
●一般建築構造物
採取コアによる試験 非破壊検査
●フレッシュコンクリート
配調合選定試験 試験体作製
RCD・CSGダムコンクリート
繊維補強コンクリートの評価
構造物
調査診断
●ダム・河川・橋梁・上下水道
劣化度調査 耐久性調査
●トンネル・洞道
ひび割れ調査 空洞調査
コンクリート
試験
●原子力施設
健全性評価 現地調査 室内試験
●硬化コンクリート
強度・耐久性試験 熱特性試験
橋梁・トンネル関連試験
化学分析
●コンクリート材料・建設材料
骨材・セメントの物理試験 補修材の性能評価
鉄筋・繊維補強材の物性試験
●化学分析
配合推定 塩化物イオン量
アルカリ量 アルカリ骨材反応性試験
有害鉱物判定 粉末X線回折
走査型電子顕微鏡 細孔径分布
HCC 株式会社 八洋コンサルタント
本 社 〒101-0041 東京都千代田区神田須田町1丁目7番8号
電話 03（5577）5826（代表） FAX 03（5577）5829
技術センター 〒253-0071 神奈川県茅ヶ崎市萩園2722番地
電話 0467（87）3451（代表） FAX 0467（57）0618
URL https://www.hachiyo.co.jp

NOHARA

建設DXで、社会を変えていく

野原産業セメント株式会社

代表取締役社長　原 田 周 一

本　社
〒160-0022 東京都新宿区新宿1-1-11
TEL:03-3357-3143（代表） FAX:03-3357-3128

東 北 支 店　宮城県仙台市青葉区本町 1-11-2
横浜事務所　神奈川県横浜市中区日本大通 17 番地
名古屋営業所　愛知県名古屋市中区栄 1-16-6
大 阪 支 店　大阪府大阪市中央区今橋 3-1-7
広島事務所　広島県広島市中区舟入町 6-2
福岡営業所　福岡県福岡市博多区博多駅東 3-13-28

代表取締役　**増岡 義人**

〒673-0875
明石市大蔵天神町 21 番 14 号
TEL（078）912-0222
FAX（078）912-0601
http://www.hinode-kogyo.com/

株式会社 三好商会

代表取締役社長　水 品 洋 一

本社
〒220-0004 横浜市西区北幸2-8-4 横浜西口KNビル
TEL 045-328-3440（代表） https://www.mys.co.jp
横浜支店／湘南支店／東京支店／千葉支店／
大阪支店／硝子事業部／建材事業部／君津事業部

太平洋セメント特約販売店
セメント・建材・生コン販売

ANDO

安藤物産株式会社

代表取締役社長　安 藤 公 隆

本　　社　東京都八王子市八幡町八・四
〒一九二-〇〇五三　電話（〇四二）六二三-六一一一㈹

横浜支店　神奈川県横浜市神奈川区鶴屋町二・十・五YT10ビル四階
〒二二一-〇八三五　電話（〇四五）三一一-三三五一㈹

東京営業所　東京都世田谷区南烏山四・十三・九ヤマケイビル三階
〒一五七-〇〇六二　電話（〇三）六九〇九-一〇一一㈹

府中営業所　東京都府中市西原町一・十六・一
〒一八三-〇〇四六　電話（〇四二）五〇五-五一六一

コンクリートは人の命を守ります

北海道太平洋生コン株式会社

代表取締役社長　橋本吉倫

〒〇四一－〇八一二
北海道函館市昭和二丁目二七番二六号
電　話　（〇一三八）四三－五五一一
FAX　（〇一三八）四二－二四一五
URL　https://hokutai.co.jp/

TAIHAKU
株式会社 タイハク
株式会社 タイハク
受注専用番号
TEL.022-281-0420
名取市高舘熊野堂字今成西 37 番地
HP・各種 SNS
はこちらから

晴海小野田レミコン

代表取締役社長　**堀川和夫**

https://harumi-onoda-remicon.jp

第一コンクリート株式会社

代表取締役社長　市瀬　明宏

神奈川県横浜市神奈川区鶴屋町2-26-4
TEL:045(328)3083(代)
FAX:045(322)7061

藤沢生コン株式会社
代表取締役社長 市瀬 明宏
藤沢市亀井野2301　☎0466-80-6101

厚木生コン株式会社
代表取締役会長 市瀬 明宏
代表取締役社長 石森 公夫
厚木市金田1280　☎046-221-8000

札幌生コンクリート協同組合

理事長　成田眞一

〒〇〇三-〇〇〇一
札幌市白石区東札幌一条四丁目六番一〇
電話　〇一一(八三二)五一一〇

道南生コンクリート協同組合

理事長　井町孝彦
副理事長　新田將人
副理事長　松田憲佳
事務局長　越中谷誠

〒041-1221
北海道北斗市清水川142番地29
TEL 0138-77-2277　FAX 0138-77-2177

函館支部　支部長 松田憲佳
11社 4工場 稼働

南北海道支部　支部長 井町孝彦
7社 6工場 稼働

北渡島支部　支部長 新田將人
5社 2工場 稼働

全国生コンクリート工業組合連合会 東北地区本部

本部長 村岡兼幸

宮城県仙台市青葉区本町3丁目5-22　㈱宮城県管工事会館4階　電話022(214)1073

青森県生コンクリート工業組合

理事長　西川芳德

青森県青森市合浦1-3-3　電話017(743)1341

山形県生コンクリート工業組合

理事長　成田　潔

山形県山形市あさひ町18-25　電話023(632)5654

秋田県生コンクリート工業組合

理事長　村岡兼幸

秋田県秋田市寺内蛭根1-15-18　電話018(824)5540

宮城県生コンクリート工業組合

理事長　髙野　剛

宮城県仙台市青葉区五橋1丁目6-2　電話022(266)5811

岩手県生コンクリート工業組合

理事長　金子秀一

岩手県盛岡市中野2-15-15　電話019(654)0013

福島県生コンクリート工業組合

理事長　磯上秀一

福島県福島市本町5-8　電話024(523)1695

長野県生コンクリート工業組合
長野県生コンクリート協同組合連合会

理事長
会長 山浦友二

〒三八一―二二一三
長野市広田四八番地
電話 〇二六（二八三）八七一二
FAX 〇二六（二八三）八七一五

柏崎地区生コンクリート協同組合

理事長 永井義行

〒九四五―〇〇二四
新潟県柏崎市小金町十一番六四号
電話 （〇二五七）二三―四五五八
FAX （〇二五七）二三―一三八八
rmc.knk@muse.ocn.ne.jp

山梨生コンクリート協同組合
山梨県コンクリート技術センター共同試験場

理事長 瀧田雅彦

〒四〇〇―〇〇四二
山梨県甲府市高畑一丁目十番十八号
TEL 〇五五（二二八）六五一一㈹
FAX 〇五五（二二八）六五一五

KENNAN CONCRETE COOPERATIVE SOCIETY

（官公需適格組合）
茨城県南部生コンクリート協同組合

理事長 塚田伸

〒三〇五―〇〇六一
茨城県つくば市稲荷前一〇番地一五
電話 〇二九（八五五）五一〇〇

千葉アクア生コンクリート協同組合

〒二九二-〇八〇五
千葉県木更津市大和三-四-三
（グランポート木更津五〇三号）
電話 〇四三八（二〇）一一二四
FAX 〇四三八（二〇）一一二五

理事長 勝呂和彦

千葉県北総生コンクリート協同組合

〒二八六-〇〇三三
千葉県成田市花崎町八〇一京阪成田ビル四階
電話 〇四七六（二二）二三八八（代）
FAX 〇四七六（二二）二三八五

理事長 藤本朋二
副理事長 勝呂和彦
副理事長 小幡晋彦

東関東生コン協同組合

〒一二〇-〇〇三六
東京都足立区千住仲町一九番八号
（太陽生命千住ビル）
電話 〇三（三八七九）五一四一（代）

理事長 西森幸夫

Santama

三多摩生コンクリート協同組合

〒一九〇-〇〇二三
東京都立川市柴崎町三-十一-二十二
電話 〇四二（五二九）二二二一

理事長 小林正剛

中央京都生コンクリート協同組合

〒六〇〇-八一四六
京都市下京区七条通東洞院東入る材木町四九九-二
第一キョートビル 802号室
電話 〇七五（三五三）六〇〇一
FAX 〇七五（三五三）六六八八

理事長 野川家豊

官公需適格組合

奈良県広域生コンクリート協同組合

〒六三二-〇〇三二
奈良県天理市杣之内町三九一-三
電話 〇七四三-六九-六六六八
FAX 〇七四三-六九-六六五一

理事長 船尾好平

広島県生コンクリート工業組合

〒七三二-〇八一七
広島市南区比治山町二番四号
TEL 〇八二（五〇六）二七一一

理事長 小野健司

岡山県生コンクリート工業組合

〒七〇〇-〇九四三
岡山県岡山市南区新福二丁目一三番一五号
電話 〇八六（二六四）六三七五㈹
FAX 〇八六（二六三）八九〇九

代表理事 光田和弘

生コン年鑑

2025年度版

第58巻

㈱コンクリート新聞社

2025年度版
第 58 巻

生コン年鑑

目 次

●広告さくいん

解 説 編

生コンクリート産業の回顧と展望

コンクリート新聞社
吉田航

はじめに

2022年2月から始まったロシアのウクライナ侵攻が3年目に入り、長期化の様相を見せている。米国で第2次トランプ政権が誕生したことで、風向きに変化が見え始めているが、依然として先行きは不透明で石炭をはじめとしたエネルギーコストの大きな変動リスクが残りそうだ。国内では24年10月に発足した石破茂政権の政策の目玉の1つが「防災庁」の設立。能登半島地震や台風・豪雨災害などわが国では激甚災害が頻発しており、国土強靭化のさらなる推進が急務となっている。石破首相は「日本を世界一の防災大国にする」と力強く宣言しており、具体的な取り組みが進む中で、防災・減災、国土強靭化に大きく貢献できる建設基礎資材である生コンの役割も、改めて認識されていくと期待される。

生コン業界では、依然として下げ止まりを見せない生コン需要の減少対策が25年の大きなテーマとなる。また、主要原材料であるセメントが4月から2,000円／トン以上の大幅値上げとなるほか、骨材も砂利、砂、砕石ともに需給がひっ迫しており、さらなる価格上昇が避けられない状況だ。それに加え、混和剤や輸送費、人材確保のための賃上げをはじめとした従業員の待遇改善、老朽化した工場設備の更新なども急務で、依然として続くコスト高への対応も大きなテーマとなる。人材確保につなげていくための業界の認知度向上とイメージアップをいかに推進していくかも25年のポイントとなる。生コンを目で見て触れる機会をいかに増やしていくかに力点が置かれ、全国生コン両連合会や各地の生コン工業組合、協同組合で出前授業の提供や学生がコンクリートの製造を通じて日本一を競うコンテスト「コンクリート甲子園」の参加支援などの様々な取り組みが行われている。

24年出荷、6年連続で最低更新

全生連がまとめた24年暦年の生コン出荷量（非組合員は推定）は、前年比6.8％減の6668万9000m³だった。前年から486万3000m³落ち込み、6年連続で過去最低を更新した。建設現場の慢性的な人手不足や、資材価格高騰による工期の遅延・長期化、建設・物流業の2024年問題の影響などが出荷を押し下げた。職人不足対策としてコンクリート二次製品の使用が広がることで生コンの採用が減っているとの声も聞かれる。

官公需のマイナス幅が大きく、13.0％減の2012万7000m³だった。工事にかかるコスト全般が上昇し、公共工事の予算を圧迫している側面がある。民需は3.9％減の4656万2000m³となり、官公需と民需の構成比は30.2：69.8だった。暦年の出荷量が最後に前年比増を記録したのは18年の8478万4000m³（前年比0.5％増）で、民需の構成比は39.9％と約4割にすぎなかった。官公需の比率が高い地方都市の生コン協組は特に収益の低下に苦慮している。

地区別では、北海道のみ前年実績を上回り、1.5％増の309万5000m³だった。新幹線工事や半導体工場の建設といった特需が出荷をけん引した。その一方で、他地区はいずれも5％以上のマイナス。東北が10.3％減、四国が9.5％減と、減少幅が大きかった。工組別では、山口が5.5％増で最も伸長した。鳥取が2.9％増、宮崎が0.8％増で、北海道を含め4工組がプラス。減少率が最も大きかったのは埼玉で、23.2％減と唯一2割以上のマイナスだった。官公需は宮崎の増加率が最も高く、27.4％増だった。民需は高知が最も伸びて72.5％増だった。

暦年の出荷量は19年以降下降線をたどり、この6年は平均301万6000m³ずつ減った。全生連は24年会計年度での当初の需要想定を6950万m³としていたが、想定割れは確実となる。全生連の斎藤昇一会長は「これほど大きく落ちるという予想はしにくかった」と語っている。

2024年（暦年）の生コン出荷

地　区	出荷量（m³）	前年比（％）
北海道	3,095,089	101.5
東北	4,067,143	89.7
関東一区	17,682,032	92.4
関東二区	5,215,808	93.7
北陸	2,649,648	92.0
東海	8,278,005	91.7
近畿	10,072,177	94.7
中国	3,659,162	93.7
四国	2,430,241	90.5
九州	9,539,753	94.1
総合計	66,689,058	93.2
組合員	58,921,128	93.0
非組合員	7,767,930	94.8
官公需	20,126,656	87.0
民需	46,562,402	96.1

ターゲット絞り需要減対策

全生連では需要減少に歯止めがかからないことから、自由民主党や公明党といった国会議員、国土交通・経済産業両省をはじめとした関係省庁の支援を受け、効果的な施策を模索している。特に、自民党生コン議員連盟（麻生太郎会長）とは生コン政治協会（斎藤昇一会長）を通じて連携を強化し、19年末に「国土強靭化に大きく貢献する生コン産業の業況回復に関する提言」を採択した。それに基づいた取り組みを関係省庁に働きかけている。その大きな柱は①生コン需要に結びつく公共事業関係費の増額②生コンを活用した国土強靭化対策の継続的な実施③災害に強くライフサイクルコストにも優れたコンクリート舗装の推進強化の3つ。

全生連では24年度から国土強靭化にターゲットを絞った提案を進めている。その1つがコンクリート舗装におけるコンポジット舗装の提案だ。基盤はコンクリート、路面はアスファルトという構造の舗装で、互いの長所を活かして高耐久でライフサイクルコスト（LCC）と走行性に優れた舗装として適材適所での採用を求めていく。また、近年被害が多発・激甚化している豪雨災害に対し、河川の越水対策に生コンを効果的に活用することも提案している。河川堤防の法肩保護や法留に耐久性に優れた生コンを採用し、災害に強い河川整備に貢献していく考えだ。

24年に発生した能登半島地震では災害対策におけるコンクリートの強さ、優位性が改めて証明された。現状では生コンの実需には結びついていないが、国土強靭化を図るには生コンという建設基礎資材が必要不可欠であり、その役割を粘り強く発信していくことが25年の大きなテーマとなる。

また、生コン議連小委員会では、業界の喫緊の課題として全生連から要請されている、諸資材価格の高騰に伴う生コン価格への転嫁問題や契約形態の見直しを取り上げ、「両調査会の物価資料への最新の契約価格の早期反映」「生コン商取引における契約形態変更」について関係省庁の取り組みの進捗を確認したほか、「建設業・物流業の2024年問題への対応」も議題に加え、取り組むべきテーマや課題、方策について意見を交換している。

コスト転嫁、第4次値上げのフェーズに

原材料・輸送費の高騰、従業員の待遇改善、老朽設備の更新など各種コスト上昇に対応し、全国の生コン協組では価格転嫁を進めている。コスト転嫁値上げのフェーズは第4次に突入。多くの生コン協組が25年に入って値上げを打ち出している。全生連が生コン議連や国土交通・経済産業両省の協力を受け、値上げを物価資料(『建設物価』『積算資料』)の表示価格に早期反映する仕組みを構築した。

ただ、度重なる値上げとなることや市況が大きく上伸した中で価格政策をすることになるため、市場環境によっては物価資料や県の設計単価への早期反映が容易でないケースも出てきそうだ。実際に、第3次値上げでも第1次、2次値上げに比べて物価資料への満額反映にはやや遅れが見られた。市場占有率の低い協組においては高い市況が員外社の価格設定の自由度を高めることにつながりかねず、価格政策において難しい舵取りを迫られることになりそうだ。また、公共工事の予算総額が変わらない中で、資材費が上昇し続けることで発注できる工事量が減り、それが生コン使用量の減少につながると危惧する声もある。

とはいえ、ありとあらゆるコストが上がる中で生コン事業を継続していくためには、必要なコストを販売価格に転嫁していくというサイクルを回していく必要がある。25年の生コン業界は事業存続に向けた適正価格の確保という点で新たな局面を迎えることになる。

生コン工場数も減少続く

全国生コン両連合会(斎藤昇一会長)のまとめによると、24年9月末の生コン工場数(自家用・ドライ除く)は24年3月末に比べて29工場減の3020工場だった。前年同月比では36工場減。官公需の長期低迷などを要因に全国の生コン出荷は6年連続で過去最低を更新する見込みで、そうした状況を反映して工場数も減少の一途を辿っており、3000工場台割れが目前に迫っている。

直近5年の9月末時点の工場数は3246、3176、3110、3056、3020と減少傾向にある。全生連では24年度の生コン出荷数量を6950万m^3と想定しているが、官公需の低迷に加え、建設業・物流業の2024年問題の影響などを受け、想定を下回る6600万～6700万m^3で着地する公算が高い。厳しい需要環境からの脱却が望めない中、今春はセメントをはじめとしてあらゆるコストが上昇することから、生コン工場の経営はより一層厳しさを増すことが避けられない情勢だ。

現実に、郡部では年間出荷量が1万m^3を大きく割り込む地区も出てきており、工場の集約化や廃業が進んでいる。また、需要が減少する中で生き残りを図るため、生コン協同組合の広域化を検討する動きも出てきている。

ミキサ車台数もゆるやかに減少

輸送力の確保が全国的に大きな課題となっている

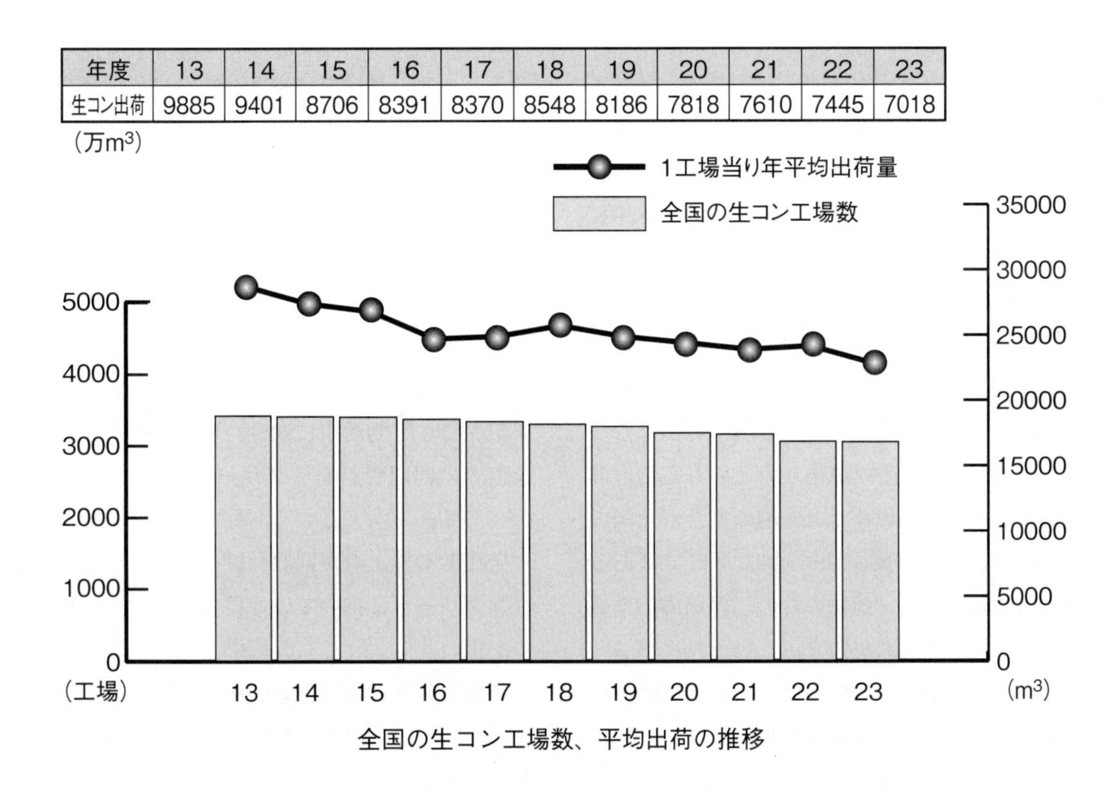

年度	13	14	15	16	17	18	19	20	21	22	23
生コン出荷	9885	9401	8706	8391	8370	8548	8186	7818	7610	7445	7018

全国の生コン工場数、平均出荷の推移

中で、コンクリートミキサ車の保有台数も14年度以降、ゆるやかな減少傾向が続いている。自動車検査登録情報協会がまとめた24年3月末時点の全国のコンクリートミキサ車台数は前年3月末と比べ229台減って4万5841台となった。3年連続のマイナスで、23年度の全生連の出荷統計をもとに算出した1台当たりの年間平均輸送量は85m³減の1531m³だった。全国のミキサ車1台当たり平均輸送量が2000m³を越えたのは13年が最後で、この10年間は2000m³割れが続いている。ミキサ車の減少は緩やかだが、それ以上に生コン出荷量の減少が大きい。ミキサ車台数は、世界的な金融危機のあった16年前には毎年1200～3800台減り、07年度からは5年で約1万3000台（約20％）も減っていた。それが近年では1年で1000台以上減ることはない。

全国の営業車比率は横ばいの37.3％で自家用車（白ナンバー）、営業車ともに微減だった。ただ、積雪地域や都市部で高い傾向が見られるなど地域差が大きくなっている。過去にミキサ車の賃借を活発化させる目的で、生コン協組が自家用車の営業車への転換を促したことも営業車の比率増につながっている。

ミキサ車1台ごとの輸送量も地域差が広がっている。生コン工組別では、輸送量が最も多かったのは東京で、前年から64m³増の3161m³となり、唯一3000m³を超えた。2000m³以上は愛知（2365m³）のみ。逆に1000m³を割り込んだのは、和歌山、岡山、徳島、愛媛、高知、長崎、宮崎の7県。最も少ないのは岡山で、49m³減の835m³だった。

賃上げ、じわり進む

業界の将来を担う若い人材の確保に向けて、生コン業界でも働き方改革への対応を通じて労働条件の改善が進んできた。全生連がこのほど取りまとめた

「生コン業界における雇用動向、人材確保策および賃上げに関するアンケート調査」によると、地域差はあるものの、賃上げが進んでいるほか、年間休日数も増加傾向にある。その一方で、今後5年以内に人材が不足するという声が多くあがり、新規採用に苦戦している現実も明らかとなった。

23～24年度の賃上げ取り組み状況では、23年度に基本給、一時金もしくはその両方を引き上げたとの回答が全国で76%に達した。引き下げたという回答はほとんどなかった。じわり賃上げが進む一方で、2年連続での賃上げが難しいという実情も浮き彫りとなった。賃上げ率は4%超の割合が全国で23年度が27%、24年度が29%と徐々にではあるが増加傾向にあり、人材確保のためには魅力的な賃金設定が不可欠との認識が強まっている。

年間休日数は110日が最多だった。100日との回答と合わせると全体の62%を占め、現時点では人材確保の指標とされる125日はまだ遠い状況にある。ただ、全生連が18年に行った調査との比較では当時、100日以下が60%を占めていたものが、今回は35%に低下。120日以上は5%にも満たなかったのが、26%と大幅に増加した。週休日の実施状況も4週6休の割合が51%と過半数を超え、前回調査から大幅に改善した。生コン業界においても働き方改革はスタートからの6年間で着実に進展しているようだ。

さらに、25年4月からは関東一区で生コン協組が完全週休2日制を一斉導入する。北海道でも道内全ての協組が導入することを表明しているほか、岩手でも同様の動きが広がっている。建設業でも時間外労働の上限規制の適用が広がったことで、現場の4週8閉所が進められている。大手ゼネコンの理解も高く、土曜日の生コン出荷の割合も低下傾向にある。その一方で、戸建て住宅など小口物件を発注する地場業者からは難色を示す声もあるという。地場業者の比率が高いエリアではその対応が完全週休2日定着における大きな課題となると予想され、いかにスムーズに制度を定着させていける施策を講じられるかが注目されている。

リサイクル材の有効活用推進へ

24年3月に改正された生コンJIS（A5308）で環境負荷の低減やカーボンニュートラル推進の観点からリサイクル材料を有効活用していくための記述が多く盛り込まれた。そうした追い風を活かし、生コン業界でも有効活用に向けた取り組みが進んでいる。全生連は回収骨材を「グリーン骨材」、スラッジ水を「グリーン水」という名称で商標登録した。一部の発注者や施工者が回収骨材やスラッジ水を用いたコンクリートに抱いている負のイメージを払拭するのが狙い。

名称の発案者は全生連の斎藤会長で、グリーン骨材は24年10月28日、グリーン水は11月14日に商標登録を完了した。学識者との意見交換の中で、名称を問題視する声が上がったことから、新たな名称を決めた。どちらも生コン工場で回収したものであり、出所もはっきりしていて品質に問題があるものではないとし、環境問題に貢献できる材料としての活用を進めていきたい考え。29年3月末以降に予定されている生コンJIS改正において、両呼称が用いられることを目指している。

コンクリート甲子園が東京開催

人材確保に向けた業界のイメージアップについては、コンクリート甲子園を学生との貴重な接点として全国で業界への理解を深めていくための取り組みが進められている。これまで大会に未参加だった関東一区からは24年に開催された第17回大会に東京都立葛西工科高校、東京都立総合工科高校、神奈川県立向の丘工業高校、木更津工業高等専門学校の4校が初出場した。東北でも全生連東北地区本部が甲子園参加校増加運動を展開し、青森県立弘前工業高校と福島県立平工業高校が出場するなど、大会の全国化が一歩前進した。25年の甲子園は全国生コンクリート工業組合連合会創立50周年を記念して、会場を香川県生コンクリート工業組合技術試験センターから全生連中央技術研究所に移して行われる。各地区で参加校を支援する動きが広がっており、学生や学校との交流をより一層高めていくことが期待される。

また、全生連ではイメージキャラクター「なまリンちゃん」を活用した業界のPRを継続する。毎月、季節に応じたイラストを公式HPで公開しているほか、なまリンちゃんを活用した動画によるPRを進めている。創立50周年記念ロゴマークにもなまリンちゃんを採用し、各地の工組や協組、組合員の名刺や会報などへの掲載、ノベルティグッズの製作・配布といった形で幅広く活用し、認知度を高めている。また、地域の建設業界の展示会などイベントにも、各地の生コン組合や青年部が主体となってブースを出展し、業界PRを行っている。

カーボンニュートラル対応の重要性啓発

カーボンニュートラル（CN）については、全生連が、生コン業界として取り組むべき重要性を全国の組合員に啓発する活動を強化している。21年度に発足した「CN対応検討特別委員会」で、常設3委員会（総務、技術、共同事業）の委員長と委員で構成される3部会において、生コン業界がCN達成に向けて何をすべきなのか検討している。取り組むべき検討テーマとして、①CNに関する啓発活動への対応②低炭素型コンクリートへの対応③残コン・戻りコンへの対応④省エネ最適化への対応⑤生コン製造、運搬時等に係わる二酸化炭素（CO_2）排出量の調査の5つを据えている。

特に取り組みを強化しているのが①で、生コン業界がCNに取り組むことの重要性や需要家であるゼネコンの動向、全生連の取り組みを、地区本部や生コン工業組合の講習会の場を通じて発信する機会を増やしている。取り組むべきことは経営者と実務者で異なることから、それぞれに向けた話題を取りまとめて発信しており、24年度も各地区本部や生コン工業組合の講習会に講師を派遣し、啓発活動を継続している。その中で、自社工場のCO_2排出量の把握を要請しており、その助けとなる省エネルギーセンターの支援サービス「省エネ最適化診断」を活用し、自社の設備改善ならびに改善によるCO_2削減量の把握も求めている。政府の方針によると、CO_2排出は今後、コスト負担になることが避けられないため、それを意識付け、早期に取り組むことも訴えている。技術部会では生コン工場におけるCO_2排出量の実態調査を継続しており、24年8月に日本建築学会の全国大会でその結果を初めて外部に発表した。調査は10年間継続していく計画で、その結果から傾向を分析していく考えだ。

24年度からは中長期的なテーマについても取り組みを加速させている。コンクリートへのCO_2の吸着・固定化技術の開発と、コンクリートミキサ車の改良による運搬時のCO_2の削減などがその柱だ。CO_2の吸着・固定化技術の開発は中央技術研究所と連携して進めていく。

23年度に行った基礎的実験を踏まえ、24年度は示差熱分析器を導入し、コンクリートにCO_2を効果的に吸着させる方法やどの程度の量を吸着できるのかの検証に着手した。生コン工場で発生する残コン・戻りコンの洗浄水やスラッジは高濃度の水酸化カルシウム溶液であり、それにCO_2を効果的に吸着できる方法が見出せればセメント使用量の最適化によるコスト低減とCO_2排出量の削減が両立でき、脱炭素化という点で社会にも大きく貢献できる道が拓けることになる。

ミキサ車の改良による運搬時のCO_2削減については、既存車両を改造して積載量を増やすことで運搬効率を向上させてCO_2の削減につなげたい考え。

架装メーカーと連携して現行の道路交通法を遵守できる範囲で積載量を最大化する道を探る。

おわりに

これからも社会資本整備に不可欠な建設資材として、生コンには引き続き品質・技術力の向上と安定供給の確保が求められていく。24年元旦に発生した能登半島地震をはじめとして、台風・豪雨災害など国民の生命や財産を脅かす自然災害は激甚化の傾向にあり、高耐久で強固なインフラの建設を可能にするコンクリートへのニーズは間違いなくある。また、新たな需要として期待がかかる防衛省関連施設の更新がいよいよ始まった。これまで5年間で7500億円だった防衛関係予算が4兆円に増額されたことで、老朽化が進む全国2万3000棟余りの自衛隊の隊舎を15年程度かけて更新していく計画だ。

自衛隊に加え、米軍施設の更新も合わせると年間予算は1兆円を超える規模になり、今後は防衛省関連工事も公共工事において重要な役割を担うことが期待される。全生連が防衛省をヒアリングしたところ、使用する生コンは一般的なスペックのものが求められており、技術的には大きな課題がないことが明らかとなった。ただ、その一方で、2024年問題の影響が現時点ではまだ明確には見通せず、そうした中で安定供給をいかに堅持していくのかが今後の課題となりそうだ。

また、品質管理面では、全国統一品質管理監査において24年度も9件の㊜マーク承認取り消し事例が発生している。記録の不備やデータの改ざん、社会的負の行為、立入り監査・査察の不合格と理由は様々だ。こうした事案が頻発することは業界の信頼失墜に直結する。全国的に生コンの価格水準が上がっている中で、顧客からは価格に見合った良質な生コンの安定供給がより一層強く要望される。こうした行為をいとわない企業は人材の確保や定着に苦慮することになり、事業継続もおぼつかなくなる。生コン会社の経営者には、コンプライアンスを遵守し、高い倫理観を持ち続けていくことが強く求められている。

生コンクリート産業各地区の動向

コンクリート新聞社
編集出版部

北海道地区

北海道の生コン出荷量は、2023年度に305万3千m³と過去最低を更新したが、24年度はやや盛り返して底を打ちそうな気配だ。札幌冬季五輪の開催断念を契機に、札幌中心地における再開発工事が縮小・遅延する「負の連鎖」は依然終わりが見えないものの、北海道新幹線の札幌延伸工事は25年度まで出荷が旺盛な見通し。さらに、ボールパークを核にしたまちづくりが進む北広島駅周辺での大規模な再開発や新駅設置、苫小牧でのデータセンター建設なども控える。新幹線工事や半導体工場建設といった特需後も、こうした大型物件を軸に需要が底堅く推移していくのかが焦点となる。

全国生コンクリート工業組合連合会北海道地区本部がまとめた24年4～12月の組合員出荷数量は、前年同期比1.7％増の250万6千m³だった。全国の地区本部で唯一前年比プラスとなった。好調なのは北海道新幹線延伸工事の恩恵を受けている協組で、小樽が49.5％増の14万4千m³、道南が44.4％増の46万1千m³と気を吐き、当面は北海道全体をけん引していく流れだ。

生コン価格は製造コストや人件費の上昇を受け、昨秋以降に値上げの動きが活発化した。24年12月～3月に値上げしたのは苫小牧、千歳、十勝など計7協組、4月からは計7協組で、30,000円が目前に迫る。札幌協組が4月1日から5,000円アップの25,000円（21・18・20、以下同）とするほか、小樽が3,000円アップの28,500円、後志が3,200円アップの30,500円、岩宇が4,000円アップの31,700円、南十勝が4,500円アップの29,950円などで、2年連続で価格改定に踏み切る動きが鮮明となっている。

相次ぐ値上げの引き金は、春のセメント値上げにとどまらない。最大需要地である札幌エリアでは地元の天塩産コンクリート用砂の供給不安定化の問題が浮上し、需給がひっ迫したことでコストアップを誘発。物流の2024年問題に絡むドライバー不足を背景にした輸送費の上昇も相まって、静観していた協組も積極的な価格政策に舵を切ったもようだ。

完全週休2日制への移行をめぐっては、24年4月に先陣を切った旭川協組に続き、25年4月から札幌、道南、千歳、苫小牧といった主力協組が次々と導入を決定し、北海道内の全27協組が土曜、日曜日の完全休日化に踏み切る。

背景には深刻な若手人材の採用難がある。同本部が昨秋に実施した25年の新卒採用に関するアンケート調査によると、17協組傘下の46工場が新卒を募集したものの、実際に内定にこぎつけたのは5協組傘下の7工場と、工場ベースではわずか15％にとどまり、16協組傘下の39工場に至っては応募がゼロで事業継続性の観点からも楽観視できない実情が垣間見える結果となった。

こうした中、札幌協組が若者に業界への関心を持ってもらうきっかけをつくる新プロジェクトを展開した。目玉は生コンをテーマにした楽曲制作で、有名なご当地アーティストに「生コン愛」にあふれるラップソングを完成させた。イベントや動画配信サイトで斬新な音楽を流すことで、少しでも学生たちの興味を引く戦略だ。

このほか、コンクリートがある作品を募ったフォトコンテストや地元工業高校で組合員が講師を務める出前授業を初めて開催。低学年の児童から高校生まで幅広い若年層に対してPR活動を繰り広げた。こうした施策を通じて業界のイメージアップを図るとともに、未来の生コン業界を担う人材になってもらう狙いがある。

東　北　地　区

東北地区の生コン市況は、各県で今春からのセメント、骨材値上げを織り込んだ価格政策が打ち出されたことで強含みで推移する公算が高い。原材料では混和剤も各社が値上げを要請しているほか、輸送費も運転手不足や物流業の2024年問題を背景に上昇している。一方で、若い人材を確保していくために生コン業界においても賃上げをはじめとした待遇改善が必要で、休日を増やすためには人員の確保も不可欠だ。老朽化する設備の更新も急務で、生コン事業継続のために必要なコストを適切に取り切る政策が25年の大きなテーマとなる。

岩手県では最大需要地の盛岡で、岩手県生コンクリート協同組合（盛岡市）が4月1日契約分から販売価格を3,000円引き上げて26,000円（21・18・20）に改定する。全ての原材料が4月から出荷ベースで上がることを考慮してコストを精査し、2年連続での値上げを決めた。契約形態については年度をまたぐ長期物件が少ないことから見直さない。前回値上げ（24年4月）と同様に、盛岡生コンクリート卸商協同組合と一体となって物価資料と県の設計単価への満額反映を目指す。また、岩手県南生コン業協同組合（奥州市）が24年10月からの2,500円値上げの反映に注力している。同協組の花北・奥州ブロックは半導体工場をはじめとした民間の長期物件が多いことから、そのコスト変動対策として、工期が2年以上にまたがる物件に限定した期間契約型出荷ベースを導入するなど、万全を期して対応している。

福島県では福島中央（郡山市）、福島県北（福島市）両生コンクリート協同組合が4月からそれぞれ2,000円、1,500円値上げし、販売価格を20,000円以上（同）、22,500円に改定する。ともに23年10月以来、1年半ぶりの値上げとなる。福島中央協組は出荷ベースでの値上げで、旧契約についても価格の引き上げを要請している。福島県北協組は契約ベースでの価格改定。原材料高に加え、年間出荷量が年初想定の14万m^3を下回り、過去最低を更新する公算が高いことから、それも値上げ理由の1つにあげている。

宮城県では最大需要地の仙台で、仙台地区生コンクリート協同組合（仙台市）が1年半ぶりの価格改定に踏み切り、4月1日契約分から19,500円（同）とする。同協組では10月までに19,500円（同）を確保することを目標に、早期反映のポイントとなる登録販売店に対する各種の施策を講じていく考え。同時並行で前回値上げの物価資料への反映を急ぐ。仙台の表示価格は『建設物価』が15,000円（同）、『積算資料』が15,500円（同）で、価格政策の徹底で満額反映を目指す。

山形県では最大需要地である山形市の市況が目標としていた20,000円に到達した。山形中央生コンクリート協同組合（山形市）が24年4月から取り組んできた2,000円値上げが物価資料に反映され、20,200円（同）となった。残る500円についても価格政策を徹底することで取り切り、満額反映を目指している。また、セメント値上げを織り込み、4月1日契約分から2,000円値上げする。

生コン需要は、東日本大震災の復興工事の盛期だった13年から減少局面が続いており、全県で前年割れの状況にある。特に落ち込みが大きいのが山形と福島で2ケタ減に沈んでいる。工事の発注総額が変わらない中で、資材価格の高騰や人件費の上昇、人手不足などの複合的な要因で発注の遅れや入札不調が相次いでおり、生コン出荷の減少につながっている。東北地区本部の調べでは、かつて東北の生コン工場の年間平均出荷量は2万m³程度だったのが、足元では1万6000m³まで落ち込んでおり、地区によっては1万m³にも届かない極めて厳しい需要環境にある。

関東一区地区

関東一区全域で生コンの市況が歴史的な高水準で推移している。2022年から始まった未曽有のコスト高を乗り越えるべく、各都市で市況形成を担う生コン協同組合が3～4度の値上げをいずれも浸透させたためだ。各都県庁所在地の物価資料の表示価格は、21年当時は東京17区14,500円、横浜12,400円、さいたま12,000円、千葉11,500円だったのが、25年1月時点でそれぞれ20,800円、20,000円、20,100円、19,500円と40～70％上がり、軒並み過去最高値となっている。一方、生コン需要は振るわない。背景には建設業界の施工能力の低下による工期の長期化、工程の遅延があるという見方が支配的だ。24年度の需要は1800万m³を割り込み、過去最低を更新したもようだ。

関東一区では生コン10,000円台時代が終わりを告げ、20,000円台時代に突入した。化石燃料など資源価格の高騰で諸資材価格が跳ね上がり、時代の幕引きが早まった。『建設物価』によると、25年2月時点で掲載33都市中19都市で20,000円台に到達している。1年前は僅か3都市だった。国土交通省や経済産業省がコスト増の価格転嫁を奨励するなど値上げが通りやすい環境が整ったこともが追い風だった。

商慣習も転機を迎えている。協組による市況形成の足かせとなっていた事後調整金、いわゆる地下水の流れもほぼ止まっているもようだ。さらに、東京地区が期間（単年度）契約型の出荷ベースに変更したり、埼玉中央、玉川、東関東、神奈川西部が1～2年後に価格を見直す条項を導入したりするなど聖域とされていた契約形態にもメスが入った。

コスト増に歯止めがかからない。各協組はセメント各社が25年4月出荷分から2,000円以上値上げすること、骨材価格の値上げ攻勢が強まっていること、産廃処理費、人件費、設備維持・更新費など諸費用が上昇していることを受け、コスト転嫁の値上げを相次いで表明した。上げ幅はm³当たり2,000～4,000円で、神奈川が25年1月、湘南が2月、東京地区、埼玉中央、千葉中央など12協組が4月、千葉北部が6月からそれぞれ実施する。東京地区は出荷ベース規定に基づき23年4月以降の旧契約も値上げする。また、旧契約のコスト増に備えて、三多摩は1年半後に価格を見直す18か月条項の適用対象を従来の土木工事だけから建築工事に広げるほか、玉川は長期契約物件の契約数量を1年分に限定する。

需要家は値上げに一定の理解を示しているといい、各協組は実現に手応えを感じている。組合員や製販の足並みもそろっており、今回も比較的スムーズに浸透しそう。年内にも関東一区から10,000円台都市が姿を消す公算が大きい。

働き方改革も進む。関東一区で共販を行うほぼ全ての協組が25年4月から完全週休2日制に踏み切る。担い手の確保、従業員の定着、ワークライフバランスの実現が目的で、標準的な年間休日数は125日程度となり、ほかの業種と肩を並べる。主要なゼネコンから特段の反発はないものの、戸建て住宅など小口物件を扱う地場建設会社は難色を示しているという。このため、移行措置として休日出荷の限定容認など特例を導入する協組も多い。実施当初は諸々の課題やトラブルが出る可能性もあるが、担い手確保は事業継続の必須条件であり、紆余曲折をしながらも定着すると見られる。

24年度の関東一区の生コン出荷は4～12月で前年同期比8.8％減の1327万m³にとどまった。官公需向けが4割近く落ち込み、民需向けも低調。1都3県で軒並み前年実績を下回った。建設業界の働き方改革で施工能力が低下していることに加え、建設費の高騰で計画を見直す動きが広がっている。年明け以降の荷動きも振るわず、24年度は1750万m³前後で着地したもよう。25年度は建設業界の働き方改革の影響は一巡しそうだが、人手不足が改善する見通しは立たないこと、関東一区全域で完全週休2日制が始まること、建設費も一段と高騰していることから、反転増加するシナリオは描けない。1700万～1800万m³が現実的な水準になりそう。

関東二区地区

関東二区地区の生コン業界では、群馬県中央生コンクリート協同組合が価格政策で大きく舵を切った。2025年4月から新たに期間契約を導入し、全契約の期間を最長13か月とした。今後の価格改定の方針として、毎年10月に次年度の価格を発表する。また、公共物件に関する商慣行も変更。従来公共物件は入札日を基準に生コン価格を決める慣行があったが、契約日の価格に基づくこととした。

群馬県東毛生コンクリート協同組合も4月から13か月条項の適用を始め、契約期間を最長13か月とする。関東二区では、長期物件の少なさもあって期間契約は珍しかったが、セメントや骨材などの原材料費、輸送費、設備修繕費、人件費などのコストアップ局面への対策として広がりを見せ始めており、茨城県北部生コンクリート協同組合も導入を視野に入れている。

山梨生コンクリート協同組合は、長期大型物件であるリニア中央新幹線工事向けの生コン出荷について、旧契約の改定に成功した。同協組はリニア工事契約後、石炭高に伴うセメント価格高騰で大幅な生コン値上げの必要に迫られていた。山梨県生コンクリート協同組合連合会は24年2月、山梨県建設産業団体連合会を通じ山梨県知事に陳情を行い、工事発注者でリニアを運営する東海旅客鉄道（JR東海）を訪問し、窮状を訴えた。その甲斐あって、既契約物件であったリニア工事も表示価格の18,000円（18・18・20）での納入に合意してもらった。

関東二区の県庁所在都市の『建設物価』の表示価格は、25年2月号で、水戸が20,000円、宇都宮が17,500円、前橋が18,300円、長野が23,550円となっている。

長水生コンクリート協同組合は高強度コンクリートの出荷体制を拡充する。高強度コンは2工場で出荷対応が可能だったが、さらに1工場で設備を増強し、計3工場で出荷できる体制とする。これまで高強度コンのニーズはあまりなかったが、長野駅前に、県内では類を見ない規模の高層建築物となるタワーマンションの建設が決まったことで、安定供給体制を盤石にした。

「最大の課題は人材確保」との声があがるようになった。若手の採用に向けた生コン事業のPRが進展している。24年度は群馬県生コンクリート工業組合による「人材確保対策推進プロジェクト」の初年度だった。同プロジェクトチームは、組合員工場の従業員を対象に実施したアンケート結果をもとに「魅力ある職場像の提言」をまとめる。アンケートは33工場の従業員480人程度から回答が集まり、回答率は約92％だった。群馬県立館林商工高校の生徒7人が課題研究として同チームと連携しながら制作していた生コン業界のPR動画も完成し、群馬工組のInstagramに投稿された。同工組では、生コン事業での高校生のインターンシップ制度の確立へ共通プログラムの作成を進めている。

長野県生コンクリート工業組合が21年から実施している高校生向けの生コン製造・打設実習等協力事業に、24年度は3校71人が参加。過去に同事業を体験した生徒1人が安筑生コン事業協同組合の組合員工場への入社が決まるなど、人材採用にも結び付いている。

労働環境の改善へ、主要市場では茨城北部協組がいち早く完全週休2日制の導入を決めた。25年4月から実施する。他協組も検討を進めており、群馬中央協組は26年4月からの導入を予定する。

関東二区の24年暦年の生コン出荷量は前年比6.3％減の521万6千m³だった。茨城が10.4％減の155万3千m³、栃木が1.5％減の100万m³、群馬が7.3％減の91万9千m³、長野が6.3％減の113万1千m³、山梨が1.5％減の61万2千m³。資材高騰や人手不足に伴う着工遅れ、工期の延長が需要を押し下げている。

栃木県では24年、3工場がJIS認証を取り消された事案があった。栃木県生コンクリート品質管理監査会議が25年1月に開いた会議で、栃木県生コンクリート工業組合から出席した岩見髙士理事長は信頼回復に向け「工組としてガバナンスの強化、品質管理の徹底、コンプライアンス徹底について指導啓発していく」と語った。

北陸地区

北陸4県の県庁所在都市をエリアとする生コン協同組合は4月から値上げを実施する。新潟協組は2,000円アップの18,500円（21・18・25）、富山協組も2,000円アップの23,000円、金沢協組は3,500円アップの24,000円、福井嶺北協組は3,000円アップとし、17,000円以上の確保を目指す。物価資料（『建設物価』、『積算資料』）の全国の都道府県庁所在都市の平均表示価格がほぼ20,000円となる中、北陸でそれに到達しているのは富山の21,000円のみ。福井は13,000円と、全国の都道府県庁所在都市で最安値になっている。各都市では員外社が展開しており、協組との物件競合などで市況が上がりにくい構造となっている。

一方で、郡部にある生コン協組はセメントや骨材、混和剤といった製造原価の上昇を受けて販売価格を引き上げており、各県とも県庁所在都市と他地域との価格差が拡大している。ただ、郡部の生コン協組が実施している値上げに関しては、県都の生コン価格が引き合いに出されるケースも多いことから、中心市場をエリアとする協組の組織力向上が長年にわたって大きな課題となっている。

新たな試みとして、新潟協組、新潟工組は24年11月に初めて技術講習会を共催した。発注者や施工者らとの信頼関係を強めて、コンクリート技術に関する相互理解と連携を促す狙い。新潟協組は第1回目の技術講習会で学識者から提案のあったコンクリートの試験施工に挑戦していく意向で、発注者や施工者とのコンクリートの技術課題の共有だけでなく、共同研究の進展によって、員外社との差別化につなげていく考えだ。

契約形態の変更に関しても色分けが進む。新潟の場合、協同組合連合会が音頭を取って、県内全域で出荷ベース、期間契約の導入を後押ししたこともあり、他の3県と比べて契約形態の変更はスムーズに進んだ。一方で富山、石川、福井の3県では各地の協組共販の強弱などにより、出荷ベースに完全移行できた地域、取り組んでいない地域に二分されている。また、残コンや戻りコンの有償化に関しても、新潟では協組連が主導したことによって浸透したが、他の3県は対応を検討しているものの、有償化の導入状況には差がある。

需要環境も厳しい。北陸4県の2024年（暦年）の生コン出荷量は前年比8.0％減の265万m³だった。24年3月に北陸新幹線の敦賀～金沢間が延伸開業したこともあり、県を跨ぐような大型物件は見当たらない。延伸開業となった区間でも、民需が活発化している地域はあるものの、新幹線向けの特需をカバーするには至っていない。

こうした中、24年元旦に発生した地震、9月の豪雨災害による能登半島の復旧が大きな課題となっている。まずは地震などで倒壊した家屋の撤去が必要だが、被災地に宿泊施設が少ないため、建設作業員は遠方から通わなければならず、復旧作業に携わる時間が少なくなることも、復旧工事の遅れにつながっている。能登半島の幹線道路である「のと里山海道」が完全復旧しても、片側1車線しかなく、交通渋滞も頻発している。25年夏には、被災した港湾など生コンを使用する建設工事が出てくるとみられるが、それより前に交通環境の改善が早期復興の大きなカギになりそうだ。

地震と水害で被災した生コン工場は1月末時点で1工場を残し全て復旧した。被災地の生コン工場では、早期復興に向けて準備を進めている。

東海地区

東海地区の生コン市況は、最大需要地で三大都市の一角である名古屋で20,000円の大台到達に向けた挑戦が始まる。名古屋生コンクリート協同組合（名古屋市）は4月1日契約分から販売価格を3,000円引き上げて20,000円（18・18・20）に改定する。需要が200万m³を大きく超える大市場で員外社も展開する中で、3,000円という上げ幅の達成はハードルが高いが、生コンの製造・輸送コストと事業継続のための人材確保ができるような待遇面の整備が不可欠であり、同協組としては強い決意で20,000円以上の確保に取り組む。

同協組では目標達成に向けたポイントとして、市況を堅持する姿勢を保つとともに、販売店任せとせずに製販一体で新規契約分の比率を高めていくことをあげる。また、リニア中央新幹線の価格対策も大きなポイントになる。契約期間が長期にわたる中で、この3年ほどでセメントだけで価格がトン当たり7,000円上昇した。骨材などその他の原材料費や輸送費も契約当時とはかけ離れた価格になっており、良質な生コンの安定供給維持の観点から価格スライド条項を円滑に適用し、現状のコストに見合う形にしていくことを求めていく考えだ。

愛知では西三河生コンクリート協同組合（知立市）がコスト転嫁値上げを進めるとともに、市況安定に向けて部分共販の実施に向けた検討を進めている。大型物件として、24年3月から碧南火力発電所が着工しており、それに限定した共販を行う意向だ。現在、登録販売店と組合員各社との契約を2024年度末までに結ぶことを目指している。同協組では部分共販を通じて、登録販売店との関係を構築するとともに、市況の安定や上昇といったメリットを組合員各社で享受することで、将来的な完全共販への足掛かりとしたい意向だ。

岐阜では岐阜中央生コンクリート協同組合（岐阜市）が各種のコストアップに対応する形で断続的な転嫁値上げを進めている。24年10月に人件費や輸送費の上昇を理由とした1,000円値上げを行ったが、今春にはセメントや骨材といった原材料費の大幅値上げが控えていることから、4月1日契約分から販売価格を2,000円引き上げる。販売価格は20m³未満のスポット物件が22,000円（同）、20～100m³未満の物件が21,000円（同）、100m³以上の物件が20,000円（同）となる。また、モルタルも現行価格からm³当たり3,000円値上げする。長期物件対策として、前回値上げ同様に13か月条項を適用。期間内でコストが著しく上昇した場合には、同条項に基づいて価格を見直すことを販売店との契約書に明記し、需要家ともその認識を共有している。

三重では北勢（四日市市）、中勢（津市、松阪市）両生コンクリート協同組合が4月1日契約分から価格を改定する。北勢協組は3,000円、中勢協組は旧津市エリアで3,000円、旧松阪市エリアで2,000円それぞれ価格を引き上げる。各種のコストが上昇する中で、それに見合った相場をしっかりと形成し、事業継続が可能な利益を確保していく意向だ。

静岡でも県内6つの生コン協組がコスト動向を踏まえた価格政策を的確に実行している。

生コン出荷は全県で前年割れの状況で、特に三重と岐阜の落ち込みが大きい。三重は高速道路網の整備とそれに付随した物流拠点の構築、半導体工場の建設といった特需が一斉に終了したことで大幅に需要が落ち込んでいる。岐阜は東海環状自動車道をはじめとした高速道路建設の終息やリニア中央新幹線工事の一部中断などが出荷を下押ししている。一方、需要が堅調なのは愛知で、10万m³規模の大型物流倉庫の建設は一巡したものの、栄周辺で再開発が進むほか、中小規模のマンション建設も旺盛だ。今後は名古屋鉄道の名古屋駅前周辺の再開発や名岐道路の建設、リニア中央新幹線の本体工事の本格化が見込まれ、底堅い需要環境が続くものと見られる。

近　畿　地　区

近畿の生コン協同組合は今春のセメント値上げを受けた価格転嫁に慎重な姿勢をみせている。主要協組で今春の値上げを打ち出したのは奈良広域協組だけで、同協組はセメントや骨材などの値上がり分などを加味して、4月1日新規契約分から定価を1,500円アップの29,300円（呼び強度18）、販売価格は27,300円とした。

その他の生コン協組が値上げを躊躇う理由としてあげられるのは、近畿の生コン市況が20,000円台半ばと、全国的に高い水準にあること、さらに他の資材も含めた価格高騰を受けて、建設計画そのものがなくなるという懸念を持っている。ただ、セメント以外でも骨材、混和剤メーカーからも値上げの要請を受けていることから、それらを拒み続けるのは難しそうだ。このため、生コン出荷量の多い大阪広域協組は26年4月をメドに値上げを実施する構えで、近畿の生コン協組もそれに追随する可能性が高い。その際には、近畿以外の他地域で行われる生コン協組の価格帯や上げ幅などが、近畿の生コン市況にも影響を与えそうだ。

生コン出荷量については、明暗が分かれてきている。ここ数年、需要が堅調なのは京都、滋賀、奈良の3府県。京都は底堅いインバウンド需要によるホテルなどの基礎需要が堅調で、滋賀は大津、草津などで大型工場跡地の再開発、新名神高速道路のIC周辺で大型倉庫の建設が進む。奈良は京奈和自動車道や西名阪高速道路の周辺で大型物流倉庫があるほか、県北部ではマンションなどが堅調に推移しており、24年度は大型物件が端境期となったことから前年実績を下回ったが、ここ数年は45万～50万 m^3 で安定している。一方で大阪兵庫は大阪駅北口の「うめきたプロジェクト」など都市部での大規模な再開発は堅調だが、高速道路のIC周辺などでの大型物流倉庫が一巡。25年4月から半年間開催される大阪・関西万博の生コン需要も18万 m^3 と予想以上に少なかった。兵庫県下の協組が合流した17年度には、大阪広域協組の出荷量は700万 m^3 を超えていたが、25年度には600万 m^3 近くまで落ち込む見通し。また、全出荷量の約7割を官公需が占める和歌山も全国的な生コン出荷低迷の影響を受けている。

近畿地区では、コンクリートの技術開発が活発化している。大阪広域協組では高炉セメントB種(BB)とフライアッシュ（FA）を使った環境配慮型コンクリート「BB＋FA」コンクリートや、残コンや戻りコンから取り出した回収骨材やそれに薬剤を添加して製造する粒状化骨材、コンクリート塊由来の再生砕石を使った再強コンクリートType－B（タイプB）を展開している。「BB＋FA」コンクリートは23年度から出荷が始まり、これまでに2万 m^3 以上出荷された。大手ゼネコンらが開発した環境配慮型のコンクリートと異なり、組合員が標準化していることが大きなメリットで、施工者や発注者が要求すれば建築物件にも簡単に採用できることが評価されている。

一方、再強コンクリートタイプBは24年10月の販売開始から3か月で約200 m^3 の出荷があった。タイプBの用途は、JISが不要な部位に限定されている。タイプBの出荷体制を整えた工場の多くは回収骨材を利用しており、残・戻りコンの処理費削減にも貢献できる技術として注目を浴びそうだ。

このほか、和歌山でもFAを使ったコンクリートやポーラスコンクリートを利用した河川での藻場育成などに取り組んでいる。奈良では「BB＋H（早強セメント）」を使ったコンクリートの実用化、京都も「BB＋N（普通セメント）」コンクリート、滋賀では一般的な混和剤を使用した高流動コンクリートの開発などの研究が進んでいる。

中　国　地　区

中国地区では、生コン需要の低迷が続く中、生き残りをかけて既存協組の枠組みとは一線を画し、新たな道を模索する動きが顕在化している。岡山県では、24年4月に南岡山生コンクリート協同組合（岡山市北区）が設立された。員外社の岡山ブロック（同区）と、岡山県南協組を24年2月に脱退した瀬戸コンクリート、両者グループの各販売会社の4社で組織し、岡山、備前、瀬戸内の3市で事業を展開している。こうした市場環境の変化を受け、岡山県南協組は2024年度の出荷数量が当初想定した38万 m^3 を割り込み、過去最低水準となるのは避けられない情勢となっている。

また、島根県では松江協組から加藤商事（松江市）が24年3月末で協組を脱退し、分離独立する形で5月に安来協組が誕生した。安来協組の出荷は約80％が官公需で占められており、災害復旧の治山・治水工事向けを中心に、4～11月実績で計画比10％増と順調な滑り出しを見せている。一方で、松江協組は主力の島根原発が再稼働に伴い振るわないことも響き、24年度は前年比で25％前後の大幅に落ち込むのは必至だ。

全国生コンクリート工業組合連合会中国地区本部がまとめた24年度の組合員出荷実績を24年4～12月でみると、中国5県全体では7.1％減の269万3千 m^3 となっている。県別では、広島県が前年比15.6％減の106万1千 m^3、岡山県は4.5％減の55万3千 m^3、山口県は3.4％増の53万9千 m^3、島根県は8.4％減の29万6千 m^3、鳥取県が11.6％増の27万7千 m^3 となっている。県によって増減はあるものの、依然として需要動向は厳しく、特に広島協組は年間70万m³の大台割れが確実視されている。24年11月時点で前年比15％減と振るわず、当初想定した23年度と同じ76万m³には達しない見通し。JR広島駅の再開発や災害復旧工事といった大型案件が終息した影響が大きく、働き方改革に起因した工事遅延も足を引っ張っている。ただ、25年度以降に中心街の再開発事業や公共施設の建て替え、工業団地造成といった大型物件が控えており、現在は端境期になっている可能性もある。

生コン価格を巡っては、大きな動きがあった。広島地区生コン協組が24年10月、25年6月にいずれも2,000円の値上げに踏み切り、価格は24,000円（18・18・20、以下同）へと引き上げられた。1年間に2度という同地区では前例がない値上げを決めた背景には、製造コスト高への対応や人材確保のための原資確保が待ったなしの状況があったためだ。

中国地区最大の需要地である広島協組の値上げの動きは、他県の中心協組にも影響を及ぼしているとみられる。山口県では周南協組が24年10月から3,000円、25年1月からは山口県中部協組が3,050円、新下関協組が3,000円をいずれも現行価格に上乗せした。山陰地方でも松江協組が24年11月から4,500円、出雲協組が24年12月から3,000円、米子協組が25年1月から3,000円いずれもアップさせた。この流れは春にかけても続き、広島県内では東広島協組、広島県中部協組、尾道協組がいずれも4月に4,000円アップの21,000円とした。岡山県南協組は具体的な時期は未定としながらも、次回の値上げは4,000円以上を軸に検討中で、実現すれば23年1月以来で20,000円台に乗ることになる。

員外社との競争が激しい鳥取や広島の一部エリアでは、上げ幅や値上げの実行について慎重な判断を迫られているケースも少なくない。それでも、直近2年余りは中国地区全体で値上げの動きが鈍かったため、早期に『建設物価』や積算資料に新価格が反映されるのかが組合員各社の業績向上のカギを握る。

四　国　地　区

2024年暦年の四国の生コン出荷量は前年比9.5％減の243万m³だった。徳島は阿南安芸自動車道、徳島小松島港津田地区防波堤工事などで官公需が16.9％増の42万2千m³と伸び、官民合計で0.1％減の49万4千m³と前年並みで着地したが、ほか3県は1割前後のマイナス。香川は13.1％減の54万7千m³、愛媛は12.3％減の82万m³、高知は9.3％減の56万9千m³だった。

四国の年間出荷量は300万m³を超えていたが、22年に200万m³台に落ち込み、以降毎年約1割ずつ低減している。一部の地域は工場集約化の検討が加速化しており、香川県の三豊地域では3社による共同生産会社「三豊生コンクリート工業株式会社」が設立。25年4月から操業を開始する。

需要の急減は生コン協同組合の価格政策にも影響を与えている。徳島県西部生コンクリート協同組合は24年4月に実施した2,000円の値上げについて、最大の理由は生コン出荷量の大幅な減少による収益性の悪化と需要家に説明した。価格改定は22年、23年に続く3年連続の実施。過去2回は主にセメントの値上げ、燃料や電気料金など各種コストアップを理由としていたが、3次値上げは需要減対策の意味合いが要だった。数年前まで5万5千～6万m³を増減していた出荷量は、22年度が4万5千m³、23年度が4万2千m³と下降線をたどった。同協組の出荷は従来9割程度が公共工事を占めており、同協組は生コン価格の上昇が工事予算内で確保できる工事量を減少させる悪循環が発生しているとみる。

『建設物価』25年2月号で、県庁所在都市の表示価格は徳島が20,800円（18・18・20）、高松が20,200円、松山が19,700円、高知が14,400円。近年は原料高に伴って着々と生コン価格の上昇が実現してきた中で、四国では高知市のみ停滞が続く。市内に高知県中央地区生コン協同組合、高知生コン協同組合、高知県央生コンクリート協同組合、員外社が存在する状況が価格を押し下げており、市内の業界関係者らは価格是正に向けた組織再編の協議を進めている。高知県内の他都市は、安芸と越知が22,500円、四万十が22,000円、須崎が21,400円と各生コン協組による値上げの反映が進展している。高知と安芸・越知では8,100円もの値差がある。

今春のセメントの値上げを受けた価格転嫁も進む。

愛媛県の中予生コンクリート協同組合が4月から生コン価格を3,000円引き上げる。セメント値上げ分を転嫁するとともに、骨材や輸送費などのコスト上昇にも対応する。南予生コンクリート協同組合も4月から3,000円値上げする。

四国全体で完全週休2日制の導入が広がっている。毎週土日休みとすることで労働環境を改善し、人材の確保や定着を図る。高知県生コンクリート工業組合は24年4月から、高知市と周辺を除く県内全域で導入した。愛媛県生コンクリート工業組合も25年4月から全組合員で実施する。香川県生コンクリート協同組合連合会は24年度から段階的に土曜日休みを増やしており、25年4月からは第2～5土曜日を全て休みとする。年間休日数は118日となる。26年度からは、土曜日は毎週休みとする。

全国の高校生がコンクリート供試体の出来栄えで競うコンクリート甲子園は、24年12月7日開催の第17回大会で、12年から続いた香川県生コンクリート工業組合技術試験センターでの開催が閉幕した。次回から舞台は東京に移る。同大会は07年の高知工科大学学園祭を発祥とし、第4、5回大会は高知工組技術試験センターで開催。第6回大会から開催地を香川工組に移し、同工組は25年度まで12年間、コンクリートを通じた高校生のキャリア教育に寄与した。今大会は過去最多44校45チームが参加した。

国土交通省四国地方整備局徳島河川国道事務所がコンクリート舗装の積極的な活用の方向性を示している。24年7月に行われた四国地整技術・業務研究発表会で、耐久性に優れるコンクリート舗装による中長期的な維持管理費の削減を進めると論文発表した。徳島県鳴門市の国道11号撫養町木津付近で、傷んだアスファルト舗装を修繕する工事が23年度に始まり、3か所で施工された。

九 州 地 区

九州8県の生コン工業組合員の2025年度生コン需要は868万m³と想定されている。24年度が想定通りの907万m³で着地した場合、前年比4.3％のマイナス。県別では福岡が1.0％減の268万7千m³、佐賀が3.3％増の34万5千m³、長崎が横ばいの77万m³、熊本が5.2％減の127万9千m³、大分が6.1％減の74万4千m³、宮崎が9.4％減の56万7千m³、鹿児島が13.0％減の95万9千m³、沖縄が4.0％減の133万6千m³。

需要減少について全国生コンクリート工業組合連合会九州地区本部の味岡和國本部長は「実質建設投資額が60兆円手前で横ばいだが、生コンなど建設資材の高騰で、原単位の減少に歯止めがかかっていない」と指摘。値上げで適正価格を設定したつもりでも出荷量が伴わなければ利益が生まれないといい、資材価格の上昇が続く現状に強い危機感を抱いている。

九州の県庁所在都市の生コン協同組合はセメント値上げを受け、福岡以外の7生コン協組は4月から値上げに踏み切った。7協組はいずれも諸資材価格の値上げ転嫁に加え、設備費用の修繕、従業員の待遇改善に充てるとしている。ただし、熊本地区生コンクリート協同組合は資材高騰のうちセメント値上げ分を織り込まず、今後の状況を見極めて再値上げを検討する。

一方、福岡地区生コンクリート協同組合は10月1日契約分から2,500円値上げする。新価格は21,500円（18・18・20）以上とする。福岡協組も4月からの値上げ実施を模索していたが、販売店やゼネコンへのアナウンス時間が整わなかった。福岡の生コン市場は9割以上が民間向けのため、時間をかけて説明する方針。24年末に福岡市内で登録販売店に対して値上げの背景を説明しており、さらに今夏にも再度販売店説明会を開き、10月の値上げに向け万端の準備を行う。福岡県内の生コン協同組合では筑後地区生コン販売協同組合は24年4月から2,000円引き上げているが、北九州広域生コンクリート協同組合はよほどの環境変化がないという条件付きで25年の値上げを見送る姿勢を示している。両筑生コンクリート協同組合はエリア内の東部地区（4社4工場）に限定して24年12月に1,500円値上げした。西部地区の朝倉市内中心部（旧甘木市）の2社3工場は福岡、筑後両協組の接点に位置するため価格改定を見送った。福岡協組の値上げ時に改めて検討するとしている。筑豊エリアの飯塚は

2026年、田川は未定など、対応がバラバラとなっている。

24年11月に長崎市内で開いた生コン九州大会に合わせて開催した九州理事長会議で、事前に行ったアンケート結果を公表した。過去の生コン値上げや今後の価格政策を中心に現状の協組の問題点・課題や全生連・地区本部に対する要望を自由記述したもので、要望では需要増への取り組みやセメント値上げに対する意見が多かった。特にセメント値上げについては全生連としてけん制してほしいという意見もあった。また、同大会であいさつした味岡本部長は資材価格の高騰、需要減に懸念を示したうえで「今後も仕事が減っていく。常に先を見据えることが重要だ」と述べ、集約や合併などの重要性を指摘した。

出荷減に伴い需要開拓にも力を入れる。24年、福岡県生コンクリート工業組合と鹿児島県生コンクリート工業組合は東京農業大学の小梁川雅名誉教授を招き、コンクリート舗装の普及拡大に向けた基礎知識と技術の留意点に関する講演会を開いた。工法や適用箇所、普及のターゲットなどを具体的に説明した。特に鹿児島は急速に生コン需要が縮小しており、数年後の馬毛島向けケーソン工事終息後はさらに厳しくなると見込まれている。また、宮崎県生コンクリート工業組合もコンクリート舗装の拡大に力を入れる。コンクリート舗装推進協議会を立ち上げ、国土交通省やNEXCO西日本など発注機関へのPRを重ねた。その成果として東九州自動車道の4車線化工事（高鍋～西都）の一部でコンクリート舗装が採用される見通しとなった。九州中央自動車道五ヶ瀬高千穂道路の童里トンネル（仮称）でも採用される見込み。

集約化では熊本県の天草地区生コンクリート協同組合が10年前に大規模集約を実施。員外社含めて10社12工場だったのを、組織率の向上と生産委託会社、有限責任事業組合（LLP）の両方式を活用した集約化で10社8工場となった。その後も組合主導の買収と集約化が進み、現在は9社6工場となっている。大規模集約以降も出荷量の減少が続き、5万m^3を割り込む年もあったが、各社の経営は維持している。吉永正敬理事長はすでに集約前の12工場体制を維持できる数量ではなく、以前の体制のままでは理事会はシェア問題で紛糾し、何社か廃業していた可能性が高いと指摘している。吉永理事長はこの経験の還元を目的に「全国出張集約化セミナー」を企画。講演料は無料だが、交通費、宿泊費、資料印刷代の実費は費用として請求する。同セミナーに対して複数の生コン協同組合から問い合わせがあったほか、秋田県の能代山本生コンクリート協同組合が3月に視察に訪れ、吉永理事長が講演した。

セメント産業の回顧と展望

コンクリート新聞社
大滝朋宏

はじめに

セメント各社の業績が回復軌道を描いている。過去最大の値上げの完遂と各社を赤字に追い込んだ元凶の石炭価格の高騰が収まったことで国内セメント事業の損益が改善。生コンや資源、建材などセメントに近い事業も値上げ効果などで収益が向上する。

だが、視界は晴れない。セメントの国内需要の減少に歯止めがかからないからだ。2024年度はとうとう3300万トンを割り込んだ。建設業界の人手不足や働き方改革による施工能力の低下が主たる要因とされており、加えて、建設費の高騰で凍結・延期される計画も散見される状況だ。人手不足は少子高齢化や人口減少など社会構造の変化が根底にあり、一朝一夕に解決できるものではないことを勘案すると、国内需要がある水準で底を打ったとしても反転増加するシナリオは描けない。

こうした中で物流費や人件費、資材価格など諸費用が上昇しており、さらにカーボンニュートラルや老朽化した設備の維持・更新、鉱山開発など莫大な投資を伴う案件が山積している。セメント各社は、現状の収益力では国内セメント事業の継続性や健全性が確保できないとして2025年4月から大幅な値上げに踏み切る。前2回の値上げと同様に完遂できるかどうかが2025年度の1つの焦点になることは間違いない。

第2次トランプ政権が発足

24年11月の米国大統領選で米国第一主義を掲げるトランプ氏が返り咲いたことで世界経済に懸念が広がっている。トランプ氏は1月の就任後、関税の引き上げや移民規制の強化などの大統領令を連発し、米国第一主義路線をひた走る。温暖化ガスの排出削減を目指すパリ協定からも離脱し、内向きの姿勢を強めている。米国経済が急に腰折れする可能性は低いとされているものの、インフレが再燃して利下げから利上げへと金融政策が転換されるようなことがあれば世界経済にもマイナの影響をもたらす懸念があるという。一方で減税や規制緩和といった成長を促す政策をテコに米国経済の拡大が続けばその恩恵は世界に広がるという。

2024年（暦年）の世界経済は物価上昇率が低下傾向に転じたことでインフレが沈静化へと向かっていること、貿易量が回復してきたことにより底堅く推移した。IMF（国際通貨基金）の見通しによると、2024年の世界経済の成長率は前年並みの3.2%程度になったもよう。米国は物価高に見合った賃上げや堅調な個人消費に支えられて高い成長を持続した。欧州経済もウクライナ紛争という重石はあるものの、回復基調が続いた。ただ、日本を抜いて世界3位の経済大国になったドイツは製造業が停滞するなど国によって回復に濃淡がある。中国は不動産市場の低迷など内需不振が続く中で、政府の経済対策や輸出の拡大で成長を維持した。2025年の世界経済成長率は3.3%と前年を上回る予測となっている。中国、インドなどの新興国は4.2%で横ばいだが、先進国が1.7%から1.9%に上昇する。ただ、2025年の世界経済は、結局は良くも悪くもトランプ政権のかじ取り次第になりそうである。

24年も世界各地で紛争の絶えない1年だった。ロシアによるウクライナへの軍事侵攻から3年が経ったが、いまだ出口が見えない。トランプ氏は早期停戦に前のめりになっており、これまでウクライナを支えてきた欧米諸国の足並みが乱れている。中東情勢も混迷している。パレスチナ・ガザ地区でのイスラエル軍とハマスの大規模な戦闘を発端に、イランとイスラエルの対立関係が深まるなど緊張状態が続いた。24年暮にはロシアなどの支えを失ったシリアのアサド政権が崩壊した。

石破首相、地方創生を推進

岸田文雄首相の退陣表明を受けて、24年9月に行われた自民党総裁選で石破茂氏が勝ち抜き、首相の座を射止めた。石破氏は直ちに衆議院を解散、総選挙に打って出たものの、自民、公明両党で過半数を割り込み、少数与党に転落した。政治資金問題が敗因だった。

石破氏は「地方創生」を看板政策に掲げ、東京一極集中を是正すべく、若者や女性に選ばれる地方、産官学の地方移転と創生、地方イノベーション創生構想などを政策の柱に置いた。経済政策では物価上昇を上回る賃上げの実現、中小企業の価格転嫁支援などを強化する。さらに、2026年度に「防災庁」を創設する。災害への備えを万全にする「事前防災」に力を入れるとしており、国土強靭化政策と相まってセメント・コンクリート需要の底支えになることが期待される。

日本銀行が2024年3月にマイナス金利を解除し、金利のある時代へと踏み出した。日銀は、企業の賃上げが広がっていること、物価上昇が続いていることを理由に、7月と2025年1月に利上げに踏み切り、政策金利を0.5%とした。企業の資金調達や住宅ローンなどの貸し出し金利などが上昇する一方で、大手銀行で0.001%だった普通預金の金利が0.2%と200倍に引き上げられている。日銀は経済・物価の動向に沿って適切な金融政策を続ける方針という。

一方、株価は一進一退だった。日経平均は24年12月に再び40,000円台に到達したものの、年明け以降は38,000～39,000円のレンジで推移。2月下旬には38,000円を割り込んだ。トランプ氏による関税強化、米国景気の減速不安や円高の進行が要因という。ただ、日本企業の稼ぐ力が衰えたわけではない。通信、医薬、半導体など幅広い分野で儲けを増やした。為替相場は対ドルでおおむね150円前後で推移した。

GDPは3四半期連続プラス

内閣府が2月に発表した2024年10～12月期の国内総生産（実質GDP）速報値は前年同期比0.7%増、年率換算で2.8%増だった。設備投資や個人消費がけん引役。3四半期連続のプラス成長となり、2024年（暦年）のGDPは前年比0.1%増と4年連続の増加となる見込み。

内閣府がまとめた2月の月例経済報告によると、国内景気の基調判断を「一部に足踏みが残るものの、緩やかに回復している」と表現を維持した。項目別では、輸出を「おおむね横ばいとなっている」から「このところ持ち直しの動きがみられる」、輸入を「このころ持ち直しの動きがみられる」から「おおむね横ばいとなっている」にそれぞれ改めた。セメント・コンクリート需要に関連深い設備投資、住宅投資、公共投資は「持ち直しの動きがみられる」、「おおむね横ばいとなっている」、「底堅く」推移している」でそれぞれ据え置いた。先行きについては「緩やかな回復が続くことが期待される」としつつ、海外景気の下振れリスクや米国の通商政策、中東情勢などに注意が必要とした。

民間シンクタンクによると、2024年度（会計年度）の実質GDPは前年度に比べてプラス0.4～0.8%と予測されている。減税効果による民間消費の増加、賃上げによる実質賃金の改善、設備投資の回復、インバウンド（訪日外国人）の増加などが理由。

2025年度は、これまでの0%台から1%台のプラス成長が予想されている。賃上げ継続による実質賃金の一段の改善と「103万円の壁」の引き上げで個人消費が増え、政府の経済対策も景気を底支えする。トランプ政権の経済政策がリスク要因と指摘する。追加関税の対象が自動車など広範囲に及べば日本の実質GDPを押し下げる方向に作用する。

国内の建設投資はどうなるか。建設経済研究所、経済調査会が1月に発表した建設投資の見通しによると、2024年度は名目値で前年度見込み比4.3%増の74兆1600億円と予測している。公共投資、民間投資ともに底堅く推移しているという。10年連続のプラスで、2010年度に比べて約34兆円の増加となる。

2025年度は75兆5800億円と小幅増加を見込む。公共投資は、2025年度の当初予算と2024年度の補正予算で公共事業確保が十分に確保されていることを踏まえに、4.2%増の24兆7700億円とプラス予測。民間投資も住宅向けが2.1%増の17兆200億円、非住宅向けが3.2%増の17兆7500億円とともに増加する見通し。ただ、住宅投資の増加分には建設コスト高が織り込まれており、着工戸数はおおむね横ばい。非住宅は工場が増え、倉庫・流通施設が持ち直すとの見通しになっている。

需要低迷、25年度は3200万トン

建設投資は漸増している反面、セメントの国内需要は減少の一途をたどる。東日本大震災の復興工事が一巡したのを境に、相関から逆相関に一転した。2024年（暦年）の国内需要は前年比6.7%減の3301万トンだった。6年連続のマイナスで、減少幅は238万トンと最も大きかった。全11地区で前年を下回り、中でも最大消費地の関東一区の不振が全体に強く影響した。

生産量は2.2%減の4637万トンで7年連続の減少。輸出は25.0%増の810万トンと回復に転じた。国内需要の減少を輸出で補い、一定の生産量を確保する目的。輸出環境も一時に比べれば良化している。国内と輸出の合計販売は1.8%減の4109万トンだった。

セメント協会は需要減少の慢性的要因として、建設業界の働き方改革、工法の変化、建設市場の変化をあげている。つまり、人手不足による工期の長期化、工事の遅れ、土曜日休工現場の拡大、RC（鉄筋コンクリート）造からS（鉄骨）造への切り替え、コンクリート使用量を減らす工法の採用、建設コスト高による着工延期・設計変更、公共事業の実需減など諸々の要因が複合化して需要を冷やしていると分析する。軽量骨材不足、建設コスト高による民間中小物件の着工延期、天候不良といった一時的要因も重石だ。

2024年暦年のセメント販売（輸入を除く）

地　区	販売量（トン）	前年比（%）
北海道	1,615,134	97.9
東北	2,264,174	87.3
関東一区	8,129,047	93.1
関東二区	3,029,865	92.3
北陸	1,363,629	95.5
東海	3,917,519	91.9
近畿	4,953,245	95.4
四国	1,053,346	92.1
中国	2,003,804	95.2
九州	3,926,574	92.9
沖縄	739,147	96.6
国内計	32,995,484	93.3
輸出	8,098,387	125.0
総合計	41,093,871	98.2

2024年の部門別販売量は生コン向けが6.5%減の2349万トン、セメント製品向けが5.6%減の449万トンで、全体に占める割合は71.2%、13.6%とそれぞれ0.1ポイントアップした。また、品種別の販売は、普通ポルトランドセメントが7.6%減の2381万トン、高炉セメントが7.1%減の604万トンだった。

2024年度（会計年度）の国内需要は4～1月で前年同期比5.4%減の2751万トンだった。全11地区で前年割れとなり、マイナス寄与度が1.7%と最も高かったのが関東一区、次いで東北と東海の0.8%、0.5%の順など。連続減は29か月と過去4番目の長さとなっている。

セメント協会が2月発表した2024年度の国内需

要の着地見込みは前年度に比べて5.4％減の3270万トン。当初予想は3500万トンだった。内訳は官公需向けが9.7％減の1360万トン、民需向けが2.1％減の1910万トンで、官需の構成比は41.6％と4年連続で最低値を更新した。

2025年度の国内需要は3200万トンとさらに70万トン減る見通し。官需向けが70万トン減り、民需は横ばい。セメント協会は官需について、2024年度の補正を含めた公共事業予算が微減となっていること、労務費や資材コストの上昇で金額当たりのセメント使用量が下押し見通しであることを減少の理由にあげている。一方、民需は、建設コスト高や金利上昇を背景に住宅投資を抑制する動きを設備投資でカバーすると予想している。

一方、2024年度の輸出は4～1月で25.5％増の687万トンだった。2022～2023年度は石炭高による国際競争力の低下やベトナムなど競合品の伸張で輸出を絞ったが、石炭高の収束と円安で一時より採算が改善してきたこと、国内需要が落ち込み一定の生産量を維持する必要性に迫られたことから積極輸出へと舵を切った。2月以降も増加ペースは変わらず、2024年度は22.5％増の840万トンと3年ぶりの増加となる見込み。

2025年度は900万トンを見込む。主要仕向け先のアジア・オセアニアの需要は堅調だが、産炭国のベトナムやインドネシアなどが輸出圧力を強めており、厳しい市場環境は変わっていない。

デンカがセメント完全撤退

デンカは2025年上期をメドに青海工場でのセメント生産を停止し、セメント事業から完全撤退する。すでにデンカセメントブランドはなくなり、青海工場で造られたセメントは事業を継承する太平洋セメントのブランド名で販売されている。太平洋セメントは一部のSSや直系生コン、販売店も継承している。撤退後、太平洋セメントグループの明星セメントがデンカ分の生産を担う。両社はカーバイト用の石灰石の供給、廃棄物・副産物の処理、石灰石鉱山の共同開発で提携を続ける。

デンカの撤退でセメント会社・工場数は15社・27工場となり、クリンカ生産能力は4803万トンと4％減少する。

国内セメントが全社黒字

セメント大手3社の業績はおおむね堅調だ。2024年4～12月期の営業利益は太平洋セメントが前年同期に比べて224億円増、ＵＢＥ三菱セメントが66億円増、住友大阪セメントが19億円増だった。値上げ効果や石炭価格の下落、安価炭の利用率引き上げなどエネルギーコストの削減努力でセメント事業の損益が改善。住友大阪セメントはようやく赤字から脱却し、太平洋セメントも国内セメント事業が黒字転換を果たした。太平洋セメントとＵＢＥ三菱セメントは米国でのセメント・生コン事業が業績をけん引した。

4～12月期で損益改善要因がおおむね一巡したことで第4四半期（1～3月）の伸びは鈍化するものの、2025年3月期の営業利益はそろって増益を確保できる見込みだ。ＵＢＥ三菱セメントは利益予想を上方修正した。ただ、最終利益は住友大阪セメントだけが減益予想。政策保有株の売却益が減る。3社合計の通期予想の最終利益は898億円と68億円増え、軒並み最終赤字に転落した2023年3月期から1760億円の改善となる。

持続性確保へ一斉に値上げ

とはいえ、国内セメント事業の足腰は依然弱い。国内需要はつるべ落としのように減退。生産量が減ることで固定費のウエイトが高まっており、収益源である産業廃棄物の引取量にも制約が生じている。セメント原料として使われている石灰石の砂味（じゃみ）がさばけず、鉱山のマテリアルバランスが崩れている。さらに、物価高を背景にあらゆる費用が上昇しており、5,000円の値上げ効果は徐々に薄まっているという。

そのため、セメント各社は、セメント・固化材の販売価格を2025年4月1日出荷分から1トン当たり2,000円以上引き上げる。直近2回の値上げを含めた上げ幅は7,000円以上に達する。

太平洋セメントがほぼ1年前に打ち出し、残る

主要セメント４社の 2024 年４～12 月期連結決算

社名	売上高	営業利益	経常利益	純利益	セメント部門
太平洋セメント	6,818	642	652	523	売上高 4,927（4.6）営業利益 440（86.6）
	(3.3)	(53.4)	(48.8)	(81.9)	国内販売 951（▲ 4.8）輸出 239（21.5）
	9,150	780	760	560	売上高 6,500（3.2）営業利益 524（60.2）
	(3.2)	(38.1)	(27.8)	(29.4)	国内販売 1,250（▲ 3.5）輸出 330（29.3）
UBE 三菱セメント	4,312	431	450	248	売上高 2,851（2.5）営業利益 325（36.0）
	(▲ 3.7)	(18.0)	(17.0)	(28.3)	国内販売 596（▲ 6.1）輸出 218(16.9)
	5,620	480	480	260	売上高 3,700（1.5）営業利益 360（18.4）
	(▲ 4.0)	(5.1)	(0.7)	(5.8)	国内販売 790（▲ 3.7）輸出 305（9.7）
住友大阪セメント	1,661	66	68	66	売上高 1,186(▲ 2.6) 営業利益 4（—）
	(▲ 0.8)	(38.4)	(15.7)	(▲ 37.1)	国内販売 553（▲ 8.4）輸出 94（34.6）
	2,238	84	83	78	売上高 1,594(▲ 0.4) 営業利益 6（—）
	(0.6)	(15.8)	(▲ 2.1)	(▲ 49.2)	国内販売 726（▲ 6.5）輸出 134（42.4）
トクヤマ	2,533	210	219	169	売上高 496（▲ 2.1）営業利益 57（20.8）
	(1.3)	(24.4)	(29.4)	(42.1)	国内販売 189（▲ 3.3）輸出 63（37.9）
	3,480	310	310	250	売上高 650（▲ 3.3）営業利益 70（4.3）
	(1.8)	(20.9)	(17.9)	(40.8)	国内販売 252（▲ 2.3）輸出 74（27.6）

※上段が４～12 月期実績、下段が 2025 年３月期通期予想。単位は億円、以下切り下げ。セメントの国内販売・輸出は万㌧。カッコ内は前年比増減%、▲は減少

大手や中堅が相次いで追随した。上げ幅は 2,000 円以上から 2,400 円以上とメーカーによって異なるが、過去の例に照らせば交渉は下限の 2,000 円以上が軸となりそうだ。約１年の予告期間を設けたのは異例。生コンなどユーザーが価格転嫁までに一定の期間を要することに配慮したという。また、住友大阪セメントは高炉セメントや低熱系セメントなど普通セメント以外の品種について、産廃処理使用量に制限がありコストが膨らんでいるとして上げ幅を別途設定し、交渉している。

セメント各社は、2022 年の２度、計 5,000 円の値上げと同様に、サプライチェーン全体に価格転嫁の動きが広がることを期待している。環境整備として関係省庁や生コン協組などユーザー団体、調査機関などを巡り、理解と協力を求めた。全国各地の生コン協同組合が価格転嫁に動いている。すでに１月から引き上げた協組もあり、2025 年度上期末までに相当数の協組が値上げを実施する見込みだ。

生コンなどユーザーは全般的に理解を示しているとされているものの、この時期の値上げの妥当性を疑問視する声があるのは否めない事実だ。これまでの値上げの理由だった石炭価格がピーク時の４分の１の水準まで下落しているためだ。セメント各社は、国内セメント事業の収益力はいまだ脆弱であり、安定供給や循環型社会への貢献などといった社会的使命を果たし続けるためには、値上げによって持続可能な収益基盤を確立する必要があると口をそろえる。

ＵＢＥ三菱セメント社長に平野氏

国内２位のＵＢＥ三菱セメントの社長兼最高経営責任者（CEO）に 2025 年４月１日付で平野和人副社長が就任する。小山誠社長は会長に就き、専務執行役員に昇格する小野光雄常務執行役員が社長補佐を務める。2025 年度は中期経営戦略（中経）の総仕上げと 2026 年度から始まる新中経を策定する重要な節目であること、船出から３年経ち統合もスムーズに進んでいることから、小山氏と平野氏のツートップ体制を改め、社長兼 CEO のもとに執行体制を一本化する。

2024 年 12 月 17 日に開かれた社長交代会見で平野氏は、同社理念のバリューに掲げた「誠実さと真摯さ、個の融合とグループ力、挑戦と変革を胸に刻み、従業員やグループ会社と共有していきたい。多様な個を尊重するグローバルな会社にしていく」と

抱負を語った。そのうえで、「統合、融和は進んでいる。統合新社というステージは卒業し、2025年度を次のステージに入る初年度と位置付けたい」とし、国内事業の収益力の強化、カーボンニュートラル対策、海外事業の拡大に注力する方針を示した。新中経では2030年度の経営目標に掲げた営業利益750億円以上、ROE（自己資本利益率）8%以上、ROA（総資産利益率）6%以上の前倒し達成を目指す。

小山氏は平野氏について「スピード感を持って決断、実行できるリーダー。変革と成長という次のターゲットに向けた舵取り役として最も相応しい」と評した。小山氏は逆風が吹きすさぶ中で、5,000円の値上げ、工場閉鎖、安価炭の使用拡大などといった収益改善策を推し進め、2023年度の業績は大幅な赤字からのV字回復を実現。2024年度の業績も堅調で、中経の最終年度目標を2年連続で達成できる見通しとなった。小山氏は「当社はこれから真のエクセレントカンパニーを目指して次の段階へと向かわねばならない。真価が問われるのはこれからだ」と強調した。

カーボンニュートラル実現に注力

セメント産業にとって2050年カーボンニュートラル実現の成否はセメントという商品の命脈に直結する重要な課題である。

セメント各社は、第1フェーズとしてセメント焼成で使う石炭など化石燃料の削減に向け、廃プラスチックなど熱エネルギー系廃棄物の増量や高性能クリンカクーラなど省エネ設備の導入を進めている。同時に2030年以降の社会実装を目指し、キルン排ガスからの二酸化炭素（CO_2）の分離・回収、CO_2を炭酸塩化やカーボンフリーエネルギーの原料などとして利用する革新技術の開発に取り組んでいる。

熱エネルギー代替廃棄物の使用割合は着実に増加している。セメント協会のまとめによると、2013年度は15.9%だったのが、2023年度は25.7%と10%増加した。廃プラは52万トンから79万トン、再生油が19万トンから27万トンと主にこの2品目が増えている。2030年度までに28%とするセメント協会目標は射程圏内に入ってきた。セメント各社は50%をターゲットに据え、廃プラの破砕・投入能力の増強を進めている。残り50%をアンモニアや合成メタン、水素といったカーボンフリーエネルギーに置き換え、脱化石燃料、つまりエネルギー起源のカーボンニュートラルを達成するという青写真を描く。

セメントでやっかいなのが石灰石焼成による脱炭酸で発生するプロセス起源のCO_2であり、総排出量の60%を占める。国も産業界のカーボンニュートラル実現を後押しする。NEDO（新エネルギー・産業技術開発機構）のグリーンイノベーション基金の事業として、太平洋セメントはCO_2回収型（C2SPキルン）とメタネーション、住友大阪セメントやＵＢＥ三菱セメントは廃コンクリートなどカルシウムを含有する廃棄物にキルン排ガスから回収したCO_2を結合させる炭酸塩化（人工炭酸カルシウム）技術の開発などに取り組んでいる。CO_2の再利用にもおのずと限りがあるため、大手3社は、他業種と共同でCO_2の地下貯留の実現性に関する検討を進めている。

異業種や外国企業と連携・提携する動きも広がる。住友大阪セメントは、製紙会社や樹脂会社と共同で人工炭酸カルシウムを使った紙と複合化ポリプロピレン樹脂を開発。それを使ったポストカード、クリアファイルなどを大阪・関西万博の「住友館」で提供する。ＵＢＥ三菱セメントは、先進的な鉱物炭酸塩化技術を持つオーストラリアの企業、MCiカーボンと出資・協業契約を締結した。同社はCO_2と廃コンクリート、スラグなどから高効率、低コストで品位の高い炭酸塩を製造できる実証規模の技術の確立を目指す。また、住友商事はCO_2排出量を60%減らせる低炭素セメントの技術を持つ米国のフォルテラ社と日本での事業性調査に関する覚書を締結。両社は日本での商用化に向け、パイロット生産を検討しているという。住友大阪セメントが技術評価などを担当する。

このようにカーボンニュートラルの実現に向け、様々な角度からアプローチがなされているが、社会実装のステージに上るまで相当の年月を要すると見られる。そこでセメント協会は即効性が期待できる対策として、セメントJISを改正し、普通ポルトランドセメントに添加する少量混合成分を現行の5%以下から10%以下に引き上げ、クリンカ生産量を減らす。CO_2排出量を年間で100万トン減らす効果があるという。プラス5%の増量分は石灰石と人工炭酸カルシウムに限定する。改正JISは2025年度中に施行される予定だ。

太平洋セメントは、CO_2排出削減と工場稼働率の維持を実現するため、混合セメントの輸出を増やしていく方針を掲げている。10年以上前からシンガポール向けに輸出しており、これをフィリピンなどに広げる。また、米国でも輸入ターミナルに混合材を保管するサイロを新設するなど混合セメントの拡販に軸足を置いた施策を展開していく方針だ。

おわりに

冒頭に述べたように目先の大きな焦点は値上げの実現である。かつてのように中途半端な値上げで終わるようだと、国内セメント事業の地盤沈下が進みかねず、カーボンニュートラルの実現に向けた設備投資などの原資確保にも黄色信号が灯りかねない。

値上げはこれで終わりではなさそうである。当面の注目点は2026年4月から本格運用が始まるCO_2の排出権取引だ。CO_2の年間排出量が10万トン以上の企業の参加が義務付けられており、当然、セメント各社も対象になる。CO_2の取引価格はまだ決まっていないが、多額の費用が発生するようだと、価格転嫁は避けられない。さらに、需要減・コスト高という環境は変わらず、中長期的にはカーボンニュートラル関連投資も増大するのは必至であり、価格転嫁なくして事業を継続することはできない。

過去2回の値上げは、石炭価格の暴騰によって経営の健全性が損なわれかねないとの危機バネが働き、初志を貫くことができた。業績が回復する中で行われる今回の値上げを完遂することができるかどうか。次、その次の値上げへとつなげていくうえで極めて重要な値上げとなる。

生コンクリート関連産業の動向

コンクリート新聞社
編集出版部

骨　　材

骨材業界では生産コスト上昇や人手不足、資源枯渇を背景に、これまでにない大幅な値上げを求める機運が全国で高まっている。骨材輸送を担うドライバーの時間外労働が規制される「2024年問題」に絡み、輸送業者からの値上げ要請がとどまる気配はない。25年度以降も流れは続きそうで、骨材価格のさらなる上昇は不可避な情勢だ。

25年1月の『建設物価』によると、コンクリート用砕石（2005）の都道府県庁所在地の平均価格は4,289円で、24年の1年間で293円上昇した。砂利・砂の平均価格（洗い、高い方を選択）も、全46地点で1年前に比べて価格が上昇。1年間で298円上昇し5,066円となった。

25年度も価格上昇の基調は変わらないとみられる。以前と様相が異なるのは、その上げ幅だ。大手千葉砂業者は、生コン用細骨材価格について、今春から2～3年かけてトン当たり2,000～3,500円引き上げる計画を打ち出している。良質な資源が減り、新たな国有林や保安林の解除も見通せない中で、「10年以内に手を打たなければ千葉砂の需給バランスは崩れる」（千葉砂業者幹部）。働き方改革により生産力が低下する中、北海道では札幌近郊に供給される生コン用砕石価格が㎥当たり500円（工場渡し）値上げされ、栃木県内でも砕石業者が25年4月出荷分からトン当たり1,100円引き上げると表明している。

一方、首都圏では内陸産石灰石骨材の供給量の先細りに対する懸念が高まっている。23年に奥多摩の生産者が製造を中止し、武甲山（埼玉県）の生産者も33年度に出荷量を半減させる計画を決定したためだ。埼玉県内の生コン協組は需要家に骨材種類を指定しないよう要請したり、別の配合での検討を求めたりしている。

また24年に浮上した新たな問題が、高層オフィスビルの上層階で床などに使用される軽量コンクリートの原料「軽量骨材」の需給ひっ迫だ。国内で軽量骨材を唯一供給する日本メサライト工業（千葉県船橋市）が、24年7月に機械故障が原因で数週間にわたり生産を停止。8月に再開したものの、旺盛な都市開発ニーズとは裏腹に、生コン出荷数量の押し下げ要因になっているとの見方が広がった。

一連の事態を踏まえ、全国生コン工業組合連合会関東一区地区本部は25年度、骨材問題にかかわる検討委員会を設置する方針。前段として、1都3県の生コン工業組合を通じた骨材の使用状況や需給問題などに関するアンケート調査を踏まえ対応を進めていく。生コン、骨材、輸送の各業界が連携し、一刻も早くサプライチェーン全体で持続可能な供給態勢を構築することが求められる。

混　和　剤

25年のコンクリート用化学混和剤業界は、混和剤JIS（A6204）の改正が大きな焦点になりそうだ。コンクリート用化学混和剤協会は20年度にも改正準備を進めていたが、コロナ禍に突入したこともあり具体的な改正作業は見送られた。今回の改正では、11年以降そのままになっていた関連する基準類との整合化と、混和剤メーカーにとって負担となっている品目ごとの年2回の試験頻度を緩和していくことが大きな目的となる。生コンJIS（A5308）だけでなく、日本建築学会のJASS5（建築工事標準仕様書、鉄筋コンクリート工事）や土木学会のコンクリート標準示方書などが大きく改正されており、それらと整合化を図るだけでなく、最新の知見を取り込んでいくこともが求められる。特にこの15年で暑中コンクリート対策における遅延型混和剤やスランプ保持型の混和剤の登場、コンクリート業界におけるカーボンニュートラル（CN）への対応に伴って新材料も出てきた。コンクリート用化学混和剤に求められる役割は大きくなっており、新たな性能の規定化なども注目される。その一方で、混和剤のラインナップが増えたことによるメーカー側の負担軽減といった課題もある。こうした環境の変化を受けて、1月に混和剤協会は「混和剤試験に関するお願い」を通知した。品目ごとに増える試験頻度をJIS規格通りに行うことで負担軽減を目指す。

従来から混和剤メーカーが打ち出している「無償労務提供（テクニカルサービス、TS)」、「計量設備の無償提供（ディスペンサーサービス、DS)」の廃止や配送の合理化については徐々に進展し始めた。一定の成果はあげているものの、急速に改善できるものではないこともあり、混和剤メーカー側では粘り強くユーザーに理解を得ていく方針。一方、配送の合理化についてはユーザーの協力が得られやすくなっているといい、混和剤を納入する時間に余裕を持たせたり、朝、昼、夕方といった形で選択肢が提示されるようになってきた。今後はユーザーのさらなる協力を得ながら、混和剤各社で製品の配送効率を改善する方法を検討していく必要がありそうだ。

流　　通

東京地区では23年4月から導入された期間契約型出荷ベースの定着を目指した取り組みが進んでいる。今春にはセメントの大幅値上げが控えており、東京地区生コンクリート協同組合は4月1日出荷分から販売価格を3,000円引き上げて25,000円（18・18・20）に改定する。また、合わせて価格スライド表を30年ぶりに大改定する。流通の要を担う登録販売店各社ではその対応に追われている。

期間契約型出荷ベースの定着に取り組む中で、急激なコスト高騰が生じた場合にはゼネコン各社が価格の見直しに応じるようになってきており、商慣習の見直しは徐々にではあるが進展している。ただ、その一方で登録販売店とゼネコンとの注文書には依然として販売価格の有効期限に関する記載が盛り込まれていない。東京地区協組と登録販売店との契約書にはそれが記載されているため、価格改定が行われる度にリスクを抱える状況にあることから、生コンの商取引は期間契約であるということをゼネコンとの注文書に記載してもらうことが、東京の流通業界における大きな課題となっている。

東京地区の今春の値上げは上げ幅が3,000円と大きいことに加え、価格スライド表の大改定と同時並行で行うことになるため、容易ならざる交渉となるものと見られる。特に、価格スライド表におけるスライド値差の引き上げの影響は大きい。過去3回にわたるセメント値上げ（トン当たり7,000円）を土木、建築の各配合に反映してスライド価格を引き上げるが、呼び強度が高いほど、ベース価格からスライドして販売価格が上がるため、呼び強度40程度だと、本体価格からさらに1,000円程度のスライド値差上昇分が加算され、トータルで4,000円程度の値上げとなる。登録販売店とゼネコンとの注文書に期間契約に関する事項を盛り込むことが実現できないと、今回の値上げ分を登録販売店が全て背負うリスクとなるため、東京生コンクリート卸協同組合では東京地区協組とゼネコンの双方に流通側の事情を理解してもらい、一方的に負担を強いられることのないような形にしていくことを目指している。

一方、ゼネコンから生コン販売店（卸協同組合含む）への代金支払い期間については短縮傾向にある。24年11月に中小企業庁と公正取引委員会は下請法の運用ルールを変更し、手形サイト60日以内遵守を徹底しており、その流れに沿って今後も支払い期間の短縮が進むものと見られる。全国生コンクリート卸協同組合連合会では代金回収条件の改善に関する調査を継続し、傾向を分析していく。

輸　送

建設業・物流業においても24年4月から残業時間の上限規制がスタートしたことで、生コン輸送業界でも2024年問題対応に追われている。輸送各社で運転手の確保に努めたことや、生コン輸送は元々残業がそれほど多くないこと、出荷量の減少などもあり、現時点で2024年問題に伴う大きな影響は生じていない模様だ。ただ、一方で残業時間の上限規制が課せられたことで働いて稼ぎたい運転手にとっては手取りが減ることになり、他の輸送業界への転職を検討するケースなども見られるという。

25年の生コン輸送業界においてポイントとなりそうなのは、関東一区全域の生コンクリート協同組合が開始する完全週休2日への対応だ。これまで出荷対応してきた土曜日が休みとなることで、単純計算で毎月4日、1年で48日休みが増えることになり、経営的にはその分だけ収入が落ちることになる。また、土日休みに伴って平日の仕事量が増えることも予想され、それに備えた車両や運転手の確保でコストがかさむ可能性もある。そうした点を踏まえた輸送運賃の獲得が大きなテーマとなりそうだ。

人材確保も大きなテーマとなる。運転手の年齢構成も年々、高齢化が進んでいる。また、生コン輸送は仕事量に応じて、外部から運転手を調達するというビジネスモデルで安定した輸送力を確保してきた。逆に言えば、自前で人材の確保や育成をしてこなかったという側面もあり、それが高齢化により拍車をかけている。

一方で、2024年問題を契機に働き方が見直される中で、残業時間がそれほど多くないという点が人材を引き付ける要素にもなっているという。労働時間が不規則でそれに見合う給与水準にないというネックがある他の輸送業種から生コン輸送に転職してくるケースも見られ、それを見越して臨機応変に賃金や賞与のアップといった待遇面の改善を進めている輸送会社では即戦力の人材を確保できている模様だ。

また、人材確保の一手として外国人労働者の活用も検討されている。輸送という業種は公道を走って仕事をするため、安心安全の徹底が最重要となる。そのうえで言葉の壁が外国人労働者の活用において最大のネックとなっており、一定程度の能力を持った人材の育成には時間を要することが課題となっている。

圧　送

建設業が時間外労働の上限規制となる働き方改革の本格運用から1年が過ぎた。コンクリート圧送業は他の専門工事業と異なり、常駐職種でないことから施工現場が日々変わり、回送時間が発生する。現状のままでは圧送工事業者が規制を遵守することは難しいとして、全国コンクリート圧送事業団体連合会（全圧連）が施工計画で配慮を求める要望書を日本建設業連合会（日建連）と全国建設業協会（全建）傘下の大手ゼネコン本店・支店に提出した。さらに、24年3月には新規物件から圧送作業の標準的な終了時刻を午後3時までとする要望書も送付している。これらの要望書では特別条項付きの36協定の締結で繁忙期は月100時間未満の時間外労働を可能としつつ、1か月当たりの時間外労働が45時間を超えられる月は年6回までという限度を遵守するため、毎月の残業を45時間以内に抑えることが重要であると訴えてきた。要望書の反響は大きく、全圧連傘下の企業が地方の建設業協会から説明を求められるケースもあった。さらに、首都圏の生コン協同組合も打設数量の問題が絡むことから圧送業の取り組みに関心を示し、両者が協力して取り組むことを確認した。

また、4月から首都圏の生コン協同組合の一部がコンクリート打設前に圧送する先行モルタルの単価見直しを行った。従前の価格に比べ大幅に単価アップすることから、一部の圧送資材を扱う会社が販売している少量圧送で先行モルタルの代替となる先行材の使用を模索する動きが出ている。日本建築学会近畿支部と近畿生コンクリート圧送協同組合が22、23年に行った実験で各種先行材の圧送実験を行っているが、ここで圧送前より1ストローク目で圧縮強度が著しく小さくなり、その後、20ストローク目で圧送前と同様の圧縮強度となった。その結果を受け、先送り材の製造者責任として後に圧送されるコンクリートの品質データを明示して必要な廃棄量などを提示すべきという声もある。

他の専門工事業と同様に人手不足と技能者の高齢化が進んでいる。コロナ禍前は若手技能者の採用難を外国人技能実習生がカバーしてきたが、コロナ禍以降は諸外国との人材確保競争にさらされ、日本で働く技能実習生の確保に苦慮している。現在はベトナムからインドネシアにシフトしつつあるが、将来的に安泰とは言えない状況。外国籍の人材を必要な戦力として受け入れる特定技能外国人制度が19年からスタート。特定技能2号を取得し、事実上の永住が可能となる外国人も増えつつある。現在の労働力を維持するためには外国人材の力が不可欠で、引き続き諸外国との連携が必要と言える。

コンクリート二次製品

週休2日の進展や建設コスト上昇に伴う着工延期など建設現場では工期の問題がつきまとっている。そのため、工期短縮や省力・省人化の観点からコンクリート製品への期待は依然として高く、建設業界と発注官庁との意見交換会ではコンクリート工の製品化（プレキャスト化）を求める声が出ている。

国土交通省のコンクリート生産性向上検討協議会ではコンクリート製品のさらなる活用に向け、省人化や働き方改革、二酸化炭素（CO_2）削減といった環境負荷低減などプレキャストの優位性を含めた総合的な評価であるVFM（Value For Money）の概念導入を模索している。コスト面を中心とした形式や工法選定から今後はコストを意識しつつも、VFMの考え方を取り入れ、「最大価値」となるような検討を導入する。25年2月の同協議会でもテーマの1つにあがり、実装に向けて議論を重ねた。また、民間で認証している審査制度を直轄工事にも取り込み、品質管理の効率化も検討している。すでに九州地方整備局などが審査制度の活用状況を調査している。製品検討が容易になり、工場検査の省力もできることから、発注者視点で生産性向上に有益と判断している。

また、プレキャスト化の流れに沿って、多分割大型製品の導入も進んでいる。特に雨水貯留槽など開削で大規模に施工できる現場での大型ボックスカルバートの活用が始まっているほか、郊外などにある局地的な出水を貯留するオープン調整池でも大型擁壁などを組み合わせたプレキャストオープン調整池の施工も行われている。災害復旧などでボックスカルバートを地下暗渠として利用するケースなどもある。流域治水対策や国土強靭化施策で防災・減災への取り組みが加速していることから、特殊製品の活用は今後も継続する。

一方、建築の現場では基礎で高支持力杭工法の活用が進むほか、柱・梁・床材・階段・バルコニーなど構造躯体の製品化も進む。しかし、近年課題となっているのが、資材高、専門工事業者の不足に伴う着工延期。期ずれが各社の業績に影響している。施工も行うパイルメーカーは顕著で、期ずれの常態化で見込み通りの収益が得られないケースが出ている。特に大型現場を押さえるメーカーで影響が大きく、今後も各社のリスクとして存在しそうだ。また、都市圏の再開発現場も着工延期が相次いでおり、中には施工途中で工事がストップするケースも出ている。建築向け製品を主力とするメーカーは工事の進捗で状況が大きく変わるため、業績見通しが立てにくくなっている。

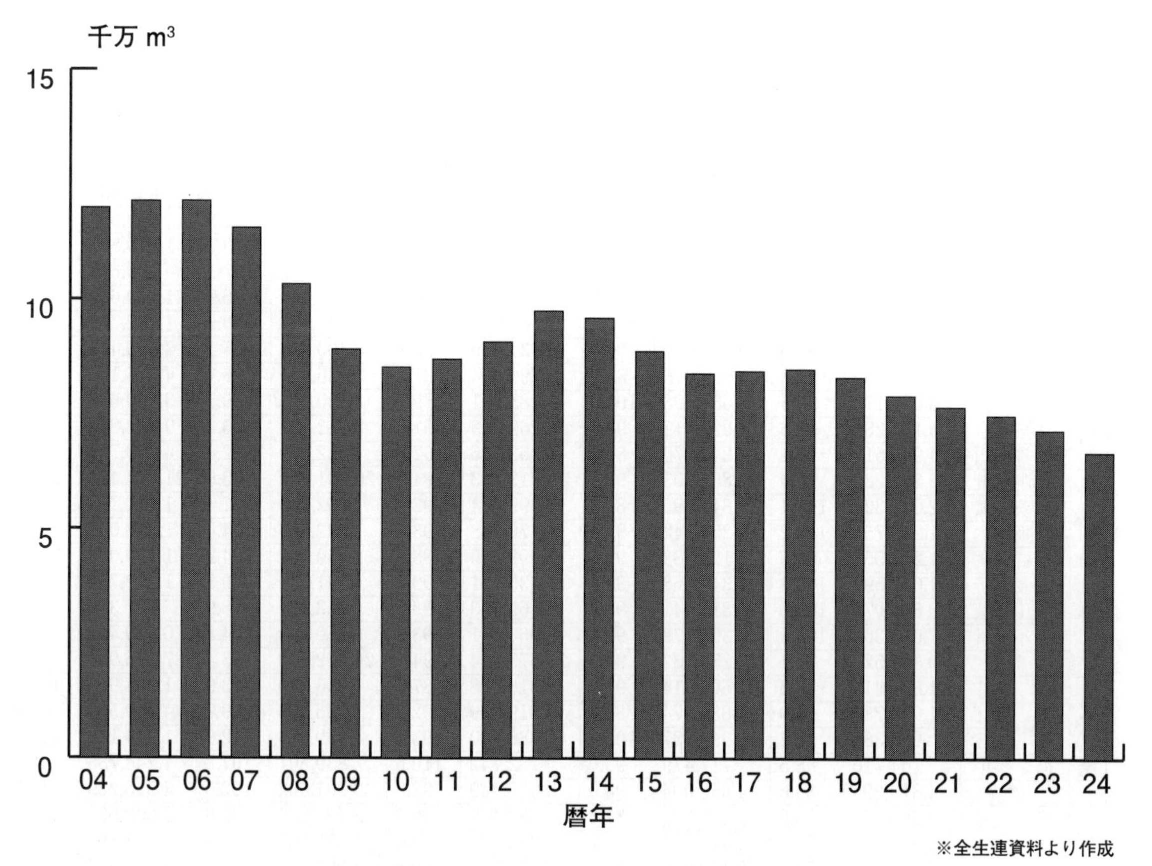

全国の生コンクリート出荷実績の推移

全国の生コンクリートの出荷量はバブル崩壊直前の1990年度（平成元年度）の2億m³をピークに減少傾向に転じた。一時は持ち直したものの、08年9月に発生したリーマン・ショックと09年9月に誕生した民主党政権がそれに拍車をかけた。国際金融市場の縮小と、公共投資の大幅な削減により官需、民需ともに冷え込んだことから、06年は横ばい、07～10年は毎年過去最低を更新し続ける状況だった。

そのトレンドを変えたのが、11年3月11日に発生した東日本大震災だった。宮城県沖を震源とする大型地震により発生した巨大津波が、東北地方と関東地方の太平洋沿岸に甚大な被害を与えたほか、液状化現象などによって各種インフラが寸断される事態も招いた。復興需要に加えて、震災を経験したことで国民の防災・減災への要求が高まり、「国土強靭化」の旗の下、公共事業に大型補正予算が編成されたことから、11～13年は3年連続で前年を上回った。14年は旺盛な復興需要、国土強靭化のためのインフラ整備など需要はあるものの、顕在化し始めた建設現場の人手不足による工期、着工の遅れなど影響から出荷は伸びず、4年ぶりに前年を下回って以降、低空飛行が続いている。

20年は19年末に中国で発見された新型コロナウイルスが世界に大きな混乱をもたらした最初の年となった。生コン出荷量は過去最低の7904万m³と統計開始以来、初めて8000万m³を割り込んだ。21年は延期されていた東京五輪が開催され、沈んでいた世相に一筋の光が射したが、払拭するまでには至らなかった。24年も6669万m³となり、6年連続で過去最低を記録することとなった。働き方改革や人手不足による現場作業時間の減少に加えて、原材料や輸送などの製造コストの上昇が原因とされているが、好転する見込みは立っていない。

2014～2024年暦年　都道府県別

地域	区分	都道府県	2014年	前年比(%)	2015年	前年比(%)	2016年	前年比(%)	2017年	前年比(%)	2018年	前年比(%)
北海道			3,870,785	104.9	3,325,201	85.9	3,368,486	101.3	3,565,855	105.9	3,439,786	96.5
東北		青森	961,535	76.5	940,387	97.8	832,979	88.6	928,459	111.5	839,859	90.5
		秋田	787,162	98.4	678,628	86.2	606,662	89.4	557,327	91.9	659,688	118.4
		岩手	1,948,309	108.5	2,148,319	110.3	1,956,478	91.1	1,946,665	99.5	1,919,889	98.6
		山形	863,011	95.6	737,297	85.4	785,406	106.5	841,173	107.1	736,687	87.6
		宮城	3,043,567	96.4	2,885,716	94.8	2,622,494	90.9	2,279,280	86.9	1,960,607	86.0
		福島	2,122,031	105.7	2,343,263	110.4	2,033,901	86.8	1,847,914	90.9	1,782,705	96.5
		計	9,725,615	98.0	9,733,610	100.1	8,837,920	90.8	8,400,818	95.1	7,899,435	94.0
関東	一区	埼玉	4,546,155	97.3	3,906,616	85.9	3,796,654	97.2	3,736,441	98.4	4,114,159	110.1
		千葉	3,669,170	98.5	3,686,295	100.5	3,285,251	89.1	3,300,368	100.5	3,360,697	101.8
		東京	9,163,281	94.6	9,029,019	98.5	8,269,273	91.6	8,782,759	106.2	9,498,833	108.2
		神奈川	4,906,617	91.1	4,242,273	86.5	4,362,155	102.8	4,482,189	102.8	4,773,795	106.5
		小計	22,285,223	95.0	20,864,203	93.6	19,713,333	94.5	20,301,757	103.0	21,747,484	107.1
	二区	茨城	2,068,322	101.4	1,846,096	89.3	1,699,184	92.0	1,892,538	111.4	1,711,198	90.4
		栃木	1,285,758	110.2	1,254,942	97.6	1,170,548	93.3	1,222,510	104.4	1,198,047	98.0
		群馬	1,205,551	99.6	1,128,832	93.6	998,705	88.5	1,040,162	104.2	1,090,081	104.8
		長野	1,619,590	105.4	1,345,868	83.1	1,335,261	99.2	1,341,779	100.5	1,222,758	91.1
		山梨	874,079	108.6	815,441	93.3	762,453	93.5	753,764	98.9	807,386	107.1
		小計	7,053,300	104.4	6,391,179	90.6	5,966,151	93.3	6,250,753	104.8	6,029,470	96.5
		計	29,338,523	97.1	27,255,382	92.9	25,679,484	94.2	26,552,510	103.4	27,776,954	104.6
北陸		新潟	1,634,410	86.3	1,506,314	92.2	1,316,608	87.4	1,236,920	93.9	1,304,902	105.5
		富山	1,013,784	96.9	888,974	87.7	819,399	92.2	735,275	89.7	749,547	101.9
		石川	906,384	89.3	952,137	105.0	886,700	93.1	1,089,986	122.9	1,214,102	111.4
		福井	764,716	88.5	711,479	93.0	782,742	110.0	839,501	107.3	1,244,738	148.3
		計	4,319,294	89.6	4,058,904	94.0	3,805,449	93.8	3,901,682	102.5	4,513,289	115.7
東海		静岡	2,898,665	96.6	2,546,288	87.8	2,520,459	99.0	2,495,299	99.0	2,602,657	104.3
		岐阜	1,538,068	108.7	1,472,214	95.7	1,333,594	90.6	1,371,337	102.8	1,321,861	96.4
		愛知	5,263,366	98.1	5,100,236	96.9	4,631,587	90.8	4,291,025	92.6	4,565,584	106.4
		三重	1,533,390	99.2	1,565,386	102.1	1,400,677	89.5	1,397,056	99.7	1,384,998	99.1
		計	11,233,489	99.2	10,684,124	95.1	9,886,317	92.5	9,554,717	96.6	9,875,100	103.4
近畿		滋賀	913,359	102.5	770,547	84.4	749,775	97.3	779,138	103.9	782,406	100.4
		奈良	558,079	100.8	458,097	82.1	563,517	123.0	508,543	90.2	494,982	97.3
		京都	1,428,905	117.4	1,137,365	79.6	1,120,604	98.5	1,184,596	105.7	1,346,460	113.7
		大阪兵庫	9,728,950	102.0	9,520,610	97.9	9,362,222	98.3	8,614,401	92.0	7,654,737	88.9
		和歌山	1,294,230	99.2	1,090,425	84.3	764,264	70.1	685,552	89.7	734,591	107.2
		計	13,923,523	103.1	12,977,044	93.2	12,560,382	96.8	11,772,230	93.7	11,013,176	93.6
中国		岡山	1,200,157	105.7	1,036,020	86.3	983,442	94.9	916,751	93.2	933,468	101.8
		広島	1,949,387	93.2	1,727,248	88.6	1,760,282	101.9	1,942,370	110.3	1,765,575	90.9
		山口	1,266,482	104.3	1,233,876	97.4	1,088,928	88.3	1,049,215	96.4	935,032	89.1
		島根	717,524	98.3	662,541	92.3	601,575	90.8	525,829	87.4	531,445	101.1
		鳥取	488,795	89.1	441,244	90.3	463,031	104.9	500,608	108.1	405,511	81.0
		計	5,622,345	98.3	5,100,929	90.7	4,897,258	96.0	4,934,773	100.8	4,571,031	92.6
四国		徳島	893,357	102.1	765,157	85.6	702,528	91.8	690,414	98.3	683,536	99.0
		香川	902,966	101.7	846,016	93.7	822,899	97.3	819,356	99.6	756,816	92.4
		愛媛	1,306,563	99.4	1,152,651	88.2	1,094,041	94.9	1,194,133	109.1	1,095,471	91.7
		高知	968,512	103.6	883,211	91.2	823,730	93.3	788,973	95.8	714,134	90.5
		計	4,071,398	101.5	3,647,035	89.6	3,443,198	94.4	3,492,876	101.4	3,249,957	93.0
九州		福岡	3,554,572	98.6	3,138,029	88.3	3,060,999	97.5	3,135,141	102.4	3,194,864	101.9
		佐賀	677,627	109.7	612,144	90.3	545,358	89.1	526,393	96.5	523,138	99.4
		長崎	1,132,882	95.3	1,023,531	90.3	1,094,466	106.9	1,199,387	109.6	1,159,101	96.6
		熊本	1,810,516	96.2	1,462,203	80.8	1,413,563	96.7	1,788,060	126.5	1,924,953	107.7
		大分	1,336,357	87.6	1,033,981	77.4	961,378	93.0	1,016,005	105.7	1,052,334	103.6
		宮崎	1,054,050	95.8	798,720	75.8	803,415	100.6	808,143	100.6	846,606	104.8
		鹿児島	1,911,398	93.3	1,546,503	80.9	1,484,576	96.0	1,453,819	97.9	1,365,021	93.9
		沖縄	2,336,116	104.0	2,308,094	98.8	2,041,757	88.5	2,287,709	112.0	2,379,053	104.0
		計	13,813,518	97.2	11,923,205	86.3	11,405,512	95.7	12,214,657	107.1	12,445,070	101.9
合計			95,918,489	98.4	88,705,434	92.5	83,884,006	94.6	84,390,118	100.6	84,783,798	100.5

生コンクリート出荷実績

全国生コンクリート工業組合連合会
全国生コンクリート協同組合連合会（単位：m³）

2019 年	前年比(%)	2020 年	前年比(%)	2021 年	前年比(%)	2022 年	前年比(%)	2023 年	前年比(%)	2024 年	前年比(%)
3,501,529	101.8	3,427,724	97.9	3,392,692	99.0	3,133,449	92.4	3,049,381	97.3	3,095,089	101.5
701,772	83.6	654,400	93.2	698,085	106.7	593,480	85.0	572,401	96.4	506,633	88.5
627,665	95.1	603,908	96.2	587,188	97.2	575,455	98.0	494,763	86.0	462,221	93.4
1,547,967	80.6	1,215,100	78.5	901,479	74.2	835,809	92.7	617,685	73.9	571,972	92.6
651,905	88.5	692,298	106.2	689,244	99.6	629,060	91.3	527,907	83.9	450,258	85.3
1,889,697	96.4	1,783,627	94.4	1,622,826	91.0	1,273,351	78.5	1,157,067	90.9	1,032,011	89.2
1,831,158	102.7	1,698,614	92.8	1,362,114	80.2	1,116,020	81.9	1,162,528	104.2	1,044,048	89.8
7,250,164	91.8	6,647,947	91.7	5,860,936	88.2	5,023,175	85.7	4,532,351	90.2	4,067,143	89.7
3,792,612	92.2	3,861,379	101.8	3,617,899	93.7	3,975,639	109.9	3,877,673	97.5	2,976,621	76.8
3,330,097	99.1	3,333,923	100.1	3,412,331	102.4	3,236,365	94.8	3,184,424	98.4	2,994,036	94.0
8,410,411	88.5	7,475,595	88.9	7,695,026	102.9	8,011,923	104.1	7,939,142	99.1	7,879,340	99.2
4,888,713	102.4	4,648,745	95.1	4,738,135	101.9	4,166,798	87.9	4,130,863	99.1	3,832,035	92.8
20,421,833	93.9	19,319,642	94.6	19,463,391	100.7	19,390,725	99.6	19,132,102	98.7	17,682,032	92.4
1,532,896	89.6	1,636,497	106.8	1,561,983	95.4	1,975,502	126.5	1,733,675	87.8	1,552,690	89.6
1,147,765	95.8	1,182,455	103.0	1,225,556	103.6	1,140,157	93.0	1,015,405	89.1	1,000,441	98.5
1,089,755	100.0	1,072,656	98.4	1,059,468	98.8	1,013,022	95.6	991,791	97.9	919,190	92.7
1,192,053	97.5	1,387,726	116.4	1,370,959	98.8	1,387,168	101.2	1,207,032	87.0	1,131,125	93.7
779,953	96.6	707,603	90.7	671,877	95.0	725,903	108.0	621,510	85.6	612,362	98.5
5,742,422	95.2	5,986,937	104.3	5,889,843	98.4	6,241,752	106.0	5,569,413	89.2	5,215,808	93.7
26,164,255	94.2	25,306,579	96.7	25,353,234	100.2	25,632,477	101.1	24,701,515	96.4	22,897,840	92.7
1,275,331	97.7	1,159,932	91.0	1,113,289	96.0	1,009,750	90.7	971,364	96.2	930,930	95.8
738,738	98.6	685,931	92.9	698,461	101.8	662,240	94.8	616,146	93.0	548,863	89.1
1,168,472	96.2	900,197	77.0	765,726	85.1	672,745	87.9	693,903	103.1	599,741	86.4
1,509,277	121.3	1,381,619	91.5	822,526	59.5	776,915	94.5	597,896	77.0	570,114	95.4
4,691,818	104.0	4,127,679	88.0	3,400,002	82.4	3,121,650	91.8	2,879,309	92.2	2,649,648	92.0
2,520,174	96.8	2,409,236	95.6	2,155,774	89.5	2,110,882	97.9	2,060,443	97.6	1,887,463	91.6
1,338,616	101.3	1,415,496	105.7	1,529,968	108.1	1,372,155	89.7	1,416,061	103.2	1,247,068	88.1
4,802,601	105.2	4,499,559	93.7	4,562,175	101.4	4,596,088	100.7	4,608,108	100.3	4,372,454	94.9
1,033,732	74.6	975,254	94.3	1,246,310	127.8	1,078,452	86.5	941,803	87.3	771,020	81.9
9,695,123	98.2	9,299,545	95.9	9,494,227	102.1	9,157,577	96.5	9,026,415	98.6	8,278,005	91.7
815,479	104.2	862,950	105.8	891,709	103.3	1,016,676	114.0	974,934	95.9	950,603	97.5
493,713	99.7	469,970	95.2	503,299	107.1	493,367	98.0	521,357	105.7	486,980	93.4
1,348,761	100.2	1,212,948	89.9	1,193,239	98.4	1,249,606	104.7	1,141,424	91.3	1,136,423	99.6
7,695,447	100.5	7,599,546	98.8	7,693,278	101.2	7,265,550	94.4	7,290,424	100.3	6,843,227	93.9
913,408	124.3	858,467	94.0	794,305	92.5	786,092	99.0	710,040	90.3	654,944	92.2
11,266,808	102.3	11,003,881	97.7	11,075,830	100.7	10,811,291	97.6	10,638,179	98.4	10,072,177	94.7
1,016,099	108.9	969,655	95.4	928,989	95.8	856,081	92.2	783,087	91.5	760,300	97.1
1,864,874	105.6	1,942,309	104.2	1,760,528	90.6	1,727,117	98.1	1,663,780	96.3	1,440,396	86.6
930,023	99.5	860,095	92.5	811,008	94.3	771,634	95.1	700,714	90.8	739,436	105.5
647,656	121.9	633,006	97.7	503,240	79.5	449,277	89.3	455,590	101.4	408,609	89.7
391,543	96.6	389,651	99.5	355,454	91.2	340,243	95.7	301,692	88.7	310,421	102.9
4,850,195	106.1	4,794,716	98.9	4,359,219	90.9	4,144,352	95.1	3,904,863	94.2	3,659,162	93.7
719,642	105.3	697,321	96.9	610,458	87.5	565,511	92.6	494,831	87.5	494,334	99.9
722,219	95.4	677,771	93.8	616,741	91.0	657,996	106.7	629,859	95.7	547,479	86.9
1,165,164	106.4	1,183,809	101.6	1,131,936	95.6	1,052,392	93.0	934,527	88.8	819,874	87.7
744,440	104.2	810,845	108.9	822,166	101.4	691,992	84.2	626,629	90.6	568,554	90.7
3,351,465	103.1	3,369,746	100.5	3,181,301	94.4	2,967,891	93.3	2,685,846	90.5	2,430,241	90.5
3,309,317	103.6	3,097,178	93.6	3,074,913	99.3	3,298,695	107.3	3,063,470	92.9	2,872,292	93.8
483,937	92.5	456,609	94.4	445,706	97.6	522,885	117.3	437,993	83.8	409,499	93.5
1,116,076	96.3	1,084,969	97.2	964,979	88.9	930,861	96.5	896,418	96.3	768,185	85.7
1,891,603	98.3	1,610,289	85.1	1,502,365	93.3	1,603,447	106.7	1,469,318	91.6	1,454,408	99.0
976,476	92.8	925,009	94.7	984,775	106.5	933,799	94.8	874,941	93.7	836,040	95.6
785,346	92.8	746,548	95.1	749,946	100.5	718,717	95.8	648,751	90.3	653,913	100.8
1,319,872	96.7	1,269,132	96.2	1,287,393	101.4	1,226,360	95.3	1,242,280	101.3	1,100,764	88.6
2,368,178	99.5	1,876,050	79.2	1,516,147	80.8	1,536,666	101.4	1,505,172	98.0	1,444,652	96.0
12,250,805	98.4	11,065,784	90.3	10,526,224	95.1	10,771,430	102.3	10,138,343	94.1	9,539,753	94.1
83,022,163	97.9	79,043,601	95.2	76,643,664	97.0	74,763,291	97.5	71,556,203	95.7	66,689,058	93.2

都道府県		組合員の出荷数量の内訳（m³）								
		協同組合員				非協同組合員	工業組合員合計（a+d）		組合員合計（c+d）	
		工業組合員(a)	非工業組合員(b)	協同組合員合計(c=a+b)	前年比(%)	工業組合員(d)		前年比(%)		前年比(%)
北海道		2,908,798	40,078	2,948,876	102.3	41,213	2,950,011	101.4	2,990,089	101.6
東北	青森	194,810	15,733	210,543	68.2	270,640	465,450	88.6	481,183	88.4
	秋田	328,478	0	328,478	92.4	133,743	462,221	93.4	462,221	93.4
	岩手	501,905	0	501,905	93.1	19,747	521,652	92.0	521,652	92.0
	山形	378,089	0	378,089	82.2	33,726	411,815	83.5	411,815	83.5
	宮城	559,176	0	559,176	90.2	316,835	876,011	92.2	876,011	92.2
	福島	708,728	0	708,728	87.9	297,270	1,005,998	89.5	1,005,998	89.5
	計	2,671,186	15,733	2,686,919	87.0	1,071,961	3,743,147	90.1	3,758,880	90.1
関東 一区	埼玉	1,582,443	11,410	1,593,853	83.9	293,178	1,875,621	86.4	1,887,031	86.4
	千葉	1,467,904	0	1,467,904	85.9	858,132	2,326,036	86.3	2,326,036	86.3
	東京	4,162,874	2,129	4,165,003	97.0	2,283,466	6,446,340	96.6	6,448,469	96.6
	神奈川	1,294,903	0	1,294,903	96.4	1,256,132	2,551,035	89.3	2,551,035	89.3
	小計	8,508,124	13,539	8,521,663	92.2	4,690,908	13,199,032	91.7	13,212,571	91.7
関東 二区	茨城	1,347,612	0	1,347,612	89.6	7,263	1,354,875	88.7	1,354,875	88.7
	栃木	790,797	9,233	800,030	96.7	136,361	927,158	98.8	936,391	98.5
	群馬	781,261	0	781,261	92.6	6,389	787,650	92.8	787,650	92.8
	長野	1,098,143	0	1,098,143	93.4	32,982	1,131,125	93.7	1,131,125	93.7
	山梨	562,412	0	562,412	98.7	0	562,412	98.7	562,412	98.7
	小計	4,580,225	9,233	4,589,458	93.3	182,995	4,763,220	93.6	4,772,453	93.5
関東	計	13,088,349	22,772	13,111,121	92.6	4,873,903	17,962,252	92.2	17,985,024	92.2
北陸	新潟	739,022	0	739,022	95.7	156,568	895,590	95.6	895,590	95.6
	富山	359,001	0	359,001	87.5	189,862	548,863	89.1	548,863	89.1
	石川	440,783	0	440,783	82.1	33,458	474,241	83.5	474,241	83.5
	福井	457,578	0	457,578	96.7	112,536	570,114	95.4	570,114	95.4
	計	1,996,384	0	1,996,384	91.1	492,424	2,488,808	91.5	2,488,808	91.5
東海	静岡	1,615,045	0	1,615,045	92.0	208,877	1,823,922	91.5	1,823,922	91.5
	岐阜	1,091,935	48,851	1,140,786	86.9	106,282	1,198,217	87.5	1,247,068	88.1
	愛知	3,436,828	0	3,436,828	95.4	106,025	3,542,853	95.1	3,542,853	95.1
	三重	611,849	0	611,849	80.8	123,772	735,620	81.2	735,620	81.2
	計	6,755,657	48,851	6,804,508	91.6	544,956	7,300,612	91.3	7,349,463	91.4

生コンクリート出荷実績

全国生コンクリート工業組合連合会
全国生コンクリート協同組合連合会

組合員以外の者の出荷数量の内訳（m³）				総出荷数量（m³）					
				官公需		民需		合計（c+d+e）	
官公需	民需	合計（e）	前年比（%）		前年比（%）		前年比（%）		前年比（%）
14,000	91,000	105,000	99.9	1,358,367	112.1	1,736,722	94.5	3,095,089	101.5
9,565	15,885	25,450	91.4	231,251	87.9	275,382	89.0	506,633	88.5
0	0	0		287,676	93.9	174,545	92.7	462,221	93.4
3,900	46,420	50,320	98.7	218,981	96.0	352,991	90.6	571,972	92.6
0	38,443	38,443	111.4	197,807	80.9	252,451	89.1	450,258	85.3
58,207	97,793	156,000	75.2	463,149	67.3	568,862	121.3	1,032,011	89.2
2,000	36,050	38,050	99.0	394,473	85.9	649,575	92.4	1,044,048	89.8
73,672	234,591	308,263	85.8	1,793,337	81.9	2,273,806	97.0	4,067,143	89.7
57,241	1,032,349	1,089,590	64.4	313,692	53.9	2,662,929	80.8	2,976,621	76.8
26,772	641,228	668,000	136.3	444,772	86.0	2,549,264	95.6	2,994,036	94.0
269,354	1,161,517	1,430,871	113.1	973,356	75.1	6,905,984	103.9	7,879,340	99.2
58,127	1,222,873	1,281,000	100.5	523,347	62.9	3,308,688	100.3	3,832,035	92.8
411,494	4,057,967	4,469,461	94.7	2,255,167	69.9	15,426,865	97.0	17,682,032	92.4
29,154	168,661	197,815	95.6	432,152	76.9	1,120,538	95.7	1,552,690	89.6
11,150	52,900	64,050	99.5	186,863	74.9	813,578	106.2	1,000,441	98.5
31,400	100,140	131,540	92.1	339,607	86.6	579,583	96.6	919,190	92.7
0	0	0		456,586	95.2	674,539	92.7	1,131,125	93.7
24,975	24,975	49,950	97.1	275,373	94.7	336,989	101.9	612,362	98.5
96,679	346,676	443,355	95.2	1,690,581	85.6	3,525,227	98.0	5,215,808	93.7
508,173	4,404,643	4,912,816	94.7	3,945,748	75.9	18,952,092	97.2	22,897,840	92.7
0	35,340	35,340	101.8	469,807	102.2	461,123	90.1	930,930	95.8
0	0	0		240,021	91.0	308,843	87.7	548,863	89.1
0	125,500	125,500	99.6	208,740	76.6	391,001	92.8	599,741	86.4
0	0	0		282,410	115.2	287,704	81.6	570,114	95.4
0	160,840	160,840	100.1	1,200,978	97.0	1,448,671	88.5	2,649,648	92.0
20,898	42,643	63,541	95.9	662,075	94.5	1,225,388	90.1	1,887,463	91.6
0	0	0		607,991	90.6	639,077	85.8	1,247,068	88.1
173,959	655,642	829,601	94.0	791,307	84.4	3,581,147	97.6	4,372,454	94.9
13,200	22,200	35,400	100.0	355,085	72.8	415,935	91.7	771,020	81.9
208,057	720,485	928,542	94.4	2,416,458	86.4	5,861,547	94.1	8,278,005	91.7

都道府県		組合員の出荷数量の内訳（m³）								
		協同組合員				非協同組合員	工業組合員合計（a+d）		組合員合計（c+d）	
		工業組合員(a)	非工業組合員(b)	協同組合員合計(c=a+b)	前年比(%)	工業組合員(d)		前年比(%)		前年比(%)
近畿	滋賀	675,044	55,396	730,440	99.6	16,351	691,395	98.3	746,791	99.2
	奈良	463,317	905	464,222	94.0	12,558	475,875	94.8	476,780	93.6
	京都	1,068,418	0	1,068,418	101.4	54,805	1,123,223	99.6	1,123,223	99.6
	大阪兵庫	6,575,028	0	6,575,028	94.0	69,199	6,644,227	94.0	6,644,227	94.0
	和歌山	481,472	0	481,472	91.6	170,100	651,572	92.3	651,572	92.3
	計	9,263,279	56,301	9,319,580	95.1	323,013	9,586,292	94.8	9,642,593	94.9
中国	岡山	715,889	0	715,889	95.8	44,411	760,300	97.1	760,300	97.1
	広島	1,042,641	0	1,042,641	85.0	397,755	1,440,396	86.6	1,440,396	86.6
	山口	0	0	0		733,436	733,436	105.7	733,436	105.7
	島根	334,746	0	334,746	91.5	46,863	381,609	90.9	381,609	90.9
	鳥取	280,553	0	280,553	95.9	23,497	304,050	103.9	304,050	103.9
	計	2,373,829	0	2,373,829	90.2	1,245,962	3,619,791	93.9	3,619,791	93.9
四国	徳島	0	0	0		494,334	494,334	99.9	494,334	99.9
	香川	467,727	0	467,727	87.9	79,752	547,479	86.9	547,479	86.9
	愛媛	621,764	0	621,764	84.0	198,110	819,874	87.7	819,874	87.7
	高知	363,172	0	363,172	90.0	205,382	568,554	90.7	568,554	90.7
	計	1,452,663	0	1,452,663	86.7	977,578	2,430,241	90.5	2,430,241	90.5
九州	福岡	2,791,527	20,989	2,812,516	93.0	4,852	2,796,379	92.6	2,817,368	92.5
	佐賀	271,344	0	271,344	93.2	55,652	326,996	92.0	326,996	92.0
	長崎	537,237	796	538,033	81.0	230,152	767,389	85.6	768,185	85.7
	熊本	1,274,430	59,204	1,333,634	99.6	110,465	1,384,895	100.1	1,444,099	99.0
	大分	710,944	0	710,944	92.8	92,096	803,040	95.7	803,040	95.7
	宮崎	0	16,135	16,135	131.1	0	0		16,135	131.1
	鹿児島	1,068,811	0	1,068,811	88.6	16,353	1,085,164	88.5	1,085,164	88.5
	沖縄	1,199,979	0	1,199,979	97.6	195,273	1,395,252	97.3	1,395,252	97.3
	計	7,854,272	97,124	7,951,396	93.2	704,843	8,559,115	93.5	8,656,239	93.4
合計		48,364,417	280,859	48,645,276	92.8	10,275,852	58,640,269	93.0	58,921,128	93.0

※　組合員以外の者の出荷数量（e）は各工業組合の推定数量である。

組合員以外の者の出荷数量の内訳（m³）				総出荷数量（m³）					
				官公需		民需		合計（c+d+e）	
官公需	民需	合計（e）	前年比（%）		前年比（%）		前年比（%）		前年比（%）
58,717	145,095	203,812	91.6	289,170	90.4	661,433	101.0	950,603	97.5
0	10,200	10,200	85.0	203,784	96.9	283,196	91.0	486,980	93.4
1,200	12,000	13,200	100.0	297,336	47.7	839,087	161.8	1,136,423	99.6
62,555	136,445	199,000	89.6	1,643,536	94.9	5,199,691	93.5	6,843,227	93.9
1,274	2,098	3,372	88.6	458,452	92.2	196,492	92.2	654,944	92.2
123,746	305,838	429,584	90.7	2,892,278	85.5	7,179,899	98.9	10,072,177	94.7
0	0	0		316,040	100.4	444,260	94.8	760,300	97.1
0	0	0		560,401	74.7	879,995	96.3	1,440,396	86.6
0	6,000	6,000	90.9	272,931	108.6	466,505	103.8	739,436	105.5
0	27,000	27,000	75.0	237,106	84.9	171,503	97.3	408,609	89.7
4,108	2,263	6,371	69.8	195,798	99.9	114,623	108.4	310,421	102.9
4,108	35,263	39,371	76.1	1,582,276	88.3	2,076,886	98.3	3,659,162	93.7
0	0	0		421,944	116.9	72,390	54.1	494,334	99.9
0	0	0		238,402	90.2	309,077	84.6	547,479	86.9
0	0	0		350,870	80.7	469,004	93.9	819,874	87.7
0	0	0		257,542	57.7	311,012	172.5	568,554	90.7
0	0	0		1,268,758	84.2	1,161,483	98.5	2,430,241	90.5
12,911	42,013	54,924	101.0	621,378	91.7	2,250,914	94.3	2,872,292	93.8
41,249	41,254	82,503	99.9	190,029	107.7	219,470	83.9	409,499	93.5
0	0	0		383,884	87.1	384,301	84.3	768,185	85.7
8,218	2,091	10,309	95.8	546,772	87.2	907,636	107.8	1,454,408	99.0
9,300	23,700	33,000	91.7	489,410	101.2	346,630	88.6	836,040	95.6
356,850	280,928	637,778	100.2	371,276	127.4	282,637	79.1	653,913	100.8
14,040	1,560	15,600	98.1	591,136	97.3	509,628	80.3	1,100,764	88.6
12,080	37,320	49,400	69.0	474,570	94.2	970,081	96.9	1,444,652	96.0
454,648	428,866	883,514	101.2	3,668,455	96.3	5,871,297	92.7	9,539,753	94.1
1,386,405	6,381,525	7,767,930	94.8	20,126,656	87.0	46,562,402	96.1	66,689,058	93.2

各都道府県庁所在地の

	2021年1月号	前年同月比	2022年1月号	前年同月比
札　幌	12950	0	15150	2200
青　森	13300	0	13300	0
盛　岡	15500	0	16000	500
仙　台	12400	-500	10500	-1900
秋　田	14300	0	14300	0
山　形	13200	0	13200	0
福　島	14600	0	14600	0
水　戸	13000	0	13500	500
宇都宮	11000	0	11500	500
前　橋	12300	0	12300	0
さいたま	12000	0	12000	0
千　葉	11000	200	12000	1000
東　京	14100	100	14500	400
横　浜	12400	300	12500	100
甲　府	12400	0	14000	1600
長　野	16800	0	18050	1250
新　潟	10000	500	10700	700
富　山	14300	0	14800	500
金　沢	12500	0	12900	400
福　井	14800	0	14800	0
名古屋	11000	0	11000	0
静　岡	13000	500	13300	300
津	15000	0	15000	0
岐　阜	11000	0	11000	0
大　津	18700	0	18700	0
京　都	17400	0	19200	1800
大　阪	18800	0	18800	0
神　戸	18800	0	18800	0
奈　良	17200	0	19200	2000
和歌山	17000	0	19000	2000
岡　山	16000	0	16000	0
鳥　取	11900	0	11900	0
松　江	17230	0	17230	0
広　島	15500	0	15500	0
山　口	16950	0	16950	0
徳　島	14800	0	15800	1000
高　松	14300	0	14300	0
松　山	12700	0	13700	1000
高　知	9400	0	9400	0
福　岡	13000	0	13000	0
佐　賀	12400	600	12700	300
長　崎	12150	0	12150	0
熊　本	15000	0	15000	0
大　分	14900	1500	14900	0
宮　崎	18700	0	18700	0
鹿児島	15600	0	15600	0
那　覇	13850	0	14850	1000

生コン価格の推移

2023 年 1 月号	前年同月比	2024 年 1 月号	前年同月比	2025 年 1 月号	前年同月比
15150	0	19650	4500	19650	0
13300	0	16100	2800	18100	2000
17500	1500	20500	3000	23000	2500
11700	1200	13700	2000	14900	1200
15800	1500	18800	3000	20900	2100
15300	2100	18300	3000	19800	1500
16100	1500	17100	1000	19500	2400
15500	2000	17700	2200	17700	0
14000	2500	17000	3000	17500	500
14300	2000	16300	2000	16300	0
14100	2100	17300	3200	20100	2800
16000	4000	17000	1000	19500	2500
17800	3300	19800	2000	20800	1000
15500	3000	20000	4500	20000	0
16000	2000	18000	2000	18000	0
20050	2000	22050	2000	23550	1500
12800	2100	13900	1100	15500	1600
15800	1000	18900	3100	19900	1000
13900	1000	15200	1300	16400	1200
14800	0	12800	-2000	12800	0
13500	2500	15000	1500	17000	2000
15500	2200	17500	2000	18500	1000
17000	2000	20000	3000	23000	3000
11000	0	14000	3000	17000	3000
22200	3500	25000	2800	25000	0
19200	0	26000	6800	26000	0
18800	0	24500	5700	24500	0
18800	0	24500	5700	24500	0
19200	0	25800	6600	25800	0
19000	0	23000	4000	23000	0
18500	2500	20000	1500	20000	0
14900	3000	17900	3000	17900	0
19430	2200	21430	2000	21430	0
17500	2000	20000	2500	20000	0
18950	2000	20950	2000	20950	0
18300	2500	20800	2500	20800	0
16300	2000	20200	3900	20200	0
16700	3000	19700	3000	19700	0
12400	3000	14400	2000	14400	0
15000	2000	19000	4000	19000	0
14500	1800	19000	4500	19000	0
14500	2350	17500	3000	20200	2700
17000	2000	22000	5000	22000	0
16400	1500	19400	3000	19400	0
20700	2000	23700	3000	24700	1000
18600	3000	21600	3000	21600	0
16650	1800	17700	1050	17700	0

単位：円。Web 建設物価より作成

2024暦年　都道府県別、

	総計		木造				鉄骨鉄筋コンクリート造			
	床面積の合計（m²）	前年比（m²）	床面積の合計（m²）	前年比（m²）	比率（%）	前年比（%）	床面積の合計（m²）	前年比（m²）	比率（%）	前年比（%）
全国	**102,739,329**	**-8,474,327**	**43,856,061**	**-1,763,734**	**42.7**	**1.7**	**1,479,064**	**-541,448**	**1.4**	**-0.4**
北海道	3,635,183	-378,367	1,621,035	-2,682	44.6	4.1	51,916	8,409	1.4	0.3
青森	663,019	-160,977	456,967	-67,174	68.9	5.3	411	-16,899	0.1	-2.0
岩手	995,409	-164,546	461,503	-53,239	46.4	2.0	978	-7,823	0.1	-0.7
宮城	2,148,806	17,843	998,414	-33,651	46.5	-2.0	4,157	-57,719	0.2	-2.7
秋田	507,054	-177,470	323,435	-10,569	63.8	15.0	0	-63	0.0	0.0
山形	728,984	3,831	421,065	-11,437	57.8	-1.9	39	-636	0.0	-0.1
福島	1,316,076	-232,943	674,084	-97,505	51.2	1.4	13,710	13,635	1.0	1.0
茨城	2,671,231	-425,705	1,193,389	-155,331	44.7	1.1	39,008	-172,250	1.5	-5.4
栃木	1,580,922	-97,990	762,589	-102,854	48.2	-3.3	10,955	8,864	0.7	0.6
群馬	1,752,831	-383,651	866,054	-53,396	49.4	6.4	171	-3,559	0.0	-0.2
埼玉	6,222,034	-233,135	3,112,011	-204,259	50.0	-1.4	30,325	-229,643	0.5	-3.5
千葉	5,798,042	-279,132	2,452,700	-137,491	42.3	-0.3	38,681	-74,978	0.7	-1.2
東京	12,192,638	-1,173,248	3,507,746	-66,364	28.8	2.0	494,950	45,245	4.1	0.7
神奈川	6,806,535	-765,755	3,025,492	-41,945	44.4	3.9	62,144	37,319	0.9	0.6
新潟	1,493,736	-33,145	806,257	-20,572	54.0	-0.2	43,522	31,870	2.9	2.2
富山	903,580	-6,179	430,331	-20,541	47.6	-1.9	63,988	58,074	7.1	6.4
石川	948,213	-66,844	496,665	-457	52.4	3.4	41,951	34,289	4.4	3.7
福井	671,886	-13,870	345,986	-18,829	51.5	-1.7	5,191	-16,090	0.8	-2.3
山梨	703,248	37,162	388,540	26,038	55.2	0.8	474	-1,783	0.1	-0.3
長野	1,753,807	29,701	930,190	-20,755	53.0	-2.1	3,948	3,257	0.2	0.2
岐阜	1,543,927	18,792	792,207	-33,471	51.3	-2.8	13,053	11,550	0.8	0.7
静岡	3,012,387	-154,519	1,296,944	-58,023	43.1	0.3	25,787	11,999	0.9	0.4
愛知	7,387,053	-732,194	3,137,360	-8,095	42.5	3.7	35,783	-43,327	0.5	-0.5
三重	1,303,481	-68,248	658,532	-12,292	50.5	1.6	32,864	32,729	2.5	2.5
滋賀	1,561,774	-96,579	608,909	-24,175	39.0	0.8	2,654	-10,900	0.2	-0.6
京都	2,105,763	132,517	707,571	81,708	33.6	1.9	48,767	11,564	2.3	0.4
大阪	7,055,688	-427,160	2,524,770	-4,874	35.8	2.0	135,221	-37,236	1.9	-0.4
兵庫	3,995,397	-1,009,624	1,589,944	-40,158	39.8	7.2	75,080	-40,692	1.9	-0.4
奈良	876,413	45,908	427,649	-1,938	48.8	-2.9	20,232	9,708	2.3	1.0
和歌山	623,561	9,469	320,728	-19,194	51.4	-3.9	0	-36	0.0	0.0
鳥取	396,084	21,947	208,069	2,985	52.5	-2.3	7,153	-508	1.8	-0.2
島根	509,164	43,841	224,846	-28,547	44.2	-10.3	204	-2,439	0.0	-0.5
岡山	1,486,128	-264,224	672,176	-7,668	45.2	6.4	1,875	-58,736	0.1	-3.3
広島	2,004,396	-158,331	893,716	-61,633	44.6	0.4	36,824	13,892	1.8	0.8
山口	994,886	-65,269	448,982	-15,824	45.1	1.3	639	471	0.1	0.0
徳島	445,702	-44,377	242,982	-17,816	54.5	1.3	911	-107	0.2	0.0
香川	749,672	-52,365	388,986	-11,024	51.9	2.0	0	-574	0.0	-0.1
愛媛	853,527	-58,006	412,574	-72,550	48.3	-4.9	95	-47	0.0	0.0
高知	326,310	-26,091	181,911	-11,554	55.7	0.8	187	-4,967	0.1	-1.4
福岡	4,444,805	-686,989	1,753,412	-125,226	39.4	2.8	38,966	-102,587	0.9	-1.9
佐賀	801,911	-171,859	359,100	-41,515	44.8	3.6	2,739	-29,091	0.3	-2.9
長崎	756,582	-158,902	364,546	-42,696	48.2	3.7	1,737	-21,596	0.2	-2.3
熊本	2,013,124	311,691	814,265	6,249	40.4	-7.0	9,125	1,503	0.5	0.0
大分	898,925	18,659	405,471	-27,697	45.1	-4.1	39,770	38,374	4.4	4.3
宮崎	805,947	-83,951	417,863	-19,491	51.8	2.7	3,659	-225	0.5	0.0
鹿児島	1,087,544	-182,903	562,725	-51,000	51.7	3.4	11,966	4,017	1.1	0.5
沖縄	1,205,944	-131,140	165,370	-25,202	13.7	-0.5	27,254	16,294	2.3	1.4

構造別建築着工床面積

鉄筋コンクリート造				鉄骨造				その他			
床面積の合計（m²）	前年比（m²）	比率（%）	前年比（%）	床面積の合計（m²）	前年比（m²）	比率（%）	前年比（%）	床面積の合計（m²）	前年比（m²）	比率（%）	前年比（%）
19,696,672	**-4,754,598**	**19.2**	**-2.8**	**36,796,632**	**-1,314,167**	**35.8**	**1.5**	**910,900**	**-100,380**	**0.9**	**0.0**
1,030,107	-295,701	28.3	-4.7	912,403	-89,340	25.1	0.1	19,722	947	0.5	0.1
54,324	3,759	8.2	2.1	138,711	-62,169	20.9	-3.5	12,606	-18,494	1.9	-1.9
89,125	39,162	9.0	4.6	421,418	-78,846	42.3	-0.8	22,385	-63,800	2.2	-5.2
374,488	68,062	17.4	3.0	764,235	57,266	35.6	2.4	7,512	-16,115	0.3	-0.8
32,304	-37,146	6.4	-3.8	135,031	-133,363	26.6	-12.6	16,284	3,671	3.2	1.4
36,779	-18,249	5.0	-2.5	269,114	32,836	36.9	4.3	1,987	1,317	0.3	0.2
40,301	-130,152	3.1	-7.9	570,262	-14,460	43.3	5.6	17,719	-4,461	1.3	-0.1
162,605	-237,181	6.1	-6.8	1,261,778	140,594	47.2	11.0	14,451	-1,537	0.5	0.0
44,974	-117,121	2.8	-6.8	747,271	131,053	47.3	10.6	15,133	-17,932	1.0	-1.0
110,721	-66,992	6.3	-2.0	762,544	-265,654	43.5	-4.6	13,341	5,950	0.8	0.4
882,318	82,685	14.2	1.8	2,178,106	132,108	35.0	3.3	19,274	-14,026	0.3	-0.2
1,164,098	-221,537	20.1	-2.7	2,116,408	171,698	36.5	4.5	26,155	-16,824	0.5	-0.3
4,424,399	-655,302	36.3	-1.7	3,750,456	-484,630	30.8	-0.9	15,087	-12,197	0.1	-0.1
1,700,843	-815,274	25.0	-8.2	1,999,896	57,729	29.4	3.7	18,160	-3,584	0.3	0.0
85,925	-18,624	5.8	-1.1	468,537	-31,006	31.4	-1.3	89,495	5,187	6.0	0.5
31,690	-9,281	3.5	-1.0	282,845	-21,038	31.3	-2.1	94,726	-13,393	10.5	-1.4
60,280	20,726	6.4	2.5	337,376	-126,738	35.6	-10.1	11,941	5,336	1.3	0.6
39,727	-1,112	5.9	0.0	269,938	19,380	40.2	3.6	11,044	2,781	1.6	0.4
74,294	49,841	10.6	6.9	231,561	-33,233	32.9	-6.8	8,379	-3,701	1.2	-0.6
127,258	27,615	7.3	1.5	653,590	8,089	37.3	-0.2	38,821	11,495	2.2	0.6
54,873	-35,682	3.6	-2.4	663,588	78,344	43.0	4.6	20,206	-1,949	1.3	-0.1
326,459	-37,488	10.8	-0.7	1,319,492	-86,260	43.8	-0.6	43,705	15,253	1.5	0.6
1,186,670	-398,207	16.1	-3.5	2,977,965	-298,721	40.3	0.0	49,275	16,156	0.7	0.3
79,799	-9,982	6.1	-0.4	525,684	-76,770	40.3	-3.6	6,602	-1,933	0.5	-0.1
86,998	-259,663	5.6	-15.3	845,570	188,556	54.1	14.5	17,643	9,603	1.1	0.6
509,295	124,936	24.2	4.7	826,602	-91,359	39.3	-7.3	13,528	5,668	0.6	0.2
2,290,269	-229,495	32.5	-1.2	2,073,116	-160,561	29.4	-0.5	32,312	5,006	0.5	0.1
689,283	-992,400	17.3	-16.3	1,611,307	62,317	40.3	9.4	29,783	1,309	0.7	0.2
47,855	8,526	5.5	0.7	377,394	29,511	43.1	1.2	3,283	101	0.4	0.0
48,987	15,658	7.9	2.4	249,597	13,079	40.0	1.5	4,249	-38	0.7	0.0
13,549	-7,846	3.4	-2.3	154,544	23,778	39.0	4.1	12,769	3,538	3.2	0.8
87,815	33,986	17.2	5.7	191,346	42,308	37.6	5.6	4,953	-1,467	1.0	-0.4
161,861	-144,699	10.9	-6.6	630,550	-59,880	42.4	3.0	19,666	6,759	1.3	0.6
300,089	-88,298	15.0	-3.0	754,518	-21,692	37.6	1.8	19,249	-600	1.0	0.0
102,462	-14,394	10.3	-0.7	434,131	-42,125	43.6	-1.3	8,672	6,603	0.9	0.7
43,069	9,260	9.7	2.8	152,963	-32,338	34.3	-3.5	5,777	-3,376	1.3	-0.6
80,398	-1,166	10.7	0.6	269,298	-43,721	35.9	-3.1	10,990	4,120	1.5	0.6
103,889	-955	12.2	0.7	327,108	15,477	38.3	4.1	9,861	69	1.2	0.1
29,766	-23,111	9.1	-5.9	109,435	13,561	33.5	6.3	5,011	-20	1.5	0.1
1,054,518	-190,143	23.7	-0.5	1,578,383	-268,491	35.5	-0.5	19,526	-542	0.4	0.0
90,256	6,754	11.3	2.7	341,180	-109,197	42.5	-3.7	8,636	1,190	1.1	0.3
160,592	-80,159	21.2	-5.1	224,885	-15,857	29.7	3.4	4,822	1,406	0.6	0.3
249,252	-45,948	12.4	-5.0	928,513	349,164	46.1	12.1	11,969	723	0.6	-0.1
188,339	18,996	21.0	1.7	260,616	-5,434	29.0	-1.2	4,729	-5,580	0.5	-0.6
119,780	17,178	14.9	3.3	260,540	-80,528	32.3	-6.0	4,105	-885	0.5	-0.1
210,204	-42,929	19.3	-0.6	285,509	-88,064	26.3	-3.2	17,140	-4,927	1.6	-0.2
813,785	-55,505	67.5	2.5	151,318	-59,540	12.5	-3.2	48,217	-7,187	4.0	-0.1

国土交通省「建築着工統計調査」より作成

2019～2023年度　工業組合別、

		2019年度			2020年度		
		出荷量（m³）	台数（台）	1台当たり（m³）	出荷量（m³）	台数（台）	1台当たり（m³）
北海道		3,471,963	2,038	1,704	3,417,396	2,034	1,680
東北	青森	666,539	601	1,109	685,961	582	1,179
	秋田	629,975	342	1,842	590,479	338	1,747
	岩手	1,461,298	760	1,923	1,121,117	719	1,559
	山形	675,526	493	1,370	661,141	483	1,369
	宮城	1,925,786	1,134	1,698	1,736,530	1,075	1,615
	福島	1,752,975	979	1,791	1,678,283	989	1,697
	計	7,112,099	4,309	1,651	6,473,511	4,186	1,546
関東一区	埼玉	3,811,376	1,949	1,956	3,770,266	1,944	1,939
	千葉	3,351,942	2,036	1,646	3,306,208	2,053	1,610
	東京	8,011,666	2,640	3,035	7,475,540	2,598	2,877
	神奈川	4,701,591	2,333	2,015	4,705,397	2,323	2,026
	計	19,876,575	8,958	2,219	19,257,411	8,918	2,159
関東二区	茨城	1,552,399	921	1,686	1,638,157	962	1,703
	栃木	1,136,250	740	1,535	1,242,722	753	1,650
	群馬	1,095,697	640	1,712	1,068,829	649	1,647
	長野	1,213,070	938	1,293	1,447,060	976	1,483
	山梨	752,661	543	1,386	693,683	562	1,234
	計	5,750,077	3,782	1,520	6,090,451	3,902	1,561
北陸	新潟	1,255,022	1,046	1,200	1,126,137	1,040	1,083
	富山	737,635	488	1,512	666,340	463	1,439
	石川	1,096,946	533	2,058	838,162	517	1,621
	福井	1,496,492	547	2,736	1,239,306	471	2,631
	計	4,586,095	2,614	1,754	3,869,945	2,491	1,554
東海	静岡	2,480,437	1,278	1,941	2,342,175	1,266	1,850
	岐阜	1,376,300	987	1,394	1,423,802	977	1,457
	愛知	4,776,782	1,780	2,684	4,436,607	1,850	2,398
	三重	992,854	801	1,240	999,711	802	1,247
	計	9,626,373	4,846	1,986	9,202,295	4,895	1,880
近畿	滋賀	816,547	578	1,413	879,334	594	1,480
	奈良	475,136	440	1,080	486,222	423	1,149
	京都	1,332,209	942	1,414	1,166,271	933	1,250
	大阪兵庫	7,637,671	3,782	2,019	7,724,644	3,890	1,986
	和歌山	920,611	721	1,277	867,780	731	1,187
	計	11,182,174	6,463	1,730	11,124,251	6,571	1,693
中国	岡山	1,024,080	927	1,105	942,904	952	990
	広島	1,901,301	1,245	1,527	1,929,261	1,278	1,510
	山口	935,712	623	1,502	836,079	642	1,302
	島根	665,705	480	1,387	601,213	473	1,271
	鳥取	401,690	221	1,818	365,431	211	1,732
	計	4,928,488	3,496	1,410	4,674,888	3,556	1,315
四国	徳島	722,799	579	1,248	676,202	567	1,193
	香川	698,540	542	1,289	658,753	530	1,243
	愛媛	1,194,003	947	1,261	1,159,371	969	1,196
	高知	777,029	780	996	808,024	779	1,037
	計	3,392,371	2,848	1,191	3,302,350	2,845	1,161
九州	福岡	3,330,493	1,839	1,811	3,018,760	1,880	1,606
	佐賀	475,085	343	1,385	452,947	342	1,324
	長崎	1,101,185	951	1,158	1,029,343	926	1,112
	熊本	1,808,239	1,131	1,599	1,578,286	1,151	1,371
	大分	952,815	735	1,296	923,434	722	1,279
	宮崎	765,792	729	1,050	735,787	726	1,013
	鹿児島	1,324,039	1,028	1,288	1,252,195	1,012	1,237
	沖縄	2,275,603	844	2,696	1,776,747	825	2,154
	計	12,033,251	7,600	1,583	10,767,499	7,584	1,420
合計		81,959,467	46,954	1,746	78,179,997	46,982	1,664

ミキサ車１台当たり生コン輸送量

2021 年度			2022 年度			2023 年度		
出荷量（m³）	台数（台）	1 台当たり（m³）	出荷量（m³）	台数（台）	1 台当たり（m³）	出荷量（m³）	台数（台）	1 台当たり（m³）
3,320,217	2,031	1,635	3,170,223	1,986	1,596	3,052,611	1,953	1,563
662,875	555	1,194	588,898	539	1,093	558,827	520	1,075
578,912	334	1,733	568,885	312	1,823	488,502	306	1,596
849,174	632	1,344	820,994	599	1,371	572,102	547	1,046
691,979	483	1,433	615,453	460	1,338	506,552	451	1,123
1,528,359	1,050	1,456	1,253,535	960	1,306	1,119,276	963	1,162
1,256,426	938	1,339	1,112,429	906	1,228	1,178,872	877	1,344
5,567,725	3,992	1,395	4,960,194	3,776	1,314	4,424,131	3,664	1,207
3,670,407	1,962	1,871	4,030,090	1,935	2,083	3,742,611	1,939	1,930
3,378,647	1,952	1,731	3,242,343	1,914	1,694	3,132,806	1,957	1,601
7,793,852	2,605	2,992	7,925,876	2,559	3,097	8,033,089	2,541	3,161
4,667,200	2,322	2,010	4,122,813	2,325	1,773	4,061,708	2,327	1,745
19,510,106	8,841	2,207	19,321,122	8,733	2,212	18,970,214	8,764	2,165
1,636,364	949	1,724	1,984,241	978	2,029	1,640,196	976	1,681
1,185,145	783	1,514	1,099,713	795	1,383	984,288	803	1,226
1,037,183	647	1,603	1,014,627	646	1,571	957,505	647	1,480
1,332,535	969	1,375	1,401,637	972	1,442	1,148,849	961	1,195
702,321	565	1,243	698,008	562	1,242	604,204	559	1,081
5,893,548	3,913	1,506	6,198,226	3,953	1,568	5,335,042	3,946	1,352
1,123,110	997	1,126	980,146	957	1,024	970,455	923	1,051
698,123	464	1,505	671,758	454	1,480	575,622	444	1,296
771,754	504	1,531	669,390	501	1,336	666,943	492	1,356
798,036	425	1,878	739,341	406	1,821	580,291	386	1,503
3,391,023	2,390	1,419	3,060,635	2,318	1,320	2,793,311	2,245	1,244
2,160,042	1,233	1,752	2,113,623	1,218	1,735	2,002,271	1,226	1,633
1,512,580	973	1,555	1,376,838	988	1,394	1,395,416	970	1,439
4,562,133	1,914	2,384	4,633,433	1,907	2,430	4,551,023	1,924	2,365
1,252,896	797	1,572	1,050,801	788	1,334	882,021	777	1,135
9,487,651	4,917	1,930	9,174,695	4,901	1,872	8,830,731	4,897	1,803
907,920	600	1,513	1,026,926	603	1,703	953,453	595	1,602
499,565	440	1,135	497,021	446	1,114	519,141	471	1,102
1,223,654	936	1,307	1,222,688	955	1,280	1,112,415	969	1,148
7,459,017	3,896	1,915	7,387,472	3,882	1,903	7,149,651	3,888	1,839
769,179	730	1,054	780,227	731	1,067	674,425	727	928
10,859,335	6,602	1,645	10,914,334	6,617	1,649	10,409,085	6,650	1,565
913,974	951	961	845,401	957	883	786,235	942	835
1,711,844	1,297	1,320	1,715,315	1,294	1,326	1,636,603	1,298	1,261
804,757	611	1,317	745,831	609	1,225	721,721	583	1,238
482,463	460	1,049	446,256	457	976	444,748	443	1,004
353,412	209	1,691	340,528	208	1,637	287,252	209	1,374
4,266,450	3,528	1,209	4,093,331	3,525	1,161	3,876,559	3,475	1,116
602,598	558	1,080	542,934	548	991	489,370	543	901
615,046	511	1,204	662,639	510	1,299	611,168	511	1,196
1,122,941	975	1,152	1,016,771	943	1,078	886,956	905	980
814,943	786	1,037	675,408	767	881	589,379	758	778
3,155,528	2,830	1,115	2,897,752	2,768	1,047	2,576,873	2,717	948
3,159,562	1,876	1,684	3,247,942	1,891	1,718	3,004,085	1,887	1,592
445,878	341	1,308	554,321	331	1,675	384,886	328	1,173
981,686	920	1,067	908,216	902	1,007	890,902	892	999
1,505,483	1,163	1,294	1,626,506	1,148	1,417	1,411,231	1,149	1,228
1,006,447	713	1,412	906,820	696	1,303	852,750	709	1,203
759,174	719	1,056	683,385	711	961	653,825	702	931
1,306,557	1,018	1,283	1,198,518	1,028	1,166	1,227,217	1,095	1,121
1,482,734	804	1,844	1,535,883	786	1,954	1,488,308	768	1,938
10,647,521	7,554	1,410	10,661,591	7,493	1,423	9,913,204	7,530	1,316
76,099,104	46,598	1,633	74,452,103	46,070	1,616	70,181,760	45,841	1,531

全生連資料および自動車検査登録情報協会資料より作成

2011～2023年度　工業組合別、

		2011年度	2012年度	2013年度	2014年度	2015年度	2016年度
北海道		0.65	0.63	0.70	0.71	0.60	0.65
東北	青森	0.96	1.05	0.88	0.73	0.71	0.64
	秋田	0.76	0.70	0.76	0.75	0.63	0.59
	岩手	0.51	1.08	1.41	1.58	1.69	1.51
	山形	0.64	0.60	0.83	0.73	0.62	0.73
	宮城	0.60	1.13	1.30	1.32	1.21	1.11
	福島	0.65	0.92	1.04	1.12	1.22	1.01
	計	0.67	0.95	1.10	1.09	1.07	0.97
関東一区	埼玉	0.50	0.56	0.66	0.61	0.52	0.53
	千葉	0.53	0.55	0.60	0.60	0.57	0.54
	東京	0.73	0.73	0.72	0.70	0.65	0.61
	神奈川	0.63	0.60	0.59	0.52	0.47	0.48
	計	0.62	0.63	0.65	0.62	0.57	0.55
関東二区	茨城	0.62	0.78	0.69	0.69	0.62	0.59
	栃木	0.58	0.57	0.61	0.65	0.62	0.61
	群馬	0.57	0.57	0.62	0.61	0.54	0.52
	長野	0.68	0.73	0.74	0.76	0.63	0.65
	山梨	1.35	1.04	0.97	1.06	0.95	0.91
	計	0.68	0.71	0.69	0.71	0.63	0.62
北陸	新潟	0.65	0.78	0.83	0.68	0.63	0.57
	富山	1.24	0.98	0.99	0.94	0.79	0.76
	石川	0.92	0.84	0.88	0.81	0.80	0.80
	福井	1.23	1.19	1.09	0.91	0.94	1.02
	計	0.91	0.89	0.91	0.80	0.75	0.72
東海	静岡	0.84	0.82	0.81	0.77	0.68	0.68
	岐阜	0.69	0.66	0.73	0.75	0.70	0.66
	愛知	0.67	0.66	0.73	0.71	0.67	0.61
	三重	0.76	0.82	0.84	0.86	0.86	0.74
	計	0.72	0.72	0.76	0.75	0.70	0.65
近畿	滋賀	0.55	0.58	0.65	0.64	0.53	0.54
	奈良	0.30	0.38	0.39	0.40	0.34	0.43
	京都	0.43	0.40	0.50	0.55	0.41	0.43
	大阪兵庫	0.60	0.64	0.67	0.68	0.67	0.64
	和歌山	0.92	1.18	1.35	1.34	0.97	0.80
	計	0.57	0.61	0.66	0.68	0.62	0.60
中国	岡山	0.59	0.56	0.62	0.59	0.55	0.50
	広島	0.73	0.67	0.75	0.66	0.62	0.62
	山口	0.81	0.83	0.89	0.89	0.85	0.76
	島根	1.04	1.05	1.06	1.01	0.90	0.86
	鳥取	0.74	0.85	0.95	0.86	0.75	0.83
	計	0.74	0.72	0.79	0.73	0.68	0.65
四国	徳島	0.99	1.11	1.16	1.12	0.98	0.95
	香川	0.85	0.88	0.92	0.89	0.86	0.85
	愛媛	0.87	0.89	0.97	0.91	0.82	0.81
	高知	0.99	1.21	1.30	1.24	1.18	1.15
	計	0.91	1.00	1.06	1.01	0.93	0.91
九州	福岡	0.64	0.63	0.73	0.67	0.60	0.60
	佐賀	0.74	0.67	0.77	0.81	0.69	0.66
	長崎	0.72	0.74	0.89	0.77	0.75	0.82
	熊本	0.81	0.83	1.10	0.94	0.80	0.83
	大分	1.04	1.07	1.33	1.08	0.85	0.82
	宮崎	0.94	0.97	0.98	0.88	0.71	0.72
	鹿児島	1.01	1.10	1.22	1.08	0.91	0.90
	沖縄	1.42	1.45	1.63	1.66	1.54	1.43
	計	0.85	0.87	1.01	0.92	0.80	0.80
合計		0.69	0.72	0.78	0.75	0.69	0.66

人口１人当たり生コン使用量

2017 年度	2018 年度	2019 年度	2020 年度	2021 年度	2022 年度	2023 年度
0.67	0.65	0.66	0.65	0.64	0.62	0.60
0.73	0.66	0.53	0.55	0.54	0.50	0.47
0.57	0.68	0.65	0.62	0.61	0.61	0.53
1.53	1.53	1.19	0.93	0.71	0.70	0.49
0.76	0.65	0.63	0.62	0.66	0.60	0.49
0.92	0.81	0.84	0.75	0.67	0.56	0.49
0.97	1.00	0.95	0.92	0.69	0.63	0.67
0.93	0.90	0.82	0.75	0.65	0.59	0.53
0.51	0.57	0.52	0.51	0.50	0.56	0.51
0.52	0.54	0.54	0.53	0.54	0.53	0.50
0.65	0.68	0.58	0.53	0.56	0.59	0.57
0.49	0.54	0.51	0.51	0.51	0.46	0.44
0.56	0.60	0.54	0.52	0.53	0.54	0.51
0.66	0.57	0.54	0.57	0.57	0.72	0.58
0.61	0.63	0.59	0.64	0.62	0.59	0.52
0.54	0.56	0.56	0.55	0.54	0.55	0.50
0.62	0.59	0.59	0.71	0.66	0.71	0.57
0.93	1.00	0.93	0.86	0.87	0.89	0.76
0.64	0.62	0.60	0.63	0.62	0.67	0.57
0.54	0.60	0.56	0.51	0.52	0.46	0.46
0.66	0.74	0.71	0.64	0.68	0.67	0.57
0.97	1.10	0.96	0.74	0.69	0.61	0.60
1.09	1.81	1.95	1.62	1.05	1.00	0.78
0.74	0.92	0.89	0.75	0.67	0.62	0.56
0.67	0.73	0.68	0.64	0.60	0.61	0.56
0.68	0.67	0.69	0.72	0.77	0.73	0.72
0.56	0.63	0.63	0.59	0.61	0.64	0.61
0.77	0.75	0.56	0.56	0.71	0.62	0.51
0.63	0.67	0.64	0.62	0.64	0.64	0.60
0.55	0.56	0.58	0.62	0.64	0.75	0.68
0.35	0.39	0.36	0.37	0.38	0.38	0.40
0.47	0.52	0.52	0.45	0.48	0.49	0.44
0.57	0.54	0.54	0.54	0.52	0.53	0.51
0.71	0.81	1.00	0.94	0.84	0.87	0.76
0.55	0.54	0.54	0.54	0.53	0.55	0.51
0.46	0.51	0.54	0.50	0.49	0.46	0.43
0.69	0.62	0.68	0.69	0.62	0.63	0.60
0.76	0.67	0.69	0.62	0.61	0.58	0.56
0.73	0.84	0.99	0.90	0.73	0.69	0.68
0.87	0.70	0.72	0.66	0.64	0.63	0.53
0.66	0.63	0.68	0.64	0.59	0.58	0.55
0.91	0.93	0.99	0.94	0.85	0.78	0.70
0.83	0.79	0.73	0.69	0.65	0.72	0.66
0.87	0.82	0.89	0.87	0.85	0.79	0.69
1.06	0.99	1.11	1.17	1.19	1.00	0.88
0.90	0.87	0.91	0.89	0.86	0.81	0.72
0.62	0.63	0.65	0.59	0.62	0.65	0.59
0.62	0.64	0.58	0.56	0.55	0.70	0.48
0.87	0.86	0.83	0.78	0.76	0.71	0.70
1.03	1.11	1.03	0.91	0.87	0.96	0.83
0.88	0.93	0.84	0.82	0.90	0.83	0.78
0.77	0.77	0.71	0.69	0.72	0.65	0.63
0.89	0.82	0.83	0.79	0.83	0.77	0.79
1.62	1.66	1.57	1.21	1.01	1.06	1.01
0.86	0.87	0.84	0.76	0.75	0.77	0.71
0.66	0.68	0.65	0.62	0.61	0.61	0.56

単位：m^3。全生連資料および総務省資料より作成

地区別、生コン工場の使用粗骨材割合

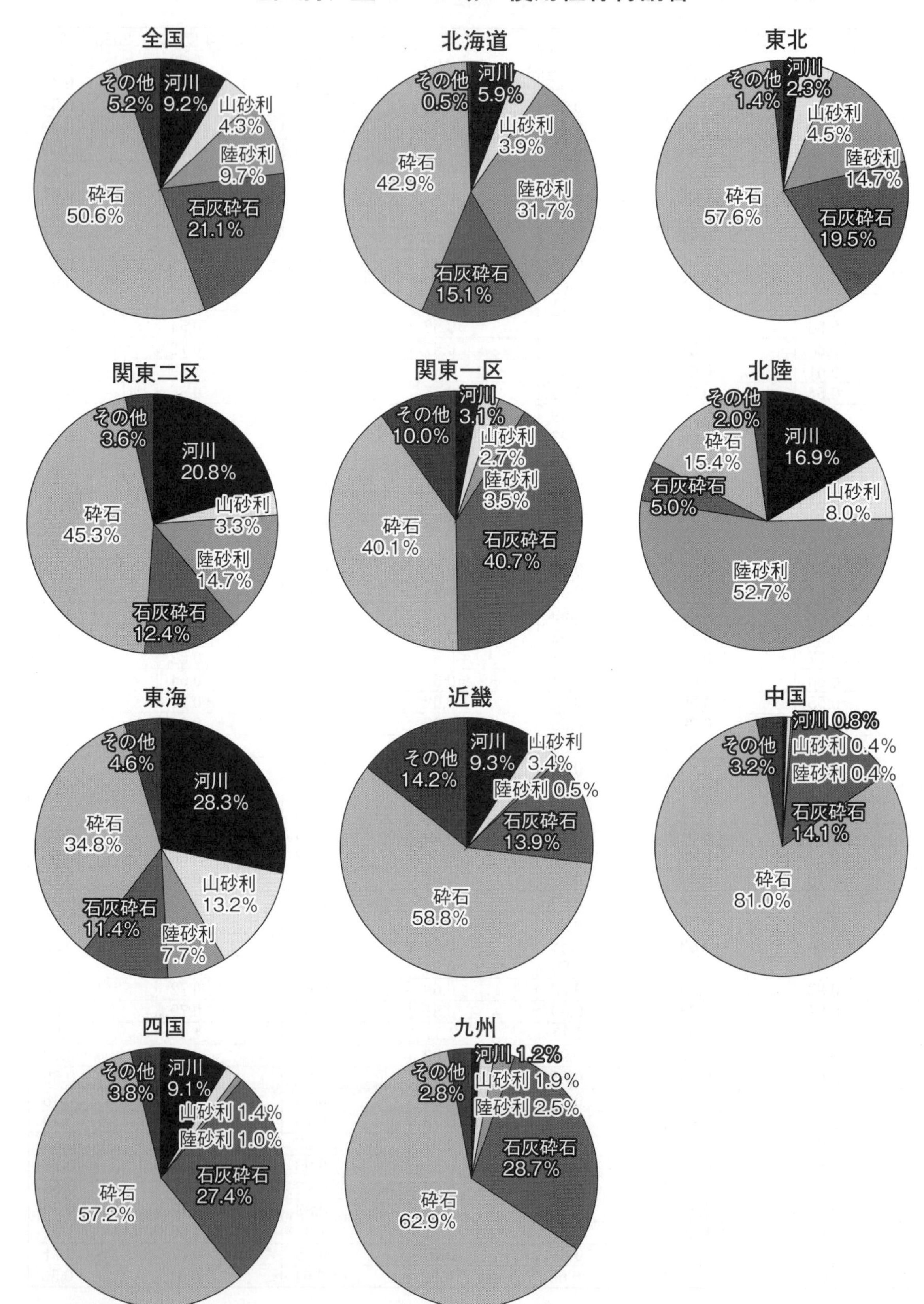

地区別、生コン工場の使用細骨材割合

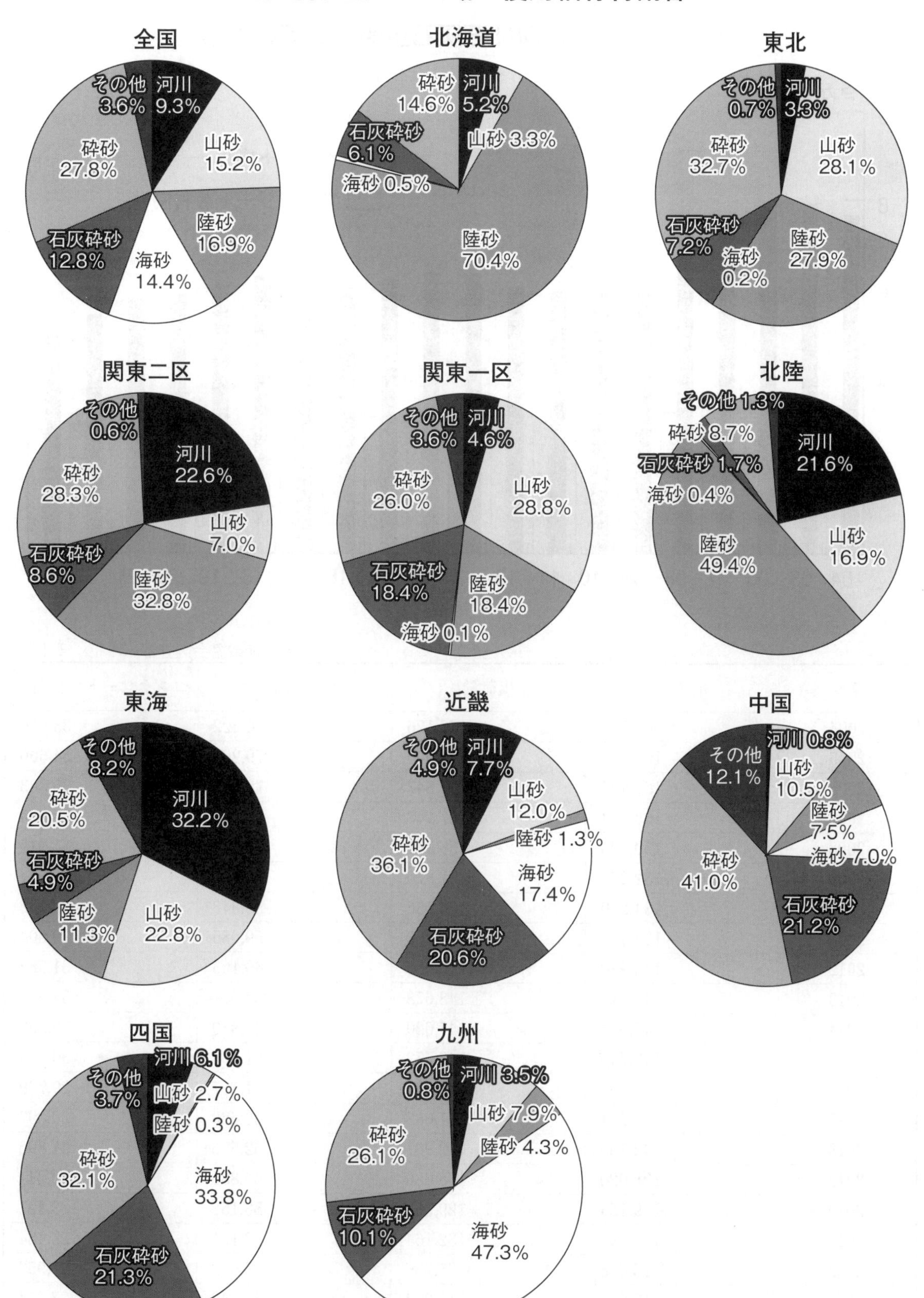

セメント、骨材向け石灰石生産・出荷の推移

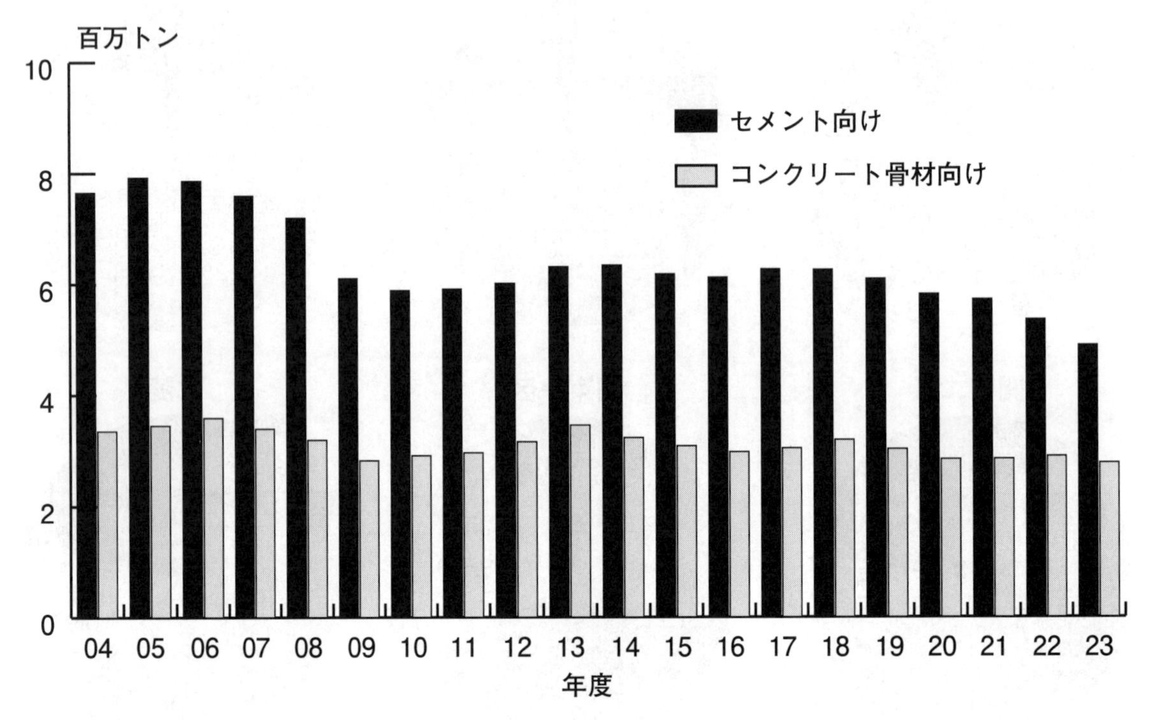

石灰石鉱業協会調査部（単位：千トン）

年度	生産量	出荷量	セメント向け	コンクリート骨材向け
2004	161,207	166,126	76,522	33,516
2005	165,896	170,900	79,208	34,500
2006	167,495	171,847	78,608	35,883
2007	163,744	167,248	75,926	33,930
2008	150,226	155,341	71,931	31,915
2009	132,279	131,870	60,996	28,214
2010	134,209	134,736	58,843	29,108
2011	135,437	134,763	59,085	29,604
2012	140,930	140,026	60,103	31,582
2013	148,819	148,678	63,069	34,570
2014	147,626	147,620	63,360	32,298
2015	142,745	142,552	61,758	30,815
2016	139,139	139,580	61,157	29,729
2017	140,971	141,683	62,620	30,397
2018	142,730	142,907	62,526	31,896
2019	138,020	138,080	60,881	30,241
2020	129,164	129,552	58,152	28,421
2021	132,693	132,164	57,191	28,484
2022	126,688	125,956	53,592	28,959
2023	118,946	118,233	48,942	27,754

全国ミキサ車保有台数〔2024年3月末現在〕

運輸局		自家用	営業用	小計	合計
全国計	普通	28,690	17,127	45,817	45,841
	小型	19		19	
	セミトレ	5		5	
北海道局計	普通	432	1,518	1,950	1,953
	セミトレ	3		3	
札幌	普通	68	660	728	728
函館	普通	53	163	216	216
旭川	普通	107	219	326	326
室蘭	普通	59	115	174	177
	セミトレ	3		3	
釧路	普通	59	129	188	188
帯広	普通	46	140	186	186
北見	普通	40	92	132	132
東北局計	普通	3,017	647	3,664	3,664
青森	普通	469	51	520	520
岩手	普通	414	133	547	547
宮城	普通	757	206	963	963
秋田	普通	258	48	306	306
山形	普通	395	56	451	451
福島	普通	724	153	877	877
関東局計	普通	7,520	4,222	11,742	11,749
	小型	7		7	
茨城	普通	819	157	976	976
栃木	普通	661	142	803	803
群馬	普通	442	204	646	647
	小型	1		1	
埼玉	普通	1,365	573	1,938	1,939
	小型	1		1	
千葉	普通	1,291	664	1,955	1,957
	小型	2		2	
東京	普通	1,321	1,218	2,539	2,541
	小型	2		2	
神奈川	普通	1,154	1,172	2,326	2,327
	小型	1		1	
山梨	普通	467	92	559	559
北陸信越局計	普通	2,022	797	2,819	2,820
	小型	1		1	
新潟	普通	797	126	923	923
富山	普通	217	227	444	444
石川	普通	254	238	492	492
長野	普通	754	206	960	961
	小型	1		1	

運輸局		自家用	営業用	小計	合計
中部局計	普通	3,522	1,761	5,283	5,283
福井	普通	220	166	386	386
岐阜	普通	655	315	970	970
静岡	普通	873	353	1,226	1,226
愛知	普通	1,211	713	1,924	1,924
三重	普通	563	214	777	777
近畿局計	普通	3,079	3,567	6,646	6,650
	小型	4		4	
滋賀	普通	413	178	591	595
	小型	4		4	
京都	普通	433	536	969	969
大阪	普通	794	1,452	2,246	2,246
奈良	普通	304	167	471	471
和歌山	普通	558	169	727	727
兵庫	普通	577	1,065	1,642	1,642
中国局計	普通	1,826	1,648	3,474	3,475
	セミトレ	1		1	
鳥取	普通	163	46	209	209
島根	普通	195	248	443	443
岡山	普通	624	318	942	942
広島	普通	668	630	1,298	1,298
山口	普通	176	406	582	583
	セミトレ	1		1	
四国局計	普通	1,809	907	2,716	2,717
	セミトレ	1		1	
徳島	普通	453	89	542	543
	セミトレ	1		1	
香川	普通	413	98	511	511
愛媛	普通	659	246	905	905
高知	普通	284	474	758	758
九州局計	普通	4,879	1,876	6,755	6,762
	小型	7		7	
福岡	普通	1,003	880	1,883	1,887
	小型	4		4	
佐賀	普通	182	146	328	328
長崎	普通	693	199	892	892
熊本	普通	984	164	1,148	1,149
	小型	1		1	
大分	普通	466	243	709	709
宮崎	普通	649	51	700	702
	小型	2		2	
鹿児島	普通	902	193	1,095	1,095
沖縄局計	普通	584	184	768	768

※自動車検査登録情報協会集計。小型車は長さ4.7m以下、幅1.7m以下、高さ2.0m以下で総排気量が660ccを超え2000cc以下（軽油及び天然ガスのみを燃料とする内燃機関を用いるものは総排気量の基準は適用しない）。セミトレはセミトレーラの略。

2007 ～ 2024 年・各年別・都道府県別

	2007 年	2008 年	2009 年	2010 年	2011 年	2012 年	2013 年	2014 年	2015 年
北海道	1,858,569	1,614,131	1,478,056	1,397,159	1,394,148	1,366,013	1,452,098	1,477,280	1,262,041
青　森	509,234	417,177	342,357	352,175	394,231	438,284	403,097	306,103	301,593
岩　手	398,913	342,117	303,985	290,322	284,157	432,115	587,173	642,364	690,265
宮　城	699,281	607,467	485,776	463,131	442,359	771,448	1,045,786	984,011	959,339
秋　田	309,485	298,615	255,367	226,883	200,120	219,094	236,504	234,591	202,256
山　形	316,282	304,355	263,028	282,112	249,846	251,734	336,802	319,064	296,438
福　島	573,180	493,673	463,839	435,503	410,015	585,833	677,342	734,292	786,731
計	2,806,375	2,463,404	2,114,352	2,050,126	1,980,728	2,698,508	3,286,704	3,220,425	3,236,622
茨　城	902,036	796,152	602,348	585,747	618,214	756,688	693,824	717,592	667,706
栃　木	715,803	605,199	506,155	492,891	432,799	423,174	423,767	463,818	429,405
群　馬	625,485	566,428	463,821	427,976	393,820	385,000	420,004	423,477	419,915
埼　玉	2,081,665	1,763,992	1,623,647	1,524,504	1,635,423	1,795,311	2,107,287	2,098,140	1,801,254
千　葉	1,819,137	1,459,339	1,174,779	1,064,751	1,156,694	1,268,880	1,395,635	1,368,018	1,372,411
東　京	3,402,610	3,029,562	2,656,099	2,578,094	2,781,674	2,747,468	2,804,530	2,638,021	2,631,548
神奈川	2,723,026	2,396,528	2,019,550	2,024,545	2,187,963	2,194,035	2,129,443	1,939,362	1,682,752
新　潟	907,241	878,276	764,489	711,053	569,291	669,235	698,202	589,752	539,037
山　梨	330,770	325,889	287,125	352,135	409,792	372,294	311,979	314,072	291,501
長　野	764,984	668,193	579,287	524,889	546,687	564,099	549,643	556,973	450,928
静　岡	1,266,846	1,227,300	1,130,180	1,010,291	961,840	934,574	915,478	904,978	806,140
計	15,539,603	13,716,858	11,807,480	11,296,876	11,694,197	12,110,758	12,449,792	12,014,203	11,092,597
富　山	427,907	392,946	458,259	515,999	483,246	353,485	345,323	337,478	302,249
石　川	390,195	336,146	284,768	272,706	332,406	320,128	315,066	292,495	317,239
岐　阜	768,998	600,240	512,664	482,871	542,734	507,466	551,329	597,729	548,985
愛　知	2,400,584	2,196,525	1,696,847	1,510,666	1,528,951	1,516,676	1,727,468	1,776,772	1,725,041
三　重	668,683	622,167	523,599	526,280	478,371	492,070	508,009	504,912	516,432
計	4,656,367	4,148,024	3,476,137	3,308,522	3,365,708	3,189,825	3,447,195	3,509,386	3,409,946
福　井	315,827	294,756	270,147	277,286	299,435	295,165	261,408	239,636	223,337
滋　賀	618,793	568,093	457,700	431,219	371,286	315,949	312,165	319,388	283,927
京　都	632,469	573,354	505,678	492,677	503,028	514,563	576,180	654,337	541,509
大　阪	2,646,793	2,477,835	1,826,054	1,494,437	1,648,874	1,904,101	2,047,488	2,104,829	1,961,489
兵　庫	1,718,428	1,530,058	1,106,176	1,110,223	1,060,686	1,160,423	1,154,591	1,186,585	1,169,801
奈　良	192,748	159,936	142,156	147,165	133,783	161,370	173,672	172,772	138,117
和歌山	416,530	312,927	303,420	321,288	318,414	382,053	458,187	465,467	391,642
計	6,541,588	5,916,959	4,611,331	4,274,295	4,335,506	4,733,624	4,983,691	5,143,014	4,709,822
鳥　取	213,182	176,467	146,986	159,067	131,684	150,987	168,254	148,697	138,878
島　根	298,546	295,364	282,193	241,351	218,935	216,848	215,303	209,387	199,566
岡　山	501,735	454,099	351,475	342,121	390,498	380,800	401,615	425,021	378,740
広　島	1,081,762	894,431	741,428	696,532	727,456	639,510	720,998	676,494	588,251
山　口	442,428	389,971	361,505	347,301	339,496	345,450	362,052	364,924	378,100
計	2,537,653	2,210,332	1,883,587	1,786,372	1,808,069	1,733,595	1,868,222	1,824,523	1,683,535
徳　島	353,423	301,289	270,215	275,150	250,460	275,429	279,326	287,100	249,307
香　川	339,645	331,051	273,140	254,437	251,010	287,701	279,197	293,660	276,601
愛　媛	532,149	459,169	416,823	380,242	363,740	376,873	382,836	385,649	336,988
高　知	347,604	311,478	300,656	270,087	239,406	275,303	301,008	308,227	273,589
計	1,572,821	1,402,987	1,260,834	1,179,916	1,104,616	1,215,306	1,242,367	1,274,636	1,136,485
福　岡	1,790,414	1,533,659	1,176,012	1,104,961	1,134,595	1,251,447	1,370,360	1,326,827	1,166,312
佐　賀	299,290	245,263	193,963	198,744	208,752	181,103	197,758	232,990	218,635
長　崎	466,793	417,857	415,279	378,258	365,048	385,848	432,481	396,420	368,231
熊　本	827,152	733,070	531,266	503,507	498,172	482,558	592,734	560,302	468,030
大　分	591,919	502,483	368,885	404,332	399,210	391,698	466,032	434,844	340,296
宮　崎	473,874	451,951	371,006	364,007	367,376	347,385	362,156	351,350	266,240
鹿児島	784,364	677,701	596,445	559,294	533,592	558,042	636,424	601,049	476,278
計	5,233,806	4,561,984	3,652,856	3,513,103	3,506,745	3,598,081	4,057,945	3,903,782	3,304,022
沖　縄	600,980	608,650	623,325	587,551	555,209	557,995	616,609	750,902	802,818
合　計	41,347,762	36,643,329	30,907,958	29,393,920	29,744,926	31,203,705	33,404,623	33,118,151	30,637,888
転嫁率%	74.1	72.6	71.0	71.4	71.9	71.8	72.3	72.2	71.2

生コンクリート向けセメント販売高

セメント協会（単位：トン）

2016年	2017年	2018年	2019年	2020年	2021年	2022年	2023年	2024年
1,280,403	1,360,414	1,300,796	1,293,689	1,260,841	1,232,744	1,148,575	1,089,191	1,094,130
280,117	306,094	293,537	259,471	247,523	273,370	228,023	222,158	203,656
634,265	635,390	635,740	504,824	399,225	286,593	248,466	195,838	190,409
874,683	803,511	739,723	687,592	628,877	557,024	449,811	418,303	372,661
179,809	168,766	196,128	193,457	190,178	188,770	167,297	156,381	147,023
325,715	339,562	281,352	252,769	254,535	250,722	220,373	208,036	162,120
719,560	643,039	616,794	645,672	602,814	506,409	428,343	431,527	407,771
3,014,149	2,896,362	2,763,274	2,543,785	2,323,152	2,062,888	1,742,313	1,632,243	1,483,640
635,017	698,095	625,905	565,983	566,086	562,939	709,637	633,133	569,309
388,868	432,290	413,593	375,003	376,401	384,958	356,315	317,531	339,401
377,678	396,598	388,058	408,107	389,409	376,078	360,242	354,924	335,538
1,724,614	1,713,547	1,814,542	1,717,194	1,694,511	1,605,298	1,733,710	1,725,527	1,559,809
1,177,703	1,186,423	1,229,237	1,229,739	1,194,028	1,207,242	1,141,461	1,138,657	1,026,444
2,408,361	2,567,449	2,774,152	2,453,047	2,140,247	2,193,872	2,277,080	2,253,927	2,216,670
1,738,249	1,822,683	1,995,395	1,972,198	1,819,601	1,781,683	1,671,499	1,661,243	1,519,713
475,375	456,918	483,777	466,624	428,226	419,932	391,628	373,050	354,406
269,647	270,094	293,331	278,793	252,011	241,304	262,317	222,034	225,825
446,625	444,279	413,741	393,299	447,309	429,030	428,993	381,169	357,343
803,147	801,294	823,852	799,324	756,399	676,216	659,231	663,642	608,625
10,445,284	10,789,670	11,255,583	10,659,311	10,064,228	9,878,552	9,992,113	9,724,837	9,113,083
279,104	250,711	253,206	247,979	232,626	240,936	227,292	211,267	192,319
298,077	361,698	381,854	382,070	287,394	251,427	224,908	221,976	193,993
500,982	521,637	518,384	498,336	541,420	574,178	507,867	497,043	439,598
1,598,049	1,508,736	1,584,716	1,658,238	1,511,574	1,507,879	1,533,655	1,561,679	1,467,229
463,707	462,715	450,598	348,042	333,599	429,263	392,797	335,377	271,473
3,139,919	3,105,497	3,188,758	3,134,665	2,906,613	3,003,683	2,886,519	2,827,342	2,564,612
248,188	271,617	416,178	497,840	469,349	279,385	259,868	197,573	191,102
275,163	285,311	292,284	297,677	315,011	317,404	356,652	321,648	310,871
519,650	473,895	515,890	514,080	469,804	469,890	484,473	437,508	427,700
1,928,355	1,910,511	1,736,775	1,740,847	1,764,744	1,775,632	1,682,608	1,773,741	1,613,489
1,119,962	1,108,377	1,060,658	1,043,547	1,018,960	1,026,932	976,823	877,294	894,020
168,155	143,597	144,539	143,644	137,422	145,363	147,413	153,595	141,225
272,269	246,072	252,465	316,391	301,691	258,915	258,061	238,784	215,887
4,531,742	4,439,380	4,418,789	4,554,026	4,476,981	4,273,521	4,165,898	4,000,143	3,794,294
132,544	151,783	130,637	114,872	124,570	119,599	111,117	98,303	100,402
186,423	155,092	157,417	199,002	199,675	157,659	138,172	140,640	140,265
366,637	378,977	385,025	409,703	391,603	391,679	372,621	350,387	358,648
581,580	647,097	605,602	629,706	667,253	610,270	604,834	581,135	506,810
336,514	329,069	296,777	295,410	279,979	258,906	259,187	234,597	245,218
1,603,698	1,662,018	1,575,458	1,648,693	1,663,080	1,538,113	1,485,931	1,405,062	1,351,343
228,282	226,037	224,026	235,159	226,152	196,994	182,746	161,338	162,068
263,943	262,418	239,905	228,449	212,960	196,421	214,472	207,380	175,554
320,280	350,714	331,928	345,374	339,836	327,190	301,616	258,428	230,837
259,265	251,216	226,994	224,592	244,007	243,506	208,780	188,141	166,117
1,071,770	1,090,385	1,022,853	1,033,574	1,022,955	964,111	907,614	815,287	734,576
1,194,989	1,206,190	1,209,294	1,234,765	1,125,087	1,130,585	1,214,059	1,131,653	1,010,962
187,119	187,016	187,925	168,746	163,717	162,420	198,153	169,094	152,178
393,132	439,908	428,813	414,603	405,369	364,605	348,913	343,335	295,724
457,090	578,481	622,781	619,969	529,786	499,975	543,683	492,642	490,436
317,765	326,903	340,006	322,822	306,748	321,026	306,065	285,775	270,030
267,805	269,381	282,202	261,782	248,932	248,080	246,837	221,265	217,971
480,289	488,977	447,066	429,439	411,016	414,834	402,917	418,584	370,012
3,298,189	3,496,856	3,518,087	3,452,126	3,190,655	3,141,525	3,260,627	3,062,348	2,807,313
718,038	789,536	785,006	799,983	712,353	582,233	581,832	568,560	543,850
29,103,192	29,630,118	29,828,604	29,119,852	27,620,858	26,677,370	26,171,422	25,125,013	23,486,841
70.4	70.6	70.7	70.4	70.4	70.2	69.8	71.0	71.2

		2014年	2015年	2016年	2017年	2018年
北海道		2,076,722	1,855,189	1,869,796	2,014,140	1,922,449
東北	青森	452,413	411,010	395,665	431,549	426,856
	岩手	854,463	1,053,777	982,042	956,916	946,509
	宮城	1,431,552	1,398,937	1,363,130	1,141,697	1,046,413
	秋田	335,229	311,282	286,842	286,703	304,003
	山形	444,764	427,249	452,529	457,885	409,756
	福島	1,067,389	1,143,507	1,055,052	969,805	958,019
	計	4,585,810	4,745,762	4,535,260	4,244,555	4,091,556
関東・信越	茨城	1,492,592	1,413,473	1,375,331	1,476,965	1,381,336
	栃木	802,662	780,982	750,691	803,036	777,445
	群馬	646,730	636,527	593,368	688,667	652,764
	埼玉	2,788,047	2,430,026	2,353,379	2,365,834	2,458,643
	千葉	1,834,210	1,833,894	1,648,973	1,655,116	1,664,996
	東京	3,284,070	3,239,888	2,968,171	3,272,100	3,339,866
	神奈川	2,422,842	2,230,828	2,243,236	2,336,570	2,607,799
	新潟	855,558	799,177	691,269	659,372	688,756
	山梨	401,713	382,690	357,967	354,115	361,832
	長野	698,447	578,889	569,451	575,936	536,789
	静岡	1,148,462	1,059,679	1,058,482	1,063,258	1,069,528
	計	16,375,333	15,386,053	14,610,318	15,250,969	15,539,754
東海・北陸	富山	439,054	414,823	355,382	322,687	335,532
	石川	354,301	383,066	362,775	429,111	456,724
	岐阜	899,861	841,940	774,394	791,396	794,235
	愛知	2,328,959	2,239,994	2,059,203	1,990,057	2,227,385
	三重	832,457	834,172	787,315	768,931	751,112
	計	4,854,632	4,713,995	4,339,069	4,302,182	4,564,988
近畿	福井	362,712	375,726	401,478	443,299	658,171
	滋賀	615,662	585,757	558,784	562,107	581,218
	京都	811,943	663,020	644,938	581,286	638,739
	大阪	2,586,088	2,483,223	2,510,736	2,403,039	2,194,244
	兵庫	1,639,381	1,591,027	1,498,120	1,482,009	1,443,980
	奈良	223,486	190,139	224,564	199,328	207,468
	和歌山	643,603	488,879	360,907	332,963	342,176
	計	6,882,875	6,377,771	6,199,527	6,004,031	6,065,996
中国	鳥取	214,909	207,435	214,166	224,420	190,824
	島根	341,819	294,577	275,637	240,390	261,195
	岡山	677,156	620,570	587,473	597,478	617,084
	広島	885,450	797,926	795,877	862,796	787,834
	山口	690,016	660,820	639,006	633,694	556,163
	計	2,809,350	2,581,328	2,512,159	2,558,778	2,413,100
四国	徳島	393,759	324,715	313,118	301,876	322,677
	香川	427,656	407,714	429,049	396,525	364,740
	愛媛	560,680	489,859	464,370	524,532	482,113
	高知	406,569	359,153	347,939	338,064	336,443
	計	1,788,664	1,581,441	1,554,476	1,560,997	1,505,973
九州	福岡	2,032,185	1,818,276	1,812,788	1,765,977	1,782,337
	佐賀	348,800	324,436	282,757	283,699	282,791
	長崎	497,856	473,025	535,687	602,169	559,291
	熊本	755,610	642,526	652,953	824,024	894,028
	大分	588,474	476,333	462,557	447,551	467,427
	宮崎	476,959	402,895	377,183	395,945	390,487
	鹿児島	825,816	664,045	671,034	710,252	683,482
	計	5,525,700	4,801,536	4,794,959	5,029,617	5,059,843
沖縄		954,862	990,535	908,053	1,019,828	1,014,709
合計		45,853,948	43,033,610	41,323,617	41,985,097	42,178,368

セメント販売高

セメント協会調査部（単位：トン）

2019年	2020年	2021年	2022年	2023年	2024年
1,889,567	1,914,017	1,820,178	1,718,339	1,649,409	1,615,134
373,887	351,531	404,237	330,948	292,104	261,901
817,454	570,361	432,296	404,777	289,848	276,903
992,021	894,288	787,119	718,050	610,175	521,263
307,560	363,929	399,215	475,133	446,420	324,037
372,298	376,054	357,893	317,600	281,907	241,803
1,008,035	945,114	792,944	684,680	674,475	638,267
3,871,255	3,501,277	3,173,704	2,931,188	2,594,929	2,264,174
1,300,022	1,295,838	1,265,764	1,424,083	1,266,936	1,122,513
728,037	736,534	750,007	741,661	672,664	646,236
581,383	547,994	532,998	528,533	506,640	461,060
2,343,926	2,334,668	2,232,162	2,405,375	2,368,723	2,179,944
1,737,489	1,662,644	1,731,407	1,645,298	1,575,541	1,418,583
2,963,499	2,604,982	2,647,292	2,675,677	2,634,131	2,563,289
2,543,047	2,407,024	2,384,190	2,175,535	2,151,076	1,967,231
691,955	640,111	617,367	566,519	550,493	527,982
342,852	314,509	323,318	339,239	291,121	285,600
522,651	599,971	597,482	627,619	544,118	514,456
986,737	962,056	897,117	852,870	846,994	791,805
14,741,598	14,106,331	13,979,104	13,982,409	13,408,437	12,478,699
321,972	316,036	319,166	303,551	285,829	273,955
452,783	349,875	308,388	276,992	265,907	239,428
768,963	804,094	842,879	775,204	759,234	681,195
2,291,227	2,060,959	2,047,587	2,103,468	2,082,328	1,937,387
619,555	623,689	701,286	643,639	572,924	507,132
4,454,500	4,154,653	4,219,306	4,102,854	3,966,222	3,639,097
786,219	684,825	447,926	392,766	325,447	322,264
590,746	585,628	587,870	639,587	573,591	552,626
649,434	603,961	621,005	619,911	561,372	545,634
2,267,448	2,210,152	2,222,306	2,202,946	2,287,119	2,156,103
1,446,580	1,420,283	1,439,854	1,346,233	1,242,224	1,207,207
200,102	187,570	195,667	199,285	204,338	184,304
429,475	406,774	359,753	356,530	321,467	307,371
6,370,004	6,099,193	5,874,381	5,757,258	5,515,558	5,275,509
173,313	183,829	158,678	152,253	136,055	140,445
304,430	279,765	242,120	234,935	225,683	219,260
640,920	630,638	607,583	614,110	565,268	550,259
833,870	869,455	807,962	777,768	748,841	662,999
567,131	519,121	500,964	468,115	428,340	430,841
2,519,664	2,482,808	2,317,307	2,247,181	2,104,187	2,003,804
348,462	346,547	264,576	255,948	205,988	217,693
374,181	315,787	287,453	318,589	302,114	262,045
503,429	484,616	475,565	429,516	381,147	345,989
317,783	348,495	327,701	281,390	253,906	227,619
1,543,855	1,495,445	1,355,295	1,285,443	1,143,155	1,053,346
1,825,831	1,617,894	1,617,550	1,718,412	1,599,625	1,429,718
275,976	304,902	317,152	348,775	254,491	243,279
519,490	483,121	456,193	448,785	427,165	371,615
869,546	754,940	741,966	847,717	682,138	696,887
448,534	439,214	450,564	412,856	415,554	379,641
359,746	358,155	344,300	342,566	300,428	308,568
674,041	606,012	577,279	574,788	548,679	496,866
4,973,164	4,564,238	4,505,004	4,693,899	4,228,080	3,926,574
1,025,395	917,914	774,227	769,647	764,990	739,147
41,389,002	39,235,876	38,018,506	37,488,218	35,374,967	32,995,484

2022～2024暦年　輸入セメント数量

（単位：トン）

<table>
<tr><th colspan="2"></th><th colspan="2">2022年</th><th colspan="2">2023年</th><th colspan="2">2024年</th></tr>
<tr><th colspan="2">地　　区</th><th>韓　国</th><th>中　国</th><th>韓　国</th><th>中　国</th><th>韓　国</th><th>中　国</th></tr>
<tr><td colspan="2">北海道</td><td>0</td><td>0</td><td>0</td><td>0</td><td>0</td><td>0</td></tr>
<tr><td colspan="2">東　　北</td><td>0</td><td>0</td><td>0</td><td>0</td><td>0</td><td>0</td></tr>
<tr><td rowspan="3">関東</td><td>一区</td><td>10,408</td><td>0</td><td>14,759</td><td>0</td><td>16,761</td><td>25</td></tr>
<tr><td>二区</td><td>0</td><td>0</td><td>0</td><td>0</td><td>0</td><td>0</td></tr>
<tr><td>計</td><td>10,408</td><td>0</td><td>14,759</td><td>0</td><td>16,761</td><td>25</td></tr>
<tr><td rowspan="3">北陸</td><td>一区</td><td>0</td><td>0</td><td>0</td><td>0</td><td>0</td><td>0</td></tr>
<tr><td>二区</td><td>0</td><td>0</td><td>0</td><td>0</td><td>0</td><td>0</td></tr>
<tr><td>計</td><td>0</td><td>0</td><td>0</td><td>0</td><td>0</td><td>0</td></tr>
<tr><td colspan="2">東　　海</td><td>0</td><td>0</td><td>0</td><td>0</td><td>0</td><td>0</td></tr>
<tr><td colspan="2">近　　畿</td><td>0</td><td>0</td><td>0</td><td>0</td><td>0</td><td>0</td></tr>
<tr><td colspan="2">四　　国</td><td>0</td><td>0</td><td>0</td><td>0</td><td>0</td><td>0</td></tr>
<tr><td colspan="2">中　　国</td><td>0</td><td>0</td><td>0</td><td>0</td><td>0</td><td>0</td></tr>
<tr><td colspan="2">九　　州</td><td>0</td><td>0</td><td>0</td><td>0</td><td>0</td><td>0</td></tr>
<tr><td colspan="2">沖　　縄</td><td>0</td><td>0</td><td>0</td><td>0</td><td>0</td><td>0</td></tr>
<tr><td colspan="2" rowspan="2">合　計</td><td>10,408</td><td>0</td><td>14,759</td><td>0</td><td>16,761</td><td>25</td></tr>
<tr><td colspan="2">10,408</td><td colspan="2">14,759</td><td colspan="2">16,786</td></tr>
</table>

セメント協会資料より作成

生コン産業年表

生コン		関連業界・一般	
1949年11月	わが国初の生コン工場「東京コンクリート工業㈱業平橋工場」から、地下鉄三越前駅補修工事へ初の生コン出荷	4月	単一為替レート（1ドル360円）実施
		5月	通商産業省（以下、通産省）発足
		6月	工業標準化法〔日本工業規格（JIS）〕制定
1950年1月	東京コンクリート工業を吸収合併して磐城コンクリート工業㈱が設立	5月	国土総合開発法公布
		5月	建築基準法公布
5月	磐城コンクリート工業、米国よりAE剤を輸入。わが国初のAEコンクリート生産	6月	朝鮮戦争勃発
		7月	JIS R 5210ポルトランドセメント制定
1951年4月	磐城コンクリート工業池袋工場竣工	7月	政府、財閥解体完了を発表
4月	東邦特殊自動車㈱がアジテータ付ダンプトラック開発	9月	サンフランシスコで講和条約、平和条約調印
		9月	日米安全保障条約調印
4月	地下鉄丸の内線着工。池袋・お茶の水間工事に生コン使用	※	セメント輸出、空前の活況を呈する（100万トン突破）
11月	アサノコンクリート㈱設立		
※	バッチャープラントの国産化始まる		
※	東京・銀座の東京温泉ビルで建築工事に生コンを初めて使用		
1952年※	㈱金剛製作所でドラム型アジテータトラック開発	4月	日航機、もく星号墜落
		5月	血のメーデー事件
※	㈱犬塚製作所で傾胴型トラックミキサ国産化	8月	国際通貨基金（IMF）に加盟
1953年5月	近畿地区初の生コン工場、大阪生コンクリート㈱佃工場操業	2月	NHKテレビ放送開始
		8月	セメント製造業、企業合理化促進法の指定業種となる
8月	東海地区初の生コン工場、宇部生コンクリート工業㈱名古屋工場竣工	9月	独禁法改正（不況カルテル、合理化カルテルを容認）
11月	レデーミクストコンクリートの日本工業規格制定（JIS A 5308）		
1954年11月	磐城、アサノ、東京、日立、小野田の5社で生コン懇話会発足	1月	営団丸の内線開業
		7月	防衛庁設置、自衛隊発足
11月	北陸地区初の生コン工場、栗原レミコン㈱新潟工場操業	10月	通産省、セメント工業合理化3か年計画策定
		11月	セメント協会、セメント販売高統計に生コン向け掲載開始
※	全自動式バッチャー初生産	12月	神武景気はじまる
1955年4月	アサノコンクリート㈱田端工場に天然軽量骨材コンクリート製造設備新設	7月	日本住宅公団発足
		7月	経済企画庁設置
11月	第一セメント川崎工場に生コン製造設備完成、操業開始	11月	自由民主党結成
		12月	セメント輸出協力会発足（18社入会）
1956年9月	アサノコンクリート㈱、白木屋工事に10700m³を納入。天然軽量骨材を多量に使用した最初のポンプ打設工事	4月	日本道路公団発足
		4月	宇部社、わが国初のフライアッシュセメントを市販
		7月	経済白書「もはや戦後ではない」と述べる
		12月	国連、日本の加盟を可決
		12月	暦年セメント輸出、世界第1位となる（212万トン）
1957年3月	アサノコンクリート㈱、千代田ビル工事に約40000m³を納入。大規模ビル工事への生コン進出の端緒となる	6月	神武景気おわる（なべ底不況にはいる）
		8月	東海村原子力発電所に「原子の火」点る

7月	四国地区初の生コン工場、赤松土建㈱徳島工場操業	10月	ソ連、世界初の人工衛星「スプートニク1号」の打ち上げに成功
※	砕石使用生コン実用化		
1958年		3月	東京タワー完成
		3月	関門国道トンネル開通
		7月	日本貿易振興会（JETRO）発足
		7月	岩戸景気はじまる
		12月	1万円札発行
1959年9月	中国地区初の生コン工場、広島宇部コンクリート工業㈱海田工場操業	4月	皇太子ご成婚
		4月	東海道新幹線着工
		6月	首都高速道路公団発足
		9月	伊勢湾台風で東海地方大被害
1960年3月	九州地区初の生コン工場、福岡アサノコンクリート㈱福岡工場操業	5月	生コンクリート輸送協会設立
		9月	NHK、カラーテレビ放送開始
10月	北海道地区初の生コン工場、北海道生コンクリート工業㈱真駒内工場操業	9月	OPEC設立
		10月	浅沼社会党委員長、刺殺される
※	全自動ワンマンコントロール式バッチャープラントの導入はじまる	12月	国民所得倍増計画決定
1961年4月	生コン懇話会、骨材値上げにより10%程度の生コン価格値上げを建設業界に要望	1月	ケネディ米国大統領就任
		3月	JIS A 5005コンクリート用砕石制定
9月	関東生コンクリート協会設立、13社加盟	9月	経済協力機構（OECD）発足
11月	東北地区初の生コン工場、仙台小野田レミコン㈱仙台工場操業	12月	岩戸景気おわる（転換期不況にはいる）
		※	日本銀行（以下、日銀）、3回にわたり公定歩合引き下げ
1962年4月	関西生コンクリート協会設立	5月	水資源開発公団発足
4月	東海生コンクリート協会設立、18社加盟	8月	建設省の砂利採取規制令施行（骨材不足深刻化）
8月	関東生コンクリート協会、都内交通の自主規制問題につき協力方要請に対する回答書を警視総監宛て提出	10月	全国総合開発計画決定
		12月	首都高速道路1号線開通
12月	関東、東海、関西の生コンクリート協会が基準化委員会設置（生コン配合の簡素化検討開始）		
※	スウェーデンよりパン型強制練りミキサ輸入		
※	オリンピック関連工事活発化		
1963年1月	新潟生コン協会設立	8月	人工軽量骨材（メサライト）生産開始
6月	静岡県生コンクリート協会設立	※	日銀、昨秋より今春までに4回にわたり公定歩合引き下げ
11月	中央生コンクリート事業協同組合（初の生コン協同組合）設立		
※	山梨県生コンクリート商工業協同組合発足		
※	全国の生コン工場数、1年間に170以上の急増		
1964年1月	近畿生コン会設立（初の小型生コン団体）	1月	建築基準法改定
3月	石川県生コンクリート協会設立	3月	日本鉄道建設公団発足
9月	宮城県生コンクリート協会設立	4月	日本、OECDに加盟

10月	関東、東海、関西の3協会、全国組織設置準備会開催	6月	新潟大地震発生
		10月	東海道新幹線開通
12月	全国の生コン工場数が500を突破	10月	東京オリンピック開催
		10月	オリンピック景気おわる（構造不況にはいる）
1965年5月	関東生コンクリート工業組合設立（初の専業生コン工業組合）、理事長に近藤銀治氏就任	1月	政府、不況打開策を打ち出す
		2月	米軍、ベトナム北爆開始（ベトナム戦争激化）
9月	生コンクリートに関してJISマーク表示制度告示	7月	名神高速道路開通
		11月	いざなぎ景気はじまる
※	強制練りミキサ導入はじまる	12月	日本、国連非常任理事国に当選
		※	日本コンクリート会議発足
		※	日銀、3回にわたり公定歩合引き下げ
1966年2月	福井県生コンクリート工業組合設立	2月	公取委、セメント業界に対し全国40か所余を3日間にわたり立入検査。その後価格協定破棄を通告
8月	生コンJIS改正委員会の第1回目の会合開く		
8月	関東、東海、関西の生コンクリート協会によるミキサ能力基準の統一	4月	セメント協会、セメント技術協会を吸収合併
		4月	中国で文化大革命はじまる
12月	猿投事件による交通・過積載規制強化（砂利砂の納入拒否と高騰）	12月	衆議院、黒い霧解散
		※	日本の人口1億人を突破
1967年2月	骨材値上げに伴う問題で、関東生コンクリート協会42工場が一斉臨時休業	6月	日本生コン輸送協会設立
		6月	第3次中東戦争勃発
9月	全国団体結成へ向け、関東、東海、関西の生コンクリート協会が初会合	7月	ヨーロッパ共同体（EC）発足
		8月	公害対策基本法公布
1968年4月	全国生コンクリート事業者団体連合会（以下、全生事連）創立総会。加盟21団体、会長に奥野智行氏就任	4月	霞ヶ関ビル完成（初の超高層ビル）
		5月	十勝沖地震発生
		6月	小笠原諸島返還協定調印
5月	JIS A 5308初の大改正	6月	大気汚染防止法、騒音規制法公布
10月	宮崎県生コンクリート工業組合設立	8月	砂利採取法改正（採取規制強化）
10月	全国生コンクリート協同組合連合会（以下、全生協組連）設立、会長に吉田治雄氏就任	12月	東京都府中市で3億円強奪事件
1969年3月	大阪市内で生コン工場の骨材ヤードに小学生が吸い込まれ右足脱臼の事故	5月	好景気連続43か月突入、戦後最長記録（いざなぎ景気）
4月	全生事連定時総会、会長に高橋一郎氏就任	5月	東名高速道路全線開通
5月	全生協組連通常総会、会長に柏原三郎氏就任	6月	わが国初の原子力船「むつ」進水
6月	公正取引委員会（以下、公取委）が、石川県生コンクリート協会を独禁法違反の疑いで立入検査	7月	アメリカのアポロ11号で人類、月面に立つ
6月	全生事連と日本建設事業者団体連合会が初めての懇談会	※	69年度石灰石生産量1億トンに達する
6月	スリップフォーム工法によるコンクリート舗装が、埼玉県・新大宮バイパスで初施工		
9月	関東小型生コンクリート協会設立、会長に矢島利三氏就任		
9月	九州生コンクリート事業者団体連合会設立		
10月	関東生コン協会、「納入コンクリート打合せ表」作成		
1970年3月	関東生コンクリート圧送協会設立	2月	東大宇宙航空研が初の国産人工衛星「おおすみ」打ち上げ

5月	通産省大臣官房調査統計部「生コンクリート工業実態調査」実施（後の「生コン四半期報」調査の元となるもの）	3月	日本万国博覧会、大阪で開催
		7月	いざなぎ景気おわる（いざなぎ景気後不況にはいる）
6月	全生協組連通常総会、会長に森政雄氏就任	12月	関東地区で初の砂利供給スト
9月	全生協組連と関東生コンクリート協会が、セメントメーカーの生コン市況対策への協力、セメント価格引き下げを、セメント協会流通委員会・松本幸市委員長宛て親書で要請	12月	公害対策基本法改正法案等関係14法公布
10月	北海道生コンクリート事業者団体連合会設立	※	セメント販売量の生コン転化率が50%を突破
※	プラントに自動出荷管理装置など導入はじまる		
1971年1月	第1回コンクリート技士試験実施、合格者1483名	6月	大気・水質・騒音3公害の施行令改正、公布
		6月	沖縄返還協定調印
3月	通産省大臣官房調査統計部「生コン四半期調査」を、行政管理庁の承認統計として実施	7月	環境庁設置（公害行政一元化）
		8月	円、暫定的な変動相場制に移行
5月	全生事連会長と全生協組連会長が、セメント協会流通委員長に新増設抑制を陳情	10月	袋詰めセメント、50kg入りから40kg入りに軽量化
9月	全生協組連第10回臨時総会、いわゆる”大津会談”でセメント業界と生コン協同組合との協調関係が樹立	※	日銀、4回にわたる公定歩合引き下げ
10月	福島県生コンクリート工業組合設立		
11月	コンクリート技士、同主任技士試験開催（主任技士は第1回目）		
12月	全生事連新増設対策委員会が、通産省窯業建材課長に新増設抑制の行政指導を要請。課長は指導の受け皿として全国統一組織の確立を要請		
※	生コン工場に電算機制御の導入はじまる		
1972年1月	京都生コンクリート工業組合設立	1月	列島改造景気はじまる
3月	全生事連、全生協組連合同で「生コンクリート事業調査委員会」発足、工業組合設立による生コン組織再編成の検討に入る	2月	冬季オリンピック、札幌で開催
		2月	連合赤軍による浅間山荘事件
5月	公取委、全生協組連やセメント協会等全国規模で関係13か所に対し立入検査	4月	セメントターミナル㈱設立（出資・国鉄50%、セメント8社50%）
8月	生コンクリート事業調査委員会が、協同組合と並存の形で府県別工業組合の設立を決議。委員会は解散して「生コン工業組合設立実行委員会」へ移行	5月	沖縄の施政権返還、沖縄県発足
		6月	田中角栄通産大臣、「日本列島改造論」を発表
		6月	労働安全衛生法公布
		7月	第1次田中内閣発足
8月	関西生コンクリート協会が発展的解散、阪神生コンクリート協同組合（同年4月設立）に統合	9月	日中国交正常化
11月	全生協組連、緊急役員会を開いて工業組合設立促進を決議	※	日銀、4回にわたる公定歩合引き下げ
1973年1月	高知県生コンクリート工業組合設立	2月	セメント業界が生コン工業組合設立に条件付きで同意
4月	滋賀県生コンクリート工業組合設立		

年月	業界の動き	月	一般の動き
4月	全生事連、セメント協会と連名で日本コンクリート会議（現・日本コンクリート工学会）に対し「生コン工場における回収水の利用に関する研究」を委託	2月	日本、変動相場制へ移行（1ドル277円）
5月	宮城県生コンクリート工業組合設立	3月	通産省、セメント需給ひっ迫のため中央需給協議会設置
5月	熊本県生コンクリート工業組合設立	3月	セメント不足が顕著となり、セメント流通委員会が韓国から1万トンの緊急輸入を決定（戦後初めてのセメント輸入）
6月	香川県生コンクリート工業組合設立	4月	三菱鉱業、三菱セメント、豊国セメントの3社が合併し、三菱鉱業セメント設立
8月	青森県生コンクリート工業組合設立	9月	運輸省が、ダンプ過積載防止のため差枠禁止
10月	岐阜県生コンクリート工業組合設立	10月	第4次中東戦争勃発、第1次オイルショック
11月	静岡県生コンクリート工業組合設立	11月	列島改造景気おわる（第1次石油危機不況はじまる）
11月	徳島県生コンクリート工業組合設立	11月	セメント協会、石油対策委員会設置
12月	建設省、請負工事契約のインフレ・スライド条項を生コン、セメント等に適用	12月	通産省、セメント不足に対して小口あっせん所の設置を指示
12月	日建連会長、全生事連会長・全生協組連会長との第3回トップ会談で生コン側の要求を受け入れ、価格問題妥結	※	日銀、5回にわたり公定歩合引き下げ
12月	秋田県生コンクリート工業組合設立		
12月	岩手県生コンクリート工業組合設立		
12月	山形県生コンクリート工業組合設立		
1974年1月	関東中央生コンクリート工業組合設立	1月	電力節約で深夜放送中止
2月	公取委、ヤミ価格協定の疑いで生コン業界を一斉に立入検査	1月	セメント協会、電力対策特別委員会設置
4月	福岡県生コンクリート工業組合設立	7月	通産省、セメント1500円値上げ認可
6月	全生協組連通常総会、会長に平井保氏が就任	9月	政府、基礎資材と生活関連物資の価格凍結をすべて解除。セメントも同時解除へ
12月	大分県生コンクリート工業組合設立	10月	京都セメント・生コン卸協同組合設立総会（全国初の特約販売店協組）
12月	公取委、関東地区のセメントメーカー直系生コン会社6社に、協同組合からの脱退を勧告	12月	田中内閣総辞職、三木内閣発足
1975年1月	生コン製造業が「雇用調整給付金」の指定業種となる（6月まで。以後9月まで延長）	3月	山陽新幹線全線開通
1月	関東地区の200社余が生コン業界危機突破総決起大会	3月	第1次石油危機不況おわる
3月	公取委、関西地区と北海道地区のセメントメーカー直系生コン会社7社に協組脱退を勧告	3月	1974年のGNP、戦後初のマイナス成長と発表
5月	長崎県生コンクリート工業組合設立	4月	ベトナム戦争終結
6月	全国生コンクリート工業組合連合会（以下、全生工組連）設立（全生事連を継承）。理事長高橋一郎氏、1都22県の19組合が参加	7月	日本コンクリート会議、日本国リート工学協会に改称
7月	広島県生コンクリート工業組合設立	11月	セメント業界、独禁法による不況カルテル認可
7月	東京で欠陥生コン問題発生	11月	初の先進国首脳会議（サミット）、仏国で開催
7月	山口県生コンクリート工業組合設立	※	日銀、4回にわたり公定歩合引き下げ
7月	全生両連合会と関東中央工組が記者会見を開き、「欠陥生コン問題」に対する業界団体としての態度を表明		
8月	通産省、全生工組連設立を認可		
11月	佐賀県生コンクリート工業組合設立		
12月	島根県生コンクリート工業組合設立		
1976年1月	鳥取県生コンクリート工業組合設立	1月	民間信用調査機関、1975年の企業倒産戦後最高と発表
1月	大阪兵庫生コンクリート工業組合設立		

年月	事項	月	一般
1月	関東中央工組、調整事業（カルテル）実施	2月	米上院外交委多国籍企業小委でロッキード疑獄事件発覚
2月	通産省、「生コンクリート工業近代化のための6項目」発表	7月	東京地検がロッキード事件で田中角栄前首相を逮捕
2月	長野県生コンクリート工業組合設立	9月	ソ連のミグ25戦闘機が亡命、函館空港に強行着陸
3月	山梨県生コンクリート工業組合設立		
7月	全生工組連第1回通常総会、理事長に今宮信雄氏就任	9月	中国の毛沢東国家主席死去
7月	岐阜県工組と県内各協組主催の危機突破総決起大会開催、1500人が参加		
8月	宮城県で危機突破総決起大会		
9月	通産省の指導による「生コン産業近代化委員会」が発足		
11月	全生協組連が共販研修会開催、全国の生コン・セメント業界から260人が参加		
11月	通産省が「流通構造調査」「経営動向調査」を実施		
1977年1月	岡山県生コンクリート工業組合設立	1月	ミニ不況はじまる
1月	阪南生コンクリート協同組合（1971年8月設立）が共販開始。生コン市況テコ入れの皮切りとなるとともに、「阪南方式」として共販のモデルとなり、全国の共販の呼び水となる	5月	日米漁業協定調印、200カイリ時代幕開け
		5月	独禁法改正
		7月	第2次セメント不況カルテル認可
		9月	関東セメント生コン卸協同組合設立
2月	北海道生コンクリート工業組合設立	9月	第2次セメント不況カルテル延長許可
3月	名古屋で全生両連合会初の合同通常総会を開催、運営一本化に踏み出す。席上、生コン産業近代化委員会が中間報告	10月	円が1ドル250円を割る
		10月	ミニ不況おわる
4月	近代化計画の具体的推進機関として「生コン産業近代化委員会事務局」設置	※	国際的なセメント不況から、円高にもかかわらずセメント輸出急増（1977暦年641万トン）
4月	愛知県生コンクリート工業組合設立	※	日銀が3回にわたり公定歩合引き下げ
5月	全生両連合会通常総会、理事長代行に森政雄氏就任。工組連、協組連の予算、人事機構の一体化へ		
7月	三重県生コンクリート工業組合設立		
7月	全生工組連、構造改善事業の趣旨説明のための全国大会開催		
8月	首都圏各協組の共販がスタート		
9月	名古屋生コンクリート協同組合（1971年7月設立）で共販スタート、3大市場の共販体制が整備される		
9月	和歌山県生コンクリート工業組合設立		
9月	関東セメント生コン卸協同組合設立		
10月	中小企業近代化資金等助成法による構造改善計画認可第1号（山口県工組）		
10月	建設省、「コンクリートに使用される細骨材中に塩分が含まれる場合の取扱いについて」通達、海砂使用の生コン工場に波紋		
10月	関東中央工組、第2次調整規程認可を申請		

10月	関東中央工組、第2次調整規程実施（1983年2月末まで）		
11月	茨城県生コンクリート工業組合設立		
11月	全生両連合会合同臨時総会において一体化後の人事決定、会長に中村隆吉氏就任		
11月	関東中央工組、第2回調整事業実施（1978年2月まで）		
11月	栃木県生コンクリート工業組合設立		
※	強制練りミキサ導入はじまる		
※	SECコンクリート開発		
1978年1月	関東中央工組、品質管理監査制度の発足を決議（品質管理監査制度の第1号）	3月	通産省、骨材需給等対策懇談会設置
1月	群馬県生コンクリート工業組合設立	4月	コンクリート用化学混和剤協会設立
3月	奈良県生コンクリート工業組合設立	5月	セメント生コン卸協同組合連合会、全国セメント生コン卸業団体連合会設立総会
4月	沖縄県生コンクリート工業組合設立	5月	成田空港（新東京国際空港）開港
4月	生コン製造業が、中小企業事業転換対策臨時措置法の指定業種となる	5月	公定歩合が3.5%と戦後最低に
5月	石川県生コンクリート工業組合設立	8月	日中平和友好条約
5月	富山県生コンクリート工業組合設立	12月	道路交通法改正、過積載規制強化に伴う輸送費の値上がりが問題化
6月	JIS A 5308改正、「呼び強度」の概念を取り入れる		
8月	愛媛県生コンクリート工業組合設立		
9月	公取委、大阪地区の5協組を独禁法違反の疑いで立入検査		
9月	通産省、近促法に基づく「生コンクリート製造業の実態調査」を実施		
10月	全生工組連が、セメント業者との間で新増設工場にセメントを納入しない申し合わせをした疑いで、公取委の立入検査を受ける		
10月	鹿児島県生コンクリート工業組合設立。全生工組連の全国組織化が完成		
10月	通産省の主催で、主要都市において「近促法説明会」開催		
1979年2月	中小企業近代化審議会生コンクリート製造業分科会開催、「生コン製造業の中小企業近代化計画及び生コン製造業実態調査報告書」承認	1月	米中国交回復
		3月	イスラエルとエジプトが平和条約調印
2月	全生工組連、工組事務局責任者を対象に中小企業近代化促進法による構造改善研修会開催	5月	英国、サッチャー保守党内閣成立。先進国初の女性首相誕生
3月	通産省、「生コン製造業の中小企業近代化計画」を告示	6月	東京で先進国首脳会議（サミット）開催
		7月	セメント各社、第1次値上げ発表13500円
3月	岐阜県工組が「近代化促進法による構造改善計画」承認第1号	7月	円、1ドル200円の大台割る（10月には1ドル178.50円に）
3月	全生両連合会合同臨時総会。近促法構造改善決起大会開く	10月	JIS A 5004コンクリート用砕砂制定
		12月	セメント各社、第2次値上げ発表16500円
6月	全生両連合会合同通常総会。「構造改善推進委員会」設置を決議、技術・取引・適正生産方式の3部会を設けて構改指導指針作成へ	※	日銀、3回にわたり公定歩合引き下げ

7月	大崎生コンクリート協同組合（1976年6月設立）が共同輸送実施		
11月	通産省・通産局主催により、都道府県・セメント業界・生コン業界の「構造改善懇談会」を主要都市で開催		
※	全生工組連の地区本部長会議で、全国の新増設工場は120工場に達すると発表、構造改善事業の廃棄工場171工場に匹敵すると問題視される		
※	全生工組連「生コンクリート製造業近代化ガイドブック」初版発行		
1980年2月	公取委、独禁法違反で大阪地区5協組に対し初の協組間価格カルテル違反で勧告	2月	通産省、セメント業界の出荷停止に解除勧告
		2月	第2次石油危機不況はじまる
3月	建設省、特約条項による生コン等5品目の価格変動措置を通達	9月	関東一区で再度セメント出荷停止
3月	全生両連合会合同臨時総会、定款を一部変更し地区本部を正式機関化	9月	セメント第3次値上げ紛糾から、日建連会長とセメント協会長が初会談
6月	通産省生活産業局長、「生コン工場新増設の抑制」について各通産局へ通達	10月	建設7団体、出荷ベース価格制、1強度1価格制等の生コン協組の価格政策に反発、自衛体制をとるとともに公取委に独禁法運用強化を要請
10月	公取委と愛知県工組、独禁法違反で審判開始（勧告不応諾のため）		
※	通産省、愛知県工組以下11工組の近促法構造改善計画を承認	※	日銀、3月までに2回の公定歩合引き上げ、その後1981年まで4回にわたり引き下げ
※	全生工組連試験方法（ZKT）制定	※	12月度のセメント工場における焼成用燃料の石炭転換率72.1%（セメント協会調べ）で、石油離れほぼ達成
1981年3月	工業標準化品質管理推進責任者の常置義務決まる。4月1日から施行	1月	セメント協会研究所竣工
		1月	円急騰、2年ぶりに1ドル200円を割る
3月	公取委、大阪兵庫工組に独禁法違反で勧告	3月	神戸「ポートピア81」博覧会開幕
3月	大阪兵庫工組で工労連帯関係発足	4月	関東セメント生コン卸協組、共同購買開始
4月	大阪地区生コンクリート協同組合で「1強度3ランク制」新建値を発表	6月	建築基準法改正、耐震基準強化
		7月	三井鉱山、セメント自社販売開始
5月	公取委と大阪兵庫工組、独禁法違反で審判開始（勧告不応諾のため）	※	日銀が2回の公定歩合引き下げ
5月	全生両連合会合同理事会で、「生コン産業厚生年金基金」設立準備委員会の設置承認、委員長に森政雄氏を選任		
6月	全生工組連、第1回生コン技術大会を京王プラザホテルで開催。2000人以上が参加		
9月	公取委と滋賀県工組、独禁法違反で審判開始		
9月	和歌山県工組で、構造改善事業による第1号の工場共同廃棄		
11月	全生工組連、第1回コンクリート技術者研修会をセメント協会研究所で開催		
12月	長野県議会で、長野県工組が提出した生コン工場新増設の適正指導についての請願を採択		
※	2軸ミキサ導入はじまる		

1982年2月	全生両連合会合同臨時総会、共同試験場認定制度発足を決議	3月	公取委、セメント協会他全国33か所を独禁法違反の疑いで立入検査
9月	全生工組連事務局に技術部設置	3月	建設省関東知性が高炉セメント使用を通達、全国的に高炉セメント需要増加
10月	全生工組連、1981年末時点の「全国生コン企業、工場調査」発表。前回2年前調査より201工場増加の5114工場となる	4月	フォークランド紛争勃発
		6月	東北新幹線開業
		7月	上越新幹線開業
11月	全国生コン産業厚生年金基金が、厚生省の認可を得て設立		
1983年6月	全生両連合会通常総会、会長に岡本正義氏就任	2月	第2次石油危機不況おわる
		3月	半導体景気はじまる
6月	全生工組連認定共同試験場の第1号に、豊肥生コンクリート協同組合共同試験場が認定受ける	4月	公取委、セメント業界の独禁法違反に排除勧告。業界はこれを応諾し12億6千万円の課徴金納付
6月	全生工組連、第2回生コン技術大会開催	8月	セメント業界の第3次不況カルテル認可
7月	長野県議会が、長野県工組の品質管理監査合格証交付工場の優先使用を決議	8月	セメント協会、産構法の「特定産業」指定業種申請を決定
10月	全生両連合会合同理事会で構造改善計画の延長を決議、通産省へ要望書を提出	9月	大韓航空機、ソ連空軍機による撃墜される
※	草間商店、台湾嘉新セメント1000トンを豊橋港に荷揚げ、本格的セメント輸入はじまる	10月	セメント協会、「アルカリ骨材反応についての見解」をまとめ、関係官庁、学会等に説明
※	2段式強制練りミキサ導入はじまる	12月	通産省工業技術院、生コンJIS工場の公示検査実施を決定
		※	NHK、塩害とアルカリ骨材反応によるコンクリート劣化問題報道
1984年3月	生コン製造業の中小企業近代化計画の改正告示、構造改善事業を3年間延長	1月	セメント協会、産構法による共同事業会社グループ化案決定
4月	全生工組連、技術公害委員会の下部組織として新技術開発研究専門委員会を設置	3月	「かい人21面相」によるグリコ・森永事件
4月	全生工組連関東地区本部を一区と二区に分割、関東二区地区本部設立総会	4月	NHK、「コンクリートクライシス」報道、コンクリート劣化が問題化
6月	全生両連合会合同通常総会、全生協組連に通産省、建設省から常務理事を迎える	8月	セメント製造業構造改善基本計画告示
		9月	セメント5共同事業会社営業開始
7月	全生工組連と日本砂利協会が、コンクリート骨材に関する技術懇談会を開催	11月	セメント協会、アルカリ含有量0.6％以下(ASTM)を保証する「低アルカリセメント」の製造販売を発表
		12月	通産省工業技術院、「輸入セメントを使用する生コン工場のJIS表示許可の取扱いについて」各通産局に指示
1985年2月	全生工組連、1984年末工場数は5311工場で増減なしと発表。史上初めて工場増加が止まる	1月	通産省が産構法によるセメント製造設備処理に関する「指示カルテル」告示
		3月	つくば科学博覧会開催
3月	JIS A 5308改正告示（骨材の混合使用、混和材料のJIS適合品限定等）	3月	青函トンネル貫通
		4月	NTT、日本たばこKKの民営化企業スタート
6月	全生両連合会合同通常総会、会長に平井保氏就任	6月	半導体景気おわる（円高不況にはいる）

6月	第3回生コン技術大会	8月	日航ジャンボ機が群馬県御巣鷹山に墜落、死者520名
		11月	円高騰で1ドル200円突破、円高はじまる
		※	建設省、総プロテーマに「コンクリートの耐久性向上技術開発」を取り上げる
		※	円高によりセメント輸出が減少し輸入増加
1986年1月	初の日中建築材料等交流会議、北京で開催	1月	米国スペースシャトル打ち上げ後に爆発
5月	全生工組連、初の中期需要予測を発表。1985年度実績見込み1億5960万m^3、1990年度は1億5950万から1億6060万m^3とほぼ横ばいを予測	2月	フィリピン革命、アキノ大統領就任
		4月	ソ連チェルノブイリ原発事故、近隣諸国に放射能による影響
		4月	日本道路公団、セメント支給制度を廃止
7月	大阪通産局、大阪兵庫地区の員外業者による「関西生コンクリート事業協同組合」の設立認可	5月	建設省、コンクリートの塩化物総量規制、アルカリ骨材反応暫定対策を指示。10月から試行、1987年4月から本格実施
8月	全生工組連、1985年末調査で全国の生コン工場数は5306工場と史上初めて前年より減少したと発表	7月	衆参同時選挙で自民党が記録的大勝
		9月	社会党委員長に土井たか子氏就任
		11月	平成景気はじまる
10月	JIS改正告示（塩分・アルカリ総量規制等）	11月	三原山噴火
11月	全生両連合会合同臨時総会、平井会長が第2次構造改善事業への方針を示す	※	世界のセメント生産量10億トンを超える
		※	日銀が4回にわたる公定歩合引き下げ
12月	全生工組連12月末調べ、集約化件数は30件となる		
※	可変速式2段ミキサ導入はじまる		
1987年1月	「生コン議員懇話会」（会長・渡辺恒三氏）が発足	1月	1ドル150円を突破
2月	ローラ転圧コンクリート舗装（RCCP）が大阪セメント大阪工場で初施工	2月	政府、日銀公定歩合引き下げ、史上最低の2.5%となる
2月	全生両連合会合同理事会で「業界安定化のための基本構想」採択	4月	国鉄民営分割化、JR各社発足
		5月	政府、公共投資抑制から内需拡大へ政策転換
3月	第1次構造改善事業が終了	10月	ニューヨーク株式市場で史上最大の大暴落（ブラックマンデー）
6月	第4回生コン技術大会開催		
7月	全生工組連、第二次構改計画作成へ向け「業界安定ビジョン説明会」を東北地区で開催。以後9月まで15か所で開催	11月	セメント協会、RCCP欧米調査団
8月	全生工組連、1986年末の生コン工場数を5267工場と発表。前年より39工場減少		
10月	全生両連合会合同臨時総会で中央技術研究所の設置を決定		
1988年4月	全生工組連中央技術研究所開設	1月	セメント協会「材料開発専門委員会」発足、新セメントの共同開発等に初の取り組み
6月	全生両連合会合同通常総会で、11月15日を「生コンクリート記念日」に制定することを決議	3月	セメント輸出協力会解散
		8月	NHK、「大阪で欠陥生コン」報道
7月	関東中央工組を都県別工組に分割、東京都生コンクリート工業組合発足	9月	天皇の病状急変、「自粛ムード」ひろがる

年月	業界の動き	月	一般の動き
8月	全生工組連、生コン工場調査を発表。廃業106工場、新設193工場で1986年度比87工場増加、輸入セメント使用工場が半数を占める	9月	円滑化法に基づくセメント5グループの事業提携計画承認
10月	神奈川県生コンクリート工業組合設立	※	建設省総プロ「RC造建築物の超軽量・超高層化技術の開発」開始
10月	埼玉県生コンクリート工業組合設立		
10月	千葉県生コンクリート工業組合設立		
11月	全生両連合会合同臨時総会、「高品質」「安定供給」「適正価格」の記念日宣言を採択		
11月	生コン製造業の第二次近代化計画告示		
1989年2月	全生工組連、消費税の転嫁、表示カルテル届け出、公取委受理	1月	昭和天皇崩御
		4月	消費税実施
2月	広島地区で海砂供給停止のため、生コン工場が4日間の休止に追い込まれる	6月	通産省発表の1988年度生コン出荷統計で、土木・建築比は48.9対51.1と初めて建築が上回る
4月	全生工組連、政策審議会、構造改善推進特別委員会、RCCP対策特別委員会を設置	12月	米国ブッシュ大統領とソ連ゴルバチョフ書記長がマルタ首脳会談、東西冷戦の終結を宣言
5月	第二次構造改善事業10工組の計画承認、計45工場で取り組みがスタート	※	日銀が3回にわたる公定歩合引き上げ
6月	第5回生コン技術大会		
8月	セメント試験成績表の扱い厳格に。コピー禁止、通し番号付記等各協組で申し合わせ		
9月	全生工組連、1985年から1988年の4年間に247工場の新設があったとの調査結果を発表		
10月	北九州・遠賀地区生コン協同組合連合会発足、全国初の生コン協組と卸協組の連合会		
11月	全生両連合会合同臨時総会、綱領・行動指針を制定		
12月	JIS A 5308改正告示（コンクリートの耐久性向上等）		
12月	公取委、神奈川、湘南協組に対し独禁法違反の排除勧告		
1990年2月	中国からの研修生を業界として初めて受け入れ	4月	セメント卸協同組合連合会設立総会
2月	福岡地区でセメント、生コン出荷ストップ	4月	公取委、北海道のセメントメーカー支店等11か所を立入検査
5月	日本コンクリート工学協会、RCCP・高強度・ハイパフォーマンス等新しいコンクリート技術に対応した「コンクリート製造システム研究委員会」の初会合	6月	NHK、「酸性雨によるコンクリート劣化」報道
		6月	公取委、セメント協会やメーカー、共同事業会社の本支店等27か所に立入検査
7月	首都圏を中心に、生コン工場の第二土曜日休業実施。以後各地に広まる	6月	日米構造協議で10年間に430兆円の公共投資が決まる
9月	名古屋地区で既存協組の員外社による愛知県生コンクリート協同組合、平成生コンクリート協同組合が設立、同一市場に3協組	7月	セメント生コン卸協組連が「全国生コンクリート卸協同組合連合会」に名称変更
10月	首都圏地区で砂の供給停止により生コン工場が出荷停止に追い込まれる	8月	建設省、特定技術活用パイロット事業の第1号にRCCPを指定

		8月	イラクがクウェートに侵攻
		10月	東西ドイツ統一
		12月	三菱鉱業セメントと三菱金属の合併による「三菱マテリアル」発足
		12月	公取委、セメントメーカー12社に排除勧告
		※	日銀、2回の公定歩合引き上げ
1991年4月	1990年度のセメント国内販売、8398万トンで史上最高。生コン出荷も1億9800万m^3と史上最高を記録	1月	米国軍を中心とする多国籍軍がイラクへ攻撃開始、湾岸戦争はじまる
5月	東京の木場公園大橋工事で締固め不要コンクリート初の実施工	3月	公取委、セメントメーカー12社に112億円と独禁法史上最高額の課徴金納付命令
6月	全生両連合会合同通常総会、会長に佐藤茂氏就任	3月	平成景気おわる（平成不況にはいる）
		4月	三菱マテリアルと東北開発が合併を発表
6月	第6回生コン技術大会と生コン産業展を幕張メッセで開催	4月	1986年12月以来の大型内需景気おわる
		5月	雲仙普賢岳噴火
10月	公取委、三蒲地区協組に勧告	5月	通産省、セメント製造業の円滑化法指定解除。中央、ユニオンの2共同事業会社解散
		10月	通産省、骨材問題研究会と採石問題研究会設置
		10月	リサイクル法施行
		12月	ソ連邦解体
		※	日銀、3回にわたり公定歩合引き下げ
1992年2月	全生両連合会合同理事会で「政治連盟設立準備委員会」設置を決議	3月	1991年度のセメント生産量、輸出増、輸入減のため8881万トンと史上最高
7月	上信越自動車道で、日本初のスリップフォーム工法によるコンクリート防護柵施工	5月	日中初の合弁セメント工場、大連華能小野田水泥公司工場が竣工、火入れ
11月	「ZENNAMA政策研究会」発足、会長に佐藤茂氏就任	6月	PKO法成立
		6月	自動車排ガス抑制法（NOx法）公布
		8月	金丸信自民党副総裁、佐川急便事件で辞任
		8月	政府、10兆7千億円の総合経済対策決定。以来1994年3月までに45兆円余の経済対策実施
		※	日銀、2回の公定歩合引き下げ
		※	建設省総プロ「建設副産物の発生抑制・再利用技術の開発」開始
1993年3月	JIS A 5308改正告示、「レデーミクストコンクリート」から「レディーミクストコンクリート」に	3月	金丸信元自民党副総裁逮捕、ゼネコン不祥事問題に
4月	生コン製造業の近代化計画変更告示、第二次構造改善事業1年間延長	3月	JIS A 5005が「コンクリート用砕石及び砕砂」に改正（JIS A 5005とJIS A 5004の合併規格）
6月	第7回生コン技術大会と生コン産業展を幕張メッセで開催	6月	皇太子ご成婚
		6月	自民党分裂
※	建設省北陸地建が5種類の超流動コンクリートを対象に試験施工	7月	北海道南西沖地震発生
		8月	8党会派による細川連立政権発足
		8月	1ドル100円台の急激な円高
		9月	冷害でコメ凶作、緊急輸入決定
		9月	公定歩合が史上最低水準の1.75%
		10月	平成不況おわる

		12月	ガット・ウルグアイラウンド決着、コメ部分開放へ
		※	建設省総プロ「美しい景観の創造技術の開発」開始
1994年1月	全生両連合会、労働省に雇用調整助成金制度の業種指定を申請、生コン業界が指定業種に	2月	コメ不足による「平成コメ騒動」
2月	京都の小野田、住友系列の生コン企業が合併し、新会社「京都スミセレミコン」を設立	4月	公共工事に一般競争入札制度導入（明治以来の入札制度大改革）
4月	生コン製造業の近代化計画告示、全国45工組の第3次構造改善事業スタート	5月	不二、大日本両共同事業会社が解散、セメント共同事業会社体制終結
5月	改正道路交通法施行。これに伴う過積載規制強化により、大都市を中心に骨材価格が急騰、生コン製造コストへの影響大	5月	セメント産業基本問題検討委員会が報告書「セメント産業の今後の在り方」まとめる。生コン業界との関係について「ビジネス原理を基本とした関係の構築」「過度の相互依存体質の見直し」「非効率的な取引関係の是正」等を提言
6月	コンクリート工学協会年次大会で初の生コンセミナー		
9月	全生工組連、RCCP・スリップフォーム等道路用コンクリートを対象に需要開拓特別委員会を新設	6月	製造物責任（PL）法成立
		10月	合併による「秩父小野田」「住友大阪セメント」の2社が発足
10月	労働省、生コンクリート製造業の労働時間短縮指針を発表	12月	建設省、内外価格差是正のため「公共工事の建設費の縮減に関する行動計画」策定
11月	大阪広域生コンクリート協同組合創立総会、大阪府下4協組を統合	※	1994年のセメント生産9742万トン、国内・輸出合わせた販売量9434万トンで共に史上最高を記録
1995年2月	全生両連合会、「労働時間短縮推進マニュアル」作成	1月	阪神淡路大震災発生
		3月	地下鉄サリン事件
3月	生コン業界に対する雇用調整助成金の業種指定1年間延長	3月	1ドル80円台に突入、円は戦後最高値に
		4月	三菱銀行と東京銀行が合併、東京三菱銀行に
3月	全生両連合会、合同理事会で労働時間短縮推進を決議。労働時間短縮推進全国会議を開催	7月	PL法施行
3月	大阪地区・北大阪阪神・東大阪・阪南の4協同組合解散	7月	通産省、事業革新法の特定業種にセメントを指定。生コンは「準ずる業種」に
4月	大阪広域生コンクリート協同組合が事業開始	8月	通産省、「セメント・生コンの商慣習改善調査報告書」まとめる
5月	大阪兵庫工組の第3次構造改善事業スタート、全国46工組がそろって取り組み		
6月	第8回生コン技術大会、生コン産業展を幕張メッセで開催		
6月	全生両連合会合同通常総会、会長に時久義廣氏就任		
12月	全国生コンクリート品質管理監査会議（以下、全国品監）が初会合、議長に岸谷孝一日大教授、副議長に長瀧重義東工大教授就任		
1996年3月	全国品監、第2回会合開く。地方組織を含めた監査会議の運営方針策定のためのワーキンググループ設置を決める。主査に山本泰彦筑波大教授	1月	村山内閣退陣、橋本内閣発足
		3月	通産、建設両省共同で「セメント・生コン流通改善方策検討委員会」発足

7月	全国品監、議長に長瀧重義氏就任。監査の全国統一化の基本方針固まる	5月	2002年サッカーワールドカップの開催地が日韓両国に決定
10月	全国の生コン工場数が5年間で399工場減の4995工場に（全生連調査）	7月	英国の研究所でクローン羊誕生に成功
1997年1月	全国品監、全国会議の規程と地区会議の規程まとめる	3月	秋田新幹線開業
		4月	消費税率5%に
3月	全生両連合会、生コン業界の労働時間短縮の対応について労働省に報告	10月	長野新幹線開業
		12月	気候変動枠組条約・京都議定書採択
6月	第9回生コン技術大会、東京ビッグサイトで開催		
1998年4月	生コンJIS改正施行	2月	冬季オリンピック長野大会開幕
		4月	明石海峡大橋が開通
		7月	宇部三菱セメント発足
		10月	太平洋セメント発足
		12月	米英両軍、イラク攻撃開始
1999年4月	第10回生コン技術大会、全共連ビルで開催	7月	山陽新幹線トンネル内のコンクリート塊落下事件を受け、JR西日本はコールドジョイント現象が93本のトンネルで計2049箇所見つかったと発表
6月	全生両連合会、会長に常井文男氏就任		
12月	中央技術研究所、ISO/IECガイド25の認定をコンクリートの試験機関として日本で初めて取得	8月	国旗・国歌法公布
2000年4月	全国品監、㊜マーク導入	3月	有珠山噴火
5月	全国の生コン工場数(99年末)は4754工場で、前年に比べ78工場減少（全生連調査）	3月	建設省など3省のコンクリート構造物耐久性検討委員会が提言発表。建設省は水セメント比上限明示を決める
11月	全生両連合会、全国理事長会議で常井会長「需要開拓として白舗装普及の運動」打ち出す	4月	介護保険制度スタート
		4月	森連立内閣発足
		7月	三宅島噴火
		7月	2000円札発行
2001年4月	第11回生コン技術大会、東京国際フォーラムで開催	1月	米国ブッシュ政権発足
		4月	小泉内閣発足
7月	全生連、電子商取引の各種調査とビジョン作成に向け取り組み。電子商取引調査委員会発足	9月	米国で同時多発テロ
		12月	皇太子妃雅子様、内親王ご出産。愛子様と命名
7月	日本コンクリート工学協会、第1回コンクリート診断士試験実施		
10月	全生連とセメント協会が共同でコンクリート舗装推進協議会を設置		
2002年4月	全国生コン青年部協議会が設立総会	1月	欧州統一通貨ユーロの現金流通はじまる
6月	全生両連合会合同通常総会。需要拡大の柱としてエココンクリートの普及目指す計画を決定	4月	国土交通省、アルカリ骨材反応抑制対策案を発表
8月	生コン企業数は4000社の大台を割り込み、3993社4508工場（全生連調査）	5月	経団連と日経連が統合し「日本経団連」が発足
9月	全国品監、次年度から外部監査員による品質管理監査ガイドラインを新設	8月	住民基本台帳ネットワークが稼働

10月	全国生コン青年部協議会、大阪で初の全国大会		
11月	大阪兵庫工組の36工場が高強度コンクリート大臣認定単独取得		
12月	全生連政策研究会の生コン議員連盟、創立総会を自民党本部で開く。会長に代表発起人の武藤嘉文議員が就任。需要開拓と市場安定の二つの勉強会を設置		
2003年1月	全生連、コンクリート舗装普及推進委員会を新設	4月	SARS、東アジアを中心に世界的流行
2月	全生連、電子商取引システム化促進委員会、「電子商取引システムの企画・設計事業報告書」まとめる	6月	外国からの武力攻撃対応を定めた有事3法が成立
4月	第12回生コン技術大会、東京国際フォーラムで開催	10月	首都圏の一都三県でディーゼル車排ガス規制施行
6月	全生連会長に青木吉夫氏就任	10月	国交省、施工者に生コンの単位水量測定義務付けを地方整備局に通達
7月	全生連、電子商取引システム開発委員会設置、建設業界標準EDIシステムのCI-NETをベースに生コン取引専用の共通システムの開発、試験事業に着手	12月	イラクのフセイン元大統領、米軍に拘束される
9月	全生連、新認証検討委員会を設置、初会合開く		
12月	生コンJIS改正、呼び強度60までの高強度コンクリートを標準化		
2004年1月	全生連、新認証制度の運用が円滑に移行するよう経済産業省窯業建材課長・同認証課長宛てに要請書提出	10月	新潟県中越地震発生
		10月	日本野球機構、翌季からパ・リーグに楽天参入を正式決定
2月	全生連、電子商取引（EC）に関する協組実態調査結果まとめる	12月	インドネシア・スマトラ島沖で地震、津波発生
2005年4月	第13回生コン技術大会、東京国際フォーラムで開催	3月	コンクリート用再生骨材HのJIS制定
		10月	道路4公団が民営化、6高速道路会社発足
8月	全生連開発の「電子取引共通システム」を活用し、えひめ中予協組が初の取引	10月	新JISマーク制度がスタート
		11月	マンション・ホテル建設の構造計算書偽造問題、いわゆる姉歯事件が発覚
2006年2月	自民党の生コン議員連盟会長に麻生太郎衆議院議員が就任	2月	JIS登録認証機関協議会が発足
		3月	中小企業等協同組合法の改正法案を閣議決定
11月	全生連調査で、戻りコンによる廃棄物処理費用が年間100億～150億円と推定	5月	会社法施行
		5月	ジャワ島で大地震発生
		9月	安倍内閣発足
2007年4月	第14回生コン技術大会、品川きゅりあんで開催	3月	再生骨材コンクリートMがJIS化
		7月	新潟県中越地震発生
7月	全生連会長に吉田治雄氏就任	9月	福田内閣発足
10月	コンクリート甲子園第1回大会開催	10月	セメント協会が商流問題で提言

2008年7月 7月 9月 9月	全生連、高強度コンクリートの出荷実績に関する調査結果公表 全生連、六会コンクリート問題を受け、地区本部・工組に法令順守の徹底通知 全生連調査、6月末時点の生コン工場数が4000の大台割る 全国品監、コンクリート偽装の再発防止策の検討着手	4月 6月 7月 9月 9月 9月	土木学会が示方書を改訂し、生コン工場の選定について「㊜マーク承認工場から選定しなければならない」と明記 秋葉原通り魔事件 六会コンクリート問題（溶融スラグ不正使用）を国交省が公表 国交省の単品スライド条項、生コンなどすべての資材が対象 米国投資銀行リーマン・ブラザーズ破綻、世界的な金融危機に 麻生内閣発足
2009年2月 4月 6月 10月	全生連、需要の回復など「生コン業界の危機突破大会」の決議文を生コン議員連盟の所属議員と関係官庁に提出 第15回生コン技術大会、東京国際フォーラムで開催 全生連、通常総会で「生コンクリート産業の構造改革の基本方針」を決定。5年間で1200工場削減が柱 「構造改革」が前倒しで始動。工場集約化で大阪広域生コン協同組合に初の確認書発行	1月 2月 5月 6月 9月 12月	米国・オバマ政権発足 日本建築学会がJASS 5を改訂し、調合強度をS値管理 裁判員制度スタート 経産省、ガイドライン作成へ生コン取引で実態調査 鳩山内閣発足 六会問題で神奈川、湘南協組が臨時総会で補償肩代わり決める
2010年1月 3月 5月	全生連、乾燥収縮で実態調査結果報告書 全生連、理事会で「エコ舗装」普及の基本方針を決議 1年で生コン工場197減少	1月 2月 4月 6月 6月 8月	日本コンクリート工学協会や土木学会等4団体が民主党に対し「コンクリートから人へ」のキャッチフレーズに抗議 太平洋セメント、国内3工場でのセメント生産中止を発表 大阪広域協組、100億円を投じ25工場廃棄 菅内閣発足 全生連近畿地区本部、危機突破決起大会 経産省、生コン製造業の集約化に関する調査まとめる
2011年2月 3月 4月 6月	全生連、国交省にエコ舗装の採用を陳情 東日本大震災により東北全域で生コン操業停止 2010年度の全国生コン出荷量が8528万m^3、統計開始以来最低値を更新 全生連、会長に阿部典夫氏就任	2月 3月 4月 9月	JR東日本、アル骨対策を強化 東日本大震災発生、東京電力福島第一原発事故 日本コンクリート工学協会、日本コンクリート工学会に 野田内閣発足
2012年1月 4月	全生連、福島・二本松のマンションで高い放射線が検出された問題で、「汚染コンクリート」という表現を使わないよう報道機関に申し入れ 2011年度の全国生コン出荷が5年ぶりに前年上回る	1月 2月 6月 12月	日本コンクリート工学会、残コン・戻りコンの発生抑制・有効利用検討委員会が最終報告書 東京スカイツリー完成 国交省、建設資材需給連絡会合同会議で被災地の生コンや骨材の安定供給対策で方針 安倍内閣発足
2013年4月	第17回生コン技術大会、日経ホールで開催	3月	東京都、戻りコン有償化は適法と解釈明確化、関東一区で有償化ひろがる

		3月	土木学会示方書改訂、収縮量数値削除、書中コンクリートは35度標準に
		4月	国交省、舗装工事は設計段階でアスファルト、コンクリートを比較するよう通達
2014年2月	全国品監、優良工場表彰ガイドライン策定	3月	JIS A 5308改正、回収骨材など規定
5月	全国生コン工場数3417（2013年度末）	4月	消費税8%に
		6月	山口県、1DAYPAVEを公共工事で初採用
		9月	御嶽山噴火
		12月	国交省中国地方整備局、1DAYPAVE初採用、国発注で初めて
2015年3月	高知県央生コンクリート協同組合設立	9月	国連で持続可能な開発目標（SDGs）採択
4月	東京生コンクリート協同組合連合会設立	10月	電気化学工業、社名をデンカに変更
4月	第18回生コン技術大会、日経ホールで開催	12月	気候変動枠組条約・パリ協定採択
2016年8月	静岡県中東遠生コンクリート協同組合設立	2月	日銀、マイナス金利を初導入
		4月	熊本地震発生
		8月	太平洋セメント、デイ・シイを完全子会社に
		12月	新潟県糸魚川市で発生した大規模火災の消火にミキサ車が貢献。全国で消火用水運搬支援協定締結の動きが広がる
2017年4月	第19回生コン技術大会、日経ホールで開催	3月	山陽白色セメント、出荷を終了。ホワイトセメントの国内生産に終止符
6月	全生連会長に吉野友康氏就任	9月	日立セメント、2019年3月末をメドにクリンカ生産停止。太平洋セメントに生産を委託
9月	全国品監、議長に友澤史紀氏就任		
2018年3月	全生連、イメージキャラクター「なまリンちゃん」制定	7月	日銀、政策を修正し金利上昇を容認
7月	生コン工場で安全データシート（SDS）交付が義務付け	7月	JIS法改正。法人の罰金が上限1億円に
2019年3月	全生連、PR動画を公開	5月	天皇即位。新元号は「令和」に
4月	第20回生コン技術大会、日経ホールで開催	7月	工業標準化法が産業標準化法に
		10月	消費税10%に
2020年4月	全国品監、議長に辻幸和氏就任	9月	菅内閣発足
9月	京都広域生コンクリート協同組合設立	10月	宇部興産と三菱マテリアル、セメント事業の完全統合で最終合意
10月	大阪兵庫品監、リモート監査を導入	※	新型コロナウイルスの感染が拡大。「新しい日常」が広がる
2021年4月	全生連、カーボンニュートラル対応検討特別委員会設置	2月	国交省、コンクリート施工時のスランプを設計段階で記入する原則を決定
		4月	菅首相、気候変動サミットで国内の温室効果ガス排出量を2030年度に2013年度比で46%削減する新目標を表明
		7月	東京五輪、1年遅れで開幕
		10月	岸田内閣発足
		10月	石炭高を理由に太平洋セメントが翌年1月から2000円／トンの値上げを発表。セメント・混和剤各社も追随

年月	事項	月	社会の動き
2022年1月	東京協組が6月からの3000円／m^3値上げを表明するなど、各地の生コン協組がコスト高に対応して早期かつ大幅な売価改定に動く	2月	ロシア、ウクライナに侵攻
4月	全生連の吉野会長、岸田首相を表敬訪問	4月	国交省、直轄土木工事の建設現場で遠隔臨場を本格実施
		4月	UBE三菱セメント始動。宇部三菱セメントを吸収合併
		7月	安部元首相、銃撃され死亡
		10月	デンカ、セメント事業を太平洋セメントに譲渡すると発表
2023年1月	『建設物価』1月号で表示価格が2万円を超えた都市が107に。1年間で約4.7倍に増加	3月	WBCで日本代表が優勝。MVPは大谷翔平
1月	函館、南北海道、北渡島3協組が合併し、道南生コンクリート協同組合設立	5月	シーカ・ジャパン、ポゾリスソリューションズを傘下に置くMBCCグループを買収
4月	第22回生コン技術大会、日経ホールで開催	5月	新型コロナウイルスが感染症法上の「5類」に。対策は個人の判断に
6月	全生連会長に斎藤昇一氏就任	7月	ハマス、イスラエルを奇襲攻撃
2024年1月	大阪広域協組の「再強コンクリート」、地下構造体に初打設	1月	能登半島地震発生
2月	全生連、臨時総会で賦課金改定を決議。工組連が5円／m^3、協組連が0.5円／m^3に	3月	JIS A 5308改正。環境配慮、カーボンニュートラル対応推進、生産性向上図る
9月	全生連、生コン工場のCO_2排出量調査結果を発表。1工場当たりのCO_2排出量は、原材料の製造が8割、原材料の運搬が2割弱で、生コンの製造が1.1%、生コンの運搬が2.7%	4月	デイ・シイ、セメント事業を太平洋セメントへ統合
		5月	太平洋セメントが翌年4月から2000円／トンの値上げを発表。セメント各社も追随
		7月	製造設備の不調により軽量骨材が供給停止。以後、供給が不安定に
		9月	大谷翔平、史上初の「50本塁打50盗塁」達成
		9月	石破内閣発足

名簿編

生コンクリート工業組合

凡例
設立年月日　組合員数　出資金
住所　電話番号　FAX番号
役員、事務局担当者
各種委員会(委員長)
組合員年間出荷数量(2023年度実績、2024年度見込、2025年度想定)

全国生コンクリート工業組合連合会

1975年9月1日設立　2,205社2,498工場
〒104－0032　東京都中央区八丁堀2－26－9　グランデビル4F
☎03－3553－7231・FAX03－3553－9590
URL http://www.zennama.or.jp
◇会長・斎藤昇一(東京都工組)　◇副会長・成田眞一(北海道工組)、味岡和國(熊本県工組)　◇理事・村岡兼幸(秋田県工組)、山浦友二(長野県工組)、三友泰彦(新潟県工組)、内田昌勝(愛知県工組)、丸山克也(和歌山県工組)、小野健司(広島県工組)、山中伯(高知県工組)、吉野友康(員外)　◇常務理事・髙木康夫(員外)　◇監事・大久保健(神奈川県工組)、雁部繁夫(岐阜県工組)、中澤善美(員外)
［中央技術研究所］＝〒273－8503　千葉県船橋市浜町2－16－1
☎047－433－9492・FAX047－431－9489
所長・辻本一志
〔地区本部〕
北海道地区本部(北海道工組内)
◇本部長・成田眞一
東北地区本部＝〒980－0014　宮城県仙台市青葉区本町3－5－22　㈱宮城県管工事会館4F
☎022－214－1073・FAX022－214－6075
◇地区＝青森、秋田、山形、岩手、宮城、福島
◇本部長・村岡兼幸
関東一区地区本部(東京都工組内)
◇地区＝東京、神奈川、千葉、埼玉
◇本部長・斎藤昇一
関東二区地区本部(長野県工組内)
◇地区＝長野、山梨、茨城、栃木、群馬
◇本部長・山浦友二
北陸地区本部(新潟県工組内)
◇地区＝新潟、富山、石川、福井
◇本部長・三友泰彦
東海地区本部(愛知県工組内)
◇地区＝静岡、愛知、岐阜、三重
◇本部長・内田昌勝
近畿地区本部(和歌山県工組内)
◇地区＝大阪、兵庫、滋賀、京都、和歌山、奈良
◇本部長・丸山克也
中国地区本部(広島県工組内)
◇地区＝岡山、広島、山口、鳥取、島根
◇本部長・小野健司
四国地区本部(高知県工組内)
◇地区＝徳島、香川、高知、愛媛
◇本部長・山中伯
九州地区本部(福岡県工組内)
◇地区＝福岡、佐賀、長崎、熊本、大分、鹿児島、沖縄
◇本部長・味岡和國

北海道生コンクリート工業組合

1977年6月14日設立　136社159工場　出資金408万円
〒003－0001　札幌市白石区東札幌一条4－24－5
☎011－832－5161・FAX011－832－5209
URL https://www.doukouso.or.jp/
✉doukouso@zennama.or.jp
理事長・成田眞一　副理事長・井町孝彦、内山信一、濱屋宏隆、原田英人　専務理事・守島郁生
総務委員会(井町孝彦)・技術委員会(神本邦男)・品質管理監査委員会(細貝博)・共同試験事業運営委員会(神本邦男)
2023年度実績2909千㎥・2024年度見込2947千㎥・2025年度想定2775千㎥

青森県生コンクリート工業組合

1973年8月1日設立　33社35工場　出資金12390万円
〒030－0902　青森市合浦1－3－3
☎017－743－1341・FAX017－743－1408
URL http://aomori-kouso.jp/
✉info@aomori-kouso.jp
理事長・西川芳德　副理事長・盛浩美、久保田忠彦　事務局長・鹿内尚文
技術研修センター運営委員会(西川芳德)・品質管理監査委員会(黒澤伸夫)・総務委員会(盛浩美)・技術委員会(行方浩平)
2023年度実績514千㎥・2024年度見込465千㎥・2025年度想定404千㎥
品質管理監査事業の内容＝立入監査38工場、査察4工場

秋田県生コンクリート工業組合

1973年12月17日設立　25社32工場　出資金690万円
〒011－0904　秋田市寺内蛭根1－15－18
☎018－824－5540・FAX018－823－8339
URL http://www.akita-kouso.com
✉akita@zennama.or.jp
理事長・村岡兼幸　副理事長・森田真澄　薬師寺靖彦、釜田清志　専務理事・大山房夫
総務委員会(森田真澄)・共同事業委員会(薬師寺靖彦)・安全衛生委員会(田口勉)・技術委員会(遠藤吉光)・品質管理監査委員会(伊藤大介)
2023年度実績480千㎥・2024年度見込512千㎥・2025年度想定489千㎥

岩手県生コンクリート工業組合

1973年12月設立　40社41工場　出資金14083万円
〒020－0816　盛岡市中野2－15－15
☎019－654－0013・FAX019－654－0482
URL https://www.iwate-kouso.or.jp/
理事長・金子秀一　副理事長・藤井弘雄　佐々木孝　専務理事・髙橋信　事務局長・千葉健治
総務委員会(藤井弘雄)・技術委員会(藤山和明)・共同事業委員会(佐々木孝)・品質管理監査会議(小山田哲也)
2023年度実績521千㎥・2024年度見込572千㎥・2025年度想定450千㎥
品質管理監査事業の内容＝全国統一品質管理監査チェックリストに基づき、工業組合の組合員40工場ならびに非組合員から申し込みがあった3工場の合計43工場を対象とした品質管理監査を実施した。令和4年度まではコロナ禍の折、三密を避ける観点から立会者は同行しなかったが、令和6年度からは令和5年度同様に監査員2名に加え、発注者や建設会社から立会者1名に同行していただいた。43工場はいずれも、全国生コンクリート品質管理監査会議の定めた適合判定基準に合格するとともに、令和5年度に合格した45工場の10％以上を対象とする無通告の査察についても、5工場すべてが適合判定基準に合格した。合格証交付式は、今年度も懇親会を除いて3月に開催の予定である。
技術開発など組合の主な活動＝技術委員会の方針として、令和3年度からコンクリートを対象とする健康診断「凍結融解試験(JIS A 1148)・長さ変化測定(JIS A 1129)・静弾性係数試験(JIS A 1149)」の3項目を3年計画で実施している。令和6年度は、令和3年度の沿岸・久慈地区の組合員14工場、令和4年度の県南・気仙地区の18工場に引き続き、令和5年度の盛岡・県北地区の組合員13工場を対象として行った結果をまとめる作業に着手し

た。
まとめの一環として、令和7年4月に開催される第23回生コン技術大会に「岩手県の県央ならびに県北地区の生コンクリートを対象とした乾燥収縮率」と題した論文を投稿した。凍結融解試験ならびに静弾性係数試験についても得られたデータを整理し、令和9年4月に開催される予定の第24回生コン技術大会に投稿する予定である。

山形県生コンクリート工業組合
1973年12月28日設立　38社38工場　出資金195万円
〒990－0024　山形市あさひ町18－25　山形県建設会館内
☎023－632－5654・FAX023－631－6875
✉yamagata@zennama.or.jp
理事長・成田潔　副理事長・那須暢史、安藤政則　専務理事・石垣太
総務委員会(安藤政則)・共同事業委員会(那須暢史)・技術委員会(折原清告)・品質管理監査会議(木俣光正)・技術部(岸弘幸)
2023年度実績471千㎥・2024年度実績499千㎥
品質管理監査事業の内容＝38工場について立入監査を実施したところ、38工場が本県の「立入監査の実施及び判定基準」、「全国生コンクリート品質管理監査会議適合判定基準」に適合しており、合格とした。日程　令和6年7月9日～10月22日

宮城県生コンクリート工業組合
1973年5月設立　49社49工場　出資金650万円
〒980－0022　仙台市青葉区五橋1－6－2　KJビルディング6F
☎022－266－5811・FAX022－266－5822
URL http://www.m-kohso.com
理事長・高野剛　副理事長・森孝次、岡本高明、今野正弘、石ヶ森信幸、大場一豊　専務理事・大泉秀一　事務局長・白井茂
総務委員会(石ヶ森信幸)・技術委員会(加藤益夫)
2023年度実績914千㎥・2024年度見込892千㎥・2025年度想定814千㎥
品質管理監査事業の内容＝49工場に対して品質管理監査を実施

福島県生コンクリート工業組合
1971年10月28日設立　40社50工場　出資金152万円
〒960－8035　福島市本町5－8　福島第一生命ビルディング6F
☎024－523－1695・FAX024－522－3685
✉fukusima@zennnama.or.jp
理事長・磯上秀一　副理事長・佐川保博、渡部一男　専務理事・白石泰夫
総務委員会(大竹重政)・共同事業委員会(倉林勇)・技術委員会(磯上秀一)・品質管理監査委員会(佐川保博)
2023年度実績1134千㎥・2024年度見込1042千㎥・2025年度想定907千㎥
品質管理監査事業の内容＝査察は7月に合格工場の10%以上となる6工場を実施。監査は9月に受審工場49工場を実施(含；員外工場2工場)。

茨城県生コンクリート工業組合
1977年11月設立　23社35工場　出資金92万円
〒310－0803　水戸市城南3－16－31　茨城県北部生コンクリート協同組合ビル4F
☎029－226－9831・FAX029－232－0508
URL http://i-namakon.or.jp/
✉tmito@zennama.or.jp
理事長・落合昭文　副理事長・塚田伸、鈴木芳一、左右田一平
総務委員会(大里喜彦)・共同事業委員会(鈴木芳一)・技術委員会(左右田一平)・品質管理監査委員会(折井智治)
2023年度実績1430千㎥・2024年度見込1330千㎥・2025年度想定1166千㎥

栃木県生コンクリート工業組合
1977年11月22日設立　28社33工場　出資金485万円
〒321－0932　宇都宮市平松本町1140－1　生コン会館3F
☎028－635－7387・FAX028－635－9729
✉Tochigikouso@zennama.or.jp
理事長・岩見髙士　副理事長・田上秀文、吉澤洋、渡辺眞幸、武藤明義　事務局長・相良靖
総務委員会(岩見髙士)・共同事業委員会(添谷修治)・技術委員会(福田英博)

群馬県生コンクリート工業組合
1977年12月26日設立　25社33工場　出資金158万円
〒371－0013　前橋市西片貝町5－15－1
☎027－243－8855・FAX027－243－8844
理事長・諸角富美男　副理事長・篠崎健晴、廣木政道、宮本昌典、堀口吉彦、石井千華　事務局長・宮川博之　技術部長・藤本泉
総務委員会(篠崎健晴)・共同事業委員会(廣木政道)・技術委員会(鳴瀬浩康)・品質管理監査委員会(宮本昌典)
2023年度実績958千㎥・2024年度見込966千㎥・2025年度想定803千㎥
品質管理監査事業の内容＝・全国統一品質管理監査の実施。・全国会議のガイドラインに基づき優良工場を選定。
技術開発など組合の主な活動＝1.主任技士講習会の実施。2.各種技術関係のセミナー等を開催。

長野県生コンクリート工業組合
1976年2月24日設立　84社69工場　出資金318万円
〒381－2213　長野市広田48　神明第1ビル5F
☎026－283－8712・FAX026－283－8715
URL http://nr-coop.server-shared.com/
✉nr-coop@muse.ocn.ne.jp
理事長・山浦友二　副理事長・鷲澤幸一、米山多朗、傳刀俊介　専務理事・逢澤正文
技術委員会(松倉充志)・労働安全衛生委員会(堀籠秀樹)
2023年度実績1148千㎥・2024年度見込1157千㎥・2025年度想定1112千㎥
品質管理監査事業の内容＝68工場の監査と8工場の査察を実施し、監査会議において、全工場合格の承認を得た。監査報告会を2月に開催した。
技術開発など組合の主な活動＝各支部で取り組んでいる技術研究を監査報告会で発表している。技士・主任技士資格取得支援の講習会を組合員及び建設業協会を対象に実施している。また2月に技術講習会を開催した。

山梨県生コンクリート工業組合
1976年3月1日設立　23社27工場　出資金184万円
〒400－0042　甲府市高畑1－10－18　山梨県コンクリート技術センター3F
☎055－228－5619・FAX055－228－5663
URL http://www.y-namacon.jp
✉dfajea@amber.plala.or.jp
理事長・瀧田雅彦　副理事長・三木範之、柳澤晋平　専務理事・手塚茂昭　事務局長・田中秀志
総務員会(武井謙二)・共同事業委員会(中込通雄)・品質管理監査委員会(三木範之)・技術委員会(真田定美)
2023年度実績550千㎥・2024年度見込580千㎥

埼玉県生コンクリート工業組合
1988年10月6日設立　42社57工場　出資金245万円
〒336－0017　さいたま市南区南浦和3－17－5
☎048－882－7993・FAX048－883－3500
✉saitamakouso@zennama.or.jp
理事長・松原浩明　副理事長・西森幸夫、田坂文宏、千島宏喜、小林智、山本浩史　専務理事・佐藤博
総務委員会(山本浩史)・事業合理化委員会(小林智)・技術委員会(木村昌人)・生コン産業の担い手確保・育成委員会(関

根大介）
2023年度実績2077千㎥・2024年度見込1978千㎥・2025年度想定1970千㎥

千葉県生コンクリート工業組合
1988年10月20日設立　42社57工場　出資金210万円
〒260－0045　千葉市中央区弁天1－2－8　四谷学院ビル5F
☎043－207－6351・FAX043－207－6353
✉chibakouso@zennama.or.jp
理事長・勝呂和彦　副理事長・柳内光子、長谷川茂、鈴木竜彦、藤本朋二　専務理事・城間洋次
総務委員会（相原英樹）・事業・合理化委員会（渡邉宗寿）・技術委員会（川野辺正徳）
2023年度実績2558千㎥・2024年度見込2281千㎥・2025年度想定2280千㎥
品質管理監査事業の内容＝重点監査57工場、確認試験（査察）6工場、全国統一品質管理監査57工場（60プラント）を対象に監査を実施し、全加盟工場の技術力の維持向上を図る
技術開発など組合の主な活動＝品管監査員研修会及び技術セミナー開催、役所若手職員を対象に生コン工場見学会開催、市主催イベントへの参加を通し生コン業界PR活動の実施、安全セミナー、経営者セミナー開催等

東京都生コンクリート工業組合
1974年1月25日設立　46社52工場　出資金660万円
〒273－8503　船橋市浜町2－16－1
☎047－431－9211・FAX047－431－9215
URL https://www.tokyo-readyconkouso.jp/
✉info@tokyo-kouso.or.jp
理事長・斎藤昇一　副理事長・森秀樹、小林正剛、松原浩明、西森幸夫、宍戸啓昭　専務理事・服部晃幸
総務委員会（嶋津成昭）・事業合理化委員会（森秀樹）・技術委員会（諏訪一広）
2023年度実績6750千㎥・2024年度見込7000千㎥

神奈川県生コンクリート工業組合
1988年10月1日設立　39社47工場　出資金200万円
〒221－0844　横浜市神奈川区沢渡1－2　Jプロ高島台サウスビル6F
☎045－311－5025・FAX045－311－5026
✉kanagawakouso@zennama.or.jp
理事長・大久保健　副理事長・松井淳、上村清、関大行、沼田正信、勝間田慶喜　専務理事・水谷圭佐
総務委員会（菱木誠一）・事業合理化委員会（松井淳）・技術委員会（城所卓明）
2023年度実績2816千㎥・2024年度見込2600千㎥・2025年度想定2650千㎥
品質管理監査事業の内容＝外部監査員による監査の実施

新潟県生コンクリート工業組合
1973年8月設立　86社74工場　出資金182万円
〒950－0983　新潟市中央区神道寺1－4－14
☎025－241－2354・FAX025－243－1372
✉inagai@zennama.or.jp
理事長・三友泰彦　副理事長・宇﨑修一、木津信明、米山剛　専務理事・小山英明
総務委員会（宇﨑修一）・技術委員会・品質監査委員会（関正信）
2023年度実績935千㎥・2024年度見込923千㎥・2025年度想定857千㎥

富山県生コンクリート工業組合
1978年5月20日設立　30社31工場　出資金4,340万円
〒939－3551　富山市水橋中村456－1
☎076－479－6785・FAX076－479－6786
URL http://www.toyama-kouso.com/
✉toyamakouso@zennama.or.jp
理事長・濱田一夫　副理事長・米島嗣雄、小原紀久雄、高田重弘　専務理事・神島隆雄
総務委員会（坪川勝）・技術委員会（松井暢輔）・品質管理監査委員会（濱田一夫）・共同施設運営委員会（濱田一夫）
2023年度実績575千㎥・2024年度実績604千㎥

石川県生コンクリート工業組合
1978年5月12日設立　55社41工場　出資金313万円
〒921－8043　金沢市西泉3－33－1
☎076－242－1401・FAX076－242－1350
URL http://isinama.main.jp
✉kishikawa@zennama.or.jp
理事長・村井啓介　副理事長・永岡孝、南哲郎、戸田充、二俣馨　専務理事・宮田政佳　事務局長代理・長永文雄
総務委員会（池本英史）・技術委員会（苗代久人）・品質管理監査委員会（苗代久人）
2023年度実績541千㎥・2024年度見込472千㎥・2025年度想定477千㎥
品質管理監査事業の内容＝受審39工場全て合格

福井県生コンクリート工業組合
1966年2月設立　24社29工場　出資金8433万円
〒910－2178　福井市栂野町第21号5－1
☎0776－52－1400・FAX0776－52－0099
URL http://www.f-k.or.jp/
✉fukuikouso@zennama.or.jp
理事長・小森英雄　副理事長・土本鐵夫、髙﨑俊二、上木雅晴
共同事業委員会・技術委員会・品質管理監査委員会・運営委員会
2023年度実績580千㎥・2025年度想定512千㎥
品質管理監査事業の内容＝（6.10）第1回品監委員会。（6.25）第1回品監会議。（7月中）査察3工場。（8.21）監査研修会。（9.2～10.22）品監立入検査。（12.13）第2回品監委員会。（12.26）第2回品監会議。

静岡県生コンクリート工業組合
1973年11月17日設立　71社82工場　出資金710万円
〒422－8006　静岡市駿河区曲金6－2－45
☎054－287－5066・FAX054－280－5305
URL http://www.shizuoka-kouso.or.jp
✉sizuokakouso@zennama.or.jp
理事長・野村玲三　副理事長・青木三喜郎、志村栄一、鈴木勝巳、堀内研夫、岩崎茂雄、渡仲康之助、中村宏昭
総務委員会（鈴木勝巳）・技術委員会（岩崎茂雄）・品質監査幹事会（稲本浩士）・青年部協議会（堀内研矢）
2023年度実績1936千㎥・2024年度見込1805千㎥・2025年度想定1705千㎥
品質管理監査事業の内容＝タブレット入力による監査
技術開発など組合の主な活動＝引続き1DAYPAVEの需要促進PR

愛知県生コンクリート工業組合
1977年4月20日設立　74社80工場　出資金370万円
〒460－0003　名古屋市中区錦3－20－27　御幸ビル4F
☎052－211－2711・FAX052－211－2714
URL http://www.aikouso.or.jp/
✉aikouso@siren.ocn.ne.jp
理事長・内田昌勝　副理事長・新木正明、今泉善雄、鈴木克己、磯部朋幸
総務委員会（新木正明）・共同事業委員会（今泉善雄）・技術・品管委員会（山下雄三）・監査W/G委員会（竹下幸秀）・電算化委員会（磯部朋幸）・安全衛生委員会（新木正明）・代行試験委員会（新木正明）
2023年度実績3680千㎥・2025年度想定3487千㎥

岐阜県生コンクリート工業組合
1973年10月1日設立　41社49工場　出資金4574万円
〒500－8286　岐阜市西鶉1－69
☎058－273－4445・FAX058－274－5840
URL http://www.gifukouso.or.jp
✉soumu@gifukouso.or.jp
✉gijyutu@gifukouso.or.jp
理事長・雁部繁夫　副理事長・西尾太志

星野彰、藤澤明義
総務委員会(星野彰)・技術委員会(中島基幸)・共同事業委員会(北嶋恒紀)
2023年度実績1349千㎥・2024年度見込1186千㎥
品質管理監査事業の内容＝公正な品質管理監査を実施することにより生コンクリートの日常品質管理の徹底と安定供給を実現させ需要者から安心して使用していただくよう努めている。

三重県生コンクリート工業組合
1977年7月15日設立　50社64工場　出資金150万円
〒514－0303　津市雲出長常町字中浜垣内1095
☎059－234－9550・FAX059－234－4913
URL http://www.namacon-mie.or.jp/
✉miekohso@zennama.or.jp
理事長・筒井克昭　副理事長・服部俊樹、渡邉満之、石川雄一郎、岡本一彦、稲葉雄一
総務委員会・技術委員会・環境安全委員会
2023年度実績847千㎥・2024年度見込740千㎥・2025年度想定696千㎥
品質管理監査事業の内容＝57工場で実施。全工場合格。
技術開発など組合の主な活動＝若手人材確保のためのPR、動画作成。監査事務の効率化、省力化のためのシステム化等の検討。

滋賀県生コンクリート工業組合
1966年7月19日設立　18社18工場　出資金450万円
〒520－0047　大津市浜大津2－1－35 OSD浜大津ビル6F
☎077－524－0770・FAX077－524－0970
URL http://shiga-kouso.or.jp/
✉shiga@zennama.or.jp
理事長・田中弘明　副理事長・宇田毅、中村尚秀
技術委員会
2023年度実績690千㎥・2024年度実績647千㎥
品質管理監査事業の内容＝全国統一品質管理監査(9月～10月)。滋賀地区独自監査(6月)。
技術開発など組合の主な活動＝コンクリート主任技士・技士受験対策講座(6月～11月)。県建設技術職員必須基礎研修(7/25)。滋賀けんせつみらいフェスタ2024に県内3協組と合同で出展(10/12)。技術講演会開催(11/29)

京都生コンクリート工業組合
1972年1月8日設立　45社476工場　出資金900万円
〒600－8357　京都市下京区五条通堀川西入ル柿本町579　五条堀川ビル7F
☎075－342－1313・FAX075－342－1315
URL https://kyoto-kouso.or.jp
✉kyoto@zennama.or.jp
理事長・福田茂　副理事長・山﨑高雄、今井守、大八木信行
技術委員会(岡本隆宏)・青年部(西弘真)
2023年度実績1081千㎥・2024年度見込1100千㎥・2025年度想定1086千㎥
品質管理監査事業の内容＝・全国統一品質管理監査。・全国統一品質管理監査査察。・春季実地検査。・配合確認立入調査。
技術開発など組合の主な活動＝・技術研究委員会。・技術委員会。・青年部活動。

奈良県生コンクリート工業組合
1978年3月7日設立　19社19工場　出資金2960万円
〒633－0017　桜井市慈恩寺819－1
☎0744－49－2285・FAX0744－49－2286
URL http://nara-kouso.or.jp/
✉auetani@zennama.or.jp
理事長・磯田龍治　副理事長・船尾好平、中西博子
総務委員会・技術委員会(中村嘉)・品質管理監査要領検討委員会(中村嘉)

和歌山県生コンクリート工業組合
1967年4月設立　64社42工場　出資金720万円
〒641－0036　和歌山市西浜1660－291
☎073－445－0377・FAX073－445－3524
URL http://wakayamakouso.or.jp/
✉info@wakayamakouso.or.jp
理事長・丸山克也　副理事長・上田純也、山名章善、伊東文紀、木下泰隆、池田尚仁、大江一元、森田清郎

大阪兵庫生コンクリート工業組合
1976年1月21日設立　150社172工場　出資金7, 500万円
〒559－0034　大阪市住之江区南港北1－6－59　テクノ・ラボ大阪2F
☎06－6655－1390・FAX06－6655－1395
URL http://www.osakahyogokouso.or.jp/
✉hoosaka@zennama.or.jp
理事長・木村貴洋　副理事長・岡本真二、地神秀治、大山正芳　専務理事・庄野功
執行部会・総務委員会・共同事業委員会・技術委員会・裁定委員会・役員報酬特別委員会・過怠金審査委員会・不服審査委員会・安全管理推進委員会
2023年度実績6920千㎥・2024年度見込6915千㎥・2025年度想定6350千㎥
品質管理監査事業の内容＝全国統一品質管理監査を実施。大阪兵庫地区で179工場の受審。
技術開発など組合の主な活動＝環境配慮型や資源循環型コンクリートの研究開発を行うためワーキンググループを設置し活動している。リサイクルワーキング・Iコンワーキング等。またNEDOグリーンイノベーション基金事業でコンクリートに二酸化炭素を固定化するプロジェクトに参画している。

岡山県生コンクリート工業組合
1977年1月14日設立　41社50工場　出資金205万円
〒700－0943　岡山市南区新福2－13－15　岡山生コン会館3F
☎086－264－6375・FAX086－263－8909
URL http://www.okayamakouso.or.jp/
✉kouso7@okayamakouso.or.jp
代表理事・光田和弘　副理事長・近堂紘史、富樫一清、佐々木良治　専務理事・河原敏之
総務委員会(中村雄一郎)・品監委員会(福田啓亮)・技術委員会(福田啓亮)
2023年度実績786千㎥・2024年度見込733千㎥・2025年度想定705千㎥
品質管理監査事業の内容＝令和6年度の品質管理監査は、令和6年10月1日～11月6日にかけて実施した。全国統一品質管理監査基準チェックリストの監査基準を遵守した上で、岡山県独自で設けた品質管理監査運用方針にしたがって監査を実施した。受審44工場のうち、43工場が合格、1工場が保留となっている。合格となった43工場の中から6工場が優良工場表彰を受けることになった。
技術開発など組合の主な活動＝・コンクリート技士・主任技士資格取得研修会の開催・総合防災訓訓練への参加(生コン車で水を運び消火訓練に協力)・技術研修会の開催(生コンの品質管理上の基礎知識、産業標準化制度など)

広島県生コンクリート工業組合
1975年6月28日設立　73社80工場　出資金365万円
〒732－0817　広島市南区比治山町2－4　広洋ビル6F
☎082－506－2711・FAX082－506－2713
URL https://hiroshima-rmc.jp/
✉hirok-nk-d@zennama.or.jp
理事長・小野健司　副理事長・清水秀一、因幡哲也　専務理事・大幡誠
総務委員会(清水秀一)・技術委員会(城國省二)・共同事業委員会(因幡哲也)
2023年度実績1637千㎥・2024年度見込1565千㎥・2025年度想定1391千㎥
品質管理監査事業の内容＝全国の統一品質管理監査基準に基づく調査項目により実施。監査対象工場は80工場。監査結果は、80工場の全てが合格であった。また、うち36工場を優秀工場、1工場を優良工

場として表彰することとした。
技術開発など組合の主な活動＝(1)コンクリート舗装需要開拓推進…発注者(国、県)への働きかけ。(2)技術研修会…①モデル社内規格令和6年度版改正説明会。②技士受験対策講習会(講義・模擬テスト2日間)。③主任技士受験対策勉強会(Eメールによる論文添削指導)。④研修・見学会(豊工業赤穂砕石所、日工)。(3)その他…①フライアッシュ一般化のための実験(コンクリート品質に及ぼす影響の確認実験)。②回収セメントを用いた低炭素型コンクリートの開発(モルタル実験)。③顧客要求への対応に関するアンケート調査の実施・取りまとめ・見解報告。④各種学協会の講演会等の情報提供。

山口県生コンクリート工業組合
1975年7月設立　43社39工場　出資金330万円
〒754－0014　山口市小郡高砂町3－6
☎083－972－6515・FAX083－972－6516
URL http://ya-nama.axis.or.jp/
✉yama-kouso@zennama.or.jp
理事長・松尾和弘　副理事長・山手孝昭、鶴森栄一　専務理事・浅賀浩二
総務委員会(山手孝昭)・品質管理監査委員会・技術委員会(中沢聡)・共同事業委員会(鶴森栄一)
2023年度実績716千㎥・2024年度見込697千㎥・2025年度想定661千㎥

鳥取県生コンクリート工業組合
1975年12月24日設立　26社14工場　出資金260万円
〒680－0911　鳥取市千代水2－35
☎0857－32－0577・FAX0857－38－3352
URL http://tottoricon21.web.fc2.com
✉tnkk@muse.ocn.ne.jp
理事長・山根正樹　副理事長・大島雅広、高橋哲夫、庄司尚史　専務理事兼事務局長・福本浩二
総務委員会(庄司尚史)・共同事業委員会(高橋哲夫)・技術委員会(河金義英)
2023年度実績278千㎥・2024年度見込280千㎥・2025年度想定268千㎥
品質管理監査事業の内容＝2024年度は県内JIS認証工場の全15工場が受審し、すべての工場が合格した。また、県独自の優良工場表彰では13工場が受賞した。

島根県生コンクリート工業組合
1975年12月19日設立　53社34工場　出資金4350万円
〒693－0026　出雲市塩冶原町1－2－6
☎0853－24－2200・FAX0853－24－2202
URL https://www.shimane-kouso.or.jp/
✉simakoso@zennama.or.jp
理事長・岩﨑哲也　副理事長・松井修治、倉本給都、大畑悦治、森島泰二、今井久晴　専務理事・田原光夫
総務委員会(今井久晴)・共同事業委員会(小林裕典)・技術委員会(小野大輔)・品質管理監査委員会(野白祐史)・青年部会(竹田栄人)
2023年度実績409千㎥・2024年度実績338千㎥

徳島県生コンクリート工業組合
1973年11月21日設立　52社36工場　出資金7110万円
〒771－0143　徳島市川内町中島97－1
☎088－665－2945・FAX088－665－0490
URL https://tokushimakouso.com
✉acorn14@vmail.plala.or.jp
理事長・山内勝英　副理事長・東上和弘、川原隆、坂東寛司
総務委員会(坂東寛司、山内勝英)・共同事業委員会(小林佳司、横手晋一郎)・技術委員会(佐野昇、川原隆)・品監委員会(佐野昇、下村英一)
2023年度実績489千㎥・2024年度見込500千㎥・2025年度想定500千㎥

香川県生コンクリート工業組合
1973年6月13日設立　23社27工場　出資金135万円
〒760－0002　高松市茜町28－40
☎087－861－7452・FAX087－861－7453
URL http://kagawa-namacon.or.jp/
✉sanuki@zennama.or.jp
理事長・松永雪夫　副理事長・丹生兼宏、真部知典、浅田耕祐、川崎隆三郎　専務理事・古田満広
総務委員会(松永雪夫)・技術委員会(森本英樹)・共同事業委員会(川崎隆三郎)
2023年度実績611千㎥・2024年度見込580千㎥・2025年度想定550千㎥
品質管理監査事業の内容＝2024年度の品質管理監査は、県内のJIS認証工場27工場すべてが受審し、査察において不適切行為が確認された1工場を除く26工場に合格証を授与した。外部監査員は2006年より採用し、2024年は21工場の正監査員を担当した。また、全国統一監査基準とは別に加点評価方式を2008年より採用し、香川県独自のチェック項目により技術力向上等への取り組み姿勢を評価している。
技術開発など組合の主な活動＝①(研究)製造工程の強度管理による品質管理力向上に関する研究　②(研究)JIS A 5308への適合性維持に要する品質管理業務量の調査と機器活用による生産性向上策の提言　③(研究)コンクリートの色に関する研究　④(研究)JCI四国支部研究委員会へ委員として参加　⑤(教育)圧縮強度試験の組合員工場による共通試験　⑥(教育)コンクリート技士・主任技士育成講座　⑦(教育)安全衛生管理パトロールの実施(青年部活動)

愛媛県生コンクリート工業組合
1978年8月4日設立
〒790－0951　松山市天山3－8－20
☎089－948－1705・FAX089－948－1567
✉ehimekouso@zennama.or.jp
理事長・泉圭一　副理事長・馬越卓也、岩本渉、飛鷹康志、門脇正弘
総務委員会(飛鷹康志)・技術委員会(渡部善弘)・品質管理監査委員会(渡部善弘)
2023年度実績887千㎥・2024年度見込815千㎥

高知県生コンクリート工業組合
1973年1月25日設立　58社41工場　出資金198万円
〒780－8037　高知市城山町183－5
☎088－833－3110・FAX088－833－3242
URL http://www.kochikouso.or.jp/
理事長・山中伯　副理事長・北岡守男、田邊聖　専務理事・中平千敏
総務委員会(山中伯)・技術委員会(竹田真一)
2023年度実績589千㎥・2024年度見込560千㎥・2025年度想定530千㎥

福岡県生コンクリート工業組合
1974年4月25日設立　71社92工場　出資金284万円
〒812－0013　福岡市博多区博多駅東1－11－5　アサコ博多ビル5F
☎092－461－1411・FAX092－475－6902
✉kfukuoka@zennama.or.jp
理事長・中島辰也　副理事長・永松高詩、藤嶋亮介、鶴田達哉、本田智、原裕　専務理事・原田克己
総務委員会(中島辰也)・技術委員会(鶴田達哉)・品質管理監査委員会(鶴田達哉)
2023年度実績2928千㎥・2024年度見込2897千㎥・2025年度想定2687千㎥

佐賀県生コンクリート工業組合
1975年11月28日設立　12社16工場　出資金240万円
〒846－0012　多久市東多久町大字別府2426－2
☎0952－76－2675・FAX0952－76－2713
✉sagakouso@zennama.or.jp
理事長・福岡桂　副理事長・鹿島英美、山田辰弘、内田雄介　専務理事・森山正則　常務理事・岡昌弘
総務委員会(福岡桂)・技術委員会(山田辰弘)
2023年度実績305千㎥・2024年度見込328千㎥・2025年度想定345千㎥

長崎県生コンクリート工業組合

1975年5月31日設立　45社60工場　出資金265万円

〒850－0033　長崎市万才町1－2－201

☎095－820－3501・FAX095－820－3503

✉nagasaki@zennama.or.jp

理事長・野村浩　副理事長・清水勇樹、西畑伸造　常務理事・古川直光

総務委員会(野村浩)・共同事業委員会(清水勇樹、西畑伸造)・技術委員会(楠本慎太郎)・品質管理監査委員会(古川直光)

2023年度実績980千㎥

熊本県生コンクリート工業組合

1973年5月17日設立　59社75工場　出資金159万円

〒862－0976　熊本市中央区九品寺4－8－17　熊本県建設会館別館3F

☎096－362－9011・FAX096－362－9494

理事長・味岡和國　副理事長・地下和志、原田秀樹　専務理事・河野愛彦

技術委員会(味岡章徳)

2023年度実績1327千㎥・2024年度見込1349千㎥・2025年度想定1279千㎥

品質管理監査事業の内容＝熊本県生コンクリート品質管理監査会議は全国統一基準に基づき監査を行い、国交省、農水省、熊本県、熊本市等にも品監会議の委員になって頂き、品質管理監査の中立性・公平性・透明性の確保に努めている。

また、品質管理監査結果報告書をカラー刷りとし、PRにも活用できるような形式で作成し、関係行政機関や建設産業団体等に広く配布している。

さらに熊本工組独自のホームページを作成し、監査の実施趣旨や合格工場の結果等についてユーザー等が自由に閲覧できる体制を整えている。

技術開発など組合の主な活動＝コンクリートに関する情報提供や情報交換、技術の研究を通して、発注者・施工者・供給者間の相互理解を深め、コンクリート全体の品質を高めること、及びコンクリート業界の認知度向上を目的として、産官学による組合の枠にとらわれないコンクリートアカデミー事業を展開。今年度の主な活動は以下の通り。／研修事業＝官公庁新規入職者のための技術研修会を開催、コンクリート技士・主任技士試験受験対策講習会の開催、中堅・ベテラン従業員を対象とした後輩指導力向上の為のスキルアップセミナーを開催、コンクリートアカデミー設立5周年を記念して、環境負荷低液やカーボンニュートラルをテーマとした講演会を学識経験者を講師として招き開催／日本サステナビリティ研究所の堺孝司代表とコンクリートアカデミー長である味岡和國工業組合理事長による意見交換を実施

大分県生コンクリート工業組合

1974年12月25日設立　46社62工場　出資金225万円

〒870－0245　大分市大在北3－356

☎097－528－8225・FAX097－521－2535

URL http : //oitan1.wix.com/oita-rmc

✉oitan@zennama.or.jp

理事長・渡邉忠幸　副理事長・森重俊、恵藤誠　事務局長・奈須文博

特別委員会(恵藤誠)・出荷監査委員会(浅田潤)・技術委員会(山本一寿)・品質監理監査委員(森重俊、奥田和茂)

2023年度実績816千㎥・2024年度実績792千㎥

技術開発など組合の主な活動＝再生骨材を用いたコンクリートの特性

宮崎県生コンクリート工業組合

1968年10月25日設立　48社51工場　出資金240万円

〒880－0834　宮崎市新別府町鳶藁1948

☎0985－24－7025・FAX0985－24－7054

URL http : //www.namakon.com/

✉miyazakikoso@abelia.ocn.ne.jp

理事長・木田正美　副理事長・河野宏介、藤元建二　専務理事・松岡弘高

総務委員会(木田正美)・技術委員会・品質管理監査委員会(河野宏介)

2023年度実績639千㎥・2024年度見込626千㎥・2025年度想定567千㎥

品質管理監査事業の内容＝51工場検査(本監査、査察)国・県立ち会いのもと実施

技術開発など組合の主な活動＝生コン学校開講(5～6月)、コンクリートコンテスト開催(12月)

鹿児島県生コンクリート工業組合

1978年10月27日設立　73社110工場　出資金880万円

〒890－0052　鹿児島市上之園町24－2　川北ビル4階

☎099－254－1560・FAX099－258－4730

✉kagoshimakouso@zennama.or.jp

理事長・米盛直樹　副理事長・徳留眞一郎、宮脇哲也　専務理事・新門和洋

総務委員会(米盛直樹)・技術委員会(岡山和彦)

2023年度実績1212千㎥・2024年度実績1102千㎥

品質管理監査事業の内容＝全88工場を特別監査員3名、監査員27名で品質管理監査を実施。88工場のうち1/3程度の工場については査察を行っている。

技術開発など組合の主な活動＝品質管理監査の実施、コンクリート技士・主任技士受験対策研修会、コンクリートマンテストの開催等。

沖縄県生コンクリート工業組合

1978年4月1日設立　44社51工場　出資金2279万円

〒900－0001　那覇市港町2－14－1

☎098－868－2662・FAX098－863－2511

URL http : //namakon-kumiai.jp/

✉k-okinawa@zennama.or.jp

理事長・運天先俊　副理事長・兼島力、平井才己、大濵達也　特別顧問・安谷屋政秀

総務委員会(運天先俊)・技術委員会(宇良幹男)

2023年度実績1413千㎥・2024年度実績1391千㎥

生コンクリート協同組合

凡例
設立年月日　組合員数　出資金
住所　電話番号　FAX番号
役員名
事務局人員
主な委員会・部会（責任者名）
事業区域
共販（方式）
共同事業の実施状況
価格（標準物）
価格改定理由
年間出荷数量
特殊コンクリート出荷実績
員外社数、年間の出荷推定
大口需要物件名

全国生コンクリート協同組合連合会

1968年12月15日設立　3県協組連248組合1,857社2,082工場
〒104－0032　東京都中央区八丁堀2－26－9　グランデビル4F
☎03－3553－7231・FAX03－3553－9590
URL http://www.zennama.or.jp
◇会長・斎藤昇一（東京地区協組）　◇副会長・成田眞一（札幌協組）、味岡和國（熊本地区協組）　◇理事・村岡兼幸（本荘由利協組）、山浦友二（佐久事業協組）、三友泰彦（魚沼地区協組）、内田昌勝（名古屋協組）、丸山克也（和歌山広域協組）、小野健司（広島地区協組）、山中伯（嶺北協組）、吉野友康（員外）　◇常務理事・髙木康夫（員外）　◇監事・大久保健（神奈川協組）、雁部繁夫（岐阜中央協組）、中澤善美（員外）

北海道

北海道生コンクリート協同組合連合会

1974年12月10日設立　27協組
〒003－0001　札幌市白石区東札幌一条4－24－5
☎011－832－5161・FAX011－832－5209
URL https://www.doukouso.or.jp/
✉doukouso@zennama.or.jp
会長・成田眞一　副会長・井町孝彦、内山信一、濱屋宏隆、原田英人　専務理事・守島郁生
事務局3名（工組と兼務）
総務委員会（井町孝彦）・共同事業委員会（内山信一）
事業区域・北海道全域
年間総出荷量：2023年度実績2884千㎥、2024年度見込2924千㎥、2025年度想定2766千㎥

旭川地方生コンクリート協同組合

1970年5月11日設立　11社7工場
〒079－8411　旭川市永山一条20－1－11 N120
☎0166－48－3911・FAX0166－48－3929
URL http://asahikawa-namakyou.com/
✉asahikawa.namacon_kyoso@bz03.plala.or.jp
理事長・細貝博　副理事長・鶴岡久也
事務局2名
運営委員会（細貝博）・参事会（藤井有二）・技術委員会（河原敏仁）
事業区域・上川総合振興局管内（旭川市を含む）
1996年4月より共販実施（直販・販売店・卸協組方式）
残コン戻りコン有償化、賠償責任保険への加入、代行試験有料化実施
価格・土木18－8－25の場合2024年24,150円2025年26,550円、建築21－18－25の場合2024年25,000円2025年27,500円　製造コスト上昇、出荷量の減少
年間総出荷量：2023年度実績86千㎥、2024年度見込85千㎥

小樽地区生コンクリート協同組合

1980年8月4日設立　7社8工場　出資金350万円
〒047－0032　小樽市稲穂1－3－9　協和サンモールビル4F
☎0134－34－0643・FAX0134－23－3968
✉namacon2@rmail.plala.or.jp
理事長・飯坂一男　事務長・大月富満夫
事務局2名
営業委員会・技術委員会・総務委員会・積算委員会
事業区域・小樽市、余市郡余市町・仁木町・赤井川村、古平郡、積丹郡
1980年8月より共販実施（登録販売店方式）
残コン戻りコン有償化、賠償責任保険への加入実施
年間総出荷量：2023年度実績120千㎥、2024年度見込160千㎥、2025年度想定145千㎥

上川中部生コンクリート協同組合

2001年5月1日設立　2社2工場　出資金100万円
〒078－1743　上川郡上川町花園町13－3
☎01658－2－3928・FAX01658－2－3930
理事長・高田晋　副理事長・津山建
事務局1名（出向1名）
運営委員会・技術委員会・監査委員会
事業区域・上川郡上川町
2001年5月より共販実施（販売店方式）
残コン戻りコン有償化、賠償責任保険への加入、代行試験有料化実施
価格・土木21－18－25の場合2024年32,000円2025年35,300円、建築21－18－25の場合2024年32,000円2025年35,300円　製造コスト上昇
年間総出荷量：2023年度実績7千㎥、2024年度見込9千㎥（高流動20㎥）、2025年度想定7千㎥

上川北部生コンクリート協同組合

1977年4月1日設立　7社8工場　出資金700万円
〒095－0014　士別市東四条3－1－5　士別建設会館
☎0165－23－4233・FAX0165－22－3561
✉rr4pr69@fork.ocn.ne.jp
理事長・中山泰英
事務局2名
技術委員会（長沢勝広・渡部正和）・運営委員会（滝口一昭・樋口敦也）
事業区域・士別市、名寄市、上川郡和寒町・剣淵町・下川町、中川郡美深町・中川町・音威子府村、雨竜郡幌加内町
2006年1月より共販実施（販売店方式）
残コン戻りコン有償化、賠償責任保険への加入実施
価格・土木24－12－40の場合2024年28,050円、建築21－18－25の場合2024年28,000円　製造コスト上昇、出荷量の減少
年間総出荷量：2023年度実績33千㎥、2024年度見込30千㎥、2025年度想定26千㎥
大口需要・名寄(5)隊庁舎新設

岩宇生コンクリート協同組合

1994年3月18日設立　5社5工場　出資金320万円
〒045－0031　岩内郡共和町梨野舞納124－1
☎0135－62－7150・FAX0135－62－0201
理事長・田村明
事務局1名
技術委員会（大場信人）
事業区域・後志総合振興局管内
1994年3月より共販実施（登録販売店方式）
残コン戻りコン有償化、賠償責任保険へ

の加入、代行試験有料化実施
年間総出荷量：2023年度実績24千㎥、2024年度見込25千㎥
員外社数1社1工場

北根室生コンクリート協同組合
1994年8月23日設立　8社4工場　出資金800万円
〒086－1054　標津郡中標津町東14条北1丁目
☎0153－72－3099・FAX0153－72－3031
理事長・武藤一　副理事長・竹末俊昭、金田吉則
事務局2名
営業委員会(山崎元弘)・技術委員会(加藤勉)
事業区域・A地区(標津郡標津町・中標津町、野付郡別海町)、B地区(目梨郡羅臼町)
1994年9月より共販実施(直販・登録販売店方式)
残コン戻りコン有償化、賠償責任保険への加入、代行試験有料化実施
価格・土木21－5－40の場合2024年27,500円2025年31,050円、建築21－18－20の場合2024年27,500円2025年31,500円　製造コスト上昇、出荷量の減少
年間総出荷量：2023年度実績39千㎥、2024年度見込46千㎥、2025年度想定43千㎥
員外社数1社1工場・出荷推定2千㎥

北見地方生コンクリート協同組合
1971年2月22日設立　7社10工場　出資金390万円
〒090－0019　北見市三楽町198－1
☎0157－23－4800・FAX0157－23－4801
理事長・吉野篤　副理事長・大槻仁司、中原俊晃
事務局3名
合同参事会(西岡晃)・技術部会(倉沢収児)
事業区域・北見市、網走市、常呂郡置戸町・訓子府町・佐呂間町、網走郡美幌町、斜里郡斜里町・小清水町
1997年4月より共販実施(直販)
残コン戻りコン有償化、賠償責任保険への加入、代行試験有料化実施
価格・土木24－12－40の場合2024年27,850円、建築21－18－20・25の場合2024年28,000円　製造コスト上昇、出荷量の減少
年間総出荷量：2023年度実績84千㎥、2024年度見込75千㎥(水中不分離2㎥)、2025年度想定67千㎥

釧路生コンクリート協同組合
1971年2月13日設立　13社9工場　出資金470万円
〒085－0041　釧路市春日町3－6　丸平総合ビル3F
☎0154－24－2185・FAX0154－25－7754
✉jimukyoku@kushiro-namacon.or.jp
理事長・濱屋宏隆　副理事長・米森元春、渡邊修、橋爪亮憲　事務長・南孝司
事務局4名
営業委員会(金田吉則)・業務委員会(橋爪亮憲)・技術委員会(安井明)
事業区域・釧路市及び釧路総合振興局管内、根室市
2019年9月より共販実施(完全共同販売方式)
残コン戻りコン有償化、賠償責任保険への加入、代行試験有料化実施
年間総出荷量：2023年度実績118千㎥、2024年度見込122千㎥、2025年度想定122千㎥
大口需要・釧路港港湾関連

札幌生コンクリート協同組合
1972年5月9日設立　21社23工場　出資金10,500万円
〒003－0001　札幌市白石区東札幌一条4－6－10　生コン技術センター
☎011－832－5110・FAX011－832－6492
URL https://satsunamakyo.or.jp/
理事長・成田眞一　副理事長・藤中拓也、齊藤徹　専務理事・田中照信
事務局4名
技術委員会、割決執行委員会、総務委員会、特別委員会
事業区域・札幌市、江別市、石狩市、小樽市銭函地区、石狩郡当別町
2012年6月より共販実施(販売店・卸協組併用方式)
残コン戻りコン有償化、賠償責任保険への加入実施
価格・土木の場合2024年20,000円2025年25,000円、建築の場合2024年20,000円2025年25,000円　製造コスト上昇
年間総出荷量：2023年度実績946千㎥、2024年度見込950千㎥、2025年度想定850千㎥
員外社数2社2工場・出荷推定100千㎥

後志生コンクリート協同組合
1973年7月6日設立　組合員9社9工場　出資金720万円
〒044－0013　虻田郡倶知安町南三条東6－2
☎0136－22－1710・FAX0136－23－3615
✉snamacon@seagreen.ocn.ne.jp
理事長・玉井淑廣
事務局1名
技術委員会(千葉学)・積算委員会(塚田裕一)
事業区域・後志支庁管内(小樽、余市、岩内地区を除く)
1973年6月より共販実施(登録販売店方式)
残コン戻りコン有償化、賠償責任保険への加入、代行試験有料化実施
価格・建築の場合2024年27,300円
年間総出荷量：2023年度実績140千㎥、2024年度見込100千㎥

宗谷生コンクリート協同組合
1994年6月1日設立　4社7工場　出資金500万円
〒097－0015　稚内市朝日2－1－21
☎0162－33－2201・FAX0162－33－2230
✉souyakyo@phoenix-c.or.jp
理事長・遠藤登喜男
事務員1名
技術委員会(三山嗣幸)・積算委員会(古川睦郎)
事業区域・北宗谷(稚内市、天塩郡豊富町、利尻島、礼文島)
1994年9月より共販実施(直販・登録販売店方式)
代行試験有料化実施

空知生コンクリート協同組合
1972年6月1日設立　7社7工場　出資金700万円
〒074－0003　深川市3条9－26　福富ビル3F
☎0164－22－2676・FAX0164－22－7500
✉sorakyou@atlas.plala.or.jp
理事長・芳賀俊輔
事務局2名
運営委員会・技術委員会
事業区域・空知管内
2003年4月より共販実施(販売店方式)
残コン戻りコン有償化、賠償責任保険への加入、建設業協組生コン共同購入実施
価格・建築21－18－25の場合2024年26,000円2025年29,000円　製造コスト上昇、出荷量の減少
年間総出荷量：2023年度実績26千㎥、2024年度見込23千㎥、2025年度想定20千㎥
員外社数1社1工場・出荷推定6千㎥

千歳地区生コンクリート協同組合
1973年8月29日設立　10社10工場　出資金500万円
〒066－0063　千歳市幸町6－20－24　グリーンビル3F
☎0123－26－3434・FAX0123－24－7967
理事長・髙谷明利　副理事長・小野寺均、中川信二
事務局2名
事業区域・恵庭市、千歳市、北広島市、夕張郡長沼町、勇払郡安平町の一部、空知郡南幌町
1976年2月より共販実施(登録販売店方

式）
残コン戻りコン有償化、賠償責任保険への加入、代行試験有料化実施
価格・土木21－18－25の場合2024年25,000円2025年29,000円、建築21－18－25の場合2024年25,000円2025年29,000円　製造コスト上昇、輸送費上昇
年間総出荷量：2023年度実績219千㎥、2024年度見込165千㎥、2025年度想定120千㎥
員外社数1社1工場・出荷推定25千㎥

道央生コンクリート協同組合

2007年10月1日設立　6社6工場
〒069－0365　岩見沢市上幌向町564－2　㈱コンドウ生コンクリート内
☎0126－35－5690・FAX0126－35－5119
✉douou-namakyo@videw.com
理事長・内山信一
岩見沢市、美唄市、三笠市、夕張市、樺戸郡月形町・浦臼町、空知郡奈井江町、夕張郡栗山町・由仁町
2021年4月より共販実施（販売店方式）
残コン戻りコン有償化、賠償責任保険への加入実施
価格・建築21－18－25の場合2024年22,000円2025年27,000円　製造コスト上昇
年間総出荷量：2023年度実績40千㎥、2024年度見込43千㎥
員外社数2社2工場

道南生コンクリート協同組合

2023年4月1日設立　18社13工場
〒041－1221　北斗市清水川142－29
☎0138－77－2277・FAX0138－77－2177
理事長・井町孝彦　副理事長・新田將人、松田憲佳
事業区域・渡島、桧山支庁管内
2023年4月より共販実施（販売店方式）
残コン戻りコン有償化、賠償責任保険への加入、代行試験有料化実施
年間総出荷量：2023年度実績396千㎥、2024年度見込553千㎥
員外社数1社1工場

十勝地方生コンクリート協同組合

1971年4月16日設立　11社12工場　出資金550万円
〒080－0012　帯広市西2条南34－23
☎0155－67－6722・FAX0155－67－6724
URL https://tokachinamakyo.com/
✉info@tokachinamakyo.com
理事長・花房浩一　副理事長・加藤貴裕、坂井峰司　専務理事・横山光宏
事務局3名
技術委員会・参事会
事業区域・十勝支庁管内（広尾・大樹・清水・新得・鹿追・士幌・上士幌・足寄・陸別・本別・浦幌を除く）
2016年4月より共販実施（販売店方式）
残コン戻りコン有償化、賠償責任保険への加入実施
価格・建築21－18－25の場合2024年25,000円　製造コスト上昇
年間総出荷量：2023年度実績112千㎥、、2025年度想定100千㎥
員外社数1社1工場

苫小牧生コンクリート協同組合

1973年3月9日設立　13社18工場（稼働工場7工場）　出資金780万円
〒053－0021　苫小牧市若草町3－1－4　独楽ビル4F
☎0144－34－1431・FAX0144－34－1433
理事長・大場靖友　副理事長・宮本悟史、新森昭
事務局2名
営業委員会（宮本悟史）・技術委員会（中川信二）・総務委員会（新森昭）
事業区域・苫小牧地区（苫小牧市を含む）勇払郡厚真町・むかわ町及び安平町の一部、白老郡白老町
1985年4月より共販実施（卸共販）
残コン戻りコン有償化、賠償責任保険への加入、代行試験有料化実施
価格・建築21－18－20の場合2024年（苫小牧地区）26,000円（白老地区）28,000円2025年（苫小牧地区）29,000円（白老地区）31,000円　製造コスト上昇
年間総出荷量：2023年度実績115千㎥、2024年度見込108千㎥、2025年度想定90千㎥
大口需要・苫小牧市民ホール、ベンチャーグレイン蒸留所、上組物流センター

西胆振生コンクリート協同組合

1979年7月1日設立　7社8工場　出資金400万円
〒052－0022　伊達市梅本町39－1
☎0142－23－2115・FAX0142－22－1081
✉n-ibl-lc@smail-plala.or.jp
理事長・小田由三
事務局1名
総務委員長（森智代）・営業積算委員長（後藤寛）・技術委員長（藤野俊樹）・事業委員長（新森昭）
事業区域・伊達市、虻田郡洞爺湖町・豊浦町、有珠郡壮瞥町
1957年5月より共販実施（卸協組）
残コン戻りコン有償化、賠償責任保険への加入、代行試験有料化実施
価格・土木18－5－40の場合2024年26,650円2025年29,650円、建築21－18－20の場合2024年27,700円2025年30,700円　製造コスト上昇、出荷量の減少
年間総出荷量：2023年度実績21千㎥、2024年度見込13千㎥、2025年度想定15千㎥

西十勝生コンクリート協同組合

1996年4月1日設立　3社3工場　出資金150万円
〒089－0136　上川郡清水町本通9－19
☎0156－62－5830・FAX0156－62－5817
✉nisitokachi-namaconkyouso@sea.plala.or.jp
理事長・田村敏裕　副理事長・藤田和喜智　理事・榊浩二　事務局長・斉木良博
事務局2名
事業区域・上川郡清水町・新得町、河東郡鹿追町
1996年4月より共販実施（直販）
残コン戻りコン有償化、賠償責任保険への加入、代行試験有料化実施
価格・土木21－12－40の場合2024年28,650円、建築21－18－25の場合2024年29,000円　製造コスト上昇
年間総出荷量：2023年度実績53千㎥、2024年度見込45千㎥、2025年度想定39千㎥

日高生コンクリート協同組合

1977年5月20日設立　8社12工場　出資金400万円
〒056－0016　日高郡新ひだか町静内本町1－1－32
☎0146－42－6392・FAX0146－45－0096
理事長・藤中拓也　副理事長・出口博正　事務局長・鹿内正博
事務局2名
事業区域・日高支庁管内
2002年3月より共販実施（直販・販売店方式）
残コン戻りコン有償化、賠償責任保険への加入、代行試験有料化実施
価格・土木21－18－25の場合2024年28,350円2025年28,350円、建築21－18－25の場合2024年28,350円2025年28,350円
年間総出荷量：2023年度実績62千㎥、2024年度見込46千㎥、2025年度想定45千㎥

富良野地区生コンクリート協同組合

1982年3月29日設立　7社7工場
〒071－0770　空知郡中富良野町暁町3－2
☎0167－56－7762・FAX0167－56－7763
✉furanokyoso@furano.ne.jp
理事長・北村道夫
事業区域・富良野市、空知郡上富良野町・中富良野町・南富良野町、上川郡美瑛町、勇払郡占冠村
2001年4月より共販実施（登録販売店方式）
代行試験有料化実施
員外社数1社1工場・出荷推定2千㎥

北東十勝生コンクリート協同組合
5社5工場
〒089－3304　中川郡本別町坂下町18－1
☎0156－23－0303・FAX0156－23－0333
✉hokutoutokachi@bz04.plala.or.jp
理事長・朝日基光
事業区域・河東郡上士幌町・士幌町、足寄郡足寄町・陸別町、十勝郡浦幌町、中川郡本別町・豊頃町
2015年4月より共販実施(販売店方式)
代行試験有料化実施
員外社数1社1工場・出荷推定1千㎥

南宗谷生コンクリート協同組合
1982年4月15日設立　4社5工場　出資金800万円
〒098－5808　枝幸郡枝幸町新港町979－1
☎0163－62－4151・FAX0163－62－2005
理事長・譜久元博行
事業区域・宗谷郡猿払村、枝幸郡浜頓別町・枝幸町
共販実施状況：1980年8月より休止中

南十勝生コンクリート協同組合
1979年3月20日設立　5社5工場　出資金125万円
〒089－2611　広尾郡広尾町西一条11－7－1
☎01558－2－3914・FAX01558－2－4196
理事長・西向芳光
事務局1名(出向1名)
事業区域・広尾郡広尾町・大樹町、中川郡幕別町の一部
1984年4月より共販実施(直販・登録販売店方式)
共同輸送実施

室蘭生コンクリート協同組合
1973年5月25日設立　6社7工場　出資金70万円
〒059－0035　登別市若草町2－14－10
☎0143－82－1112・FAX0143－82－1113
✉muronamakyo@b203.plala.or.jp
理事長・高橋聖　副理事長・高山海晋、石川政美
事務局1名
理事会(高橋聖)・総務委員会(塚田裕一)・事業推進委員会(大屋克之)・積算歩外委員会(高山海晋)・技術委員会(新屋卓)・参事会
事業区域・室蘭市、登別市
1973年5月より共販実施(登録販売店方式)
価格・建築21－18－20の場合2023年25,000円
年間総出荷量：2023年度実績40千㎥

留萌地方生コンクリート協同組合
1974年4月26日設立　6社9工場　出資金320万円
〒077－0005　留萌市船場町2－8
☎0164－42－5460・FAX0164－42－5482
✉rumoitihounamakiyou@bz01.plala.or.jp
理事長・原田英人　副理事長・高場博人
事務局1名
運営委員会(眞田文幸)・積算委員会(眞田文幸)・技術委員会(沖田純胤)・北海道技術委員会(沖田純胤)
事業区域・留萌支庁管内(留萌市を含む1市8町村)
1989年4月より共販実施(登録販売店方式)
代行試験有料化、一部共同輸送実施
価格・土木21－5－40の場合2024年34,800円、建築21－18－20の場合2024年35,500円
年間総出荷量：2023年度実績34千㎥、2024年度見込30千㎥、2025年度想定39千㎥

紋別地方生コンクリート協同組合
9社10工場
〒094－0013　紋別市南が丘町7－9－11
☎0158－24－4077・FAX0158－24－4109
✉monnama.kyouso4077@image.ocn.ne.jp
理事長・森安春　副理事長・橋詰啓史、谷俊史
事務局1名
参事会(橋詰啓史)・技術委員会(佐藤弘史)
事業区域・紋別市、紋別郡遠軽町・湧別町・興部町・雄武町・滝上町・西興部村
共販実施状況：未実施
代行試験有料化実施
大口需要・各地の漁港等

青森県

青森県生コンクリート協同組合連合会
2002年4月設立　4協組　出資金80万円
〒030－0902　青森市合浦1－3－3
☎017－743－1341・FAX017－743－1408
会長・西川芳徳　副会長・盛浩美、久保田忠彦　専務理事・盛田敦夫
総務委員会(盛浩美)・共同事業委員会(久保田忠彦)
共販実施状況：未実施
年間総出荷量：2023年度実績300千㎥、2024年度見込220千㎥、2025年度想定170千㎥

青森生コンクリート協同組合
1969年10月1日設立　4社4工場　出資金4,960万円
〒030－0903　青森市栄町1－1－17
☎017－743－1181・FAX017－743－1184
✉info1@ankaokyo.or.jp
理事長・西川芳徳　副理事長・盛浩美
事務局6名(内出向4名)
共販委員会(盛浩美)・教育研修委員会(鈴木結城)・技術委員会(鳴海雅己)
事業区域・青森市、東津軽郡
1969年10月より共販実施(販売店方式)
残コン戻りコン有償化、賠償責任保険への加入、代行試験有料化実施
価格・土木18－8－40の場合2024年19,800円2025年21,800円、建築21－18－20の場合2024年20,000円2025年22,000円　製造コスト上昇、出荷量の減少
年間総出荷量：2023年度実績60千㎥、2024年度見込50千㎥、2025年度想定50千㎥
員外社数1社2工場・出荷推定15千㎥

十和田地区生コンクリート協同組合
1976年7月30日設立　6社7工場　出資金330万円
〒034－0082　十和田市西二番町7－4
☎0176－22－6191・FAX0176－22－8586
理事長・丸井理成
事務局3名
共販共同部会・教育福祉部会・技術部会
事業区域・十和田市、三沢市、三戸郡、上北郡
1976年8月より共販実施(直販)
代行試験有料化実施
年間総出荷量：2023年度実績107千㎥、2024年度見込108千㎥、2025年度想定80千㎥
員外社数2社2工場
大口需要・原燃関連工事、防衛省関連工事

野辺地地区生コンクリート協同組合
1979年9月11日設立　2社2工場　出資金20万円
〒039－3104　上北郡野辺地町字大月平67－37
☎0175－64－1362・FAX0175－64－1363
理事長・久保田忠彦
事務局1名
技術部会・共販推進部会
事業区域・上北郡、東津軽郡平内町
1979年9月より共販実施(直販・登録販売店方式)
共同金融、共同輸送、代行試験有料化実施
員外社数2社2工場・出荷推定15千㎥
大口需要・イーター関連物件

八戸地区生コンクリート協同組合
1969年9月2日設立　5社7工場　出資金11,000万円
〒039－1165　八戸市石堂3－14－11

☎0178－29－0404・FAX0178－29－0411
✉kumiai@trust.ocn.ne.jp
理事長・地代所久恭
事務局2名(出向5名)
共販委員会(杉浦尚也)・環境積算委員会(地代所久恭)・割決調整委員会(佐々木正幸)・技術委員会(小泉智幸)・総務委員会(地代所貴洋)
事業区域・八戸市、三戸郡、上北郡
1984年5月より共販実施(直販・販売店併用方式)
賠償責任保険への加入、代行試験有料化実施
価格・土木18－8－40の場合2024年25,500円、建築21－18－20の場合2024年26,000円　製造コスト上昇、出荷量の減少
年間総出荷量：2023年度実績87千㎥、2024年度見込75千㎥、2025年度想定75千㎥
大口需要・八戸港八太郎・河原木地区航路泊地、八戸市十三日町地区優良建築物等整備事業、八戸工業高等学校(普通教室棟外)改築工事

秋田県

秋田県生コンクリート協同組合
1969年4月1日設立　8社7工場　出資金4,900万円
〒010－0941　秋田市川尻町字大川反170－202
☎018－864－0286・FAX018－864－0297
理事長・薬師寺靖彦　副理事長・松渕愼司
事務局5名
総務委員会(松渕愼司)・営業委員会(松渕愼司)・品質管理委員会(佐藤健二)
事業区域・秋田市
1983年5月より共販実施(直販)
代行試験有料化実施
員外社数1社1工場・出荷推定10千㎥

秋田県南地区生コンクリート協同組合
1976年8月27日設立　5社7工場　出資金300万円
〒013－0061　横手市横手町字五ノ口17－1
☎0182－33－2231・FAX0182－33－2232
理事長・釜田清志　専務理事・鈴木博明
事務局3名
技術委員会・合理化委員会
事業区域・大仙市、仙北市、横手市、湯沢市、仙北郡、雄勝郡
2004年4月より共販実施(直販・販売店併用方式)
残コン戻りコン有償化、賠償責任保険への加入実施
価格・土木18－8－40の場合2024年20,600円2025年23,600円、建築21－18－20の場合2024年21,800円2025年24,800円　製造コスト上昇、出荷量の減少
年間総出荷量：2023年度実績89千㎥、2024年度見込109千㎥、2025年度想定113千㎥
員外社数2社2工場・出荷推定33千㎥
大口需要・秋田道4車線化(NEXCO)外

大館北秋地区生コンクリート協同組合
2014年9月1日設立　3社3工場
〒018－3501　大館市岩瀬字新焼岱42－1
☎0186－54－6211
理事長・鈴木洮士
2014年9月より共販実施(直販)
残コン戻りコン有償化、代行試験有料化実施
価格・土木18－8－40の場合2024年21,700円2025年24,200円、建築21－18－20の場合2024年22,800円2025年25,300円　製造コスト上昇、出荷量の減少
年間総出荷量：2023年度実績31千㎥、2024年度見込25千㎥、2025年度想定23千㎥
員外社数2社2工場・出荷推定21千㎥

男鹿南秋生コンクリート協同組合
1983年8月1日設立　2社1工場　出資金500万円
〒018－1401　潟上市昭和大久保字阿弥陀堂49－1
☎018－838－1041
理事長・森田真澄　副理事長・伊藤徹
事務局3名
技術委員会
事業区域・男鹿市、潟上市、南秋田郡
2007年1月より共販実施
代行試験有料化実施
員外社数1社1工場

能代山本生コンクリート協同組合
1980年7月4日設立　3社3工場　出資金150万円
〒016－0115　能代市字悪戸115－9
☎0185－58－3560・FAX0185－58－3525
✉share@noshiro-kyouso.or.jp
理事長・佐々木憲昭
事務局5名
技術委員会・営業委員会・総務委員会
事業区域・能代市、山本郡
2005年4月より共販実施
残コン戻りコン有償化、骨材共同購入、共同輸送、代行試験有料化実施
価格・土木24－8－40の場合2024年24,300円2025年26,800円、建築24－18－20の場合2024年24,900円2025年27,400円　製造コスト上昇、職場環境の整備、福利厚生の充実
年間総出荷量：2023年度実績83千㎥、2024年度見込56千㎥、2025年度想定45千㎥

本荘由利地区生コンクリート協同組合
2009年3月6日設立　2社3工場
〒015－0031　由利本荘市浜三川字栗山82
☎0184－28－5115・FAX0184－23－5711
✉kyouso@clear.ocn.ne.jp
代表理事・村岡兼幸　副理事長・廣瀬賢治
事務局4名
技術委員会・出荷担当者会議
事業区域・由利本荘市、にかほ市
2009年5月より共販実施(直販)
残コン戻りコン有償化、代行試験有料化実施
価格・土木18－8－40の場合2024年23,700円2025年26,200円、建築21－18－20の場合2024年24,400円2025年26,900円　製造コスト上昇、出荷量の減少、輸送コスト増
年間総出荷量：2023年度実績50千㎥、2024年度見込50千㎥、2025年度想定50千㎥
員外社数1社1工場・出荷推定18千㎥

岩手県

岩手県沿岸生コンクリート協同組合
1980年2月12日設立　9社9工場　出資金270万円
〒026－0304　釜石市両石町第4地割24
☎0193－23－5640・FAX0193－23－0130
✉kamaremi@siren.ocm.ne.jp
理事長・藤井弘雄　副理事長・大澤得次郎
技術委員会(前川成行)
事業区域・釜石市、宮古市、遠野市、大船渡市の一部、下閉伊郡、上閉伊郡
共販実施状況：未実施
代行試験有料化実施
価格・土木24－8－40の場合2024年26,200円2025年28,700円、建築27－18－20の場合2024年27,125円2025年29,625円　製造コスト上昇
年間総出荷量：2023年度実績88千㎥、2024年度見込111千㎥(水中不分離10㎥)、2025年度想定76千㎥
員外社数1社1工場・出荷推定5千㎥

岩手県久慈地区生コンクリート協同組合
1983年4月1日設立　4社4工場　出資金200万円
〒028－0071　久慈市小久慈町第15地割49－16
☎0194－52－2480・FAX0194－52－2484
理事長・菅原博之　事務局・西前洋子

事務局1名
技術委員会(大沢晃彦)・総務委員会(齋藤孝樹)
事業区域・久慈市、九戸郡洋野町、下閉伊郡普代村、九戸郡野田村
共販実施状況：未実施
代行試験有料化実施
価格・建築21－18－25の場合2024年22,500円2025年25,000円　製造コスト上昇、出荷量の減少
年間総出荷量：2023年度実績37千㎥、2024年度見込32千㎥、2025年度想定32千㎥
員外社数1社1工場・出荷推定1千㎥
大口需要・湾口防波堤、漁港

岩手県気仙生コンクリート協同組合
1982年4月5日設立　3社3工場　出資金100万円
〒022－0007　大船渡市赤崎町字普金102－3
☎0192－27－4191・FAX0192－27－8956
理事長・長谷川秀信　専務理事・志田幸雄
事務局1名
共同事業委員会(宮澤誠)・技術委員会(佐藤博之)
事業区域・大船渡市、陸前高田市、気仙郡住田町
共販実施状況：未実施
代行試験有料化実施
年間総出荷量：2023年度実績18千㎥、2024年度見込13千㎥、2025年度想定12千㎥
員外社数1社1工場・出荷推定7千㎥

岩手県生コンクリート協同組合
1970年7月20日設立　12社10工場　出資金7,200万円
〒020－0816　盛岡市中野2－15－15
☎019－652－1166・FAX019－653－6253
理事長・金子秀一　副理事長・西川芳徳、佐々木孝　専務理事・佐藤博
事務局5名
運営委員会(金子秀一)・合理化部会(佐々木孝)・渉外調整部会(中谷淳)・技術部会(西川芳徳)・集約化推進委員会(金子秀一)
事業区域・盛岡市、花巻市、八幡平市、滝沢市、紫波郡、岩手郡
1984年1月より共販実施(登録販売店方式)
残コン戻りコン有償化、賠償責任保険への加入、共同輸送実施
価格・建築21－18－25の場合2024年29,100円
年間総出荷量：2023年度実績148千㎥、2024年度見込155千㎥、2025年度想定140千㎥
員外社数2社2工場・出荷推定25千㎥

岩手県南生コン業協同組合
1971年8月23日設立　11社12工場　出資金6,276万円
〒023－0003　奥州市水沢佐倉河字十文字55－2
☎0197－23－5164・FAX0197－24－8169
理事長・河鰭隆　副理事長・高橋潤吉、小野寺昭吉、佐藤守男　専務理事・及川朗
事務局3名
企画運営委員会(河鰭隆)・共同受注委員会(河鰭隆)・品質管理監査委員会(藤山和明)・裁定委員会(河鰭隆)
事業区域・奥州市、一関市、花巻市、北上市、西磐井郡平泉町、胆沢郡金ケ崎町、和賀郡西和賀町
2023年4月より共販実施(直販・販売店・卸協組・組合買取方式)
残コン戻りコン有償化実施
価格・土木21－18－20の場合2024年23,000円、建築21－18－20の場合2024年23,000円　製造コスト上昇
年間総出荷量：2023年度実績190千㎥、2024年度見込195千㎥(高強度3000㎥・高流動24㎥・水中不分離320㎥)、2025年度想定145千㎥
員外社数3社3工場・出荷推定30千㎥
大口需要・DPL金ヶ崎、大石トンネル築造工事、東京エレクトロン東北生産・物流センター建設、IJTT北上鋳造工場新設、北上統合中学校建設、北上駅西マンション建設、プロロジスパーク金ケ崎整備

岩手県北生コンクリート協同組合
1982年6月23日設立　3社2工場　出資金300万円
〒028－6105　二戸市堀野字馬場7－7
☎0195－23－6131・FAX0195－23－6932
理事長・樋口彦太郎　副理事長・畠山一男
事務局1名(出向3名)
技術委員会・参事会(畠山一男)
事業区域・二戸市、八幡平市の一部、二戸郡一戸町、九戸郡軽米町
共販実施状況：未実施
代行試験有料化実施
年間総出荷量：2023年度実績17千㎥、2024年度見込18千㎥、2025年度想定21千㎥

山形県

北村山生コンクリート協同組合
1981年10月22日設立　3社4工場　出資金1,500万円
〒995－0036　村山市楯岡中町2－35
☎0237－55－7079・FAX0237－55－7059
理事長・奥山剛史　事務局長・青野敏
事務局3名・営業2名
特別委員会・技術委員会
事業区域・村山市、東根市、尾花沢市、北村山郡大石田町
1981年4月より共販実施(直販)
残コン戻りコン有償化、代行試験有料化実施
価格・土木21－8－40BBの場合2024年24,500円2025年27,500円、建築21－18－20の場合2024年24,700円2025年27,700円　製造コスト上昇、出荷量の減少、人材確保(待遇の改善)
年間総出荷量：2023年度実績32千㎥、2024年度見込27千㎥、2025年度想定30千㎥
大口需要・神町(3)倉庫新設建築、障害者支援施設、水明苑移転改築

庄内生コンクリート協同組合
1976年1月22日設立　10社11工場　出資金5,200万円
〒999－7781　東田川郡庄内町余目字大塚22－1
☎0234－43－4400・FAX0234－45－0818
✉snk@apost.plala.or.jp
理事長・安藤政則　常任理事・中鉢美佳、熊田広務　専務理事・佐藤均
事務局7名
総務委員会・営業委員会・技術委員会・運営委員会
事業区域・庄内地区一円
1977年4月より共販実施(直販)
残コン戻りコン有償化、代行試験有料化実施
価格・土木18－8－40の場合2024年24,000円、建築21－18－25の場合2024年24,950円
年間総出荷量：2023年度実績150千㎥、2024年度見込140千㎥、2025年度想定140千㎥

最上地区生コンクリート協同組合
1978年1月17日設立　3社3工場　出資金450万円
〒996－0002　新庄市金沢字南沢1810－1
☎0233－22－0575・FAX0233－22－0560
理事長・永井幹男　専務理事・齊藤徹
事務局3名
総務委員会(高橋浩一)・技術委員会(照井雅美)
事業区域・新庄市、最上郡一円
1985年4月より共販実施(直販)
残コン戻りコン有償化、代行試験有料化実施
価格・土木21－8－40の場合2024年23,800円2025年26,800円、建築21－18－20の場合2024年24,200円2025年27,200円　製造

コスト上昇、出荷量の減少
年間総出荷量：2023年度実績28千㎥、2024年度見込20千㎥、2025年度想定25千㎥
員外社数2社2工場・出荷推定29千㎥

山形県南生コンクリート協同組合
2004年3月10日設立　11社12工場　出資金2,400万円
〒993－0033　長井市今泉548－3
☎0238－83－2121・FAX0238－83－2122
✉kennama@bz04.plala.or.jp
理事長・那須暢史　副理事長・久保市政和、井上孝
事務局3名
総務委員会・営業委員会・技術委員会
事業区域・米沢市、南陽市、長井市、東置賜郡川西町・高畠町、西置賜郡飯豊町・小国町・白鷹町
2004年4月より共販実施（直販）
代行試験有料化実施
価格・土木21－8－20の場合2024年（米沢）24,300円2025年（米沢）27,800円、建築21－15－20の場合2024年（米沢）24,500円2025年（米沢）28,000円　製造コスト上昇、出荷量の減少
年間総出荷量：2023年度実績115千㎥、2024年度見込98千㎥（高強度10㎥）、2025年度想定100千㎥

山形中央生コンクリート協同組合
1977年8月1日設立　9社8工場　出資金4,500万円
〒990－0861　山形市江俣3－6－25
☎023－681－8911・FAX023－684－6816
URL https://www.yc-namacon.com/
✉ycn@zennama.or.jp
理事長・成田潔　副理事長・横山誠　専務理事・阿部茂夫
事務局11名
執行委員会・総務委員会・営業委員会・安全・品質技術委員会
事業区域・山形市、上山市、天童市、寒河江市、東村山郡山辺町・中山町、西村山郡河北町・西川町・大江町・朝日町
1977年8月より共販実施（直販）
残コン戻りコン有償化、賠償責任保険への加入、代行試験有料化実施
年間総出荷量：2025年度想定120千㎥
員外社数1社1工場・出荷推定20千㎥

宮城県

宮城県生コンクリート協同組合連合会
〒980－0022　仙台市青葉区五橋1－6－2 KJビルディング6F
☎022－266－5811・FAX022－266－5822
URL http://www.m-kohso.com
理事長・高野剛　副理事長・森孝次、岡本高明、今野正弘、石ヶ森信幸、大場一豊　専務理事・大泉秀一　事務局長・白井茂
事務局3名
総務委員会（石ヶ森信幸）・共同事業委員会（岡本高明）
事業区域・宮城県内
年間総出荷量：2023年度実績587千㎥、2024年度見込565千㎥、2025年度想定521千㎥
員外社数14社16工場

石巻地区生コンクリート協同組合
1976年6月22日設立　5社5工場　出資金2,560万円
〒986－0017　石巻市不動町2－1－45
☎0225－22－9181・FAX0225－94－1164
✉i-n-k@nifty.com
理事長・今野正弘
事務局4名
総務委員会（橋本力夫）・共同事業委員会（阿部和弘）
事業区域・石巻市、東松島市、大崎市の一部、牡鹿郡女川町、宮城郡松島町、遠田郡涌谷町・美里町
1984年4月より共販実施（直販・販売店併用方式）
残コン戻りコン有償化、代行試験有料化実施
価格・土木18－8－40の場合2024年16,500円、建築21－18－20の場合2024年17,400円
年間総出荷量：2023年度実績40千㎥、2024年度見込38千㎥
員外社数4社4工場

大崎生コンクリート協同組合
1976年6月10日設立　8社5工場　出資金3,420万円
〒989－6175　大崎市古川諏訪2－5－34
☎0229－22－1303・FAX0229－23－7103
✉oosaki5106@eagle.ocn.ne.jp
理事長・石ヶ森信幸
事務局（営業2名・事務7名）
事業区域・大崎市、遠田郡、加美郡、黒川郡
1976年6月より共販実施（直販）
残コン戻りコン有償化、建設業協組生コン共同購入、代行試験有料化実施
価格・土木18－8－40の場合2024年19,150円、建築21－18－20の場合2024年20,100円　製造コスト上昇
年間総出荷量：2023年度実績80千㎥、2024年度見込80千㎥

気仙沼地区生コンクリート協同組合
1996年11月1日設立　4社4工場　出資金200万円
〒988－0114　気仙沼市松崎浦田101－3
☎0226－29－6218・FAX0226－29－6219
URL http://kesennuma-namaconkumiai.jp/
✉k.namakon.c@ace.ocn.ne.jp
理事長・髙野剛
事業区域・気仙沼市、本吉郡南三陸町
2007年11月より共販実施（直販・卸協組）
残コン戻りコン有償化、賠償責任保険への加入、代行試験有料化実施
価格・土木18－8－40の場合2024年21,750円、建築21－18－20の場合2024年22,300円
年間総出荷量：2023年度実績33千㎥、2024年度見込25千㎥、2025年度想定21千㎥

仙台地区生コンクリート協同組合
1976年6月15日設立　13社12工場　出資金450万円
〒980－0022　仙台市青葉区五橋1－6－2 KJビルディング6F
☎022－722－7077・FAX022－722－7078
URL http://www.sendai-kyo.or.jp
✉sendai@sendai-kyo.or.jp
理事長・岡本高明　専務理事・髙野秀喜
事務局6名
総務委員会（萩原弘之）・営業委員会（髙野秀喜）・技術委員会（加藤益夫）・労働災害防止対策委員会（髙野秀喜）・共同受注委員会
事業区域・仙台市、多賀城市、塩釜市、名取市、岩沼市、富谷市、宮城郡七ヶ浜町・利府町、柴田郡川崎町、黒川郡大和町、亘理郡亘理町
1976年6月より共販実施（登録販売店方式）
残コン戻りコン有償化、賠償責任保険への加入、代行試験有料化実施
価格・土木18－8－40の場合2024年16,400円、建築21－18－20の場合2024年16,500円2025年19,500円　製造コスト上昇、出荷量の減少
年間総出荷量：2023年度実績275千㎥、2024年度見込230千㎥（高強度2500㎥・高流動1800㎥・水中不分離100㎥）、2025年度想定240千㎥
員外社数6社8工場・出荷推定360千㎥
大口需要・物流倉庫関連

宮城県南生コンクリート協同組合
1976年6月7日設立　4社5工場　出資金4,120万円
〒989－1236　柴田郡大河原町字東原町1－4
☎0224－52－1133・FAX0224－52－1149
理事長・森孝次　副理事長・大沼毅彦
事務局3名
営業部会（遠藤正男）・技術部会（上西勝嘉）

事業区域・白石市、角田市、岩沼市、刈田郡、柴田郡(川崎町を除く)、伊具郡、亘理郡
共販実施状況：未実施
残コン戻りコン有償化、代行試験有料化実施
価格・土木18－8－40の場合2024年19,750円2025年22,250円、建築21－18－20の場合2024年20,500円2025年23,000円　製造コスト上昇、出荷量の減少
年間総出荷量：2023年度実績107千㎥、2024年度見込120千㎥、2025年度想定100千㎥
員外社数2社2工場・出荷推定15千㎥

宮城県北生コン協同組合
1989年5月30日設立　7社7工場　出資金1,400万円
〒987－0511　登米市迫町佐沼字新大東65
☎0220－22－5088・FAX0220－22－2070
✉info@mn-namakon.or.jp
理事長・大場一豊　副理事長・石塚義隆　専務理事・阿部英昭
事務局3名
営業委員会(阿部英昭)・教育福利委員会(岡崎祥之)・技術委員会(佐々木寛之)・合理化委員会(阿部英昭)
事業区域・栗原市、登米市
1989年5月より共販実施(直販)
残コン戻りコン有償化、賠償責任保険への加入、建設業協組生コン共同購入、代行試験有料化実施
価格・土木18－8－40の場合2024年18,150円、建築21－18－20の場合2024年19,100円
年間総出荷量：2023年度実績50千㎥、2024年度見込50千㎥、2025年度想定45千㎥
員外社数1社1工場・出荷推定6千㎥

福島県

会津地区生コン協同組合
1975年9月29日設立　6社7工場　出資金300万円
〒969－6155　大沼郡会津美里町字北川原41　会津美里町役場本郷庁舎3F
☎0242－93－6400・FAX0242－93－6401
✉ainamajimukyoku@gmail.com
理事長・渡部勝男　副理事長・渡部一男、横山大輔
事務局3名
参事会・技術委員会、共販検討委員会
事業区域・会津若松市、喜多方市、耶麻郡、河沼郡、大沼郡、南会津郡の一部
2014年1月より共販実施
建設業協組生コン共同購入、共同輸送、代行試験有料化実施
価格・土木18－8－40の場合2024年20,600円2025年21,700円、建築21－15－25の場合2024年20,800円2025年22,000円　製造コスト上昇
年間総出荷量：2023年度実績122千㎥、2024年度見込90千㎥、2025年度想定80千㎥
員外社数1社1工場

いわき地区生コンクリート協同組合
1976年7月7日設立　5社6工場　出資金2,500万円
〒971－8122　いわき市小名浜林城字下高田12－1
☎0246－58－4161・FAX0246－58－4693
URL https://www.iwaki-namakyo.com
✉info@iwaki-namakyo.com
理事長・根本一典　副理事長・磯上秀一、根本克頼
事務局3名
総務部会・共販推進部会(磯上秀一)・品質保証委員会(磯上秀一)・出荷監査委員会
事業区域・いわき市一円
2007年4月より共販実施(直販・登録販売店併用方式)
残コン戻りコン有償化、賠償責任保険への加入、建設業協組生コン共同購入、代行試験有料化実施
価格・土木21－8－20の場合2024年19,700円2025年22,200円、建築4－18－20の場合2024年20,000円2025年22,500円　製造コスト上昇、出荷量の減少
年間総出荷量：2023年度実績163千㎥、2024年度見込160千㎥(高強度800㎥)、2025年度想定140千㎥
員外社数1社1工場・出荷推定15千㎥
大口需要・港湾、病院、商業施設

白河地区生コンクリート協同組合
1982年5月7日設立　3社4工場　出資金120万円
〒961－0041　白河市結城110－1
☎0248－23－3251・FAX0248－27－2682
理事長・佐川保博　事務局長・小荒井伸廣
事務局2名
技術委員会(垂石裕貴)・営業部会(今井洋英)
事業区域・白河市、須賀川市の一部、いわき市の一部、西白河郡、石川郡、東白川郡、岩瀬郡、田村郡の一部
1983年10月より共販実施(直販・販売店併用方式)
残コン戻りコン有償化、代行試験有料化実施
年間総出荷量：2023年度実績80千㎥、2024年度見込80千㎥
員外社数4社4工場・出荷推定70千㎥

相双生コンクリート協同組合
1978年3月28日設立　4社4工場　直営1工場　出資金1,600万円
〒979－1111　双葉郡富岡町小浜573－2
☎0240－23－6818・FAX0240－23－6819
URL http://www.sousounamacon.jp
✉tachibana@sousounamakyo.com
理事長・相澤勇栄　専務理事・阿部潤一
事務局6名、直営工場11名
技術委員会、営業委員会、コンプライアンス委員会
事業区域・南相馬市、相馬市、相馬郡、双葉郡
共販実施状況：2012年10月より共販実施(登録販売店方式)
代行試験有料化実施
員外社数3社5工場・出荷推定180千㎥
大口需要・福島第1原発事故収束化工事、津波対策工事、中間貯蔵施設設置工事、常磐自動車道4車線化工事

福島県中央生コンクリート協同組合
1973年9月5日設立　5社6工場　出資金4,800万円
〒963－0201　郡山市大槻町字針生下63－3
☎024－933－2817・FAX024－934－6359
理事長・津田泰彦　副理事長・綾哲志、根本克頼
事務局3名
技術委員会(倉林勇)・営業委員会(綾哲志)
事業区域・郡山市、須賀川市、本宮市を中心とする一円
2018年4月より共販実施(直販・登録販売店併用方式)
残コン戻りコン有償化、代行試験有料化実施
価格・土木18－8－40の場合2023年19,500円、建築21－18－20の場合2023年20,000円
年間総出荷量：2023年度実績159千㎥、2024年度見込120千㎥、2025年度想定140千㎥
員外社数4社4工場・出荷推定80千㎥
大口需要・病院跡地再開発(複合施設＋マンション)、自衛隊隊舎、物流施設

福島県北生コンクリート協同組合
1974年9月4日設立　6社6工場　出資金900万円
〒960－0231　福島市飯坂町平野字桜田3－7　福島県北生コンセンター内
☎024－542－1316・FAX024－542－1486
✉fkn@js3.so-net.ne.jp
理事長・大竹重政　専務理事・丹治明志
事務局5名

企画委員会・業務委員会・営業委員会・技術委員会・安全委員会・集約化推進委員会
事業区域・福島市、二本松市、伊達市、本宮市、伊達郡、安達郡
1978年7月より共販実施(登録販売店・直販方式)
残コン戻りコン有償化、共同輸送、代行試験有料化実施
価格・土木21－8－20の場合2024年21,000円2025年22,500円、建築21－18－20の場合2024年21,000円2025年22,500円　製造コスト上昇、出荷量の減少
年間総出荷量：2023年度実績145千㎥、2024年度見込110千㎥(高強度50㎥)、2025年度想定120千㎥
員外社数2社3工場・出荷推定60千㎥
大口需要・浅川トンネル工事、北福島医療センター新築工事、他マンション1棟

茨城県

茨城県南部生コンクリート協同組合
1971年12月6日設立　16社18工場　出資金2790万円
〒305－0061　つくば市稲荷前10－15
☎029－855－5100・FAX029－855－4572
✉namakon@minos.ocn.ne.jp
理事長・塚田伸　副理事長・稲葉禮司
事務局4名
事業区域・茨城県南部及び西部の各区域
1977年9月より共販実施(販売店方式)
残コン戻りコン有償化、賠償責任保険への加入、代行試験有料化実施
価格・土木18－8－20の場合2024年20,000円2025年改定有、建築8－18－20の場合2024年20,000円2025年改定有　製造コスト上昇
年間総出荷量：2023年度実績866千㎥、2024年度見込760千㎥、2025年度想定675千㎥
員外社数22社22工場

茨城県北部生コンクリート協同組合
1972年9月20日設立　8社16工場　出資金7,060万円
〒310－0803　水戸市城南3－16－31
☎029－226－9800・FAX029－225－6965
URL http://www.namakon-sakura.jp
理事長・落合昭文　副理事長・左右田一幸
事務局4名
総務委員会・営業委員会・技術委員会
事業区域・水戸市、日立市、ひたちなか市他
1983年8月より共販実施(登録販売店方式)
残コン戻りコン有償化、賠償責任保険への加入、代行試験有料化実施
価格・建築18－18－20の場合2024年21,500円
年間総出荷量：2023年度実績440千㎥、2024年度見込458千㎥

鹿島生コンクリート協同組合
1971年9月1日設立　2社3工場　出資金200万円
〒314－0146　神栖市平泉2364－10　アド・ワンマンション302
☎0299－91－0032・FAX0299－91－0043
✉kanamakyoso@pony.ocn.ne.jp
理事長・鈴木芳一
事務局1名
事業区域・鹿嶋市、神栖市、潮来市、行方市・鉾田市の一部
1977年2月より共販実施(販売店方式)
残コン戻りコン有償化、賠償責任保険への加入、代行試験有料化実施
価格・土木の場合2024年23,000円2025年26,000円、建築の場合2024年23,000円2025年26,000円　製造コスト上昇、出荷量の減少
年間総出荷量：2023年度実績108千㎥、2024年度見込90千㎥、2025年度想定75千㎥
大口需要・東京電力、港湾事業、日本製鉄

栃木県

栃木県生コンクリート協同組合連合会
2001年4月1日設立　7協同組合　29社34所属員　出資金340万円
〒321－0932　宇都宮市平松本町1140－1　生コン会館3F
☎028－635－7387・FAX028－635－9729
✉Tochigikouso@zennama.or.jp
会長・岩見高士　副会長・田上秀文、大木洋　事務局長・相良靖
事務局3名
代行委員会(福田英博)・総務委員会(田上秀文)・共同事業委員会(大木洋)
事業区域・栃木県全域
共販実施状況：未実施
品質監査代行実施
員外社数3社3工場・出荷推定293千㎥

大日光生コンクリート協同組合
1973年9月28日設立　1社1工場　出資金300万円
〒321－2603　日光市西川420－2
☎0288－25－6031・FAX0288－25－6032
理事長・吉澤洋　事務局長・佐藤健治
事業区域・日光市の一部
2009年4月より共販実施(直販・登録販売店方式)
残コン戻りコン有償化、代行試験有料化実施
価格・土木18－8－25の場合2024年21,600円、建築18－18－25の場合2024年21,600円
年間総出荷量：2023年度実績9千㎥、2024年度見込8千㎥、2025年度想定8千㎥

栃木県西部生コンクリート協同組合
1987年9月28日設立　5社3工場　出資金360万円
〒321－2403　日光市町谷747－1
☎0288－31－0801・FAX0288－31－0804
理事長・渡辺眞幸　副理事長・黒崎裕康　専務理事・平野一昭
事務局1名(出向1名)
事業区域・宇都宮市、鹿沼市、日光市・塩谷郡塩谷町の一部
1987年9月より共販実施(直販・登録販売店併用方式)
残コン戻りコン有償化、共同輸送、代行試験有料化実施
製造コスト上昇、出荷量の減少
年間総出荷量：2023年度実績59千㎥、2024年度見込43千㎥

栃木県中央生コンクリート協同組合
1971年9月1日設立　11社11工場　出資金3,300万円
〒321－0932　宇都宮市平松本町1140－1　生コン会館2F
☎028－635－5583・FAX028－635－5587
URL https://www.tck-gc.com
✉tcnk9381@ninus.ocn.ne.jp
理事長・田上秀文
事務局6名
共販推進委員会・営業委員会(菊地伸克)・総務委員会(桑田洋彰)・品質管理監査委員会(福田英博)・技術委員会(添谷徹)・参事会(吉田幸男)
事業区域・宇都宮市、鹿沼市、下野市、真岡市、河内郡、芳賀郡
1971年9月より共販実施
共同輸送、代行試験有料化実施
員外社数1社1工場

栃木県南部生コンクリート協同組合
1978年8月7日設立　8社8工場　出資金800万円
〒323－0062　小山市立木字上宿367
☎0285－37－1213・FAX0285－37－2258
✉tochinan@beige.ocn.ne.jp
理事長・大木洋　副理事長・矢澤秀樹
事務局長・苗木裕
事務局2名
営業委員会
事業区域・小山市、栃木市、結城市、佐野市、下野市、下都賀郡
1978年8月より共販実施(直販・販売店併

用方式）
残コン戻りコン有償化、賠償責任保険への加入、代行試験有料化実施
年間総出荷量：2023年度実績247千㎥、2024年度見込220千㎥、2025年度想定220千㎥
員外社数3社3工場

栃木県北部生コンクリート協同組合
1971年6月25日設立　5社5工場　出資金3,500万円
〒329－2161　矢板市扇町2－5－2
☎0287－43－2131・FAX0287－43－2135
理事長・岩見髙士　副理事長・岡村昌仁、杉山昌之
事務局3名
参事会（郡司貴純）・技術部会（五十嵐信次）
事業区域・栃木県一円（県北部）
共販実施（直販）
残コン戻りコン有償化、賠償責任保険への加入、代行試験有料化実施
価格・土木18－18－25の場合2024年21,800円2025年24,300円、建築18－18－25の場合2024年21,800円2025年24,300円　製造コスト上昇、出荷量の減少
年間総出荷量：2023年実績138千㎥、2024年見込104千㎥、2025年度想定105千㎥
員外社数4社4工場

両毛生コンクリート協同組合
1981年4月25日設立　1社1工場　出資金100万円
〒326－0022　足利市常見町1－11－17
☎0284－44－1867・FAX0284－44－1868
理事長・武藤明義
事務局1名
総務部・営業部・監査部・技術部
事業区域・足利市
1989年3月より共販実施（直販・登録販売店方式）
員外社数1社1工場

群馬県

吾妻生コンクリート事業協同組合
1988年10月5日設立　5社5工場　出資金200万円
〒377－0811　吾妻郡東吾妻町大字郷原105－3
☎0279－67－3116・FAX0279－67－3118
✉k-suzuki@gold.ocn.ne.jp
理事長・宮本昌典　事務局長・鈴木幸一
事務局3名
技術委員会（荒木大輔）
事業区域・吾妻郡全域
1988年10月より共販実施（登録販売店方式）
残コン戻りコン有償化、代行試験有料化実施
価格・（中間）18－18－25の場合2024年20,600円2025年23,600円、（山間）18－18－25の場合2024年21,600円2025年24,600円
年間総出荷量：2023年度実績67千㎥、2024年度見込80千㎥、2025年度想定80千㎥
大口需要・草津温泉地内大型リゾートホテル、上信自動車道、火山砂防

群馬県中央生コンクリート協同組合
1970年4月1日設立　11社11工場　出資金23,400万円
〒371－0013　前橋市西片貝町5－15－1
☎027－243－8877・FAX027－243－8881
理事長・諸角富美男　副理事長・田中正伸、小林孝明
事務局3名
執行部会（諸角富美男）・監査部（広神克典）・工場長会（熊澤憲一）・工場長会（田中成宗）・営業部（関喜代美）・技術部会（佐藤和正）・環境安全部会（田中成宗）・営業担当理事会（田中正伸）
事業区域・前橋市、高崎市、藤岡市、伊勢崎市、安中市を中心にその近隣
1989年4月より共販実施（登録販売店方式）
残コン戻りコン有償化、賠償責任保険への加入、代行試験有料化実施
価格・土木24－12－20の場合2024年19,700円2025年21,800円、建築27－18－20の場合2024年20,200円2025年22,200円　製造コスト上昇、出荷量の減少
年間総出荷量：2023年度実績387千㎥、2024年度見込380千㎥、2025年度想定350千㎥
員外社数2社2工場・出荷推定50千㎥

群馬県東毛生コンクリート事業協同組合
1996年8月21日設立　6社8工場　出資金900万円
〒373－0852　太田市新井町562－14
☎0276－45－4551・FAX0276－45－8434
✉toumounamacon@road.ocn.ne.jp
理事長・篠崎健晴　専務理事・原島顕
事務局3名
総務部（原島顕）・監査部（渋谷忠彦）・営業部（薗田道男）・技術部（渋谷忠彦）
事業区域・群馬県
1996年10月より共販実施（直販・登録販売店方式）
残コン戻りコン有償化、賠償責任保険への加入、代行試験有料化実施
年間総出荷量：2023年度実績219千㎥、2024年度見込176千㎥、2025年度想定242千㎥
員外社数8社8工場・出荷推定90千㎥

群馬県北部生コンクリート協同組合
1978年12月25日設立　3社3工場　出資金150万円
〒378－0053　沼田市東原新町1826
☎0278－24－3221・FAX0278－23－4043
理事長・石井千華　事務局長・入澤昭夫
事務局2名
技術委員会（石井千華）
事業区域・沼田市、利根郡
1978年12月より共販実施（直販・登録販売店方式）
戻りコン有償化、建設業協組生コン共同購入、代行試験有料化実施
価格・土木18－18の場合2024年23,700円2025年25,700円、製造コスト上昇、出荷量の減少
年間総出荷量：2023年度実績43千㎥、2024年度見込50千㎥、2025年度想定43千㎥

渋川地区生コンクリート協同組合
1979年5月19日設立　2社2工場　出資金200万円
〒377－0002　渋川市中村605
☎0279－24－2661・FAX0279－24－2664
理事長・堀口吉彦
事務局1名
事業区域・渋川市、北群馬郡（吉岡町、榛東村）
1985年4月より共販実施
代行試験有料化実施
年間総出荷量：2023年度実績60千㎥、2024年度見込58千㎥

西毛生コンクリート協同組合
1985年10月22日設立　2社2工場　出資金300万円
〒370－2454　富岡市田島348－3
☎0274－63－7517・FAX0274－63－7517
理事長・広木政道
事務局1名
事業区域・甘楽郡、富岡市、安中市
1987年8月より共販実施（直販・販売店）
代行試験有料化実施
員外社数1社1工場

長野県

長野県生コンクリート協同組合連合会
2000年4月10日設立　12協組　出資金570万円
〒381－2213　長野市広田48　神明第1ビル5F
☎026－283－8712・FAX026－283－8715
URL http://www.nr-coop.server-shared.com
✉nr-coop@muse.ocn.ne.jp

協組

会長・山浦友二　副会長・鷲澤幸一、米山多朗、傅刀俊介　事務局長・逢澤正文
事務局6名
共同事業委員会（北澤明義）
事業区域・長野県一円
年間総出荷量：2023年度実績1119千㎥、2024年度見込1120千㎥、2025年度想定1139千㎥

安筑生コン事業協同組合

1975年10月21日設立　6社5工場　出資金3,750万円
〒399－7102　安曇野市明科中川手2843－1
☎0263－62－2365・FAX0263－62－5617
✉anchiku@gamma.ocn.ne.jp
理事長・藤澤幸治　事務長・横山正
事務局5名
運営委員会（藤澤典和）・技術委員会（正沢弘之）
事業区域・東筑摩郡、北安曇郡、安曇野市、松本市の一部
1992年4月より共販実施
代行試験有料化実施
価格・土木の場合2025年現状価格より1,800円値上、建築の場合2025年現状価格より1,800円値上　製造コスト上昇
年間総出荷量：2023年度実績52千㎥、2024年度見込50千㎥、2025年度想定59千㎥
大口需要・砂防工事

上伊那生コン事業協同組合

1974年8月27日設立　7社7工場　出資金1,300万円
〒396－0014　伊那市狐島4067
☎0265－78－2406・FAX0265－78－2745
✉kamiina@juno.ocn.ne.jp
理事長・有賀喜文
事務局3名
総務委員会（有賀喜文）・共同事業委員会（京澤久彦）・労働安全衛生委員会（一志雅通）・技術委員会（久保田高広）
事業区域・伊那市、駒ヶ根市、上伊那郡一円
1974年8月より共販実施（直販・販売店併用）
賠償責任保険への加入、建設業協組生コン共同購入、代行試験有料化実施
価格・土木18－8－40の場合2024年22,750円2025年24,000円
年間総出荷量：2023年度実績105千㎥、2024年度見込90千㎥、2025年度想定90千㎥

木曽生コン事業協同組合

1974年11月1日設立　3社3工場　出資金180万円
〒397－0001　木曽郡木曽町福島上入沢4871－12　木曽建設会館2F
☎0264－23－2065・FAX0264－22－4118
代表理事・山田尚人
事務局2名
運営委員会（酒井寛、井上健志、中島裕貴）・技術委員会（田中宏樹、糸魚川満、中島敏幸）
事業区域・木曽郡全域
1983年10月より共販実施（直販）
残コン戻りコン有償化、賠償責任保険への加入実施
価格・土木18－8－40の場合2024年23,600円2025年27,200円、建築21－18－25の場合2024年24,600円2025年28,200円　製造コスト上昇
年間総出荷量：2023年度実績54千㎥、2024年度見込43千㎥、2025年度想定54千㎥
員外社数3社3工場・出荷数量50千㎥

佐久生コン事業協同組合

1978年11月設立　9社7工場　出資金4950万円
〒384－0803　小諸市丙字岩上538－1
☎0267－24－3500・FAX0267－24－3501
✉sakunamakon@ctknet.ne.jp
理事長・山浦友二　副理事長・溝口勇志
事務局5名
総務委員会（溝口勇志）・営業部会（伴野東介）・技術部会（矢野誠一）
事業区域・小諸市、佐久市、北佐久郡、南佐久郡
1990年4月より共販実施（直販・登録販売店方式）
残コン戻りコン有償化、賠償責任保険への加入、建設業協組生コン共同購入実施
価格・土木18－12－20の場合2024年22,900円2025年25,900円、建築21－18－20の場合2024年23,500円2025年26,500円　製造コスト上昇
年間総出荷量：2023年度実績144千㎥、2024年度見込140千㎥、2025年度想定150千㎥
員外社数3社3工場・出荷推定15千㎥

下伊那生コン協同組合

1973年12月29日設立　7社8工場　出資金800万円
〒395－0002　飯田市上郷飯沼521－1
☎0265－24－1788・FAX0265－24－1719
理事長・米山多朗　事務長・榊山和浩
事務局7名
事業区域・飯田市、下伊那郡一円
1973年12月より共販実施（直販・販売店方式）
賠償責任保険への加入、建設業協組生コン共同購入、骨材共同購入実施
価格・土木の場合2024年22,350円2025年25,350円、建築の場合2024年23,400円2025年26,400円　製造コスト上昇
年間総出荷量：2023年度実績139千㎥、2024年度見込155千㎥、2025年度想定200千㎥
員外社数2社2工場・出荷推定20千㎥
大口需要・三遠南信自動車道取り付け道路及び高架橋

上小生コン事業協同組合

1980年4月1日設立　10社6工場　出資金5,640万円
〒386－0155　上田市蒼久保字五反田1039－6
☎0268－36－3393・FAX0268－36－3903
理事長・関修一　副理事長・大日方浩明
事務局4名
運営委員会（関修一）・営業委員会（堀内文博）・総務委員会（水澤明彦）・技術委員会（高見沢健）
事業区域・上田市、東御市、千曲市の一部、小県郡、埴科郡坂城町
1985年7月より共販実施（直販）
残コン戻りコン有償化、賠償責任保険への加入、建設業協組生コン共同購入、代行試験有料化実施
価格・建築の場合2023年2,600円値上げ　製造コスト上昇
年間総出荷量：2023年度実績105千㎥

上水生コンクリート事業協同組合

1982年10月1日設立　3社3工場　出資金75万円
〒381－3205　長野市中条住良木6700－1
☎026－267－2451・FAX026－267－2773
URL http://www.alps.or.jp/jyousui
✉info@jyousui.or.jp
理事長・田中章　副理事長・北澤明義
専務理事・事務局長・本堂清
職員3名
安全衛生委員会・技術委員会
事業区域・長野市信州新町他、上水内郡小川村
1985年7月より共販実施
代行試験有料化、賠償責任保険（団体）実施
価格・土木21－8－25の場合2024年24,900円2025年26,500円、製造コスト上昇
年間総出荷量：2023年度実績20千㎥、2024年度見込19千㎥、2025年度想定19千㎥

諏訪生コン協同組合

1974年4月18日設立　8社4工場　出資金3,680万円
〒392－0013　諏訪市沖田町5－72
☎0266－53－1109・FAX0266－58－2625
URL http://www.suwarmcc.jp
✉kumiai@suwarmcc.jp
理事長・中村裕則　事務長・山﨑和秀

事務局2名・営業2名
営業委員会(本道孔崇)・技術委員会(横川英雄)
事業区域・岡谷市、諏訪市、茅野市、諏訪郡下諏訪町・富士見町・原村
1974年4月より共販実施(直販・登録販売店方式)
代行試験有料化実施
価格・土木の場合2025年現状価格より2,000～2,500円加算、建築の場合2025年現状価格より2,000～2,500円加算　製造コスト上昇
年間総出荷量：2023年度実績90千㎥、2024年度見込70千㎥、2025年度想定60千㎥

大北生コン事業協同組合
1974年3月20日設立　8社2工場　出資金400万円
〒398－0002　大町市大町2811－1
☎0261－22－0768・FAX0261－22－2269
✉taihokunamakon@vega.ocn.ne.jp
理事長・傳刀俊介　専務理事・新井尊視
事務局4名
営業対策委員会・割決調整委員会・技術委員会
事業区域・大町市、北安曇郡、南安曇郡の一部
1986年4月より共販実施(直販・登録販売店併用方式)
賠償責任保険への加入、共同金融、代行試験有料化実施
価格・土木21－8－25の場合2024年27,200円2025年同額、建築21－18－25の場合2024年27,500円2025年同額　製造コスト上昇、出荷量の減少
年間総出荷量：2023年度実績55千㎥、2024年度見込55千㎥、2025年度想定55千㎥

長水生コンクリート事業協同組合
2000年12月6日設立　16社11工場　出資金2,906万円
〒381－0025　長野市北長池1801－3
☎026－254－5231・FAX026－254－5232
URL http://chousui-namakyo.com/
✉m.akiyama@chousui.or.jp
理事長・鷲澤幸一　副理事長・堀内敏男、赤沼好宏　事務局長・秋山実
事務局8名
総務委員会(本藤実)・営業委員会(轟博司)・技術委員会(藤井宏人)
事業区域・長野市、千曲市、須坂市、中野市、上高井郡小布施町・高山村、下高井郡山ノ内町、上水内郡信濃町・飯綱町
2001年12月より共販実施(直販・販売店併用方式)
賠償責任保険への加入実施
価格・土木21－8－25の場合2023年23,550円、建築21－18－25の場合2023年23,950円
年間総出荷量：2023年度実績200千㎥、2024年度見込210千㎥
員外社数2社2工場・出荷推定25千㎥

北信生コン協同組合
1982年4月1日設立　5社5工場　出資金500万円
〒389－2255　飯山市大字静間307－2 飯山建設会館2F
☎0269－62－5456・FAX0269－62－5995
✉hokunama@ybb.ne.jp
理事長・福原初　専務理事・中村俊彦
事務局2名
技術委員会(中村俊彦)・総務委員会(福原初)・共同事業委員会(中村俊彦)・労働安全委員会(島田和正)
事業区域・飯山市、中野市の一部、下高井郡木島平村・野沢温泉村、下水内郡栄村
2001年4月より共販実施(直販・販売店方式)
賠償責任保険への加入、代行試験有料化実施
価格・土木21－8－25の場合2024年24,850円、建築24－18－25の場合2024年25,650円　製造コスト上昇、出荷量の減少
年間総出荷量：2023年度実績26千㎥、2024年度見込36千㎥

松本生コン事業協同組合
1974年7月11日設立　11社5工場　出資金1,100万円
〒390－0831　松本市井川城3－12－17
☎0263－27－3460・FAX0263－25－3993
URL https://m-rc.net
✉mrc@muse.ocn.ne.jp
理事長・田村勤　専務理事・丸山哲治
事務局4名
運営委員会・技術委員会・出荷担当委員会
事業区域・松本市、塩尻市、安曇野市、東筑摩郡
1974年11月より共販実施(直販・登録販売店併用方式)
戻りコン有償化、賠償責任保険への加入、共同金融、代行試験有料化実施
価格・土木21－8－25の場合2024年23,600円2025年25,400円、建築21－18－25の場合2024年24,000円2025年25,700円　製造コスト上昇
年間総出荷量：2023年度実績124千㎥、2024年度見込130千㎥、2025年度想定120千㎥
員外社数2社2工場・出荷推定5千㎥
大口需要・松本陸上競技場、ザ・レジデンス松本深志

山梨県

峡南生コンクリート協同組合
5社4工場
〒409－2303　南巨摩郡南部町十島356－3
☎0556－67－3013
理事長・柳澤晋平　副理事長・望月稔
事業区域・峡南建設部管内(富士川町、市川三郷町、身延町、南部町、早川町)(旧市川大門町・三珠町・六郷町を含む)
2007年4月より共販実施(直販・販売店併用方式)
残コン戻りコン有償化、賠償責任保険への加入、代行試験有料化実施
価格・土木18－8－40BBの場合2024年21,300円2025年23,300円、建築18－18－25の場合2024年21,500円2025年23,500円　製造コスト上昇、出荷量の減少
年間総出荷量：2023年度実績63千㎥、2024年度見込53千㎥、2025年度想定55千㎥

山梨県郡内生コンクリート工業協同組合
1978年4月1日設立　8社9工場　出資金720万円
〒403－0004　富士吉田市下吉田2－22－11
☎0555－72－8211・FAX0555－72－8212
✉gun-nama@amber.plala.or.jp
理事長・三木範之　事務局長・葛城宮子
事業区域・富士吉田市、南都留郡富士河口湖町・西桂町・鳴沢村・忍野村・山中湖村
2021年9月より共販実施
建設業協組生コン共同購入、代行試験有料化実施

山梨生コンクリート協同組合
1980年12月18日設立　13社16工場　出資金130万円
〒400－0042　甲府市高畑1－10－18
☎055－228－6511・FAX055－228－6515
URL http://www.y-namacon.jp
✉info@y-namacon.jp
理事長・瀧田雅彦　副理事長・中込一明、若杉聡、大久保徹
事務局7名
総務財務委員会(中込一明)・合同委員会(武井謙二、若杉聡)・組織運営委員会(中込通雄)・技術委員会(大久保徹)・監査委員会(柳澤晋平)・共同試験場運営委員会(瀧田雅彦)・集約化委員会(市村昌士)
事業区域・北杜市、韮崎市、甲府市、笛吹市、山梨市、南アルプス市、中央市、甲斐市、甲州市、中巨摩郡昭和町、西八代郡市川三郷町、南巨摩郡富士川町

1980年12月より共販実施(直販・登録販売店方式)
賠償責任保険への加入、共同輸送、代行試験有料化実施
価格・土木18－12－40BBの場合2024年22, 000円2025年22, 000円、建築18－18－20(25)の場合2024年22, 000円2025年22, 000円　製造コスト上昇、輸送コスト上昇(人件費・傭車代)
年間総出荷量：2023年度実績338千㎥、2024年度見込370千㎥(高強度3000㎥)、2025年度想定350千㎥
員外社数2社2工場・出荷推定40千㎥
大口需要・リニア中央新幹線関連工事、(仮称)コーセー南アルプス工場新築工事

埼玉県

埼玉県北部生コンクリート協同組合

1970年12月21日設立　13社20工場　出資金23, 100万円
〒360－0033　熊谷市曙町1－67－1　埼北生コン会館
☎048－524－9381・FAX048－524－9388
URL https://www.saihoku-namacon.jp
✉saihoku-namakon@mocha.ocn.ne.jp
理事長・田坂文宏　副理事長・廣嶋正夫、市川裕三、小川浩一　専務理事兼事務局長・田島隆
事務局3名(出向10名)
営業部会(廣嶋正夫)・技術部会(宮寺芳治)・総務部会(市川裕三)・シェア委員会(廣嶋正夫)・割決委員会(廣嶋正夫)・裁定委員会(田坂文宏)・監査部会(小川浩一)・合理化委員会
事業区域・本庄市、深谷市、東松山市、行田市、羽生市、熊谷市、鴻巣市、川越市、狭山市、鶴ヶ島市、日高市、入間市、飯能市、久喜市、大里郡、北足立郡、児玉郡、北葛飾郡、南埼玉郡、入間郡
1977年11月より共販実施(登録販売店方式)
残コン戻りコン有償化、賠償責任保険への加入、共同金融、代行試験有料化実施
価格·土木18－18－20の場合2024年21, 100円2025年23, 100円、建築18－18－20の場合2024年21, 100円2025年23, 100円　製造コスト上昇、労務費UP
年間総出荷量：2023年度実績407千㎥、2024年度見込350千㎥(高強度4730㎥)、2025年度想定350千㎥
員外社数3社3工場・出荷推定60千㎥
大口需要・市野川流域処理場4号水処理OD築造躯体工事他、加須市アルプス物流倉庫、第一三共バイオテック㈱北本工場マルチ製造棟、赤城乳業倉庫棟、サーパス銀座マンション計画、熊谷市問屋町物流施設計画

埼玉中央生コン協同組合

1968年9月24日設立　33社44工場　出資金1, 080万円
〒336－0017　さいたま市南区南浦和3－17－5
☎048－885－8621・FAX048－887－2897
URL https://www.namacon.or.jp
理事長・松原浩明　副理事長・小林智、関根大介、岡村一弘、山本浩史　専務理事・佐藤博
事務局9名(他、派遣幹事19名)
基本問題検討委員会(関根大介)・営業委員会(小林智)・総務委員会(山本浩史)・技術常任委員会(川村拓也)・IT・システム委員会(関根大介)・資材対策委員会(岡村一弘)・働き方改革委員会(小山淳)
事業区域・東京都練馬区、板橋区、埼玉県23市4町(さいたま市、春日部市、川口市、所沢市、川越市、朝霞市、和光市、飯能市)その他
1977年10月より共販実施(販売店方式)
残コン戻りコン有償化、賠償責任保険への加入、共同金融、代行試験有料化実施
価格·土木18－18－20の場合2024年21, 200円2025年23, 200円、建築18－18－20の場合2024年21, 200円2025年23, 200円　製造コスト上昇
年間総出荷量：2023年度実績1524千㎥、2024年度見込1400千㎥(高強度50000㎥・高流動2000㎥・ポーラス350㎥)、2025年度想定1350千㎥
員外社数15社15工場・出荷推定300千㎥
大口需要・浦和駅西口再開発、蕨駅西口再開発、板橋駅再開発

秩父地区生コンクリート協同組合

1990年10月1日設立　5社5工場　出資金1, 290万円
〒368－0024　秩父市上宮地町22－25　有隣ビル2F
☎0494－23－0121・FAX0494－24－8955
✉chichinamacoop@io.ocn.ne.jp
理事長・千島宏喜　副理事長・沓掛誠　事務局長・山本雅彦
事務局2名(出向4名)
総務経理委員会(山本雅彦)・営業委員会(高橋正樹)・代行試験委員会(出浦幸夫)・監査委員会(今井義則)・技術委員会(出浦幸夫)・品質管理委員会(出浦幸夫)・営業部(高橋正樹)
事業区域・秩父市、秩父郡全般、入間郡の一部
1991年10月より共販実施(直販・登録販売店方式)
共同金融、代行試験有料化実施

千葉県

九十九里生コンクリート協同組合

1992年11月設立　3社4工場　出資金300万円
〒299－4326　長生郡長生村一本松乙1746
☎0475－23－3237・FAX0475－24－9166
理事長・渡邉宗寿
事業区域・茂原市、長生郡、夷隅郡、千葉市、市原市、勝浦市、大網白里市、山武郡、匝瑳市
共販実施(直販)
残コン戻りコン有償化、代行試験有料化実施
価格·土木18－8－20の場合2024年21, 000円2025年25, 000円、建築18－18－20の場合2024年21, 000円2025年25, 000円　製造コスト上昇、出荷量の減少
年間総出荷量：2023年度実績86千㎥、2024年度見込87千㎥
員外社数3社4工場

千葉アクア生コンクリート協同組合

2005年5月2日設立　4社5工場
〒292－0805　木更津市大和3－4－3　グランポート木更津503
☎0438－20－1124・FAX0438－20－1125
URL https://chibaaqua.jp/
✉chiba-aqua@bell.ocn.ne.jp
理事長・勝呂和彦
事業区域・木更津市、君津市、袖ヶ浦市市原市の一部、富津市
共販実施状況：未実施
残コン戻りコン有償化、代行試験有料化実施
価格・土木の場合2024年20, 000円2025年24, 000円、建築の場合2024年20, 000円2025年24, 000円　製造コスト上昇、出荷量の減少
年間総出荷量：2023年度実績219千㎥、2024年度見込210千㎥、2025年度想定190千㎥
員外社数4社5工場

千葉県北総生コンクリート協同組合

1970年10月26日設立　12社11工場　出資金1100万円
〒286－0033　成田市花崎町801　京阪成田ビル4F
☎0476－22－2388・FAX0476－22－2385
✉chnck70@proof.ocn.ne.jp
理事長・藤本朋二　副理事長・勝呂和彦・小幡晋彦　専務理事・黒澤良一
事務局3名
営業委員会(関大行)・監査委員会(城之内利彦)・技術委員会(小幡晋彦)

事業区域・成田市、佐倉市、八街市、富里市、香取市・山武市・印西市の一部、印旛郡酒々井町・栄町、山武郡芝山町・横芝光町、香取郡神崎町・多古町
1978年3月より共販実施（登録販売店方式）
残コン戻りコン有償化、賠償責任保険への加入、代行試験有料化実施、一部契約取消有償化2025年1月～
価格・土木18－18－20の場合2024年21,000円2025年24,000円、建築18－18－20の場合2024年21,000円2025年24,000円　製造コスト上昇、運搬費用増加
年間総出荷量：2023年度実績193千㎥、2024年度見込205千㎥、2025年度想定250千㎥
大口需要・成田空港施設、流通倉庫、民間マンション

千葉西部生コンクリート協同組合
1977年2月26日設立　12社17工場　出資金3,050万円
〒273－0025　船橋市印内町594－1 NSTビルディング5F
☎047－434－0052・FAX047－434－0087
URL https://chibaseibu-nck.com/
✉chibaseibunama@feel.ocn.ne.jp
理事長・柳内光子　副理事長・長谷川義孝　専務理事・杉本泰規
事務局4名（出向9名）
総務委員会（長谷川義孝）・営業委員会（渡邉宗寿）・技術委員会（伊藤孝明）・監査委員会（織田増信）
事業区域・市川市、船橋市、浦安市、習志野市、八千代市、白井市、印西市
1977年2月より共販実施（販売店方式）
戻りコン有償化、代行試験有料化実施
価格・土木の場合2024年21,500円2025年25,000円、建築の場合2024年21,500円2025年25,000円　製造コスト上昇
年間総出荷量：2023年度実績620千㎥、2024年度見込515千㎥、2025年度想定560千㎥
員外社数7社7工場
大口需要・船橋・習志野・白井地区物流倉庫計画、市川地区マンション計画、船橋地区マンション計画

千葉中央生コンクリート協同組合
1977年2月22日設立　11社17工場　出資金1,350万円
〒260－0045　千葉市中央区弁天1－2－8 四谷学院ビル5F
☎043－207－8101・FAX043－207－8103
URL http://www.chibachuo-kys.jp
✉info@chibachuo-kys.jp
理事長・長谷川茂　専務理事・縄田信夫
事務局4名
営業業務委員会・総務委員会・技術委員会・構造改善委員会
事業区域・千葉市、市原市（養老川以北）、四街道市
1977年9月より共販実施（登録販売店方式）
残コン戻りコン有償化、代行試験有料化実施
価格・土木18－18－20の場合2024年21,000円2025年24,000円、建築18－18－20の場合2024年21,000円2025年24,000円　製造コスト上昇
年間総出荷量：2023年度実績507千㎥、2024年度見込460千㎥（高強度26000㎥・高流動500㎥・ポーラス500㎥）
員外社数2社2工場
大口需要・幕張新都心若葉住宅、千葉県リハビリテーション、ヤクルト千葉工場、西千葉計画、千葉市立病院

千葉北部生コンクリート協同組合
1977年9月16日設立　11社13工場　出資金415万円
〒270－0034　松戸市新松戸2－20　関ビル4F
☎047－342－6200・FAX047－342－6235
URL https://www.chibahokubu-namacon.or.jp
✉jimukyoku@chibahokubu.jp
理事長・鈴木竜彦　副理事長・伊藤昭仁、相原英樹、石山剛　専務理事・内海義弘
事務局6名
総務委員会（相原英樹）・営業業務委員会（石山剛）・債権管理委員会（小林信基）・技術近代化委員会（伊藤昭仁）・構造改善事業委員会（織田増信）
事業区域・柏市、松戸市、流山市、野田市、我孫子市、鎌ヶ谷市
1977年10月より共販実施（登録販売店方式）
残コン戻りコン有償化、共同電算、出荷予定キャンセル有料化、契約取消生コン有償化、代行試験有料化、実施
価格・土木18－18－20の場合2024年22,000円2025年25,000円、建築18－18－20の場合2024年22,000円2025年25,000円　製造コスト上昇
年間総出荷量：2023年度実績341千㎥、2024年度見込310千㎥（高強度1220㎥・高流動3㎥）、2025年度想定320千㎥
員外社数10社10工場・出荷推定150千㎥
大口需要・流山市東深井マンション（共同住宅）、柏物流施設（物流倉庫）、Landport野田（物流倉庫）、柏の葉149街区（共同住宅）、Landport柏Ⅱ（物流倉庫）

東総生コンクリート協同組合
1972年6月14日設立
〒289－0601　香取郡東庄町笹川い6659
事業区域・銚子市、佐原市、旭市、海上郡、香取郡一円
共販実施状況：未実施

東京都

東京生コンクリート協同組合連合会
2015年6月12日設立
〒103－0027　中央区日本橋3－2－5　毎日日本橋ビル3F
☎03－3271－2181・FAX03－3271－2187
会長・森秀樹　副会長・小林正剛、宍戸啓昭、松原浩明、西森幸夫

三多摩生コンクリート協同組合
1971年10月14日設立　23社21工場　出資金2,430万円
〒190－0023　立川市柴崎町3－11－22
☎042－529－2121・FAX042－529－0533
URL http://www.santama-kyoso.or.jp/
理事長・小林正剛　副理事長・藤田博己、小川裕之、本橋文男、矢島秀晃　専務理事・多田勇気男
事務局9名
総務委員会（本橋文男）・営業委員会（藤田博己）・経理委員会（小川裕之）・出荷監査委員会（鈴木孝行）・技術委員会（宗仲和義）・資材委員会（安野健一）・シェア委員会（近藤政弥）・商流委員会（矢島秀晃）・規約規程委員会（小川裕之）・合理化委員会（平澤玄徳）・裁定委員会（本橋文男）・IT推進委員会（矢島秀晃）・広報委員会（並木克巳）・組織拡大委員会（小林勇哉）・働き方改革委員会（舟山治）
事業区域・東京都の中で23区、町田市、狛江市のうち小田急線以南の地域を除く地区
1977年9月より共販実施（指定店方式）
残コン戻りコン有償化、賠償責任保険への加入、代行試験有料化実施
年間総出荷量：2023年度実績782千㎥、2024年度見込750千㎥（高強度56000㎥・高流動28000㎥・水中不分離10㎥・ポーラス1000㎥）、2025年度想定700千㎥
員外社数18社18工場

東京地区生コンクリート協同組合
1977年2月26日設立　46社59工場　出資金10,310万円
〒103－0027　中央区日本橋3－2－5　毎日日本橋ビル3F
☎03－3271－2181・FAX03－3271－2187
URL http://www.t-namakyo.jp
理事長・森秀樹　副理事長・一ツ木正、嶋津成昭、長谷川義孝、要秀和　専務理事・高村尚
事務局5名（出向30名）
営業委員会（要秀和）・合理化委員会（長谷川義孝）・資材問題委員会（要秀和）・監

査委員会(酒井勝弘)・総務委員会(嶋津成昭)・シェア委員会(近藤政弥)・システム委員会(藤本学)・技術委員会(一ツ木正)・債権管理委員会(森秀樹)・裁定委員会(森秀樹)・広報紙委員会(佐藤敬治)
事業区域・東京都区部(練馬区、板橋区、足立区、葛飾区、目黒区、世田谷区を除く)
1977年8月より共販実施(登録販売店方式)
残コン戻りコン有償化実施
価格・土木18－8－20の場合2024年21,750円2025年25,000円、建築18－18－20の場合2024年22,000円2025年25,000円　製造コスト上昇
年間総出荷量：2023年度実績2744千㎥、2024年度見込2645千㎥
員外社数14社・出荷推定1000千㎥
大口需要・品川駅西口地区新築計画、新宿駅西口地区開発計画、日本橋一丁目中地区再開発他

東関東生コン協同組合

1969年8月2日設立　19社21工場　出資金690万円
〒120－0036　足立区千住仲町19－8　太陽生命千住ビル
☎03－3879－5141・FAX03－3879－5149
URL http://higashikantounamakonkyoudoukumiai.com
理事長・西森幸夫　副理事長・上村清、織田増信、町屋博文、桐生了英、真野康平、植木一彦　専務理事・戸島伸一
事務局5名(出向6名)
営業委員会・総務委員会・技術委員会・監査委員会・広報紙委員会・債権管理委員会・資材対策委員会・構造改善委員会
事業区域・東京都－葛飾区、足立区、埼玉県－八潮市、三郷市、草加市、越谷市、吉川市、北葛飾郡松伏町
1977年10月より共販実施(登録販売店方式)
期間契約導入、持ち戻りコン有償化、生コン保険への加入、代行試験有料化実施
価格・土木の場合2025年24,000円、建築の場合2025年24,000円
年間総出荷量：2023年度実績362千㎥、2024年度見込329千㎥、2025年度想定330千㎥
員外社数6社6工場
大口需要・三郷・草加地区倉庫(5棟)、葛飾区奥戸物流施設、立石駅北口再開発、保木間3丁目病院、順天堂大学越谷病院

神奈川県

神奈川西部生コン協同組合

1969年11月21日設立　7社6工場　出資金280万円
〒256－0812　小田原市国府津2494－2　ロイヤルマンション国府津102
☎0465－47－8831・FAX0465－47－8841
理事長・勝間田慶喜
事務局2名
総務委員会・営業委員会(曽我亮太)・技術委員会(斉藤武行)
事業区域・小田原市、南足柄市、足柄下郡湯河原町・真鶴町・箱根町、足柄上郡山北町・松田町・開成町・大井町・中井町、中郡二宮町・大磯町
2020年4月より共販実施
賠償責任保険への加入、共同輸送実施
価格・土木の場合2024年20,000円(中央)23,500円(下郡)2025年24,000円(中央)27,500円(下郡)、 製造コスト上昇
年間総出荷量：2023年度実績190千㎥、2024年度見込160千㎥(高強度5000㎥・高流動5000㎥・水中不分離1000㎥)、2025年度想定160千㎥
員外社数1社1工場・出荷推定60千㎥

神奈川生コンクリート協同組合

1970年7月16日設立　21社26工場　出資金660万円
〒221－0844　横浜市神奈川区沢渡1－2　Jプロ高島台サウスビル6F
☎045－312－1681・FAX045－314－5727
URL https://www.kanakyo.or.jp
✉kanakyo-soumu@kanakyo.or.jp
理事長・大久保健　副理事長・上村清、菱木誠一、大和丈一、東郷健太郎、加藤清志　専務理事・水谷圭佐
事務局18名(出向幹事9名)
基本問題委員会(東郷健太郎)・営業委員会(大和丈一)・総務委員会(加藤清志)・技術委員会(菱木誠一)・監査与信委員会(川合敏之)・裁定委員会(上村清)・営業管理委員会(山下信二)・営業部(池崎晃)・管理部(磯部務)・技術部(城所卓明)・総務部(稲木啓治)
事業区域・横浜市全域、川崎市川崎区・幸区
1977年8月より共販実施(登録販売店方式)
残コン戻りコン有償化、賠償責任保険への加入、キャンセル有償化、試し練り有償化実施
価格・土木18－18－20の場合2024年21,000円2025年24,000円、建築18－18－20の場合2024年21,000円2025年24,000円　製造コスト上昇
年間総出荷量：2023年度実績1059千㎥、2024年度見込1049千㎥(高強度26100㎥・高流動10400㎥・水中不分離570㎥)、2025年度想定1100千㎥
主要員外社数6社6工場
大口需要・北仲地区再開発、みなとみらい52街区、前田町計画、GLP川崎倉庫、ニトリ川崎DC、西谷浄水場

湘南生コンクリート協同組合

1969年11月21日設立　12社12工場　出資金900万円
〒221－0844　横浜市神奈川区沢渡1－2　Jプロ高島台ビル6F
☎045－312－7055・FAX045－316－0640
URL http://www.shonan-kyoso.or.jp/
理事長・松井淳　副理事長・細野重信、石森公夫、菱木誠一、市瀬明宏　専務理事・清水裕雄
事務局6名(幹事出向6名)
営業委員会(市瀬)・シェア委員会(石森)・技術委員会(細野)・裁定委員会(松井)・総務・与信管理委員会(菱木)・員外社検討委員会(市瀬)・骨材・輸送対策特別委員会(細野)・スライド委員会(細野)・基本問題委員会(菱木)・災害対策委員会(松井)
事業区域・相模原市、海老名市、大和市、藤沢市、鎌倉市、逗子市、秦野市、伊勢原市、茅ヶ崎市、平塚市、厚木市、座間市、綾瀬市、町田市、愛甲郡、高座郡、中郡
1977年9月より共販実施(販売店方式)
残コン戻りコン有償化、キャンセル料金有料化、試し練り料金有料化実施
価格・18－18－20の場合2023年22,000円2024年25,000円
年間総出荷量：2023年度実績833千㎥、2024年度見込655千㎥、2025年度想定700千㎥
員外社数4社4工場・出荷推定230千㎥
大口需要・物流倉庫、リニア中央新幹線

玉川生コンクリート協同組合

1975年4月18日設立　21社28工場　出資金1,180万円
〒211－0063　川崎市中原区小杉町1－403　武蔵小杉タワープレイス5F
☎044－712－1137・FAX044－712－1136
URL http://tamanama.or.jp/
✉eigyo@tamanama.or.jp
理事長・宍戸啓昭　副理事長・小原徹、角田正裕、村松悠毅、塩見伊津夫、藤嶽暢成、関大行　専務理事・入江祥司
事務局7名(出向2名)
執行部会(宍戸啓昭)・総務委員会(小原徹)・営業委員会(関大行)・価格確認委員会(関大行)・技術委員会(塩見伊津夫)・債権管理委員会(藤嶽暢成)・残コン・戻りコン委員会(村松悠毅)・広報委員会(村松悠毅)・働き方改革委員会(藤嶽暢成)・価格スライド表委員会(藤嶽暢成)・生コンPL保険検討委員会(小原徹)・組織委員会角田正裕)、契約制度調査特別委員会(宍戸啓昭)

事業区域・東京都目黒区、世田谷区、狛江市の一部、神奈川県川崎市中原区、高津区、宮前区、多摩区、麻生区
1977年7月より共販実施（登録販売店方式）
残コン戻りコン有償化、賠償責任保険への加入、代行試験有料化、キャンセル料有料化実施
価格・建築18－18－20の場合2024年20,000円2025年24,000円　製造コスト上昇、出荷量の減少、産廃処分費、輸送費（生コン骨材）、人件費
年間総出荷量：2023年度実績617千㎥、2024年度見込620千㎥（高強度24000㎥・水中不分離60㎥・再生骨材2㎥）、2025年度想定600千㎥
員外社数14社14工場
大口需要・中央リニア新幹線（犬蔵、片平）、外環道東名JC（拡幅、換気所）、等々力水処理センター、和田堀給水所、京王線立体交差他、世田谷区本庁舎、武蔵小杉計画（高層マンション）、西加瀬計画、自由が丘再開発

横須賀地区生コンクリート協同組合
1972年7月1日設立　6社3工場　出資金1250万円
〒239－0807　横須賀市根岸町3－14－6
☎046－838－3350・FAX046－838－3351
URL https://y-kyouso.jp
✉namakon-kumiai@cyber.ocn.ne.jp
理事長・沼田正信　事務局長・竜崎俊一
事務局4名
理事会・総務委員会・営業委員会・業務委員会・工場長委員会・技術委員会
事業区域・横須賀市、三浦市、三浦郡葉山町
1977年9月より共販実施（登録販売店方式）
残コン戻りコン有償化、代行試験有料化実施
価格・土木18－18－20の場合2024年23,000円2025年26,000円、建築18－18－20の場合2024年23,000円2025年26,000円　製造コスト上昇
年間総出荷量：2023年度実績140千㎥、2024年度見込142千㎥、2025年度想定135千㎥
員外社数1社1工場・出荷推定24千㎥
大口需要・防衛施設庁、神奈川県、横須賀市、その他

新潟県

新潟県生コンクリート協同組合連合会
2001年4月2日設立　11協組　出資金110万円
〒950－0983　新潟市中央区神道寺1－4－14
☎025－241－2354・FAX025－243－1372
✉nnkk@guitar.ocn.ne.jp
会長・三友泰彦　副会長・宇﨑修一、木津信明、米山剛　専務理事・小山英明
事務局3名
総務委員会（宇﨑修一）・共同事業委員会（西潟芳博）
事業区域・新潟県内
共販実施状況：未実施
年間総出荷量：2023年度実績765千㎥、2024年度見込758千㎥、2025年度想定707千㎥
員外社数7社9工場・出荷推定165千㎥

糸魚川地区生コンクリート協同組合
1973年4月21日設立　8社8工場　出資金2,880万円
〒949－0303　糸魚川市田海5453－2
☎025－556－6211・FAX025－556－6213
理事長・松本正夫　事務局長・小川正己
事務局7名
運営委員会・技術委員会・営業部
事業区域・糸魚川市、上越市
1973年4月より共販実施（直販）
大口需要・北越新幹線新親不知トンネル（西）他工事

魚沼地区生コンクリート協同組合
1971年7月6日設立　14社10工場　出資金1,675万円
〒946－0075　魚沼市吉田字大下1267－1
☎025－792－3069・FAX025－792－7206
URL https://r.goope.jp/uonuma16
✉uonuma16@vega.ocn.ne.jp
理事長・佐藤八郎　副理事長・三友泰彦
事務局4名
運営委員会・技術委員会
事業区域・長岡市、小千谷市、魚沼市、南魚沼市、南魚沼郡
1971年7月より共販実施（直販）
共同金融実施

柏崎地区生コンクリート協同組合
1983年8月12日設立　6社3工場　出資金600万円
〒945－0024　柏崎市小金町11－64
☎0257－23－4558・FAX0257－23－1388
✉rmc.knk@muse.ocn.ne.jp
理事長・永井義行　副理事長・太田光幸
事務局5名
運営委員会（岡田和久）・総務部会（橋爪勝）・営業部会（永井義行）・技術部会（星野三子雄）
事業区域・柏崎市、長岡市の一部、三島郡出雲崎町、刈羽郡刈羽村
1983年8月より共販実施（直販）
残コン戻りコン有償化、代行試験有料化実施
価格・土木18－12－25の場合2024年22,500円2025年24,500円、建築24－15－25の場合2024年23,500円2025年25,500円　製造コスト上昇
年間総出荷量：2023年度実績49千㎥、2024年度見込60千㎥（高流動300㎥・水中不分離40㎥）、2025年度想定90千㎥

佐渡地区生コンクリート協同組合
1983年10月27日設立　5社6工場　出資金350万円
〒952－1207　佐渡市貝塚字中山119　佐渡生コン㈱内
☎0259－58－7082・FAX0259－58－7083
理事長・児玉弘
事務局3名
総務委員会（松本勇夫）・経済委員会（志和正敏）・技術委員会（川井廣吉）・輸送委員会（本間勇三）
事業区域・佐渡一円
共販実施状況：1983年10月より休止中
員外社数1社1工場
大口需要・国営かんがい排水、佐渡空港、ダム建設、公共下水道

三蒲地区生コンクリート協同組合
1971年12月24日設立　8社8工場　出資金1,585万円
〒955－0092　三条市須頃3－93
☎0256－34－3551・FAX0256－35－4733
URL http://sankanarea.jp/
✉sankankumiai@waltz.ocn.ne.jp
理事長・揖斐孝浩
事務局4名
技術委員会（田中洋）、共同事業委員会（西潟芳博）
事業区域・三条市、燕市、加茂市、新潟市西蒲区、南区、西区四ツ郷屋、秋葉区小須戸、田上町、長岡市寺泊、和島
1994年8月より共販実施（直販）
残コン戻りコン有償化、賠償責任保険への加入、代行試験有料化実施
年間総出荷量：2023年度実績130千㎥、2024年度見込90千㎥、2025年度想定80千㎥
員外社数1社1工場・出荷推定18千㎥

上越地区生コンクリート協同組合
1973年5月11日設立　12社13工場　出資金1,900万円
〒943－0805　上越市木田1－1－11　ミワプラザ3F
☎025－524－6151・FAX025－522－1705
✉kumiai@beige.plala.or.jp
理事長・米山剛　副理事長・五十嵐健一、田中重樹
事務局6名
総務委員会（永井慎一）・営業委員会（司山建夫）・総務部（不破野賢一）・営業部（曽

根章）
事業区域・上越市、妙高市
1973年5月より共販実施（直販）
残コン戻りコン有償化、代行試験有料化実施
価格・土木21－8－25の場合2024年23,800円2025年25,800円、建築21－15－25の場合2024年23,800円2025年25,800円　製造コスト上昇、出荷量の減少
年間総出荷量：2023年度実績81千㎥、2024年度見込115千㎥（高強度17㎥・高流動1300㎥・水中不分離10㎥）、2025年度想定85千㎥
員外社数1社1工場・出荷推定9千㎥
大口需要・新光電気工業工場建設、上沼道高架橋工事

十日町地区生コンクリート協同組合
1971年4月6日設立　3社4工場　出資金1,200万円
〒948－0007　十日町市四日町新田65－32
☎025－757－1581・FAX025－757－1583
✉tnkneti@blue.ocn.ne.jp
理事長・馬場浩一　事務局長・水落知之
事務局2名
技術委員会・工場代表者委員会
事業区域・十日町市、柏崎市の一部、中魚沼郡津南町
1985年4月より共販実施（直販）
残コン戻りコン有償化、共同金融、代行試験有料化実施
価格・土木18－8－25の場合2024年24,000円、建築21－18－25の場合2024年24,500円　製造コスト上昇、出荷量の減少
年間総出荷量：2023年度実績50千㎥、2024年度見込33千㎥、2025年度想定30千㎥

長岡地区生コン事業協同組合
1979年5月23日設立　8社5工場　出資金2,000万円
〒940－2127　長岡市新産4－4－4
☎0258－46－9595・FAX0258－46－9597
✉naganama@crux.ocn.ne.jp
理事長・木津信明　副理事長・飯田政士
事務局6名
事業区域・長岡市、見附市
1979年6月より共販実施
残コン戻りコン有償化、代行試験有料化実施
価格・土木呼び強度21の場合2024年22,000円2025年24,000円、建築呼び強度21の場合2024年22,000円2025年24,000円
年間総出荷量：2023年度実績90千㎥、2024年度見込86千㎥、2025年度想定100千㎥
員外社数4社4工場・出荷推定20千㎥
大口需要・物流センター建設

新潟東部生コンクリート協同組合
1983年4月1日設立　6社4工場　出資金2,100万円
〒959－2221　阿賀野市保田4183－3
☎0250－68－3933・FAX0250－68－3955
✉namacon6@ninus.ocn.ne.jp
理事長・坂詰敏彦
事務局4名
工場長会議（広瀬進）・技術委員会（小池賢）
事業区域・阿賀野市、五泉市、新発田市、新潟市秋葉区、東蒲原郡阿賀町
1983年4月より共販実施（直販・登録販売店併用方式）
残コン戻りコン有償化、代行試験有料化実施
年間総出荷量：2023年度実績60千㎥
員外社数6社4工場

新潟生コンクリート協同組合
1971年7月2日設立　6社5工場　出資金5,800万円
〒950－0983　新潟市中央区神道寺1－4－14
☎025－244－4101・FAX025－245－6741
URL http://nnk-nnk.sakura.ne.jp/
✉nnk@rose.ocn.ne.jp
理事長・宇﨑修一
事務局7名
技術委員会・工場運営協議会
事業区域・新潟市、新発田市、北蒲原郡聖籠町
1971年7月より共販実施（直販・登録販売店併用方式）
残コン戻りコン有償化、賠償責任保険への加入、代行試験有料化実施
価格・土木21－8－25の場合2023年15,500円2024年16,500円、建築21－15－25の場合2023年15,500円2024年16,500円　製造コスト上昇
年間総出荷量：2023年度実績83千㎥、2024年度見込100千㎥、2025年度想定90千㎥
員外社数6社5工場
大口需要・ザ・サーパスタワー新潟万代シティ

北越生コンクリート協同組合
1972年11月21日設立　14社9工場　出資金2,600万円
〒959－3423　村上市九日市83－3
☎0254－66－6145・FAX0254－66－7621
URL https://www.hnk.ne.jp/
✉hnk@soleil.ocn.ne.jp
理事長・松山晴久　副理事長・高橋賢一、菅原正夫
事務局4名
運営委員会（高橋賢一）・品質監査委員会（磯部隆）・工場長会議（高橋重広）・技術部会（片野英明）・共同受注検査委員会（鈴木昌成）
事業区域・新発田市以北一円
1972年11月より共販実施（直販・販売店併用方式）
残コン戻りコン有償化、賠償責任保険への加入、代行試験有料化、固化材共同購入実施
価格・土木21－12－25の場合2024年23,000円、建築21－18－25の場合2024年23,000円
年間総出荷量：2023年度実績90千㎥、2024年度見込95千㎥（水中不分離60㎥）、2025年度想定70千㎥
員外社数1社1工場・出荷推定20千㎥
大口需要・朝日温海道路関連、飯豊山系砂防、鷹ノ巣道路

富山県

高岡地区生コンクリート協同組合
2008年2月21日設立　9社　出資金2700万円
〒933－0913　高岡市本町2－1
☎0766－27－8001・FAX0766－27－8002
✉namakyo@tulip.ocn.ne.jp
理事長・小原紀久雄
事務局3名
営業委員会・総務委員会・技術委員会
事業区域・高岡市、射水市、氷見市
2008年4月より共販実施（直販・販売店・卸協組併用方式）
代行試験有料化実施
価格・土木21－8－25の場合2023年20,100円、建築21－18－25の場2023年20,000円
年間総出荷量：2023年度実績90千㎥
員外社数1社2工場・出荷推定53千㎥

富山県砺波地区生コンクリート協同組合
1977年4月18日設立　8社3工場　出資金400万円
〒939－1367　砺波市広上町7－28
☎0763－33－2814・FAX0763－33－2818
理事長・高田重弘
事務局3名（出向9名）
運営委員会（岡本博）・技術委員会（藤井仁志）
事業区域・礪波市、小矢部市、南砺市、高岡市の一部
1979年10月より共販実施（直販・販売店併用方式）
建設業協組生コン共同購入、骨材共同購入、代行試験有料化実施
価格・土木21－8－25の場合2024年20,700円2025年22,700円、建築21－18－25の場合2024年21,000円2025年23,000円　製造コスト上昇、出荷量の減少

年間総出荷量：2023年度実績80千㎥、2024年度見込60千㎥(高強度205㎥・高流動1㎥)、2025年度想定55千㎥
員外社数2社2工場・出荷推定35千㎥

富山生コンクリート協同組合
1976年10月20日設立　11社8工場　出資金1,320万円
〒939－8214　富山市黒崎66
☎076－494－8668・FAX076－494－8606
✉kyouso@alpha.ocn.ne.jp
理事長・濱田一夫　副理事長・酒井健吉、坪川勝　専務理事・江畑拓
事務局2名
営業対策委員会(武田満)・集約化委員会(酒井健吉)・技術委員会(萩中智明)
事業区域・富山市、射水市、中新川郡
1996年10月より共販実施(直販・登録販売店方式)
代行試験有料化実施
価格・土木18－8(12)－25の場合2024年20,700円2025年22,700円、建築21－18(15)－25の場合2024年21,000円2025年23,000円　製造コスト上昇、出荷量の減少
年間総出荷量：2023年度実績126千㎥、2024年度見込120千㎥、2025年度想定125千㎥
員外社数5社5工場・出荷推定140千㎥

新川生コンクリート協同組合
1977年10月30日設立　6社6工場　出資金600万円
〒938－0806　黒部市前沢1975－1
☎0765－54－2636・FAX0765－52－5003
✉niikawanamacon@diary.ocn.ne.jp
理事長・大愛富美子　専務理事・水島敬
事務局2名
理事会・参事会・技術委員会・営業部会
事業区域・滑川市、魚津市、黒部市、下新川郡入善町・朝日町
2004年10月より共販実施(直販・販売店併用方式)
代行試験有料化実施
価格・土木21－8－25の場合2023年21,000円、建築21－18－25の場合2023年21,300円
年間総出荷量：2023年度実績120千㎥

石川県

石川県生コンクリート協同組合連合会
2000年4月17日設立　6協組　出資金60万円
〒921－8043　金沢市西泉3－33－1
☎076－242－1401・FAX076－242－1350
会長・村井啓介　副会長・二俣馨　専務理事・宮田政佳　事務局長代理・長永文雄
事務局1名
総務委員会(池本英史)・共同事業委員会(二俣馨)
事業区域・石川県
2000年4月より共販実施
年間総出荷量：2023年度実績541千㎥、2024年度見込472千㎥、2025年度想定477千㎥
員外社数3社4工場・出荷推定126千㎥

金沢地区生コンクリート協同組合
1974年9月9日設立　20社13工場　出資金22,000万円
〒921－8043　金沢市西泉3－17
☎076－242－6662・FAX076－242－6695
URL http://www.kana-con.jp/
✉info@kana-con.jp
理事長・永岡孝　副理事長・北川吉博、長山太郎　専務理事・山口浩幸　常務理事・中村利司
事務局9名
債権保全・営業出荷委員会他
事業区域・金沢市、白山市、かほく市、野々市市、河北郡、能美郡
1995年9月より共販実施(直販)
代行試験有料化実施
年間総出荷量：2023年度実績263千㎥、2024年度見込240千㎥
員外社数2社2工場
大口需要・金沢医科大学研究棟、北国フィナンシャルホールディングビル、民間物流倉庫等

七尾地区生コンクリート協同組合
1981年3月2日設立　4社2工場　出資金1,120万円
〒926－0011　七尾市佐味町イ部42－2
☎0767－52－5200・FAX0767－52－5232
✉nanao@circus.ocn.ne.jp
理事長・戸田充
事務局3名
事業区域・七尾市、羽咋市、鹿島郡、羽咋郡
1986年4月より共販実施(直販)
代行試験有料化実施
価格・土木18－8－25の場合2024年22,600円2025年25,600円、建築21－18－25の場合2024年23,300円2025年26,300円　製造コスト上昇
年間総出荷量：2023年度実績22千㎥、2024年度見込27千㎥

能登生コンクリート協同組合
1981年9月7日設立　9社9工場　出資金400万円
〒927－0027　鳳珠郡穴水町川島ツ44－3
☎0768－52－3070・FAX0768－52－3260
理事長・二俣馨　副理事長・池崎義典
事務局長・桐葉公司
事務局2名
経済委員会(二俣馨)・技術委員会(長手伸一)・安全衛生委員会(長手伸一)
事業区域・輪島市、珠洲市、鳳珠郡
1984年4月より共販実施(直販)
共同輸送実施

羽咋鹿島生コンクリート協同組合
1976年4月1日設立　4社4工場　出資金250万円
〒925－0017　羽咋市西釜屋町井138－2
☎0767－22－5411・FAX0767－22－5413
URL http://hk-namacon.jp
✉nkumiai@rcp.ne.jp
代表理事・石田忠夫　事務局長・横川清
事務局1名
工場長会(横川清)・技術委員会(永谷悟史)・IQC委員会(永谷悟史)
事業区域・羽咋市、七尾市、羽咋郡、鹿島郡
1976年4月より共販実施
建設業協組生コン共同購入、代行試験有料化実施
員外社数2社2工場・出荷推定10千㎥

南加賀生コンクリート協同組合
1974年4月25日設立　12社8工場　出資金3,000万円
〒923－0964　小松市今江町3－709
☎0761－21－0108・FAX0761－24－5591
URL http://www.mkaga-con.jp/
✉mnacon@mkaga-con.jp
理事長・村井啓介　副理事長・寺西秀次、池本英史
事務局3名(営業1名)
執行部会(村井啓介)・営業部会(寺西秀次、池本英史)・技術委員会(丸谷達哉)・与信管理委員会(寺西秀次)・割決委員会(松原)
事業区域・南加賀一円
共販実施
年間総出荷量：2023年度実績145千㎥、2024年度見込100千㎥
員外社数1社1工場・出荷推定10千㎥

福井県

大野勝山地区生コンクリート協同組合
1972年2月21日設立　2社2工場　出資金3,520万円
〒912－0021　大野市中野55号51－1
☎0779－65－0531・FAX0779－65－5101
理事長・土本鐵夫
事務局1名
調整委員会・技術委員会・構造改善推進委員会
事業区域・大野市、勝山市、福井市、吉田郡

共販実施状況：未実施
共同輸送、共同金融、代行試験有料化実施
年間総出荷量：2023年度実績56千㎥、2024年度見込47千㎥
員外社数1社1工場・出荷推定15千㎥
大口需要・中部縦貫自動車道

南越地区生コンクリート協同組合
1976年6月7日設立　6社6工場　出資金350万円
〒916－0064　鯖江市下司町20－13－1
☎0778－62－2444・FAX0778－62－2445
✉nanetunamakon@bridge.ocn.ne.jp
理事長・上木雅晴　副理事長・下原譲　専務理事・増永隆俊
事務局6名
技術委員会(小川充)・経理部(川端文夫)
事業区域・越前市、鯖江市、福井市一部、南越前町、越前町、池田町
2013年4月より共販実施(直販方式を原則)
代行試験有料化実施
大口需要・北陸新幹線

福井県嶺南地区生コン協同組合
1973年12月21日設立　8社8工場　出資金192万円
〒917－0241　小浜市遠敷9－605　三谷ビル3F
☎0770－56－3470・FAX0770－56－3472
理事長・小森英雄
事務局5名
事業区域・敦賀市、小浜市、三方上中郡若狭町、大飯郡高浜町・おおい町
1979年4月より共販実施(直販)
年間総出荷量：2023年度実績104千㎥、2024年度見込105千㎥、2025年度想定90千㎥
員外社数1社1工場
敦賀事務所＝〒914－0803　敦賀市新松島町4－13内田ビル2F
☎0770－25－7359・FAX0770－25－8394
事務局2名
事業区域・敦賀市、三方郡美浜町、三方上中郡若狭町
1979年4月より共販実施
年間総出荷量：2023年度実績61千㎥、2024年度見込60千㎥
小浜事務所＝〒917－0241　小浜市遠敷9－605
☎0770－56－3470・FAX0770－56－3472
事務局3名
事業区域・小浜市、三方上中郡若狭町、大飯郡高浜町・おおい町
1989年4月より共販実施(直販)
年間総出荷量：2023年度実績43千㎥、2024年度見込45千㎥

福井嶺北地区生コン協同組合
2015年2月16日設立
〒910－2178　福井市栂野町第21号5－1
☎0776－52－0001・FAX0776－52－0115
理事長・髙﨑俊二
事業区域・福井市、坂井市、あわら市、大野市、勝山市、越前市、鯖江市、吉田郡永平寺町、今立郡池田町、丹生郡越前町、南条郡南越前町
2015年4月より共販実施(直販・販売店併用方式)
残コン戻りコン有償化、賠償責任保険への加入実施
価格・土木の場合2024年17,000円、建築の場合2024年17,000円
年間総出荷量：2023年度実績166千㎥、2024年度見込189千㎥、2025年度想定160千㎥
員外社数2社4工場

静岡県

静岡県生コンクリート協同組合連合会
1999年5月7日設立　51社65工場　出資金400万円
〒422－8006　静岡市駿河区曲金6－2－45
☎054－287－5066・FAX054－280－5305
会長・野村玲三　副会長・鈴木勝巳、志村栄一
事務局3名(出向3名)
総務委員会(鈴木勝巳)・共同事業委員会(志村栄一)
事業区域・静岡県
年間総出荷量：2023年度実績1735千㎥、2024年度見込1556千㎥、2025年度想定1475千㎥
員外社数9社9工場・出荷推定230千㎥

熱海生コンクリート販売協同組合
1978年6月20日設立　3社4工場　出資金200万円
〒414－0051　伊東市吉田字長畑道上1026－37
☎0557－44－4411・FAX0557－44－4412
理事長・野村玲三
事務局1名(出向6名)
営業委員会(森武)
事業区域・熱海市、伊東市、田方郡函南町、賀茂郡東伊豆町、真鶴、湯河原
1978年6月より共販実施(販売店方式)
賠償責任保険への加入、代行試験有料化実施
価格・土木21－8－20BBの場合2024年29,300円2025年29,300円、建築21－18－20の場合2024年29,100円2025年29,100円
製造コスト上昇、出荷量の減少
年間総出荷量：2023年度実績56千㎥、2024年度見込50千㎥、2025年度想定48千㎥
員外社数1社1工場・出荷推定2千㎥

静岡県伊豆生コンクリート協同組合
1972年6月13日設立　3社3工場　出資金360万円
〒415－0016　下田市中488－1　EフラットⅡ
☎0558－22－9044・FAX0558－22－3097
✉izunamakonkumi@cy.tnc.ne.jp
理事長・青木三喜郎　副理事長・斉藤昭一　事務局長・名高義彦
事務局1名
技術委員会(金刺和仁)
事業区域・下田市、伊豆市、賀茂郡
2011年7月より共販実施(直販・販売店方式)
残コン有償化、賠償責任保険への加入、代行試験有料化実施
価格・土木20－8－20BBの場合2024年25,600円2025年30,700円、建築21－18－20の場合2024年25,400円2025年30,400円
製造コスト上昇、出荷量の減少、事業継続のため
年間総出荷量：2023年度実績29千㎥、2024年度見込26千㎥(ポーラス5㎥)、2025年度想定26千㎥

静岡県志太榛原生コンクリート協同組合
1973年2月5日設立　12社12工場　出資金5,410万円
〒426－0044　藤枝市大東町字南1042－5
☎054－636－0250・FAX054－636－0496
URL http://www4.tokai.or.jp/sidakyouso/
✉sidakyouso@yr.tnc.ne.jp
理事長・渡仲康之助　副理事長・橋本真典、増田政義、朝倉純夫、菊地昭吾、黒崎秀樹　事務局責任者・佐藤弘康
事務局3名、営業1名
総務委員会(堀本充啓)・営業委員会(黒崎秀樹)・共同輸送委員会(佐藤弘康)・技術委員会(五島康隆)
事業区域・焼津市、藤枝市、島田市、牧之原市、御前崎市の一部、榛原郡
1977年11月より共販実施(直販・販売店方式)
賠償責任保険への加入、共同輸送、代行試験有料化実施
価格・土木21－8－40BBの場合2024年20,400円2025年22,800円、建築18－18－25の場合2024年19,700円2025年22,000円
製造コスト上昇、出荷量の減少、値戻し
年間総出荷量：2023年度実績201千㎥、2024年度見込200千㎥、2025年度想定195千㎥
員外社数2社2工場・出荷推定20千㎥

静岡県西部生コンクリート協同組合
1971年8月30日設立
〒435－0017　浜松市中央区薬師町346
☎053－421－2231・FAX053－422－0292
URL https://seibu-nama.jp/
✉s.seibu-namakyo@seibu-nama.jp
理事長・髙井成幸
事業区域・菊川市、御前崎市以西愛知県境まで
共販実施
残コン戻りコン有償化、賠償責任保険への加入実施
年間総出荷量：2025年度想定533千㎥

静岡県中東遠生コンクリート協同組合
2016年8月22日設立　8社8工場
〒436－0043　静岡県掛川市大池2798－11
☎0537－23－0231・FAX0537－23－0232
URL https://www.chutouen.jp/
✉chutoen@juno.ocn.ne.jp
理事長・岩崎茂雄
事務局2名
技術委員会・実務者部会(営業部)
事業区域・掛川市、菊川市、御前崎市、磐田市、周智郡森町
2016年10月より共販実施(直販・登録販売店併用方式)
賠償責任保険への加入、代行試験有料化実施
価格・土木18－8－25の場合2024年21,000円2025年23,000円、建築18－18－25の場合2024年21,000円2025年23,000円　製造コスト上昇、出荷量の減少、24年問題
年間総出荷量：2023年度実績112千㎥、2024年度見込135㎥(高強度500㎥)、2025年度想定120千㎥
員外社数2社2工場・出荷推定30千㎥

静岡県中部生コンクリート協同組合
1969年12月6日設立　11社11工場　出資金43,900万円
〒422－8006　静岡市駿河区曲金6－2－45
☎054－288－5544・FAX054－288－5725
理事長・稲葉卓二　副理事長・鈴木勝巳、高坂明彦、尾関祥隆
事務局4名
技術部会(萩原浩司)・参事会(望月香)
事業区域・静岡市
1970年12月より共販実施(登録販売店方式)
残コン戻りコン有償化、賠償責任保険への加入、建設業協組生コン共同購入実施
価格・土木21－8－25の場合2023年18,900円2024年19,100円、建築18－18－25の場合2023年18,500円2024年19,500円
年間総出荷量：2023年度実績33千㎥、2024年度見込30千㎥
員外社数1社1工場・出荷推定9千㎥
大口需要・ロータス静岡、清水さくら病院、小野建物流センター

静岡県東部生コンクリート販売協同組合
1967年10月17日設立　16社15工場　出資金13,155万円
〒410－0022　沼津市大岡517－4　鈴福ビル2F
☎055－955－6600・FAX055－955－6601
URL http://www.tobu-nama.com/
✉toubu-03kyouso@beach.ocn.ne.jp
理事長・志村栄一　副理事長・広川龍佑、勝間田慶喜、野村勝也　事務局長・住本隆志
事務局2名
総務部会(広川龍佑)・営業部会(野村勝也)・技術部会(工藤宏治)
事業区域・三島市、沼津市、御殿場市、裾野市、伊豆市、伊豆の国市、駿東郡、田方郡
1977年10月より共販実施(直販・登録販売店方式)
代行試験有料化実施
価格・土木18－18－25の場合2023年19,700円、建築18－18－25の場合2023年19,700円
年間総出荷量：2023年度実績360千㎥
大口需要・トヨタウーブンシティ

静岡県富士生コンクリート協同組合
1971年1月14日設立　5社5工場　出資金8200万円
〒416－0909　富士市松岡260－2
☎0545－61－7970・FAX0545－63－1604
✉fujikyo@ion.ocn.ne.jp
理事長・渡辺喜義　副理事長・矢部紘一、中村宏明
事務局2名
運営委員会(渡辺喜義)・技術委員会(池田博威)
事業区域・富士市、富士宮市、沼津市の一部、静岡市の一部
1977年11月より共販実施
代行試験有料化実施
価格・土木21－5－25の場合2024年20,400円2025年22,400円、建築18－18－25の場合2024年20,200円2025年22,000円
年間総出荷量：2023年度実績150千㎥、2024年度見込160千㎥
員外社数1社1工場
大口需要・ダイワハウス工業、富士海岸

静岡広域生コンクリート協同組合
2024年1月設立
〒435－0017　浜松市中央区薬師町346
理事長・髙井成幸

愛知県

愛知県生コンクリート協同組合連合会
2000年4月6日設立　4協組　出資金120万円
〒460－0003　名古屋市中区錦3－20－27　御幸ビル4F
☎052－231－1781・FAX052－231－6833
事業区域・愛知県

知多生コンクリート協同組合
1966年9月22日設立　6社7工場　出資金780万円
〒475－0911　半田市星崎町3－46－2
☎0569－21－4124・FAX0569－21－8092
URL http://www.japan-net.ne.jp/~cnkyo/
✉cnkyo@japan-net.ne.jp
理事長・鈴木克己　副理事長・松山正幸
事務局3名
企画委員会(松山正幸)・渉外委員会(大江康夫)・シェア委員会(佐々木靖和)・品質管理委員会(榊原隆弘)
事業区域・半田市、常滑市、東海市、知多市、大府市、知多郡
1978年3月より共販実施(販売店方式)
残コン戻りコン有償化、賠償責任保険への加入、代行試験有料化実施
価格・土木18－8－20の場合2024年20,400円2025年23,500円、建築18－18－20の場合2024年20,400円2025年23,500円　製造コスト上昇、値戻し
年間総出荷量：2023年度実績217千㎥、2024年度見込277千㎥(高強度250㎥・水中不分離50㎥)
員外社数3社3工場・出荷推定300千㎥

名古屋生コンクリート協同組合
1971年7月21日設立　36社39工場　出資金9,030万円
〒460－0003　名古屋市中区錦3－20－27　御幸ビル4F
☎052－211－2031・FAX052－211－2032
URL http://www.meikyouso.or.jp
✉info@meikyouso.or.jp
理事長・内田昌勝　副理事長・磯部朋幸、山本忠義、渡邉伸悟、小林賢一　専務理事・冨山竹史
事務局20名(出向7名)
調査審議会(永峰一)・総務委員会(磯部朋幸)・営業管理委員会(伊藤公一)・技術委員会(小島光)・監査委員会(小林賢一)
事業区域・名古屋、瀬戸、尾張旭、豊明、春日井、小牧、岩倉、江南、犬山、一宮、稲沢、津島、愛西、日進、北名古屋、清須、みよし、あま、弥富、長久手各市、愛知、海部、丹羽、西春日井各郡
1977年9月より共販実施(登録販売店方

式）
残コン戻りコン有償化、賠償責任保険への加入、代行試験有料化実施
価格・土木18－18－20の場合2024年20,000円2025年23,000円、建築18－18－20の場合2024年20,000円2025年23,000円　製造コスト上昇、値戻し
年間総出荷量：2023年度実績2235千㎥、2024年度見込2100千㎥(高強度67000㎥・高流動200㎥・水中不分離400㎥)、2025年度想定2100千㎥
員外社数15社20工場
大口需要・リニア中央新幹線(駅舎等)、名古屋市栄地区再開発、瑞穂陸上競技場、愛知県体育館

西三河生コンクリート協同組合
1967年1月18日設立　22社23工場　出資金1,396万円
〒472－0006　知立市山町御手洗2－36
☎0566－81－3777・FAX0566－82－4426
URL http://w3con.web.fc2.com/
✉nisi3-kyoso@lime.ocn.ne.jp
理事長・今泉善雄　副理事長・鋤柄隆志、野澤優宏、金田浩伺　専務理事・林進
事務局長・二橋功
事務局3名
総務部(大嶽恭仁子)・営業部(金田浩伺)・技術品質管理部(野澤優宏)・運営委員会(今泉善雄)・共販準備委員会
事業区域・岡崎市、豊田市、刈谷市、安城市、知立市、高浜市、碧南市、西尾市、みよし市、東海市、愛知郡東郷町及び知多郡東浦町
共販実施状況：未実施
残コン戻りコン有償化、賠償責任保険への加入実施
価格・土木18－8－25の場合2024年20,000円2025年23,000円、建築18－15－25の場合2024年20,000円2025年23,000円　製造コスト上昇
年間総出荷量：2023年度実績655千㎥、2024年度見込680千㎥(高強度5000㎥・水中不分離200㎥・ポーラス500㎥)、2025年度想定700千㎥
員外社数22社23工場・出荷推定800千㎥
大口需要・各市町駅前開発、トヨタ系工場、下水処理場、企業庁工業用地開発

東愛知生コンクリート協同組合
1980年9月5日設立　16社14工場　出資金510万円
〒441－1361　新城市平井字五楽19－23
☎0536－23－3836・FAX0536－23－4333
URL https://www.higashi-aichi.or.jp
✉hank@tees.jp
理事長・新木正明　副理事長・安形代介・板倉宏興
事務局6名
調整委員会・対外対策委員会・技術委員会・合理化委員会・渉外・環境対策委員会・総務委員会・シェア委員会・監査委員会・審査委員会
事業区域・新城市、豊橋市、豊川市、蒲郡市、岡崎市、田原市、北設楽郡
1982年4月より共販実施(直販・登録販売店方式)
残コン戻りコン有償化、賠償責任保険への加入、代行試験有料化実施
価格・土木18－8－25の場合2024年(豊橋)23,000円(新城)27,900円2025年(豊橋)27,000円(新城)31,900円、建築18－18－25の場合2024年(豊橋)23,000円(新城)27,900円2025年(豊橋)27,000円(新城)31,900円　製造コスト上昇、出荷量の減少
年間総出荷量：2023年度実績390千㎥、2024年度見込330千㎥、2025年度想定350千㎥
員外社数2社2工場・出荷推定36千㎥
大口需要・設楽ダム工事、田原バイオマス工事
豊橋事務所＝豊橋市馬見塚175
☎0532－32－3535・FAX0532－32－5772

平成生コンクリート協同組合
1989年2月1日設立　6社6工場　出資金210万円
〒458－0814　名古屋市緑区鶴が沢1－106　横井ビル2F
☎052－877－8731・FAX052－877－8732
URL http://www.heiseinamacon.com
✉heisei-namakon@sepia.con.ne.jp
理事長・藤井健治
事務局1名
技術部会(藤井健治)・営業部会(横井三男)
事業区域・愛知県全域
共販実施状況：未実施
残コン戻りコン有償化、代行試験有料化実施
価格・土木18－12－25の場合2024年17,000円2025年18,000円、建築18－18－25の場合2024年17,000円2025年18,000円　製造コスト上昇
年間総出荷量：2023年度実績260千㎥、2024年度見込260千㎥(高強度2000㎥・水中不分離100㎥・ポーラス10㎥)、2025年度想定260千㎥
員外社数6社6工場

岐阜県

揖斐生コンクリート協同組合
1979年11月16日設立　3社5工場　出資金300万円
〒501－0619　揖斐郡揖斐川町三輪21－2
☎0585－23－1551・FAX0585－23－155[illegible]
✉iiibi@octn.jp
理事長・水谷善美　副理事長・宗宮裕[illegible]
事務局2名
運営委員会(坪内聡史)・技術委員会([illegible]崎宏行)
事業区域・揖斐郡
1979年11月より共販実施(登録販売店方式)
賠償責任保険への加入、代行試験有料化実施
価格・土木18－8－25の場合2024年23,00[illegible]円2025年26,000円、建築18－8－25の場合2024年23,000円2025年26,000円　製造コスト上昇、出荷量の減少
年間総出荷量：2023年度実績117千㎥、2024年度見込60千㎥、2025年度想定40千㎥

岐阜県恵那生コンクリート協同組合
1974年6月9日設立　9社10工場　出資金520万円
〒509－9132　中津川市茄子川1990－5
☎0573－68－4122・FAX0573－68－4491
URL http://enanamacon.com
✉ena-00@cello.ocn.ne.jp
理事長・吉川幸輝　事務長・北山準一
事務局4名
事業区域・中津川市、恵那市、多治見市、土岐市、瑞浪市、美濃加茂市
1977年11月より共販実施(直販・販売店併用方式)
残コン戻りコン有償化、賠償責任保険への加入、建設業協組生コン共同購入、骨材共同購入、代行試験有料化実施
価格・土木18－8－25の場合2024年27,150円、建築18－18－25の場合2024年26,750円
年間総出荷量：2023年度実績302千㎥、2024年度見込280千㎥、2025年度想定270千㎥
員外社数9社10工場

岐阜県郡上生コンクリート協同組合
1978年10月28日設立　5社5工場　出資金500万円
〒501－4211　郡上市八幡町中坪158－1
☎0575－65－5902・FAX0575－65－3001
✉gnamakyo@athena.ocn.ne.jp
理事長・山下優
事務局2名
事業区域・郡上市一円
1978年10月より共販実施(直販・登録販売店方式)
代行試験有料化実施
価格・土木18－8－25の場合2024年23,000円2025年26,000円、建築18－18－25の場合2024年23,600円2025年26,600円　製造コスト上昇

年間総出荷量：2023年度実績76千㎥、2024年度見込71千㎥、2025年度想定40千㎥

岐阜県中濃生コンクリート協同組合
1973年2月1日設立　6社7工場　出資金1,150万円
〒501－3763　美濃市極楽寺464－7
☎0575－33－3881・FAX0575－35－1806
✉gifucnk@yahoo.co.jp
理事長・横関宏也　副理事長・武藤司
事務局1名
共同事業委員会（安藤伸明）・品質管理委員会（大野陽男）
事業区域・美濃市、関市、山県市、美濃加茂市、可児市、加茂郡、可児郡
1973年2月より共販実施（販売店方式）
残コン戻りコン有償化、賠償責任保険への加入、建設業協組生コン共同購入、代行試験有料化実施
価格・土木18－8－25の場合2023年21,500円、建築18－18－25の場合2023年21,500円
年間総出荷量：2023年度実績176千㎥、2024年度見込172千㎥

岐阜中央生コンクリート協同組合
1977年11月設立　17社　出資金1,520万円
〒500－8288　岐阜市中鶉3－88
☎058－272－5525・FAX058－271－3492
✉g-kouiki@fine.ocn.ne.jp
理事長・雁部繁夫　副理事長・松岡幸一郎
事務局5名
運営委員会（雁部繁夫）・総務委員会（北嶋恒紀）・業務委員会（廣瀬正和）・物件共販委員会（赤尾秀生）
事業区域・岐阜市、各務原市、羽島市、本巣市、瑞穂市、大垣市、関市、美濃加茂市、可児市、羽島郡、安八郡、養老郡、加茂郡
1977年11月より共販実施（卸協組）
賠償責任保険への加入実施
価格・土木の場合2023年20,000円、建築の場合2023年20,000円
年間総出荷量：2023年度実績570千㎥、2024年度見込550千㎥
員外社数6社6工場・出荷推定120千㎥
大口需要・東海環状線道路

飛騨生コンクリート協同組合
1978年5月12日設立　8社8工場　出資金9,401万円
〒506－0001　高山市冬頭町1091
☎0577－32－1846・FAX0577－32－1017
✉h-kyouso@etude.ocn.ne.jp
理事長・星野彰　副理事長・三輪義弘
専務理事・長瀬貢
事務局2名
総務部会（三輪義弘）・品質管理部会（森本禎人）・積算委員会（中川由則）・電算委員会（小坂健太郎）・共販推進委員会（北村剛治）
事業区域・高山市、飛騨市、大野郡白川村
1983年4月より共販実施（直販・販売店併用方式）
残コン戻りコン有償化、建設業協組生コン共同購入、骨材共同購入、代行試験有料化実施
価格・土木18－8－25の場合2024年23,600円2025年26,500円、建築27－18－20の場合2024年24,600円2025年27,500円　製造コスト上昇、出荷量の減少
年間総出荷量：2023年度実績102千㎥、2024年度見込110千㎥（高強度90㎥・高流動730㎥・ポーラス1㎥）、2025年度想定120千㎥
大口需要・中部縦貫自動車道

益田生コンクリート協同組合
1976年8月25日設立　1社1工場　出資金2,934万円
〒509－2201　下呂市東上田515－1
☎0576－25－6511・FAX0576－25－6550
✉mas-n28@joy.ocn.ne.jp
理事長・新田努
事務局1名
営業部会・技術部会
事業区域・下呂市一円
1979年4月より共販実施（直販・販売店併用方式）
建設業協組生コン共同購入実施
年間総出荷量：2023年度実績30千㎥

三重県

三重県生コンクリート協同組合連合会
2000年5月23日設立　7協組　出資金140万円
〒514－0303　津市雲出長常町字中浜垣内1095
☎059－234－9550・FAX059－234－4913
URL http://www.kyousoren-mie.or.jp/main.html
会長・筒井克昭　副会長・服部俊樹、渡邉満之、石川雄一郎、廣嶋伸二、岡本一彦、稲葉雄一
事業区域・三重県
年間総出荷量：2023年度実績723千㎥、2024年度見込600千㎥
員外社数4社4工場・出荷推定120千㎥

伊賀生コンクリート協同組合
1978年10月4日設立　6社5工場　出資金720万円
〒518－0824　伊賀市守田町字守田197
☎0595－24－0101・FAX0595－24－0290
URL https://namacon-iga.or.jp/
✉iganamakon@gmail.com
理事長・廣嶋伸二　副理事長・余野部卓司・井上勇人　専務理事・中井秀幸
事務局4名
営業部会・営業会議・技術委員会
事業区域・伊賀市、名張市一円
1978年10月より共販実施（直販・販売店併用方式）
賠償責任保険への加入実施
価格・土木18－8－40の場合2024年25,300円2025年28,500円、建築21－18－25の場合2024年25,900円2025年29,000円　輸送コスト・人件費
年間総出荷量：2023年度実績60千㎥、2024年度見込61千㎥、2025年度想定60千㎥

伊勢生コンクリート協同組合
1979年12月3日設立　5社6工場　出資金125万円
〒516－1101　伊勢市大倉町1618－2
☎0596－28－5131・FAX0596－23－3763
✉isenamakyo@aqua.plala.or.jp
代表理事・石川雄一郎　副理事長・右京久男　事務局長・中西由佳里
事務局2名
事業区域・伊勢市、度会郡玉城町・度会町・南伊勢町
2006年9月より共販実施（直販）
代行試験有料化実施
年間総出荷量：2023年度実績62千㎥、2024年度見込58千㎥、2025年度想定63千㎥
大口需要・宮川橋橋梁架替、五十鈴川河川工事、村田機械㈱、21プロジェクトワールドカップ、伊勢市駅前C地区再開発

志摩生コンクリート協同組合
5社5工場
〒517－0604　志摩市大生町船越234－3
☎0599－73－8070・FAX0599－73－8071
理事長・稲葉雄一
2011年11月より共販実施（直販）
共同金融、代行試験有料化実施
価格・土木18－18－25の場合2024年28,000円、建築18－18－25の場合2024年28,000円　製造コスト上昇
年間総出荷量：2023年度実績61千㎥、2024年度見込50千㎥、2025年度想定48千㎥

鷲熊生コンクリート協同組合
2003年10月1日設立　8社14工場　出資金100万円
〒519－5204　南牟婁郡御浜町阿田和3422－8

☎05979－3－0066・FAX05979－2－2122
理事長・岡本一彦
事務局1名
事業区域・熊野市、尾鷲市、新宮市、田辺市の一部、北牟婁郡、南牟婁郡御浜町・紀宝町、東牟婁郡那智勝浦町・太地町、奈良県の一部
1998年2月より共販実施(直販)
共同輸送、代行試験有料化実施
大口需要・紀勢線関連トンネル等

鷲熊生コンクリート協同組合尾鷲支部
〒519－3672　尾鷲市矢浜岡崎町1979－16
☎05979－3－0064・FAX05979－2－2122
2003年10月より共販実施(直販)
共同輸送実施
価格・土木18－8－40BBの場合2024年32,900円、建築27－15－25の場合2024年35,900円　製造コスト上昇、出荷量の減少
年間総出荷量：2023年度実績15千㎥、2024年度見込15千㎥、2025年度想定19千㎥
大口需要・熊野・尾鷲道路トンネル、東紀州ごみ処理施設

鈴鹿生コンクリート販売協同組合
1977年3月29日設立　5社5工場　出資金200万円
〒513－0809　鈴鹿市西条6－32
☎059－383－5511・FAX059－383－5513
URL http://www.suzukanamakyo.or.jp
✉info@suzukanamakyo.or.jp
理事長・林健一郎　副理事長・渡邉満之
事務局2名
総務部(渡邉満之)・営業部(森本修司)・工場長会(太田秀典)・技術部(葛山雄一郎)
事業区域・鈴鹿市、亀山市
1977年4月より共販実施
代行試験有料化実施
価格・土木18－8－25の場合2024年25,000円2025年29,000円、建築18－8－25の場合2024年25,000円2025年29,000円　製造コスト上昇
年間総出荷量：2023年度実績108千㎥、2024年度見込80千㎥、2025年度想定80千㎥

中勢生コンクリート協同組合
1979年12月1日設立　10社12工場　出資金1,700万円
〒514－0303　津市雲出長常町字西浜垣内1096
☎059－234－8317・FAX059－234－9935
URL http://mie-chuseinamakyo.or.jp/
✉info@mie-chuseinamakyo.or.jp
理事長・筒井克昭　副理事長・向川英行、小林司
事務局2名(出向1名)
工場長会・技術委員会・運営委員会・営業委員会・合理化委員会・青年部会
事業区域・津市、松阪市の一部
2014年7月より共販実施(登録販売店方式)
代行試験有料化実施
員外社数2社2工場・出荷推定55千㎥
大口需要・総合スポーツ施設、津市最終処分場

北勢生コンクリート協同組合
1972年2月1日設立　11社8工場　出資金1,980万円
〒510－0834　四日市市ときわ1－2－40
☎059－351－9598・FAX059－351－9648
URL https://mie-hokuseikyoso.or.jp
✉info@mie-hokuseikyoso.or.jp
理事長・筒井克昭　副理事長・服部俊樹、濵佳宗、杉山健太郎　事務長・吉岡利典
事務局5名(他出向2名)
品質管理委員会
事業区域・四日市市、桑名市、いなべ市、三重郡、桑名郡、員弁郡
1977年12月より共販実施(卸協組)
残コン有償化、賠償責任保険への加入、共同輸送、代行試験有料化実施
価格・土木24－15－25BBの場合2024年23,000円2025年26,000円、建築36－15－25Nの場合2024年26,600円2025年29,600円　製造コスト上昇、出荷量の減少
年間総出荷量：2023年度実績190千㎥、2024年度見込150千㎥(高強度470㎥)、2025年度想定150千㎥
員外社数4社4工場・出荷推定100千㎥
大口需要・東海環状線、市内マンション

滋賀県

大津生コンクリート協同組合
1972年4月5日設立　14社12工場　出資金7,600万円
〒520－0047　大津市浜大津2－1－35　OSD浜大津ビル3F
☎077－524－2300・FAX077－526－3537
URL https://www.otsunamakon.com
✉otsukyo@sweet.ocn.ne.jp
理事長・村井攻一　副理事長・宇田毅、大山光善
事務局16名
幹事会・技術委員会・コンプライアンス委員会他
事業区域・大津市、草津市、守山市、高島市、甲賀市、湖南市、野洲市、栗東市
2016年4月より共販実施(直販・販売店併用方式)
残コン戻りコン有償化、賠償責任保険への加入、代行試験有料化実施
価格・土木21－8－20の場合2024年25,300円、建築24－18－20の場合2024年25,700円
年間総出荷量：2023年度実績545千㎥、2024年度見込525千㎥(高強度18000㎥)
員外社数3社3工場・出荷推定150千㎥

湖北生コンクリート協同組合
1972年3月29日設立　5社4工場　出資金2,450万円
〒526－0031　長浜市八幡東町84－6
☎0749－63－1533・FAX0749－62－6222
URL http://www.kohoku-con.jp/
✉info@kohoku-con.jp
理事長・本庄浩二　副理事長・湯本聡
事務局長・冨永倫彦
事務局2名
幹事会(近藤泰彦)・技術委員会(中川真司)
事業区域・長浜市、米原市
共販実施(卸協組)
残コン戻りコン有償化、賠償責任保険への加入、代行試験有料化実施
価格・土木21－8－40の場合2024年22,630円、建築24－15－20の場合2024年23,930円
年間総出荷量：2023年度実績54千㎥、2024年度見込66千㎥(高強度400㎥)、2025年度想定70千㎥
員外社数2社2工場・出荷推定7千㎥
大口需要・㈱材光工務店、㈱桑原組、㈱オオサワ

湖東生コン協同組合
2007年4月20日設立
〒527－0001　東近江市建部下野町16
☎0748－20－1300・FAX0748－20－3113
✉kyouseikyo@comet.ocn.ne.jp
理事長・中村尚秀　副理事長・上田旨宏、北川孝子
事務局4名、営業部2名
業務管理部・営業推進部・技術委員会・コンプライアンス委員会・幹事会・割決委員会
事業区域・近江八幡市、彦根市、東近江市、犬上郡、愛知郡、蒲生郡
2007年4月より共販実施(直販・販売店併用方式)
残コン戻りコン有償化、賠償責任保険への加入、代行試験有料化実施
価格・土木18－18－20の場合2024年24,000円2025年同額、建築21－18－20の場合2024年24,400円2025年同額
年間総出荷量：2023年度実績120千㎥、2024年度見込130千㎥(高強度24㎥)、2025年度想定110千㎥
員外社数2社3工場

京都府

京都広域生コンクリート協同組合
〒600－8044　京都市南区東九条明田町8
☎075－662－5308・FAX075－662－5309
理事長・中村壽成
事務局8名
営業委員会・業務委員会・裁定委員会・査定委員会・技術委員会
事業区域・京都市、長岡京市、向日市、宇治市、城陽市、京田辺市、木津川市、綴喜郡
2021年4月より共販実施(登録販売店方式)
代行試験有料化実施
員外社数3社3工場・出荷推定50千㎥
大口需要・新名神高速道路、京都市立芸術大学

京都中部生コンクリート協同組合
1985年7月2日設立　4社4工場　出資金400万円
〒622－0321　船井郡京丹波町橋爪桧山14－1
☎0771－86－1111・FAX0771－86－1291
代表理事・今井守　副代表理事・新井宏明、今井重憲　監査・栃下正行
事務局2名(出向2名)
事業区域・南丹市、船井郡、亀岡市
大型物件のみ共販実施
代行試験有料化実施
員外社数4社4工場

中央京都生コンクリート協同組合
〒600－8146　京都市下京区七条通東洞院東入る材木町499－2　第一キョートビル802
☎075－353－6001・FAX075－353－6688
URL https://chuokyo.com
✉info@chuokyo.com
代表理事・野川家豊
事務局1名
技術委員会・営業委員会
事業区域・京都市内、向日市、長岡京市
2023年4月より共販実施(販売店方式)
賠償責任保険への加入、共同輸送、代行試験有料化実施
価格・土木18の場合2024年27,000円、建築18の場合2024年27,000円
年間総出荷量：2023年度実績120千㎥、2024年度見込180千㎥(再生骨材500㎥・その他180㎥)、2025年度想定180千㎥
員外社数1社1工場・出荷推定50千㎥

南丹生コンクリート協同組合
1985年3月8日設立　2社2工場　出資金400万円
〒621－0016　亀岡市大井町南金岐尾垣内9　㈱三煌産業内
☎0771－22－1058・FAX0771－24－8636
理事長・渡辺裕昭　副理事長・中野治
事務局1名
事業区域・亀岡市、南丹市、京都市右京区の一部
共販実施状況：未実施
代行試験有料化実施

福知山生コンクリート協同組合
1979年7月19日設立　4社4工場　出資金400万円
〒620－0054　福知山市末広町2－9　交友会館ビル
☎0773－23－1431・FAX0773－23－7343
✉fkyoso1999@gmail.com
理事長・春田浩一　事務局長・安田通弥
事務局2名
参事会・技術委員会(河田)
事業区域・福知山市
2023年4月より共販実施(直販・販売店併用方式)
残コン戻りコン有償化、賠償責任保険への加入実施
価格・土木の場合2023年24,000円、建築の場合2023年26,000円
年間総出荷量：2023年度実績40千㎥
大口需要・長田野工業団地、終末処理場

舞鶴生コンクリート協同組合
1979年7月11日設立　3社3工場　出資金300万円
〒624－0923　舞鶴市字平野屋68　アイエムビル2F
☎0773－76－2368・FAX0773－76－2367
URL https://maiseikyo.sakura.ne.jp/
✉maiseikyo@dance.ocn.ne.jp
理事長・今村寿雄
事務局2名
事業区域・主に舞鶴地域
1979年7月より共販実施(登録販売店方式)
共同輸送・代行試験有料化実施
年間総出荷量：2023年度実績22千㎥、2024年度見込22千㎥
員外社数1社1工場・出荷推定25千㎥

峰山生コンクリート協同組合
1984年11月12日設立　3社3工場　出資金600万円
〒627－0004　京丹後市峰山町荒山423－3
☎0772－62－4818・FAX0772－62－4820
✉minekyo@alte.ocn.jp
理事長・山崎高雄　副理事長・吉岡正美　専務理事・前田晃
事務局2名
技術委員会(吉岡長治)・幹事会(山﨑圭只)
事業区域・京丹後市
1984年4月より共販実施(直販・販売店併用方式)
賠償責任保険への加入、共同輸送実施
価格・土木21－15－20の場合2024年25,550円、建築24－12－20の場合2024年25,960円
年間総出荷量：2023年度実績27千㎥、2024年度見込27千㎥、2025年度想定30千㎥
員外社数1社1工場・出荷推定2千㎥

宮津生コンクリート協同組合
1978年9月11日設立　4社4工場　出資金1,560万円
〒629－2251　宮津市須津2293－1
☎0772－46－3751・FAX0772－46－4751
理事長・金下欣司　事務局長・冨田尚之
事務局2名
事業区域・宮津市、与謝郡
1978年11月より共販実施(直販)
代行試験有料化実施
価格・土木21－8－40の場合2024年25,850円、建築21－18－20の場合2024年26,550円
年間総出荷量：2023年度実績22千㎥、2024年度見込19千㎥

洛中生コンクリート協同組合
2004年11月19日設立
〒601－8394　京都市南区吉祥院中河原里北町48－2
☎075－315－5607・FAX075－315－5317
URL http://www.rakuchu.or.jp/
理事長・星山達雄
事務局2名
参事会・工場長部会・技術委員会
事業区域・京都市
共販実施状況：未実施

奈良県

鷲熊生コンクリート協同組合奈良支部
〒639－3805　吉野郡下北山村上池原637－1
☎07468－5－2668・FAX07468－5－2155

奈良県広域生コンクリート協同組合
1970年6月18日設立　13社13工場　賛助会員5工場
〒636－0032　天理市杣之内町391－3
☎0743－69－6668・FAX0743－69－6651
URL http://nara-namakyo.or.jp/
理事長・船尾好平　副理事長・磯田龍治、中西博子　専務理事・澁谷健二
事務局3名、業務センター7名
営業・渉外委員会、総務・業務委員会、

品質管理委員会
事業区域・県全域
2013年4月より共販実施(直販・登録販売店)
残コン戻りコン有償化、賠償責任保険への加入、骨材共同購入、共同輸送、代行試験有料化実施
価格・土木18－15－20の場合2024年27, 800円2025年29, 300円
年間総出荷量：2023年度実績480千㎥、2024年度見込450千㎥(高強度1000㎥・高流動300㎥・ポーラス50㎥)、2025年度想定450千㎥
員外社数1社1工場・出荷推定5千㎥

奈良県中南和生コン協同組合
2015年12月18日設立　4社4工場
〒633－2113　宇陀市大宇陀下竹191
☎0745－83－0229・FAX0475－83－1288
URL https://chunanwa.com/
理事長・藤田弘和　副理事長・中西博子

和歌山県

和歌山県広域生コンクリート協同組合
〒641－0036　和歌山市西浜1660－291
☎073－445－2020・FAX073－445－2021
理事長・丸山克也
2018年4月より共販実施(直販・販売店併用方式)
残コン戻りコン有償化、賠償責任保険への加入、共同輸送、代行試験有料化実施
価格・土木21－8－20の場合2024年23, 600円、建築18－18－20の場合2024年23, 000円
年間総出荷量：2023年度実績496千㎥、2024年度見込475千㎥、2025年度想定443千㎥

鷲熊生コンクリート協同組合新宮支部
〒647－0081　新宮市新宮2314－3　Rビル2F
☎05979－3－0070・FAX05979－2－2122
2008年2月より共販実施(直販)
代行試験有料化実施
価格・土木18－8－40BBの場合2024年32, 900円、建築27－15－25の場合2024年35, 900円　製造コスト上昇、出荷量の減少
年間総出荷量：2023年度実績42千㎥、2024年度見込35千㎥、2025年度想定33千㎥

大阪府

大阪広域生コンクリート協同組合
1995年3月10日設立　144社164工場　出資金16億6, 000万円
〒559－0034　大阪市住之江区南港北1－6－59
☎06－6655－1430・FAX06－6655－1431
URL http://www.osaka-kouiki.or.jp
✉namakon@osaka-kouiki.or.jp
理事長・木村貴洋　副理事長・岡本真二、地神秀治、大山正芳、山﨑慎司　専務理事・野原峯明
事務局25名(出向64名)
裁定委員会・査定委員会・報酬委員会・品質管理監査委員会・構造改善委員会・技術委員会・出荷指数委員会・監査委員会・システム委員会・SDGs委員会・建設準備委員会・コンプライアンス委員会・企画委員会
事業区域・大阪府及び兵庫県
1995年4月より共販実施(登録販売店方式)
共同金融、代行試験有料化、戻りコン有償化、賠償責任保険への加入実施
価格・土木18の場合2024年25, 500円、建築18の場合2024年25, 500円
年間総出荷量：2023年度実績6820千㎥、2024年度見込6480千㎥、2025年度想定6070千㎥
員外社数4社4工場・出荷推定110千㎥

兵庫県

丹波・篠山生コンクリート協同組合
1979年12月6日設立　4社4工場　出資金300万円
〒669－3611　丹波市氷上町柿柴290－1
☎0795－82－6704
理事長・石田謙二　専務理事・池田栄二郎
2017年7月より共販実施
代行試験有料化実施
員外社数1社・出荷推定24千㎥

豊岡生コンクリート協同組合
1995年4月1日設立　4社4工場　出資金1, 000万円
〒668－0055　豊岡市昭和町2－56　サカモトビル3F
☎0796－24－9666・FAX0796－24－9636
URL http://toyo-kyo.work/
✉toyo-nama2016kkdt@helen.ocn.ne.jp
代表理事・福井美樹男　専務理事・石田雄士
事務局2名
事業区域・豊岡市
1995年2月より共販実施(直販・販売店併用方式)
代行試験有料化実施
価格・土木21－8－40BBの場合2023年25, 200円、建築24－18－20BBの場合2023年26, 700円
年間総出荷量：2023年度実績50千㎥

南但生コンクリート協同組合
1996年12月1日設立　1社2工場　出資金500万円
〒669－5203　朝来市和田山町寺谷字川クゴ416－16
☎079－672－1405・FAX079－672－1425
代表理事・池田薫
事務局1名
工場長会・営業担当者会
事業区域・養父市、朝来市
1997年1月より共販実施(直販・販売店併用方式)
残コン戻りコン有償化実施
価格・土木21－8－20の場合2024年26, 900円、建築18－18－20の場合2024年27, 300円　製造コスト上昇、出荷量の減少
年間総出荷量：2023年度実績21千㎥、2024年度見込22千㎥、2025年度想定24千㎥
員外社数2社2工場・出荷推定4千㎥

岡山県

岡山県生コンクリート協同組合連合会
2003年4月設立　7協組
〒700－0943　岡山市南区新福2－13－15　岡山生コン会館
☎086－265－8457・FAX086－264－7271
代表理事・中村雄一郎
事務局2名
事業区域・岡山県全域
年間総出荷量：2023年度実績710千㎥、2024年度見込690千㎥、2025年度想定670千㎥

岡山県西部生コン協同組合
1981年9月1日設立　6社6工場　出資金600万円
〒713－8103　倉敷市玉島乙島54
☎086－522－0369・FAX086－525－5486
✉seibu54@okayamakouso.or.jp
理事長・富樫一清　副理事長・角田哲也　専務理事・油利忠孝
事務局5名
技術委員会(佐野和寿)
事業区域・倉敷市玉島地区・船穂地区、笠岡市、井原市、浅口市、浅口郡、小田郡
1981年9月より共販実施(直販)
代行試験有料化実施
員外社数1社1工場・出荷推定5千㎥
大口需要・玉島市民交流センター、玉島・笠岡道路

岡山県高梁生コンクリート協同組合
1982年6月1日設立　5社5工場　出資金2,500万円
〒716－0001　高梁市津川町八川295－1
☎0866－22－9260・FAX0866－22－9261
理事長・本多聰裕　事務局長・三原英明
事務局1名(出向1名)
総務委員会(本多聰裕)・技術・品監委員会(山本進、鴨川拓志)
事業区域・高梁市、加賀郡吉備中央町
2002年11月より共販実施
代行試験有料化実施

岡山県中央生コン協同組合
2002年7月1日設立　出資金1200万円
〒701－1332　岡山市北区平山957－139
☎090－4102－4972
理事長・宍戸博　副理事長・竹内孝士、藤原範雄　事務局長・鈴木國仁
事務局2名(出向2名)
総務委員会(本多聰裕)・技術・品監委員会(大森真人)・事業委員会(高森壮一郎)・合理化委員会
事業区域・高梁市、真庭市の一部、加賀郡吉備中央町
大口需要・岡山道

岡山県中部生コン協同組合
〒719－1175　総社市清音上中島176
☎0866－92－1212・FAX0866－94－2650
✉okayamachubunamakon@ninus.ocn.ne.jp
理事長・吉田勤
事務局1名
共販実施状況：未実施
一部共同請求集金実施
年間総出荷量：2023年度実績40千㎥、2024年度見込40千㎥、2025年度想定40千㎥
員外社数1社1工場・出荷推定30千㎥

岡山県南生コンクリート協同組合
1973年5月14日設立　19社21工場　出資金14,990万円
〒700－0943　岡山市南区新福2－13－15　岡山生コン会館
☎086－263－5561・FAX086－264－7271
✉m.toyoshima@okanankyou.jp
理事長・中村雄一郎　副理事長・冨樫英一、光田和弘　専務理事・豊島道之
事務局5名(出向6名)
技術委員会・集約化事業委員会・再構築委員会
事業区域・岡山市、倉敷市、玉野市、備前市、瀬戸内市、赤磐市、和気郡和気町、都窪郡早島町
2004年1月より共販実施(卸協組)
残コン戻りコン有償化、代行試験有料化実施
価格・土木21－8－40の場合2024年19,750円、建築18－18－20の場合2024年20,000円
年間総出荷量：2023年度実績398千㎥、2024年度見込360千㎥(高強度5500㎥・水中不分離730㎥)、2025年度想定350千㎥
員外社数4社4工場

岡山県北生コンクリート協同組合
1978年8月26日設立　7社9工場　出資金2,100万円
〒708－1124　津山市高野山西2042－1
☎0868－21－8811・FAX0868－21－8841
理事長・佐々木良治　副理事長・中山敦雄
事務局3名
参事会(戸田一彦)・技術委員会(苫田敏)
事業区域・津山市、美作市、苫田郡、久米郡、勝田郡、英田郡
1978年8月より共販実施(直販)
建設業協組生コン共同購入実施
年間総出荷量：2023年度実績92千㎥、2024年度見込85千㎥
員外社数1社1工場・出荷推定200千㎥
大口需要・大手ゼネコン各社

岡山県真庭圏域生コンクリート協同組合
〒717－0022　真庭市三田50－1
☎0867－44－6011・FAX0867－44－6012
理事長・赤木將城
事務局2名
事業区域・真庭市、真庭郡新庄村
2010年8月より共販実施

岡山県真庭生コンクリート協同組合
1978年6月1日設立　1社1工場　出資金50万円
〒719－3141　真庭市上市瀬220－1
☎0867－52－7820・FAX0867－52－7822
理事長・森脇源一　事務局長・森脇茂
事務局1名
参事会(横井晴己)・割決委員会・技術委員会(池田文計)
事業区域・真庭市、真庭郡新庄村、久米郡美咲町
共販実施(直販・販売店併用方式)
残コン戻りコン有償化実施
価格・土木24－8－40の場合2024年23,450円、建築18－15－20の場合2024年22,900円　製造コスト上昇
年間総出荷量：2023年度実績5千㎥、2024年度見込5千㎥
員外社数1社1工場・出荷推定5千㎥
大口需要・中国横断自動車道(米子道)

新見生コン協同組合
1978年9月28日設立　2社2工場　出資金600万円
〒718－0005　新見市上市8－1
☎0867－72－2900・FAX0867－72－8180
✉ashin8@okayamakouso.or.jp
理事長・田中康信
事務局1名
理事会・参事会・技術センター運営委員会
事業区域・新見市
1988年4月より共販実施(直販)
代行試験有料化実施

南岡山生コンクリート協同組合
〒701－0144　岡山市北区久米226
理事長・臼井功次

広島県

広島県西部生コンクリート協同組合連合会
2002年1月17日設立
〒732－0817　広島市南区比治山町2－4　広洋ビル6F
☎082－506－2711・FAX082－506－2713
✉hirok-nk-d@zennama.or.jp
代表理事・会長・山田巧　副会長・尾川達夫、坂井久雄、因幡哲也
営業・運営委員会(尾川達夫)
事業区域・広島地区、中部地区、東広島地区

尾道地区生コンクリート協同組合
2015年4月設立
〒722－0215　尾道市美ノ郷町三成字川南2590－1
☎0848－38－1139・FAX0848－38－1125
事務局4名
事業区域・尾道市
2015年4月より共販実施(直販)
共同無線実施
員外社数6社6工場・出荷推定9千㎥

上下地区生コンクリート協同組合
1979年1月16日設立　3社3工場　出資金30万円
〒729－3431　府中市上下町上下1066－1　銭貢呂ビル
☎0847－62－2253・FAX0847－62－2192
✉joge-coop@mirror.ocn.ne.jp
理事長・後藤文好　専務理事・粟根俊晴
事務局1名
参事会(宮地秀保)・技術委員会(宮地伸治)
事業区域・府中市上下町、庄原市の一部(総領町)、三次市の一部(甲奴町)、神石郡、世羅郡
1991年4月より共販実施(直販)
共同輸送、代行試験有料化実施
価格・土木24－8－40の場合2023年21,000円、建築18－18－20の場合2023年21,100円
年間総出荷量：2023年度実績14千㎥、

2024年度見込14千㎥、2025年度想定10千㎥
員外社数1社1工場・出荷推定12千㎥

庄原地区生コンクリート協同組合

1981年2月12日設立　4社4工場　資本金1000万円
〒727－0013　庄原市西本町2－18－8　新興ビル3F
☎0824－72－5141・FAX0824－72－5140
理事長・實兼稔　事務局長・後藤朋士
事務局1名
事業区域・庄原市
1981年2月より共販実施(直販)
価格・土木24－8－40の場合2024年22,350円2025年25,350円、建築27－18－20の場合2024年23,400円2025年26,400円　製造コスト上昇
年間総出荷量：2023年度実績30千㎥、2024年度見込30千㎥、2025年度想定25千㎥
員外社数1社1工場・出荷推定3千㎥

東広島地区生コンクリート協同組合

1988年4月設立　10社8工場　出資金800万円
〒739－0014　東広島市西条昭和町1－15
☎082－423－3133・FAX082－423－3270
✉e-hiroshima.namakyou@flute.ocn.ne.jp
理事長・因幡哲也　副理事長・竹本憲司　常務理事・三桝義人、坂井久雄　事務局長・村上秀男
事務局3名
運営検討委員会・調整委員会・技術委員会
事業区域・東広島市、竹原市、呉市の一部
1988年4月より共販実施(登録販売店方式)
代行試験有料化、残コン処理有料化実施
員外社数1社1工場・出荷推定9千㎥

尾三地区生コンクリート協同組合

1969年2月26日設立　4社4工場　出資金5,400万円
〒723－0017　三原市港町3－17－2
☎0848－63－8333・FAX0848－63－8892
理事長・吉永昌雄
事務局5名
事業区域・三原市
1969年2月より共販実施
残コン戻りコン有償化実施
価格・土木18－8－40の場合2024年20,600円2025年23,600円、建築18－18－20の場合2024年21,000円2025年24,000円
年間総出荷量：2023年度実績52千㎥、2024年度見込43千㎥、2025年度想定48千㎥
大口需要・沼田川河川災害対策関連工事、市営住宅建設工事、三原西消防署造成工事、国道2号南方舗装工事、ヴェルディ三原円一町新築工事、NOT A HOTEL SETOUCHI新築工事、今治汽船㈱広島工場内工事

広島県中部生コンクリート協同組合

1975年6月4日設立　6社6工場　出資金350万円
〒737－0125　呉市広本町3－14－33　小川ビル302
☎0823－72－3434・FAX0823－72－3438
理事長・坂井久雄
事務局1名
技術委員会(河崎貴広)
事業区域・呉市、東広島市、安芸郡
1998年7月より共販実施(登録販売店方式)
残コン戻りコン有償化、代行試験有料化実施
価格・土木24－8－40の場合2023年21,350円、建築27－15－20の場合2023年22,150円
年間総出荷量：2023年度実績94千㎥、2024年度見込90千㎥
大口需要・民間マンション、広島呉道路、災害復旧

広島県東部生コンクリート協同組合

2004年5月26日設立　9社10工場　出資金1000万円
〒720－0067　福山市西町2－10－1　商工会議所ビル6F
☎084－973－2155・FAX084－973－2156
URL http://www.ht-fconcrete.jp
✉toubu@ht-fconcrete.jp
理事長・高田浩平　副理事長・三谷哲也
事務局8名
特別委員会・営業委員会・技術委員会・総務委員会・合理化検討委員会・割決委員会・運営委員会
事業区域・福山市、府中市
2004年8月より共販実施(直販)
価格・土木24－8－20BBの場合2024年21,600円、建築18－18－20の場合2024年21,000円
年間総出荷量：2023年度実績235千㎥、2024年度見込200千㎥(水中不分離16㎥・ポーラス1㎥)、2025年度想定144千㎥
員外社数1社2工場・出荷推定96千㎥

広島県南部生コンクリート協同組合

1998年6月29日設立　4社4工場　出資金200万円
〒737－2303　江田島市能美町高田212
☎0823－45－0900・FAX0823－45－0901
✉kennan@eagle.ocn.ne.jp
理事長・三奈戸宣宏　副理事長・平井義治
事業区域・江田島市、呉市の一部
1998年8月より共販実施(直販)
残コン戻りコン有償化実施
年間総出荷量：2023年度実績20千㎥
員外社数1社1工場

広島地区生コンクリート協同組合

1974年8月26日設立　24社20工場　出資金16,520万円
〒733－0863　広島市西区草津南3－2－12
☎082－278－5033・FAX082－278－515
理事長・山田巧　副理事長・清水秀一、小野建司
事務局6名
企画運営会議(山田巧)・合理化委員会(高田浩平)・営業委員会(尾川達夫)・総務委員会(田中孝彦)・流通委員会(三浦征樹)・特別対策委員会(汐﨑渉)・共同化委員会(中本貴久)・技術委員会(砂田栄治)・出荷調整委員会(尾川達夫)
事業区域・広島市、大竹市、廿日市市、安芸郡
1976年9月より共販実施(販売店方式)
残コン戻りコン有償化実施
価格・土木24－8－40の場合2024年22,350円2025年24,350円、建築18－18－20の場合2024年22,000円2025年24,000円　製造コスト上昇
年間総出荷量：2023年度実績768千㎥、2024年度見込670千㎥(高強度25000㎥・水中不分離200㎥)、2025年度想定700千㎥
員外社数1社1工場・出荷推定12千㎥
大口需要・広島駅南口ビル、広島呉道路、カルビー広島工場

三次地区生コン協同組合

1979年3月1日設立　7社7工場　出資金3710万円
〒728－0022　三次市西酒屋町1087－15
☎0824－63－1841・FAX0824－63－2271
理事長・斉木孝
事業区域・広島市安佐北区の一部、三次市、安芸高田市
2005年4月より共販実施(直販・販売店・卸協組方式)
建設業協組生コン共同購入実施
価格・土木21－8－40BBの場合2024年21,950円、建築18－18－20の場合2024年22,000円　製造コスト上昇
年間総出荷量：2023年度実績46千㎥、2024年度見込35千㎥、2025年度想定40千㎥

山県地区生コンクリート協同組合

1984年4月1日設立　3社3工場　出資金9
万円
〒731－3621　山県郡安芸太田町大字下

筒賀1118－7
☎0826－22－1560・FAX0826－22－1560
理事長・竹本和道
事務局2名
事業区域・山県郡全域、安芸高田市、安佐北区の一部、広島市佐伯区湯来、廿日市市吉和
2011年4月より共販実施
残コン戻りコン有償化、代行試験有料化実施
価格・土木24－8－40の場合2024年25,350円、建築18－18－20の場合2024年25,000円
年間総出荷量：2023年度実績34千㎥、2024年度見込28千㎥、2025年度想定30千㎥
員外社数1社1工場・出荷推定9千㎥

山口県

山口県生コンクリート協同組合連合会

2005年10月1日設立　6協組
〒754－0014　山口市小郡高砂町3－6
☎083－972－6515・FAX083－972－6516
理事長・松尾和弘
共販実施状況：未実施
年間総出荷量：2023年度実績706千㎥、2024年度見込689千㎥、2025年度想定655千㎥

岩国生コンクリート協同組合

1974年12月14日設立　10社7工場　出資金460万円
〒741－0092　岩国市多田1－109－10
☎0827－44－1261・FAX0827－43－3120
理事長・西山隆宏　副理事長・三計正之、小川清澄　事務長・安水明美
事務局2名（出向10名）
理事会（西山隆宏）・参事会（小澤年史）・技術委員会（吉永通明）
事業区域・岩国市、和木町、広島県大竹市
1974年12月より共販実施（直販）
残コン戻りコン有償化、代行試験有料化実施
価格・土木24－8－40の場合2024年25,500円、建築18－18－20の場合2024年24,950円　製造コスト上昇、出荷量の減少
年間総出荷量：2023年度実績90千㎥、2024年度見込80千㎥（高流動1500㎥・水中不分離50㎥）、2025年度想定83千㎥
員外社数10社7工場・出荷推定100千㎥

大島生コンクリート協同組合

1980年3月4日設立　2社2工場　出資金80万円
〒742－2805　大島郡周防大島町大字東安下庄2796－2
☎0820－77－5120・FAX0820－77－5121
✉oshima-namacon@marble.ocn.ne.jp
理事長・織田征夫
事務局1名（出向2名）
運営委員会（西村茂生）・技術委員会（西村茂生）
事業区域・大島郡一円
1989年4月より共販実施
代行試験有料化実施

周南生コンクリート協同組合

1975年12月12日設立　10社9工場　出資金2,490万円
〒745－0061　周南市鐘楼町3－44
☎0834－27－3366・FAX0834－21－3735
✉shunan.takagi@theia.ocn.ne.jp
理事長・山手孝昭
事務局4名
営業部・総務部・技術部
事業区域・下松市、光市、柳井市、周南市、熊毛郡
1976年11月より共販実施（直販）
戻りコン有償化、建設業協組生コン共同購入、共同金融、代行試験有料化実施
価格・土木18－18－40の場合2024年23,950円、建築18－18－20の場合2024年23,950円　製造コスト上昇、出荷量の減少
年間総出荷量：2023年度実績159千㎥、2024年度見込166千㎥、2025年度想定146千㎥
員外社数1社1工場・出荷推定5千㎥
大口需要・徳山駅前再開発事業関連工事

新下関生コンクリート協同組合

1974年4月30日設立　11社7工場　出資金1,200万円
〒751－0832　下関市生野町2－29－15　是松ビル4F
☎083－254－0144・FAX083－253－2101
✉shinshimo@themis.ocn.ne.jp
理事長・瀧下信彦　副理事長・河野朋子、長尾隆　専務理事・山本節幸
事務局3名
総務委員会・事業委員会・参事会・技術委員会
事業区域・下関市
1999年2月より共販実施（直販・登録販売店方式）
残コン戻りコン有償化、代行試験有料化実施
価格・土木18－18－40の場合2024年21,950円2025年24,950円、建築18－18－20の場合2024年21,950円2025年24,950円
年間総出荷量：2023年度実績132千㎥、2024年度見込113千㎥、2025年度想定114千㎥

山口県中部生コンクリート協同組合

1974年12月5日設立　11社8工場　出資金2,600万円
〒753－0212　山口市下小鯖字橋詰48－1
☎083－927－4316・FAX083－927－4318
URL http://chubu-nama.sakura.ne.jp
✉kyouso-9@happytown.ocn.ne.jp
理事長・大西利勝　副理事長・宮本俊亮　専務理事・金子政司
事務局2名（出向11名）
営業委員会・技術委員会
事業区域・防府市、山口市（旧阿東町の区域を除く）
1978年4月より共販実施
建設業協組生コン共同購入、代行試験有料化実施
年間総出荷量：2023年度実績156千㎥、2024年度見込164千㎥、2025年度想定158千㎥
大口需要・山口市新本庁舎棟新築工事、新山口駅北地区工事、黒河内山トンネル覆工補強工事、山口県済生会山口総合病院新病院建築工事

山口県北西部生コンクリート協同組合

1977年6月28日設立　9社7工場　出資金850万円
本部・長門事務所
〒759－4101　長門市東深川1965－2　安藤ビル
☎0837－22－4213・FAX0837－22－3150
✉hksib@orange.ocn.ne.jp
理事長・井町嘉助　副理事長・黒瀬正、松尾和弘　専務理事・的場弘司
事務局3名
参事会（清水和彦）・運営委員会（的場弘司）・技術委員会（浅野伸也）
事業区域・宇部市、山陽小野田市、萩市、美祢市、長門市、阿武郡阿武町
1977年6月より共販実施（直販・販売店併用方式）
残コン戻りコン有償化、建設業協組生コン共同購入、代行試験有料化実施
価格・土木18－8－40の場合2024年（萩・長門地区）21,700円（宇部・小野田地区）23,800円2025年（萩・長門地区）25,600円（宇部・小野田地区）23,800円、建築18－18－20の場合2024年（萩・長門地区）22,250円（宇部・小野田地区）24,000円2025年（萩・長門地区）25,800円（宇部・小野田地区）24,000円　製造コスト上昇、出荷量の減少
年間総出荷量：2023年度実績152千㎥、2024年度見込151千㎥（高流動3134㎥・ポーラス45㎥）、2025年度想定142千㎥
員外社数1社1工場
大口需要・俵山豊田道路第2トンネル工事（長門）、絵堂萩道路工事（萩）

山口県北西部生コンクリート協同組合　宇部小野田支部
〒755－0001　宇部市大字沖宇部525－125
☎0836－32－4441・FAX0836－32－4442

山口県北西部生コンクリート協同組合　萩支部
〒758－0041　萩市江向548
☎0838－25－6888・FAX0838－25－6887

鳥取県

中部地区生コンクリート協同組合
1975年5月14日設立　7社4工場　出資金2, 800万円
〒689－2104　東伯郡北栄町弓原48
☎0858－36－4991・FAX0858－36－4994
✉namakon@apionet.or.jp
理事長・大島雅広　事務局長・宮本浩一
事務局2名
運営委員会（松尾周平）・技術委員会（吉岡勤）
事業区域・倉吉市、東伯郡
1982年4月より共販実施（直販）
代行試験有料化実施
価格・土木24－8－40の場合2024年23, 650円、建築21－18－20の場合2024年24, 020円
年間総出荷量：2023年度実績55千㎥、2024年度見込52千㎥、2025年度想定52千㎥
大口需要・山陰道（北条道路）、北条JCT

鳥取県東部地区生コンクリート協同組合
2008年11月17日登記　8社5工場
〒680－0942　鳥取市湖山町東4－25
☎0857－39－9300・FAX0857－39－9301
理事長・高橋哲夫
事務局3名
業務委員会・技術委員会
事業区域・鳥取市、八頭郡八頭町・若桜町・智頭町
2008年11月より共販実施
年間総出荷量：2023年度実績70千㎥、2024年度見込50千㎥、2025年度想定50千㎥
員外社数2社2工場

鳥取地区生コンクリート協同組合
1972年3月2日設立　9社9工場　出資金13, 850万円
〒680－0911　鳥取市千代水2－35
☎0857－38－3211・FAX0857－38－3200
理事長・山本悟
事務局3名
技術委員会・運営委員会・構造改善委員会・金融審査委員会
事業区域・鳥取市、八頭郡、岩美郡
1978年4月より共販実施（直販）
骨材共同購入、共同金融、代行試験有料化実施
員外社数4社5工場

米子地区生コンクリート協同組合
1985年4月1日設立　13社5工場　出資金4, 995万円
〒683－0845　米子市旗ヶ崎2－2－33
☎0859－33－8969・FAX0859－33－9392
✉y-info@namakyo-yonago.com
理事長・庄司尚史　副理事長・細田耕治・加藤宏　事務局長・佐々木広道
事務局7名
運営委員会・業務委員会・総務委員会・総務部・営業部・監査部・技術部・合理化委員会・日野地区特別委員会・共販委員会・営業会議
事業区域・米子市、境港市、西伯郡、日野郡
1985年4月より共販実施（販売店・卸協組併用方式）
賠償責任保険への加入、代行試験有料化実施
価格・土木24－8－40の場合2024年25, 800円2025年同額、建築24－15－20の場合2024年26, 390円2025年同額
年間総出荷量：2023年度実績116千㎥、2024年度見込122千㎥、2025年度想定110千㎥
員外社数2社2工場・出荷推定25千㎥

島根県

出雲地区生コンクリート協同組合
1985年4月1日設立　14社5工場　出資金6, 390万円
〒693－0026　出雲市塩冶原町1－3－24
☎0853－23－2319・FAX0853－23－0223
理事長・萬代輝正　副理事長・岩﨑哲也、新井龍水　事務局長・布野三津雄
事務局2名・営業3名
運営委員会・合理化委員会・対外対策委員会・需要開拓委員会・営業部・技術部・監査部・積算委員会・配車部・教育情報委員会・骨材対策委員会
事業区域・出雲市、松江市の一部
1985年4月より共販実施（直販・販売店併用方式）
員外社数1社1工場・出荷推定20千㎥

いわみ生コンクリート協同組合
2001年4月2日設立　5社5工場　出資金500万円
〒698－0041　益田市高津7－5－27
☎0856－23－5055・FAX0856－23－5120
URL http://www.iwaminamakon.info/
✉namakon8@iwami.or.jp
理事長・大畑悦治　副理事長・矢冨徹
事務局1名
運営委員会（藤川和夫）・技術委員会（正中勝美）
事業区域・益田市、鹿足郡
2001年4月より共販実施（直販）
代行試験有料化、AE共同購入実施

雲南生コンクリート協同組合
1981年1月30日設立　6社3工場　出資金1, 700万円
〒690－2403　雲南市三刀屋町下熊谷1620－2
☎0854－45－2781・FAX0854－45－2783
理事長・森島泰二　副理事長・都間正隆　佐藤和彦　事務局長・梠和寛
事務局2名
運営委員会（小野大輔）・技術委員会（湯立公司）
事業区域・雲南市、仁多郡、飯石郡
1981年1月より共販実施（直販）
代行試験有料化実施
価格・土木21－8－40の場合2024年24, 970円2025年27, 970円、建築24－18－20の場合2024年26, 400円2025年29, 400円　製造コスト上昇、出荷量の減少
年間総出荷量：2023年度実績36千㎥、2024年度見込33千㎥、2025年度想定30千㎥
員外社数1社1工場・出荷推定4千㎥

島根県石東生コンクリート協同組合
1981年6月22日設立　7社4工場　出資金560万円
〒696－0004　邑智郡川本町大字川下1443－1
☎0855－72－0590・FAX0855－72－1645
理事長・今井久晴　副理事長・俵智子
事務局2名
理事会・参事会・技術委員会
事業区域・大田市、邑智郡
2004年4月より共販実施（直販・販売店併用方式）
残コン戻りコン有償化、代行試験有料化実施
価格・土木21－8－40の場合2024年28, 200円、建築24－18－20の場合2024年29, 600円　製造コスト上昇、出荷量の減少
年間総出荷量：2023年度実績45千㎥、2024年度見込27千㎥（水中不分離20㎥）、2025年度想定24千㎥
員外社数3社3工場・出荷推定3千㎥

浜田地区生コンクリート協同組合
2003年7月29日設立　9社7工場
〒697－0017　浜田市原井町923－7
☎0855－22－8010・FAX0855－22－8096
理事長・登田克巳

事務局2名
割決委員会・価格審査委員会・技術委員会
事業区域・浜田市
2003年8月より共販実施
代行試験有料化実施

松江地区生コンクリート協同組合
1985年4月1日設立　10社6工場　出資金1,500万円
〒690－0025　松江市八幡町25
☎0852－37－1236・FAX0852－37－0333
✉mnamakon@ruby.ocn.ne.jp
理事長・松井修治
事務局4名
技術委員会（名倉清己）・監査委員会（森脇明美）
事業区域・松江市、安来市
1985年4月より共販実施（直販・登録販売店方式）
建設業協組生コン共同購入実施
価格・土木21－18－20の場合2024年26,410円、製造コスト上昇
年間総出荷量：2023年度実績77千㎥、2024年度見込57千㎥（高流動7000㎥・水中不分離1300㎥）
員外社数2社2工場・出荷推定24千㎥
大口需要・島根原発、民間マンション、ホテル、老人養護施設

安来地区生コンクリート協同組合
2024年5月2日設立　1社1工場
〒692－0401　安来市広瀬町石原331－3
☎0854－32－2407・FAX0854－32－2433
URL https://www.kenkyo-yasugi.com/
✉namakon@kenkyo-yasugi.jp
理事長・加藤隆志　副理事長・中田孝幸
事務局4名
事業区域・安来市
2024年4月より共販実施（直販・販売店・卸協組方式）
建設業協組生コン共同購入、代行試験有料化実施
価格・土木21－8－20の場合2024年25,540円、建築24－15－20の場合2024年26,410円
年間総出荷量：2024年度見込8千㎥（水中不分離2㎥）、2025年度想定8千㎥

徳島県

徳島海部生コンクリート協同組合
1981年3月16日設立　4社4工場　出資金120万円
〒775－0202　海部郡海陽町四方原字大道西29－3
☎0884－73－3411・FAX0884－73－4945
理事長・橋口資生　副理事長・多田久仁男
事務局2名
技術委員会（井花洋徳）
事業区域・海部郡、高知県安芸郡東洋町
1986年4月より共販実施（直販）
建設業協組生コン共同購入実施
大口需要・浅川港構造物工事、高規格道路阿南安芸日和佐工区

徳島県西部生コンクリート協同組合
1970年7月14日設立　5社3工場　出資金650万円
〒778－0002　三好市池田町マチ2425－1　三好郡建設センター3F
☎0883－72－5118・FAX0883－72－2663
URL http://seibunama-kumiai2018.com/index.html
✉seibunama-kumiai2018@yahoo.co.jp
理事長・川原隆
事務局3名
事業区域・三好市、三好郡（東祖谷山村を除く）
1984年11月より共販実施（直販）
建設業協組生コン共同購入、骨材共同購入、セメント共同購入、共同輸送・共同金融、代行試験有料化実施

徳島県生コンクリート協同組合
1970年4月2日設立　33社21工場　出資金26,400万円
〒771－0143　徳島市川内町中島97－1
☎088－665－5631・FAX088－665－5192
理事長・坂東寛司　副理事長・山内勝英、鈴江健司、南恒生、船越文昭、小林佳司、横手晋一郎　専務理事・葉田興　常務理事・高鶴健嗣
事務局28名
正副役員会（坂東寛司）
事業区域・徳島市、鳴門市、小松島市、阿波市、吉野川市、阿南市、勝浦郡、美馬市、板野郡、名西郡・那賀郡の一部
1975年4月より共販実施（直販）
代行試験有料化実施
価格・土木の場合2023年21,800円、建築の場合2023年22,300円
年間総出荷量：2023年度実績500千㎥
大口需要・徳島市環状道路、四国横断道

那賀生コンクリート協同組合
1981年3月31日設立　4社3工場　出資金240万円
〒771－5408　那賀郡那賀町吉野字森ノ下22
☎0884－62－1432・FAX0884－62－1418
URL http://www.tkc.or.jp/nakanama/
✉nakanama@skyquolia.com
理事長・東上和弘　副理事長・小野恭補　事務局・今田季輝
事務局2名
総務委員会（小野恭補）・品質監査委員会（土山雅生）・積算委員会（東上和弘）・共販推進委員会（小野恭輔）・技術委員会（糸林啓祐）
事業区域・那賀郡丹生谷地域、那賀郡那賀町
1981年4月より共販実施（直販）
骨材共同購入、セメント共同購入、共同輸送、代行試験有料化実施
員外社数1社1工場・出荷推定50㎥

香川県

香川県生コンクリート協同組合連合会
4協組
〒760－0002　高松市茜町28－40　香川県生コン会館
☎087－813－1366・FAX087－835－3125
会長・川田修　副会長・真部知典、浅田耕祐、二神英利、森本英樹
総務委員会・共販委員会・運営委員会・合理化委員会・特別対策委員会・価格委員会
事業区域・香川県下一円（小豆地区除く）
2019年4月より共販実施

香川県西部生コンクリート協同組合
1972年8月18日設立　7社5工場
〒763－0091　丸亀市川西町北1351－1
☎0877－23－0324・FAX0877－23－4518
✉seibu-k@iaa.itkeeper.ne.jp
理事長・二神英利　副理事長・谷俊広・寺内志朗　事務局長・三枝誠
事務局5名
技術委員会（横山誠二）
事業区域・坂出市、丸亀市、善通寺市、綾歌郡、仲多度郡
2020年4月より共販実施（生コン協組連）
残コン・戻りコン有償化、代行試験有料化実施
価格・土木の場合2023年20,500円、建築の場合2023年20,500円
年間総出荷量：2023年度実績170千㎥、2024年度見込160千㎥
員外社数1工場・出荷推定10千㎥

香川県東部生コンクリート協同組合
1971年11月18日設立　9社10工場　出資金330万円
〒760－0002　高松市茜町28－40　香川県生コン会館
☎087－833－8431・FAX087－835－3125
代表理事・浅田耕祐　副理事長・川田修、長谷吉晃
事務局5名
共販全体会議
事業区域・高松市、さぬき市、東かがわ市、木田郡、香川郡

2015年12月より共販実施(生コン協組連)
建設業協組生コン共同購入実施
員外社数2社2工場・出荷推定95千㎥

香川県三豊生コンクリート協同組合

1993年8月11日設立　4社5工場　出資金500万円
〒768－0012　観音寺市植田町1695－1
☎0875－23－3222・FAX0875－56－0277
✉n-mitoyo@muse.ocn.ne.jp
理事長・川崎隆三郎　事務局長・冨家整二
事務局6名(出向4名)
営業部・総務部・運営委員会・技術委員会
事業区域・観音寺市、三豊市
2016年4月より共販実施(直販・販売店併用方式)
賠償責任保険への加入、代行試験有料化実施
価格・土木18－8－40の場合2024年22, 000円、建築18－15－20の場合2024年22, 000円　製造コスト上昇
年間総出荷量：2023年度実績76千㎥、2024年度見込87千㎥、2025年度想定91千㎥
員外社数1社1工場・出荷推定6千㎥
大口需要・観音寺スマートIC、笠田高校第2期工事

小豆地区生コン事業協同組合

1986年5月設立　3社3工場　出資金900万円
〒761－4302　小豆郡小豆島町蒲生甲2020－1
☎0879－75－2427・FAX0879－75－2207
理事長・丹生兼宏
事務局1名
運営委員会(濱本浩二)・技術委員会(濱本浩二)
事業区域・小豆島一円
1986年5月より共販実施(直販)
共同輸送、代行試験有料化実施
価格・土木21－8－40BBの場合2023年26, 000円、建築21－15－20の場合2023年26, 500円
年間総出荷量：2023年度実績22千㎥、2024年度見込20千㎥

東サヌキ生コンクリート協同組合

1994年4月1日設立　4社4工場　出資金800万円
〒769－2301　さぬき市長尾東1123－2
☎0879－24－9901・FAX0879－24－9902
理事長・國宗大二
理事会・営業委員会・技術委員会
事業区域・さぬき市、東かがわ市、木田郡三木町

愛媛県

愛媛県生コンクリート協同組合連合会

2001年5月30日設立　7協組　出資金210万円
〒790－0951　松山市天山3－8－20
☎089－948－1705・FAX089－948－1567
✉ehimekouso@zennama.or.jp
会長・泉圭一　副会長・馬越卓也、岩本渉、飛鷹康志、門脇正弘
事務局2名
総務委員会(飛鷹康志)・共同事業委員会(岩本渉)
事業区域・愛媛県全域
年間総出荷量：2023年度実績697千㎥、2024年度見込641千㎥
員外社数6社8工場・出荷推定190千㎥

越智諸島生コンクリート協同組合

1984年10月22日設立　5社5工場　出資金100万円
〒794－2301　今治市伯方町有津甲848
伯方生コンクリート㈱内
☎0897－72－0990・FAX0897－72－2423
理事長・馬越卓也　事務局長・府藤公博
技術委員会
事業区域・今治市(大三島町、上浦町、伯方町、宮窪町、吉海町)、越智郡上島町(弓削、岩城)
共販実施(直販)
残コン戻りコン有償化実施
価格・土木24－8－40Bの場合2024年(今治地区)24, 600円(上島地区)26, 050円、建築21－18－20の場合2024年(今治地区)24, 900円(上島地区)26, 250円　製造コスト上昇、出荷量の減少
年間総出荷量：2023年度実績13千㎥、2024年度見込15千㎥、2025年度想定17千㎥

中予生コンクリート協同組合

2009年10月1日設立　12社6工場　出資金7, 200万円
〒790－0951　松山市天山3－8－20
☎089－948－1542・FAX089－948－1158
URL http://www.chuyo-namacon.or.jp/
✉amayama3@smile.ocn.ne.jp
理事長・泉圭一　副理事長・加藤利明、三原天一、西田誠司、菊野先一　専務理事・青野健治
総務部2名、営業部6名、技術部4名
総務委員会、財務委員会、営業委員会、技術委員会
事業区域・松山市、伊予市、東温市、伊予郡
2010年4月より共販実施
試験場運営実施
価格・土木18－12－40の場合2024年19, 40
円2025年22, 400円、建築21－18－20の場
合2024年20, 400円2025年23, 400円　製造
コスト上昇、出荷量の減少
年間総出荷量：2023年度実績191千㎥、2024年度見込195千㎥、2025年度想定17
千㎥
員外社数1社2工場

東予広域生コンクリート協同組合

8社8工場
〒792－0825　新居浜市星原町11－31
☎0897－47－7761
理事長・飛鷹康志
事務局7名
事業区域・西条市、新居浜市、四国中央市
2013年4月より共販実施(直販・販売店併用方式)
価格・土木18－12－40の場合2024年19, 20
円2025年22, 200円、建築21－18－20の場
合2024年20, 100円2025年23, 100円　製造
コスト上昇、出荷量の減少
年間総出荷量：2023年度実績171千㎥、2024年出荷140千㎥、2025年度想定145千㎥
員外社数1社1工場・出荷推定55千㎥

南予生コンクリート協同組合

1974年2月1日設立　17社18工場　出資
8, 500万円
〒797－0045　西予市宇和町坂戸321
☎0894－62－3100・FAX0894－62－707
✉nanyokyouso@me.pikara.ne.jp
理事長・岩本渉　副理事長・白石泰雄、丸石祐成　専務理事・米澤嘉修
事務局6名
裁定委員会(岩本渉)・共販委員会(得能剛)・設備調整委員会(丸石祐成)・技術委員会(藤岡将臣)・積算委員会(本町憲治)
事業区域・宇和島市、八幡浜市、大洲市、西予市、喜多郡内子町、北宇和郡鬼北町、南宇和郡愛南町、西宇和郡
1974年9月より共販実施(直販)
代行試験有料化実施
年間総出荷量：2023年度実績258千㎥、2024年度見込220千㎥、2025年度想定22
千㎥
員外社数2社3工場

東伊予生コン協同組合

1977年12月6日設立　5社6工場　出資金100万円
〒794－0821　今治市立花町2－3－16
☎0898－22－8660・FAX0898－22－866
✉eastiyo@jeans.ocn.ne.jp
理事長・門脇正弘　事務局長・渡邉俊
事務局2名(出向5名)
理事会(門脇正弘)・営業委員会(門脇

嵩)・技術委員会(原康伸)
事業区域・今治市
1989年4月より共販実施(直販)
代行試験有料化実施
価格・土木24－8－40の場合2023年19,100円2024年同額、建築27－15－20の場合2023年20,100円2024年同額
年間総出荷量：2023年度実績64千㎥、2024年度見込64千㎥

高知県

高知県生コンクリート協同組合連合会
2000年8月18日設立　8協組　出資金160万円
〒780－8037　高知市城山町183－5
☎088－833－3110・FAX088－833－3242
理事長・山中伯　副理事長・北岡守男、田邊聖　専務理事・中平千敏
事務局3名
総務委員会(山中伯)・共同事業委員会(梅川栄久)
事業区域・高知県
2002年2月より共販実施(直販)
代行試験有料化実施
価格・土木21－8－40BBの場合2024年17,000円2025年23,000円、建築21－18－20の場合2024年18,000円2025年24,000円　製造コスト上昇
年間総出荷量：2023年度実績589千㎥、2024年度見込560千㎥、2025年度想定530千㎥
員外社数6社6工場・出荷推定87千㎥

高知県央生コンクリート協同組合
2015年3月19日設立
〒780－0945　高知市本宮町105－25
☎088－821－7777・FAX088－821－7777
理事長・鎮田勝文

高知県中央地区生コン協同組合
1969年5月8日設立　4社2工場　出資金800万円
〒780－8065　高知市朝倉戊773－1　弘田商事ビル2F
☎088－856－7780・FAX088－856－7760
✉kochicnk@alpha.ocn.ne.jp
理事長・仮谷征二郎　副理事長・弘田大輔
事務局2名
営業本部(西川光城)・参事会(西川光城)・技術委員会(弘嶋隆宏)
事業区域・高知市、南国市、土佐市、須崎市、香美市、香南市、長岡郡、土佐郡、吾川郡、高岡郡
1998年7月より共販実施(直販方式)
建設業協組生コン共同購入、代行試験有料化実施
年間総出荷量：2023年度実績45千㎥
員外社数4社2工場
大口需要・海岸、港湾、河川等、学校、官公庁大型施設建築

高知県中部生コンクリート協同組合
1979年3月15日設立　9社9工場　出資金100万円
〒785－0007　須崎市南古市町6－6
☎0889－42－0033・FAX0889－42－0067
✉k.chuubu@theia.ocn.ne.jp
理事長・嶋﨑勝昭　副理事長・三浦薫也、田部和彦　専務理事・梅川栄久
事務局2名
参事会(三浦薫也)・技術委員会(西村太宏)
事業区域・須崎市、土佐市、吾川郡、高岡郡
1992年4月より共販実施(連合会一括方式)
建設業協組生コン共同購入、共同輸送、代行試験有料化実施
価格・土木21－8－40の場合2024年21,100円2025年23,100円、建築21－18－20の場合2024年22,000円2025年24,000円　製造コスト上昇、出荷量の減少
年間総出荷量：2023年度実績65千㎥、2024年度見込60千㎥(水中不分離20㎥)、2025年度想定55千㎥
員外社数2社2工場・出荷推定6千㎥

高知県生コンクリート東部協同組合
1973年8月29日設立　7社7工場　出資金1,120万円
〒781－5232　香南市野市町西野1892
☎0887－56－2461・FAX0887－56－2452
✉kochitobu@zennama.or.jp
理事長・北岡守男　副理事長・小笠原光豊
事務局2名
事業区域・南国市以東、香美市、香南市、安芸郡、安芸市、室戸市まで
1987年4月より共販実施(直販)
建設業協組生コン共同購入、代行試験有料化実施
価格・土木18－8－40BBの場合2023年(中央東地区)14,200円(安芸地区)20,600円、建築21－18－20BBの場合2023年(中央東地区)15,600円(安芸地区)22,000円
年間総出荷量：2023年度実績120千㎥、2024年度見込110千㎥

高知生コン協同組合
2014年8月1日設立　4社4工場
〒780－0084　高知市帯屋町2－2－1
☎088－826－3377・FAX088－826－3378
URL http://www.hiwasaki-g.co.jp
✉kochi-namacon01@crocus.ocn.ne.jp
理事長・日和﨑三郎　副理事長・杉本守　事務局長・澤本卓也
事務局1名
2017年4月より共販実施(直販・販売店併用方式)
残コン戻りコン有償化、代行試験有料化実施
価格・土木21－8－40BBの場合2024年19,700円～26,700円2025年20,700円～27,700円、建築21－18－20の場合2024年20,000円～27,700円2025年21,000円～28,700円　製造コスト上昇、値戻し
年間総出荷量：2023年度実績63千㎥、2024年度見込63千㎥
員外社数4社4工場

高幡生コンクリート協同組合
1977年4月27日設立　4社3工場　出資金48,000万円
〒786－0073　高岡郡四万十町口神ノ川696－2
☎0880－22－3049・FAX0880－22－0443
理事長・田邊聖　副理事長・浜田敦夫
専務理事・小野節雄
事務局1名
技術委員会(浦宗周平・玉川智宣)
事業区域・高岡郡(須崎土木事務所4地区、5地区管内)、四万十市(幡多土木事務所管内一部)
1994年7月より共販実施(直販方式)
賠償責任保険への加入、建設業協組生コン共同購入、代行試験有料化実施
価格・土木21－8－40の場合2024年21,700円、建築27－18－20の場合2024年23,800円
年間総出荷量：2023年度実績38千㎥、2024年度見込30千㎥、2025年度想定25千㎥
員外社数1社・出荷推定7千㎥

幡多生コンクリート協同組合
1971年11月9日設立　13社14工場　出資金2,600万円
〒787－0019　四万十市具同7388－9
☎0880－37－0046・FAX0880－37－0578
✉hata-kyoso@zennama.or.jp
理事長・増田博和　副理事長・植田英喜、佐田憲昭
事務局3名
理事会・参事会・技術委員会
事業区域・宿毛市、土佐清水市、四万十市、幡多郡大月町・黒潮町・三原村
1993年11月より共販実施(直販・卸協組併用方式)
代行試験有料化実施
価格・土木21－8－40BBの場合2024年21,300円2025年24,300円、建築24－18－20の場合2024年22,800円2025年25,800円　製造コスト上昇、出荷量の減少
年間総出荷量：2023年度実績88千㎥、

2024年度見込70千㎥、2025年度想定70千㎥
大口需要・高規格道路関連

嶺北生コンクリート協同組合
1978年3月20日設立　3社3工場　出資金1,200万円
〒789－0313　長岡郡大豊町川口2050－33
☎0887－72－1217・FAX0887－72－1428
理事長・山中伯
事務局1名
技術委員会(重光孝俊)
事業区域・長岡郡、土佐郡、いの町(旧本川村)
1980年10月より共販実施(直販・卸協組併用方式)
建設業協組生コン共同購入、代行試験有料化実施
価格・土木21－8－40BBの場合2024年(中央東3)22,900円(中央西3)26,600円2025年(中央東3)24,900円(中央西3)28,600円、建築24－18－20の場合2024年(中央東3)24,500円(中央西3)28,200円2025年(中央東3)26,500円(中央西3)30,200円　製造コスト上昇
年間総出荷量：2023年度実績39千㎥、2024年度見込39千㎥、2025年度想定32千㎥
員外社数3社3工場

福岡県

福岡県生コンクリート協同組合連合会
〒812－0013　福岡市博多区博多駅東1－11－5　アサコ博多ビル5F
理事長・中島辰也　副理事長・永松高時、藤嶋亮介、鶴田達也、本田智、原裕一
専務理事・原田克己
共同事業委員会(吉田和幸)
年間総出荷量：2023年度実績2938千㎥、2024年度見込2905千㎥、2025年度想定2695千㎥

福筑生コンクリート協同組合連合会
1991年2月19日設立　3協組　出資金150万円
〒812－0013　福岡市博多区博多駅東1－11－5　アサコ博多ビル5F
☎092－472－5540・FAX092－473－6348
会長・中島辰也　副会長・本田智、原裕
事業区域・福岡市、朝倉市、久留米市、宗像市他
共販実施状況：未実施
年間総出荷量：2024年度見込1993千㎥、2025年度想定1953千㎥

飯塚生コンクリート協同組合
1999年1月19日設立　6社6工場　出資金120万円
〒820－0112　飯塚市有井334－1－103号
☎0948－52－6397・FAX0948－52－6398
理事長・藤嶋亮介　専務理事・金﨑義春
事務局1名
事業区域・飯塚市、嘉麻市、桂川町、宮若市
共販実施状況：未実施
価格・土木18－8－20の場合2024年18,850円2025年同額、建築18－18－20の場合2024年19,000円2025年同額
年間総出荷量：2023年度実績102千㎥、2024年度見込110千㎥、2025年度想定115千㎥
員外社数7社7工場

北九州広域生コンクリート協同組合
1975年11月20日設立　15社18工場　出資金450万円
〒802－0001　北九州市小倉北区浅野2－6－16　マルサンビル2F
☎093－511－6699・FAX093－531－3238
URL http://kitaqnamakon.com
✉kitaqnamakon@yahoo.co.jp
理事長・永松高詩　副理事長・増田英晴、中村一義、水谷友康　専務理事・鳥飼千明
事務局4名
営業委員会・総務委員会・技術委員会
事業区域・北九州市、中間市、直方市、宮若市、行橋市、豊前市、遠賀郡、鞍手郡、京都郡、築上郡
1975年11月より共販実施(販売店方式)
価格・土木18－8－20の場合2024年18,850円、建築18－18－20の場合2024年19,000円
年間総出荷量：2023年度実績621千㎥、2024年度見込610千㎥、2025年度想定600千㎥
員外社数1社1工場・出荷推定10千㎥

田川生コンクリート協同組合
〒826－0023　田川市上本町1－43　サンライズ恵比寿2F
☎0947－44－6022・FAX0947－85－8522
理事長・鶴田達哉　副理事長・村上祐治
2023年4月より共販実施(販売店方式)
代行試験有料化実施
価格・土木18－8の場合2024年19,850円、建築18－18の場合2024年20,000円
年間総出荷量：2023年度実績106千㎥、2024年度見込110千㎥、2025年度想定100千㎥

筑後地区生コン販売協同組合
1970年4月15日設立　15社18工場　出資金300万円
〒830－0072　久留米市安武町安武本2902－12　西部第一ビル2F
☎0942－64－9180・FAX0942－64－9477
✉tnkh@mx2.tiki.ne.jp
理事長・原裕　副理事長・江﨑柳太郎、森田順二　常務理事・梅野聡　事務局長・浅井哲也
事務局6名
総務委員会(江﨑柳太郎)・積算委員会(原裕)・営業委員会(國分信吾)・技術委員会(嶋崎吉文)
事業区域・久留米市、筑後市、みやま市、八女市、大川市、柳川市、八女郡、三潴郡、佐賀県鳥栖市・三養基郡
2009年4月より共販実施(登録販売店・一部直販方式)
員外社数2社2工場・出荷推定19千㎥
大口需要・JR久留米駅前第二街区市街地再開発事業、鳥栖市ごみ焼却場、鳥栖市役所庁舎、広川町役場庁舎

福岡地区生コンクリート協同組合
1974年6月28日設立　37社42工場　出資金3,300万円
〒812－0013　福岡市博多区博多駅東1－11－5　アサコ博多ビル5F
☎092－472－5540・FAX092－473－6348
URL http://fukuokakyouso.p-kit.com
理事長・中島辰也　副理事長・佐藤晃一、坂平隆司、佐野村貴、藤田桂、佐藤寛、中村貢三、水野俊哉　常務理事・石川秀二
事務局14名
営業委員会(水野俊哉)・総務委員会(佐藤晃一)・企画委員会(藤田桂)・積算委員会(吉田和幸)・合理化委員会(中村貢三)・流通委員会(坂平隆司)・技術委員会(宇田川源二)・監査委員会(後藤英司)・輸送効率化委員会(佐藤晃一)・特別委員会(大村重喜)・組織率強化委員会(佐野村貴)・次世代委員会(吉村太輔)・安全衛生委員会(大村重喜)・働き方改革委員会(水野俊哉)
事業区域・福岡市、大野城市、筑紫野市、春日市、太宰府市、糸島市、古賀市、宗像市、福津市、飯塚市、嘉麻市、那珂川市、糟屋郡
1974年6月より共販実施(販売店)
賠償責任保険への加入、代行試験有料化実施
価格・土木18－8－20の場合2024年18,850円2025年21,350円、建築18－18－20の場合2024年19,000円2025年21,500円　製造コスト上昇
年間総出荷量：2023年度実績1460千㎥、2024年度見込1314千㎥(高強度41000㎥・再生骨材9500㎥・ポーラス50㎥・その他50㎥)、2025年度想定1260千㎥
員外社数1社1工場・推定出荷量80千㎥

大口需要・福岡市地下鉄七隈線延伸、福岡空港ターミナル、物流倉庫、天神ビッグバン、アイランドシティ地区分譲マンション

両筑生コンクリート協同組合
1983年2月1日設立　6社7工場　出資金300万円
〒838－0051　朝倉市小田1546－1
☎0946－23－0434・FAX0946－24－7007
理事長・本田智
事務局2名
調整委員会・技術公害委員会・営業部・事務局
事業区域・久留米市の一部、朝倉市、うきは市、朝倉郡筑前町、東峰村
1983年2月より共販実施(直販・販売店併用方式)
代行試験有料化実施
価格・土木21－8－20BBの場合2024年19,250円2025年20,750円、建築18－18－20の場合2024年19,000円2025年20,500円　製造コスト上昇
年間総出荷量：2023年度実績182千㎥、2024年度見込176千㎥
員外社数6社7工場・出荷推定140千㎥

佐賀県

佐賀県生コンクリート協同組合
1978年4月14日設立　11社13工場　出資金220万円
〒846－0012　多久市東多久町大字別府2426－2
☎0952－76－2675・FAX0952－76－2696
URL https://saga-namaconcrete.jp
✉sagakyouso@mild.ocn.ne.jp
理事長・福岡桂　副理事長・内田雄介、山田辰弘、鹿島英美　専務理事・森山正則　常務理事・岡昌弘
事務局6名
総務委員会(福岡桂)・積算委員会(松永雅文)・周辺対策委員会・合理化委員会(鹿島英美)・共販推進委員会(福岡桂)
事業区域・鳥栖市及びみやき郡を除く佐賀県一円
1997年4月より共販実施(直販・販売店方式)
残コン戻りコン有償化、賠償責任保険への加入、代行試験有料化実施
価格・土木21－8－20の場合2024年19,000円2025年22,350円、建築18－18－20の場合2024年19,000円2025年22,000円　製造コスト上昇、出荷量の減少
年間総出荷量：2023年度実績241千㎥、2024年度見込281千㎥、2025年度想定291千㎥
員外社数4社4工場・出荷推定84千㎥

長崎県

長崎県生コンクリート協同組合連合会
2000年1月24日設立　9協組　出資金270万円
〒850－0033　長崎市万才町1－2－201
☎095－820－3501・FAX095－820－3503
会長・野村浩　副会長・清水勇樹、西畑伸造　常務理事・古川直光
事務局3名
事業区域・長崎県
年間総出荷量：2023年度実績851千㎥
員外社数6社7工場・出荷推定100千㎥

壱岐地区生コンクリート協同組合
1988年1月25日設立　4社4工場　出資金200万円
〒811－5114　壱岐市郷ノ浦町柳田触199－1
☎0920－47－2075・FAX0920－47－2088
理事長・松永裕一　事務局長・高尾秀裕
事務局2名
技術委員会・積算委員会・共販推進委員会
事業区域・壱岐市一円
2000年10月より共販実施

上五島地区生コン協同組合
1983年12月13日設立　3社3工場　出資金75万円
〒857－4404　南松浦郡新上五島町青方郷字新町2338－3　上五島建設工業協組内
☎0959－52－4111・FAX0959－52－3445
理事長・野村浩　副理事長・田中康裕
事務局1名
技術委員会
事業区域・南松浦郡新上五島町
共販実施状況：未実施
価格・土木21－8－40BBの場合2024年45,600円、建築27－18－20の場合2024年46,800円
年間総出荷量：2023年度実績17千㎥、2024年度見込17千㎥

島原半島生コンクリート協同組合
1980年6月30日設立　4社5工場　出資金850万円
〒859－1505　南島原市深江町戊638－4
☎0957－72－5488・FAX0957－72－6505
理事長・木村均　副理事長・森瀬幸孝
職員12名
財務改善委員会・合理化対策委員会・シェア委員会
事業区域・島原市、南島原市、雲仙市一円
1983年4月より共販実施(直販)
建設業協組生コン共同購入、代行試験有料化実施
価格・土木18－8－40の場合2024年20,500円2025年23,500円、建築18－18－20の場合2024年20,850円2025年23,850円　製造コスト上昇
年間総出荷量：2023年度実績60千㎥、2024年度見込60千㎥(水中不分離200㎥)、2025年度想定60千㎥
員外社数5社5工場・出荷推定20千㎥

下五島生コンクリート協同組合
1984年3月14日設立　5社5工場　出資金2,250万円
〒853－0042　五島市吉田町3291－2
☎0959－74－2854・FAX0959－74－3854
事務局4名
事業区域・五島市
1984年3月より共販実施

対馬地区生コンクリート協同組合
1984年4月9日設立　5社8工場　出資金1,020万円
〒817－0016　対馬市厳原町東里238－1
☎0920－52－2816・FAX0920－52－6364
理事長・小宮量浩　副理事長・森昭春
事務局長・川辺清明
事務局1名(出向1名)
技術委員会(川辺清明)
事業区域・対馬市
1984年4月より共販実施(直販)
年間総出荷量：2023年度実績30千㎥、2024年度見込40千㎥
大口需要・港湾工事、一般道路、トンネル工事

長崎県央生コンクリート協同組合
1981年9月9日設立　8社10工場　出資金1,375万円
〒859－0312　諫早市西里町282－8
☎0957－24－1526・FAX0957－24－2566
✉kenou@arion.ocn.ne.jp
理事長・山口真一　副理事長・木村均、加藤達喜
事務局6名
総務委員会(山口真一)・共販推進委員会(藤田哲)・積算委員会(山口真一)・技術委員会(林田成人)・産業廃棄物処理委員会(加藤達喜)・交通安全対策委員会(鈴田重則)
事業区域・諫早市、大村市、長崎市と雲仙市の一部
1986年4月より共販実施(直販)
代行試験有料化実施
年間総出荷量：2023年度実績176千㎥、2024年度見込200千㎥
員外社数2社2工場

長崎県北生コン協同組合
1981年3月27日設立　7社7工場　出資金2,700万円
〒857－0032　佐世保市宮田町1－6
☎0956－76－7001・FAX0956－76－7002
✉fvbs1090@nifty.com
理事長・福田輝機　副理事長・西畑伸造　専務理事・吉井誠
事務局4名
共同受注委員会(吉井誠)・技術委員会(深江啓二)
事業区域・佐世保市、松浦市、平戸市田平町、東彼杵郡(離島は除く)、北松浦郡佐々町
1984年4月より共販実施(直販・販売店方式)
賠償責任保険への加入、共同金融、代行試験有料化実施
価格・土木18－8－40の場合2024年19,500円、建築18－18－20の場合2024年19,900円
年間総出荷量：2023年度実績182千㎥、2024年度見込135千㎥(高流動3380㎥・水中不分離150㎥・ポーラス100㎥)、2025年度想定152千㎥
員外社数1社2工場
大口需要・西九州自動車(佐世保道路)(松浦佐々道路)、防衛省工事

長崎広域生コンクリート協同組合
2003年3月10日設立　6社9工場
〒851－1133　長崎市小江町1749－4
☎095－865－6677・FAX095－865－6688
✉kouiki-namakon.1@juno.ocn.ne.jp
理事長・清水勇樹
事務局3名
割決委員会・営業委員会・技術委員会・総務委員会
事業区域・長崎市、西彼杵郡
2003年3月より共販実施(直販・販売店併用方式)
代行試験有料化実施
価格・土木18－8の場合2023年17,150円、建築18－18の場合2023年17,500円
年間総出荷量：2023年度実績230千㎥
員外社数2社2工場

平戸生月生コンクリート協同組合
1991年11月19日設立　4社4工場　出資金400万円
〒859－5121　平戸市岩の上町1494
☎0950－23－8428・FAX0950－23－8427
理事長・真﨑巌　副理事長・山内恒敏
事務局長・大畑貫志郎
事務局2名
参事会・技術委員会
事業区域・平戸市
1992年4月より共販実施(直販)
代行試験有料化実施

熊本県

熊本県生コンクリート協同組合連合会
2000年設立
〒862－0976　熊本市中央区九品寺4－8－17　熊本県建設会館別館3F
☎096－362－9011・FAX096－362－9494
会長・味岡和國　副会長・地下和志、原田秀樹　専務理事・河野愛彦
積算委員会
年間総出荷量：2023年度実績1287千㎥、2024年度見込1327千㎥、2025年度想定1228千㎥
員外社数5社5工場・出荷推定102千㎥

阿蘇地区生コンクリート協同組合
1978年4月1日設立　7社7工場　出資金560万円
〒869－2225　阿蘇市黒川1291
☎0967－34－2200・FAX0967－34－2198
✉asokyoso@isis.ocn.ne.jp
理事長・古木勝行　事務局長・平田誠
事務局3名
幹事会(井真司)・技術委員会(佐藤卓也)
事業区域・阿蘇地区(阿蘇市、阿蘇郡高森町・小国町・南小国町・産山村・南阿蘇村)
2012年10月より共販実施
残コン戻りコン有償化、賠償責任保険への加入、代行試験有料化実施
価格・土木18－8－20BBの場合2024年25,400円、建築18－18－20の場合2024年25,900円
年間総出荷量：2023年度実績116千㎥、2024年度見込70千㎥、2025年度想定70千㎥

天草地区生コンクリート協同組合
1979年1月16日設立　9社7工場　出資金900万円
〒863－0043　天草市亀場町亀川479－1
☎0969－23－5210・FAX0969－23－5264
理事長・吉永正敬　事務局長代理・松原功実
事務局4名、共同試験場1名
参事会(船田竜美)・技術委員会(林田勝利)
事業区域・天草市、上天草市、天草郡
1984年4月より共販実施(直販)

宇城地区生コンクリート協同組合
1978年3月1日設立　7社7工場　出資金250万円
〒869－0511　宇城市松橋町曲野2161－1－102
☎0964－33－7988・FAX0964－33－7190
理事長・松浦勝幸　事務局長・茂田陽一
事務局3名
理事会(松浦勝幸)・参事会・営業委員会・技術委員会
事業区域・宇城市、宇土市、熊本市の一部、下益城郡及びその周辺
1984年12月より共販実施(直販)
員外社数1社1工場・出荷推定24千㎥

熊本地区生コンクリート協同組合
18社22工場
〒861－4101　熊本市南区近見7－8－3
☎096－288－3255・FAX096－288－3265
✉kumamoto-chiku@cronos.ocn.ne.jp
理事長・味岡和國
事務局9名
営業委員会・総務委員会・技術委員会・幹事会
事業区域・熊本市、合志市、菊池郡、上益城郡、及びその周辺
2013年1月より共販実施(直販・登録販売店方式)
残コン戻りコン有償化、賠償責任保険への加入、代行試験有料化実施
価格・土木18－8－20の場合2024年21,900円2025年23,400円、建築18－18－20の場合2024年22,000円2025年23,500円　製造コスト上昇
年間総出荷量：2023年度実績683千㎥、2024年度見込700千㎥(高強度3000㎥・高流動100㎥・ポーラス100㎥)、2025年度想定650千㎥

城北地区生コンクリート協同組合
2016年12月1日設立　2社2工場　出資金5130万円
〒861－0331　山鹿市鹿本町来民1123－2
☎0968－46－4266・FAX0968－46－3202
✉johokunamakon-kyoso@diary.ocn.ne.jp
理事長・岩根友誠　副理事長・富安二三夫　事務局長・松本憲二郎
事務局3名
技術委員会
事業区域・山鹿市、菊池市、熊本市、菊池郡
2016年12月より共販実施
代行試験有料化実施
年間総出荷量：2023年度実績71千㎥

中部有明地区生コンクリート協同組合
1979年9月1日設立　5社8工場　出資金500万円
〒865－0064　玉名市中1675－1　文仙館1F
☎0968－73－1101・FAX0968－73－1102
理事長・橋口信一　事務局長・田上義晴
事務局2名
幹事会(村田章)・技術委員会(和田享)
事業区域・大牟田市、荒尾市、玉名市、玉名郡南関町・長洲町・玉東町・和水町

2008年10月より共販実施(直販・登録販売店方式)
賠償責任保険への加入、代行試験有料化実施
価格・土木18－8の場合2024年19,050円、建築18－18の場合2024年19,200円
年間総出荷量：2023年度実績126千㎥、2024年度見込105千㎥

人吉球磨地区生コンクリート協同組合
1979年7月24日設立　7社5工場　出資金240万円
〒868－0071　人吉市西間上町今宮2586－1
☎0966－23－5664・FAX0966－24－8854
✉hitokumanamakon@aqua.plala.or.jp
理事長・地下和志　副理事長・味岡和國
専務理事・味岡謙二郎
事務局4名(出向6名)
営業審査委員会・債権総務委員会・技術委員会・参事会
事業区域・球磨郡、人吉市
1996年7月より共販実施(直販)
残コン戻りコン有償化、代行試験有料化実施
価格・土木18－8－40の場合2024年21,600円2025年23,600円、建築18－18－20の場合2024年22,100円2025年24,100円　製造コスト上昇
年間総出荷量：2023年度実績120千㎥、2024年度見込96千㎥
員外社数1社1工場・推定出荷量3千㎥
大口需要・人吉市買取型災害公営住宅整備事業、橋梁工事

水俣地区生コンクリート協同組合
1978年11月17日設立　3社2工場　出資金750万円
〒869－5603　葦北郡津奈木町大字岩城2012－17
☎0966－78－3288・FAX0966－78－3286
理事長・江口隆一
事務局3名
調査委員会(原田憲明)
事業区域・水俣市、葦北郡津奈木町・芦北町
1985年8月より共販実施(直販)
共同輸送、代行試験有料化実施
員外社数1社1工場
大口需要・南九州西回り自動車道

八代地区生コンクリート協同組合
1975年5月19日設立　7社7工場　出資金7,500万円
〒866－0805　八代市宮地町1576－1
☎0965－35－2577・FAX0965－35－2586
理事長・髙野晋介
事務局5名
技術委員会、出荷調整委員会
事業区域・八代市、八代郡
2013年4月より共販実施(直販・販売店方式)
代行試験有料化実施
員外社数1社1工場・出荷推定15千㎥
大口需要・八代市役所、熊本総合病院

大分県

大分県生コンクリート協同組合連合会
2000年4月20日設立　11協組　出資金310万円
〒870－0245　大分市大在北3－356
☎097－528－8225・FAX097－521－2535
URL http://oitan1.wix.com/oita-rmc
✉oitan@zennama.or.jp
会長・渡邉忠幸　副会長・森重俊
事務局3名(兼務)
事業区域・大分県全域
共販実施状況：未実施
調査研究実施
年間総出荷量：2023年度実績758千㎥、2024年度見込724千㎥

宇佐生コンクリート事業協同組合
1985年11月22日設立　4社4工場　出資金1,750万円
〒879－0453　宇佐市大字上田931－3
宇佐建設会館2F
☎0978－33－3309・FAX0978－33－1696
URL http://usanama.com
✉usanama@tea.ocn.ne.jp
理事長・奥田和茂　事務局長・稲垣圭治
事務局3名
技術委員会
事業区域・宇佐市
1985年11月より共販実施(直販方式)
代行試験有料化実施

大分県南地区生コンクリート協同組合
1986年7月1日設立　7社6工場　出資金700万円
〒876－0823　佐伯市女島10458
☎0972－23－3331・FAX0972－23－3334
理事長・赤嶺勝　副理事長・山西剛
事務局4名
技術委員会(三股定己)・理事会(赤嶺勝)
事業区域・佐伯市
1987年4月より共販実施

大分県別府・日出生コンクリート協同組合
〒879－1506　速見郡日出町3282－1
☎0977－73－2331・FAX0977－73－2234
理事長・恵藤誠　事務局長・阿部雅教
事務局2名
技術委員会
事業区域・別府市、速見郡日出町
2010年4月より共販実施
建設業協組生コン共同購入実施
価格・土木18－8－40の場合2024年18,200円2025年21,200円、建築18－18－20の場合2024年18,500円2025年21,500円　製造コスト上昇
年間総出荷量：2023年度実績76千㎥、2024年度見込55千㎥、2025年度想定50千㎥

大分中央生コンクリート協同組合
〒870－0245　大分市大在北3－356
☎097－528－8666・FAX097－527－4366
理事長・渡邉忠幸
共販実施(直販・販売店併用方式)
賠償責任保険への加入、代行試験有料化実施
価格・土木の場合2023年19,500円、建築の場合2023年19,800円
員外社数14社15工場・出荷推定260千㎥

臼津生コンクリート協同組合
1977年8月29日設立　5社5工場　出資金250万円
〒879－2442　津久見市港町1－19
☎0972－83－5330・FAX0972－83－5385
✉info@namakon-oita.com
理事長・惠藤豊喜
事務局3名
理事会・技術委員会・参事会
事業区域・臼杵市、津久見市とその周辺
1980年7月より共販実施(直販)
残コン戻りコン有償化、代行試験有料化実施
価格・土木18－8－40の場合2024年21,000円2025年24,000円、建築18－18－20の場合2024年21,650円2025年24,650円　製造コスト上昇、出荷量の減少
年間総出荷量：2023年度実績55千㎥、2024年度見込50千㎥、2025年度想定43千㎥
員外社数1社1工場・出荷推定3千㎥

玖珠地区生コンクリート協同組合
1986年7月2日設立　4社4工場　出資金800万円
〒879－4412　玖珠郡玖珠町山田2624－2
☎09737－2－4728・FAX09737－2－6626
理事長・森重俊　事務局長・森重俊
事務局1名(出向1名)
事業区域・玖珠郡玖珠町・九重町
共販実施状況：未実施
建設業協組生コン共同購入実施
員外社数1社1工場・出荷推定20千㎥

国東半島生コンクリート協同組合
1978年7月1日設立　1社2工場　出資金6100万円
〒873－0421　国東市武蔵町糸原3963－8
☎0978－68－1315・FAX0978－68－1441

理事長・三浦慎次郎　専務理事・堀内謙二
事務局4名
技術委員会(田辺晴生)
事業区域・杵築市、国東市
1979年4月より共販実施(直販)
年間総出荷量：2023年度実績42千㎥

中津生コンクリート協同組合
1995年2月28日設立　7社7工場　出資金182万円
〒871－0013　中津市大字金手33－4
☎0979－23－0181・FAX0979－25－3533
理事長・中川伸雄　副理事長・森重俊、松尾吉浩
事務局1名
参事会・出荷監査委員会
事業区域・中津市
2024年4月より共販実施(販売店)
建設業協組生コン共同購入実施
価格・土木18－8－40BBの場合2024年23,000円2025年23,000円、建築18－18－20の場合2024年23,900円2025年23,900円　製造コスト上昇、出荷量の減少
年間総出荷量：2023年度実績73千㎥、2024年度見込80千㎥、2025年度想定78千㎥
員外社数1社1工場
大口需要・中津日田高規格道路トンネル

西高地区生コンクリート協同組合
1987年9月28日設立　4社4工場　出資金1,200万円
〒879－0605　豊後高田市御玉48
☎0978－24－2440・FAX0978－24－2441
理事長・堤俊之　副理事長・小拂勝則
事務局1名
事業区域・豊後高田市
1987年10月より共販実施
建設業協組生コン共同購入実施

日田地区生コンクリート協同組合
1969年12月25日設立　5社6工場　出資金750万円
〒877－0067　日田市大字川下767－30
☎0973－27－7225・FAX0973－27－2125
✉namakyo@hita-net.jp
理事長・野村勲
事務局2名
参事会(森澤孝己)・積算委員会(森澤孝己)・技術委員会(穴見秀雄)
事業区域・日田市
2008年7月より共販実施(直販・販売店併用方式)
代行試験有料化実施
価格・土木18－8－40BBの場合2024年23,000円、建築18－18－20の場合2024年23,700円　製造コスト上昇、出荷量の減少
年間総出荷量：2023年度実績45千㎥、2024年度見込64千㎥、2025年度想定65千㎥
員外社数1社1工場・出荷推定10千㎥
大口需要・大分210号川下改良工事(トンネル)、中津日田道路1号トンネル、日田市清掃センター新築工事

豊肥生コンクリート協同組合
1980年4月24日設立　5社6工場　出資金180万円
〒879－7111　豊後大野市三重町赤嶺1164－110
☎0974－22－3311・FAX0974－22－3313
✉houhi-namakon@spice.ocn.ne.jp
理事長・友岡孝幸　副理事長・恵藤誠
事務局5名
事業区域・竹田市、豊後大野市
1980年5月より共販実施
建設業協組生コン共同購入、代行試験有料化実施
価格・土木18－8－40BBの場合2024年22,400円2025年25,400円、建築18－18－20の場合2024年23,500円2025年26,500円　製造コスト上昇、出荷量の減少
年間総出荷量：2023年度実績58千㎥、2024年度見込60千㎥、2025年度想定50千㎥
大口需要・新沈堕発電所

宮崎県

宮崎県生コンクリート協同組合連合会
1990年7月6日設立　10協組　出資金500万円
〒880－0834　宮崎市新別府鷹藁1948
☎0985－24－7365・FAX0985－24－7054
会長・木田正美　副会長・河野宏介、藤元建二　専務理事・松岡弘高
事業区域・宮崎県
共販実施状況：未実施
残コン戻りコン有償化、賠償責任保険への加入、建設業協組生コン共同購入実施
年間総出荷量：2023年度実績594千㎥、2024年度見込585千㎥、2025年度想定514千㎥
員外社数3社3工場・出荷推定40千㎥

入郷地区生コン事業協同組合
〒883－1101　東臼杵郡美郷町西郷田代1195－2
☎0982－66－3377
理事長・金丸正治
事務局2名
価格・土木18－8－40BBの場合2023年24,100円、建築18－12－20の場合2023年24,750円
年間総出荷量：2023年度実績20千㎥、2024年度見込18千㎥

串間地区生コン事業協同組合
1985年1月23日設立　3社3工場　出資金60万円
〒888－0011　串間市寺里1－5－4
☎0987－72－6661・FAX0987－72－6658
理事長・村中弘行　事務局長・瀬治山勝郎
事務局2名
技術委員会(武田裕徳)
事業区域・串間市
1985年1月より共販実施
代行試験有料化実施
価格・土木18－8－40の場合2024年24,500円2025年27,000円、建築21－8－20の場合2024年25,200円2025年27,700円　製造コスト上昇
年間総出荷量：2023年度実績20千㎥、2024年度見込18千㎥、2025年度想定20千㎥
大口需要・港湾

県北生コン協同組合
1979年12月4日設立　10社9工場　出資金4,500万円
〒889－0513　延岡市土々呂町6－2965
☎0982－37－7111・FAX0982－37－6559
URL https://ken-nama.com
✉kenpokukyouso@sunny.ocn.ne.jp
理事長・梶井崇之　専務理事・村上貴昭
事務局7名
総務委員会(梶井崇之)・出荷調整委員会(西村直也)・積算委員会(坂本聡)・企画渉外委員会(木村彰裕)・技術委員会(若松誠)
事業区域・延岡市、日向市、東臼杵郡門川町
1983年4月より共販実施
建設業協組生コン共同購入、共同金融、代行試験有料化実施
年間総出荷量：2023年度実績90千㎥、2024年度見込90千㎥、2025年度想定100千㎥
員外社数1社1工場・出荷推定10千㎥
大口需要・細島港、民間マンション

西都児湯生コン事業協同組合
1980年7月10日設立　5社6工場　出資金2,750万円
〒884－0006　児湯郡高鍋町大字上江6649－102
☎0983－23－6100・FAX0983－23－0349
理事長・河野宏介　事務局長・土持賢一郎
事務局2名
営業委員会(黒木正男)・技術委員会(河野憲治)
事業区域・西都市、児湯郡

1984年4月より共販実施(直販)
員外社数3社3工場
大口需要・トンネル、橋梁

西臼杵生コン事業協同組合
1980年5月28日設立　4社5工場　出資金200万円
〒882－1101　西臼杵郡高千穂町大字三田井6288－7
☎0982－72－6145・FAX0982－72－6185
✉nisiuskyo@zennama.or.jp
理事長・木田正美　専務理事・佐藤司
理事・加藤一明、矢野文昭
事務局2名
技術委員会(馬場誠志)
事業区域・西臼杵郡区内
1985年4月より共販実施(直販)
骨材共同購入、代行試験有料化実施
員外社数1社2工場・出荷推定38千㎥

西諸地区生コンクリート事業協同組合
1978年12月23日設立　7社6工場　出資金840万円
〒886－0003　小林市堤字並松添2977－119
☎0984－22－6111・FAX0984－22－6069
理事長・木田正美　副理事長・吉行道三、味岡和國　事務局長・小菜良雄
事務局3名
運営委員会(小菜良雄)・技術委員会(高佐昭則)
事業区域・小林市、えびの市、西諸県郡
2006年6月より共販実施
共同金融、代行試験有料化実施
大口需要・浜ノ瀬ダム導水路トンネル

日南地区生コン事業協同組合
1991年4月1日設立　5社5工場　出資金500万円
〒889－3143　日南市大字下方字元町1136－1
☎0987－27－2111・FAX0987－27－2088
理事長・黒岩直樹　副理事長・田中學
事務長・安藤丈喜
事務局3名
事業区域・日南市
1991年6月より共販実施
代行試験有料化実施
価格・土木18－8－40BBの場合2024年24,350円、建築21－15－20の場合2024年25,250円
年間総出荷量：2023年度実績26千㎥、2024年度見込33千㎥、2025年度想定35千㎥

耳川生コン協同組合
1986年1月27日設立　3社2工場　出資金1530万円
〒883－1101　東臼杵郡美郷町西郷田代9076－1
☎0982－66－2831・FAX0982－66－2783
✉mimigawa@mb.wainet.ne.jp
理事長・上内龍　営業課長・中野育雄
事務局2名
理事会
事業区域・東臼杵郡
1986年1月より共販実施
建設業協組生コン共同購入実施
大口需要・椎葉治山工事、諸塚改良503号工事、椎葉堰堤工事(土砂くずれ現場)

都城地区生コンクリート協同組合
1980年9月30日設立　3社3工場　出資金5,400万円
〒885－0004　都城市都北町5910
☎0986－38－0998・FAX0986－38－1824
理事長・田中篤　副理事長・戸高望
事務局6名
技術委員会(嘉藤敦)
事業区域・都城市、北諸県郡三股町
1985年10月より共販実施(直販)
代行試験有料化実施
員外社数1社1工場・推定出荷35千㎥
大口需要・霧島酒造事務所棟、都城志布志道路他

宮崎地区生コンクリート事業協同組合
1972年6月1日設立　13社13工場　出資金1,950万円
〒880－0834　宮崎市新別府町薦藁1948
☎0985－25－7070・FAX0985－26－0093
✉miya.con@smile.ocn.ne.jp
理事長・木田正美　副理事長・西村賢一、岡﨑勝信　事務局長・塚大樹
事務局6名
赤黒調整委員会(柄本勝男)・運営委員会(神田輝夫)・総務委員会(神田利宏)・技術委員会(村上豪)・集約化委員会(中原伸博)
事業区域・宮崎市、東諸県郡、児湯郡新富町
1998年3月より共販実施(直販)
代行試験有料化、共同電算実施

鹿児島県

鹿児島県生コンクリート協同組合連合会
1999年9月14日設立　15協組　出資金320万円
〒890－0052　鹿児島市上之園町24－2　川北ビル4階
☎099－254－1560・FAX099－258－4730
✉kagoshimakouso@zennama.or.jp
会長・米盛直樹　副会長・徳留眞一郎・宮脇哲也　専務理事・新門和洋
事務局4名
総務委員会(米盛直樹)
事業区域・鹿児島県内
共販実施状況：未実施
年間総出荷量：2023年度実績1190千㎥、2024年度見込1085千㎥
員外社数8社8工場

姶良伊佐地区生コンクリート協同組合
1975年6月17日設立　10社13工場　出資金100万円
本部・加治木支部＝〒899－5223　姶良市加治木町新生町575
☎0995－62－6511・FAX0995－62－6392
理事長・藤井純博　事務局長・橋正樹
事務局10名
幹事会・支部会・参事会・技術委員会
事業区域・姶良郡、伊佐市、霧島市、姶良市
2006年4月より共販実施(直販)
残コン戻りコン有償化、賠償責任保険への加入、建設業協組生コン共同購入、代行試験有料化実施
価格・土木18－8－40の場合2023年24,000円
大口支部＝〒895－2511　伊佐市大口里2261
☎0995－23－5881
栗野支部＝〒899－6201　姶良郡湧水町木場1179－4
☎0995－62－6511

奄美大島生コンクリート協同組合
1982年5月7日設立　2社2工場　出資金200万円
〒894－0022　奄美市名瀬久里町3－24
☎0997－52－4455・FAX0997－52－4434
理事長・竹山廣和　事務局長・大井和久
事務局2名
技術委員会(武田満秋)
事業区域・奄美市周辺町村
1982年5月より共販実施(直販)
員外社数1社2工場・出荷推定3千㎥

奄美大島南部生コン協同組合
〒894－1511　大島郡瀬戸内町阿木名333－3
☎0997－73－7055・FAX0997－76－3022
理事長・大友満輝

出水地区生コンクリート協同組合
1975年6月19日設立　7社7工場　出資金480万円
〒899－0203　出水市上鯖渕621－4　駅東ビル1F
☎0996－62－8971・FAX0996－62－4199
理事長・橋口信一
事務局3名
品質管理委員会
事業区域・出水市、阿久根市、出水郡
1983年8月より共販実施(直販)

賠償責任保険への加入、建設業協組生コン共同購入実施
価格・土木18－8－40の場合2023年22,000円、建築21－18－20の場合2023年23,150円
年間総出荷量：2023年度実績75千㎥、2024年度見込75千㎥
大口需要・西回り自動車道、河川災害復旧

大隅地区生コンクリート協同組合
1978年11月14日設立　10社10工場　出資金500万円
本部・鹿屋支部＝〒893－0011　鹿屋市打馬2－9－29－1
☎0994－44－7731・FAX0994－40－3330
理事長・森義久　事務局長・小畑清一
事務局7名（出向1名）
事業区域・鹿屋市、曽於市、志布志市、肝属郡、曽於郡
1996年4月より共販実施（直販）
建設業協組生コン共同購入実施
年間総出荷量：2023年度実績170千㎥、2024年度見込150千㎥、2025年度想定130千㎥

鹿児島広域生コンクリート協同組合
2009年1月14日設立　7社5工場
〒891－1231　鹿児島市小山田町448
☎099－238－2222・FAX099－238－4452
理事長・木田正隆
骨材共同購入実施

鹿児島生コンクリート協同組合　鹿児島支部
1971年9月1日設立　14社17工場
〒890－0052　鹿児島市上之園町24－2　第12川北ビルBOIS鹿児島601
☎099－255－2672・FAX099－250－0659
✉kakyoso@po.minc.ne.jp
支部長・米盛直樹　副支部長・菅徳太郎、中西智也
事務局9名
運営調整委員会（中西智也）・総務委員会（菅徳太郎）・技術委員会（新留嘉）・幹事会（山下信一）
事業区域・鹿児島市
1986年9月より共販実施（直販）
建設業協組生コン共同購入、代行試験有料化実施
大口需要・MJRザ・ガーデン、鹿児島大学病院、鹿児島西警察署、鹿児島魚類市場整備、相良病院増築、エイルマンション等

鹿児島生コンクリート協同組合　中薩支部
〒899－2502　日置市伊集院町徳重3－6－6　第2久保ビルA棟201
☎099－273－2290・FAX099－273－2293
支部長・久保和泉
事業区域・日置市、いちき串木野市
2006年4月より共販実施（直販）
賠償責任保険への加入、建設業協組生コン共同購入、代行試験有料化実施
価格・土木18－8－40の場合2023年21,500円2024年同額、建築21－18－20の場合2023年23,300円2024年同額
年間総出荷量：2023年度実績50千㎥、2024年度見込50千㎥

北大島南西生コンクリート協同組合
〒891－9111　大島郡和泊町手々知名153
☎0997－92－0808・FAX0997－62－3419
理事長・岡山和彦

串木野地区生コンクリート協同組合
1997年11月21日設立　3社3工場　出資金150万円
〒896－0065　いちき串木野市荒川51－1
☎0996－33－3933・FAX0996－33－3934
理事長・山本博貴　専務理事・榎元幸喜
事務局1名
事業区域・串木野市周辺
建設業協組生コン共同購入実施
大口需要・メガソーラー、工場建設

甑島地区生コンクリート協同組合
2008年2月18日設立　5社5工場
〒896－1201　薩摩川内市上甑町中甑898－3
☎09969－2－0200・FAX09969－2－0202
理事長・中野力丸

川薩地区生コンクリート協同組合
1984年7月2日設立　4社3工場　出資金200万円
〒895－0032　薩摩川内市山之口町4766
☎0996－25－3966・FAX0996－20－5299
理事長・宮脇哲也　専務理事・髙浜和秀
事務局3名
参事会（上田宏）・品質管理委員会（原田長作）
事業区域・薩摩川内市のうち川内・樋脇・東郷地区
1994年4月より共販実施（直販・販売店併用方式）
賠償責任保険への加入、建設業協組生コン共同購入、代行試験有料化実施
価格・土木18－8－40BBの場合2024年23,100円2025年25,600円、建築21－18－20の場合2024年24,200円2025年26,700円　製造コスト上昇、出荷量の減少、賃上げ
年間総出荷量：2023年度実績98千㎥、2024年度見込45千㎥（水中不分離10㎥）、2025年度想定40千㎥

種子島地区生コンクリート協同組合
1980年5月19日設立　4社4工場　出資金175万円
〒891－3112　西之表市栄町2－1
☎0997－23－2374・FAX0997－22－1710
理事長・熊谷公喜　事務局長・宮園繁美
事務局4名
運営委員会（川迎和男）・参事会（川迎和男）・技術部会（鮫島直道）
事業区域・西之表市、熊毛郡中種子町・南種子町
1986年9月より共販実施（直販）

垂水桜島地区生コンクリート協同組合
1986年11月18日設立　4社4工場　出資金200万円
〒891－2104　垂水市田神2724－1
☎0994－32－1579・FAX0994－32－2292
理事長・上野壽一郎　専務理事・森泰幸
事務局長・坂元津宜雄
事務局3名
共同受注委員会（松本江太郎）・品質管理監査委員会（小畑康一）・出荷監査委員会（坂元津宜雄）
事業区域・垂水市、鹿児島市桜島
1987年6月より共販実施（直販）
価格・土木18－8－40の場合2024年25,000円2025年29,000円、建築21－18－20の場合2024年25,900円2025年29,900円　製造コスト上昇、出荷量の減少
年間総出荷量：2023年度実績29千㎥、2024年度見込31千㎥、2025年度想定32千㎥

南隅地区生コンクリート協同組合
3社2工場
〒893－0005　鹿屋市共栄町18－30
☎0994－52－1540・FAX0994－52－1541
理事長・大石博資
事務局2名
事業区域・肝属郡錦江町・南大隅町
2003年1月より共販実施（直販）
建設業協組生コン共同購入実施
価格・土木の場合2024年33,000円、建築の場合2024年33,000円　製造コスト上昇
年間総出荷量：2023年度実績23千㎥、2024年度見込20千㎥、2025年度想定20千㎥

南薩生コンクリート協同組合
6社8工場
〒897－0302　南九州市知覧町郡4810－32
☎0993－58－7550・FAX0993－83－1230
理事長・森政広　事務局長・柿本昭良
事務局3名
技術委員会（上村康範）・運営調整委員会（塗木秀和）
事業区域・南さつま市（金峰町を除く）、

枕崎市、南九州市、指宿市
2012年10月より共販実施
賠償責任保険への加入実施
価格・土木18－8－40の場合2024年25,700円、建築21－18－20の場合2024年27,300円　出荷量の減少
年間総出荷量：2023年度実績72千㎥、2024年度見込65千㎥、2025年度想定60千㎥

宮之城地区生コンクリート協同組合
1984年6月6日設立　4社4工場　出資金400万円
〒895－1723　薩摩郡さつま町二渡1096
☎0996－52－3662・FAX0996－29－3950
理事長・弓場智将
事務局2名
事業区域・薩摩川内市祁答院町、入来町、さつま町
1991年4月より共販実施(直販)
建設業協組生コン共同購入、代行試験有料化実施

屋久島地区生コン協同組合
〒891－4207　熊毛郡屋久島町小瀬田826－18
☎0997－43－5621・FAX0997－43－5621
理事長・高橋英文
2005年9月より共販実施
骨材共同購入、セメント共同購入実施

沖縄県

沖縄県生コン産業協同組合連合会
1999年7月13日設立　4協組　出資金144万円
〒900－0001　那覇市港町2－14－1
☎098－868－2662・FAX098－863－2511
✉k-okinawa@zennama.or.jp
会長・運天先俊　副会長・兼島力、平井才己、大濵達也　特別顧問・安谷屋政秀
事務局4名
総務委員会・事業委員会(運天先俊)
事業区域・沖縄本島・石垣島・宮古島
年間総出荷量：2023年度実績1391千㎥、2024年度見込1372千㎥

石垣島生コンクリート協同組合
6社6工場
〒907－0003　石垣市平得276－1
☎0980－87－0964
✉ishigakijimanamacon@aqua.ocn.ne.jp
理事長・大濵達也　副理事長・稲嶺淳二　専務理事・松田敦
事務局5名
営業委員会・技術委員会
事業区域・石垣島、竹富島
2013年4月より共販実施
残コン戻りコン有償化実施
年間総出荷量：2023年度実績73千㎥、2024年度見込75千㎥、2025年度想定75千㎥
員外社数6社6工場・出荷推定75千㎥

沖縄県生コンクリート協同組合
1972年7月1日設立　25社30工場　出資金30,746万円
〒900－0001　那覇市港町2－14－1
☎098－868－1956・FAX098－868－1284
URL http://www.oki-namakon.or.jp/
理事長・山城正守　副理事長・運天先俊・山城守　専務理事・新城孝二
事務局43名
技術委員会(新垣保)・割当委員会(野原直人)・事業委員会(山田健)・総務委員会(赤嶺秀樹)・特別委員会(山城正守)
事業区域・中南部地域、北部一部地域
1972年7月より共販実施(直販)
骨材共同購入、共同輸送、代行試験有料化実施
年間総出荷量：2023年度実績1085千㎥、2024年度見込1050千㎥
員外社数3社3工場

沖縄北部地区生コンクリート協同組合
1976年5月26日設立　6社7工場　出資金8,930万円
〒905－0006　名護市字宇茂佐1703－10
☎0980－52－3129・FAX0980－52－6447
URL https://www.hokubu-namakon.com
✉hokubunamakon@woody.ocn.ne.jp
理事長・島袋等　副理事長・仲泊栄次
常務理事・兼島力
事務局9名
技術公害委員会(宇良幹男)・参事会(仲宗根隆)
事業区域・名護市、国頭郡本部町・今帰仁村・大宜味村・東村・国頭村・恩納村
1977年6月より共販実施(直販)
賠償責任保険への加入、代行試験有料化実施
価格・土木18－8－40の場合2024年19,600円2025年21,600円、建築21－18－20の場合2024年20,600円2025年22,600円　製造コスト上昇
年間総出荷量：2023年度実績132千㎥、2024年度見込150千㎥(高流動307㎥)
大口需要・名護市新設廃棄物処理場施設建設工事、名桜大学本部棟増築工事、シュワブ(R4)体育館(0916)新設建築工事、K010プロジェクト

宮古島生コン協同組合
〒906－0012　宮古島市平良字西里935－53
☎0980－72－1909・FAX0980－79－0225
✉mjkumiai@skyblue.ne.jp
理事長・平井才己
事務局5名
共同受注委員会
事業区域・宮古島市内
2008年4月より共販実施(直販)
骨材共同購入実施
価格・土木18－8－20の場合2024年25,600円2025年26,800円、建築21－18－20の場合2024年26,950円2025年28,200円　製造コスト上昇
年間総出荷量：2023年度実績96千㎥、2024年度見込98千㎥(高強度2000㎥・水中不分離50㎥)、2025年度想定85千㎥
員外社数1社1工場・出荷推定12千㎥

小型組合

宗谷生コンクリート協会
1974年4月設立　10社14工場
〒097－0011　稚内市はまなす4－2－2
☎0162－33－4928・FAX0162－33－4927
会長・佐々木正光　副会長・安田康昌、尾崎正剛　事務局責任者・粥川由輝
事務局1名
事業区域・宗谷支庁全域

神奈川県央小型生コン協会
〒252－0111　相模原市緑区川尻1696
㈲市川金物店内
☎042－782－2440・FAX042－782－3792

神奈川県小型生コンクリート協同組合
1977年2月15日設立　29社　出資金2,320万円
〒221－0835　横浜市神奈川区鶴屋町3－35－1　NKテクノビル4F
☎045－548－6086
URL http://kanagawaken-kogatanamacon.jimdo.com
✉ken-kogatanamacon@smile.ocn.ne.jp
理事長・藤川孝幸　副理事長・石塚由章　専務理事・杉浦隆　事務局長・小菅智代
事務局1名
事業区域・神奈川県及び一部東京都周辺の地域
共販実施状況：未実施
骨材共同購入、代行試験有料化、代納実施

川崎中部建材商組合
1973年5月設立
〒213－0026　川崎市高津区久末2110
丸栄建材㈱内
☎044－751－3322・FAX044－751－3484
会長・鈴木鉄馬　副会長・青戸暹司郎
会計・網野正徳　監査・横山勇
事業区域・川崎市全域、横浜市港北区・緑区、東京都の一部
共販実施（直販）
代行試験有料化実施

徳之島生コン組合
1980年5月設立　5社5工場　出資金500万円
〒891－7101　大島郡徳之島町亀津7460
☎0997－83－1155・FAX0997－83－1238
事業区域・徳之島島内（一円）
員外社数1社1工場

生コンクリート共同試験場・技術センター

凡例
◉名称
（設立年月日 全生連認定の有無）
住所　電話番号　FAX番号
所長（場長）
試験員（専従・出向）
運営主体
認定項目以外の実施試験項目
公的認知
研究事業内容及び実施講座
JIS Q 17025の認定取得項目

全国生コンクリート工業組合連合会中央技術研究所
1988年4月1日設立
〒273－0012　船橋市浜町2－16－1
☎047－433－9492・FAX047－431－9489
URL http://www.zennama.or.jp/5-chuken/
所長・辻本一志
研究員6名（専従6名）
公的認知＝JIS Q 17025、JIS Q 17043
研究事業及び実施講座＝骨材のアルカリシリカ反応性試験に関する研修会、セメントの圧縮強さに関する研修会、塩分含有量測定器の検査に関する研修会、ゴム硬度計の検査に関する研修会、モルタル及びコンクリートの長さ変化測定方法に関する研修会、コンクリートの静弾性係数試験に関する研修会、はかりの校正に関する研修会、温度計の校正に関する研修会、コンクリートの圧縮強度に関する共通試験A 1108、コンクリートの割裂引張強度に関する共通試験A 1113、コンクリートの長さ変化に関する共通試験A 1129、コンクリートの静弾性係数に関する共通試験A 1149、骨材の共通試験 A 1102、A 1103、A 1104、A 1109、A 1145、A 1146、A 1804、A 1110、A 1121、A 1122、A5308附属書A10P）、A 5005 6.6、コンクリートに用いる練混ぜ水の品質に関する共通試験A 5308 附属書CC.8
JIS Q 17025取得（JNLA）A 1106、A 1108、A 1149、R 5201 11、A 1102、A 1109、A 1110、A 1145、A 1146、A 1804、R 5201 9、A 5308附 属 書JC.8.1.4、JC.8.1.5、JC.8.2.6、K 0113 5JIS Q 17043取得A 1108、A 1129－3、A 1102、A 1109、A 1110、A 1145、A 1146、A 1804

北海道生コンクリート工業組合コンクリート技術センター道央試験所
2020年7月1日設立
〒003－0001　札幌市白石区東札幌1条4－6－10
☎011－876－8813・FAX011－876－8815
URL https://www.doukouso.or.jp
所長・保坂憲太
試験員7名
運営主体＝工業組合
JIS Q 17025取得（JAB）コンクリートの圧縮強度試験、コンクリートの曲げ強度試験

北海道生コンクリート工業組合コンクリート技術センター道南試験所
2020年7月1日設立。全生工組連認定
〒041－1221　北斗市清水川142－29
☎0138－86－5812・FAX0138－86－5813
URL https://www.doukouso.or.jp
✉dounanshiken@c-dounan.jp
所長・保坂憲太
試験員4名
運営主体＝工業組合
認定項目以外の実施試験項目＝①コンクリートの拘束膨張試験、②コンクリートの膨張試験、③セメント物理試験、④リバウンドハンマーによる圧縮強度推定⑤凍結融解試験、⑥曲げ靱性試験、⑦硬化コンクリート中に含まれる塩化物イオン試験、⑧コンクリートの中性化深さ測定、⑨促進膨張率試験、⑩コンクリートの配合推定、⑪コンクリートの診断業務、⑫当センターの試験設備で対応できる試験
公的認知＝北海道建設部土木工事共通仕様書
JIS Q 17025取得（JAB）コンクリート圧縮強度試験（JIS A 1108）、コンクリート曲げ強度試験（JIS A 1106）

青森県生コンクリート工業組合技術研修センター
1986年11月設立。全生工組連認定
〒030－0902　青森市合浦1－3－3
☎017－743－1341・FAX017－743－1408
URL http://www.aomori-kouso.jp/
✉info@aomori-kouso.jp
所長・西川芳德
試験員4名（専従4名）
運営主体＝工業組合
認定項目以外の実施試験項目＝凍結融解試験、コンクリートバー法試験、中性化試験、コア強度試験、曲げじん性試験
研究事業及び実施講座＝アルカリシリカ反応性試験、暴露試験供試体の化学分析
JIS Q 17025取得（JNLA）JIS A 1106（コンクリートの曲げ強度試験）、JIS A 1108（コンクリートの圧縮強度試験）

秋田県生コンクリート工業組合技術研修センター
1985年6月1日設立。全生工組連認定
〒011－0904　秋田市寺内蛭根1－15－18
☎018－824－5540・FAX018－823－8339
URL http://www.akita-kouso.com
✉akitagisen@giga.ocn.ne.jp
所長・木村敏彦
試験員4名（専従5名）
運営主体＝工業組合
認定項目以外の実施試験項目＝中性化、ポアソン比、硬化コンクリートの塩化物量、ひび割れ診断標準調査、コア強度・静弾性
JIS Q 17025取得（JNLA）JIS A 1106、JIS A 1108、JIS A 1145

岩手県生コンクリート工業組合・中央技術センター
1984年4月1日設立。全生工組連認定
〒020－0816　盛岡市中野2－15－15
☎019－622－4820・FAX019－622－4825
URL https://www.iwate-kouso.or.jp
✉yfujiwara@zennama.or.jp
所長・袴田豊
試験員4名（専従6名）
運営主体＝工業組合
認定項目以外の実施試験項目＝　コンクリートの長さ変化測定、コンクリートの凍結融解試験、硬化コンクリートの気泡間隔係数および空気量測定、コンクリートの静弾性係数試験、　コンクリートの中性化試験、セメントの化学分析、コンクリート構造物の診断
公的認知＝東北地整アル骨試験、岩手県県土整備部アル骨試験を含む骨材試験
研究事業及び実施講座＝JIS品質管理講習会、品質管理講習会、コンクリート技士および主任技士受験準備講習会、コンクリートの凍害に関する研究、コンクリートの乾燥収縮に関する研究

岩手県生コンクリート工業組合県南技術センター
1984年8月設立。全生工組連認定
〒023－0003　奥州市水沢佐倉河字十文字55－2
☎0197－51－4933・FAX0197－34－2031
URL http://www.iwate-kouso.or.jp
✉ikn10@zennama.or.jp
所長・山内茂樹
試験員3名（専従3名）

運営主体＝工業組合
認定項目以外の実施試験項目＝凍結融解試験、コア抜取り・切断・研磨、動弾性試験、クラック深さ測定、シュミットハンマー試験
公的認知＝東北地整アル骨試験、岩手県県土整備部
研究事業及び実施講座＝コンクリート主任技士、技士試験準備講習会
JIS Q 17025取得（JNLA）JIS A 1106、JIS A 1108

庄内生コンクリート協同組合技術センター

1985年6月設立。全生工組連認定
〒999－7781　東田川郡庄内町余目字大塚22－1
☎0234－43－4774・FAX0234－45－0818
✉yasilyougi@zennama.or.jp
所長・熊田広務
試験員3名（専従3名）
運営主体＝協同組合
認定項目以外の実施試験項目＝中性化促進試験、静弾性試験、中性化深さ測定、シュミットハンマー試験器検定、供試体型枠検定、フレッシュコンクリートの単位水量測定、コア供試体切断・キャッピング、硬化コンクリート中の塩化物イオン量試験、軟石量（旧JISA1126）、密度1.95g/㎤の溶液に浮く粒子の試験（旧JISA1141）
公的認知＝東北地整、山形県、東日本高速道路㈱・アルカリシリカ骨材反応試験

山形中央生コンクリート協同組合山形中央生コンクリート技術センター

1989年10月1日設立。全生工組連認定
〒990－0861　山形市江俣3－6－25
☎023－681－8948・FAX023－681－2280
✉hkisi@zennama.or.jp
所長・岸弘幸
試験員5名（専従5名）
運営主体＝協同組合
認定項目以外の実施試験項目＝秤の検査、コア供試体の端面処理切断・研磨、生コンの単位水量測定、コンクリートのコア圧縮強度試験、コンクリート中性化試験、コンクリート静弾性係数試験
公的認知＝地整におけるアルカリ骨材反応対策の東北地区での信頼できる試験機関
JIS Q 17025取得（JAB）M25.A3.1コンクリート、B13.2.1一軸圧縮試験、JIS A 1108（試験荷重≦2000kN）

大崎生コンクリート協同組合宮城県生コンクリート大崎技術センター

1984年9月設立。全生工組連認定
〒989－6175　大崎市古川諏訪2－5－34
☎0229－22－1311・FAX0229－24－3105
URL https://osaki-gijyutu.com
✉m-oosaki@zennama.or.jp
所長・尾出敏行
試験員8名（専従8名）
運営主体＝協同組合
認定項目以外の実施試験項目＝硬化コンクリートの塩化物量、中性化深さ測定、静弾性係数試験、鋼材試験、土質試験（室内試験／原位置試験）、路盤材料試験
公的認知＝東北地整及び宮城県土木部より同等の扱いを受けている。
東北土木技術人材育成協議会主催の「基礎技術講習会（土木）」実技指導員を派遣している。
JIS Q 17025取得（JAB）JIS A 1108（コンクリートの圧縮強度試験）、JIS A 1106（コンクリートの曲げ強度試験）

宮城県生コンクリート中央技術センター

1984年5月1日設立。全生工組連認定
〒983－0034　仙台市宮城野区扇町4－2－14
☎022－232－7821・FAX022－232－7847
URL http://miyagichuo.net
✉miyachugi@zennama.or.jp
所長・岡本高明
試験員5名（専従4名）
運営主体＝仙台地区生コンクリート協同組合
認定項目以外の実施試験項目＝セメントの物理試験、硬化コンクリート試験、金属材料引張試験、土質試験、路盤材料試験
公的認知＝東北地整、宮城県土木部より同等の扱いを受けている
研究事業及び実施講座＝①フレッシュコンクリートの単位水量測定技術の開発②骨材試験の合理化に関する研究③低品質骨材の有効利用に関する研究④コンクリート構造物の耐久性向上技術に関する研究⑤骨材のアルカリシリカ反応性に関する早期判定
JIS Q 17025取得（コンクリート（JIS A 1108、JIS A 1106）、骨材（JIS A 1102、JIS A 1103、JIS A 1104、JIS A 1105、JIS A 1109、JIS A 1110、JIS A 1121、JIS A 1122、JIS A 1137））

栃木県生コンクリート技術センター

1991年7月設立。全生工組連認定
〒321－0932　宇都宮市平松本町1140－1　生コン会館1F
☎028－610－3213・FAX028－610－3216
URL http://tck-gc.com
✉tc-tochigi@zennama.or.jp
所長・福田英博
試験員3名（専従2名・出向1名）
運営主体＝協同組合
公的認知＝県「生コンクリート製品試験」等試験機関指定要綱第4条の指定
JIS Q 17025取得（JNLA）コンクリート・セメント等無機材料強度試験、JIS A 1108

下伊那生コン協同組合共同試験所

1986年6月1日設立。全生工組連認定
〒395－0002　飯田市上郷飯沼521－1
☎0265－24－1570・FAX0265－24－1720
所長・森下行宏
試験員3名（専従3名）
運営主体＝協同組合
公的認知＝監督員の立会を要する試験所

山梨県コンクリート技術センター

1992年4月1日設立。全生工組連認定
〒400－0042　甲府市高畑1－10－18
☎055－228－5680・FAX055－228－5682
URL http://www.y-namacon.jp/tec/
✉tcenter@y-namacon.jp
場長・関野一男
試験員7名（専従7名）
運営主体＝協同組合
認定項目以外の実施試験項目＝コアの圧縮強度試験、中性化試験、コンクリートの曲げ靱性試験、岩石試験
公的認知＝国土交通省関東地方整備局（アルカリ骨材反応性試験）、山梨県知事（コンクリートの圧縮強度試験）
JIS Q 17025取得（JNLA）：JIS A 1106（コンクリートの曲げ強度試験）、JIS A 1108（コンクリートの圧縮強度試験）、JIS A 1109（細骨材の密度及び吸水率試験方法）、JIS A 1110（粗骨材の密度及び吸水率試験方法）、JIS A 1145（骨材のアルカリシリカ反応性試験方法（化学法））、JIS A 1146（骨材のアルカリシリカ反応性試験方法（モルタルバー法））、JIS Z 2241（金属材料引張試験方法）

東京都生コンクリート工業組合共同試験場

1984年4月設立。全生工組連認定
〒273－8503　船橋市浜町2－16－1
☎047－431－9220・FAX047－437－4228
URL https://www.tokyo-readyconkouso.jp
場長・大嶋博文
試験員9名
運営主体＝工業組合
公的認知＝国土交通省関東地方整備局アルカリ骨材反応性試験
研究事業及び実施講座＝コンクリート初級技術研修会、コンクリート主任技士・技士資格取得研修会、コンクリート技術セミナー
JIS Q 17025取得（JAB）JIS A 1108（附属書Aを除く）試験荷重≦2000kN

富山県生コンクリート工業組合技術研究センター
1990年10月設立。全生工組連認定
〒939－3551　富山市水橋中村456－1
☎076－479－1423・FAX076－479－1416
URL http://www.toyama-kouso.com
✉gc-toyama@zennama.or.jp
所長・神島隆雄
試験員6名
運営主体＝工業組合
認定項目以外の実施試験項目＝コンクリートの拘束膨張試験
公的認知＝北陸地整及び富山県から公的試験機関に準ずる試験場として認知されている
JIS Q 17025取得（JNLA）JIS A 1106：2018「コンクリートの曲げ強度試験方法」、JIS A 1108：2018「コンクリートの圧縮強度試験方法」、JIS A 1145：2022「骨材のアルカリシリカ反応性試験方法（化学法）」（ただし原子吸光光度法に限る）

富山県生コンクリート工業組合共同試験場
1990年10月設立。全生工組連認定
〒939－1273　高岡市葦附1239－13
☎0766－36－2011・FAX0766－36－1875
URL http://www.toyama-kouso.com
✉ks-toyama@zennama.or.jp
場長・神島隆雄
試験員5名（専従5名）
運営主体＝工業組合
認定項目以外の実施試験項目＝石材の圧縮強度、石材の密度・吸水率、コンクリートの曲げ靱性試験
公的認知＝北陸地方整備局及び富山県から公的試験機関に準ずる試験場として認知されている
JIS Q 17025取得（JNLA）JIS A 1106、JIS A 1108（ただし、附属書1を除く）

石川県生コンクリート工業組合県南共同試験場
1984年4月1日設立。全生工組連認定
〒921－8043　金沢市西泉3－33－1
☎076－244－2100・FAX076－242－1350
URL http://www4.ocn.ne.jp/~isinama/
✉sisikawa@zennama.or.jp
場長・宮田政佳
試験員6名（専従6名）
運営主体＝工業組合
認定項目以外の実施試験項目＝中性化試験、モルタルの圧縮強度による砂の試験、ふるい分け、密度・吸水率、粘土塊量、微粒分量、単位容積質量、粒形判定実積率、硬化コンクリート塩分分析試験、セメントの物理試験密度、凝結、安定性、引張強度試験割裂、石材（割ぐり石）見掛け密度・強さ試験、非・微破壊試験
公的認知＝北陸地整局、石川県土木部・農林水産部及び県下10市よりその他信頼に値する機関として認定
研究事業及び実施講座＝①QRコードを利用した試験業務の改善について②北陸地方産フライアッシュへの混和剤の適合性試験の実施③石川県品質管理実務研修を実施④コンクリート技術講習会の実施
JIS Q 17025取得（JNLA）JIS A 1108（コンクリートの圧縮強度試験）、JIS A 1106（コンクリートの曲げ強度試験）

石川県生コンクリート工業組合県北共同試験場
1984年4月1日設立。全生工組連認定
〒927－0027　鳳珠郡穴水町字川島ツ44－5
☎0768－52－3108・FAX0768－52－3260
URL http://www4.ocn.ne.jp/~isinama/
✉nisikawa@zennama.or.jp
場長・宮田政佳
試験員4名（専従4名）
運営主体＝工業組合
認定項目以外の実施試験項目＝ふるい分け、密度・吸水率、粘土塊量、微粒分量、単位容積質量、粒形判定実積率、岩石・石材試験、非破壊・微破壊試験ボス・小径コア、超音波・鉄筋探査
公的認知＝北陸地整、石川県土木部・農林水産部、石川県下10市より指定
研究事業及び実施講座＝①フライアッシュを混入したコンクリートの基礎的実験②フライアッシュの有効利用促進に向けた研究開発
JIS Q 17025取得（JNLA）コンクリート・セメント等無機系材料強度試験JIS A 1108（ただし3.a及び附属書1を除く）JIS A 1106（ただし3.aを除く）

福井県生コンクリート工業組合中央試験場
1987年4月設立。全生工組連認定
〒910－2178　福井市栂野町21－5－1
☎0776－52－1400・FAX0776－52－0099
URL http://www.f-k.or.jp/
✉fukuichuo@zennama.or.jp
場長・鰐渕浩司
試験員3名
運営主体＝工業組合
認定項目以外の実施試験項目＝コア供試体整形・研磨・キャッピング、モルタルの曲げ・圧縮強さ試験、石材試験（見掛比重、吸水率、圧縮強さ）、鉄筋の引張及び曲げ試験、コンクリートの静弾性係数試験、一軸試験機の検査、はかりの検査
公的認知＝福井県発注の工事に係るコンクリート品質試験業務等コンクリート圧縮試験、コンクリート曲げ試験、コンクリート引張試験、抜取りコア整形、抜取りコア圧縮試験、圧接鉄筋引張試験、石材試験
JIS Q 17025取得（JNLA）JIS A 1106コンクリートの曲げ強度試験方法、JIS A 1108コンクリートの圧縮強度試験方法

福井県生コンクリート工業組合嶺南試験場
1987年5月設立。全生工組連認定
〒919－1322　三方上中郡若狭町成願寺4号18－1
☎0770－45－2358・FAX0770－45－2365
場長・鰐渕浩司
試験員2名（専従2名）
運営主体＝工業組合
認定項目以外の実施試験項目＝曲げ靱性タフネス試験、フレッシュコンクリート中の水の塩化物イオン濃度試験、コンクリートコアの中性化深さの測定
公的認知＝福井県知事より指定①コンクリート圧縮強度試験②コンクリート引張強度試験③コンクリート曲げ強度試験④抜取りコア整形⑤抜取りコア圧縮強度試験⑥圧接鉄筋引張試験⑦割ぐり石捨て石試験、近畿地方整備局の準公的試験機関に認知①コンクリート圧縮試験②骨材試験12項目、ネクスコ西日本・中日本の準公的試験機関に認知曲げ靱性試験
JIS Q 17025取得（JNLA）JIS A 1106コンクリートの曲げ強度試験方法、JIS A 1108コンクリートの圧縮強度試験方法

静岡県コンクリート技術センター
1988年4月1日設立。全生工組連認定
〒435－0017　浜松市中央区薬師町346
☎053－422－1500・FAX053－421－3140
URL http://skg-center.jp/
✉info@skg-center.jp
所長・外山泰彦
試験員5名（専従5名）
運営主体＝協同組合
認定項目以外の実施試験項目＝コンクリートの中性化、セメントミルクの強さ試験
公的認知＝中部地整アル骨試験・圧縮試験、静岡県アル骨試験
研究事業及び実施講座＝単位水量迅速測定法について実験を行う、中央技術研究所と共同でアンボンドキャッピングの試験を行う
JIS Q 17025取得（JAB）JIS A 1108、JIS A 1106

岐阜県生コンクリート工業組合恵那試験場
1984年3月21日設立。全生工組連認定
〒509－9132　中津川市茄子川1990－5
☎0573－68－3575・FAX0573－68－4491
URL http://www.gifukouso.or.jp
✉enasiken@io.ocn.ne.jp
場長・小木曽和紀
試験員3名（専従3名）

運営主体＝工業組合
公的認知＝中部地方整備局（コンクリートの品質検査）、岐阜県（コンクリートの品質検査）

岐阜県生コンクリート工業組合技術センター

1987年11月設立。全生工組連認定
〒500－8286　岐阜市西鶉1－69
☎058－275－1230・FAX058－276－3420
所長・髙田浩夫
試験員3名（専従3名）
運営主体＝工業組合
公的認知＝中部地方整備局アル骨試験、圧縮試験　岐阜県アル骨試験、圧縮試験
研究事業及び実施講座＝①国土交通省中部技術事務所とのアル骨並行試験の実施②全生連とのアル骨並行試験の実施③溶融スラグの物理試験
JIS Q 17025取得（JIS A 1106、JIS A 1108）

岐阜県生コンクリート工業組合岐阜試験場

1987年12月10日設立。全生工組連認定
〒500－8288　岐阜市中鶉3－88
☎058－273－8070・FAX058－271－3492
✉gfsiken@io.ocn.ne.jp
場長・伊藤省三
試験員4名（専従4名）
運営主体＝工業組合
公的認知＝中部地建・県コンクリートの品質検査

岐阜県生コンクリート工業組合中濃試験場

1982年8月設立。全生工組連認定
〒501－3763　美濃市極楽寺464－7
☎0575－33－3292・FAX0575－35－1248
URL http://www.gifukouso.or.jp/
✉cnk-k@jewel.ocn.ne.jp
場長・武井薫
試験員5名
運営主体＝工業組合
認定項目以外の実施試験項目＝膨張コンクリートの拘束膨張及び収縮試験方法（JIS A 6202 附属書B A法）
公的認知＝中部地整・岐阜県土木部アルカリシリカ反応性骨材試験、中部地整コンクリート品質検査
JIS Q 17025取得（JIS A 1108）

岐阜県生コンクリート工業組合飛騨試験場

1980年8月設立。全生工組連認定
〒506－0001　高山市冬頭町1091
☎0577－37－1284・FAX0577－32－1923
✉hida@zennama.or.jp
場長・和田野健一
試験員4名（専従3名）
運営主体＝工業組合
認定項目以外の実施試験項目＝道路用砕石試験、再生砕石試験、土質試験、騒音試験、振動試験、曲げ靱性試験、静弾性係数試験
公的認知＝中部地方整備局・岐阜県県土整備部アルカリシリカ反応性試験・コンクリート品質検査、岐阜県県土整備部再生砕石試験
JIS Q 17025取得（JAB）JIS A 1106コンクリートの曲げ強度試験方法、JIS A 1108コンクリートの圧縮強度試験方法

（一社）三重県建設資材試験センター

2008年4月1日設立。全生工組連認定
〒514－0303　津市雲出長常町字中浜垣内1095
☎059－271－5755・FAX059－271－5756
URL https://www.testcenter-mie.or.jp
理事長・谷川恭雄
試験員23名
認定項目以外の実施試験項目＝コンクリート用材料試験、土質・路盤材試験、石材試験
公的認知＝国土交通省中部地方整備局、県下各市町村、三重県
JIS Q 17025取得（JNLA）JIS A 1106、JIS A 1108、JIS A 1145、JIS A 1104、JIS A 1109、JIS A 1110、JIS K 0101 32.3

（一社）三重県建設資材試験センター伊賀試験場

〒518－0824　伊賀市守田町守田197
☎0595－26－3306・FAX0595－24－5546
試験課長・佐脇純治
試験員3名（専従3名）
JIS Q 17025取得（JIS A 1104、JIS A 1109、JIS A 1110、JIS A 1106（3.aを除く）、JIS A 1108（3.a及び附属書1を除く））

（一社）三重県建設資材試験センター尾鷲試験場

〒519－3672　尾鷲市矢浜岡崎町1979－16
☎0597－22－4888・FAX0597－23－3040
URL http://www.testcenter-mie.or.jp
✉owase@testcenter-mie.or.jp
試験課長・西村真史
試験員2名（専従2名）
認定項目以外の実施試験項目＝静荷重検査
JIS Q 17025取得（JNLA）JIS A 1104、JIS A 1109、JIS A 1110、JIS A 1106（3.a）を除く、JIS A 1108（3.a）及び附属書を除く

（一社）三重県建設資材試験センター伊勢志摩試験場

〒516－1101　伊勢市大倉町1618－2
☎0596－28－5133・FAX0596－21－5010
✉ise@testcenter-mie.or.jp
試験場長・坪井慎
試験員2名（専従1名）
認定項目以外の実施試験項目＝シュミットハンマー検定、静荷重検定、ボス供試体の圧縮強度試験
公的認知＝三重県、国土交通省中部地方整備局
JIS Q 17025取得（JNLA）JIS A 1108（3.a）及び附属書を除く）

（一社）三重県建設資材試験センター鈴鹿試験場

2008年4月1日設立。全生工組連認定
〒513－0809　鈴鹿市西条6－32
☎0593－82－8021・FAX0593－84－0044
URL http://www.testcenter-mie.or.jp
✉suzuka@testcenter-mie.or.jp
課長・田中真一
試験員3名（専従3名）
認定項目以外の実施試験項目＝静荷重検査、シュミットハンマー検定、非破壊試験によるコンクリート構造物中の配筋状態及びかぶり測定、コンクリート診断業務コンクリート構造物の点検業務
公的認知＝国土交通省中部地方整備局、県下各市町村、三重県
JIS Q 17025取得（JNLA）JIS A 1108、JIS A 1104、JIS A 1109、JIS A 1110

（一社）三重県建設資材試験センター中央試験場

〒514－0303　津市雲出長常町字中浜垣内1095
☎059－234－8305・FAX059－235－1870
✉cyuoh@testcenter-mie.or.jp
場長・武川正巳
試験員5名（専従3名）
認定項目以外の実施試験項目＝シュミットハンマー検定、静荷重検定、土質試験石材密度・吸水・圧縮、非破壊検査（衝撃弾性波表面2点法、電磁波レーダ法、電磁誘導法）
公的認知＝三重県、国土交通省中部地方整備局
JIS Q 17025取得（JNLA）JIS A 1104、JIS A 1109、JIS A 1110、JIS A 1106（3.aを除く）JIS A 5002 5.5、JIS A 1108（3.a及び附属書1を除く）、JIS K 0101 32.3

（一社）三重県建設資材試験センター松阪試験場

〒515－0041　松阪市上川町コノ2442－3
☎0598－28－5010・FAX0598－28－6571
✉matuzaka@testcenter-mie.or.jp
課長・東山洋一
試験員3名（専従4名）
認定項目以外の実施試験項目＝静荷重検定、シュミットハンマーの検定

(一社)三重県建設資材試験センター四日市試験場
2008年4月1日設立。全生工組連認定
〒510－0834　四日市市ときわ1－2－40
☎059－354－3706・FAX059－354－3736
URL http : //www.testcenter-mie.or.jp
✉yokkaiti@testcenter-mie.or.jp
試験課長・武川正巳
試験員8名(専従7名)
認定項目以外の実施試験項目＝硬化コンクリートの品質調査、ヤング率測定、コンクリート中性化試験
公的認知＝国土交通省中部地方整備局、三重県下各市町
JIS Q 17025取得(JNLA)JIS A 1106、JIS A 1108、JIS A 1145、JIS A 5308 附属書C

奈良県生コンクリート工業組合技術センター
全生工組連認定
〒633－0017　桜井市慈恩寺819－1
☎0744－49－2287・FAX0744－49－2286
URL http : //nara-kouso.or.jp
✉29namakon@ec1.technowave.ne.jp
所長・吉井孝至
試験員3名(専従3名)
運営主体＝工業組合
認定項目以外の実施試験項目＝鋼材試験鉄筋引張、コンクリートの中性化、コンクリートの静弾性係数
公的認知＝近畿地方整備局、奈良県JIS A 5308レディーミクストコンクリートについて全般技　第99号2001年9月26日
研究事業及び実施講座＝研究事業－ポーラスコンクリート現場打設の品質管理と施工管理佐藤道路・㈱近畿大学と共同研究、講習会－奈良県内の工業高校土木・建築科のコンクリート試験方法の実習受入れ、フレッシュコンクリート試験及びコンクリート材料試験の研修会
JIS Q 17025取得(JNLA)JIS A 1108コンクリートの圧縮強度試験方法、JIS A 1110粗骨材の密度及び吸水率試験方法、JIS A 1106コンクリートの曲げ強度試験方法

和歌山県生コンクリート工業組合技術センター紀南試験場
1998年6月5日設立。
〒649－2106　西牟婁郡上富田町南紀の台4－24
☎0739－83－2077・FAX0739－47－1544
URL https : //wakayamakouso.or.jp
✉kinan@triton.ocn.ne.jp
試験業務担当責任者・岩本靖行
試験員2名
運営主体＝工業組合
認定項目以外の実施試験項目＝アスファルトコンクリートの混合物密度・抽出試験
公的認知＝県圧縮強度試験
JIS Q 17025取得(JAB)JIS A 1106コンクリートの曲げ強度試験、JIS A 1108コンクリートの圧縮強度試験

和歌山県生コンクリート工業組合日高試験場
1984年9月設立。全生工組連認定
〒644－0011　御坊市湯川町財部字東新田1057－2
☎0738－23－4354・FAX0738－23－5588
URL http : //wakayamakouso.or.jp/
✉khidaka@themis.ocn.ne.jp
技術管理者・岩本達也
試験員4名(専従4名)
運営主体＝工業組合
認定項目以外の実施試験項目＝単位容積質量・実積率、曲げ靭性試験、硬化コンクリート中の塩化物イオン量、中性化深さの測定
公的認知＝和歌山県
JIS Q 17025取得(JAB)JIS A 1106、JIS A 1108

和歌山県生コンクリート工業組合技術センター和歌山試験場
1986年6月設立
〒641－0036　和歌山市西浜1660－291
☎073－445－0377・FAX073－445－3524
URL http : //wakayamakouso.or.jp/
✉info@wakayamakouso.or.jp
試験業務担当責任者・大前祐樹
試験員3名
運営主体＝工業組合
認定項目以外の実施試験項目＝コンクリートの長さ変化測定、コンクリートの静弾性係数試験
公的認知＝和歌山県、和歌山市
JIS Q 17025取得(JAB)JIS A 1106コンクリートの曲げ強度試験方法、JIS A 1108コンクリートの圧縮強度試験方法

(一社)岡山県コンクリート技術センター
2010年4月1日設立。全生工組連認定
〒700－0943　岡山市南区新福1－21－37
☎086－264－6374・FAX086－264－6879
URL http : //www.okayamagijutsu.or.jp
✉okayamagijutsu@zennama.or.jp
所長・加藤美千夫
試験員5名(専従5名)
運営主体＝一般社団法人
公的認知＝中国地整、岡山県、各市町村アル骨試験
JIS Q 17025取得(JAB)JIS A 1106コンクリートの曲げ強度試験方法、JIS A 1108コンクリートの圧縮強度試験方法

新見生コン協同組合技術センター
1984年8月22日設立。全生工組連認定
〒718－0005　新見市上市8－1
☎0867－72－8500・FAX0867－72－8180
✉ashin@zennama.or.jp
センター長・川本太問
試験員3名(専従3名)
運営主体＝協同組合

広島地区生コンクリート協同組合共同試験場
1986年11月設立。全生工組連認定
〒733－0863　広島市西区草津南3－2－12
☎082－278－5044・FAX082－278－5153
URL https : //hirokyoshi.wixsite.com/website-1, https : //hirokyoshihasida.wixsite.com/website-1
✉hirokyoshi.hashida@grace.ocn.ne.jp
場長・城國省二
試験員6名(専従4名・出向2名)
運営主体＝協同組合
認定項目以外の実施試験項目＝石材又は割ぐり石の圧縮強さ試験
公的認知＝中国地整、広島市、都市基盤整備公団
JIS Q 17025取得(JNLA)JIS A 1106、JIS A 1107、JIS A 1108

山口県生コンクリート工業組合技術センター
1985年4月設立。全生工組連認定
〒754－0014　山口市小郡高砂町3－6
☎083－972－6515・FAX083－972－6516
URL http : //ya-nama.axis.or.jp/
✉yamasiken@zennama.or.jp
所長・秋本忍
試験員2名(出向2名)
運営主体＝工業組合
JIS Q 17025取得(JNLA)JIS A 1106(ただし、供試体の作製除く)、JIS A 1108(ただし、供試体の作製及び附属書Aを除く)

島根県生コンクリート工業組合共同試験場
1983年11月設立。全生工組連認定
〒693－0026　出雲市塩冶原町1－2－6
☎0853－24－2200・FAX0853－24－2202
✉simsiken@zennama.or.jp
場長・田原光夫
試験員7名(専従2名)
運営主体＝工業組合
認定項目以外の実施試験項目＝曲げ靭性試験、コアの圧縮強度
JIS Q 17025取得(JNLA)コンクリートの曲げ強度試験、コンクリートの圧縮強度試験

香川県生コンクリート工業組合技術試験センター
2003年10月1日設立。全生工組連認定高松試験所

〒760－0002　高松市茜町28－40
☎087－812－0806・FAX087－812－0857
URL http : //kagawa-namacon.or.jp/
✉sanuki_gi@dolphin.ocn.ne.jp
所長・古田満広
試験員6名（所長含む）
運営主体＝香川県生コンクリート工業組合
認定項目以外の実施試験項目＝コンクリートの静弾性係数、硬化コンクリート中の塩分試験、コンクリートの曲げじん性試験、モルタルの曲げ試験、石材の圧縮強度試験
公的認知＝国、香川県、市、町
研究事業＝コンクリートの色測定、JCI四国支部研究委員会へ委員として参加実施講座＝高校生のための生コン研修会への講師派遣、組合員工場対象の共通試験（コンクリートの圧縮強度試験）への協力、県市町の建設系職員の研修会への講師派遣と実技研修主催
JIS Q 17025取得（JAB）JIS A 1106、JIS A 1108

愛媛県生コンクリート工業組合中予技術センター
1992年4月1日設立。全生工組連認定
〒790－0951　松山市天山3－8－20
☎089－948－1239・FAX089－948－1278
URL http : //www.chuyo-namacon.or.jp
✉cyukyouso@zennama.or.jp
試験所長・渡部善弘
試験員3名（専従3名）
運営主体＝工業組合
認定項目以外の実施試験項目＝リバウンドハンマーの検査、石の圧縮強さ試験、土質試験、路盤材試験、膨張コンクリートの拘束膨張試験、コンクリートの中性化深さの測定、硬化コンクリート中に含まれる塩化物イオンの試験、石の比重及び吸水率試験、コアの圧縮強度試験
JIS Q 17025取得（JNLA）コンクリートの圧縮強度試験、コンクリートの曲げ強度試験

愛媛県生コンクリート工業組合東予技術センター
2019年10月設立。全生工組連認定
〒792－0825　新居浜市星原町11－31
☎0897－43－2111・FAX0897－43－2115
✉ehime-toyo@zennama.or.jp
所長・新迫東洋男
試験員3名（専従3名）
運営主体＝協同組合
認定項目以外の実施試験項目＝鉄筋、土質試験、路盤材試験、ソイルセメント調合試験、硬化コンクリート塩分試験、コンクリート拘束膨張試験

愛媛県生コンクリート工業組合南予技術センター
1988年4月1日設立。全生工組連認定
〒797－0045　西予市宇和町坂戸321
☎0894－62－3100・FAX0894－62－7076
URL https : //www.nangi-center.com
✉nangi-center@zennama.or.jp
所長・竹村賢
試験員6名（専従6名）
運営主体＝南予生コンクリート協同組合
認定項目以外の実施試験項目＝鉄筋の引張、曲げ、単位容積質量、土質粒度試験、密度、液性限界、塑性限界、土の突固め、室内CBR、修正CBR、土の透水試験、岩の破砕率試験、岩のスレーキング試験、コーン試験、岩の乾湿繰返試験、礫の積密度、吸水率試験、コンクリート曲げ靱性試験、硬化発泡プラスチック圧縮強度、土の一軸試験、土質の現場密度試験、平板載荷試験、簡易支持力（キャスポル）、コンクリートの試験練り、土の三軸圧縮
JIS Q 17025取得（JNLA）JIS A 1106コンクリートの曲げ強度試験方法、JIS A 1108コンクリートの圧縮強度試験方法、JIS A 1110粗骨材の密度及び吸水率試験方法

高知県生コンクリート工業組合技術センター東部試験所
1987年3月設立。全生工組連認定
〒781－5232　香南市野市町西野1892
☎0887－57－1251・FAX0887－56－0780
URL http : //www.kochikouso.or.jp/
✉tobushiken-kochi@zennama.or.jp
所長・坂本久史
試験員5名（専従5名）
運営主体＝工業組合
認定項目以外の実施試験項目＝鉄筋の引張及び曲げ試験、石材の圧縮強さ試験
公的認知＝高知県土木部
JIS Q 17025取得（JNLA）JIS A 1145（ただし、8、3、2を除く）、JIS A 1106（ただし、供試体の作製、形状及び寸法の許容差の測定を除く）、JIS A 1108（ただし、供試体の作製、形状及び寸法の許容差の測定を除く）

長崎県生コンクリート工業組合県央技術センター
1992年4月設立。全生工組連認定
〒859－0312　諫早市西里町282－8
☎0957－24－6464・FAX0957－24－2566
✉nagasakiou@zennama.or.jp
試験員5名（専従5名）
運営主体＝工業組合
認定項目以外の実施試験項目＝曲げ靱性試験
JIS Q 17025取得（JNLA）JIS A 1108（コンクリートの圧縮強度試験）

長崎県生コンクリート工業組合島原南高技術センター
1986年6月設立。全生工組連認定
〒859－1505　南島原市深江町戊638－4
☎0957－72－6309・FAX0957－72－5583
✉shimabara@zennama.or.jp
試験員7名（専従7名）
運営主体＝工業組合
公的認知＝九州地整・長崎県アルカリ骨材反応試験、九州地整レディーミクストコンクリートの品質試験機関
JIS Q 17025取得（JNLA）JIS A 1108、JIS A 1106

長崎県生コンクリート工業組合下五島技術センター
1997年10月9日設立。全生工組連認定
〒853－0042　五島市吉田町3291－2
☎0959－74－6210・FAX0959－74－3854
運営主体＝工業組合
公的認知＝九州地方整備局、長崎県土木部特記仕様書に記載
JIS Q 17025取得（JNLA）JIS A 1108

長崎県生コンクリート工業組合対馬技術センター
1996年12月1日設立。全生工組連認定
〒817－0016　対馬市厳原町東里238－1
☎0920－52－2816・FAX0920－52－6364
✉nnk.t@zennama.or.jp
所長・川辺清明
試験員3名（専従3名）
運営主体＝工業組合
公的認知＝九州地方整備局、長崎県
研究事業及び実施講座＝コンクリート主任技士、技士の技術講習会
JIS Q 17025取得（JNLA）JIS A 1108

長崎広域生コンクリート協同組合共同試験研究所
2012年7月設立
〒851－1133　長崎市小江町1749－4
☎095－865－6677・FAX095－865－668
所長・寺田了司
試験員10名
運営主体＝協同組合

天草地区生コンクリート協同組合天草地区共同試験場
1984年7月設立。全生工組連認定
〒863－0043　天草市亀場町亀川479－1
☎0969－24－2849・FAX0969－23－5264
✉amanamakumiai@wing.ocn.ne.jp
場長・福島修
試験員1名（専従1名）
運営主体＝協同組合
認定項目以外の実施試験項目＝石材割りぐり石の密度、吸水率、圧縮強度試験、コアの切断、キャッピング

公的認知＝熊本県セメント・コンクリートの圧縮、曲げ、引張試験

人吉球磨地区生コンクリート協同組合人吉球磨地区共同試験場

1984年8月1日設立。全生工組連認定
〒868－0071　人吉市西間上町2586－1
☎0966－23－5664・FAX0966－24－8854
場長・今村栄一
試験員1名（専従1名）
運営主体＝協同組合
公的認知＝熊本県圧縮、曲げ、引張試験

大分県生コンクリート工業組合国東技術センター

1982年7月設立。全生工組連認定
〒873－0421　国東市武蔵町糸原3963－8
☎0978－68－1613・FAX0978－68－1614
URL http : //oitan1.wix.com/oita-rmc
✉kunisaki@zennama.or.jp
所長・田辺晴生
試験員3名（専従3名）
運営主体＝協同組合
公的認知＝大分県骨材・強度試験に準じた扱い
研究事業及び実施講座＝微粉砕乾燥スラッジ（PDS）を用いた回収骨材・再生骨材コンクリートについて
JIS Q 17025取得（JIS A 1106（附属書JA）を除く）、JIS A 1108（附属書A）を除く））

大分県生コンクリート工業組合日田技術センター

2000年10月設立。全生工組連認定
〒877－0066　日田市大字川下767－30
☎0973－27－7226・FAX0973－27－2125
URL http : //oitan1.wixsite.com/oita-rmc
✉hita-80@zennama.or.jp
所長・穴見秀雄
試験員3名（専従3名）
運営主体＝協同組合
公的認知＝大分県の指定
JIS Q 17025取得（JAB）圧縮・曲げ

大分県生コンクリート工業組合豊肥技術センター

1982年10月設立。全生工組連認定
〒879－7111　豊後大野市三重町赤嶺1164－110
☎0974－22－3312・FAX0974－22－3313
URL http : //oitan1.wix.com/oita-rmc
✉houhi223311@zennama.or.jp
所長・中山愛依子
試験員3名（専従3名）
運営主体＝協同組合
公的認知＝大分県より準公的機関圧縮及び曲げ強度・骨材試験
JIS Q 17025取得（JAB）JIS A 1108（附属書Aを除く）、JIS A 1106（附属書JAを除く）

宮崎県生コンクリート工業組合共同試験場

1984年6月設立
〒880－0834　宮崎市新別府町鷹藁1948
☎0985－24－7025・FAX0985－24－7054
URL https : //www.namakon.com
✉mkshikenjyo@ablia.ocn.ne.jp
場長・市川治仁
試験員6名（専従6名）
運営主体＝工業組合
JNLA登録以外の実施試験項目＝コンクリートの中性化深さ測定試験、コンクリートの長さ変化試験、コンクリートの静弾性係数試験、硬化コンクリート中に含まれる塩化物イオンの試験、コンクリートの配合推定試験（セメント協会法）、アンボンドキャッピングに用いるゴム硬さ試験機の検定、塩分含有量測定器の検定
公的認知＝地整、アル骨反応試験実施機関、県市町村等、準公的試験機関
研究事業及び実施講座＝コンクリート技士・主任技士受験対策講習会、コンクリート関連技術者研修会CPDS認定講習、技術研修会、講習会、生コン学校等
JIS Q 17025取得（JNLA）JIS A 1108、JIS A 1106、JIS A 1102、JIS A 1103、JIS A 1104、JIS A 1105、JIS A 1109、JIS A 1110、JIS A 1121、JIS A 1137、JIS A 1122、JIS A 1145、JIS A 1146、粒形判定実積率試験、細骨材の塩化物量試験、水質試験（モルタルの圧縮強さ、セメントの凝結時間差、懸濁物質の量、溶解性蒸発残留物の量、塩化物イオン量）、セメントの凝結試験及び強さ試験

沖縄県生コンクリート工業組合中南部地区共同試験所

1984年5月1日設立。全生工組連認定
〒900－0001　那覇市港町2－14－1
☎098－862－2466・FAX098－864－1605
URL http : //namakon-kumiai.jp
✉t-okinawa@zennama.or.jp
所長・比嘉圭二郎
試験員7名（専従7名）
運営主体＝工業組合
認定項目以外の実施試験項目＝試験練り、硬化コンクリート中性化・塩分、環境測定・分析業務全般
公的認知＝沖縄総合事務局開発建設部、沖縄県土木建築部アルカリシリカ反応性試験、沖縄県濃度に係わる計量証明の事業
JIS Q 17025取得（JNLA）圧縮強度・曲げ強度

沖縄県生コンクリート工業組合北部地区共同試験所

1984年3月設立。全生工組連認定
〒905－0006　名護市字宇茂佐1703－10
☎0980－53－5727・FAX0980－54－0807
✉h-okinawa@zennama.or.jp
所長・瀬長忍
試験員2名（専従2名）
運営主体＝工業組合
認定項目以外の実施試験項目＝単位容積質量・実積率、粘土塊量、微粒分量、研磨、シュミットハンマーによる強度推定、カットコア、岩石圧縮、単位水量測定試験
公的認知＝沖縄県
JIS Q 17025取得（JNLA）圧縮強度試験・曲げ強度試験

認定共同試験場名	製品試験						設備管理試験							
	圧縮強度	曲げ強度	スランプ	空気量	塩化物含有量	コンクリートの単位容積質量	静荷重検査	ミキサ練混ぜ性能	トラックアジテータ性能	圧縮強度試験機校正・検証	ゴム硬さ試験機の検査	はかりの校正	温度計の校正	塩分含有量測定器の検査
北海道生コンクリート工業組合コンクリート技術センター道央試験所	○	○												
北海道生コンクリート工業組合コンクリート技術センター道南試験所	○	○												
青森県生コンクリート工業組合技術研修センター	○	○									○			○
秋田県生コンクリート工業組合技術研修センター	○	○									○	○	○	○
岩手県生コンクリート工業組合中央技術センター	○	○	○	○	○						○			○
岩手県生コンクリート工業組合県南技術センター	○	○	○	○							○			○
庄内生コンクリート協同組合技術センター	○	○												○
山形中央生コンクリート技術センター	○	○					○			○				○
宮城県生コンクリート中央技術センター	○	○	○	○	○	○	○			○		○		○
宮城県生コンクリート大崎技術センター	○	○	○	○	○									○
東京都生コンクリート工業組合共同試験場	○													○
栃木県生コンクリート技術センター	○	○												
下伊那生コン協同組合共同試験所	○	○												
山梨県コンクリート技術センター	○	○									○			○
富山県生コンクリート工業組合技術研究センター	○	○												○
富山県生コンクリート工業組合共同試験場	○	○												○
石川県生コンクリート工業組合県南共同試験場	○	○	○	○	○									○
石川県生コンクリート工業組合県北共同試験場	○	○	○	○	○									○
福井県生コンクリート工業組合中央試験場	○	○									○			○
福井県生コンクリート工業組合嶺南試験場	○	○									○			○
静岡県コンクリート技術センター	○	○	○	○	○						○			○
岐阜県生コンクリート工業組合中濃試験場	○	○	○	○	○									○
岐阜県生コンクリート工業組合飛騨試験場	○	○	○	○	○			○	○		○			○
岐阜県生コンクリート工業組合恵那試験場	○	○	○	○	○			○	○					○
岐阜県生コンクリート工業組合技術センター	○	○	○	○	○									
岐阜県生コンクリート工業組合岐阜試験場	○	○	○	○	○									○
(一社)三重県建設資材試験センター伊賀試験場	○	○												
(一社)三重県建設資材試験センター四日市試験場	○	○												○
(一社)三重県建設資材試験センター鈴鹿試験場	○													
(一社)三重県建設資材試験センター松阪試験場	○	○												
(一社)三重県建設資材試験センター尾鷲試験場	○	○												
(一社)三重県建設資材試験センター中央試験場	○	○												
(一社)三重県建設資材試験センター伊勢志摩試験場	○	○												

認定取得試験項目一覧表 1 (2025 年 3 月現在)

材料受入管理試験																	品質性能試験		
(1) 骨材試験															(2)	(3)			
ふるい分け	粒形判定実積率	細骨材の密度・吸水率	粗骨材の密度・吸水率	有機不純物	粘土塊量	微粒分量	密度1.95g／cm³液体に浮く粒子	単位容積質量	塩化物量試験	すりへり減量	安定性	アルカリシリカ反応性 化学法	アルカリシリカ反応性 モルタルバー法	アルカリシリカ反応性 迅速法	強さ試験（圧縮強さ）	水質試験	静弾性係数試験	長さ変化測定	割裂引張強度
○	○	○	○	○	○	○		○	○	○	○	○	○	○	○	○	○	○	
○	○	○	○	○	○	○		○	○	○	○	○	○		○	○			
○	○	○	○	○	○	○		○	○	○	○	○	○	○	○	○	○	○	
○	○	○	○	○	○	○		○	○	○	○	○	○		○	○	○	○	
○	○	○	○	○	○	○		○	○	○	○	○	○	○	○	○			
○	○	○	○	○	○	○		○	○	○	○	○	○		○	○	○		
○	○	○	○	○	○	○		○	○	○	○	○	○		○	○			
○	○	○	○	○	○	○		○	○	○	○	○	○		○	○			
○	○	○	○	○	○	○		○	○	○	○	○	○		○	○	○	○	
○	○	○	○	○	○	○		○	○	○	○	○	○		○	○			
○	○	○	○	○	○	○	○	○	○	○	○	○	○	○		○	○	○	
○	○	○	○	○	○	○		○	○	○	○								
○	○	○	○	○	○	○		○	○	○	○					○			
○	○	○	○	○	○	○	○	○	○	○	○	○	○	○	○	○	○	○	○
○	○	○	○	○	○	○		○	○	○	○	○	○		○		○	○	
○	○	○	○	○	○	○		○	○	○	○					○	○		
				○					○	○	○	○	○	○	○	○	○	○	
				○					○	○	○					○			
○	○	○	○	○	○	○		○	○	○	○				○	○			
○	○	○	○	○	○	○		○	○	○	○								
○	○	○	○	○	○	○		○	○	○	○	○	○		○	○	○		○
○	○	○	○	○	○	○		○	○	○	○	○	○	○	○	○			
○	○	○	○	○	○	○		○	○	○	○	○	○	○	○	○			
○	○	○	○	○	○	○		○	○	○	○				○	○			
○	○	○	○	○	○	○		○	○			○	○	○			○	○	
○	○	○	○	○	○	○		○	○	○	○				○	○			
○	○	○	○	○	○	○		○	○	○	○							○	
												○	○		○	○			
○	○	○	○	○	○	○		○	○	○	○								
○	○	○	○	○	○	○		○	○	○	○								
		○	○					○											
○	○	○	○	○	○	○		○	○	○	○				○	○			
				○	○	○													

認定共同試験場名	製品試験						設備管理試験							
	圧縮強度	曲げ強度	スランプ	空気量	塩化物含有量	コンクリートの単位容積質量	静荷重検査	ミキサ練混ぜ性能	トラックアジテータ性能	圧縮強度試験機校正・検証	ゴム硬さ試験機の検査	はかりの校正	温度計の校正	塩分含有量測定器の検査
奈良県生コンクリート工業組合技術センター	○	○									○			○
和歌山県生コンクリート工業組合技術センター和歌山試験場	○	○									○			○
和歌山県生コンクリート工業組合技術センター日高試験場	○	○					○				○			○
和歌山県生コンクリート工業組合技術センター紀南試験場	○	○												○
新見生コン協同組合技術センター	○	○	○	○	○	○	○	○	○					○
(一社) 岡山県コンクリート技術センター	○	○					○			○	○	○		○
広島地区生コンクリート協同組合共同試験場	○	○									○	○		○
島根県生コンクリート工業組合共同試験場	○	○									○			○
山口県生コンクリート工業組合技術センター	○	○												○
香川県生コンクリート工業組合技術試験センター	○	○												○
高知県生コンクリート工業組合技術センター東部試験所	○	○									○		○	○
愛媛県生コンクリート工業組合中予技術センター	○	○												○
愛媛県生コンクリート工業組合東予技術センター	○	○												○
愛媛県生コンクリート工業組合南予技術センター	○	○								○	○			○
長崎県生コンクリート工業組合島原南高技術センター	○	○									○			○
長崎県生コンクリート工業組合県央技術センター	○	○					○				○			○
長崎県生コンクリート工業組合対馬技術センター	○	○												
長崎県生コンクリート工業組合下五島技術センター	○	○												
大分県生コンクリート工業組合豊肥技術センター	○	○												○
大分県生コンクリート工業組合国東技術センター	○	○												○
大分県生コンクリート工業組合日田技術センター	○	○									○		○	○
天草地区生コンクリート協同組合天草地区共同試験場	○	○												○
人吉球磨地区生コンクリート協同組合人吉球磨地区共同試験場	○	○												
沖縄県生コンクリート工業組合北部地区共同試験所	○	○	○	○	○						○			○
沖縄県生コンクリート工業組合中南部地区共同試験所	○	○	○	○	○		○		○		○	○	○	○

認定取得試験項目一覧表 2 (2025 年 3 月現在)

材料受入管理試験																	品質性能試験		
(1) 骨材試験															(2)	(3)			
ふるい分け	粒形判定実積率	細骨材の密度・吸水率	粗骨材の密度・吸水率	有機不純物	粘土塊量	微粒分量	密度1.95g/cm³液体に浮く粒子	単位容積質量	塩化物量試験	すりへり減量	安定性	アルカリシリカ反応性 化学法	アルカリシリカ反応性 モルタルバー法	アルカリシリカ反応性 迅速法	強さ試験(圧縮強さ)	水質試験	静弾性係数試験	長さ変化測定	割裂引張強度
○	○	○	○	○	○	○		○	○	○	○	○	○		○	○			
○	○	○	○					○											
○		○	○	○	○	○			○	○	○	○	○			○			
○		○	○	○	○	○		○	○	○	○					○			
○	○	○	○	○	○	○		○	○	○	○					○			
○	○	○	○	○	○	○	○	○	○	○	○	○	○	○	○	○	○	○	
○	○	○	○	○	○	○	○	○	○	○	○	○	○		○	○	○	○	○
○	○	○	○	○	○	○		○	○	○	○					○			
				○					○	○	○				○	○			
○	○	○	○	○	○	○	○	○	○	○	○	○	○		○	○		○	
○	○	○	○	○	○	○		○	○	○	○	○	○		○	○	○	○	○
○	○	○	○	○	○	○		○	○	○	○	○	○	○	○	○	○	○	○
○	○	○	○	○	○	○		○	○	○	○	○	○			○	○	○	
○	○	○	○	○	○	○		○	○	○	○	○	○	○	○	○	○	○	○
○	○	○	○	○	○	○	○	○	○	○	○	○	○		○	○			
○	○	○	○	○	○	○	○	○	○	○	○				○	○	○	○	
○	○	○	○		○	○		○											
○	○	○	○		○	○		○		○									
○	○	○	○	○	○	○		○	○	○	○	○	○						○
○	○	○	○	○	○	○		○	○	○	○								○
○	○	○	○	○	○	○		○	○	○	○				○	○	○	○	○
○	○	○	○	○	○	○		○		○	○								
○	○	○	○	○	○	○		○		○	○								
○	○	○	○	○					○	○	○								
○	○	○	○	○	○	○		○	○	○	○	○	○		○	○	○	○	

生コン・セメント卸協同組合

全国生コンクリート卸協同組合連合会
1978年6月1日設立。出資金160万円
組合員数10組合
〒104－0061　中央区銀座5－14－6
橋ビルⅡ
☎03－3545－1001・FAX03－3545－1004
会長・山下豊

旭川生コン卸商協同組合
2000年1月6日設立。出資金300万円　組合員数5社
〒078－8274　旭川市工業団地4条1－2－1
☎0166－76－9100・FAX0166－76－9101
✉armcwcop@bz04.plala.or.jp
理事長・柴田亨　事務局長・黒沢夏希
共同購買・共同販売実施
価格･土木18－8－25の場合2024年24,150円2025年25,550円、建築21－18－25の場合2024年25,000円2025年27,500円　製造コスト上昇
2023年度実績58千㎥、2024年度見込53千㎥、2025年度想定50千㎥

札幌生コン卸協同組合
1980年2月22日設立。出資金5600万円
組合員数9社
〒003－0001　札幌市白石区東札幌一条4－24－5　コンクリート技術センター3F
☎011－823－3312・FAX011－823－3918
理事長・金澤博通
共同仕入・共同販売実施

苫小牧生コンクリート卸協同組合
1985年6月19日設立。出資金350万円　組合員数7社
〒053－0053　苫小牧市柳町2－1－1
☎0144－55－2511・FAX0144－55－3233
理事長・阿部明弘　副理事長・藤井圭介
事務局・村上忠
共同購買実施
価格･土木24－5－40の場合2023年24,000円、建築21－18－20の場合2023年24,000円　製造コスト上昇
2023年度実績135千㎥

岩手県南生コンクリート卸商協同組合
1995年12月20日設立。出資金1280万円
組合員数8社
〒023－0001　奥州市水沢卸町4－5
☎0197－23－7611・FAX0197－23－7520
✉iknamaorosi@pure.ocn.ne.jp
理事長・佐藤良介　事務局長・高橋南枝
生コンクリートの共同販売
価格･土木18－18－20の場合2024年20,200円2025年22,700円、建築21－18－20の場合2024年20,500円2025年23,000円　製造コスト上昇
2023年度実績184千㎥、2024年度見込200千㎥、2025年度想定160千㎥

盛岡生コンクリート卸商協同組合
1988年9月9日設立。出資金1640万円　組合員数8社
〒020－0021　盛岡市中央通1－11－17
第2大通りビル3F
☎019－622－0295・FAX019－622－0298
理事長・太田代武彦　事務局長・三田村泰士
共同販売実施
価格･土木18－8－40の場合2024年25,800円、建築21－18－20の場合2024年25,800円　製造コスト上昇、出荷量の減少
2023年度実績138千㎥、2024年度見込125千㎥、2025年度想定130千㎥

気仙沼地区生コンクリート卸商協同組合
組合員数3社
〒988－0114　気仙沼市松崎浦田101－3
☎0226－25－9185・FAX0226－25－9186

宮古区域生コンクリート卸商協同組合
2012年6月7日設立　組合員数4社
〒027－0036　宮古市田鎖第9地割52－6
☎0193－77－4401・FAX0193－77－4402

埼玉生コンクリート卸協同組合
1985年1月16日設立。出資金16900万円
組合員数34社
〒330－0852　さいたま市大宮区大成町1－129　渋谷ビル3F（埼玉県セメント卸協同組合内）
☎048－652－6171・FAX048－652－6174
代表理事・浅野一郎

東京生コンクリート卸協同組合
1977年9月22日設立。出資金11400万円
組合員数38社
〒104－0061　中央区銀座5－14－6　橋ビルⅡ
☎03－3545－1001・FAX03－3545－1004
理事長・山下豊　専務理事・森田和夫

西東京生コンクリート卸協同組合
出資金5500万円　組合員数11社
〒190－0023　立川市柴崎町3－11－22
☎042－529－5121・FAX042－529－5126
理事長・安藤公隆

神奈川地区生コン卸商協同組合
1984年11月27日設立。出資金780万円
組合員数26社
〒221－0844　横浜市神奈川区沢渡1－2
高島台第2ビル6F
☎045－312－7670・FAX045－316－1094
理事長・水品洋一　副理事長・長島茂利
髙橋達郎、溝田泰之　専務理事・永田邦博
教育情報事業、福利厚生事業
製造コスト上昇、運賃上昇、労務費上昇

名古屋地区生コン卸商協同組合
1980年6月4日設立。出資金21720万円
組合員数28社
〒460－0003　名古屋市中区錦3－20－27
御幸ビル7F
☎052－211－2116・FAX052－211－2117
代表理事・大原正敏
共同販売実施　対象ゼネコン330社
価格･土木18－8－25の場合2024年17,000円2025年20,000円、建築18－18－25の場合2024年17,000円2025年20,000円
2023年度実績1342千㎥、2024年度見込1232千㎥、2025年度想定1070千㎥

東三河地区生コン卸商協同組合
1983年6月4日設立。出資金2410万円　組合員数9社
〒441－8007　豊橋市馬見塚町175
☎0532－32－5256・FAX0532－31－2679
✉orosi
理事長・板倉四郎
共同販売実施　対象ゼネコン600社

滋賀県北部生コンクリート販売協同組合
1984年10月22日設立。出資金1060万円
組合員数6社
〒526－0031　長浜市八幡東町84－6
☎0749－63－1533・FAX0749－62－6222
URL http://www.kohoku-con.jp
✉info@kohoku-con.jp
理事長・沓水文男　副理事長・石田亨
事務局長・冨永倫彦
残コン戻コン有償化、賠償責任保険への加入、代行試験有料化
価格･土木21－8－40の場合2024年23,300円、建築24－15－20の場合2024年24,600円
2023年度実績54千㎥、2024年度見込66千㎥、2025年度想定70千㎥

京都中央生コン販売協同組合
〒601－8044　京都市南区東九条明田町8番地烏丸通札ノ辻西入ル
☎075－661－9000
理事長・大野昭則

岡山県生コンクリート販売協同組合
〒700－0943　岡山市南区新福2－13－17
☎086－902－0013・FAX086－902－0015
URL htpps : //wwwonhk.or.jp/
理事長・石岡敏正

呉地区生コンクリート卸商協同組合
出資金1100万円　組合員数11社
〒737－0046　呉市中通1－1－20（三栄産業㈱内）
☎0823－21－6195
理事長・大木武春
活動休止中

東広島生コンクリート卸商協同組合
1989年4月1日設立。出資金3300万円　組合員数11社
〒739－0014　東広島市西条昭和町1－15
☎082－422－0200・FAX082－422－0220
理事長・宗藤利彦　副理事長・高尾周治　常務理事・西明勝将、小早川敏　事務局長・村上秀男
共同販売実施

広島地区生コンクリート卸商協同組合
1978年5月26日設立。出資金23000万円　組合員数25社
〒732－0817　広島市南区比治山町2－4
☎082－262－1700・FAX082－262－0033
理事長・國弘和正　副理事長・猫本雅彦、児玉容一　専務理事・高尾周治　事務局長・森本裕二
生コンの共同受注・共同販売事業実施
対象ゼネコン約800社
価格・土木18－18－20の場合2024年22,000円、建築18－18－20の場合2024年22,000円　製造コスト上昇
2023年度実績768千㎥、2024年度見込760千㎥、2025年度想定700千㎥

セメント卸協同組合連合会
1990年6月1日設立。出資金360万円　組合員数36組合
〒104－0061　中央区銀座5－14－6　橋ビルⅡ
☎03－3546－8686・FAX03－3545－2027
会長・渡辺聡　専務理事・加藤雅史

北海道セメント卸協同組合
1997年8月7日設立
〒003－0001　札幌市白石区東札幌一条4－24－5　コンクリート技術センター3F
☎011－823－3312・FAX011－823－3918
理事長・生田考
共同購買・共同販売実施

青森県セメント卸協同組合
出資金900万円　組合員数6社
〒030－0811　青森市青柳1－8－19　日扇共同ビル2F
☎017－723－3051・FAX017－723－3054
理事長・船越秀彦
共同購買実施

秋田県セメント卸協同組合
1996年11月25日設立。出資金2000万円　組合員数10社
〒010－0921　秋田市大町3－2－44　協働大町ビル2F
☎018－888－3202・FAX018－888－3203
理事長・田口清光
共同購買実施

岩手県セメント卸協同組合
1996年10月設立。出資金1170万円　組合員数8社
〒020－0021　盛岡市中央通1－11－17
☎019－622－0186・FAX019－622－0298
理事長・太田代武彦　専務理事・三田村泰士
共同購買・共同販売実施
2023年度実績169千袋、2024年度見込140千袋、2025年度想定140千袋

山形県セメント卸協同組合
1996年12月18日設立。出資金2040万円　組合員数17社
〒990－0071　山形市流通センター4－7－3
☎023－615－7750・FAX023－615－7768
理事長・加藤聡　専務理事・菊地健一
共同購買実施

宮城県セメント卸協同組合
1986年11月19日設立。出資金4115万円　組合員数14社
〒980－0011　仙台市青葉区上杉1－15－24　林産上杉ビル3F
☎022－265－3961・FAX022－225－5157
理事長・早坂征一郎　専務理事・小林竹喜
共同購買実施
価格・2024年度482円／袋2025年度532円／袋　セメント値上げ
2023年度実績445千袋、2024年度見込324千袋、2025年度想定326千袋

福島県セメント卸協同組合
1988年3月19日設立。出資金2570万円　組合員数23社
〒963－8025　郡山市桑野2－5－1　桑野ビル2F
☎024－934－5132・FAX024－934－5138
✉fuku-cement@gol.com
理事長・渡邊泰宏　副理事長・久保田栄二　専務理事・武田賢一、小林秀吉
共同購買実施
2023年度実績437千袋

茨城県セメント卸協同組合
1986年6月5日設立。出資金3020万円　組合員数22社
〒310－0803　水戸市城南1－4－12　柏木ビル2F
☎029－231－5351・FAX029－231－5356
理事長・山崎晋一郎　副理事長・神林克浩　事務長・横須賀秀夫
共同購売事業実施
2023年度実績398千袋、2024年度見込313千袋、2025年度想定246千袋

栃木県セメント卸協同組合
1986年6月2日設立。出資金2295万円　組合員数8社
〒321－0953　宇都宮市東宿郷3－6－1　アビタシオン東宿郷1F
☎028－637－7413・FAX028－637－7414
理事長・辻由兵衛
価格・2024年度470円／袋
2023年度実績254千袋、2024年度見込237千袋

群馬県セメント卸協同組合
1986年1月31日設立。出資金2390万円　組合員数17社
〒370－0006　高崎市問屋町3－10－3　問屋町センター第二ビル506号
☎027－362－7131・FAX027－362－7391
理事長・廣田哲也
共同購買実施
2023年度実績161千袋、2024年度見込128千袋、2025年度想定100千袋

長野県セメント卸協同組合
1986年9月27日設立。出資金2205万円　組合員数20社
〒381－0025　長野市北長池1667　炭平ビル2F
☎026－263－5785・FAX026－263－5721
理事長・鷲澤幸一　事務局長・高野照男
共同購買・共同販売実施
価格・2024年度700～850円／袋　セメント値上げ
2023年度実績455千袋、2024年度見込410千袋、2025年度想定500千袋

山梨県セメント卸協同組合
出資金642万円　組合員数11社

卸協組

〒400－0032　甲府市中央1－12－29　入戸野中央ビル2F
☎055－222－4641・FAX055－226－4263
理事長・中澤潤
共同購買実施（袋セメントのみ）

埼玉県セメント卸協同組合
1986年12月16日設立。出資金6600万円
組合員数44社
〒330－0852　さいたま市大宮区大成町1－129　渋谷ビル3F
☎048－652－6171・FAX048－652－6174
理事長・市川裕三　専務理事・石澤文昭
共同購買実施
2023年度実績1021千袋、2024年度見込1000千袋、2025年度想定980千袋

千葉県セメント卸協同組合
1987年5月15日設立。出資金5580万円
組合員数31社
〒260－0015　千葉市中央区富士見2－22－6　富士ビル4F
☎043－225－9621・FAX043－225－9624
✉info@chiba-cement.jp
理事長・織田善信　専務理事・中川徹
共同購買実施

東京セメント卸協同組合
1987年4月2日設立。出資金5600万円　組合員数56社
〒104－0061　中央区銀座5－14－6　橋ビルⅡ
☎03－3546－8686・FAX03－3545－2027
理事長・三佐和庸祐　副理事長・今井章、矢島一郎、高橋秀親、小瀬澤建太郎、竹内利行　専務理事・加藤雅史
共同購買実施
2023年度実績2304千袋、2024年度見込2099千袋、2025年度想定1900千袋

神奈川県セメント卸協同組合
1987年3月17日設立。出資金7200万円
組合員数48社
〒221－0844　横浜市神奈川区沢渡1－2　高島台第2ビル6F
☎045－316－6921・FAX045－316－1094
理事長・水品洋一　副理事長・長島茂利、石井昭弘、古澤秀一　専務理事・永田邦博
共同購買実施
セメント値上げ、運賃コストの上昇、労務費の上昇
2023年度実績1546千袋、2024年度見込1500千袋、2025年度想定1400千袋

新潟県袋セメント卸協同組合
1987年4月1日設立。出資金5570万円　組合員数41社
〒950－0087　新潟市中央区東大通1－2－23　北陸ビル4F
☎025－247－6611・FAX025－247－6612
✉nckumiai@agate.plala.or.jp
理事長・真野耕太郎　専務理事・松沢俊久
共同購買実施
2023年度実績355千袋、2024年度見込340千袋

富山県セメント卸協同組合
1988年11月4日設立。出資金1000万円
組合員数12社
〒930－0008　富山市神通本町2－5－10　酒井建設ビル2F
☎076－432－4568・FAX076－432－1678
✉toyamaken-cement@silk.ocn.ne.jp
理事長・遠藤忠洋　専務理事・成田和悦
セメント袋の共同購買・共同販売実施
価格・2023年度600円／袋2024年度700円／袋　セメント値上げ、運賃コストの上昇
2023年度実績200千袋、2024年度見込200千袋

石川県セメント卸協同組合
1996年12月19日設立。出資金1319万円
組合員数20社
〒921－8027　金沢市神田1－2－15　神田ビル102号
☎076－244－0649・FAX076－244－0404
理事長・冨久尾佳枝
共同購買・共同販売実施　対象ゼネコン117社
価格・2024年度700円／袋　セメント値上げ
2023年度実績292千袋、2024年度見込375千袋、2025年度想定300千袋

福井県セメント卸協同組合
1989年12月15日設立。出資金1000万円
組合員数9社
〒910－0006　福井市中央3－3－28　敦賀セメントビル3F
☎0776－21－0218・FAX0776－21－5249
理事長・井上彪　専務理事・小森英雄
事務局長・田中裕幸
共同購買・共同販売実施
価格・2024年度700～790円／袋
2023年度実績255千袋、2024年度見込210千袋

静岡県セメント卸協同組合
1984年12月13日設立。出資金5710万円
組合員数26社
〒420－0034　静岡市葵区常磐町2－13－2　せいさビル2F
☎054－253－6722・FAX054－253－1529
✉sp-cement.5912@view.ocn.ne.jp
理事長・稲葉卓二　副理事長・野村玲三
共同販売・共同購買実施　対象ゼネコン有
価格・2024年度690円／袋2025年度800円／袋　セメント値上げ、運賃コストの上昇
2023年度実績662千袋、2024年度見込600千袋、2025年度想定570千袋

愛知県セメント卸協同組合
1984年1月14日設立。出資金3210万円
組合員数39社
〒460－0012　名古屋市中区千代田5－16－15　鶴舞北ビル2F
☎052－263－1201・FAX052－263－1205
理事長・加藤眞澄
共同仕入・共同販売実施
価格・2024年度630円／袋2025年度700円／袋　セメント値上げ
2023年度実績1305千袋、2024年度見込1150千袋、2025年度想定1060千袋

岐阜県セメント卸協同組合
1984年9月5日設立。出資金1180万円　組合員数16社
〒500－8288　岐阜市中鶉3－88
☎058－277－1820・FAX058－277－1822
理事長・三輪義弘　副理事・廣瀬正和、北嶋恒紀
共同購買・共同販売実施
価格・2024年度670円／袋2025年度720円／袋　セメント値上げ
2023年度実績347千袋、2024年度見込325千袋、2025年度想定295千袋

三重県セメント卸協同組合
1984年3月6日設立。出資金1580万円　組合員数14社
〒514－0816　津市高茶屋小森上野町1346－16－2F
☎059－269－5121・FAX059－269－5122
理事長・平澤利之　副理事長・西川和宏
共同購買実施
2023年度実績329千袋、2024年度見込251千袋、2025年度想定220千袋

京都セメント・生コン卸協同組合
1974年12月5日設立。出資金1600万円
組合員数16社
〒604－8186　京都市中京区西ノ京小堀町2－21
☎075－803－3111・FAX075－803－3112
理事長・坂下正憲　副理事長・吉澤亨
専務理事・松尾俊之
共同受注実施　対象ゼネコン50社
価格・2024年度580～670円／袋

奈良県セメント卸協同組合
1978年7月8日設立。出資金330万円　組合員数11社

〒633－0062　桜井市粟殿740
☎0744－28－3531・FAX0744－28－3530
理事長・松田七彦　副理事長・中島欣成、竹村佳世　専務理事・戌亥徳祐
共同購買実施
2023年度実績160千袋

和歌山セメント卸商協同組合
1979年6月7日設立。出資金160万円　組合員数16社
〒640－8227　和歌山市西汀丁17　内田ビル2F
☎073－432－6165・FAX073－432－6176
理事長・福田太平
共同販売実施
価格・2024年度680円／袋
2023年度実績135千袋、2024年度見込135千袋、2025年度想定135千袋

大阪セメント卸協同組合
1990年3月27日設立。出資金230万円　組合員数23社
〒530－0028　大阪市北区万歳町4－12　浪速ビル6F
☎06－6316－6502・FAX06－6316－6503
理事長・土橋正直　副理事長・品川聡
専務理事・細畠修　事務局長・塚尾雅昭
共同購買実施
2023年度実績2311千袋、2024年度見込2200千袋

兵庫県セメント卸協同組合
1989年4月20日設立。出資金850万円　組合員数17社
〒650－0024　神戸市中央区海岸通2－2－1　第2萬利ビル
☎078－322－0651・FAX078－322－0653
✉hyogo-cement@abeam.ocn.ne.jp
理事長・土橋正直　事務局長・中川龍彦
共同受注・共同購買実施
2023年度実績973千袋、2024年度見込985千袋、2025年度想定936千袋

岡山県セメント卸商協同組合
1997年5月23日設立。
〒703－8227　岡山市中区兼基124－2－206
☎086－279－1181・FAX086－279－1182
価格・2023年度580円／袋2024年度640円
　セメント値上げ、運賃コストの上昇、人件費の上昇
2023年度実績455千袋、2024年度見込410千袋

広島県セメント卸商協同組合
1990年12月26日設立。出資金2970万円
組合員数33社
〒732－0817　広島市南区比治山町2－4
☎082－263－4678・FAX082－261－3140
理事長・伊藤彰英　専務理事・荒岡伸司
共同購買実施

徳島県セメント卸商協同組合
1979年10月5日設立。出資金600万円　組合員数10社
〒770－0872　徳島市北沖洲4－3－52
☎088－678－4075・FAX088－678－4074
理事長・黒田博夫
共同購買・共同販売実施

香川県セメント卸商協同組合
出資金360万円　組合員数12社
〒763－0082　丸亀市土器町東9－185
☎0877－23－3331・FAX0877－23－3332
理事長・谷俊広
共同購買実施

福岡県セメント卸協同組合
1986年4月1日設立。出資金9000万円　組合員数30社
〒810－0011　福岡市中央区高砂1－1－25
☎092－753－6474・FAX092－753－6475
理事長・山﨑星児　専務理事・安永良信
共同販売実施

熊本県セメント卸商協同組合
1997年4月1日設立。出資金3600万円　組合員数20社
〒862－0953　熊本市中央区上京塚町2－20－204
✉kuma-semento@s6.kcn-tv.ne.jp
理事長・森崎伸晃　事務局長・磯部芳樹
①組合員の取り扱う袋セメントの共同購入②組合員のために行う共同宣伝③組合員の事業に関する経営及び技術の改善向上または組合事業に関する知識の普及を図るための教育及び情報の提供④組合員の福利厚生に関する事業⑤前各号の事業に付帯する事業⑥共同購買
価格・普通670円／袋以上、高炉(B)660円／袋以上、早強720円／袋以上
2023年度実績394千袋、2024年度見込320千袋、2025年度想定310千袋

卸協組

関連団体　輸送、圧送、官庁、研究機関、学協会、関連団体

生コン輸送団体・コンクリートポンプ圧送団体

名称	郵便番号	住所	電話
◆生コン輸送団体◆			
北海道生コン輸送協会	007－0801	札幌市東区東苗穂１条２－２－５　北海道建商内	011－782－9943
関東生コン輸送協会	102－0072	千代田区飯田橋４－４－８	03－3221－7827
神奈川県生コン輸送協会	220－0003	横浜市西区楠町 27－9　横浜ウエストビル 402 号	045－314－1492
中部生コン輸送協会	467－0856	名古屋市瑞穂区新開町 12－6　愛知県トラック協会	052－871－1921
関西広域輸送協同組合	541－0048	大阪市中央区瓦町２－４－７　新瓦町ビル大阪営業所 3F	06－4394－7220
広島生コンクリート輸送協議会	734－0013	広島市南区出島２－22－66　両備トランスポート内	082－251－6897
福岡県生コン輸送協会	802－0001	北九州市小倉北区浅野２－11－30　ミキサーセンター内	093－511－1313
◆コンクリートポンプ圧送団体◆			
北海道コンクリート圧送協同組合	063－0012	札幌市西区福井１－12－10	011－665－8000
青森県生コン圧送事業協同組合	030－0921	青森市原別８－９－８	017－736－5135
秋田県コンクリート圧送協会	010－1636	秋田市新屋比内町 72－3　ヤマコン秋田内	018－888－8661
岩手県コンクリート圧送協会	020－0854	盛岡市上飯岡４地割 78	019－637－2864
山形県コンクリート圧送協会	990－2211	山形市十文字天神東 770　ヤマコン内	023－666－6066
宮城県コンクリート圧送協会	983－0006	仙台市宮城野区白鳥２－30－3　ヤマコン仙台支店内	022－388－6850
福島県生コン圧送協同組合	965－0052	会津若松市町北町大字始字屋敷 31－1　金堀重機内	0242－32－3111
茨城県コンクリート圧送事業協同組合	305－0041	つくば市上広岡 477－7	029－857－6401
栃木県コンクリート圧送工業組合	321－0905	宇都宮市平出工業団地 43－87　藤和内	028－660－0575
群馬県コンクリート圧送協会	371－0845	前橋市鳥羽町８－６　群馬圧送内	027－225－7078
長野県コンクリート圧送組合連合会	381－0026	長野市松岡２－４－41　信濃コンクリート圧送協同組合内	026－214－3040
山梨県コンクリート圧送協会	400－0113	甲斐市富竹新田 382	055－279－9101
埼玉県圧送技能士会	363－0011	桶川市北１－２－３	048－871－5462
千葉県コンクリート圧送事業協同組合	273－0012	船橋市浜町１－39－10－101	047－432－2792
東京都コンクリート圧送協同組合	130－0026	墨田区両国２－21－５　両国ダイカンプラザ 503 号	03－3635－5361
全国コンクリート圧送事業団体連合会	101－0041	千代田区神田須田町１－13　藤野ビル 7F	03－3254－0731
神奈川県コンクリート圧送業協同組合	220－0003	横浜市西区楠町 27－9　横浜ウエストビル 402 号	045－314－1385
富山県コンクリート圧送協会	939－0256	射水市広上 2000－22　田畠建設運輸内	0766－52－7325
福井県・圧送協会	910－3112	福井市御所垣内町 16－22－1　川端工業内	0776－59－2336
静岡県コンクリート圧送工業組合	420－0859	静岡市葵区栄町５－１　レジデンス太光 602 号	054－254－2977
東海地区コンクリート圧送有限責任事業組合	450－0002	名古屋市中村区名駅３－17－34　ナカモビル 5F	052－582－5910
近畿生コンクリート圧送協同組合	550－0005	大阪市西区西本町２－３－６　山岡ビル 11F	06－4393－8868
広島コンクリート圧送協会	731－5105	広島市佐伯区五日市町下小深川 276　広島圧送内	082－928－1175
山口県生コン圧送協同組合	755－0084	宇部市大字川上 1088－2	0836－31－2244
山陰地区コンクリート圧送協会	683－0804	米子市米原９－３－16　愛幸建設内	0859－21－0570
島根県コンクリート圧送協会	690－0026	松江市富士見町３－28　IZUDA 内	0852－38－8172
高知県コンクリート圧送協会	768－0021	観音寺市吉岡町 723－1　小西商店内	0875－25－2980
九州圧送事業協同組合連合会	812－0887	福岡市博多区三筑２－17－３	092－915－0660

官庁・独立行政法人

名称	郵便番号	住所	電話
環境省	100－8975	千代田区霞が関1－2－2　中央合同庁舎5号館	03－3581－3351
経済産業省	100－8901	千代田区霞が関1－3－1	03－3501－1511
公正取引委員会	100－8987	千代田区霞が関1－1－1	03－3581－5471
厚生労働省	100－8916	千代田区霞が関1－2－2	03－5253－1111
国土交通省	100－8918	千代田区霞が関2－1－3　中央合同庁舎3号館	03－5253－8111
産業技術総合研究所　東京本部	100－8921	千代田区霞が関1－3－1	03－5501－0900
資源エネルギー庁	100－8931	千代田区霞が関1－3－1	03－3501－1511
水産庁	100－8907	千代田区霞が関1－2－1	03－3502－8111
全国中小企業団体中央会	104－0033	中央区新川1－26－19　全中・全味ビル	03－3523－4901
総務省	100－8926	千代田区霞が関2－1－2　中央合同庁舎2号館	03－5253－5111
都市再生機構	231－8315	横浜市中区本町6－50－1　横浜アイランドタワー5～14F	045－650－0111
内閣府	100－8914	千代田区永田町1－6－1	03－5253－2111
日本下水道事業団	113－0034	文京区湯島2－31－27　湯島台ビル	03－6361－7800
農林水産省	100－8950	千代田区霞が関1－2－1	03－3502－8111
水資源機構	330－6008	さいたま市中央区新都心11－2　ランド・アクシス・タワー内	048－600－6500
文部科学省	100－8959	千代田区霞が関3－2－2	03－5253－4111
林野庁	100－8952	千代田区霞が関1－2－1	03－3502－8111

高速道路会社

名称	郵便番号	住所	電話
首都高速道路	100－8930	千代田区霞が関1－4－1　日土地ビル	03－3502－7311
中日本高速道路	460－0003	名古屋市中区錦2－18－19　三井住友銀行名古屋ビル	052－222－1620
西日本高速道路	530－0003	大阪市北区堂島1－6－20　堂島アバンザ	06－6344－4000
阪神高速道路	530－0005	大阪市北区中之島3－2－4　中之島フェスティバルタワー・ウェスト	06－6203－8888
東日本高速道路	100－8979	千代田区霞が関3－3－2　新霞が関ビル	03－3506－0111
本州四国連絡高速道路	651－0088	神戸市中央区小野柄通4－1－22　アーバンエース三宮ビル	078－291－1000

学協会・団体

名称	郵便番号	住所	電話
アスコラム協会	221－0022	川崎市中原区苅宿36－1　麻生フォームクリート内	044－411－1717
アラミド補強研究会	104－0033	中央区新川1－16－3　住友不動産茅場町ビル6F　ファイベックス内	03－5579－8291
インターテック・サーティフィケーション	105－0001	港区虎ノ門4－3－13　ヒューリック神谷町ビル4F	03－4510－2752
雨水貯留浸透技術協会	102－0083	千代田区麹町3－7－1　半蔵門村山ビル1F	03－5275－9591
SECコンクリート機械協会	130－0026	墨田区両国2－10－14　両国シティコア　IHI建材工業内	03－6271－7240
海外建設協会	104－0032	中央区八丁堀2－24－2　八丁堀第一生命ビル7F	03－3553－1631
仮設工業会	108－0014	港区芝5－26－20　建築会館6F	03－3455－0448
クロロガード工業会	105－0023	港区芝浦1－2－3　シーバンスS館	03－5419－6209
経済調査会	105－0004	港区新橋6－17－15　菱進御成門ビル	03－5777－8211
経済調査会　北海道支部	060－0001	札幌市中央区北一条西3－2　井門札幌ビル	011－241－9491
経済調査会　東北支部	980－0011	仙台市青葉区上杉1－5－15　日本生命仙台勾当台南ビル	022－222－0629
経済調査会　北陸支部	951－8055	新潟市中央区礎町通二ノ町2077　朝日生命新潟万代橋ビル	025－228－8266

団体名	郵便番号	住所	電話番号
経済調査会　金沢事務所	460－0008	金沢市南町4－60　金沢大同生命ビル	076－222－2200
経済調査会　中部支部	460－0008	名古屋市中区錦1－10－20　アーバンネット伏見ビル	052－221－8386
経済調査会　関西支部	541－0042	大阪市中央区今橋4－4－7　京阪神淀屋橋ビル	06－6233－2020
経済調査会　中国支部	730－0011	広島市中区基町13－13　広島基町NSビル	082－227－5951
経済調査会　四国支部	760－0028	高松市紺屋町9－6　高松大同生命ビル	087－821－4074
経済調査会　九州支部	812－0011	福岡市博多区博多駅前2－3－7　シティ21ビル	092－411－9941
経済調査会　沖縄支部	900－0033	那覇市久米2－2－20　大同火災久米ビル	098－862－2269
KTB協会	163－0717	新宿区西新宿2－7－1　新宿第一生命ビルディング	03－6302－0258
建材試験センター	103－0012	中央区日本橋堀留町1－10－15　JL日本橋ビル	03－3808－1124
建設コンサルタンツ協会	102－0075	千代田区三番町1　KY三番町ビル8F	03－3239－7992
建設産業専門団体連合会	105－0001	港区虎ノ門4－2－12　虎ノ門4丁目MTビル2号館	03－5425－6805
建設物価調査会	103－0011	中央区日本橋大伝馬町11－8　フジスタービル日本橋	03－3663－2411
建設物価調査会　大阪事務所	530－0001	大阪市北区梅田1－8－17　大阪第一生命ビルディング	06－4300－4770
建設物価調査会　北海道支部	060－0001	札幌市中央区北1条西4－1－2　J＆Sりそなビル	011－271－3721
建設物価調査会　東北支部	980－0811	仙台市青葉区一番町4－6－1　仙台第一生命タワービルディング	022－223－5101
建設物価調査会　北陸支部	950－0082	新潟市中央区東万代町1－30　新潟第一生命ビルディング	025－243－2891
建設物価調査会　中部支部	460－0003	名古屋市中区錦3－4－6　桜通大津第一生命ビルディング	052－955－5261
建設物価調査会　中国支部	730－0016	広島市中区幟町13－11　明治安田生命広島幟町ビル	082－227－2711
建設物価調査会　四国支部	760－0017	高松市番町1－1－5　ニッセイ高松ビル	087－851－1233
建設物価調査会　九州支部	812－0011	福岡市博多区博多駅前1－15－20　NMF博多駅前ビル	092－481－0951
建設物価調査会　沖縄支部	900－0015	那覇市久茂地3－1－1　日本生命那覇ビル	098－863－8826
建設用先端複合材技術協会	135－8306	江東区永代2－37－28　澁澤シティプレイス	03－6366－7797
建築ガスケット工業会	111－0041	台東区元浅草1－1－8　内山ビル202	03－6802－8183
建築保全センター	104－0033	中央区新川1－24－8　東熱新川ビル	03－3553－0070
公共建築協会	104－0033	中央区新川1－24－8　東熱新川ビル	03－3523－0381
高速道路調査会	105－0001	港区虎ノ門2－3－17　虎ノ門2丁目タワー10F	03－6436－2100
国際建設技術協会	112－0014	文京区関口1－23－6　プラザ江戸川橋3F	03－5227－4100
国土技術研究センター	105－0001	港区虎ノ門3－12－1　ニッセイ虎ノ門ビル	03－4519－5000
国土計画協会	102－0082	千代田区一番町13－3　ラウンドクロス一番町2F	03－3511－2180
骨材資源工学会	101－0035	千代田区神田紺屋町28　紺屋ビル3F	03－5577－5889
コンクリート構造物の電気化学的防食工法研究会	230－0035	横浜市鶴見区安善町1－3　東亜建設工業内	045－521－0112
コンクリートパイル・ポール協会	105－0013	港区浜松町2－7－15　日本工築2号館3F	03－5733－5881
コンクリート用化学混和剤協会	222－0033	横浜市港北区新横浜2－5－14　WISE NEXT新横浜405	045－285－9440
CCP協会	150－0042	渋谷区宇多川町37－10－501　N.I.T内	03－3485－1241
首都圏不燃建築公社	108－0023	港区芝浦3－9－1　芝浦ルネサイトタワー17F	03－6809－6211
首都高速道路協会	102－0074	千代田区九段南4－7－15　JPR市ヶ谷ビル3F	03－6822－4236
人工軽量骨材（ALA）協会	273－0017	船橋市西浦3－9－2　日本メサライト工業内	047－431－8138
石灰石鉱業協会	101－0032	千代田区岩本町1－7－1　瀬木ビル4F	03－5687－7650
セメント協会	103－0023	中央区新富2－15－5　RBM築地ビル2F	03－5540－6171
全国エポ工法協会	102－0083	千代田区麹町5－7－2　ベルテクス内	03－5226－1982
全国LB工法協会	531－0071	大阪市北区中津6－3－14　イトーヨーギョー内	06－6455－2503
全国型枠工業会	412－0048	御殿場市板妻21　タカムラ総業内	0550－89－5144
全国建設研修センター	187－8540	小平市喜平町2－1－2　3号館1F	042－321－1634
全国建設業協会	104－0032	中央区八丁堀2－5－1　東京建設会館5F	03－3551－9396
全国建設産業協会	176－0011	練馬区豊玉上2－19－11　サンパーク豊玉2－2	03－3948－6214
全国建設産業団体連合会	105－0001	港区虎ノ門4－2－12　虎ノ門4丁目MTビル2号館3F	03－5473－1596
全国建築石材工業会	111－0053	台東区浅草橋1－22－13　入澤ビル5F	03－3866－0543
全国コンクリート水槽防食協会	261－0002	千葉市美浜区新港32－27　日米レジン内	043－238－8130
全国宅地擁壁技術協会	101－0044	千代田区鍛冶町1－6－16　神田渡辺ビル7F	03－5294－1481
全国地質調査業協会連合会	101－0047	千代田区内神田1－5－13　内神田TKビル3F	03－3518－8873
全国治水砂防協会	102－0093	千代田区平河町2－7－4　砂防会館別館	03－3261－8386
全国中小建設業協会	104－0041	中央区新富2－4－5　ニュー新富ビル2F	03－5542－0331
全国鉄筋工事業協会	101－0046	千代田区神田多町2－9－6　田中ビル4F	03－5577－5959

全国特定法面保護協会	105 － 0004	港区新橋 5 － 7 － 12　丸石新橋ビル 3F	03 － 3437 － 2588
全国土木施工管理技士会連合会	102 － 0076	千代田区五番町 6 － 2　ホーマットホライゾンビル 1F	03 － 3262 － 7421
先端建設技術センター	112 － 0012	文京区大塚 2 － 15 － 6　オーク音羽ビル 4F	03 － 3942 － 3990
全日本建設技術協会	107 － 0052	港区赤坂 3 － 21 － 13　キーストーン赤坂ビル 7F	03 － 3585 － 4546
全日本建築士会	169 － 0007	新宿区高田馬場 3 － 23 － 2　内藤ビル	03 － 3367 － 7281
ダイヤモンド工事業協同組合	108 － 0014	港区芝 5 － 13 － 16　三田文銭堂ビル 2F	03 － 3454 － 6990
地中連続壁協会	108 － 8502	港区港南 2 － 15 － 2　品川インターシティ B 棟　大林組土木本部生産技術本部内	03 － 5769 － 1111
地盤工学会	112 － 0011	文京区千石 4 － 38 － 2	03 － 3946 － 8677
鐵鋼スラグ協会	103 － 0025	中央区日本橋茅場町 3 － 2 － 10　鉄鋼会館 5F	03 － 5643 － 6016
鉄道建築協会	170 － 0005	豊島区南大塚 2 － 45 － 8　ニッセイ大塚駅前ビル 7F	03 － 5826 － 8425
電力土木技術協会	105 － 0012	港区芝大門 1 － 4 － 9　大門ビル 2F	03 － 3432 － 8905
東京セメント建材協同組合	150 － 0011	渋谷区東 2 － 10 － 8	03 － 3409 － 8161
土地改良建設協会	105 － 0004	港区新橋 5 － 34 － 4　農業土木会館 2F	03 － 3434 － 5961
土木学会	160 － 0004	新宿区四谷 1　外濠公園内	03 － 3355 － 3441
土木研究センター	110 － 0016	台東区台東 1 － 6 － 4　タカラビル	03 － 3835 － 3609
日本医療福祉建築協会	108 － 0014	港区芝 5 － 26 － 20　建築会館 4F	03 － 3453 － 9904
日本埋立浚渫協会	107 － 0052	港区赤坂 3 － 3 － 5　住友生命山王ビル 8F	03 － 5549 － 7468
日本運動施設建設業協会	101 － 0032	千代田区岩本町 2 － 4 － 7　小林ビル 4F	03 － 6683 － 8865
日本海事協会	102 － 8567	千代田区紀尾井町 4 － 7	03 － 3230 － 1201
日本学術会議	106 － 8555	港区六本木 7 － 22 － 34	03 － 3403 － 3793
日本学術振興会	102 － 0083	千代田区麹町 5 － 3 － 1　麹町ビジネスセンター	03 － 3263 － 1722
日本河川協会	102 － 0083	千代田区麹町 2 － 6 － 5　麹町 E.C.K ビル 3F	03 － 3238 － 9771
日本型枠工事業協会	105 － 0004	港区新橋 6 － 20 － 11　新橋 IK ビル 1F	03 － 6435 － 6208
日本環境土木工業会	101 － 0047	千代田区内神田 3 － 22 － 7　大平ビル 6F	03 － 5295 － 0207
日本機械土工協会	110 － 0015	台東区東上野 5 － 1 － 8　上野富士ビル	03 － 3845 － 2727
日本規格協会	108 － 0073	港区三田 3 － 11 － 28　三田 Avanti	050 － 1741 － 7520
日本下水道協会	101 － 0047	千代田区内神田 2 － 10 － 12　内神田すいすいビル	03 － 6206 － 0260
日本下水道施設業協会	104 － 0033	中央区新川 2 － 6 － 16　馬事畜産会館 2F	03 － 3552 － 0991
日本建材・住宅設備産業協会	103 － 0007	中央区日本橋浜町 2 － 17 － 8　浜町平和ビル 5F	03 － 5640 － 0901
日本建設機械施工協会	105 － 0011	港区芝公園 3 － 5 － 8　機械振興会館	03 － 3433 － 1501
日本建設業経営協会	135 － 0016	江東区東陽 5 － 30 － 13　東京原木会館 10F	03 － 6458 － 7291
日本建設業連合会	104 － 0032	中央区八丁堀 2 － 5 － 1　東京建設会館 8F	03 － 3553 － 0701
日本建設躯体工事業団体連合会	170 － 0013	豊島区東池袋 4 － 8 － 8　東池袋パークビル 5F	03 － 6709 － 0201
日本建築学会	108 － 8414	港区芝 5 － 26 － 20　建築会館	03 － 3456 － 2051
日本建築協会	540 － 6591	大阪市中央区大手前 1 － 7 － 31　OMM ビル 7F － B	06 － 6946 － 6981
日本建築構造技術者協会	102 － 0075	千代田区三番町 24　林三番町ビル	03 － 3262 － 8498
日本建築仕上学会	108 － 0014	港区芝 5 － 26 － 20　建築会館 6F	03 － 3798 － 4921
日本建築仕上材工業会	101 － 0024	千代田区神田和泉町 1 － 7 － 1　扇ビル 5F	03 － 3861 － 3844
日本建築士会連合会	108 － 0014	港区芝 5 － 26 － 20　建築会館 5F	03 － 3456 － 2061
日本建築センター	101 － 8986	千代田区神田錦町 1 － 9　東京天理ビル	03 － 5283 － 0461
日本工学会	107 － 0052	港区赤坂 9 － 6 － 41　乃木坂ビル 3F	03 － 6265 － 0672
日本鉱業協会	101 － 0054	千代田区神田錦町 3 － 17 － 11　榮葉ビル 8F	03 － 5280 － 2322
日本港湾協会	107 － 0052	港区赤坂 3 － 3 － 5　住友生命山王ビル 8F	03 － 5549 － 9575
日本コンクリート工学会	102 － 0083	千代田区麹町 1 － 7　相互半蔵門ビル 12F	03 － 3263 － 1571
日本コンクリート防食協会	101 － 0047	千代田区内神田 1 － 4 － 5　レイアード大手町ビル 4F	03 － 5280 － 3071
日本砕石協会	141 － 0031	品川区西五反田 8 － 1 － 2　第 2 平森ビル 2F	03 － 5435 － 8830
日本材料学会	606 － 8301	京都市左京区吉田泉殿町 1 － 101	075 － 761 － 5321
日本シーリング材工業会	101 － 0041	千代田区神田須田町 1 － 5　翔和須田町ビル	03 － 3255 － 2841
日本試験機工業会	101 － 0048	千代田区神田司町 2 － 2 － 5　DK・T ビル 5F	03 － 5289 － 7885
日本砂利協会	101 － 0062	千代田区神田駿河台 3 － 1　日光ビル 5F	03 － 5283 － 3451
日本消波根固ブロック協会	101 － 0054	千代田区神田錦町 3 － 6　山城第 3 ビル	03 － 3295 － 3123
日本スリップフォーム工法協会	160 － 6112	新宿区西新宿 8 － 17 － 1　住友不動産新宿グランドタワー 12F　大成ロテック内	03 － 5925 － 9437
日本石灰協会	105 － 0001	港区虎ノ門 1 － 1 － 21　新虎ノ門実業会館	03 － 3504 － 1601
日本セラミックス協会	169 － 0073	新宿区百人町 2 － 22 － 17	03 － 3362 － 5231

団体名	郵便番号	住所	電話
日本繊維板工業会	103 − 0027	中央区日本橋2 − 12 − 9　日本橋グレイスビル5F	03 − 3271 − 6883
日本大ダム会議	103 − 0013	中央区日本橋人形町1 − 2 − 7　人形町サンシティビル2F	03 − 5614 − 0968
日本ダム協会	104 − 0061	中央区銀座2 − 14 − 2　銀座GTビル7F	03 − 3545 − 8361
日本鉄筋継手協会	102 − 0073	千代田区九段北1 − 8 − 1　九段101ビル2F	03 − 6271 − 7957
日本鉄鋼連盟	103 − 0025	中央区日本橋茅場町3 − 2 − 10　鉄鋼会館	03 − 3669 − 4811
日本鉄道技術協会	136 − 0071	江東区亀戸1 − 28 − 6　タニビル4F	03 − 5626 − 2321
日本透水性コンクリート協会	514 − 0102	津市栗真町屋町1577	059 − 231 − 1041
日本動力協会	105 − 0003	港区西新橋1 − 5 − 8　川手ビル7F	03 − 3502 − 1261
日本道路協会	100 − 8955	千代田区霞が関3 − 3 − 1　尚友会館	03 − 3581 − 2211
日本道路建設業協会	104 − 0032	中央区八丁堀2 − 5 − 1　東京建設会館3F	03 − 3537 − 3056
日本トンネル技術協会	104 − 0045	中央区築地2 − 11 − 26　築地MKビル6F	03 − 3524 − 1755
日本非破壊検査協会	136 − 0071	江東区亀戸2 − 25 − 14　京阪亀戸ビル10F	03 − 5609 − 4011
日本品質保証機構	101 − 8555	千代田区神田須田町1 − 25　JR神田万世橋ビル17F	03 − 4560 − 9001
日本複合材料学会	112 − 0012	文京区大塚5 − 3 − 13　小石川アーバン4F	03 − 5981 − 6011
日本フライアッシュ協会	108 − 0023	港区芝浦3 − 6 − 10　田町サンハイツ801	03 − 3454 − 4542
日本プラスチック型枠工業会	532 − 0011	大阪市淀川区西中島5 − 11 − 10　天馬大阪支店内	06 − 6304 − 9551
日本ベルト工業会	105 − 0012	港区芝大門1 − 16 − 11　大門OKビル5F	03 − 5733 − 4340
農業農村工学会	105 − 0004	港区新橋5 − 34 − 4　農産土木会館3F	03 − 3436 − 3418
ハイグレードソイル研究コンソーシアム	300 − 2624	つくば市西沢2 − 2　土木研究センター	029 − 864 − 2521
腐食防食学会	113 − 0033	文京区本郷2 − 13 − 10　湯浅ビル5F	03 − 3815 − 1161
フリーフレーム協会	131 − 8505	墨田区押上2 − 8 − 2	03 − 3624 − 8374
プレキャスト・ガードフェンス協会	101 − 0033	千代田区神田岩本町15 − 1　CYK神田岩本町11F　ケイコン内	03 − 5297 − 3071
プレストレスト・コンクリート建設業協会（PC建協）	162 − 0821	新宿区津久戸町4 − 6　第3都ビル	03 − 3260 − 2535
プレストレストコンクリート工学会	162 − 0821	新宿区津久戸町4 − 6　第3都ビル	03 − 3260 − 2521
フレックス・ポーラスコンクリート協会	160 − 0022	新宿区新宿1 − 4 − 13　溝呂木第2ビル6F	03 − 5368 − 4311
プレハブ建築協会	101 − 0052	千代田区神田小川町2 − 3 − 13　M＆Cビル5F	03 − 5280 − 3121
ベターリビング	102 − 0071	千代田区富士見2 − 7 − 2　ステージビルディング	03 − 5211 − 0556
北海道建築指導センター	060 − 0003	札幌市中央区北3条西3 − 1　札幌北三条ビル8F	011 − 241 − 1893
ポラコン工業会	164 − 0001	中野区中野1 − 32 − 16　高村ビル4F　マテラス青梅工業内	03 − 5337 − 0951
マネジメントシステム評価センター	105 − 0013	港区浜松町2 − 2 − 12　JEI浜松町ビル	03 − 6402 − 3163
無機マテリアル学会	160 − 0023	新宿区西新宿7 − 13 − 5　12山京ビル	03 − 3363 − 6445
溶接学会	101 − 0025	千代田区神田佐久間町4 − 20　溶接会館6F	03 − 5825 − 4073
立体駐車場工業会	104 − 0033	中央区新川2 − 9 − 9　SHビル6F	03 − 5542 − 0733
緑生擁壁グループ	116 − 0013	荒川区西日暮里4 − 23 − 2　NOAビル404　日本緑生内	03 − 5832 − 9501
ロングライフビル推進協会	105 − 0013	港区浜松町2 − 1 − 13　芝エクセレントビル4F	03 − 5408 − 9830

研究機関

名　称	郵便番号	住　所	電　話
大林組　技術研究所	204 － 8558	清瀬市下清戸 4 － 640	042 － 495 － 1111
科学技術振興機構	332 － 0012	川口市本町 4 － 1 － 8　川口センタービル	048 － 226 － 5601
鹿島建設　技術研究所	182 － 0036	調布市飛田給 2 － 19 － 1	042 － 485 － 1111
建材試験センター　中央試験所	340 － 0003	草加市稲荷 5 － 21 － 20	048 － 935 － 1991
建材試験センター　西日本試験所	757 － 0004	山陽小野田市大字山川	0836 － 72 － 1223
建築研究所	305 － 0802	つくば市立原 1	029 － 864 － 2151
高速道路総合技術研究所	194 － 8508	町田市忠生 1 － 4 － 1	042 － 791 － 1621
港湾空港技術研究所	239 － 0826	横須賀市長瀬 3 － 1 － 1	046 － 844 － 5010
国土地理院	305 － 0811	つくば市北郷 1	029 － 864 － 1111
国立環境研究所	305 － 8506	つくば市小野川 16 － 2	029 － 850 － 2314
産業技術総合研究所　つくば本部	305 － 8568	つくば市梅園 1 － 1 － 1　中央第 1	029 － 861 － 2000
清水建設　技術研究所	135 － 0044	江東区越中島 3 － 4 － 17	03 － 3820 － 5504
消防研究センター	182 － 8508	調布市深大寺東町 4 － 35 － 3	0422 － 44 － 8331
森林研究・整備機構　森林総合研究所	305 － 8687	つくば市松の里 1	029 － 873 － 3211
セメント協会研究所	114 － 0003	北区豊島 4 － 17 － 33	03 － 3914 － 2691
全国生コンクリート工業組合連合会　中央技術研究所	273 － 0012	船橋市浜町 2 － 16 － 1	047 － 433 － 9492
大成建設　技術センター	245 － 0051	横浜市戸塚区名瀬町 344 － 1	045 － 814 － 7221
竹中技術研究所	270 － 1395	印西市大塚 1 － 5 － 1	0476 － 47 － 1700
鉄道総合技術研究所　国立研究所	185 － 8540	国分寺市光町 2 － 8 － 38	042 － 573 － 7212
電源開発　茅ヶ崎研究所	253 － 0041	茅ヶ崎市茅ヶ崎 1 － 9 － 88	0467 － 87 － 1211
電源開発　若松総合事業所	808 － 0111	北九州市若松区柳崎 1	093 － 741 － 0931
電力中央研究所	100 － 8126	千代田区大手町 1 － 6 － 1　大手町ビル	03 － 3201 － 6601
東京都環境科学研究所	136 － 0075	江東区新砂 1 － 7 － 5	03 － 3699 － 1331
東京都防災・建築まちづくりセンター　建築材料試験所	140 － 0011	品川区東大井 1 － 12 － 20	03 － 3471 － 2691
土木研究所	305 － 8516	つくば市南原 1 － 6	029 － 879 － 6700
土木研究所　雪崩・地すべり研究センター	944 － 0051	妙高市錦町 2 － 6 － 8	0255 － 72 － 4131
土木研究所　寒地土木研究所	062 － 8602	札幌市豊平区平岸一条 3 － 1 － 34	011 － 841 － 1111
日本原子力研究開発機構	319 － 1184	那珂郡東海村舟石川 765 － 1	029 － 282 － 1122
日本建築総合試験所	565 － 0873	吹田市藤白台 5 － 8 － 1	06 － 6872 － 0391
日本不動産研究所	105 － 8485	港区虎ノ門 1 － 3 － 1　東京虎ノ門グローバルスクエア	03 － 3503 － 5331
農研機構　農村工学研究部門	305 － 8609	つくば市観音台 2 － 1 － 6	029 － 838 － 7513
物質・材料研究機構	305 － 0047	つくば市千現 1 － 2 － 1	029 － 859 － 2000
防衛省　防衛装備庁	162 － 8830	新宿区市谷本村町 5 － 1	03 － 3268 － 3111
防災科学技術研究所	305 － 0006	つくば市天王台 3 － 1	029 － 851 － 1611
北海道立総合研究機構　建築研究本部　北方建築総合研究所	078 － 8801	旭川市緑が丘東一条 3 － 1 － 20	0166 － 66 － 4211
理化学研究所	351 － 0198	和光市広沢 2 － 1	048 － 462 － 1111
労働安全衛生総合研究所	204 － 0024	清瀬市梅園 1 － 4 － 6	042 － 491 － 4512

関　連　機　器　業　者

設　　備

㈱アーステクニカ
本社＝〒101－0051　東京都千代田区神田神保町2－4　東京建物神保町ビル
☎03－3230－7151・FAX03－3230－7158
URL http：//www.earthtechnica.co.jp/
✉ETCL@earthtechnica.co.jp
代表取締役社長西昌彦
東北支店＝☎022－722－9665
中部支店＝☎052－569－1670
関西支社＝☎06－7662－7280
九州支店＝☎092－432－3575
八千代工場＝☎047－483－1111
破砕機、粉砕機、環境機器、微粉砕機器

㈱IHI建材工業
本社＝〒130－0026　東京都墨田区両国2－10－14　両国シティコア16F
☎03－6271－7211・FAX03－6271－7299
URL http：//www.ikk.co.jp/
代表取締役社長石原進
全国
コンクリート製品、土木・建築資材、プレハブ構築物および土木・建設用機械器具の設計・製作・販売・賃貸・据付・修理に関する事業、土木および建築工事の設計・施工に関する事業、前各号に掲げた事業のコンサルティングに関する事業、前各号に付帯関連する一切の事業

赤江機械工業㈱
本社＝〒880－1301　宮崎県東諸県郡綾町入野4897－1
☎0985－77－3000・FAX0985－77－3090
URL http：//akaekikai.com
✉kyy01266@nifty.com
代表取締役毛利武雄
福岡営業所＝☎092－403－0924
関西営業所＝☎072－645－7000
関東営業所＝☎0480－48－5838
1.生コン排水処理装置一式①投入シュート②トロンメル、分級機及びトロンメル分級機③撹拌機④脱水機⑤濃度調整装置　2.コンクリートガラ油圧式破砕機（ワニコング）3.残水分離機（生コン排水簡易式固化機）

アドバンテック東洋㈱
本社＝〒100－0011　東京都千代田区内幸町2－2－3　日比谷国際ビル5階
☎03－5521－2160・FAX03－5521－2172
URL https：//www.ADVANTEC.co.jp/
✉品質保証部 trk-hinsho@advantec.co.jp
代表取締役社長戸部浩介
札幌営業所＝☎011－726－0451
仙台営業所＝☎022－262－3161
筑波営業所＝☎029－855－2211
宇都宮営業所＝☎028－610－3737
大宮営業所＝☎048－647－2440
千葉営業所＝☎043－223－0800
柏営業所＝☎04－7196－6591
東京営業所＝☎03－6848－2271
西東京営業所＝☎042－690－8241
横浜営業所＝☎045－451－1870
新潟営業所＝☎025－240－3033
富山営業所＝☎076－441－4681
静岡営業所＝☎054－205－2662
名古屋営業所＝☎052－961－2566
四日市営業所＝☎059－352－0105
京都営業所＝☎075－693－2070
大阪営業所＝☎06－6121－8901
神戸営業所＝☎078－272－0580
岡山営業所＝☎086－224－7126
広島営業所＝☎082－243－3501
徳山営業所＝☎0834－21－3248
高松営業所＝☎087－868－0787
北九州営業所＝☎093－571－0388
福岡営業所＝☎092－431－6037
大分営業所＝☎097－534－0868
科学機器製品、濾紙製品の販売

アマノ㈱
本社＝〒222－8558　神奈川県横浜市港北区大豆戸町275
☎045－401－1441・FAX045－439－1150
URL https：//www.amano.co.jp
東京環境支店＝☎03－5689－6160
神奈川環境支店＝☎045－540－8062
名古屋環境支店＝☎052－723－1305
大阪環境支店＝☎06－6531－9131
広島環境支店＝☎082－295－7261
福岡支店＝☎092－473－6181
空気輸送式セメント輸送システム、集塵装置、セントラルクリーニングシステム、清掃用機器

㈱アムラックス
本社＝〒335－0034　埼玉県戸田市笹目5－2－27
☎048－449－5246・FAX048－449－5247
URL http：//www.amurax.co.jp
URL https：//www.e-crete.jp/
✉service@amurax.co.jp
代表取締役村田隆則
①ミキサ車ホッパーカバー（スランプカード：シート、FRP）②ミキサ車ドラム洗浄点検口（ピーパーズ）③高圧洗浄機、業務用掃除機④ミキサ車ドラム自動洗浄装置⑤ダンプ自動シート用ギヤードモーターとコントロールユニット⑥付帯する機器リース⑦透水コンクリート⑧付帯する工事一式

㈱伊藤製作所
本社＝〒489－0071　愛知県瀬戸市暁町－37
☎0561－48－3050・FAX0561－48－330
URL http：//www.ito-s.co.jp
✉info@ito-s.co.jp
代表取締役伊藤嘉浩
水処理プラント、フィルタープレス、業機械

伊藤忠TC建機㈱
本社＝〒103－0022　東京都中央区日本橋室町1－13－7　PMO日本橋室町9F
☎03－3242－5022・FAX03－3242－037
URL http：//www.icm.co.jp
✉y.motoami@icm.co.jp
バッチャプラント

エスオーエンジニアリング㈱
本社＝〒556－0017　大阪府大阪市浪区湊町1－4－1　OCATビル6F
☎06－6978－8813・FAX06－6633－886
URL http：//www.soeng.co.jp
（本社営業部）✉sales@soeng.co.jp
代表取締役片岡政之
東京支店（営業技術グループ）＝☎03－6370－2742
名古屋支店（営業技術グループ）＝☎05－566－3013
高知事業所＝☎0889－42－1210
伊吹事業所＝☎0749－58－1499
生コンプラント、生コンスラッジ脱水設備、生コン排水用pH中和六価クロム還元処理装置、生コン排水処理設備、セメント空気輸送設備、ビンブロー設備（骨材サイロ閉塞防止）、環境保全設備、粉粒体貯蔵・輸送設備、FAシステム、自動出荷管理システム、骨材ヤード屋根掛粉体出荷設備、粉体混合計量設備、建材原料混合計量設備

エネックス㈱
本社＝〒918－8520　福井県福井市花堂中2－15－1

☎0776－36－5832・FAX0776－34－2657
URL http://www.enex.co.jp/
✉yamaguch@enex.co.jp
代表取締役社長梅田礼二
生コン工場廃水処理装置、中和装置（炭酸ガス・稀硫酸）、フィルタープレス

㈱エムイーシー
本社＝〒124－0005　東京都葛飾区宝町2－30－7
☎03－5670－1525・FAX03－5670－1526
URL http://www.mec-jpn.com/index.html
✉desk.toiawase@mec-jpn.com
代表取締役鰺坂学
操作管理設備、骨材自動受入設備、バッチャプラント、各種コンピュータ制御、生コン廃水処理設備、中和装置、コンベヤ、省力自動化装置、建築設備機器、スランプ表示内蔵操作盤（デバイスネット通信標準装備）、排水処理ドリームシステム、ホッパースケールシステム、TNS－2000Xデジタル操作盤（大型液晶ディスプレイ、max14素子制御）、ミキサー内毎バッチ洗浄システム、小型プラント及二次製品向簡易操作盤、大型高輝度デジタルサイネージ、傾胴ミキサ、各種強制式ミキサ取扱、粉体混合プラント、セメントエアー輸送設備、セメントサイロ

㈲エムズ
本社＝〒152－0003　東京都目黒区碑文谷2－11－20
☎03－3794－5301・FAX03－5721－7062
取締役角田和美
洗車洗浄水受容器放出装置

㈱エムユー情報システム
本社＝〒101－0052　東京都千代田区神田小川町1－10　興信ビル3階
☎03－5256－2370・FAX03－5256－2374
URL https://www.mui-system.co.jp/
代表取締役社長植田厚元
大阪営業所＝☎06－6357－3271
福岡営業所＝☎092－739－7885
東北営業所＝☎022－266－0717
生コン総合管理システム（品質、出荷、販売）、販売店販売管理システム、生コン協同組合システム、車両運行管理システム、SS管理システム、共同試験場システム、代行試験場システム

エレポン化工機㈱
本社＝〒530－0004　大阪府大阪市北区堂島浜1－2－1　新ダイビル
☎06－6341－7775・FAX06－6341－7747
URL http://www.elepon.co.jp
✉sales@elepon.co.jp
代表取締役社長黒石雄一郎
東京支店＝〒150－0013　渋谷区恵比寿2－12－14
☎03－3446－4541
✉tokyo@elepon.co.jp
名古屋支店＝☎0568－42－2450
✉nagoya@elepon.co.jp
大阪支店＝☎06－6341－7795
✉osaka@elepon.co.jp
広島営業所＝☎082－291－3373
✉hiroshima@elepon.co.jp
福岡営業所＝☎092－441－5911
✉fukuoka@elepon.co.jp
pH自動制御装置（標準タイプ、六価クロム環元処理対応タイプ、ラック型、炭酸ガス中和処理用）、薬注ポンプ、チューブポンプ、フィルタープレス、凝集沈殿処理装置、濁水処理装置、加圧浮上処理装置、高分子凝集剤自動溶解装置、全自動脱水機、高機能型pH自動制御装置（異常警報自動発信タイプ）、タッチパネル式pH中和装置、オイルバス式チューブポンプ

エンドレスハウザージャパン㈱
本社＝〒180－0036　東京都府中市日新町5－70－3
☎042－314－1911・FAX042－314－1951
URL http://www.jp.endress.com/
代表取締役社長齋藤雄二郎
レベル計、タンクケージ、圧力計、分析計、記録計、液体流量計、静電容量式レベル測定プローブ、粉体用音叉式レベルスイッチ、温度計

オカダアイヨン㈱
本社＝〒552－0022　大阪府大阪市港区海岸通4－1－18
☎06－6576－1273・FAX06－6576－1516
URL http://www.aiyon.co.jp/
東京本店＝☎03－3975－2011
関西支店＝☎06－6576－1261
札幌営業所＝☎011－598－1426
盛岡営業所＝☎019－611－0080
仙台営業所=☎022－352－4330
湘南営業所＝☎0463－51－6984
中部営業所＝☎0584－89－7650
北陸営業所＝☎076－254－5518
広島営業所＝☎082－208－0900
四国営業所＝☎089－984－8887
福岡営業所＝☎092－404－1177
熊本営業所＝☎0968－38－1021

㈱カナデビアエンジニアリング
本社＝〒541－0058　大阪府大阪市中央区南久宝寺町3－1－8　MPR本町ビル
☎06－6224－0226
https://www.kanadevia-eng.com
代表取締役社長森本智
東京支社＝☎03－5767－7221
①化学プラント設備等の建設、プラント関連機器・装置、産業機械・生産設備、社会インフラ関連設備等の設計・製作・据付および工場建屋・倉庫・事務所棟等の設計・建築②鋼およびコンクリート構造物、各種プラント設備・機器装置、配管設備等の非破壊検査、計測・診断、解析、コンサルティング等

カヤバ㈱
本社＝〒105－6111　東京都港区浜松町2－4－1　世界貿易センタービルディング南館28階
☎03－3435－3511・FAX03－3436－6759
URL http://www.kyb.co.jp
代表取締役社長執行役員兼CEO川瀬正裕
特装車両事業部営業部＝☎048－583－2346
名古屋支店＝☎052－587－1760
広島営業所＝☎082－567－9166
福岡支店＝☎092－411－2066
コンクリートトラックミキサ、バラセメント運搬車、他各種特装車輌

環境技術開発㈱
本社＝〒422－8017　静岡県御前崎市白羽2610
☎0548－63－5024
✉suemoto@quartz.ocn.ne.jp
代表取締役末本千廣
生コン工場排水処理装置、骨材回収選別装置、回収水貯蔵攪拌槽装置、回収水分離槽装置、スラッジ水脱水処理装置、中和処理装置、生コン車荷こぼれ防止器、各種耐摩耗ゴム製品、産業廃棄物再利用システム、排水微砂除去装置（湿式サイクロン分級機）、生コンスラッジ等乾燥微粉砕装置、生コンスラッジ乾燥微粉末再資源化装置、砕石スラッジ乾燥微粉末再資源化装置、特殊鑛石粉微砕用途開発、コンクリート解体ガレキ再利用加工装置、設計・製作・設置

㈱氣工社
本社＝〒252－0823　神奈川県藤沢市菖蒲沢15
☎0466－48－3111・FAX0466－48－3121
URL http://www.kikosha.co.jp
✉eigyoubu@kikosha.co.jp
取締役社長矢野信彦
札幌支店＝☎011－684－8881
九州営業所＝☎080－1013－7225
工場＝☎0466－48－3111
骨材生産プラント（砂利・砕石・砂）、各種関連機器（振動篩、湿式分級機、フィーダー他）、濁水処理装置、シックナー、フィルタープレス、建設廃資源リサイクル装置、汚染土壌浄化システム、湿式サイクロン、建設汚泥リサイクルシステム、環境関連システム装置、少水量による砕

砂の省水分級システム

㈱北川鉄工所
本社＝〒726－8610　広島県府中市元町77－1
☎0847－40－0515・FAX0847－45－7676
☎0120－995－477
URL http://www.kiw.co.jp/
代表取締役会長兼社長執行役員岡野帝男
仙台支店＝☎022－232－6732
東京支店＝☎048－651－3970
名古屋支店＝☎052－363－0378
大阪支店＝☎06－6685－9131
中四国営業課＝☎0847－40－0540
九州支店＝☎092－592－5571
札幌営業所＝☎011－812－2425
新潟営業所＝☎025－273－9171
四国営業所＝☎0877－22－3339
沖縄営業所＝☎098－860－3855
カスタマーサービス☎0210－995－447
東日本サービスセンター☎048－651－3970
コンクリートプラント、排水処理設備、脱水機、プラント操作盤、ジクロスミキサ、コンクリートミキサ他コンクリート関連設備機械一式

キャタピラージャパン合同会社
本社＝〒220－0012　神奈川県横浜市西区みなとみらい3－7－1　OCEANGATE MINATOMIRAI121
☎045－682－3800・FAX045－682－3690
URL http://www.cat.com/ja_JP.html
✉cj1-public@cat.com
代表執行役員ジョー・モスカト
日本キャタピラー＝☎03－5334－5666
四国機器㈱＝☎087－836－0355
四国建設機械販売㈱＝☎089－972－1481
キャタピラー九州㈱＝☎092－924－1211
油圧ショベル、ミニ油圧ショベル、ブルドーザ、ホイールローダ、ダンプトラック、履帯式ローダ、ランドフィルコンパクタ、アーティキュレートダンプトラック、スキッドステアローダ、コンパクトトラックローダ、ソイルコンパクタ

㈱共立理化学研究所
本社＝〒226－0006　神奈川県横浜市緑区白山1－18－2　ジャーマンインダストリーパーク
☎045－482－6937・FAX045－507－3418
URL https://kyoritsu-lab.co.jp
✉kyoritsu@kyoritsu-lab.co.jp
代表取締役岡内俊太郎
水質の簡易分析器(パックテスト、デジタルパックテスト、デジタルパックテストマルチSP、スマートパックテスト等)

極東開発工業㈱
本社＝〒541－0047　大阪府大阪市中央区淡路町2－5－11
☎06－6205－7800・FAX06－6205－7830
URL http://www.kyokuto.com/
代表取締役社長布原達也
東京本部＝〒144－0002　品川区東品川3－15－10　☎03－5781－9821
北海道支店＝☎011－251－5701
東北支店＝☎022－236－6692
北関東支店＝☎048－668－7712
首都圏支店＝☎03－5781－9825
中部支店＝☎0568－71－2231
関西支店＝☎0798－66－1014
中国支店＝☎082－232－8358
九州支店＝☎092－471－1001
コンクリートポンプ車、コンクリートミキサ車、粉粒体運搬車他、特装車全般

近畿工業㈱
本社＝〒650－0023　兵庫県神戸市中央区栄町通4－2－18
☎078－351－0770・FAX078－351－0880
URL https://www.kinkikogyo.co.jp
✉info@kinkikogyo.co.jp
代表取締役社長和田知樹
東京支店＝☎03－6263－2098
名古屋営業所＝☎052－220－6651
九州営業所＝☎0942－34－6053
振動篩、振動コンベヤー、破砕機、粉砕機、振動杭打機

㈱クボタ
本社＝〒556－8601　大阪府大阪市浪速区敷津東1－2－47
☎06－6648－2111
URL http://www.kubota.co.jp
代表取締役社長北尾裕一
東京本社＝〒104－0031　東京都中央区京橋2－1－3　京橋トラストタワー　☎03－3245－3111
本社阪神事務所＝〒661－0967　兵庫県尼崎市浜1－1－1　☎06－6470－5100
農業機械、エンジン、建設機械、精密機器、ダクタイル鉄管、環境プラント・ポンプ・バルブ、素形材・鋼管、空調機器

㈱クマエンジニアリング
本社＝〒573－0073　大阪府枚方市高田2－28－12
☎072－852－5831・FAX072－852－5850
URL http://www.kuma-eng.co.jp
✉info@kuma-eng.co.jp
代表取締役熊城庸介
東京営業所＝☎03－6658－8635
粉粒体供給機、粉粒体搬送機、粉粒体システム

クマクラ工業㈱
本社＝〒505－0123　岐阜県可児郡御嵩町古屋敷字東洞31
☎0574－67－0909・FAX0574－67－1355
URL http://www.kumakura.co.jp/
✉info@kumakura.co.jp
代表取締役井上宗之
本社営業＝☎0574－67－0909
関東支店＝☎048－662－7072
✉t-sales@kumakura.co.jp
第2工場＝☎0574－43－0252
圧送空気輸送設備(セメント・石粉・スラグ粉・焼却灰・その他の粉体)、吸引式空気輸送設備(切削粉・ミスト・ビニール、プラスチック粉)、機械式輸送設備(スクリューコンベアー・ロータリーフィーダー・双又ダンパー・スライドゲート・小型バグフィルター)、集塵機(パルス式)・ミスト専用小型集塵機(フィルターレス)・大型バグフィルター、鋼鈑製各種サイロ(セメント・水・砂・砂利・切削粉)、移動サイロスケールブロー(粉体貯蔵／計量／輸送／貯蔵／輸送)クラッシャーフィーダー(カール状切削粉の専用機0.75kw・1.5kw)

㈱栗本鐵工所
本社＝〒550－8580　大阪府大阪市西区北堀江1－12－19
☎06－6538－7731
URL http://www.kurimoto.co.jp/
代表取締役社長菊本一高
東京支社＝☎03－3450－8611
名古屋支店＝☎052－551－6931
九州支店＝☎092－451－6622
中国支店＝☎082－247－4132
東北支店＝☎022－227－1872
北海道支店＝☎011－281－3301
サンドポンプ、二軸強制練りミキサー用超耐摩耗ライナー及びブレード、製砂機ドレッジポンプ、スラリーポンプ、海砂ポンプ、ポンプ船、浚渫プラント、油圧コーンクラッシャ、竪型ミル、インパクトクラッシャー、破砕・粉砕・砕砂・選別プラント、ダイオー、ハイカン、ヘラナイト、UCX、ボール、ロッドミル用ライナー及び分級ライナー

KDD㈱
本社＝〒520－2431　滋賀県野洲市木部930
☎077－589－2354・FAX077－589－4892
URL http://www.kdd1.com/
✉kdd001@kdd1.com
代表取締役社長田中政好
環境事業＝☎06－6936－1208
破砕機

有ケーユーシステム
本社＝〒520－0044　滋賀県大津市京町3－5－5
☎077－545－4353・FAX077－547－2636
URL http://www.ku-s.com/
✉system@ku-s.com
pH中和装置・六価クロム除去装置、六価クロム除去用凝集剤

株ケツト科学研究所
本社＝〒143－8507　東京都大田区南馬込1－8－1
☎03－3776－1111・FAX03－3772－3001
URL http://www.kett.co.jp
✉sales@kett.co.jp（営業部）
代表取締役江守栄
西日本支店＝☎06－6323－4581
✉osaka@kett.co.jp
北海道営業所＝☎011－611－9441
✉sapporo@kett.co.jp
東北営業所＝☎022－215－6806
✉sendai@kett.co.jp
東海営業所＝☎052－551－2629
✉nagoya@kett.co.jp
九州営業所＝☎0942－84－9011
✉kyusyu@kett.co.jp
生コン水分計、生コン・砂水分計、ウエットスクリーナー

ケルヒャー ジャパン株
本社＝〒222－0032　神奈川県横浜市港北区大豆戸町639－3
☎045－438－1400・FAX045－438－1401
URL https://www.kaercher.com/jp/
業務用製品コールセンター＝☎045－777－7410
札幌支店、道東営業所、北東北営業所、仙台支店、福島営業所、新潟営業所、宇都宮営業所、東京支店、横浜営業所、静岡営業所、北陸営業所、名古屋支店、大阪支店、広島支店、四国営業所、福岡支店、鹿児島営業所
高圧洗浄機、産業用バキュームクリーナー、インダストリアルスイーパー、業務用乾湿両用バキュームクリーナー、床洗浄機、ドライアイスブラスター、各種クリーナー

光洋機械産業株
本社＝〒541－0054　大阪府大阪市中央区南本町2－3－12
☎06－6268－3100・FAX06－6268－3108
URL https://www.kyc.co.jp
✉info@kyc.co.jp
代表取締役社長直川雅俊
東京支社＝☎03－3534－8800
大阪支社＝☎06－6266－8801
名古屋支店＝☎052－486－1321
広島支店＝☎082－295－1106
福岡支店＝☎092－612－6250
札幌営業所＝☎011－764－9691
仙台営業所＝☎022－388－7666
沖縄営業所＝☎098－916－7200
高松出張所＝☎087－868－5700
海外営業部＝☎03－3534－7024
バッチャプラント、コンクリート二次製品製造プラント、ペーストミキサ、ナトム工法用バッチャプラント、軟弱土固化処理装置、フライアッシュ固化処理設備、汚泥処理プラント、破砕プラント、ベルトコンベヤ、コンクリートミキサ、空気清浄機、仮設機材（枠組足場、パイプサポート、クサビ式足場、支保工、重量支保工、先行手摺）、高流動・高強度対応自動計量操作盤、空気輸送設備、生コン冷却設備
バッチャプラント用自動計量操作盤「LIBRA eye」

コトブキ技研工業株
本社＝〒160－0022　東京都新宿区新宿1－8－1　大橋御苑駅ビル
☎03－3226－3366・FAX03－3226－9778
URL https://www.kemco.co.jp
✉kemco_hiro@kemco.co.jp
代表者奥原祥司
東京本社＝☎03－3226－3366
大阪支店＝☎06－6303－3366
広島事業所＝☎0823－73－1131
砕石・建設機械（クラッシャ、さく岩機等）、破砕機、再生骨材製造システム、ローラーミル、集塵機

コマツカスタマーサポート株
本社＝〒108－0072　東京都港区白金1－17－3
URL https://home.komatsu/jp/kcsj/
代表取締役社長粟井淳
ブルドーザ、ドーザショベル、油圧ショベル、ミニショベル、ホイールローダ、ミニホイールローダ、ダンプトラック、モータグレーダ、クローラダンプ、ローラ、自走式破砕機、自走式土質改良機、自走式木材破砕機、自走式スクリーン、鉄道機械、可搬式ディーゼル発電機、エンジンコンプレッサ、その他の建設機械、トーイングトラクタ、トンネル機械、プレス、レーザ加工機その他の産業機械、ハイブリッド油圧ショベル

コマツ
本社＝〒105－8316　東京都港区海岸1－2－20
☎050－3486－7147
URL https://www.komatsu.jp
代表取締役社長兼CEO小川啓之
ブルドーザ、ドーザショベル、油圧ショベル、ミニショベル、ホイールローダ、ミニホイールローダ、ダンプトラック、モータグレーダ、クローラダンプ、ローラ、自走式破砕機、自走式土質改良機、自走式木材破砕機、自走式ベルコン・スクリーン、鉄道機械、可搬式ディーゼル発電機、エンジンコンプレッサ、その他の建設機械、トーイングトラクタ、トンネル機械、プレス、レーザ加工機その他の産業機械、ハイブリッド油圧ショベル、トンネル覆工表面レーザ計測・解析システム、多目的レーダシステム、路面性状計測システム、フォークリフト

三協株
本社＝〒140－0013　東京都品川区南大井2－12－10
☎03－3298－2081・FAX03－3298－2080
URL http://www.sankyo-net.co.jp/
✉nsato@sankyo-net.co.jp
代表取締役社長佐藤登
コンクリート構造物劣化診断・コンクリート構造物非破壊検査、超音波測定、赤外線測定、電磁波測定、自然電位測定、高精細デジタル画像による調査・診断・ひび割れ密度診断、ロープアクセスによる調査

三伸ゴム工業株
本社＝〒811－1324　福岡県福岡市南区警弥郷1－37－7
☎092－572－8618・FAX092－574－1210
代表取締役渡辺克之
各種型物ゴム全般、耐摩耗性ゴムを基盤としたゴム＆セラミックライナーのエンジニアリング

三和機材株
本社＝〒104－0032　東京都中央区八丁堀1－9－8　八重洲通ハタビル2F
☎03－6891－3456・FAX03－6891－3461
URL http://www.sanwakizai.co.jp
代表取締役原口茂
本店＝☎03－6891－3456
福岡支店＝☎092－483－2175
札幌営業所＝☎011－894－6875
千葉工場＝☎043－259－3551
成田工場＝☎0476－36－2231
大阪工場＝☎072－874－4301
各種産業機械の設計・製造

株三和試験機製作所
本社＝〒195－0054　東京都町田市三輪町458－7
☎044－988－1887・FAX044－988－8601
URL http://www.sanwa-ts.com/
引張試験機・圧縮試験機・硬さ試験機等の材料試験機の出張メンテナンス（整備・校正、修理）及び中古試験機の販売

㈱シーエスエム
本社＝〒350－0011　埼玉県川越市大字久下戸字前田3095
☎049－236－0710・FAX049－236－0725
URL https://csm1.co.jp
✉csm1@plum.ocn.ne.jp
代表取締役社長田中誠和
工場＝☎049－236－0710
本社
東北支店
仙台南事業所
移動式セメントサイロ、定置式サイロ、セメント輸送設備、各種コンベヤ製作、移動式サイロ委託管理業務、セメントサイロ及びプラントのメンテナンス業務、6トンミニ移動式サイロ

CBM㈱
本社＝〒450－0003　愛知県名古屋市中村区名駅南2－3－2
☎052－561－2131・FAX052－561－2136
URL http://www.cbm-ltd.co.jp
✉info@cbm-ltd.co.jp
代表取締役社長成田和正
関東支店＝☎048－664－7554
九州営業所＝☎092－710－0211
各種自動計量システム（計量器連動コンピュータシステム）、生コン業コンピュータシステム、砂利砕石業コンピュータシステム、タッチパネル式運転手操作計量、IDプレートによる車両認識無人計量システム

GNN Machinery Japan㈱
本社＝〒245－0053　神奈川県横浜市戸塚区上矢部町2066
☎045－719－1881・FAX045－811－1392
URL http://gnnmj.com/
✉ibbprobe@gnnmj.com
代表取締役社長廣藤義和
フレッシュコンクリート状態監視測定機器（スマートアジテーター）、コンクリート付着防止コーティング剤（FUSION）、無線機（buddycom・コスモトーク）

㈱篠崎
本社＝〒002－8023　北海道札幌市北区篠路三条1－3－18
☎011－772－5425・FAX011－772－3410
URL http://www.shino-zaki.co.jp
✉info@shino-zaki.co.jp
代表取締役岩野鐵平
型枠脱型掃除機、押し抜き供試体型枠、セメント・コンクリート試験機、供試体・供試体型枠角度測定器

芝浦セムテック㈱
本社＝〒410－8510　静岡県沼津市大岡2068－3
☎055－924－3450・FAX055－925－6556
URL https://www.s-semtek.co.jp
代表取締役社長後藤英一
関西営業所＝☎078－327－5327
計測関連機器（濃度計、SS計他）、環境関連機器、自動逆洗式ストレーナー、溶存酸素計（DO計）

㈱島崎製作所
本社＝〒303－0044　茨城県常総市菅生町2541－1
☎0297－27－0921・FAX0297－27－1453
URL http://www.ajiter-sme.co.jp/
✉info@ajiter-sme.co.jp
取締役社長島崎益男
水海道工場＝☎0297－27－0921
大阪営業所＝☎06－6202－3110
各攪拌、混合機及び装置、混合槽、ダブコンポンプ、二酸化炭素中和連続装置、抽出装置、生コンスラッジ処理装置、気泡混入防止用往復回転式攪拌機

㈱島津製作所
本社＝〒604－8511　京都府京都市中京区西ノ京桑原町1
☎075－823－1111
URL https://www.an.shimadzu.co.jp/test/
✉analytic@group.shimadzu.co.jp
代表者山本靖則
東京支社＝☎03－3219－5555
関西支社＝☎06－6373－6522
札幌支店＝☎011－700－6605
東北支店＝☎022－221－6234
郡山営業所＝☎024－939－3790
つくば支店＝☎029－851－8511
北関東支店＝☎048－646－0700
横浜支店＝☎045－311－4105
静岡支店＝☎054－285－0123
名古屋支店＝☎052－565－7500
京都支店＝☎075－823－1601
神戸支店＝☎078－331－9661
岡山営業所＝☎086－221－2511
四国支店＝☎087－823－6623
広島支店＝☎082－236－9651
九州支店＝☎092－283－3331
万能試験機、コンクリート圧縮試験機、粉粒体・物性測定機器、高速度ビデオカメラ、ラマン分光、赤外分光、走査型プローブ顕微鏡、超音波光探傷装置

昭和鋼機㈱
本社＝〒454－0824　愛知県名古屋市中川区蔦元町2－72－1
☎052－362－8251・FAX052－362－8633
URL http://www.showakouki.co.jp
✉office@showakouki.co.jp
代表取締役社長辻孝太郎
関東支店＝〒341－0024　埼玉県三郷市三郷1－5－6　エルドラドONE　2A　☎048－951－5490・FAX048－951－5491
三河営業所・工場＝〒441－0203　愛知県豊川市長沢町東千束50　☎0533－88－3378・FAX0533－88－6714
生コンクリートプラント、セメントサイロ各種計量器、廃水処理設備、各種コンベヤ類の設計、製作据付工事及び電気工事一式、トラックマウント型移動式セメントタンク（㈱豊建と共同開発）、たて型移動タンク、全重量計測、減算型移動式セメントタンク、移動式タンク、移動式タンクのネットワーク型運用管理診断システム

昭和電工ガスプロダクツ㈱
本社・産業機材事業部＝〒212－0014　神奈川県川崎市幸区大宮町1310　ミューザ川崎セントラルタワー23階
産業機材事業部☎044－223－9528
URL http://www.sdk.co.jp/gaspro/
代表取締役社長平倉一夫
仙台営業所＝☎022－782－4151
北関東営業所＝☎048－657－6503
南関東営業所＝☎044－223－9520
静岡営業所＝☎054－295－5030
名古屋営業所＝☎052－204－6543
富山営業所＝☎076－437－1666
大阪営業所＝☎06－4393－1555
中・四国営業所＝☎082－568－5960
福岡営業所＝☎092－411－4398
炭酸ガス中和処理装置

新明和工業㈱特装車事業部営業本部
本社＝〒230－0003　神奈川県横浜市鶴見区尻手3－2－43
☎045－575－9907・FAX045－575－0805
URL https://www.shinmaywa.co.jp/
コンクリートミキサ車、粉粒体運搬車など特装車全般

シンワエンタープライズ㈱
本社＝〒578－0944　大阪府東大阪市若江西新町2－7－8
☎06－6723－6144・FAX06－6726－2693
URL http://www.sinwaenterprise.co.jp
✉f.kawai@sinwaenterprise.co.jp
代表取締役橋詰寿伸
型枠類、供試体型枠（スーパーモールド）洗浄機（スーパーオルマー）、スランプコーン、曲げ型枠、三連型枠、CBRモールド、土質モールド、マーシャルモールド現場密度の製造、アスファルト試験、供試体型枠用の洗浄機、試験機器

住友セメントシステム開発㈱
本社＝〒105－0012　東京都港区芝大門1－1－30　芝NBFタワー3F
☎03－6403－7860・FAX03－6403－7871
URL http://www.sumitem.co.jp

✉pcap@sumitem.co.jp
代表取締役社長島田徹
大阪支店＝☎06－6271－7110
札幌営業所＝☎011－232－1748
福岡営業所＝☎092－476－3377
名古屋営業所＝☎052－566－2500
東北営業所＝☎022－263－1460
生コン品質管理システム、コンクリート製品品質管理システム、生コン出荷・販売管理システム、生コン車両運行管理システム、生コン協同組合システム

ソイルアンドロックエンジニアリング㈱
本社＝〒561－0834　大阪府豊中市庄内栄町2－21－1
☎06－6331－6031・FAX06－6331－6243
URL https://soilandrock.co.jp
✉sre@soilandrock.co.jp
代表取締役荒木隆範
東京支店＝☎03－5833－7400
連続式RIコンクリート水分計（COARA）、骨材表面水量計（CONG－Ⅱ）

㈱総合コンクリートサービス
本社＝〒197－0803　東京都あきる野市瀬戸岡303
☎042－558－6637・FAX050－3730－8939
URL http://www.sc-con.com
✉info@sc-con.com
代表取締役岩瀬千枝
ビデオ「ひび割れのないコンクリートの造り方」「コンクリートの工事監理のポイント」「実践ひび割れのないコンクリートの造り方」「コンクリートの常識？！」書籍「ザ・生コン」「ひび割れのないコンクリートのつくり方」「コンクリートの基本と仕組み」「徹底指南ひび割れのないコンクリートのつくり方」「コンクリート講座」「これだけ！コンクリート」各種コンクリート技術講習会、建築現場における打設指導、コンクリート構造物の調査・診断

㈱タイガーチヨダ
本社＝〒716－0061　岡山県高梁市落合町阿部2327
☎0866－22－2927・FAX0866－22－2844
https://www.tigerchiyoda.co.jp/
オーエムミキサ、ペレット造粒設備、産業廃棄物固化処理プラント、各種自動化・省力化設備、コンクリート二次製品製造設備

㈱タイガーマシン製作所
本社＝〒716－0061　岡山県高梁市落合町阿部2327
☎0866－22－2927・FAX0866－22－2844
URL http://www.tiger-machine.com
✉TIGER@TIGER-MACHINE.com
代表取締役会長北原哲五郎
札幌・仙台・埼玉・岐阜・大阪・福岡
コンクリート製品製造設備

㈱大一テクノ
本社＝〒501－6256　岐阜県羽島市福寿町千代田1－31
☎058－391－7711・FAX058－391－1711
URL http://www.daiichi-techno.com/index.shtml
代表取締役岩田悟
サービスセンター（アフターサービス・部品発送部門）＝☎0586－89－3200・FAX0586－89－2900
小型コンクリートポンプ車

太平洋エンジニアリング㈱
本社＝〒135－0042　東京都江東区木場2－17－12　SAビルディング5F
☎03－5639－6070・FAX03－5639－6061
URL https://www.taiheiyo-eng.co.jp
代表取締役社長伊澤良仁
深谷事業所＝☎048－572－1400
セメントプラント、生コンプラント、骨材プラント、各種プラント、リサイクル関連プラント、公害防止設備、土木建築工事、電気計装工事、微粉粉砕機、微粉分級機、産業廃棄物・一般廃棄物をセメント製造他の燃料・原料化プラント、エコセメント製造プラント、環境設備機器、セメント関連運搬船荷役設備

太平洋機工㈱
本社＝〒275－8528　千葉県習志野市東習志野7－5－2
☎047－473－6181・FAX047－473－5532
URL http://www.taiheiyo-kikou.com/
代表取締役社長前原隆史
東京営業所＝☎03－5652－7391
コンクリートミキサ、各種ミキサ、解砕機、各種ポンプ、粉体関連機器、汚泥固化処理ユニット、分級機、振動篩

大和機工㈱
本社＝〒474－0071　愛知県大府市梶田町1－171
☎0562－44－1166・FAX0562－44－1167
URL http://www.daiwakiko.co.jp/
代表取締役小森谷尚久
本社工場＝☎0562－47－2161
常滑支店＝☎0569－84－8580
豊田営業所＝☎0565－76－3021
豊橋営業所＝☎0532－32－7751
岐阜営業所＝☎058－388－3411
三重営業所＝☎059－387－1611
静岡営業所＝☎054－256－9511
松本営業所＝☎0263－48－1555
長野営業所＝☎0268－64－6510
厚木営業所＝☎046－295－4680
定置式コンクリートポンプ、コンクリートポンプ車、コンプレッサ、砕石プラント、遠心分離機、油圧ポンプ、排水処理プラント、各種建設機械、コンクリートポンプ車用無線操縦装置、合理化・省力化商品

㈱田中衡機工業所
本社＝〒959－1145　新潟県三条市福島新田丙2318－1
☎0256－45－1251・FAX0256－45－2204
URL https://www.tanaka-scale.co.jp/
✉information@tanaka-scale.co.jp
代表取締役田中康之
東京支店＝☎03－3263－4531
関西支店＝☎06－4861－2266
八戸営業所＝☎0178－38－5775
東北営業所＝☎022－388－6401
福岡営業所＝☎092－572－1822
トラックスケール、ベルトコンベヤスケール、試験室用精密秤、計量制御装置、プラント用計量機全般、操作制御盤各種、各種データ処理システム、設計製作、ハンドパレットスケール

超音波工業㈱
本社＝〒190－8522　東京都立川市柏町1－6－1
☎042－537－1711・FAX042－536－8485
URL https://www.cho-onpa.co.jp
✉sales@cho-onpa.co.jp
代表取締役社長松原史郎
大阪支店＝☎06－6190－1256
名古屋支店＝☎052－760－3961
超音波濃度計、超音波レベル計

㈱ディ・エヌテック
本社＝〒555－0011　大阪府大阪市西淀川区竹島5－2－7
☎06－4808－0220・FAX06－4808－0330
代表者玉利正人
プラント＝砕石プラント、製砂プラント、リサイクルプラント
クラッシャ＝ロッドミル、振動篩、各種フィーダ、分級機、排水処理装置、集塵装置、木屑選別装置

テスコ㈱
本社＝〒116－0013　東京都荒川区西日暮里5－4－6
☎03－3805－0012・FAX03－3805－0330
URL http://www.tesco-co.jp
✉tescoinc@helen.ocn.ne.jp
代表取締役鈴木賢司
コンクリート試験機、土質試験機、特殊な試験装置及び測定器の試作開発、コンクリート自動凝結試験装置、加振変形試験機、型枠ヒットワン、重機接近警報装置

東亜ディーケーケー㈱
本社＝〒169－8648　東京都新宿区高田馬場1－29－10
☎03－3202－0219・FAX03－3202－5127
URL https://www.toadkk.co.jp/
滴定装置、塩分分析計、pH計、ORP計、電気伝導率計、イオン・pH計、溶存酸素計、マルチ水質計、イオンクロマトグラフ、COD計、全窒素・全りん計、濁度計、SS濃度計、六価クロムモニター、吸光光度計(米国ハック社製)

東海プラントサービス㈱
本社＝〒505－0116　岐阜県可児郡御嵩町御嵩1107
☎0574－67－1388
URL https://www.tokaiplantservice.com/
✉tokaips@kani.or.jp
代表取締役齋藤浩司
工場＝☎0574－67－1388
生コンプラント設備、二次製品製造プラント設備、残コン戻りコン排水処理装置、pH制御装置、RC・残土・泥土・リサイクル設備、セメントサイロ設備、空気輸送設備、ベルトコンベヤ、バケットコンベヤ、スクリューコンベヤ、各種計量機、改良土固化材製造設備、石膏ボード分別処理設備、製缶加工、機械加工、設計製作、改造据付、生コンプラント関係機器、部品販売修理

㈱東京衡機試験機
本店＝〒252－0151　神奈川県相模原市緑区三井315
☎042－780－1671・FAX042－780－1672
URL https://shikenki-tksnet.co.jp/
代表取締役会長小塚英一郎
東京支店＝☎042－780－1671
中部支店＝☎0532－53－1106
大阪支店＝☎06－6391－9835
材料試験機、疲労試験機、コンクリート試験機全般(コンクリート二次製品用曲げ試験機、圧縮試験機、外圧試験機)、その他自動化装置

㈱東京測器研究所
本社＝〒140－8560　東京都品川区南大井6－8－2
☎03－3763－5611・FAX03－3763－6128
URL http://www.tml.jp
✉info@tml.jp
代表取締役社長木村真志
東京営業所＝☎03－3763－5615
✉tokyo@tml.jp
仙台営業所＝☎022－725－3378
✉sendai@tml.jp
栃木営業所＝☎0282－25－7430
✉tochigi@tml.jp
つくば営業所＝☎029－868－6705
✉tsukuba@tml.jp
名古屋営業所＝☎052－776－1781
✉nagoya@tml.jp
大阪営業所＝☎06－6533－6111
✉osaka@tml.jp
福岡営業所＝☎092－431－7205
✉fukuoka@tml.jp
コンクリート充てん感知センサ、データロガー、ひずみゲージ、コンクリート強度試験用各種センサ、測定器、コンクリート水分センサ、コンクリートひび割れ検知センサ

㈱東興化学研究所
本社＝〒168－0071　東京都杉並区高井戸西1－18－8
☎03－3334－3481・FAX03－3334－3484
URL http://www.tokokagaku.co.jp/
✉info@tokokagaku.co.jp
取締役社長赤沢興士
塩分濃度計

東芝インフラシステムズ㈱
本社＝〒212－8585　神奈川県川崎市幸区堀川町72－34
☎044－331－1693
URL https://www.toshiba.co.jp/infrastructure/industrial/field-intelligent-device/index_j.htm
✉soichiro.ikegami@toshiba.co.jp
マイクロ波濃度計、電磁流量計、非接液形電磁流量計、産業用コンピュータ、統合コントローラVシリーズ、統合制御システム、ユニファイドコントローラnvシリーズ

㈱東洋製作所
本社＝〒761－1406　香川県高松市香南町西庄2395－1
☎087－879－1610・FAX087－879－1609
URL http://www.toyomf.co.jp
✉tokyo@toyomf.co.jp
代表取締役植原聡
東京支店＝☎03－5380－1038
福岡営業所＝☎092－761－0851
コンクリート連続ミキシングプラント、湿式コンクリート吹付機、乾式コンクリート吹付機、粉体急結剤供給機、移動式モルタルプラント(軌道台車搭載型)

東洋濾紙㈱
本社＝〒100－0011　東京都千代田区内幸町2－2－3　日比谷国際ビル5F
☎03－5521－2160
URL http://www.ADVANTEC.co.jp/
✉品質保証部 trk-hinsho@advantec.co.jp
代表取締役社長戸部浩介
カートリッジフィルター、カートリッジフィルターハウジング、コンパクトカプセルカートリッジフィルター／ハウジング、メンブレンフィルター／37mmモニター、ディスポーザブルメンブレンフィルターユニット、メンブレンホルダー／タンク、ウルトラフィルター／ホルダー分析用濾紙、試験紙、生産用濾紙／濾過板／エアフィルター、濾過器

東和工業㈱
本社＝〒920－8510　石川県金沢市問屋町1－110
☎076－237－6185・FAX076－237－7151
URL http://www.towakogyo.co.jp
東京本社＝〒101－0025　千代田区神田佐久間町3－19　東邦沢口ビル5F　☎03－3865－8340
✉tokyo@towakogyo.co.jp
金沢営業所＝☎076－237－6181
✉kanazawa@towakogyo.co.jp
北陸支店＝☎076－451－3981
✉toyama@towakogyo.co.jp
主たる営業所＝宇都宮・千葉・大阪・新潟・松本・中部・名古屋
生コン工場廃水処理設備等関連機器、粉体貯蔵サイロ、粉体輸送、粉体処理等関連周辺機器

㈱トーホーテクノ
本社＝〒590－0982　大阪府堺市堺区海山町3－156
☎072－229－8380・FAX072－227－1239
URL http://toho-techno.com
代表取締役社長橋本昌也
東京支店＝☎048－764－8187
大阪支店＝☎06－4861－2630
三重工場＝☎05979－2－2630
製砂機(ミルブレーカーⅡボールミル、ミルブレーカーⅡロッドミル、ミルブレーカーⅡロッド・ボールスクラバー)

㈱戸上電機製作所
本社＝〒840－0802　佐賀県佐賀市大財北町1－1
☎0952－24－4111・FAX0952－26－4594
URL https://www.togami-elec.co.jp
✉info@togami-elec.co.jp
北海道・東北・東京・中部・北陸・関西・中国・四国・九州・佐賀　【販売会社】東京戸上電機販売㈱
電力システム機器、高圧開閉器、電磁開閉器、太陽電池故障箇所特定装置、探査・測定機器、環境機器、高低圧受配電盤、コントロールセンタ、防爆・防食形制御機器

㈱土木材料試験所
本社＝〒451－0062　愛知県名古屋市西区花の木1－14－28

☎052－524－3751・FAX052－524－0912
URL http://d-ken.com
代表取締役川北直樹
土質試験、骨材試験、現場試験、ボーリング調査、土壌試験、試験機器販売

㈱中山鉄工所
本社＝〒843－0001　佐賀県武雄市朝日町大字甘久2246－1
☎0954－22－4171・FAX0954－23－0691
URL http://www.ncjpn.com
✉info@ncjpn.com
代表取締役社長中山弘志
東京支店＝〒125－0062　葛飾区青戸3－37－15　京成青戸ビル7F　☎03－6662－4135
大阪支店＝☎072－672－4551
名古屋営業所＝☎052－589－2881
広島営業所＝☎082－877－6700
仙台出張所＝☎022－388－7233
破砕機、製砂機、整粒機、選別機、分級機、土壌改良機、砕石プラント、リサイクルプラント、ポータブルクラッシングプラント、自走式クラッシャ、ロールクラッシャ、バケットクラッシャ、防塵装置、吸引式風力選別機

西日本技研サービス㈱
本社＝〒814－0153　福岡県福岡市城南区樋井川6－1－29
☎092－865－1300・FAX092－801－6416
代表取締役白木久好
生コンクリートプラント設備、計量機器、空気輸送設備、汚水処理設備、生コンプラント関係部品の販売

㈱西日本情報システム
本社＝〒140－0013　東京都品川区南大井6－19－6　大森勧業ビル8F
☎03－5753－7555・FAX03－5753－7556
URL http://www.n-js.co.jp/index.html
✉jssystem@n-js.co.jp
代表取締役井上淳子
西部本社＝〒754－0894　山口市佐山産業団地南1200－13　☎083－988－0240
北陸支店＝☎076－254－0012
福岡支店＝☎092－409－9215
生コン出荷・販売・品質管理システム

㈱西村鐵工所
本社＝〒849－0302　佐賀県小城市牛津町柿樋瀬286－4
☎0952－66－0001・FAX0952－66－4627
URL http://nisitec.co.jp
✉nisitec@nisitec.co.jp
代表取締役社長西村明浩
本社営業部＝☎0952－66－1101
東京支店＝☎03－5294－1600
IBコンベヤ、コンベヤ

日工㈱
本社〒674－8585　兵庫県明石市大久保町江井島1013－1
☎078－947－3131・FAX078－947－7674
URL https://www.nikko-net.co.jp/
代表取締役社長辻勝
事業本部〒101－0062　東京都千代田区神田駿河台3－4－2　日専連朝日生命ビル5F　☎03－5298－6701㈹・FAX03－5298－6711
北海道支店☎011－737－2207
東北支店☎022－266－2601
関東支店☎048－844－3150
湾岸営業所＝☎047－390－3636
新潟営業所☎025－241－1777
中部支店☎052－702－7888
大阪支店☎06－6323－0561
中・四国支店☎082－830－0777
九州支店☎092－574－6211
横浜営業所☎045－326－4377
四国営業所☎087－881－5225
南九州営業所☎099－219－9377
沖縄支店☎098－917－0478
バッチャプラント、アスファルトプラント、コンクリート製品製造ラインシステム、骨材水分安定システム、各種コンピュータシステム、排水処理システム、各種搬送システム、骨材水分管理システム、トリプル混練システム、スランプ管理システム、ネットワーク操作盤、脱水ケーキ改良システム、粉体粒状化システム、流動化処理システム、各種再生建設資材製造システム、破砕機、DASHミキサ

日産化学㈱
本社＝〒103－6119　東京都中央区日本橋2－5－1
☎03－4463－8111
URL http://www.nissanchem.co.jp/
代表取締役八木晋介
防凍剤、耐寒剤、硬化促進剤

日進エンジニア㈱
〒731－0144　広島県広島市安佐南区高取北3－2－35
☎082－878－6655・FAX082－878－6656
https://www.nisshin.engineer/
代表取締役進藤晶
生コン排水処理設備（骨材回収装置・脱水機・pH中和処理装置）、制御装置、生コンプラント、コンクリート二次製品プラント関連装置

日特コイデ㈱
本社＝〒954－0076　新潟県見附市新幸町9－3
☎0258－66－0063・FAX0258－66－0064
URL https://www.nittokukoide.nittoku.co.jp
代表取締役社長田中靖人
単位水量測定器W/Cミータ

日本アイリッヒ㈱
本社＝〒451－0045　愛知県名古屋市西区名駅3－9－37　合人社名駅3ビル
☎052－533－2577・FAX052－533－2578
URL http://www.nippon-eirich.co.jp
✉eigyo@nippon-eirich.co.jp
代表取締役内藤雅元
本社＝☎052－533－2577
塔式媒体攪拌ミル（タワーミル）、高強度コンクリート用ミキサー、高機能建材用ミキサー、ドライモルタル用ミキサー

日本コンベヤ㈱
本社＝〒101－0045　東京都千代田区神田鍛治町3－6－3　神田三菱ビル5F
☎03－6625－0011・FAX03－6625－0027
URL http://www.conveyor.co.jp/
代表取締役社長梶原浩規
大阪支店＝大阪市中央区大手前1－7－31　OMMビル17F　☎06－7739－0911
✉imai_masashi@conveyor.co.jp
姫路工場＝☎079－232－6747
①長距離、大容量プラントコンベヤ、ダム建設用RCC、CVC搬送コンベヤの製作据付②立体駐車場の製作据付③物流機械の製作据付
ベルトコンベヤ設備④「スネークベルコン」の製作据付
2枚ベルトのはさみこみによる揚程70mの垂直搬送が可能⑤フリーラインコンベヤ

日本機設㈱
本社＝〒136－0075　東京都江東区新砂1－6－35
☎03－3647－9421・FAX03－3647－9420
URL http://www.nihonkisetsu.co.jp
✉eigyou-madoguti@nihonkisetsu.co.jp
代表取締役社長長岡弥一郎
埼玉工場＝☎042－989－0261
苅田工場＝☎093－434－1781
上磯工場＝☎0138－73－2204
セメント製造装置据付、集塵機、原材料輸送機、設計製作据付

日本ボルボ㈱
本社＝〒105－0001　東京都港区虎ノ門4－1－8　虎ノ門4丁目MTビル4F
☎03－5404－0312・FAX03－5404－0313
URL http://www.volvonippon.co.jp/
✉noboru.yamazaki@volvo.com
代表取締役社長ヤーン・マグナソン
ホイールローダ、アーティキュレートダンプトラック

関連設備

日本沪過装置㈱
本社＝〒532－0011　大阪府大阪市淀川区西中島6－2－3
☎06－6304－3511・FAX06－6305－7065
URL https://www.nihon-rokasochi.co.jp/
代表取締役安茂昇
東京営業所＝☎03－3823－7373
生コンヘドロ全自動フィルタープレス、ワンマン型フィルタープレス、移動式脱水装置

㈱ネオナイト
本社＝〒690－0026　島根県松江市富士見町1－7
☎0852－38－8025・FAX0852－37－2514
URL http://www.neonite.jp/
✉n@neonite.jp
代表取締役寺山文久
排水処理剤

㈱ノアテック
本社＝〒104－0043　東京都中央区湊1－1－16　TMKビル6F
☎03－6427－6045・FAX03－6427－6046
URL http://www.noatech.jp/
✉info@noatech.jp
代表取締役佐藤淳一
排水処理剤、六価クロム除去用、PFOS・PFOA除去用、廃血液排水処理用、杭打ち排水除去用、シールド等土木排水用、重油等混合排水用、塗装ブース排水用、食品工場排水用、洗濯排水用、造船ドック排水用

ハカルプラス㈱
本社＝〒532－0027　大阪府大阪市淀川区田川3－5－11
☎06－6300－2111・FAX06－6308－7766
URL https://hakaru.jp/
代表取締役社長三宅康雄
本社(大阪)計装事業本部＝☎06－6300－2121
東京支店＝☎03－3392－6311
東北事業所＝☎022－355－7450
札幌営業所＝☎011－221－1640
計量制御装置、スランプコントローラー、水分センサー、協同組合用総合管理システム、生産量管理システム、出荷管理システム

㈱博進製作所
本社＝〒577－0052　大阪府東大阪市新喜多1－6－73
☎06－6788－1858・FAX06－6788－1804
代表取締役荒河正晴
恒温水供給装置、強制練りミキサー、供試体研磨機

パシフィックシステム㈱
本社＝〒338－0837　埼玉県さいたま市桜区田島8－4－19
☎048－845－2200・FAX048－845－2260
URL https://www.pacific-systems.co.jp/
✉sales3@pacific-systems.co.jp
代表取締役社長渡邊泰博
営業本部営業3部＝☎03－3548－8557
北海道営業所＝☎011－221－3471
東北営業所＝☎022－217－0515
北関東営業所＝☎048－521－3522
中部センター＝☎052－218－6305
西日本支社＝☎06－6447－7441
生コンクリート各種管理システム(品質、出荷、販売、会計)、生コンクリート協同組合管理システム(オンライン・監査システム)、計量操作盤・骨材供給盤制御システム、GPS配車管理　スカイワン－Ⅱ、スランプ管理システム、水分計、無線機、監視カメラ、トラックスケール、車両センサー、複合機、ドライブレコーダ、LED照明、納入伝票
AIスランプ予測システム

バンドー化学㈱
本社＝〒650－0047　兵庫県神戸市中央区港島南町4－6－6
☎078－304－2923・FAX078－304－2983
URL http://www.bando.co.jp
✉eihatu@bando.co.jp
産業資材事業部営業部＝☎03－5484－9100
東京支店＝☎03－6369－2100
名古屋支店＝☎052－582－3251
大阪支店＝☎06－4805－1110
運搬ベルト、伝動ベルト、コンベヤ周辺製品、ライニング材、省エネVベルト、省エネコンベヤベルト

阪和化工機㈱
本社＝〒533－0014　大阪府大阪市東淀川区豊新3－17－18
☎06－6327－3751・FAX06－6327－3759
URL http://www.hanwa-jp.com
✉post@hanwa-jp.com
代表取締役町井秀年
東京営業所＝☎03－3436－3881
九州営業所＝☎093－533－7511
上海工場＝☎021－5959－5595
ベトナム(ホーチミン)＝☎84－8－3814－3111
阪和式電動攪拌機(泥水セメント排水処理用)、ステンレスタンク、オールステンレス攪拌機

BX新生精機㈱
本社＝〒675－2444　兵庫県加西市鴨谷町687
☎0790－44－1161・FAX0790－44－2271
URL https://www.shinseiseiki.co.jp
✉eigyo@shinseiseiki.co.jp
代表取締役森田滋仁
大阪営業所＝☎06－6244－1618
✉i.kawano@shinseiseiki.co.jp
東京営業所＝☎03－6913－1351
✉k.nagasue@shinseiseiki.co.jp
サイロ残量計測装置

日立建機㈱
本社＝〒110－0015　東京都台東区東上野2－16－1
☎03－5826－8100
URL https://www.hitachicm.com/global/jp/
代表執行役執行役社長兼COO先崎正文
建設機械・運搬機械及び環境関連製品等の製造・販売・レンタル・アフターサービス

㈱日立国際電気
本社＝〒105－8039　東京都港区西新橋2－15－12　日立愛宕別館6F
☎03－5510－5931・FAX03－3502－2502
URL https://www.hitachi-kokusai.co.jp
代表取締役社長執行役員佐久間嘉一郎
北海道支店＝☎011－233－6111
東日本支社＝☎022－723－1800
中日本支社＝☎052－223－2770
西日本支社＝☎06－6920－6320
中国支店＝☎082－262－5931
四国支店＝☎088－861－5931
九州支店＝☎092－412－8828
製造業・流通サービス業向けソリューション、プライベートLTE/ローカル5Gと先進のAIを活用した画像処理によるソリューションの提供、産業カメラ、各種無線関連システム

ファインテック㈱
本社＝〒475－0925　愛知県半田市宮本町6－212－2
☎0569－22－9611・FAX0569－22－8788
✉finetec@joy.ocn.ne.jp
代表取締役社長中井愛
プラント事業部＝☎0569－22－9611
脱水機用沪布

㈱ファテック
本社＝〒162－8557　東京都新宿区津久戸町2－1
☎03－3235－6269・FAX03－5261－9066
URL http://www.fa-tec.co.jp
✉master@fa-tec.co.jp
取締役社長青野孝行
プラモールド、水中不分離モルタル(マックスAZ)、長距離圧送可塑性充填材(スーパーエコマックス)、緊急路面補修材(ダッシュ・ペーブE)、セメント、フライアッシュ、吹付け用モルタル(リペア

エース)、プレミックス型可塑性充填剤(エコマックスType－P)、FCモルタル(連続練りミキサー用速硬性モルタル)、コッター床版用目地充填材(サンベストType－N、Type－S)、無収縮モルタル(サンベストType－A)

㈱冨士機
本社＝〒812－0013　福岡県福岡市博多区博多駅東1－10－30 冨士機博多駅東ビル10F
☎092－432－8510・FAX092－432－8520
URL http://www.kk-fujiki.jp
代表取締役藤田岳彦
桂川工場＝☎0948－65－4420
南九州工場＝☎0986－52－3438
京浜島工場＝☎03－6412－9820
バッチャプラント及びその関連製品、セメントサイロ、セメント供給設備及びその関連製品

富士工機㈱
本社＝〒494－0011　愛知県一宮市西萩原字若宮前53－1
☎0586－69－2121・FAX0586－69－2127
URL http://www.fujiclon.com/
✉info@fujiclon.co.jp
代表取締役社長佐藤禎記
東京支店＝☎03－6419－3133
✉goto@fujiclon.co.jp
大阪支店＝☎06－6464－6315
✉ichimura@fujiclon.co.jp
岡山支店＝☎086－221－5188
✉masamoto@fujiclon.co.jp
超微粉砕プラント、粗粉砕プラント、粉体混合、篩分、輸送プラント、サイロ及び切出しプラント、高温低温排ガス集塵プラント、高圧・低圧空気力輸送プラント、固体・液体焼却プラント、集塵機及び集塵装置、配管式清掃装置、各種コンベヤ、制御盤及び電気工事、エフコンオープナー、凝集剤定量フィーダー(廃水処理用)、セメント廃水処理用凝集剤、空気輸送設備、粉体処理設備、セントラルクリーナー、スクリューコンベヤ、バケットエレベータ、定量フィーダ、ロータリーバルブ、フレコン充填機、フレコン解袋機

㈱フジコーム
吉田工法事業部＝〒426－0088　静岡県藤枝市堀之内1－5－11
☎054－647－2010
URL http://fujicoam.co.jp
✉f-yoshida@fujicoam.co.jp
社長木内藤男
外壁改修吉田工法(一貫責任施工)、打放しコンクリート若返りシステム、打放しコンクリートセフシステム、打放しコンクリートFMシステム、光触媒仕上げシステム、打放しコンクリート仕上げの改修、打放しコンクリート高耐久仕上げ①新築：SEF(セフ)システム②改修：(1)FMシステム(2)若返りシステム、商材販売①ガードシーラー：汚染付着防止材②ケミカルエース1：エフロ,セメントノロ,アク洗浄③ワタレスモルタル：水を使用しないモルタル

冨士コンベヤー㈱
本社＝〒822－0011　福岡県直方市大字中泉字今林885－11
☎0949－22－1950・FAX0949－28－1270
URL http://www.fujiconveyor.com/
✉fujiconv@gold.ocn.ne.jp
代表取締役社長吉村太一
東京支店＝☎03－3989－8141
✉fujicon@sirius.ocn.ne.jp
各種コンベヤの設計・製作・据付、ベルトコンベヤ用、キャリア、リターン、調整キャリア、調整リターン、プーリー、電動調整キャリア、機械品

富士物産㈱
本社＝〒336－0024　埼玉県さいたま市南区根岸5－17－5
☎048－861－2235・FAX048－864－4002
URL http://www.fuji-bussan.co.jp
✉sales@fuji-bussan.co.jp
代表取締役社長柏忠彦
建設用・産業用・試験計測用及びその他各種の機械器具の輸入販売ならびに製造販売。前記の機械器具に関連する技術及び工法の研究開発、シュミットコンクリートテストハンマー、鉄筋探査機、超音波試験機、鉄筋腐食検査機、水分計

プツマイスタージャパン㈱
本社＝〒289－1143　千葉県八街市八街い27－1
☎043－497－5454・FAX043－497－5456
代表取締役岡勇樹
コンクリートポンプ

フリージア・マクロス㈱
本社＝〒101－0042　東京都千代田区神田東松下町17
☎03－6635－1844・FAX03－6635－1842
URL http://www.freesiamacross-extruder.com/
代表取締役奥山一寸法師
埼玉工場＝☎0480－73－5111
コンクリート、土質、アスファルト等土木試験機、道路管理用試験機、RCD・RCCP用VC試験機及び締固め装置

㈱ブリヂストン
本社＝〒104－8340　東京都中央区京橋3－1－1
☎03－6836－3001
URL https://www.bridgestone.co.jp
取締役代表執行役Global CEO 石橋秀一
各種タイヤ(乗用車用／トラック・バス用／鉱山・建設車両用／航空機用他)、化工品・多角化事業(工業資材関連用品建築資材関連用品他)

古河産機システムズ㈱
本社＝〒100－8370　東京都千代田区大手町2－6－4　常盤橋タワー
☎03－6636－9512・FAX03－6636－9552
URL http://www.furukawa-sanki.co.jp
代表取締役社長岩間和義
東北支店＝☎022－221－3532
大阪支店＝☎06－6344－2532
札幌支店＝☎011－788－3410
名古屋支店＝☎052－561－4580
九州支店＝☎092－741－5193
沖縄営業所＝☎098－988－5051
栃木営業所＝☎0285－23－1313
中四国営業所＝☎086－236－8852
各種コンベヤ設備、スクリーン、ポンプ

古河ユニック㈱
本社＝〒100－8370　東京都千代田区大手町2－6－4　常盤橋タワー11・12階
☎03－6636－9524・FAX03－6636－9556
URL https://www.furukawaunic.co.jp/topics/topics2184/
✉u-hansoku-g@furukawakk.co.jp
代表取締役社長山川賢司
札幌営業所＝☎011－788－6655
関西支店＝☎06－6478－2311
北信越支店＝☎025－246－0336
ユニック関東販売㈱＝☎03－5858－4141
ユニック東北販売㈱＝☎022－232－6571
ユニック北東北販売㈱＝☎019－696－5363
ユニック静岡販売㈱＝☎054－346－8155
ユニック中部販売㈱＝☎052－913－8511
ユニック岐阜販売㈱＝☎058－328－7118
ユニック兵庫販売㈱＝☎078－975－6781
ユニック中四国販売㈱＝☎086－243－8241
ユニック広島販売㈱＝☎082－294－7971
ユニック九州販売㈱＝☎092－441－0861
㈱嘉数重工＝☎098－889－2413
トラック搭載型クレーン、ミニ・クローラクレーン、ユニックキャリア
ミニ・クローラクレーン『U－CUBE』(住宅建築用クレーン)「URW7035C4－HC1」「URW7055C4－HC1」

古河ロックドリル㈱
本社＝〒100－8370　東京都千代田区大手町2－6－4　常盤橋タワー12階
☎03－6636－9519・FAX03－6636－9555

URL http://www.furukawarockdrill.co.jp/
代表取締役社長山口正己
札幌支店＝☎011－374－5125
東北支店＝☎022－384－1301
関東支店＝☎027－326－9611
東京支店＝☎048－227－4560
名古屋支店＝☎0568－76－7755
関西支店＝☎06－6475－8251
中四国支店＝☎082－962－3322
九州支店＝☎092－948－1888
油圧ブレーカ、油圧圧砕機、油圧クローラドリル、トンネルジャンボ、さく岩機

㈱前川工業所
本社＝〒574－0056 大阪府大東市新田中町7－2
☎072－872－7321・FAX072－873－5474
URL https://www.maekawa-kogyosho.com
✉info@maekawa-kogyosho.com
代表取締役社長小財昌浩
大阪
破砕機、振動篩、ロールブレーカ、シールド掘進機用ダブルロールクラッシャ、ハンマークラッシャ、ジョークラッシャ、廃コン用二軸ロール式解砕機

㈱前川試験機製作所
本社＝〒143－0013 東京都大田区大森南2－16－1
☎03－5705－8111・FAX03－5705－8961
URL http://www.maekawa-tm.co.jp
✉sale@maekawa-tm.co.jp
代表取締役社長前川徳太郎
万能材料試験機、耐圧試験機、構造物試験機、硬さ・衝撃試験機、ループダイナモメータ、デジタル式全自動耐圧試験機、パソコン利用データ処理装置、セメント試験機器、コンクリート強度試験機

前田工織産資㈱
本社（環境ソリューション事業部建設・コーティング資材グループ）＝〒113－0034 東京都文京区湯島3－39－10 上野THビル
☎03－3837－5855・FAX03－3837－1945
URL http://www.mitsui-sanshi.co.jp/
✉Daisuke.Tateba@mitsuichemicals.com
代表取締役社長橘明宏
東京本店＝☎03－3837－5855
水中不分離性コンクリート用混和剤＝ハイドロクリートUWB

㈱マツボー
本社＝〒105－0013 東京都港区浜松町1－30－5 浜松町スクエア12F
☎03－5472－1711・FAX03－5472－1710
URL http://www.matsubo.co.jp/
✉takamiya.mitsunori@kobelco-matsubo.com
代表取締役社長築山真
セメント試験用標準砂、バサルト耐摩耗ライナー、アルミナセラミックライナー、耐磨耗キャスタブル

㈱マルイ
本社＝〒574－0064 大阪府大東市御領1－9－17
☎072－869－3201・FAX072－869－3205
URL https://www.marui-group.co.jp
✉hp-mail@marui-group.co.jp
代表取締役圓井健敏
大阪営業所＝☎072－842－2010
東京営業所＝☎03－5819－8844
九州営業所＝☎092－501－1200
セメント・コンクリート各種試験機器（生コン単位水量計「W－checker」、高強度コンクリート用全自動圧縮試験機「ハイアクティス－1000・2000・3000」、Jリングフロー試験装置、供試体端面仕上げ機「ハイケンマつるつる」シリーズ、全自動骨材安定性試験装置、凍結融解試験機、乾燥収縮試験用恒温恒湿槽、現場標準養生装置、蒸気養生槽、中性化促進試験装置

㈱丸東製作所
本社＝〒135－0021 東京都江東区白河2－15－4
☎03－3643－2111・FAX03－3643－0293
URL http://www.maruto-group.co.jp
✉maruto@maruto-group.co.jp
代表取締役今井保行
単位水量迅速推定システムCF13、セメント・コンクリート試験機器、圧縮・万能試験機、エアメータ、アンボンドキャッピング用試験器具、テーブルバイブレータ、急速塩化物透過性試験装置、アルカリ骨材反応（迅速法）試験機器、ハイパワーミキサ、電気泳動ユニット、薄肉円筒殻の内・外圧実験装置、表面吸水試験装置（SWAT）

丸壽産業㈱
本社＝〒399－8211 長野県安曇野市堀金烏川3063－3
☎0263－72－8570・FAX0263－72－8572
URL http://www.maru-toshi.jp/
✉info@maru-toshi.jp
代表取締役一志壽良
東京支店＝〒103－0023 東京都中央区日本橋本町2－8－6 日本橋ビル2F ☎03－6661－0350
名古屋営業所＝☎052－203－3030
関連資材販売、コンサルティング、設計・施工

㈱ミキサーセンター
本社＝〒802－0001 福岡県北九州市小倉区浅野2－11－30
☎093－511－1313・FAX093－511－3377
URL http://www.mixer.co.jp
代表取締役赤尾直哉

三木自動車㈱
本社＝〒573－1162 大阪府枚方市田口4－47－8
☎072－847－8001
代表取締役三木一三
中古ミキサ車買取・販売、中古油圧ポンプ、モーター販売、ミキサ車長期・短期リース・レンタル、各種トラック車検・整備、板金、塗装

三谷商事㈱
本社＝〒910－8510 福井県福井市豊島1－3－1 三谷第3ビル2F 情報システム事業部
☎0776－20－3080・FAX0776－20－9892
URL http://si.mitani-corp.co.jp
✉si-info@mitani-corp.co.jp
代表取締役社長三谷聡
東京本社＝〒100－0005 千代田区丸の内1－6－5 ☎03－3283－3781・FAX03－3283－3780
関西支社＝☎06－6344－6763
中部支社＝☎052－586－2345
北陸支社＝☎0776－36－0231
建設資材、燃料、情報、生コン出荷管理システム、生コン品質管理システム、生コン販売管理システム、生コン協同組合システム

三菱ロジスネクスト㈱
本社＝〒617－8585 京都府長岡京市東神足2－1－1
☎075－951－7171
URL http://www.logisnext.com/
代表取締役社長御子神隆
フォークリフト、ホイールローダ、ショベルローダ、港湾荷役システム、物流システム

三ツ星ベルト㈱
本社＝〒653－0024 兵庫県神戸市長田区浜添通4－1－21
☎078－671－5701・FAX078－685－5676
URL https://www.mitsuboshi.com/
代表取締役社長池田浩
東京本社＝☎03－5202－2500
札幌営業所＝☎011－841－9135
福岡営業所＝☎092－441－4451
コンベヤベルト及び関連用品（ウレタンスクリーンなど）、伝動ベルト及び関連用品、建築用防水シート・土木用遮水材ジャンピング用ウレタンスクリーン

美山産商㈱
本社＝〒375－0014 群馬県藤岡市下栗

須122－2
☎0274－50－9100・FAX0274－50－9101
URL http://www.miyama-sansyo.co.jp/
✉miyama-sansyo@aroma.ocn.ne.jp
代表取締役社長梅原富二男
ミキサー車カバー、圧送ポンプ車カバー、生コン・アスファルト運搬用カバー、ろ布等布製品加工、圧縮試験機、恒温水装置、コアドリル、コンクリート養生用不織布

モリ技巧㈱
本社＝〒491－0824　愛知県一宮市丹陽町九日市場上田151
☎0586－77－8138・FAX0586－77－8456
URL http://www.morigikou.jp
✉info@morigikou.jp
代表取締役森祐介
廃水処理設備、スラッジ連続自動脱水機、残水処理装置(硬まるくん)、剪断装置、コンクリートくず破砕装置(砕造くん)、定量フィーダ、振動篩、スラッジ固形化装置、pH調整装置

大和製衡㈱
本社＝〒673－8688　兵庫県明石市茶園場町5－22
☎078－918－5555・FAX078－918－5552
URL http://www.yamato-scale.co.jp/
✉sakai-t@yamato-scale.co.jp
代表取締役社長川西勝三
東日本支店＝☎03－5776－3121
✉gomi-y@yamato-scale.co.jp
中日本支店＝☎052－238－5730
✉hasega-y@yamato-scale.co.jp
千葉営業所＝☎043－214－3920
✉yamashit@yamato-scale.co.jp
九州営業所＝☎092－577－1591
✉fukui-ta@yamato-scale.co.jp
北関東オフィス＝☎049－215－3122
✉maedatko@yamato-scale.co.jp
東北オフィス＝☎019－619－3340
✉takayama@yamato-scale.co.jp
産業用はかり(ホッパースケール、コンベヤスケール、トラックスケール、コンスタントフィードウェア、大型・特殊台秤、データウェイ、オートチェッカー、ケースパッカー、金属検出機、X線異物検査装置、ロードセル、給炭機)、試験機、商業用はかり(デジタル台はかり、ラベルプリンター)、家庭用及び健康関連はかり

山本電機工業㈱
本社＝〒532－0025　大阪府大阪市淀川区新北野2－7－6
☎06－6303－7331・FAX06－6303－7350
URL https://yamaden-sensor.jp/
✉info@yamaden-sensor.jp
東京支店＝☎03－3832－0680
名古屋営業所＝☎052－744－3230
貯蔵ビン・サイロ・コンベア用レベルセンサー(パドル式、静電容量(アドミッタレス方式)式、超音波式、サウンジング式、レーザーレーダ式)、ホットミキサ・コールドミキサ用(超耐摩耗、高感度)温度センサー

UBEマシナリー㈱
本社＝〒755－8633　山口県宇部市大字小串字沖ノ山1980
☎0836－22－0072・FAX0836－22－6457
URL https://www.ubemachinery.co.jp/
✉31834u@ubemachinery.co.jp
代表取締役社長宮内浩典
東京支店＝☎03－5419－6292
大阪支店＝☎06－4705－1047
大阪SC(名古屋駐在)☎052－805－3653
広島営業所＝☎082－841－2231
九州支店＝☎092－781－2649
沖縄営業所＝☎098－988－1018
破砕機、粉砕機、クレーン、コンベヤ、化学機器、橋梁、鉄構、ダイカストマシン、射出成形機、押出プレス、その他産業用機械等の製造・販売・サービス・メンテナンス

横浜ゴムMBジャパン㈱
本社＝〒254－8601　神奈川県平塚市追分2－1
URL http://www.yrc.co.jp/mb/list
代表取締役社長山石昌孝
コンベヤベルト、トラック・建設車輛用タイヤ、各種ホース

㈱ヨシダ
本社＝〒711－0913　岡山県倉敷市児島味野1－2－38
☎086－472－2710・FAX086－472－2751
代表取締役社長吉田潤
セメント空気輸送用キャンバスベルト(エヤースライド用キャンバスベルト)、特殊高耐熱ベルト

ラサ工業㈱
本社＝〒101－0021　東京都千代田区外神田1－18－13
☎03－3258－1812・FAX03－3258－1857
URL https://www.rasa.co.jp/
✉kikai@rasa.co.jp
代表取締役社長執行役員坂尾耕作
東京営業所＝☎03－3258－1844
大阪営業所＝☎06－6301－3111
福岡営業所＝☎0942－52－8000
クラッシャ、スクリーン、フィーダ、製砂機(リック)、鋳鋼、ウォータセパレータ、ハンマーシュレッダ、一軸二軸せん断機、リサイクル設備、泥水加圧式セミシールド

㈲ラムサ・ABE
本社＝〒791－0301　愛媛県東温市南方2260－4
☎089－966－1615・FAX089－966－4842
URL http://www.ramusa-abe.co.jp/index.html
代表者阿部荒喜
大阪営業所＝☎06－6361－1660
生コン廃水処理装置、脱水機、pH中和装置

リオン㈱
本社＝〒185－8533　東京都国分寺市東元町3－20－41
☎042－359－7887・FAX042－359－7458
URL https://www.rion.co.jp/
代表取締役社長岩橋清勝
西日本営業所＝☎06－6346－3671
東海営業所＝☎052－232－0470
九州リオン㈱＝☎092－281－5366
騒音計、振動計、記録計、周波数分析器、地震計、粘度計

理学電機工業㈱
本社＝〒569－1146　大阪府高槻市赤大路町14－8
☎072－693－6800・FAX072－693－6746
URL http://www.rigaku.co.jp/
代表取締役社長志村晶
東京支店＝☎03－3479－6011
大阪支店＝☎072－696－3387
筑波営業所＝☎0298－52－3911
東北営業所＝☎022－264－0446
名古屋営業所＝☎052－931－8441
九州営業所＝☎093－541－5111
蛍光X線分析装置及び応用関連装置

㈱リバティ
本社＝〒653－0834　兵庫県神戸市長田区川西通3－2
☎078－647－8830・FAX078－647－6191
URL https://www.liberty-kobe.co.jp
✉info@liberty-kobe.co.jp
代表取締役社長上田浩平
長野営業所＝☎0263－88－6923
名古屋営業所＝☎0568－27－4466
福岡営業所＝☎092－409－0100
熊本営業所＝☎0965－34－0971
宮崎営業所＝☎0985－61－6770
鹿児島営業所＝☎099－297－6472
沖縄営業所＝☎098－975－7020
生コン工場・協同組合の業務効率化・高品質化のためのシステム「Libertyシリーズ」、PNS：Perfect Network System of Liberty(操作盤ORIGIN、品質・出荷・販売管理システム、骨材表面水率測定機器CONG－Ⅱ、単位水量測定機器NACOM、

GPS車両位置管理システム）

リバレックス㈱
本社＝〒800－0115　福岡県北九州市門司区新門司3－73
URL http : //www.riverex.co.jp
✉info@riverex.co.jp
代表取締役副会長川本弥生
ゴム、セラミック工業用品、省力化機器製造、ベルトクリーナー、スーパーシール（生コンプラント用排出部ラバーシール）

若尾鉄工建設㈱
本社＝〒489－0918　愛知県瀬戸市北脇町116
☎0561－82－8128・FAX0561－82－3140
✉wakao@gctv.ne.jp
代表取締役若杉栄克
汚水処理プラント一式（シックナータンク、スラッジスラリー槽、フィルタープレス）、窯業用機械（ボールミル、コニカルミル）、ニューセラミック原料粉砕機械

混 和 剤

㈱アイゾールテクニカ
本社＝〒606－0022　京都府京都市左京区岩倉三宅町335
☎075－757－8199・FAX075－366－3569
URL http : //www.isol.co.jp/
✉info@isol.co.jp
代表者中村有里
特殊合成樹脂混和剤＝アイゾール、高分子系浸透性防水材＝アイゾールEX、塗膜防水剤＝スーパースプレダム、下地調整材・水硬性仮防水材＝セーフティコート

㈱ウォータイト
本社＝〒660－0892　兵庫県尼崎市東難波町3－26－9
☎06－6487－1546・FAX06－4868－3677
URL http : //www.wotaito.co.jp
代表取締役森上恒
名古屋営業所＝☎052－369－2203
コンクリート防水剤＝ウォータイトB号　コンクリート塗布防水剤＝ウォータイトガスファルト（ゴムアスファルト）

花王㈱
本社＝〒103－8210　東京都中央区日本橋茅場町1－14－10
☎03－3660－7111
URL http : //chemical.kao.com/jp/
✉chemical@kao.co.jp
代表取締役社長執行役員長谷部佳宏
すみだ事業場　エコインフラ部＝〒131－8501　墨田区文花2－1－3　☎03－5630－7650
大阪支社＝〒550－0012　大阪市西区立売堀1－4－1　☎06－6533－7441
高性能AE減水剤＝マイテイ3000シリーズ　AE減水剤＝マイテイ1000シリーズ　二次製品用高性能減水剤＝マイテイ150・21シリーズ　AE剤＝マイテイAE03、ブロキャスターF　グラウト用高性能減水剤＝マイテイ150J　離型剤＝ライナーセブン50　高機能特殊増粘剤＝ビスコトップ　油脂・界面活性剤・ポリマー

三協Mirai㈱
本社＝〒105－0013　東京都港区浜松町1－9－10　DaiwaA浜松町ビル4F
☎03－3431－8266・FAX03－3434－5422
URL http : //www.sankyomirai.co.jp/
代表取締役高木千介
大阪支店＝☎06－6252－7075
仙台営業所＝☎022－266－4662
福岡営業所＝☎092－833－1155
コンクリート用化学混和剤、流動化剤、高性能減水剤、ミキシングモニター、水分計、品質管理用コンピュータ、コンクリート用骨材（砂利、砂）、バッチャプラント保守・点検・修理、部品、脱水機、製品養生温度自動管理システム、各種試験機器

三生化工㈱
本社＝〒920－0356　石川県金沢市専光寺町ヲ225
☎076－266－8511・FAX076－266－8512
URL http : //www.sansei-chem.co.jp/index.html
✉news@sansei-chem.co.jp
取締役社長徳家宏
東京営業所＝☎0466－21－6687
札幌営業所＝☎011－668－1338
躯体防水剤・注入止水剤・塗膜防水剤・接着剤＝アルファー・ゾル

三洋化成工業㈱
本社＝〒605－0995　京都府京都市東山区一橋野本町11－1
☎075－541－4311・FAX075－551－2557
URL https : //www.sanyo-chemical.co.jp/
代表取締役社長樋口章憲
本社＝☎075－541－4362
東京支社＝☎03－3500－3411
名古屋営業所＝☎052－581－8511
中国営業所＝☎082－264－6743
西日本営業所＝☎092－714－3436
収縮低減剤＝テトラガードAS－20、テトラガードAS－21（生コン用）　起泡剤＝SR－1　消泡剤＝SNデフォーマー　減水剤＝SNディスパーサント

シーカ・ジャパン㈱
本社＝〒107－0051　東京都港区元赤坂－2－7　赤坂Kタワー7F
☎03－6433－2101・FAX03－6433－210
URL https : //www.jpn.sika.com
代表取締役社長アマン・マルコ
関西オフィス＝☎06－6292－2052
長瀞工場＝☎0463－21－1101
茅ヶ崎グローバルテクノロジーセンター＝☎0467－84－9640
小野工場＝☎0794－63－8110
高性能AE減水剤＝シーカビスコクリート－1100NTR・1100NTH・1100NTAS・1100NTRAS・1100NTV・1100NTRV・2300・2300FS・3030Ease・SP8S・SP8SV・SP8LS・SP8SB・8000Ease・3035Ease・SP8R・SP8RV・SP8LSR・8050Ease・SP8HV、シーカビスコクリートGL800S・GL800SR　AE減水剤＝シーカポゾリス20N・NC・プラスチメント・20R・R・AF－15・165・165A・J・JS・30N・JR・JSR・30R・JSAS・JSRAS、シーカコントロール1000M・1000MR、シーカビスコフロー090Rsure・150Rsure・700Rsure・09Rsure・155Rsure・705Rsure、シーカポゾリス15DS・15DSR・15L・15S・15SC・15H・15LR・15SR・15SRC・15HR・1500・1505・70・70L・78S・78ST・78P・8IMP・8・70LR・78R・75　AE剤＝シーカコントロールAER－20・AER－50・AERG・AERGR・AERFA・101AER・202AER・303AERA・775AER・775AERS・785AER・404AER　高性能減水剤＝シーカビスコクリート1200N・1200NAS・2200FS・SP8HU・SP8HUSR、シーカメントFF・FF86、シーカビスコクリートGL8000DS　減水剤＝シーカメントFF2　シーカビスコフロー1000SK・350Sure・355Sure、シーカポゾリス89　流動化剤＝シーカビスコクリートOVSP・NP80　美観向上剤＝シーカサーフェイスクリーン　黒ずみ防止剤＝シーカサーフェイスキーパー　収縮低減剤＝シーカコントロール　SDC＝シーカビスコクリートGL6500・GL6550・GL6520・GL6510

GCPケミカルズ㈱
本社＝〒243－0807　神奈川県厚木市金田100
☎046－225－8806・FAX046－221－7214
URL https : //gcpat.jp/ja-jp
代表取締役社長ギヨン・ピエール・アントワーヌ
札幌営業所＝☎011－232－1761
仙台営業所＝☎022－238－7388
名古屋営業所＝☎0574－24－2570
本社・技術部＝☎046－225－8877
AE剤＝ダラベアAEA・TA・AEA－FA

AE減水剤＝WRDA・ダラタード・F－1・F－1R・F－1H・F－1P・P－7・NC－3、ダラセムM・M. E・MR・M－F高性能減水剤＝スーパー1000N、FT－3S、FTN－30・FTN－30S、ADVA－CAST、スーパー300N・M・E・K・P　高性能AE減水剤＝スーパー100pHX・100pEC・100pHW、ADVA－FLOW、ADVA－SRA100　流動化剤＝スーパー20F・スーパー30F　硬化促進剤＝ポーラセット・EX・N－2、アーリーセット　収縮低減剤＝e－SRA　気泡剤＝ダラフィルPF　スラッジ水安定剤＝リカバー　ポリプロピレン微細繊維＝シンタ M 1812

信越化学工業㈱
本社＝〒100－0005　東京都千代田区丸の内1－4－1　丸の内永楽ビルディング　有機合成事業部セルロース部　☎03－3246－5261・FAX03－3246－5372
URL http://www.shinetsu.co.jp
✉naoto-fukuchi@shinetsu.jp
代表取締役社長斉藤恭彦
大阪支店＝〒550－0002　大阪市西区江戸堀1－11－4　損保ジャパン日本興亜肥後橋ビル　☎06－6444－8216
名古屋支店＝〒450－0002　名古屋市中村区名駅4－5－28　桜通豊田ビル　☎052－581－0651
水中不分離性コンクリート用混和剤＝アスカクリーン

㈱シンコー
本社＝〒550－0015　大阪府大阪市西区南堀江4－32－11
☎06－6541－5755・FAX06－6541－8797
URL http://www.shinko-kenzai.com/index2.html
防水剤＝シンケン

スガイ化学工業㈱
本社＝〒641－0043　和歌山県和歌山市宇須4－4－6
☎073－422－1171・FAX073－422－1177
URL http://www.sugai-chem.co.jp/
取締役社長永岡雅次
東京営業所＝☎03－5202－2461
大阪営業所＝☎06－6251－0631
医療・農業中間物、機能製品、界面活性剤

竹本油脂㈱
本社＝〒443－8611　愛知県蒲郡市港町2－5
☎0533－68－2118・FAX0533－68－1339
URL https://www.chupol.jp
✉chupol@tkc.takemoto.co.jp
取締役社長竹本元泰
東京営業所＝☎03－3553－6912
大阪営業所＝☎06－6243－3306
九州営業所＝☎092－431－4355
AE減水剤高機能タイプ＝チューポールEX60/EX60R、EX60T/EX60TR、AE減水剤高機能タイプ高炉スラグ高含有コンクリート用＝チューポールEC60/EC60R、高機能高保持タイプ＝チューポールEX180/EX180R、EX60LB/EX60LBR、高機能収縮低減タイプ＝チューポールLS－A/LS－AR、高性能AE減水剤＝チューポールHP－8/HP－8R、HP－11/HP－11R、HP－11W/HP－11WR、高性能AE減水剤高炉スラグ高含有コンクリート用＝チューポールEC－11/EC－11R、高性能AE減水剤収縮低減タイプ＝チューポールSR/SR－R、高性能AE減水剤（増粘剤一液タイプ）＝チューポール、HP－70/HP－70R、HP－70B/HP－70BR、AE減水剤＝チューポールEX20/NR20、EX50/EX50R、AE剤＝チューポールC、FA－10、流動化剤＝ハイフルードH、チューポールHF－70/HF－70R、収縮低減剤＝ヒビダンB、ヒビダンHD、起泡剤＝エアーセットA、水中不分離性混和剤＝アクアセッター

東亜貿易㈱
本社＝〒530－0001　大阪府大阪市北区梅田1－2－2－1100　大阪駅前第2ビル
☎06－6346－0212・FAX06－6346－0226
URL http://www.toaboeki.info
✉em@toaboeki.com
代表取締役野崎順次
躯体防水用高性能減水剤＝コンプラストXP1000

東洋理研工業㈱
本社＝〒332－0032　埼玉県川口市中青木4－16－3
☎048－257－4636・FAX048－257－5968
✉rikenokumoto@ma.neweb.ne.jp
代表取締役奥本芳宏
札幌営業所＝☎011－783－1857
リケン急結、防水、接着、剥離剤、防凍剤、止水セメント、その他

日本ジッコウ㈱
本社＝〒651－2116　兵庫県神戸市西区南別府1－14－6
☎078－974－1388・FAX078－974－1392
URL https://www.jikkou.co.jp/
✉info@jikkou.co.jp
代表取締役社長佐藤匡良
東京支店＝〒110－0015　東京都台東区東上野3－3－13　プラチナ第2ビル2F
☎03－6803－2287
東北営業所＝☎022－796－5312
横浜営業所＝☎045－307－4817
北陸出張所＝☎076－227－9890
中部営業所＝☎052－433－1350
大阪営業所＝☎06－6486－9797
中国営業所＝☎082－831－7505
四国営業所＝☎089－905－3833
九州営業所＝☎092－512－2248
本社営業部＝☎078－974－1388
技術研究所＝〒673－0028　明石市硯町3－4－7　TJビル3F　☎078－920－1115
上水道施設＝Zモルタル（無機系防食防水材）、ジックレジン工法（有機系被覆工法：硬質塗膜用）、ジックアクア工法（有機系被覆工法：軟質塗膜用）、下水道施設＝処理場等：ジックライト工法（塗布型ライニング工法）、ジックレジン工法（塗布型ライニング工法）、ジックハルツ工法（塗布型ライニング工法）、ジックテクトVE工法（塗布型ライニング工法）、ジックコートVE工法（塗布型ライニング工法）、カーボンセラミック工法（塗布型ライニング工法）、ジックボードS/T/GR工法（シートライニング工法）、管路マンホール：ジックボードJ/M工法（自立複合マンホール更生工法）、ZモルタルKS500M工法（モルタルライニング工法）、化成品等＝KFロードメンテN（水性アクリル樹脂系常温硬化型段差修正材）、ジョイボンドプラス（新旧コンクリート打継目接着剤）、ジョイボンドM5000（新旧コンクリート打継目接着剤）、ディスパライト（コンクリート打継目処理剤）、MY－300S工法（コンクリート水路補修）、アンカーエポT工法（手摺・機械基礎用アンカーボルト固定）

日本製紙㈱
本社＝〒101－0062　東京都千代田区神田駿河台4－6　御茶ノ水ソラシティ
☎03－6665－1048・FAX03－6665－0314
URL https://www.nipponpapergroup.com/products/concrete/
代表取締役社長野沢徹

フォスロックマット㈱
〒140－0014　東京都品川区大井1－20－16　リシェ大井803
URL http://fosrocmat.co.jp/
高性能減水剤＝オーラキャスト505　AE減水剤＝オーラミックス105・150・158　高性能AE減水剤＝オーラミックス305・308

フジ物産㈱
本社＝〒424－0847　静岡県静岡市清水区大坪2－5－32
☎054－349－7007・FAX054－349－6774
URL http://www.fuji-bussan.com
代表取締役社長山﨑伊佐子
エネルギー事業部＝☎054－349－7006
コンクリート離型剤、潤滑油、燃料油、油分散洗浄剤

㈱フローリック
本社＝〒170－0013　東京都豊島区東池袋1－10－1　住友池袋駅前ビル5F
☎03－5960－6911・FAX03－5960－6915
URL https://www.flowric.co.jp
✉info@flowric.co.jp
代表取締役社長横町彰一
北海道営業所＝☎011－290－5666
東北営業所＝☎022－381－0091
東京支店＝☎03－5960－6922
北関東支店＝☎0493－39－5681
中部営業所＝☎052－659－3239
関西支店＝☎06－6384－7050
四国営業所＝☎089－968－1600
中国営業所＝☎0827－22－5191
九州営業所＝☎092－473－5725
AE減水剤(高機能タイプ)＝フローリックSV10・RV10シリーズ、AE減水剤(高機能・スランプ保持タイプ)＝フローリックSL20S・R、高性能AE減水剤＝フローリックSF500シリーズ、高性能AE減水剤(収縮低減タイプ)＝フローリックSF500SK・RK、乾燥収縮低減剤＝シュリンクガード、チヂミガード、ヌッテガード、高性能減水剤＝フローリックVP900シリーズ、土質・地盤用＝ジオスパー、ジオリター、特殊用途＝チキソリデュース、その他＝プラモールド

㈱ボース
本社＝〒344－0056　埼玉県春日部市新方袋395－1
☎048－755－1905・FAX048－755－1906
URL http://www.both.co.jp
✉info@both.co.jp
代表取締役社長辺見幸生
防水剤、急結剤、塩素系耐寒剤、接着剤＝ベースタック、ベースタックM－100、M－200、(セメント白華防止剤)パックス、無塩素・無アルカリセメント用耐寒促進剤＝コールノン(液状)、コールノンPW(粉末状)

㈱マノール
本社・東京営業所＝〒120－0047　東京都足立区宮城2－4－16
☎03－3927－1331・FAX03－3927－1334
URL http://www.manol.co.jp/
✉toiawase@manol.co.jp
代表取締役社長矢中光三
福島営業所＝〒960－8075　福島市下野寺字遠原3－2　☎024－591－1131
✉tcs@manol.co.jp
盛岡営業所＝☎019－641－1131
✉ito@manol.co.jp
大阪営業所＝☎06－6927－3132
✉kakishin@manol.co.jp
無塩化タイプ「マノール防凍剤SS」、無塩化・無アルカリタイプ「マノール粉末防凍剤NACsタイプ」、「マノール防凍剤NAC」、「マノール防凍剤NAC－M」、ドクターQシリーズ、特殊防水剤、プライマーコートAC

山宗化学㈱
本社＝〒104－0032　東京都中央区八丁堀2－25－5
☎03－3552－1341・FAX03－3552－1347
URL https://www.yamaso-chem.co.jp
取締役社長早川宗一郎
東京営業部＝☎03－3552－1261
札幌支店＝☎011－662－5552
大阪支店＝☎06－6353－6051
福岡支店＝☎092－483－8567
仙台営業所＝☎022－224－0321
北陸営業所＝☎0776－28－2566
平塚事務所＝☎0463－23－5536
広島営業所＝☎082－237－3083
静岡出張所＝☎054－202－5111
高松出張所＝☎087－863－7565
AE剤＝ヴィンソルシリーズ・ヤマソーAE456、AE減水剤＝ヴィンソル80S・ヤマソー80P・ヤマソー90・ヤマソー90SE、AE減水剤高機能タイプ＝ヤマソー02NLシリーズ・ヤマソー09NLシリーズ・ヤマソー16NB、AE減水剤高機能高保持タイプ＝ヤマソー22NEX、収縮低減タイプAE減水剤＝ヤマソーDS－X、耐寒剤＝ヤマソーウィンS(硬化促進剤)・ヤマソーウィン(AE減水剤促進形)、水中不分離性混和剤＝オーシャンSP－12、高機能特殊増粘剤＝ビスコトップ、収縮低減剤＝ヤマソーDS100、高性能AE減水剤＝ヤマソーV1S・ヤマソーV1H、超高強度コンクリート用高性能減水剤ヤマソーV1H－U、(増粘剤一液タイプ)ヤマソーV1－FT、高性能AE減水剤収縮低減タイプ＝ヤマソーV1－DS・マイテイ3000シリーズ、スランプ保持剤＝ヤマソー2020/R

ライオン・スペシャリティ・ケミカルズ㈱
本社＝〒111－8644　東京都台東区蔵前1－3－28
☎03－6739－9028
URL http://www.lion-specialty-chem.co.jp
✉hotaka@lion.co.jp
代表取締役社長二階堂雅則
エコケミカル事業部＝☎03－6739－9033
レオパックGシリーズ、リポテックスシリーズ、ジョイントエース、レオソルブ

材　　料

㈱エービーシー商会
本社＝〒100－0014　東京都千代田区永田町2－12－14
☎03－3507－7111
URL http://www.abc-t.co.jp
✉info-09@abc-t.co.jp
代表取締役社長東川茂樹
札幌営業所＝☎011－231－7906
盛岡営業所＝☎019－652－5071
仙台営業所＝☎022－791－8366
新潟営業所＝☎025－282－0203
金沢営業所＝☎076－203－6103
埼玉営業所＝☎048－433－7767
東京営業所＝☎03－3507－7271
静岡営業所＝☎054－273－5670
名古屋営業所＝☎052－307－5924
大阪営業所＝☎06－6944－3421
広島営業所＝☎082－568－2903
福岡営業所＝☎092－413－9448
合成樹脂系塗床材、防食材、グラウト材、デザイン床仕上材、セメント系床仕上材、コンクリート表面強化材、防塵材、無機系床仕上材、コンクリート着色顔料、接着剤、コンクリート表面保護材、無収縮モルタル、断面修復材、止水材、各種下地材および補修材

小名浜製錬㈱
本社＝〒971－8101　福島県いわき市小名浜字渚1－1
☎0246－92－1631・FAX0246－54－8184
URL http://group.mmc.co.jp/osr/
取締役社長山田高寛
銅スラグ骨材

九電産業㈱
本社＝〒810－0004　福岡県福岡市中央区渡辺通2－1－82　電気ビル北館3F
☎092－761－4463・FAX092－713－9082
URL https://www.kyudensangyo.co.jp
代表取締役社長薬真寺偉臣
資源リサイクル部＝☎092－761－4463
松浦事業所＝☎0956－72－2391
苓北事業所＝☎0969－35－0230
フライアッシュ、クリンカアッシュ(コールサンド)

協材砕石㈱
本社＝〒101－0054　東京都千代田区神田錦町3－19
URL http://www.kyouzai.co.jp/
代表取締役社長橋山和生
名古屋事業所＝☎052－601－1677
南柴田工場＝☎052－604－8113
鉄鋼スラグ骨材

㈱神戸製鋼所
本社＝〒651－8585　兵庫県神戸市中央区脇浜海岸通2－2－4
☎078－261－5111・FAX078－261－4123
URL https://www.kobelco.co.jp/

代表取締役社長勝川四志彦
神戸本社＝☎078－261－5111
東京本社＝☎03－5739－6000
大阪支社＝☎06－6206－6111
名古屋支社＝☎052－584－6111
北海道支店＝☎011－261－9331
東北支店＝☎022－261－8811
北陸支店＝☎076－441－4226
中四国支店＝☎082－258－5301
九州支店＝☎092－431－2211
沖縄支店＝☎098－866－4923
高砂製作所＝☎079－445－7111
神戸総合技術研究所＝☎078－992－5600
加古川製鉄所＝☎079－436－1111
技術開発センター＝☎079－427－5000
神戸線条工場＝☎078－882－8030
藤沢事業所＝☎0466－20－3111
茨木工場＝☎072－621－2111
西条工場＝☎082－423－3311
福知山工場＝☎0773－27－2131
真岡製造所＝☎0285－82－4111
長府製造所＝☎083－246－1211
大安製造所＝☎0594－77－0330
鉄鋼スラグ骨材、高炉スラグ微粉末

国際企業㈱
本社＝〒160－0022　東京都新宿区新宿5－13－9　太平洋不動産新宿ビル7F
☎03－5366－6544・FAX5366－6545
URL http://kokusai-kigyo.co.jp/
✉s.yoshida@kokusai-kigyo.co.jp
代表取締役社長西岡耕一郎
東京営業所＝☎03－5366－6544
北海道営業所＝☎011－242－7231
仙台営業所＝☎022－712－6857
名古屋営業所＝☎052－249－8737
大阪営業所＝☎06－6945－5931
四国営業所＝☎087－832－5931
広島営業所＝☎082－511－3437
九州営業所＝☎092－411－1694
鹿児島出張所＝☎099－295－3936
コンクリート用試験器具、計量機器の検定、コンクリート用化学混和剤

JFEスチール㈱
本社＝〒100－0011　東京都千代田区内幸町2－2－3
☎03－3597－3111
URL http://www.jfe-steel.co.jp/
代表取締役社長広瀬政之
大阪支社＝☎06－6342－0707
名古屋支社＝☎052－561－8612
北海道支社＝☎011－251－2551
東北支社＝☎022－221－1691
新潟支社＝☎025－241－9111
北陸支社＝☎076－441－2056
中国支社＝☎082－245－9700
四国支社＝☎087－822－5100
九州支社＝☎092－263－1651
千葉営業所＝☎043－238－8001
神奈川営業所＝☎045－212－9860
静岡営業所＝☎054－288－9910
岡山営業所＝☎086－224－1281
沖縄営業所＝☎098－868－9295
鉄鋼スラグ骨材

JFEミネラル㈱
本社＝〒105－0014　東京都港区芝3－8－2　住友不動産芝公園ファーストビル5F
☎03－5445－5200・FAX03－5445－5219
URL http://www.jfe-mineral.co.jp/
代表取締役社長斉藤輝弘
鉄鋼スラグ骨材、高炉スラグ微粉末

J－POWERジェネレーションサービス㈱
資源・海運部＝〒104－0045　東京都中央区築地5－6－4　浜離宮三井ビルディング7階
☎03－3545－5281・FAX03－3545－5295
URL http://www.jpgs.co.jp
代表取締役森田健次
フライアッシュ

常磐火力産業㈱
本社＝〒974－8222　福島県いわき市岩間町塚原76
☎0246－77－0311・FAX0246－77－0303
URL https://www.jksangyo.co.jp
✉e-mail-kankyoeigyo@jksangyo.co.jp
代表取締役小澤啓一
勿来事業所＝☎0246－77－0311
フライアッシュ

新東産業㈱
本社＝〒154－0005　東京都世田谷区三宿1－13－1　東映三宿ビル5F
☎03－5431－6171・FAX03－5431－6176
URL http://www.shintosangyo.com
✉info@shintosangyo.com
代表取締役安倍敏晃
化学混和剤、機械設備、試験器具、品質管理、コンサルタント

住友金属鉱山㈱
本社＝〒105－8716　東京都港区新橋5－11－3　新橋住友ビル
☎03－3436－7873・FAX03－3436－1238
URL http://www.smm.co.jp/
代表取締役社長野崎明
金属事業本部金属化成品営業部
大阪支社＝☎06－6223－7705
名古屋支店＝☎052－209－6587
住鉱物流㈱＝☎0897－32－2266
銅スラグ細骨材　JISA5011－3品

清新産業㈱
本社＝〒805－0017　福岡県北九州市八幡東区山王1－16－8
☎093－661－4635・FAX093－661－3399
URL http://www.seishin-kk.co.jp
代表取締役吉森恵一
鉄鋼スラグ骨材

㈱ダイフレックス
本社＝〒107－0051　東京都港区元赤坂1－2－7　赤坂Kタワー7F
☎03－6434－5085・FAX03－6434－5645
URL http://www.dia-dyflex.jp/
建築用仕上塗材、ポリマーセメント系各種塗材、防水材、止水材、コンクリート表面処理材、不陸素穴充てん材、無機浸透防水材、無機質止水材、浸透吸水防止材

太平洋マテリアル㈱
本社＝〒114－0014　東京都北区田端6－1－1　田端ASUKAタワー
☎03－5832－5211・FAX03－5832－5250
URL https://www.taiheiyo-m.co.jp
✉esn@taiheiyo-m.co.jp
代表取締役社長岡村隆吉
北海道支店＝☎011－221－5855
東北支店＝☎022－221－4511
東京支店＝☎03－5832－5240
中部支店＝☎052－452－7141
関西支店＝☎06－7668－6001
中国支店＝☎082－261－7191
四国支店＝☎087－833－5758
九州支店＝☎092－781－5331
膨張材(ハイパーエクスパン・エクスパン・N－EX)、防水材(NN－P)、防水剤(NN)、収縮低減剤(シュリンテクト)、高性能減水剤(コアフロー)、無収縮材(ユーロックス)、水中不分離性混和剤(エルコン)、防錆材(ラスナイン)、速硬性混和材(Facet)、塩分測定計(カンタブ)、ひび割れ抑制・剥落防止用繊維(バルリンク)

千葉リバーメント㈱
本社＝〒260－0835　千葉県千葉市中央区川崎町1
☎043－262－4275・FAX043－262－4276
✉takaoka@crc.jfe-gr.net
取締役社長高麗伊知郎
(扱い販売店)MUCC商事㈱東京支店＝☎03－5781－7519
(扱い販売店)JFEミネラル㈱スラグ営業部＝☎043－262－2361
高炉スラグ微粉末(リバーメント)

㈱テツゲン
本社＝〒102－8142　東京都千代田区富士見1－4－4
☎03－3262－4142
URL https://tetsugen.co.jp/
代表取締役社長佐藤博恒

東日本支店君津事業所＝☎0438－30－1121
東北支店＝☎0193－23－5655
鉄鋼スラグ細骨材、天然砕石

㈱TOAシブル
本社＝〒276－0022　千葉県八千代市上高野1728－5
☎047－485－7160・FAX047－485－7314
URL https://toaxible.com
✉sometech@toaxible.com
代表取締役安池慎一郎
土木・建築工事に関するはくり剤、さび取り剤、ノロ取り剤等の仮設資材コート剤、型枠はくり剤、シュート部のノロ付着防止剤、ミキサ車シュート部のノロ付着防止剤、生コン車プラント部用ノロ付着防止剤、鉄筋用防錆剤(NETIS登録商品)

東亞合成㈱
本社＝〒105－8419　東京都港区西新橋1－14－1
☎03－3597－7341・FAX03－3502－1452
URL http://www.toagosei.co.jp
代表取締役社長髙村美己志
ポリマー・オリゴマー事業部　建材・土木部＝☎03－3597－7341
環境負荷低減型ソイルセメント連続壁工法

東京パワーテクノロジー㈱
本社＝〒135－0061　東京都江東区豊洲5－5－13
☎03－6372－7316・FAX03－6372－4152
URL http://www.tokyo-pt.co.jp
代表取締役社長塩川和幸
フライアッシュ

東方金属㈱
本社＝〒737－0134　広島県呉市広多賀谷3－3－4
☎0823－71－9999・FAX0823－71－1213
URL http://www.toho-kinzoku.co.jp/
代表取締役仁井岡武十郎
鉄鋼スラグ骨材

東北発電工業㈱
本社＝〒980－0804　宮城県仙台市青葉区大町2－15－29
☎022－261－4344・FAX022－264－4138
URL http://www.tohatu.co.jp
取締役社長山本俊二
能代支社＝☎0185－54－8290
酒田支社(休止中)＝☎0234－34－2914
原町支社＝☎0244－26－0717
新地支社＝☎0244－62－4552
フライアッシュ、クリンカアッシュ

㈱中山製鋼所
安全防災環境部　環境管理室＝〒551－8551　大阪府大阪市大正区船町1－1－66
☎06－6555－3115・FAX06－6555－3176
URL https://www.nakayama-steel.co.jp/
代表取締役社長箱守一昭
東京営業所＝☎03－5204－3070
名古屋営業所＝☎052－571－7222
鉄鋼スラグ骨材

日清鋼業㈱
本社＝〒657－0846　兵庫県神戸市灘区岩屋北町4－4－1
☎078－871－2800・FAX078－871－3755
URL http://www.nisshinkogyo.com/
加古川支店＝☎079－435－1731
神戸支店＝☎078－881－6611
高砂支店＝☎079－443－4811
真岡支店＝☎0285－83－1011
鉄鋼スラグ骨材

日鉄スラグ製品㈱
本社＝〒103－0025　東京都中央区日本橋茅場町2－13－13
☎03－5643－7575・FAX03－5643－7577
URL https://www.slag.nipponsteel.com/
代表取締役社長北野吉幸
高炉セメント、エスメント

日本製鉄㈱
本社＝〒100－8071　東京都千代田区丸の内2－6－1　丸の内パークビルディング
☎03－6867－4111・FAX03－6867－5607
URL http://nipponsteel.com
代表取締役社長橋本英二
大阪支社、北海道支店、東北支店、新潟支店、北陸支店、茨城支店、名古屋支店(名古屋)、名古屋支店(東海)、中国支店、四国支店、九州支店
鉄鋼スラグ骨材

日本冶金工業㈱
本社＝〒104－8365　東京都中央区京橋1－5－8
☎03－3272－1511・FAX03－3272－1800
URL https://www.nyk.co.jp/
代表取締役社長浦田成己
東京支店＝☎03－3273－4621
大阪支店＝☎06－6222－5411
名古屋支店＝☎052－211－1102
九州支店＝☎092－722－4170
広島支店＝☎082－243－0039
新潟支店＝☎025－247－9261
フェロニッケルスラグ骨材

八戸鉱山㈱
本社＝〒031－0815　青森県八戸市大字松館字長坂9－1
☎0178－25－4033
URL https://hachinohekouzan.co.jp/
代表取締役藤津二朗
八戸市
生コンクリート用石灰石骨材(砂石及び砕砂)

パンパシフィック・カッパー㈱
本社＝〒105－8418　東京都港区虎ノ門－10－4
☎03－6433－6741・FAX03－5570－217
URL http://www.ppcu.co.jp/
代表取締役社長社長執行役員村尾洋介
大阪支店＝☎06－6345－6095
名古屋支店＝☎052－586－2861
銅スラグ骨材

日比共同製錬㈱
本社＝〒141－8584　東京都品川区大崎－11－1　ゲートシティ大崎ウエストタワー20F
☎03－5437－8145・FAX03－5437－807
代表取締役社長高橋隆智
銅スラグ骨材

㈱日向製錬所
本社＝〒883－8585　宮崎県日向市船場町5
☎0982－52－8101・FAX0982－53－551
フェロニッケルスラグ骨材

ベストン㈱
本社＝〒116－0013　東京都荒川区西日暮里5－2－19　リレント第2西日暮里7F
☎03－5615－3165・FAX03－5615－316
URL http://www.bestone-co.jp/index.html
✉bestone-sales@bestone-co.jp
代表取締役社長桑本健次
防水材(ベストン)

北電興業㈱
本社＝〒060－0031　北海道札幌市中央区北一条東3－1
☎011－261－1476・FAX011－251－767
URL http://www.hokudenkogyo.co.jp
✉ando-mutu@hokudenkogyo.co.jp
取締役社長氏家和彦
土木環境部＝(石炭灰)☎011－261－148
苫東事業所＝☎0145－28－3334
石炭灰販売(JISⅡ種フライアッシュ、原粉、クリンカアッシュ)

水島リバーメント㈱
本社＝〒712－8074　岡山県倉敷市水島川崎通1
☎086－447－4607・FAX086－447－469
取締役社長岡本啓志
高炉セメント、高炉スラグ微粉末

三菱マテリアル㈱
本社・金属事業カンパニー＝〒100－8117　東京都千代田区丸の内3－2－3　丸の内二重橋ビル
☎03－5252－5357
URL https://www.mmc.co.jp/corporate/ja/
銅スラグ骨材

宮津海陸運輸㈱
本社（ナスサンド部）＝〒629－2251　京都府宮津市須津413　日本冶金工業㈱大江山製造所内
☎0772－46－1155・FAX0772－46－1166
URL http://www.mku.co.jp/
取締役社長野田真人
ナスサンド（フェロニッケルスラグ）、ナスファインサンド（フェロニッケルスラグ微粒）

四電ビジネス㈱
本社＝〒760－8538　香川県高松市亀井町7－9
☎087－807－1151・FAX087－807－1153
URL http://www.yon-b.co.jp/
フライアッシュ、クリンカアッシュ、各種セメント販売、各種生コン販売、セメント二次製品販売

セメント会社要覧

麻生セメント㈱

◎〒814－0001　福岡市早良区百道浜2－4－27　AIビル11F
☎092－833－5100·FAX092－833－5116
URL　http://www.aso－cement.jp/
◎〔役員〕代表取締役会長・麻生泰　代表取締役社長・林田亮輔　専務取締役・清原定之　常務取締役・皆川義弘　取締役・麻生巖、栗尾城三郎、麻生千賀子、麻生将豊、杉山嘉則　常勤監査役・中村正治　監査役・手塚善和、山邉滋
［人事総務部］部長・鶴田英樹
［財務部］部長・古賀康夫
［情報企画部］部長・中尾浩二
［営業部］部長・三村哲之
［物流部］部長・野瀬純司
［購買部］部長・白浜俊孝
［品質技術部］部長・前田禎夫
［生産部］部長・古賀和義
［資源開発部］部長・前田貴春
［安全衛生責任者］吉原潤

支店・事業所

◎〔福岡支店〕〒814－0001　福岡市早良区百道浜2－4－27　AIビル11F
☎092－833－5110·FAX092－833－5119
支店長・本村聖一　課長・長隆光
◎〔中国支店〕〒730－0031　広島市中区中町7－22　住友生命広島平和大通りビル4F
☎082－247－9447·FAX082－247－1968
支店長・三浦照貴　課長・三浦照貴
◎〔四国支店〕〒760－0050　高松市亀井町8－11　B－Z高松プライムビル5F
☎087－813－0295·FAX087－813－0251
支店長・姥一彦　課長・姥一彦
◎〔大阪支店〕〒541－0047　大阪市中央区淡路町3－5－13　創建御堂筋ビル3F
☎06－6222－2211·FAX06－6222－2202
支店長・谷口浩司　課長・堀川桂補
◎〔東京事務所〕〒100－0005　千代田区丸の内3－2－3　丸の内二重橋ビル22F
☎03－6205－7666·FAX03－6205－7667
所長・鶴田英樹
◎〔鹿児島営業所〕〒891－0131　鹿児島市下福元町谷山港2－26
☎099－262－0777·FAX099－262－0779
所長・石井雄二

工場

◎〔田川工場〕〒826－0041　田川市大字弓削田2877
☎0947－42－0090·FAX0947－42－5667
工場長・内村徹平　総務課長・家永英俊　生産課長・角野貴俊　工務課長・中村康之　生産管理室長・小山佳史　品質管理課長・大神年彦　新設備管理課長・木村兼蔵
◇クリンカ製造能力（1,250千トン）
◇普通ポルトランドセメント、高炉セメントA・B種、フライアッシュセメントB種
◎〔苅田工場〕〒800－0311　京都郡苅田町長浜町10
☎093－434－0885·FAX093－434－6579
工場長・長剛　総務課長・長剛　生産課長・小林成光　工務課長・中野智司　生産管理室長・川添新平　品質管理課長・後藤丈和　新設備管理課長・犬丸浩
◇クリンカ製造能力（870千トン）
◇普通ポルトランドセメント、高炉セメントB種、フライアッシュセメントB·C種、中庸熱セメント、早強セメント

ＳＳ

宮崎ＳＳ　〒889－2301　宮崎市大字内海814
▽Ｓ3　計3600トン
対馬ＳＳ　〒817－0001　対馬市厳原町小浦372
▽Ｓ1　2000トン
壱岐ＳＳ　〒811－5152　壱岐市郷ノ浦町渡良南触
▽Ｓ2　計1000トン
鹿児島ＳＳ　〒891－0131　鹿児島市谷山港2－26
▽Ｓ2　計3500トン
松浦ＳＳ　〒859－4522　松浦市今福町東免2406
▽Ｓ2　計1600トン
大阪ＳＳ　〒592－0001　高石市高砂2－8
▽Ｓ6　計13600トン
尼崎西ＳＳ　〒660－0092　尼崎市鶴町6－1
▽Ｓ1　計3500トン
姫路ＳＳ　〒672－8064　姫路市飾磨区細江字浜万才地先
▽Ｓ4　計6000トン
福良ＳＳ　〒656－0501　南あわじ市福良祖江甲135－11
▽Ｓ2　計2800トン
由良ＳＳ　〒649－1113　日高郡由良町大字阿戸字白木1004－2
▽Ｓ4　計8300トン
松江ＳＳ　〒690－0026　松江市富士見町3－7
▽Ｓ4　計3900トン
児島ＳＳ　〒711－0913　倉敷市児島味野4051
▽Ｓ2　計2800トン
広島ＳＳ　〒734－0013　広島市南区出島2－19－40
▽Ｓ3　計5800トン
三原ＳＳ　〒729－0324　三原市糸崎町1号岸壁地先
▽Ｓ1　3000トン
高松ＳＳ　〒761－8012　高松市香西本町742－14
▽Ｓ3　計2000トン
松山ＳＳ　〒791－8041　松山市大字北吉田77－16
▽Ｓ2　計1300トン
徳島ＳＳ　〒771－0220　板野郡松茂町広島浜ノ須1
▽Ｓ2　計1600トン
伊予三島ＳＳ　〒799－0404　四国中央市宮川1－2327－1の地先
▽Ｓ2　計3000トン
阿南ＳＳ　〒774－0023　阿南市橘町幸野107－9
▽Ｓ1　2500トン
豊橋ＳＳ　〒441－8075　豊橋市神野埠頭町10－1
▽Ｓ4　7400トン

苅田セメント㈱

◎〒820－0018　飯塚市芳雄町7－18
☎0948－22－3604・FAX0948－24－1290
URL　http://www.aso－group.co.jp/ce
◎〔役員〕代表取締役会長・麻生泰　代表

取締役社長・林田亮輔　取締役・清原定之　監査役・皆川義弘

工場

◎〔苅田工場〕〒800－0311　京都郡苅田町長浜町10
☎093－434－0885・FAX093－434－6579
◇クリンカ製造能力（870千㌧）
◇普通ポルトランドセメント、高炉セメントB種、フライアッシュセメントB·C種、中庸熱セメント、早強セメント

住友大阪セメント㈱

◎〒105－8641　港区東新橋1－9－2　汐留住友ビル20F
☎03－6370－2700（代表）・FAX03－6370－2750
URL　https://www.soc.co.jp
◎〔役員〕取締役会長・関根福一　代表取締役社長・諸橋央典　代表取締役専務執行役員・土井良治　取締役専務執行役員・関本正毅　取締役常務執行役員・小野昭彦、福嶋達雄　取締役・牧野光子、稲川龍也、森戸義美　常務執行役員・小堺規行、細田啓介、橋本康太郎　執行役員・柳町ともみ、眞鍋良彦、久光崇之、山中克浩、中別府哲也、横堀哲生　常勤監査役・起塚岳哉、山﨑正裕　監査役・保坂庄司、三井拓、池田敬二
［内部監査室］室長（執行役員）・柳町ともみ
［総務部］部長・村井豊
［法務部］部長・原田論
［不動産部］部長・内田進介
［人事部］部長（常務執行役員）・橋本康太郎
［企画部］部長・今井知足
［管理部］部長・永江謙一
［生産技術部］部長（執行役員）・横堀哲生
［設備部］部長・満仲三正
［セメント営業管理部］部長・中条誠　技術担当部長兼技術グループリーダー・羽生賢一　副部長兼営業企画グループリーダー兼営業推進グループリーダー・冨澤則維　営業管理グループリーダー・西村正実　固化材グループリーダー・宇野貴
［国際部］部長（執行役員）・眞鍋良彦　上海事務所長・盧奕
［物流部］部長・臼木隆人
［資材部］部長・渡部雄一郎
［知的財産部］部長（執行役員）・中別府哲也
［サステナビリティ推進室］室長（常務執行役員）小堺規行
［鉱産品事業部］事業部長・藤川昭夫　副事業部長・鈴木章　業務グループリーダー・小林真理　資源グループリーダー・松本卓也　営業グループリーダー・前田元玄
［建材事業部］事業部長・笠井寿太郎　主席技師・岡村達也　副事業部長兼技術グループリーダー・沖原直生　業務グループリーダー・下徳憲一　営業統括グループリーダー・宮地創介　製造物流グループリーダー・島田保彦　品質管理グループリーダー・綿貫明夫　東日本営業グループリーダー・中埜奏　西日本営業グループリーダー・小野博文　中日本営業グループリーダー・宮野暢紘
［光電子事業部］事業部長・神力孝
［新材料事業部］事業部長・本多真拓
［環境事業部］事業部長・三谷賢司
◎［新規技術研究所］＝〒274－8601　船橋市豊富町585
☎047－457－0181·FAX047－457－5405
所長・安藤和人
◎［セメント・コンクリート研究所］＝〒274－8601　船橋市豊富町585
☎047－457－0185·FAX047－457－7871
所長・安本礼持　副所長・大野晃　業務グループリーダー・金沢忠　研究企画グループリーダー・流龍成　セメント化学研究グループリーダー・金井謙介　地球環境調和研究グループリーダー・稲津和喜　品質技術センター長・國米敦　コンクリート技術センター長・中村士郎　地盤・減災技術グループリーダー・宮脇賢司　建材製品研究グループリーダー・安藤重裕　カーボンリサイクル技術研究グループリーダー・森川卓子
◎［船橋事務所］＝〒274－8601　船橋市豊富町585
☎047－457－0350·FAX047－457－5405
所長・藤野健介

支店・営業所

◎〔札幌支店〕〒060－0003　札幌市中央区北三条西2－10－2　札幌HSビル10F
☎011－241－3901·FAX011－221－1017
支店長兼技術センター長・野口孝典
◎〔東北支店〕〒980－6003　仙台市青葉区中央4－6－1　SS30　3F
☎022－225－5251·FAX022－266－2516
支店長・山本努　総務グループリーダー・増山耕司　販売グループリーダー兼営業推進グループリーダー・四條渉　建材グループリーダー・武本健示　技術センター長・高山和久
◎〔青森営業所〕〒030－0802　青森市本町1－2－20　青森柳町ビル6F
☎017－775－2308·FAX017－773－2598
所長・武田信次郎
◎〔福島営業所〕〒963－8002　郡山市駅前2－10－15　三共郡山ビル北館8F
☎024－933－4400·FAX024－933－4401
所長・青木伸之
◎〔いわき駐在所〕〒970－8026　いわき市平堂ノ前9　堂ノ前ビル1F
☎0246－85－5240·FAX0246－85－5241
◎〔東京支店〕〒105－8641　港区東新橋1－9－2　汐留住友ビル20F
☎03－6370－2730·FAX03－6370－2763
支店長（執行役員）・久光崇之　副支店長兼販売第一グループリーダー・初治成人　副支店長兼販売第二グループリーダー・松島敏和　総務グループリーダー・永松大輔　販売第三グループリーダー・須藤毅　技術センター長・小田部裕一
◎〔新潟営業所〕〒950－0087　新潟市中央区東大通り2－2－18　タチバナビル6F
☎025－244－3181·FAX025－243－0025
所長・栄原克太郎
◎〔宇都宮駐在所〕〒320－0811　宇都宮市大通り2－1－5　明治安田生命宇都宮大通りビル8F
☎028－614－6822·FAX028－635－5532
所長・加藤秀行
◎〔横浜営業所〕〒231－0021　横浜市中区日本大通り18－19　KRCビル3F
☎045－662－9704·FAX045－661－0035
所長・奥田博史
◎〔北陸支店〕〒920－0849　金沢市堀川新町2－1　井門金沢ビル7F
☎076－223－1505·FAX076－223－0193
支店長・安原史喬　総務グループリーダー・岡田健滋　販売グループリーダー兼建材グループリーダー・中谷裕介　技術センター長・上原伸郎
◎〔名古屋支店〕〒450－0003　名古屋市中村区名駅南2－14－19　住友生命名古屋ビル3F
☎052－566－3200·FAX052－566－3271
支店長・前田利一　総務グループリーダー・溝口和紀　販売グループリーダー・　岩井昭宜　営業推進グループリーダー・中村剛俊　技術センター長・川島恭志
◎〔静岡営業所〕〒420－0034　静岡市葵区常磐町2－13－1　住友生命静岡常磐町ビル8F
☎054－253－7108·FAX054－255－5598
所長・春名晃治
◎〔大阪支店〕〒530－0004　大阪市北区

堂島浜１－４－４　アクア堂島東館 11F
☎ 06－6342－7701･FAX06－6342－7706
支店長（執行役員）･山中克浩　副支店長･綿谷一成　総務グループリーダー・脇谷和宏　販売グループリーダー・藤井享　営業推進グループリーダー・行田義弘　技術センター長・中川哲朗

◎〔四国支店〕〒 760 － 0033　高松市丸の内４－４　四国通商ビル 6F
☎ 087－851－6330･FAX087－822－6870
支店長・稲垣貴照　総務グループリーダー・松川直宏　販売グループリーダー・原茂之　建材グループリーダー・市川雅大　技術センター長・松本公一

◎〔広島支店〕〒 732 － 0827　広島市南区稲荷町４－１　広島稲荷町 NK ビル 7F
☎ 082－577－7641･FAX082－577－7644
支店長兼販売グループリーダー・篠田亮　総務グループリーダー・西川邦寛　建材グループリーダー・田村光章　技術センター長・蔦谷真

◎〔岡山営業所〕〒 700 － 0904　岡山市北区柳町１－１－１　住友生命岡山ビル 9F
☎ 086－225－5785･FAX086－225－6779
所長・中島晶

◎〔福岡支店〕〒 812 － 0011　福岡市博多区博多駅前１－２－５　紙与博多ビル 8F
☎ 092－441－1441･FAX092－471－0530
支店長・前川格　総務グループリーダー・松尾公介　販売グループリーダー・山本泰輔　建材グループリーダー・大場十吾　技術センター長・安井豊次

工場

◎〔栃木工場〕〒 327 － 0502　佐野市築地町 715
☎ 0283－86－3211･FAX0283－86－3216
工場長・浜田章郎　副工場長・今行忠、佐藤清一　業務課長・戸田亮介　生産課長・毛利哲也　工務課長・北川伸介　環境課長・須田千幸　品質保証室長・郡司茂　栃木発電所長・神辺隆行

◎〔唐沢鉱業所〕
所長・今行忠　鉱山課長・播磨雄太
◇クリンカ製造能力（610 千㌧）
◇普通ポルトランドセメント、高炉セメント、その他特殊品

◎〔岐阜工場〕〒 501 － 1201　本巣市山口 11
☎ 0581－34－2551･FAX0581－34－2039
工場長・佐々木雅彦　業務課長・不殿東久　生産課長・向井淳　工務課長・杉本佳則　環境課長・谷口博也　鉱山課長・豊田典明　品質保証室長・清水準
◇クリンカ製造能力（898 千㌧）
◇普通ポルトランドセメント、早強セメント、中庸熱セメント、高炉セメント、その他特殊品

◎〔赤穂工場〕〒 678 － 0254　赤穂市折方 1513
☎ 0791－43－1111･FAX0791－43－1716
工場長・大橋博　副工場長・秋枝憲治、猪野秀仁　業務課長・山田英樹　生産課長・高橋康行　工務課長・宇崎能章　環境課長兼赤穂再資源化センター長・吉井則吉　品質保証室長・片岡智之　赤穂発電所長・秋枝憲治
◇クリンカ製造能力（2,172 千㌧）
◇普通ポルトランドセメント、早強セメント、中庸熱セメント、低熱セメント、高炉セメント、その他特殊品

◎〔高知工場〕〒 785 － 8610　須崎市押岡 123
☎ 0889－42－2522･FAX0889－42－2255
工場長･廣島雅人　副工場長兼工務課長･富川修次　業務課長・足立泰史　生産課長・森健次　環境課長・清末周一　品質保証室長・泉本雄司　高知発電所長・福山信悟
◇クリンカ製造能力（2,729 千㌧）
◇普通ポルトランドセメント、早強セメント、高炉セメント、その他特殊品

◎〔山口事業所〕〒 759 － 4106　長門市仙崎 547
☎ 0837－26－0837･FAX0837－26－3171
所長・江間恭介

◎〔小倉事業所〕〒 803 － 0183　北九州市小倉南区大字市丸 1050
☎ 093－451－6077･FAX093－451－4196
所長・國江信司

◎〔山元事務所〕〒 754 － 0603　美祢郡秋芳町大字別府字魚ヶ下 682
☎ 0837－64－0140･FAX0837－65－2865

ＳＳ

苫小牧ＳＳ　〒 059 － 1373　苫小牧市真砂町 29 － 2
▽Ｓ２　計 5300 ㌧

川部ＳＳ　〒 038 － 1141　南津軽郡田舎館村大字川部字上船橋 12 － 1
▽Ｓ２　計 3200 ㌧

水沢ＳＳ　〒 023 － 0827　奥州市水沢区太日通り１－ 97
▽Ｓ１　計 1500 ㌧

仙台港ＳＳ　〒 983 － 0001　仙台市宮城野区港４－３－１
▽Ｓ１　12000 ㌧

秋田港ＳＳ　〒 011 － 0945　秋田市土崎港西１－ 12 － 54
▽Ｓ３　計 14000 ㌧

酒田ＳＳ　〒 998 － 0005　酒田市宮海字明治 273 － 7
▽Ｓ２　計 12500 ㌧

小名浜ＳＳ　〒 971 － 8101　いわき市小名浜字高山 327
▽Ｓ２　24000 ㌧

戸田ＳＳ　〒 335 － 0022　戸田市上戸田 135
▽Ｓ１　800 ㌧

習志野ＳＳ　〒 275 － 0024　習志野市茜浜３－２－３
▽Ｓ２　計 35000 ㌧

千葉ＳＳ　〒 299 － 0267　袖ヶ浦市中袖 18 －１
▽Ｓ４　計 23400 ㌧

市川ＳＳ　〒 272 － 0002　市川市二俣新町 22 －１
▽Ｓ４　計 390 ㌧

芝浦ＳＳ　〒 108 － 0075　港区港南５－８－ 28
▽Ｓ４　計 14000 ㌧

横浜ＳＳ　〒 231 － 0811　横浜市中区本牧埠頭 18
▽Ｓ３　計 29000 ㌧

鶴見ＳＳ　〒 230 － 0053　横浜市鶴見区大黒町７－ 81
▽Ｓ 11　計 18600 ㌧

神立ＳＳ　〒 300 － 0012　土浦市神立東２－１－１
▽Ｓ２　計 6000 ㌧

氏家ＳＳ　〒 329 － 1323　さくら市卯の里２－ 20 －２
▽Ｓ３　計 3500 ㌧

高崎ＳＳ　〒 370 － 1204　高崎市東中里町 80 －１
▽Ｓ１　5000 ㌧

東花輪ＳＳ　〒 409 － 3841　中央市布施 1428
▽Ｓ２　計 3400 ㌧

西上田ＳＳ　〒 386 － 0043　上田市下塩尻 256 －１
▽Ｓ３　計 3700 ㌧

南松本ＳＳ　〒 399 － 0014　松本市平田東１－ 20 － 19
▽Ｓ２　計 3600 ㌧

新潟港ＳＳ　〒 950 － 0072　新潟市中央区竜が島１－ 4928 － 12
▽Ｓ３　計 18000 ㌧

佐渡ＳＳ　〒 952 － 0512　佐渡市羽茂大橋 1639 －３
▽Ｓ３　計 3250 ㌧

七尾港ＳＳ　〒 926 － 0853　七尾市津向町和田 38
▽Ｓ６　計 24000 ㌧

福井ＳＳ　〒 913 － 0031　坂井市三国町新保 74
▽Ｓ１　計 17000 ㌧

飛騨一宮ＳＳ　〒 509 － 3505　高山市一之宮町 245 －１
▽Ｓ３　計 3550 ㌧

清水ＳＳ　〒 424 － 0924　静岡市清水区清開３－ 119
▽Ｓ２　計 21000 ㌧

西浜松ＳＳ　〒432－8052　浜松市中央区東若林町801
▽Ｓ３　計6400トン
稲沢ＳＳ　〒492－8082　稲沢市下津下町西３－３－１
▽Ｓ３　計3500トン
名古屋港ＳＳ　〒455－0847　名古屋市港区空見町33
▽Ｓ３　計38000トン
豊田ＳＳ　〒470－1219　豊田市畝部西町昆布池22－１
▽Ｓ１　300トン
豊橋ＳＳ　〒441－8074　豊橋市明海町４－50
▽Ｓ１　12000トン
松阪ＳＳ　〒515－0001　松阪市大口町字築地1819－７
▽Ｓ１　12000トン
滋賀ＳＳ　〒522－0341　犬上郡多賀町大字多賀字車戸272－１
▽Ｓ３　計1850トン
なにわＳＳ　〒552－0006　大阪市港区石田２－２－31
▽Ｓ５　計17500トン
大阪ＳＳ　〒551－0021　大阪市大正区南恩加島７－１－49
▽Ｓ４　計7300トン
堺第二ＳＳ　〒592－8331　堺市西区築港新町１－５－１
▽Ｓ６　計26000トン
姫路第二ＳＳ　〒672－8035　姫路市飾磨区中島3059－７
▽Ｓ５　計10000トン
東神戸ＳＳ　〒658－0024　神戸市東灘区魚崎浜町２－１
▽Ｓ４　計13580トン
淡路ＳＳ　〒656－2543　洲本市由良町由良2435－１
▽Ｓ２　計3500トン
和歌山ＳＳ　〒640－8404　和歌山市湊1342－４
▽Ｓ３　計10000トン
下津ＳＳ　〒649－0101　海南市下津町下津3077
▽Ｓ５　計14000トン
新宮第二ＳＳ　〒647－0071　新宮市佐野字上地2105－３
▽Ｓ２　計8000トン
朝来ＳＳ　〒649－2105　西牟婁郡上富田町朝来字里田1396－４
▽Ｓ１　3000トン
徳島ＳＳ　〒770－8001　徳島市津田海岸町1124
▽Ｓ４　計10400トン
丸亀ＳＳ　〒763－0062　丸亀市蓬莱町21－１
▽Ｓ３　計12500トン
西条ＳＳ　〒793－0042　西条市喜多川八丁848－１
▽Ｓ４　計4000トン
高知ＳＳ　〒781－0112　高知市仁井田4567
▽Ｓ２　計7000トン
境港ＳＳ　〒684－0034　境港市昭和町２－13
▽Ｓ２　計7000トン
浜田ＳＳ　〒697－0062　浜田市熱田町2087－６
▽Ｓ２　計5000トン
東岡山ＳＳ　〒703－8221　岡山市中区長岡412－18
▽Ｓ１　3000トン
広島ＳＳ　〒731－4324　安芸郡坂町横浜西２－３－10
▽Ｓ３　計5000トン
大竹ＳＳ　〒739－0623　大竹市小方１－２－９
▽Ｓ２　計2500トン
小倉ＳＳ　〒802－0001　北九州市小倉北区浅野３－６－１
▽Ｓ３　計7000トン
伊万里ＳＳ　〒848－0121　伊万里市黒川町塩屋５－25（七ツ島工業団地）
▽Ｓ６　計21000トン
八代ＳＳ　〒866－0033　八代市港町76
▽Ｓ３　計4500トン
大分ＳＳ　〒870－0304　大分市久原日吉原１－２
▽Ｓ２　計4500トン
加治木ＳＳ　〒899－5221　姶良市加治木町港町189－８
▽Ｓ３　計14000トン
鹿児島ＳＳ　〒891－0131　鹿児島市谷山港２－５－４
▽Ｓ１　1500トン

太平洋セメント㈱

◎〒112－8503　文京区小石川１－１－１　文京ガーデンゲートタワー
☎03－5801－0333・FAX03－5801－0343（代表）
URL　https://www.taiheiyo－cement.co.jp
◎〔役員〕取締役会長・不死原正文　代表取締役社長・田浦良文　取締役副社長・朝倉秀明　取締役専務執行役員・日高幸史郎、深見慎二、松井功　取締役・小泉淑子、振角秀行、堤晋吾　常勤監査役・服原克英、苅野雅博　監査役・三谷和歌子、青木俊人　常務執行役員・吉良尚之、伴政浩、高野博幸、平田賢一、根本裕介、原剛　執行役員・別府通智、市沢和彦、宮下隆、宮崎武史、村上豊、中村藤雄、河田克也、川辺孝治、平尾宙、家亀正行、尾崎浩二、山本朝義
［監査役室］室長・前沢貴史
［秘書室］室長・池田厚
［経営企画部］部長・（執行役員）河田克也
［人事部］部長・中村邦裕
［経理部］部長・尾上浩
［総務部］部長・高野謙一
［法務部］部長・河原木康裕
［監査部］部長・小林隆浩
［資材部］部長・曽我鉄山
［生産部］部長・（執行役員）川辺孝治
［設備部］部長・（執行役員）宮崎武史
［鉱業部］部長・松下正典
［知的財産部］部長・谷村充
［カーボンニュートラル技術開発部］部長・石田泰之
〈セメント事業本部〉本部長・（常務執行役員）吉良尚之
［管理部］部長・石井利夫
［営業部］部長・（執行役員）中村藤雄
［資源事業部］部長・鈴木孝司
［環境事業部］部長・（執行役員）別府通智
〈海外事業本部〉本部長・（専務執行役員）深見慎二
［企画部］部長・榮川裕之
［管理部］部長・大隅正夫
［営業部］部長・（執行役員）村上豊
［不動産事業部］部長・児玉明彦
［建材事業部］部長・森田泰
［事業企画管理部］部長・中谷内茂樹
［中央研究所］所長・（執行役員）平尾宙
［土佐事務所］所長・羽生優

支店

◎〔北海道支店〕〒060－0004　札幌市中央区北４条西５－１－３　日本生命北門館ビル7F
☎011－242－7171
支店長・小林雄一
◎〔東北支店〕〒980－0802　仙台市青葉区二日町１－23　アーバンネット勾当台ビル8F
☎022－225－1371
支店長・野田慎也
◎〔東京支店〕〒108－0073　港区三田１－４－28　三田国際ビル18F
☎03－3455－5921
支店長・（執行役員）尾崎浩二

◎〔関東支店〕〒370－0849　高崎市八島町58－1　ウエスト・ワンビル5F
☎027－330－2111
支店長・清水雅巳
◎〔中部北陸支店〕〒460－0008　名古屋市中区栄2－8－12　伏見KSビル7F
☎052－218－3320
支店長・（執行役員）山本朝義
◎〔関西四国支店〕〒541－0051　大阪市中央区備後町4－1－3　御堂筋三井ビル11F
☎06－6205－8610
支店長・川野高広
◎〔中国支店〕〒730－0811　広島市中区中島町3－25　ニッセイ平和公園ビル10F
☎082－504－8611
支店長・山崎学
◎〔九州支店〕〒812－0018　福岡市博多区住吉1－2－25　キャナルシティ・ビジネスセンタービル6F
☎092－263－8450
支店長・的場哲司

工場

◎〔上磯工場〕〒049－0193　北斗市谷好1－151
☎0138－73－2111
工場長・伊関一男
◇クリンカ製造能力（3,632千㌧）
◇普通ポルトランドセメント、早強セメント、高炉セメント、フライアッシュセメント、固化材
◎〔大船渡工場〕〒022－0007　大船渡市赤崎町字跡浜21－6
☎0192－26－2111
工場長・中島卓哉
◇クリンカ製造能力（1,998千㌧）
◇普通ポルトランドセメント、中庸熱セメント、低熱セメント、高炉セメント、フライアッシュセメント
◎〔熊谷工場〕〒360－8904　熊谷市三ケ尻5310
☎048－532－2831
工場長・笹尾達史
◇クリンカ製造能力（1,647千㌧）
◇普通ポルトランドセメント、早強セメント、中庸熱セメント、高炉セメント、フライアッシュセメント
◎〔埼玉工場〕〒350－1296　日高市原宿721
☎042－989－1111
工場長・寺元和彦
◇クリンカ製造能力（1,385千㌧）
◇普通ポルトランドセメント、早強セメント、高炉セメント、固化材
◎〔藤原工場〕〒511－0515　いなべ市藤原町東禅寺1361－1
☎0594－46－2511
工場長・大森寛
◇クリンカ製造能力（1,702千㌧）
◇普通ポルトランドセメント、早強セメント、中庸熱セメント、高炉セメント、フライアッシュセメント、固化材
◎〔大分工場〕〒879－2471　津久見市合ノ元町2－1
☎0972－82－3111
工場長・（執行役員）家亀正行
◇クリンカ製造能力（3,926千㌧）
◇普通ポルトランドセメント、早強セメント、中庸熱セメント、高炉セメント、フライアッシュセメント、固化材

ＳＳ

紋別ＳＳ　〒094－0011　紋別市港町7－8－9
▽Ｓ2　計16000㌧
網走ＳＳ　〒093－0032　網走市港町3－3
▽Ｓ2　計12000㌧
留萌ＳＳ　〒077－0004　留萌市元町3－15－1
▽Ｓ5　計40000㌧
石狩ＣＴ　〒061－3242　石狩市新港中央1－475－7
▽Ｓ1　18000㌧
小樽ＳＳ　〒047－0007　小樽市港町8－2
▽Ｓ2　計25000㌧
札幌ＳＳ　〒065－0043　札幌市東区苗穂町1－2－2
▽Ｓ4　計3000㌧
新釧路ＳＳ　〒084－0914　釧路市西港1－99－3
▽Ｓ3　計30000㌧
苫小牧ＳＳ　〒053－0003　苫小牧市入船町2－2－10
▽Ｓ7　計43000㌧
広尾ＳＳ　〒089－2605　広尾郡広尾町会所前4－21
▽Ｓ1　10000㌧
青森東ＳＳ　〒030－0802　青森市本町4－6－17
▽Ｓ2　計12000㌧
青森西ＳＳ　〒030－0802　青森市本町3－5－14
▽Ｓ3　計10000㌧
八戸東ＳＳ　〒031－0831　八戸市築港街2－6－2
▽Ｓ2　計8000㌧
八戸西ＳＳ　〒031－0831　八戸市築港街1－1－64
▽Ｓ2　10000㌧
秋田北ＳＳ　〒011－0951　秋田市土崎港相染町字土浜38
▽Ｓ3　計15000㌧
秋田南ＳＳ　〒011－0945　秋田市土崎港西1－12－50
▽Ｓ2　計16000㌧
酒田南ＳＳ　〒998－0064　酒田市大浜1－3－8
▽Ｓ3　計16000㌧
塩釜東ＳＳ　〒985－0011　塩釜市貞山通1－6－26
▽Ｓ4　計21000㌧
塩釜西ＳＳ　〒985－0011　塩釜市貞山通2－7－1
▽Ｓ2　計1000㌧
仙台ＳＳ　〒983－0001　仙台市宮城野区港4－3－3
▽Ｓ2　計30000㌧
相馬ＳＳ　〒976－0021　相馬市原釜字大津271
▽Ｓ3　計13000㌧
会津ＣＴ　〒969－3524　喜多方市塩川町字竹の花995
▽Ｓ2　計3000㌧
小名浜北ＳＳ　〒971－8101　いわき市小名浜字高山327
▽Ｓ1　15000㌧
小名浜南ＳＳ　〒971－8101　いわき市小名浜字高山327
▽Ｓ1　15000㌧
富山ＳＳ　〒931－8335　富山市西宮町2－36
▽Ｓ3　計6000㌧
金沢ＳＳ　〒920－0223　金沢市戸水町カ之部110
▽Ｓ5　計33000㌧
福井港ＳＳ　〒913－0038　坂井市三国町新保テクノポート1－5－7
▽Ｓ1　5000㌧
新潟北ＳＳ　〒950－0041　新潟市東区臨港町2－4914
▽Ｓ4　計14000㌧
新潟南ＳＳ　〒950－0072　新潟市中央区竜が島1－13
▽Ｓ3　計11000㌧
五日町ＣＴ　〒949－7101　南魚沼市五日町大田56－1
▽Ｓ3　計5000㌧
柏崎ＳＳ　〒945－0852　柏崎市中浜2－4－47
▽Ｓ1　12000㌧
新柏崎ＳＳ　〒945－0852　柏崎市中浜2－4－47
▽Ｓ1　10000㌧
越谷ＳＳ　〒343－0845　越谷市南越谷2－8－18
▽Ｓ2　5000㌧
狭山ＳＳ　〒350－1331　狭山市新狭山1－1－4
▽Ｓ2　16000㌧

秩父ＳＳ　〒368－0005　秩父市大野原1800
▽Ｓ３　計12000㌧
千葉ＳＳ　〒261－0002　千葉市美浜区新港194
▽Ｓ４　計38000㌧
新千葉ＳＳ　〒261－0002　千葉市美浜区新港68－2
▽Ｓ１　15000㌧
市原ＳＳ　〒290－0067　市原市八幡海岸通74－3
▽Ｓ２　計4000㌧
東京ＳＳ　〒136－0083　江東区若洲2－9－1
▽Ｓ５　計105000㌧
川崎ＳＳ　〒210－0863　川崎市川崎区夜光1－11－17
▽Ｓ３　計22000㌧
横浜北ＳＳ　〒231－0811　横浜市中区本牧埠頭18
▽Ｓ２　計20000㌧
横浜南ＳＳ　〒236－0002　横浜市金沢区鳥浜町11－4
▽Ｓ２　計25000㌧
友部ＳＳ　〒309－1734　笠間市南友部1966－5
▽Ｓ４　計6000㌧
矢板ＳＳ　〒329－2162　矢板市末広町24－4
▽Ｓ４　計6000㌧
宇都宮南　〒329－0501　下野市上古山2328
▽Ｓ１　計1000㌧
前橋ＳＳ　〒371－0844　前橋市古市町狸塚174－3
▽Ｓ１　10000㌧
高崎ＣＴ　〒370－1204　高崎市東中里町80－1
▽Ｓ２　計6000㌧
甲府ＳＳ　〒406－0021　笛吹市石和町松本454－1
▽Ｓ３　計5000㌧
飯田ＳＳ　〒395－0001　飯田市座光寺3629－3
▽Ｓ３　計4000㌧
篠ノ井ＳＳ　〒381－2225　長野市篠ノ井岡田415－1
▽Ｓ３　計4000㌧
松本ＳＳ　〒399－0004　松本市市場1－67
▽Ｓ７　計10000㌧
飛騨ＳＳ　〒509－4261　飛騨市古川町下野400－1
▽Ｓ３　計1000㌧
坂祝ＳＳ　〒505－0075　加茂郡坂祝町取組字砂田761
▽Ｓ６　6000㌧
田子ノ浦ＳＳ　〒416－0936　富士市中河原118－1
▽Ｓ３　計25000㌧
清水ＳＳ　〒424－0924　静岡市清水区清開1－5－1
▽Ｓ２　計12000㌧
大井川ＳＳ　〒421－0213　焼津市飯淵2006
▽Ｓ５　計32000㌧
浜松ＣＴ　〒432－8052　浜松市南区東若林町801
▽Ｓ２　計6000㌧
豊橋ＳＳ　〒441－8074　豊橋市明海町4－50
▽Ｓ１　12000㌧
田原ＳＳ　〒441－3401　田原市緑が浜4－1－3
▽Ｓ１　5000㌧
名古屋ＳＳ　〒455－0841　名古屋市港区一州町86－1
▽Ｓ５　計27000㌧
西名古屋ＳＳ　〒455－0855　名古屋市港区藤前5－530
▽Ｓ２　計280㌧
四日市出荷センター　〒510－0051　四日市市千歳町22
▽Ｓ７　計29000㌧
京都ＳＳ　〒612－8426　京都市伏見区竹田青池町106
▽Ｓ２　計1000㌧
大阪ＳＳ　〒552－0022　大阪市港区海岸通り3－4－77
▽Ｓ５　計25000㌧
堺ＳＳ　〒590－0987　堺市堺区築港南町8
▽Ｓ４　計19000㌧
神戸ＳＳ　〒657－0853　神戸市灘区灘浜町2－3
▽Ｓ６　計4000㌧
姫路ＳＳ　〒672－8064　姫路市飾磨区細江1292－1
▽Ｓ３　計15000㌧
和歌山ＳＳ　〒640－8404　和歌山市湊1334－22
▽Ｓ１　8000㌧
由良ＳＳ　〒649－1113　日高郡由良町阿戸1004
▽Ｓ２　計6000㌧
徳島ＳＳ　〒771－0213　板野郡松茂町豊久字豊久開拓500－10
▽Ｓ２　計5000㌧
小豆島ＳＳ　〒761－4100　小豆郡土庄町字千軒甲3399－1
▽Ｓ２　計1000㌧
坂出東ＳＳ　〒762－0012　坂出市林田町4285－119
▽Ｓ５　計8000㌧
坂出西ＳＳ　〒762－0011　坂出市江尻町483－25
▽Ｓ２　計16000㌧
八幡浜ＳＳ　〒796－8008　八幡浜市栗野浦29－1
▽Ｓ２　計6000㌧
今治ＳＳ　〒794－0032　今治市天保山町4－9
▽Ｓ２　計20000㌧
松山ＳＳ　〒791－8057　松山市大可賀3－1453－4
▽Ｓ５　計6000㌧
土佐ＳＳ　〒780－8021　高知市孕東町25
▽Ｓ９　計9000㌧
境港ＳＳ　〒684－0034　境港市昭和町2－7
▽Ｓ３　計23000㌧
鳥取ＳＳ　〒680－0906　鳥取市港町30－2
▽Ｓ２　計10000㌧
水島ＳＳ　〒711－0933　倉敷市児島通生2915
▽Ｓ５　計23000㌧
三原ＳＳ　〒729－0329　三原市糸崎南2－1－23
▽Ｓ１　計12000㌧
広島ＳＳ　〒730－0826　広島市中区南吉島2－4－41
▽Ｓ３　計10000㌧
新広島ＳＳ　〒731－4311　安芸郡坂町北新地1－4－8
▽Ｓ３　計8000㌧
八幡ＳＳ　〒806－0001　北九州市八幡西区築地町24
▽Ｓ１　計5000㌧
香春ＳＳ　〒822－1406　田川郡香春町大字香春812
▽Ｓ８　計31000㌧
苅田ＳＳ　〒800－0311　京都郡苅田町字長浜町33－1
▽Ｓ３　計27000㌧
唐津ＳＳ　〒847－0101　唐津市中瀬通10－3
▽Ｓ２　計14000㌧
上五島ＳＳ　〒857－4404　南松浦郡新上五島町青方郷大曽
▽Ｓ２　計3000㌧
大村ＳＳ　〒856－0806　大村市富の原2－1008
▽Ｓ２　計3000㌧
島原ＳＳ　〒855－0012　島原市大手原町甲2130－23
▽Ｓ２　計6000㌧
八代ＳＳ　〒866－0034　八代市新港町1－13
▽Ｓ３　計26000㌧
日向ＳＳ　〒883－0062　日向市日知屋字

堀川16847－1
▽S3　計14000㌧
宮崎SS　〒880－0858　宮崎市港2－14
▽S3　計12000㌧
志布志SS　〒899－7102　志布志市志布志町帖6617－155
▽S2　計7000㌧
鹿児島SS　〒891－0122　鹿児島市南栄4－8－2
▽S3　計23000㌧
種子島北SS　〒891－3111　西之表市西町6972－6
▽S1　1000㌧
屋久島SS　〒891－4205　熊毛郡屋久島町宮之浦277－38
▽S2　計2000㌧
喜界島SS　〒891－6151　大島郡喜界町塩道字長畑1542－3
▽S2　計2000㌧
宇検SS　〒894－3304　大島郡宇検村須古723－1
▽S1　1000㌧
奄美SS　〒894－0506　奄美市笠利町手花部3107－2
▽S3　計6000㌧
徳之島SS　〒891－7611　大島郡天城町天城字名須487
▽S2　計5000㌧
那覇SS　〒900－0001　那覇市港町1－3－10
▽S1　12000㌧
那覇南SS　〒900－0036　那覇市西1－1－28
▽S2　計9000㌧
中部SS　〒904－2151　沖縄市松本5－12－1
▽S1　1000㌧
石垣島SS　〒907－0013　石垣市浜崎町1－3
▽S1　3000㌧
宮古島SS　〒906－0006　宮古島市平良西仲宗根2－38
▽S1　2000㌧

敦賀セメント㈱

◎〒914－8686　敦賀市泉2号6－1
☎0770－22－1100（代）・FAX0770－22－9603
URL　https://www.tsuruga-cement.co.jp
◎〔役員〕代表取締役社長・山本学　常務取締役・奥田明裕、越智豊彦　取締役・川辺孝治、松本好弘、髙野正徳、江波昭一、鈴木功　監査役・尾崎康弘
◎［岐阜事業所］〒501－0511　揖斐郡大野町稲畑140－1
☎0585－34－2940・FAX0585－34－1831
◇クリンカ製造能力（680千㌧）
◇セメント製品
普通ポルトランドセメント、早強ポルトランドセメント、中庸熱ポルトランドセメント、高炉セメント、フライアッシュセメント、シリカフュームプレミックスセメント
◇セメント関連製品
タンカル（炭酸カルシウム）、シリカ（珪石紛）、無水石膏
◇各種地盤改良材
ジオセット200（特殊土用）、ジオセット225（高有機質土用）、イーグルパウダー291S
◇鉱産品
石灰石
◇コンクリート補修材製品
イーグルクリートL－6、ツルガERC他

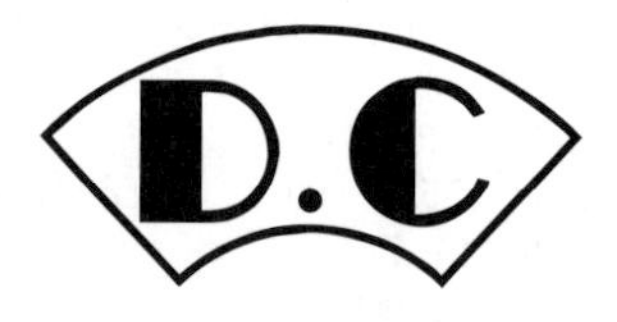

㈱デイ・シイ

◎〒210－0005　川崎市川崎区東田町8　パレール三井ビルディング17F
☎044－223－4751・FAX044－223－4750
URL　https://www.dccorp.jp/
◎〔役員〕代表取締役社長・上野山佳志　取締役（専務執行役員）・大澤聖二　取締役（常務執行役員）・佐藤裕樹、中野邦哉、北村晃成　取締役（執行役員）・山口博之　取締役・川辺孝治、三谷昌平　監査役・妹尾圭二　執行役員・正木栄一
［川崎工場］工場長・山口博之　副工場長・近藤耕史　製造部長・須崎一定　設備部長・廣川英治　業務部長・田草川哲　技術部長・二戸信和
［環境マテリアル事業本部］本部長・大澤聖二　環境営業部長・野川純　マテリアル営業部長・蛯名貴之

事務所・所在地

〈川崎工場〉
◎［川崎工場］〒210－0854　川崎市川崎区浅野町1－1
☎044－322－5360・FAX044－322－7935
◎［技術部］〒210－0854　川崎市川崎区浅野町1－17
☎044－333－0618・FAX044－355－4010
〈環境マテリアル事業本部〉
◎［環境営業部］〒210－0005　川崎市川崎区東田町8　パレール三井ビルディング17F
☎044－221－5052・FAX044－246－9079
◎［マテリアル営業部］
☎044－223－4753・FAX044－223－4759

Denka

デンカ㈱

◎〒103－8338　中央区日本橋室町2－1－1
☎03－5290－5556（事業推進部）・FAX03－5290－5077
URL　http://www.denka.co.jp
◎〔役員〕代表取締役会長・今井俊夫　代表取締役社長兼社長執行役員・石田郁雄　取締役エグゼクティブフェロー・高橋和男　専務執行役員・林田りみる　取締役（社外）・中田るみ子　常勤監査等委員・内田瑞宏　監査等委員（社外）・木下俊男、山本明夫、的場美友紀　常務執行役員・原敬、笹川幸男、香坂昌信　執行役員・川村禎生、河合正洋、萩原丈士、小俣昌博、堀内博人、野口哲央、西村浩二、稲田太郎、足立明則、高橋耕哉、三井田宗厚、粟田弘道、笠原亮、山田雅英
［エラストマー・インフラソリューション部門］執行役員兼部門長・高橋耕哉　副部門長・吉野亮悦
〔特殊混和材部〕部長・廣瀬毅平　課長・西崎祐樹、五十嵐数馬、平井吉彦
〔特混海外グループ〕課長・石田将隆
〔事業推進部〕部長・山口悟　副部長・臼井達郎　課長・保利彰宏、瀧谷求

支店

◎〔大阪支店〕〒530－0017　大阪市北区角田町8－1　梅田阪急ビル25F
☎06－6342－7607
支店長・白山裕　特混課長・小澤崇志
◎〔名古屋支店〕〒450－0002　名古屋市中村区名駅4－6－23　第三堀内ビル11F
☎052－571－4543
支店長・高瀬和仁　特混課長・平井吉彦
◎〔福岡支店〕〒812－0039　福岡市博多区冷泉町5－35　福岡祇園第一生命ビル

6F
☎ 092－263－0835
支店長・久保健也　特混課長・小出剛
◎〔札幌支店〕〒060－0062　札幌市中央区南二条西2－18－1　札幌南二条ビル4F
☎ 011－281－2301
支店長・山本耕一郎　特混課長・長谷川健吾

工場

◎〔青海工場〕〒949－0393　糸魚川市大字青海2209
☎ 025－562－6105
工場長・萩原丈史
◇クリンカ製造能力（2,458千㌧）
◇普通セメント、早強セメント、高炉セメント、中庸熱セメント、フライアッシュセメント他

ＳＳ

新潟港ＤＳＳ　〒950－0072　新潟市竜ヶ島1－4928－12
▽Ｓ3　計18000㌧
富山ＤＳＳ　〒939－0274　射水市小島582
▽Ｓ4　計8100㌧
根上ＤＳＳ　〒929－0112　能美市福島町ヤ11－1
▽Ｓ4　計10800㌧
長野ＤＳＳ　〒381－0045　長野市桐原2－1－23
▽Ｓ3　計5000㌧
松本ＤＳＳ　〒399－0014　松本市平田東1－20－1
▽Ｓ3　計6100㌧
渋川ＤＳＳ　〒377－0003　渋川市八木原町東479－1
▽Ｓ5　計8400㌧
高崎ＤＣＴ　〒370－1204　高崎市東中里80－1
▽Ｓ1　計5000㌧
坂祝ＤＳＳ　〒505－0075　加茂郡坂祝町取組砂田740
▽Ｓ3　計4800㌧
舞鶴ＤＳＳ　〒624－0944　舞鶴市大君238
▽Ｓ2　計13000㌧
会津ＤＣＴ　〒969－3524　喜多方市塩川町字竹の花995
▽Ｓ1　1000㌧
苫小牧ＤＳＳ　〒059－1372　苫小牧市字勇払152－100
▽Ｓ1　10000㌧
姫川ＤＳＳ　〒941－0066　糸魚川市寺島浜ノ新田1032－1
▽Ｓ3　計23000㌧

東ソー㈱

◎〒104－8467　東京都中央区八重洲2－2－1　東京ミッドタウン八重洲　八重洲セントラルタワー
☎ 03－6636－3724･FAX03－6636－3624（セメント事業室）
URL　http://www.tosoh.co.jp
◎〔役員〕代表取締役社長　社長執行役員・桒田守、代表取締役　専務執行役員・安達徹　取締役　常務執行役員・土井亨、吉水昭広、亀崎尊彦　取締役（社外）・本坊吉博、日高真理子、中野幸正、橋寺由紀子　常勤監査役・米澤啓　常勤監査役（社外）・岡山誠　監査役（社外）・寺本哲也、尾﨑恒康
［セメント事業室］室長・弘中稔
［セメント・エネルギー製造部］部長・山口利昭

支店・営業所

◎〔大阪支店〕〒541－0043　大阪市中央区高麗橋4－4－9
☎ 06－6209－1901･FAX06－6209－1902
◎〔名古屋支店〕〒460－0008　名古屋市中区栄1－2－7
☎ 052－211－5499･FAX052－222－8623
◎〔福岡支店〕〒812－0011　福岡市博多区博多駅前3－8－10
☎ 092－710－6550･FAX092－710－6551
◎〔仙台支店〕〒980－0014　仙台市青葉区本町1－11－1
☎ 022－266－2341･FAX022－267－5745
◎〔山口営業所〕〒746－0015　周南市清水1－6－1
☎ 0834－63－9888･FAX0834－63－6627

事業所

◎〔南陽事業所〕〒746－8501　周南市開成町4560
☎ 0834－63－9800（総務部）･FAX0834－62－4349
◇セメント・エネルギー製造部
◇クリンカ製造能力（1,240千㌧）
◇普通ポルトランドセメント、高炉セメント
◎〔四日市事業所〕〒510－8540　四日市市霞1－8
☎ 059－364－1111（総務部）･FAX059－364－4818

㈱トクヤマ

◎〒101－8618　千代田区外神田1－7－5　フロントプレイス秋葉原
☎ 03－5207－2500･FAX03－5207－2580
URL　http://www.tokuyama.co.jp
◎〔役員〕代表取締役・横田浩、杉村英男　取締役・岩崎史哲、井上智弘、宮本陽司　社外取締役・河盛裕三、水本伸子、石塚啓、近藤直生　社長執行役員・横田浩　専務執行役員・杉村英男、岩崎史哲　常務執行役員・井上智弘、谷口隆英、西原浩孝、奥野康、長瀬克己　執行役員・藤本浩、田村直樹、佐藤卓志、関道子、坂健司、伊藤剛史、寺西誠治、井上裕司、内田悦史
◎〔セメント部門〕〒101－8618　千代田区外神田1－7－5　フロントプレイス秋葉原
☎ 03－5207－2520･FAX03－5207－2575
常務執行役員部門長・谷口隆英
◎〔資源リサイクル営業グループ〕〒101－8618　千代田区外神田1－7－5　フロントプレイス秋葉原
☎ 03－5207－2518･FAX03－5207－2575
グループリーダー・古川智久
◎〔セメント開発グループ〕〒745－8648　周南市渚町4900－4
☎ 0834－34－2515･FAX0834－33－3545
グループリーダー・関卓哉
◎〔セメント製造部〕〒745－8648　周南市渚町4900－4
☎ 0834－34－2500･FAX0834－33－3547
部長・松尾哲也
◎〔セメント企画グループ〕〒101－8618　千代田区外神田1－7－5　フロントプレイス秋葉原
☎ 03－5207－2520･FAX03－5207－2575
グループリーダー・磯村哲郎
◎〔セメント品質保証グループ〕〒745－8648　周南市渚町4900－4
☎ 0834－34－2504･FAX0834－33－3545
グループリーダー・藤井賢治
◎〔徳山製造所（総務グループ）〕〒745－8648　周南市御影町1－1
☎ 0834－34－2000･FAX0834－33－3790
所長（常務執行役員）・奥野康

支店・営業所

◎〔セメント東京販売部〕〒103－0023　中央区日本橋本町4－8－16　KDX新日本橋駅前ビル

☎03－6225－2555·FAX03－6225－2589
部長・山中紀隆
◎〔セメント大阪販売部〕〒530－0005　大阪市北区中之島2－2－7　中之島セントラルタワー
☎06－6201－7207·FAX06－6201－7227
部長・田熊俊雅
◎〔広島支店〕〒730－0017　広島市中区鉄砲町8－18　広島日生みどりビル
☎082－223－7311·FAX082－223－2347
支店長・半原哲行
◎〔高松支店〕〒760－0023　高松市寿町2－1－1　高松第一生命ビル新館
☎087－822－0061·FAX087－822－3627
支店長・圷純一
◎〔福岡支店〕〒810－0001　福岡市中央区天神2－8－38　協和ビル
☎092－732－6677·FAX092－732－4400
支店長・道下英樹
◎〔名古屋営業所〕〒460－0004　名古屋市中区新栄町2－9　スカイオアシス栄
☎052－253－9411・FAX052－253－9412
所長・山下典男

工場

◎〔南陽工場〕〒745－8648　周南市渚町4900－4
☎0834－34－2500
◇クリンカ製造能力（4,505千㌧）
◇普通ポルトランドセメント、早強ポルトランドセメント、中庸熱ポルトランドセメント、高炉セメントＢ種、固化材

ＳＳ

東京ＳＳ　〒135－0062　江東区東雲2－13－42
▽Ｓ1　5000㌧
川崎ＳＳ　〒210－0867　川崎市川崎区扇町13－7
▽Ｓ3　計28000㌧
横浜ＳＳ　〒231－0811　横浜市中区本牧埠頭18
▽Ｓ1　15000㌧
袖ヶ浦ＳＳ　〒299－0268　袖ヶ浦市南袖10
▽Ｓ1　10000㌧
名古屋ＳＳ　〒498－0066　弥富市楠3－35
▽Ｓ1　10000㌧
大阪ＳＳ　〒552－0022　大阪市港区海岸通3－4－39
▽Ｓ3　計15000㌧
岸和田ＳＳ　〒596－0013　岸和田市臨海町14
▽Ｓ3　計10300㌧
海南ＳＳ　〒642－0035　海南市冷水325
▽Ｓ2　計7800㌧
神戸ＳＳ　〒658－0024　神戸市東灘区魚崎浜町1－9
▽Ｓ4　計20000㌧
姫路ＳＳ　〒672－8063　姫路市飾磨区須加294
▽Ｓ2　計10000㌧
福良ＳＳ　〒656－0501　南あわじ市福良甲135－11
▽Ｓ3　計1800㌧
水島ＳＳ　〒712－8054　倉敷市潮通1－1－2
▽Ｓ2　計5500㌧
福山ＳＳ　〒721－0951　福山市新浜町1－7－23
▽Ｓ3　計7000㌧
広島ＳＳ　〒734－0013　広島市南区出島3－2－1
▽Ｓ3　計9000㌧
米子ＳＳ　〒684－0075　境港市西工業団地140
▽Ｓ2　計6500㌧
隠岐ＳＳ　〒684－0303　隠岐郡西ノ島町大字美田3596－1
▽Ｓ2　計1500㌧
高松ＳＳ　〒761－8012　高松市香西本町1－45
▽Ｓ2　計4800㌧
松茂ＳＳ　〒771－0213　板野郡松茂町豊久開拓500－3
▽Ｓ1　8000㌧
徳島ＳＳ　〒773－0001　小松島市小松島町字新港50
▽Ｓ2　計4200㌧
高知ＳＳ　〒781－0112　高知市仁井田朝日ヶ丘4570－2
▽Ｓ2　計5000㌧
宇和島ＳＳ　〒798－0087　宇和島市坂下津字日振新田甲407－27
▽Ｓ3　計5450㌧
西条ＳＳ　〒793－0042　西条市喜多川字八丁847
▽Ｓ1　4000㌧
福岡ＳＳ　〒812－0055　福岡市東区東浜2－82－2
▽Ｓ3　計15500㌧
大分ＳＳ　〒870－0112　大分市大字一の洲3－3
▽Ｓ4　計7500㌧
伊万里ＳＳ　〒849－4256　伊万里市山代町久原1538－4
▽Ｓ2　計4500㌧
八代ＳＳ　〒866－0034　八代市新港町1－4－3
▽Ｓ3　計15500㌧
宮崎ＳＳ　〒880－0858　宮崎市港2－14
▽Ｓ3　計5150㌧
鹿児島ＳＳ　〒899－5231　姶良市加治木町反土新田4－15
▽Ｓ1　4000㌧
福江ＳＳ　〒853－0015　五島市東浜町3－11－1
▽Ｓ2　計1000㌧

日鉄高炉セメント㈱

◎〒803－0801　北九州市小倉北区西港町16
☎093－563－5100·FAX093－563－5108
URL　https://www.kourocement.co.jp/
◎〔役員〕代表取締役社長・江頭秀起　取締役・大嶽昇　取締役（非）・近藤泰輔、鷲巣敏、宮原貴彦
［営業部］〒803－0801　北九州市小倉北区西港町16
☎093－563－5114·FAX093－563－5109
［生産設備部］〒803－0801　北九州市小倉北区西港町16
☎093－563－5104·FAX093－563－5109
［技術開発センター］〒803－0801　北九州市小倉北区西港町16
☎093－563－5103·FAX093－563－5109
［品質保証部］〒803－0801　北九州市小倉北区西港町16
☎093－563－5113·FAX093－563－5109
［営業部］部長・大嶽昇
［生産設備部］部長・磯村紀久
［技術開発センター］センター長・檀康弘
［品質保証部］部長・兼安真司

支店・営業所

◎〔九州支店〕〒812－0025　福岡市博多区店屋町5－18　博多NSビル2F
☎092－283－0311·FAX092－283－0350
支店長・鉄見浩次
◎〔中国支店〕〒730－0017　広島市中区鉄砲町10－12　広島鉄砲町ビル2F
☎082－511－2960·FAX082－225－5731
支店長・津司泰之
◎〔四国支店〕〒760－0017　高松市番町1－6－1　両備高松ビル12F
☎087－821－9713·FAX087－826－2051
支店長・大嶽昇
◎〔大阪支店〕〒541－0041　大阪市中央区北浜4－8－4　住友ビルディング4号館2F
☎06－7669－6410·FAX06－7669－6413
支店長・大嶽昇
◎〔東京事務所〕〒103－0024　東京都中央区日本橋小舟町12－7 日本橋MMビル4F
☎03－6856－0947·FAX03－6856－0946
◎〔名古屋事務所〕〒450－0002　名古屋市中村区名駅4－26－13　ちとせビル8F

☎ 052－485－5748･FAX052－485－5749

工場

◎〔セメント工場〕〒803－0801　北九州市小倉北区西港町16
☎ 093－563－5101･FAX093－563－5109
工場長・星野清
◇クリンカ製造能力（768千ﾄﾝ）
◇高炉セメント

ＳＳ

大阪ＳＳ　〒590－0987　堺市築港南町9
▽Ｓ5　計10500ﾄﾝ
姫路ＳＳ　〒672－8064　姫路市飾磨区細江1297
▽Ｓ3　計4000ﾄﾝ
北条ＳＳ　〒799－2430　北条市辻1602
▽Ｓ2　計1000ﾄﾝ
高知ＳＳ　〒780－0112　高知市仁井田朝日ヶ丘4570－2
▽Ｓ2　計1200ﾄﾝ
宇和島ＳＳ　〒798－0087　宇和島市坂下津丸岩丙132－2
▽Ｓ2　計3000ﾄﾝ
詫間ＳＳ　〒769－1100　三豊郡詫間町字詫間2112－72
▽Ｓ1　2000ﾄﾝ
岡山ＳＳ　〒702－8014　岡山市南区宮浦679－1
▽Ｓ3　計2700ﾄﾝ
広島ＳＳ　〒731－4324　安芸郡坂町横浜西2－3－1
▽Ｓ2　計2200ﾄﾝ
浜田ＳＳ　〒697－0062　浜田市熱田町2087－3
▽Ｓ2　計4000ﾄﾝ
加治木ＳＳ　〒899－5221　姶良郡加治木町港町反土4－15－332
▽Ｓ2　計3000ﾄﾝ
八代ＳＳ　〒866－0033　八代市港町76
▽Ｓ2　計3500ﾄﾝ
日向ＳＳ　〒883－0062　日向市大字日知屋堀川16847－6
▽Ｓ2　計3000ﾄﾝ
宮崎ＳＳ　〒880－0841　宮崎市港2－14
▽Ｓ2　計4000ﾄﾝ
長崎ＳＳ　〒850－0952　長崎市戸町3－679
▽Ｓ2　計3200ﾄﾝ
伊万里ＳＳ　〒849－4256　伊万里市山代町久原1538－4
▽Ｓ1　2000ﾄﾝ
大分ＳＳ　〒870－0112　大分市一の洲3－2
▽Ｓ3　計6500ﾄﾝ
種子島ＳＳ　〒891－3706　熊毛郡南種子町島間67－16
▽Ｓ1　1500ﾄﾝ

NIPPON STEEL

日鉄セメント㈱

◎〒050－8510　室蘭市仲町64
☎ 0143－44－1693（代表）･FAX0143－45－3923
URL　https://www.cement.nipponsteel.com/
◎〔役員〕代表取締役社長・佐坂晋二　取締役・大原和彦、西村淳、野畑健志、柿本亮一、中条誠　監査役・大谷伸夫

支店・営業所

◎〔営業企画管理課〕〒060－0004　札幌市中央区北4条西4－1－1　ニュー札幌ビル3F
☎ 011－251－0191
◎〔セメント営業課〕〒060－0004　札幌市中央区北4条西4－1－1　ニュー札幌ビル3F
☎ 011－251－0191
◎〔室蘭営業所〕〒050－8510　室蘭市仲町64
☎ 0143－45－1733
◎〔営業技術課〕〒060－0004　札幌市中央区北4条西4－1－1　ニュー札幌ビル3F
☎ 011－251－0191
◎〔東北支店〕〒980－0804　仙台市青葉区大町2－6－27　岡本ビル5F
☎ 022－261－2833
◎〔東京支店〕〒103－0022　中央区日本橋室町4－3－12　バンセイ室町ビル5F
☎ 03－3279－0581

工場

◎〔室蘭工場〕〒050－8510　室蘭市仲町64
☎ 0143－44－1693
◇クリンカ製造能力（636千ﾄﾝ）
◇ポルトランドセメント（普通・早強・低熱他）、高炉セメント（A種･B種･ダム用）、フライアッシュセメント（B種・中庸熱）、特殊製品（固化材・注入材・補修材）

ＳＳ

札幌ＳＳ　〒003－0030　札幌市白石区流通センター5－3－60
▽Ｓ3　計1850ﾄﾝ
釧路ＳＳ　〒085－0844　釧路市知人町153
▽Ｓ2　計5000ﾄﾝ
十勝港ＳＳ　〒089－2605　広尾郡広尾町字会所前4－21
▽Ｓ2　計5000ﾄﾝ
函館ＳＳ　〒040－0076　函館市浅野町5－3
▽Ｓ2　計8500ﾄﾝ
稚内ＳＳ　〒097－0023　稚内市開運2－5－3
▽Ｓ2　計10000ﾄﾝ
紋別ＳＳ　〒094－0012　紋別市新港町2－20－6
▽Ｓ2　計10000ﾄﾝ
留萌ＳＳ　〒077－0004　留萌市元町2－5
▽Ｓ2　計12000ﾄﾝ
塩釜ＳＳ　〒985－0011　塩竈市貞山通1－45－19
▽Ｓ3　計15000ﾄﾝ
野辺地ＳＳ　〒039－3131　上北郡野辺地町大字野辺地字馬門道44
▽Ｓ2　計5000ﾄﾝ

八戸セメント㈱

◎〒031－0813　八戸市大字新井田字下鷹待場7－1
☎ 0178－33－0111･FAX0178－33－9266
URL　https://hachi－ceme.jp/
◎〔役員〕代表取締役社長・明代知也　常務取締役・岩沢一男　取締役・大倉啓文、三宅隆文、福嶋達雄　監査役・中川勉
〔生産部〕部長兼安全衛生室長・大倉啓文　担当部長・田中晴樹　副部長兼生産課長・大久保雅史　品質管理課長兼環境課長・大山清志
〔工務部〕部長・小野寺理　副部長兼工務課長・堰合正幸　発電課長・浅野衛
〔総務部〕部長・三宅隆文　担当副部長・小田健嗣　業務課長・工藤泰将　総務課長・前村幸寛

工場

◎〔本社工場〕〒031－0813　八戸市大字新井田字下鷹待場7－1
☎ 0178－33－0111・FAX0178－33－9266
◇クリンカ製造能力（1,500千ﾄﾝ）
◇普通・早強・中庸熱ポルトランドセメント、フライアッシュセメント、高炉セメント

日立セメント㈱

◎〒317－0062　日立市平和町2－1－1

セメント

☎0294－22－2111
URL　http://www.hitachi－cement.co.jp
◎〔役員〕代表取締役社長執行役員・株木康吉　代表取締役専務執行役員・鴨志田久　取締役常務執行役員・小貫一彦、堀邉忍、齊藤幸夫　監査役・郷原淳良　常務執行役員・清元明　執行役員・鈴木秀文、菅沼豊、菅野祐一
［経営企画部、経営管理部］担当（代表取締役専務執行役員）・鴨志田久
［経営企画部］　部長（執行役員）・菅野祐一
［経営管理部］　部長（常務執行役員）・清元明
［セメント営業販売部］　部長（取締役常務執行役員）・齊藤幸夫
［セメント製造部］　日立工場長兼部長（取締役常務執行役員）・堀邉忍
［神立資源リサイクルセンター］　センター長（取締役常務執行役員）・小貫一彦
［環境営業部］　部長（執行役員）・鈴木秀文
［環境事業部］　部長（執行役員）・菅沼豊

支店・営業所

◎〔東京支店〕〒161－0033　新宿区下落合3－14－28　丸株ビル
☎03－6908－2824
支店長・仲野敏之
◎〔茨城支店〕〒317－0062　日立市平和町2－1－1
☎0294－23－7676
支店長・黒澤公博
◎〔茨城支店水戸営業所〕〒311－4153　水戸市河和田町4008－1
☎029－255－4157
所長・興野誠
◎〔茨城支店仙台営業所〕〒980－0014　仙台市青葉区本町1－12－12
☎022－225－7851
所長・黒澤公博
◎〔茨城支店福島出張所〕〒979－0201　いわき市四倉町字芳ノ沢1－64
☎0246－38－7368
所長・鈴木崇之

工場

◎〔日立工場〕〒317－0062　日立市平和町2－1－1
☎0294－22－2111
工場長（取締役常務執行役員）・堀邉忍
◇普通セメント、高炉セメント（A・B・C種）、フライアッシュセメント（A・B・C種）、その他混合セメント
◎〔神立資源リサイクルセンター〕〒300－0006　土浦市東中貫町6－8
☎029－832－3300

ＳＳ

日立港ＳＳ　〒319－1222　日立市久慈町1－5630－48
▽Ｓ１　計10000㌧
いわきＳＳ　〒979－0201　いわき市四倉町字芳ノ沢1－64
▽Ｓ１　計1000㌧

明星セメント㈱

◎〒941－0064　糸魚川市上刈7－1－1
☎025－552－2011・FAX025－552－5855
URL　http://www.myojyo－cement.co.jp/
◎〔役員〕会長・高木功　代表取締役社長・菅原知之　取締役・渡邉秀彦、中村藤雄、川辺孝治　監査役・松下正典、杉本浩也
［本社］管理本部長（取締役）・渡邉秀彦

工場

◎〔糸魚川工場〕〒941－0064　糸魚川市上刈7－1－1
☎025－552－2011・FAX025－552－5855
工場長・伊関一男　総務部長・川合宝次　製造部長・小川佳久　資材リサイクル部長・大出幸広　設備部長・鈴木智也　電気部長・白川嘉隆
◇クリンカ製造能力（1,823千㌧）
◇普通ポルトランドセメント、早強セメント、中庸熱セメント、高炉セメント、フライアッシュセメント

事業所

◎〔田海鉱業所〕〒949－0303　糸魚川市大字田海4491
☎025－562－2200
所長・山口明寛

ＵＢＥ三菱セメント㈱

◎〒100－8521　千代田区内幸町2－1－1　飯野ビルディング
☎03－6275－0330・FAX03－6275－0375（代表）
URL　https://www.mu－cc.com/
◎〔役員〕代表取締役会長・小山誠　代表取締役社長・平野和人　取締役（非常勤）・林大嗣、中条薫、小野直樹、泉原雅人、石川博隆、田中和彦　監査役・峯石俊幸、岩田卓　監査役（非常勤）・笠井直人、深代寛人、髙橋晃成　専務執行役員・小野光雄　常務執行役員・加藤秀樹、花本雄三、田中久順、山水聖治、梅田睦、村山亮一、林聡久　執行役員・山岡朋宏、田邉正英、穴見明広、原浩次、髙橋正之、瀬﨑成之、石川裕規、三上一成、谷口栄明
〈内部統制・監査部〉部長・竹光雅信
〈経営企画部〉部長（常務執行役員）・林聡久
〈地球環境対策プロジェクト〉リーダー（フェロー）・島裕和
〈ＤＸ戦略プロジェクト〉リーダー（フェロー）・小島弘昭
〈コーポレート部門〉
［経理財務部］部長・（執行役員）原浩次
［人事部］部長・小杉寿範
［総務部］部長・（執行役員）穴見明広
［法務部］部長・（フェロー）浦本正明
［情報システム部］部長・国井巌
［資材部］部長・久野高久
［品質保証部］部長・中山英明
［環境安全部］部長・大越宗矩
［技術戦略部］部長・伊藤智章
［研究所］所長・谷本浩一
〈生産本部〉本部長（常務執行役員）・村山亮一　副本部長（執行役員）・髙橋正之
［生産管理部］部長・（執行役員）髙橋正之
［設備管理部］部長・辻和秀
［技術部］部長・中井祐介
〈営業本部〉本部長（常務執行役員）・梅田睦　副本部長（執行役員）・山岡朋宏
［営業部］部長・堀昌治
［物流部］部長・山下吉博
［営業技術部］部長・高尾昇
［国際営業部］部長・佐野徹
〈海外事業部〉部長（常務執行役員）・山水聖治
［海外部］部長・（常務執行役員）山水聖治
〈関連事業部〉部長（常務執行役員）・小野光雄　副事業部長・橋本憲二
［管理部］部長・橋本憲二
［事業戦略部］部長・橋本憲二
〈環境エネルギー事業部〉部長（常務執行役員）・花本雄三
［環境リサイクル部］部長・田原尚
［エネルギー企画部］部長・本浩一郎

［電力部］部長・西村進
［石炭部］部長・吉丸大輔
〈資源事業部〉部長（執行役員）・三上一成
［資源部］部長・青山秀夫
［鉱産品部］部長・長嶋智

支店・営業所

◎〔北海道支店〕〒060－0005　札幌市中央区北五条西６－２－２　札幌センタービル 9F
☎ 011－231－7131・FAX011－231－7156
支店長・中西完二
◎〔東北支店〕〒980－0811　仙台市青葉区一番町４－１－25　JRE 東二番丁スクエア 12F
☎ 022－711－5705・FAX022－711－5717
支店長・加藤能員
◎〔東京支店〕〒100－8521　千代田区内幸町２－１－１　飯野ビルディング
☎ 03－6275－0396・FAX03－6275－0399
支店長（執行役員）・谷口栄明
◎〔北陸支店〕〒920－0031　金沢市広岡３－１－１　金沢パークビル 4F
☎ 076－233－5141・FAX076－233－5147
支店長・中田政之
◎〔名古屋支店〕〒460－0003　名古屋市中区錦２－４－３　錦パークビル 13F
☎ 052－222－2620・FAX052－222－2630
支店長・進啓一
◎〔大阪支店〕〒530－6028　大阪市北区天満橋１－８－30　OAP タワー 28F
☎ 06－6357－2901・FAX06－6357－2902
支店長・中嶋真
◎〔四国支店〕〒760－0050　高松市亀井町５－１　百十四ビル 12F
☎ 087－863－0370・FAX087－863－0361
支店長・大町拓也
◎〔中国支店〕〒730－0031　広島市中区紙屋町２－１－22　広島興銀ビル 8F
☎ 082－247－9521・FAX082－247－9621
支店長・福留伸一
◎〔九州支店〕〒810－0001　福岡市中央区天神１－12－20　日之出天神ビル 9F
☎ 092－752－6101・FAX092－752－6109
支店長・吉田一義
◎〔沖縄営業所〕〒900－0015　那覇市久茂地１－12－12　ニッセイ那覇センタービル 5F
☎ 098－863－1121・FAX098－863－1264

工場

◎〔岩手工場〕〒029－0302　一関市東山町長坂字羽根堀 50
☎ 0191－47－3131・FAX0191－47－4090
工場長・吉田正春
◇クリンカ製造能力（363 千ﾄﾝ）
◇普通ポルトランドセメント、早強ポルトランドセメント、高炉セメント、セメント系固化材
◎〔横瀬工場〕〒368－8501　秩父郡横瀬町大字横瀬 2270
☎ 0494－23－1111・FAX0494－23－7603
工場長・猫田隆之
◇クリンカ製造能力（652 千ﾄﾝ）
◇普通ポルトランドセメント、早強ポルトランドセメント、高炉セメント、セメント系固化材
◎〔山口工場　宇部地区〕〒755－8633　宇部市大字小串 1978－2
☎ 0836－31－0111・FAX0836－35－2875
工場長・（執行役員）田邉正英
◇クリンカ製造能力（1,451 千ﾄﾝ）
◇普通ポルトランドセメント、早強ポルトランドセメント、高炉セメント、フライアッシュセメント、耐硫酸塩ポルトランドセメント、中庸熱セメント、セメント系固化材、他
◎〔山口工場　伊佐地区〕〒759－2222　美祢市伊佐町伊佐 4768
☎ 0837－52－1212・FAX0837－52－1750
◇クリンカ製造能力（2,443 千ﾄﾝ）
◇普通クリンカ
◎〔九州工場〕〒800－0396　京都郡苅田町松原町 12
☎ 093－434－0081・FAX093－436－2041
工場長・石川裕規
◇クリンカ製造能力（7,615 千ﾄﾝ）
◇普通ポルトランドセメント、早強ポルトランドセメント、中庸熱ポルトランドセメント、高炉セメント、中庸熱フライアッシュセメント、低熱ポルトランドセメント、シリカフュームセメント、セメント系固化材
◎〔東谷鉱山〕〒803－0182　北九州市小倉南区大字小森 750
☎ 093－451－0131・FAX093－451－0432
鉱山長・山田修一郎

研究所

◎（横瀬）〒368－8504　秩父郡横瀬町大字横瀬 2270
☎ 0494－23－6073・FAX0494－23－6093
◎（宇部）〒755－8633　宇部市大字小串字沖の山１－６
☎ 0836－22－6150・FAX0836－22－6497
所長・谷村浩一

ＳＳ

苫小牧ＳＳ　〒053－0003　苫小牧市入船町２－６－11
▽Ｓ４　計 29000 ﾄﾝ
釧路ＳＳ　〒085－0023　釧路市海運３－１－19
▽Ｓ３　計 22000 ﾄﾝ
留萌ＳＳ　〒077－0004　留萌市元町５－167－８
▽Ｓ２　計 11000 ﾄﾝ
石狩ＣＴ　〒061－3242　石狩市新港中央１－475－７
▽Ｓ１　18000 ﾄﾝ
八戸西ＳＳ　〒031－0831　八戸市築港街１－１
▽Ｓ４　計 30000 ﾄﾝ
八戸東ＳＳ　〒031－0831　八戸市築港街第一埠頭１－15
▽Ｓ２　計 15000 ﾄﾝ
青森ＳＳ　〒030－0811　青森市青柳１－９－２
▽Ｓ１　計 12200 ﾄﾝ
仙台ＳＳ　〒983－0001　仙台市宮城野区港４－３－２
▽Ｓ４　計 48000 ﾄﾝ
塩釜ＳＳ　〒985－0011　塩釜市貞山通１－７－11
▽Ｓ５　計 18000 ﾄﾝ
秋田ＳＳ　〒011－0951　秋田市土崎港相染町字浜ナシ山８－４
▽Ｓ６　計 52300 ﾄﾝ
酒田ＳＳ　〒998－0005　酒田市大字宮海字明治 273－６
▽Ｓ１　12000 ﾄﾝ
小名浜ＳＳ　〒971－8101　いわき市小名浜字高山 327
▽Ｓ７　計 53600 ﾄﾝ
相双中継基地　〒979－0404　双葉郡広野町大字折木字下原 110―118
▽Ｓ３　計 1500 ﾄﾝ
ＣＴ郡山　〒963－0111　郡山市安積町大字荒井字道場 47－１
▽Ｓ１　3000 ﾄﾝ
新潟臨港ＳＳ　〒950－0041　新潟市東区臨港町３－4914－２
▽Ｓ２　計 15500 ﾄﾝ
新潟ＳＳ　〒950－0072　新潟市中央区竜が島１－８－１
▽Ｓ７　計 14750 ﾄﾝ
佐渡ＳＳ　〒952－1641　佐渡市二見 147－３
▽Ｓ３　計 4000 ﾄﾝ
妻沼ＳＳ　〒360－0203　熊谷市弥藤吾 1188
▽Ｓ４　計 10450 ﾄﾝ
習志野ＳＳ　〒275－0024　習志野市茜浜３－２－３
▽Ｓ２　計 35000 ﾄﾝ
千葉ＳＳ　〒290－0045　市原市五井南海岸８－１
▽Ｓ５　計 42000 ﾄﾝ
千葉みなとＳＳ　〒260－0835　千葉市中央区川崎町１
▽Ｓ３　計 350 ﾄﾝ
品川ＳＳ　〒108－0075　港区港南５－８－20
▽Ｓ２　計 12000 ﾄﾝ
東京ＳＳ　〒108－0022　港区海岸３－21－23

▽Ｓ９　計25300トン
鶴見ＳＳ　〒230－0053　横浜市鶴見区大黒町７－76
▽Ｓ８　計47000トン
横浜ＳＳ　〒235－0017　横浜市磯子区新磯子町11－２
▽Ｓ５　計18500トン
甲府ＳＳ　〒409－3813　中央市一町畑1028－６
▽Ｓ３　計2200トン
東部町ＳＳ　〒389－0502　東御市鞍掛382－１
▽Ｓ１　3000トン
松本ＳＳ　〒399－0014　松本市平田東１－20－８
▽Ｓ１　1200トン
長野ＳＳ　〒381－0011　長野市大字村山イカリ573－２
▽Ｓ２　計1000トン
岐阜ＳＳ　〒501－6004　羽島郡岐南町野中６－105
▽Ｓ１　1000トン
清水ＳＳ　〒424－0924　静岡市清水区清開３－５－40
▽Ｓ５　計15600トン
田子の浦ＳＳ　〒416－0936　富士市中河原字下道下167－４
▽Ｓ５　計29000トン
名古屋ＳＳ　〒476－0005　東海市新宝町28－１
▽Ｓ８　計37000トン
空見ＳＳ　〒455－0847　名古屋市港区空見町32
▽Ｓ４　計30000トン
豊橋ＳＳ　〒441－8075　豊橋市神野ふ頭町10
▽Ｓ４　計17500トン
衣浦ＳＳ　〒447－0854　碧南市須磨町１－20
▽Ｓ１　300トン
松阪ＳＳ　〒515－0001　松阪市大口町築地1819－６
▽Ｓ４　計25500トン
富山ＳＳ　〒934－0031　射水市奈呉の江３－２
▽Ｓ３　計20000トン
金沢ＳＳ　〒920－0223　金沢市戸水町カ40－３
▽Ｓ６　計16150トン
福井ＳＳ　〒913－0031　坂井市三国町新保74－１
▽Ｓ１　計17000トン
舞鶴ＳＳ　〒624－0944　舞鶴市字大君小字浜539－１
▽Ｓ３　計16000トン
大阪港ＳＳ　〒552－0022　大阪市港区海岸通４－２－23
▽Ｓ８　計31500トン
堺ＳＳ　〒592－8332　堺市西区石津西町15－７
▽Ｓ３　計28000トン
尼崎ＳＳ　〒660－0842　尼崎市大高洲町１－１
▽Ｓ５　計15300トン
姫路西ＳＳ　〒672－8063　姫路市飾磨区須加294
▽Ｓ３　計8000トン
姫路東ＳＳ　〒672－8035　姫路市飾磨区中島字宝来3059－８
▽Ｓ２　計6000トン
神戸ＳＳ　〒658－0042　神戸市東灘区住吉浜町６
▽Ｓ１　8000トン
高砂ＳＳ　〒676－0044　高砂市高砂町南材木町24－１
▽Ｓ３　計6500トン
海南ＳＳ　〒642－0035　海南市冷水字大谷325－19
▽Ｓ２　計6500トン
境港ＳＳ　〒684－0034　境港市昭和町３
▽Ｓ４　計12500トン
浜田ＳＳ　〒697－0062　浜田市熱田町2087－５
▽Ｓ３　計12000トン
隠岐ＳＳ　〒685－0004　隠岐郡隠岐の島町飯田有田27－６
▽Ｓ２　計1300トン
水島ＳＳ　〒712－8071　倉敷市水島海岸通２－１－33
▽Ｓ４　計8600トン
児島ＳＳ　〒711－0933　倉敷市児島通生2914
▽Ｓ３　計14200トン
広島ＳＳ　〒734－0013　広島市南区出島２－22－66
▽Ｓ４　計8400トン
海田ＳＳ　〒736－0055　安芸郡海田町南明神町３－２
▽Ｓ６　計13400トン
福山ＳＳ　〒721－0953　福山市一文字町10－31
▽Ｓ４　計13500トン
徳島ＳＳ　〒771－0215　板野郡松茂町豊岡字芦田鶴113－11
▽Ｓ３　計5500トン
丸亀ＳＳ　〒763－0042　丸亀市港町314
▽Ｓ５　計13000トン
坂出ＳＳ　〒762－0004　坂出市昭和町２－７－13
▽Ｓ４　計6500トン
松山ＳＳ　〒791－8044　松山市西垣生町1977
▽Ｓ３　計10000トン
伯方島ＳＳ　〒794－2305　今治市伯方町木浦字岩ヶ峰乙192－27
▽Ｓ２　計2200トン
高知ＳＳ　〒781－0112　高知市仁井田朝日ヶ丘4569－２
▽Ｓ２　計5000トン
宿毛ＳＳ　〒788－0013　宿毛市片島10－60－５
▽Ｓ１　計6000トン
福岡ＳＳ　〒812－0055　福岡市東区東浜２－82－３
▽Ｓ３　計12000トン
唐津ＳＳ　〒847－0101　唐津市中瀬通10－３
▽Ｓ４　計11500トン
長崎南ＳＳ　〒850－0952　長崎市戸町５－642－２
▽Ｓ５　計8350トン
佐世保ＳＳ　〒857－1172　佐世保市東浜町672－２
▽Ｓ３　計3000トン
壱岐ＳＳ　〒811－5152　壱岐市郷ノ浦町渡良南触1130
▽Ｓ３　計1000トン
上対馬ＳＳ　〒817－1722　対馬市上対馬町大浦1131
▽Ｓ２　計2000トン
五島ＳＳ　〒853－0701　五島市岐宿町岐宿3120
▽Ｓ２　計2000トン
八代ＳＳ　〒866－0034　八代市新港町１－８
▽Ｓ５　計13200トン
大分西ＳＳ　〒870－0018　大分市豊海１－３－５
▽Ｓ２　計7000トン
日向ＳＳ　〒883－0062　日向市日知屋16847－２
▽Ｓ４　計5000トン
鹿児島ＳＳ　〒890－0072　鹿児島市新栄町24－18
▽Ｓ３　計9200トン
加治木ＳＳ　〒899－5221　姶良市加治木町港町189－３
▽Ｓ３　計13000トン
志布志ＳＳ　〒899－7102　志布志市志布志町帖6617
▽Ｓ３　計6500トン
奄美ＳＳ　〒894－0101　大島郡龍郷町屋入字松野浦原647
▽Ｓ３　計3000トン
沖縄ＳＳ　〒904－1103　うるま市石川赤崎１－９－16
▽Ｓ５　計13500トン
石垣島ＳＳ　〒907－0013　石垣市浜崎町１－３－３
▽Ｓ１　2000トン

琉球セメント㈱

◎〒901－2123　浦添市西洲２－２－２
☎ 098－870－1080（代表）
URL　http://ryukyucement.co.jp/

◎〔役員〕取締役会長・中村秀樹　代表取締役社長・喜久里忍　専務取締役・新垣秀人、常務取締役・佐藤昭一、新垣康　取締役・宮城広昭、山里将吾、伊波一也、渡名喜郁夫　監査役・下地一弘、松川貢大、上地知朗

［総務部］部長・奥平耕司

［営業部］取締役部長・山里将吾　北部販売課長代理・名嘉眞朝吉　技術センター所長（課長）・比屋根方新　商事課長・金城昇　販売課長・濱里太智　営業企画課長・西原隆仁

［環境事業部］部長代理・宮城幸一　次長・玉寄裕美　環境事業課長・冨里真吾　家電リサイクル課長・山川健

工場

◎〔屋部工場〕〒905－0001　名護市字安和1008
☎ 0980－53－8311（代表）
工場長（取締役）・宮城広昭

［総務部］部長代理・宮城正博　総務課長・仲地辰雄

［生産部］部長代理・仲村教良　次長・宮下裕之　技術企画課長代理・屋嘉博光　採鉱課長代理・赤嶺陸達　工務課長・高良雄介　生産課長・津波古祥　品質管理室長（課長）・伊敷直純

◇クリンカ製造能力（690千㌧）

◇普通ポルトランドセメント、早強ポルトランドセメント、中庸熱ポルトランドセメント、フライアッシュセメント

セメントセンター

久米島セメントセンター　〒901－3121　島尻郡久米島町嘉手苅874
▽S１　1500㌧

宮古セメントセンター　〒906－0006　宮古島市平良字西仲宗根２－12
▽S１　3000㌧

石垣セメントセンター　〒907－0013　石垣市浜崎町１－３－２
▽S１　2000㌧

伊平屋セメントセンター　〒905－0702　島尻郡伊平屋村前泊前泊原455－6
▽S１　1000㌧

セメント会社特約販売店会

麻生セメント㈱販売店会

◎**産友会（さんゆうかい）**
会員42社
事務局＝〒814－0001　福岡市早良区百道浜2－4－27　AIビル11F　麻生セメント㈱営業部内　越智祐樹
☎092－833－5102･FAX092－833－5117
会長・金光浩二郎　副会長・真志田宜住、横手晋一郎、田村一

◎**産友会九州支部**
会員17社
事務局＝〒814－0001　福岡市早良区百道浜2－4－27　AIビル11F　麻生セメント㈱福岡支店　植山勇造
☎092－833－5110･FAX092－833－5119
支部長・金光浩二郎（㈱金光商店）

◎**産友会中国支部**
会員6社
事務局＝〒730－0037　広島市中区中町7－22　住友生命広島平和大通りビル4F　麻生セメント㈱中国支店　溝上啓輔
☎082－247－9447･FAX082－247－1968
支部長・真志田宜住（真志田建材㈱）

◎**産友会四国支部**
会員5社
事務局＝〒760－0050 高松市亀井町8－11　B－Z高松プライムビル5F　麻生セメント㈱四国支店　姥一彦
☎087－813－0295･FAX087－813－0251
支部長・横手晋一郎（㈱原建材店）

◎**産友会近畿支部**
会員14社
事務局＝〒541－0047　大阪市中央区淡路町3－5－13　創建御堂筋ビル3F　麻生セメント㈱大阪支店　今村駿太
☎06－6222－2211･FAX06－6222－2202
支部長・田村一（丹和建材㈱）

住友大阪セメント㈱

◎**住友大阪セメント特約販売店会**
132社
事務局＝〒105－8641　港区東新橋1－9－2 汐留住友ビル20階
☎03－6370－2720･FAX03－6370－2761
会長・塚本福二　副会長・大江英昭　理事・上田朗大、三田義之、吉田博、冨久尾佳枝、大嶽英隆、稲葉卓二、安田宏行、坂下正憲、山内勝英、小原健司、小川哲郎　監事・松本久美子　事務局長・西村正実

◎**北翔会（ほくしょうかい）**
会員7社
事務局＝〒060－0003　札幌市中央区北三条西2－10－2　札幌HSビル10F　住友大阪セメント㈱札幌支店
☎011－241－3901･FAX011－221－1017
会長・上田朗大（上田商事㈱）　副会長・石森義章　監事・山田武彦

◎**奥友会（おうゆうかい）**
会員17社
事務局＝〒980－6003　仙台市青葉区中央4－6－1　SS30　3F　住友大阪セメント㈱東北支店
☎022－225－5251･FAX022－266－2516
会長・三田義之（㈱三田商店）　副会長・鹿間猛　会計監査・早坂征一郎

◎**緑窯会（りょくようかい）**
会員29社
事務局＝〒105－8641　港区東新橋1－9－2 汐留住友ビル20階　住友大阪セメント㈱東京支店
☎03－6370－2730･FAX03－6370－2763
会長・塚本福二（塚本建材㈱）　副会長・吉永昌生、村本豊彦　監事・吉田博

◎**越路会（こしじかい）**
会員8社
事務局＝〒920－0849　金沢市堀川町新町2－1　井門金沢ビル7F　住友大阪セメント㈱北陸支店
☎076－223－1505･FAX076－223－0193
会長・冨久尾佳枝（金沢セメント商事㈱）　副会長・遠藤忠洋　監事・柴田達宏

◎**東雄会（とうゆうかい）**
会員21社
事務局＝〒450－0003　名古屋市中村区名駅南2－14－19　住友生命名古屋ビル3F　住友大阪セメント㈱名古屋支店
☎052－566－3200･FAX052－566－3271
会長・大嶽英隆（㈱大嶽名古屋）　副会長・稲葉卓二、桐井光人　監事・大嶽恭仁子、保米本正

◎**泉窯会（せんようかい）**
会員42社
事務局＝〒530－0004　大阪市北区堂島浜1－4－4　アクア堂島東館11F　住友大阪セメント㈱大阪支店
☎06－6342－7701･FAX06－6342－7706
会長・安田宏行（㈱安田商会）　副会長・坂下正憲、沓水文男
幹事・大江清志　監事・山本彰彦

◎**四友会（しゆうかい）**
会員14社
事務局＝〒760－0033　高松市丸の内4－4　四国通商ビル6F　住友大阪セメント㈱四国支店
☎087－851－6330･FAX087－822－6870
会長・山内勝英（東海産業㈱）　副会長・内藤理　監事・堂本和義

◎**広友会（こうゆうかい）**
会員12社
事務局＝〒732－0827　広島市南区稲荷町4－1　広島稲荷町NKビル7F　住友大阪セメント㈱広島支店
☎082－577－7641･FAX082－577－7644
会長・小原健司（㈱小原産業）　副会長・宍戸真實、垰野庄吾　監事・安野雄一朗

◎**久友会（きゅうゆうかい）**
会員14社
事務局＝〒812－0011　福岡市博多区博多駅前1－2－5　紙与博多ビル8F　住友大阪セメント㈱福岡支店
☎092－441－1441･FAX092－471－0530
会長・小川哲郎（住商セメント西日本㈱）　副会長・福岡桂　監事・増田哲

日鉄セメント㈱

◎**日鉄セメント芙蓉会（ふようかい）**
会員10社
事務局＝〒060－0004　札幌市中央区北4条西4－1－1　ニュー札幌ビル3F　日鉄セメント㈱営業本部セメント営業課
☎011－251－0191･FAX011－221－5246
会長・ナラサキ産業㈱北海道支社
幹事会社・日鉄セメント㈱営業本部セメント営業課

ＵＢＥ三菱セメント㈱

◎北海道ＭＵＣＣ会
会員10社
事務局＝〒060－0005　札幌市中央区北5条西6－2－2　札幌センタービル9F　ＵＢＥ三菱セメント㈱北海道支店営業グループ
☎011－231－7133･FAX011－231－7156
会長・佐藤昌一（北雄産業）　副会長・田中義久

◎東北ＭＵＣＣ会
会員29社
事務局＝〒980－0811　仙台市青葉区一番町4－1－25　JRE東二番丁スクエア12F　ＵＢＥ三菱セメント㈱東北支店営業統括部営業グループ
☎022－711－5711･FAX022－711－5717
会長・菅原祥（カイハツ産業）　副会長・阿部廣弥、久保田栄二

◎関東ＭＵＣＣ会
会員37社
事務局＝〒100－8521　千代田区内幸町2－1－1　飯野ビルディング　ＵＢＥ三菱セメント㈱東京支店営業統括部営業グループ
☎03－6275－0390・FAX03－6275－0397
会長・雨宮正明（第一物産）　副会長・大内茂

◎北陸ＭＵＣＣ会
会員11社
事務局＝〒920－0031　金沢市広岡3－1－1　金沢パークビル4F　ＵＢＥ三菱セメント㈱北陸支店営業グループ
☎076－233－5141･FAX076－233－5147
会長・北村哲（豊伸産業）　副会長・濱田一夫

◎中部ＭＵＣＣ会
会員27社
事務局＝〒460－0003　名古屋市中区錦2－4－3　錦パークビル13F　ＵＢＥ三菱セメント㈱名古屋支店営業統括部営業グループ
☎052－222－2621･FAX052－222－2631
会長・石川周平（石川商工）　副会長・廣瀬功

◎関西ＭＵＣＣ会
会員30社
事務局＝〒530－6028　大阪市北区天満橋1－8－30　OAPタワー28F　ＵＢＥ三菱セメント㈱大阪支店営業統括部営業グループ
☎06－6357－2910･FAX06－6357－2912
会長・村上稔（大永商会）　副会長・増岡義教

◎中国ＭＵＣＣ会
会員32社
事務局＝〒730－0031　広島市中区紙屋町2－1－22　広島興銀ビル8F　ＵＢＥ三菱セメント㈱中国支店営業統括部営業グループ
☎082－247－9523･FAX082－247－9621
会長・木村容治（木村商会）　副会長・天野裕

◎四国ＭＵＣＣ会
会員17社
事務局＝〒760－0050　高松市亀井町5－1　百十四ビル12F　ＵＢＥ三菱セメント㈱四国支店営業グループ
☎087－863－0364･FAX087－863－0361
会長・村上泰造（三和商事）　副会長・山中正洋

◎九州ＭＵＣＣ会
会員30社
事務局＝〒810－0001　福岡市中央区天神1－12－20　日之出天神ビル9F　ＵＢＥ三菱セメント㈱九州支店営業統括部営業グループ
☎092－752－6111･FAX092－752－6106
会長・福岡桂（福岡商店）　副会長・梶井崇之

◎沖縄ＭＵＣＣ会
会員4社
事務局＝〒900－0015　那覇市久茂地1－12－12　ニッセイ那覇センタービル5F　ＵＢＥ三菱セメント㈱九州支店沖縄営業所
☎098－863－1121･FAX098－863－1264
会長・太田秀吉（太田建設）　副会長・仲里信英、伊豆味正洋

セメント特約販売店名簿

麻生セメント㈱

名　称	郵便番号	住　所	電　話
㈱吉田善平商店	812 － 0035	福岡市博多区中呉服町 1 － 22	092 － 261 － 3500
麻生商事㈱	814 － 0001	福岡市早良区百道浜 2 － 4 － 27　AI ビル 10F	092 － 832 － 5025
石橋産業㈱	830 － 0037	久留米市諏訪野町 2378	0942 － 35 － 1484
㈱金光商店	820 － 0302	嘉麻市大隈町 1065	0948 － 57 － 0035
山﨑建材㈱	806 － 0023	北九州市八幡西区八千代町 11 － 11	093 － 642 － 5111
㈱遠見	808 － 0033	北九州市若松区大井戸町 9 － 28	093 － 751 － 4831
岩丸産業㈱	803 － 0815	北九州市小倉北区原町 2 － 1 － 16	093 － 582 － 6121
二和興産㈱	810 － 0005	福岡市中央区清川 2 － 10 － 7	092 － 521 － 8264
㈱西鉄グリーン土木	812 － 0053	福岡市東区箱崎 7 － 1 － 124	092 － 631 － 1331
㈱益田商店	844 － 0018	西松浦郡有田町本町丙 843 － 1	0955 － 42 － 4161
㈱小笠原	849 － 1311	鹿島市大字高津原 4346 － 7	0954 － 63 － 2251
㈲フジミ	844 － 0018	西松浦郡有田町本町乙 3007 － 8　㈱下建設内	0955 － 43 － 2294
㈱三信建材社	871 － 0006	中津市大字東浜 1105 － 1	0979 － 22 － 2830
㈱ミズタ	877 － 0005	日田市豆田町 13 － 1	0973 － 22 － 4167
㈱タケセン	880 － 0032	宮崎市霧島 5 － 27 － 1	0985 － 27 － 6111
㈱安川武八商店	882 － 0803	延岡市大貫町 3 － 1273	0982 － 33 － 5383
㈱岡部建材	891 － 0131	鹿児島市谷山港 2 － 26	099 － 261 － 5252
㈱永田本店	742 － 2301	大島郡周防大島町久賀 4501	0820 － 72 － 0200
真志田建材㈱	733 － 0833	広島市西区商工センター 4 － 15 － 5	082 － 277 － 5401
観音建材㈱	733 － 0033	広島市西区観音本町 1 － 16 － 21	082 － 232 － 6321
景山建材㈱	738 － 0005	廿日市市桜尾本町 10 － 10	0829 － 32 － 1123
児島興産㈱	711 － 0931	倉敷市児島赤崎 1 － 17 － 5	086 － 472 － 2103
㈱赤徳商店	690 － 0002	松江市大正町 449	0852 － 24 － 3017
㈱原建材店	774 － 0014	阿南市学原町中西 38 － 6	0884 － 22 － 1212
富士スレート㈱	770 － 0026	板野郡北島町太郎八須字新開 1 － 32	088 － 697 － 0247
光商事㈱	761 － 8012	高松市香西本町 751 － 93	087 － 881 － 2126
南国商事㈱	770 － 0905	徳島市東大工町 3 － 8	088 － 657 － 5500
上原成商事㈱　松山支店	790 － 0011	松山市千舟町 3 － 3 － 9	089 － 941 － 6186
三晃商事㈱	614 － 8024	八幡市八幡双栗 9 － 3	075 － 981 － 2325
丹和建材㈱	621 － 0021	亀岡市曽我部町重利軍垂 16 － 1	0771 － 22 － 0355
㈱タケムラ	633 － 0062	桜井市大字粟殿 740	0744 － 43 － 4455
㈱小澤	640 － 8323	和歌山市太田 2 － 10 － 26	073 － 474 － 6398
麻生商事㈱　大阪支店	550 － 0003	大阪市西区京町堀 1 － 4 － 22	06 － 6449 － 4631
浪速商工㈱	530 － 0003	大阪市北区堂島 2 － 1 － 18	06 － 6455 － 0050
㈱ヨシケン	581 － 0072	大阪府八尾市久宝寺 2 － 4 － 59	072 － 968 － 7417
新建産業㈱	567 － 0815	茨木市竹橋町 13 － 1	072 － 622 － 1851
㈱吉田商店	598 － 0016	泉佐野市高松西 1 － 2650	0724 － 62 － 7341
タイセイアクト㈱	673 － 0028	明石市硯町 2 － 7 － 6	078 － 926 － 3366
矢部コーポレーション㈱	530 － 0047	大阪市北区西天満 4 － 11 － 23　満電ビル 8F	06 － 6361 － 0707
㈱久米田建材店	596 － 0813	岸和田市池尻町 42 － 7	072 － 445 － 1069
㈱ SIC	675 － 0032	加古川市加古川町備後 335	079 － 422 － 2200
ソーワセメント販売㈱	541 － 0047	大阪市中央区淡路町 3 － 5 － 13　創建御堂筋ビル 3F	06 － 6226 － 5787

住友大阪セメント㈱

名称	郵便番号	住所	電話
◆札幌支店管内◆			
上田商事㈱	059 − 0015	登別市新川町2 − 5 − 1	0143 − 85 − 2031
住友商事北海道㈱	060 − 0042	札幌市中央区大通西8 − 2　住友商事・フカミヤ大通ビル	011 − 261 − 9131
スミセ建材㈱　北海道支店	060 − 0031	札幌市中央区北1条東2 − 5 − 2　札幌泉第2ビル	011 − 261 − 8211
ナラサキ産業㈱　北海道支社	060 − 0001	札幌市中央区北1条西7　プレスト1・7ビル	011 − 271 − 5241
ホッコウ資材㈱	079 − 8412	旭川市永山2条7 − 1 − 57	0166 − 48 − 3511
㈱三田商店　札幌支店	060 − 0061	札幌市中央区南1条西9 − 1	011 − 241 − 5101
三谷商事㈱　札幌支店	060 − 0051	札幌市中央区南1条東1 − 3　パークイースト札幌6F	011 − 590 − 8300
◆東北支店管内◆			
秋田建材㈱	010 − 0003	秋田市東通3 − 9 − 21	018 − 834 − 7420
安積興産㈱	963 − 0107	郡山市安積1 − 76	024 − 946 − 1284
㈱角弘	030 − 8543	青森市新町2 − 5 − 1　角弘ビル3F	017 − 723 − 2222
㈱角弘　青森支店	030 − 0113	青森市第二問屋町3 − 10 − 10	017 − 739 − 6366
㈱角弘　弘前支店	036 − 8061	弘前市神田3 − 2 − 3	0172 − 32 − 2481
㈱角弘　八戸支店	039 − 1121	八戸市卸センター2 − 9 − 28	0178 − 28 − 4111
㈱角弘　五所川原支店	037 − 0023	五所川原市広田字柳沼91 − 3	0173 − 35 − 3155
㈱角弘　むつ支店	035 − 0062	むつ市仲町14 − 13	0175 − 22 − 1394
㈱角弘　十和田支店	034 − 0001	十和田市三本木字野崎40 − 556	0176 − 23 − 3545
㈱角弘　秋田支店	011 − 0906	秋田市寺内字後城21 − 28	018 − 845 − 1230
㈱角弘　大館支店	017 − 0044	大館市御成町1 − 16 − 10	0186 − 42 − 3041
㈱角弘　能代営業所	016 − 0122	能代市扇田字山下92 − 1	0185 − 70 − 1071
㈱角弘　北上支店	024 − 0014	北上市流通センター21 − 33	0197 − 68 − 4181
㈱角弘　盛岡支店	020 − 0891	紫波郡矢巾町流通センター南3 − 7 − 2	019 − 638 − 2631
㈱角弘　久慈支店	028 − 0082	久慈市川貫第7地割59 − 13	0194 − 53 − 6165
㈱角弘　仙台支店	980 − 0805	仙台市青葉区大手町4 − 36	022 − 214 − 8511
金屋㈱	997 − 0048	鶴岡市平京田字屋敷廻1 − 4	0235 − 29 − 1720
㈱小西	983 − 0836	仙台市宮城野区幸町3 − 11 − 3	022 − 293 − 3141
㈱小松	996 − 0002	新庄市金沢字谷地田1285 − 7	0233 − 23 − 3101
㈾澤口元商店	983 − 0837	仙台市宮城野区枡江12 − 15	022 − 291 − 8563
鹿間㈱	990 − 0071	山形市流通センター3 − 7 − 1	023 − 633 − 3535
住商セメント㈱　東北営業所	980 − 0021	仙台市青葉区中央4 − 10 − 3　仙台キャピタルタワー15F	022 − 713 − 7166
住商セメント㈱　いわき営業所	970 − 8026	いわき市平字大町10 − 4　いわき東京海上日動ビル3F	0246 − 35 − 7909
スミセ建材㈱　東北支店	980 − 0811	仙台市青葉区一番町1 − 1 − 31　山口ビル806号	022 − 393 − 8724
スミセ建材㈱　福島営業所	963 − 8002	郡山市駅前2 − 10 − 5　三共郡山ビル北館8F	024 − 934 − 2555
㈱滝井商店	998 − 0044	酒田市中町1 − 8 − 7	0234 − 22 − 4535
田中㈴	979 − 1471	双葉郡双葉町大字長塚字鬼木35	0240 − 33 − 2912
田中㈴　いわき事務所	970 − 8026	いわき市平堂ノ前9　堂ノ前ビル1F	0246 − 25 − 1070
㈱タカボシ　東北支店	963 − 8052	郡山市八山田5 − 100	024 − 923 − 8830
三谷商事㈱　東北支社	984 − 0015	仙台市若林区卸町1 − 6 − 15　卸町セントラルビル5F	022 − 284 − 2701
三谷商事㈱　青森支店	038 − 0059	青森市大字油川字千刈70	017 − 763 − 1241
三谷商事㈱　仙台支店	984 − 0015	仙台市若林区卸町1 − 6 − 15　卸町セントラルビル5F	022 − 284 − 2701
ナラサキ産業㈱　東北支店	980 − 0802	仙台市青葉区二日町14 − 15　アミ・グランデ二日町4F	022 − 221 − 2501
ナラサキ産業㈱　盛岡営業所	020 − 0022	盛岡市大通3 − 3 − 10　七十七日生盛岡ビル4F	019 − 651 − 3892
野原産業セメント㈱　東北支店	980 − 0014	仙台市青葉区本町1 − 11 − 2　SK仙台ビル4F	022 − 778 − 1514
㈱三田商店	020 − 0021	盛岡市中央通1 − 1 − 23	019 − 624 − 2111
㈱三田商店　八戸営業所	039 − 1104	八戸市田面木字前田表30 − 2	0178 − 27 − 1411
㈱三田商店　秋田支店	010 − 0921	秋田市大町3 − 3 − 11	018 − 823 − 2141
㈱三田商店　仙台支店	980 − 0804	仙台市青葉区大町1 − 2 − 1　ライオンビル6F	022 − 222 − 7392
㈱ワタヤス	963 − 0547	郡山市喜久田町卸1 − 127 − 1	024 − 959 − 6363
◆東京支店管内◆			

会社名	郵便番号	住所	電話番号
㈱糸庄	370 － 0006	高崎市問屋町 3 － 10 － 2	027 － 364 － 3111
上原成商事㈱　東京支店	103 － 0023	中央区日本橋本町 2 － 14 － 12　イズミビルディング 4F	03 － 6262 － 0815
大司産業㈱	381 － 0101	長野市若穂綿内温湯 1545 － 5	026 － 282 － 7977
㈱イデア	942 － 0001	上越市中央 1 － 26 － 45	025 － 543 － 3207
㈱角屋ハウジング	409 － 0112	上野原市上野原 26	0554 － 63 － 1322
木村屋金物建材㈱	289 － 2144	匝瑳市八日市場イ－ 2585	0479 － 72 － 1571
桐生英建販㈱	120 － 0005	足立区綾瀬 3 － 3 － 10　太陽ビル 3F	03 － 3628 － 7221
住商セメント㈱	101 － 0054	千代田区神田錦町 1 － 4 － 3　神田スクエアフロント 5F	03 － 5577 － 7123
住商セメント㈱　関東支店	330 － 0063	さいたま市浦和区高砂 2 － 13 － 19　K2 ビル 6F	048 － 835 － 6830
住商セメント㈱　関東支店　宇都宮営業所	321 － 0964	宇都宮市駅前通り 1 － 3 － 1　KDX 宇都宮ビル 8F（SMB 建材㈱内）	028 － 621 － 6160
住商セメント㈱　横浜営業所	220 － 6212	横浜市西区みなとみらい 2 － 3 － 5　クィーンズタワー C 棟 12F	045 － 682 － 3260
スミセ建材㈱	101 － 0065	千代田区西神田 3 － 2 － 1　住友不動産千代田ファーストビル南館 5 F	03 － 4329 － 2900
スミセ建材㈱　北関東支店	330 － 0841	さいたま市大宮区東町 1 － 16 － 2　大宮東町第一生命ビル 2F	048 － 643 － 6206
スミセ建材㈱　西東京支店	190 － 0023	立川市柴崎町 3 － 18 － 5　エーム立川 202	042 － 521 － 6020
スミセ建材㈱　北関東支店　茨城営業所	300 － 0012	土浦市神立東 2 － 1 － 1	029 － 879 － 9761
スミセ建材㈱　北関東支店　宇都宮営業所	320 － 0811	宇都宮市大通り 2 － 1 － 5　明治安田生命大通りビル 8F	028 － 638 － 2270
スミセ建材㈱　横浜営業所	221 － 0834	横浜市神奈川区台町 16 － 1　ソレイユ台町 504	045 － 620 － 8651
㈱ソエヤ	321 － 4216	芳賀郡益子町大字塙 3461 － 3	0285 － 72 － 8688
㈱タカサワマテリアル	385 － 0053	佐久市野沢 94 － 1	0267 － 62 － 2345
㈱タカサワマテリアル　セメント資材事業部	385 － 0043	佐久市取出町 375 － 1	0267 － 62 － 2337
㈱タカサワマテリアル　佐久支店	385 － 0043	佐久市取出町 375 － 1	0267 － 62 － 2346
㈱タカサワマテリアル　上田支店	386 － 0043	上田市下塩尻 256 － 1	0268 － 22 － 6688
㈱タカサワマテリアル　長野支店	381 － 2243	長野市稲里 1 － 8 － 2	026 － 285 － 5088
㈱タカサワマテリアル　豊野支店	389 － 1103	長野市豊野町蟹沢 2662	026 － 257 － 3267
㈱タカサワマテリアル　松本営業所	399 － 0014	松本市平田東 1 － 20 － 10	026 － 285 － 2011
㈱タカボシ	121 － 0074	足立区西加平 2 － 6 － 2	03 － 3859 － 1111
㈱タカボシ　埼玉支店	350 － 1137	川越市砂新田 3 － 13 － 22	049 － 248 － 1151
㈱タカボシ　千葉支店	264 － 0028	千葉市若葉区桜木 5 － 14 － 70	043 － 231 － 5073
㈱タカボシ　茨城支店	306 － 0415	猿島郡境町大歩 352 － 4	0280 － 87 － 8051
㈱タカボシ　神奈川支店	252 － 0237	相模原市中央区千代田 7 － 1 － 9	042 － 751 － 2727
滝田建材㈱	400 － 0073	甲府市湯村 1 － 9 － 37	055 － 252 － 5101
滝田建材㈱　東京支店	183 － 0013	府中市小柳町 3 － 32 － 5	042 － 336 － 5201
塚本建材㈱	272 － 0035	市川市新田 5 － 8 － 27	047 － 322 － 1131
塚本建材㈱　東京支店	130 － 0021	墨田区緑 4 － 38 － 5	03 － 3635 － 3901
塚本建材㈱　千葉営業所	272 － 0035	市川市新田 5 － 8 － 27	047 － 322 － 1131
東武開発㈱	131 － 0033	墨田区向島 1 － 33 － 12　第二東武館 7F	03 － 3622 － 4161
東武開発㈱　葛生営業所	327 － 0511	佐野市会沢町 391	0283 － 85 － 4488
㈱東武資材	323 － 0025	小山市城山町 1 － 2 － 5	0285 － 25 － 4511
㈱東武資材　茨城支店	306 － 0125	古河市仁連 2077 － 28	0280 － 76 － 9555
中川商事㈱	300 － 0051	土浦市真鍋 1 － 16 － 11　延増第三ビル	029 － 821 － 3731
中川商事㈱　鹿島営業所	314 － 0144	神栖市大野原 5 － 4 － 36	0299 － 92 － 3675
中川商事㈱　水戸営業所	310 － 0847	茨城県水戸市米沢町 184 － 1	0293 － 50 － 7620
㈱中島屋	949 － 6408	南魚沼市塩沢 1203	025 － 782 － 0718
ナカツネ建材㈱	300 － 0812	土浦市下高津 4 － 18 － 12	029 － 821 － 3721
㈱ナビック	950 － 8715	新潟市東区松島 1 － 2 － 8	025 － 271 － 9171
ナラサキ産業㈱	104 － 8530	中央区入船 3 － 3 － 8　プライムタワー築地	03 － 6732 － 7370
沼家興業㈱	238 － 0023	横須賀市森崎 1 － 9 － 25	046 － 836 － 2225
沼家興業㈱　横浜支店	231 － 0015	横浜市中区尾上町 3 － 35　LIST EAST BLD.	045 － 662 － 1782
野原産業セメント㈱	160 － 0022	新宿区新宿 1 － 1 － 11　ザイマックス新宿御苑ビル	03 － 3357 － 3143
野原産業セメント㈱　横浜事務所	231 － 0021	横浜市中区日本大通 17　JPR 横浜大通ビル 10F	045 － 262 － 5629

藤田商事㈱	112－0004	文京区後楽1－4－14　後楽森ビル15F	03－6757－6753
㈱ブラスト	102－0073	千代田区九段北4－1－7　九段センタービル11F	03－6856－3300
㈱ブラスト　横浜支店	231－0013	横浜市中区住吉町4－45－1　関内トーセイビルⅡ11F	045－663－0091
㈱ブラスト　千葉支店	260－0015	千葉市中央区富士見2－15－11　IMI千葉富士見ビル2F	043－202－0900
㈱三田商店　東京支店	103－0016	中央区日本橋小網町17－5	03－3666－3366
三谷商事㈱　東京支社	100－1115	千代田区丸の内1－6－5　丸の内ビルディング2F	03－3283－3785
三谷商事㈱　東京支店	100－1115	千代田区丸の内1－6－5　丸の内ビルディング2F	03－3283－3785
三谷商事㈱　信越支店	382－0047	須坂市幸高191	026－248－5130
三谷商事㈱　横浜支店	221－0052	横浜市神奈川区栄町1－1　KDX横浜ビル6F	045－345－1200
三谷商事㈱　北関東第一支店	330－0854	さいたま市大宮区桜木町1－11－9　ニッセイ大宮桜木町ビル3F	048－644－3861
三谷商事㈱　北関東第二支店	379－2115	前橋市笂井町456－11	027－290－4048
三谷商事㈱　千葉支店	260－0028	千葉市中央区新町3－13　TNビル4F	043－204－8828
三谷商事㈱　茨城営業所	300－1278	つくば市房内字原山428－1	029－876－7055
三谷商事㈱　宇都宮営業所	321－0923	宇都宮市下栗町577	028－657－6411
三谷商事㈱　新潟営業所	950－0941	新潟市中央区女池6－1－21　新潟マルヤマサービス本社ビル3F	025－282－7077
吉田建材㈱	135－0016	江東区東陽2－2－4　マニュライフプレイス東陽町6F	03－3647－2511
吉田建材㈱　千葉営業所	273－0125	鎌ヶ谷市初富本町1－10－19　エスプワール鎌ヶ谷2F	047－404－7602
吉田建材㈱　横浜営業所	231－0032	横浜市中区不老町1－1－5　横浜東芝ビル6F	045－662－3171
㈱吉永商店	231－0021	横浜市中区日本大通15　横浜朝日会館3F	045－681－0319
渡辺産商㈱	952－0014	佐渡市両津湊352－10	0259－27－3124
渡辺産商㈱　新潟営業所	950－0965	新潟市中央区新光町16－3	025－280－0333
◆北陸支店管内◆			
金沢セメント商事㈱	920－0025	金沢市駅西本町1－8－25	076－262－1151
柴田商事㈱	910－0015	福井市二の宮4－33－2	0776－50－7480
㈱セザワ	921－8025	金沢市増泉1－42－7	076－242－0707
東亜工業㈱　福井営業所	918－8016	福井市江端町36字15	0776－38－5200
富山交易㈱	930－0874	富山市寺町2区425－1	076－441－2131
藤川商産㈱	933－0949	高岡市四屋837	0766－23－1357
福鶴酒造㈱	939－2355	富山市八尾町西町2352	076－455－2727
三谷商事㈱　北陸支社	918－8015	福井市花堂南1－11－29　サン11ビル4F	0776－36－0161
三谷商事㈱　小浜支店	917－0241	小浜市遠敷9－605	0770－56－3322
三谷商事㈱　敦賀支店	914－0076	敦賀市元町5－7	0770－25－2460
三谷商事㈱　富山支店	930－0008	富山市神通本町1－1－19　いちご富山駅西ビル1F	076－431－6331
三谷商事㈱　金沢支店	920－0025	金沢市駅西本町1－14－29　サン金沢ビル2F	076－263－7477
◆名古屋支店管内◆			
㈱稲葉商店	420－0813	静岡市葵区長沼971－1	054－262－0178
㈱稲葉商店　沼津営業所	411－0932	駿東郡長泉町南一色23－1	055－999－0178
㈱稲葉商店　浜松営業所	432－8045	浜松市中央区西浅田1－4－3	053－450－0178
植田商事㈱　名古屋営業所	450－0003	名古屋市中村区名駅南3－13－35　シャトレ愛松名駅南801	052－588－5533
上原成商事㈱　名古屋支店	460－0002	名古屋市中区丸の内1－5－28　伊藤忠丸の内ビル4F	052－223－6800
上原成商事㈱　三重営業所	514－0009	津市羽所町601　アカツカビル4F　A号室	059－223－0120
㈱大嶽安城	446－0032	安城市御幸本町4－15	0566－75－5311
㈱大嶽安城　名古屋営業所	450－0003	名古屋市中村区名駅南1－11－12　名駅Minami－Oneビル1F22号室	0566－75－5311
㈱大嶽名古屋	460－0012	名古屋市中区千代田5－8－22　大嶽ビル	052－261－3355
尾鷲石川商工㈱	519－3604	尾鷲市港町4－1	0597－22－1821
㈱鬼頭忠兵衛商店	461－0043	名古屋市東区大幸2－6－31	052－711－5437
桐井産業㈱	505－0074	加茂郡坂祝町酒倉2348	0574－25－2229
三窯商事㈱	470－0373	豊田市四郷町亀井77	0565－45－0059
住商セメント㈱　中部支店	450－6644	名古屋市中村区名駅1－1－3　JRゲートタワー44F	052－583－2190
セイノーエンジニアリング㈱	503－0853	大垣市田口町1	0584－78－3191
大興物産㈱　名古屋支店	461－0001	名古屋市東区泉1－21－27　泉ファーストスクエア10F	052－300－8063
㈱土屋産業	503－0935	大垣市島里1－86	0584－89－1838
東海スミセ販売㈱	464－0850	名古屋市千種区今池5－24－32　今池ゼネラルビル5F	052－745－5210
東海スミセ販売㈱　岐阜支店	500－8842	岐阜市金町5－25　G－frontⅡ8F	058－263－1081

東海スミセ販売㈱　三重支店	510 − 0085	四日市市諏訪町4 − 5　四日市諏訪町ビル 8F	059 − 356 − 5301
㈱西川松助商店	515 − 0001	松阪市大口町字北沖 406 − 1	0598 − 31 − 2402
野原産業セメント㈱　名古屋営業所	460 − 0008	名古屋市中区栄1 − 16 − 6　名古屋三蔵ビル 7F	052 − 218 − 7235
丸高㈱	450 − 0001	名古屋市中村区那古野1 − 47 − 1　名古屋国際センタービル 21F	052 − 571 − 2351
三谷商事㈱　中部支社・名古屋支店	450 − 0002	名古屋市中村区名駅4 − 10 − 25　名駅 IMAI ビル 11F	052 − 586 − 2345
三谷商事㈱　岐阜支店	500 − 8856	岐阜市橋本町2 − 20　濃飛ビル 7F	058 − 201 − 0550
三谷商事㈱　三重支店	515 − 2112	松阪市曽原町 293 − 3	0598 − 56 − 6625
三谷商事㈱　静岡支店	422 − 8062	静岡市駿河区稲川2 − 1 − 1　伊伝静岡駅南ビル 3F	054 − 291 − 5811
三谷商事㈱　豊橋営業所	441 − 8021	豊橋市白河町 61　ターミナルプラザ 7F	0532 − 32 − 3112
三谷商事㈱　静岡支店　浜松出張所	435 − 0045	浜松市中央区細島町6 − 6　カワ清林京ビル 200 室	053 − 467 − 6363
三谷商事㈱　静岡支店　三島出張所	410 − 1124	裾野市水窪 38 − 1　裾野生コン㈱内	055 − 995 − 3025
明起興業㈱	494 − 0006	一宮市起字用水添 56	0586 − 61 − 2111
山建商事㈱	451 − 0075	名古屋市西区康生通1 − 26	052 − 521 − 8121
㈱渡邉	418 − 0022	富士宮市小泉 1853 − 16	0544 − 24 − 5123
◆大阪支店管内◆			
上原成商事㈱	604 − 8580	京都市中京区車屋町通御池上ル塗師屋町 344	075 − 212 − 6001
上原成商事㈱　大阪支店	532 − 0012	大阪市淀川区木川東1 − 3 − 23	06 − 6302 − 4671
上原成商事㈱　京都支店滋賀営業所	524 − 0041	守山市勝部6 − 5 − 1	077 − 582 − 3805
㈱上山商店	641 − 0014	和歌山市毛見 1436	073 − 445 − 5111
大阪耐火煉瓦㈱	550 − 0012	大阪市西区立売堀1 − 3 − 11　ダイタイビル	06 − 6532 − 1541
㈱大津二橋商店	520 − 0813	大津市丸の内町8 − 33	077 − 525 − 2511
紀伊商事㈱	644 − 0004	御坊市名屋3 − 9 − 6	0738 − 22 − 3317
紀伊商事㈱　和歌山営業所	649 − 6321	和歌山市布施屋 905 − 2	073 − 465 − 3344
紀伊商事㈱　田辺営業所	646 − 0011	田辺市新庄町東跡の浦 2611 − 147	0739 − 22 − 6474
紀伊商事㈱　新宮営業所	647 − 0071	新宮市佐野上地 2105 − 3	0735 − 31 − 5910
㈱北浦栄蔵商店	652 − 0822	神戸市兵庫区西出町1 − 2 − 7	078 − 651 − 8123
北浦エスオーシー㈱	550 − 0015	大阪市西区南堀江1 − 4 − 19　なんばスミソウビル 3F	06 − 6536 − 2660
北浦エスオーシー㈱　大阪支店	550 − 0015	大阪市西区南堀江1 − 4 − 19　なんばスミソウビル 3F	06 − 6536 − 2660
北浦エスオーシー㈱　姫路支店	672 − 8057	姫路市飾磨区恵美酒 309	079 − 235 − 0701
北浦エスオーシー㈱　神戸支店	650 − 0023	神戸市中央区栄町通6 − 1 − 17　栄町通佐田野ビル 6F	078 − 381 − 7551
北浦エスオーシー㈱　兵庫北営業所	669 − 5202	朝来市和田山町東谷 213 − 16　駅前第一ビル 3F	079 − 666 − 8821
㈱北村セメント店	522 − 0081	彦根市京町3 − 4 − 21	0749 − 22 − 0962
㈱キヅキ商会	668 − 0026	豊岡市元町 11 − 21	0796 − 22 − 5168
桑原物産㈱	520 − 1212	高島市安曇川町西万木 926	0740 − 32 − 1266
京阪産業㈱	540 − 0008	大阪市中央区大手前1 − 7 − 24　京阪天満橋ビル 5F	06 − 6943 − 5341
京阪産業㈱　京都営業所	600 − 8126	京都市下京区烏丸通七条下ル東塩小路町 735 − 1　京阪京都ビル 8F	075 − 746 − 3822
五條セメント販売㈱	607 − 8214	京都市山科区勧修寺平田町 156	075 − 502 − 0301
㈱サン建材	572 − 0075	寝屋川市葛原1 − 31 − 11	072 − 815 − 0100
㈱白子松次郎商店	641 − 0062	和歌山市雑賀崎 2017 − 35　2F	073 − 499 − 1007
㈱シンコー	550 − 0015	大阪市西区南堀江4 − 30 − 28	06 − 6541 − 5755
住商セメント㈱　大阪支店	541 − 0041	大阪市中央区北浜4 − 5 − 33　住友ビル 7F	06 − 6220 − 7100
㈱泉北ニシイ	593 − 8307	堺市西区平岡町 34 − 1	072 − 272 − 2222
大弘建材㈱	640 − 8137	和歌山市吹上3 − 4 − 15	073 − 423 − 6246
大弘建材㈱　橋本営業所	648 − 0072	橋本市東家1 − 1 − 4　秋山ビル 2F	0736 − 34 − 0596
大興物産㈱　西日本支店	540 − 0001	大阪市中央区城見2 − 2 − 22　マルイト OBP ビル 9F	06 − 6946 − 7404
㈱大和商会	543 − 0043	大阪市天王寺区勝山2 − 12 − 8	06 − 6779 − 3191
㈱つち寅	559 − 0007	大阪市住之江区粉浜西1 − 8 − 8	06 − 6678 − 1551
東亜工業㈱	526 − 0033	長浜市平方町 366 − 3	0749 − 62 − 2200
㈱新田本店	563 − 0054	池田市大和町4 − 7	072 − 753 − 2525
野原産業セメント㈱　大阪支店	541 − 0042	大阪市中央区今橋3 − 1 − 7　日本生命今橋ビル 5 F	06 − 6228 − 1872
㈱はい政商店	550 − 0002	大阪市西区江戸堀1 − 10 − 14	06 − 6441 − 3836
阪急産業㈱	530 − 0013	大阪市北区茶屋町 19 − 19　アプローズタワー 12F	06 − 6377 − 1197
㈱土方商店	567 − 0811	茨木市上泉町1 − 15	072 − 627 − 1111
㈱福井勝三商店	648 − 0073	橋本市市脇3 − 3 − 2	0736 − 33 − 1313

藤田商事㈱　大阪支店　530－0043 大阪市北区天満4－14－19　天満パークビル4F　06－6881－5611
㈱二橋商店　527－0028 東近江市八日市金屋1－3－3　0748－23－2840
㈱古川建材店　660－0806 尼崎市金楽寺町2－4－26　06－6481－5677
平和産業㈱　643－0033 有田郡有田川町明王寺226－3　0737－52－4353
松島建材㈱　590－0017 堺市堺区北田出井町2－4－3　072－227－8801
マツダ建材㈱　634－0813 橿原市四条町4－1　0744－22－4031
松本伊㈱　656－0426 南あわじ市榎列大榎列500－1　0799－42－5111
㈱三田商店　大阪支店　532－0004 大阪市淀川区西宮原1－5－10　ミタビル1F　06－6399－7050
三谷商事㈱　関西支社　530－0001 大阪市北区梅田1－2－2－400　大阪駅前第2ビル4F　06－6344－0501
三谷商事㈱　大阪支店　530－0001 大阪市北区梅田1－2－2－400　大阪駅前第2ビル4F　06－6344－0501
三谷商事㈱　滋賀支店　520－0802 大津市馬場2－11－17　ルーツ膳所駅前ビル304　077－522－2149
三谷商事㈱　京都支店　600－8216 京都市下京区烏丸通七条下ル東塩小路町734　中信駅前ビル4F　075－361－6291
三谷商事㈱　和歌山支店　640－8157 和歌山市八番丁11　日本生命和歌山八番丁ビル2F　073－431－0181
三谷商事㈱　福知山営業所　620－0052 福知山市昭和町64　昭和町ビル2F　0773－22－6815
三谷商事㈱　奈良営業所　631－8115 奈良市大宮町2－4－29　オフィス新大宮202号　0742－36－5703
三谷商事㈱　田辺営業所　649－2105 西牟婁郡上富田町朝来1282－6　0739－47－0248
村野建材㈱　577－0055 東大阪市長栄寺21－22　06－6781－0782
㈱安田商会　672－8035 姫路市飾磨区中島621　079－234－8555
㈱吉澤商店　604－8383 京都市中京区西ノ京小堀町2－21　075－801－4551
吉村商店　639－2244 御所市柏原1211　0745－62－2700

◆四国支店管内◆

安藤工業㈱　799－1351 西条市三津屋190－1　0898－72－2611
上原成商事㈱　松山支店　790－0011 松山市千舟町3－3－9　089－941－6186
上原成商事㈱　高松営業所　760－0078 高松市今里町393　前川第2ビル2F　087－815－0801
㈱エヌプラス　761－0101 高松市春日町1640－3　087－841－7800
北浦エスオーシー㈱　四国支店　779－3223 名西郡石井町高川原1334－1　088－674－0007
北浦エスオーシー㈱　高松営業所　760－0033 高松市丸の内4－4　四国通商ビル6F　087－811－4055
多田建材㈱　761－8052 高松市松並町591－6　087－866－9148
㈱トクダイ　770－8056 徳島市問屋町29　088－654－3395
TOTO四国販売㈱　769－0101 高松市国分寺町新居382－1　087－874－4100
西山セメント販売㈱　780－0053 高知市駅前町4－15　088－872－2256
西山セメント販売㈱　須崎営業所　785－0051 須崎市神田3757　0889－42－3233
日和崎セメント販売㈱　780－0841 高知市帯屋町2－2－1　088－822－7722
富士産業㈱　780－0929 高知市桜馬場3－20　088－823－8123
三谷商事㈱　徳島営業所　770－8053 徳島市沖浜東3－46　Jビル東館3F　088－622－2238
三谷商事㈱　四国支店　760－0007 高松市中央町11－12　日成高松ビル5F　087－862－9241
陽和産業㈱　781－0084 高知市南御座2－1　088－882－6211
東海産業㈱　770－0905 徳島市東大工町3－8　088－657－5550
住商セメント西日本㈱　中四国支店　760－0019 高松市サンポート2－1　サンポートビジネススクエア　087－811－5833

◆広島支店管内◆

㈱イシガイ建材商会　700－0073 岡山市北区万成西町15－7　086－252－3271
㈱小原産業　708－8512 津山市川崎宗堂521－2　0868－26－2131
北浦エスオーシー㈱　岡山営業所　700－0901 岡山市北区本町10－22　本町ビル504号　086－235－3939
北浦エスオーシー㈱　広島営業所　732－0827 広島市南区稲荷町4－1　広島稲荷町ＮＫビル　082－568－4410
共栄商工㈱　703－8221 岡山市中区長岡4－51　086－279－3033
三洋㈱　680－0911 鳥取市千代水2－105　0857－31－0340
三洋㈱　米子支店　683－0845 米子市旗ヶ崎2208　0859－33－6101
三洋㈱　倉吉支店　682－0802 倉吉市東巌城町126　0858－22－9621
三洋㈱　松江営業所　699－0110 松江市東出雲町錦新町6－6－9－201　0852－52－7629
㈱シシド建材商会　703－8227 岡山市中区兼基124－2　086－279－1421
デルタ建材工業㈱　733－0822 広島市西区庚午中4－4－32　082－271－1062
野原産業セメント㈱　広島事務所　730－0841 広島市中区舟入町6－2　ライフメント舟入　082－234－1797
㈱平沢商店　下関営業所　750－0006 下関市南部町8－14　0832－31－0020
㈱光田建材店　703－8233 岡山市中区高屋311　086－273－1230

安野産業㈱　本社	698 - 0041	益田市高津 7 - 6 - 10	0856 - 22 - 2255
安野産業㈱　商事部	698 - 0041	益田市高津 7 - 6 - 10	0856 - 22 - 7377
安野産業㈱　大田営業所	694 - 0064	大田市大田町口 810 - 4	0854 - 82 - 8272
安野産業㈱　浜田営業所	697 - 0017	浜田市原井町 945 - 7	0855 - 22 - 1257
住商セメント西日本㈱　広島営業所	730 - 0031	広島市中区紙屋町 1 - 3 - 2　銀泉広島ビル 7F	082 - 542 - 3356
◆福岡支店管内◆			
今別府産業㈱	890 - 0072	鹿児島市新栄町 15 - 7	099 - 256 - 4111
㈱栄進	856 - 0806	大村市富の原 2 - 586	0957 - 55 - 6157
㈱大分南協産業	876 - 0022	佐伯市字鳥越 10101 - 1	0972 - 29 - 2126
㈱三友	891 - 0131	鹿児島市谷山港 2 - 5 - 4	099 - 262 - 3377
住商セメント西日本㈱	812 - 0038	福岡市博多区祇園町 2 - 1　シティ 17 ビル 4F	092 - 409 - 6084
住商セメント西日本㈱　熊本支店	861 - 8028	熊本市東区新南部 4 - 7 - 38　OM ビル 3F	096 - 386 - 8180
スミセ建材㈱　九州支店	810 - 0001	福岡市中央区天神 3 - 11 - 22　W ビルディング天神 5F	092 - 738 - 3620
㈱善徳丸	836 - 0073	大牟田市船津町 337 - 1	0944 - 56 - 1011
善徳丸建材㈱	861 - 8011	熊本市東区鹿帰瀬町 393	096 - 380 - 7211
東隆商事㈱	819 - 0367	福岡市西区西都 1 - 3 - 13 - 201	092 - 805 - 1301
南協商事㈱	803 - 0185	北九州市小倉南区石原町 395 - 1	093 - 451 - 4402
野原産業セメント㈱　福岡営業所	812 - 0013	福岡市博多区博多駅東 3 - 13 - 28　ヴィトリアビル 4 F	092 - 473 - 1542
㈱平沢商店	802 - 0077	北九州市小倉北区馬借 2 - 5 - 23	093 - 531 - 0281
㈱平沢商店　福岡営業所	811 - 2314	糟屋郡粕屋町若宮 1 - 4 - 20	092 - 938 - 3261
㈱福岡商店	840 - 0054	佐賀市水ヶ江 1 - 2 - 33	0952 - 24 - 0111
㈱福岡商店　福岡営業所	811 - 1122	福岡市早良区早良 2 - 1 - 1　西福岡宇部事務所内	092 - 872 - 4881
三谷商事㈱　九州営業所	812 - 0013	福岡市博多区博多東 3 - 1 - 29　博多第二ムカキビル 903	092 - 473 - 2792
㈱ヤマムラ	880 - 0907	宮崎市淀川 1 - 2 - 13	0985 - 51 - 4022

太平洋セメント㈱販売店

名　称	郵便番号	住　所	電　話
◆北海道支店◆			
今井金商㈱	060 - 0062	札幌市中央区南 2 条西 2 - 13	011 - 251 - 1151
今井金商㈱　旭川支店	078 - 8274	旭川市工業団地 4 条 1 - 2 - 1	0166 - 76 - 6154
今井金商㈱　帯広支店	082 - 0004	河西郡芽室町東芽室北 1 線 16 - 6	0155 - 62 - 1151
今井金商㈱　釧路支店	084 - 0904	釧路市新富士町 3 - 8 - 7	0154 - 55 - 1151
今井金商㈱　苫小牧支店	053 - 0055	苫小牧市新明町 2 - 7 - 6	0144 - 55 - 1181
㈱栗林商会	051 - 0023	室蘭市入江町 1 - 19　栗林ビルヂング	0143 - 24 - 7011
㈱栗林商会　札幌支社	060 - 0003	札幌市中央区北 3 条西 12 - 2 - 4　栗林商会ビル 2 階	011 - 231 - 8171
㈱栗林商会　苫小牧支社	053 - 0005	苫小牧市元中野町 2 - 13 - 16	0144 - 32 - 7511
㈱栗林商会　旭川支店	070 - 0036	旭川市 6 条通 2　6・2 ビル 4 階	0166 - 26 - 0622
㈱栗林商会　帯広支店	080 - 0018	帯広市西 8 条南 6 - 4　帯広卸売センタービル 2 階	0155 - 23 - 8207
㈱クワザワ	003 - 8560	札幌市白石区中央 2 条 7 - 1 - 1	011 - 864 - 1111
㈱クワザワ　稚内支店	097 - 0015	稚内市朝日 3 - 2183 - 102	0162 - 73 - 0810
㈱クワザワ　旭川支店	079 - 8443	旭川市流通団地 3 条 4 - 39	0166 - 47 - 0033
㈱クワザワ　苫小牧支店	053 - 0052	苫小牧市新開町 3 - 9 - 8	0144 - 55 - 2111
㈱クワザワ　道東支店帯広営業所	080 - 2460	帯広市西 20 条北 2 - 28 - 1	0155 - 34 - 0027
㈱クワザワ　道東支店釧路営業所	085 - 0008	釧路市入江町 12 - 17	0154 - 21 - 7811

販売店	郵便番号	住所	電話番号
㈱クワザワ　北見営業所	090 － 0838	北見市西三輪 6 － 1 － 2	0157 － 66 － 1181
㈱クワザワ　函館支店	041 － 8648	函館市西桔梗町 589 － 49　流通センター内	0138 － 49 － 6060
㈱小林本店	069 － 1521	夕張郡栗山町錦 3 － 109	0123 － 72 － 0002
㈱小林本店　建材部	003 － 0022	札幌市白石区南郷通 10 南 4 － 15	011 － 862 － 6000
㈱近藤銘木店	090 － 0056	北見市卸町 2 － 5 － 3	0157 － 36 － 2261
㈱近藤銘木店　網走営業所	093 － 0046	網走市新町 3 － 91 － 4	0152 － 43 － 1351
澤井商事㈱	077 － 0042	留萌市開運町 1 － 5 － 36	0164 － 42 － 2626
澤井商事㈱　旭川支店	070 － 0039	旭川市 9 条通 7 左 1 号	0166 － 26 － 0361
太平洋建設工業㈱	085 － 0014	釧路市末広町 6 － 1	0154 － 31 － 2000
太平洋建設工業㈱　帯広支店	089 － 1181	帯広市愛国町南 8 線 6	0155 － 64 － 4123
太平洋建設工業㈱　北見支店	090 － 0001	北見市小泉 426	0157 － 24 － 2266
太平洋建設工業㈱　釧路支店	088 － 2148	釧路郡釧路町字トリトウシ 69 － 3	0154 － 40 － 5100
太平洋建設工業㈱　釧路支店根室営業所	087 － 0031	根室市月岡 2 － 77	01532 － 3 － 6371
太平洋建設工業㈱　釧路支店中標津営業所	086 － 1150	標津郡中標津町南中 8 － 71	0153 － 74 － 8276
太平洋建設工業㈱　札幌支店	067 － 0052	江別市角山 425 － 1	011 － 382 － 1077
㈱タカシマ	082 － 0005	河西郡芽室町東芽室基線 13 － 31	0155 － 62 － 7211
㈱高橋建材店	040 － 0077	函館市吉川町 3 － 13	0138 － 41 － 1056
㈱高橋建材店　江差営業所	043 － 0056	檜山郡江差町字陣屋町 170	0139 － 52 － 1146
武田産業㈱	003 － 0027	札幌市白石区本通 14 丁目北 1 － 37	011 － 861 － 4338
㈱丹波屋	060 － 8569	札幌市東区北 6 条東 4 － 1 － 7	011 － 721 － 2111
㈱丹波屋　旭川支店	079 － 8442	旭川市流通団地 2 条 5 － 14	0166 － 48 － 3883
㈱丹波屋　帯広支店	080 － 2464	帯広市西 24 条北 2 － 5 － 47	0155 － 37 － 3711
㈱丹波屋　北見支店	090 － 0817	北見市常盤町 4 － 2 － 28	0157 － 23 － 7525
㈱丹波屋　函館支店	041 － 0812	函館市昭和 1 － 35 － 16	0138 － 42 － 5411
仲山鋼材㈱	079 － 8411	旭川市永山 1 条 3 － 2 － 17	0166 － 48 － 4741
ナトリ㈱	060 － 0052	札幌市中央区南 2 条東 4 － 6 － 1	011 － 251 － 8151
ナトリ㈱　旭川営業所	071 － 8113	旭川市東鷹栖東 3 条 2 － 1924 － 1	0166 － 57 － 0910
ナトリ㈱　小樽本店	047 － 0031	小樽市色内 1 － 1 － 8	0134 － 22 － 0001
ナトリ㈱　函館支店	041 － 0812	函館市昭和町 2 － 27 － 26	0138 － 41 － 3667
㈱ホクアイ	063 － 0834	札幌市西区発寒 14 条 12 － 1 － 5	011 － 665 － 8241
北鐘興産㈱	077 － 0214	増毛郡増毛町畠中町 3 － 82	0164 － 53 － 1171
北昭産業㈱	096 － 0010	名寄市大通南 3 － 11	01654 － 2 － 4311
北昭産業㈱　旭川支店	079 － 8443	旭川市流通団地 3 条 5 － 3	0166 － 48 － 6231
北昭産業㈱　士別支店	095 － 0011	士別市東 1 条 1 丁目 1602 番地	01652 － 3 － 3511
北信産業㈱	005 － 8585	札幌市南区真駒内本町 1 － 1 － 1	011 － 812 － 4770
北信産業㈱　岩内営業所	045 － 0031	岩内郡共和町梨野舞納 34 － 4	0135 － 62 － 5541
太平洋セメント販売㈱　北海道事業部	060 － 0051	札幌市中央区南 1 条東 1 － 5　大通バスセンタービル 1 号館 4 階	011 － 212 － 2101
㈱三ツ輪商会	084 － 0905	釧路市鳥取南 5 － 12 － 5	0154 － 61 － 5151
㈱三ツ輪商会　釧路建材課	084 － 0905	釧路市鳥取南 5 － 12 － 5	0154 － 61 － 5156
㈱三ツ輪商会　札幌建材課	065 － 0012	札幌市東区北 12 条東 9 － 3 － 28	011 － 753 － 3333
㈱三ツ輪商会　帯広建材課	080 － 0017	帯広市西 7 条南 16 － 12	0155 － 23 － 3101
㈱三ツ輪商会　北見建材課	090 － 0837	北見市中央三輪 4 － 526	0157 － 66 － 5531
武蔵商事㈱	068 － 0021	岩見沢市 1 条西 1 － 9	0126 － 22 － 0620
武蔵商事㈱　美唄支店	072 － 0023	美唄市大通西 1 条南 6	01266 － 3 － 4221
㈱吉田産業　函館支店	040 － 0076	函館市浅野町 1 － 2	0138 － 42 － 8111

◆東北支店◆

販売店	郵便番号	住所	電話番号
㈱アサヒ薬局	987 － 0162	遠田郡涌谷町字本町 84 － 3	0229 － 42 － 2035
㈱泉商店　花巻本社・花巻店	025 － 0311	花巻市卸町 17	0198 － 26 － 4241
㈱泉商店　遠野本店	028 － 0541	遠野市松崎町白岩 15 － 13 － 5	0198 － 62 － 2096
㈱泉商店　遠野店	028 － 0541	遠野市松崎町白岩 15 － 13 － 5	0198 － 62 － 2071
㈱泉商店　盛岡店	020 － 0891	紫波郡矢巾町流通センター南 3 － 7 － 4	019 － 638 － 5025

店名	郵便番号	住所	電話番号
㈱泉商店　大船渡店	022 － 0003	大船渡市盛町字内の目 5 － 3	0192 － 26 － 5184
㈱泉商店　むつ店	035 － 0043	むつ市南赤川町 1 － 30	0175 － 23 － 8481
㈱泉商店　仙台支店	980 － 0014	仙台市青葉区本町 1 － 14 － 18　ライオンズプラザ本町ビル 905	022 － 225 － 6412
㈱泉商店　古川店	989 － 6203	大崎市古川飯川字馬場 164 － 1	0229 － 26 － 3100
㈱磯上通商	971 － 8125	いわき市小名浜島字舘下 17	0246 － 58 － 7522
㈱稲田亀吉商店	990 － 2225	山形市花岡 124	023 － 686 － 4646
岩手建商㈱	020 － 0891	紫波郡矢巾町流通センター南 3 － 8 － 14	019 － 637 － 2551
㈱エイタック	960 － 0112	福島市南矢野目字鼓田 13 － 7	024 － 553 － 5533
遠藤商事㈱	990 － 8558	山形市穂積 85	023 － 631 － 1331
小笠原商事㈱	990 － 0039	山形市香澄町 3 － 6 － 22	023 － 622 － 5718
小笠原商事㈱　米沢支店	992 － 0024	米沢市東大通 3 － 8 － 26	0238 － 23 － 4117
小笠原商事㈱　庄内営業所	998 － 0036	酒田市船場町 2 － 3 － 50	0234 － 26 － 3461
下越物産㈱	980 － 0014	仙台市青葉区本町 2 － 2 － 3　広業ビル 7 階	022 － 262 － 6412
加藤建材工業㈱	979 － 2324	南相馬市鹿島区川子字滝沢 148	0244 － 23 － 5111
加藤総業㈱	998 － 0875	酒田市東町 1 － 1 － 8	0234 － 23 － 5411
加藤総業㈱　鶴岡営業所	997 － 0013	鶴岡市道形町 20 － 5	0235 － 23 － 2311
加藤総業㈱　山形営業所	990 － 0823	山形市下条町 2 － 19 － 16　MK ビル 4 階－ A	023 － 674 － 0667
加藤総業㈱　秋田営業所	010 － 1612	秋田市新屋豊町 7 － 79　六長ビル 2 階 D 室	018 － 896 － 0844
兼松サステック㈱　盛岡営業所	028 － 3621	紫波郡矢巾町大字広宮沢第 11 地割 507 － 7	019 － 639 － 5301
兼松サステック㈱　仙台営業所	981 － 3133	仙台市泉区泉中央 1 － 28 － 22　プレジデントシティビル	022 － 771 － 7911
兼松サステック㈱　仙台営業所　山形 CS センター	990 － 0022	山形市東山形 1 － 5 － 29	023 － 615 － 1235
兼松サステック㈱　福島営業所	963 － 8862	郡山市菜根 1 － 6 － 23	024 － 901 － 0007
㈱叶屋	969 － 0221	西白河郡矢吹町中町 248	0248 － 44 － 3321
カメイ㈱　建設資材部	980 － 8583	仙台市青葉区国分町 3 － 1 － 18	022 － 264 － 6141
カメイ㈱　ホーム事業部	980 － 8583	仙台市青葉区国分町 3 － 1 － 18	022 － 264 － 6161
カメイ㈱　宮城支店　建設事業課	984 － 8552	仙台市若林区卸町 5 － 3 － 7	022 － 239 － 1135
カメイ㈱　宮城支店　ホーム事業課	984 － 8552	仙台市若林区卸町 5 － 3 － 7	022 － 239 － 1118
カメイ㈱　青森支店	030 － 0921	青森市原別 8 － 7 － 1	017 － 736 － 8413
カメイ㈱　秋田支店	010 － 0953	秋田市山王中園町 3 － 11	018 － 823 － 2173
カメイ㈱　岩手支店	020 － 0842	盛岡市湯沢 16 地割 15 － 34	019 － 639 － 2277
カメイ㈱　庄内支店	998 － 0832	酒田市両羽町 4 － 11	0234 － 24 － 0411
カメイ㈱　山形支店	990 － 0810	山形市馬見ヶ崎 1 － 22 － 24	023 － 681 － 6121
カメイ㈱　いわき支店	971 － 8125	いわき市小名浜島字渡地 57	0246 － 58 － 8011
カメイ㈱　福島支店	963 － 8017	郡山市長者 3 － 1 － 25	024 － 932 － 5431
カメイ㈱　福島支店　福島営業所	960 － 0231	福島市飯坂町平野字猪 8	024 － 552 － 1311
㈱クラシマ	960 － 0113	福島市北矢野目字原田東 67 － 20	024 － 552 － 2111
㈱クラシマ　会津建材支店	965 － 0059	会津若松市インター西 44	0242 － 23 － 1730
㈱クラシマ　いわき建材支店	971 － 8126	いわき市小名浜野田字玉川 12 － 3	0246 － 68 － 6038
㈱クラシマ　郡山建材支店	963 － 0108	郡山市笹川 1 － 117	024 － 945 － 1727
㈱クラシマ　福島建材支店	960 － 0102	福島市鎌田字卸町 19 － 1	024 － 553 － 4751
㈱クワザワ　青森支店	030 － 0845	青森市緑 1 － 9 － 8	017 － 775 － 7424
㈱クワザワ　仙台支店	984 － 0015	仙台市若林区卸町 3 － 2 － 3　丸三ビル 2 階	022 － 238 － 1082
常磐興産㈱　営業統括第二部エネルギー・資材グループ	972 － 8326	いわき市常磐藤原町蕨平 50	0246 － 84 － 7905
太平洋セメント販売㈱　青森事業部	030 － 0811	青森市青柳 1 － 8 － 19	017 － 777 － 2181
太平洋セメント販売㈱　秋田営業所	013 － 0437	横手市大雄字小林 78	0182 － 52 － 3808
太平洋セメント販売㈱　岩手県南出張所	023 － 0403	奥州市胆沢区若柳字寿安堰下 46 － 1	0197 － 41 － 4601
太平洋セメント販売㈱　東北支店	980 － 0803	仙台市青葉区国分町 3 － 11 － 9　アルファオフィスビル 8 階	022 － 261 － 8995
太平洋セメント販売㈱　郡山営業所	963 － 8001	郡山市大町 2 － 12 － 13　宝栄郡山ビル 404 号	024 － 934 － 5540
高田産商㈱	979 － 6131	東白川郡棚倉町字中居野 96 － 1	0247 － 33 － 3101
高田産商㈱　営業本部	961 － 0831	白河市老久保 126 － 1	0248 － 27 － 8800
㈱武田商店	963 － 8017	郡山市長者 3 － 4 － 1　武田ビル	024 － 932 － 0263

竹中産業㈱　盛岡営業所　020 − 0124 盛岡市厨川 4 − 16 − 9 − 102　019 − 646 − 5035
竹中産業㈱　仙台営業所　980 − 0811 仙台市青葉区一番町 2 − 7 − 12　南町通 MK ビル 3 階　022 − 227 − 6146
㈱立花マテリアル　仙台営業所　981 − 0134 宮城郡利府町しらかし台 6 − 2 − 10　022 − 767 − 6591
㈱辻由　白河支店　961 − 8044 西白河郡西郷村字石塚北 31　0248 − 22 − 5541
敦井産業㈱　酒田営業所　998 − 0036 酒田市船場町 1 − 8 − 28　0234 − 23 − 0624
ティーシートレーディング㈱　東北支店
980 − 0811 仙台市青葉区一番町 2 − 2 − 11　TK ビル 3 階　022 − 222 − 7141
ティーシートレーディング㈱　北東北営業所
010 − 0941 秋田市川尻町大川反 170 − 14　018 − 823 − 7333
ティーシートレーディング㈱　郡山営業所
963 − 8002 郡山市駅前 2 − 10 − 15　三共郡山ビル北館 8 階　024 − 933 − 4180
東栄資材㈱　035 − 0044 むつ市赤川町 14 − 21　0175 − 22 − 4451
東栄資材㈱　大間営業所　039 − 4600 下北郡大間町大間平 37 − 6　0175 − 37 − 2236
東北商事㈱　975 − 0037 南相馬市原町区北原字東原 120　0244 − 32 − 0817
東北物産㈱　020 − 0891 紫波郡矢巾町流通センター南 3 − 7 − 12　019 − 637 − 2511
東北物産㈱　県南支店　023 − 0826 奥州市水沢区中田町 5 − 5　0197 − 47 − 3171
東北物産㈱　秋田支店　010 − 1201 秋田市雄和田草川字高野 11　018 − 886 − 2600
㈱南光台金物　981 − 8002 仙台市泉区南光台南 1 − 1 − 9　022 − 252 − 5490
㈱西形商店　960 − 8066 福島市矢剣町 4 − 18　024 − 535 − 0101
㈱西形商店　いわき営業所　970 − 1153 いわき市好間町上好間字南町田 30 − 3　0246 − 36 − 2036
根本通商㈱　979 − 0146 いわき市勿来町関田堀切 77　0246 − 65 − 2121
橋爪商事㈱　022 − 8602 大船渡市大船渡町字砂森 2 − 20　0192 − 27 − 1277
橋爪商事㈱　本店　遠野出張所　028 − 0303 遠野市宮守町下鱒沢 17 地割 69 − 4　0198 − 66 − 3810
橋爪商事㈱　一関支店　021 − 0902 一関市萩荘字高梨東 5 − 1　0191 − 24 − 2035
橋爪商事㈱　北上支店　024 − 0056 北上市鬼柳町笊淵 66 − 1　0197 − 67 − 3315
橋爪商事㈱　高田支店　029 − 2203 陸前高田市竹駒町字十日市場 4 − 1　0192 − 55 − 2131
橋爪商事㈱　宮古支店　027 − 0036 宮古市田鎖第 9 地割 52 − 6　0193 − 64 − 0881
橋爪商事㈱　宮古支店　岩泉出張所　027 − 0501 下閉伊郡岩泉町岩泉字志田 16 − 1　0194 − 32 − 3001
橋爪商事㈱　盛岡支店　020 − 0891 紫波郡矢巾町流通センター南 1 − 5 − 7　019 − 637 − 2300
橋爪商事㈱　久慈支店　028 − 0082 久慈市川貫第 6 地割 40 − 1　0194 − 52 − 4361
橋爪商事㈱　奥州営業所　029 − 4501 胆沢郡金ケ崎町六原森合 46 − 3　0197 − 43 − 2081
橋爪商事㈱　釜石支店　026 − 0001 釜石市大字平田第 1 地割 16 − 2　0193 − 55 − 6015
橋爪商事㈱　三戸支店　039 − 0113 三戸郡三戸町大字目時字中野 31 − 4　0179 − 22 − 2321
橋爪商事㈱　大曲支店　014 − 0072 大仙市大曲西根字仁応治 500 − 2　0187 − 68 − 3000
橋爪商事㈱　仙台支店　984 − 0001 仙台市若林区鶴代町 2 − 40　022 − 239 − 7121
橋爪商事㈱　南三陸支店　986 − 0768 本吉郡南三陸町志津川字御前下 14 − 1　0226 − 46 − 4766
橋爪商事㈱　気仙沼営業所　988 − 0227 気仙沼市長磯森 57 − 4　0226 − 28 − 9021
八恒産業㈱　963 − 7808 石川郡石川町大字双里字神主 20 − 2　0247 − 26 − 6200
㈱マルカ商事　980 − 0013 仙台市青葉区花京院 2 − 1 − 62　花京院ビル　022 − 343 − 8813
山二環境機材㈱　010 − 0941 秋田市川尻町字大川反 233 − 253　018 − 866 − 7200
山二環境機材㈱　秋田営業所　010 − 0941 秋田市川尻町字大川反 233 − 253　018 − 862 − 5551
山二環境機材㈱　大館営業所　017 − 0838 大館市山館字沼添 2 − 1　0186 − 49 − 5166
山二環境機材㈱　大曲営業所　014 − 0066 大仙市川ノ目字町東 42　0187 − 62 − 2622
山二環境機材㈱　能代営業所　016 − 0878 能代市字臥竜山 39 − 30　0185 − 52 − 3131
山二環境機材㈱　本荘営業所　015 − 0041 由利本荘市薬師堂字山崎 103 − 1　0184 − 22 − 3534
山二環境機材㈱　横手営業所　013 − 0072 横手市卸町 3 − 3　0182 − 32 − 2456
山二環境機材㈱　八戸営業所　039 − 2241 八戸市大字市川町字古舘 58 − 5　0178 − 20 − 0803
山二環境機材㈱　岩手営業所　024 − 0071 北上市上江釣子 15 地割 219　カトルメゾン A 棟　0197 − 72 − 7090
山二建設資材㈱　010 − 1415 秋田市御所野湯本 3 − 1 − 5　018 − 826 − 0300
山二建設資材㈱　大館営業所　017 − 0838 大館市山館字八幡下 150　0186 − 42 − 7521
山二建設資材㈱　大曲営業所　014 − 0065 大仙市下深井板口端 39　0187 − 62 − 2631
山二建設資材㈱　能代営業所　016 − 0877 能代市仙遊長根 29 − 4　0185 − 74 − 7460
山二建設資材㈱　横手営業所　013 − 0054 横手市柳田字新藤 226 − 4　0182 − 32 − 9723
吉川建材産業㈱　965 − 0024 会津若松市白虎町 332　0242 − 25 − 2321

社名	郵便番号	住所	電話
㈱吉田産業	031 − 8655	八戸市大字廿三日町 2	0178 − 47 − 8111
㈱吉田産業　営業統括本部セメント部	031 − 8655	八戸市大字廿三日町 2	0178 − 47 − 8149
㈱吉田産業　青森支店	030 − 0131	青森市問屋町 2 − 19 − 14	017 − 728 − 2111
㈱吉田産業　五所川原支店	038 − 3107	つがる市柏稲盛岡本 94	0173 − 35 − 8111
㈱吉田産業　八戸支店	039 − 1121	八戸市卸センター 2 − 3 − 30	0178 − 20 − 3111
㈱吉田産業　八戸支店　久慈営業所	028 − 0012	久慈市新井田第 4 地割 19 − 2	0194 − 53 − 3131
㈱吉田産業　弘前支店	036 − 0233	平川市日沼富田 19 − 7	0172 − 57 − 5555
㈱吉田産業　むつ支店	035 − 0076	むつ市旭町 3 − 1	0175 − 24 − 2247
㈱吉田産業　十和田支店	034 − 0002	十和田市元町西 2 − 1 − 13	0176 − 22 − 3101
㈱吉田産業　十和田支店　六ヶ所営業所	039 − 3214	上北郡六ヶ所村大字平沼字道の上 30 − 3	0175 − 75 − 2334
㈱吉田産業　十和田支店　三沢営業所	033 − 0022	三沢市大字三沢字下久保 41 − 425	0176 − 51 − 5152
㈱吉田産業　秋田支店	010 − 0061	秋田市卸町 2 − 4 − 3	018 − 863 − 3251
㈱吉田産業　大館支店	017 − 0878	大館市川口字上野 85 − 1	0186 − 43 − 2233
㈱吉田産業　大館支店　能代営業所	016 − 0884	能代市卸町 2 − 7	0185 − 54 − 2602
㈱吉田産業　横手支店	013 − 0061	横手市横手町字大関越 164	0182 − 36 − 2511
㈱吉田産業　一関支店	021 − 0041	一関市赤荻字月町 164	0191 − 25 − 3111
㈱吉田産業　水沢支店	023 − 0826	奥州市水沢区中田町 5 − 25	0197 − 25 − 5511
㈱吉田産業　宮古支店	027 − 0052	宮古市宮町 4 − 1 − 11	0193 − 63 − 6111
㈱吉田産業　盛岡支店	020 − 0122	盛岡市みたけ 4 − 7 − 55	019 − 641 − 5252
㈱吉田産業　仙台支店	984 − 0015	仙台市若林区卸町 3 − 1 − 21	022 − 235 − 8115
㈱吉田産業　福島支店	960 − 2101	福島市さくら 2 − 1 − 1	024 − 594 − 2511
㈱吉田産業　郡山支店	963 − 8043	郡山市名郷田 1 − 24	024 − 938 − 7350
㈱吉田産業　福島支店　南相馬営業所	975 − 0072	南相馬市原町区北長野字南原田 75 − 6	0244 − 32 − 1103
㈲龍北商事	985 − 0843	多賀城市明月 1 − 1 − 13	022 − 367 − 5533
㈱渡久	963 − 8014	郡山市虎丸町 24 − 13	024 − 932 − 2101
ワタヒョウ㈱	984 − 0015	仙台市若林区卸町 3 − 4 − 2	022 − 232 − 4281
◆東京支店◆			
㈱アオキ	343 − 0045	越谷市下間久里 595 − 1	048 − 975 − 1831
安藤物産㈱	192 − 0053	八王子市八幡町 8 − 4	042 − 623 − 6111
安藤物産㈱　横浜支店	221 − 0835	横浜市神奈川区鶴屋町 2 − 10 − 5　YT10 ビル 4 階	045 − 322 − 3351
石山商工㈱	360 − 0024	熊谷市問屋町 2 − 4 − 18　ソシオ熊谷情報センタービル 6 階	048 − 524 − 5581
岩半建材㈱	369 − 1202	大里郡寄居町大字桜沢 1100 − 3	048 − 581 − 0034
ウチダ商事㈱	179 − 0085	練馬区早宮 2 − 17 − 47　平和台 ST ビル 2 階	03 − 3934 − 0102
ウチダ商事㈱　多摩営業所	192 − 0024	八王子市大谷町 282 − 2	0426 − 48 − 0801
ウチダ商事㈱　熊谷営業所	360 − 0843	熊谷市三ケ尻 3070	048 − 532 − 4011
ウチダ商事㈱　千葉営業所	270 − 2261	松戸市常盤平 5 − 18 − 1　五香第一生命ビルディング 7 階	047 − 712 − 1961
ウチダ商事㈱　横浜営業所	221 − 0825	横浜市神奈川区反町 1 − 7 − 1　US − 1 ビル 4 階	045 − 324 − 0911
ウチダ商事㈱　戸塚営業所	244 − 0003	横浜市戸塚区戸塚町 1562 − 2	045 − 443 − 7591
SK マテリアル㈱	350 − 1305	狭山市入間川 3 − 1 − 4　狭山フロントさくら坂ビル 3 階	04 − 2900 − 7800
㈱エヌエイチ・フタバ	105 − 0004	港区新橋 5 − 33 − 11　新橋 NH ビル	03 − 3437 − 2605
㈱オオツカ	368 − 0105	秩父郡小鹿野町大字小鹿野 472	0494 − 75 − 0017
㈱大野商店	294 − 0036	館山市館山 208	0470 − 22 − 3162
小川工業㈱	361 − 0022	行田市桜町 1 − 5 − 16	048 − 554 − 4111
㈱小澤兵蔵商店	250 − 0012	小田原市本町 2 − 1 − 20	0465 − 22 − 5352
㈱オダ	116 − 0013	荒川区西日暮里 1 − 18 − 3	03 − 3803 − 5811
㈱オダ　千葉営業所	262 − 0032	千葉市花見川区幕張町 5 − 356 − 1	043 − 271 − 4171
下越物産㈱　東京支店	104 − 0061	中央区銀座 8 − 17 − 5　アイオス銀座 8 階	03 − 6264 − 7441
加納商工㈱	231 − 0058	横浜市中区弥生町 1 − 14	045 − 261 − 7295
カメイ㈱　東京支店	104 − 0032	中央区八丁堀 4 − 7 − 1　第 3 桜橋ビル 6 階	03 − 6228 − 3481
㈲喜多園増田商店	368 − 0046	秩父市宮側町 19 − 1	0494 − 22 − 0753

会社名	郵便番号	住所	電話番号
共栄建材㈱	180 − 0004	武蔵野市吉祥寺本町 2 − 5 − 12	0422 − 22 − 3771
㈱栗林商会　東京支店	100 − 0005	千代田区丸の内 3 − 4 − 1　新国際ビル 2 階	03 − 3216 − 4021
㈱倉忠商店	271 − 0092	松戸市松戸 2045	047 − 362 − 2106
㈱クワザワ　千葉事業所	264 − 0029	千葉市若葉区桜木北 1 − 2 − 2	043 − 231 − 4181
㈱クワザワ　開発営業部	101 − 0035	千代田区神田紺屋町 7　神田システムビル 8 階	03 − 4346 − 0900
小泉建材興業㈱	125 − 0061	葛飾区亀有 3 − 38 − 23	03 − 3601 − 6451
㈱國場組　東京支社	100 − 6090	千代田区霞が関 2 − 3 − 5　霞が関ビルディング 17 階	03 − 6908 − 1371
壽商事㈱	260 − 0001	千葉市中央区都町 1278	043 − 231 − 5366
壽商事㈱　桜木営業所	264 − 0028	千葉市若葉区桜木 1 − 32 − 40	043 − 232 − 1313
小林建材工業㈱	360 − 0203	熊谷市弥藤吾 2038 − 2	048 − 588 − 2131
㈱小林屋	344 − 0062	春日部市粕壁東 2 − 10 − 29	048 − 752 − 3176
小宮商事㈱	335 − 0004	蕨市錦蕨市中央 5 − 17 − 9	048 − 431 − 6868
㈱米善	254 − 0082	平塚市東豊田 594 − 30	0463 − 51 − 5500
㈱コヤマ	346 − 0035	久喜市清久町 3 − 3	0480 − 23 − 1666
埼玉産業開発㈱	102 − 0072	千代田区飯田橋 2 − 13 − 7　三喜ビルディング	03 − 3265 − 7933
㈱斎藤組	369 − 1871	秩父市下影森 163	0494 − 22 − 5505
㈱島半	257 − 0055	秦野市鈴張町 5 − 30	0463 − 82 − 2211
昭光通商㈱	105 − 8432	港区芝公園 2 − 4 − 1　芝パークビル B 館 3 階	03 − 3459 − 5111
炭平コーポレーション㈱　東京支店	113 − 0033	文京区本郷 4 − 3 − 4　本郷 4 丁目ビル 6F	03 − 3813 − 4931
関口守正建材㈱	350 − 0227	坂戸市仲町 3 − 39	049 − 281 − 0014
㈱関鉄次郎商店	258 − 0113	足柄上郡山北町山北 2796	0465 − 75 − 0007
相立興産㈱	220 − 0004	横浜市西区北幸 2 − 15 − 1　東武横浜第 2 ビル 6 階	045 − 319 − 2284
大同建材産業㈱	104 − 0061	中央区銀座 2 − 3 − 6　銀座並木通りビル 8 階	03 − 6634 − 3800
大同建材産業㈱　千葉営業所	273 − 0024	船橋市海神町南 1 − 1599	047 − 431 − 9691
泰東商事㈱	160 − 0022	新宿区新宿 4 − 3 − 15　レイフラット新宿 1108	03 − 3356 − 3691
泰東商事㈱　埼玉支店	332 − 0035	川口市西青木 1 − 26 − 9　RS ビル 402	048 − 240 − 3305
太平建材㈱	168 − 0073	杉並区下高井戸 1 − 11 − 15	03 − 3323 − 3331
太平洋セメント販売㈱　本社	104 − 0061	中央区銀座 7 − 12 − 8　第一銀座ビル 6 階	03 − 6226 − 6500
太平洋セメント販売㈱　東京支店	104 − 0061	中央区銀座 7 − 12 − 8　第一銀座ビル 5 階	03 − 6226 − 0460
太平洋セメント販売㈱　マテリアル支社	104 − 0061	中央区銀座 7 − 12 − 8　第一銀座ビル 5 階	03 − 6226 − 6504
太平洋セメント販売㈱　マテリアル支社　北関東建材営業所　柏物流センター	277 − 0872	柏市十余二 538	04 − 7132 − 1881
太平洋セメント販売㈱　埼玉支店	330 − 0802	さいたま市大宮区宮町 1 − 86 − 1　大宮イーストビル 4 階	048 − 642 − 2663
太平洋セメント販売㈱　所沢物流センター	359 − 0011	所沢市南永井 41 − 1	04 − 2992 − 2110
太平洋セメント販売㈱　千葉支店	260 − 0028	千葉市中央区新町 1 − 17　JPR 千葉ビル 2 階	043 − 238 − 1510
太平洋セメント販売㈱　横浜支店	231 − 0007	横浜市中区弁天通 2 − 29　加州ビル 4 階	045 − 640 − 0031
太平洋セメント販売㈱　横浜物流センター	224 − 0023	横浜市都筑区東山田 4 − 33 − 14	045 − 593 − 8461
㈱タカムラ	155 − 0033	世田谷区代田 5 − 7 − 6	03 − 3414 − 5101
㈱立花マテリアル　東京支店	341 − 0054	三郷市泉 3 − 2 − 28	048 − 949 − 2101
㈱土金	112 − 0004	文京区後楽 1 − 1 − 1　TK − CENTRAL5 階	03 − 3813 − 3456
敦井産業㈱　東京支店	100 − 0005	千代田区丸の内 2 − 2 − 1　岸本ビル 1114 号	03 − 3212 − 6131
ティーシートレーディング㈱	101 − 0062	千代田区神田駿河台 4 − 3　新お茶の水ビルディング 11 階	03 − 5283 − 0570
ティーシートレーディング㈱　東京支店	101 − 0062	千代田区神田駿河台 4 − 3　新お茶の水ビルディング 11 階	03 − 5283 − 0575
ティーシートレーディング㈱　八王子支店	192 − 0046	八王子市明神町 4 − 5 − 3　橋捷ビル 6 階	042 − 646 − 0481
ティーシートレーディング㈱　埼玉支店	336 − 0027	さいたま市南区沼影 1 − 20 − 1　武蔵浦和大栄ビル 202	048 − 864 − 2626
ティーシートレーディング㈱　東関東支店	260 − 0028	千葉市中央区新町 18 − 10　千葉第一生命ビルディング 5 階	043 − 307 − 2560
ティーシートレーディング㈱　横浜支店			

販売店	郵便番号	住所	電話
	231－0015	横浜市中区尾上町6－86－1　関内董友ビル7階	045－201－8511
ティーシートレーディング㈱　瀬谷営業所	246－0001	横浜市瀬谷区卸本町9279－6	045－921－7155
デイシイ販売㈱	220－0004	横浜市西区北幸2－7－10　高見澤ビルディング2階	045－594－9679
テッケン興産㈱	113－0034	文京区湯島1－6－7	03－6240－0441
㈱東武資材　埼玉支店	361－0031	行田市緑町9－7	048－594－7725
富沢建材㈱	164－0003	中野区東中野4－30－11	03－3362－7774
富沢資材産業㈱	166－0003	杉並区高円寺南2－8－1	03－3315－2111
豊川興業㈱	114－0023	北区滝野川2－5－15　フジビル1階	03－5567－4751
中島商事㈲	142－0054	品川区西中延2－1－21	03－3784－0231
㈱中原	346－0003	久喜市中央4－1－5	0480－22－8111
㈱新倉商店	238－0012	横須賀市安浦町2－23	046－823－2422
㈱新倉商店　仮事務所	239－0808	横須賀市大津町1－16－6　中央商工ビル3階	046－845－6311
㈱新倉商店　横浜支店	231－0014	横浜市中区常盤町5－69　第15吉田ビル7階	045－662－5746
日松建販㈱	157－0066	世田谷区成城2－36－8－1002	03－3415－1228
㈱野村商店	101－0047	千代田区内神田1－3－5　野村ビル3階	03－3219－6341
芳賀建材工業㈱	158－0094	世田谷区玉川3－38－8	03－3708－1133
㈱林屋	272－0034	市川市市川4－8－13	047－372－0131
㈱林屋　市川営業所	272－0837	市川市堀之内1－11－9	047－373－0511
林屋コンクリート工業㈱	175－0094	板橋区成増1－16－12	03－3939－1122
人の森㈱	220－0422	海老名市中新田1762	046－233－2511
人の森㈱　首都圏支店	220－0002	横浜市西区戸部町6－209	045－321－4774
廣嶋産業㈱	350－2211	鶴ヶ島市脚折町5－3－43	049－285－5100
㈱福田	154－0004	世田谷区太子堂1－12－27	03－3424－5555
㈲福田商店	131－0033	墨田区向島1－32－8	03－3625－3309
㈲福田商店　春日部店	349－0225	白岡市太田新井716	0480－92－6211
㈲福田商店　岩槻店	339－0025	さいたま市岩槻区釣上新田1017	048－798－1601
㈲福田商店　松戸店	270－0017	松戸市幸谷182－6	047－341－4421
㈲福田商店　成田店	286－0133	成田市吉倉111	0476－22－0198
㈲福田商店　野田店	278－0001	野田市目吹砂田2331	04－7122－7175
㈲福田商店　八千代店	276－0015	八千代市米本1300－1	047－488－7818
㈲福田商店　千葉店	266－0002	千葉市緑区平山町1042－20	043－291－6716
㈱藤田商店	360－0037	熊谷市筑波1－37	048－521－0647
㈱ホクアイ　埼玉営業所	339－0028	さいたま市岩槻区美園東3－6－3	048－791－1133
㈱ホクアイ　東京支店	131－0042	墨田区東墨田1－1－2	03－3617－3001
㈱ホクアイ　東京西営業所	208－0034	武蔵村山市残堀5－131－3	042－531－4331
㈱堀江商店建材部	260－0022	千葉市中央区神明町32－1	043－241－3331
松坂屋建材㈱	360－0833	熊谷市大字広瀬165	048－524－5555
松坂屋建材㈱　行田店	361－0075	行田市向町26－22	048－556－4535
儘田産業㈱	348－0053	羽生市南5－3－21	048－561－4151
マルセン㈱	250－0045	小田原市城山1－3－20	0465－35－9700
マルセン㈱　県央支店	243－0021	厚木市岡田3088　ケーオービル6階C	046－229－3300
㈱丸宮	104－0042	中央区入船町1－2－6－901	0429－73－1011
溝口建材㈱	213－0001	川崎市高津区溝口1－21－1	044－822－3498
三智商事㈱	246－0007	横浜市瀬谷区目黒町10－4	045－923－8123
㈱三好商会	220－0004	横浜市西区北幸2－8－4　横浜西口KNビル	045－328－3445
㈱三好商会　湘南支店	243－0807	厚木市金田1280	046－296－2721
㈱三好商会　千葉支店	260－0016	千葉市中央区栄町42－11　日本企業会館3階	043－202－7181
㈱三好商会　君津営業所	299－1147	君津市人見1135－1	0439－52－1521
㈱三好商会　東京支店	108－0014	港区芝5－27－10　サンシャイン5ビル3階	03－6665－8344
㈱三好商会　北関東営業所	108－0014	港区芝5－27－10　サンシャイン5ビル3階	03－6665－8344
ムツミ産業㈱	338－0011	さいたま市中央区新中里3－6－1	048－831－3032
村松興業㈱　東京支店	141－0031	品川区西五反田2－29－11　日幸五反田ビル別館3階	03－6417－4036
㈱村山商店	250－0001	小田原市扇町2－27－28	0465－34－5685

㈱村山商会　鴻巣営業所	365 − 0075	鴻巣市宮地 4 − 1 − 24	048 − 542 − 2269
矢島建商㈱	272 − 0146	市川市広尾 1 − 3 − 2	047 − 397 − 7671
㈱山石	252 − 0816	藤沢市遠藤 2014 − 2	0466 − 53 − 8866
山一興産㈱	134 − 8612	江戸川区西葛西 7 − 20 − 1	03 − 5675 − 4121
山一興産㈱　東京支店	104 − 0061	中央区銀座 4 − 13 − 11　松竹倶楽部ビル 8 階	03 − 3248 − 2255
山一興産㈱　北関東支店	330 − 0845	さいたま市大宮区仲町 3 − 13 − 1　住友生命大宮第 2 ビル 6 階	048 − 643 − 2601
山一興産㈱　千葉支店	260 − 0015	千葉市中央区富士見 2 − 3 − 1　塚本大千葉ビル 7 階	043 − 227 − 3511
山一興産㈱　横浜支店	221 − 0835	横浜市神奈川区鶴屋町 3 − 33 − 8　アサヒビルヂング 7 階	045 − 319 − 1951
㈱山田建材店	146 − 0082	大田区池上 4 − 13 − 8	03 − 3753 − 3726
ユニオン化成㈱	102 − 0074	千代田区九段南 1 − 6 − 5	03 − 6261 − 5855
横田セメント店	368 − 0035	秩父市上町 3 − 6 − 7	0494 − 22 − 2106
吉崎商事㈱	168 − 0063	杉並区和泉 3 − 46 − 9　YS 第 1 ビル	03 − 3322 − 7111
㈱吉田東光	330 − 0081	さいたま市中央区新都心 4 − 3　ウェルクビル 3 階	048 − 856 − 0010
㈱吉田東光　三芳営業所	354 − 0045	入間郡三芳町上富 1783 − 1	049 − 259 − 3071
㈱吉田東光　川口営業所	333 − 0848	川口市芝下 1 − 8 − 4	048 − 267 − 1308
㈱吉田東光　越谷営業所	343 − 0807	越谷市赤山町 2 − 96 − 1	048 − 966 − 9215
㈱吉田東光　熊谷営業所	360 − 0846	熊谷市拾六間 987	048 − 532 − 3916
㈱吉田東光　幸手営業所	340 − 0142	幸手市中野 280 − 1	0480 − 48 − 1300
㈱吉田東光　柏営業所	277 − 0805	柏市大青田 722 − 2	04 − 7137 − 0710
㈱吉田東光　神奈川営業所	252 − 1132	綾瀬市寺尾中 3 − 13 − 39	0467 − 79 − 2258
㈱吉田東光　府中営業所	183 − 0031	府中市西府町 5 − 5 − 4	042 − 580 − 0885
㈱吉田東光　町田営業所	194 − 0013	町田市原町田 6 − 17 − 6 町田 MHCL ビル 4 階	042 − 851 − 8810
竜葉建材㈱	260 − 0022	千葉市中央区神明町 32 − 1	043 − 242 − 4611
㈱和田商店	104 − 0061	中央区銀座 1 − 14 − 7	03 − 3561 − 9511
㈱渡邊商店	247 − 0007	横浜市栄区小菅ヶ谷 4 − 32 − 25	045 − 896 − 2800
◆関東支店◆			
㈱青木	300 − 0812	土浦市下高津 2 − 13 − 13	029 − 821 − 2420
㈱アジス	954 − 0124	長岡市中之島 6289 − 44	0258 − 66 − 5411
㈱麻生商店	370 − 2132	高崎市吉井町吉井 15	027 − 387 − 2027
㈱安達コンクリート工業	940 − 2146	長岡市大積町一丁目字砂坂 411	0258 − 47 − 1111
阿部精麦㈱	959 − 1377	加茂市岡ノ町 5 − 5	0256 − 52 − 4141
飯田米穀㈱	395 − 0052	飯田市元町 5452 − 1	0265 − 22 − 1601
㈱イシザカ	945 − 1105	柏崎市長峰町 7 − 6	0257 − 23 − 2151
石田建材工業㈱	370 − 0851	高崎市上中居町 684	027 − 327 − 3304
和泉産業㈱	400 − 0047	甲府市徳行 2 − 3 − 20	055 − 222 − 1151
㈱いりやまと	950 − 0912	新潟市中央区南笹口 1 − 7 − 10	025 − 243 − 3141
ウチダ商事㈱　つくば営業所	305 − 0847	つくば市陣場 F22 − 4	029 − 893 − 5591
ウチダ商事㈱　宇都宮営業所	321 − 0158	宇都宮市西川田本町 1 − 8 − 30	028 − 684 − 5211
ウチダ商事㈱　群馬営業所	372 − 0814	伊勢崎市田中町 29 − 1	0270 − 23 − 5331
エスビック㈱	370 − 1207	高崎市綿貫町 1729 − 5	027 − 384 − 4190
㈲扇屋商店	949 − 7101	南魚沼市五日町 16 − 1	025 − 776 − 3177
㈲扇屋商店　六日町店	949 − 6600	南魚沼市六日町 808	025 − 772 − 7800
㈲扇屋商店　小出店	946 − 0011	魚沼市小出島 1191 − 2	025 − 792 − 3123
㈱オダ　茨城営業所	300 − 4223	つくば市大字小田 3256	0298 − 67 − 1706
㈱カナイ・ヤ	378 − 0051	沼田市上原町 1756 − 7	0278 − 23 − 4331
㈴叶屋本店	300 − 2706	常総市新石下 236	0297 − 42 − 2012
甘楽富岡農業協同組合	370 − 2396	富岡市富岡 2638 − 1	0274 − 64 − 1555
㈱クワヤマ	945 − 0066	柏崎市西本町 3 − 16 − 5	0257 − 23 − 6264
㈱幸村萬治商店	943 − 0804	上越市新光町 3 − 14 − 12	025 − 543 − 2308
小海建材㈱	392 − 0015	諏訪市中洲 5687	0266 − 52 − 6010
㈲小島商店	374 − 0051	館林市新栄町 1931 − 1	0276 − 74 − 2222
㈱コバリキ	951 − 8052	新潟市中央区下大川前通四之町 2185	025 − 222 − 5121
㈱佐川商店	325 − 0057	那須塩原市黒磯幸町 6 − 23	0287 − 62 − 1611
㈱左治木	380 − 0921	長野市栗田 653	026 − 228 − 3838

名称	住所	電話
㈱塩善	940 − 0093 長岡市水道町 1 − 6 − 3	0258 − 32 − 6135
㈱シノダ	395 − 0076 飯田市白山町 2 − 6945 − 1	0265 − 22 − 2880
㈱上越商会	943 − 8616 上越市大字土橋 1012	025 − 524 − 6180
㈱白木屋	320 − 0816 宇都宮市天神 1 − 1 − 33	028 − 633 − 3327
㈱杉田	370 − 0724 邑楽郡千代田町下中森 1050 − 1	0276 − 86 − 2031
炭平コーポレーション㈱	381 − 0025 長野市北長池 1667	026 − 244 − 3751
炭平コーポレーション㈱　長野支店	381 − 0025 長野市北長池 1667	026 − 251 − 0811
炭平コーポレーション㈱　松本支店	399 − 0033 松本市笹賀 7804	0263 − 26 − 4016
炭平コーポレーション㈱　諏訪支店	392 − 0015 諏訪市中州 4348	0266 − 57 − 0111
炭平コーポレーション㈱　小諸支店	384 − 0809 小諸市滋野甲 1450	0267 − 22 − 6151
炭平コーポレーション㈱　飯田支店	399 − 3303 下伊那郡松川町元大島 1533	0265 − 36 − 2911
㈱関矢建材	945 − 0066 柏崎市西本町 3 − 17 − 28	0257 − 24 − 1525
㈱銭屋	399 − 0005 松本市野溝木工 1 − 8 − 18	0263 − 26 − 1291
相馬商事㈱	385 − 0053 佐久市野沢 1	0267 − 62 − 1145
相馬商事㈱　建材営業部	385 − 0053 佐久市野沢 323 − 8	0267 − 62 − 1887
太平洋セメント販売㈱　関東グループ茨城営業所	310 − 0021 水戸市南町 1 − 2 − 4　富士ビル PART2	029 − 225 − 5165
太平洋セメント販売㈱　関東グループ宇都宮営業所	321 − 0945 宇都宮市宿郷 2 − 3 − 9　ビック・ビー宿郷Ⅱ 207	028 − 651 − 2501
太平洋セメント販売㈱　関東グループ群馬営業所	379 − 2304 太田市大原町 39 − 5　2 階	0279 − 47 − 6088
太平洋セメント販売㈱　甲府支店	400 − 0031 甲府市丸の内 1 − 17 − 10　東武穴水ビル 8 階	055 − 235 − 7117
太平洋セメント販売㈱　長野営業所	399 − 1612 下伊那郡阿南町新野 3528 − 1	0260 − 24 − 1550
㈱高助	951 − 8055 新潟市中央区礎町通四ノ町 2100	025 − 222 − 7161
高助コーポレーション㈱	942 − 0011 上越市港町 1 − 8 − 2	025 − 543 − 7111
竹中産業㈱　新潟営業所	950 − 0087 新潟市中央区東大通 1 − 4 − 1　マルタケビル 3 階	025 − 241 − 1991
㈱タス	321 − 0983 宇都宮市御幸本町 4665 − 14	028 − 661 − 2760
塚田陶管㈱	300 − 4115 土浦市藤沢 3578	029 − 862 − 2511
㈱辻由	321 − 0911 宇都宮市問屋町 3172 − 59	028 − 656 − 3281
敦井産業㈱	951 − 8610 新潟市中央区下大川前通四之町 2230 − 12	025 − 229 − 8020
敦井産業㈱　上越支店	942 − 8691 上越市住吉町 5 − 16	025 − 543 − 8111
敦井産業㈱　長岡支店	940 − 8690 長岡市袋町 3 − 1101 − 7	0258 − 35 − 1245
ティーシートレーディング㈱　東京支社　東関東支店　水戸営業所	311 − 4144 水戸市開江町 1590	029 − 257 − 2681
ティーシートレーディング㈱　埼玉支店　宇都宮営業所	321 − 0953 宇都宮市東宿郷 1 − 7 − 1　ウインズ杉 1 階	028 − 637 − 9870
ティーシートレーディング㈱　北関東支店	370 − 0851 高崎市上中居町 51 − 1　EST900　3 階	027 − 322 − 7001
ティーシートレーディング㈱　甲府営業所	400 − 0025 甲府市朝日 1 − 3 − 8　天野ビル 1 階	055 − 220 − 3444
ティーシートレーディング㈱　長野営業所	380 − 0823 長野市南千歳 2 − 15 − 3　トミノビル 5 階	026 − 224 − 2156
ティーシートレーディング㈱　新潟営業所	951 − 8153 新潟市中央区文京町 22 − 25　ビラ文京 1 階	025 − 231 − 8660
TD セメント販売㈱	370 − 0849 高崎市八島町 58 − 1　ウエスト・ワンビル 5F	027 − 327 − 2115
㈱東武資材	323 − 0025 小山市城山町 1 − 2 − 5	0285 − 25 − 4511
東邦産業㈱	951 − 8124 新潟市中央区医学町通 2 − 10 − 1　ダイアパレス医学町 2 階	025 − 228 − 0168
東邦産業㈱　長岡支店	940 − 0064 長岡市殿町 1 − 5 − 6	0258 − 35 − 7211
東邦産業㈱　糸魚川支店	941 − 0058 糸魚川市寺町 3 − 7 − 21	025 − 552 − 1716
㈱富田	409 − 0112 上野原市上野原 3261	0554 − 63 − 1331
トライアン㈱	381 − 0026 長野市松岡 2 − 6 − 18	026 − 251 − 1603
新潟スプリットン建商㈱	953 − 0125 新潟市西蒲区和納 2102	0256 − 82 − 4001
新潟燃商㈱	950 − 0072 新潟市中央区竜が島 1 − 4 − 10	025 − 243 − 4741
㈱西畑建材店	328 − 0075 栃木市箱森町 11 − 6	0282 − 23 − 0022

販売店	郵便番号	住所	電話番号
㈱日徳	403 − 0008	富士吉田市下吉田東 1 − 12 − 23	0555 − 23 − 7111
㈱根岸	370 − 2107	高崎市吉井町池 77	027 − 387 − 3431
㈱ヒロタ	371 − 0855	前橋市問屋町 1 − 7 − 4	027 − 251 − 0211
㈲福田商店	300 − 0804	土浦市粕毛 80 学園通り	0298 − 22 − 6614
㈱富士建商	383 − 0015	中野市吉田 26	0269 − 22 − 4131
㈱ホリグチ	377 − 0004	渋川市半田 2420	0279 − 22 − 2525
眞野建材㈱	943 − 0144	上越市桜町 21	025 − 524 − 2153
丸壽産業㈱	399 − 8211	安曇野市堀金烏川 3063 − 3	0263 − 72 − 8570
丸仁商事㈱	941 − 0061	糸魚川市大町 1 − 6 − 18	025 − 552 − 0806
㈱丸吉商店	390 − 0802	松本市旭 2 − 5 − 11	0263 − 35 − 3188
三谷商事㈱　中部支社　山梨支店	405 − 0075	笛吹市一宮町東原 927 − 1	0553 − 47 − 8050
㈱嶺村建材工業	943 − 0155	上越市大字四ヶ所 294 − 18	025 − 520 − 8857
㈱三森商店	409 − 1316	甲州市勝沼町勝沼 3264	0553 − 44 − 1188
㈱宮作	958 − 0872	村上市片町 4 − 12	0254 − 53 − 3184
村樫石灰工業㈱	327 − 0509	佐野市宮下町 1 − 10	0283 − 86 − 3511
㈱村山商会	948 − 0056	十日町市高田町 6	025 − 757 − 5105
㈱本久	381 − 8588	長野市桐原 1 − 3 − 5	026 − 241 − 1151
㈱本久　松本支店	399 − 0033	松本市大字笹賀 7600 − 59	0263 − 57 − 3151
㈱ヤマサ	399 − 0033	松本市大字笹賀 7600 − 22	0263 − 86 − 0015
㈱山田屋商店	948 − 0031	十日町市山本町 5 − 866 − 6	025 − 752 − 3105
㈱山忠	310 − 0021	水戸市南町 2 − 4 − 54	029 − 221 − 9151
㈱山忠　本社営業部	312 − 0035	ひたちなか市枝川町城ノ内 222	029 − 221 − 9154
山富産業㈱	390 − 0831	松本市井川城 1 − 2 − 9	0263 − 25 − 0387
山梨共栄石油㈱	400 − 0032	甲府市中央 2 − 12 − 14	055 − 233 − 2271
ラック㈱	941 − 0067	糸魚川市横町 5 − 2 − 18	025 − 552 − 1139
綿半ソリューションズ㈱	395 − 0193	飯田市北方 1023 − 1	0265 − 28 − 2170
綿半ソリューションズ㈱　ライフイノベーション事業部　南信営業部　伊那営業グループ	399 − 4431	伊那市西春近 6558	0265 − 72 − 8977
綿半ソリューションズ㈱　ライフイノベーション事業部　東信営業部　佐久営業グループ	385 − 0022	佐久市岩村田 3162 − 37　小林ビル 301 号	0267 − 67 − 8080
◆中部北陸支店◆			
愛知太平洋建販㈱	456 − 0034	名古屋市熱田区伝馬 2 − 16 − 15　クラウン 30 ビル 4 階	052 − 683 − 4581
アスワ物産㈱	910 − 0855	福井市西方 2 − 3 − 7	0776 − 25 − 4545
㈱油久	464 − 8530	名古屋市千種区萱場 1 − 6 − 19	052 − 722 − 2111
板倉実業㈱　本店	443 − 0033	蒲郡市松原町 5 − 20	0533 − 68 − 4628
板倉実業㈱　本社	440 − 0081	豊橋市大村町山所 22	0532 − 55 − 9111
板倉実業㈱　名古屋支店	461 − 0005	名古屋市東区東桜 1 − 2 − 13	052 − 951 − 9171
板倉実業㈱　安城営業所	446 − 0002	安城市橋目町郷前 34 − 2	0566 − 97 − 3535
㈱一ヱ商店	510 − 8016	四日市市富州原町 23 − 2	059 − 365 − 3118
井上商事㈱	910 − 0859	福井市日之出 2 − 1 − 6	0776 − 27 − 8382
井上商事㈱　敦賀支店	914 − 0077	敦賀市栄新町 7 − 19	0770 − 22 − 3843
井上商事㈱　金沢支店	920 − 0364	金沢市松島 2 − 190 − 2	076 − 240 − 0292
揖斐川工業㈱	503 − 8552	大垣市万石 2 − 31	0584 − 81 − 6174
揖斐川工業㈱　名古屋支店	450 − 0002	名古屋市中区丸の内 1 − 15 − 20　ie 丸の内ビルディング 7 階	052 − 857 − 4157
㈱インテルグロー	444 − 0873	岡崎市竜美台 2 − 8 − 8　SG ビル 4 階	0564 − 52 − 4717
㈱大嶽名古屋	460 − 0012	名古屋市中区千代田 5 − 8 − 22	052 − 261 − 3355
㈱太田商店	427 − 0045	島田市向島町 4633 − 7	0547 − 36 − 3838
㈱キング鈴井商会	453 − 0858	名古屋市中村区野田町中深 18 − 3	052 − 412 − 4112
㈱小鍛治長次郎商店	924 − 0865	白山市倉光 1 − 186	076 − 276 − 1131
㈱小杉建材店	920 − 0841	金沢市浅野本町 2 − 25 − 32	076 − 252 − 0166
㈱古藤田商店	410 − 2412	伊豆市瓜生野 32	0558 − 72 − 6575
㈱古藤田商店　沼津営業所	410 − 0872	沼津市小諏訪 964 − 1	055 − 920 − 6001
三商㈱　大垣営業所	503 − 0917	大垣市神田町 2 − 80	0584 − 78 − 4137
CE・KATO ㈱	497 − 0044	海部郡蟹江町下市場 19 − 1	0567 − 95 − 4681

販売店	郵便番号	住所	電話番号
柴田建材㈱	424 − 0826	静岡市清水区万世町 1 − 3 − 10	054 − 353 − 0151
島屋建材㈱	921 − 8831	野々市市下林 4 − 287 − 4	076 − 248 − 1471
島屋建設㈱	921 − 8025	金沢市増泉 3 − 16 − 18	076 − 242 − 5151
㈲島屋商店	923 − 0964	小松市今江町は 84	0761 − 24 − 1234
㈱島豊商店	923 − 0801	小松市園町ホ 120 − 1	0761 − 22 − 4321
白井建材㈱	932 − 0058	小矢部市小矢部町 4 − 23	0766 − 67 − 0948
㈱新幸実業	453 − 0037	名古屋市中村区高道町 1 − 5 − 13	052 − 482 − 8871
新品川商事㈱　名古屋支店	460 − 0003	名古屋市中区錦 1 − 7 − 32　名古屋 SI ビル 301 号	052 − 209 − 6398
新品川商事㈱　三重支店	510 − 0235	鈴鹿市南江島町 20 − 12	059 − 387 − 5531
新品川商事㈱　鷲熊支店	519 − 5204	南牟婁郡御浜町阿田和 3422 − 8	05979 − 3 − 0055
新品川商事㈱　尾鷲営業所	519 − 3672	尾鷲市矢浜岡崎町 1979 − 16	0597 − 23 − 1012
㈱スギヤマ	412 − 0026	御殿場市東田中 539	0550 − 82 − 1414
㈱スギヤマ　沼津営業所	410 − 0831	沼津市市場町 8 − 15　増田ビル 2FA 室	055 − 935 − 6311
鈴与商事㈱	420 − 0859	静岡市葵区栄町 1 − 3　鈴与静岡ビル 7 階	054 − 663 − 9281
鈴与商事㈱　静岡支店　建材営業課	420 − 0813	静岡市葵区長沼 897 − 2　鈴与東静岡ビル 3 階	054 − 263 − 2493
鈴与商事㈱　沼津支店　建材営業課	410 − 0022	沼津市大岡字古関 1	055 − 972 − 4809
鈴与商事㈱　豊橋支店　建材営業課	440 − 8513	豊橋市大橋通 3 − 112	0532 − 75 − 0244
せいさ工材㈱	422 − 8076	静岡市駿河区八幡 2 − 2 − 10	054 − 286 − 2278
せいさ工材㈱　沼津営業所	410 − 0061	沼津市北園町 5 − 2	055 − 923 − 1007
せいさ工材㈱　浜松営業所	430 − 0911	浜松市中央区新津町 665	053 − 463 − 6237
せいさ工材㈱　富士営業所	417 − 0045	富士市錦町 1 − 7 − 12	0545 − 51 − 0812
㈱総合	455 − 0072	名古屋市港区須成町 1 − 1　東海建設ビル	052 − 654 − 1246
大同建材産業㈱　吉原営業所	417 − 0072	富士市浅間上町 15 − 36	0545 − 52 − 5237
大平産業㈱	930 − 0115	富山市茶屋町 185	076 − 434 − 4117
太平洋セメント販売㈱　名古屋支店	460 − 0003	名古屋市中区錦 1 − 13 − 33　福昌名古屋ビル 3 階	052 − 231 − 1045
太平洋セメント販売㈱　静岡営業所	422 − 8062	静岡市駿河区稲川 2 − 2 − 1　セキスイハイムビルディング 4C	054 − 270 − 8166
㈱瀧澤	514 − 0004	津市栄町 1 − 840　大同生命・瀧澤ビル 4 階	059 − 227 − 0141
㈱瀧澤　松阪事業所	515 − 2105	松阪市肥留町 352	0598 − 56 − 9229
㈲タカタ商事	932 − 0807	小矢部市柳原 201	0766 − 67 − 2313
竹中産業㈱　名古屋営業所	460 − 0007	名古屋市中区新栄 1 − 49 − 16	052 − 241 − 3526
竹中産業㈱　富山営業所	930 − 0985	富山市田中町 5 − 1 − 8	076 − 421 − 6166
竹中産業㈱　金沢営業所	920 − 0856	金沢市昭和町 3 − 10	076 − 262 − 0481
竹中産業㈱　福井営業所	918 − 8015	福井市花堂南 1 − 11 − 25	0776 − 33 − 0001
㈱立花マテリアル　名古屋出張所	461 − 0003	名古屋市東区筒井 3 − 19 − 3	052 − 979 − 5707
中部採石工業㈱	440 − 0806	豊橋市八町通 4 − 22	0532 − 52 − 0288
辻商事㈱	921 − 8027	金沢市神田 1 − 3 − 5	076 − 244 − 4700
敦井産業㈱　高岡営業所	933 − 0021	高岡市下関町 1 − 19　毛利ビル 3 階	0766 − 21 − 3775
敦賀セメント建材㈱	914 − 8686	福井県敦賀市泉 2 − 6 − 1	0770 − 25 − 5383
敦賀セメント建材㈱　福井営業所	910 − 0006	福井県福井市中央 3 − 3 − 28	0776 − 22 − 5601
ティーシートレーディング㈱　中部支店	461 − 0005	名古屋市東区東桜 1 − 3 − 3　SATO ビル 2 階	052 − 954 − 8787
ティーシートレーディング㈱　中部支店　静岡営業所	422 − 8067	静岡市駿河区南町 6 − 16　パレ・ルネッサンス 303	054 − 203 − 2581
ティーシートレーディング㈱　北陸営業所	930 − 0008	富山市神通本町 2 − 5 − 10　酒井建設ビル 1 階	076 − 441 − 1505
㈱出口組	511 − 0515	いなべ市藤原町東禅寺 1261 − 3	0594 − 46 − 2400
東亜工業㈱　福井営業所	918 − 8016	福井市江端町 36 字 15	0776 − 38 − 5200
㈱東建商事	461 − 0005	名古屋市東区東桜 1 − 2 − 13	052 − 950 − 7400
㈱東商	410 − 0312	沼津市原 315 − 2	055 − 966 − 0192
東方物産㈱	514 − 0816	津市高茶屋小森上野町 2856	059 − 234 − 2800
㈱戸澤商店	500 − 8842	岐阜市金町 5 − 27	058 − 265 − 1445
㈱豊蔵組	920 − 0867	金沢市長土塀 3 − 13 − 8	076 − 263 − 2231
㈱豊田興産	460 − 0026	豊田市若宮町三丁目 72 番地　TAIKEI 若宮ビル 1 階	0565 − 42 − 5375
豊通鉄鋼販売㈱	450 − 0002	名古屋市中村区名駅 4 − 9 − 8　センチュリー豊田ビル 12 階	052 − 584 − 8689

販売店	郵便番号	住所	電話
㈱永谷	415 − 8507	下田市東本郷 1 − 19 − 17	0558 − 22 − 3561
日本海商事㈱	921 − 8046	金沢市大桑町チ 155	076 − 242 − 6150
濃尾産業㈱	460 − 0012	名古屋市中区千代田 5 − 1 − 15　江崎ビル 4 階	052 − 263 − 4693
㈱野村商店	414 − 0053	伊東市荻 578 − 216	0557 − 44 − 6600
㈱野村商店　基礎事業部	422 − 8045	静岡市駿河区西島 700 − 1	054 − 284 − 3461
㈱野村商店　伊東営業所	414 − 0053	伊東市荻 578 − 216	0557 − 45 − 2245
㈱野村商店　伊豆南営業所	415 − 0036	下田市西本郷 1 − 7 − 10	0558 − 22 − 3655
㈱野村商店　熱海営業所	413 − 0033	熱海市熱海 1993	0557 − 82 − 1244
㈱野村商店　伊豆中央営業所	410 − 2317	伊豆の国市守木 807 − 3	0558 − 76 − 3114
㈱野村商店　御殿場営業所	412 − 0039	御殿場市かまど 430	0550 − 83 − 1306
㈱野村商店　浜松営業所	435 − 0006	浜松市中央区下石田町 925	053 − 422 − 3636
㈱野村商店　静岡営業所	422 − 8045	静岡市駿河区西島 700 − 1	054 − 284 − 3461
服部数之助商店	444 − 0423	西尾市一色町一色中屋敷 78	0563 − 72 − 8667
ヒダ㈱	420 − 0821	静岡市葵区柚木 570	054 − 265 − 2225
ヒダ㈱　富士支店	416 − 0937	富士市前田 133	0545 − 64 − 0100
ヒダ㈱　浜松支店	435 − 0033	浜松市中央区石原町 270 − 1	053 − 426 − 5060
ヒダ㈱　小笠営業所	437 − 1405	掛川市中 3146	0537 − 74 − 3919
ヒダ㈱　名古屋支店	453 − 0014	名古屋市中村区則武 1 − 9 − 9　側島第 2 ノリタケビル 2 階	052 − 459 − 1360
㈱福田建材	437 − 0013	袋井市新屋 2 − 6 − 3	0538 − 43 − 3266
㈱フタムラ建材店	452 − 0905	清須市須ヶ口 316	052 − 400 − 3636
フルカワクリエイト㈱	426 − 0034	藤枝市駅前 2 − 14 − 8	054 − 641 − 0262
㈱北翔	930 − 0030	高岡市中央町 13　高岡中央ビル 2 階	0766 − 22 − 8850
北酸㈱	930 − 0029	富山市本町 11 − 5	076 − 441 − 2461
松岡コンクリート工業㈱	503 − 0917	大垣市神田町 1 − 6	0584 − 62 − 5007
㈱丸十	491 − 0011	一宮市柚木颪東川垂 7	0586 − 77 − 5626
丸壽産業㈱　名古屋営業所	460 − 0002	名古屋市中区丸の内 3 − 14 − 32　丸の内三丁目ビル 9 階	052 − 203 − 3030
㈱丸八	937 − 0066	魚津市北鬼江 364	0765 − 24 − 2808
三谷商事㈱　中部支社	450 − 0002	名古屋市中村区名駅 4 − 10 − 25　名古屋 IMA ビル 11 階	052 − 586 − 2345
三谷商事㈱　中部支社　岐阜支店	500 − 8856	岐阜市橋本町 2 − 20　濃飛ビル 7 階	058 − 201 − 0550
三谷商事㈱　中部支社　静岡支店	422 − 8062	静岡市駿河区稲川 2 − 1 − 1　伊電静岡駅南ビル 3 階	054 − 291 − 5811
三谷商事㈱　中部支社　静岡支店　浜松出張所	435 − 0045	浜松市中央区細嶋町 6 − 6　カワ清林京ビル 200 室	053 − 467 − 6363
三谷商事㈱　中部支社　静岡支店　三島出張所	410 − 1124	裾野市水窪 38 − 1	055 − 995 − 3025
三谷商事㈱　中部支社　三重支店	515 − 2112	松阪市曽原町 293 − 3	0598 − 56 − 6625
三谷商事㈱　名古屋支店	450 − 0002	名古屋市中村区名駅 4 − 10 − 25　名古屋 IMA ビル 11 階	052 − 586 − 2345
三谷商事㈱　豊橋支店	441 − 0821	豊橋市白河町 61　ターミナル・プラザ 7 階	0532 − 32 − 3112
三谷商事㈱　北陸支社　福井支店	910 − 8015	福井市花堂南 1 − 11 − 29　サン 11 ビル 4 階	0776 − 36 − 0161
三谷商事㈱　北陸支社　敦賀支店	914 − 0076	敦賀市元町 5 − 7	0770 − 25 − 2460
三谷商事㈱　北陸支社　小浜支店	917 − 0241	小浜市遠敷 9 − 605	0770 − 56 − 3322
三谷商事㈱　北陸支社　富山支店	930 − 0008	富山市神通本町 1 − 1 − 19　いちご富山駅西ビル 1 階	076 − 431 − 6331
三谷商事㈱　北陸支社　金沢支店	920 − 0025	金沢市駅西本町 1 − 14 − 29　サン金沢ビル 2 階	076 − 263 − 7477
三谷産業コンストラクションズ㈱	921 − 8801	野々市市御経塚 3 − 47	076 − 269 − 9988
㈱宮本商店	440 − 0873	豊橋市小畷町 358	0532 − 53 − 5181
武藤嘉商事㈱	500 − 8367	岐阜市宇佐南 4 − 5 − 18	058 − 272 − 6411
武藤嘉商事㈱　高山支店	506 − 0025	高山市天満町 5 − 13　スギビル 4 階	0577 − 32 − 0750
武藤嘉商事㈱　名古屋支店	460 − 0003	名古屋市中区錦 1 − 20 − 12　伏見ビル 5 階	052 − 211 − 4721
㈱八洲	487 − 0004	春日井市玉野町 192	0568 − 51 − 6655
矢野コンクリート工業㈱	470 − 0354	豊田市田籾町広久手 614 − 184	0565 − 43 − 3700
矢橋商事㈱	445 − 0824	西尾市和泉町 133	0563 − 56 − 3166
㈱矢部商店	416 − 0916	富士市平垣 109 − 3	0545 − 61 − 0030
山石建材工業㈱	470 − 2103	知多郡東浦町石浜中央 13 − 1	0562 − 83 − 5155
ヤマカ㈱	507 − 0033	多治見市本町 3 − 101 − 1　クリスタルプラザ多治見 4 階	0572 − 22 − 2391
㈱山善商店	506 − 0026	高山市花里町 6 − 15	0577 − 32 − 5011

ヨシコン㈱	420 － 0034	静岡市葵区常磐町 1 － 4 － 12　第 1 ヨシコン常磐町ビル 6 階	054 － 653 － 2288
吉水商事㈱	910 － 0006	福井市中央 3 － 21　福井中央ビル 6 階	0776 － 22 － 0665
㈱和田商店　中部支店	510 － 0061	四日市市朝日町 3 － 2　プラザ 1986 ビル	059 － 353 － 6531
渡辺産業㈱	464 － 0850	名古屋市千種区今池 4 － 1 － 29　ニッセイ今池ビル 6 階	052 － 733 － 0311
◆関西四国支店◆			
アサノ産業㈱	761 － 8071	高松市伏石町 2149 － 7	087 － 816 － 0555
伊丹コンクリート工業㈱	664 － 0845	伊丹市東有岡 4 － 15	072 － 782 － 8076
㈱井戸太	632 － 0034	天理市丹波市町 450	0743 － 63 － 3311
今津港湾荷役㈱	663 － 8225	西宮市今津西浜町 2 － 16	0798 － 34 － 1221
㈱内田商店	640 － 8227	和歌山市西汀丁 23	073 － 431 － 6161
入交高販㈱	781 ― 0112	高知市仁井田 4563 － 1	088 ― 837 ― 3115
㈴かじ藤商店	527 － 0029	東近江市八日市町 13 － 19	0748 － 23 － 2500
㈱樫野　関西建材事業部	651 － 0088	神戸市中央区小野柄通 5 － 1 － 12	078 － 291 － 0501
㈱樫野　関西建材事業部　大阪営業所	554 － 0023	大阪市此花区春日出南 2 － 8 － 35　1 階	06 － 6467 － 6789
㈱樫野　四国事業部	770 － 0873	徳島市東沖洲 2 － 31	088 － 664 － 6363
㈱樫野　高松事業所	760 － 0036	高松市城東町 2 － 5 － 3	087 － 851 － 1515
河合産業㈱	651 － 0086	神戸市中央区磯上通 4 － 1 － 14　三宮スカイビル 10 階	078 ― 271 ― 5051
河合産業㈱　神戸支店	651 － 0086	神戸市中央区磯上通 4 － 1 － 14　三宮スカイビル 10 階	078 － 271 － 7502
河合産業㈱　大阪支店	550 － 0002	大阪市西区江戸堀 3 － 1 － 31　R&H ビル 4 階	06 － 6110 － 5678
㈱川西	560 － 0882	豊中市南桜塚 1 － 2 － 12	06 － 6841 － 4120
関西マテック㈱	541 － 0054	大阪市中央区南本町 2 － 3 － 8　KDX 南本町ビル 11 階	06 － 6260 － 0170
㈱キクノ	790 － 0067	松山市大手町 1 － 8 － 8	089 － 941 － 0007
㈱キクノ　西条営業所	793 － 0046	西条市港 174 － 3	0897 － 55 － 7766
㈱キクノ　大洲営業所	795 － 0083	大洲市菅田町大竹乙 879 － 3	0893 － 24 － 1333
㈱キクノ　八幡浜営業所	796 － 0201	八幡浜市保内町川之石字新田 1 － 236 － 1	0894 － 36 － 0510
㈱キクノ　宇和島営業所	798 － 3301	宇和島市津島町岩松甲 31	0895 － 32 － 3271
㈱キクノ　高松支店	760 － 0079	高松市松縄町 51 － 16	087 － 867 － 4416
紀陽タイル建材㈱	640 － 8043	和歌山市福町 27	073 － 422 － 3577
京阪産業㈱	540 － 0008	大阪市中央区大手前 1 － 7 － 24　京阪天満橋ビル 5 階	06 － 6943 － 5341
㈱弘生	780 － 8065	高知市朝倉戊 773 － 1	088 － 843 － 1214
㈱小西商店	768 － 0021	観音寺市吉岡町 723 － 1	0875 － 25 － 2980
㈱酒直	640 － 8150	和歌山市十三番丁 30	073 － 431 － 1231
㈱酒直　田辺支店	646 － 0022	田辺市東山 1 － 15 － 5	0739 － 24 － 4400
㈱酒直　御坊支店	644 － 0011	御坊市湯川町財部 626 － 1	0738 － 23 － 2662
㈱酒直　新宮支店	647 － 0053	新宮市五新 1 － 27	0735 － 22 － 0131
㈱酒直　大阪支店	542 － 0083	大阪市中央区東心斎橋 1 － 18 － 17	06 － 6271 － 7638
砂藤商事㈱	601 － 8102	京都市南区上鳥羽菅田町 25	075 － 661 － 1313
㈱サンコー	655 － 0861	神戸市垂水区下畑町 242	078 － 752 － 8282
新品川商事㈱	553 － 0003	大阪市福島区福島 4 － 6 － 31　機動ビル	06 － 6458 － 1113
㈱シンツ	798 － 0060	宇和島市丸之内 5 － 4 － 7	0895 － 22 － 3434
㈱シンツ　宇和島坂下津営業所	798 － 0087	宇和島市坂下津 407 － 52	0895 － 24 － 3750
㈱シンツ　松山本社	790 － 0054	松山市空港通り 2 － 12 － 5	089 － 974 － 8005
㈱シンツ　新居浜営業所	792 － 0896	新居浜市阿島 1 － 4 － 40	0897 － 67 － 1240
太平洋セメント販売㈱　西日本支社	541 － 0047	大阪市中央区淡路町 3 － 1 － 9　淡路町ダイビル 6 階	06 － 4300 － 4030
太平洋セメント販売㈱　西日本支社　四国営業所	760 － 0018	高松市天神前 10 － 5　高松セントラルスカイビルディング 5 階西	087 － 813 － 2181
高取㈱	615 － 0051	京都市右京区西院安塚町 92	075 － 311 － 0207
㈱立花マテリアル	561 － 0857	豊中市服部寿町 5 － 157 － 1	06 － 6865 － 1601
㈱田部	780 － 0812	高知市若松町 3 － 25	088 － 884 － 3111
ツチセー㈱	673 － 0882	明石市相生町 2 － 5 － 5　KS ビル 5 階	078 － 912 － 5575
ティーシートレーディング㈱　関西支店	541 － 0047	大阪市中央区備後町 3 － 3 － 15　ニュー備後町ビル 6 階	06 － 6125 － 1700
ティーシートレーディング㈱　神戸営業所			

	650－0024	神戸市中央区海岸通1－2－19　東洋ビル4階	078－335－2705
東亜工業㈱	526－0033	長浜市平方町366－3	0749－62－2200
東郷化成㈱	524－0012	守山市播磨田町96－1	077－583－2381
㈱長尾組	616－8142	京都市右京区太秦樋ノ内町1－4	075－872－3811
㈱西村住建商事	625－0036	舞鶴市字浜328	0773－62－8584
㈱西村住建商事　白鳥営業所	625－0062	舞鶴市森ムシウ225	0773－62－4531
日昇商事㈲	770－8006	徳島市新浜町1－1－30	088－663－1871
日産商事㈱	530－0012	大阪市北区芝田1－10－10	06－6377－2202
日本モルタルン㈱	557－0063	大阪市西成区南津守2－1－78	06－6658－8411
㈱野間商店	794－0031	今治市恵美須町2－1－1	0898－32－6730
㈱野間商店　三島川之江営業所	799－0422	四国中央市中之庄町520	0896－72－7210
㈱野間商店　新居浜支店	792－0823	新居浜市外山町14－51	0897－43－7175
㈱灰孝本店	600－8139	京都市下京区正面通高瀬角	075－341－3161
㈱はら	774－0030	阿南市富岡町滝の下40－1	0884－22－2737
㈱原建材店	774－0014	阿南市学原町中西38－6	0884－22－1212
林田塩産㈱	762－0002	坂出市入船町1－3－12	0877－44－2828
阪急産業㈱	530－0013	大阪市北区茶屋町19－19　アプローズタワー12階	06－6377－1197
日置川開発㈱	649－2511	西牟婁郡白浜町日置525	0739－52－2015
HIRAO㈱	657－0852	神戸市灘区大石南町3－3－6	078－871－1431
増田商事㈱	788－0013	宿毛市片島8－23	0880－65－8144
増田商事㈱　高知支店	780－0825	高知市農人町5－23	088－883－7175
㈱マナベ商事	778－8507	三好市池田町字シマ876－1	0883－72－2121
㈲満野大商店	799－3401	大洲市長浜甲296	0893－52－0013
㈲満野大商店　大洲支店	795－0061	大洲市徳の森宮方367－1	0893－25－0031
三谷商事㈱　滋賀支店	520－0802	大津市馬場2－11－17　ルーツ膳所駅前ビル304	077－522－2149
三谷商事㈱　京都支店	600－8216	京都市下京区烏丸通七条下ル　中信駅前ビル4階	075－361－6291
三谷商事㈱　福知山営業所	620－0052	福知山市昭和町64　昭和町ビル2階	0773－22－6815
三谷商事㈱　関西支社	530－0001	大阪市北区梅田1－2－2－400　大阪駅前第2ビル4階	06－6344－0501
三谷商事㈱　奈良営業所	630－8115	奈良市大宮町2－4－29　オフィス新大宮202	0742－36－5703
三谷商事㈱　和歌山支店	640－8157	和歌山市八番丁11　日本生命和歌山八番丁ビル2階	073－431－0181
三谷商事㈱　四国支店　徳島営業所	770－8053	徳島市沖浜東3－46　Jビル東館3階	088－622－2238
三谷商事㈱　関西支社　四国支店	760－0007	高松市中央町11－12　日成高松ビル5階	087－862－9241
㈱三好商会　福知山営業所	620－0847	福知山市字岩間小字塩津17－1	0773－22－1051
㈱三好商会　大阪支店	550－0015	大阪市西区南堀江4－17－18　原田ビル212号	06－6533－5611
㈱森川商店	636－0202	磯城郡川西町結崎482－8	0745－42－1008
㈱山谷	791－8061	松山市三津1－5－17	089－951－1181
㈱山久	643－0032	有田郡有田川町天満15－5	0737－52－4370
㈱山平建材店	527－0025	東近江市八日市東本町1－12	0748－22－1135
㈱吉澤商店	604－8383	京都市中京区西ノ京小堀町2－21	075－801－4551
㈱ヨシダ	639－0242	香芝市北今市4－291－1	0745－76－6116
◆中国支店◆			
㈱赤木商店	719－3115	真庭市中215	0867－42－1155
足立石灰工業㈱	718－0006	新見市足立3893	0867－95－7111
㈱石田弥太郎商店	697－0011	浜田市後野町2280－3	0855－22－1080
㈱出雲金蔵本店	690－0048	松江市西嫁島2－1－27	0852－21－4317
㈱円福寺	722－0051	尾道市東尾道9－6	0848－20－3181
㈱岡田商店	683－0004	米子市上福原673－4	0859－33－5151
㈱岡田商店　境港営業所	684－0034	境港市昭和町2－12	0859－42－3728
㈱奥商会	756－0057	山陽小野田市西高泊642－3	0836－83－2013
㈱奥商会　防府営業所	747－0812	防府市鋳物師町11－27	0835－22－2260
加藤商事㈱	683－0047	米子市祇園町2－232	0859－33－2011
㈱木下商会	755－0029	宇部市新天地2－6－16	0836－33－3000
グレース㈱　建材事業部	680－0461	八頭郡八頭町郡家50－1	0858－72－3131
合田産業㈱　本社・広島支店	734－0004	広島市南区宇品神田1－2－15	082－256－0033

合田産業㈱　福山営業所　721－0956　福山市箕沖町64　084－959－6383
合田産業㈱　岩国支店　741－0092　岩国市多田3－101－10　0827－41－2222
合田産業㈱　下松営業所　744－0011　下松市西豊井1387－5　0833－43－2871
合田産業㈱　下関営業所　752－0927　下関市長府扇町8－38　083－250－7390
広和通商㈱　730－0049　広島市中区南竹屋町2－28　第1CCSビル2階　082－246－3311
コーウン産業㈱　746－0027　周南市小川屋町1－5　0834－63－4100
㈱後藤商店　729－5121　庄原市東城町川東1135－11　08477－2－0070
㈱サンスパック　750－0008　下関市田中町15－7　083－231－3434
山陽物産㈱　730－0013　広島市西区横川町2－5－12　中谷ビル2階　082－232－2800
㈱三和商会　700－0955　岡山市南区万倍12－10　086－805－1901
嶋田工業㈱　756－0057　山陽小野田市西高泊631－11　0836－83－1111
㈱島根建材公社　694－0064　大田市大田町大田イ431－7　0854－82－0860
㈱島根建材公社　隠岐営業所　685－0004　隠岐郡隠岐の島町飯田有田27　08512－2－0306
㈱島根建材公社　松江営業所　690－0048　松江市西嫁島1－47－3　0852－21－9447
㈱島根建材公社　境港営業所　684－0034　境港市昭和町2－7　0859－44－4854
㈱島根建材公社　広島駐在　738－0036　廿日市市四季が丘4－8－23　0829－37－2650
㈱石信建材店　本社・海田営業所　736－0043　安芸郡海田町栄町2－10　082－823－8880
田中実業㈱　718－0013　新見市正田270　0867－72－8555
㈱中国商事　725－0003　竹原市新庄町62－3　0846－29－1487
長門資材㈱　752－0997　下関市前田2－26－16　083－231－0092
橋本産業㈱　700－0838　岡山市北区京町3－21　086－222－6701
橋本産業㈱　萩営業所　758－0141　萩市川上1561　0838－54－5775
服部興業㈱　701－0151　岡山市北区平野620　086－293－2111
㈱長谷川商事　710－0837　倉敷市沖新町90－11　086－425－5151
㈱光商会　680－0932　鳥取市五反田町16　0857－50－1241
㈱光商会　湖山営業本部　680－0932　鳥取市五反田町16　0857－28－3421
美建マテリアル㈱　720－1133　福山市駅家町近田30　084－976－0206
㈱備南建材社　721－0952　福山市曙町2－1－20　084－983－0091
広島建材㈱　730－0052　広島市中区千田町3－17－24　082－244－2300
広島建材㈱　岩国営業所　740－0017　岩国市今津町4－2－10　0827－21－5255
ヒロホールディングス㈱　701－0144　岡山市北区久米226　086－241－8007
㈱藤井商会　756－0815　山陽小野田市高栄2－1－14　0836－83－2855
㈱細田商店　689－4503　日野郡日野町根雨443　0859－72－0345
松尾建材㈱　682－0814　倉吉市米田町2－45　0858－22－8211
㈱まるせ　730－0825　広島市中区光南5－3－19　082－241－0106
㈱マルユウ建材　693－0051　出雲市小山町541　0853－23－0291
㈱三奈戸　737－2211　江田島市大柿町柿浦1532－1　0823－57－3377
㈱宮崎産商　752－0962　下関市長府安養寺1－15－1　083－245－5758
八幡東栄エステート㈱　680－0903　鳥取市南隈841　0857－28－5308
㈱山尾マテリアル　703－8227　岡山市中区兼基125－5　086－279－0453
山口総合建材㈱　753－0051　山口市旭通り2－7－13　083－922－5337
㈱竜陽　740－0022　岩国市山手町1－2－14　0827－22－3320
㈱竜陽　山口営業所　747－0054　防府市開出西町23－10　0835－24－6236
㈱竜陽　広島支店　731－5125　広島市佐伯区五日市駅前1－8－20　082－923－1181
㈱竜陽　呉営業所　737－0051　呉市中央6－9－23　0823－23－3030
㈱吉永商店　723－0017　三原市港町3－4－1　0848－64－5151
㈱吉永商店　呉出張所　737－0111　呉市広大広2－18－27　山陽レミコン㈱呉工場内　0823－71－0171
㈱吉永商店　岡山出張所　702－8026　岡山市南区浦安本町3　086－262－1171

◆九州支店◆

旭商事㈱　859－3811　東彼杵郡東彼杵町大音琴郷161－2　0957－46－1161
天草興産㈱　863－0044　天草市楠浦町80－4　0969－22－2622
有明商事㈱　836－0843　大牟田市不知火町2－5－1　シーザリオン2階　0944－51－2020
出田実業㈱　860－8691　熊本市中央区河原町11　096－354－0111
出田実業㈱　天草営業所　863－0043　天草市亀場町亀川1729　0969－23－1402

会社名	郵便番号	住所	電話番号
出田実業㈱　玉名営業所	869－0222	玉名市岱明町野口206－3	0968－72－2131
出田実業㈱　人吉営業所	868－0014	人吉市下薩摩瀬町1580－2	0966－22－5231
出田実業㈱　八代営業所	866－0844	八代市旭中央通7－3	0965－33－8111
岩崎産業㈱	892－8518	鹿児島市山下町9－5　岩崎ビル	099－223－0112
㈱内村商店	880－0907	宮崎市淀川1－2－13	0985－51－4022
ENEOSグローブエナジー㈱　筑後支店　大牟田支店	836－0016	大牟田市北磯町2－160	0944－52－5551
太田博㈱	808－0022	北九州市若松区大字安瀬64－110	093－771－5151
小野建㈱　小倉支店	803－8558	北九州市小倉北区西港町12－1	093－571－6675
小野建㈱　福岡支店	812－0051	福岡市東区箱崎ふ頭4－12－11	092－642－2022
小野建㈱　長崎支店	852－2108	西彼杵郡時津町日並郷字新開3610	095－882－4310
小野建㈱　佐世保営業所	857－1162	佐世保市卸本町29－16	0956－46－6860
小野建㈱　熊本支店	861－3202	上益城郡御船町小坂729－4	096－281－7101
小野建㈱　大分本店	870－0106	大分市大字鶴崎1995－1	097－524－1111
小野建㈱　宮崎営業所	880－0851	宮崎市港東1－4－3	0985－61－0361
㈱カネキ商店	890－0053	鹿児島市中央町18－1　南国センタービル3階	099－210－5008
加根久㈱　本部	850－0875	長崎市栄町1－25　長崎MSビル6階	095－818－5111
加根久㈱　佐世保支店	857－1174	佐世保市天神3－2702－3	0956－31－1248
加根久㈱　長崎支店	854－0065	諫早市津久葉町62－21	0957－26－3131
加根久㈱　佐賀支店	849－0934	佐賀市開成3－5－21	0952－30－7151
加根久㈱　鳥栖支店	841－0027	鳥栖市松原町1755－1	0942－82－5105
㈱加根又本店	890－8535	鹿児島市西別府町3200－6	099－282－6900
㈱加根又本店　建設資材鹿児島支店	890－8535	鹿児島市西別府町3200－6	099－282－6900
㈱加根又本店　建設資材鹿児島支店　鹿屋営業所	893－0024	鹿屋市下祓川町1363－1	0994－44－5379
㈱加根又本店　佐賀支店	849－0934	佐賀市開成5－3－41	0952－30－4165
㈱加根又本店　熊本支店	860－0834	熊本市南区江越2－15－25	096－370－8200
㈱加根又本店　熊本支店　八代営業所	866－0065	八代市豊原下町木下4377	0965－35－6655
㈱加根又本店　都城支店　延岡営業所	883－0062	日向市大字日知屋字玉川7660－5	0982－50－1617
㈱加根又本店　都城支店	885－0034	都城市菖蒲原町20－1－5	0986－23－4151
㈱河北本店	860－0824	熊本市中央区十禅寺1－4－1	096－325－1212
九電産業㈱	810－0004	福岡市中央区渡辺通2－1－82　電気ビル北館3階	092－761－4463
㈱金城キク商会	900－0036	那覇市西1－1－28	098－866－1101
㈱金城キク商会　中部支店	904－2151	沖縄市松本5－12－1	098－937－0404
㈱楠商店	876－0856	佐伯市中村北町1－25	0972－23－2200
合田産業㈱　福岡営業所	818－0072	筑紫野市二日市中央4－17－17	092－408－7797
㈱國場組	900－8505	那覇市久茂地3－21－1	098－851－5195
佐賀県食糧㈱	849－0919	佐賀市兵庫北4－3－1	0952－30－9114
佐賀セメント販売㈱	840－0804	佐賀市神野東4－4－17	0952－31－5840
㈱三想	874－0919	別府市石垣東3－3－27	0977－21－1326
㈱三想　宇佐支店	879－0454	宇佐市大字法鏡寺字下原846	0978－37－1011
㈱三想　大分支店	870－0016	大分市新川町2－10－5	097－532－6245
㈱三想　中津支店	871－0012	中津市大字宮夫233	0979－24－2811
㈱三想　リフォームセンター	879－1504	速見郡日出町大神166－36	0977－73－0633
三和㈱	870－0278	大分市青崎1－2－36　三和ビル3階	097－527－2353
三和㈱　宮崎支店	880－0858	宮崎市港2－14	0985－24－5055
住商セメント西日本㈱	812－0038	福岡市博多区祇園町2－1　シティ17ビル4階	092－409－6084
鈴木産業㈱	817－0031	対馬市厳原町久田道1458	0920－52－6111
太平洋セメント販売㈱　九州営業所	810－0073	福岡市中央区舞鶴1－1－10　天神シルバービル3階	092－707－3220
田中藍㈱	830－0022	久留米市城南町8－27	0942－32－6333
田中藍㈱　北九州支店	802－0003	北九州市小倉北区米町1－1－5	093－521－6331
ティーシートレーディング㈱　九州支店			

	812－0011	福岡市博多区博多駅前2－11－16　第二大西ビル3階	092－433－5245
ティーシートレーディング㈱　西九州営業所	854－0075	諫早市馬渡町5－9　ベルメゾン明星Ⅱ 101	0957－28－9755
ティーシートレーディング㈱　南九州営業所	880－0858	宮崎市港2－14	0985－35－7230
㈱デンヒチ	806－0001	北九州市八幡西区築地町19－15	093－645－2000
㈱デンヒチ　福岡本店	818－0024	筑紫野市原田5－6－9	092－927－1940
戸高興産㈱	879－2471	津久見市合ノ元町5－18	0972－82－2650
㈱中島辰三郎商店	822－1406	田川郡香春町大字香春263－1	0947－32－2567
㈱中島辰三郎商店　福岡営業所	812－0043	福岡市博多区堅粕4－1－6　九建ビル301	092－472－4301
㈱中島辰三郎商店　熊本営業所	866－0893	八代市海士江町2865－4　STビル203号	0965－32－2155
㈱中島辰三郎商店　大分営業所	870－0818	大分市新春日町2－3－27　古田ビル202号	097－546－3402
仲摩商事㈱	882－0856	延岡市出北6－1599	0982－32－3281
中村産業㈱	826－0041	田川市大字弓削田80	0947－44－1818
南国殖産㈱	890－0053	鹿児島市中央町18－1　南国センタービル5階	099－255－2111
南国殖産㈱　鹿屋支店	893－0014	鹿屋市寿4－6－50	0994－44－3400
南国殖産㈱　川内支店	895－0027	薩摩川内市西向田町5－29	0996－22－3475
南国殖産㈱　出水出張所	899－0121	出水市米ノ津町60－25	0996－67－3611
南国殖産㈱　福岡支店	816－0861	福岡市博多区浦田2－22－2	092－504－6961
南国殖産㈱　長崎支店	852－8104	長崎市茂里町1－46	095－843－3997
南国殖産㈱　熊本支店	861－4231	熊本市南区城南町赤見121	0964－27－5360
南国殖産㈱　宮崎支店	880－0013	宮崎市松橋1丁目8－24　テルスビル4F	0985－33－9996
南国殖産㈱　宮崎支店都城出張所	885－0002	都城市太郎坊町7752	0986－38－5213
西日本興産㈱	895－0027	薩摩川内市西向田町5－11	0996－22－1513
野村産業㈱	853－3101	南松浦郡新上五島町奈良尾郷359	0959－44－1121
㈱ひむか商事	880－0916	宮崎市大字恒久1800－1	0985－51－5393
㈱フクセイ	810－0071	福岡市中央区那の津5－8－14	092－734－5050
㈱フクセイ　北九州支店	807－1261	北九州市八幡西区木屋瀬4－15－4	093－619－2881
㈱古木常七商店	869－2612	阿蘇市一の宮町宮地2313	0967－22－0821
㈱古木常七商店　熊本支店	862－0959	熊本市中央区白山1－10－11	096－366－3281
㈱丸昭	861－8045	熊本市東区小山5－1－100	096－380－8811
丸正運送㈱	822－1403	田川郡香春町大字高野1109－2	0947－32－2459
㈱三国商会	812－0051	福岡市東区箱崎ふ頭6－7－1	092－641－0075
ミヤケン物流㈱	855－0031	島原市前浜町乙90	0957－63－3838
村本商事㈱	812－0018	福岡市博多区住吉4－3－2　博多エイトビル2階	092－475－0007
村本商事㈱　長崎営業所	851－2107	西彼杵郡時津町久留里郷1522	095－813－2223
ヤクデン商事㈱	891－4205	熊毛郡屋久島町宮之浦1009	09974－2－0216
㈱和田商会	894－0034	奄美市名瀬入舟町10－2	0997－52－0810
㈱渡辺藤吉本店	812－8718	福岡市博多区店屋町7－18　博多渡辺ビル	092－281－7516

㈱トクヤマ

名　称	郵便番号	住　所	電　話
◆東京販売部管内◆			
㈱飯田	230－0038	横浜市鶴見区栄町通2－15－1	045－521－1011
㈱石川	210－0014	川崎市川崎区貝塚2－16－5	044－221－5161

寿興業㈱	264 − 0028 千葉市若葉区桜木1 − 32 − 40	043 − 232 − 1361
㈱鈴木屋	190 − 0164 あきる野市五日市865	042 − 596 − 0066
住商セメント㈱	101 − 0054 千代田区神田錦町1 − 4 − 3　神田スクエアフロント3F	03 − 5577 − 7143
トクヤマ通商㈱	103 − 0023 中央区日本橋本町4 − 8 − 16　KDX新日本橋駅前ビル4F	03 − 3241 − 4131
㈱戸越建材	142 − 0051 品川区平塚1 − 21 − 13	03 − 3787 − 1561
繁和産業㈱　東京支店	103 − 0006 中央区日本橋富沢町10 − 16　MY　ARK日本橋ビル	03 − 5642 − 3703
㈱ファノス　東京支店	141 − 0031 品川区西五反田2 − 26 − 9　五輪プラザビル3F	03 − 5745 − 0721
藤田商事㈱	112 − 0004 文京区後楽1 − 4 − 14　後楽森ビル15F	03 − 6757 − 6753
丸栄工業㈱	103 − 0013 中央区日本橋人形町1 − 1 − 15	03 − 3668 − 6451
山一興産㈱	134 − 8612 江戸川区西葛西7 − 20 − 1	03 − 5675 − 4121
㈱山口文雄商店	230 − 0077 横浜市鶴見区東寺尾5 − 11 − 14	045 − 581 − 5590
㈱リバスター	176 − 0012 練馬区豊玉北1 − 14 − 3	03 − 3557 − 4611
◆大阪販売部管内◆		
淡路建材㈱	656 − 0514 南あわじ市賀集812	0799 − 54 − 0531
㈱井上	545 − 0032 大阪市阿倍野区晴明通2 − 7	06 − 6652 − 2750
植田商事㈱	651 − 0072 神戸市中央区脇浜町2 − 1 − 14	078 − 221 − 6001
㈱大阪誠建	567 − 0057 茨木市豊川5 − 1 − 10	072 − 643 − 9311
トクヤマ通商㈱　関西支店	530 − 0005 大阪市北区中之島2 − 2 − 7　中之島セントラルタワー	06 − 6201 − 7290
㈱北村正	590 − 0522 泉南市信達牧野1234	072 − 483 − 1551
酒本産業㈱	639 − 2112 葛城市笛堂442	0745 − 69 − 3100
㈱椎崎建材店	643 − 0004 有田郡湯浅町湯浅1801	0737 − 62 − 3156
丈野建材㈱	553 − 0001 大阪市福島区海老江6 − 2 − 27	06 − 6451 − 3712
㈲杉山	552 − 0011 大阪市港区南市岡3 − 1 − 33	06 − 6583 − 1187
角谷産業㈱	598 − 0007 泉佐野市上町1 − 6 − 37	072 − 462 − 1191
田口建材㈱	673 − 0891 明石市大明石町2 − 8 − 2	078 − 912 − 3761
橘商事㈱	547 − 0003 大阪市平野区加美南4 − 4 − 51	06 − 6793 − 3504
㈱土實本店	565 − 0811 吹田市千里丘上4 − 8	06 − 6877 − 0345
徳丸商事㈱	642 − 0035 海南市冷水325 − 10	073 − 482 − 7162
㈲中筋建材店	597 − 0053 貝塚市地蔵堂312	072 − 432 − 3466
日建商事㈱	554 − 0013 大阪市此花区梅香2 − 1 − 17	06 − 6466 − 1616
繁和産業㈱	541 − 0046 大阪市中央区平野町2 − 5 − 8　平野町センチュリービル	06 − 6222 − 5521
藤田商事㈱　大阪支店	530 − 0043 大阪市北区天満4 − 14 − 19　天満パークビル	06 − 6881 − 5611
和光産業㈱	643 − 0032 有田郡有田川町天満148 − 8	0737 − 52 − 7875
◆広島支店管内◆		
㈱石崎本店	736 − 0084 広島市安芸区矢野新町1 − 2 − 15	082 − 820 − 1600
植田商事㈱　広島営業所	730 − 0856 広島市中区河原町2 − 6	082 − 231 − 1331
㈱大坪建材店	739 − 0012 東広島市西条朝日町11 − 32	0824 − 23 − 2227
カワノ工業㈱	742 − 0021 柳井市大字柳井1740 − 1	0820 − 22 − 1111
㈱権代商店	747 − 0814 防府市三田尻1 − 5 − 25	0835 − 22 − 2640
山陽通産㈱	740 − 0002 岩国市新港町4 − 6 − 24	0827 − 24 − 5211
西部建材運輸㈱	752 − 0927 下関市長府扇町8 − 33	0832 − 48 − 4411
瀬川工業㈱	731 − 0141 広島市安佐南区相田1 − 1 − 40	082 − 877 − 1501
田渕建材㈱	751 − 0826 下関市後田町5 − 1 − 6	0832 − 22 − 1131
玉野建材㈱	706 − 0002 玉野市築港2 − 9 − 21	0863 − 31 − 5395
トクヤマ通商㈱　中国支店	730 − 0017 広島市中区鉄砲町8 − 18　広島日生みどりビル	082 − 221 − 9477
㈱西兵商店	720 − 0802 福山市松浜町1 − 1 − 21	0849 − 22 − 4650
㈱はしまや	692 − 0001 安来市赤江町100 − 3	0854 − 28 − 6600
平松エンタープライズ㈱	710 − 0057 倉敷市昭和1 − 2 − 22	086 − 422 − 9111
㈱ファノス	743 − 0063 光市島田2 − 23 − 10	0833 − 71 − 1010
㈱フジタ建材	731 − 5145 広島市佐伯区隅の浜2 − 1 − 18	082 − 921 − 1121
㈱扶桑商会	721 − 0954 福山市卸町1 − 1	0849 − 20 − 3678
山本コーポレーション㈱	722 − 0051 尾道市東尾道11 − 17	0848 − 20 − 3121
米田建材㈱	730 − 0024 広島市中区西平塚町1 − 5	082 − 241 − 5171
◆高松支店管内◆		

㈱猪川商店	799－0101	四国中央市川之江町1211－4	0896－58－2666
香川トクヤマ㈱	761－8012	高松市香西本町1－45	087－881－5241
㈱栗田商店	780－8038	高知市石立町197－1	088－831－1105
三協商事㈱	770－8518	徳島市万代町5－8	088－653－5131
正和商事㈱	791－8036	松山市高岡町96	089－989－5582
㈱太南	770－0872	徳島市北沖洲4－3－52	088－635－9800
大和生コン㈱	791－1102	松山市来住町1170－1	089－975－5495
㈱タチバナ建材店	798－0087	宇和島市坂下津甲407－1	0895－22－1071
㈱西兵商店　松山営業所	791－8025	松山市衣山2－1－27	089－922－3113
マルマストリグ㈱	794－0028	今治市北宝来町4－2－5	0898－32－5000
村上産業㈱	790－8526	松山市本町1－2－1	089－947－3113
◆福岡支店管内◆			
市丸建材工業㈱	847－0073	唐津市和多田東百人町1－1	0955－72－2187
㈱宇佐屋	871－0014	中津市一ツ松117	0979－22－0006
㈱大村商会	818－0021	筑紫野市大字下見406	092－926－2916
亀栄建材㈱	848－0046	伊万里市伊万里町乙186	0955－22－7800
九州日紅㈱	849－0202	佐賀市久保田町大字久富3223－1	0952－51－3121
住商セメント西日本㈱	812－0038	福岡市博多区祇園町2－1　シティ17ビル4F	092－409－6084
大和物産㈱	880－0832	宮崎市稗原町11－1	0985－29－5757
トクヤマ通商㈱　九州支店	810－0001	福岡市中央区天神2－8－38　協和ビル	092－732－6706
㈱土佐屋	890－0073	鹿児島市宇宿2－9－11	099－230－0395
戸髙産業㈱　大分支店	879－2471	津久見市合ノ元町5－18　㈱戸髙鉱業社本社内	0972－82－6222
㈱ヒラヌマ	880－0951	宮崎市大塚町原ノ前1622	0985－52－5833
㈱古川商店	802－0001	北九州市小倉北区浅野2－6－16　マルサンビル	093－551－0331
三角商事㈱	810－0054	福岡市中央区今川1－12－13	092－711－0123
㈱安武商店	861－1102	合志市須屋2651－2	096－342－4357
山十㈱	802－0821	北九州市小倉南区横代北町2－5－25	093－962－0010
山忠商店㈱	870－0131	大分市大字皆春1520－1	097－521－3131
㈱宮田宝三郎商店	866－0811	八代市西片町1230	0965－32－6131

日鉄高炉セメント㈱

名称	郵便番号	住所	電話
◆関東◆			
日鉄物産㈱　本社	100－0004	千代田区大手町2－2－1　新大手町ビル	03－6225－3657
ＮＣ建材㈱　本社・東京支店	101－0063	千代田区神田淡路町2－6　神田淡路町ビル	03－6847－9390
◆近畿◆			
㈱灰孝本店　本社	600－8139	京都市下京区正面通高瀬角	075－341－3161
三洋興業㈱	617－0833	長岡京市神足稲葉19	075－954－5001
ＮＣ建材㈱　大阪支店	541－0041	大阪市中央区北浜4－8－4　住友ビル4号館	06－7657－4100
住商セメント㈱　大阪支店	541－0041	大阪市中央区北浜4－5－33　住友ビル	06－6220－9275
MUCC商事㈱　大阪支店	541－0042	大阪市中央区今橋3－3－13　ニッセイ淀屋橋イースト	06－4718－3420
都築㈱	559－0013	大阪市住之江区御崎5－11－7	06－6616－7445
㈱松原建材	547－0014	大阪市平野区長吉川辺3－20－3	06－6708－0021
日鉄スラグ製品㈱	671－1125	姫路市広畑区長町1－12	0792－36－8888
㈱シー・エス・ネットワーク	669－1506	三田市志手原873－80	0797－62－6591
タイセイアクト㈱	673－0028	明石市硯町2－7－6	078－926－3366

◆中国◆

㈱三協商会	680 − 0843	鳥取市南吉方 1 − 47	0857 − 24 − 7211
㈱島根建材公社　本社	694 − 0064	大田市大田町大田イ 431 − 7	08548 − 2 − 0860
㈱島根建材公社　松江営業所	690 − 0048	松江市西嫁島 1 − 47 − 3	0852 − 21 − 9447
橋本産業㈱	700 − 0838	岡山市北区京町 3 − 21	086 − 222 − 6701
㈱栗田商店　広島支店	730 − 0813	広島市中区住吉町 1 − 1	082 − 504 − 9530
三菱商事建材㈱　中国支店	730 − 0016	広島市中区幟町 13 − 15　新広島ビルディング	082 − 502 − 1527
㈱ファノス　広島支店	730 − 0812	広島市中区加古町 1 − 3	082 − 243 − 4202
㈱ファノス　本社	743 − 0063	光市島田 2 − 23 − 10	0833 − 71 − 1010

◆四国◆

㈱太南	770 − 0867	徳島市新南福島 1 − 1 − 22	088 − 654 − 6171
ＮＣ建材㈱　四国オフィス	769 − 1101	三豊市詫間町詫間 2112 − 168　大成生コン㈱内	0875 − 56 − 5115
㈱キクノ 高松営業所	760 − 0079	高松市松縄町 51 − 16	087 − 867 − 4416
北浦エスオーシー㈱	779 − 3223	徳島県名西郡石井町高川原字高川原 1334 − 1	088 − 674 − 0007
㈱ケイエムシー	760 − 0027	高松市紺屋町 5 − 6　アルファパークナード高松	087 − 811 − 1055
㈱東滝商店	761 − 4101	小豆郡土庄町甲 6192 − 19	0879 − 62 − 1175
㈱キクノ	790 − 0067	松山市大手町 1 − 8 − 8	089 − 941 − 0007
㈱シンツ　松山本社	790 − 0054	松山市空港通 2 − 12 − 5	089 − 972 − 3462
㈱予州興業	799 − 0101	四国中央市川之江町 2529 − 34	0896 − 58 − 4002
㈱シンツ　宇和島本店	798 − 0060	宇和島市丸之内 5 − 4 − 7	0895 − 22 − 5600
㈱栗田商店	780 − 8038	高知市石立町 197 − 1	088 − 831 − 1105
㈱田部	780 − 0812	高知市若松町 3 − 25	088 − 884 − 3111

◆九州◆

㈱古川商店	802 − 0001	北九州市小倉北区浅野 2 − 6 − 16　マルサンビル	093 − 551 − 0331
住商セメント西日本㈱	812 − 0038	福岡市博多区祇園町 2 − 1　シティ 17 ビル	092 − 409 − 6084
㈱カネキ商店　福岡支店	816 − 0061	福岡市博多区浦田 2 − 22 − 2	092 − 504 − 6961
㈱テツゲン　八幡支店	804 − 0001	北九州市戸畑区飛幡町 2 − 2　飛幡ビル	093 − 872 − 2200
三井松島産業㈱	810 − 0074	福岡市中央区大手門 1 − 1 − 12	092 − 771 − 2171
㈱梅谷商事	812 − 0018	福岡市博多区住吉 4 − 4 − 3　作賑ビル	092 − 451 − 1501
日鉄物産㈱　九州支店	812 − 0025	福岡市博多区店屋町 5 − 18　博多 NS ビル	092 − 261 − 5240
ＮＣ建材㈱　福岡支店	810 − 0001	福岡市中央区天神 1 − 9 − 17　福岡天神フコク生命ビル	092 − 285 − 7856
有明商事㈱	836 − 0017	大牟田市新開町 1	0944 − 51 − 2020
清新産業㈱	870 − 0017	北九州市八幡東区山王 1 − 16 − 8	093 − 661 − 4635
㈱ウチダ	840 − 0816	佐賀市駅南本町 6 − 7	0952 − 24 − 3191
㈱カネキ商店　長崎支店	852 − 8104	長崎市茂里町 1 − 46	095 − 846 − 0365
住商セメント西日本㈱　熊本支店	862 − 0928	熊本市東区新南部 4 − 7 − 38　OM ビル	096 − 386 − 1430
八代工業機材㈱	866 − 0052	八代市麦島西町 3 − 1	0965 − 33 − 5165
㈱松川物産	862 − 0950	熊本市中央区水前寺 4 − 54 − 12	096 − 387 − 2222
㈱原田興産	869 − 2501	阿蘇郡小国町宮原 2312 − 2	0967 − 46 − 4088
戸高産業㈱　大分支店	870 − 0822	大分市大道町 4 − 3 − 35　トダカビル	097 − 543 − 2181
山忠商店㈱	870 − 0131	大分市大字皆春 1520 − 1	097 − 521 − 3131
㈱大鐵	870 − 0904	大分市向原東 2 − 2 − 30	097 − 551 − 7522
大和物産㈱	885 − 0003	都城市高木町 7030	0986 − 38 − 1145
㈱カネキ商店　鹿児島支店	890 − 0053	鹿児島市中央町 18 − 1　南国センタービル	099 − 255 − 2111
㈱土佐屋	891 − 0131	鹿児島市谷山港 3 − 4 − 8	099 − 262 − 3111
西日本興産㈱	895 − 0027	薩摩川内市西向田町 5 − 11　GU 総合ビル	0996 − 22 − 1513

日鉄セメント㈱

名称	郵便番号	住所	電話
阿部商事㈱　本社	053 － 0053	苫小牧市柳町 2 － 1 － 1	0144 － 55 － 2511
MUCC 商事㈱　北海道支店	060 － 0002	札幌市中央区北 2 条西 4 － 1　北海道ビル	011 － 212 － 3542
MUCC 商事㈱　東北支店	980 － 0803	仙台市青葉区国分町 3 － 6 － 1　仙台パークビル 4F	022 － 264 － 5336
共立産業商事㈱　本社	050 － 0086	室蘭市大沢町 1 － 1 － 13	0143 － 44 － 4631
共立産業商事㈱　札幌営業所	060 － 0041	札幌市中央区大通東 2 － 3　第 36 桂和ビル 3F	011 － 241 － 4948
共立産業商事㈱　苫小牧営業所	053 － 0033	苫小牧市木場町 2 － 21 － 15	0144 － 32 － 8322
㈱栗林商会　室蘭商事部	051 － 0023	室蘭市入江町 1 － 19	0143 － 24 － 7033
住友商事北海道㈱　本社	060 － 0042	札幌市中央区大通西 8 － 2　住友商事フカミヤ大通ビル	011 － 261 － 9131
スミセ建材㈱　北海道支店	060 － 0031	札幌市中央区北 1 条東 2 － 5 － 2　札幌泉第 2 ビル	011 － 261 － 8211
スミセ建材㈱　東北支店	980 － 0811	仙台市青葉区一番町 1 － 1 － 31　山口ビル 806 号	022 － 393 － 8724
塚本總業㈱　室蘭営業所	050 － 0085	室蘭市輪西町 1 － 30 － 5	0143 － 43 － 1123
ナラサキ産業㈱　本店	060 － 0001	札幌市中央区北 1 条西 7 － 1　プレスト 1・7 ビル 10F	011 － 271 － 5241
ナラサキ産業㈱　旭川支店	070 － 0034	旭川市 4 条通 9 － 1703　旭川北洋ビル 4F	0166 － 23 － 8191
ナラサキ産業㈱　東北支店	980 － 0802	仙台市青葉区二日町 14 － 15　アミ・グランデ二日町・4F	022 － 221 － 2501
ナラサキ産業㈱　道東支店	080 － 0010	帯広市大通南 10 － 8　帯広フコク生命ビル 5F	0155 － 24 － 4660
ナラサキ産業㈱　苫小牧営業所	053 － 0021	苫小牧市若草町 2 － 1 － 2	0144 － 34 － 4117
ナラサキ産業㈱　函館営業所	040 － 0063	函館市若松町 2 － 5　明治安田生命函舘ビル 7F	0138 － 26 － 2591
ナラサキ産業㈱　盛岡営業所	020 － 0022	盛岡市大通 3 － 3 － 10　七十七日生盛岡ビル 4F	019 － 651 － 3892
ナラサキ産業㈱　郡山営業所	963 － 8001	郡山市大町 2 － 12 － 13　宝栄郡山ビル	0249 － 34 － 1545
日通商事㈱　札幌支店	060 － 0003	札幌市中央区北 3 条西 16 － 1 － 9	011 － 633 － 9001
日鉄物産㈱　北海道支店	060 － 0002	札幌市中央区北 2 条西 4 － 1　北海道ビル	011 － 241 － 4601
日鉄物産㈱　東北支店	980 － 0811	仙台市青葉区一番町 3 － 6 － 1　一番町平和ビル 9F	022 － 266 － 1224
日鉄物産㈱　東日本機材部（室蘭）	050 － 0085	室蘭市輪西町 2 － 9 － 1　第 1 ビル	0143 － 44 － 3628
㈱三田商店　本店	020 － 0021	盛岡市中央通 1 － 1 － 23	019 － 624 － 2111
㈱三田商店　札幌支店	060 － 0061	札幌市中央区南 1 条西 9 － 1	011 － 241 － 5104
㈱三田商店　釧路営業所	084 － 0913	釧路市星が浦南 2 － 4 － 18	0154 － 53 － 3350
㈱三田商店　函館支店	040 － 0081	函館市田家町 16 － 21	0138 － 42 － 5511
㈱三田商店　室蘭営業所	050 － 0082	室蘭市寿町 3 － 7 － 19	0143 － 47 － 5501
㈱三田商店　仙台支店	980 － 0804	仙台市青葉区大町 1 － 2 － 1　ライオンビル 6F	022 － 222 － 7392
守屋木材㈱　本社	983 － 0841	仙台市宮城野区原町 6 － 1 － 16	022 － 257 － 3101

日立セメント㈱

名称	郵便番号	住所	電話
◆東北◆			
根本通商㈱	979 － 0146	いわき市勿来町関田堀切 77	0246 － 65 － 2121
㈱横山興業	992 － 0093	米沢市六郷町西藤泉参 380 － 3	0238 － 37 － 2390
光洋商事㈱	979 － 0404	双葉郡広野町大字折木字東下 41	0240 － 23 － 5675
守屋木材㈱	983 － 0841	仙台市宮城野区原町 6 － 1 － 16	022 － 299 － 3112
◆北関東◆			
㈲天野商事	325 － 0072	那須塩原市豊住町 80 － 43	0287 － 62 － 0326
㈱大部政吉商店	310 － 0802	水戸市柵町 2 － 3 － 15	029 － 226 － 3535
㈲大森商店	310 － 0053	水戸市末広町 1 － 3 － 15	029 － 224 － 3756

㈱オーリス	321－0111	宇都宮市川田町 1520－5	028－638－2525
㈲北山商店	306－0126	古河市諸川 2546	0280－76－0010
㈲小泉産業	319－1222	日立市久慈町 4－5783	0294－53－0009
㈱白木屋	320－0816	宇都宮市天神 1－1－33	028－633－3327
㈱杉山商店	319－2261	常陸大宮市上町 306－1	0295－52－3131
㈲篠塚建材店	315－0014	石岡市国府 6－3－7	0299－24－2323
㈱ナガクラ	317－0077	日立市城南町 1－11－31　鈴縫ビル	0294－23－0999
㈱中村商店	310－0053	水戸市末広町 2－1－14	029－221－5323
JX 金属商事㈱　日立支店	317－0055	日立市宮田町 3453　JX 金属㈱日立事業所内	0294－21－4126
日立資材販売㈱　つくば支店	300－0871	土浦市荒川沖東 2－3－6	029－846－2105
常陸砕石稲田㈱	313－0042	常陸太田市磯部町 132	0294－72－2214
常陸大理石㈱	313－0042	常陸太田市磯部町 132	0294－72－1234
㈱山忠	312－0035	ひたちなか市枝川 222	029－221－9151
◆首都圏◆			
㈲飯島建材	277－0923	柏市塚崎 1425－1	0471－93－1221
池田喜㈱	277－0861	柏市高田 950	0471－47－2081
スタンダード工業協同組合	160－0023	新宿区西新宿 1－22－1　スタンダードビル 11F	03－3342－0031
㈲立川商店	247－0061	鎌倉市台 3－10－19	0467－46－2922
東信建材㈱	116－0013	荒川区西日暮里 5－23－6	03－3802－4305
長江建材工業㈱	174－0051	板橋区小豆沢 2－6－1	03－3968－4111
㈱西山	259－1128	伊勢原市歌川 3－2－1	0463－90－2111
冨美通信興業㈱	103－0027	中央区日本橋 3－1－6　あいおいニッセイ同和損保八重洲ビル 7F	03－3242－2111
日立資材販売㈱	171－0033	豊島区高田 3－31－5　マルカブビル	03－3984－4131
㈲堀切忠商店	260－0001	千葉市中央区都町 2－25－8	043－231－2002
松伊商事㈱	352－0022	新座市本多 1－1－16	048－478－0226
㈱丸株	171－0033	豊島区高田 3－31－5　マルカブビル	03－3984－4123
宮田建材㈱	210－0006	川崎市川崎区砂子 2－1－9	044－244－5431
㈱山口文雄商店	230－0052	横浜市鶴見区生麦 3－2－1	045－581－5590
吉田建材㈱	135－0016	江東区東陽 2－2－4　シグマ東陽町ビル	03－3647－2511

ＵＢＥ三菱セメント㈱

名　称	郵便番号	住　所	電　話
<北海道>			
渥美工業㈱	064－0806	札幌市中央区南 6 条西 17－1－1	011－561－7207
エスケー産業㈱	003－0001	札幌市白石区東札幌 1 条 4－8－1	011－811－6600
㈱西和商工　札幌営業所	060－0032	札幌市中央区北 2 条東 3－2－2　マルタビル札幌 6F	011－233－5111
大栄商事㈱	085－0058	釧路市愛国東 1－11－16	0154－37－6951
東海産業㈱	070－0023	旭川市東 3 条 6－1－36	0166－24－4111
東部開発㈱	084－0925	釧路市新野 24－1	0154－57－5251
巴産業㈱	065－0018	札幌市東区北 18 条東 1－3－3　ともえビル 2 F	011－742－3351
YK アクロス㈱　札幌支店	060－0041	札幌市中央区大通東 7－12－2　ノースシティフナリ 6F	011－241－6431
㈱北雄産業	062－0904	札幌市豊平区豊平 4 条 9－2－18　北雄ビル	011－824－0111
北菱産業埠頭㈱	001－0031	札幌市北区北 31 条西 4 丁目 1－14	011－792－8612
ＭＵＣＣ商事㈱　北海道支店	060－0001	札幌市中央区北 1 条西 2－1　札幌時計台ビル 5F	011－212－3542
㈱北見宇部	090－0008	北見市大正 273－1	0157－36－5311
<青森県>			

㈱青森カイハツセメント 030 － 0113 青森市第二問屋町３－６－12 017 － 739 － 2436
㈱佐々木隆蔵商店 031 － 0802 八戸市江陽４－８－18 0178 － 22 － 5101
日産石材工業㈱ 031 － 0841 八戸市大字鮫町字下須田 15 － 1 0178 － 38 － 2547
八弘産業㈱ 030 － 8543 青森市新町２－５－１ 017 － 723 － 2222

＜岩手県＞

㈱岩販 029 － 0302 一関市東山町長坂字羽根掘 111 － 1 0191 － 47 － 3111
大協企業㈱ 029 － 4102 西磐井郡平泉町平泉字樋の沢 56 0191 － 34 － 2131
㈱モリオカ大東 020 － 0891 紫波郡矢巾町流通センター南３－７－６ 019 － 614 － 0008

＜秋田県＞

㈱大里恒三商店 018 － 5201 鹿角市花輪字下花輪 82 0186 － 22 － 1228
山二建設資材㈱ 010 － 1415 秋田市御所野湯本３－１－５ 018 － 826 － 0300
陸羽物産㈱ 010 － 0951 秋田市山王２－１－54　三交ビル 3F 018 － 865 － 1031
ＭＵＣＣ商事㈱　東北支店秋田営業所 011 － 0951 秋田市土崎港相染町字浜ナシ山８－４（秋田 SS 内） 018 － 880 － 5280

＜宮城県＞

ＭＵＣＣ商事㈱　東北支店 980 － 0803 仙台市青葉区国分町３－６－１　仙台パークビル 4F 022 － 264 － 5333
カイハツ産業㈱ 980 － 0811 仙台市青葉区一番町４－１－25　東二番丁スクエア 4F 022 － 261 － 4792
㈱エム・ケー・シィ 981 － 3206 仙台市泉区明通４－５－16 022 － 378 － 1123
仙南カイハツ商事㈱ 989 － 1601 柴田郡柴田町字船岡中央１－９－12 0224 － 57 － 1115
㈱東北三光 985 － 0011 塩竈市貞山通３－７－27 022 － 366 － 2701
㈱福田商会 984 － 0051 仙台市若林区新寺１－４－５　ノースピア 6F 022 － 256 － 0186
三菱マテリアルトレーディング㈱　仙台支店 980 － 0811 仙台市青葉区一番町２－４－１　仙台興和ビル 13F 022 － 265 － 1180
カメイ㈱ 980 － 8680 仙台市青葉区国分寺町３－１－18 022 － 264 － 6140
㈱小西 983 － 0836 仙台市宮城野区幸町３－11 －３

＜山形県＞

阿部多㈱ 997 － 0003 鶴岡市文下字沼田 44 － 1 0235 － 22 － 6531
㈱尾形商店 992 － 0039 米沢市門東町３－４－１ 0238 － 22 － 1217
野川商事㈱ 994 － 0001 天童市万代１－２ 023 － 653 － 4151
前田ホールディングス㈱ 998 － 8611 酒田市上本町６－７ 0234 － 23 － 5120
ヤマリョー㈱ 990 － 8660 山形市流通センター３－６－５ 023 － 633 － 2325

＜福島県＞

ＭＵＣＣ商事㈱　東北支店福島営業所 970 － 8036 いわき市平谷川瀬２－13 －６　永久産業ビル 2F 0246 － 22 － 5971
常磐興産㈱ 972 － 8326 いわき市常磐藤原町蕨平 50 0246 － 84 － 7905
新菱商事㈱ 963 － 0531 郡山市日和田町高倉字杉の下 12 024 － 958 － 2494
東栄産業㈱ 963 － 0115 郡山市田村町上行合字北川田 33 － 4　郡山中央工業団地内 024 － 943 － 2233
北辰通商㈱ 963 － 0111 郡山市南２－139 024 － 945 － 0130
丸昌商事㈱ 975 － 0021 南相馬市原町区金沢字堤下 399 － 12　エコ・ステーションハラマチ㈱内 0244 － 24 － 0187
㈲江川金吉商店 969 － 6547 河沼郡会津坂下町字市中３番甲 3717 0242 － 83 － 3611
㈱スズトヨ 975 － 0024 南相馬市原町区下北高平字杉内 91 0244 － 23 － 2105
㈱福島重車輌 960 － 0101 福島市瀬上町字北中川原５－１ 024 － 553 － 5960
松本物産㈱ 964 － 0917 二本松市本町二丁目 80 0243 － 22 － 1422

＜新潟県＞

㈱井口商店 940 － 0012 長岡市下々条４－１－１ 0258 － 25 － 3250
㈱石徳商店 955 － 0084 三条市石上２－13 －40 0256 － 34 － 1251
ＭＵＣＣ商事㈱　東京支店　新潟営業所 950 － 0087 新潟市中央区東大通１－２－23　北陸ビル 4F 025 － 288 － 5454
㈱ゼネラル 945 － 0066 柏崎市西本町３－17 －３ 0257 － 24 － 3999
㈱ムラタ 952 － 0604 佐渡市小木町 1935 － 29 0259 － 57 － 3644
㈱安井商店 940 － 0023 長岡市新町２－４－33 0258 － 32 － 3611
㈱嵐北商事 955 － 0151 三条市大字荻堀 734 － 3 0256 － 46 － 2192
㈱リンコーコーポレーション 950 － 8540 新潟市中央区万代５－11 －30 025 － 246 － 8161
㈱和田商会 951 － 8055 新潟市中央区礎町通３ノ町 2128 025 － 223 － 6421

㈱たかだ　950 − 0909 新潟市中央区八千代２丁目２ − １　025 − 245 − 4321

＜東京都＞

芦沢商事㈱　107 − 0062 港区南青山２ − ２ − 15　ウイン青山ビル 2F　03 − 3401 − 2351
㈲石川商店　158 − 0095 世田谷区瀬田２ − 21 − 18　03 − 3700 − 4321
植田商事㈱　東京営業所　105 − 0004 港区新橋６ − 17 − ４　第２タナベビル 4F　03 − 5405 − 4789
上原成商事㈱　東京支店　103 − 0023 中央区日本橋本町２ − ４ − 12　イズミビルディング 4F　03 − 6262 − 0815
ＭＵＣＣ商事㈱　140 − 0002 品川区東品川２ − ２ − 20　オーシャンスクエア 17F　03 − 5781 − 7510
ＭＵＣＣ商事㈱　東京支店　140 − 0002 品川区東品川２ − ２ − 20　オーシャンスクエア 17F　03 − 5781 − 7512
㈱黒田建材店　182 − 0026 調布市小島町１ − 20 − ６　042 − 483 − 2515
三信通商㈱　105 − 0012 港区芝大門２ − 12 − ８　RBM 芝パークビル 3F　03 − 3434 − 7541
㈱椎橋商店　152 − 0004 目黒区鷹番２ − ３ − ２　03 − 3716 − 5131
ジャパン建材㈱　136 − 8405 江東区新木場１ − ７ − 22　新木場タワー 10F　03 − 5534 − 3735
ＮＣ建材㈱　101 − 0063 千代田区神田淡路町２ − ６　神田淡路町二丁目ビル 6F　03 − 6847 − 9390
ソーダニッカ㈱　103 − 8322 中央区日本橋３ − ６ − ２　日本橋フロント 5F　03 − 3245 − 1814
塚本總業㈱　104 − 0061 中央区銀座４ − ２ − 15　塚本素山ビル　03 − 3535 − 3211
戸部商事㈱　100 − 0005 千代田区丸の内３ − ４ − １　新国際ビル 5F　03 − 3211 − 1301
㈱日立ハイテク　105 − 6409 港区虎ノ門１ − 17 − １　虎ノ門ヒルズ　ビジネスタワー　03 − 3504 − 5476
YK アクロス㈱　105 − 8568 港区芝公園２ − ４ − １　芝パークビル Ｂ館 12F　03 − 5405 − 6025
昭光通商㈱　108 − 8504 港区芝浦３ − １ − １　田町ステーションタワー N31F　03 − 4363 − 1021
フジクレスト㈱　145 − 0071 大田区田園調布２ − 36 − ５　03 − 3721 − 7281
防長商事㈱　東京支店　105 − 0004 港区新橋２ − 20 − 15　新橋駅前ビル１号館８階 819A 号室　03 − 6264 − 6082
㈱北雄産業　東京営業所　103 − 0014 中央区日本橋蛎殻町２ − ２ − ２　関口ビル６Ｆ　03 − 6666 − 9421
三谷商事㈱　東京支社　100 − 0005 千代田区丸の内１ − ６ − ５　丸の内北口ビルディング 2F　03 − 3283 − 3781
菱建商事㈱　114 − 0013 北区東田端２ − １ − ３　天宮ビル 3F　03 − 6386 − 3104
三菱マテリアルトレーディング㈱　103 − 0007 中央区日本橋浜町３ − 21 − １　日本橋浜町Ｆタワー 17F　03 − 3660 − 1729

＜埼玉県＞

㈱井上組　368 − 0051 秩父市中村町４ − ２ − 11　0494 − 22 − 1616
三建産業㈱　356 − 0004 ふじみ野市上福岡３ − ６ − ６　049 − 264 − 5555
㈱神保商店　335 − 0013 戸田市喜沢１ − 18 − ７　048 − 441 − 4331
SK マテリアル㈱　350 − 1305 狭山市入間川３ − １ − ４　狭山フロントさくら坂ビル 3F　04 − 2900 − 7805
東和アークス㈱　330 − 0854 さいたま市大宮区桜木町４ − 384　東和第一ビル　048 − 643 − 1565
三谷商事㈱　北関東支社　330 − 0854 さいたま市大宮区桜木町１ − 11 − ９　ニッセイ大宮桜木町ビル 3F　048 − 644 − 3861

＜千葉県＞

ＭＵＣＣ商事 東京支店千葉営業所　260 − 0015 千葉市中央区富士見２ − ３ − １　塚本大千葉ビル　043 − 225 − 9525
池田工建㈱　264 − 0037 千葉市若葉区源町 109　043 − 256 − 8111
小澤商事㈱　292 − 0832 木更津市新田１ − ５ − 31　0438 − 22 − 5285
高山総業㈱　290 − 0005 市原市山木 1183　0436 − 41 − 2378
中央資材㈱　263 − 0041 千葉市稲毛区黒砂台１ − 16 − ３　043 − 301 − 3141
明治建材㈱　289 − 2144 匝瑳市八日市場イの 27 − ３　0479 − 72 − 3111

＜神奈川県＞

ＭＵＣＣ商事㈱　横浜支店　231 − 0013 横浜市中区住吉町１ − ２　スカーフ会館ビル 8F　045 − 228 − 0735
㈱協伸建材興業　244 − 0845 横浜市栄区金井町 33　045 − 853 − 1064
㈱草川商店　238 − 0012 横須賀市安浦町１ − ７　046 − 823 − 1116
㈱河野建材店　224 − 0045 横浜市都筑区東方町 127　045 − 471 − 9233
㈱小島商店　243 − 0807 厚木市金田 1038 − ４　046 − 221 − 2061
㈱つなぐ力　243 − 0422 海老名市中新田 1762　046 − 233 − 2511
大生建材㈱　254 − 0806 平塚市夕陽ヶ丘 61 − ７　0463 − 74 − 6637
㈱藤和建商　251 − 0876 藤沢市善行坂１ − １ − 39　0466 − 82 − 5500
㈱平川商店　238 − 0022 横須賀市公郷町２ − 17 − ６　046 − 851 − 3111

＜茨城県＞

㈱小川建材店　310 − 0851 水戸市千波町 2770 − 70　029 − 241 − 1129
㈱杉山商店　319 − 2215 常陸大宮市上町 306　0295 − 52 − 3131

＜群馬県＞

㈱篠崎商会　373 − 0033 太田市西本町 62 − 20　0276 − 31 − 7234

㈱ホリグチ　377－0004 渋川市半田2420　0279－22－2523

＜長野県＞

勝山機材㈱　381－0038 長野市大字東和田774－6　勝山グループ本部ビル3F　026－244－2311

高沢産業㈱　380－0913 長野市川合新田2889－5　026－214－8815

㈱ヤマサ　399－8751 松本市大字笹賀7600－22　0263－86－0015

＜山梨県＞

ＭＵＣＣ商事株式　横浜支店山梨営業所　400－0044 甲府市上小河原1041　Ｔビル　0552－44－0044

㈱甲府建材商会　400－0114 甲斐市万才71　055－276－2205

第一物産㈱　400－0864 甲府市湯田1－15－15　055－235－2385

＜静岡県＞

㈱稲葉商店　420－0813 静岡市葵区長沼971－1　054－262－2261

㈱エクノスワタナベ　426－0027 藤枝市緑町1－5－10　054－643－1616

㈱尾関商店　424－0806 静岡市清水区辻3－3－4　054－366－1369

㈱紅建通商　426－0046 藤枝市高洲81－12　054－635－1315

㈱渡仲セメント　425－0022 焼津市本町2－17－9　054－627－8181

三信通商㈱　静岡支店　416－0945 富士市宮島309－6　0545－61－3241

鈴与商事㈱　420－0859 静岡市葵区栄町1－3　鈴与静岡ビル7F　054－663－9281

東日本建販㈱　412－0026 御殿場市東田中538　0550－82－6317

㈱永谷　415－8507 下田市東本郷1－19－17　0558－22－3561

松林工業薬品㈱　426－8691 藤枝市青葉町1－1－19　054－637－3335

㈱富士宇部　421－3304 富士市木島258　0545－56－0033

＜三重県＞

石川商工㈱　516－0007 伊勢市小木町57－1　0596－36－1000

川村産業㈱　510－0034 四日市市滝川町7－2　059－331－7554

大東商事㈱　514－0811 津市阿漕町津興1011　059－225－1022

㈱長田建材店　519－0124 亀山市東御幸町216　0595－82－1521

㈱西川松助商店　515－0001 松阪市大口町北沖406－1　0598－31－2402

㈱柳川建材店　510－0821 四日市市久保田2－12－38　059－351－1633

＜愛知県＞

上原成商事㈱　名古屋支店　460－0002 名古屋市中区丸の内1－5－28　伊藤忠丸の内ビル4F　052－223－6800

宇部生コンクリート㈱　454－0055 名古屋市中川区十番町7－1－1　052－665－2800

ＭＵＣＣ商事㈱　名古屋支店　461－0005 名古屋市東区東桜1－13－3　NHK名古屋放送センタービル18F　052－961－1385

志賀為㈱　444－0813 岡崎市羽根町東荒子35　0564－51－3681

ソーダニッカ㈱　名古屋支店　451－6011 名古屋市西区牛島町6－1　名古屋ルーセントタワー11F　052－561－9421

㈱中部　441－8588 豊橋市神野新田町字トノ割28　0532－31－1111

㈱中部シー・アイ・アイ　460－0024 名古屋市中区正木4－8－7　れんが橋ビル4F　052－671－1600

三谷商事㈱　中部支社　450－0002 名古屋市中村区名駅4－10－25　名駅IMAIビル11F　052－586－2345

山石建材工業㈱　470－2103 知多郡東浦町石浜中央13－1　0562－83－5155

三菱マテリアルトレーディング㈱　名古屋支店　460－0003 名古屋市中区錦2－4－3　錦パークビル11F　052－222－5721

渡辺産業㈱　464－0850 名古屋市千種区今池4－1－29　ニッセイ今池ビル6F　052－733－0311

＜岐阜県＞

瓶由㈱　500－8401 岐阜市安良田町2－3－1　058－264－5101

栗本建材㈱　501－6101 岐阜市柳津町栄町193　058－388－3111

東濃石油㈱　509－6121 瑞浪市寺河戸町1219－24　0572－67－2511

㈱堀建材店　500－8864 岐阜市真砂町10－22　058－251－3215

揖斐川工業㈱　503－8552 大垣市万石2－31　0584－81－6171

＜富山県＞

㈱アリタ　933－0804 高岡市問屋町192　0766－25－1264

石黒産業㈱　932－0057 小矢部市本町3－16　0766－67－1496

㈱金谷商会　933－0804 高岡市問屋町3　0766－24－6200

砺波工業㈱　939－1375 砺波市中央町1－8　0763－32－3105

北陸宇部コンクリート工業㈱　939－0305 射水市鷲塚932　0766－55－2755

＜石川県＞

販売店	郵便番号	住所	電話
宇清商事㈱	921－8032	金沢市清川町５－３	076－241－5993
㈱金沢商行	920－0025	金沢市駅西本町６－２－３	076－223－1155
金沢セメント商事㈱	920－0025	金沢市駅西本町１－８－25	076－262－1151
豊伸産業㈱	920－0211	金沢市湊４－52	076－237－8483
松村物産㈱	920－0031	金沢市広岡２－１－27	076－221－6121

＜福井県＞

販売店	郵便番号	住所	電話
福菱物産㈱	910－2146	福井市下毘沙門町１－33	0776－41－4646
三谷商事㈱　北陸支社	910－8015	福井市花堂南１－11－29　サン11ビル4F	0776－36－0161
㈱南谷商事	910－0142	福井市上森田５－1105－１	0776－56－1234
㈱南谷金物	918－8218	福井市河増町20－51	0776－54－2001

＜和歌山県＞

販売店	郵便番号	住所	電話
㈱上山商店	641－0014	和歌山市毛見1436	073－445－5111
㈱紀洋商会（田辺市）	646－0004	田辺市下万呂裏代466－１	0739－22－0537
㈱紀洋商会（和歌山）	640－8251	和歌山市南中間町54	073－422－3237
広菱産業㈱	644－0004	御坊市名屋３－９－６　紀伊商事㈱内	0738－22－0863
環産業㈱	640－8137	和歌山市吹上３－４－15	073－423－6246
㈱福井勝三商店	648－0073	橋本市市脇３－３－２	073－633－1313
㈱星富商会	643－0811	有田郡有田川町庄31－58	0737－52－3577

＜奈良県＞

販売店	郵便番号	住所	電話
㈱森川商店	635－0087	大和高田市内本町８－20	0745－22－3636
イヌ井建材㈱	638－0821	吉野郡大淀町下渕131－５	0747－52－2381
マツダ建材㈱	634－0813	橿原市四条町４－１	0744－22－4031

＜滋賀県＞

販売店	郵便番号	住所	電話
上原成商事㈱　滋賀営業所	524－0041	守山市勝部６－５－１	077－582－3805
㈱二橋商店	527－0028	東近江市八日市金屋１－３－３	0748－23－2840

＜京都府＞

販売店	郵便番号	住所	電話
上原成商事㈱	604－8580	京都市中京区車屋町通御池上ル塗師屋町344	075－212－6001
上原成商事㈱　京都北営業所	623－0054	綾部市井倉町日渡10－１	0773－43－1630
宇治川商事㈱	611－0011	宇治市五ケ庄西田40－１	0774－32－1177
高取㈱	615－0051	京都市右京区西院安塚町92	075－311－0208
浜宗産業㈱	629－3101	京丹後市網野町網野126	0772－72－2220
㈱松尾敬二商店	604－8381	京都市中京区西ノ京職司町61	075－801－1538
万治㈱	605－0074	京都市東山区祇園町南側570－118	075－551－1113
㈱大松商事	615－0882	京都市右京区西京極葛野町28　大松ビル4F	075－314－5188

＜大阪府＞

販売店	郵便番号	住所	電話
上原成商事㈱　大阪支店	532－0012	大阪市淀川区木川東１－３－23	06－6302－4671
ＭＵＣＣ商事㈱　大阪支店	541－0042	大阪市中央区今橋３丁目３－13　ニッセイ淀屋橋イースト5F	06－4309－5822
ＥＳＣ建材㈱	594－0063	和泉市今福町１－643－１	0725－46－0081
㈲紀洋商会（大阪）	556－0021	大阪市浪速区幸町３－１－19	06－6562－4308
㈱小林商事	550－0013	大阪市西区新町１－32－16	06－6532－4521
三光商事㈱	556－0016	大阪市浪速区元町２－13－２　オーシャンビル3F	06－4395－5135
ソーダニッカ㈱　関西支社	530－0005	大阪市北区中之島３－３－３　中之島三井ビルディング7F	06－6446－5623
エコブロックス㈱	553－0006	大阪市福島区吉野４－22－９	06－6466－6752
谷山商事㈱	532－0011	大阪市淀川区西中島４－５－26	06－6303－0061
豊建商事㈱	560－0022	豊中市北桜塚２－１－１	06－6853－2801
日成通商㈱	550－0011	大阪市西区阿波座２－１－１　ＣＡＭＣＯ西本町ビル8F	06－6541－2857
防長商事㈱　大阪支店	550－0014	大阪市西区北堀江１－１－21　四ツ橋センタービル9F	06－6538－3836
三登商事㈱	533－0022	大阪市東淀川区菅原４－５－25	06－6327－5888
三谷商事㈱　関西支社	530－0001	大阪市北区梅田１－２－２－400　大阪駅前第２ビル4F	06－6344－0501
三菱マテリアルトレーディング㈱　大阪支社	530－6010	大阪市北区天満橋１－８－30　OAPタワー10F	06－6881－2823
㈱西和商工	590－0074	堺市堺区北花田口町３－１－20　西和ビル	072－229－6600

＜兵庫県＞

植田商事㈱	651 − 0072 神戸市中央区脇浜町２ − １ − 14	078 − 221 − 6001
上原成商事㈱　神戸営業所	673 − 0016 明石市松の内１ − 13 − 24　21 ヤングビル 7A 号室	078 − 915 − 8801
宇部産業㈱	670 − 0936 姫路市古二階町 52	079 − 284 − 3671
㈱柏木商店	656 − 2132 淡路市志筑新島２ − ９	0799 − 62 − 0057
神戸宇部産業㈱	650 − 0023 神戸市中央区栄町通１ − １ − ９　東方ビル 4F	078 − 391 − 4445
㈱ゴショー	658 − 0054 神戸市東灘区御影中町２ − １ − ８　御影センタービル 3F	078 − 843 − 5492
三晃商事㈱	676 − 0047 高砂市高砂町南本町 910	079 − 443 − 5153
㈱大永商会	661 − 0978 尼崎市久々知西町２ − ２ − ４	06 − 6427 − 3721
㈱泰成	660 − 0842 尼崎市大高洲町２ − １	06 − 6409 − 0607
タイセイアクト㈱	673 − 0028 明石市硯町２ − ７ − ６	078 − 926 − 3366
日亜建材㈱	657 − 0846 神戸市灘区岩屋北町３ − ３ − ４	078 − 882 − 5333
㈱ニシハリマ宇部	672 − 8035 姫路市飾磨区中島 3059 − 13	079 − 235 − 4156
日之出工業㈱	673 − 0875 明石市大蔵天神町 21 − 14	078 − 912 − 0222
平瀬商事㈱	660 − 0077 尼崎市大庄西町２ − 21 − ８	06 − 6418 − 0055
㈱松尾敬二商店　神戸支店	650 − 0025 神戸市中央区相生町４ − ７ − 11　福井梅園ビル 3F	078 − 371 − 0345
＜岡山県＞		
㈱小原建材店	708 − 0013 津山市二宮 1951	0868 − 28 − 0118
㈱木村商会	701 − 0165 岡山市北区大内田 764 − ２	086 − 292 − 5115
関藤商店㈱	714 − 0081 笠岡市笠岡 5591	0865 − 62 − 4155
㈱富士野	713 − 8103 倉敷市玉島乙島 127 − １	086 − 526 − 1360
㈱富樫商店	712 − 8006 倉敷市連島町鶴新田 2293 − １	086 − 444 − 8020
㈱両備リソラ	700 − 0818 岡山市北区蕃山町３ − ７	086 − 224 − 4365
＜広島県＞		
㈱アマノ	722 − 0051 尾道市東尾道４ − １	0848 − 20 − 2195
㈱勝村商店	723 − 0017 三原市港町１ − 18 − ６	0848 − 63 − 2451
旭東建材㈱	730 − 0016 広島市中区幟町２ − 26	082 − 228 − 0543
三泰産業㈱	730 − 0053 広島市中区東千田町１ − ３ − 20	082 − 245 − 2241
ＭＵＣＣ商事㈱　中国支店	730 − 0051 広島市中区大手町３ − ８ − １　大手町中央ビル 6F	082 − 546 − 2344
㈱猫本策三商店	738 − 0004 廿日市市桜尾１ − 11 − 39	0829 − 32 − 3211
広川エナス㈱	733 − 0002 広島市西区楠木町１ − 14 − 33	082 − 503 − 7330
藤井商事㈱	721 − 8586 福山市箕沖町 105 − ３	084 − 953 − 5252
増岡商事㈱	730 − 0045 広島市中区鶴見町４ − 25	082 − 541 − 3032
マーテックス㈱	730 − 0821 広島市中区吉島町 12 − 18	082 − 241 − 6666
㈱宗藤商店	739 − 0043 東広島市西条西本町 15 − ４	082 − 423 − 2783
＜鳥取県＞		
㈱三協商会	680 − 0843 鳥取市南吉方１ − 47	0857 − 24 − 6111
永瀬産業㈱	683 − 0101 米子市大篠津町 3280	0859 − 25 − 0111
㈱ウミライ	684 − 0002 境港市弥生町 206	0859 − 42 − 2155
＜島根県＞		
一畑住設㈱	690 − 0001 松江市東朝日町 275 − １	0852 − 67 − 2718
㈲宇部セメント西郷販売店	685 − 0004 隠岐郡隠岐の島町飯田有田 27	08512 − ２ − 5523
㈱山陰産業	693 − 0056 出雲市江田町 205 − ３	0853 − 23 − 1177
㈱三協しまね	690 − 0048 松江市西嫁島１ − ４ − 26	0852 − 24 − 6411
㈾第弐商会	690 − 0001 松江市東朝日町 198 − １	0852 − 23 − 2228
高橋商事㈱	693 − 0054 出雲市浜町 874	0853 − 23 − 3710
㈱テーリング	691 − 0003 出雲市灘分町 239 − ６	0853 − 63 − 3302
橋本産業㈱　松江営業所	690 − 0025 松江市八幡町 796 − 18	0852 − 37 − 1106
日野建材㈱	693 − 0065 出雲市平野町 360 − １	0853 − 21 − 2422
福間商事㈱	693 − 0043 出雲市長浜町 1372 − ８	0853 − 28 − 8111
㈱マシノ	699 − 5133 益田市神田町ロ 615	0856 − 25 − 2585
＜山口県＞		
カワノ工業㈱	742 − 0021 柳井市柳井 1740 − １	0820 − 22 − 1111
㈱三友	747 − 8622 防府市駅南町９ − 43	0835 − 22 − 2160
三洋興産㈱	747 − 0056 防府市古祖原 20 − 15	0835 − 22 − 3344

社名	郵便番号	住所	電話番号
サンヨー宇部㈱	753 − 0871	山口市朝田 1091 − 1	083 − 922 − 3511
㈱とくけん	745 − 0806	周南市桜木 3 − 1 − 5	0834 − 25 − 4500
日本ハウス㈱	745 − 0051	周南市沖見町 2 − 1	0834 − 22 − 1300
㈲波多野住建	758 − 0011	萩市大字椿東玉太郎 1068 − 3	0838 − 25 − 2525
㈱東谷	755 − 0009	宇部市東見初町 1 − 36	0836 − 21 − 1138
防長商事㈱	755 − 0033	宇部市琴芝町 1 − 1 − 63	0836 − 21 − 8111
㈲ミツワ商事	752 − 0997	下関市大字前田字陣屋 416	0832 − 31 − 5338
山口総合建材㈱	753 − 0051	山口市旭通り 2 − 7 − 13	083 − 922 − 5337
㈱田村建材店	755 − 0028	宇部市東本町 1 − 1 − 1	0836 − 33 − 1128
＜徳島県＞			
㈱マルショウ	770 − 0944	徳島市南昭和町 1 − 46 − 1　センチュリープラザホテル 2F	088 − 655 − 2866
美馬商事㈱	771 − 0138	徳島市川内町平石流通団地 65	088 − 665 − 4545
＜香川県＞			
㈱赤澤組	769 − 2401	さぬき市津田町津田 1532	0879 − 42 − 2000
㈱エヌプラス	761 − 0101	高松市春日町 1640 − 3	087 − 841 − 7800
㈱ケイエムシー	760 − 0027	高松市紺屋町 5 − 6　アルファパークナード高松 1407 号	087 − 811 − 1055
讃岐煉瓦㈱	768 − 0062	観音寺市有明町 6 − 6	0875 − 25 − 2111
㈱総合開発	760 − 0033	高松市丸の内 11 − 10	087 − 851 − 9031
防長商事㈱　四国営業所	762 − 0004	坂出市昭和町 2 − 7 − 13　ＵＢＥ三菱セメント㈱坂出 SS 内	0877 − 59 − 2381
三谷商事㈱　四国支店	760 − 0007	高松市中央町 11 − 12　日成高松ビル 5F	087 − 862 − 9241
ＭＵＣＣ商事㈱　四国営業所	760 − 0023	高松市寿町 2 − 2 − 10　高松寿町プライムビル 7F	087 − 821 − 5158
＜愛媛県＞			
㈱天野本店	792 − 0001	新居浜市惣開町 2 − 7	0897 − 33 − 1511
㈱アマノ　松山営業所	791 − 8015	松山市中央 1 − 17 − 37	089 − 922 − 9395
上原成商事㈱　松山支店	790 − 0011	松山市千舟町 3 − 3 − 9	089 − 941 − 6186
三和商事㈱	794 − 2305	今治市伯方町木浦甲 3455 − 5	0897 − 72 − 0238
藤倉㈱	790 − 0001	松山市一番町 2 − 5 − 20	089 − 945 − 3377
関藤商店㈱　松山営業所	790 − 0964	松山市中村 5 − 3 − 15	089 − 948 − 8151
＜高知県＞			
大家建材㈱	780 − 0052	高知市大川筋 1 − 7 − 18	088 − 823 − 2171
西内㈱	785 − 0004	須崎市青木町 8 − 13	0889 − 42 − 2471
㈲山中スレート瓦工業所	788 − 0271	宿毛市小筑紫町小筑紫 209 − 3	0880 − 67 − 0311
陽和産業㈱	781 − 0084	高知市南御座 2 − 1	088 − 882 − 6211
＜福岡県＞			
伊原金属㈱	812 − 0013	福岡市博多区博多駅東 3 − 8 − 3	092 − 431 − 3732
ＭＵＣＣ商事㈱　九州支店	810 − 0001	福岡市中央区天神 1 − 13 − 2　福岡興銀ビル 6F	092 − 714 − 0371
㈱尾家興産	828 − 0048	豊前市大字久路土 1590	0979 − 82 − 5203
㈱柏木興産	824 − 0005	行橋市中央 2 − 11 − 5　行橋センタービル 7F	0930 − 23 − 1472
中川建材㈱	839 − 0817	久留米市山川町 1488 − 1	0942 − 43 − 2131
㈱鍋島商店	801 − 0852	北九州市門司区港町 2 − 23	093 − 321 − 4368
西田工業㈱	820 − 0001	飯塚市鯰田 367 − 1	0948 − 22 − 2500
㈲林田商事	820 − 0044	飯塚市横田 870 − 1	0948 − 22 − 6660
㈱平河建材	839 − 0254	柳川市大和町中島 1687	0944 − 76 − 0311
豊國商事㈱	810 − 0041	福岡市中央区大名 2 − 11 − 25　新栄ビル 4F	092 − 741 − 9561
防長商事㈱　福岡支店	810 − 0001	福岡市中央区天神 1 − 2 − 12　メットライフ天神ビル 6 F	092 − 771 − 0781
㈱盛国建材店	804 − 0063	北九州市戸畑区正津町 5 − 7	093 − 871 − 4141
吉村商事㈱	810 − 0001	福岡市中央区天神 4 − 3 − 30　天神ビル新館 6F	092 − 715 − 1121
三菱マテリアルトレーディング㈱　福岡支店	810 − 0073	福岡市中央区舞鶴 2 − 1 − 10　天神フロントスクエア 4F	092 − 722 − 1500
菱信産業㈱	806 − 0041	北九州市八幡西区皇后崎町 11 − 9	093 − 621 − 5961
ＮＣ建材㈱　福岡支店	810 − 0001	福岡市中央区天神 1 − 9 − 17　福岡フコク生命ビル 12F	092 − 285 − 7856
塚本總業㈱　八幡支店	807 − 0831	北九州八幡西区則松 3 − 3 − 20	093 − 603 − 6600
＜佐賀県＞			
㈱ウチダ	840 − 0816	佐賀市駅南本町 6 − 7　第 1 内田ビル 4F	0952 − 24 − 3191

㈱福佐商会	847 − 0861	唐津市二夕子 3 − 12 − 99	0955 − 73 − 5811
㈱福岡商店	840 − 0054	佐賀市水ケ江 1 − 2 − 33	0952 − 24 − 0111
<長崎県>			
㈱大川商店	850 − 0046	長崎市幸町 3 − 1	095 − 823 − 2211
㈱スエオカ	857 − 0315	北松浦郡佐々町志方免 2	0956 − 62 − 2121
対馬天和産業㈱	817 − 0022	対馬市厳原町国分 1277	0920 − 52 − 1001
㈱不動物産	857 − 0133	佐世保市矢峰町 176 − 3	0956 − 59 − 5233
<大分県>			
三信商事㈱	871 − 0006	中津市大字東浜 1128 − 20	0979 − 22 − 5608
㈱三浦商事	873 − 0503	国東市国東町鶴川 1626 − 1	0978 − 72 − 1054
㈱薬秀	870 − 0018	大分市豊海 1 − 3 − 2	097 − 537 − 1111
菱甲産業㈱	870 − 0933	大分市花津留 1 − 12 − 31	097 − 551 − 5111
<熊本県>			
㈱清永宇蔵商店	861 − 3194	上益城郡嘉島町上仲間 294 − 22	096 − 237 − 3111
豊國商事㈱　熊本営業部	862 − 0976	熊本市中央区九品寺 4 − 1 − 2	096 − 372 − 7101
㈱原田興産	869 − 2501	阿蘇郡小国町宮原 2311	0967 − 46 − 4149
㈱松川商事	862 − 0976	熊本市中央区九品寺 1 − 13 − 1	096 − 366 − 5211
㈱松川生コン販売	869 − 1219	菊池郡大津町大字大林字上尾迫 1060	096 − 293 − 5372
㈱ヤマックス	862 − 0950	熊本市中央区水前寺 3 − 9 − 5	096 − 381 − 6411
<宮崎県>			
岩切商事㈱	880 − 0812	宮崎市高千穂通 1 − 7 − 24	0985 − 24 − 8211
ＭＵＣＣ商事㈱　宮崎営業所	880 − 0812	宮崎市高千穂通 2 − 5 − 36　宮崎 25 ビル 4 Ｆ 3	0985 − 29 − 6111
太陽工業㈱	882 − 0024	延岡市大武町 39 − 160	0982 − 32 − 6354
<鹿児島県>			
㈱伊東商会	893 − 0002	鹿屋市本町 11 − 12	0994 − 43 − 3311
ＭＵＣＣ商事㈱　鹿児島営業所	892 − 0846	鹿児島市鍛冶屋町 12 − 7　鹿児島鍛冶屋町ビル 204 号	099 − 219 − 1221
㈱小園硝子商会	891 − 0123	鹿児島市卸本町 5 − 20	099 − 260 − 2345
㈱ナカムラ	890 − 0072	鹿児島市新栄町 21 − 11	099 − 255 − 0831
㈱カネキ商店	890 − 0053	鹿児島市中央町 18 − 1　南国センタービル 3F	099 − 210 − 5008
西日本興産㈱	895 − 0027	薩摩川内市西向田町 5 − 11　GU 総合ビル 5F	0996 − 22 − 1513
㈱丸親	894 − 0027	奄美市名瀬末広町 6 − 11	0997 − 52 − 3532
菱興商事㈱	890 − 0072	鹿児島市新栄町 24 − 18	099 − 256 − 9450
<沖縄県>			
太田建設㈱	904 − 2173	沖縄市比屋根 4 − 29 − 1	098 − 933 − 6464
大原工業商事㈱	903 − 0105	中頭郡西原町東崎 4 − 1	098 − 882 − 8648
㈱オキチク商事	901 − 1117	島尻郡南風原町津嘉山 833 − 1	098 − 889 − 0831

琉球セメント㈱

名　　称	郵便番号	住　　所	電　話
てだこ建材㈱	901 − 2134	浦添市港川 495 − 2	098 − 874 − 8122
沖港産商㈱	904 − 1106	うるま市石川 2428 − 1	098 − 964 − 2130
㈱饒平名材木店	905 − 0214	本部町字渡久地 481	0980 − 47 − 2617
㈲ケンロク商事	901 − 1302	与那原町字上与那原 492 − 1	098 − 945 − 2534
小渡材木店	904 − 2224	うるま市字大田 73 − 1	098 − 973 − 5536
新垣産業㈱	905 − 0005	名護市字為又 1219 − 87	0980 − 52 − 2632
丸吉商事㈱	901 − 2207	宜野湾市神山 1 − 15 − 6	098 − 892 − 8114

㈱山正物産	902 - 0064 那覇市寄宮 173	098 - 834 - 6104
㈱リウゼン	905 - 1144 名護市字仲尾次 856	0980 - 58 - 1800
久米島琉球セメント販売㈱	901 - 3121 久米島町字嘉手苅 874	098 - 985 - 3392
㈱トウエイ	901 - 2121 浦添市内間 2 - 6 - 16	098 - 878 - 3516
㈱ビックライス	901 - 0145 那覇市高良 3 - 1 - 1	098 - 975 - 9099
コーラルインターナショナル㈱	907 - 0004 石垣市登野城 1181	0980 - 83 - 7302
与那覇商事㈱	907 - 0003 石垣市平得 522	0980 - 82 - 3894
㈱丸憲	900 - 0021 那覇市泉崎 1 - 16 - 5	098 - 863 - 3632

輸入セメント代理店・販売店

GS ジャパン㈱

1977 年 11 月 11 日設立。資本金 40000 万円

◎本社＝〒 108 － 0023　港区芝浦 3 － 1 － 1　msb Tamachi 田町ステーションタワー N20F

☎ 03－6831－5118･FAX03－5443－6261

URL　http://www.gsglobal.co.jp

e メール　jmyou@gsglobal.co.jp

代表取締役・高東煜

大阪支店＝〒 541 － 0054　大阪市中央区南本町 4 － 1 － 10　DP スクエア本町 8F

☎ 06－6282－1414・FAX06－6282－1420

雙龍（韓国）セメントを扱う

扱い量＝ 10 万トン

荷揚げ港＝横浜

全国生コンクリート製造工場総覧

凡　例

□全国の生コンクリート製造工場に調査用紙を送付し、回収したデータを各都道府県別に50音順に並べており、社名の後に旧社名（社名変更、合併、集約化など）を記載している場合もある。

□出資は自己資本＝（自）、セメント＝（セ）、販売店＝（販）、建設業＝（建）、製品業者＝（製）、骨材業者＝（骨）、その他＝（他）の略称で表す。

□従業員数に運転手数を含めているが、傭車の場合は除外、一部傭車の場合はその限りではない。

□主任技士＝コンクリート主任技士、技士＝コンクリート技士、診断士＝コンクリート診断士を示す。

□同じ敷地内にプラントが複数ある場合第１Ｐ（第１プラント）、第２Ｐ（第２プラント）と示す。

□ミキサ能力は強制式…500 × 1（500リットル× 1基）、1000 × 1（1,000リットル ×1基）等。可傾式…36 × 2(36切× 2基)、72 × 1(72切× 1基)等。(二軸)は二軸強制練りミキサ、（二段）は二段式ミキサ、(傾胴二軸）は傾胴二軸ミキサを示す。一軸、傾胴は表記していない。

□Ｐ＝プラント、Ｓ＝計量機(操作盤)、Ｍ＝バッチングミキサを示し、その後が使用セメントメーカー、使用混和剤（減水剤、AE剤、高性能AE減水剤その他)、生コン車の容量別保有台数［傭車］の順となっている。保有台数は複数工場、系列工場で共有するケースが多いので常駐台数を記載。

□ミキサ車の種別は大型車＝10トン以上、中型車＝4～10トン未満、小型車＝4トン未満とした。

□使用骨材はＧ＝粗骨材、Ｓ＝細骨材を示す。

□JIS認証機関名はインターテック・サーティフィケーション＝IC、建材試験センター＝JTCCM、日本建築総合試験所＝GBRC、日本品質保証機構＝JQA、マネジメントシステム評価センター＝MSAの略称で表す。

□大臣認定とは、建築基準法37条第2号に基づく国土交通大臣認定の工場単独の取得状況を示す。

2025年1月1日現在

北　海　道　地　区

北海道

會澤高圧コンクリート㈱
1963年10月16日設立　資本金6390万円
従業員617名
◉本社＝〒053－0021　苫小牧市若草町3－1－4　独楽ビル
☎0144－36－3131・FAX0144－36－5750
URL http://www.aizawa-group.co.jp/
代表取締役會澤祥弘　取締役副社長亀卦川淳・會澤大志・青木涼　専務取締役赤坂武信・鈴木宏征・酒井亨　常務取締役宮田達也・坂見昌浩・安西賢治・阿部昌代・畑野奈美・中川信二・佐々木良滋・吉野利彦　取締役嘉津山公一・神坂和博・菅井淳一・大橋未来
◉静内工場＝〒056－0006　日高郡新ひだか町静内中野町1－13－8
☎0146－42－1241・FAX0146－42－1956
◉鵡川工場＝〒054－0064　勇払郡むかわ町晴海67
☎0145－42－2196・FAX0145－42－4200
◉様似工場＝〒058－0004　様似郡様似町字平宇85
☎0146－36－2524・FAX0146－36－4722
◉千歳工場＝〒066－0012　千歳市美々1292
☎0123－26－2151・FAX0123－26－2152
◉平取工場＝〒055－0325　沙流郡平取町字長知内72－10
☎01457－5－5100・FAX01457－5－5115
◉札幌石山工場＝〒005－0850　札幌市南区石山東1－2－21
☎011－591－2270・FAX011－591－2502
◉札幌菊水工場＝〒003－0814　札幌市白石区菊水上町四条4－95－1
☎011－820－2122・FAX011－820－2277
◉札幌清田工場＝〒004－0871　札幌市清田区平岡一条4－2－3
☎011－881－7891・FAX011－881－7898
◉札幌白石工場＝〒003－0814　札幌市白石区菊水上町四条4－15－3
☎011－814－2841・FAX011－814－0778
◉苫小牧工場＝〒053－0003　苫小牧市入船町2－2－1
☎0144－31－4181・FAX0144－31－4191
◉白老工場＝〒059－0921　白老郡白老町石山62－7
☎0144－84－9001・FAX0144－84－9002

愛別生コン㈱
1977年12月11日設立　資本金1500万円
従業員3名　出資＝（自）100％
◉本社＝〒079－8412　旭川市永山2条21－3－18
☎0166－74－5908・FAX0166－74－5910
URL https://numatajarisaiseki.com
✉colone@beach.ocn.ne.jp
代表取締役社長沼田雅幸　取締役副社長沼田隆子　専務取締役沼田真
※㈱旭ダンケ旭川支店・東鷹栖工場、北海道太平洋生コン㈱旭川工場と共同操業

㈱アサノ・ウエダ生コン
1997年2月3日設立　資本金1000万円　従業員6名　出資＝（自）50％・（セ）50％
◉本社＝〒059－0013　登別市幌別町2－3－5
☎0143－85－7761・FAX0143－85－7763
代表取締役社長上田朗大　取締役大屋克之・西川藤麿・小林雄一・五味創・竹村功
◉幌別工場＝本社に同じ
工場長川村圭一
従業員6名（技士3名）
1967年4月操業2014年5月S更新1500×1（二軸）　ＰＳＭ光洋機械　太平洋・日鉄　ヴィンソル・チューポール　車大型×2台〔傭車：日の輪産商〕
2023年出荷8千㎥、2024年出荷3千㎥
G＝石灰砕石・砕石　S＝陸砂
普通JIS取得（JTCCM）

旭川アサノコンクリート㈱
1963年12月21日設立　資本金3000万円
従業員9名　出資＝（セ）8.8％・（販）51.0％・（自）40.2％
◉本社＝〒078－1332　上川郡当麻町字園別1区1397－1
☎0166－84－5551・FAX0166－84－5554
代表取締役今井國雄　専務取締役細貝博　取締役今井一嘉・柴田亨・小林雄一・五味創　監査役青木克真・堀部明宏
◉旭川工場＝本社に同じ
工場長狛修司
従業員9名（主任技士1名・技士5名・診断士1名）
1964年6月操業1997年9月更新2500×1（二軸）　ＰＳＭ日工　太平洋　ヴィンソル・ヤマソー・マイテイ　車大型×10台〔傭車：さきがけ物流㈱〕
2023年出荷18千㎥、2024年出荷15千㎥
G＝河川　S＝河川
普通・舗装JIS取得（MSA）
ISO 9001取得
大臣認定単独取得（60N/㎟）
※㈱コスモ生コンより生産受託
※秩父別工場は㈱ホッコン深川工場に生産委託

旭川宇部協同生コン㈱
1968年4月12日設立　資本金6000万円
従業員8名　出資＝（自）7.0％・（建）19.[illegible]％・（他）73.1％
◉本社＝〒079－8453　旭川市永山北3条[illegible]－3
☎0166－48－5511・FAX0166－48－556[illegible]
代表取締役津山建　取締役津山信・津山博・細谷貴士・盛永孝之
◉旭川工場＝本社に同じ
工場長細谷貴士
従業員6名（技士5名）
1968年7月操業2004年4月更新2500×1（二軸）　ＰＳＭ光洋機械　UBE三菱　ヤマソー・チューポール　車大型×8台〔傭車：東海運輸㈱〕
2023年出荷10千㎥、2024年出荷8千㎥（高流動30㎥）
G＝陸砂利　S＝陸砂
普通・舗装JIS取得（MSA）
◉上川工場＝〒078－1773　上川郡上川町字日東426
☎01658－2－2311・FAX01658－2－2311
工場長山田健二
従業員3名（主任技士1名・技士1名）
1989年5月操業1750×1（二軸）　ＰＳＭ北川鉄工　UBE三菱　ヤマソー・シーカ　車大型×18台〔傭車：東海運輸㈱〕
2023年出荷3千㎥、2024年出荷5千㎥（高流動100㎥）
G＝陸砂利　S＝陸砂
普通JIS取得（MSA）

㈱旭ダンケ
1953年7月29日設立　資本金10000万円
従業員422名　出資＝（他）100％
◉本社＝〒071－8113　旭川市東鷹栖東3条4－2163
☎0166－57－2011・FAX0166－57－2099
URL http://www.asahidanke.co.jp
代表取締役社長山下弘純　代表取締役会長山下裕久　専務取締役熊野勝文　常務取締役大谷寿美子・原田敏彦　取締役森龍一・山本勝也・左高美喜也・山本泰治・佐藤勝利・平川芳寿・河野克佳・近藤州紘
◉旭川支店・東鷹栖工場＝〒071－8113　旭川市東鷹栖東3条4－2163
☎0166－57－8212・FAX0166－57－9952
工場長今伸
従業員8名（主任技士1名・技士5名）
1990年4月操業2500×1（二軸）　ＰＳＭ日工　太平洋　シーカポゾリス・ヤマソー

車大型×8台〔傭車：旭勇産業㈱・㈱沼田運輸〕
2023年出荷26千㎥、2024年出荷7千㎥(高流動30㎥)
G＝陸砂利　S＝陸砂
普通・舗装JIS取得(JTCCM)
※愛別生コン㈱工場、北海道太平洋生コン㈱旭川工場と共同操業
◉旭川支店・士別生コン工場(旧北海アサノロックラー㈱士別生コン工場)＝〒095－0046　士別市南町東4区1873－12
☎0165－23－3544・FAX0165－23－3545
責任者長沢勝広
従業員6名(主任技士1名・技士1名)
1964年6月操業1997年5月更新56×2(傾胴二軸)　ＰＳＭ北川鉄工　太平洋　シーカポゾリス・レオビルド　車〔傭車〕
2024年出荷9千㎥
G＝陸砂利・砕石　S＝陸砂
普通JIS取得(GBRC)
※北海アサノロックラー㈱より生産受託
※㈱野田生コンクリート士別工場・和寒コンクリート㈱工場と共同操業
◉道東支店・美幌工場＝〒092－0005　網走郡美幌町字野崎65
☎0152－72－3327・FAX0152－72－4175
工場長森一修
従業員23名(主任技士2名・技士1名・診断士1名)
1984年10月操業1987年12月更新1500×1(二軸)　ＰＳＭ日工　UBE三菱　シーカポゾリス　車大型×5台〔傭車：旭勇産業㈱・太平洋興運㈱・北見宇部・三崎産業㈱・北進運輸㈱・㈱イシイ機械リース・佐呂間開発工業㈱〕
2023年出荷3千㎥、2024年出荷3千㎥
G＝河川　S＝陸砂
普通JIS取得(JTCCM)
◉道東支店・帯広第1工場＝〒089－0535　中川郡幕別町札内桜町39－1
☎0155－26－8000・FAX0155－26－8008
工場長松崎知幸
従業員6名(技士2名)
2250×1　UBE三菱　シーカジャパン・山宗　車大型×5台〔傭車：北進運輸㈱〕
2024年出荷13千㎥
G＝陸砂利　S＝陸砂
普通JIS取得(JTCCM)
◉道東支店・紋別工場＝〒099－5175　紋別市渚滑町川向100
☎0158－23－5295・FAX0158－23－5298
✉matsuzaki-tomoyuki@asahidanke.co.jp
工場長松崎知幸
従業員13名(主任技士1名・技士4名)
1969年4月操業1990年4月更新2500×1(二軸)　ＰＳＭ光洋機械(旧石川島)　太平洋　ヤマソー・シーカジャパン・GCP　車大型×7台
2023年出荷15千㎥
G＝陸砂利・砕石　S＝陸砂
普通・舗装JIS取得(JTCCM)
◉札幌支店・札幌工場＝〒061－3242　石狩市新港中央2－759－2
☎0133－64－1511・FAX0133－64－1517
工場長上野山博之
従業員6名(主任技士1名・技士4名・診断士1名)
1979年6月操業2005年4月更新2750×1(二軸)　ＰＳＭ日工　太平洋　ヴィンソル・ヤマソー・マイテイ・シーカジャパン
車大型×20台(大半傭車)〔傭車：寿運輸〕
2024年出荷29千㎥
G＝砕石　S＝陸砂
普通・舗装JIS取得(JTCCM)
※開進コンクリート工業㈱工場より生産受託
◉札幌支店・米里工場＝〒003－0876　札幌市白石区東米里2118
☎011－879－2222・FAX011－879－2223
工場長望月力
従業員8名(主任技士1名・技士3名)
3000×1　UBE三菱　シーカポゾリス・シーカビスコクリート・フローリック・シーカメント・マイテイ・ヤマソー
2023年出荷43千㎥
G＝石灰砕石・砕石　S＝河川・陸砂
普通JIS取得(JTCCM)
大臣認定単独取得(60N/m㎡)
※開進コンクリート工業㈱より生産受託

アサヒ生コン㈱
1980年3月19日設立　資本金2000万円
出資＝(自)90%・(他)10%
◉本社＝〒073－0011　滝川市黄金町西3－2－2
☎0125－24－3469・FAX0125－23－5464
代表取締役社長清水計至　代表取締役会長清水但男　取締役西本美衣　監査役清水君子
※太陽生コン㈱千歳工場、㈱北海道宇部札幌工場と共同操業
1988年6月21日設立　資本金2000万円
◉本社＝〒059－1364　苫小牧市字沼ノ端602－3
☎0144－55－5566・FAX0144－55－4747
代表取締役社長大場靖友
◉工場＝本社に同じ
従業員1名(技士1名)
1500×1　日鉄・住友大阪
※越智化成㈱苫小牧工場と共同操業

厚岸共同生コン㈱
(太平洋レミコン㈱浜中工場、三ッ輪ベンタス㈱厚岸工場より生産受託)
2018年4月2日設立　資本金800万円　従業員7名　出資＝(自)50%・50%
◉本社＝〒088－1125　厚岸郡厚岸町白浜3－56
☎0153－52－3571・FAX0153－52－7782
代表取締役安井明
◉工場＝本社に同じ
工場長岩田洋一
従業員7名(主任技士1名・技士2名)
1969年4月操業2010年3月更新2250×1(二軸)　ＰＳＭ光洋機械　太平洋　ヴィンソル・ヤマソーウイン・マイテイ　車大型×9台〔傭車：厚岸トラック㈱・太平洋興運㈱〕
2023年出荷14千㎥、2024年出荷20千㎥
G＝砕石　S＝陸砂
普通・舗装JIS取得(GBRC)

石野コンクリート工業㈱
1976年4月7日設立　資本金1200万円　従業員39名　出資＝(自)100%
◉本社＝〒089－0571　中川郡幕別町字依田545－3
☎0155－56－3999・FAX0155－56－5969
URL http://www.t-ishino.co.jp
✉ishino.y@t-ishino.co.jp
代表取締役石野雄一　取締役会長石野崇則　専務取締役前田義隆　常務取締役石野智樹　取締役石野ひとみ・林正樹
◉札内工場＝本社に同じ
工場長石野智樹
従業員42名(技士6名)
1988年11月操業2016年2月更新2250×1(二軸)　ＰＳＭ日工　日鉄　シーカジャパン　車大型×10台〔傭車大型×10台〕
2023年出荷20千㎥、2024年出荷24千㎥
G＝陸砂利・石灰砕石　S＝陸砂
普通JIS取得(GBRC)
大臣認定単独取得(60N/m㎡)

㈱上田コンクリート工業所
資本金6000万円　従業員36名　出資＝(自)100%
◉本社＝〒073－0036　滝川市花月町3－10－11
☎0125－24－6181・FAX0125－23－5955
✉kkuedack-k@fork.ocn.ne.jp
代表取締役社長東藤和男
◉工場(操業停止中)＝本社に同じ
※㈱コネック滝川に生産委託

㈱上田商会
1950年11月14日設立　資本金7200万円
従業員153名
◉本社＝〒059－0015　登別市新川町2－5－1
☎0143－85－2022・FAX0143－85－5039
URL http://www.ueda-gr.jp/
代表取締役社長上田朗大　取締役石塚浩章・鎌上重雄・菅原久仁男・藤島義一・西川藤麿・武井厚・片桐大
◉後志工場＝〒048－1544　虻田郡ニセコ町字元町188

☎0136－44－2687・FAX0136－44－2729
✉m-horinouchi@ueda-gr.jp
工場長堀之内誠
従業員7名（技士2名）
1979年11月操業2016年3月更新2300×1（二軸）　ＰＳＭ光洋機械　太平洋・住友大阪・日鉄　シーカポゾリス　車中型×20台〔傭車：㈲倶知安運輸・岩内宇部生コン販売㈱〕
2023年出荷40千㎥、2024年出荷40千㎥
G＝砕石　S＝陸砂
普通JIS取得（JTCCM）
※恵庭アサノコンクリート㈱蘭越工場と共同操業
◉千歳工場（操業停止中）＝〒066－0077　千歳市上長都1130－12
☎0123－27－2220・FAX0123－27－3699
1990年3月操業2000×1（二軸）　ＰＳＭ日工
◉砂原工場（操業停止中）＝〒049－2204　茅部郡森町砂原西4－242
☎01374－8－3321・FAX01374－8－2459
1973年11月操業1990年1月更新1500×1（二軸）　ＰＳＭ日工
※大野アサノコンクリート㈱鹿部工場と共同操業

㈱ウップス
（無人プラント、計量プラント設置）
2000年4月3日設立　資本金1000万円　従業員55名　出資＝（自）100％
◉本社＝〒003－0814　札幌市白石区菊水上町4条4－95－1
☎011－825－0092・FAX011－825－6656
URL http://www.oops-net.com/
代表取締役CEO會澤祥弘　取締役COO宇田川孝・CTO板谷昭雄・CFO寺澤良三・CIO亀卦川淳　監査役中井悦裕
◉工場＝ネットワークプラント札幌市（菊水、石山、清田、屯田、発寒）江別市（角山）小樽市（新光）千歳市（長都）南幌町（南幌）三笠市（岡山）
✉j.kikegawa@aizawa-group.co.jp
従業員55名（主任技士1名・技士4名・診断士1名）
2000年5月操業　Ｐ大平洋機工Ｓハカルプラス　太平洋　GCP　車大型×48台・小型×2台
G＝陸砂利　S＝陸砂
大臣認定単独取得

浦河生コンクリート㈱
1966年12月1日設立　資本金4800万円　従業員20名　出資＝（セ）10％・（販）10％・（建）50％・（他）30％
◉本社＝〒057－0002　浦河郡浦河町字西幌別512
☎0146－28－1101・FAX0146－28－1832
✉urc.urakawa@lily.ocn.ne.jp
代表取締役南修　取締役会長南清　取締役副社長南悟　常務取締役南真樹・西谷内龍司　取締役南健雄・熊谷真一・小田秀輝・砂小沢正幸　監査役深谷岳志
◉浦河工場＝本社に同じ
工場長大久保有起
従業員10名（技士4名）
第1Ｐ＝1967年5月操業1979年2月更新2250×1　ＰＳＭ光洋機械（旧石川島）
第2Ｐ＝2000×1　太平洋・日鉄　フローリック・シーカジャパン　車大型×5台
G＝河川　S＝河川
普通・舗装JIS取得（JTCCM）
◉えりも工場＝〒058－0205　幌泉郡えりも町大和636
☎01466－2－2542・FAX01466－2－2960
✉nakazawa@urakawa-rc.co.jp
工場長中澤雅史
従業員4名（技士2名）
1970年5月操業1980年2月更新1500×1　ＰＳＭ光洋機械（旧石川島）　日鉄　フローリック　車大型×6台
2023年出荷4千㎥、2024年出荷5千㎥
G＝陸砂利　S＝陸砂
普通・舗装JIS取得（JTCCM）

栄興宇部コンクリート工業㈱
1973年6月20日設立　資本金2500万円　従業員13名　出資＝（セ）36％・（販）16％・（建）24％・（他）24％
◉本社＝〒084－0913　釧路市星が浦南1－3－8
☎0154－39－1682・FAX0154－39－1683
代表取締役社長中島太郎　取締役渡邊修・山岡朋宏
※釧路生コン㈱に生産委託

エス昭和コンクリート㈱
1973年9月6日設立　資本金3000万円
◉本社＝〒059－0033　登別市栄町4－2－2
☎0143－86－6116・FAX0143－86－6117
代表取締役石川政美
◉工場（操業停止中）＝本社に同じ
1000×1
※昭和生コン㈱本社工場と共同操業

恵庭アサノコンクリート㈱
1968年4月26日設立　資本金4000万円　従業員7名　出資＝（セ）40％・（販）60％
◉本社＝〒061－1433　恵庭市北柏木町3－82
☎0123－32－2211・FAX0123－32－2214
代表取締役社長酒巻雄一　取締役佐藤元・阿部俊哉・小林雄一・五味創　監査役伊藤力・堀部明宏
※富良野工場は越智化成㈱富良野工場、道瑛コンクリート工業㈱工場、北海道太平洋生コン㈱中富良野工場、㈱ホッコン富良野工場と共同操業
※蘭越工場は㈱上田商会後志工場と共同操業
◉恵庭工場＝本社に同じ
工場長田中孝一
従業員5名（主任技士1名・技士3名）
1968年4月操業1997年4月Ｓ2014年4月Ｐ2020年4月Ｍ更新2300×1（二軸）　Ｐ大平洋機工Ｓパシフィックシステム M北川鉄工　太平洋　シーカジャパン　車〔傭車：㈲折口運輸・㈱日の輪産商〕
2023年出荷42千㎥、2024年出荷31千㎥
G＝陸砂利・石灰砕石・砕石　S＝陸砂
普通・舗装JIS取得（GBRC）
※古谷コンクリート工業㈱と共同操業

㈱エムユー生コン
（三ツ輪ベンタス㈱と㈱北見宇部が製造部門を統合設立）
2006年2月7日設立　資本金1000万円　従業員7名　出資＝（他）50％・（他）50％
◉本社＝〒090－0008　北見市大正273－1
☎0157－36－7050・FAX0157－36－213[illegible]
✉s.kurasawa@ventus.co.jp
代表取締役社長高野幸二　取締役倉澤収児
◉工場＝本社に同じ
取締役総括工場長倉澤収児
従業員7名（主任技士2名・技士23名）
1995年10月操業2024年3月更新2300×1（二軸）　ＰＳＭ光洋機械　UBE三菱・太平洋　シーカメント・ヤマソーウィン・ポーラーセット　車〔傭車：㈱北見宇部〕
2023年出荷16千㎥、2024年出荷16千㎥
G＝砕石　S＝陸砂・砕砂
普通・舗装JIS取得（GBRC）
◉網走工場＝〒093－0135　網走市字卯原内9－8
☎0152－47－2090・FAX0152－47－274[illegible]
✉s.kurasawa@ventus.co.jp
責任者倉沢収児
従業員7名（主任技士2名・技士2名）
1973年6月操業1998年8月更新2250×1（二軸）　ＰＳＭ光洋機械　UBE三菱・太平洋　プラストクリート・ヴィンソル・ヤマソー　6台
2024年出荷12千㎥
G＝砕石　S＝陸砂
普通・舗装JIS取得（GBRC）
※㈱北見宇部網走工場、三ツ輪ベンタス㈱女満別工場より生産受託

雄武レミコン㈱
1973年5月16日設立　資本金2600万円　従業員9名　出資＝（自）78％・（セ）12％・（販）8％・（他）2％
◉本社＝〒098－1705　紋別郡雄武町字南雄武265
☎0158－84－2224・FAX0158－84－322[illegible]
✉remicon@proof.ocn.ne.jp

代表取締役社長橋詰啓史　役員安藤倫之
◉雄武工場＝本社に同じ
代表取締役橋詰啓史
従業員9名(主任技士1名・技士2名)
1973年5月操業1990年12月更新1500×1(二軸)　P中道機械SハカルプラスM光洋機械(旧石川島)　太平洋　シーカポゾリス・ヴィンソル　車大型×4台
2023年出荷6千㎥、2024年出荷6千㎥
G＝陸砂利　S＝陸砂
普通JIS取得(JTCCM)

大野アサノコンクリート㈱
1973年4月17日設立　資本金5800万円
従業員25名　出資＝(セ)20%・(販)30%・(他)50%
◉本社＝〒041－1244　北斗市村山154－1
☎0138－77－1411・FAX0138－77－8466
代表取締役社長平出正一　代表取締役会長横山廣市　専務取締役横山広幸　取締役吉野悟・小出恒男・酒巻雄一・松岡勝行・宮下隆　監査役佐藤喜美夫・吉田泰治
◉大野工場＝本社に同じ
工場長横山広幸
従業員6名(主任技士1名)
1973年3月操業1993年6月更新2500×1(二軸)　PM日工Sパシフィックシステム　太平洋　車大型×20台
G＝石灰砕石　S＝陸砂・石灰砕砂
普通・舗装JIS取得(GBRC)
大臣認定単独取得
※大野アサノコンクリート㈱恵山工場、七飯アサノ生コンクリート㈱工場、北海道太平洋生コン㈱村山工場と共同操業
◉鹿部工場＝〒041－1404　茅部郡鹿部町字本別410
☎01372－7－2129・FAX01372－7－2749
✉sikabe@ohnoasano.co.jp
工場長東雲宏和
従業員7名(主任技士3名・技士1名)
1988年8月操業1996年2月更新1500×1(二軸)　PM日工Sパシフィックシステム　太平洋　シーカポゾリス　車(大野工場と共有)
2023年出荷10千㎥
G＝石灰砕石　S＝陸砂・石灰砕砂
普通・舗装JIS取得(GBRC)
※㈱上田商会砂原工場、大野アサノコンクリート㈱森工場、北海道太平洋生コン㈱八雲工場・森工場と共同操業

岡本興業㈱
1960年10月20日設立　資本金5000万円
従業員129名　出資＝(自)100%
◉本社＝〒005－0021　札幌市南区真駒内本町1－1－1
☎011－831－6156・FAX011－815－2450
URL http://www.okamotogroup.co.jp/
代表取締役社長岡本敏秀　代表取締役副社長岡本崇行　取締役杉下隆彦・飯田輝昌・山田貴敏　監査役安達博昭・渡辺泰之
◉札幌生コン工場＝本社に同じ
工場長黒田英二
従業員9名(主任技士1名・技士6名)
1958年4月操業1986年11月更新2500×1　PSM北川鉄工　日鉄・太平洋　チューポール・ヤマソー　車大型×6台〔傭車：大同運輸㈱〕
2023年出荷40千㎥、2024年出荷46千㎥
G＝石灰砕石・砕石　S＝陸砂・砕砂
普通・舗装JIS取得(GBRC)
大臣認定単独取得(80N/mm²)

奥尻コンクリート工業㈱
1977年8月31日設立　資本金1800万円
従業員11名　出資＝(自)65.3%・(他)34.7%
◉本社＝〒043－1522　奥尻郡奥尻町字富里400－1
☎01397－3－2324・FAX01397－3－2949
✉okucon@sea.plala.or.jp
代表取締役社長海老原孝　専務取締役佐藤和信　常務取締役道下朋紀　取締役手代森常由　監査役若山弘
◉函館事務所＝〒041－0821　函館市港町1－20－29
☎0138－42－0121・FAX0138－83－5775
所長小河美知子
従業員1名
◉奥尻工場＝本社に同じ
工場長佐藤和信
従業員5名(技士3名)
1978年4月操業1992年8月更新1500×1(二軸)　PSM北川鉄工　太平洋　ヤマソー　車〔傭車：㈲海老原建設運輸〕
2023年出荷6千㎥、2024年出荷4千㎥
G＝石灰砕石・砕石　S＝陸砂
普通・舗装JIS取得(GBRC)
◉函館工場＝〒042－0902　函館市鉄山町130
☎0138－58－4888・FAX0138－48－4293
✉okuconhako@sea.plala.or.jp
工場長手代森常由
従業員5名(主任技士1名・技士2名)
1989年10月操業1997年6月更新1500×1(傾胴二軸)　PSM北川鉄工　太平洋　シーカジャパン　車〔傭車：大同運輸㈱〕
2023年出荷3千㎥、2024年出荷7千㎥
G＝石灰砕石　S＝陸砂・石灰砕砂
普通・舗装JIS取得(GBRC)
※北海道太平洋生コン㈱村山工場と共同操業

興部生コン㈱
1970年4月1日設立　資本金3000万円　従業員9名　出資＝(自)10%・(セ)20%・(販)20%・(他)50%
◉本社＝〒098－1622　紋別郡興部町字北興126
☎0158－82－2353・FAX0158－82－4152
✉namcon-1@lake.ocn.ne.jp
代表取締役山田浩司
◉工場＝本社に同じ
代表取締役山田浩司
従業員9名(技士5名)
1967年4月操業1988年3月更新1500×1(二軸)　PSM光洋機械　日鉄　フローリック　車大型×5台
2023年出荷4千㎥、2024年出荷2千㎥
G＝河川　S＝陸砂
普通JIS取得(MSA)

越智化成㈱
資本金4500万円
◉本社＝〒059－1364　苫小牧市沼の端2－89
☎0144－57－4455・FAX0144－55－8901
URL http://ochikasei.co.jp/
代表取締役社長北村道夫
◉苫小牧工場＝〒059－1364　苫小牧市沼の端2－89
☎0144－55－0585・FAX0144－55－4661
従業員6名(主任技士1名)
1997年1月操業1700×1　住友大阪
普通JIS取得(MSA)
※アサヒ生コン㈱工場と共同操業
◉富良野工場(旧北海道太平洋生コン㈱中富良野工場)＝〒071－0726　空知郡中富良野町東町6－14
☎0167－56－9797・FAX0167－56－9798
✉furano.hinkan@namacon1.jp
責任者田上和也
従業員5名(主任技士1名・技士2名)
1971年6月操業2022年1月更新1800×1(二軸)　P光洋機械SM北川鉄工　太平洋　シーカ・シーカメント・ヤマソー　車大型×5台
2023年出荷15千㎥、2024年出荷18千㎥
G＝砕石　S＝陸砂
普通・舗装JIS取得(MSA)
※恵庭アサノコンクリート㈱富良野工場、道瑛コンクリート工業㈱工場、北海道太平洋生コン㈱中富良野工場、㈱ホッコン富良野工場と共同操業
◉伊達工場＝〒052－0035　伊達市長和町245－45
☎0142－21－2567・FAX0142－21－2552
従業員5名(技士2名)
1000×1　太平洋
普通JIS取得(MSA)
◉比布工場＝〒078－0324　上川郡比布町北4線4－3184－1
☎0166－58－9218・FAX0166－58－9219
責任者藤井有二
従業員6名(主任技士1名・技士3名)

2004年12月操業1700×1　住友大阪　シーカメント・ヤマソー　車〔傭車〕
2023年出荷16千㎥、2024年出荷14千㎥
G＝陸砂利　S＝陸砂・砕砂
普通・舗装JIS取得(MSA)
※㈱ホッコン旭川工場より生産受託
◉占冠工場＝〒079－2202　勇払郡占冠村字シムカップ1645－1
☎0167－56－9277・FAX0167－56－9275
2024年6月操業2250×1(二軸)　PSM光洋機械
普通JIS取得(MSA)
◉石狩工場(操業停止中)＝〒061－3242　石狩市新港中央2－761－2
☎0133－64－6675・FAX0133－64－6676
1500×1
◉帯広工場(操業停止中)＝〒080－2465　帯広市西二十五条北2－2－46
☎0155－37－3240・FAX0155－37－2536
1986年9月操業1000×1(二軸)　ＰＳＭ日工
◉白老工場(操業停止中)＝〒059－0642　白老郡白老町竹浦380－1
☎0144－87－4878
1993年5月操業2000×1　ＰＳＭ北川鉄工
※㈱ケイホク飛生生コンクリート工場・白老工場と共同操業
◉北見工場(操業停止中)＝〒099－2231　北見市端野町緋牛内548－1
☎0157－57－2180・FAX0157－57－2181
1500×1
※太平洋レミコン㈱北見工場に生産委託

帯広協同コンクリート㈱
1978年7月12日設立　資本金2500万円
従業員7名　出資＝(自)70%・(骨)12%・(他)18%
◉本社＝〒089－0612　中川郡幕別町明野204
☎0155－54－4381・FAX0155－54－2061
✉Kyodocon@netbeet.ne.jp
代表取締役社長花房浩一　取締役花房愛子
◉工場＝本社に同じ
工場長村本敏弘
従業員5名(主任技士1名・技士2名)
1978年2月操業2007年2月更新1500×1　ＰＭ光洋機械Ｓ本郷　UBE三菱　ヴィンソル・プラストクリート　車大型×3台
G＝陸砂利　S＝陸砂
普通JIS取得(GBRC)

オホーツク生コン㈱
1970年4月11日設立　資本金2000万円
従業員1名　出資＝(他)100%
◉本社＝〒097－0001　稚内市末広3－8－33
☎0162－24－1455・FAX0162－24－5103
代表取締役佐藤達生　取締役藤田幸洋・小池文男・秋野功
◉工場(操業停止中)＝〒098－5804　枝幸郡枝幸町新港町979－1
☎0163－62－4151・FAX0163－62－2005
※㈱安田と共同操業

開盛コンクリート㈱
1989年10月19日設立　資本金2000万円
従業員6名　出資＝(自)100%
◉本社＝〒086－1148　標津郡中標津町緑ヶ丘12－3
☎0153－72－8777・FAX0153－73－5380
代表取締役松實秀樹　取締役佐藤賢造・松實婦美子・松實大樹・松實将文・竹本俊昭　監査役葭原聡
◉中標津工場＝本社に同じ
工場長加藤勉
従業員6名(主任技士1名・技士2名)
1990年1月操業1000×1(二軸)　ＰＳＭ北川鉄工　太平洋　シーカラビット・シーカポゾリス　車大型×8台〔傭車：釧根開発運輸㈱〕
2024年出荷5千㎥
G＝砕石　S＝陸砂
普通・舗装JIS取得(JTCCM)

㈱カイト
1964年4月26日設立　資本金3000万円
従業員30名　出資＝(自)66.66%・(セ)16.67%・(建)16.67%
◉本社＝〒049－0611　檜山郡上ノ国町字大留122
☎0139－55－2511・FAX0139－55－2513
✉kaito@kabu-kaito.co.jp
代表取締役社長長谷川俊郎　代表取締役会長梶本政幸　専務取締役佐藤章
◉本社工場＝〒049－0611　檜山郡上ノ国町字大留122
☎0139－55－3940・FAX0139－55－4110
工場長藤田克人
従業員7名(技士3名)
1964年4月操業2001年7月更新2500×1　太平洋・日鉄　フローリック・ヤマソー　車〔傭車：㈱ニレミックス運輸部〕
G＝石灰砕石・砕石　S＝陸砂・石灰砕砂
普通・舗装JIS取得(GBRC)
※㈱ニレミックス大成工場、北海道太平洋生コン㈱熊石工場・大成工場より生産受託
※㈱ニレミックス上ノ国工場と共同操業

㈱加藤建設工業
1963年4月1日設立　資本金3000万円　従業員22名　出資＝(他)100%
◉本社＝〒044－0022　虻田郡倶知安町南八条東2－10
☎0136－22－0177・FAX0136－22－4503
URL http://www.katocon-hp.com/
✉katocon@bell.ocn.ne.jp
代表取締役川上孝博　常務取締役川上正範　取締役川﨑隆司
◉工場＝本社に同じ
従業員5名(技士3名)
2300×1(二軸)　日鉄
G＝砕石　S＝陸砂・砕砂
普通JIS取得(JTCCM)

上士幌生コンクリート㈱
1973年4月2日設立　資本金1000万円　従業員4名　出資＝(セ)10%・(販)20%・(他)70%
◉本社＝〒080－1408　河東郡上士幌町字上士幌東2線217－7
☎01564－2－2711・FAX01564－2－271
代表取締役守田純一
◉工場＝本社に同じ
工場長三宅学
従業員4名(主任技士2名・技士2名)
1973年8月操業1992年4月Ｍ改造1500×　Ｐ度量衡Ｓ湘南島津Ｍ大平洋機工　日鉄　ヤマソー
2023年出荷5千㎥、2024年出荷10千㎥
G＝陸砂利　S＝陸砂
普通JIS取得(JTCCM)

岸本産業㈱
1956年9月20日設立　資本金2000万円
従業員63名　出資＝(自)100%
◉本社＝〒064－0821　札幌市中央区北1条西20－3－25
☎011－642－3533・FAX011－642－354
URL http://www.kishimoto-sangyou.com
取締役社長岸本教範　取締役副社長岸本真一　専務取締役岸本正吉　常務取締役岸本竜司　取締役大橋忠光
◉浜益生コンクリート工場＝〒061－310　石狩市浜益区川下107
☎0133－79－2360・FAX0133－79－221
工場長岸本秀義
従業員5名(主任技士2名・技士2名)
1972年4月操業1988年4月ＳＭ改造1500×1(二軸)　Ｐ光洋機械(旧石川島)ＳＭ光洋機械　太平洋　シーカポゾリス　車大型×2台〔傭車：浜益海運㈱〕
2023年出荷3千㎥
G＝砕石　S＝陸砂
普通・舗装JIS取得(JTCCM)

北渡島生コンクリート㈱
(㈱上田商会、大野アサノコンクリート㈱、㈱ニレミックス、北海道太平洋生コン㈱、北海道ティーシー生コン㈱、越智化成㈱より生産受託)
2014年6月3日設立　資本金3375万円　出資＝(自)11%・22%・22%・11%・22%・11%
◉本社＝〒049－3124　二海郡八雲町浜松

170－1
☎0137－64－3003・FAX0137－64－3005
代表取締役社長井町孝彦　代表取締役副社長新田将人　取締役田中照信・平出正一・齊藤紀幸・高橋聖・外﨑昭一・新森昭
◉工場＝本社に同じ
工場長瀬川洋一
従業員12名（主任技士3名・技士7名）
1973年7月操業1992年1月更新2000×1　ＰＳＭ光洋機械（旧石川島）　太平洋　山宗・シーカジャパン　車〔傭車〕
G＝石灰砕石　S＝陸砂・石灰砕砂
普通JIS取得（GBRC）
◉長万部工場＝〒049－3521　山越郡長万部町字長万部333－1
☎01377－6－7666・FAX01377－2－2200
責任者栃木真人
従業員4名（主任技士1名・技士3名）
2020年4月更新2300×1（二軸）　ＰＳＭ北川鉄工　太平洋
G＝石灰砕石　S＝陸砂・石灰砕砂
普通JIS取得（JTCCM）

㈱北見宇部
1969年12月11日設立　資本金4315万円
従業員145名　出資＝（セ）25.58％・（建）2.32％・（他）72.1％
◉本社＝〒090－0008　北見市大正273－1
☎0157－36－5311・FAX0157－36－2138
URL https://www.kitami-ube.co.jp/
✉info@kitami-ube.co.jp
代表取締役社長笹森初　代表取締役会長高橋秀昭　常務取締役髙野幸二　取締役後藤嘉彦・三浦和幸・山田朋宏　監査役山下圭一郎
◉大雪工場＝〒091－0011　北見市留辺蘂町泉297－3
☎0157－42－3377・FAX0157－42－4650
工場長土橋直史
従業員4名（主任技士2名・技士1名）
1973年11月操業2014年更新1750×1（二軸）　ＰＳＭ光洋機械　UBE三菱　シーカメント
G＝砕石　S＝陸砂・砕砂
普通・舗装JIS取得（GBRC）
◉美幌工場＝〒092－0017　網走郡美幌町字報徳78
☎0152－73－5157・FAX0152－73－5159
工場長鷲淳之
従業員7名（技士4名）
1972年4月操業1988年10月更新1500×1（二軸）　ＰＳＭ光洋機械　UBE三菱　プラストクリート　車大型×4台・小型×1台
G＝砕石　S＝陸砂・砕砂
普通・舗装JIS取得（GBRC）

協栄コンクリート工業㈱
1967年4月25日設立　資本金1000万円
従業員10名
◉本社＝〒098－3543　天塩郡遠別町字本町2
☎01632－7－2330・FAX01632－7－2331
✉kyo-ei.ckk@silk.plala.or.jp
代表取締役高場博人　常務取締役高場永光
◉遠別工場＝本社に同じ
工場長高場永光
従業員5名（技士4名）
1967年4月操業2002年4月更新1500×1（二軸）　ＰＳＭ本郷プラント　日鉄　車大型×2台
G＝砕石　S＝山砂・陸砂
普通・舗装JIS取得（JTCCM）

協同生コン㈱
1981年8月5日設立　資本金6725万円　従業員1名　出資＝（自）22％・（セ）7％・（販）15％・（骨）16％・（他）40％
◉本社＝〒067－0051　江別市工栄町20－6
☎011－383－5080・FAX011－383－4990
代表取締役松本龍彦・榊原晴夫　取締役西尾豊子・田中孝典・武居直人　監査役大津留敬
◉工場（操業停止中）＝本社に同じ
第1Ｐ＝1981年11月操業2003年3月更新2250×1（二軸）　ＰＳＭ日工
第2Ｐ＝1981年11月操業750×1（二軸）　ＰＳＭ光洋機械
※㈱北海道宇部札幌工場と共同操業

共同生コン㈱
1992年4月7日設立　資本金5000万円　従業員12名　出資＝（販）28％・（建）58％・（他）14％
◉本社＝〒099－0422　紋別郡遠軽町清川391
☎0158－42－6181・FAX0158－42－6877
✉kyohkon@bz01.plala.or.jp
代表取締役社長谷俊史
◉工場＝本社に同じ
工場長大友一雄
従業員6名（技士2名）
1992年8月操業1500×1　ＰＭ日工Ｓスミテム　住友大阪　ヤマソー　車大型×4台
G＝陸砂利　S＝陸砂
普通JIS取得（MSA）

㈱釧路宇部
1969年3月17日設立　資本金5500万円
従業員12名　出資＝（セ）84％・（他）16％
◉本社＝〒084－0905　釧路市鳥取南5－1－24
☎0154－51－2101・FAX0154－51－2853
✉kenji.kitagawa@mu-cc.com
代表取締役中野健司　取締役村井順一・中島太郎・山下圭一郎・橋本憲二　監査役長谷利宏
※釧路生コン㈱に生産委託
◉中標津工場＝〒086－1137　標津郡中標津町字俵橋16線44－7
☎0153－72－2985・FAX0153－72－5667
✉naoki.saito@mu-cc.com
工場長斉藤直樹
従業員8名（技士5名）
1970年5月操業2014年12月更新1700×1（二軸）　ＰＳＭ北川鉄工　UBE三菱　フローリック・ヤマソーウイン・ヴィンソル　車7台〔傭車〕
2024年出荷14千㎥
G＝砕石　S＝陸砂・砕砂
普通・舗装JIS取得（JTCCM）
※別海宇部コンクリート工業㈱より生産受託

釧路生コン㈱
（栄興宇部コンクリート工業㈱、㈱釧路宇部、大栄商事㈱より生産受託）
2000年11月15日設立　資本金1500万円
出資＝（他）100％
◉本社＝〒084－0913　釧路市星が浦南1－3－8
☎0154－55－4175・FAX0154－55－4176
✉kusiro-namacon.2001@ruby.plala.or.jp
代表取締役社長中野健司　代表取締役専務中島太郎　取締役渡邊修・武藤一
◉工場＝本社に同じ
従業員8名（主任技士1名・技士6名）
2001年1月操業2007年8月更新2750×1（二軸）　ＰＳＭ光洋機械　UBE三菱　シーカジャパン・フローリック　車大型×14台〔傭車：太栄トラック㈱〕
2023年出荷19千㎥、2024年出荷20千㎥
G＝陸砂利　S＝陸砂
普通・舗装JIS取得（JTCCM）
大臣認定単独取得（60N/mm²）

㈱倶知安コンクリート工業所
1955年4月1日設立　資本金1000万円　従業員7名　出資＝（自）100％
◉本社＝〒044－0011　虻田郡倶知安町南一条東1
☎0136－22－6618・FAX0136－22－1167
✉kukkon@tkcnet.ne.jp
代表取締役社長玉井淑廣
◉旭工場＝〒044－0083　虻田郡倶知安町字旭189－1
☎0136－22－1166・FAX0136－22－6463
✉kukkon01@tkcnet.ne.jp
工場長千葉学
従業員13名（主任技士1名・技士2名）
1988年7月操業2020年2月更新2300×1（二軸）　ＰＳＭ光洋機械　UBE三菱　シーカ・フローリック　車〔傭車：㈲倶知安

運輸〕
2023年出荷32千㎥、2024年出荷26千㎥
G＝砕石　S＝陸砂・砕砂
普通JIS取得（JTCCM）
※會澤高圧コンクリート㈱と共同操業

㈱工藤生コン
1982年4月9日設立　資本金2300万円　従業員5名　出資＝（自）100％
◉本社＝〒043－1402　奥尻郡奥尻町字赤石443－1
☎01397－2－2811・FAX01397－2－2813
✉k-namakon@beetle.ocn.ne.jp
代表取締役工藤純　取締役小柳福一
◉工場＝本社に同じ
工場長中野孝仁
従業員6名（主任技士1名・技士2名）
1982年4月操業1993年10月更新2000×1（二軸）　P中道機械SM光洋機械　太平洋　シーカポゾリス・シーカコントロール　車大型×4台〔傭車：㈲大一運輸〕
2024年出荷4千㎥
G＝石灰砕石　S＝陸砂・砕砂
普通・舗装JIS取得（GBRC）

㈲ケイオーコンクリート
2001年7月設立　資本金1000万円
◉本社＝〒089－1242　帯広市大正町基線50－6
☎0155－64－4733・FAX0155－64－4733
代表取締役花房浩一　取締役衣斐進
◉工場＝本社に同じ
取締役衣斐進
従業員4名（技士1名）
1000×1　UBE三菱　車5台
G＝河川　S＝河川
普通JIS取得（JTCCM）

㈱ケイホク
1987年10月29日設立　資本金7000万円　従業員33名
◉本社＝〒053－0055　苫小牧市新明町1－3－15
☎0144－57－7620・FAX0144－57－7621
URL http://keihoku.biz/index.html
代表取締役高山海晋
◉苫小牧生コンクリート工場＝〒053－0055　苫小牧市新明町1－3－15
☎0144－57－7622・FAX0144－57－7623
責任者馬場直志
従業員4名（技士4名）
1974年5月操業2003年12月更新1670×1（二軸）　PSM日工　UBE三菱・日鉄
2023年出荷16千㎥、2024年出荷19千㎥（高強度350㎥）
G＝陸砂利・砕石　S＝陸砂
普通・舗装JIS取得（GBRC）
※㈱ニレミックス苫小牧工場、北海道菱光コンクリート㈱苫小牧工場と共同操業
◉飛生生コンクリート工場＝〒059－0642　白老郡白老町字竹浦517
☎0144－87－2311・FAX0144－87－2314
従業員4名（技士2名）
1670×1　日鉄・UBE三菱　フローリック・ヤマソー　車8台
G＝砕石　S＝陸砂
普通JIS取得（GBRC）
※越智化成㈱白老工場、㈱ケイホク白老工場と共同操業
◉伊達生コンクリート工場＝〒052－0035　伊達市長和町245－6
☎0142－25－5666・FAX0142－25－5596
従業員4名（技士2名）
1980年4月操業1989年2月更新1500×1（二軸）　日鉄
普通・舗装JIS取得（GBRC）
◉室蘭生コンクリート工場＝〒050－0082　室蘭市寿町3－25－9
☎0143－41－6687・FAX0143－41－6688
従業員4名（主任技士1名・技士1名）
2250×1　日鉄
G＝陸砂利・石灰砕石・砕石　S＝陸砂
普通・舗装JIS取得（GBRC）
◉白老工場（操業停止中）＝〒059－0923　白老郡白老町字北吉原174
☎0144－83－2765・FAX0144－83－3109
1987年4月操業1989年6月更新1500×1（二軸）　PSM日工
※越智化成㈱白老工場、㈱ケイホク飛生生コンクリート工場と共同操業

河野採石工業㈱
1965年4月27日設立　資本金1000万円　従業員15名　出資＝（自）100％
◉本社＝〒085－0814　釧路市緑ヶ岡1－19－4
☎0154－40－4050・FAX0154－40－4066
✉kouno-saiseki-kougyo@tuba.ocn.ne.jp
代表取締役社長河野俊一　取締役河野美和・河野祐介
◉釧路生コン工場＝〒088－0606　釧路郡釧路町中央6－10
☎0154－40－3309・FAX0154－40－4066
工場長日下忠幸
従業員5名（技士3名）
2000×1（二軸）　PSM光洋機械　UBE三菱　シーカジャパン　車大型×2台〔傭車：河野運輸㈲〕
2023年出荷5千㎥
G＝砕石　S＝陸砂
普通・舗装JIS取得（JTCCM）

㈱コスモ生コン
1988年11月25日設立　資本金1300万円　従業員5名　出資＝（自）100％
◉本社＝〒073－0011　滝川市黄金町西3－2－2
☎0125－23－7678・FAX0125－23－5464
代表取締役社長清水計至　取締役会長清水但男　取締役原由佳　監査役西本美衣
※旭川協組エリアは旭川アサノコンクリート㈱と共同操業、空知協組エリアは㈱コネック滝川へ生産委託

㈱後藤コンクリート製作所
1937年3月1日設立　資本金1000万円　従業員23名　出資＝（自）100％
◉本社＝〒041－0812　函館市昭和2－40－25
☎0138－41－0873・FAX0138－41－0877
代表取締役後藤敬一
◉工場＝本社に同じ
工場長伊藤義彦
従業員21名（技士1名）
1979年12月操業1000×1　太平洋　車大型×10台・中型×2台・小型×4台
2023年出荷14千㎥
G＝石灰砕石　S＝陸砂・石灰砕砂
普通JIS取得（GBRC）

㈱コネック滝川
（㈱上田コンクリート工業所、不二建設㈱、㈱コスモ生コンの生産を受託）
2001年6月1日設立　資本金3300万円　従業員5名　出資＝（建）33.3％・（製）33.3％・（販）33.3％
◉本社＝〒073－0041　滝川市西滝川228
☎0125－23－0123・FAX0125－23－1182
✉conec@msknet.ne.jp
代表取締役中山晶敬　取締役清水計至・東藤和男
◉滝川工場＝本社に同じ
工場長渡部猛也
従業員5名（技士2名）
1971年9月操業1992年7月更新2000×1（二軸）　P中道機械SハカルプラスM北川鉄工　UBE三菱・太平洋　シーカポゾリス　車大型×5台〔傭車：三和輸送㈱・さきがけ物流㈱〕
2023年出荷14千㎥、2024年出荷10千㎥
G＝陸砂利　S＝陸砂
普通・舗装JIS取得（GBRC）

㈱駒井生コン
1980年4月1日設立　資本金1000万円　従業員20名　出資＝（自）80％・（他）20％
◉本社＝〒041－0802　函館市石川町95－3
☎0138－46－2459・FAX0138－46－4231
代表取締役藤本かおり　取締役駒井静子・藤本英樹
◉工場＝〒041－1215　北斗市萩野35－5
☎0138－77－6116・FAX0138－77－6703
工場長松野啓二
従業員21名（技士3名）
1980年4月操業2020年2月更新1350×1（二軸）　PSM北川鉄工　日鉄　ヤマソー　車大型×12台・中型×6台・小型×1台

G＝砕石　S＝陸砂・砕砂
普通JIS取得(GBRC)

㈱コンドウ生コンクリート
1972年2月1日設立　資本金1000万円　出資＝(他)100%
◉本社＝〒069－0365　岩見沢市字上幌向町564－2
☎0126－26－1111・FAX0126－26－1113
✉kondonamacon@vega.ocn.ne.jp
代表取締役岡本裕孝　取締役東良一・岡本幸江・穴田香奈　監査役河奥広子
◉工場＝本社に同じ
工場長佐藤龍昌
従業員6名(技士3名)
1969年9月操業2005年4月SM更新1500×1　PSM日工　太平洋・UBE三菱　シーカメント・ヤマソー　車大型×5台〔傭車：森山運輸㈱〕
G＝陸砂利　S＝河川・陸砂
普通JIS取得(JTCCM)

㈱サカキ建設工業
1959年3月4日設立　資本金2000万円　従業員42名　出資＝(自)100%
◉本社＝〒089－0116　上川郡清水町南八条7－4
☎0156－62－2195・FAX0156－62－2196
代表取締役榊和彦
◉御影コンクリート工場＝〒089－0357　上川郡清水町字御影南1線71
☎0156－63－3231・FAX0156－63－3232
工場長石川宏光
従業員5名(主任技士1名・技士2名)
1978年9月操業1981年5月更新1500×1(二軸)　PSM光洋機械　UBE三菱・太平洋　ヤマソー　車大型×5台〔傭車：幸和運輸〕
2023年出荷18千㎥、2024年出荷12千㎥
G＝陸砂利　S＝陸砂
普通JIS取得(JTCCM)

札幌苗穂工業㈱
◉本社＝〒065－0043　札幌市東区苗穂町12－3
☎011－299－1168
◉工場＝本社に同じ
普通JIS取得(MSA)

札幌生コン㈱
資本金1000万円
◉本社＝〒007－0882　札幌市東区北丘珠二条4－1－47
☎011－785－6788・FAX011－785－6781
代表取締役松田展充
◉工場＝本社に同じ
従業員8名(主任技士1名・技士3名)
第1P＝2000年9月操業1500×1
第2P＝2250×1　住友大阪・日鉄
2023年出荷62千㎥、2024年出荷50千㎥
G＝陸砂利・砕石　S＝陸砂
普通JIS取得(JTCCM)
大臣認定単独取得(60N/mm²)

佐呂間開発工業㈱
1972年11月6日設立　資本金2000万円　従業員26名　出資＝(自)68.5%
◉本社＝〒093－0504　常呂郡佐呂間町字西富108
☎01587－2－3201・FAX01587－2－3209
代表取締役会長中原敏晃　代表取締役社長岸純太郎　専務取締役東出英美　常務取締役茂木清志・堤光宏
◉生コンクリート工場＝本社に同じ
従業員12名(主任技士3名・技士3名・診断士2名)
1973年4月操業1989年3月更新2300×1(二軸)　PM光洋機械Sハカルプラス　太平洋　シーカジャパン・山宗　車大型×8台〔傭車：佐呂間トラック㈱〕
2024年出荷10千㎥(水中不分離18㎥)
G＝河川・砕石　S＝河川・陸砂
普通・舗装JIS取得(GBRC)

㈱三共
1975年3月28日設立　資本金3300万円　従業員8名　出資＝(自)100%
◉本社＝〒059－0921　白老郡白老町字石山25－2
☎0144－83－3355・FAX0144－83－3121
代表取締役大場靖友
※會澤高圧コンクリート㈱白老工場、さんこうレミコン㈱白老工場と共同操業

三共宇部生コン㈱
1977年3月1日設立　資本金3000万円　従業員8名　出資＝(自)100%
◉本社＝〒078－8204　旭川市東旭川町桜岡24
☎0166－36－1110・FAX0166－36－4225
✉watanabe@sankyoube.jp
代表取締役安井克之　取締役鶴岡久也・鶴岡佳子　監査役安井榮美子
◉工場＝本社に同じ
統括常務兼工場長渡部孝博
従業員10名(主任技士1名・技士2名・診断士1名)
1977年3月操業2007年3月更新2000×1(二軸)　光洋機械　UBE三菱　フローリック・山宗・竹本　車大型×2台〔自社〕大型×3台〔傭車〕
2023年出荷8千㎥、2024年出荷8千㎥(ポーラス63㎥)
G＝陸砂利　S＝陸砂
普通・舗装JIS取得(MSA)

さんこうレミコン㈱
1974年4月1日設立　資本金2400万円　従業員1名　出資＝(セ)14.6%・(骨)83.7%・(他)1.7%
◉本社＝〒059－0900　白老郡白老町字白老786
☎0144－82－2341・FAX0144－82－2752
代表取締役社長山本浩平
◉白老工場(操業停止中)＝本社に同じ
1974年7月操業1991年5月更新2000×1(二軸)
※會澤高圧コンクリート㈱白老工場、㈱三共生コン事業部白老工場と共同操業

㈱静内生コン
1972年7月1日設立　資本金1500万円　従業員10名　出資＝(自)100%
◉本社＝〒056－0144　日高郡新ひだか町静内田原905
☎0146－42－2306・FAX0146－42－8698
代表取締役出口隆朗　取締役会長出口博正
◉工場＝本社に同じ
常務取締役根津渉
従業員10名(技士2名)
1972年5月操業1982年9月更新1670×1　PSM日工　太平洋・日鉄　フローリック　車大型×8台・小型×2台
2023年出荷10千㎥、2024年出荷10千㎥
G＝陸砂利　S＝陸砂
普通・舗装JIS取得(GBRC)

昭和生コン㈱
1986年4月1日設立　資本金4000万円　従業員6名　出資＝(自)100%
◉本社＝〒059－0025　登別市大和町1－2－16
☎0143－85－7800・FAX0143－85－1044
代表取締役新屋卓　専務取締役佐野俊彦
◉本社工場＝本社に同じ
工場長佐野俊彦
従業員6名(主任技士1名・技士3名)
1980年10月操業1994年5月更新1500×1　PSM北川鉄工　日鉄　フローリック　車大型×3台〔傭車：㈱日の輪産商〕
2023年出荷9千㎥
G＝石灰砕石・砕石　S＝陸砂
普通JIS取得(GBRC)
※エス昭和コンクリート㈱本社工場と共同操業

昭和窯業㈱
1941年1月23日設立　資本金4072万円　従業員42名　出資＝(他)100%
◉本社＝〒067－0052　江別市角山68－2
☎011－382－3415・FAX011－384－4469
代表取締役西村卓朗
◉コンクリートプラント工場＝〒067－0051　江別市工栄町20－15
☎011－385－1222・FAX011－385－1245
工場長鏡沼淳

従業員24名(技士1名)
1984年4月操業1000×1　PSM日工　日鉄　フローリック
G＝陸砂利　S＝陸砂
※主として二次製品

白糠生コン㈱

1972年12月1日設立　資本金3000万円　従業員20名　出資＝(セ)20%・(販)19.3%・(建)22%・(他)38.7%
◉本社＝〒088－0571　白糠郡白糠町西庶路西三条北1－1
☎01547－5－2211・FAX01547－5－2318
代表取締役片岡好治
◉工場(操業停止中)＝本社に同じ
1972年12月操業1999年10月更新2000×1　PSM光洋機械(旧石川島)
※釧白生コン㈱工場へ生産委託

知床生コン㈱

(大成工業㈱斜里工場、北海羽田コンクリート㈱より生産受託)
2008年4月1日設立　資本金100万円
◉本社＝〒099－4141　斜里郡斜里町豊倉50－7
☎0152－23－6030・FAX0152－23－6031
代表取締役大槻仁司
◉工場＝本社に同じ
従業員8名(主任技士1名・技士3名・診断士1名)
1968年8月操業1997年7月更新1500×1(二軸)　PSM光洋機械(旧石川島)　日鉄　ヤマソー
G＝砕石　S＝陸砂
普通・舗装JIS取得(MSA)

寿都生コン㈱

1981年4月1日設立　資本金2000万円　従業員9名　出資＝(セ)20%・(他)80%
◉本社＝〒048－0402　寿都郡寿都町字矢追町709－1
☎0136－62－3711・FAX0136－62－3713
✉suttuyamada@yahoo.co.jp
代表取締役社長早坂忠志　代表取締役副社長橋本吉倫　取締役小野寺均・前田篤志・五味創・三木田洋一・山田伸生　監査役矢武雄二・堀部明宏
◉寿都工場＝本社に同じ
工場長山田伸生
従業員9名(主任技士2名・技士5名)
1981年4月操業1995年3月更新2500×1　PSM光洋機械(旧石川島)　太平洋・日鉄　フローリック　車大型×5台〔傭車：㈱ニレ運輸・青函運輸〕
2023年出荷17千㎥、2024年出荷12千㎥
G＝砕石　S＝陸砂・砕砂
普通・舗装JIS取得(GBRC)

㈱セキホク

2008年8月1日設立　資本金2500万円　従業員6名　出資＝(建)15.8%・(他)84.2%
◉本社＝〒078－1773　上川郡上川町字日東55
☎01658－2－1254・FAX01658－2－1255
代表取締役高田晋
◉工場＝本社に同じ
工場長船橋正樹
従業員4名(技士2名)
1973年6月操業1980年9月更新1500×1(二軸)　PM光洋機械Sハカルプラス　太平洋・日鉄　ヴィンソル　車大型×2台〔傭車：高北運輸㈱〕
2024年出荷6千㎥(高流動100㎥)
G＝陸砂利　S＝陸砂
普通・舗装JIS取得(GBRC)

釧白生コン㈱

(白糠生コン㈱、東部開発㈱から生産受託)
資本金900万円
◉本社＝〒084－0925　釧路市新野24－1
☎0154－57－2255・FAX0154－57－9000
代表取締役片岡好治
◉工場＝本社に同じ
従業員6名(技士4名)
1970年4月操業1750×1　PSM北川鉄工　UBE三菱
G＝陸砂利・砕石　S＝陸砂
普通・舗装JIS取得(GBRC)

相互商事㈱

◉本社＝〒049－0121　北斗市久根別5－103－1
◉工場(旧㈱熊谷孝業所工場)(操業停止中)＝本社に同じ
1970年4月操業1500×1　PSM北川鉄工
※㈱ニレミックス函館工場に生産委託

㈱第一コンクリート工業所

1970年4月1日設立　資本金2500万円　従業員23名　出資＝(自)100%
◉本社＝〒068－0352　夕張郡栗山町大井分313
☎0123－72－1131・FAX0123－72－5116
代表取締役会長黒河泰子　代表取締役黒河一也
◉工場＝本社に同じ
工場長佐藤勉
従業員6名(技士2名)
1966年12月操業1991年10月更新1500×1(二軸)　PSM光洋機械　太平洋　チューポール　車〔傭車：㈲折口運輸〕
2023年出荷1千㎥、2024年出荷7千㎥
G＝陸砂利・砕石　S＝陸砂
普通JIS取得(JTCCM)

大樹生コンクリート㈱

1970年5月9日設立　資本金2000万円　出資＝(販)20%・(他)80%
◉本社＝〒089－2146　広尾郡大樹町寿通－18　大樹建設工業内
☎01558－6－3171・FAX01558－6－361
代表取締役酒森清
◉工場＝〒089－2125　広尾郡大樹町石坂573
☎01558－6－3191・FAX01558－6－319
✉taikinamacon@world.ocn.ne.jp
工場長伊東和博
従業員5名(主任技士2名・技士2名)
1970年5月操業1996年3月更新2500×1(二軸)　PM北川鉄工Sハカルプラス　太平洋　ヴィンソル・ヤマソー　車大型×4台
2023年出荷7千㎥、2024年出荷4千㎥
G＝陸砂利　S＝陸砂
普通JIS取得(JTCCM)

大翔興業㈱

資本金1000万円
◉本社＝〒059－1275　苫小牧市字錦岡2－11
☎0144－67－3366・FAX0144－67－228
代表取締役大西英俊
◉工場＝本社に同じ
責任者高橋智
従業員8名(技士2名)
1670×1　住友大阪　竹本・フローリック　車4台
G＝砕石　S＝陸砂
普通JIS取得(JTCCM)

大進タチノ生コンクリート㈱

◉本社＝〒084－0913　釧路市星が浦南4－1－11
☎0154－68－5252・FAX0154－64－122
◉工場(旧㈱タチノ釧路工場)＝本社に同じ
従業員5名(主任技士1名・技士3名)
1978年3月操業1500×1(二軸)　PSM光洋機械　太平洋・UBE三菱　車8台
G＝陸砂利・砕石　S＝陸砂
普通JIS取得(MSA)
※大進生コン㈱釧路工場と㈱タチノより生産受託

大進生コン㈱

1979年4月20日設立　資本金5000万円　従業員5名　出資＝(自)100%
◉本社＝〒080－0015　帯広市西5条南9－－15　タチノセンタービル2F
☎0155－25－0870・FAX0155－25－408
代表取締役社長藤田和喜智　代表取締役繁田益男　取締役会長繁田拓
◉工場＝〒081－0202　河東郡鹿追町北町－10
☎0156－66－3131・FAX0156－66－313

✉daishin@wave.plala.or.jp
工場長斉藤敏雄
従業員5名(主任技士2名・技士2名)
1979年4月操業2022年2月更新2000×1(二軸)　ＰＳＭ本郷プラント　UBE三菱　ヴィンソル
2023年出荷16千㎥、2024年出荷12千㎥
G＝山砂利・砕石　S＝山砂
普通・舗装JIS取得(GBRC)
◉釧路工場(操業停止中)＝〒084－0917　釧路市大楽毛154－27
☎0154－68－5252・FAX0154－68－5253
1750×1(二軸)
※大進タチノ生コンクリート㈱工場に生産委託

大世紀建設㈱
資本金2000万円
◉本社＝〒002－0865　札幌市北区屯田町1003－5
☎011－774－2711・FAX011－774－2712
社長荻野昌伸　会長藪下蔦江
◉生コン事業部屯田工場＝本社に同じ
工場長赤松幸雄
従業員7名(技士3名)
1987年12月操業1350×1　太平洋・UBE三菱　シーカ・GCP　車大型×12台
G＝山砂利・陸砂利　S＝山砂・陸砂
普通JIS取得(GBRC)

大成工業㈱
1960年6月1日設立　資本金1000万円　従業員53名　出資＝(他)100%
◉本社＝〒099－4141　斜里郡斜里町豊倉50－7
☎0152－23－2376・FAX0152－23－4418
代表取締役大槻仁司　専務取締役田中正義　取締役田中妙子　監査役菅井優
◉ウトロ工場＝〒099－4353　斜里郡斜里町真鯉232－1
☎0152－28－2280・FAX0152－28－2281
工場長小坂清美
従業員3名(技士3名)
1974年5月操業2006年12月更新1670×1(二軸)　ＰＳＭ日工　日鉄　ヤマソー・シーカポゾリス　車〔傭車：知床生コン㈱〕
2023年出荷1千㎥
G＝砕石　S＝陸砂
普通・舗装JIS取得(MSA)
※斜里工場は知床生コン㈱へ生産委託

太平洋建設工業㈱
1959年2月20日設立　資本金2億7200万円　従業員89名
◉本社＝〒085－0835　釧路市浦見6－3－8
☎0154－44－7000・FAX0154－44－7070
URL https://www.taikenhp.com
代表取締役田嶋宏　専務取締役坂井峰司・米森元春　常務取締役賓金肇　取締役金田吉則・杵渕英樹・斎藤準護・富田幸雄・池戸功　監査役小林博之
◉札幌工場＝〒067－0052　江別市角山425－1
☎011－382－1077・FAX011－382－1066
工場長三田村樹悟
従業員6名(主任技士1名・技士4名・診断士1名)
1989年12月操業2005年8月更新2750×1(二軸)　ＰＳＭ光洋機械　太平洋・日鉄　ヤマソー・シーカジャパン・マイテイ・フローリック　車17台〔傭車：㈱北日本興運〕
2023年出荷37千㎥、2024年出荷30千㎥
G＝陸砂利・砕石　S＝陸砂
普通JIS取得(JTCCM)
大臣認定単独取得(60N/mm²)
◉帯広工場＝〒080－0810　帯広市東十条南14－3－1
☎0155－20－1571・FAX0155－20－1572
従業員7名(主任技士2名・技士2名)
1964年4月操業1989年3月Ｓ1998年1月ＰＭ改造2500×1(二軸)　ＰＭ大平洋機工Ｓハカルプラス　太平洋　シーカポゾリス・シーカビスコフロー・シーカビスコクリート
2023年出荷27千㎥、2024年出荷21千㎥
G＝陸砂利　S＝陸砂
普通・舗装JIS取得(JTCCM)
大臣認定単独取得(60N/mm²)

太平洋富士生コン㈱
1951年6月19日設立　資本金2400万円
従業員12名
◉本社＝〒085－0835　釧路市浦見6－3－8
☎0154－44－7000・FAX0154－44－7070
代表取締役社長大城則夫　取締役田嶋宏・山口光悦・早坂忠志　監査役張江純一郎
◉釧路工場＝〒084－0913　釧路市星が浦南2－4－12
☎0154－51－2111・FAX0154－51－1048
工場長椿卓実
従業員7名(主任技士1名・技士2名)
1961年6月操業2008年1月更新2250×1(二軸)　ＰＳＭ光洋機械(旧石川島)　太平洋・日鉄　ヴィンソル　車〔傭車：太平洋興運㈱〕
2023年出荷18千㎥、2024年出荷19千㎥
G＝陸砂利・石灰砕石・砕石　S＝陸砂
普通・舗装JIS取得(JTCCM)
大臣認定単独取得(60N/mm²)
※太平洋レミコン㈱釧路工場と集約化
◉別海工場＝〒086－0212　野付郡別海町別海鶴舞町116
☎0153－75－2246・FAX0153－75－2463
工場長補佐小川幸司
従業員6名(技士2名)
1970年6月操業1993年4月更新1500×1(二軸)　ＰＳＭ大平洋機工　太平洋・日鉄　ヤマソー・シーカポゾリス　車大型×5台〔傭車：太平洋興運㈱〕
2023年出荷12千㎥、2024年出荷13千㎥
G＝砕石　S＝山砂
普通・舗装JIS取得(JTCCM)

太平洋レミコン㈱
1963年4月25日設立　資本金3000万円
従業員47名
◉本社＝〒085－0835　釧路市浦見6－3－8
☎0154－44－7000・FAX0154－44－7070
代表取締役社長田嶋宏　取締役井渕英樹・張江純一郎・掛川勝雄・池戸功・渡井正安・菅江雅史・渡部忠文・宮下隆　監査役坂本禎一
◉弟子屈工場＝〒088－3213　川上郡弟子屈町桜丘3－11－1
☎015－482－2559・FAX015－482－2749
工場長井上慈久
従業員5名(技士4名)
1969年6月操業2020年8月更新1800×1(二軸)　ＰＭ光洋機械Ｓハカルプラス　太平洋　ヤマソー　車大型×2台〔傭車：太平洋興運〕
2023年出荷5千㎥、2024年出荷5千㎥
G＝砕石　S＝陸砂
普通・舗装JIS取得(JTCCM)
◉浦幌工場＝〒089－5541　十勝郡浦幌町字吉野238－6
☎015－576－3091・FAX015－576－3081
工場長矢野猛志
従業員5名(主任技士2名・技士2名)
1972年3月操業1997年1月更新1500×1　Ｐ太平洋製作所ＳハカルプラスＭ大平洋機工　太平洋・日鉄　ヴィンソル　車〔傭車：太平洋興運㈱〕
G＝陸砂利　S＝陸砂
普通・舗装JIS取得(JTCCM)
◉北見工場＝〒090－0001　北見市小泉426
☎0157－24－2266・FAX0157－24－2270
工場長東秀
従業員7名(主任技士1名・技士4名)
1964年5月操業2022年1月更新2300×1(二軸)　Ｐ太平洋製作所ＳハカルプラスＭ光洋機械　太平洋　ヴィンソル・マイテイ・GCP　車7台〔傭車：太平洋興運㈱〕
2023年出荷13千㎥、2024年出荷11千㎥
G＝陸砂利　S＝陸砂
普通・舗装JIS取得(JTCCM)
※越智化成㈱北見工場より生産受託
◉網走工場＝〒099－3111　網走市字藻琴208
☎0152－46－2001・FAX0152－46－2004
工場長古川賢一
従業員5名(主任技士1名・技士2名)
1965年4月操業1984年7月更新1500×1(二軸)　Ｐ太平洋製作所ＳハカルプラスＭ

大平洋機工　太平洋　ヴィンソル・ヤマソー　車〔傭車：太平洋興運㈱〕
2023年出荷9千㎥、2024年出荷6千㎥
G＝山砂利・砕石　S＝陸砂
普通・舗装JIS取得(JTCCM)
◉東帯広工場(操業停止中)＝〒089－1181　帯広市愛国町南8線6
☎0155－64－4123・FAX0155－64－4014
工場長池戸功
従業員7名(主任技士1名・技士3名)
1988年9月操業2000×1(二軸)　P太平洋製作所SハカルプラスM大平洋機工　太平洋・日鉄　ヤマソー・ヴィンソル　車〔傭車：太平洋興運㈱〕
G＝陸砂利　S＝陸砂
普通JIS取得(JTCCM)
※太平洋建設工業㈱帯広工場と共同操業
◉根室工場(操業停止中)＝〒087－0031　根室市月岡町2－77
☎0153－23－6371・FAX0153－23－6374
1966年6月操業1997年3月更新1500×1(二軸)　P太平洋製作所S湘南島津M大平洋機工
※根室協同生コン㈱へ生産委託
◉浜中工場(操業停止中)＝〒088－1485　厚岸郡浜中町浜中桜北25
1973年6月操業1997年3月更新1500×1　P太平洋製作所SハカルプラスM大平洋機工
※厚岸共同生コン㈱工場へ生産委託
◉手稲工場(操業停止中)＝〒006－0835　札幌市手稲区曙五条5－5－20
1987年2月操業2500×1(二軸)　P度量衡S光洋機械M北川鉄工
※北海道太平洋生コン㈱札幌工場と共同操業

太陽生コン㈱
1973年12月1日設立　資本金8000万円　出資＝(他)100%
◉本社＝〒067－0051　江別市工栄町27－10
☎011－383－1111・FAX011－383－1113
✉info@taiyo-namacon.jp
代表取締役菊池公克　取締役藤森義知・徳永元彦・鈴木哲・伊井敏勝
◉江別工場＝本社に同じ
責任者徳永元彦
従業員8名(主任技士1名・技士5名)
1974年9月操業1996年8月更新3000×1　PSM北川鉄工　太平洋　GCP・ヤマソー・フローリック　車大型×16台〔傭車：八光砂利運輸㈱〕
2023年出荷34千㎥、2024年出荷26千㎥(高強度60㎥)
G＝陸砂利・砕石　S＝陸砂
普通・高強度JIS取得(MSA)
大臣認定単独取得(60N/mm²)
◉千歳工場＝〒066－0077　千歳市上長都1117－1
☎0123－27－1195・FAX0123－27－1197
✉ohe@taiyo-namacon.jp
責任者石田邦人
従業員6名(技士4名)
1990年4月操業2016年12月更新2300×1(二軸)　太平洋　GCP　車3台
2023年出荷44千㎥、2024年出荷56千㎥(高強度2000㎥)
G＝河川・陸砂利・砕石　S＝河川・陸砂
普通・高強度JIS取得(MSA)
※アサヒ生コン㈱千歳工場、㈱北海道宇部札幌工場と共同操業
◉月形工場＝〒061－0502　樺戸郡月形町1011－57
☎0126－53－3004・FAX0126－53－3005
責任者菊地公克(桑原則直)
従業員5名(技士2名)
1968年5月操業1981年9月更新1800×1　P中道機械SハカルプラスM大平洋機工　太平洋　シーカポゾリス　車〔傭車：八光運輸〕
G＝陸砂利　S＝陸砂
普通JIS取得(MSA)

㈲大和コンクリート工業
1969年4月1日設立　資本金5000万円　従業員5名　出資＝(セ)15%・(販)2%・(建)77%・(自)6%
◉本社＝〒055－0005　沙流郡日高町字富浜135－9
☎01456－2－1002・FAX01456－2－1092
代表取締役会長南悟　代表取締役社長南悟郎　取締役南清・矢田昌弘・本間栄太・磯田洋一　監査役小松一彦・伊藤智則
◉本社工場＝本社に同じ
工場長菊池学
従業員6名(技士3名)
1980年3月操業2016年1月更新1700×1(二軸)　P光洋機械SM北川鉄工　日鉄　ヴィンソル・フローリック　車大型×1台・中型×1台〔傭車：㈱日の輪産商〕
2023年出荷7千㎥、2024年出荷6千㎥
G＝河川　S＝陸砂
普通・舗装JIS取得(JTCCM)
※㈲門別コンクリート興業工場と共同操業。生産受託

高嶋コンクリート工業㈱
1973年11月19日設立　資本金1000万円　従業員8名　出資＝(自)100%
◉本社＝〒082－0042　河西郡芽室町芽室北1線18
☎0155－62－3970・FAX0155－62－1302
URL http://takashimacon.com
代表取締役社長加藤貴裕　専務取締役大甕英明　常務取締役橋詰義宏　監査役後藤政則
◉工場＝本社に同じ
工場長佐々木孝喜
従業員10名(主任技士1名・技士3名・診断士1名)
1973年6月操業2021年3月更新2300×1(二軸)　PSM北川鉄工　太平洋　ヤマソー・ヴィンソル・シーカラピッド　車大型×5台〔傭車：㈲芽室トラック〕
2023年出荷12千㎥、2024年出荷10千㎥
G＝陸砂利　S＝陸砂
普通・舗装JIS取得(JTCCM)

㈱タチノ
2003年4月11日設立　資本金5000万円
従業員25名
◉本社＝〒080－0015　帯広市西5条南9－[illegible]－15　タチノセンタービル
☎0155－25－1012・FAX0155－25－408[illegible]
URL http://www.tachino.co.jp/
代表取締役会長繁田拓　代表取締役社長太刀野清広　専務取締役新開博
◉西帯広工場(操業停止中)＝〒080－246[illegible]　帯広市西23条北2－17－46
☎0155－38－8118・FAX0155－38－812[illegible]
1500×1(二軸)
※㈱タチノ南帯広工場に生産委託
◉南帯広工場＝〒089－1183　帯広市豊西町基線11
☎0155－59－2868・FAX0155－59－288[illegible]
✉h.shinkai@tachino.co.jp
従業員7名(主任技士1名・技士4名)
1985年5月操業2000×1　日鉄
2023年出荷21千㎥、2024年出荷22千㎥
G＝陸砂利　S＝陸砂
普通JIS取得(JTCCM)
大臣認定単独取得(45N/mm²)
※㈱タチノ西帯広工場より生産受託
※㈱ハタナカ昭和と共同操業
◉大樹工場＝〒089－2124　広尾郡大樹町日方13
☎01558－7－7111・FAX01558－7－744[illegible]
従業員3名(技士3名)
1972年10月操業1998年5月更新2000×[illegible](二軸)　PSM光洋機械　太平洋・住友大阪
2023年出荷8千㎥、2024年出荷6千㎥
G＝山砂利　S＝山砂
普通JIS取得(MSA)

㈱田村工業
資本金3100万円
◉本社＝〒045－0031　岩内郡共和町梨野舞納220－1
☎0135－62－1080・FAX0135－62－617[illegible]
代表取締役社長田村明　取締役田村真理・田村敏明・田村弘仁・田村ちえみ
◉工場＝〒045－0031　岩内郡共和町梨野舞納220－1

☎0135－61－4066・FAX0135－62－6174
工場長大場信人
従業員6名(主任技士1名・技士2名)
1964年4月操業2006年11月更新1670×1(二軸)　P本郷SM日工　UBE三菱・太平洋　ヤマソー　車大型×8台〔傭車：㈱ニレミックス〕
2023年出荷15千㎥、2024年出荷15千㎥
G＝石灰砕石　S＝陸砂・石灰砕砂・砕砂
普通・舗装JIS取得(JTCCM)
◉赤井川工場＝〒046－0561　余市郡赤井川村字落合282－1
☎0135－35－3535・FAX0135－35－3536
✉tamuracon.siken@juno.ocn.ne.jp
工場長藤川一則
従業員4名(主任技士1名・技士2名)
2750×1　UBE三菱・太平洋　シーカポゾリス・ヤマソー　車〔傭車：㈱札幌商運〕
2023年出荷12千㎥、2024年出荷16千㎥
G＝砕石　S＝陸砂・砕砂
普通・舗装JIS取得(JTCCM)

田村コンクリート㈱
1981年4月23日設立　資本金5000万円
従業員12名　出資＝(自)100%
◉本社＝〒089－0105　上川郡清水町南四条西4－11
☎0156－62－2533・FAX0156－62－2478
代表取締役田村敏裕
◉工場＝〒081－0154　上川郡新得町屈足西1線3
☎0156－65－3131・FAX0156－65－3132
工場長香川彰
従業員12名(技士3名)
1986年4月操業1992年4月更新1500×1　PM田中鉄工Sハカルプラス　太平洋・日鉄　ヤマソー　車大型×2台〔傭車：三協運輸㈱〕
2023年出荷19千㎥、2024年出荷14千㎥
G＝陸砂利　S＝陸砂
普通・舗装JIS取得(GBRC)

地崎道路㈱
◉本社＝東京都参照
◉千歳工場(事務所)＝〒059－1361　苫小牧市字美沢157－2
☎0123－23－7123・FAX0123－23－7127
✉takagi0481@chizakiroad.co.jp
工場長高木一成
従業員5名(主任技士1名・技士1名)
1978年4月操業2500×1(二軸)　PM日工Sロードセル　日鉄　車大型×1台〔傭車：㈱寿運輸〕
G＝陸砂利　S＝陸砂
普通・舗装JIS取得(GBRC)

東海生コン㈱
資本金1000万円
◉本社＝〒071－0565　空知郡上富良野町丘町4－2733
☎0167－45－5381・FAX0167－45－5399
✉tokai-namacon@tokai-gp.com
代表取締役社長津山建　常務取締役高山俊春　取締役松元岳人・橋本稔・津山信
◉工場＝本社に同じ
工場長松元岳人
従業員8名(主任技士1名・技士3名)
1978年1月操業1990年8月更新2500×1(二軸)　P中道機械SハカルプラスM北川鉄工　UBE三菱　車3台〔傭車〕
G＝砕石　S＝陸砂
普通・舗装JIS取得(MSA)

道東コンクリート㈱
1969年4月1日設立　資本金2000万円　従業員9名　出資＝(自)100%
◉本社＝〒089－3704　足寄郡足寄町北四条1－14
☎0156－25－3113・FAX0156－25－5175
代表取締役花房浩一　常務取締役伊藤隆
◉工場＝本社に同じ
常務取締役伊藤隆
従業員10名(主任技士1名・技士2名・診断士1名)
1968年4月操業1989年12月更新1500×1(二軸)　PM北川鉄工SHONGO　UBE三菱　ヴィンソル・シーカポゾリス・ノンフリーズ・シーカビスコクリート　車大型×6台
2023年出荷6千㎥、2024年出荷5千㎥
G＝陸砂利　S＝陸砂
普通・舗装JIS取得(MSA)

道南生コン㈱
2006年4月3日設立　資本金2000万円
◉本社＝〒044－0131　虻田郡京極町字川西124
☎0136－42－3511・FAX0136－41－2170
代表者飯坂一男
◉羊蹄工場＝本社に同じ
工場長佐々木博人
従業員5名(技士2名)
1998年4月操業2000年6月更新1800×1(二軸)　PSM北川鉄工　住友大阪　フローリック　車〔傭車：京極建設㈱〕
G＝砕石　S＝陸砂・砕砂
普通JIS取得(MSA)
※㈱北海建業工場と共同操業
◉仁木工場＝〒048－2413　余市郡仁木町南町8－62
☎0135－32－3344・FAX0135－32－3343
従業員6名(主任技士1名・技士2名)
1993年5月操業2000×1　PSM北川鉄工　太平洋
普通JIS取得(MSA)

東部開発㈱
1969年3月5日設立　資本金2500万円　従業員48名　出資＝(自)100%
◉本社＝〒084－0925　釧路市新野24－1
☎0154－57－5251・FAX0154－57－5133
URL http://www.102.co.jp/
✉info@102.co.jp
代表取締役社長濱屋宏隆　代表取締役会長濱屋哲夫　取締役濱屋智子・濱屋伸悟　監査役濱屋理恵・佐藤容子
※釧路工場は釧白生コン㈱へ、根室工場は根室協同生コン㈱へ生産委託

東洋コンクリート㈱
2001年4月1日設立　資本金4800万円　従業員44名
◉本社＝〒061－1270　北広島市大曲772
☎011－377－9555・FAX011－887－6636
URL http://toyoconcrete.co.jp/
✉info@toyoconcrete.co.jp
代表取締役土肥隆之
◉北央工場＝〒061－1270　北広島市大曲772
☎011－377－6662・FAX011－377－6866
責任者川村達也
従業員12名(主任技士1名・技士5名)
2300×1　住友大阪　ヤマソー・ヤマソーウィン
G＝陸砂利　S＝陸砂
普通JIS取得(JTCCM)
◉千歳工場＝〒066－0019　千歳市流通1－4－3
☎0123－27－7007・FAX0123－27－6111
2001年9月操業1500×1　PSM北川鉄工　住友大阪　シーカ　車大型×15台・中型×2台
G＝陸砂利・砕石　S＝陸砂
普通JIS取得(MSA)
◉由仁工場＝〒069－1712　夕張郡由仁町光栄216
☎0123－82－2250・FAX0123－82－2251
責任者高石賢児
従業員4名(技士2名)
1300×1　住友大阪
2024年出荷10千㎥
G＝陸砂利・砕石　S＝陸砂
普通JIS取得(MSA)
◉銭函工場＝〒047－0261　小樽市銭函3－273－2
☎0134－61－5225・FAX0134－61－5226
✉zenibako.kinkan@namacon1.jp
責任者石尾信一
従業員7名(技士3名)
1700×1　住友大阪　山宗　14台
2024年出荷59千㎥
G＝砕石　S＝陸砂・砕砂
普通JIS取得(MSA)

十勝豊西コンクリート製品㈱
資本金1000万円
◉本社＝〒089－1183　帯広市豊西町基線11
☎0155－59－2244・FAX0155－59－2245
◉工場＝本社に同じ
従業員32名(主任技士1名・技士5名)
1985年5月操業1750×1　UBE三菱　車大型×12台
普通・舗装JIS取得(JTCCM)

㈱奈井江コンドウ生コンクリート
1967年5月1日設立　資本金1000万円　従業員5名　出資＝(自)100%
◉本社＝〒079－0305　空知郡奈井江町字チャシュナイ1035
☎0125－65－2206・FAX0125－65－2208
✉naiekondo@vega.ocn.ne.jp
代表取締役岡本裕孝　常務取締役長谷川宗男　取締役岡本幸江　監査役河奥広子
◉工場＝本社に同じ
工場長太田司
従業員5名(技士3名)
1967年1月操業2000年6月更新2000×1(二軸)　P中道機械SM日工　太平洋・UBE三菱　プラストクリート・シーカメント　車大型×5台〔傭車：森山運輸㈱・滝川小型運輸㈲〕
G＝河川　S＝河川
普通・舗装JIS取得(JTCCM)

永井工業㈱
1967年4月1日設立　資本金4750万円　従業員50名　出資＝(自)100%
◉本社＝〒089－1330　河西郡中札内村大通南6－14
☎0155－67－2231・FAX0155－68－3950
代表取締役永井俊浩　取締役会長永井康寛　取締役永井奈津美　取締役事業本部長永井亮祐　監査役永井愛乃
◉中札内工場＝〒089－1311　河西郡中札内村西一条北3－17
☎0155－67－2324・FAX0155－67－2325
従業員13名(技士3名)
1974年3月操業1700×1(二軸)　P川上機械S光洋機械(旧石川島)M光洋機械　太平洋
普通JIS取得(MSA)
◉浦幌工場(操業停止中)＝〒089－5634　十勝郡浦幌町字帯富75
☎015－576－3355・FAX015－576－4788
1979年4月操業1800×1(二軸)　PS光洋機械(旧石川島)M光洋機械

中標津コンクリート工業㈱
1980年5月13日設立　資本金2300万円　従業員14名　出資＝(他)100%
◉本社＝〒086－1137　標津郡中標津町字俵橋52－1
☎0153－72－2777・FAX0153－73－5115
代表取締役山崎元弘　取締役小嶋静男・中畑純一郎
◉工場＝本社に同じ
従業員11名(主任技士1名・技士1名)
1984年10月操業1990年10月更新1500×1(二軸)　PSM光洋機械(旧石川島)　太平洋　ヤマソー　車大型×7台・小型×1台
2023年出荷5千㎥
G＝砕石　S＝陸砂
普通・舗装JIS取得(JTCCM)

㈱名寄高圧コンクリート興業
1964年4月1日設立　資本金1000万円　従業員10名　出資＝(自)100%
◉本社＝〒096－0042　名寄市西十二条北1－51
☎01654－2－4278・FAX01654－2－4270
代表取締役社長白木剛　専務取締役庄司幸男　取締役滝口一昭　監査役白木薫
※㈱ひまわりに生産委託

名寄生コンクリート㈱
1965年3月20日設立　資本金2100万円　従業員32名　出資＝(販)13%・(建)52%・(骨)11%・(他)24%
◉本社＝〒096－0076　名寄市字砺波158－3
☎01654－2－4521・FAX01654－2－4523
✉akuruttan-aus-hwi12@tiara.ocn.ne.jp
代表取締役会長中山泰英　代表取締役社長中山翌　取締役本部長佐々木光男　取締役部長井上裕行　取締役大野茂実
◉名寄工場(操業停止中)＝本社に同じ
※㈱ひまわりに生産委託
※豊富営業所は藤コンクリート㈱豊富工場に生産委託。
◉天塩川生コンクリート工場＝〒098－2805　中川郡中川町字誉46－13
☎01656－7－2531・FAX01656－7－2532
✉a-takahashi@watch.ocn.ne.jp
工場長高橋晃
従業員8名(技士3名)
1971年5月操業2001年6月更新2000×1(二軸)　PSM光洋機械　太平洋　シーカポゾリス・ヤマソー　車大型×6台〔傭車：5台〕
G＝陸砂利　S＝陸砂
普通・舗装JIS取得(JTCCM)

㈱ニッケー
1950年6月設立　資本金1200万円　従業員12名
◉本社＝〒046－0003　余市郡余市町黒川町1165－10
☎0135－23－2645・FAX0135－22－6771
代表取締役社長酒巻雄一　取締役阿部俊哉・原田明昌・馬場健介
◉余市工場＝〒046－0003　余市郡余市町黒川町1165－10
☎0135－23－2641・FAX0135－22－6778
工場長吉川豊通
従業員8名(主任技士4名・技士2名・診断士1名)
2015年8月操業2250×1　PSM日工　太平洋
2023年出荷41千㎥、2024年出荷58千㎥
G＝砕石　S＝陸砂・砕砂
普通・舗装JIS取得(GBRC)
※新日本生コン㈱古平工場、北海道太平洋生コン㈱余市工場と共同操業

日勝レミコン㈱
1970年4月20日設立　資本金2400万円　従業員8名　出資＝(製)58.3%・(販)27.1%・(セ)14.6%
◉本社＝〒089－2638　広尾郡広尾町字茂寄南3線30
☎01558－2－2175・FAX01558－2－2176
代表取締役金田吉則　取締役田嶋宏・伊藤修・安藤倫之・張江純一郎
◉工場＝本社に同じ
従業員8名(技士5名)
1971年4月操業1989年3月更新2000×1(二軸)　PM光洋機械Sパシフィックシステム　太平洋　ヤマソー・シーカポゾリス　車大型×4台
G＝山砂利　S＝山砂
普通・舗装JIS取得(JTCCM)

日鉄鉱道南興発㈱
1973年2月15日設立　資本金2000万円　従業員25名　出資＝(他)100%
◉本社＝〒049－5603　虻田郡洞爺湖町入江64－3
☎0142－76－3121・FAX0142－76－2952
URL http://www.donankohatsu.com
代表取締役社長金澤正彦　取締役土井崇
◉虻田生コンクリート工場＝〒049－5603　虻田郡洞爺湖町入江64－3
☎0142－76－2202・FAX0142－76－1830
✉y.abe@donankohatsu.com
工場長阿部幸靖
従業員6名(技士5名)
1969年1月操業2003年更新1670×1(二軸)　PSM日工　日鉄　フローリック　車〔傭車：ニレ運輸㈱〕
G＝石灰砕石・砕石　S＝陸砂・砕砂
普通・舗装JIS取得(GBRC)
※室蘭生コンクリート㈱伊達工場と共同操業
◉倶知安生コンクリート工場＝〒044－0085　虻田郡倶知安町字峠下105
☎0136－22－0299・FAX0136－22－5198
工場長髙橋忍
従業員6名(主任技士1名・技士4名)
1969年4月操業2016年12月更新2750×1

（二軸）　ＰＳＭ日工　日鉄　シーカポゾリス　車大型×3台〔傭車：㈲宮丘運輸・㈲倶知安運輸〕
2023年出荷14千㎥、2024年出荷12千㎥
G＝石灰砕石　S＝陸砂・石灰砕砂
普通JIS取得（GBRC）

日本興発㈱
1974年3月12日設立　資本金6000万円
従業員7名　出資＝（自）100％
◉本社＝〒052－0101　有珠郡壮瞥町字滝之町283
☎0142－66－2221・FAX0142－66－3304
代表取締役社長毛利雄次郎　専務取締役小田由三　取締役毛利順一
ISO 14001取得
◉壮瞥生コンクリート工場＝〒052－0101　有珠郡壮瞥町字滝之町502－1
☎0142－66－3003・FAX0142－66－2528
工場長牧勝博
従業員6名（技士3名）
1976年9月操業1989年4月更新1500×1（二軸）　ＰＳＭ日工　日鉄　ヴィンソル・ヤマソー　車〔傭車：㈱ニレミックス〕
2023年出荷7千㎥、2024年出荷7千㎥
G＝石灰砕石・砕石　S＝陸砂
普通・舗装JIS取得（GBRC）
ISO 14001取得

㈱ニレミックス
2000年4月設立　資本金28950万円　従業員145名
◉本社＝〒060－0004　札幌市中央区北4条西4－1－1　ニュー札幌ビル4階
☎011－221－8805・FAX011－218－7070
✉niremix@agate.plala.or.jp
代表取締役社長早坂忠志
◉札幌工場＝〒005－0804　札幌市南区川沿四条1－1－43
☎011－571－8820・FAX011－571－8822
✉sapporo@niremix.jp
責任者館政渉
従業員8名（主任技士1名・技士3名）
1964年6月操業2023年更新2800×1（二軸）　ＰＳＭ光洋機械（旧石川島）　日鉄　シーカポゾリス・シーカビスコクリート　車大型×10台
2024年出荷36千㎥
G＝砕石　S＝陸砂・砕砂
普通・舗装JIS取得（GBRC）
大臣認定単独取得（60N/mm²）
◉千歳工場＝〒066－0077　千歳市上長都1160－37
☎0123－23－4121・FAX0123－23－4123
✉chitose.nire@bz01.plala.or.jp
工場長工藤正樹
従業員6名（主任技士1名・技士2名）
1965年9月操業1993年3月更新2500×1（二軸）　ＰＳＭ光洋機械（旧石川島）　日鉄　シーカメント
2023年出荷25千㎥、2024年出荷24千㎥
G＝山砂利・砕石　S＝陸砂
普通・舗装JIS取得（GBRC）
◉丘珠工場＝〒007－0881　札幌市東区北丘珠一条2－590－1
☎011－781－3535・FAX011－781－8612
✉okadama@niremix.jp
工場長館政渉
従業員7名（主任技士1名・技士3名）
1969年5月操業2018年1月更新2800×1　ＰＳＭ光洋機械　日鉄　シーカメント・シーカポゾリス・シーカビスコクリート　車大型×18台
2023年出荷35千㎥、2024年出荷30千㎥
G＝石灰砕石・砕石　S＝陸砂・砕砂
普通JIS取得（GBRC）
大臣認定単独取得（74N/mm²）
◉小樽工場＝〒047－0154　小樽市朝里川温泉1－61
☎0134－52－4455・FAX0134－52－4560
✉otaru.nire@bz01.plala.or.jp
工場長三上哲也
従業員6名（主任技士1名・技士5名）
1993年12月操業2500×1　ＰＳＭ光洋機械（旧石川島）　日鉄　ヤマソー・マイテイ・フローリック　車大型×10台〔傭車：ニレミックス運輸課〕
2023年出荷8千㎥
G＝砕石　S＝山砂・砕砂
普通・舗装JIS取得（GBRC）
大臣認定単独取得（60N/mm²）
※㈱北海道宇部小樽工場より生産受託
◉八雲工場＝〒049－3123　二海郡八雲町立岩54
☎0137－62－3141・FAX0137－64－2308
✉yakumo@niremix.jp
工場長安藤正記
従業員10名（主任技士2名）
1967年3月操業2022年4月更新2300×1（二軸）　ＰＳＭ光洋機械　日鉄　ヤマソー・マイテイ　車大型×32台
2023年出荷32千㎥
G＝石灰砕石　S＝陸砂・砕砂
普通・舗装JIS取得（GBRC）
※越智化成㈱長万部工場、㈱ニレミックス長万部工場、北海道太平洋生コン㈱長万部工場と共同操業
◉函館工場＝〒049－0111　北斗市七重浜7－15－15
☎0138－49－2225・FAX0138－49－5934
工場長安藤正記
従業員10名（主任技士1名・技士5名）
1967年3月操業2023年8月更新2300×1（二軸）　ＰＳＭ光洋機械　日鉄　ヤマソー・シーカメント・マイテイ　車大型×15台〔傭車：㈱三共生コンクリート販売〕
2023年出荷27千㎥、2024年出荷24千㎥（高強度3915㎥）
G＝石灰砕石　S＝陸砂・石灰砕砂
普通・舗装JIS取得（GBRC）
大臣認定単独取得（60N/mm²）
※豊原工場、相互商事㈱工場、函館生コンクリート㈱本社工場、日鉄鉱道南興発㈱函館工場と共同操業
◉豊原工場（操業停止中）＝〒041－0263　函館市豊原町121
☎0138－58－2912・FAX0138－58－4725
1989年8月操業1500×1　ＰＳＭ光洋機械（旧石川島）
※函館工場、函館生コンクリート㈱本社工場と共同操業
◉松前工場（操業停止中）＝〒049－1521　松前郡松前町字上川514
☎0139－42－3437・FAX0139－42－3438
※北海道太平洋生コン㈱松前工場と共同操業
◉北広工場（操業停止中）＝〒061－1274　北広島市大曲工業団地3－2
☎011－376－2051・FAX011－376－2649
1973年11月操業2004年5月更新2500×1（二軸）　ＰＳＭ光洋機械（旧石川島）
◉北桧山工場（操業停止中）＝〒049－4515　久遠郡せたな町北檜山区兜野104－1
☎0137－84－6502・FAX0137－84－6503
※北海道太平洋生コン㈱北桧山工場と共同操業
◉長万部工場（操業停止中）＝〒049－3516　山越郡長万部町字栄原46
☎01377－2－3726・FAX01377－2－4369
※越智化成㈱長万部工場、㈱ニレミックス八雲工場、北海道太平洋生コン㈱長万部工場と共同操業

丹羽商事㈱北邦コンクリート工業
1979年4月1日設立　資本金2000万円　従業員26名　出資＝（建）100％
◉本社＝〒098－5725　枝幸郡浜頓別町大通8－20
☎01634－2－3965・FAX01634－2－3965
代表取締役丹羽章仁
◉浜頓別工場＝本社に同じ
工場長須藤哲也
従業員10名（技士3名）
1979年4月操業2022年10月更新1350×1　ＰＭ本郷プラントＳパシフィックシステム　住友大阪　ヤマソー・ヴィンソル　車大型×8台
G＝砕石　S＝陸砂
普通JIS取得（MSA）
◉稚内工場＝〒097－0015　稚内市朝日4－2187－1
☎0162－32－5354・FAX0162－32－5355
工場長丸田成久
従業員4名（技士2名）
1979年12月操業1700×1（二軸）　ＰＳＭ北川鉄工　UBE三菱　ヤマソー・ヴィンソル　車大型×5台

G＝砕石　S＝陸砂
普通・舗装JIS取得（MSA）

根室協同生コン㈱
（太平洋レミコン㈱根室工場、東部開発㈱根室工場、三ッ輪ベンタス㈱根室工場より生産受託）
資本金1200万円　従業員7名
◉本社＝〒087－0031　根室市月岡町2－86－7
☎0153－25－4800・FAX0153－25－8150
代表者澤村純
◉工場＝本社に同じ
責任者及川和幸
従業員7名（主任技士1名・技士3名）
1971年4月操業1999年10月更新2000×1（二軸）　ＰＳＭ光洋機械　太平洋　ヴィンソル・ヤマソー・マイテイ・シーカラピッド　車大型×8台〔傭車〕
2023年出荷22千㎥、2024年出荷17千㎥
G＝砕石　S＝陸砂
普通・舗装JIS取得（GBRC）

㈱野田生コンクリート
1967年6月設立　資本金1300万円　出資＝（他）100％
◉本社＝〒071－8112　旭川市東鷹栖東二条3－137－4
☎0166－57－2341・FAX0166－57－2343
✉nodanama-a@siren.ocn.ne.jp
代表取締役野田武彦　取締役太田康
◉旭川工場＝本社に同じ
工場長河原敏仁
従業員8名（主任技士1名・技士3名）
1976年1月操業1999年3月更新2000×1　ＰＳＭ北川鉄工　日鉄　チューポール・ヤマソー・シーカポゾリス・シーカビスコクリート　車大型×8台〔傭車：さきがけ物流㈱・兼松運輸〕
2023年出荷9千㎥
G＝陸砂利　S＝陸砂
普通・舗装JIS取得（GBRC）
◉士別工場（操業停止中）＝〒095－0371　士別市上士別町15線北4
☎0165－24－2111・FAX0165－24－2112
1967年6月操業1994年7月更新1000×1　ＰＭ田中鉄工Ｓパシフィックシステム
※㈱旭ダンケ旭川支店・士別生コン工場、和寒コンクリート㈱工場と共同操業
◉札幌工場＝〒007－0881　札幌市東区北丘珠一条3－654－13
☎011－782－3487・FAX011－782－3606
従業員6名（技士3名）
1983年5月操業2003年5月更新2000×1　ＰＳＭ北川鉄工　日鉄　チューポール・ヤマソー　車〔傭車：㈱札幌商運〕
2024年出荷19千㎥
G＝陸砂利　S＝陸砂
普通JIS取得（GBRC）

㈱ノムラ
資本金1000万円
◉本社＝〒070－8003　旭川市神楽3条2－2－9
☎0166－61－3611・FAX0166－61－3615
代表取締役野村幸生
◉生コンクリート工場＝〒078－8381　旭川市西神楽1線13
☎0166－75－3801・FAX0166－75－3815
工場長大沼洋樹
従業員8名（技士5名）
1998年4月操業1750×1　太平洋・UBE三菱　GCP・シーカポゾリス　車大型×3台
2023年出荷8千㎥、2024年出荷8千㎥
G＝陸砂利　S＝陸砂
普通・舗装JIS取得（MSA）

㈱ハタナカ昭和
1963年2月20日設立　資本金31650万円　従業員86名　出資＝（セ）10.7％・（販）26.5％・（他）62.8％
◉本社＝〒077－0005　留萌市船場町2－8
☎0164－42－3433・FAX0164－43－6515
URL https://hatanaka-gr.co.jp
✉hon1@hatanaka-gr.co.jp
代表取締役社長畑中修平　代表取締役副社長菅澤和人　取締役副社長吉井厚志　専務取締役内山信一　常務取締役近藤克彦・西島学・村上憲吾　取締役西村淳　監査役大野遵三　専務執行役員道脇正則　常務執行役員松下毅・和美裕之・杉崎久敏・富野浩・小嶋千明　執行役員部長能勢之治　執行役員事業所長筒渕太健
ISO 14001取得
◉岩見沢生コン工場＝〒079－0181　岩見沢市岡山町129－6
☎0126－22－1888・FAX0126－22－1886
✉iwamizawanamakon@abelia.ocn.ne.jp
工場長西村正太
従業員5名（技士3名）
1982年8月操業2015年11月更新2750×1（二軸）　ＰＳＭ日工　日鉄　チューポール　車大型×9台〔傭車：ハタナカ運輸㈱〕
2023年出荷16千㎥、2024年出荷14千㎥
G＝河川　S＝河川
普通・舗装JIS取得（JTCCM）
◉新冠生コン工場＝〒059－2418　新冠郡新冠町字西泊津1－6
☎0146－47－3003・FAX0146－47－3429
工場長小嶋千明
従業員4名（技士2名）
1991年9月操業1350×1（二軸）　ＰＭ北川鉄工Ｓクボタ　日鉄　チューポール　車大型×8台・小型×1台〔傭車：㈱滝川貨物〕
G＝陸砂利　S＝陸砂
◉札幌生コン工場＝〒002－0865　札幌市北区屯田町531
☎011－771－0121・FAX011－771－2481
✉hatanaka.sappro@gmail.com
工場長江波勇太
従業員7名（主任技士1名・技士6名）
1967年5月操業2024年5月更新2750×1（二軸）　ＰＳＭ日工　太平洋・日鉄　ヤマソー・シーカポゾリス・シーカラピット・シーカビスコクリート　車11台
2024年出荷43千㎥（ポーラス150㎥）
G＝石灰砕石・砕石　S＝陸砂
普通JIS取得（GBRC）
※會澤高圧コンクリート㈱屯田工場、大世紀建設㈱屯田生コン工場と共同操業
◉音更生コン工場（操業停止中）＝〒080－0104　河東郡音更町新通18－3
☎0155－42－5611・FAX0155－42－5633
1991年10月操業2000×1（二軸）　ＰＳＭ日工

㈱日高生コン
1975年8月1日設立　資本金3000万円　従業員3名　出資＝（自）100％
◉本社＝〒055－2305　沙流郡日高町新町1－405
☎01457－6－2364・FAX01457－6－2363
代表取締役社長南悟　常務取締役大口三生夫
◉工場＝本社に同じ
工場長遠藤正
従業員3名（技士2名）
1975年10月操業2017年5月更新1700×1（二軸）　ＰＳ光洋機械Ｍ北川鉄工　日鉄　プラストクリート・シーカメント　車小型×1台〔傭車：㈱日の輪産商・㈲幸和運輸・㈲日南通商〕
2023年出荷8千㎥
G＝陸砂利　S＝陸砂
普通・舗装JIS取得（JTCCM）

㈱美唄コンドウ
1981年6月1日設立　資本金1000万円　従業員5名　出資＝（他）100％
◉本社＝〒072－0006　美唄市東五条北11－3－5
☎0126－62－6561・FAX0126－62－6563
✉bibaikondo@vega.ocn.ne.jp
代表取締役岡本裕孝　取締役岡本幸江　監査役河奥広子
◉工場＝本社に同じ
工場長川崎学
従業員5名（技士3名）
1976年11月操業2003年8月更新2000×1（二軸）　ＰＳＭ日工　UBE三菱・太平洋　シーカ　車大型×7台〔傭車：滝川小型自動車運送㈲・森山運輸㈱〕
G＝河川　S＝河川
普通JIS取得（JTCCM）

㈱ひまわり
1994年5月18日設立　資本金3000万円
従業員15名　出資＝(販)100％
◉本社＝〒096－0065　名寄市字大橋139－1
☎01654－3－1515・FAX01654－3－1950
✉himawari.namakon@alpha.ocn.ne.jp
代表取締役眞鍋和一　取締役副社長白木剛・中山翌　監査役高橋勝
◉工場＝本社に同じ
工場長渡邊敦
従業員15名(主任技士1名・技士3名)
1994年10月操業2000×1　P中道機械S日工M光洋機械(旧石川島)　太平洋　ヤマソー・フローリック　車大型×7台
2023年出荷12千㎥、2024年出荷12千㎥
G＝陸砂利　S＝陸砂
普通JIS取得(JTCCM)
※㈱名寄高圧コンクリート興業、名寄生コンクリート㈱名寄工場、㈱真鍋コンクリート工場より生産受託

㈱藤共工業
1949年4月30日設立　資本金4900万円
従業員92名　出資＝(建)100％
◉本社＝〒098－1600　紋別郡興部町字興部193－1
☎0158－82－2105・FAX0158－82－3519
代表取締役工藤喜代子　代表取締役専務工藤隆實　取締役小林彰二・野川和雄
◉藤共コンクリート工場＝本社に同じ
常務取締役工藤隆實
従業員36名(技士2名)
1969年12月操業1988年8月更新1500×1(二軸)　PM田中鉄工Sハカルプラス　太平洋　ヴィンソル　車大型×6台
G＝河川　S＝河川・海砂
普通JIS取得(GBRC)

不二建設㈱
資本金2000万円
◉本社＝〒073－0041　滝川市西滝川232－1
☎0125－24－6211・FAX0125－22－1061
URL http://www.fujiken.co.jp
✉honjou-y@fujiken.co.jp
代表取締役社長中山晶敬
◉工場(操業停止中)＝本社に同じ
※上田コンクリート工業所㈱、㈱コスモ生コンと㈱コネック滝川で共同操業

藤コンクリート㈱
1966年4月21日設立　資本金3000万円
従業員48名　出資＝(販)6.2％・(建)5.3％・(他)88.5％
◉本社＝〒097－0001　稚内市末広3－8－33
☎0162－24－1433・FAX0162－24－5103
URL https://www.fuji-concrete.com
代表取締役佐藤達生・佐藤浩平　常務取締役秋野功・佐藤諒太　取締役藤田幸洋・門田謙吾　監査役戸倉啓吉・田澤利行
◉天北工場＝〒097－0001　稚内市末広3－8－33
☎0162－24－1101・FAX0162－24－1103
✉tenpoku@wk-fujicon.co.jp
工場長代理網真人
従業員11名(主任技士1名・技士3名)
第1P＝1978年8月操業1750×1　PS度量衡M大平洋機工
第2P＝1990年6月操業1500×1(二軸)　PSM光洋機械(旧石川島)　太平洋・日鉄　ヴィンソル　車大型×18台・小型×1台
G＝陸砂利・砕石　S＝陸砂
普通・舗装JIS取得(GBRC)
◉天塩工場＝〒098－3312　天塩郡天塩町字川口
☎01632－2－3137・FAX01632－2－2817
工場長代理上出正人
従業員9名(技士2名)
1981年11月操業1800×1(二軸)　PSM光洋機械　太平洋・日鉄　ヴィンソル・シーカポゾリス　車大型×5台
2023年出荷3千㎥、2024年出荷3千㎥
G＝砕石　S＝陸砂
普通・舗装JIS取得(GBRC)
◉豊富工場＝〒098－4100　天塩郡豊富町字上サロベツ477－2
☎0162－82－1388・FAX0162－82－2801
✉mutsuo-furukawa@wk-fujicon.co.jp
工場長古川睦郎
従業員10名(技士2名)
2002年10月操業1750×1(二軸)　PSM光洋機械(旧石川島)　日鉄・太平洋　ヴィンソル　車大型×5台
2024年出荷3千㎥(高流動16㎥)
G＝陸砂利・砕石　S＝陸砂
普通JIS取得(GBRC)
※名寄生コンクリート㈱サロベツ工場と共同操業
◉礼文工場＝〒097－1201　礼文郡礼文町大字香深村字香深井
☎0163－86－2135・FAX0163－86－1131
工場長須藤勝行
従業員13名(主任技士1名・技士2名)
1976年7月操業1994年6月更新1500×1(二軸)　PSM光洋機械(旧石川島)　日鉄・太平洋　ヴィンソル　車大型×9台・小型×1台
2023年出荷7千㎥、2024年出荷1千㎥
G＝砕石　S＝陸砂
普通JIS取得(GBRC)
◉遠別工場＝〒098－3541　天塩郡遠別町字北浜
☎01632－7－3160・FAX01632－7－3716
工場長山口裕史
従業員8名(技士1名)
1976年7月操業1997年5月更新1000×1　PSM光洋機械(旧石川島)　日鉄・太平洋　ヴィンソル・シーカポゾリス　車大型×4台
2023年出荷7千㎥
G＝砕石　S＝陸砂
普通・舗装JIS取得(GBRC)
※従業員及び車輌を天塩工場に集約し、稼動期(5～6月)必要に応じて配置。(人員等は天塩工場の数値に含む)

㈱hokubu
1975年8月設立　資本金1500万円　従業員16名
◉本社＝〒098－6222　宗谷郡猿払村浜鬼志別993－1
☎01635－2－3226・FAX01635－2－3227
代表取締役佐々木正明
◉工場(旧㈱北武コンクリート工業所猿払工場)＝本社に同じ
常務取締役工場長鈴木徹
従業員10名
1975年9月操業1989年5月更新1500×1(二軸)　P中道機械SハカルプラスM光洋機械(旧石川島)　太平洋　山宗　車10台
2023年出荷12千㎥、2024年出荷9千㎥
G＝砕石　S＝陸砂
普通JIS取得(MSA)
◉浜頓別工場(旧㈱北武コンクリート工業所工場)＝〒098－5761　枝幸郡浜頓別町智福1－16
☎01634－2－2105・FAX01634－2－3434
常務取締役工場長鈴木徹
従業員6名
1970年6月操業1987年6月更新1500×1　P中道機械S本郷M光洋機械(旧石川島)　太平洋　山宗・シーカジャパン　5台
2023年出荷2千㎥、2024年出荷1千㎥
普通JIS取得(MSA)

北海アサノロックラー㈱
2011年4月1日設立　資本金1000万円　従業員15名
◉本社＝〒095－0046　士別市南町東4区473－34
☎0165－23－5181・FAX0165－22－0866
URL http://www.h-asanoroclar.co.jp
代表取締役社長山下弘純　代表取締役最高顧問山下裕久　専務取締役森龍一　常務取締役池田嘉文・蔵前秀光　取締役樋口敦也
※㈱旭ダンケ旭川支店士別生コン工場に生産委託

㈱北海建業
1973年7月1日設立　資本金5000万円　従業員14名　出資＝(セ)16％・(販)16％・

(他)68%
◉本社＝〒044－0215　虻田郡喜茂別町字相川84
☎0136－33－2139・FAX0136－33－2130
URL http://www.hokkaikengyo.co.jp
✉info@hokkaikengyo.co.jp
代表取締役社長森田孝博　取締役会長菊地利憲　専務取締役吉田一芳　取締役老田一明・三木田洋一
※道南生コン㈱羊蹄工場と共同操業

㈱北海道宇部
1987年10月20日設立　資本金4100万円　従業員21名　出資＝(セ)100%
◉本社＝〒007－0801　札幌市東区東苗穂一条1－2－37
☎011－781－2030・FAX011－782－6593
URL https://www2.mu-cc.com/hkdube/
代表取締役松本龍彦　常務取締役高谷明利　取締役中西完二・田中孝典・山下圭一郎　監査役新井哲哉
※後志工場は㈱田村工業、苫小牧工場は會澤高圧コンクリート㈱、北広島工場は太陽生コン㈱、小樽工場は㈱ニレミックスに生産委託
◉札幌工場＝〒007－0801　札幌市東区東苗穂一条1－2－37
☎011－781－3411・FAX011－782－6593
工場長塚本幹雄
従業員9名(主任技士1名・技士2名)
1969年6月操業2019年1月更新2800×1(二軸)　ＰＳＭ光洋機械　UBE三菱　フローリック・シーカ　車大型×20台〔傭車：㈱北海道建商〕
2023年出荷53千㎥、2024年出荷58千㎥(高強度3684㎥・高流動1㎥)
G＝石灰砕石　S＝陸砂
普通・舗装JIS取得(GBRC)
大臣認定単独取得(60N/mm²)
※協同生コン㈱と共同操業

北海道太平洋生コン㈱
1969年4月21日設立　資本金1億円　従業員85名
◉本社＝〒041－0812　函館市昭和2－27－26
☎0138－43－5511・FAX0138－42－2415
URL https://hokutai.co.jp
代表取締役社長橋本吉倫　専務取締役本土康宙　常務取締役神本邦男・川上信行　取締役相談役井町孝彦　取締役山下裕二・鈴木智晴・土屋政幸・小林雄一・五味創・生田考　執行役員前田篤志・福田亨・関谷誠人・相馬誠朗・大沼澄恵　監査役堀部明宏
※中富良野工場は恵庭アサノコンクリート㈱富良野工場、越智化成㈱富良野工場、道瑛コンクリート工業㈱工場、北海道太平洋生コン㈱中富良野工場、㈱ホッコン富良野工場と共同操業
◉小樽工場＝〒047－0008　小樽市築港6－3
☎0134－32－7856・FAX0134－32－7871
取締役工場長土屋政幸
従業員11名(主任技士4名・技士3名)
1970年4月操業2014年8月更新2750×1(二軸)　ＰＭ光洋機械ＳパシフィックシステムВ　太平洋　ヤマソー・シーカジャパン　全て外注
2023年出荷43千㎥、2024年出荷56千㎥
G＝砕石　S＝陸砂・砕砂
普通・舗装JIS取得(GBRC)
◉木古内工場(操業停止中)＝〒049－0451　上磯郡木古内町字新道107－6
☎01392－2－2525・FAX01392－2－5877
1966年8月操業2006年12月更新2750×1　ＰＳＭ日工
◉松前工場＝〒049－1523　松前郡松前町字荒谷567－5
☎0139－42－2050・FAX0139－42－3506
従業員6名(主任技士3名・技士1名)
1969年6月操業1995年7月更新2500×1(二軸)　ＰＭ日工Ｓパシフィックシステム　太平洋　シーカポゾリス
2023年出荷13千㎥、2024年出荷12千㎥(マッシェル1024㎥)
G＝砕石　S＝陸砂・砕砂
普通・舗装JIS取得(JTCCM)
※北海道太平洋生コン㈱松前工場、㈱ニレミックス松前工場と共同操業
◉江差工場＝〒043－0021　檜山郡江差町字柳崎町160
☎0139－53－6231・FAX0139－53－6233
従業員8名(主任技士2名・技士3名)
1967年3月操業1997年9月更新2500×1　ＰＭ光洋機械(旧石川島)Ｓパシフィックシステム　太平洋
2024年出荷30千㎥
G＝石灰砕石・砕石　S＝陸砂・石灰砕砂
普通・舗装JIS取得(JTCCM)
※㈱ニレミックス大成工場、北海道太平洋生コン㈱熊石工場・大成工場より生産受託
◉函館工場＝〒049－0101　北斗市追分4－12－5
☎0138－73－8183・FAX0138－73－4405
工場長高橋修一
従業員5名(主任技士1名・技士3名)
1970年7月操業2010年8月更新2250×1(二軸)　ＰＭ光洋機械Ｓパシフィックシステム　太平洋　ヤマソー　車〔傭車：大同運輸㈱〕
2023年出荷7千㎥
G＝石灰砕石　S＝陸砂・石灰砕砂
普通・舗装JIS取得(GBRC)
大臣認定単独取得(60N/mm²)
◉札幌工場＝〒065－0043　札幌市東区苗穂町1－2－1
☎011－731－1121・FAX011－731－1140
工場長鈴木智晴
従業員11名(主任技士4名・技士7名)
第1Ｐ＝1992年4月操業3000×1(二軸)　ＰＭ大平洋機工Ｓパシフィックテクノス
第2Ｐ＝2012年4月操業2500×1(二軸)　ＰＭ光洋機械Ｓパシフィックテクノス　太平洋　シーカジャパン・山宗　車大型×20台〔傭車：大同運輸㈱〕
2023年出荷30千㎥、2024年出荷35千㎥(高強度3000㎥・高流動1000㎥)
G＝石灰砕石・人軽骨　S＝陸砂
普通・高強度・舗装・軽量JIS取得(GBRC)
大臣認定単独取得(80N/mm²)
※太平洋レミコン㈱手稲工場と共同操業
◉大成工場(操業停止中)＝〒043－0514　久遠郡せたな町大成区平浜435
☎01398－4－5373・FAX01398－4－6179
1973年5月操業1994年6月更新2000×1(二軸)　ＰＭ日工Ｓパシフィックシステム
※㈱カイト本社工場、北海道太平洋生コン㈱江差工場・北檜山工場、和工生コンクリート㈱本社工場に生産委託
◉北檜山工場(操業停止中)＝〒049－4501　久遠郡せたな町北檜山区北檜山222
☎0137－84－5057・FAX0137－84－5137
1969年7月操業1991年4月ＰＭ1991年1月Ｓ更新3000×1(二軸)　ＰＳＭ光洋機械
※和工生コンクリート㈱工場と共同操業
◉旭川工場(操業停止中)＝〒071－8113　旭川市東鷹栖東三条2－1924－1
☎0166－57－2211・FAX0166－57－7882
1964年7月操業1986年4月更新1500×1(二軸)　ＰＭ日工Ｓパシフィックテクノス
※愛別生コン㈱本社工場、㈱旭ダンケ東鷹栖工場と共同操業

北海道デンカ生コンクリート㈱
1997年2月7日設立　資本金3000万円　従業員7名　出資＝(骨)70%・(販)30%
◉本社＝〒006－0004　札幌市手稲区西宮の沢4条2－3－40
☎011－663－5601・FAX011－664－5539
代表取締役社長伊井敏勝　取締役藤森義知・菊池公克・伊藤保・鈴木法男・鈴木哲
◉本社工場＝本社に同じ
工場長鈴木法男
従業員7名(主任技士2名・技士4名)
1974年9月操業2005年3月更新2800×1(二軸)　ＰＳＭ北川鉄工　太平洋　F-1・スーパー・ポーラーセット・シーカビスコクリート　車大型×15台〔傭車：八光運輸㈱〕
2023年出荷25千㎥、2024年出荷30千㎥(高強度1315㎥)
G＝砕石　S＝陸砂
普通・高強度JIS取得(MSA)

大臣認定単独取得(60N/mm²)

北海道生コン工業㈱
1982年3月9日設立　資本金1000万円　従業員2名　出資＝(骨)100％
◉本社＝〒005－0021　札幌市南区真駒内本町1－1－1
☎011－841－1435・FAX011－812－8223
URL http://www.okamotogroup.co.jp/
代表取締役岡本崇行　取締役岡本敏秀
※㈱北興生コンに生産委託

北海羽田コンクリート㈱
1962年6月27日設立　資本金3600万円　従業員16名　出資＝(自)100％・(他)100％
◉本社＝〒099－4118　斜里郡斜里町新光町12－5
☎0152－23－3707・FAX0152－23－2787
代表取締役吉野篤　取締役吉野宜朋・吉野博昭・吉野雅人・吉野陽　監査役吉野后子
※斜里工場は知床生コン㈱へ生産委託
◉長沼工場＝〒069－1347　夕張郡長沼町北町2－2－3
☎0123－88－0160・FAX0123－88－0162
責任者佐藤健一
従業員5名(技士2名)
1978年4月操業1670×1(二軸)　P光洋機械SM日工　住友大阪　ヴィンソル・シーカポゾリス・チューポール　車〔傭車：森山運輸〕
2023年出荷17千m³、2024年出荷12千m³
G＝山砂利・砕石　S＝陸砂
普通・舗装JIS取得(JTCCM)

㈱北興生コン
1974年7月1日設立　資本金1000万円　従業員9名(主任技士1名・技士5名)　出資＝(自)100％
◉本社＝〒045－0002　岩内郡岩内町字東山12－12
☎0135－62－5768・FAX0135－62－0950
代表取締役安田仁志　取締役小松知史・小松奈美・草別理恵・菅原昭博・川島泰祐　監査役草別美佐江
◉共和工場＝〒045－0031　岩内郡共和町梨野舞納251－1
☎0135－67－7075・FAX0135－67－7076
工場長菅原昭博
従業員7名(主任技士1名・技士3名)
2750×1(二軸)　PSM日工　日鉄　シーカメント　車7台〔傭車〕
2023年出荷11千m³
G＝砕石　S＝陸砂・砕砂
普通・舗装JIS取得(JTCCM)

㈱ホッコン
1963年3月4日設立　資本金32154万円　従業員123名　出資＝(セ)14％・(販)11％・(建)1％・(骨)2％・(他)72％
◉本社＝〒074－0003　深川市三条9－26　福富ビル
☎0164－22－1711・FAX0164－22－2782
URL http://www.hokkon.co.jp/
✉info@hokkon.co.jp
代表取締役社長芳賀俊輔　取締役会長芳賀大輔　取締役副社長齊藤徹　常務取締役菅智彰・工藤信彦　取締役田川芳紀・芳賀慶太郎・大久保誠一・吉尾雅弘・坂井吉次・田辺裕　監査役和田吉雄
◉深川工場＝〒074－1271　深川市音江町広里861
☎0164－25－2701・FAX0164－25－2702
工場長渡辺浩司
従業員10名(主任技士2名・技士5名)
1966年12月操業1985年3月更新2500×1(二軸)　PSM光洋機械(旧石川島)　日鉄・太平洋・住友大阪　シーカポゾリス・ヤマソー・シーカビスコクリート　車〔傭車〕
2023年出荷10千m³、2024年出荷10千m³
G＝陸砂利　S＝陸砂
普通・舗装JIS取得(GBRC)
※㈱キョウコンと共同操業。越智化成㈱滝川工場、旭川アサノコンクリート㈱秩父別工場より生産受託
◉旭川工場(操業停止中)＝〒071－8151　旭川市東鷹栖1線17号2034
☎0166－57－3001・FAX0166－57－3002
1975年11月操業1989年2月更新2000×1(二軸)　PSM光洋機械(旧石川島)
※越智化成㈱比布工場に生産委託
◉富良野工場＝〒076－0014　富良野市上五区5080
☎0167－23－3571・FAX0167－23－3572
✉furano@hokkon.co.jp
工場長渡辺浩司
従業員6名(主任技士1名・技士2名)
1966年7月操業1988年5月更新1500×1(二軸)　PSM光洋機械(旧石川島)　日鉄　ヤマソー・シーカジャパン・竹本　車〔傭車：さきがけ物流〕
2024年出荷10千m³(高流動10m³)
G＝砕石　S＝陸砂
普通・舗装JIS取得(GBRC)
※越智化成㈱富良野工場、恵庭アサノコンクリート㈱富良野工場、道瑛コンクリート工業㈱工場、北海道太平洋生コン㈱中富良野工場と共同操業
◉留萌工場＝〒077－0003　留萌市春日町2－6－1
☎0164－42－1492・FAX0164－42－1635
✉y-okita@athena.ocn.ne.jp
工場長沖田純胤
従業員6名(主任技士1名・技士3名)
1966年6月操業2022年4月更新2250×1　PSM光洋機械　太平洋　シーカポゾリス　車〔傭車：㈱北交産業〕
2023年出荷9千m³、2024年出荷10千m³
G＝砕石　S＝陸砂
普通・舗装JIS取得(GBRC)
※㈱ハタナカ昭和、北海道太平洋生コン㈱、留萌アサノコンクリート㈱より生産受託
◉石狩工場＝〒061－3244　石狩市新港南1－33－2
☎0133－62－9130・FAX0133－62－9131
責任者小野幸裕
従業員6名(主任技士1名・技士4名)
1993年9月操業3000×1(二軸)　PSM光洋機械(旧石川島)　日鉄　山宗・シーカジャパン　車大型×3台〔傭車〕
2023年出荷23千m³、2024年出荷21千m³
G＝砕石　S＝陸砂・砕砂
普通・舗装JIS取得(GBRC)
大臣認定単独取得(60N/mm²)
◉札幌工場＝〒063－0836　札幌市西区発寒16条14－6－87
☎011－667－7700・FAX011－667－6655
✉k_sasaki@hokkon.co.jp
工場長佐々木光一
従業員9名(主任技士2名・技士3名)
2006年1月更新3300×1　日鉄　ヤマソー・シーカビスコクリート・フローリック・シーカポゾリス　車大型×18台〔傭車：㈱札幌商運〕
2023年出荷56千m³、2024年出荷37千m³(高強度927m³)
G＝石灰砕石・砕石　S＝陸砂・砕砂
普通・舗装・高強度JIS取得(GBRC)
大臣認定単独取得(60N/mm²)
◉北見工場＝〒099－6411　紋別郡湧別町東38－1
☎01586－5－2002・FAX01586－5－2576
✉kitami@hokkon.co.jp
工場長山口悟志
従業員8名(主任技士1名・技士2名)
1981年6月操業1999年9月更新1500×1(二軸)　PSM光洋機械(旧石川島)　日鉄　シーカポゾリス　車大型×6台
2023年出荷11千m³、2024年出荷9千m³
G＝陸砂利　S＝陸砂
普通・舗装JIS取得(GBRC)
◉羽幌工場＝〒078－4119　苫前郡羽幌町北町6－2
☎0164－62－2106・FAX0164－62－2341
工場長眞田文幸
従業員7名(技士3名)
1967年5月操業1979年8月P1990年3月SM改造2250×1(二軸)　P光洋機械(旧石川島)SM光洋機械　太平洋　山宗・竹本・シーカジャパン　車〔傭車：さきがけ物流㈱〕
2023年出荷11千m³、2024年出荷10千m³
G＝砕石　S＝陸砂
普通・舗装JIS取得(GBRC)

◉三笠工場＝〒068－2165　三笠市岡山178－11
☎01267－4－4180・FAX01267－4－4181
責任者小野幸裕
従業員5名（主任技士1名・技士3名）
1500×1（二軸）　住友大阪　ヤマソー
2023年出荷4千㎥、2024年出荷3千㎥
G＝陸砂利　S＝陸砂
普通JIS取得（MSA）

本別コンクリート工業㈱
1953年7月15日設立　資本金2000万円
従業員12名　出資＝（自）50％・（建）45％・（他）5％
◉本社＝〒089－3304　中川郡本別町坂下町18－1
☎0156－22－2223・FAX0156－22－2692
✉honbetu-con@bz03.plala.or.jp
代表取締役朝日基光　取締役野田仁・小笠原薫・朝日悠　監査役朝日和子
◉工場＝本社に同じ
工場長小笠原薫
従業員9名（主任技士2名・技士2名・診断士1名）
1971年4月操業1991年7月更新2000×1（二軸）　ＰＳＭ光洋機械（旧石川島）　太平洋・日鉄　シーカジャパン　車大型×7台
G＝陸砂利　S＝陸砂
普通・舗装JIS取得（GBRC）

㈱真鍋コンクリート
1971年4月10日設立　資本金2000万円
従業員5名　出資＝（建）1.25％・（骨）15％・（他）83.75％
◉本社＝〒096－0071　名寄市徳田100－8
☎01654－3－2155・FAX01654－2－0305
✉manabe-concrete@k6.dion.ne.jp
代表取締役真鍋和一　専務取締役真鍋和隆　取締役真鍋美津枝　監査役真鍋みなみ
※㈱ひまわりに生産委託

㈱瑞穂コンクリート
1965年2月11日設立　資本金3000万円
従業員8名　出資＝（自）100％
◉本社＝〒076－0035　富良野市学田三区4731－1
☎0167－23－3422・FAX0167－23－3199
✉mizuho@furano.ne.jp
代表取締役社長荒木博久　専務取締役小山内双葉
◉工場＝本社に同じ
工場長小山内双葉
従業員8名（技士5名）
1965年2月操業2017年4月更新1350×1（二軸）　ＰＳＭ北川鉄工　太平洋　ヤマソー　車大型×2台
2023年出荷6千㎥
G＝砕石　S＝砕砂
普通JIS取得（MSA）

三石生コンクリート工業㈱
1972年4月17日設立　資本金1800万円
従業員22名　出資＝（販）10％・（建）85％・（骨）5％
◉本社＝〒059－3105　日高郡新ひだか町三石東蓬萊12－1
☎0146－33－2016・FAX0146－33－2017
代表取締役酒井秀男
◉三石工場＝本社に同じ
工場長山本晃
従業員7名（主任技士1名・技士1名）
1972年5月操業1981年4月Ｓ1987年9月ＰＭ改造1500×1（二軸）　Ｐ中道機械Ｓ度量衡Ｍ北川鉄工　UBE三菱　ヴィンソル・シーカポゾリス　車大型×5台・小型×1台〔傭車：㈲丸芳運輸・㈱産建〕
2023年出荷8千㎥
G＝陸砂利　S＝陸砂
普通・舗装JIS取得（JTCCM）
◉清畠工場＝〒059－2245　沙流郡日高町字清畠91－2
☎01456－5－6145・FAX01456－5－6165
✉m-nama-kiyohata@miracle.ocn.ne.jp
工場長山本晃
従業員7名（技士2名）
1993年12月操業1500×1　Ｐ中道機械Ｓハカルプラス Ｍ北川鉄工　UBE三菱　フローリック　車大型×2台〔傭車：㈲丸芳運輸・㈱産建〕
2023年出荷5千㎥
G＝陸砂利　S＝陸砂
普通・舗装JIS取得（JTCCM）

三ッ輪ベンタス㈱
1963年4月1日設立　資本金9000万円　従業員87名　出資＝（セ）35％・（販）65％
◉本社＝〒084－0905　釧路市鳥取南5－12－5
☎0154－51－2512・FAX0154－53－3485
代表取締役栗林延年
※根室工場は根室協同生コン㈱へ、厚岸工場は厚岸共同生コン㈱へ、女満別工場は㈱エム・ユー生コンへ生産委託
◉釧路工場＝〒084－0913　釧路市星が浦南2－4－9
☎0154－51－2511・FAX0154－52－4610
✉r.nagao@ventus.co.jp
工場長長尾良平
従業員34名（主任技士2名・技士2名・診断士1名）
1973年6月操業1997年8月更新2500×1（二軸）　ＰＳＭ光洋機械　太平洋　ヴィンソル・フローリック・マイテイ　車大型×9台
2023年出荷10千㎥、2024年出荷12千㎥
G＝山砂利・砕石　S＝陸砂・石灰砕砂
普通・舗装JIS取得（GBRC）
大臣認定単独取得（60N/㎟）

室蘭生コンクリート㈱
2004年7月1日設立　資本金2000万円　従業員6名　出資＝（他）100％
◉本社＝〒050－0083　室蘭市東町4－12
☎0143－44－4565・FAX0143－45－5199
URL http://www.m-namacon.com/
✉mnc_y.m@zd.wakwak.com
代表取締役社長早坂忠志　取締役西田治行　監査役大原和彦
◉室蘭工場＝〒050－0083　室蘭市東町4－12
☎0143－44－2788・FAX0143－44－2795
工場長南雄司
従業員6名（主任技士1名・技士2名）
1965年9月操業2004年3月更新1500×1　ＰＭ光洋機械（旧石川島）Ｓハカルプラス　日鉄　ヴィンソル・フローリック・ヤマソー　車大型×10台〔傭車：㈱相内運輸〕
2023年出荷9千㎥、2024年出荷7千㎥
G＝石灰砕石・砕石　S＝陸砂
普通・舗装JIS取得（GBRC）
※日鉄鉱道南興発㈱室蘭生コンクリート工場と共同操業
◉伊達工場（操業停止中）＝〒052－0021　伊達市末永町205
☎0143－44－2788・FAX0143－45－5199
1967年6月操業1988年4月更新1500×1（二軸）　ＰＳＭ光洋機械
※日鉄鉱道南興発㈱虻田生コンクリート工場と共同操業

㈱安田
（オホーツク生コン㈱と共同操業）
1958年12月1日設立　資本金3210万円
従業員23名　出資＝（自）100％
◉本社＝〒098－5808　枝幸郡枝幸町新港町979－1
☎0163－62－4151・FAX0163－62－2005
代表取締役譜久元博行
◉工場＝本社に同じ
工場長納谷聡
従業員10名（主任技士1名・技士3名）
1991年8月操業2000×1　ＰＳＭ光洋機械（旧石川島）　太平洋・日鉄　車大型×8台・小型×2台
G＝砕石　S＝陸砂
普通JIS取得（MSA）

山一興業㈱
1978年3月1日設立　資本金1000万円　従業員48名　出資＝（建）52％・（他）48％
◉本社＝〒098－2224　中川郡美深町東四条北4－7
☎01656－2－1665・FAX01656－2－2979
代表取締役社長山崎晴一　専務取締役下

込幸延　監査役佐藤厚
◉生コンクリート工場＝〒098－2205　中川郡美深町字美深844－9
☎01656－2－3381・FAX01656－2－3346
✉namakon@gaes.ocn.ne.jp
工場長藤山靖彦
従業員11名（主任技士1名・技士1名）
1977年10月操業2000年9月更新1750×1（二軸）　ＰＳＭ光洋機械　太平洋　シーカポゾリス・ヤマソー　車大型×6台
G＝陸砂利　S＝陸砂
普通・舗装JIS取得（JTCCM）

山田産業㈱
1972年4月1日設立　資本金1000万円　従業員12名　出資＝（自）100％
◉本社＝〒063－0012　札幌市西区福井487
☎011－662－9050・FAX011－662－2564
✉ymd1972@luck.ocn.ne.jp
代表取締役会長名児耶武士　代表取締役社長名児耶一人　取締役大曲正広・渡部亮一・村井一良・名児耶真奈美
◉生コン工場＝本社に同じ
工場長大曲正広
従業員8名（主任技士1名・技士6名）
1967年4月操業2019年8月更新2800×1（二軸）　Ｐ東日本テクノＳＭ光洋機械　UBE三菱　車〔傭車：㈱名菱〕
2023年出荷46千㎥、2024年出荷40千㎥（高強度3500㎥）
G＝砕石　S＝陸砂・砕砂
普通JIS取得（MSA）
大臣認定単独取得（60N/mm²）
※㈱正菱銭函工場と共同操業

吉岡砕石工業㈱
1965年10月1日設立　資本金2000万円　従業員34名　出資＝（自）100％
◉本社＝〒049－1453　松前郡福島町字吉岡728－1
☎0139－48－5104・FAX0139－48－5516
URL http://www.yoshioka-saiseki.co.jp/
代表取締役平沼昌平
◉生コンクリート部＝〒049－1453　松前郡福島町字吉岡728－1
☎0139－48－5104・FAX0139－48－6828
工場長正田大輔
従業員8名（主任技士1名・技士2名）
1990年10月操業1500×1（二軸）　ＰＳＭ光洋機械（旧石川島）　太平洋　山宗　車大型×3台
2023年出荷5千㎥、2024年出荷1千㎥
G＝砕石　S＝陸砂・砕砂
普通・舗装JIS取得（GBRC）

羅臼共同生コン㈱
（太平洋建設工業㈱羅臼工場、羅臼生コンクリート㈱より生産受託）
資本金1100万円　従業員7名
◉本社＝〒086－1836　目梨郡羅臼町知昭町25－2
☎0153－88－2118・FAX0153－88－2961
代表取締役畠澤直樹
◉工場＝本社に同じ
工場長武藤頼英
従業員8名（技士2名）
1970年5月操業2015年更新1750×1（二軸）　ＰＳＭ光洋機械　太平洋　ヤマソー・シーカポゾリス　車大型×7台〔傭車〕
2023年出荷7千㎥、2024年出荷4千㎥
G＝砕石　S＝陸砂
普通・舗装JIS取得（JTCCM）

羅臼生コンクリート㈱
1974年3月1日設立　資本金2000万円　従業員5名　出資＝（自）100％
◉本社＝〒086－1835　目梨郡羅臼町松法町143
☎0153－88－2121・FAX0153－88－2123
URL http://www.mitsuwa-shokai.co.jp
✉ds.raunama@atbb.ne.jp
代表取締役栗林延次　役員石黒敏・栗林延年・小針武志・橋爪亮憲・山本勤
※羅臼共同生コン㈱へ生産委託

㈱利尻生コン
1990年5月1日設立　資本金2000万円　従業員26名　出資＝（他）100％
◉本社＝〒097－0211　利尻郡利尻富士町鬼脇字清川145
☎0163－83－1331・FAX0163－83－1344
代表取締役社長中田悠介　取締役中田豊喜・中田伸也・中田有介・中田慎理・中田弓
◉鬼脇工場＝〒097－0211　利尻郡利尻富士町鬼脇字清川145－1
☎0163－83－1618・FAX0163－83－1621
工場長河越靖史
従業員19名（技士6名）
1974年6月操業2019年更新2300×1（二軸）　ＰＳＭ光洋機械　日鉄・太平洋　ヴィンソル・ヤマソー　車大型×11台
2023年出荷5千㎥、2024年出荷8千㎥
G＝砕石　S＝陸砂
普通JIS取得（MSA）

留萌生コン㈱
2005年1月5日設立　資本金2000万円　従業員8名　出資＝（生）80％・（セ）20％
◉本社＝〒077－0003　留萌市春日町2－6－1
☎0164－42－3924・FAX0164－43－8009
✉rc-rumoi@siren.ocn.ne.jp
代表取締役社長原田英人　取締役沖田純胤
◉留萌工場（操業停止中）＝本社に同じ
1970年5月操業1995年1月更新2000×1　ＰＭ光洋機械（旧石川島）Ｓパシフィックシステム

和工生コンクリート㈱
1973年3月28日設立　資本金4800万円　従業員15名　出資＝（販）11％・（建）67.1％・（他）21.9％
◉本社＝〒049－4828　久遠郡せたな町瀬棚区南川202－2
☎0137－87－3049・FAX0137－87－2265
✉wanama@crux.ocn.ne.jp
代表取締役社長阿部榮　取締役滝澤誠・瀧澤雅敏・斎藤俊一・瀧澤忠志・大越雄司・松永英人・芝山順一　監査役田村裕司・司畑孝博
◉本社工場＝本社に同じ
代表取締役社長阿部榮
従業員15名（主任技士2名・技士2名）
1972年10月操業1990年9月更新2500×1（二軸）　Ｐ中道機械Ｓ日工Ｍ光洋機械（旧石川島）　太平洋　シーカジャパン　車大型×2台〔傭車：青函運輸・ニレミックス・岩内宇部生コン販売・大同運輸〕
2023年出荷7千㎥、2024年出荷10千㎥
G＝砕石　S＝陸砂・砕砂
普通・舗装JIS取得（GBRC）
※北海道太平洋生コン㈱北桧山工場、㈱ニレミックス北桧山工場と共同操業

㈱渡辺興業
2014年12月17日設立　資本金5000万円　従業員65名　出資＝（他）100％
◉本社＝〒099－6328　紋別郡湧別町中湧別南町929－1
☎01586－2－5270・FAX01586－2－5200
代表取締役藤本伸光　常務取締役大嶋寿広　取締役藤島博章・八巻隆幸　監査役渡邊直喜
◉遠軽コンクリート豊里工場＝〒099－0412　紋別郡遠軽町豊里273－1
☎0158－42－5121・FAX0158－42－4533
✉kkwencon@watanabe-kougyo.com
工場長辻朋也
従業員24名（技士3名）
1973年8月操業2017年4月更新1700×1（ジクロス）　ＰＳ本郷プラントＭ北川鉄工　太平洋・日鉄　ヴィンソル　車大型×6台
2023年出荷10千㎥、2024年出荷10千㎥
G＝陸砂利　S＝陸砂
普通JIS取得（MSA）
◉遠軽コンクリート中湧別工場（操業停止中）＝〒099－6325　紋別郡湧別町北兵村1区
☎01586－2－3650・FAX01586－2－2251
1979年6月操業1500×1（二軸）　ＰＳＭ光洋機械

和寒コンクリート㈱
1969年4月1日設立　資本金2000万円　従

業員25名　出資＝(販)100％
◉本社＝〒098－0111　上川郡和寒町字三笠159
☎0165－32－2415・FAX0165－32－2756
代表取締役田中誠一　取締役山田健二・酒巻雄一
◉工場(操業停止中)＝本社に同じ
1969年4月操業1989年9月更新1500×1(二軸)　ＰＳＭ光洋機械(旧石川島)
※㈱旭ダンケ旭川支店・士別生コン工場、㈱野田生コンクリート士別工場と共同操業

東　北　地　区

青森県

青森カイハツ生コンクリート㈱
1970年7月1日設立　資本金3000万円　従業員8名　出資＝(販)32%・(骨)25%・(他)43%
◉本社＝〒030－0111　青森市大字荒川字柴田87－1
☎017－739－2956・FAX017－739－2955
✉t.souma@ion.ocn.ne.jp
代表取締役社長古川道弘　専務取締役盛浩美　取締役小野忠勝　監査役吉田毅志
◉青森工場＝本社に同じ
工場長木村忍
従業員8名（主任技士3名・診断士2名）
1970年10月操業1998年11月更新1500×1　P東和工機SM日工　UBE三菱　車大型×6台・小型×1台〔傭車：三八五流通㈱〕
2023年出荷20千㎥
G＝石灰砕石・砕石　S＝山砂・砕砂
普通JIS取得（GBRC）
大臣認定単独取得（60N/mm²）

青森太平洋生コン㈱
2005年4月1日設立　資本金10,000万円　従業員13名　出資＝(セ)100%
◉本社＝〒030－0811　青森市青柳1－16－8
☎017－777－7128・FAX017－777－7130
代表取締役社長西川芳徳
◉堤工場＝〒030－0811　青森市青柳1－16－8
☎017－777－5245・FAX017－777－5246
工場長原田秀継
従業員11名（主任技士2名・技士2名・診断士2名）
2005年4月操業1500×1（二軸）　PSM日工　太平洋　シーカジャパン　車大型×8台・小型×2台
2023年出荷18千㎥、2024年出荷13千㎥
G＝石灰砕石・砕石　S＝山砂・砕砂
普通JIS取得（GBRC）
大臣認定単独取得（60N/mm²）

㈲青森ヒューム
1945年12月31日設立
◉本社＝〒039－2241　八戸市大字市川町字長者久保4－1
☎0178－28－2246・FAX0178－28－5401
✉aohyu@hi-net.ne.jp
代表者地代所貴洋
◉八戸工場＝〒039－2241　八戸市大字市川町字長者久保4－1
☎0178－28－2506・FAX0178－28－5401
✉aohyu@hi-net.ne.jp
工場長秋山実
従業員37名（主任技士3名・技士5名・診断士1名）
1700×1　UBE三菱　車大型×9台・中型×4台
2023年出荷14千㎥、2024年出荷13千㎥（ポーラス20㎥）
G＝石灰砕石・スラグ　S＝陸砂・石灰砕砂
普通JIS取得（JTCCM）

旭商事㈱
1976年4月1日設立　資本金1000万円　従業員18名　出資＝(建)48%・(他)52%
◉本社＝〒034－0037　十和田市穂並町2－62
☎0176－22－0450・FAX0176－22－4479
✉asahi-s@mx51.et.tiki.ne.jp
代表取締役沢目卓哉　取締役会長沢目正俊　常務取締役長峯光雄　取締役田島一史　監査役沢目礼子・加賀利生
◉旭商事生コン工場＝〒033－0071　上北郡六戸町大字犬落瀬字下久保166－20
☎0176－55－3403・FAX0176－55－3404
工場長沢目卓哉
従業員17名（技士1名・技士3名）
1980年9月操業2000年更新1670×1（二軸）　PSM日工　UBE三菱　リグエース　車大型×10台・中型×1台・小型×2台
G＝陸砂利・石灰砕石・砕石　S＝陸砂
普通・舗装JIS取得（GBRC）

㈲オオサカ生コン
◉本社＝〒039－2774　上北郡七戸町字柴舘道ノ下9－33
☎0175－63－3484・FAX0175－63－3795
代表者小坂義貞
◉工場＝本社に同じ
1000×1　UBE三菱
G＝砕石　S＝陸砂・砕砂
普通JIS取得（GBRC）

海峡生コン㈱
1993年5月15日設立　資本金4000万円　従業員8名　出資＝(自)50%・(建)25%・(他)25%
◉本社＝〒039－4601　下北郡大間町大字大間字大間平20－99
☎0175－37－4287・FAX0175－37－4297
代表取締役山元正孝　専務取締役大見澄子　常務取締役大見義紀　取締役山元忠男・山元相周　監査役山元忠孝
◉工場＝本社に同じ
工場長山谷重幸
従業員5名（技士1名）
1994年8月操業2500×1（二軸）　PSM光洋機械　UBE三菱　シーカコントロール　車〔傭車：㈲あすなろ運輸〕
G＝砕石　S＝陸砂・砕砂
普通JIS取得（GBRC）

㈱カイハツ生コン
1965年3月27日設立　資本金3000万円　従業員30名　出資＝(販)60%・(他)40%
◉本社＝〒039－1103　八戸市大字長苗代字前田68
☎0178－28－2523
✉info@kaihatu-rmc.co.jp
代表取締役古川道弘　専務取締役大畠滋　常務取締役長沼靖宏・佐々木正幸・種市信和　取締役佐々木一榮・山岸学・小野忠勝　監査役松谷昌史
◉八戸工場＝〒039－1103　八戸市大字長苗代字前田68
☎0178－28－2521・FAX0178－20－3299
工場長関戸利彦
従業員8名（主任技士4名・技士3名）
1965年3月操業2014年8月更新2250×1（二軸）　P東和工機SM日工　UBE三菱　シーカポゾリス　車大型×6台・小型×2台
2023年出荷15千㎥、2024年出荷12千㎥
G＝石灰砕石・砕石　S＝陸砂・砕砂
普通・舗装JIS取得（GBRC）
大臣認定単独取得（60N/mm²）
※一関工場＝岩手県、気仙沼工場＝宮城県参照

㈱共同生コン
1988年10月1日設立　資本金15000万円　従業員13名　出資＝(販)(建)(骨)(他)
◉本社＝〒036－8074　弘前市津賀野字瀬ノ上40－1
☎0172－37－6812・FAX0172－37－6814
✉kyoudou@viola.ocn.ne.jp
代表取締役野澤武
◉工場＝本社に同じ
常務取締役工場長一戸正直
従業員13名（主任技士1名・技士2名）
1991年11月操業1500×1（二軸）　PSM北川鉄工　太平洋　フローリック・シーカポゾリス・山宗　車大型×5台・中型×4台
2023年出荷32千㎥、2024年出荷29千㎥
G＝石灰砕石・砕石　S＝山砂・砕砂
普通・高強度JIS取得（JTCCM）

共立生コンクリート㈱
◉本社＝千葉県参照
◉西工場＝〒038－0059　青森市大字油川字千刈70
☎017－788－2131・FAX017－788－2133
✉k-namacon@bird.ocn.ne.jp
工場長蝦名和彦
従業員13名(主任技士1名・技士3名)
1974年11月操業2002年8月更新1670×1
ＰＳＭ日工　住友大阪　フローリック
車大型×7台・小型×2台
G＝石灰砕石・砕石　S＝陸砂・砕砂
普通JIS取得(GBRC)
大臣認定単独取得(60N/mm²)
※柏工場＝千葉県参照

㈲工藤産業生コン
1983年7月1日設立　資本金1000万円　従業員25名　出資＝(自)100%
◉本社＝〒037－0631　五所川原市大字前田野目字砂田51－22
☎0173－29－3541・FAX0173－29－3665
代表取締役工藤吉朗　取締役工藤吉毅・工藤吉治・木村明彦・鈴木覚・冨樫正樹
◉工場＝本社に同じ
工場長木村明彦
従業員17名
1983年7月操業1500×1(二軸)　ＰＳＭ日工　日鉄　シーカポゾリス・フローリック　車大型×9台・小型×2台
2024年出荷10千㎥
G＝石灰砕石・砕石　S＝山砂・砕砂
普通JIS取得(JTCCM)
◉青森工場＝〒038－0059　青森市油川字岡田262－2
☎017－752－1547・FAX017－752－1548
工場長鈴木覚
従業員12名
2500×1(二軸)　日鉄　シーカポゾリス　車大型×5台・中型×1台
G＝石灰砕石・砕石　S＝山砂・砕砂
普通JIS取得(JTCCM)

黒石生コン㈱
2010年2月10日設立　資本金1000万円
従業員13名
◉本社＝〒036－0357　黒石市追子野木1－149－10
☎0172－53－3447・FAX0172－53－5538
✉kurokn102@isis.ocn.ne.jp
代表取締役鈴木結城
◉工場＝本社に同じ
責任者栗林崇
従業員13名
1967年8月操業1984年5月更新56×2　ＰＳＭ北川鉄工　太平洋・住友大阪　シーカジャパン・フローリック　車9台
2023年出荷25千㎥、2024年出荷25千㎥
G＝砕石　S＝山砂・砕砂
普通JIS取得(GBRC)

齋勝建設㈱
1957年9月10日設立　資本金6000万円
従業員216名　出資＝(他)100%
◉本社＝〒037－0091　五所川原市大字太刀打字早蕨98－4
☎0173－35－2710・FAX0173－35－7018
URL http://www.saikatsu.co.jp/
✉saikatsu_k@saikatsu.co.jp
代表取締役社長齋藤彰浩　代表取締役専務齋藤奈穂子　常務取締役藤田毅・高山幸克　取締役齋藤聖英・久保田栄・神郁夫・木村英人・木村ビショフ吉大・齋藤美代子・三上良子　監査役齋藤舞子・千葉恵子
ISO 9001・14001・45001取得
◉生コン工場＝〒037－0512　北津軽郡中泊町小泊朝間46－2
☎0173－64－3200・FAX0173－64－3227
✉saikatsu_kodomari@sea.plala.or.jp
工場長久保田栄
従業員18名(主任技士2名・技士3名・診断士1名)
1969年1月操業1995年7月更新1500×1(二軸)　ＰＳＭ日工　UBE三菱　フローリック　車大型×14台・中型×1台・小型×1台
2023年出荷20千㎥、2024年出荷10千㎥
G＝石灰砕石・砕石　S＝陸砂・砕砂
普通JIS取得(IC)

㈱地代所レミコン
1981年9月1日設立　資本金8000万円　従業員23名　出資＝(自)24%・(販)25%・(建)45%・(製)6%
◉本社＝〒031－0023　八戸市大字是川字土間沢20－1
☎0178－96－3223・FAX0178－96－3200
✉jremi@smile.ocn.ne.jp
代表取締役地代所久恭　取締役中谷淳・寺下寅五郎・石亀順大・関川義明・川向宏昭　監査役高橋與一
◉工場＝本社に同じ
工場長川向宏昭
従業員23名(主任技士2名・技士2名)
1981年9月操業1996年8月更新2000×1(二軸)　ＰＳＭ光洋機械(旧石川島)　太平洋・住友大阪　シーカポゾリス・シーカビスコクリート　車大型×10台・小型×3台
2024年出荷18千㎥
G＝石灰砕石・砕石
普通JIS取得(JTCCM)
大臣認定単独取得(54N/mm²)

㈱七戸クリエート
1985年4月15日設立　資本金3150万円
従業員25名
◉本社＝〒039－2804　上北郡七戸町字野崎狐久保106－226
☎0176－60－1225・FAX0176－60－1226
✉creat1@ishida-sg.co.jp
代表取締役会長千葉和夫　代表取締役社長千葉育子　取締役千葉倫明・町屋良明　監査役千葉由美子
◉東工場＝本社に同じ
工場長中山勝幸
従業員20名(主任技士3名・技士3名)
2004年5月操業2000×1　住友大阪　シーカポゾリス　車大型×15台・小型×3台
2023年出荷18千㎥
G＝石灰砕石・砕石　S＝陸砂・砕砂
普通JIS取得(IC)

下北開発生コンクリート㈱
1976年5月1日設立　資本金4000万円　従業員12名　出資＝(他)100%
◉本社＝〒039－4401　むつ市大畑町伊勢堂7－5
☎0175－34－3333・FAX0175－34－3334
代表取締役社長山元相周　常務取締役山元忠男　取締役山元正孝・山元忠孝
◉工場＝〒035－0022　むつ市関根字出戸川目101－1
☎0175－25－2231・FAX0175－25－2089
工場長山元忠孝
従業員8名(技士5名)
1976年8月操業1991年4月更新2250×1(二軸)　ＰＳＭ光洋機械　UBE三菱　ヴィンソル　車大型×15台・小型×1台〔傭車：㈲あすなろ運輸〕
G＝石灰砕石　S＝陸砂・石灰砕砂
普通JIS取得(GBRC)

㈲昭和石材興業
1972年6月29日設立　資本金1000万円
従業員18名　出資＝(自)100%
◉本社＝〒036－8265　弘前市大字下湯口字青柳185－1
☎0172－33－8840・FAX0172－33－8845
代表取締役佐藤浩之　取締役福田留美子
◉工場＝〒036－8265　弘前市大字下湯口字青柳185－1
☎0172－33－8711・FAX0172－33－4462
工場長工藤弘志
従業員13名(技士1名)
1972年6月操業2006年4月更新1500×1(二軸)　ＰＳＭ光洋機械(旧石川島)　太平洋　フローリック・ヴィンソル　車大型×6台・小型×4台〔傭車：㈲丸菱商事〕
G＝砕石　S＝山砂・砕砂
普通JIS取得(JTCCM)

新産レミコン㈱
1967年12月22日設立　資本金5000万円
従業員14名　出資＝(建)30%・(製)50%・(他)20%

◉本社＝〒034－0041　十和田市大字相坂字高清水78－455
☎0176－23－6121・FAX0176－23－6170
URL http://www.sinsanremicon.jp
代表取締役若沢勝利　取締役会長井上馨　専務取締役黒澤伸夫　取締役ガーディナー司子・中村亜希子　監査役中沢智善・井上亮子
◉工場＝本社に同じ
専務取締役黒澤伸夫
従業員14名(主任技士2名・技士2名)
1967年12月操業2019年3月更新1800×1　ＰＳＭ光洋機械　太平洋　シーカコントロール　車大型×10台
2024年出荷11千㎥
G＝陸砂利・石灰砕石　S＝陸砂
普通JIS取得(GBRC)

新和生コン㈱
2003年10月設立
◉本社＝〒038－0045　青森市大字鶴ヶ坂字田川71－91
☎017－787－0444・FAX017－787－3008
✉mikami@poplar.ocn.ne.jp
代表者三上清一郎　専務取締役鳴海雅己　取締役丸岡功樹
◉工場＝本社に同じ
工場長長谷川洋
従業員13名(主任技士3名・技士3名・診断士1名)
1750×1(二軸)　ＰＳＭ北川鉄工　太平洋　WRDA・ダラタード・スーパー・ダラセム　車大型×6台・中型×4台・小型×2台
2023年出荷13千㎥、2024年出荷10千㎥
G＝石灰砕石・砕石　S＝山砂・砕砂
普通JIS取得(GBRC)

㈱青函レミコン
1973年5月1日設立　資本金1500万円　従業員6名
◉本社＝〒030－1735　東津軽郡外ヶ浜町字三厩緑ヶ丘65
☎0174－37－2586・FAX0174－37－2190
✉seikan03kon@eagle.ocn.ne.jp
代表取締役秋田正孝
◉工場＝本社に同じ
工場長川村秀紀
従業員6名(主任技士1名・技士2名・診断士1名)
1973年12月操業1994年7月更新1500×1(二軸)　ＰＳＭ光洋機械(旧石川島)　太平洋　シーカコントロール　車大型×4台・小型×1台
2023年出荷6千㎥、2024年出荷9千㎥
G＝砕石　S＝陸砂・砕砂
普通JIS取得(GBRC)

㈱太平洋生コン
1994年10月6日設立　資本金10000万円
従業員16名　出資＝(建)70%・(販)30%
◉本社＝〒039－4224　下北郡東通村大字白糠字垣間7－2
☎0175－46－3235・FAX0175－46－3237
代表取締役井上雅順　取締役江刺家隆男・熊谷圭之輔・鈴木博幸・東田勝彦　監査役江刺家弘
◉工場＝本社に同じ
代表取締役井上雅順
従業員16名(技士6名)
1995年6月操業2014年8月更新1700×1(二軸)　ＰＳＭ北川鉄工(旧日本建機)　住友大阪　シーカビスコフロー・シーカビスコクリート　車大型×9台・小型×1台
2023年出荷10千㎥、2024年出荷19千㎥(高流動34㎥)
G＝石灰砕石　S＝陸砂・石灰砕砂
普通JIS取得(JTCCM)

㈲田村興業
1987年6月24日設立　資本金1000万円
従業員4名　出資＝(自)100%
◉本社＝〒039－3128　上北郡野辺地町上前田12
☎0175－64－3912・FAX0175－64－0982
代表取締役田村清一
◉工場＝本社に同じ
工場長田村清一
従業員2名
1987年6月操業1993年11月更新1000×1(二軸)　ＰＳＭ北川鉄工　UBE三菱　フローリック　車大型×1台・小型×2台
2023年出荷1千㎥
G＝砕石　S＝陸砂・砕砂

㈲千葉ブロック工業
1994年6月1日設立　資本金300万円　従業員31名　出資＝(自)100%
◉本社＝〒038－1204　南津軽郡藤崎町水木前田2－1
☎0172－65－3371・FAX0172－65－3372
代表取締役社長千葉敦子　取締役副社長千葉彰大　取締役専務千葉雄治　取締役常務千葉沙也加
◉常盤工場＝本社に同じ
工場長工藤一男
従業員26名(主任技士1名・技士4名)
1991年5月操業1500×1　ＰＳＭ北川鉄工　住友大阪・太平洋　フローリック・シーカジャパン　車大型×8台・中型×10台・小型×3台
G＝砕石　S＝山砂・砕砂
普通JIS取得(JTCCM)

㈱附田生コン
1975年6月1日設立　資本金1000万円　従業員10名　出資＝(他)100%
◉本社＝〒033－0111　三沢市六川目6－34－57
☎0176－59－2996・FAX0176－59－3003
代表取締役社長附田忠志　専務取締役附田多勢子・馬場騎一　取締役附田松太郎・附田省三・附田久志　監査役吉田恭一郎
◉工場＝本社に同じ
工場長中村宗彦
従業員10名(主任技士2名・技士5名)
1975年6月操業1989年6月更新2500×1(二軸)　ＰＳＭ北川鉄工　UBE三菱　ヴィンソル　車大型×12台・中型×1台〔傭車：㈲大一建材〕
G＝山砂利・陸砂利・砕石　S＝山砂・陸砂・砕砂
普通・舗装JIS取得(GBRC)

トーホク生コンクリート㈱
1993年1月27日設立　資本金5000万円
従業員18名　出資＝(建)74%・(他)26%
◉本社＝〒034－0001　十和田市大字三本木字稲吉15－63
☎0176－25－3211・FAX0176－25－3110
代表取締役紺野末吉　取締役勝山誠之・紺野勝雄・紺野辰男
◉工場＝本社に同じ
工場長加賀沢岩男
従業員18名(技士7名)
1993年7月操業1500×1　Ｐ中道機械Ｓハカルプラス M北川鉄工　太平洋　フローリック・GCP　車大型×12台・中型×4台
G＝陸砂利・砕石　S＝山砂・陸砂
普通JIS取得(GBRC)

十和田生コン㈱
1967年12月21日設立　資本金5800万円
出資＝(建)80%・(骨)20%
◉本社＝〒034－0041　十和田市大字相坂字下鴨入25－1
☎0176－23－1941・FAX0176－24－0174
✉towadanamakon0174@plum.plala.or.jp
代表取締役戸来誠子　専務取締役戸来勇
◉工場＝本社に同じ
工場長佐々木雅一
従業員9名(主任技士1名・技士3名)
1967年11月操業1990年5月改造2000×1(二軸)　ＰＳＭ北川鉄工　UBE三菱　ヤマソー　車大型×6台・小型×2台
G＝陸砂利・砕石　S＝陸砂
普通JIS取得(GBRC)

日扇総合開発㈱
2008年8月1日設立　資本金4700万円　従業員9名　出資＝(販)85%・(セ)15%
◉本社＝〒039－3212　上北郡六ヶ所村大字尾駮字上尾駮22－252
☎0175－73－2005・FAX0175－73－2009

青森県

代表取締役鮎川英夫
◉工場＝本社に同じ
工場長加賀淳逸
従業員9名（主任技士2名・技士2名・診断士1名）
1994年1月操業2000×1　ＰＭ日工Ｓパシフィックシステム　太平洋　フローリック　車大型×8台・小型×1台
G＝石灰砕石　S＝陸砂・石灰砕砂
普通・舗装JIS取得（MSA）

野辺地レミコン㈱
1969年5月6日設立　資本金3000万円　従業員21名　出資＝（自）67.73％・（販）8.17％・（建）23.2％・（他）0.9％
◉本社＝〒039－3104　上北郡野辺地町字大月平67－37
☎0175－64－2252・FAX0175－64－0771
✉noheji.remicom@peace.ocn.ne.jp
代表取締役久保田忠彦　取締役千葉成造・竹村健一・工藤勲　監査役金見剛・鳥山日出昭
◉工場＝本社に同じ
工場長竹村健一
従業員25名（主任技士2名・技士5名・診断士1名）
1969年8月操業2019年3月更新1670×1（二軸）　ＰＳＭ日工　太平洋　シーカポゾリス・シーカポゾリス・フローリック　車大型×16台・小型×2台
2024年出荷22千㎥
G＝砕石　S＝陸砂・砕砂
普通JIS取得（GBRC）

畑中産業㈱
1974年12月2日設立　資本金4000万円　従業員15名　出資＝（販）100％
◉本社＝〒039－1168　八戸市八太郎6－5－10
☎0178－28－3821・FAX0178－28－3822
✉hatacon@jomon.ne.jp
代表取締役渋谷秀理
◉生コンクリート工場＝本社に同じ
工場長杉浦尚也
従業員15名（主任技士1名・技士4名）
1968年6月操業1996年10月更新2500×1（二軸）　ＰＳＭ北川鉄工（旧日本建機）　住友大阪　ヤマソー・マイテイ　車大型×8台・小型×2台
2023年出荷18千㎥、2024年出荷15千㎥
G＝石灰砕石・砕石　S＝山砂・石灰砕砂
普通・舗装JIS取得（GBRC）

東日本レミコン㈱
1988年6月1日設立　資本金2000万円　従業員13名　出資＝（販）15％・（他）85％
◉本社＝〒035－0011　むつ市大字奥内字大室平10－2
☎0175－26－2441・FAX0175－26－2443
✉remi-kon@citrus.ocn.ne.jp
代表取締役杉山幹彦　取締役的場哲司・菅原祥・西川芳徳・倉成諭・澁谷秀理・熊谷圭之輔・杉山嘉崇・田中弘幸　監査役菊池茂・森田泰
◉工場＝本社に同じ
工場長田中弘幸
従業員13名（技士4名）
1980年4月操業1992年3月更新1500×1（二軸）　ＰＳＭ太平洋機工　太平洋・UBE三菱　シーカポゾリス　車大型×8台・小型×1台
2023年出荷14千㎥、2024年出荷12千㎥（水中不分離70㎥）
G＝石灰砕石　S＝陸砂・砕砂
普通JIS取得（GBRC）
大臣認定単独取得（45N/mm²）

㈱久吉ナマコン
1986年4月1日設立　資本金9800万円　従業員18名　出資＝（自）100％
◉本社＝〒036－8114　弘前市大字川合字浅田18
☎0172－27－1993・FAX0172－27－1996
代表取締役社長対馬巌　代表取締役会長対馬一郎　常務取締役対馬毅
◉工場＝本社に同じ
責任者福田元紀
従業員18名（主任技士1名・技士1名）
1989年2月操業2000×1（二軸）　ＰＳＭ光洋機械　住友大阪・UBE三菱　フローリック・ヤマソー　車大型×6台・中型×1台・小型×2台
2023年出荷17千㎥、2024年出荷14千㎥
G＝砕石　S＝山砂・砕砂
普通JIS取得（MSA）

平内レミコン㈱
1975年5月1日設立　資本金4400万円　従業員9名　出資＝（自）64％・（販）7％・（建）22％・（他）7％
◉本社＝〒039－3313　東津軽郡平内町大字沼館字沼舘尻5－7
☎017－755－2752・FAX017－755－2097
✉jun-kasai@gaea.ocn.ne.jp
代表取締役葛西淳一　取締役工藤隆・佐藤尚樹・木村満雄　監査役横内亮・栃木榮志
◉工場＝本社に同じ
工場長佐藤尚樹
従業員9名（技士3名）
1973年11月操業2005年8月更新1500×1　Ｐ大平洋機工ＳパシフィックシステムＭ光洋機械（旧石川島）　太平洋　シーカポゾリス　車大型×6台・小型×1台
2023年出荷7千㎥、2024年出荷6千㎥
G＝砕石　S＝山砂・砕砂
普通JIS取得（JTCCM）

弘岩生コン㈱
2010年6月1日設立　資本金1500万円　従業員13名　出資＝（自）80％・（セ）20％
◉本社＝〒036－8042　弘前市大字松ケ枝－7－1
☎0172－29－3033・FAX0172－29－303
✉hirosakinamacon@road.ocn.ne.jp
代表取締役社長石岡昭年　取締役小山史・佐藤大道・行方浩平・對馬定治　監査役古川道弘
◉工場＝本社に同じ
工場長行方浩平
従業員13名（主任技士1名・技士4名）
1967年5月操業2023年8月更新2300×1　ＰＳＭ光洋機械　UBE三菱　シーカポゾリス　車大型×7台・小型×5台
2023年出荷21千㎥、2024年出荷21千㎥
G＝砕石　S＝山砂・砕砂
普通JIS取得（GBRC）

平和実業㈱
2016年1月1日設立　資本金2300万円　従業員59名　出資＝（建）100％
◉本社＝〒034－0107　十和田市大字洞内字井戸頭144－302
☎0176－23－5100・FAX0176－23－510
✉soumu@heiwa5100.co.jp
代表取締役丸井理成　常務取締役小笠原世征　取締役佐賀公洋・畑中浩之・柳町聡　監査役丸井亜沙子
◉生コン十和田工場＝〒034－0107　十和田市大字洞内字井戸頭144－297
☎0176－23－7277・FAX0176－21－383
✉namacon-towada@heiwa5100.co.jp
工場長小笠原世征
従業員13名（主任技士2名・技士3名）
1969年4月操業1985年10月更新1750×1（二軸）　ＰＭ大平洋機工Ｓハカルプラス　住友大阪　フローリック・シーカポゾリス　車大型×10台・中型×1台・小型×1台
2023年出荷19千㎥
G＝陸砂利・石灰砕石　S＝陸砂
普通JIS取得（GBRC）
◉生コン三沢工場＝〒033－0113　三沢市淋代2－49－1
☎0176－54－2914・FAX0176－54－350
✉namacon-misawa@heiwa5100.co.jp
工場長柳町聡
従業員14名（主任技士1名・技士2名）
1974年5月操業1989年5月更新2000×1（二軸）　ＰＭ大平洋機工Ｓハカルプラス　太平洋・住友大阪　フローリック・シーカポゾリス　車大型×7台
2023年出荷7千㎥、2024年出荷15千㎥
G＝石灰砕石・砕石　S＝陸砂
普通・舗装JIS取得（GBRC）

㈱北武開發生コンクリート
1985年5月11日設立　資本金1000万円
従業員22名　出資＝(自)100%
◉本社＝〒037－0403　五所川原市十三字深津209
☎0173－62－2525・FAX0173－62－2526
代表取締役工藤武則　取締役工藤英仁・大性多喜雄・相馬孝雄・工藤理美子・工藤まき子・工藤実紗　監査役相馬柳子
◉工場＝〒037－0403　五所川原市十三字通行道103－86
☎0173－62－2525・FAX0173－62－2526
工場長佐藤育英
従業員22名(主任技士2名・技士3名・診断士1名)
1985年5月操業1996年1月1500×1(二軸)　PM光洋機械(旧石川島)S光洋機械　UBE三菱　シーカジャパン・山宗　車大型×16台・小型×2台
G＝石灰砕石・砕石　S＝陸砂
普通・舗装JIS取得(GBRC)

マルイチ工業㈱
1978年10月16日設立　資本金1000万円
従業員24名　出資＝(自)100%
◉本社＝〒038－2731　西津軽郡鰺ヶ沢町大字赤石町字砂山139
☎0173－72－3555・FAX0173－72－6810
✉maruichi@r20.7-dj.com
代表取締役東條照子　取締役東條千秋・東條美幸　監査役今春雄
◉生コン工場＝〒038－2731　西津軽郡鰺ヶ沢町大字赤石町字大和田29－21
☎0173－72－5100・FAX0173－72－5810
工場長島教仁
従業員6名(主任技士1名・技士2名)
1978年10月操業2023年9月更新1670×1(二軸)　PSM日工　UBE三菱　フローリック　車〔傭車：大型×8台・中型×1台・小型×1台〕
2023年出荷12千㎥、2024年出荷12千㎥(水中不分離50㎥)
G＝石灰砕石・砕石　S＝山砂・石灰砕砂
普通JIS取得(GBRC)

㈲丸重商事
1980年9月1日設立　資本金300万円　従業員12名　出資＝(自)100%
◉本社＝〒038－2701　西津軽郡鰺ヶ沢町大字北浮田町字今須94－1
☎0173－72－6502・FAX0173－72－6886
代表取締役冨田名重　取締役冨田重次郎・冨田俊子
◉丸重生コン工場＝本社に同じ
工場長小山内宏稔
従業員12名(技士3名)
1973年2月操業1993年4月更新1500×1(二軸)　PSM光洋機械(旧石川島)　太平洋　フローリック・シーカポゾリス　車大型×8台・小型×2台
G＝石灰砕石　S＝山砂・石灰砕砂
普通JIS取得(GBRC)

むつアサノコンクリート㈱
1972年6月26日設立　資本金2000万円
従業員20名　出資＝(自)21%・(セ)15%・(骨)44%・(他)20%
◉本社＝〒035－0021　むつ市大字田名部字品ノ木34－68
☎0175－22－2887・FAX0175－22－7731
URL https://mutsuasano.co.jp
✉mutsuasano@mutsuasano.co.jp
代表取締役菊池薫　取締役石元圭・菊池健治・菊池憲太郎　監査役倉成論
◉工場＝本社に同じ
工場長奥野修
従業員20名(主任技士1名・技士6名)
1972年6月操業2015年8月更新1700×1(二軸)　PSM北川鉄工　太平洋・UBE三菱　シーカジャパン　車大型×17台・中型×1台
2023年出荷28千㎥、2024年出荷27千㎥
G＝石灰砕石　S＝陸砂・石灰砕砂
普通JIS取得(GBRC)

むつ小川原生コンクリート㈱
1980年6月13日設立　資本金5000万円
従業員28名　出資＝(セ)21.5%・(製)78.5%
◉本社＝〒039－3214　上北郡六ヶ所村大字平沼字追舘123－4
☎0175－75－2141・FAX0175－75－2143
代表取締役社長附田久志　代表取締役副社長髙倉正博　取締役西川芳德・古川道弘・吉田博輝・丸井理成・久保田忠彦・葛西淳一・髙田敬将・的場哲司・北澤徹也・佐々木正幸・杉浦尚也　監査役井上馨・大和丈一
◉六ヶ所工場＝本社に同じ
工場長工藤文悦
従業員28名(主任技士2名・技士6名)
1981年3月操業2019年6月更新2300×1(二軸)　PSM光洋機械　UBE三菱・太平洋　シーカポゾリス　車大型×3台・中型×13台
G＝石灰砕石　S＝陸砂・石灰砕砂
普通JIS取得(JTCCM)

㈱山健生コン
1969年3月20日設立　資本金3000万円
従業員16名　出資＝(自)100%
◉本社＝〒036－8111　弘前市門外字村井50－1
☎0172－28－2111・FAX0172－28－2122
代表取締役工藤雅生　取締役工藤栄蔵　監査役関博文
◉柏工場＝〒038－3105　つがる市柏広須照日55
☎0173－25－2211・FAX0173－25－2180
工場長千葉義晴
従業員12名(主任技士1名・技士2名)
1969年7月操業1994年6月更新1500×1(二軸)　PSM日工　UBE三菱・日鉄・住友大阪　ヤマソー・フローリック　車大型×6台・中型×2台
2023年出荷13千㎥、2024年出荷12千㎥
G＝石灰砕石・砕石　S＝山砂・砕砂
普通JIS取得(GBRC)

㈱吉田産業
1948年12月設立　資本金3億6349万円
従業員839名　出資＝(自)100%
◉本社＝〒031－0041　八戸市大字廿三日町2
☎0178－47－8111・FAX0178－47－8121
代表取締役社長吉田誠夫
◉五所川原支店生コン事業部＝〒038－3103　つがる市柏上古川八重崎45－11
☎0173－25－2320・FAX0173－25－2614
代表取締役社長吉田誠夫
従業員11名(主任技士2名)
1970年9月操業1992年1月更新1500×1(二軸)　PSM光洋機械(旧石川島)　太平洋　シーカポゾリス　車大型×5台・小型×1台
2023年出荷10千㎥、2024年出荷6千㎥
G＝石灰砕石・砕石　S＝山砂・砕砂
普通JIS取得(JTCCM)

㈱吉田レミコン
1969年1月7日設立　資本金8800万円　従業員59名　出資＝(自)100%
◉本社＝〒039－1161　八戸市大字河原木字浜名谷地76－248
☎0178－28－1724・FAX0178－28－1726
✉nremicon@wonder.ocn.ne.jp
代表取締役吉田誠夫　取締役社長吉田博輝　取締役鈴木宏武・小泉智幸　監査役髙橋博一
◉八戸工場＝本社に同じ
工場長小泉智幸
従業員15名(主任技士2名・技士4名)
1965年7月操業1980年5月PS1993年4月M改造2000×1(二軸)　PSM光洋機械(旧石川島)　太平洋　シーカジャパン・フローリック　車大型×11台・小型×3台
2023年出荷14千㎥、2024年出荷15千㎥(水中不分離5㎥)
G＝石灰砕石　S＝陸砂・石灰砕砂
普通JIS取得(GBRC)
大臣認定単独取得(60N/㎟)
◉三戸工場＝〒039－0122　三戸郡三戸町大字斗内字荒巻29－1
☎0179－25－2036・FAX0179－25－2038
✉ysremi.s@poem.ocn.ne.jp

工場長宮信雄
従業員8名(主任技士1名・技士4名)
1981年12月操業2014年4月更新1500×1　ＰＳＭクリハラ　太平洋　車大型×5台・小型×2台
2024年出荷6千㎥
G＝石灰砕石・砕石　S＝山砂・石灰砕砂
普通JIS取得(GBRC)
※南部工場＝岩手県、仙台工場＝宮城県参照

㈱脇川建設工業所
1957年10月4日設立　資本金6500万円
従業員55名　出資＝(自)100%
◉本社＝〒038－2504　西津軽郡深浦町大字北金ヶ沢字塩見形2－10
☎0173－76－2151・FAX0173－76－3548
✉wn01@wakikawakensetsu.co.jp
代表取締役脇川勇生　取締役藤本昇　監査役脇川いとえ
◉生コン工場(旧㈱脇川商事生コン工場)＝〒038－2735　西津軽郡鰺ヶ沢町大字姥袋町字大磯2
☎0173－72－6106・FAX0173－72－6106
工場長大沢誠司
従業員8名(主任技士1名・技士2名)
1974年5月操業1996年3月更新1500×1(二軸)　ＰＳＭ光洋機械(旧石川島)　太平洋　シーカポゾリス　車大型×6台・小型×1台
2023年出荷9千㎥、2024年出荷8千㎥
G＝石灰砕石　S＝陸砂・石灰砕砂
普通JIS取得(GBRC)

秋田県

秋田カイハツ生コンクリート㈱
1970年6月3日設立　資本金2500万円　従業員1名　出資＝（販）100％
◉本社＝〒011－0901　秋田市寺内字蛭根85－18
☎018－845－2169・FAX018－847－0671
✉akitakaihatsu@siren.ocn.ne.jp
代表取締役社長廣瀬賢治　取締役遠藤吉光・佐藤俊・小野忠勝・青砥康裕・小松一義・小沼温　監査役松谷昌史
◉秋田工場＝本社に同じ
工場長小沼温
従業員8名（主任技士3名・技士3名・診断士2名）
1970年11月操業1987年5月Ｐ2016年1月Ｓ2018年8月Ｍ更新1800×1　Ｐ東和工機ＳＭ光洋機械（旧石川島）　UBE三菱　シーカポゾリス・フローリック　車大型×5台〔傭車：秋田三八五流通㈱〕
2023年出荷11千㎥、2024年出荷10千㎥
G＝石灰砕石・砕石　S＝山砂・石灰砕砂
普通・高強度JIS取得（GBRC）
大臣認定単独取得（57N/㎟）
◉象潟工場＝〒018－0133　にかほ市象潟町関字西大坂1－56
☎0184－43－4255・FAX0184－43－5601
工場長佐々木亘
従業員10名
1980年8月操業2017年5月更新1750×1　ＰＳＭ光洋機械　UBE三菱　車大型×4台・小型×2台
2023年出荷14千㎥、2024年出荷14千㎥（膨張剤・短繊維混入4800㎥）
G＝石灰砕石・砕石　S＝山砂・石灰砕砂
普通・舗装JIS取得（GBRC）
◉由利工場＝〒015－0055　由利本荘市土谷字金山沢5－10
☎0184－23－1063・FAX0184－23－4342
✉yurikaihatsu@royal.ocn.ne.jp
工場長佐藤孝幸
従業員19名（主任技士1名・技士6名）
1975年6月操業2020年5月更新1800×1　Ｐ東和工機ＳＭ光洋機械（旧石川島）　UBE三菱　フローリック　車大型×9台・小型×2台
G＝砕石　S＝山砂・砕砂
普通・舗装JIS取得（GBRC）

秋田県南生コン㈱
1968年3月5日設立　資本金2500万円　従業員27名　出資＝（販）100％
◉本社＝〒014－0001　大仙市花館字大戸下川原3－26
☎0187－62－1397・FAX0187－66－2199
✉akita-kennan@mita-gnet.co.jp
代表取締役齋藤和也　取締役八京光洋・齋藤誠・中村尚・佐々木孝・奈良政紀　監査役大和田雅弘
◉大曲工場＝本社に同じ
取締役営業部長八京光洋
従業員13名（主任技士1名・技士3名・診断士1名）
1968年5月操業1987年4月ＰＳ1989年4月Ｍ改造1500×1（二軸）　Ｐ北川鉄工（旧日本建機）Ｓハカルプラス Ｍ大平洋機工　住友大阪　シーカポゾリス　車大型×6台・小型×1台
2023年出荷7千㎥
G＝陸砂利・砕石　S＝山砂・陸砂
普通JIS取得（GBRC）
◉横手工場＝〒013－0051　横手市大屋新町字中野34－2
☎0182－32－5691・FAX0182－32－5692
✉saitou-makoto@mita-gnet.co.jp
工場長齋藤誠
従業員14名（技士6名）
1970年4月操業2004年8月更新1700×1　ＰＳＭ北川鉄工　住友大阪　シーカコントロール　車大型×6台・小型×1台
2023年出荷16千㎥、2024年出荷17千㎥
G＝陸砂利・砕石　S＝山砂・陸砂
普通JIS取得（GBRC）

秋田太平洋生コン㈱
2025年2月設立　資本金3000万円　従業員62名
◉本社＝〒010－0941　秋田市川尻町字大川反170－14
☎018－862－6556・FAX018－862－6949
URL https://ag－concrete.com/
代表取締役薬師寺靖彦
◉秋田工場（旧秋田合同生コン㈱工場）＝本社に同じ
工場長齊藤友
従業員14名（主任技士2名・技士2名・診断士1名）
1965年10月操業2024年7月更新2250×1（二軸）　ＰＳＭ光洋機械　太平洋　シーカポゾリス　車大型×6台・小型×2台
2024年出荷12千㎥（ポーラス100㎥）
G＝石灰砕石　S＝山砂・石灰砕砂
普通JIS取得（GBRC）
大臣認定単独取得（60N/㎟）
◉男鹿工場（旧男鹿合同生コン㈱工場）＝〒010－0342　男鹿市脇本脇本字前野147－1
☎0185－25－2131・FAX0185－25－3389
工場長永田悟
従業員17名（主任技士1名・技士6名）
1967年10月操業1990年3月Ｐ2008年2月Ｓ2018年1月Ｍ改造1670×1（二軸）　ＰＳＭ日工　太平洋　GCP　車大型×9台・小型×2台
2023年出荷20千㎥、2024年出荷19千㎥
G＝石灰砕石　S＝陸砂
普通JIS取得（GBRC）
◉角館工場（旧秋南デンカ生コン㈱角館工場）＝〒014－0344　仙北市角館町西長野月見堂73－3
☎0187－54－2481・FAX0187－54－2482
工場長千葉保浩
従業員21名（技士5名）
1974年10月操業2019年5月更新1800×1（二軸）　ＰＳＭパシフィックシステム・光洋機械　太平洋　WRDA・シーカポゾリス　車大型×12台・小型×2台
2023年出荷22千㎥、2024年出荷22千㎥
G＝陸砂利・砕石　S＝山砂・陸砂
普通JIS取得（GBRC）

秋田中央生コン㈱
1991年8月1日設立　資本金3000万円　従業員16名　出資＝（販）100％
◉本社＝〒011－0911　秋田市飯島字砂田31－1
☎018－857－4100・FAX018－857－4411
代表取締役佐藤健二　取締役松沢朝子・宮崎稔
◉秋田工場＝本社に同じ
工場長鈴木健也
従業員16名（主任技士1名・技士2名）
1991年3月操業3000×1（二軸）　ＰＳＭ北川鉄工　太平洋・日鉄　GCP・フローリック　車大型×7台・小型×1台
2024年出荷13千㎥（高強度500㎥・高流動800㎥）
G＝砕石　S＝河川・山砂
普通・高強度JIS取得（IC）
◉大館工場（操業停止中）＝〒018－5751　大館市二井田字吉富士72
☎018－857－4100
1969年10月操業1989年8月更新3000×1（二軸）　ＰＭ北川鉄工

秋田土建㈱
1945年3月29日設立　資本金10000万円　従業員160名　出資＝（自）100％
◉本社＝〒018－4301　北秋田市米内倉の沢出口5－1
☎0186－72－3001・FAX0186－72－3004
代表取締役会長北林一成　代表取締役社長北林照一郎
ISO 9001取得
◉米内沢生コン工場＝〒018－4301　北秋田市米内沢字柳田333
☎0186－72－3291・FAX0186－72－3273
工場長加藤広志
従業員12名（主任技士2名・技士2名）
1973年6月操業1994年11月更新2023年1月Ｓ改造2000×1　ＰＳＭ日工　住友大阪

シーカジャパン・山宗　車大型×8台・中型×1台・小型×1台
2024年出荷5千㎥
G＝砕石　S＝砕砂・陸砂
普通・舗装JIS取得(GBRC)

秋田生コンクリート㈱
1962年4月1日設立　資本金1320万円　従業員11名　出資＝(販)25%・(建)30%・(他)45%
◉本社＝〒010－0063　秋田市牛島西1－1－8
☎018－832－2087・FAX018－832－2655
URL http://akinama.net
✉mail@akinama.net
代表取締役社長鈴木一博
◉工場＝本社に同じ
工場長熊谷孝
従業員11名(主任技士3名・技士1名)
1962年10月操業1975年12月P1989年1月S1990年11月M改造2000×1　P細谷鉄工SハカルプラスM太平洋機工　太平洋　ヤマソー・シーカポゾリス　車大型×7台・小型×1台
G＝石灰砕石　S＝山砂・陸砂
普通JIS取得(GBRC)
大臣認定単独取得(60N/mm²)

井川生コン㈱
1966年12月23日設立　資本金2000万円　従業員14名　出資＝(自)100%
◉本社＝〒018－1516　南秋田郡井川町浜井川字土樋160
☎018－874－2131・FAX018－874－2133
代表取締役森田真澄　取締役会長森田弘
◉工場＝本社に同じ
工場長伊藤徹
従業員14名(技士3名)
1970年8月操業1994年10月更新1500×1(二軸)　PSM日工　UBE三菱　フローリック・シーカジャパン　車大型×10台・小型×3台
G＝石灰砕石　S＝陸砂
普通JIS取得(GBRC)
※南秋北陸生コン㈱より生産受託

角弘生コンクリート㈱
1969年5月6日設立　資本金8000万円　従業員10名　出資＝(販)100%
◉本社＝〒017－0872　大館市片山町2－5－31
☎0186－42－6633・FAX0186－42－8411
代表取締役社長渋谷秀理　代表取締役会長船越秀彦　常務取締役今秀千代　取締役柴田望　監査役三原悟
◉工場＝本社に同じ
常務取締役今秀千代
従業員10名(主任技士1名・技士2名)
1969年8月操業1992年7月更新1500×1
PMクリハラSハカルプラス　住友大阪　シーカポゾリス　車大型×5台・中型×1台・小型×1台
2023年出荷8千㎥、2024年出荷8千㎥
G＝砕石　S＝山砂・砕砂
普通JIS取得(GBRC)

㈱鹿角レミコン
1973年7月1日設立　資本金1000万円　従業員12名　出資＝(自)85%・(他)15%
◉本社＝〒018－5201　鹿角市花輪字諏訪野55－3
☎0186－25－3001・FAX0186－25－3304
代表取締役田口勉　取締役村方イソ
◉工場＝本社に同じ
工場長木村行雄
従業員12名(技士3名)
1973年9月操業1991年7月更新2000×1(二軸)　PSM光洋機械(旧石川島)　太平洋　シーカポゾリス・シーカビスコクリート　車大型×7台・小型×2台
2023年出荷10千㎥、2024年出荷11千㎥
G＝砕石　S＝陸砂・砕砂
普通JIS取得(JTCCM)

秋南アサノコンクリート㈱
1975年5月1日設立　資本金2000万円　従業員26名　出資＝(セ)30%・(販)30%・(建)40%
◉本社＝〒013－0437　横手市大雄小林78
☎0182－52－2141・FAX0182－52－2142
代表取締役佐々木光司　専務取締役鈴木陽二　常務取締役浅野一郎　取締役吉川国男・新山一記・橋本吉倫
◉本社工場＝本社に同じ
工場長佐々木光司
従業員14名(主任技士1名・技士2名)
1975年7月操業2012年8月更新1250×1(二軸)　PM日工Sハカルプラス　太平洋　ヴィンソル　車大型×7台・小型×2台
G＝河川　S＝河川・山砂
普通JIS取得(GBRC)
◉雄和工場＝〒010－1231　秋田市雄和相川字向田表204
☎018－886－4114・FAX018－886－4115
工場長鈴木陽二
従業員10名(技士2名)
1980年4月操業1990年4月更新1500×1(二軸)　PSM日工　太平洋　ヴィンソル　車大型×5台・小型×1台
2023年出荷11千㎥、2024年出荷8千㎥
G＝石灰砕石　S＝山砂・陸砂
普通JIS取得(GBRC)
※新秋北生コンクリート㈱より生産受託

秋北生コンクリート㈱
1968年6月29日設立　資本金1000万円　従業員13名　出資＝(自)100%
◉本社＝〒016－0113　能代市字下悪戸83－2
☎0185－58－2503・FAX0185－58－2505
✉sasaki@shuuhoku-namacon.co.jp
代表取締役社長佐々木一　代表取締役会長佐々木鉄美　取締役佐々木優
◉工場＝本社に同じ
工場長山平章
従業員13名(主任技士2名・技士3名)
1968年6月操業2000年4月更新1500×1(二軸)　PSM日工　UBE三菱　シーカポゾリス・シーカコントロール・フローリック　車大型×8台・小型×2台
G＝石灰砕石　S＝山砂・砕砂
普通JIS取得(GBRC)

新秋北生コンクリート㈱
1970年4月11日設立　資本金4000万円　出資＝(自)100%
◉本社＝〒018－1401　潟上市昭和大久保字北野細谷道添73－583
☎018－854－8283・FAX018－877－2570
代表取締役社長佐々木優　代表取締役会長佐々木鉄美　取締役佐々木一　監査役工藤政義
※秋南アサノコンクリート㈱、㈱奈良工務店建協生コン部に生産委託

田仲コンクリート工業㈱
資本金1000万円　従業員23名　出資＝(自)100%
◉本社＝〒014－0001　大仙市花館字中大戸13－1
☎0187－63－3767・FAX0187－63－6410
代表者田仲陽子
◉生コン工場＝本社に同じ
工場長斉藤恭司
従業員23名
1989年2月操業1750×1　太平洋　フローリック　車大型×7台・小型×2台
G＝陸砂利・砕石　S＝山砂・陸砂
普通JIS取得(JTCCM)

中友商事㈱
1979年6月1日設立　資本金1000万円　従業員17名　出資＝(建)80%・(他)20%
◉本社＝〒016－0171　能代市河戸川字下西山41
☎0185－54－2241・FAX0185－89－1205
✉info@chuyu.co.jp
代表取締役社長中田潤　取締役中田赳・中田光　監査役中田宗子
◉生コン工場＝本社に同じ
工場長梅田昌行
従業員17名(主任技士1名・技士2名)
1967年6月操業1985年12月PM1992年8月S改造2500×1(二軸)　PSM光洋機械(旧石川島)　太平洋・住友大阪・UBE三菱　フローリック・シーカポゾリス　車大型×8台・小型×2台

2023年出荷24千㎥
G＝砕石　S＝山砂
普通JIS取得（IC）
大臣認定単独取得（45N/mm²）

鳥海プラント㈱
1970年6月12日設立　資本金2500万円　従業員20名　出資＝（建）74.4％・（骨）8.4％・（他）17.2％
◉本社＝〒015－0031　由利本荘市浜三川字栗山82
☎0184－22－8456・FAX0184－22－8455
代表取締役村岡兼幸　代表取締役会長村岡敏英　取締役村岡淑郎・三浦俊一・村岡百合子
◉工場＝本社に同じ
従業員20名（主任技士1名・技士2名）
1970年5月操業1992年8月更新2500×1（二軸）　ＰＳＭ光洋機械　住友大阪　シーカポゾリス　車大型×8台・小型×1台
2023年出荷20千㎥、2024年出荷19千㎥
G＝陸砂利・砕石　S＝陸砂・海砂
普通・舗装JIS取得（GBRC）

ティージー生コン㈱
2008年5月1日設立　資本金3000万円　従業員13名　出資＝（セ）95％・（他）5％
◉本社＝〒018－3342　北秋田市前山字綱前68
☎0186－67－2314・FAX0186－67－2708
代表取締役薬師寺靖彦　取締役佐藤昌郁・野田慎也・竹内良・鈴木丈史・菅原浩二　監査役宮田知典
◉工場＝本社に同じ
代表取締役薬師寺靖彦
従業員13名（技士4名）
1982年8月操業2004年5月更新2500×1　ＰＳＭ光洋機械（旧石川島）　太平洋　GCP・ダラセム　車大型×7台・小型×1台
2023年出荷16千㎥、2024年出荷13千㎥
G＝砕石　S＝陸砂
普通JIS取得（JTCCM）

東北化学工業㈱
◉本社＝岩手県参照
◉三千刈生コン工場＝〒010－0802　秋田市外旭川字三千刈88－1
☎018－800－3376・FAX018－865－3265
✉kag-akita@mita-gnet.co.jp
工場長淡路忍
従業員7名（主任技士2名・技士3名・診断士1名）
1972年1月操業2011年1月更新1670×1（二軸）　ＰＳＭ日工　住友大阪　フローリック・山宗・シーカジャパン　車大型×6台・中型×1台〔傭車：㈱男鹿トラック〕
2023年出荷10千㎥、2024年出荷12千㎥（高強度900㎥）
G＝石灰砕石　S＝山砂・陸砂・石灰砕砂
普通・高強度JIS取得（GBRC）
大臣認定単独取得（60N/mm²）
※岩手生コン工場＝岩手県参照

東北太平洋生コン㈱
◉本社＝宮城県参照
◉協和工場＝〒019－2413　大仙市協和上淀川字大橋向213－31
☎018－892－3561・FAX018－892－3366
1980年11月操業1994年1月更新1500×1　ＰＭクリハラＳハカルプラス
※本社工場・仙台工場＝宮城県、郡山工場・福島工場＝福島県参照

十和田カイハツ生コンクリート㈱
1971年5月1日設立　資本金1500万円　従業員8名　出資＝（セ）70％・（販）30％
◉本社＝〒018－5334　鹿角市十和田毛馬内字下土ヶ久保19－7
☎0186－35－2320・FAX0186－35－2348
✉towada-ka@violet.plala.or.jp
代表取締役髙橋栄志　取締役廣瀬賢治・沢田浩三・青砥康裕・大里恒明・大里有紀夫　監査役松谷昌史・大里雄恒
◉工場＝本社に同じ
常務取締役沢田浩三
従業員8名（主任技士3名・技士3名）
1971年7月操業2002年5月更新2250×1（二軸）　Ｐ東和工機ＳＭ日工　UBE三菱　フローリック・ヤマソー　車大型×6台・小型×2台〔傭車：丸佐運送（資）〕
2023年出荷13千㎥
G＝砕石　S＝山砂・砕砂
普通JIS取得（JTCCM）

㈱奈良工務店
1948年4月1日設立　資本金3500万円　従業員5名　出資＝（建）100％
◉本社＝〒010－1612　秋田市新屋豊町1－30
☎018－823－7264・FAX018－824－0382
代表取締役社長白鳥明子　取締役伊藤三男・村越一希・白鳥俊真・奈良依子・奈良篤子　監査役伊藤セイ子
◉建協生コン部＝〒010－1612　秋田市新屋豊町1－30
☎018－824－0381・FAX018－824－0382
工場長村越一希
従業員5名（主任技士2名・技士1名）
1967年6月操業1985年8月更新1500×1　ＰＭクリハラＳハカルプラス　UBE三菱　シーカポゾリス・フローリック　車大型×3台・小型×4台
2023年出荷8千㎥、2024年出荷8千㎥
G＝石灰砕石　S＝陸砂
普通JIS取得（GBRC）
※新秋北生コンクリート㈱より生産受託

能代中央生コン㈱
1996年9月1日設立　資本金3000万円　従業員9名　出資＝（セ）10％・（販）90％
◉本社＝〒018－2509　山本郡八峰町峰浜沼田字上釜谷1－13
☎0185－76－3388・FAX0185－76－3389
代表取締役社長大森三四郎　代表取締役大久正雄　取締役渡辺初男・渡辺充　監査役小松龍寿・山田公悦
◉工場＝本社に同じ
工場長伊藤利治
従業員7名（主任技士3名・技士2名）
1979年6月操業1992年8月更新2000×1（二軸）　ＰＳＭ光洋機械（旧石川島）　UBE三菱・太平洋　フローリック・シーカポゾリス　車大型×9台・小型×2台〔傭車：㈱ダイニチ〕
G＝石灰砕石　S＝陸砂・砕砂
普通JIS取得（GBRC）

北秋生コン㈱
1966年5月1日設立　資本金5000万円　従業員20名　出資＝（自）100％
◉本社＝〒018－3504　大館市長坂字坂地家後74
☎0186－54－2133・FAX0186－54－2246
社長加賀谷正子　取締役加賀谷祐司・加賀谷哲也・小棚木真千子・櫻田研介
◉工場＝本社に同じ
工場長長岐努
従業員20名（技士2名）
1966年6月操業1986年6月ＳＭ改造1500×1　ＰクリハラＳハカルプラスＭ大平洋機工　UBE三菱　フローリック　車大型×10台・小型×3台
2023年出荷22千㎥
G＝石灰砕石・砕石　S＝陸砂
普通・舗装JIS取得（IC）

堀江建材㈱
1963年3月22日設立　資本金5000万円　従業員39名　出資＝（建）72％・（他）28％
◉本社＝〒017－0045　大館市中道3－1－50
☎0186－49－0280・FAX0186－43－0002
代表取締役鈴木沘士・鈴木洋一　代表取締役専務鈴木健一　常務取締役湊守　取締役鈴木恵子　監査役小松慶吉
◉生コン部＝〒017－0851　大館市大披字大沢1
☎0186－49－5028・FAX0186－42－6901
工場長佐藤隆
従業員12名（主任技士1名・技士5名）
1977年12月操業1997年5月ＳＭ改造1500×1（二軸）　ＰＳＭ光洋機械　太平洋　シーカポゾリス　車大型×6台・小型×2台
2023年出荷9千㎥、2024年出荷8千㎥

G＝砕石　S＝陸砂・砕砂
普通JIS取得（JTCCM）

盛岡カイハツ生コンクリート㈱
◉本社＝岩手県参照
◉大曲工場＝〒014－0066　大仙市川目字町東1
☎0187－63－5300・FAX0187－63－5431
✉morinama-o@sound.ocn.ne.jp
執行役員工場長畠山憲一
従業員7名（主任技士3名・技士1名）
1970年8月操業2001年1月Ｐ2012年6月ＳＭ改造1670×1　Ｐ東和工機ＳＭ日工　UBE三菱　シーカポゾリス・シーカポゾリス・シーカビスコクリート　車大型×5台・小型×2台〔傭車：三八五流通㈱〕
2023年出荷9千㎥、2024年出荷9千㎥
G＝陸砂利・砕石　S＝山砂・陸砂・砕砂
普通JIS取得（IC）
ISO 9001取得
※盛岡工場・雫石工場・岩手工場・二戸工場＝岩手県参照

矢島生コン㈱
1996年4月1日設立　資本金2000万円　従業員14名　出資＝（建）100％
◉本社＝〒015－0411　由利本荘市矢島町城内字沖小田131－2
☎0184－56－2127・FAX0184－56－2494
✉yashima-namakon@bj.wakwak.com
代表取締役木戸菊秀　取締役工場長村上孝志
◉矢島生コン工場＝本社に同じ
取締役工場長村上孝志
従業員14名（主任技士1名・技士6名）
1974年4月操業2014年5月更新1700×1（二軸）　ＰＳＭ北川鉄工　太平洋　GCP・シーカポゾリス　車大型×10台・小型×2台
2023年出荷15千㎥、2024年出荷20千㎥
G＝砕石　S＝山砂・砕砂
普通・舗装JIS取得（GBRC）

㈱湯沢生コン
1973年6月25日設立　資本金2000万円　従業員38名　出資＝（建）10％・（骨）60％・（他）30％
◉本社＝〒012－0031　湯沢市字鶴舘39－4　セントラルビル内
☎0183－73－0188・FAX0183－72－0118
✉ynamacon@cap.ocn.ne.jp
代表取締役会長松田光雄　代表取締役社長石山直　取締役会長釜田清志　専務取締役三春嘉哉　取締役松田悦子　監査役山口智
◉湯沢工場＝〒012－0045　湯沢市岡田町16－11
☎0183－73－6000・FAX0183－73－6722
✉ynamacon@cap.ocn.ne.jp
工場長三春嘉哉
従業員25名（主任技士1名・技士3名）
第1Ｐ＝1975年8月操業1987年6月Ｍ2006年8月Ｓ改造1500×1　ＰＭクリハラＳハカルプラス
第2Ｐ＝1979年10月操業1992年4月Ｐ2017年3月Ｓ改造1500×1　ＰＭクリハラＳハカルプラス　UBE三菱・太平洋　シーカポゾリス・シーカビスコクリート　車大型×12台・小型×2台
2023年出荷28千㎥、2024年出荷36千㎥
G＝陸砂利・砕石　S＝山砂・陸砂
普通・舗装JIS取得（GBRC）
◉増田工場＝〒019－0702　横手市増田町亀田字半助村南146
☎0182－55－1600・FAX0182－55－1611
✉y-nama-m@cap.ocn.ne.jp
工場長細谷弘一
従業員13名（主任技士2名・技士2名）
2001年10月操業2017年9月Ｓ改造1500×1　ハカルプラス　太平洋　シーカコントロール・シーカポゾリス　車大型×4台・小型×2台
2023年出荷20千㎥、2024年出荷17千㎥
G＝陸砂利・砕石　S＝山砂・陸砂
普通・舗装JIS取得（GBRC）

岩手県

㈱阿部組
1971年8月1日設立　資本金2000万円　従業員15名　出資＝(自)100%
◉本社＝〒028－1361　下閉伊郡山田町織笠14－32
☎0193－82－2932・FAX0193－82－6136
✉abegumi@eins.rnac.ne.jp
代表取締役社長阿部衛　取締役阿部誠二・山崎満子
◉山田生コン工場＝本社に同じ
工場長山崎満子
従業員11名(主任技士2名・技士1名)
1971年10月操業2021年1月更新2300×1(二軸)　ＰＭ光洋機械Ｓハカルプラス　太平洋　車大型×5台・中型×2台
2023年出荷12千㎥、2024年出荷3千㎥
G＝河川・石灰砕石　S＝河川・山砂
普通JIS取得(JTCCM)

一関レミコン㈱
1974年6月1日設立　資本金3000万円　従業員6名　出資＝(他)100%
◉本社＝〒021－0901　一関市真柴字岩の沢64－1
☎0191－26－2275・FAX0191－21－3074
代表取締役小野寺昭吉　取締役村上直毅・武居直人・藤山和明　監査役山崎彦昌
◉工場＝本社に同じ
工場長美濃川光
従業員7名(主任技士1名・技士3名)
1974年7月操業1998年12月M改造1500×1　Ｐ東和工機ＳＭ光洋機械(旧石川島)　太平洋・UBE三菱　ヤマソー・フローリック　車大型×4台・小型×2台
2023年出荷7千㎥
G＝砕石　S＝山砂・砕砂
普通JIS取得(GBRC)

㈱遠忠
1964年3月1日設立　資本金7000万円　従業員168名　出資＝(自)100%
◉本社＝〒028－7111　八幡平市大更第24地割8－1－5
☎0195－76－2126・FAX0195－75－0680
URL http://www.enchu.com/
✉enchu@gol.com
代表取締役会長遠藤忠志　代表取締役遠藤忠臣　取締役一條彰・伊藤春男　監査役佐々木都志江
◉生コンクリート工場＝〒028－7112　八幡平市田頭1－10－1
☎0195－76－2770・FAX0195－76－2738
✉enchuu-namacon@image.ocn.ne.jp
工場長津志田一
従業員12名(主任技士1名・技士4名)
1968年3月操業1995年7月更新2000×1　ＰＭクリハラＳハカルプラス　UBE三菱　シーカポゾリス　車大型×6台・小型×1台
2023年出荷14千㎥
G＝陸砂利　S＝陸砂
普通JIS取得(GBRC)

奥羽生コンクリート㈱
1966年6月13日設立　資本金8690万円　従業員30名　出資＝(販)84.3%・(他)15.7%
◉本社＝〒023－0002　奥州市水沢工業団地3－35
☎0197－23－7128・FAX0197－23－7120
✉ohu-mizu@extra.ocn.ne.jp
代表取締役社長佐藤守男　取締役金子秀一・小野寺貞男・小野忠勝・河鰭隆・伊藤浩二　監査役松谷昌史
◉水沢工場＝本社に同じ
工場長菅原国義
従業員17名(主任技士3名・技士3名・診断士1名)
1966年7月操業2017年8月更新2300×1(二軸)　ＰＳＭ光洋機械　UBE三菱　シーカポゾリス　車大型×6台・中型×1台
G＝石灰砕石　S＝山砂・石灰砕砂
普通JIS取得(GBRC)
◉花北工場＝〒024－0004　北上市村崎野22－161
☎0197－68－2231・FAX0197－81－4011
✉ohu-hana@forest.ocn.ne.jp
工場長伊藤浩二
従業員15名(主任技士3名・技士2名・診断士1名)
1967年11月操業2018年1月更新2300×1(二軸)　ＰＳＭ光洋機械(旧石川島)　UBE三菱　シーカポゾリス　車大型×6台・小型×1台
2023年出荷28千㎥、2024年出荷27千㎥(高強度1㎥)
G＝石灰砕石・砕石　S＝山砂・石灰砕砂・砕砂
普通JIS取得(GBRC)
大臣認定単独取得(60N/mm²)

㈱大迫生コン
1979年7月2日設立　資本金2250万円　従業員12名　出資＝(セ)17%・(建)17%・(他)66%
◉本社＝〒028－3203　花巻市大迫町大迫1－4
☎0198－48－2408・FAX0198－48－2816
代表取締役会長佐藤栄造　代表取締役社長佐藤卓司　取締役菊池健　監査役高橋昌子
◉工場＝本社に同じ
工場長菊池健
従業員12名(主任技士1名・技士4名)
1977年8月操業1985年4月更新1500×1(二軸)　ＰＳＭ光洋機械　UBE三菱　フローリック・シーカポゾリス・シーカポゾリス　車大型×6台・中型×1台・小型×3台
2023年出荷11千㎥、2024年出荷10千㎥
G＝陸砂利・砕石　S＝陸砂
普通JIS取得(GBRC)

大船渡レミコン㈱
1981年3月1日設立　資本金8000万円　従業員7名　出資＝(自)14%・(販)49%・(製)37%
◉本社＝〒022－0007　大船渡市赤崎町字普金102－3
☎0192－27－4191・FAX0192－27－8956
URL https://ofunato-remicon.com
代表取締役社長長谷川秀信　取締役橋爪博志・志田幸雄　監査役田村文利・宮澤誠　顧問水野幸男
◉工場＝本社に同じ
工場長佐藤博之
従業員7名(主任技士1名・技士5名)
1968年2月操業2009年5月更新2500×1(二軸)　ＰクリハラＳパシフィックシステムＭ光洋機械　太平洋　シーカポゾリス・フローリック　車大型×5台〔傭車：ダイレミ輸送㈱・岩手県南運輸㈱〕
2023年出荷8千㎥、2024年出荷5千㎥
G＝石灰砕石　S＝山砂・石灰砕砂
普通・舗装JIS取得(JTCCM)

ONOSHIN㈱
資本金5000万円
◉本社＝〒028－5641　下閉伊郡岩泉町門字中瀬51－8
☎0194－25－5157・FAX0194－25－4836
代表取締役小野友寛
◉岩泉生コンクリート工場(旧小野新建設㈱岩泉生コンクリート第2工場)＝〒027－0423　下閉伊郡岩泉町中里字林の下152
☎0194－38－1077・FAX0194－28－2477
工場長田代覚
2013年10月操業2250×1(二軸)　ＰＳＭ日工　UBE三菱
普通JIS取得(IC)

㈱カイハツ生コン
◉本社＝青森県参照
◉一関工場＝〒021－0901　一関市真柴字吉ケ沢2－26
☎0191－31－5101・FAX0191－31－5102
工場長佐々木健治
従業員8名(主任技士2名・技士3名・診断士1名)
2016年4月操業2250×1　Ｐ東和工機ＳＭ

日工　UBE三菱　シーカポゾリス・フローリック　車大型×4台・小型×3台
2023年出荷6千㎥、2024年出荷6千㎥(水中不分離320㎥)
G＝石灰砕石　S＝山砂・石灰砕砂
普通JIS取得(GBRC)
※㈱千厩生コン工場より生産受託
※八戸工場＝青森県、気仙沼工場＝宮城県参照

釜石レミコン㈱
1968年3月2日設立　資本金3000万円　従業員18名　出資＝(販)51%・(建)19%・(骨)12%・(他)18%
◉本社＝〒026－0304　釜石市両石町第四地割24
☎0193－23－5640・FAX0193－23－0130
✉kamaremi@siren.ocn.ne.jp
代表取締役社長藤井弘雄　取締役橋爪博志・中谷淳・澤口祐司・金子秀一・株屋進　監査役太田代武彦
◉第一工場＝本社に同じ
工場長川村欣哉
従業員18名(主任技士3名・技士8名)
1968年7月操業2015年1月更新2750×1(二軸)　PM光洋機械(旧石川島)Sパシフィックシステム　太平洋・UBE三菱　シーカポゾリス・GCP　車大型×9台・中型×3台
2023年出荷26千㎥、2024年出荷18千㎥
G＝石灰砕石・砕石　S＝陸砂・砕砂
普通JIS取得(JTCCM)

川崎コンクリート工業㈱
1969年6月25日設立　資本金3000万円　従業員26名　出資＝(自)100%
◉本社＝〒029－0202　一関市川崎町薄衣字石畑37
☎0191－43－2410・FAX0191－43－2462
代表取締役社長海野正之　専務取締役米倉俊正　常務取締役海野貴雄　監査役海野ヤウ子
◉工場＝本社に同じ
工場長海野貴雄
従業員26名(技士9名)
1974年11月操業1995年3月更新2000×1　PMクリハラSハカルプラス　太平洋　シーカポゾリス・フローリック　車大型×5台・中型×2台
G＝砕石　S＝山砂・砕砂・スラグ
普通JIS取得(GBRC)
※プレキャストコンクリート製品兼業

㈱久慈レミコン
1969年5月19日設立　資本金4000万円　出資＝(販)50%・(建)50%
◉本社＝〒028－0071　久慈市小久慈町第7地割8－4
☎0194－59－3111・FAX0194－59－3114
代表取締役社長吉田誠夫　取締役太田代武彦・中谷淳・齋藤孝樹・岩瀬張敏行・小山和則・山崎修・新田裕介
◉工場＝本社に同じ
工場長斎藤孝樹
従業員13名(主任技士1名・技士3名)
1969年9月操業2014年12月更新2250×1(二軸)　PSM日工　太平洋　車大型×5台・中型×1台・小型×1台
2024年出荷14千㎥
G＝山砂利・砕石　S＝山砂・砕砂
普通・舗装JIS取得(JTCCM)
※紫波カイハツ生コンクリート㈱久慈工場より生産受託

㈲葛巻生コン
1972年4月1日設立　資本金1000万円　従業員10名　出資＝(建)100%
◉本社＝〒028－5402　岩手郡葛巻町葛巻21－74－3
☎0195－66－2623・FAX0195－66－2630
代表取締役阿部ゆり子　取締役阿部ミノリ・川戸徹
◉工場＝〒028－5402　岩手郡葛巻町葛巻22－59－1
☎0195－66－3110・FAX0195－66－2695
工場長川戸徹
従業員10名(主任技士1名・技士2名)
1972年4月操業1995年7月更新1500×1　PSMクリハラ　太平洋　フローリック・シーカポゾリス　車大型×6台・中型×2台
G＝砕石　S＝陸砂・砕砂
普通JIS取得(JTCCM)

国際生コン㈱
1989年7月14日設立　資本金9500万円　従業員10名　出資＝(自)100%
◉本社＝〒023－0403　奥州市胆沢若柳字寿安堰下46－1
☎0197－46－3715・FAX0197－46－3800
✉kokusai@bz03.plala.or.jp
代表取締役松本主税　取締役髙橋雅之　監査役髙橋一雄
◉工場＝本社に同じ
取締役工場長阿部清
従業員10名(技士3名)
1990年6月操業2000×1(二軸)　PSM日工　UBE三菱・太平洋　シーカポゾリス　車大型×6台・小型×1台
2023年出荷13千㎥、2024年出荷19千㎥
G＝砕石　S＝山砂・砕砂
普通JIS取得(JTCCM)

後藤工建㈱
1959年8月設立　資本金4000万円　従業員50名　出資＝(自)100%
◉本社＝〒029－0523　一関市大東町摺沢字但馬崎66－2
☎0191－75－3535・FAX0191－75－353
URL http://goto-kouken.com
✉ohara@gotokouken.com
代表取締役後藤一　取締役加藤明博
◉大原工場＝〒029－0711　一関市大東町大原字杉ヶ崎26－1
☎0191－72－3119・FAX0191－72－351
✉ohara@gotokouken.com
工場長加藤明博
従業員13名(主任技士1名・技士3名)
1983年10月操業1996年4月更新1500×(二軸)　PM光洋機械Sハカルプラス　UBE三菱　シーカビスコフロー　車大型×5台・中型×2台
2024年出荷9千㎥
G＝石灰砕石　S＝山砂・石灰砕砂
普通JIS取得(GBRC)

三陸生コン㈱
1971年1月16日設立　資本金5000万円　従業員20名　出資＝(販)23%・(骨)23%・(建)49%・(他)5%
◉本社＝〒027－0044　宮古市上鼻2－1－41
☎0193－62－1482・FAX0193－63－5137
代表取締役城内隆美　専務取締役三浦太　取締役三好健志・佐々木大成・三浦基広・中井淳一　監査役眞木崇行・大和田雅広
◉工場＝本社に同じ
工場長相蘇伴幸
従業員20名(主任技士3名・技士1名・診断士1名)
1971年1月操業2014年1月更新2250×1(二軸)　PSM光洋機械　住友大阪　シーカジャパン　車大型×9台・小型×1台
2023年出荷11千㎥、2024年出荷19千㎥
G＝河川・砕石　S＝河川・砕砂
普通JIS取得(JTCCM)

㈱柴田組
◉本社＝〒028－5313　二戸郡一戸町鳥越字上野平17
☎0195－33－2862
◉工場＝本社に同じ
G＝陸砂利・砕石　S＝陸砂

下閉伊コンクリート工業㈱
1979年3月1日設立　資本金4000万円　従業員13名　出資＝(セ)37%・(建)50%・(他)13%
◉本社＝〒028－8402　下閉伊郡田野畑村明戸174－2
☎0194－33－2704・FAX0194－33－2706
✉simonama@cronos.ocn.ne.jp
代表者熊谷勤己　取締役熊谷朋之
◉工場＝本社に同じ
工場長奥地明光
従業員8名(主任技士1名・技士2名)

1979年7月操業2016年8月M改造2300×1(二軸)　P度量衡SハカルプラスM光洋機械　UBE三菱　シーカポゾリス　車大型×4台・小型×1台
2023年出荷3千㎥、2024年出荷5千㎥
G＝陸砂利　S＝陸砂
普通JIS取得(IC)

紫波カイハツ生コンクリート㈱
1971年7月17日設立　資本金2000万円
従業員8名　出資＝(セ)55%・(販)15%・(製)30%
◉本社＝〒028－3317　紫波郡紫波町南日詰字京田128
☎019－676－3331・FAX019－672－3217
代表取締役金子秀一　取締役白井勝男・小野忠勝・河鰭隆・日當博・小野寺貞男　監査役松谷昌史
ISO 9001取得
◉本社工場＝本社に同じ
工場長細越孝幸
従業員6名(主任技士2名・技士4名)
1972年2月操業1983年5月P2018年1月SM改造2250×1(二軸)　P東和工機SM光洋機械　UBE三菱　フローリック・シーカポゾリス　車大型×6台〔傭車：三八五流通㈱・㈱モリオカ大東〕・小型×1台
2023年出荷14千㎥、2024年出荷14千㎥(高強度30㎥)
G＝陸砂利・砕石　S＝陸砂・砕砂
普通JIS取得(IC)
ISO 9001取得
※久慈工場は㈱久慈レミコン工場に生産委託

㈱千厩生コン
1976年12月1日設立　資本金1500万円
従業員11名　出資＝(販)85%・(他)15%
◉本社＝〒029－0803　一関市千厩町千厩字西中沢142
☎0191－53－2500・FAX0191－53－2508
✉K.SeNMaya001@gol.com
代表取締役菅原良一郎　常務取締役鈴木昭　取締役金子秀一・小野寺貞男　監査役菅原良徳
◉工場(操業停止中)＝本社に同じ
1973年6月操業1993年7月更新2000×2　PSM日本プラント
※㈱カイバツ生コン一関工場へ生産委託

大協企業㈱
1971年2月26日設立　資本金3400万円
従業員30名
◉本社＝〒029－4102　西磐井郡平泉町平泉字樋の沢56
☎0191－34－2131・FAX0191－34－2135
代表取締役村上直毅　取締役小野寺昭吉・藤山和明・橋本憲二・山崎彦昌・北澤徹也・武居直人・千田美智子　監査役奥本威
◉矢巾工場＝〒028－3602　紫波郡矢巾町藤沢第10地割13
☎019－697－3970・FAX019－697－3972
工場長畠山智明
従業員16名(主任技士1名・技士2名)
1992年9月操業2000×1(二軸)　PSM北川鉄工　UBE三菱　ヤマソー　車大型×7台・中型×1台
2023年出荷19千㎥
普通JIS取得(JTCCM)
大臣認定単独取得(70N/mm²)
◉花巻工場＝〒025－0037　花巻市太田第58地割27－1
☎0198－22－3847・FAX0198－22－2726
工場長今修悦
従業員12名(主任技士4名・技士3名)
1979年9月操業2021年9月更新2250×1(二軸)　PSM日工　UBE三菱　フローリック・リグエース　車大型×7台・小型×2台
2023年出荷40千㎥
G＝砕石　S＝山砂・砕砂
普通JIS取得(JTCCM)
※北宮城生コン工場＝宮城県参照

高田レミコン㈱
1998年4月1日設立　資本金3000万円　従業員6名　出資＝(自)100%
◉本社＝〒029－2201　陸前高田市矢作町字越戸内176
☎0192－54－5300・FAX0192－54－5310
URL https://takaremi.com
代表取締役社長長谷川秀信　取締役橋爪博志・志田幸雄　監査役田村丈利・宮澤誠　顧問水野幸男
◉高田レミコン工場＝本社に同じ
工場長吉田秀樹
従業員6名(主任技士1名・技士3名・診断士1名)
1998年4月操業2013年1月更新2000×1(二軸)　PクリハラSパシフィックシステムM光洋機械　太平洋　シーカビスコフロー・シーカビスコクリート・シーカコントロール　車大型×3台・小型×2台〔傭車：ダイレミ輸送㈱・岩手県南運輸㈱〕
2023年出荷8千㎥、2024年出荷5千㎥(ポーラス70㎥)
G＝石灰砕石　S＝山砂・石灰砕砂
普通・舗装JIS取得(JTCCM)

高橋重機㈱
1968年4月1日設立　資本金2000万円　従業員76名　出資＝(自)100%
◉本社＝〒028－7302　八幡平市松尾寄木第15地割431－1
☎0195－75－0123・FAX0195－76－4121
URL https://www.takahashijyuuki.com
✉nyusatu@takahashijyuki.co.jp
代表取締役高橋福三郎　取締役副社長高橋文枝　取締役高橋秀夫・高橋伸幸
◉生コンクリート工場＝〒028－7302　八幡平市松尾寄木第15地割431－6
☎0195－76－4114・FAX0195－75－0098
✉takahashi_jyuki@iaa.itkeeper.ne.jp
工場長高橋秀夫
従業員10名(主任技士2名・技士1名・診断士1名)
1972年3月操業1994年4月更新1500×1　PMクリハラSハカルプラス　UBE三菱　リグエース　車大型×5台・中型×3台
2023年出荷8千㎥
G＝陸砂利・砕石　S＝陸砂
普通・舗装JIS取得(GBRC)

㈱立石コンクリート
1994年11月10日設立　資本金2000万円
従業員35名
◉本社＝〒029－1111　一関市千厩町奥玉字土樋60－1
☎0191－56－2272・FAX0191－56－2275
URL http://www.tatecon.jp
✉info@tatecon.jp
代表取締役熊谷徹
◉工場＝本社に同じ
従業員35名
1500×1(二軸)　住友大阪　フローリック・シーカポゾリス
2024年出荷15千㎥
G＝石灰砕石　S＝陸砂・石灰砕砂
普通JIS取得(JTCCM)

東北化学工業㈱
1942年9月8日設立　資本金1000万円　従業員18名　出資＝(販)100%
◉本社＝〒020－0021　盛岡市中央通1－1－23
☎019－624－2231
URL http://www.mita-gnet.co.jp/kagaku
✉kag-honsha@mita-gnet.co.jp
代表取締役佐々木孝　取締役平賀幹康・齋藤和也・櫻誠一・吉田充・中村尚・淡路忍
※仙台生コン工場は東北建材産業㈱カイハツ生コン工場へ生産委託
◉岩手生コン工場＝〒020－0772　滝沢市大釜中瀬32－3
☎019－687－3434・FAX019－687－3439
✉kag-iwate@mita-gnet.co.jp
工場長佐々木孝
従業員14名(主任技士3名・技士6名)
1973年11月操業2015年9月更新2300×1(二軸)　PSM北川鉄工　住友大阪　フローリック・シーカポゾリス　車大型×7台・小型×2台〔傭車：ラクウン〕
2023年出荷33千㎥、2024年出荷24千㎥

G＝陸砂利・砕石　S＝陸砂・砕砂
普通・舗装JIS取得(JTCCM)
大臣認定単独取得(60N/㎟)
※岩手レミコン㈱、木村企業㈱より生産受託
※三千刈生コン工場＝秋田県参照

㈱遠野レミコン
1969年4月設立　資本金2000万円　従業員19名　出資＝(セ)20%・(販)20%・(建)30%・(骨)5%・(他)25%
◉本社＝〒028－0541　遠野市松崎町白岩第15地割13－5
☎0198－62－2076・FAX0198－62－1776
URL http://www.izumi-gr.co.jp
✉remicon@izumi-gr.co.jp
代表取締役住吉谷弘満　専務取締役佐々木宏悦　取締役下坂和臣・松田孝・三浦貞一・新田知子・住吉谷雅弘・工藤和信　監査役白岩嵩・神楽田則夫
◉工場＝〒028－0503　遠野市青笹町青笹5－5
☎0198－62－4133・FAX0198－62－4550
✉remikon@izumi-gr.co.jp
工場長工藤和信
従業員18名(主任技士1名・技士3名)
1969年6月操業1989年6月更新2000×1(二軸)　ＰＳＭ日工　太平洋　シーカポゾリス・シーカポゾリス　車大型×11台・中型×2台
G＝陸砂利・石灰砕石　S＝陸砂・石灰砕砂
普通JIS取得(JTCCM)
◉盛岡工場＝〒020－0613　滝沢市大石渡1612－1
☎019－688－2511・FAX019－688－5671
工場長吉田満紀
従業員12名(技士3名)
1996年6月操業2000×1　太平洋　GCP　車大型×7台・小型×2台
G＝砕石　S＝陸砂
普通JIS取得(GBRC)

花北生コン㈱
1999年4月1日設立　資本金4000万円　従業員18名　出資＝(他)100%
◉本社＝〒024－0056　北上市鬼柳町都鳥232－1
☎0197－67－5291・FAX0197－67－3689
代表取締役社長高橋潤吉　取締役佐藤一郎・伊藤拓帆　監査役太田代武彦・佐藤秀爾
◉工場＝本社に同じ
工場長藤原慎太郎
従業員18名(主任技士1名・技士2名)
1970年10月操業2019年5月更新2300×1(二軸)　ＰＳＭ光洋機械　太平洋・住友大阪　シーカポゾリス　車大型×6台・小型×1台
G＝砕石　S＝陸砂・砕砂
普通JIS取得(JTCCM)
大臣認定単独取得

㈱花巻生コン
1970年8月21日設立　資本金6700万円　従業員13名　出資＝(販)18%・(他)82%
◉本社＝〒025－0311　花巻市卸町17
☎0198－26－4241・FAX0198－26－4361
URL http://www.izumi-gr.co.jp
代表取締役下坂和臣・住吉谷弘満　専務取締役宇夫方章裕　取締役三浦貞一・住吉谷雅弘・難波正人・上原正和・下坂大夢　監査役白岩嵩・井上友司
◉工場＝〒028－3151　花巻市石鳥谷町江曽4－65
☎0198－45－3820・FAX0198－45－3821
✉namakon@izumi-gr.co.jp
工場長宇夫方章裕
従業員13名(主任技士2名・技士3名)
1971年4月操業2020年5月更新2800×1(二軸)　ＰＳＭ光洋機械　太平洋　シーカポゾリス・シーカビスコフロー・シーカビスコクリート・シーカコントロール・フローリック　車大型×10台・中型×2台・小型×3台
2023年出荷18千㎥、2024年出荷10千㎥
G＝砕石　S＝陸砂・石灰砕砂
普通JIS取得(JTCCM)
大臣認定単独取得(60N/㎟)

㈱樋口建設
1979年8月1日設立　資本金3000万円　従業員14名(生コン部門)　出資＝(自)100%
◉本社＝〒028－6847　二戸市浄法寺町岩渕37－3
☎0195－38－2333・FAX0195－38－2519
代表取締役樋口彦太郎　取締役樋口彦志郎・樋口志保・樋口薫・田中由美子　監査役岩手山一松
◉生コン工場＝〒028－6721　二戸市似鳥字船石50－ロ
☎0195－26－2311・FAX0195－26－2312
工場長樋口彦志郎
従業員13名(主任技士2名・技士1名)
1979年9月操業1992年4月更新2000×1(二軸)　ＰＳＭ北川鉄工　UBE三菱　シーカポゾリス　車大型×10台・小型×3台
2023年出荷9千㎥、2024年出荷8千㎥
G＝砕石　S＝陸砂・砕砂
普通JIS取得(JTCCM)

㈱平泉
1973年6月1日設立　資本金4980万円　従業員6名　出資＝(他)100%
◉本社＝〒029－4102　西磐井郡平泉町平泉字樋の沢56
☎0191－34－2131・FAX0191－34－2135
代表取締役小野寺昭吉　取締役藤山利明・菅原千代子・村上直毅・武居直人
◉工場＝〒029－4102　西磐井郡平泉町平泉字樋の沢56
☎0191－46－2860・FAX0191－46－277
工場長菅原千代子
従業員6名(主任技士1名・技士3名)
1973年6月操業1987年9月更新2000×1(二軸)　ＰＳＭ北川鉄工　UBE三菱　フローリック　車大型×2台・小型×2台
G＝砕石　S＝山砂・砕砂
普通JIS取得(JTCCM)

藤根建設㈱
1932年3月設立　資本金5000万円　従業員47名　出資＝(他)100%
◉本社＝〒028－7302　八幡平市松尾寄木12－23－2
☎0195－78－3111・FAX0195－78－311
✉fujine-kensetu@jupiter.ocn.ne.jp
代表取締役社長藤根俊一　取締役赤坂正俊・藤根禎子・藤根裕子・藤根辰矢
ISO 9001・14001取得
◉生コン工場＝〒028－7302　八幡平市松尾寄木12－23－2
☎0195－78－3368・FAX0195－78－336
✉fujine-namacon@celery.ocn.ne.jp
工場長藤根俊一
従業員7名(技士3名)
1973年8月操業1992年6月更新1500×1　ＰＭクリハラＳハカルプラス　太平洋　シーカコントロール・シーカポゾリス　車大型×6台・中型×1台・小型×1台
2024年出荷2千㎥
G＝砕石　S＝陸砂
普通JIS取得(GBRC)

船橋生コン㈱
1986年7月1日設立　資本金1000万円　従業員10名　出資＝(他)100%
◉本社＝〒029－4202　奥州市前沢白山字船橋55
☎0197－56－3175・FAX0197－56－7182
代表取締役髙橋榮助　取締役髙橋功・髙橋誠志・菅原政春・髙橋裕二
◉工場＝本社に同じ
工場長沼田明洋
従業員10名(主任技士1名・技士2名・診断士1名)
1967年10月操業1997年6月更新2000×1　ＰＭクリハラＳエステックス　太平洋　シーカポゾリス・シーカポゾリス・シーカビスコクリート　車大型×6台・小型×3台
2023年出荷15千㎥、2024年出荷20千㎥
G＝石灰砕石・砕石　S＝山砂・砕砂
普通JIS取得(JTCCM)

村建設㈱
1970年2月4日設立　資本金2000万円　従業員41名　出資＝（建）100％
◉本社＝〒028－1131　上閉伊郡大槌町大槌第22地割字下野216－1
☎0193－42－3640・FAX0193－42－4976
代表取締役天満昭広　常務取締役佐藤佐紀子　取締役浪板克也・松村康文・阿部次雄
◉大槌生コン工場＝本社に同じ
工場長浪板克也
従業員19名（主任技士3名・技士4名）
1970年2月操業2013年M改造2250×1（二軸）　PM光洋機械Sパシフィックシステム　太平洋　車大型×13台・小型×1台
G＝河川・砕石　S＝河川・砕砂
普通・舗装JIS取得（JTCCM）

㈱丸協
2015年10月10日設立　資本金2200万円　従業員10名　出資＝（建）100％
◉本社＝〒022－0005　大船渡市日頃市町字川内105－3
☎0192－28－2211・FAX0192－28－2172
✉marukyou2211@triton.ocn.ne.jp
代表取締役社長長谷川秀信　取締役橋爪博志・志田幸雄・今野和弘
◉工場＝本社に同じ
工場長小坪信哉
従業員10名（主任技士1名・技士4名）
1972年11月操業2008年8月更新1500×1（二軸）　PM光洋機械Sパシフィックシステム　太平洋　シーカジャパン・フローリック　車大型×5台・小型×1台
2023年出荷3千㎥、2024年出荷2千㎥
G＝砕石　S＝砕砂
普通JIS取得（JTCCM）

宮城建設㈱
1948年3月1日設立　資本金10000万円　従業員203名　出資＝（自）100％
◉本社＝〒028－8031　久慈市新中の橋4－35－3
☎0194－52－1111・FAX0194－52－1297
URL https://www.miyaginet.co.jp
✉info@miyaginet.co.jp
代表取締役社長菅原博之　代表取締役副社長若林治男　専務取締役佐々木善則　常務取締役笹川利勝・梶谷憲樹　取締役部長飯田隆司　取締役辻村俊彦
ISO 14001取得
◉久慈生コン工場＝〒028－0071　久慈市小久慈町2－2－3
☎0194－59－3211・FAX0194－59－3389
✉t-oosawa@miyaginet.co.jp
工場長大沢晃彦
従業員14名（主任技士2名）
1969年7月操業2020年5月更新3300×1（二軸）　PSM光洋機械　住友大阪　シーカポゾリス　車大型×6台〔傭車：ケイシーティ〕
2023年出荷17千㎥、2024年出荷13千㎥
G＝山砂利・砕石　S＝山砂・砕砂
普通・舗装JIS取得（JTCCM）

宮古生コンクリート㈱
1968年2月24日設立　資本金3500万円　従業員17名　出資＝（販）28％・（建）25％・（他）47％
◉本社＝〒027－0029　宮古市藤の川15－7
☎0193－62－1051・FAX0193－62－0261
代表取締役大澤得次郎　取締役伊藤峻・長沢アヤ・金子秀一・勝山賢一　監査役小野忠勝
◉工場＝本社に同じ
工場長勝山賢一
従業員17名（主任技士1名・技士3名）
1968年7月操業2014年8月更新2250×1　PMクリハラSハカルプラス　UBE三菱　ヤマソー・シーカポゾリス　車大型×10台・小型×1台
2023年出荷12千㎥、2024年出荷12千㎥
G＝河川・砕石　S＝河川
普通・舗装JIS取得（JTCCM）

㈱宮守砕石工業所
1994年1月21日設立　資本金3000万円　従業員10名　出資＝（自）100％
◉本社＝〒028－0304　遠野市宮守町下宮守18－40－2
☎0198－67－3435・FAX0198－67－3436
代表取締役木村廣太　取締役木村良子・菊池玲子
◉コンクリート工場＝〒028－0304　遠野市宮守町下宮守18－116－9
☎0198－67－2301・FAX0198－67－3436
工場長阿部国光
従業員10名（技士3名）
2018年6月操業1500×1　PSMクリハラ　日鉄　シーカポゾリス　車大型×5台・中型×2台
2023年出荷5千㎥、2024年出荷8千㎥
G＝砕石　S＝陸砂・砕砂
普通JIS取得（JTCCM）

㈲宮守生コン
1974年12月17日設立　資本金500万円　従業員10名　出資＝（他）100％
◉本社＝〒028－0303　遠野市宮守町下鱒沢15地割32
☎0198－66－2224・FAX0198－66－2545
代表取締役新田光志　取締役佐々木定雄・佐藤裕信
◉本社工場＝〒028－0303　遠野市宮守町字下鱒沢15地割32
☎0198－66－2224・FAX0198－66－2545
✉miyamori-nama@tonotv.com
工場長佐藤裕信
従業員10名（主任技士1名・技士2名・診断士1名）
1974年12月操業2021年3月更新2250×1（二軸）　PM光洋機械Sパシフィックシステム　太平洋　シーカジャパン　車大型×6台・小型×1台
G＝石灰砕石　S＝山砂・石灰砕砂
普通JIS取得（JTCCM）

盛岡小野田レミコン㈱
1964年3月30日設立　資本金1500万円　従業員15名　出資＝（セ）50％・（販）50％
◉本社＝〒020－0832　盛岡市東見前1－33－2
☎019－638－1620・FAX019－638－8568
代表取締役西川芳徳　取締役太田代武彦・中谷淳・神直人・野田慎也・高橋政雄　監査役宮田知典
◉工場＝本社に同じ
工場長高橋政雄
従業員15名（主任技士1名・技士3名）
1964年9月操業2022年6月更新2300×1（二軸）　PM光洋機械Sパシフィックシステム　太平洋　シーカジャパン・フローリック　車大型×7台・中型×1台
2023年出荷29千㎥、2024年出荷19千㎥
G＝陸砂利・砕石　S＝陸砂・石灰砕砂
普通JIS取得（GBRC）
大臣認定単独取得（70N/mm²）

盛岡カイハツ生コンクリート㈱
1969年1月18日設立　資本金3900万円　従業員42名　出資＝（販）85.7％・（製）14.3％
◉本社＝〒020－0053　盛岡市上太田蔵戸32－5
☎019－656－3121・FAX019－656－3123
✉morinama-m@sound.ocn.ne.jp
代表取締役金子秀一　常務取締役下田良一　取締役工場長畠山一男　取締役小野忠勝・佐藤守男・中村太　監査役吉田毅志
◉盛岡工場＝本社に同じ
工場長下田良一
従業員13名（主任技士3名・技士3名）
1969年4月操業2003年6月移転2015年1月更新2750×1（二軸）　PSM光洋機械（旧石川島）　UBE三菱　シーカポゾリス・フローリック　車大型×7台・小型×1台〔傭車：三八五流通㈱〕・小型×2台（自社）
2023年出荷22千㎥、2024年出荷22千㎥
G＝陸砂利・砕石・人軽骨　S＝陸砂・砕砂
普通・舗装・軽量JIS取得（IC）
ISO 9001取得
大臣認定単独取得（60N/mm²）
◉雫石工場＝〒020－0584　岩手郡雫石町西根南駒木野1－8

岩手県

☎019－693－3500・FAX019－693－3465
✉morinama-s@sound.ocn.ne.jp
工場長下田良一
従業員4名(主任技士2名・技士2名)
1977年5月操業2005年1月M改造1750×1(二軸) P東和工機Sハカルプラス M光洋機械(旧石川島) UBE三菱 シーカポゾリス・フローリック 車大型×3台〔傭車：三八五流通㈱〕
2023年出荷8千㎥、2024年出荷8千㎥
G＝河川 S＝河川
普通JIS取得(IC)
ISO 9001取得
◉岩手工場＝〒028－4211 岩手郡岩手町大字川口第1地割90
☎0195－65－2411・FAX0195－65－2498
工場長武蔵芳行
従業員8名(主任技士2名・技士2名・診断士2名)
1982年7月操業2024年5月更新1670×1(二軸) PSM日工 UBE三菱 フローリック 車大型×3台・小型×1台
2023年出荷9千㎥、2024年出荷8千㎥
G＝砕石 S＝砕砂
普通・舗装JIS取得(IC)
ISO 9001取得
◉二戸工場＝〒028－6102 二戸市下斗米字細越12
☎0195－23－5551・FAX0195－23－8328
工場長畠山一男
従業員9名(主任技士3名・技士1名・診断士1名)
1968年11月操業2016年9月更新1670×1(二軸) PSM日工 UBE三菱・住友大阪 フローリック・シーカ 車大型×4台・小型×1台〔傭車〕
2023年出荷7千㎥、2024年出荷8千㎥
G＝砕石 S＝砕砂
普通JIS取得(IC)
ISO 9001取得
※大曲工場＝秋田県参照

㈱夢コンクリート
2011年6月設立 資本金1000万円 従業員24名
◉本社＝〒022－0007 大船渡市赤崎町字大立20－1
☎0192－47－3620・FAX0192－47－3625
代表取締役中田泰司
◉工場＝本社に同じ
工場長山本拓也
従業員24名(技士4名)
2800×1(二軸) PSM北川鉄工 日鉄 シーカメント 車大型×10台
G＝石灰砕石・砕石 S＝山砂・石灰砕砂・砕砂
普通JIS取得(JTCCM)

㈱吉田レミコン
◉本社＝青森県参照
◉南部工場＝〒028－7911 九戸郡洋野町種市39－8－38
☎0194－65－4515・FAX0194－65－4517
工場長小泉智幸
1976年8月操業1990年7月更新1500×1(二軸) PM大平洋機工Sパシフィックシステム 太平洋
2024年出荷1千㎥
G＝石灰砕石・砕石 S＝陸砂・砕砂
※八戸工場・三戸工場＝青森県、仙台工場＝宮城県参照

㈱六原
1972年7月7日設立 資本金1350万円 従業員10名 出資＝(自)82%・(販)11%・(建)7%
◉本社＝〒029－4501 胆沢郡金ケ崎町六原森合43－1
☎0197－43－2410・FAX0197－43－2157
URL http://www.rokuhara.co.jp/
代表取締役髙橋稔 常務取締役田中奈帆子 取締役田中訓
◉本社工場＝本社に同じ
代表取締役髙橋稔
従業員10名(技士4名)
2000年12月操業2000×1 PMクリハラ S三谷商事 太平洋 シーカジャパン 車大型×5台・中型×1台・小型×3台
G＝石灰砕石 S＝山砂・石灰砕砂
普通JIS取得(MSA)

山形県

アシスト・アーバン工業㈱
1969年9月17日設立　資本金2000万円　従業員41名　出資＝(自)100％
◉本社＝〒999－2172　東置賜郡高畠町大字夏茂1723
☎0238－57－2203・FAX0238－57－4056
✉auk@seagreen.ocn.ne.jp
代表取締役鈴木聖人　常務取締役竹田重兵衛　取締役山口義彦　監査役平林篤
◉生コン部高畠工場＝本社に同じ
工場長鈴木恵理
従業員10名(主任技士1名・技士3名・診断士1名)
1972年7月操業2014年1月更新1670×1(二軸)　Ｐ日本プラントＭ日工Ｓハカルプラス　UBE三菱　フローリック　車大型×8台・小型×2台
2023年出荷9千㎥
G＝砕石　S＝陸砂・砕砂
普通JIS取得(GBRC)

㈱安藤組
1965年4月1日設立　資本金2019万円　従業員57名　出資＝(自)100％
◉本社＝〒999－7706　東田川郡庄内町提興屋字中島80
☎0234－43－2417・FAX0234－43－2419
URL http://www.ando-g.co.jp
✉s.masahiro@ando-g.co.jp
代表取締役安藤政則　取締役斎藤悟・小林茂・安藤将士　執行役員後藤良光・齋藤徹・佐々木浩一・佐藤理果
◉アドコンゆざ＝〒999－8438　飽海郡遊佐町大字比子字白木36－51
☎0234－76－2311・FAX0234－76－2312
工場長高橋雅幸
従業員9名(技士2名)
1971年5月操業2014年5月更新1700×1(二軸)　ＰＳ光洋機械(旧石川島)Ｍ北川鉄工　太平洋　シーカポゾリス・シーカポゾリス・ヤマソー　車(本社より傭車)
G＝陸砂利・砕石　S＝陸砂・砕砂
普通JIS取得(GBRC)
◉アドコンつるおか＝〒999－7601　鶴岡市藤島字前野76－6
☎0235－78－2535・FAX0235－78－3666
責任者佐藤正弘
2005年8月操業2000×1　太平洋　ヤマソー・シーカポゾリス
G＝陸砂利・砕石　S＝山砂・陸砂・砕砂
普通JIS取得(GBRC)

㈱安藤商店
1958年1月9日設立　資本金1500万円　従業員12名　出資＝(自)100％
◉本社＝〒991－0013　寒河江市高田3－126－1
☎0237－86－6262・FAX0237－86－6263
代表取締役安藤真一郎
◉生コン工場＝〒991－0041　寒河江市大字寒河江字古河江5－1
☎0237－86－3353・FAX0237－86－0075
工場長前山武
従業員11名(技士3名)
1972年2月操業1988年7月更新1500×1(二軸)　ＰＳＭ日工　太平洋　GCP　車大型×5台・中型×2台
G＝砕石　S＝砕砂・陸砂
普通JIS取得(GBRC)

㈱伊藤組
1972年3月23日設立　資本金2200万円　従業員40名　出資＝(建)100％
◉本社＝〒997－0412　鶴岡市本郷字興屋32
☎0235－53－2051・FAX0235－53－2052
✉ito-gumi@dream.ocn.ne.jp
代表取締役伊藤大作
◉生コンクリート工場＝〒997－0415　鶴岡市砂川字山崎38
☎0235－53－3255・FAX0235－53－3290
工場長齋藤正昭
従業員10名(主任技士1名・技士4名)
1972年4月操業1988年10月更新1500×1　ＰＳＭ日工　住友大阪　シーカジャパン　車大型×6台・中型×1台
G＝陸砂利　S＝陸砂
普通JIS取得(GBRC)

奥山建設㈱・東根生コン工場
1948年12月27日設立　資本金2000万円　従業員35名　出資＝(自)100％
◉本社＝〒999－3716　東根市大字蟹沢下縄目1863－12
☎0237－42－0116・FAX0237－42－0066
✉inf@okuken.jp
代表取締役社長奥山剛史　常務取締役小野光彦　監査役奥山浩子
ISO 9001取得
◉東根生コン工場＝〒999－3716　東根市大字蟹沢下縄目1863－12
☎0237－42－3108・FAX0237－42－3121
✉namakon@okuken.jp
工場長西尾芳丈
従業員8名(主任技士1名・技士2名)
1973年4月操業2002年3月移転1670×1(二軸)　ＰＳＭ日工　太平洋　車大型×5台・小型×1台
G＝砕石　S＝陸砂・砕砂
普通・舗装JIS取得(GBRC)

折原アサノコンクリート㈱
1980年8月1日設立　資本金1000万円　出資＝(自)10％・(セ)10％・(販)10％・(他)70％
◉本社＝〒999－3123　上山市美咲町2－1－26
☎023－672－0931・FAX023－673－3928
代表取締役折原清告　取締役船山康廣・野田慎也
※山形太平洋生コン㈱に生産委託

㈱柿﨑工務所
1973年5月17日設立　資本金8800万円　従業員210名　出資＝(建)100％
◉本社＝〒996－0025　新庄市若葉町5－5
☎0233－22－1537・FAX0233－23－1551
社長柿﨑力治朗　専務柴崎清美　常務柿﨑和朗
◉生コン工場＝〒999－6401　最上郡戸沢村古口187－1
☎0233－72－2130・FAX0233－72－3555
工場長松浦勝
従業員19名(主任技士1名・技士2名)
1966年12月操業2003年1月更新56×2　ＰＳＭ北川鉄工　太平洋　車大型×13台・小型×1台
G＝陸砂利　S＝山砂・陸砂
普通JIS取得(GBRC)

神室工業㈱
◉本社＝〒999－5521　最上郡真室川町大字大沢4695－2
☎0233－63－2146・FAX0233－63－2148
代表取締役大場誠一
◉大沢工場＝本社に同じ
工場長高橋昭
従業員9名(技士3名)
1976年1月操業1989年4月更新1500×1　ＰＭクリハラＳハカルプラス　UBE三菱　リグエース　車大型×5台・小型×3台
G＝陸砂利　S＝陸砂
普通JIS取得(GBRC)

河西生コンクリート㈱
1967年3月1日設立　資本金4500万円　従業員10名　出資＝(販)5.3％・(建)77.7％・(他)17％
◉本社＝〒995－0035　村山市中央2－2－14
☎0237－55－2211・FAX0237－55－2205
✉k.nama-s@vega.ocn.ne.jp
代表取締役木原夕子　取締役菊池峰雄・西塚俊和　監査役阿部恵二
◉工場＝本社に同じ
工場長西塚俊和
従業員10名(主任技士1名・技士5名・診断士1名)
1966年3月操業1995年10月更新2000×1(二軸)　ＰＳＭ日工　住友大阪　車大型

×5台・中型×1台
G＝砕石　S＝陸砂・砕砂
普通JIS取得(GBRC)

㈱KS産業
2004年3月5日設立　資本金3000万円　従業員39名
◉本社＝〒993－0033　長井市今泉548－3
☎0238－83－2051・FAX0238－83－2052
代表取締役小山和夫　取締役那須猛・小山剛・那須昭夫・斉藤徳雄・那須暢史
◉南陽生コン工場＝〒992－0473　南陽市池黒1057
☎0238－47－2406・FAX0238－47－4041
工場長須貝一栄
従業員13名(主任技士1名・技士2名)
1969年5月操業1999年5月更新1670×1　ＰＳＭ日工　UBE三菱　フローリック　車大型×10台・小型×2台
2023年出荷22千㎥、2024年出荷17千㎥
G＝砕石　S＝陸砂・砕砂
普通JIS取得(GBRC)
◉みどり生コン工場＝〒993－0081　長井市緑町9－69
☎0238－88－2344・FAX0238－84－2912
工場長佐藤準一
従業員11名(主任技士1名・技士2名・診断士1名)
1966年7月操業1989年11月更新56×2　ＰＭ光洋機械(旧石川島)Ｓエムユー情報システム　UBE三菱・太平洋　シーカポゾリス　車大型×8台・小型×2台
2023年出荷14千㎥、2024年出荷16千㎥
G＝砕石　S＝陸砂・砕砂
普通JIS取得(GBRC)
◉大和生コン工場＝〒999－1332　西置賜郡小国町大字町原67
☎0238－62－5353・FAX0238－62－5361
工場長佐藤道信
従業員8名(主任技士1名・技士3名)
1988年9月操業2250×1(二軸)　ＰＳＭ日工　太平洋　シーカポゾリス　車大型×6台・小型×2台
2023年出荷8千㎥
G＝陸砂利　S＝陸砂
普通JIS取得(GBRC)
◉白鷹工場(操業停止中)＝〒992－0831　西置賜郡白鷹町大字荒砥甲332－1
1974年5月操業1989年5月更新1500×1(二軸)　ＰＳＭ日工
◉白川工場(操業停止中)＝〒993－0035　長井市時庭574－9
1994年7月操業2001年8月更新2000×1　ＰＳＭ日工

酒田カイハツ生コンクリート㈱
1971年10月1日設立　資本金2000万円　従業員10名　出資＝(他)75%・(製)25%
◉本社＝〒998－0073　酒田市松美町4－30
☎0234－33－7277・FAX0234－34－8388
✉sakatakaihatsu@almond.ocn.ne.jp
代表取締役社長佐藤篤　取締役常務冨樫仁　取締役小野忠勝・廣瀬賢治　監査役松谷昌史
◉工場＝本社に同じ
工場長冨樫仁
従業員10名(技士8名)
第1Ｐ＝1972年2月操業1986年11月更新1500×1(二軸)　Ｐ東和工機ＳＭ光洋機械(旧石川島)
第2Ｐ＝1975年7月操業2015年6月更新2250×1(二軸)　Ｐ東和工機ＳＭ光洋機械　UBE三菱　ヤマソー・マイテイ・シーカポゾリス　車大型×6台・小型×1台〔傭車：山形陸上運送㈱〕
2023年出荷26千㎥、2024年出荷23千㎥
G＝陸砂利・石灰砕石・砕石　S＝陸砂・石灰砕砂・砕砂
普通JIS取得(GBRC)

㈱三幸
1986年6月10日設立　資本金2500万円　従業員9名　出資＝(自)100%
◉本社＝〒999－7735　東田川郡庄内町前田野目字前割203－1
☎0234－44－2331・FAX0234－44－2333
✉sankou@sky.plala.or.jp
代表取締役中鉢美佳　取締役中鉢義邦
◉工場＝本社に同じ
工場長阿部晃良
従業員9名(技士3名)
1986年6月操業1992年11月更新1500×1(二軸)　ＰＳＭ北川鉄工　太平洋　フローリック・ヤマソー　車大型×3台・小型×4台
2023年出荷8千㎥、2024年出荷8千㎥
G＝山砂利・陸砂利　S＝山砂
普通JIS取得(GBRC)

鹿間生コンクリート㈱
1964年3月12日設立　資本金2000万円　従業員15名
◉本社＝〒990－0071　山形市流通センター3－7－1
☎023－631－8992・FAX023－655－5212
✉info@shikama-namacon.co.jp
代表鹿間猛　役員鹿間裕志・髙橋成幸
◉工場＝〒994－0065　天童市清池東2－10－19
☎023－655－5211・FAX023－655－5212
✉info@shikama-namacon.co.jp
工場長髙橋成幸
従業員15名(主任技士1名・技士2名)
2000年8月操業2015年5月更新2250×1(二軸)　ＰＳＭ光洋機械(旧石川島)　住友大阪　シーカポゾリス・フローリック　車大型×10台・小型×2台
2023年出荷22千㎥、2024年出荷22千㎥
(高強度65㎥)
G＝砕石　S＝陸砂
普通JIS取得(MSA)
大臣認定単独取得(72N/mm²)

白井建設工業㈱
1961年12月1日設立　資本金2500万円　従業員30名　出資＝(自)100%
◉本社＝〒992－0083　米沢市広幡町成島1831－1
☎0238－37－3040・FAX0238－37－2698
✉scieigyo@gaea.ocn.ne.jp
代表取締役白井和雄・白井友子　専務取締役白井裕久
◉生コンクリート工場＝本社に同じ
工場長白井裕久
従業員10名(技士2名)
1973年5月操業1990年4月更新2000×1(二軸)　ＰＳＭ光洋機械(旧石川島)　UBE三菱　リグエース・フローリック　車大型×9台・小型×3台
G＝陸砂利　S＝陸砂
普通JIS取得(GBRC)

新寒河江生コンクリート㈱
サガエコンテック㈱と集約化
2015年11月13日設立　資本金3400万円　従業員10名　出資＝(セ)91.2%・(建)5.9%・(他)2.9%
◉本社＝〒991－0041　寒河江市大字寒河江字若神子275
☎0237－84－4248・FAX0237－86－2785
✉info@sagae-concrete.co.jp
代表取締役加藤欣史　常務取締役渡邉俊夫　取締役・小野忠勝・渡邉尚樹　監査役吉田毅志
◉工場＝本社に同じ
工場長渡邉俊夫
従業員10名(主任技士2名・技士2名)
1967年8月操業1997年5月更新2000×1(二軸)　Ｐ昭和鋼機ＳハカルプラスＭ日工　UBE三菱　シーカポゾリス　車大型×7台〔傭車：山形陸上運送㈱〕・中型×1台
2023年出荷15千㎥、2024年出荷15千㎥
G＝砕石　S＝山砂・陸砂
普通JIS取得(JTCCM)

新庄アサノ生コンクリート㈱
1975年12月3日設立　資本金2500万円　従業員28名　出資＝(自)75%・(セ)15%・(建)10%
◉本社＝〒999－5103　新庄市大字泉田字往還東216－4
☎0233－25－2266・FAX0233－25－4029
代表取締役柿崎力治朗　取締役門脇豊彦・安西准一・山下佳代子　監査役増山和博
◉本社工場＝本社に同じ

工場長辺見勝則
従業員20名（主任技士1名・技士5名）
1976年3月操業2013年7月更新1750×1（二軸）　ＰＳＭ光洋機械　太平洋　シーカポゾリス　車大型×11台・小型×2台
2024年出荷20千㎥
G＝陸砂利　S＝山砂・陸砂
普通JIS取得（GBRC）

新庄生コンクリート㈱
1968年6月16日設立　資本金3758万円
従業員20名　出資＝（販）48.43％・（他）51.57％
◉本社＝〒996－0041　新庄市大字鳥越1489－2
☎0233－23－0838・FAX0233－22－0369
✉snc-s@grape.plala.or.jp
代表取締役大場茂　取締役大場義洋・岸信良　監査役金山知裕
◉新庄工場＝本社に同じ
工場長大場義洋
従業員12名（主任技士2名・技士2名）
1975年12月操業1996年8月Ｓ2001年5月ＰＭ改造1500×1　Ｐプラントフナヤマ Ｓハカルプラス Ｍ日工　UBE三菱　シーカポゾリス　車大型×7台・小型×2台
2023年出荷12千㎥、2024年出荷8千㎥
G＝砕石　S＝陸砂
普通JIS取得（GBRC）
◉尾花沢生コン工場＝〒999－4221　尾花沢市大字尾花沢字下新田1316－3
☎0237－22－1805・FAX0237－23－2728
✉sinjyo-o1@navy.plala.or.jp
工場長岸信良
従業員10名（技士6名）
1978年4月操業1993年12月更新1500×1（二軸）　Ｐ日本プラント Ｓハカルプラス Ｍ光洋機械　UBE三菱　シーカポゾリス　車大型×5台・小型×3台
2023年出荷9千㎥、2024年出荷7千㎥
G＝砕石　S＝陸砂
普通JIS取得（GBRC）
◉向町生コン工場（操業停止中）＝〒999－6101　最上郡最上町向町3－10
☎0233－43－4135・FAX0233－43－4136
1983年12月操業56×2　Ｐ三立工機 Ｓ湘南島津 Ｍ信和工業

㈱鈴木工務店
1964年4月1日設立　資本金2000万円　従業員40名　出資＝（他）100％
◉本社＝〒992－0771　西置賜郡白鷹町大字鮎貝5783
☎0238－85－5191・FAX0238－85－5809
URL http：//suzu-koumu.co.jp
✉namacon@suzu-koumu.co.jp
代表取締役鈴木洋　取締役佐藤保弘・荘子義博・高橋英二・瀧口知義
◉白鷹生コン工場＝〒992－0771　西置賜郡白鷹町大字鮎貝5783
☎0238－85－5586・FAX0238－85－5622
工場長平明由
従業員14名（主任技士1名・技士2名）
1970年7月操業1997年1月更新72×2　ＰＭプラントフナヤマ Ｓハカルプラス　UBE三菱　リグエース・フローリック　車大型×8台・中型×2台・小型×2台
2023年出荷9千㎥
G＝陸砂利　S＝陸砂
普通JIS取得（GBRC）

第一相互物産㈱
1986年4月17日設立　資本金6500万円
従業員14名　出資＝（建）72％・（他）28％
◉本社＝〒991－0005　寒河江市字中河原83
☎0237－84－2151・FAX0237－86－0602
代表取締役会長伊藤正人　代表取締役社長伊藤悠介　取締役伊藤力・林博幸・佐竹雄一・川村貢　監査役今田政男・村上秀人
◉工場＝本社に同じ
責任者川村貢
従業員14名（技士2名）
1986年7月操業1350×1（二軸）　ＰＳＭ北川鉄工　太平洋　ヴィンソル・フローリック　車大型×5台・中型×1台
2023年出荷7千㎥
G＝砕石　S＝陸砂・砕砂
普通JIS取得（JTCCM）

ダイカン物産㈱
（滝井生コンクリート㈱と集約し、総合生コン共同企業体を設立。生産受託）
1987年12月10日設立
◉本社＝〒998－0072　酒田市北浜町4－39
☎0234－33－1811・FAX0234－33－1825
代表取締役大場八郎　代表取締役社長菅原靖　取締役常務大場十一　取締役尾形喜巳雄・遠田健・菅原脩太　監査役大場和市・菊池博美
◉総合生コン工場＝本社に同じ
工場長白幡春喜
従業員18名（主任技士3名・技士3名）
1988年4月操業1700×1（二軸）　ＰＭ北川鉄工 Ｓハカルプラス　住友大阪　ヤマソー　車大型×13台・中型×7台
2024年出荷18千㎥
G＝陸砂利・石灰砕石・砕石　S＝陸砂・石灰砕砂・砕砂
普通JIS取得（GBRC）

㈱高橋工務店
1962年2月28日設立　資本金2000万円
従業員65名　出資＝（他）100％
◉本社＝〒999－1353　西置賜郡小国町大字兵庫舘3－5－51
☎0238－62－2061・FAX0238－62－4109
✉info@tec-takahashi.com
代表取締役社長高橋恭史　代表取締役会長高橋清人　専務取締役今盛秀彦　取締役山口俊一・金沢誠　監査役高橋輝子
ISO 9001取得
◉荒川生コン工場＝本社に同じ
工場長今野誠
従業員12名（技士3名）
1970年10月操業2021年3月更新2300×1　ＰＳＭ北川鉄工　UBE三菱　シーカポゾリス・GCP　車大型×7台・中型×1台
2023年出荷5千㎥
G＝陸砂利　S＝陸砂
普通JIS取得（GBRC）
ISO 9001取得

滝井生コンクリート㈱
（ダイカン物産㈱と、総合生コン共同企業体を設立。ダイカン物産㈱総合生コンへ生産委託）
1968年12月16日設立
◉本社＝〒998－0044　酒田市中町1－8－7
☎0234－22－4535・FAX0234－22－4535
代表取締役佐藤公雄　取締役滝井成子・西村巌

鶴岡砂利企業㈱
1956年4月1日設立　資本金2000万円　従業員34名　出資＝（自）100％
◉本社＝〒997－0344　鶴岡市東荒屋字志田1－1
☎0235－57－2058・FAX0235－57－4345
✉tsuruoka-jyari.kushibiki@cpost.plala.or.jp
代表取締役井上眞　取締役板垣正男・五十嵐孝蔵　監査役今野寿雄
◉生コンクリート工場＝〒997－0344　鶴岡市東荒屋字志田1－1
☎0235－57－2820・FAX0235－57－4345
✉tsuruoka-jyari.kushibiki@cpost.plala.or.jp
工場長高橋保
従業員11名（技士2名）
1985年2月操業1987年8月更新1500×1（二軸）　ＰＳＭ北川鉄工　太平洋　シーカポゾリス・フローリック　車大型×7台・中型×3台
G＝陸砂利　S＝山砂・陸砂
普通JIS取得（GBRC）
◉温海生コンクリート工場（操業停止中）＝〒999－7201　鶴岡市山五十川字赤松30
☎0235－45－2827・FAX0235－45－2837
2001年4月操業1500×1（二軸）

鶴岡レミコン㈱
1970年8月1日設立　資本金2520万円　従業員11名　出資＝（販）63.09％・（建）6.38％・（製）11.11％・（骨）11.11％・（他）7.94％
◉本社＝〒997－0011　鶴岡市宝田3－13－7

☎0235－22－5770・FAX0235－22－1418
✉tsuruokaremikon@wish.ocn.ne.jp
代表取締役加藤聡　取締役前田直之・敦井一友・安藤政則・熊田広務・秋元英樹　監査役笠原俊一
◉工場＝本社に同じ
工場長熊田広務
従業員11名（主任技士1名・技士4名）
1971年4月操業1986年5月更新1500×1（二軸）　ＰＳＭ光洋機械（旧石川島）　太平洋　シーカポゾリス・シーカポゾリス　車大型×5台・小型×2台
G＝陸砂利・砕石　S＝陸砂
普通JIS取得（GBRC）

東海林建設㈱
1968年8月1日設立　資本金3400万円　従業員75名　出資＝（自）100％
◉本社＝〒994－0054　天童市大字荒谷2789－1
☎023－654－1421・FAX023－654－7296
代表取締役東海林清彦
◉生コン部＝〒994－0054　天童市大字荒谷字下河原2787－1
☎023－654－4573・FAX023－654－4575
工場長東海林明
従業員10名（技士4名）
1977年10月操業1988年8月更新56×2　ＰＭ日本プラントＳパシフィックシステム　UBE三菱　フローリック　車大型×5台・中型×1台
G＝砕石　S＝山砂・砕砂
普通JIS取得（IC）

東北カイハツ生コンクリート㈱
資本金2300万円　従業員7名
◉本社＝〒990－2313　山形市松原字横手751
☎023－688－3135・FAX023－688－3136
代表取締役加藤欣史　常務取締役渡邉俊夫　取締役小野忠勝　監査役松谷昌史
◉本社工場＝本社に同じ
常務取締役渡邉俊夫
従業員7名（技士5名）
1968年6月操業1997年10月更新2000×1　Ｐ東和工機ＳＭ日工　UBE三菱　車大型×6台・中型×1台〔傭車：山形陸上運送㈱〕
2024年出荷12千㎥
G＝砕石　S＝山砂・陸砂
普通JIS取得（GBRC）

沼田コンクリート工業㈱
2013年2月7日設立　資本金1000万円　従業員27名　出資＝（建）100％
◉本社＝〒996－0091　新庄市十日町5648－2
☎0233－22－2559・FAX0233－23－1464
代表取締役金田孝司　取締役笹健一・永井幹男
◉本社工場＝本社に同じ
工場長皆川光一
従業員11名（技士4名）
1972年4月操業1983年3月更新1500×1（二軸）　ＰＭ北川鉄工Ｓハカルプラス　住友大阪　車大型×7台・小型×2台
G＝砕石　S＝砕砂
普通JIS取得（JTCCM）

㈱丸吉奥山組
1957年5月31日設立　資本金4800万円
◉本社＝〒994－0075　天童市大字蔵増乙1420
☎023－653－5651・FAX023－653－1512
URL http://www.marukichi.jp/
代表取締役社長奥山浩明
◉丸吉レミコン＝〒994－0075　天童市大字蔵増乙1420
☎023－653－5653・FAX023－653－1512
1968年9月操業2016年12月更新1700×1（ジクロス）　ＰＳ北川鉄工（旧日本建機）　Ｍ北川鉄工
G＝砕石　S＝山砂・砕砂
普通JIS取得（JTCCM）

㈱マルゴ生コン
1973年10月24日設立　資本金4000万円　従業員14名　出資＝（建）40％・（製）25％・（他）35％
◉本社＝〒999－7541　鶴岡市西目字京田前138
☎0235－35－2355・FAX0235－35－2997
代表取締役佐藤成幸　取締役佐藤昭一・白木俊弘　監査役本間新之丞・佐藤正晴
◉工場＝本社に同じ
代表取締役佐藤成幸
従業員14名（技士4名）
1974年8月操業2017年5月更新1800×1（二軸）　ＰＳＭ光洋機械（旧石川島）　太平洋　ヤマソー　車大型×7台〔傭車：㈲安藤運輸〕
2023年出荷13千㎥、2024年出荷15千㎥
G＝陸砂利・砕石　S＝陸砂
普通JIS取得（JTCCM）

㈲みつわ
1986年4月1日設立　資本金3000万円　従業員15名　出資＝（自）85％・（建）15％
◉本社＝〒990－2251　山形市立谷川2－6031－2
☎023－686－6032・FAX023－686－6074
代表取締役社長赤塚信昭
ISO 9001取得
◉ミツワ生コン工場＝本社に同じ
工場長山川勝美
従業員22名（主任技士1名・技士8名）
第1Ｐ＝1986年4月操業1991年8月更新1500×1　ＰＳＭ日本プラント
第2Ｐ＝2020年1月操業2250×1（二軸）　ＰＳＭ日工　日鉄・太平洋　ヤマソー・フローリック　車大型×11台・中型×台・小型×2台
G＝砕石　S＝山砂・砕砂
普通JIS取得（JQA）
ISO 9001取得

村山生コン㈱
1960年5月12日設立　資本金2000万円　従業員12名　出資＝（販）5％・（建）50％・（他）45％
◉本社＝〒995－0036　村山市楯岡中町4－44
☎0237－55－5665・FAX0237－55－566
✉mkk@takaya-kk.co.jp
代表取締役髙谷時子　取締役髙谷博・渋谷健一
◉工場＝本社に同じ
工場長渋谷健一
従業員12名（技士3名）
1967年6月操業2018年10月更新1670×（二軸）　ＰＳＭ日工　住友大阪　シーカポゾリス・リグエース・シーカビスコクリート　車大型×5台・中型×1台
2023年出荷8千㎥、2024年出荷8千㎥
G＝砕石　S＝陸砂・砕砂
普通JIS取得（GBRC）

山形太平洋生コン㈱
（折原アサノコンクリート㈱より生産受託）
1963年1月15日設立　資本金6000万円　従業員13名　出資＝（セ）70％・（販）20％・（他）10％
◉本社＝〒990－0012　山形市大字釈迦堂字下唐松1431
☎023－642－6845・FAX023－642－694
URL https://www.yamagata-taiheiyo.com
代表取締役成田潔　取締役折原清告・船山康廣・野田慎也・竹内良　監査役宮田知典
◉工場＝本社に同じ
工場長折原清告
従業員13名（主任技士2名・技士3名・診断士2名）
1963年4月操業2017年1月更新2500×1　ＰＭ北川鉄工Ｓパシフィックシステム　太平洋　シーカポゾリス・フローリック　車大型×7台・中型×1台
2023年出荷12千㎥、2024年出荷12千㎥
G＝砕石　S＝陸砂
普通JIS取得（GBRC）
大臣認定単独取得（60N/mm²）

㈱山形生コン
1988年6月14日設立　資本金1000万円　従業員28名　出資＝（自）100％
◉本社＝〒990－2363　山形市大字長谷堂

4143－1
☎023－688－6631・FAX023－688－6645
URL https://yamagata-namakon.com
✉info@yamagata-namakon.com
代表取締役横山誠　取締役横山真人・横山由美・奥山利弘　監査役舟越利雄
◉工場＝本社に同じ
工場長青木雄一
従業員25名(主任技士3名・技士2名・診断士2名)
第1P＝1989年6月操業2000×1(二軸)　P日本プラントSハカルプラスM日工
第2P＝1997年9月操業2000×1(二軸)　PプラントフナヤマSハカルプラスM光洋機械
第3P＝2017年8月操業2000×1(二軸)　PプラントフナヤマSハカルプラスM日工　太平洋・日鉄　シーカポゾリス・シーカビスコクリート　車大型×20台・中型×2台・小型×2台
2023年出荷30千㎥、2024年出荷25千㎥
G＝砕石　S＝陸砂・砕砂
普通JIS取得(GBRC)
大臣認定単独取得(60N/mm²)
◉米沢工場＝〒992－1125　米沢市万世町片子16
☎0238－23－6330・FAX0238－24－7837
✉ryu-takahashi@yamagatanamakon.jp
責任者髙橋竜三
従業員25名
第1P＝2001年12月操業2250×1
第2P＝2015年操業2000×1　太平洋・日鉄　シーカポゾリス・ヤマソー　車15台
2023年出荷20千㎥、2024年出荷19千㎥
G＝砕石　S＝陸砂・砕砂
普通・高強度JIS取得(IC)

山形陸上運送㈱
1948年6月8日設立　資本金1億円　従業員225名
◉本社＝〒990－0071　山形市流通センター4－7－4
☎023－633－2811・FAX023－632－5911
URL http://www.yamariku.co.jp/
✉dt-yrk@yamariku.co.jp
代表取締役社長齊藤明廣　代表取締役会長金山知裕
◉米沢生コン工場＝〒992－0117　米沢市大字川井字道下4890－89
☎0238－28－6133・FAX0238－28－1305
✉yonezawa-yrk@yamariku.co.jp
責任者片倉正美
従業員12名(主任技士1名・技士3名)
2000×1(二軸)　UBE三菱　シーカポゾリス　車大型×6台・中型×2台
G＝砕石　S＝砕砂
普通JIS取得(GBRC)

ヤマリョー㈱
1949年4月30日設立　資本金8100万円　従業員205名　出資＝(販)100％
◉本社＝〒990－8660　山形市流通センター3－6－5
☎023－633－2323・FAX023－633－2283
代表取締役会長金山知裕　代表取締役社長久保市政和　取締役東海林道哉・山川浩二・田中要一・軽部聡志
◉鶴岡カイハツ生コン工場＝〒997－0003　鶴岡市文下字広野38－1
☎0235－23－6077・FAX0235－23－9641
工場長須田守
従業員9名(主任技士1名・技士4名)
1973年10月操業2014年1月更新2500×1　PM日本プラントSハカルプラス　UBE三菱　シーカポゾリス　車大型×6台・小型×4台〔傭車：山形陸上運送㈱〕
2023年出荷26千㎥、2024年出荷12千㎥
G＝陸砂利・砕石　S＝陸砂
普通JIS取得(GBRC)

㈱横山興業
1979年4月1日設立　資本金2000万円　従業員65名　出資＝(自)100％
◉本社＝〒992－0093　米沢市六郷町西藤泉字中川原参380－3
☎0238－37－2390・FAX0238－37－6030
代表取締役横山和一　専務取締役加藤一男　常務取締役安部章広　取締役大島嘉美
◉生コン工場＝本社に同じ
工場長大島嘉美
従業員15名(技士2名)
1975年4月操業1979年1月PS1983年3月M改造1500×1　PSM北川鉄工　住友大阪　ヴィンソル　車大型×10台・小型×2台
G＝陸砂利　S＝陸砂
普通JIS取得(GBRC)

宮城県

㈲アール・コマ
1991年10月11日設立　資本金3000万円
従業員5名　出資＝（他）100％
◉本社＝〒989－5301　栗原市栗駒岩ヶ崎岩倉9－1
☎0228－45－5771・FAX0228－45－5775
代表取締役小野寺昭吉　取締役村上直毅・藤山和明　監査役山崎彦昌
◉工場＝本社に同じ
工場長氏家勝典
従業員6名（主任技士2名・技士1名）
1991年12月操業1000×1（二軸）　ＰＳＭ北川鉄工　UBE三菱　フローリック　車大型×3台・小型×2台
2023年出荷5千㎥
G＝砕石　S＝山砂・砕砂
普通JIS取得（GBRC）

石巻カイハツ生コンクリート㈱
（仙台カイハツ生コンクリート㈱と合併）
1968年3月18日設立　資本金2200万円
従業員12名　出資＝（販）52.3％・（他）47.7％
◉本社＝〒981－0501　東松島市赤井字川前二番124
☎0225－82－2381・FAX0225－82－2382
代表取締役髙橋克実　常務取締役伊藤信裕　取締役小野忠勝・大沼清孝　監査役吉田毅志
◉石巻工場＝本社に同じ
工場長齋藤正人
従業員6名（主任技士1名・技士4名）
1968年6月操業2017年1月更新2300×1（二軸）　ＰＳＭ光洋機械　UBE三菱　フローリック・シーカポゾリス　車大型×5台・小型×1台〔傭車：三八五トラフィック㈱〕
2023年出荷10千㎥、2024年出荷8千㎥
G＝砕石　S＝山砂・石灰砕砂・砕砂
普通・舗装JIS取得（IC）
◉大和工場（旧仙台カイハツ生コンクリート㈱工場）＝〒981－3411　黒川郡大和町鶴巣大平字新田60－1
☎022－343－2031・FAX022－343－2468
工場長伊藤信裕
従業員6名（主任技士2名・技士2名）
1975年8月操業2020年8月更新2300×1（二軸）　ＰＭ光洋機械（旧石川島）Ｓ東和工機　UBE三菱　フローリック・シーカジャパン　車大型×5台・小型×1台〔傭車：三八五流通㈱〕
2023年出荷9千㎥
G＝砕石　S＝山砂・砕砂
普通JIS取得（IC）

いずみ興産㈱
1971年4月21日設立　資本金3000万円
従業員13名　出資＝（販）100％
◉本社＝〒989－3212　仙台市青葉区芋沢字大竹新田下19－1
☎022－394－3341・FAX022－394－7460
代表取締役高橋義雄　取締役小野忠勝
監査役松谷昌史・加藤益夫
◉工場＝本社に同じ
従業員12名
1972年10月操業2019年8月更新2300×1（二軸）　ＰＳＭ光洋機械　UBE三菱　シーカメント・フローリック　車大型×5台・小型×2台
2023年出荷23千㎥
G＝砕石　S＝山砂・砕砂
普通・舗装JIS取得（GBRC）
大臣認定単独取得（60N/mm²）
◉泉大和工場（旧泉コンクリート工業㈱大和工場）＝〒981－3624　黒川郡大和町宮床字五寺坊87－2
☎022－346－2790・FAX022－346－2882
1993年12月操業1500×1（二軸）　ＰＳＭ光洋機械

㈱大崎共同生コン
（大崎レミコン㈱、大衡生コン㈱、加美生コン㈱、㈱仙北生コン、大協企業㈱古川宇部生コン工場、古川生コンクリート工業㈱、丸か生コン㈱から生産受託）
2010年6月1日設立　資本金9450万円　従業員61名
◉本社＝〒989－6175　大崎市古川諏訪2－5－34
☎0229－22－1462・FAX0229－23－7103
代表取締役石ヶ森信幸　取締役佐川光・尾出敏行・佐々木浩章・佐藤晴彦・加藤潤　監査役村上直毅
◉東工場＝〒987－0006　遠田郡美里町関根字堤筒66－1
☎0229－34－2316・FAX0229－34－1041
✉oosakihigashi2@amail.plala.or.jp
工場長千葉貞之
従業員17名（主任技士1名・技士2名）
1976年6月操業2021年7月更新1670×1（二軸）　Ｐ光洋機械ＳＭ日工　太平洋　シーカビスコフロー・シーカポゾリス・シーカビスコクリート　車大型×9台・小型×2台
2023年出荷23千㎥、2024年出荷19千㎥
G＝砕石　S＝山砂・砕砂
普通JIS取得（GBRC）
◉西工場＝〒981－4305　加美郡加美町宇宮田1－1
☎0229－67－3301・FAX0229－67－3274
✉oosakinishi2@kyodo.p001.jp
工場長結城光
従業員12名（技士3名）
1972年6月操業1987年9月更新1500×1　ＰＭクリハラＳハカルプラス　UBE三菱　シーカポゾリス　車大型×5台・小型×2台
2023年出荷13千㎥、2024年出荷13千㎥
G＝砕石　S＝山砂・砕砂
普通JIS取得（GBRC）
◉南工場＝〒981－3602　黒川郡大衡村字枛木126－11
☎022－345－5161・FAX022－345－1267
工場長八巻宗美
従業員14名（技士4名）
1975年9月操業1990年11月更新2000×1（二軸）　Ｐ東和工機ＳＭ光洋機械（旧石川島）　UBE三菱　ヤマソー　車大型×8台・小型×2台
G＝砕石　S＝山砂・陸砂
普通JIS取得（GBRC）
◉北工場＝〒989－6434　大崎市岩出山字下川原町232
☎0229－72－0439・FAX0229－72－4040
✉oosakikita2@kyodo.p001.jp
工場長児玉正典
従業員16名
1971年12月操業1994年11月更新1500×1（二軸）　Ｐ東和工機ＳＭ光洋機械（旧石川島）　UBE三菱　チューポール・ヤマソー　車大型×8台・中型×2台
G＝砕石　S＝山砂・陸砂
普通JIS取得（GBRC）

大衡生コン㈱
1975年4月1日設立　資本金1300万円　従業員1名　出資＝（自）80％・（他）20％
◉本社＝〒981－4272　加美郡加美町城生字城生東1
☎0229－63－2755・FAX0229－63－2757
✉oide12@giga.ocn.ne.jp
代表取締役尾出敏行　取締役辻川久志・尾出弘子
※㈱大崎共同生コンに生産委託

㈱岡崎工業所
1987年8月1日設立　資本金1000万円　出資＝（自）100％
◉本社＝〒989－5301　栗原市栗駒岩ヶ崎神明42－1
☎0228－45－2233・FAX0228－45－1433
代表取締役岡崎祥之　取締役岡崎理佳・岡崎晃幸
◉生コン工場＝本社に同じ
工場長岡崎祥之
従業員12名（技士2名）
1987年8月操業1500×1　ＰＳＭ日工　太平洋　リグエース・チューポール　車大型×8台・中型×2台・小型×2台
G＝砕石　S＝山砂・砕砂
普通JIS取得（GBRC）

㈱オナガワ
1966年7月1日設立　資本金1600万円　従業員27名　出資＝(自)100%
◉本社＝〒986－2231　牡鹿郡女川町浦宿浜字浦宿81－3
☎0225－53－3108・FAX0225－53－3107
代表取締役社長川下文彦　取締役早坂弘・平塚季久治・亀山賢次郎　監査役渡辺浩・田中博満・田中博美
◉工場＝本社に同じ
工場長神橋昇市
従業員27名(技士4名)
1966年8月操業1992年9月更新2000×2　ＰＭ日本プラントＳパシフィックシステム　太平洋　フローリック　車大型×14台・小型×1台
G＝砕石　S＝河川・山砂・砕砂
普通・舗装JIS取得(GBRC)

㈱カイハツ生コン
◉本社＝青森県参照
◉気仙沼工場＝〒988－0822　気仙沼市切通168－1
☎0226－23－3409・FAX0226－24－1482
✉hiroonodera@kaihatu-rmc.co.jp
常務取締役兼工場長長沼靖宏
従業員7名(主任技士1名・技士2名)
1967年4月操業1995年6月ＳＭ2013年1月Ｐ改造2750×1(二軸)　Ｐ東和工機ＳＭ光洋機械(旧石川島)　UBE三菱　シーカポゾリス　車大型×5台〔傭車2台〕・小型×3台
2023年出荷11千㎥、2024年出荷4千㎥
G＝石灰砕石・砕石　S＝山砂・石灰砕砂
普通・舗装JIS取得(GBRC)
※八戸工場＝青森県、一関工場＝岩手県参照

角田レミコン㈱
1971年4月10日設立　資本金4000万円　従業員27名　出資＝(自)100%
◉本社＝〒981－1505　角田市角田字野田前95
☎0224－63－3211・FAX0224－63－3213
✉k-rmc@pluto.plala.or.jp
代表取締役社長森孝次　専務取締役森吉治
◉工場＝本社に同じ
工場長森吉治
従業員17名(技士4名)
1971年8月操業1981年5月更新1500×1(二軸)　ＰＳＭ光洋機械(旧石川島)　太平洋　シーカジャパン・GCP　車大型×8台・小型×3台
2023年出荷22千㎥、2024年出荷26千㎥(中流動7800㎥)
G＝砕石　S＝陸砂・砕砂
普通・舗装JIS取得(JTCCM)

◉亘理工場＝〒989－2207　亘理郡山元町八手庭字北向89－1
☎0223－37－2700・FAX0223－37－2765
✉kw-rmc@vega.ocn.ne.jp
工場長門脇辰也
従業員10名(主任技士1名・技士2名)
1992年7月操業2000×1(二軸)　太平洋　シーカジャパン・GCP　車大型×7台・小型×2台
2023年出荷5千㎥、2024年出荷6千㎥
G＝砕石　S＝河川・陸砂・砕砂
普通・舗装JIS取得(JTCCM)

河南生コンクリート㈱
1977年3月3日設立　資本金15000万円　従業員30名　出資＝(自)100%
◉本社＝〒986－1111　石巻市鹿又字山下西29
☎0225－75－2244・FAX0225－75－2263
代表取締役社長髙橋高雄　代表取締役会長山本義彦　取締役鈴木千恵子・山本咲子・佐藤昌良・浜本和史・山本翔太郎
◉工場＝本社に同じ
工場長木村克己
従業員30名(技士10名)
1980年6月操業2006年1月更新2300×1(ジクロス)　ＰＭ北川鉄工Ｓハカルプラス　太平洋　フローリック・シーカポゾリス　車大型×16台・小型×2台
G＝砕石　S＝山砂
普通・舗装JIS取得(MSA)
ISO 9001取得

カネカ生コン㈱
◉本社＝〒986－0853　石巻市門脇字元捨喰11－4
☎0225－96－6175・FAX0225－96－6149
◉工場＝本社に同じ
G＝砕石　S＝山砂・砕砂
普通・舗装JIS取得(MSA)

川崎生コン㈱
2007年3月設立　資本金1000万円　従業員22名　出資＝(販)100%
◉本社＝〒989－1505　柴田郡川崎町大字小野笹平山90
☎0224－84－4155・FAX0224－84－5715
代表者村上正輝　役員加藤彰英
◉工場＝〒989－1505　柴田郡川崎町大字小野笹平山90
☎0224－84－4778・FAX0224－84－5715
✉kawasaki.namakon.co@royal.ocn.ne.jp
工場長佐藤重勝
従業員22名(主任技士2名・技士5名)
第1Ｐ＝1993年10月操業2000年5月Ｍ改造1670×1(二軸)　ＰＭ日工Ｓパシフィックシステム
第2Ｐ＝1993年10月操業2000年5月Ｍ改造1100×1(二軸)　ＰＳＭ日工　太平洋　マイテイ・ヤマソー　車大型×26台
G＝陸砂利　S＝山砂・陸砂
普通・高強度・軽量JIS取得(GBRC)
大臣認定単独取得(80N/mm²)

㈱環境施設
2012年6月6日設立　資本金4000万円　従業員90名　出資＝(自)100%
◉本社＝〒983－0822　仙台市宮城野区燕沢東2－9－30　2階
☎022－762－7551・FAX022－762－7552
URL https://www.k-shisetsu.com/
✉info@k-shisetsu.com
代表取締役田中直継　取締役島内雅志・川野豪・中村卓也
ISO 9001・みちのくEMS取得
◉未来生コン＝〒983－0002　仙台市宮城野区蒲生3－7－6
☎022－352－7633・FAX022－352－7646
✉k-sato@k-shisetsu.com
責任者佐藤憲一
従業員30名(主任技士1名・技士3名)
第1Ｐ＝2017年10月操業3500×1
第2Ｐ＝2017年10月操業3500×1　車大型×15台・小型×4台
G＝砕石　S＝山砂
普通JIS取得(MSA)
ISO 9001取得

㈱クリハラ生コン
1991年10月1日設立　資本金5000万円　従業員12名　出資＝(自)72%・(他)28%
◉本社＝〒987－2223　栗原市築館字萩沢加倉7－1
☎0228－22－7811・FAX0228－22－7812
代表取締役大場一豊
◉工場＝本社に同じ
専務取締役大場美昭
従業員9名(技士3名)
1991年10月操業1500×1(二軸)　ＰＳＭ光洋機械　住友大阪　フローリック　車大型×7台・小型×2台
G＝砕石　S＝山砂
普通JIS取得(JTCCM)

気仙沼小野田レミコン㈱
1970年1月16日設立　資本金1000万円　従業員18名　出資＝(販)100%
◉本社＝〒988－0212　気仙沼市最知森合27－1
☎0226－27－3225・FAX0226－27－3227
URL https://k-remicon.com
✉orc27@helen.ocn.ne.jp
代表取締役尾形圭
◉本社工場＝本社に同じ
工場長吉田公一
従業員15名(主任技士2名・技士3名・診断士1名)
1970年6月操業2020年1月更新2300×1(二

宮城県

軸）　ＰクリハラＭ光洋機械Ｓハカルプラス　太平洋　フローリック・リグエース・シーカポゾリス　車大型×11台・小型×2台
2023年出荷17千㎥
G＝砕石　S＝山砂・砕砂
普通・舗装JIS取得（JTCCM）

㈱佐沼生コン
1972年2月3日設立　資本金3070万円　従業員11名　出資＝（建）77.2%・（販）9.4%・（他）13.4%
◉本社＝〒987－0403　登米市南方町内ノ目45
☎0220－58－2205・FAX0220－58－2206
代表取締役太田陽平　取締役渡辺光太郎・浅野拓治・髙橋力　監査役武川毅・佐々木俊治
◉工場＝本社に同じ
工場長佐藤有志
従業員9名（主任技士1名・技士4名）
1972年7月操業1984年8月Ｐ1998年10月Ｓ2013年5月Ｍ改造1350×1（二軸）　ＰＳＭ北川鉄工　UBE三菱　フローリック　車大型×8台・小型×2台
2024年出荷10千㎥
G＝砕石　S＝山砂
普通・舗装JIS取得（GBRC）

白石生コンクリート㈱
1967年6月6日設立　資本金2000万円　従業員15名　出資＝（建）41%・（骨）6%・（他）53%
◉本社＝〒989－0734　白石市白鳥2－14
☎0224－25－2828・FAX0224－25－1809
取締役社長小野竜太郎　取締役小野道子　監査役小野俊子・中斉義子
◉白石本社工場＝本社に同じ
工場長鐘水隆
従業員15名（技士3名）
1967年7月操業1987年8月更新1500×1（二軸）　ＰＳＭ光洋機械　UBE三菱　シーカビスコフロー・シーカポゾリス　車大型×9台・小型×2台
2023年出荷23千㎥、2024年出荷26千㎥（高強度10㎥）
G＝砕石　S＝陸砂・砕砂
普通・舗装JIS取得（GBRC）

石菱コンクリート㈱
1976年5月31日設立　資本金1億円　従業員43名　出資＝（他）100%
◉本社＝〒987－1101　石巻市前谷地字高張1
☎0225－72－2221・FAX0225－72－2223
URL http://www.sekiryoinc.com
✉soumu@sekiryoinc.com
代表取締役社長小野秀一　取締役伊藤文雄・浅野進市　取締役相談役若生保彦　監査役若生翔太郎
ISO 9001取得
◉工場＝本社に同じ
課長阿部恵太朗
従業員25名（主任技士1名・技士10名）
1973年11月操業2015年7月更新2250×1（二軸）　ＰＳＭ日工　UBE三菱　フローリック・シーカポゾリス・ヤマソー　車大型×9台・小型×1台
G＝石灰砕石・砕石　S＝山砂・砕砂
普通・舗装JIS取得（GBRC）
ISO 9001取得
大臣認定単独取得（60N/mm²）

仙台中央生コン㈱
資本金1000万円　従業員8名
◉本社＝〒981－1103　仙台市太白区中田町字後河原1
☎022－241－3121・FAX022－241－3123
✉qqmf6ef9k@mint.ocn.ne.jp
代表者吉野純
◉本社工場＝本社に同じ
工場長鈴木良宣
従業員8名
1965年8月操業2004年5月更新1670×1（二軸）　ＰＳＭ日工　住友大阪　フローリック・リグエース・シーカ　車15台〔傭車：東北三栄・大富運輸〕
G＝砕石　S＝山砂・砕砂
普通JIS取得（GBRC）
大臣認定単独取得（60N/mm²）

仙台東部㈱
◉本社＝〒985－0833　多賀城市栄2－6－15
☎022－363－3535・FAX022－362－2147
◉工場（旧仙台中央生コン㈱多賀城工場）＝本社に同じ
1991年1月操業1997年5月Ｍ改造1500×1　ＰＭクリハラＳハカルプラス
普通・舗装JIS取得（GBRC）

仙台生コンクリート㈱
1963年8月23日設立　資本金3000万円　従業員9名　出資＝（自）100%
◉本社＝〒983－0005　仙台市宮城野区福室字県道前23
☎022－258－0211・FAX022－258－0214
✉sennama1@theia.ocn.ne.jp
代表取締役玉田健一　専務取締役田中方康　取締役松坂秀信・野田慎也
◉本社工場＝本社に同じ
工場長松坂秀信
従業員9名（主任技士2名・技士3名）
1963年12月操業2014年更新2250×1　ＰＳＭ光洋機械　太平洋　シーカポゾリス・シーカビスコクリート　車大型×2台
2023年出荷20千㎥、2024年出荷11千㎥
G＝砕石・人軽骨　S＝山砂・人軽骨
普通・軽量JIS取得（JTCCM）
大臣認定単独取得（60N/mm²）

仙台日立生コン㈱
1970年8月28日設立　資本金2000万円　従業員12名　出資＝（販）100%
◉本社＝〒981－3111　仙台市泉区松森字阿比古83－1
☎022－372－5341・FAX022－372－5343
URL http://www.morimoku.co.jp/hitachinamacon.htm
✉hitachi@morimoku.co.jp
代表取締役守屋光泰　常務取締役平光幸　取締役菊地宏樹
◉工場＝本社に同じ
工場長平光幸
従業員12名（技士3名）
1971年4月操業2013年2月更新1500×1　ＰＳＭ光洋機械　日鉄・日立　フローリック・ダラセム・ヤマソー　車大型×6台
2023年出荷18千㎥、2024年出荷20千㎥
G＝砕石　S＝山砂
普通JIS取得（JTCCM）

仙南生コンクリート㈱
1967年6月15日設立　資本金10000万円　従業員37名　出資＝（セ）11%・（販）22%・（他）67%
◉本社＝〒989－0701　刈田郡蔵王町宮字二坂10
☎0224－32－2331・FAX0224－32－3118
✉sen-hon@shore.ocn.jp
代表取締役社長大沼毅彦　取締役会長大沼迪義　取締役相談役菅原政彦　常務取締役八島俊光　取締役大沼邦彦・阿部宣一・佐藤栄樹　監査役佐久間博
◉本社工場＝本社に同じ
工場長八島俊光
従業員18名（技士3名）
1967年6月操業1978年11月更新56×2　ＰＳＭ度量衡　UBE三菱　フローリック・リグナール　車大型×6台・小型×1台
G＝砕石　S＝陸砂
普通JIS取得（GBRC）
◉釜房工場＝〒989－1507　柴田郡川崎町大字支倉字中原裏山36－1
☎0224－86－2111・FAX0224－86－2131
工場長佐藤栄樹
従業員18名（技士5名）
1968年9月操業2018年11月更新2300×1（二軸）　ＰＳＭ光洋機械　UBE三菱　フローリック・ダラセム・シーカメント　車大型×9台
G＝砕石　S＝陸砂
普通JIS取得（GBRC）

㈲仙北生コン
1966年8月1日設立　資本金3000万円　従業員2名　出資＝（販）5.7％・（建）3％・（骨）28.3％・（他）68.6％
◉本社＝〒989－6102　大崎市古川江合本町3－1－2
☎0229－22－0158・FAX0229－23－7971
✉namacon-0158@cap.ocn.ne.jp
代表取締役石ヶ森信幸　取締役石ヶ森富美・石ヶ森宗彰　監査役石堂昌宏
※㈱大崎共同生コンへ生産委託

㈲大一生コン
1996年10月設立　資本金300万円　出資＝（自）100％
◉本社＝〒989－2205　亘理郡山元町小平字北85
☎0223－37－1158・FAX0223－37－1159
◉本社工場＝本社に同じ
住友大阪　車中型×1台・小型×5台
G＝砕石　S＝陸砂

大協企業㈱
◉本社＝岩手県参照
◉北宮城生コン工場＝〒987－2233　栗原市築館字照越永平53
☎0228－22－1431・FAX0228－23－7925
工場長氏家勝典
従業員8名（主任技士1名・技士2名）
1975年8月操業1989年5月更新2000×1（二軸）　ＰＳＭ北川鉄工　UBE三菱　ヤマソー　車大型×5台・小型×2台
2023年出荷4千㎥、2024年出荷4千㎥
G＝砕石　S＝山砂・砕砂
普通・舗装JIS取得（GBRC）
※花巻工場・矢巾工場＝岩手県参照

㈱タイハク
1983年5月19日設立　資本金1500万円
従業員110名　出資＝（自）100％
◉本社＝〒981－1241　名取市高舘熊野堂字今成西37
☎022－397－8688・FAX022－281－0845
URL https://www.taihaku.co.jp/
✉info@taihaku.co.jp
代表取締役社長佐藤一平　代表取締役会長佐藤泰行　専務取締役佐藤心平　常務取締役佐藤京介
◉本社工場＝〒981－1241　名取市高舘熊野堂字今成西37
☎022－281－0420・FAX022－281－0845
工場長長坂孝裕
従業員38名（主任技士2名・技士15名）
1983年5月操業2007年5月更新1500×1　ＰＭ光洋機械Ｓハカルプラス　太平洋・UBE三菱・日鉄・住友大阪　シーカメント・シーカビスコクリート・チューポール　車大型×10台・小型×15台
G＝石灰砕石・砕石　S＝山砂・砕砂
普通JIS取得（JTCCM）
大臣認定単独取得（60N/mm²）
◉利府工場＝〒981－0113　宮城郡利府町飯土井字長者前75－1
☎022－393－4806・FAX022－393－4807
✉t.sakuma.taihaku@outlook.jp
工場長佐久間徹
従業員22名（主任技士1名・技士5名）
2007年5月操業2300×1（二軸）　ＰＭ光洋機械Ｓハカルプラス　太平洋・UBE三菱・日鉄・住友大阪　シーカメント・シーカビスコクリート・チューポール　車大型×20台・小型×15台
G＝石灰砕石・砕石　S＝山砂・砕砂
普通JIS取得（JTCCM）
大臣認定単独取得（60N/mm²）
◉名取工場＝〒981－1225　名取市飯野坂3－3－33
☎022－384－0234・FAX022－384－0515
✉sayama@taihaku.co.jp
工場長佐山通広
従業員（主任技士1名・技士5名・診断士1名）
2012年7月操業2013年1月更新2750×1（水平二軸）　ＰＳＭ日工　太平洋・UBE三菱・日鉄・住友大阪　シーカメント・チューポール・シーカビスコクリート　車大型×11台・小型×17台
G＝石灰砕石・砕石　S＝山砂・砕砂
普通JIS取得（JTCCM）
大臣認定単独取得（80N/mm²）

㈲高澤産業
資本金300万円　出資＝（建）100％
◉本社＝〒981－3117　仙台市泉区市名坂野蔵36
☎022－374－0620・FAX022－374－0640
代表取締役髙澤忠洪
◉工場＝本社に同じ
1973年6月操業750×1　太平洋　シーカメント・シーカポゾリス　車23台
G＝砕石　S＝山砂
普通JIS取得（GBRC）

多賀城カイハツ生コン㈱
2006年1月設立　資本金3000万円
◉本社＝〒983－0013　仙台市宮城野区中野字上小袋田1－1
☎022－258－1291・FAX022－258－4517
代表取締役高橋義雄
◉工場＝本社に同じ
工場長伊藤利明
従業員10名（主任技士2名・技士3名・診断士2名）
1969年12月操業2015年1月更新2250×1（二軸）　Ｐ東和工機ＳＭ光洋機械　UBE三菱　フローリック　車大型×7台〔傭車：山形陸上運送㈱・庄子建材〕
2023年出荷20千㎥、2024年出荷20千㎥
G＝石灰砕石・砕石　S＝山砂・砕砂
普通・舗装JIS取得（GBRC）
大臣認定単独取得（60N/mm²）

㈱高野コンクリート
1997年3月12日設立　資本金1000万円
従業員15名　出資＝（自）100％
◉本社＝〒986－0764　本吉郡南三陸町志津川字大久保7－1
☎0226－46－5403・FAX0226－46－5385
代表取締役佐藤政弘
◉工場＝本社に同じ
代表取締役佐藤政弘
従業員15名（主任技士3名・技士5名・診断士2名）
1980年4月操業2018年10月更新2250×1　ＰＳＭ日工　太平洋　ヤマソー・シーカポゾリス・スーパー100・フローリック　車大型×10台・小型×2台
2023年出荷10千㎥、2024年出荷9千㎥（高流動60㎥・水中不分離34㎥）
G＝砕石　S＝山砂・砕砂
普通・舗装JIS取得（GBRC）

多摩生コンクリート工業㈱
◉本社＝神奈川県参照
◉仙台工場＝〒983－0034　仙台市宮城野区扇町4－2－1
☎022－232－6747・FAX022－235－0845
✉tamanama-con@aloros.ocn.ne.jp
工場長安部和佳
従業員20名（主任技士2名・技士5名）
1974年11月操業1994年3月更新3000×1（二軸）　ＰＭ大平洋機工Ｓハカルプラス　太平洋　シーカポゾリス・フローリック・ヤマソー・マイテイ　車大型×22台・小型×3台
G＝石灰砕石・砕石・人軽骨　S＝山砂・砕砂
普通・舗装・軽量JIS取得（GBRC）
大臣認定単独取得

㈱築館生コン
1971年6月29日設立　資本金3300万円
従業員9名　出資＝（セ）60.6％・（建）3％・（骨）33.4％・（他）3％
◉本社＝〒987－2272　栗原市築館留場久伝145
☎0228－22－4031・FAX0228－22－7280
代表取締役社長佐々木静　取締役上田徹・菅原祥・伊藤俊行　監査役小野忠勝
◉工場＝本社に同じ
工場長伊藤俊行
従業員9名（主任技士1名・技士1名）
1971年12月操業1990年5月更新2000×1　ＰＭクリハラＳハカルプラス　日鉄・UBE三菱　リグエース・フローリック　車大型×7台・中型×1台・小型×1台
2023年出荷6千㎥

G＝砕石　S＝山砂・陸砂
普通JIS取得（GBRC）

㈱トウブ石巻
1975年5月1日設立　資本金5920万円　従業員8名　出資＝（自）100％
◉本社＝〒986－0011　石巻市湊字草刈山28
☎0225－93－0381・FAX0225－93－2086
代表取締役橋本力夫
◉工場＝本社に同じ
1976年7月操業2016年8月更新2250×1　ＰＳＭ日工　住友大阪
2023年出荷9千㎥
G＝砕石　S＝山砂・砕砂
普通・舗装JIS取得（GBRC）

東北建材産業㈱
1973年4月設立　資本金2000万円　従業員35名　出資＝（セ）40％・（他）60％
◉本社＝〒980－0811　仙台市青葉区一番町4－1－25　JRE東二番丁スクエア4F
☎022－261－5328・FAX022－265－0418
代表取締役髙橋義雄
◉カイハツ生コン工場＝〒983－0034　仙台市宮城野区扇町4－7－45
☎022－284－1531・FAX022－284－1533
✉qqks6bz9@adagio.ocn.ne.jp
工場長松倉俊
従業員9名（主任技士2名・技士5名）
1969年4月操業1992年12月ＰＳ2012年5月M改造2250×1（二軸）　Ｐクリハラ Ｓハカルプラス Ｍ日工　UBE三菱　シーカビスコクリート　車大型×8台・小型×1台〔傭車：カイハツ生コン輸送㈱〕
2023年出荷28千㎥、2024年出荷25千㎥（高強度1200㎥）
G＝石灰砕石・砕石・人軽骨　S＝山砂・砕砂
普通・高強度・舗装・軽量JIS取得（GBRC）
大臣認定単独取得（60N/mm²）
※東北化学工業㈱仙台生コン工場より生産受託

東北太平洋生コン㈱
2013年12月1日設立　資本金1億円　出資＝（セ）100％
◉本社＝〒981－1226　名取市植松字田野部124
☎022－384－2204・FAX022－384－2206
代表取締役中谷勲　取締役岡本高明・倉林勇
◉本社工場＝本社に同じ
工場長松浦孝
従業員13名（主任技士3名・技士2名・診断士1名）
1967年4月操業2006年5月更新3000×1（二軸）　ＰＳＭ光洋機械　太平洋　シーカポゾリス　車大型×8台
2023年出荷19千㎥、2024年出荷16千㎥
G＝砕石　S＝山砂・砕砂
普通・舗装JIS取得（JTCCM）
大臣認定単独取得（72N/mm²）
◉仙台工場（旧㈱ティーケー生コン工場）＝〒984－0015　仙台市若林区卸町4－6－1
☎022－231－3186・FAX022－236－8465
2000年10月操業1984年1月ＰＳ改造2250×1（二軸）　ＰＳＭ光洋機械
普通・舗装・軽量JIS取得（GBRC）
※渡兵レミコン㈱工場より生産受託
※協和工場＝秋田県、郡山工場・福島工場＝福島県参照

㈲東洋生コンクリート
1987年10月21日設立　資本金2500万円　従業員15名　出資＝（自）100％
◉本社＝〒989－0701　刈田郡蔵王町宮字海道東堀添17－8
☎0224－32－3470・3439・FAX0224－32－3656
代表取締役斎藤栄子　専務取締役斎藤孝夫　常務取締役萱場久義　取締役吉田正
◉本社工場＝本社に同じ
工場長佐藤善勝
従業員15名（技士1名）
1987年10月操業500×1　ＰＭ北川鉄工 Ｓハカルプラス　住友大阪　フローリック　車大型×1台・中型×9台
G＝陸砂利　S＝陸砂

㈱登米共同生コン
2010年12月1日設立　資本金2300万円　従業員12名　出資＝（自）100％
◉本社＝〒989－4601　登米市迫町新田字日向56
☎0220－29－4055・FAX0220－29－4033
代表取締役阿部英昭
◉工場＝本社に同じ
1984年8月操業1500×1
G＝砕石　S＝山砂
普通JIS取得（GBRC）

㈱中塩物産生コンクリート事業所
1983年4月1日設立　資本金5000万円　出資＝（自）100％
◉本社＝〒987－1103　石巻市北村字下田1－27
☎0225－73－4236・FAX0225－73－4235
代表取締役中塩勝市　取締役中塩克市・山下和博・成田巳次　監査役毛呂真
◉工場＝本社に同じ
工場長中塩克市
従業員9名（技士1名）
1981年11月操業1987年1月更新750×1（二軸）　ＰＳＭ光洋機械　日鉄　ヴィンソル・フローリック　車大型×2台・中型×5台
G＝砕石　S＝河川・山砂
普通JIS取得（JTCCM）

富士生コンクリート㈱
1988年2月17日設立　資本金4350万円　従業員13名　出資＝（自）100％
◉本社＝〒986－1111　石巻市鹿又字道
前335
☎0225－75－2021・FAX0225－75－202
代表取締役今野正弘　副社長遠藤富士
専務取締役遠藤治興
◉工場＝本社に同じ
工場長黒須寿則
従業員13名（技士3名）
1988年2月操業2012年10月更新2000×1　ＰＭクリハラ Ｓハカルプラス　UBE三
フローリック・シーカジャパン　車
型×9台・小型×1台
2023年出荷9千㎥、2024年出荷8千㎥
G＝砕石　S＝山砂・砕砂
普通・舗装JIS取得（IC）

㈱平成生コンクリート
1995年9月1日設立　資本金6800万円
業員18名　出資＝（自）87％・（建）13％
◉本社＝〒986－0029　石巻市湊西2－15－7
☎0225－98－7841・FAX0225－98－784
✉heisei.honsha@soleil.ocn.ne.jp
代表取締役社長本間杲　取締役阿部
恵・高橋勝也・中村康彦・阿部諭
ISO 9001取得
◉本社工場＝本社に同じ
従業員33名（主任技士1名・技士4名）
2013年4月操業2300×1（二軸）　ＰＳＭ北川鉄工　太平洋　フローリック・シーカポゾリス・チューポール　車大型×16台・中型×1台
G＝砕石　S＝山砂・砕砂
普通・舗装JIS取得（IC）
ISO 9001取得
大臣認定単独取得（60N/mm²）

北部生コンクリート㈱
1985年5月27日設立　資本金4000万円　従業員12名　出資＝（自）100％
◉本社＝〒988－0055　気仙沼市反松9－6
☎0226－23－6611・FAX0226－23－5308
代表取締役社長阿部祥太郎　取締役千葉
義明
◉工場＝本社に同じ
工場長千葉義明
従業員12名（技士2名）
1985年5月操業1500×1（二軸）　ＰＳＭ日工　住友大阪　ヤマソー・シーカポゾリス・シーカメント　車大型×8台・中型×2台〔傭車〕
2023年出荷12千㎥、2024年出荷7千㎥（超速硬20㎥）
G＝砕石　S＝山砂・砕砂

普通JIS取得(JTCCM)

丸宮コンクリート工業㈱
1973年11月29日設立　資本金3550万円
従業員11名　出資=(自)100%
◉本社=〒987－0353　登米市豊里町笑沢153
☎0225－76－2305・FAX0225－76－2367
代表取締役石塚義隆　取締役阿部二郎・石塚真弓・只野九十九　監査役安齋薫・只野英博
◉工場=本社に同じ
工場長石塚琢磨
従業員11名(主任技士2名・技士1名)
1973年11月操業2002年1月更新1500×1(二軸)　PSM北川鉄工　太平洋・UBE三菱　シーカポゾリス・フローリック　車大型×9台・小型×2台
G=砕石　S=山砂・砕砂
普通JIS取得(GBRC)

宮城カイハツ㈱
1979年4月26日設立　資本金3000万円
従業員15名　出資=(他)100%
◉本社=〒989－2301　亘理郡亘理町逢隈中泉字水塚7－2
☎0223－34－3581・FAX0223－34－6858
✉miyagikaihatu@coast.ocn.ne.jp
代表取締役高橋義雄
◉阿武隈工場=本社に同じ
専務取締役鎌田健一
従業員15名(主任技士3名・技士5名)
1975年9月操業1985年4月更新2500×1(二軸)　P東和工機SハカルプラスM光洋機械(旧石川島)　UBE三菱　フローリック　車大型×7台・小型×1台
2023年出荷22千㎥、2024年出荷12千㎥
G=砕石　S=山砂・砕砂
普通JIS取得(GBRC)

宮城県南生コン㈱
資本金1000万円
◉本社=〒989－1201　柴田郡大河原町大谷字中下川原35－1
☎0224－52－3233・FAX0224－52－3235
代表取締役社長西片宏哉
◉工場=本社に同じ
工場長佐々木伸一
従業員10名(主任技士1名・技士2名)
1970年11月操業1990年11月更新2000×1(二軸)　PSM日工　住友大阪　GCP・フローリック・シーカジャパン　車大型×12台
G=砕石　S=山砂・砕砂
普通JIS取得(GBRC)

㈱吉田レミコン
◉本社=青森県参照
◉仙台工場=〒981－3413　黒川郡大和町鶴巣幕柳字宇津野2
☎022－343－2311・FAX022－343－2270
✉h-suzuki@yoshidaremicon.co.jp
工場長鈴木宏武
従業員16名(主任技士2名・技士3名・診断士1名)
1974年10月操業2014年1月更新2250×1(二軸)　PSM光洋機械　太平洋　シーカコントロール・フローリック　車大型×10台・小型×2台
2023年出荷23千㎥、2024年出荷27千㎥(高強度1250㎥)
G=石灰砕石・砕石　S=山砂・砕砂
普通JIS取得(JTCCM)
大臣認定単独取得(60N/mm²)
※八戸工場・三戸工場=青森県、南部工場=岩手県参照

渡兵レミコン㈱
1987年5月22日設立　資本金3000万円
従業員4名　出資=(セ)5%・(販)95%
◉本社=〒984－0015　仙台市若林区卸町3－4－2
☎022－288－5743・FAX022－288－5745
代表取締役渡邉能宏　取締役加藤清行・三宅裕・大友定夫・工藤典久　監査役森和茂
※東北太平洋生コン㈱仙台工場へ生産委託

福島県

会津喜多方生コン㈱

1983年3月1日設立　資本金1000万円　従業員13名　出資＝(骨)25％・(他)75％
◉本社＝〒966－0914　喜多方市豊川町米室字二本杉5587－1
☎0241－22－3351・FAX0241－24－2323
✉namakon-kamotu@atlas.plala.or.jp
代表取締役石田圭一　取締役石田一男・東海林和也・石田磨美・上野和人・遠藤昭一・小澤裕・石田栄一
◉豊川工場＝〒966－0912　喜多方市豊川町一井字入宇田553－1
☎0241－21－1535・FAX0241－22－5081
工場長薄誠
従業員9名(主任技士1名・技士3名)
1969年6月操業1985年3月更新1000×1(二軸)　ＰＳＭ北川鉄工　住友大阪・太平洋　車大型×9台・小型×2台〔傭車：喜多方貨物砕石工業㈱〕
G＝山砂利　S＝山砂
普通JIS取得(GBRC)

会津中央レミコン㈱

1976年1月10日設立　資本金2020万円　従業員18名　出資＝(自)66.7％・(販)11.1％・(建)22.2％
◉本社＝〒969－6522　河沼郡会津坂下町大字宮古字村西28－1
☎0242－83－2921・FAX0242－83－0009
代表取締役社長齋藤大蔵
◉本社工場＝本社に同じ
工場長福島剛
従業員18名(技士2名)
1970年4月操業2022年5月更新2250×1(二軸)　ＰＳＭ日工　太平洋・UBE三菱　シーカポゾリス・ヤマソー　車大型×8台・中型×1台・小型×2台
2023年出荷16千㎥
G＝山砂利　S＝山砂
普通JIS取得(GBRC)
大臣認定単独取得(60N/m㎡)

飯野カイハツ生コン㈱

1979年4月30日設立　1000万円　従業員15名
◉本社＝〒960－1303　福島市飯野町青木字楚利田4
☎024－562－3614・FAX024－562－3632
代表取締役社長高橋千春
◉工場(旧㈲菅野建材工場)＝本社に同じ
代表取締役社長高橋千春
従業員15名
1965年4月操業2018年3月更新2250×1　UBE三菱　シーカジャパン　車10台
2024年出荷15千㎥
G＝砕石　S＝陸砂・砕砂
普通JIS取得(GBRC)

石川生コンクリート㈱

2000年11月22日設立　資本金1000万円　従業員9名　出資＝(自)100％
◉本社＝〒963－0107　郡山市安積1－76
☎024－945－0278
代表取締役渡辺源
◉工場＝〒963－7834　石川郡石川町字轡取り47－9
☎0247－26－9591・FAX0247－26－9592
2000年12月操業3000×1　住友大阪　プラストクリート
G＝砕石　S＝河川・砕砂
普通JIS取得(JTCCM)

㈱磯上商事

資本金8000万円
◉本社＝〒971－8125　いわき市小名浜島字舘下17
☎0246－58－7320・FAX0246－58－4401
代表取締役磯上秀一
ISO 9001取得
◉いわきレミコン工場＝〒971－8125　いわき市小名浜島字高田町26
☎0246－58－3434・FAX0246－58－5496
✉remikon@isogami.co.jp
統括工場長酒井哲朗
従業員39名(主任技士2名・診断士1名)
1972年5月操業2013年7月更新2300×1　太平洋・UBE三菱　フローリック・シーカ　車大型×20台・小型×7台
2023年出荷45千㎥、2024年出荷39千㎥
G＝山砂利・砕石　S＝山砂・砕砂
普通・舗装JIS取得(IC)
ISO 9001取得
大臣認定単独取得(60N/m㎡)
◉大利コンクリート工場＝〒970－1147　いわき市好間町大利字向山45－1
☎0246－36－6475・FAX0246－36－6960
統括工場長酒井哲朗
従業員16名(主任技士1名・技士1名)
1983年10月操業2005年3月更新1700×1　太平洋・UBE三菱　フローリック・シーカメント　車大型×6台・小型×1台
2023年出荷20千㎥、2024年出荷22千㎥(高強度3900㎥)
G＝砕石　S＝山砂・砕砂
普通・舗装JIS取得(IC)
ISO 9001取得
大臣認定単独取得(80N/m㎡)

猪苗代生コン㈱

1973年7月7日設立　資本金3000万円　従業員15名　出資＝(自)80％・(建)20％
◉本社＝〒969－2751　耶麻郡猪苗代町大字若宮字ヘクリ甲2371－1
☎0242－64－2314・FAX0242－64－264
代表取締役東條一雄　取締役副社長渡部一男・東條泰治　取締役吉川卓志・二瓶春郎・渡部泰夫
◉猪苗代工場＝本社に同じ
工場長佐藤哲弥
従業員15名(主任技士1名・技士2名)
1973年10月操業1991年3月更新2000×(二軸)　ＰＳＭ日工　太平洋　シーカポゾリス・シーカビスコクリート　車大型×13台・中型×1台・小型×3台
G＝山砂利　S＝山砂
普通JIS取得(GBRC)

㈲カネマン

1998年5月1日設立　資本金300万円　従業員39名　出資＝(自)100％
◉本社＝〒969－6185　会津若松市北会津町下米塚字松原2300－2
☎0242－58－2251・FAX0242－58－2252
URL　https：//aizu-kaneman.jp/
✉info@aizu-kaneman.jp
代表取締役横山大輔　取締役大橋健
◉生コン工場＝本社に同じ
工場長大橋健
従業員39名(技士5名)
1968年11月操業2018年3月更新2300×1(二軸)　ＰＳＭ北川鉄工　住友大阪　シーカポゾリス・シーカビスコクリート・ヤマソー　車大型×10台・中型×5台・小型×2台
2023年出荷17千㎥
G＝陸砂利・砕石　S＝陸砂・砕砂
普通JIS取得(JTCCM)

菅野産業㈱

1982年5月20日設立　資本金1000万円　従業員15名
◉本社＝〒962－0801　須賀川市江持字岩崎1
☎0248－75－2355・FAX0248－75－5109
代表者菅野憲夫
◉福島工場＝本社に同じ
工場長畠山勝利
従業員15名
1985年5月操業1000×1(二軸)　UBE三菱　シーカポゾリス　車大型×5台・中型×6台・小型×2台
2023年出荷16千㎥
G＝砕石　S＝砕砂
普通JIS取得(JTCCM)

共和アサノコンクリート㈱

1994年3月4日設立　資本金5000万円　従業員13名　出資＝(販)34.4％・(セ)34.3％・(建)24.3％・(骨)7％
◉本社＝〒970－0101　いわき市平下神谷字原際8
☎0246－34－3121・FAX0246－34－3124

✉kyowa-asano-a@marble.ocn.ne.jp
代表取締役社長富澤公一　常務取締役宮原潤一　取締役川和玄央・小峰良介・浅野一郎・的場哲司・榊敦史　監査役森田泰
◉工場(操業停止中)＝本社に同じ
1987年5月操業2013年1月更新2250×1(二軸)　ＰＳＭ日工

草野建設㈱
1961年5月1日設立　資本金2000万円　従業員40名　出資＝(自)100％
◉本社＝〒979－0605　双葉郡楢葉町大字大谷字鐘突堂19－10
☎0240－25－3121・FAX0240－25－3838
URL http://kusano-kensetsu.co.jp
✉info@kusano-kensetsu.com
代表取締役草野正　取締役草野磨里・鈴木章夫・軍司勇
◉生コン工場＝〒979－0515　双葉郡楢葉町大字上小塙中川原58
☎0240－25－3120・FAX0240－25－3822
✉info@kusano-kensetsu.com
工場長軍司勇
従業員20名(主任技士2名・技士4名・診断士1名)
1988年10月操業2015年2月Ｍ改造2800×1(二軸)　ＰＳＭ北川鉄工　UBE三菱　シーカジャパン・フローリック　車大型×12台・小型×1台
2023年出荷22千㎥、2024年出荷31千㎥
G＝山砂利・砕石　S＝山砂・砕砂
普通・高強度JIS取得(JTCCM)

国見カイハツ生コン㈱
◉本社＝〒969－1761　伊達郡国見町大字藤田字天上田10－1
☎024－585－2409・FAX024－585－2439
◉工場(旧国見生コンクリート㈱工場)＝本社に同じ
1973年4月操業2016年更新2250×1　UBE三菱　シーカメント　車大型×6台・中型×3台
2023年出荷18千㎥、2024年出荷14千㎥
G＝砕石　S＝陸砂・砕砂

㈱桑原コンクリート工業
1974年2月設立　資本金1000万円　従業員46名　出資＝(自)100％
◉本社＝〒963－4204　田村市船引町堀越字新田236
☎0247－85－2155・FAX0247－85－2443
URL http://kuwacon.com/
✉kuwacon@cup.ocn.ne.jp
代表取締役社長桑原義昌　常務取締役国分勇・阿部博文　取締役桑原信子・桑原美栄子・國分由紀枝　相談役渡辺寅三郎
◉生コン事業所＝〒963－4311　田村市船引町今泉字鳥足371－8
☎0247－81－2655・FAX0247－81－2656
✉k-con@helen.ocn.ne.jp
所長阿部博文
従業員20名(主任技士1名・技士3名)
2003年7月操業2250×1(二軸)　ＰＭ日工　太平洋　プラストクリート・シーカ　車大型×8台・中型1台・小型×3台
2024年度見込22千㎥
G＝砕石　S＝砕砂
普通JIS取得(JTCCM)

県南生コンクリート㈱
1988年7月25日設立　資本金1000万円　従業員13名　出資＝(自)100％
◉本社＝〒963－0107　郡山市安積1－76
☎024－945－0278・FAX024－945－0283
代表取締役社長菅原敦彦　代表取締役佐藤寿一　取締役佐藤宮子・鈴木利江子・綾哲志
◉工場＝〒969－0105　西白河郡泉崎村大字踏瀬字赤沢山4－25
☎0248－53－2853・FAX0248－53－3760
✉kennama@par.odn.ne.jp
工場長井上友之
従業員13名(技士3名)
1988年8月操業2000×1(二軸)　ＰＳＭ日工　住友大阪　シーカメント・シーカポゾリス　車大型×12台
2023年出荷20千㎥、2024年出荷20千㎥
G＝砕石　S＝砕砂
普通JIS取得(JTCCM)

県北生コンクリート㈱
1961年6月設立　資本金1000万円　従業員11名　出資＝(販)100％
◉本社＝〒969－1661　伊達郡桑折町上郡字仲丸24－1
☎024－582－2438・FAX024－582－2551
✉fkenpoku-namakon@coral.plala.co.jp
代表取締役社長竹内仁
◉工場＝本社に同じ
工場長菅野昌見
従業員11名(技士3名)
1967年12月操業2018年4月更新2250×1　ＰＳＭ日工　住友大阪　プラストクリート・シーカメント・シーカビスコフロー　車大型×9台・小型×2台
2024年出荷30千㎥
G＝砕石　S＝砕砂・山砂
普通・高強度JIS取得(GBRC)
大臣認定単独取得(60N/mm²)

郡山生コン須賀川㈱
2013年1月1日設立　資本金1000万円　従業員13名
◉本社＝〒962－0107　郡山市安積1－76
☎024－945－2040・FAX024－945－0283
✉gunnama@athena.ocn.ne.jp
代表取締役綾哲志　取締役小針雅巳
◉工場＝〒962－0001　須賀川市森宿字安積田194
☎0248－75－4111・FAX0248－75－4110
工場長小針雅己
従業員13名(主任技士1名・技士2名)
1966年2月操業1987年9月ＰＳ1992年6月Ｍ改造2000×1(二軸)　ＰＳＭ光洋機械(旧石川島)　住友大阪　シーカメント　車大型×8台
2023年出荷25千㎥、2024年出荷22千㎥
G＝砕石　S＝砕砂
普通JIS取得(JTCCM)

郡山生コン日和田㈱
2003年4月1日設立　資本金1000万円　従業員12名　出資＝(自)100％
◉本社＝〒963－0107　郡山市安積1－76
☎024－945－0278・FAX024－945－0283
代表取締役社長渋川敏行
◉工場＝〒963－0534　郡山市日和田町字五庵55－1
☎024－958－2139・FAX024－958－5528
✉gunnamahiwada@par.odn.ne.jp
工場長渡辺広祐
従業員12名(技士3名)
1968年8月操業1992年2月更新2500×1(二軸)　ＰＳＭ北川鉄工　住友大阪　シーカ　車大型×9台
2023年出荷24千㎥、2024年出荷19千㎥(高強度360㎥)
G＝砕石　S＝砕砂
普通JIS取得(JTCCM)
大臣認定単独取得(60N/mm²)

佐川生コン㈱
1973年6月1日設立　資本金1000万円　従業員23名　出資＝(自)100％
◉本社＝〒963－7808　石川郡石川町大字双里字神主20－2
☎0247－26－2411・FAX0247－26－2420
URL https://www.namac-sagawa.co.jp
代表取締役佐川保博　会長佐川ミエ子　取締役佐川久美子・佐川伊佐央・佐川博美
◉石川工場＝〒963－7807　石川郡石川町大字形見字道橋48
☎0247－26－6141・FAX0247－26－4680
✉ishikawa-plant@namac-sagawa.co.jp
工場長鈴木清志
従業員10名(主任技士1名・技士2名)
1968年12月操業2000年9月更新1670×1　ＰＳＭ日工　太平洋　シーカポゾリス・フローリック　車大型×5台・小型×2台
G＝砕石　S＝陸砂・砕砂
普通JIS取得(JTCCM)
◉岩瀬工場＝〒969－0402　岩瀬郡鏡石町諏訪町546
☎0248－62－7522・FAX0248－62－7116
工場長佐川伊佐央

従業員10名(技士4名)
1995年5月操業1500×1　ＰＳＭ北川鉄工　太平洋　シーカポゾリス・フローリック　車大型×3台・小型×4台
G＝砕石　S＝砕砂
普通JIS取得(JTCCM)

三立あおい生コン㈱
1971年3月5日設立　資本金8250万円　従業員16名　出資＝(セ)38％・(販)14％・(建)48％
◉本社＝〒969－5114　会津若松市大戸町上雨屋188－1
☎0242－92－2316・FAX0242－92－2047
代表取締役倉林勇
◉工場＝本社に同じ
工場長菊地辰貴
従業員16名(主任技士2名・技士2名)
1971年10月操業2022年3月更新2300×1(二軸)　ＰＳＭ光洋機械　太平洋　車大型×10台・中型×2台・小型×2台
2023年出荷16千㎥
G＝陸砂利　S＝陸砂
普通JIS取得(GBRC)

㈱シーズ
1964年3月24日設立　資本金2940万円　従業員100名　出資＝(自)100％
◉本社＝〒963－5663　東白川郡棚倉町大字流字豊先1
☎0247－33－7890・FAX0247－33－7701
URL http://www.seeds-g.net/
✉tsaiseki@helen.ocn.ne.jp
代表取締役益子清志　取締役会長藤田光夫　常務取締役下重佳寛　取締役中村勝美・会田嘉裕　監査役鈴木貞雄
◉生コンクリート工場＝〒963－5683　東白川郡棚倉町大字下山本字松並平34－8
☎0247－33－3233・FAX0247－33－7244
✉tsaiseki@seeds-g.net
工場長品川治男
従業員16名(主任技士1名・技士3名)
1986年12月操業2021年5月改造2300×1(二軸)　ＰＭ光洋機械Ｓパシフィックシステム　住友大阪・太平洋　シーカビスコフロー　車大型×10台・小型×5台
2023年出荷25千㎥、2024年出荷20千㎥
G＝砕石　S＝砕砂
普通JIS取得(JTCCM)

常磐生コン㈱
1964年1月21日設立　資本金7000万円　従業員61名
◉本社＝〒979－0146　いわき市勿来町関田堀切77
☎0246－65－2121・FAX0246－65－2138
URL http://nemoto-group.co.jp
✉j-namacon@nemoto-group.co.jp
取締役社長根本克頼　常務取締役上遠野俊雄　取締役長谷川浩一・大平豊　監査役根本富久子
◉常磐生コン＝〒972－8316　いわき市常磐西郷町銭田210
☎0246－43－2101・FAX0246－43－2102
✉j-namacon@mva.biglobe.ne.jp
工場長鈴木隆之
従業員23名(主任技士2名・技士1名)
1964年8月操業2014年更新3000×1(二軸)　ＰＳＭ光洋機械　日立・太平洋　シーカポゾリス・シーカビスコクリート・シーカビスコフロー・フローリック　車大型×8台・小型×3台
2023年出荷32千㎥、2024年出荷28千㎥
G＝山砂利・砕石　S＝山砂・砕砂
普通・舗装JIS取得(GBRC)
大臣認定単独取得(60N/㎟)
◉郡山常磐生コン＝〒962－0403　須賀川市滑川字関ノ上11
☎0248－73－4165・FAX0248－73－4159
取締役社長根本克頼
従業員18名(主任技士1名・技士3名・診断士1名)
1968年12月操業1989年5月更新3000×1(二軸)　ＰＳＭ光洋機械(旧石川島)　太平洋　車大型×8台・小型×1台
2023年出荷24千㎥
G＝砕石　S＝砕砂
普通JIS取得(GBRC)
※茨城県北日立生コン＝茨城県参照

白岩生コン㈱
1976年6月25日設立　資本金1000万円　従業員24名　出資＝(自)100％
◉本社＝〒969－1206　本宮市長屋字中島27－1
☎0243－44－3997・FAX0243－44－3998
代表取締役菅野忠男
◉工場＝本社に同じ
工場長鈴木和一
従業員24名(主任技士1名・技士3名)
1976年6月操業2016年更新1800×1(二軸)　ＰＳＭ光洋機械　住友大阪　シーカジャパン・フローリック　車大型×14台・小型×4台
G＝砕石　S＝河川・砕砂
普通JIS取得(JTCCM)

白河建設工業協同組合
1965年5月10日設立　資本金17550万円　従業員21名　出資＝(建)100％
◉事務所＝〒961－0971　白河市昭和町296－1
☎0248－25－1245・FAX0248－25－1370
理事長鈴木清次　常務理事相馬修一　理事小野利廣・松本義則・菊池喜雄・小室政明・今井洋英・佐久間哲男　監事兼子聡・満山喜美
◉生コン工場＝〒961－8061　西白河郡西郷村大字小田倉字中庄司4
☎0248－25－1245・FAX0248－25－137[illegible]
工場長佐藤勝利
従業員21名(技士4名)
1970年5月操業1981年4月Ｐ1990年5月Ｓ[illegible]Ｍ改造3000×1(二軸)　ＰＳＭ光洋機[illegible]　UBE三菱　リグエース　車大型×1[illegible]台・中型×1台・小型×3台
G＝陸砂利　S＝陸砂
普通JIS取得(JTCCM)

白河中央生コン㈱
◉本社＝〒961－0063　白河市薄葉7－12
☎0248－22－0131・FAX0248－22－013[illegible]
代表取締役社長加藤秀久
◉工場＝本社に同じ
従業員11名(技士2名)
1969年4月操業1984年8月更新2000×1　ＰＭクリハラＳパシフィックシステム　太平洋　フローリック　車大型×9台・小型×2台
G＝砕石　S＝砕砂
普通JIS取得(GBRC)

新菱カイハツ生コン㈱
2021年1月1日設立　資本金3000万円　従業員47名　出資＝(自)100％
◉本社＝〒963－0531　郡山市日和田町高倉字杉ノ下12
☎024－958－2494・FAX024－958－402[illegible]
URL http://www.shinryo-syoji.com/
✉ryokok@ruby.ocn.ne.jp
代表取締役松渕慎司　常務取締役渡邊一・渡邊富男・小澤良一・深谷仁治・佐藤慎一・阿部一二　取締役津田泰彦・小野忠勝
◉本社郡山工場＝〒963－0531　郡山市日和田町高倉字杉ノ下12
☎024－958－2317・FAX024－958－4021
✉shinryok@mist.ocn.ne.jp
工場長橋本久幸
従業員13名(主任技士1名・技士3名)
2016年3月操業2250×1(二軸)　ＰＳＭ日工　UBE三菱　シーカジャパン・フローリック　車大型×7台・小型×1台
G＝砕石　S＝砕砂
普通・舗装JIS取得(GBRC)
大臣認定単独取得(60N/㎟)
◉磐城工場＝〒971－8151　いわき市泉町字小山203
☎0246－56－6345・FAX0246－56－6348
✉shinryoi@utopia.ocn.ne.jp
工場長鈴木克実
従業員12名・嘱託1名(主任技士1名・技士3名)
1991年6月操業2013年8月更新2750×1(二軸)　Ｐ東和工機ＳＭ日工　UBE三菱・住友大阪　シーカメント・シーカポゾリス・フローリック　車大型×12台・小型

×2台
2023年出荷42千㎥、2024年出荷38千㎥
G＝砕石　S＝山砂・スラグ
普通・舗装JIS取得(JTCCM)
大臣認定単独取得(60N/mm²)
◉郡山東工場＝〒963－8061　郡山市富久山町福原東苗内57－1
☎024－933－8558・FAX024－933－8549
✉shinryohigashi@air.ocn.ne.jp
責任者太田政裕
従業員17名(主任技士1名・技士3名)
1975年12月操業2020年12月更新2250×1(二軸)　P東和工機SM日工　UBE三菱　フローリック・シーカポゾリス　車大型×6台・中型×3台
2023年出荷25千㎥、2024年出荷22千㎥(高強度2300㎥)
G＝砕石　S＝砕砂
普通・高強度・舗装JIS取得(GBRC)
大臣認定単独取得(60N/mm²)

㈱鈴木建業所
1961年6月16日設立　資本金1500万円
従業員20名　出資＝(自)100%
◉本社＝〒963－8061　郡山市富久山町福原字水穴123－94
☎024－921－5770・FAX024－932－6904
✉n-suzuki@suzuki-kengyousyo.co.jp
代表取締役鈴木美喜男　専務取締役鈴木純一　常務取締役服部伸也
◉生コン工場＝〒963－8061　郡山市富久山町福原字水穴123－94
☎024－932－6104・FAX024－932－6904
専務取締役鈴木純一
従業員10名(主任技士3名・診断士2名)
1980年9月操業2001年5月更新1000×1(二軸)　PSM北川鉄工　太平洋　シーカポゾリス　車大型×2台・中型×7台
G＝砕石　S＝砕砂
普通JIS取得(GBRC)

相双生コンクリート協同組合
1978年3月28日設立　資本金1600万円
従業員11名
◉本社＝〒979－1111　双葉郡富岡町小浜573－2
☎0240－23－6818・FAX0240－23－6819
URL http://www.sousounamacon.jp
✉info@sousou-rm.com
理事長相澤勇栄
◉ふたば復興生コン＝〒979－1525　双葉郡浪江町高瀬字小高瀬迫17－1
☎0240－23－6222・FAX0240－23－6223
従業員13名(主任技士1名・技士4名・診断士1名)
第1P＝2750×1(二軸)　M日工
第2P＝2800×1(二軸)　M北川鉄工　住友大阪・日立　シーカポゾリス・シーカビスコクリート・チューポール・フローリック　車大型×7台・中型×1台
2023年出荷28千㎥、2024年出荷32千㎥(高流動10㎥)
G＝山砂利・砕石　S＝山砂・砕砂
普通JIS取得(IC)
大臣認定単独取得(60N/mm²)

相馬秩父生コン㈱
1978年2月1日設立　資本金5000万円　従業員33名　出資＝(セ)20%・(骨)80%
◉本社＝〒979－2324　南相馬市鹿島区川子字滝沢148
☎0244－23－5115・FAX0244－24－1300
代表取締役加藤貞夫　取締役油座正勝・天野勝典・加藤修久・鈴木俊明　監査役林俊宏
◉鹿島工場＝本社に同じ
工場長荒利美
従業員16名(主任技士1名・技士2名)
1991年4月操業3000×1(二軸)　PSM光洋機械　太平洋・日鉄・UBE三菱　フローリック・シーカポゾリス　車大型×15台・小型×3台
G＝砕石　S＝陸砂・砕砂
普通・舗装JIS取得(GBRC)
◉新地工場＝〒979－2611　相馬郡新地町駒ヶ嶺字裏沢南60－2
☎0244－62－3125・FAX0244－62－3127
工場長荒木計統
従業員14名
1973年10月操業1986年12月更新3000×1　PM光洋機械(旧石川島)Sパシフィックシステム　日鉄・太平洋　シーカポゾリス　車大型×15台
G＝砕石　S＝陸砂・砕砂
普通・舗装JIS取得(GBRC)

㈱第一生コン
※第一生コン㈲より社名変更
◉本社＝〒960－2156　福島市荒井字横塚3－202
☎024－593－2960・FAX024－593－3910
代表取締役大滝仁
◉工場(旧第一生コン㈲工場)＝本社に同じ
2004年8月更新2000×1　日立・住友大阪　ヤマソー・シーカポゾリス
2024年出荷22千㎥
G＝砕石　S＝陸砂・砕砂
普通JIS取得(GBRC)
◉国見工場(旧第一生コン㈲国見工場)＝〒969－1784　伊達郡国見町大字小坂字前4－1
☎024－585－1020・FAX024－585－1108
✉daiichi-kunimi@heart.ocn.ne.jp
従業員6名(技士2名)
1997年10月操業1500×1　PS北川鉄工M日本プラントサービス　日立・住友大阪　ヤマソー・シーカポゾリス　車大型×5台・中型×2台・小型×2台
2023年出荷16千㎥
G＝砕石　S＝陸砂・砕砂
普通JIS取得(GBRC)

㈱津田生コン
1975年4月17日設立　資本金1000万円
従業員9名　出資＝(自)100%
◉本社＝〒966－0914　喜多方市豊川町米室字サカリ4228－1
☎0241－22－1144・FAX0241－22－1213
代表取締役津田栄嗣　取締役津田由美子
◉工場＝本社に同じ
工場長二瓶甚一
従業員9名(技士2名)
1975年4月操業1994年3月P改造2000×1　PSM北川鉄工(旧日本建機)　太平洋　GCP　車大型×2台・中型×4台・小型×2台
G＝山砂利　S＝山砂
普通JIS取得(GBRC)

㈱東海福島復興
◉本社＝〒975－0006　南相馬市原町区橋本町1－52－3
☎0244－26－7800
◉小高工場＝〒979－2103　南相馬市小高区大井字高野迫89
普通・舗装JIS取得(IC)

東部生コンクリート㈱
1973年1月22日設立　資本金3050万円
従業員13名　出資＝(建)73%・(他)27%
◉本社＝〒967－0001　南会津郡南会津町長野字宇石19
☎0241－62－2382・FAX0241－62－2381
代表取締役渡部勝男　取締役辺見静夫・山田政敏・鈴木幸ノ助
◉工場＝本社に同じ
工場長辺見静夫
従業員13名(技士4名)
1973年6月操業1995年5月更新1500×1　PSM北川鉄工　住友大阪　ヤマソー　車大型×8台・中型×2台
2024年出荷10千㎥(その他10㎥)
G＝陸砂利　S＝陸砂
普通・舗装JIS取得(JTCCM)

東北太平洋生コン㈱
◉本社＝宮城県参照
◉郡山工場＝〒963－0551　郡山市喜久田町字下尾池20－1
☎024－959－3051・FAX024－959－3077
責任者滝田功昌
従業員18名(主任技士2名・技士3名・診断士1名)
1970年4月操業2001年4月更新3000×1(二軸)　PM光洋機械(旧石川島)Sパシフィックシステム　太平洋　シーカポゾリス・シーカビスコクリート・シーカポゾ

福島県

リス・フローリック　車大型×9台・小型×2台
2023年出荷30千㎥
G＝砕石　S＝砕砂
普通・舗装JIS取得
大臣認定単独取得（60N/mm²）
◉福島工場＝〒960－8163　福島市方木田字北谷地6
☎024－546－2221・FAX024－546－1846
工場長菅野恵寿
従業員19名（主任技士3名・技士2名）
1965年7月操業2008年5月改造1750×1（二軸）　ＰＭ光洋機械Ｓパシフィックシステム　太平洋　シーカポゾリス・シーカビスコクリート　車大型×12台・中型×1台・小型×1台
2023年出荷30千㎥、2024年出荷20千㎥
G＝砕石　S＝陸砂・砕砂
普通JIS取得（GBRC）
大臣認定単独取得（60N/mm²）
※協和工場＝秋田県、本社工場・仙台工場＝宮城県参照

東北レミコン㈱
1964年7月2日設立　資本金10000万円
従業員45名　出資＝（販）100％
◉本社＝〒975－0037　南相馬市原町区北原字東原120
☎0244－32－0817・FAX0244－32－0818
URL　https：//tohokushojiremicon.com
代表取締役社長佐藤大二郎　取締役会長佐藤研一　取締役鈴木善久・佐藤浩・三瓶幸生・佐藤幸三
◉原町工場＝〒975－0037　南相馬市原町区北原字東原120
☎0244－23－4101・FAX0244－23－4102
✉to-rmcha@bz01.plala.or.jp
上席工場長鈴木善久　工場長三瓶幸生
従業員25名（主任技士1名・技士5名）
1965年7月操業2014年8月更新2750×1（二軸）　ＰＳＭ光洋機械（旧石川島）　太平洋　シーカポゾリス・シーカビスコフロー　車大型×16台・小型×3台
G＝砕石　S＝砕砂
普通・舗装JIS取得（JTCCM）
◉相馬工場＝〒976－0013　相馬市小泉字山田232
☎0244－36－4185・FAX0244－36－4186
✉remikon-souma@bz01.plala.or.jp
工場長佐藤浩
従業員20名（主任技士3名・技士3名）
1968年9月操業2012年1月更新2750×1（二軸）　ＰＳＭ光洋機械（旧石川島）　太平洋　シーカポゾリス・シーカビスコフロー　車大型×11台・小型×3台
G＝砕石　S＝砕砂
普通・舗装JIS取得（JTCCM）

富岡生コン㈱
◉本社＝〒979－1141　双葉郡富岡町上手岡茂手木41－1
☎0240－23－7490・FAX0240－23－7491
◉工場＝本社に同じ
普通JIS取得（JTCCM）

㈱南会西部建設コーポレーション
2004年4月設立　資本金4930万円　従業員50名　出資＝（建）100％
◉南会津本社＝〒968－0602　南会津郡只見町大字大倉字上田162－1
☎0241－86－2131・FAX0241－86－2134
✉corporation@nankaiseibu.co.jp
取締役南会津本社長飯塚信
◉生コン工場＝〒968－0443　南会津郡只見町大字荒島字弟431－3
☎0241－84－2943・FAX0241－84－2944
✉namacon@nankaiseibu.co.jp
工場長真田和明
従業員10名（主任技士1名・技士2名・診断士1名）
1981年6月操業1985年4月ＰＳ1996年5月Ｍ更新1500×1（二軸）　ＰＳＭ北川鉄工　太平洋　シーカポゾリス　車大型×5台・小型×2台
G＝河川・陸砂利　S＝河川・陸砂
普通JIS取得（GBRC）

㈲西間木組・西間木生コン
1961年6月1日設立　資本金1500万円　従業員8名　出資＝（自）100％
◉本社＝〒962－0001　須賀川市森宿字スウガ窪41－1
☎0248－76－3141・FAX0248－72－2426
代表取締役横山直人
◉工場＝本社に同じ
工場長吉田尚記
従業員8名（技士2名）
2012年11月操業2000×1　ＰＭ大平洋Ｓハカルプラス　住友大阪　車大型×5台・中型×6台・小型×3台
G＝砕石　S＝河川
普通JIS取得（JTCCM）

根本興産㈱
1985年4月5日設立　資本金7000万円　従業員34名
◉本社＝〒979－0146　いわき市勿来町関田堀切77
☎0246－65－2121・FAX0246－65－2138
URL　http：//nemoto-group.co.jp
✉yotukura-jouban@nemoto-group.co.jp
取締役社長根本克頼　取締役根本みゑ・上遠野俊雄・大平豊　監査役根本富久子
◉四倉常磐生コン＝〒979－0201　いわき市四倉町芳ノ沢1－59
☎0246－38－4326・FAX0246－38－4327
工場長鈴木教郎
従業員17名（主任技士2名・技士5名・診断士1名）
3000×1（二軸）　日立・太平洋　シーカジャパン　車大型×7台・中型×1台・小型×2台
2023年出荷20千㎥、2024年出荷22千㎥
G＝山砂利・砕石　S＝山砂・砕砂
普通・舗装・高強度JIS取得（GBRC）
大臣認定単独取得（60N/mm²）

平田生コンクリート㈱
1997年6月26日設立　資本金1000万円
従業員9名　出資＝（自）100％
◉本社＝〒963－0107　郡山市安積1－76
☎024－945－0278・FAX024－945－028
代表取締役社長小林正人
◉本社工場＝〒963－8202　石川郡平田村大字上蓬田字通目木7
☎0247－55－3325・FAX0247－55－332
✉hiratanamakon@par.odn.ne.jp
工場長今村忠行
従業員9名（主任技士1名・技士3名）
1980年12月操業1989年5月更新1500×（二軸）　ＰＳＭ光洋機械（旧石川島）　住友大阪　シーカポゾリス　車大型×6台
2023年出荷14千㎥、2024年出荷10千㎥
G＝砕石　S＝砕砂
普通JIS取得（JTCCM）

福島カイハツ生コン㈱
1999年2月10日設立　資本金3000万円
従業員13名
◉本社＝〒960－2262　福島市在庭坂字戸端3－2
☎024－591－1191・FAX024－591－124
✉irc@poplar.ocn.ne.jp
代表取締役山口一憲　取締役大野博男・菅野俊郎・小野忠勝
◉工場（旧井上菱光生コン㈱工場）＝本社に同じ
代表取締役山口一憲
従業員13名（主任技士1名・技士4名）
1974年9月操業2016年5月更新2250×1（二軸）　ＰＳＭ光洋機械　UBE三菱　フローリック・ヤマソー・シーカポゾリス　車大型×11台・中型×2台
2023年出荷20千㎥、2024年出荷22千㎥（高強度50㎥・高流動50㎥・水中不分離20㎥）
G＝砕石　S＝陸砂・砕砂
普通JIS取得（GBRC）
大臣認定単独取得（60N/mm²）

福島広野レミコン㈱
2012年1月設立　資本金1500万円　従業員15名　出資＝（販）100％
◉本社＝〒979－0401　双葉郡広野町大字上北迫字岩沢1－97
☎0240－23－5078・FAX0240－27－132

URL https : //www.kaetsu-sr.co.jp/
✉hironoremicon@kaetsu-sr.co.jp
代表取締役相澤勇栄　専務取締役熊林直人　取締役大塚将展
◉工場＝本社に同じ
工場長熊林直人
従業員15名(主任技士2名・技士3名・診断士1名)
2018年2月操業2800×1(二軸)　太平洋　シーカビスコフロー・シーカビスコクリート・スローリック　車大型×15台・小型×1台
2023年出荷24千㎥、2024年出荷32千㎥(高流動300㎥)
G＝山砂利・砕石　S＝山砂・砕砂
普通JIS取得(IC)
大臣認定単独取得(60N/mm²)

双葉住コン㈱
1984年4月2日設立　資本金1000万円　従業員19名　出資＝(建)70%・(他)30%
◉本社＝〒979－1471　双葉郡双葉町大字長塚町48
☎0246－25－1070・FAX0246－25－1071
URL https : //futabasumikon.com/
代表取締役木下弘行　取締役木下健太郎
◉フクスミ工場＝〒979－0603　双葉郡楢葉町大字井出字木屋ノ下40
☎0240－25－4121・FAX0240－25－4122
✉sumikonsiken@sand.ocn.ne.jp
工場長田中秀逸
従業員16名(主任技士2名・技士4名)
1992年12月操業2020年6月更新2800×1(二軸)　PM光洋機械Sハカルプラス　住友大阪　シーカポゾリス・フローリック　車大型×20台・小型×2台〔傭車：松本建材〕
2023年出荷34千㎥
G＝山砂利・砕石　S＝山砂・砕砂
普通JIS取得(JTCCM)

双葉日立生コン㈱
1967年9月30日設立　資本金2100万円　従業員22名　出資＝(自)50%・(販)45%・(他)5%
◉本社＝〒979－1462　双葉郡双葉町大字中田字宮田33
☎0240－33－2161, 0240－33－5963(出荷専用)・FAX0240－33－2631
URL http : //www.sousounamacon.jp
✉snagata@khe.biglobe.ne.jp
代表取締役永田茂男　取締役永田美恵子・荒岡佑輔・結城善孝
◉本社工場＝本社に同じ
1967年9月操業2013年8月更新3000×1(二軸)　PSM日工　日立・UBE三菱　シーカジャパン・竹本　車20台
G＝砕石・山砂利　S＝山砂・砕砂
普通・舗装JIS取得(GBRC)

ブルーハットリョーゼンナマコンクリート㈱
1991年4月1日設立　資本金3000万円　従業員15名　出資＝(自)100%
◉本社＝〒960－0801　伊達市霊山町掛田字金子町30
✉bluehat@opal.plala.or.jp
代表取締役大竹重政　取締役常務大竹洋子
◉霊山生コン工場＝〒960－0808　伊達市霊山町下小国字繕木10－1
☎024－586－2524・FAX024－586－2535
工場長氏家直人
従業員12名(技士3名)
1977年2月操業1992年7月更新2000×1(二軸)　PSM光洋機械　UBE三菱　シーカジャパン・竹本　車大型×8台・中型×1台・小型×1台
2023年出荷18千㎥
G＝砕石　S＝陸砂・砕砂
普通JIS取得(GBRC)

松阪興産㈱
◉本社＝三重県参照
◉会津工場＝〒969－6527　河沼郡会津坂下町大字福原字四ツ壇3－1
☎0242－83－2131・FAX0242－83－4300
✉aizu-p@matsusaka-kosan.co.jp
責任者水谷建太
従業員15名(技士2名)
1974年3月操業1991年3月更新3000×1(二軸)　PSM北川鉄工　UBE三菱・住友大阪　ヤマソー・マイテイ・フローリック　車大型×7台・中型×1台・小型×2台
2023年出荷18千㎥、2024年出荷15千㎥
G＝陸砂利　S＝陸砂
普通JIS取得(JTCCM)
大臣認定単独取得(60N/mm²)
◉いわき工場＝〒974－8232　いわき市錦町江栗大町26－1
☎0246－63－5371・FAX0246－63－0740
✉iwaki-p@matsusaka-kosan.co.jp
責任者田中将文
従業員9名
1969年10月操業2017年5月更新2300×1　PM北川鉄工S日工　UBE三菱・住友大阪　フローリック・シーカジャパン　車大型×8台・中型×4台
2023年出荷21千㎥、2024年出荷14千㎥
G＝砕石　S＝山砂
普通・舗装JIS取得(JTCCM)
大臣認定単独取得(60N/mm²)
◉南会津工場＝〒969－5201　南会津郡下郷町高陦字人数平乙1075
☎0241－68－2766・FAX0241－68－2767
工場長水谷建太
従業員9名
1976年9月操業2500×1(二軸)　PSM北川鉄工　UBE三菱　フローリック・ヤマソー　車大型×5台・小型×1台
2023年出荷7千㎥、2024年出荷9千㎥
G＝陸砂利　S＝陸砂
普通・舗装JIS取得(JTCCM)
※高木工場・津工場・志摩工場・伊勢工場・鈴鹿工場・勢和工場・安濃工場・白山工場・四日市工場・大津工場・久居工場＝三重県参照

南総建㈱
従業員18名　出資＝(建)100%
◉本社＝〒967－0611　南会津郡南会津町山口字堀田791
☎0241－72－2516・FAX0241－72－2512
URL http : //minamisouken.com
代表取締役目黒良樹
◉生コン工場(旧㈲伊南川建材工場)＝〒967－0641　南会津郡南会津町和泉田字大中島4947－1
☎0241－73－2131・FAX0241－73－2454
工場長酒井昭博
従業員18名(技士4名)
1973年5月操業1990年3月更新2000×1　PSM北川鉄工　太平洋　車大型×10台・中型×4台
2023年出荷4千㎥、2024年出荷8千㎥
G＝河川・陸砂利　S＝河川
普通JIS取得(GBRC)

北関東・甲信地区

茨城県

アカギ建材生コン㈱
1973年4月1日設立　資本金1100万円　従業員36名　出資＝(自)100%
◉本社＝〒300－4517　筑西市海老ヶ島401－1
☎0296－52－0224・FAX0296－52－1127
URL http://akncon.co.jp/
✉akagi-namacon@akncon.jp
代表取締役社長赤城一義
◉本社工場＝本社に同じ
工場長赤城義照
従業員25名(技士4名)
1972年10月操業2010年1月更新2250×1(二軸)　ＰＳ北川鉄工Ｍ日工　住友大阪・太平洋　チューポール・ヤマソー　車大型×8台・中型×12台・小型×5台
G＝砕石　S＝陸砂
普通JIS取得(GBRC)
◉つくば工場＝〒330－2402　つくばみらい市坂野新田1－6
☎0297－57－6655・FAX0297－57－6656
工場長赤城義照
従業員11名(主任技士1名・技士1名)
2005年2月操業1750×1(二軸)　北川鉄工　トクヤマ　チューポール・ヤマソー　車大型×3台・中型×5台・小型×2台
2023年出荷43千㎥、2024年出荷45千㎥(高強度260㎥)
G＝砕石　S＝陸砂・砕砂
普通JIS取得(GBRC)
大臣認定単独取得(60N/mm²)

㈲赤城商店・明野生コン
資本金100万円　出資＝(他)100%
◉本社＝〒300－4515　筑西市倉持1169－2
☎0296－52－0399・FAX0296－52－0348
◉工場＝本社に同じ
1972年2月操業36×1　ＰＳＭ日工　UBE三菱　車小型×7台

㈱荒川沖建材店
1970年11月21日設立　資本金1000万円　従業員30名　出資＝(自)100%
◉本社＝〒300－1155　稲敷郡阿見町大字吉原3234－1
☎029－889－1568
代表取締役鈴木寿一
◉阿見工場＝本社に同じ
工場長北山和貴
従業員30名(主任技士1名・技士2名・診断士1名)
1973年5月操業1983年9月更新1500×1(二軸)　ＰＳＭ日工　住友大阪　車大型×11台・中型×7台・小型×4台(2工場)
G＝砕石　S＝山砂
普通JIS取得(JTCCM)
◉つくば工場＝〒305－0064　つくば市梶内460
☎029－836－4173・FAX029－836－4192
✉arakentukuba@ad.wakwak.com
工場長鈴木寿一
従業員4名(技士3名)
1500×1(二軸)　ＰＳＭ日工　住友大阪　ヴィンソル・ヤマソー・チューポール
2024年出荷17千㎥
G＝砕石　S＝陸砂
普通JIS取得(JTCCM)

㈱池田興産
1993年4月1日設立　資本金3000万円　従業員30名　出資＝(自)100%
◉本社＝〒314－0146　神栖市平泉644－204
☎0299－93－8811・FAX0299－93－8810
✉ikedakou@portland.ne.jp
代表取締役池田貴也
◉第一工場＝本社に同じ
工場長池田貴也
従業員20名(主任技士2名・技士2名・診断士1名)
1996年10月操業2000×1　ＰＭ日工Ｓ日工電子　太平洋・住友大阪　シーカポゾリス・シーカメント・チューポール　車大型×21台・中型×3台・小型×3台
2023年出荷45千㎥、2024年出荷48千㎥
G＝陸砂利・砕石・スラグ　S＝陸砂
普通JIS取得(GBRC)
◉第二工場＝〒314－0116　神栖市奥野谷6312－6
☎0299－94－2811・FAX0299－94－2812
工場長名雪吾一
従業員10名(技士3名・診断士1名)
2016年4月操業2750×1　ＰＭ日工Ｓ日工電子　太平洋・住友大阪　シーカポゾリス・シーカメント・チューポール　車大型×16台・中型×3台・小型×4台
2023年出荷41千㎥、2024年出荷27千㎥
G＝砕石・スラグ　S＝陸砂
普通JIS取得(IC)

稲葉建材㈲
1970年4月1日設立　資本金1200万円　従業員3名　出資＝(自)100%
◉本社＝〒300－2445　つくばみらい市小絹151
☎0297－52－3294・FAX0297－52－2352
代表取締役稲葉禮司　専務取締役稲葉信正
※つくばコンクリートサービス㈱へ生産委託

茨東エフコン㈱
資本金1000万円　従業員15名
◉本社＝〒319－0300　水戸市内原町1176
☎029－259－2118・FAX029－259－2059
✉ibatoufcon@gmail.com
代表取締役深沢俊弘・深澤雅之
◉工場＝本社に同じ
1968年5月操業1000×1　太平洋
普通JIS取得(GBRC)

茨城太平洋生コン㈱
1982年4月23日　資本金5000万円　従業員43名　出資＝(セ)95%・(他)5%
◉本社＝〒311－4144　水戸市開江町1590
☎029－212－7311・FAX029－212－7766
URL https://www.taiheiyo-namacon.co.jp
代表取締役落合昭文　取締役野内真矢・清水雅巳・松岡勝行・河嶋裕之　監査役藤牧昌樹
◉水戸工場＝〒311－4144　水戸市開江町1632
☎029－251－2044・FAX029－251－2254
✉yutaka_ajima@taiheiyo-namacon.co.jp
工場長安嶋豊
従業員7名(主任技士2名・技士2名)
第1Ｐ＝1966年9月操業1980年1月更新3000×1(二軸)　ＰＭ北川鉄工Ｓパシフィックシステム
第2Ｐ＝1991年5月操業2000×1(二軸)　ＰＳＭ北川鉄工　太平洋　チューポール・フローリック・シーカポゾリス・シーカビスコクリート　車大型×6台・中型×3台
2023年出荷20千㎥、2024年出荷26千㎥
G＝砕石　S＝陸砂
普通JIS取得(JTCCM)
大臣認定単独取得(60N/mm²)
◉ひたちなか工場＝〒311－1252　ひたちなか市部田野3023－1
☎029－265－7811・FAX029－265－8471
工場長鳴原俊行
従業員9名(主任技士3名・技士3名・診断士1名)
1985年1月操業2012年5月ＳＭ改造3300×1(二軸)　Ｐ太平洋エンジニアリングＳＭ北川鉄工　太平洋　シーカポゾリス・シーカビスコクリート・チューポール・フローリック　車大型×10台・小型×3台〔傭車：水戸太平洋運輸㈱〕
2023年出荷50千㎥、2024年出荷57千㎥
G＝砕石　S＝陸砂

普通JIS取得(JTCCM)
大臣認定単独取得(60N/mm²)
◉大子工場＝〒319－3523　久慈郡大子町袋田2164
☎0295－72－3025・FAX0295－72－0768
工場長宇多正明
従業員5名(主任技士1名・技士3名)
1975年8月操業1985年1月更新1500×2(傾胴)　PSM北川鉄工　太平洋　チューポール・シーカビスコクリート　車大型×5台・中型×3台〔傭車：太平洋運輸㈱〕
2023年出荷11千m³、2024年出荷11千m³
G＝砕石　S＝陸砂
普通JIS取得(JTCCM)
◉水戸第二工場＝〒310－0853　水戸市平須町235－15
☎029－244－1730・FAX029－244－1729
✉akihiro_suzuki@taiheiyo-namacon.co.jp
工場長鈴木秋洋
従業員8名(主任技士5名・技士1名)
1994年9月操業2007年8月更新2750×1(二軸)　PSM日工　太平洋　シーカポゾリス・チューポール・フローリック・シーカビスコクリート　車大型×8台・中型×3台
2024年出荷25千m³
G＝砕石　S＝陸砂
普通JIS取得(JTCCM)
大臣認定単独取得(60N/mm²)
◉大宮工場＝〒319－2222　常陸大宮市若林984
☎0295－53－0717・FAX0295－53－4924
✉masaaki_uta@taiheiyo-namacon.co.jp
工場長宇多正明
従業員7名
1981年12月操業2023年8月更新2250×1(二軸)　PSM日工　太平洋　チューポール・シーカポゾリス・シーカビスコクリート　車大型×7台・小型×4台
2023年出荷16千m³、2024年出荷19千m³
G＝砕石　S＝陸砂
普通JIS取得(JTCCM)

㈲岩瀬生コン
1989年7月1日設立
◉本社＝〒309－1344　桜川市南飯田334
☎0296－75－0801・FAX0296－75－5913
代表者達城稔
◉工場＝本社に同じ
1989年4月操業500×1　太平洋　車中型×9台・小型×1台
G＝河川　S＝河川

岩渕生コン㈲
出資＝(製)100%
◉本社＝〒309－1115　筑西市蓮沼360－1
☎0296－57－3529・FAX0296－57－5710
代表者岩渕健二
◉工場＝本社に同じ
1976年4月操業1994年PS更新1000×1(二軸)　PS王子機械M光洋機械　住友大阪　車中型×2台・小型×4台
G＝陸砂利　S＝陸砂・石灰砕砂

大里ブロック工業㈱
1964年4月1日設立　資本金2000万円　従業員35名　出資＝(自)100%
◉本社＝〒300－4244　つくば市大字田中1682
☎029－867－0832・FAX029－867－1315
URL http://www.osato.info/
✉info@osato.info
代表取締役大里喜彦　取締役大里裕子・飯塚卓也・飯塚ちひろ
◉本社工場＝本社に同じ
工場長飯塚卓也
従業員35名(主任技士1名・技士7名)
1979年2月操業2004年3月更新2250×1(二軸)　PSM日工　UBE三菱　フローリック　車大型×12台・中型×15台・小型×2台
2024年出荷45千m³(ポーラス200m³)
G＝砕石　S＝陸砂・砕砂
普通JIS取得(GBRC)
大臣認定単独取得(60N/mm²)

大野建材㈱
出資＝(自)100%
◉本社＝〒300－1403　稲敷郡河内町金江津645－231
☎0297－86－2318・FAX0297－86－2351
代表者大野克彦
◉工場＝〒300－1403　稲敷郡河内町金江津1098－1
1979年2月操業18×1　住友大阪　車中型×5台・小型×2台
G＝砕石　S＝陸砂

大森建設㈱
1971年12月13日設立　資本金3000万円　従業員30名　出資＝(建)100%
◉本社＝〒319－3703　久慈郡大子町大字上郷1226
☎0295－77－0011・FAX0295－77－0042
代表取締役大森利一郎　取締役大森節子・大森裕一郎・益子富夫
◉生コン部貝名沢工場＝〒319－3703　久慈郡大子町大字上郷1223－1
☎0295－77－0315・FAX0295－77－0028
✉o-mori10416@joy.ocn.ne.jp
工場長益子富夫
従業員13名(技士4名)
1973年4月操業1998年6月更新2000×1(二軸)　PSM日工　日立　シーカジャパン　車大型×5台・中型×1台・小型×4台
G＝砕石　S＝山砂
普通JIS取得(JTCCM)

小山レミコン㈱
◉本社＝栃木県参照
◉岩井工場＝〒306－0654　坂東市上出島1217
☎0297－34－2204・FAX0297－34－3597
工場長宇佐見崇
従業員16名(主任技士1名・技士4名)
1974年8月操業2009年10月更新2750×1(ジクロス)　PSロ工M北川鉄工　住友大阪　フローリック・シーカポゾリス・チューポール　車大型×8台・中型×4台・小型×2台
2023年出荷52千m³、2024年出荷39千m³
G＝石灰砕石・砕石　S＝山砂・陸砂
普通JIS取得(GBRC)
◉下妻工場＝〒304－0031　下妻市高道祖1477
☎0296－43－4111・FAX0296－43－7583
✉oyama-rmc-shimotsuma@asahi-g.co.jp
工場長池田平
従業員18名(主任技士2名・技士1名)
1986年4月操業2019年1月更新2800×1(二軸)　PSM北川鉄工　太平洋　シーカポゾリス・フローリック　車大型×6台・中型×7台
G＝砕石　S＝陸砂
普通JIS取得(GBRC)
大臣認定単独取得(60N/mm²)
◉総和工場＝〒306－0231　古河市小堤2023－1
☎0280－98－3518・FAX0280－98－0557
✉oyama-rmc-sowa@asahi-g.co.jp
工場長松本正一
従業員17名(主任技士2名・技士1名・診断士1名)
1968年12月操業2015年1月更新2750×1(二軸)　PSM日工　住友大阪　シーカポゾリス・シーカビスコクリート　車大型×6台・中型×7台
2023年出荷54千m³
G＝砕石　S＝陸砂
普通JIS取得(GBRC)
大臣認定単独取得(60N/mm²)
※小山工場・鹿沼工場・真岡工場＝栃木県、埼玉工場＝埼玉県参照

鹿島中央コンクリート㈱
1986年2月10日設立　資本金2000万円　従業員18名　出資＝(セ)100%
◉本社＝〒314－0034　鹿嶋市大字鉢形字中山1521
☎0299－82－3421・FAX0299－82－3422
代表取締役社長鈴木芳一　取締役玉川憲男・大川政人・齊藤幸夫・清水雅巳・松岡勝行
◉鹿島工場＝〒314－0012　鹿嶋市大字平井字アラク1271
☎0299－82－3421・FAX0299－82－3422

工場長大川政人
従業員19名(技士5名)
1967年2月操業2006年1月更新3000×1
ＰＳＭ光洋機械　太平洋・日立　シーカポゾリス　車大型×9台・小型×1台
G＝砕石・スラグ　S＝陸砂
普通JIS取得(JTCCM)

川口建材㈲
1992年6月5日設立　従業員3名
◉本社＝〒300－0504　稲敷市江戸崎甲1211
☎029－892－0298・FAX029－892－2639
代表者川口和彦
◉工場＝本社に同じ
1000×1　太平洋　車中型×6台・小型×3台
2024年出荷9千㎥
G＝河川　S＝河川

北島建材㈱
1972年1月10日設立　資本金1000万円　従業員21名
◉本社＝〒300－1236　牛久市田宮町1078－8
☎029－872－2485・FAX029－872－2498
代表取締役社長北島文雄　取締役専務北島光男　取締役北島正義
◉生コン工場＝〒300－1231　牛久市猪子町字池の下958－2
☎029－872－1529・FAX029－872－1682
工場長中川武寿
従業員23名(技士5名)
1973年10月操業2006年5月更新1250×1(二軸)　ＰＳＭ光洋機械　太平洋　シーカポゾリス　車中型×16台・小型×1台
2024年出荷30千㎥
G＝陸砂利　S＝陸砂
普通JIS取得(GBRC)

㈱金徳商事
1983年7月1日設立　資本金1000万円　従業員17名
◉本社＝〒319－1222　日立市久慈町4－5783
☎0294－53－0009・FAX0294－53－0053
URL http://www.kintoku.co.jp
✉info@kintoku.co.jp
代表取締役小泉浩一　取締役会長小泉浩也　取締役小泉佐由美　監査役小泉沙穂
◉生コン工場＝本社に同じ
工場長土田恭介
従業員17名(主任技士1名・技士6名)
1977年6月操業2012年1月更新1750×1
ＰＳＭ日工　日立　車大型×17台・小型×10台
G＝砕石　S＝陸砂・砕砂
普通JIS取得(GBRC)

三和建材㈲
資本金300万円　出資＝(他)100％
◉本社＝〒314－0341　神栖市矢田部493
☎0479－48－3551・FAX0479－48－1420
代表取締役社長茂木孝和
◉工場＝本社に同じ
1979年3月操業500×1　太平洋

常磐生コン㈱
◉本社＝福島県参照
◉茨城県北日立生コン＝〒319－1301　日立市十王町伊師字中谷地1815
☎0294－39－3511・FAX0294－39－3512
✉kenpoku_n@kke.biglobe.ne.jp
工場長金澤一弘
従業員20名
1974年12月操業2013年8月更新3250×1(二軸)　ＰＳＭ光洋機械　日立・太平洋　シーカポゾリス・シーカビスコクリート　車大型×11台・小型×3台
2023年出荷28千㎥
G＝山砂利・砕石　S＝山砂・砕砂
普通JIS取得(GBRC)
※常磐生コン・郡山常磐生コン工場＝福島県参照

㈱新茨中
2007年1月25日設立　資本金9500万円　従業員30名　出資＝(自)100％
◉本社＝〒309－1715　笠間市湯崎1243－155
☎0296－78－2227・FAX0296－78－2267
✉shinibachuu-eigyo@flute.ocn.ne.jp
代表取締役花井和延
◉湯崎工場生コン＝〒309－1715　笠間市湯崎1243－155
☎0296－77－0631・FAX0296－77－6876
✉shinibachuu-namacon@pure.ocn.ne.jp
工場長友部貴行
従業員26名(技士4名)
1968年1月操業2022年4月更新2750×1(二軸)　ＰＳＭ日工　UBE三菱　フローリック　車大型×6台・中型×12台
2024年出荷50千㎥
G＝砕石　S＝陸砂・砕砂
普通JIS取得(GBRC)
大臣認定単独取得(60N/㎟)

新茨城レミコン㈱
1999年5月6日設立　資本金5000万円　従業員8名　出資＝(自)70％・(セ)30％
◉本社＝〒300－1532　取手市谷中20
☎0297－83－7711・FAX0297－83－7715
✉shiniba@tune.ocn.ne.jp
代表取締役社長塚田伸　取締役塚田一年・塚田陽威・遠山雅一・長谷川聡　監査役塚田利徳
※つくばコンクリートサービス㈱へ生産委託

新県南生コン㈱
2006年8月1日設立　資本金9000万円　出資＝(自)35％・(セ)35％・(販)30％
◉本社＝〒300－0841　土浦市中860－2
☎029－841－0903・FAX029－842－884
代表取締役三浦幸也　取締役平井実・ネ林克浩・斉藤幸夫・清水雅巳・清元明
監査役永井徹夫
◉土浦工場＝本社に同じ
工場長川西尚
従業員17名(主任技士2名・技士3名)
1964年11月操業1996年7月更新3000×1
ＰＳＭ光洋機械(旧石川島)　日立・太平洋　フローリック・GCP・シーカビスコクリート　車大型×13台・中型×2台
2023年出荷44千㎥、2024年出荷40千㎥(高強度10㎥)
G＝砕石　S＝陸砂・砕砂
普通・舗装JIS取得(JTCCM)
大臣認定単独取得(60N/㎟)

鈴木建材運輸㈱
◉本社＝〒312－0003　ひたちなか市足崎1241－1
☎029－270－3951
◉工場＝本社に同じ
1500×1(二軸)　UBE三菱
普通JIS取得(JTCCM)

関口建材㈱
1991年1月4日設立　資本金1000万円　従業員14名　出資＝(自)100％
◉本社＝〒310－0003　水戸市柳河町707－1
☎029－226－1777・FAX029－225－078
✉sekiguchi@bi.wakwak.com
代表取締役社長関口富男
◉工場＝本社に同じ
従業員14名(技士2名)
1972年4月操業1996年5月更新1000×1
ＰＳＭ北川鉄工　太平洋　車中型×1台・小型×2台
G＝砕石　S＝陸砂
普通JIS取得(JTCCM)

関本開発㈱
◉本社＝〒319－1725　北茨城市関本町富士ケ丘1585
☎0293－46－2110
◉高萩生コン＝〒318－0001　高萩市大字赤浜字堺田914－12
☎0293－23－4411・FAX0293－23－478
工場長潮泉
従業員12名(主任技士3名・技士1名)
1976年10月操業2012年5月更新2300×(二軸)　ＰＳＭ北川鉄工　UBE三菱　シーカポゾリス　車大型×6台・中型×台・小型×3台

2023年出荷10千㎥、2024年出荷8千㎥
G＝砕石　S＝陸砂
普通JIS取得(JTCCM)

瀬能商事㈲
1963年5月1日設立　資本金500万円　出資＝(自)100%
◉本社＝〒300－0053　土浦市真鍋新町20－12
☎029－821－3659・FAX029－821－6324
代表取締役社長瀬能衛　専務取締役瀬能君江
◉工場＝本社に同じ
工場長瀬能衛
従業員1名
1974年5月操業1990年10月更新750×1(二軸)　ＰＳＭ日工　住友大阪　車中型×2台・小型×1台
G＝河川　S＝河川

㈱五月女生コン
◉本社＝栃木県参照
◉石下工場＝〒300－2706　常総市新石下1569
☎0297－30－8855・FAX0297－30－8856
G＝石灰砕石・砕石・人軽骨　S＝陸砂・砕砂
普通・軽量JIS取得(GBRC)
大臣認定単独取得(60N/mm²)
◉笠間工場＝〒309－1637　笠間市片庭2447－1
☎0296－72－7928・FAX0296－72－9299
工場長市毛栄
従業員8名(技士1名)
1990年10月操業1995年1月更新1500×2(傾胴)　ＰＳＭ北川鉄工　住友大阪　車大型×3台・小型×3台
G＝河川・砕石　S＝河川
普通JIS取得(JTCCM)
◉百里工場＝〒311－3412　小美玉市川戸字伏沼1449－7
☎0299－37－1333・FAX0299－37－1335
✉soutome-hyakuri@spice.ocn.ne.jp
責任者三浦丈
従業員10名
ＰＳＭ日工　住友大阪　ヤマソー　車5台
G＝砕石　S＝陸砂・砕砂
普通・舗装JIS取得(JTCCM)
◉水戸工場＝〒311－3122　東茨城郡茨城町大字上石崎2633－1
☎029－240－8222・FAX029－240－8220
✉soutome2006.mito@bridge.ocn.ne.jp
責任者石田竜弥也
従業員17名
ＰＳＭ日工　住友大阪　車25台
2023年出荷54千㎥、2024年出荷46千㎥(高強度2200㎥)
G＝砕石　S＝陸砂・砕砂
普通JIS取得(JTCCM)
大臣認定単独取得(60N/mm²)
※小山工場・鹿沼工場＝栃木県参照

高塚生コン
◉本社＝〒300－3561　結城郡八千代町平塚61
☎0296－48－1918
代表者高塚久雄
◉工場＝本社に同じ
1973年11月操業18×1　日立

㈲田中建商
◉本社＝千葉県参照
◉土浦工場＝〒300－4113　土浦市下坂田2368－1
☎029－862－2151・FAX029－862－2183
工場長塙敏行
従業員10名(技士3名)
1000×1(二軸)　ＰＳＭ日工　日立　フローリック　車10台
2024年出荷15千㎥
G＝砕石　S＝陸砂・砕砂
普通JIS取得(GBRC)
※野田工場・千葉工場・船橋工場＝千葉県参照

筑波小野田レミコン㈱
1973年10月1日設立　資本金5000万円　従業員4名　出資＝(セ)7.5%・(販)2.5%・(骨)51%・(他)39%
◉本社＝〒300－4115　土浦市藤沢3578
☎029－862－2509・FAX029－862－4759
取締役社長塚田伸　取締役塚田陽威・塚田純子　監査役塚田秀
◉工場(操業停止中)＝〒300－4106　土浦市小高781
☎029－862－2509・FAX029－862－4759
1973年10月操業1989年11月更新3000×1(二軸)　ＰＳＭ光洋機械(旧石川島)
※つくばコンクリートサービス㈱へ生産委託

つくばコンクリートサービス㈱
(稲葉建材㈲、新茨城レミコン㈱、筑波小野田レミコン㈱、ナカツネコンクリート㈱、茨城太平洋生コン㈱より生産受託)
資本金600万円　従業員67名
◉本社＝〒305－0061　つくば市稲荷前10－15
☎029－861－7440・FAX029－861－7441
代表取締役社長中山敬之助　取締役塚田伸・稲葉禮司・塚田純子・落合昭文
◉つくば工場＝〒300－2645　つくば市上郷7549－1
☎029－847－2422・FAX029－847－8331
工場長小内拓也
従業員11名(主任技士1名・技士3名)
1974年2月操業1990年8月更新3000×1(二軸)　ＰＳＭ日工　住友大阪　フローリック　車大型×14台・小型×2台
2023年出荷75千㎥
G＝石灰砕石・砕石　S＝陸砂・石灰砕砂
普通JIS取得(JTCCM)
大臣認定単独取得(60N/mm²)
◉守谷工場＝〒300－2445　つくばみらい市小絹151
☎0297－52－3294・FAX0297－52－2352
工場長高木実
従業員20名(主任技士2名・技士2名)
1970年8月操業1989年11月更新2800×1　ＰＳＭ北川鉄工　UBE三菱　フローリック・シーカジャパン　車大型×7台・小型×5台〔傭車：稲葉運送㈱〕
G＝石灰砕石・砕石　S＝陸砂・石灰砕砂
普通JIS取得(GBRC)
大臣認定単独取得
◉取手工場＝〒300－1532　取手市谷中本田20
☎0297－83－7711・FAX0297－83－7715
✉toride-nakamura@tsukuba-cs.co.jp
工場長中村和弘
従業員10名(技士5名)
1968年9月操業1988年9月更新3000×1(二軸)　ＰＭ光洋機械(旧石川島)Ｓパシフィックシステム　太平洋　竹本・シーカジャパン　車大型×7台〔傭車〕
G＝石灰砕石・砕石　S＝陸砂・石灰砕砂
普通JIS取得(GBRC)
大臣認定単独取得(60N/mm²)

東海生コン㈱
2012年2月設立　資本金4000万円　従業員7名　出資＝(自)100%
◉本社＝〒319－1225　日立市石名坂町2－39－1
☎0294－33－9950・FAX0294－33－9951
✉k.shibata@wonder.ocn.ne.jp
代表者岡部英明
◉日立工場＝本社に同じ
責任者富樫絹二
従業員7名(主任技士1名・技士2名)
2300×1(二軸)　太平洋　シーカポゾリス・シーカビスコクリート　車大型×16台・中型×1台・小型×2台
2023年出荷40千㎥、2024年出荷41千㎥
G＝砕石　S＝陸砂
普通JIS取得(JTCCM)
大臣認定単独取得(60N/mm²)

友部生コン㈱
1982年3月18日設立　資本金1000万円
出資＝(自)100%
◉本社＝〒319－1414　日立市日高町4－8

－28
☎0294－43－2471・FAX0294－43－2482
代表取締役友部建治
◉工場＝本社に同じ
工場長友部祐二
従業員10名(技士1名)
1981年11月操業1000×1　ＰＳＭ光洋機械　UBE三菱　車大型×1台・中型×5台・小型×2台
G＝山砂利　S＝山砂
普通JIS取得(GBRC)

ナカツネコンクリート㈱
1973年9月4日設立　資本金3000万円　従業員11名　出資＝(自)100%
◉本社＝〒300－2645　つくば市上郷7549－1
☎029－847－2422・FAX029－847－8331
代表取締役社長中山敬之助　取締役中村隆志・中山みどり　監査役内田卓男
※つくばコンクリートサービス㈱へ生産委託

中野建材店
◉本社＝〒311－2414　潮来市延方4067
☎0299－66－1361
代表者中野正雄
◉工場＝本社に同じ
1982年11月操業500×1　UBE三菱

㈱成毛建材店
1983年4月1日設立　資本金1000万円　従業員19名　出資＝(自)100%
◉本社＝〒300－0512　稲敷市椎塚1641－1
☎029－892－0110・FAX029－892－0057
代表取締役成毛陽一　取締役成毛三知雄・成毛真理子
◉工場＝本社に同じ
工場長成毛陽一
従業員19名(技士4名)
1983年7月操業2003年更新2000×1(二軸)　ＰＳＭ日工　太平洋　車大型×8台・中型×2台・小型×7台
G＝砕石　S＝陸砂
普通JIS取得(GBRC)

㈱西方生コン
2014年1月6日設立　資本金500万円　出資＝(自)100%
◉本社＝〒311－0101　那珂市本米崎2368－7
☎029－295－2271・FAX029－295－2555
代表取締役西方翔平
◉工場＝本社に同じ
従業員11名
1979年6月操業1500×1　UBE三菱　シーカジャパン　車10台
普通JIS取得(JTCCM)

日鉱第一砕石㈱
◉本社＝〒315－0116　石岡市柿岡3171
☎0299－43－0361・FAX0299－44－0040
◉八郷生コン工場＝本社に同じ
工場長圷大輔
従業員25名(主任技士1名・技士2名・診断士1名)
1980年7月操業2005年1月更新1750×1(二軸)　ＰＭ北川鉄工Ｓハカルプラス　太平洋　シーカポゾリス　車大型×12台・小型×7台
2023年出荷61千㎥、2024年出荷35千㎥
G＝砕石　S＝陸砂
普通JIS取得(JTCCM)

㈱日立生コン
1966年11月1日設立　資本金2500万円　従業員43名　出資＝(セ)100%
◉本社＝〒311－4153　水戸市河和田町4008－1
☎029－309－4322・FAX029－309－4330
代表取締役社長左右田一幸
◉水戸工場＝〒311－4153　水戸市河和田町4008
☎029－251－1555・FAX029－251－1557
✉hitachi~ncon_mito@star.odn.ne.jp
工場長河野福夫
従業員8名(技士3名)
1967年9月操業1996年5月更新2500×1　ＰＳＭ光洋機械　日立　フローリック　車大型×10台・小型×5台
G＝砕石　S＝陸砂
普通JIS取得(JTCCM)
大臣認定単独取得
◉多賀工場＝〒316－0001　日立市諏訪町1088－1
☎0294－36－2500・FAX0294－37－1698
✉taga@hitachi.namacon.jp
工場長関俊雄
従業員13名(技士3名)
1984年5月操業2000×1(二軸)　ＰＳＭ日工　日立・太平洋　シーカポゾリス・シーカビスコクリート　車大型×9台・中型×4台
2023年出荷17千㎥、2024年出荷15千㎥
G＝砕石　S＝陸砂
普通JIS取得(JTCCM)
◉日立工場＝〒319－1112　那珂郡東海村村松字平原3135－508
☎029－306－3322・FAX029－306－3313
工場長大石秋夫
従業員12名
日立　車8台
2023年出荷43千㎥、2024年出荷48千㎥
G＝砕石　S＝陸砂
普通JIS取得(JTCCM)
大臣認定単独取得(60N/mm²)

日之出工業㈱
1967年2月27日設立　資本金1000万円　従業員7名
◉本社＝〒306－0433　猿島郡境町553－1
☎0280－87－0837・FAX0280－87－738
URL http://www.hinode-k.net
✉info@hinode-k.net
代表取締役社長中村好宏　取締役会長中村慎一
◉工場＝本社に同じ
責任者中村好宏
従業員7名(技士1名)
1971年9月操業1991年更新36×1　日立　山宗　車中型×5台
G＝砕石　S＝陸砂・砕砂

㈲平野工業
1977年2月設立　資本金2000万円　従業員11名　出資＝(自)100%
◉本社＝〒311－3512　行方市玉造甲652－2
☎0299－55－1558・FAX0299－55－137
URL http://www.i-hirano.co.jp
✉info@i-hirano.co.jp
代表取締役平野昌志　専務取締役平野勝信
◉工場＝本社に同じ
工場長平野昌志
従業員11名(主任技士1名・技士2名)
1973年11月操業1997年4月更新1500×(傾胴二軸)　ＰＳＭ北川鉄工　UBE三菱　シーカポゾリス・チューポール・シーカビスコクリート　車大型×3台・中型×9台・小型×3台
2023年出荷19千㎥、2024年出荷18千㎥
G＝砕石　S＝陸砂
普通JIS取得(JTCCM)

廣瀬建材㈱
1978年10月12日設立　資本金1000万円　従業員24名　出資＝(自)100%
◉本社＝〒300－0844　土浦市乙戸55－1
☎029－841－3748・FAX029－842－3776
URL http://www.hirose-kenzai.com/
代表取締役廣瀬徹隆　取締役廣瀬春代
◉工場＝本社に同じ
工場長山中健一
従業員24名(主任技士2名・診断士1名)
1971年10月操業2003年1月更新1750×1(二軸)　ＰＳＭ日工　住友大阪　フローリック　車大型×5台・中型×22台・小型×3台
G＝砕石　S＝山砂・砕砂
普通JIS取得(GBRC)

㈲細谷建材
◉本社＝〒311－3104　東茨城郡茨城町駒渡1251
☎029－292－2394

代表者細谷正久
◉工場＝本社に同じ
1988年12月操業12×1　外国

㈲茨城菱光㈱
1999年4月21日設立　資本金5000万円
従業員5名　出資＝(自)75%・(セ)5%・(販)20%
◉本社＝〒300－1278　つくば市房内字原山428－1
☎029－876－7588・FAX029－876－7572
代表取締役社長嶋田仁朗　取締役三谷聡・山岸憲一・高橋明彦・伊阪友哉　監査役坂井俊雄・小川睦夫
◉本社工場＝本社に同じ
工場長折井智治
従業員5名(主任技士2名・技士1名)
1999年5月操業2009年3月更新2250×1(二軸)　ＰＳＭ日工　UBE三菱　フローリック・チューポール
G＝石灰砕石・砕石　S＝陸砂
普通JIS取得(GBRC)

㈱森川生コン
◉本社＝〒301－0041　龍ヶ崎市若柴町2240－480
☎0297－66－0127・FAX0297－66－3752
代表者森川敬司
◉龍ヶ崎工場＝本社に同じ
1973年4月操業2000×1　UBE三菱
2023年出荷30千㎥、2024年出荷20千㎥
G＝砕石　S＝陸砂・砕砂
普通JIS取得(GBRC)

㈲山一建材店
1975年4月1日設立　資本金1000万円　従業員2名　出資＝(製)100%
◉本社＝〒306－0231　古河市小堤1393
☎0280－98－3056・FAX0280－98－2267
取締役社長諏訪善男
◉本社工場＝本社に同じ
工場長諏訪善男
従業員2名
1975年4月操業2012年1月更新500×1　ＰＳＭ光洋機械　住友大阪　車中型×3台
G＝河川　S＝河川・石灰砕砂

山本コンクリート工業㈲
1973年2月2日設立　資本金300万円　従業員13名　出資＝(自)100%
◉本社＝〒309－1721　笠間市橋爪339
☎0296－77－1878・FAX0296－77－8057
代表取締役山本恭一
◉工場＝本社に同じ
工場長山本恭一
従業員13名(技士2名)
1973年1月操業1992年3月更新1000×1　ＰＳＭ光洋機械　太平洋　車中型×13台・小型×6台
G＝砕石　S＝陸砂
普通JIS取得(GBRC)

㈱渡辺建材店
1979年4月17日設立　資本金1000万円
従業員9名　出資＝(自)100%
◉本社＝〒306－0615　坂東市大口2599－1
☎0297－39－2160・FAX0297－39－3074
代表取締役渡辺隆
◉生コン工場＝本社に同じ
従業員9名(技士1名)
1985年10月操業1996年12月更新1000×1(二軸)　ＰＳＭ日工　太平洋　シーカポゾリス　車中型×5台・小型×2台
2023年出荷9千㎥、2024年出荷7千㎥
G＝砕石　S＝陸砂・砕砂

茨城県

栃木県

㈱浅沼生コン
1981年10月1日設立　資本金1000万円　従業員15名　出資＝（自）100％
◉本社＝〒327－0001　佐野市小中町41－1
☎0283－24－2331・FAX0283－24－2389
✉asanumanamacon@sctv.jp
代表取締役篠崎一　取締役野部忠雄・栗原哲
◉工場＝本社に同じ
工場長野部忠雄
従業員15名（技士6名）
1981年10月操業2009年10月更新2500×1（二軸）　ＰＳＭ北川鉄工　UBE三菱　シーカポゾリス・チューポール　車大型×6台・中型×3台・小型×4台
2023年出荷25千㎥、2024年出荷20千㎥
G＝石灰砕石・砕石　S＝山砂・砕砂
普通JIS取得（GBRC）
大臣認定単独取得（60N/㎟）

㈱上野生コン
1988年12月1日設立　資本金2000万円　従業員14名　出資＝（自）100％
◉本社＝〒321－4404　真岡市田島876－2
☎0285－83－2061・FAX0285－83－2384
✉ueno.6312@jeans.ocn.ne.jp
代表取締役須永賢一　専務取締役角田洋行
◉工場＝本社に同じ
工場長茂呂居文隆
従業員14名（技士3名）
1988年12月操業1995年9月更新3000×1　ＰＳＭ北川鉄工（旧日本建機）　トクヤマ　ヤマソー・シーカポゾリス　車大型×9台・中型×7台
2023年出荷20千㎥
G＝陸砂利　S＝陸砂・砕砂
普通JIS取得（JTCCM）

㈲薄根生コン
2001年7月2日設立　資本金300万円　従業員12名　出資＝（自）100％
◉本社＝〒321－3414　芳賀郡市貝町椎谷495－1
☎0285－68－3430・FAX0285－68－3439
社長薄根智也　会長薄根ヨシ子
◉工場＝本社に同じ
工場長石川光一
従業員12名（主任技士1名・技士1名）
2001年9月操業1500×2（傾胴二軸）　ＰＳＭ北川鉄工　太平洋　チューポール・シーカビスコクリート　車大型×5台・中型×2台・小型×3台
2024年出荷20千㎥
G＝陸砂利・砕石　S＝石灰砕砂・砕砂
普通JIS取得（JTCCM）

内田生コン㈱
1969年2月1日設立　資本金8000万円　従業員14名　出資＝（自）100％
◉本社＝〒326－0022　足利市常見町1－26－14
☎0284－41－8736・FAX0284－42－0094
✉utida-namakon@vesta.ocn.ne.jp
代表取締役社長五月女健　取締役武藤明義
◉工場＝本社に同じ
工場長岡田健児
従業員18名（主任技士2名）
1969年2月操業1987年6月更新2250×1（二軸）　ＰＳＭ光洋機械（旧石川島）　住友大阪　ヴィンソル・マイテイ　車大型×8台・小型×6台
2023年出荷40千㎥、2024年出荷30千㎥
G＝石灰砕石・砕石　S＝砕砂
普通JIS取得（JTCCM）

大木生コン㈱
1995年8月1日設立　資本金5000万円　従業員21名　出資＝（自）35％・（販）40％・（建）25％
◉本社＝〒321－0215　下都賀郡壬生町壬生乙1859
☎0282－82－2490・FAX0282－82－1870
✉ooki-rmc@snow.ucatv.ne.jp
代表取締役大木洋　取締役会長大木和　取締役大木敬・中田憲男・大木渓一郎　監査役大木璨
◉工場＝本社に同じ
工場長中田憲男
従業員21名（主任技士2名・技士3名）
1972年4月操業1988年5月更新3000×1（二軸）　ＰＳＭ光洋機械（旧石川島）　UBE三菱　フローリック　車大型×7台・中型×1台・小型×6台〔傭車：㈲ワタナベ商会〕
2024年出荷30千㎥（高強度400㎥・水中不分離400㎥）
G＝河川・石灰砕石　S＝山砂・陸砂
普通JIS取得（GBRC）
大臣認定単独取得

㈲大森生コンクリート工業
◉本社＝〒321－0604　那須烏山市中山1582－2
☎0287－84－3744・FAX0287－84－3747
取締役社長大森登喜男
◉工場＝本社に同じ
2004年2月操業1500×1（二軸）　ＰＳＭ光洋機械（旧石川島）
普通JIS取得（GBRC）

㈱岡建材店
資本金1000万円　出資＝（販）100％
◉本社＝〒327－0317　佐野市田沼町330－1
取締役社長岡信義
◉生コン部＝〒327－0323　佐野市戸奈良町365
☎0283－62－4756・FAX0283－62－4667
1973年5月操業1000×1　UBE三菱
普通JIS取得（GBRC）

岡村建設㈱
1952年1月10日設立　資本金3800万円　従業員87名　出資＝（自）100％
◉本社＝〒329－1311　さくら市氏家2544
☎028－682－2914・FAX028－682－2915
代表取締役岡村昌仁　取締役岡村千代子・添田美二
◉生コンクリート工場＝〒329－1233　塩谷郡高根沢町大字宝積寺140
☎028－675－1151・FAX028－675－1152
工場長薄井保
従業員14名（主任技士1名・技士3名）
1973年12月操業2021年10月更新2300×1（ジクロス）　ＰＳＭ北川鉄工　UBE三菱　車大型×10台・中型×3台・小型×2台〔傭車：㈱大日商事・㈲若目田運送〕
2023年出荷32千㎥、2024年出荷28千㎥
G＝河川・石灰砕石・砕石　S＝河川・砕砂
普通JIS取得（JTCCM）

小山レミコン㈱
1963年8月12日設立　資本金4200万円　従業員141名　出資＝（自）71.43％・（セ）26.19％・（他）2.38％
◉本社＝〒323－0005　小山市大字渋井字折本670
☎0285－37－1515・FAX0285－37－2025
URL https://www.asahi-g.co.jp/
✉oyama-rmc-honsya@asahi-g.co.jp
代表取締役社長森戸勝　取締役安達健治・近藤重美・森戸重光・馬場伸夫・清水雅巳　監査役豊永知明
◉小山工場＝〒323－0005　小山市渋井670
☎0285－37－1515・FAX0285－37－2025
工場長鈴木喜元
従業員26名（主任技士2名・技士2名）
1963年1月操業2010年1月更新2800×1（二軸）　ＰＳＭ北川鉄工　太平洋　フローリック・チューポール・シーカジャパン　車大型×6台・中型×8台・小型×5台
2023年出荷43千㎥
G＝石灰砕石・砕石・人軽骨　S＝陸砂
普通JIS取得（GBRC）
大臣認定単独取得（60N/㎟）
◉鹿沼工場＝〒322－0536　鹿沼市磯町123
☎0289－75－3121・FAX0289－75－1127
✉oyama-rmc-kanuma@asahi-g.co.jp

工場長広田敏夫
従業員20名(主任技士3名・技士3名)
1969年11月操業2001年5月ＰＭ更新3000×1　ＰＳＭ北川鉄工　太平洋・住友大阪　シーカジャパン・フローリック　車大型×6台・中型×7台
G＝陸砂利・石灰砕石・砕石　S＝陸砂
普通JIS取得(GBRC)
◉真岡工場(旧真岡生コン㈱工場)＝〒321－4363　真岡市亀山3010
☎0285－84－2251・FAX0285－84－2254
1969年9月操業1998年6月更新2500×1　ＰＳＭ北川鉄工(旧日本建機)
普通JIS取得(GBRC)
※岩井工場・下妻工場・総和工場＝茨城県、埼玉工場＝埼玉県参照

かねい生コンクリート㈱
1974年9月1日設立　資本金1000万円　出資＝(自)100%
◉本社＝〒321－1101　日光市明神215－3
代表取締役福田康　取締役福田久
◉工場(操業停止中)＝本社に同じ
1969年10月操業1986年8月更新2500×1(二軸)　ＰＳＭ光洋機械(旧石川島)

菊一生コン㈱
1979年4月1日設立　資本金1000万円　従業員21名　出資＝(自)100%
◉本社＝〒321－0913　宇都宮市上桑島町2100
☎028－656－6075・FAX028－656－8038
代表取締役社長菊地伸克　取締役会長菊地一男　取締役業務部長金田直文
ISO 9001取得
◉本社工場＝本社に同じ
工場長田中達
従業員21名(主任技士2名・技士3名)
1979年2月操業2011年1月更新2750×1(二軸)　ＰＳＭ光洋機械　住友大阪　フローリック・シーカメント　車大型×5台・中型×5台・小型×1台
2023年出荷35千㎥、2024年出荷48千㎥(高強度140㎥)
G＝陸砂利・石灰砕石・砕石　S＝陸砂・石灰砕砂
普通JIS取得(JTCCM)
ISO 9001取得
大臣認定単独取得(80N/mm²)

後藤コンクリート㈲
資本金200万円　出資＝(製)100%
◉本社＝〒329－3146　那須塩原市下中野1043
☎0287－65－0575・FAX0287－65－2260
社長後藤勝一
◉工場＝本社に同じ
工場長後藤直人
従業員10名
1970年8月操業1000×1　ＰＳＭ北川鉄工　日立　車大型×4台・小型×7台
普通JIS取得(GBRC)

三洋コンクリート㈱
1964年8月11日設立　資本金1000万円
従業員29名　出資＝(自)100%
◉本社＝〒323－0115　下野市下坪山1810－4
☎0285－48－1336・FAX0285－48－1338
✉honbu@sanyonamacon.co.jp
代表取締役社長早川力　取締役会長早川信治　取締役早川陽子
◉工場＝本社に同じ
工場長増田剛
従業員29名(技士7名)
1964年8月操業2021年1月更新2800×1(二軸)　ＰＳＭ北川鉄工　太平洋　シーカポゾリス・フローリック・シーカポゾリス・シーカビスコクリート　車大型×11台・小型×9台
2023年出荷41千㎥
G＝陸砂利・石灰砕石・砕石　S＝陸砂・石灰砕砂・砕砂
普通JIS取得(GBRC)
大臣認定単独取得(60N/mm²)

西部生コン㈱
2004年4月1日設立　従業員44名
◉本社＝〒321－2403　日光市町谷747
☎0288－31－1025・FAX0288－31－0804
URL https://www.t-seibu.co.jp
代表取締役平野一昭
◉今市工場＝〒321－2403　日光市町谷747
☎0288－21－7211・FAX0288－21－7213
✉t-saitoh@t-seibu.co.jp
工場長齊藤崇文
従業員35名
1974年7月操業2014年8月更新2250×1(二軸)　ＰＳＭ日工　太平洋　フローリック・チューポール　車大型×21台・中型×6台
2023年出荷33千㎥、2024年出荷51千㎥
G＝陸砂利・石灰砕石　S＝陸砂・石灰砕砂
◉日光工場＝〒321－1421　日光市所野50－1
☎0288－53－1546・FAX0288－53－1548
✉nikko@tochigi-seibunamacon.co.jp
工場長熊田伸二
従業員5名(主任技士2名・技士1名)
1973年10月操業1997年9月更新3000×1(二軸)　ＰＳＭ日工　住友大阪　フローリック　車大型×21台・中型×4台・小型×4台〔傭車〕
2023年出荷22千㎥
G＝陸砂利　S＝陸砂
普通JIS取得(GBRC)
◉足尾工場＝〒321－1511　日光市足尾町1670
☎0288－93－3355・FAX0288－93－3356
工場長齋藤崇文
従業員4名
1973年6月操業1978年1月更新1500×1　ＰＳＭ日工　住友大阪　フローリック
2023年出荷5千㎥
G＝河川　S＝河川・石灰砕砂
普通JIS取得(GBRC)

㈲早乙女コンクリート産業
1982年12月1日設立　資本金500万円　従業員18名　出資＝(自)100%
◉本社＝〒328－0104　栃木市都賀町木1209
☎0282－27－0735・FAX0282－27－8540
✉soutome-con@oc9.ne.jp
代表取締役早乙女一男　専務取締役早乙女範男
◉本社生コン工場＝本社に同じ
工場長新山正直
従業員18名(主任技士1名・技士4名)
1979年9月操業1996年10月Ｍ改造56×2(傾胴二軸)　ＰＳＭ北川鉄工　太平洋
車大型×4台・中・小型×14台
G＝石灰砕石　S＝石灰砕砂・砕砂
普通JIS取得(JTCCM)

㈱五月女生コン
1981年設立　資本金500万円
◉本社＝〒323－0068　小山市下初田55－1
☎0285－38－0192・FAX0285－38－2808
代表取締役五月女健
◉小山工場＝本社に同じ
工場長鈴木寿一
従業員20名
車大型×15台・小型×6台
普通JIS取得(JTCCM)
◉鹿沼工場＝〒322－0015　鹿沼市上石川2236－4
☎0289－76－1556・FAX0289－76－1559
1996年2月操業3000×1　車大型×10台・小型×3台
普通JIS取得(JTCCM)
※石下工場・笠間工場・百里工場・水戸工場＝茨城県参照

相馬コンクリート工業㈱
資本金1000万円　出資＝(製)100%
◉本社＝〒329－3126　那須塩原市中内145
☎0287－65－1221・FAX0287－65－1222
代表取締役相馬和雄
◉工場＝本社に同じ
1973年9月操業1000×1　太平洋
普通JIS取得(GBRC)

㈲添谷工業
1975年7月8日設立　資本金500万円　従業員14名　出資＝(自)100%

◉本社＝〒321－4216　芳賀郡益子町大字塙2273
☎0285－72－4304・FAX0285－72－4406
✉soeyanama@voice.ocn.ne.jp
代表取締役社長添谷修治　取締役添谷徹・添谷敦
◉添谷生コンクリート工場＝本社に同じ
工場長添谷徹
従業員14名（主任技士1名・技士3名）
1975年7月操業2014年8月更新2250×1（二軸）　ＰＳＭ日工　住友大阪　フローリック・ヤマソー・マイテイ　車大型×7台・中型×4台
2023年出荷35千㎥
G＝陸砂利・石灰砕石・砕石　S＝陸砂・石灰砕砂
普通JIS取得（JTCCM）

㈱宝木建材工業
1972年3月1日設立　資本金1500万円　従業員10名　出資＝（自）100％
◉本社＝〒320－0075　宇都宮市宝木本町1783－1
☎028－665－1937・FAX028－665－5669
✉takaragikenzai@yahoo.co.jp
代表取締役社長福田英博
◉工場＝本社に同じ
工場長吉田幸男
従業員10名（主任技士3名）
1988年11月操業2000年10月更新2750×1（二軸）　ＰＳＭ日工　太平洋　シーカメント・フローリック　車大型×4台・小型×5台〔一部傭車〕
2023年出荷21千㎥
G＝石灰砕石・砕石　S＝陸砂・石灰砕砂
普通JIS取得（JTCCM）

ティーエス生コン㈱
1967年5月1日設立　資本金6000万円　従業員47名　出資＝（セ）40％・（他）60％
◉本社＝〒323－0005　小山市渋井779
☎0285－30－3518・FAX0285－30－3763
代表取締役社長矢澤秀樹　取締役矢部久光・須長伸元・福島一男・斎藤徹・松本悊雄　監査役坂本定司
◉小山工場＝〒323－0005　小山市渋井779
☎0285－24－4821・FAX0285－24－0174
工場長片桐三樹雄
従業員13名（技士4名）
1981年8月操業2500×1（二軸）　ＰＳＭ北川鉄工（旧日本建機）　UBE三菱　プラストクリート　車大型×7台・中型×1台・小型×5台
G＝河川・砕石　S＝陸砂
普通JIS取得（GBRC）

東武栃木生コン㈱
2016年4月1日設立　資本金5000万円　従業員32名　出資＝（建）100％
◉本社＝〒321－0905　宇都宮市平出工業団地47－2
☎028－661－1231・FAX028－664－0523
代表者田上秀文　役員関正一・飯野秀夫　監査役上吉原史明
ISO 9001・14001取得
◉工場＝本社に同じ
責任者田上秀文
従業員32名（主任技士2名・技士5名）
1963年6月操業2005年5月更新2750×1（二軸）　ＰＳＭ光洋機械（旧石川島）　住友大阪　フローリック　車大型×8台・中型×5台〔傭車：マルタカ・西部生コン・ミブ建商・宇都宮第一商事〕
2023年出荷41千㎥、2024年出荷54千㎥（高強度10000㎥・高流動15000㎥）
G＝石灰砕石・砕石・人軽骨　S＝陸砂・石灰砕砂・砕砂・人軽骨
普通・軽量JIS取得（JTCCM）
ISO 9001・14001取得
大臣認定単独取得（80N/mm²）

栃木カナイコンクリート㈱
資本金1450万円
◉本社＝〒326－0143　足利市葉鹿町1－32－5
☎0284－65－1188・FAX0284－65－1189
社長金井義明
◉工場＝本社に同じ
1997年1月操業2000×1　太平洋　車大型×4台・小型×4台
普通JIS取得（GBRC）

栃木レミコン㈱
1972年5月1日設立　資本金7800万円　従業員20名
◉本社＝〒328－0011　栃木市大宮町茱萸木2621－1
☎0282－27－5138・FAX0282－27－5134
代表取締役社長西畑宜昭　役員高木実
◉工場＝本社に同じ
工場長高木実
従業員13名（主任技士1名・技士2名）
1973年8月操業1997年2月Ｓ2014年9月Ｍ更新2300×1（二軸）　Ｐダイト技研Ｓハカルプラス M北川鉄工　太平洋・住友大阪　シーカポゾリス・フローリック　車大型×7台・中型×1台・小型×6台〔傭車：㈲ニシハタ〕
2023年出荷30千㎥、2024年出荷17千㎥（水中不分離420㎥）
G＝陸砂利・石灰砕石・砕石　S＝陸砂・砕砂
普通JIS取得（GBRC）
大臣認定単独取得（60N/mm²）

㈱浜屋組
1921年1月1日設立　資本金4140万円　従業員170名　出資＝（自）100％
◉本社＝〒329－2164　矢板市本町12－6
☎0287－43－1181・FAX0287－43－118
URL http://www.hamayagumi.co.jp/
代表取締役社長岩見高士　取締役岩見京助・岩見貴子・重高克彦・水谷久・福田定夫・神山裕・藤島崇
◉生コン部矢板工場＝〒329－1571　矢板市片岡1869
☎0287－48－1008・FAX0287－48－1010
✉hmy-rcp@amber.plala.or.jp
工場長重高克彦
従業員22名（主任技士1名・技士3名）
1960年3月操業2017年8月更新2250×1（二軸）　ＰＳＭ日工　住友大阪　シーカジャパン・フローリック　車大型×10台・小型×4台
2023年出荷33千㎥、2024年出荷25千㎥
G＝河川・石灰砕石・人軽骨　S＝河川・石灰砕砂
普通・高強度JIS取得（GBRC）

㈱平成開発
◉本社＝〒324－0222　大田原市矢倉23
☎0287－54－3211・FAX0287－54－3212
代表者高梨好一郎
◉工場＝本社に同じ
2003年10月操業3000×1　ＰＳＭ日工　トクヤマ
普通JIS取得（IC）

㈱増渕生コン
1968年3月31日設立　資本金1000万円　従業員11名　出資＝（販）100％
◉本社＝〒321－0923　宇都宮市下栗町577
☎028－656－1511・FAX028－656－1513
代表取締役山岸憲一　取締役下村将徳・山本大介・笠原文彦
◉工場＝本社に同じ
工場長上坂博見
従業員10名（主任技士1名・技士3名）
1968年3月操業1996年2月更新2500×1（二軸）　ＰＳＭ日工　住友大阪　フローリック・シーカポゾリス・ヤマソー　車大型×3台
2023年出荷26千㎥、2024年出荷33千㎥（高強度460㎥）
G＝陸砂利・石灰砕石・砕石　S＝陸砂・石灰砕砂
普通・高強度JIS取得（JTCCM）
大臣認定単独取得（60N/mm²）

㈱間々田生コン
資本金1500万円　出資＝（骨）50％・（他）50％
◉本社＝〒329－0202　小山市千駄塚550－1
代表取締役社長木村光三　取締役木村昭子・木村隆弘　監査役木村隆弘

◉工場＝本社に同じ
1750×1(二軸)　ＰＳＭ日工　太平洋
車大型×6台・中型×9台
G＝砕石　S＝河川・砕砂
普通JIS取得(GBRC)

㈱丸新生コン
1969年10月1日設立　資本金1000万円
従業員30名　出資＝(自)100%
◉本社＝〒323－1104　栃木市藤岡町藤岡1113
☎0282－62－3300・FAX0282－62－2926
URL http://www.cc9.ne.jp/~marushin/
✉marushin@cc9.ne.jp
代表取締役阿部靖之　取締役阿部淳子
ISO 9001取得
◉工場＝本社に同じ
工場長小川博司
従業員32名(主任技士1名・技士3名)
1969年10月操業2012年1月Ｓ2013年1月Ｍ更新2800×1(二軸)　ＰＳＭ北川鉄工(旧日本建機)　住友大阪　フローリック・シーカビスコクリート・シーカポゾリス・シーカポゾリス　車大型×10台・中型×4台・小型×5台
G＝陸砂利・石灰砕石・砕石　S＝陸砂・砕砂
普通JIS取得(JTCCM)
ISO 9001取得
大臣認定単独取得(80N/mm²)

㈱みらい生コン
2004年9月1日設立
◉本社＝〒329－3154　那須塩原市上中野66
☎0287－65－1760・FAX0287－65－1284
代表取締役生駒憲一
◉工場＝本社に同じ
工場長郡司貴純
従業員23名(技士2名)
1977年1月操業1992年10月Ｍ更新2250×2　ＰＳ度量衡Ｍ光洋機械(旧石川島)　UBE三菱　フローリック　車大型×12台・中型×3台
2023年出荷14千㎥
G＝陸砂利　S＝陸砂
普通JIS取得(MSA)

モリヒロ生コン㈱
2004年8月1日設立　資本金4500万円　従業員17名　出資＝(自)100%
◉本社＝〒329－3142　那須塩原市佐野95－1
☎0287－62－0905・FAX0287－63－2180
代表取締役社長杉山昌之
◉那須塩原本社工場＝本社に同じ
工場長熊谷光晴
従業員17名(主任技士2名・技士2名)
1965年4月操業2009年5月更新2750×1(二軸)　ＰＳＭ光洋機械　太平洋　ヤマソー・フローリック・シーカポゾリス・チューポール　車大型×6台・中型×2台(本社一括管理)
G＝陸砂利・石灰砕石・砕石　S＝陸砂
普通・舗装JIS取得(JTCCM)
大臣認定単独取得(60N/mm²)

㈱八幡
1946年3月1日設立　資本金4400万円　従業員35名　出資＝(自)100%
◉本社＝〒321－0905　宇都宮市平出工業団地45－2
☎028－661－0711・FAX028－661－0399
✉yahata@yahata8.co.jp
代表取締役社長菊池清二　取締役会長菊池功　取締役菊池清孝・菊池三紀男・菊池俊也・菊池優樹
◉工場＝本社に同じ
工場長臼井英之
従業員35名(技士3名)
1968年8月操業2015年9月更新2800×1(二軸)　ＰＳＭ北川鉄工　太平洋　フローリック・シーカポゾリス・シーカビスコクリート・チューポール　車大型×6台・中型×2台・小型×2台
2023年出荷34千㎥
G＝陸砂利・石灰砕石・砕石　S＝陸砂・石灰砕砂・砕砂
普通JIS取得(JTCCM)
ISO 14001取得
大臣認定単独取得(60N/mm²)

山本コンクリート工業㈱
1974年6月29日設立　資本金1000万円
従業員20名　出資＝(建)100%
◉本社＝〒329－1222　塩谷郡高根沢町寺渡戸445
☎028－676－1281・FAX028－676－0323
URL https://yamamotocon.co.jp
✉info@yamamotocon.co.jp
代表取締役社長菅原隆広　代表取締役会長小島辰美
◉本社工場＝本社に同じ
工場長藤田記嗣
従業員20名(技士4名・診断士1名)
第1Ｐ＝1974年6月操業1993年3月更新2000×1(一軸)
第2Ｐ＝2000年1月操業2001年1月更新3000×1(二軸)　太平洋　シーカポゾリス・フローリック　車大型×10台・中型×2台・小型×3台
2023年出荷40千㎥、2024年出荷54千㎥
G＝陸砂利・石灰砕石・砕石　S＝陸砂・石灰砕砂
普通JIS取得(GBRC)
大臣認定単独取得(80N/mm²)

㈱ヤマヤマ
2007年12月11日設立　資本金555万円
従業員14名　出資＝(自)100%
◉本社＝〒321－2603　日光市西川420－2
☎0288－78－0308・FAX0288－78－0335
代表取締役社長佐藤健治　役員福田勉・吉澤洋
◉湯西川生コン工場＝〒321－2603　日光市西川420－2
☎0288－78－0215・FAX0288－78－0753
工場長福田勉
従業員14名(主任技士1名・技士2名)
1972年9月操業2008年9月更新1750×1(二軸)　ＰＳＭ日工　住友大阪　車大型×10台・中型×1台
2023年出荷8千㎥、2024年出荷8千㎥
G＝陸砂利　S＝陸砂
普通JIS取得(JTCCM)

渡辺辻由共同生コン㈱
2004年4月1日設立　資本金1000万円　従業員13名　出資＝(自)100%
◉本社＝〒329－1105　宇都宮市中岡本町2836
☎028－673－0077・FAX028－673－7469
✉watanabetujiyoshi.kyodonamacon@lemon.plala.or.jp
取締役社長辻善文　取締役藤田克彦
◉工場＝本社に同じ
工場長藤田克彦
従業員13名(技士2名)
1964年8月操業1991年4月更新3000×1(二軸)　ＰＭ北川鉄工(旧日本建機)Ｓハカルプラス　太平洋・住友大阪　フローリック　車大型×6台・小型×3台
2023年出荷25千㎥、2024年出荷27千㎥
G＝陸砂利・石灰砕石　S＝陸砂・石灰砕砂
普通・高強度JIS取得(JTCCM)
大臣認定単独取得(60N/mm²)

群馬県

㈱池田建商
1975年5月1日設立　資本金1000万円　従業員17名　出資＝(自)100%
◉本社＝〒370－3516　高崎市稲荷台町167－1
☎027－372－4455・FAX027－372－4321
URL https://www.ikeda-kensho.com
✉hiro@ikeda-kensho.com
代表取締役池田広之
◉工場＝本社に同じ
従業員17名(技士2名)
1984年9月操業2014年11月更新2750×1(二軸)　PSエムイーシーM日工　太平洋　チューポール　車大型×7台・中型×4台・小型×1台
G＝砕石　S＝陸砂・石灰砕砂
普通JIS取得(GBRC)
大臣認定単独取得(60N/mm²)

池原工業㈱
1948年12月1日設立　資本金9800万円　従業員110名　出資＝(自)100%
◉本社＝〒377－0883　吾妻郡東吾妻町大字原町160
☎0279－68－7111・FAX0279－68－7119
URL https://www.ikehara.co.jp/
✉officeinfo@ikehara.co.jp
代表取締役池原純　専務取締役池原裕之　常務執行役員加部賢　常務取締役金子茂雄・池原唯　取締役蟻川智昭・一之瀬弘之・伊藤守・日村透・日野健
ISO 9001取得
◉東橋工場＝〒377－0801　吾妻郡東吾妻町大字原町246
☎0279－68－7151・FAX0279－68－7159
工場長伊藤守
従業員15名(主任技士2名・技士3名・診断士2名)
1965年5月操業2021年6月更新(二軸)　PSM日工　太平洋　ダラセム・シーカメント　車大型×9台・中型×2台〔傭車：㈲東橋〕
2023年出荷13千m³、2024年出荷19千m³(高流動30m³)
G＝山砂利　S＝山砂
普通・舗装JIS取得(JTCCM)
ISO 9001取得

岩井建設㈱
1955年8月29日設立　資本金4800万円　従業員112名　出資＝(自)100%
◉本社＝〒370－2455　富岡市神農原70－2
☎0274－63－6527・FAX0274－63－5604
代表取締役社長岩井秀昭　常務取締役工藤寛之　取締役岩井勇次・岩井寛治
◉生コンクリート工場＝〒370－2603　甘楽郡下仁田町馬山5455
☎0274－82－2657・FAX0274－82－2686
工場長黛智夫
従業員16名(主任技士1名・技士4名)
1968年1月操業2016年12月更新2300×1(二軸)　PSM光洋機械　太平洋　ヤマソー　車大型×8台・中型×4台
2023年出荷23千m³、2024年出荷17千m³
G＝陸砂利・砕石　S＝陸砂・砕砂
普通JIS取得(JTCCM)

太田生コンクリート工業㈱
1999年4月1日設立　資本金2000万円　従業員15名　出資＝(自)100%
◉本社＝〒373－0806　太田市龍舞町5184－1
☎0276－45－8641・FAX0276－45－8643
代表取締役社長石井健一郎　代表取締役会長鳴瀬浩康　常務取締役篠崎健晴・森山博　取締役薗田道男・浅野一郎・栗原広行・目黒司　監査役古屋功司・藤牧昌樹
◉工場＝本社に同じ
工場長家住徹
従業員15名(主任技士2名・技士3名)
1972年12月操業2023年5月更新2800×1(二軸)　PSM光洋機械　太平洋　シーカジャパン・フローリック　車大型×7台・中型×2台・小型×3台
2023年出荷48千m³、2024年出荷28千m³
G＝石灰砕石・砕石　S＝陸砂・砕砂
普通JIS取得(JTCCM)
大臣認定単独取得(60N/mm²)

大間々デンカ生コン㈱
1983年9月26日設立　資本金5000万円　従業員15名　出資＝(セ)71%・(他)29%
◉本社＝〒376－0115　みどり市大間々町塩原353
☎0277－73－1531・FAX0277－73－6421
✉oomama-denka@vega.ocn.ne.jp
代表取締役福高永太郎　取締役渋谷忠彦
◉工場(操業停止中)＝本社に同じ
1973年12月操業1988年8月更新2000×1(二軸)　PSM光洋機械(旧石川島)

㈲亀田建材
1975年6月1日設立　資本金500万円
◉本社＝〒374－0123　邑楽郡板倉町大字飯野1860
☎0276－82－0357・FAX0276－82－0347
代表取締役亀田清子　専務取締役川島昇　常務取締役亀田和美
◉工場＝本社に同じ
1973年12月操業500×1　PSM北川鉄工　太平洋　車小型×5台

関東北部生コン㈱
◉本社＝〒370－0533　邑楽郡大泉町仙石－31－16
☎0276－62－3541・FAX0276－62－354[illegible]
◉本社工場＝本社に同じ

北関東秩父コンクリート㈱
1977年4月28日設立　資本金5000万円　従業員62名　出資＝(セ)95%・(他)5%
◉本社＝〒370－1201　高崎市倉賀野町4741
☎027－345－1771・FAX027－345－178[illegible]
URL https://www.k-chichibu.co.jp/
✉t.ishikawa@k-chichibu.co.jp
代表取締役社長諸角富美男　常務取締役関喜代美・佐治擁信・小此木勇一　取締役林幸男・清水雅巳・山岡正尚　監査役藤牧昌樹
◉高崎工場＝〒370－1201　高崎市倉賀野町4741
☎027－345－1777・FAX027－346－567[illegible]
✉takasaki-plant@k-chichibu.co.jp
工場長林幸男
従業員8名(主任技士2名・技士2名)
1964年9月操業1987年1月P2014年5月M2011年7月S改造2750×1　PSM日工　太平洋　フローリック・シーカジャパン　車大型×9台・中型×1台・小型×2台〔傭車：北関東ナック㈱〕
2023年出荷45千m³、2024年出荷41千m³(高強度312m³)
G＝砕石　S＝陸砂・石灰砕砂・砕砂
普通・舗装JIS取得(JTCCM)
大臣認定単独取得(72N/mm²)
◉安中工場＝〒379－0135　安中市郷原字中村702
☎027－385－7333・FAX027－385－7334
✉annaka-plant@k-chichibu.co.jp
工場長原澤文和
従業員8名(主任技士2名・技士2名)
1969年1月操業2005年8月更新2750×1　PSM日工　太平洋　フローリック・シーカポゾリス　車大型×7台・中型×2台〔傭車：北関東ナック㈱〕
2023年出荷31千m³、2024年出荷39千m³(高強度250m³)
G＝砕石　S＝陸砂・砕砂
普通・舗装JIS取得(JTCCM)
◉新治工場＝〒379－1412　利根郡みなかみ町羽場16
☎0278－64－0225・FAX0278－64－0227
✉niiharu-top@k-chichibu.co.jp
工場長白倉幼
従業員7名(技士4名)
1974年10月操業2023年8月更新2250×1(二軸)　P秩父エンジニアSM日工　太平洋　フローリック・シーカポゾリス　車大型×5台・小型×2台〔傭車：北関東ナック㈱〕

2023年出荷25千㎥、2024年出荷21千㎥(高流動100㎥)
G＝砕石　S＝陸砂
普通・舗装JIS取得(JTCCM)
◉箕郷工場＝〒370－3104　高崎市箕郷町上芝582
☎027－371－5191・FAX027－371－6392
✉misato-plant@k-chichibu.co.jp
工場長関口淳
従業員8名(主任技士1名・技士5名)
1979年7月操業2019年1月更新2250×1　P秩父エンジニアSM日工　太平洋　シーカポゾリス・フローリック　車大型×8台・小型×3台〔傭車：北関東ナック㈱〕
2024年出荷44千㎥
G＝砕石　S＝陸砂・砕砂
普通・舗装・高強度JIS取得(JTCCM)
大臣認定単独取得(72N/mm²)
※広友興業㈱倉渕工場より生産受託
◉桐生工場＝〒376－0011　桐生市相生町3－800－14
☎0277－53－8334・FAX0277－53－8337
✉kiruu-plant@k-chichibu.co.jp
工場長星浩美
従業員7名(主任技士4名・技士1名・診断士2名)
1970年6月操業1987年9月更新2000×1　P秩父エンジニアSパシフィックシステムM光洋機械　太平洋　フローリック　車大型×7台・小型×4台〔傭車：北関東ナック㈱〕
2023年出荷24千㎥、2024年出荷25千㎥
G＝石灰砕石・砕石　S＝石灰砕砂・砕砂
普通・舗装・高強度JIS取得(JTCCM)

黒沢建設㈱
1958年10月1日設立　資本金5000万円　従業員37名　出資＝(自)100%
◉本社＝〒370－1503　多野郡神流町大字生利1711－2
☎0274－57－2011・FAX0274－57－2369
代表取締役黒澤英紀　取締役黒澤とし子・黒澤重雄・阿藤正彦・木部和幸・西澤英昌
◉黒沢生コン工場＝〒370－1503　多野郡神流町大字生利1717
☎0274－57－2507・FAX0274－57－2507
工場長黒澤英紀
従業員7名(技士2名)
1970年1月操業1988年6月更新1500×1(二軸)　PSM北川鉄工　太平洋　車大型×4台・中型×2台・小型×2台
G＝河川　S＝河川
普通JIS取得(JTCCM)

群峰建商㈱
◉本社＝東京都参照
◉群馬工場＝〒371－0122　前橋市小坂子町922－1
☎027－269－9110・FAX027－269－9119
✉kensho@gunpoh.co.jp
工場長五十嵐努
従業員16名(主任技士2名・技士3名)
1979年3月操業2002年更新1670×1(二軸)　PSM北川鉄工　UBE三菱・太平洋　フローリック　車大型×5台・中型×2台・小型×4台
G＝陸砂利・砕石　S＝陸砂・砕砂
普通JIS取得(GBRC)

群馬アサノコンクリート㈱
1965年2月1日設立　資本金4000万円　従業員20名　出資＝(セ)50%・(販)50%
◉本社＝〒379－2304　太田市大原町39－5
☎0277－78－2331・FAX0277－78－8477
代表取締役社長鮎川英夫　常務取締役石井健一郎　取締役浅野一郎・清水雅巳・河嶋裕之・薗田道男・山岡正尚　監査役藤牧昌樹
2024年出荷30千㎥
◉本社工場＝本社に同じ
工場長吉田智昭
従業員16名(主任技士2名・技士5名)
1969年3月操業2013年1月更新2250×1(二軸)　P大平洋機工SM日工　太平洋　フローリック・シーカポゾリス　車大型×10台・小型×4台
2023年出荷30千㎥、2024年出荷30千㎥
G＝砕石　S＝山砂・砕砂
普通・舗装JIS取得(JTCCM)
大臣認定単独取得(60N/mm²)
◉花輪工場＝〒376－0306　みどり市東町荻原368
☎0277－97－2331・FAX0277－97－3012
従業員5名(主任技士1名・技士2名)
1967年12月操業1985年9月更新1500×1(二軸)　PM大平洋機工S日工　太平洋　ヤマソー・シーカポゾリス　車大型×3台・小型×1台
2023年出荷10千㎥、2024年出荷7千㎥
G＝陸砂利・砕石　S＝河川・陸砂
普通・舗装JIS取得(JTCCM)

群馬岩井生コン㈱
1998年4月8日設立　資本金5000万円　従業員15名　出資＝(セ)80%・(建)20%
◉本社＝〒370－0071　高崎市小八木町306－1
☎027－361－1220・FAX027－363－5194
代表取締役熊澤憲一　取締役松倉義行・須田誠一・佐治擁信　監査役加部紀幸・豊永知明
◉工場＝本社に同じ
工場長樋口英一
従業員15名(主任技士2名・技士3名)
1998年5月操業2018年3月更新2250×1　PSM日工　太平洋　フローリック　車大型×10台・小型×7台
2024年出荷35千㎥
G＝砕石　S＝陸砂・砕砂
普通・舗装・高強度JIS取得(JTCCM)

県央アサノコンクリート㈱
1995年4月20日設立　資本金5000万円　従業員13名　出資＝(販)60%・(建)40%
◉本社＝〒370－3602　北群馬郡吉岡町大字大久保595
☎0279－55－0511・FAX0279－55－0514
◉工場＝本社に同じ
従業員11名(主任技士1名・技士4名)
2024年1月更新2300×1(二軸)　P大平洋機工M北川鉄工　太平洋　マイテイ・シーカポゾリス・シーカポゾリス・ヴィンソル　車大型×10台・小型×4台
2023年出荷25千㎥、2024年出荷30千㎥
G＝陸砂利・砕石・人軽骨　S＝陸砂・砕砂
普通・舗装・軽量JIS取得(JTCCM)
大臣認定単独取得(60N/mm²)

㈲建商コンクリート
1985年7月1日設立　資本金300万円　従業員15名　出資＝(自)100%
◉本社＝〒379－2311　みどり市笠懸町阿左美666
☎0277－76－8518・FAX0277－76－9227
URL http://chibicon.jp
代表取締役社長葉山勇
◉工場＝本社に同じ
従業員15名(技士2名)
1985年7月操業1992年11月更新1000×1(二軸)　PSM日工　太平洋　車大型×1台・中型×3台・小型×8台
G＝河川・陸砂利・砕石　S＝河川・陸砂・砕砂

建設生コン㈱
1976年10月1日設立　資本金9900万円　従業員15名　出資＝(建)86.7%・(骨)13.3%
◉本社＝〒378－0003　沼田市上久屋町2338－1
☎0278－24－3111・FAX0278－24－3309
代表取締役相田聡　取締役星野雅子・新井創次・金子優人
◉沼田工場＝本社に同じ
代表取締役相田聡
従業員15名(主任技士2名・技士1名)
1977年1月操業2012年4月更新2250×1(二軸)　PSM光洋機械　UBE三菱　車大型×6台・中型×1台・小型×3台
2023年出荷16千㎥、2024年出荷13千㎥(高強度150㎥)
G＝陸砂利・砕石　S＝陸砂
普通・舗装JIS取得(JTCCM)

㈱坂本商事
1969年4月1日設立　資本金2000万円　従業員21名　出資＝(自)100%
◉本社＝〒370－3521　高崎市棟高町2386－3
☎027－373－4141・FAX027－373－8300
代表取締役社長永田広志　代表取締役会長坂本興一
◉工場＝〒370－3521　高崎市棟高町2386－3
☎027－373－4141・FAX027－373－8300
工場長新木亨
従業員15名(主任技士1名・技士3名)
1975年8月操業2002年1月更新1500×1　ＰＳＭ光洋機械(旧石川島)　住友大阪　フローリック　車大型×3台・中型×11台・小型×3台
G＝砕石　S＝陸砂・砕砂
普通JIS取得(JTCCM)

㈲桜井建材店
出資＝(骨)100%
◉本社＝〒370－0613　邑楽郡邑楽町狸塚181－1
☎0276－88－5101・FAX0276－88－5107
代表取締役社長桜井征男
◉工場＝本社に同じ
1977年2月操業18×1　ＰＳＭ度量衡　太平洋　車小型×4台
普通JIS取得(JTCCM)

上州生コン㈱
1979年4月1日設立　資本金4800万円　従業員27名　出資＝(セ)24%・(販)76%
◉本社＝〒373－0033　太田市西本町62－20
☎0276－31－7238・FAX0276－31－7237
URL https://www.shinozaki-shokai.com
代表取締役社長篠崎健晴　代表取締役会長鳴瀬浩康　取締役目黒司・許斐修一
◉国定工場＝〒379－2221　伊勢崎市国定町1－254
☎0270－62－1556・FAX0270－62－6687
工場長石島正之
従業員15名(主任技士2名・技士1名)
1974年4月操業1988年5月更新2000×1(二軸)　ＰＳＭ光洋機械　UBE三菱　シーカポゾリス　車大型×5台・中型×4台
G＝砕石　S＝山砂・砕砂
普通JIS取得(JTCCM)
◉館林工場＝〒374－0042　館林市近藤町711－2
☎0276－73－1315・FAX0276－75－1173
✉jyousyuu-t@cc9.ne.jp
工場長古屋功司
従業員10名(主任技士2名・技士1名)
1968年4月操業1986年11月Ｍ更新2000×1(二軸)　ＰＳＭ光洋機械　UBE三菱　フローリック　車大型×1台・中型×4台
2023年出荷24千㎥
G＝石灰砕石・砕石　S＝山砂・砕砂
普通JIS取得(JTCCM)

白砂生コン㈲
2005年7月設立
◉本社＝〒377－1304　吾妻郡長野原町大字長野原451－1
☎0279－82－2147・FAX0279－82－2157
URL http://agaseki.jp/files/06_shirasuna.html
✉kabe@shirasuna-namacon.jp
代表取締役宮本昌典
◉本社工場＝本社に同じ
責任者加部宣昭
従業員16名(主任3名・技士2名)
1996年4月操業2019年5月更新2250×1　太平洋　シーカポゾリス・シーカビスコクリート　車大型×9台・中型×2台
2023年出荷20千㎥、2024年出荷17千㎥(ポーラス30㎥)
G＝陸砂利・砕石　S＝陸砂
普通・舗装JIS取得(JTCCM)

㈱須永
1979年4月21日設立　資本金1000万円　従業員24名　出資＝(自)100%
◉本社＝〒370－0103　伊勢崎市境下渕名2087
☎027－076－0259・FAX027－076－1099
✉sunagnamakon@tkcnet.ne.jp
代表取締役社長須永和彦　専務取締役須永賢一
◉生コン工場＝本社に同じ
工場長譜久村信彦
従業員24名(主任技士1名・技士3名)
1977年6月操業2019年1月更新3300×1　ＰＭ光洋機械Ｓパシフィックシステム　太平洋・住友大阪　シーカメント・シーカポゾリス　車大型×11台・小型×5台
G＝砕石　S＝陸砂・砕砂
普通JIS取得(JTCCM)
大臣認定単独取得(80N/mm²)

㈲竹渕建材
1971年8月2日設立　資本金300万円　従業員8名　出資＝(自)100%
◉本社＝〒377－0804　吾妻郡東吾妻町大字岩井495－5
☎0279－68－2615・FAX0279－68－2637
✉takebchikenzai@aw.wakwak.com
代表取締役社長竹渕千江子
◉工場＝本社に同じ
工場長寺島光男
従業員7名(技士2名)
1971年8月操業1990年8月更新1000×1(二軸)　ＰＭ北川鉄工Ｓ度量衡　太平洋　F－1　車大型×4台・中型×3台・小型×1台
G＝砕石　S＝山砂
普通JIS取得(JTCCM)

田中生コン㈱
1967年6月1日設立　資本金3000万円　従業員31名　出資＝(建)100%
◉本社＝〒370－1124　佐波郡玉村町大字角渕4372－1
☎0270－65－2621・FAX0270－65－2131
✉tanakana@triton.ocn.ne.jp
代表取締役田中正伸　取締役田中成宗・田中笑子
◉工場＝本社に同じ
工場長田中成宗
従業員31名(主任技士2名・技士5名)
1963年12月操業2023年1月更新2800×(二軸)　ＰＳＭ光洋機械　太平洋・住友大阪　シーカポゾリス・フローリック　車大型×20台・中型×4台・小型×8台
2023年出荷65千㎥
G＝陸砂利・砕石　S＝陸砂
普通JIS取得(GBRC)
大臣認定単独取得(60N/mm²)

田畑生コン㈱
1986年5月1日設立　資本金1000万円　従業員13名　出資＝(建)100%
◉本社＝〒375－0021　藤岡市小林532－1
☎0274－23－7461
取締役社長富澤博邦　取締役富澤初江・富澤康人　監査役桂川保
◉工場＝本社に同じ
工場長野村智生
従業員13名(主任技士2名・技士3名)
1975年12月操業1986年6月Ｓ1993年8月Ｍ更新1500×1　Ｐ日工Ｓパシフィックシステム Ｍ光洋機械(旧石川島)　太平洋　シーカポゾリス　車大型×7台・中型×8台・小型×5台〔傭車：㈲オーティー・㈲石川商会・儘田産業・マルヒロ商事㈲〕
G＝砕石　S＝陸砂・砕砂

塚本建設㈱
1955年3月30日設立　資本金10000万円　従業員105名　出資＝(自)100%
◉本社＝〒375－0021　藤岡市小林402
☎0274－23－1151・FAX0274－22－2839
URL http://www.tsukamotokensetsu.co.jp/
代表取締役塚本毅　専務取締役新井哲　常務取締役柴崎努
◉塚本生コン工場＝〒370－1601　多野郡神流町大字魚尾字川中141－2
☎0274－58－2214・FAX0274－58－2070
工場長柴崎努
従業員9名(技士3名)
1976年5月操業2022年6月更新1800×1(二軸)　ＰＳＭ光洋機械　太平洋　シーカポゾリス・フローリック　車大型×5台・中型×1台・小型×1台

2023年出荷3千㎥、2024年出荷3千㎥(高強度33㎥・吹付400㎥)
G＝砕石　S＝陸砂・砕砂
普通JIS取得(JTCCM)

東亜生コンクリート㈱
1968年8月19日設立　資本金5000万円
従業員20名　出資＝(セ)37%・(販)3%・(骨)51.7%・(他)8.3%
◉本社＝〒378－0401　利根郡片品村大字須賀川字下田保27
☎0278－58－2202・FAX0278－58－3926
代表取締役角田恵子
◉工場＝本社に同じ
工場長角田政弘
従業員20名
1969年3月操業1993年6月更新3000×1(二軸)　ＰＳＭ光洋機械(旧石川島)　太平洋　GCP　車大型×11台・中型×1台
G＝山砂利・砕石　S＝山砂
普通・舗装JIS取得(JTCCM)

㈱當和
1992年6月15日設立　資本金5000万円
従業員23名　出資＝(自)100%
◉本社＝〒374－0012　館林市羽附旭町949
☎0276－74－2811・FAX0276－74－8009
✉towa@dance.ocn.ne.jp
代表取締役松本隆志　取締役松本揚子・松本弘子　監査役中尾朋子
ISO 9001取得
◉工場＝本社に同じ
工場長曽根弘
従業員17名(主任技士1名・技士3名)
1985年8月操業1992年6月更新3000×1(二軸)　ＰＳＭ光洋機械(旧石川島)　太平洋　フローリック　車大型×3台・中型×4台・小型×7台〔傭車：㈲イシカワ商会〕
2024年出荷42千㎥
G＝石灰砕石・砕石　S＝河川・砕砂
普通JIS取得(GBRC)
ISO 9001取得

利根コンクリート㈲
1969年1月1日設立　資本金300万円　従業員7名　出資＝(自)100%
◉本社＝〒379－2146　前橋市公田町322－1
☎027－265－0653・FAX027－265－0980
取締役石原晴美
◉工場＝本社に同じ
工場長石原晴彦
従業員7名(技士1名)
1969年1月操業1992年2月更新500×1(二軸)　Ｐ北川鉄工　住友大阪・太平洋　シーカジャパン　車中型×5台・小型×1台
G＝河川　S＝河川

南波建設㈱
◉本社＝〒377－0801　吾妻郡東吾妻町大字原町452
☎0279－68－2511・FAX0279－68－2564
URL http://www.namba-web.co.jp/
代表取締役南波久美子
◉南波生コン植栗工場＝〒377－0805　吾妻郡東吾妻町植栗982－2
☎0279－68－3138・FAX0279－68－2823
1974年3月操業2003年5月更新2250×1(二軸)　ＰＳＭ日工
G＝陸砂利・砕石　S＝陸砂
普通・舗装JIS取得(GBRC)

西吾妻生コンクリート㈱
1965年6月5日設立　資本金2166万7千円　従業員16名　出資＝(建)92.3%・(他)7.7%
◉本社＝〒377－1522　吾妻郡嬬恋村大字袋倉158
☎0279－97－2277・FAX0279－97－3833
代表取締役渡辺栄志　取締役竹内猶則・下谷正・吉澤孝
◉本社工場＝本社に同じ
工場長篠原大助
従業員16名(主任技士2名・技士5名)
1965年7月操業2020年4月更新2300×1(二軸)　ＰＳＭ北川鉄工　太平洋　シーカポゾリス・シーカ　車大型×9台・中型×4台〔傭車：熊川商事㈱〕
2023年出荷18千㎥、2024年出荷22千㎥
G＝砕石　S＝山砂
普通・舗装JIS取得(JTCCM)

広木工業㈱
1966年10月1日設立　資本金3000万円
出資＝(建)100%
◉本社＝〒370－2343　富岡市七日市1046－3
☎0274－63－2332・FAX0274－64－3282
代表取締役広木政道　取締役広木明子・広木政人・松本高之
◉生コン工場＝〒370－2343　富岡市七日市1269
☎0274－63－2334・FAX0274－67－5560
工場長松本高之
従業員15名(主任技士1名・技士3名)
1966年10月操業1987年1月更新2000×1(二軸)　Ｐ秩父エンジニアＳパシフィックシステムＭ光洋機械(旧石川島)　太平洋　ヤマソー　車大型×5台・小型×5台
2024年出荷12千㎥
G＝陸砂利・砕石　S＝陸砂・砕砂
普通JIS取得(JTCCM)

広友興業㈱
1987年8月1日設立　資本金1000万円　従業員15名　出資＝(自)100%
◉本社＝〒370－3342　高崎市下室田町943
☎027－374－3334・FAX027－374－0735
代表取締役社長広神克典　常務取締役阿久津行秀　取締役広神和代・広神恵一
◉倉渕工場(操業停止中)＝〒370－3402　高崎市倉渕町三ノ倉2125
☎027－378－3320・FAX027－378－2291
1973年1月操業1990年6月更新1500×1(二軸)　ＰＳＭ日工
※北関東秩父コンクリート㈱箕郷工場に生産委託

藤岡生コン㈱
1973年5月1日設立　資本金2050万円　従業員20名　出資＝(建)100%
◉本社＝〒375－0043　藤岡市東平井1451
☎0274－22－0313・FAX0274－24－3309
取締役社長塚本啓史
◉本社工場＝本社に同じ
工場長芝田享功
従業員18名(主任技士1名・技士4名)
1973年5月操業1997年7月更新2500×1(二軸)　ＰＳＭ光洋機械　太平洋・住友大阪　シーカポゾリス・シーカビスコクリート・フローリック　車大型×9台・中型×3台・小型×2台
2023年出荷43千㎥、2024年出荷40千㎥(高強度500㎥)
G＝陸砂利・砕石　S＝陸砂・砕砂
普通JIS取得(JTCCM)
大臣認定単独取得(60N/mm²)

富士見建材㈱
1972年8月31日設立　資本金2300万円
従業員1名　出資＝(他)100%
◉本社＝〒371－0048　前橋市田口町270－1
☎027－234－4362・FAX027－232－8001
代表取締役小林孝明　取締役小林功明・須田佳夫
※三山アドコス生コン㈱に生産委託

松本建材㈲
1979年1月1日設立　資本金500万円　従業員6名　出資＝(自)100%
◉本社＝〒372－0031　伊勢崎市今泉町1－1104－3
☎0270－25－2869・FAX0270－21－3923
代表取締役社長松本秀文　取締役松本久美恵
◉粕川工場＝〒372－0023　伊勢崎市粕川町1810－2
☎0270－25－2869・FAX0270－21－3923
工場長松本秀文
従業員6名(技士1名)
1979年9月操業18×1　Ｐ秩父エンジニアＳ度量衡Ｍ北川鉄工　太平洋　GCP　車中型×4台・小型×1台
G＝河川　S＝河川

光菱生コンクリート㈱
1976年11月1日設立　資本金3000万円
従業員22名　出資＝(販)100%
◉本社＝〒377－0004　渋川市半田2420
☎0279－22－2525・FAX0279－24－0201
URL http://www.mitsubishinamacon.co.jp
✉office@mitsubishinamacon.co.jp
代表取締役社長堀口吉彦　取締役堀口靖之・鈴木実・永井森夫　監査役青山喜文
◉渋川工場＝〒377－0025　渋川市川島沼田69
☎0279－23－2717・FAX0279－23－8244
工場長堀口吉彦
従業員21名(主任技士1名・技士5名)
1996年9月操業2024年1月更新2300×1(二軸)　ＰＳＭ光洋機械　UBE三菱　シーカポゾリス　車大型×7台・小型×6台
2023年出荷35千㎥、2024年出荷30千㎥
G＝陸砂利・砕石　S＝陸砂・石灰砕砂
普通・舗装JIS取得(JTCCM)

三山アドコス生コン㈱
(北関東秩父コンクリート㈱前橋工場、小林建材工業㈱、富士見建材㈱から生産受託)
2014年10月30日設立　資本金3000万円
◉本社＝〒371－0103　前橋市富士見町小暮1588－17
☎027－289－2132・FAX027－345－1787
代表取締役社長髙木康夫　取締役副社長小林孝明・井上清次　取締役木内利夫・小林一正・小林功明　監査役田村敏明
◉富士見工場＝〒371－0103　前橋市富士見町小暮1588－15
☎027－288－2092・FAX027－288－2032
工場長小倉一郎
従業員16名
1976年4月ＰＳ改造2006年8月更新2250×1(二軸)　ＰＳＭ日工　太平洋　フローリック・シーカポゾリス　車大型×5台・中型×4台
G＝陸砂利・砕石　S＝陸砂・石灰砕砂
普通JIS取得(GBRC)
◉前橋工場＝〒379－2154　前橋市天川大島町1347
☎027－263－2031・FAX027－263－2034
✉bz741201@bz01.plala.or.jp
工場長小林伸明
従業員9名(主任技士2名・技士3名)
1967年4月操業2023年1月更新2250×1(二軸)　日工　太平洋　フローリック・シーカポゾリス・シーカビスコクリート　車大型×8台・小型×4台
2024年出荷27千㎥
G＝石灰砕石・砕石・人軽骨　S＝陸砂・砕砂・人軽骨
普通・舗装・軽量JIS取得(JTCCM)
大臣認定単独取得(60N/mm²)

茂木生コン
出資＝(他)100%
◉本社＝〒373－0841　太田市岩瀬川町218
☎0276－45－1068
代表者茂木善作
◉工場＝本社に同じ
1981年11月操業1000×1　外国

㈲モトキ建材
1977年4月設立　資本金1000万円　従業員22名　出資＝(自)100%
◉本社＝〒370－0346　太田市新田上田中町599－1
☎0276－56－1246・FAX0276－56－7578
社長佐々木節夫
◉工場＝本社に同じ
工場長佐々木節夫
従業員16名(主任技士1名・診断士1名)
1500×1(二軸)　太平洋　車大型×2台・中型×11台
G＝石灰砕石　S＝砕砂
普通JIS取得(GBRC)

諸星コンクリート㈱・吉井生コン
資本金1000万円　出資＝(骨)100%
◉本社＝〒370－2107　高崎市吉井町池1033
☎027－387－2332
代表取締役諸星茂太郎
◉工場＝本社に同じ
1966年12月操業21×1　ＰＭ北川鉄工Ｓ度量衡　太平洋　車小型×3台

ヤマヨセメント㈱
◉本社＝山梨県参照
◉群馬中央生コン前橋＝〒379－2115　前橋市笂井町456－11
☎027－266－3544・FAX027－266－3575
工場長垣内和彦
従業員8名
2005年12月操業2008年1月更新1750×1(二軸)　ＰＳＭ日工　住友大阪　フローリック　車大型×5台・小型×3台〔傭車：㈲イシカワ商会・㈲オン・ウエスト〕
G＝砕石　S＝陸砂・砕砂
普通JIS取得(JTCCM)
◉群馬中央生コン渋川＝〒377－0004　渋川市半田2757
☎0279－23－1795・FAX0279－23－1792
工場長角尾芳祐
従業員5名
1973年2月操業2000年2月更新1670×1(二軸)　ＰＳＭ日工　住友大阪　フローリック　車9台〔傭車：㈲オン・ウエスト・㈲イシカワ商会〕
G＝陸砂利・砕石　S＝陸砂
普通JIS取得(JTCCM)
※工場・甲府工場＝山梨県参照

長野県

アザーレミックス㈱
1998年5月26日設立　資本金8000万円　従業員22名　出資＝（販）50％・（製）50％
◉本社＝〒395－0824　飯田市松尾清水8602
☎0265－23－8550・FAX0265－23－4186
URL http://www.azleemix.co.jp/
✉azleemix@am.wakwak.com
代表取締役社長吉川賢　代表取締役会長山田正一　専務取締役伊藤進　取締役丸井尚幸　監査役長坂亘治・藤牧昌樹
◉工場＝本社に同じ
専務取締役伊藤進
従業員22名（主任技士2名・技士5名）
1998年6月操業2014年5月更新2750×1（二軸）　ＰＳＭ日工　太平洋　フローリック・シーカジャパン　車大型×13台・中型×7台
2023年出荷35千㎥、2024年出荷32千㎥
G＝河川　S＝河川
普通JIS取得（JTCCM）

阿南生コン㈱
2004年1月5日設立　資本金4400万円　従業員15名　出資＝（セ）20％・（販）20％・（建）20％・（製）17.5％・（骨）22.5％
◉本社＝〒399－1612　下伊那郡阿南町字新野3528－1
☎0260－24－2500・FAX0260－24－2786
✉anan.namacon3528@mis.jamis.or.jp
代表取締役社長佐々木孝之　取締役田辺和久・柴田博昭・大林吉明・清水雅巳・石井健一郎
◉本社新野工場＝〒399－1612　下伊那郡阿南町字新野3528－1
☎0260－24－2501・FAX0260－24－7486
✉k-tanabe@tenor.ocn.ne.jp
工場長田辺和久
従業員7名（主任技士1名・技士1名）
1976年4月操業1988年10月更新1000×1　ＰＭ大平洋機工Ｓパシフィックシステム　太平洋　シーカジャパン　車大型×3台・中型×2台・小型×1台
2024年出荷6千㎥
G＝河川　S＝河川
普通JIS取得（JTCCM）
◉南宮工場＝〒399－1502　下伊那郡阿南町東條1550－20
☎0260－22－2272・FAX0260－22－3658
工場長伊東今夫
従業員7名（技士3名）
1000×1（二軸）　ＰＳＭ日工　太平洋　シーカポゾリス　車大型×2台・小型×5台
G＝河川　S＝河川
普通JIS取得（JTCCM）

池田レミック工業㈱
1994年8月4日設立　資本金1000万円　従業員1名　出資＝（自）100％
◉本社＝〒399－8601　北安曇郡池田町大字池田2899
☎090－4431－5354・FAX0261－25－0145
代表取締役勝家幸盛　取締役勝家哲夫・勝家英夫
※㈱クミアイ生コンへ生産委託

㈲出沢商店
1966年5月1日設立　資本金800万円　従業員7名　出資＝（自）100％
◉本社＝〒389－0207　北佐久郡御代田町大字馬瀬口1668－2
☎0267－32－2222・FAX0267－32－6644
代表取締役出澤大作　取締役出澤三十子
◉工場＝本社に同じ
工場長出沢大作
従業員7名
1981年4月操業1988年8月更新500×1　ＰＳＭ日工　太平洋　車小型×7台
G＝砕石　S＝河川・砕砂

㈱伊那生コンクリート工業
1965年12月2日設立　資本金1610万円　従業員18名　出資＝（自）100％
◉本社＝〒396－0013　伊那市下新田2912
☎0265－72－5168・FAX0265－72－5092
代表取締役社長髙坂美恵　専務取締役伊澤一郎　取締役石田和博　監査役北原秀代
◉伊那工場＝本社に同じ
工場長石田和博
従業員16名（主任技士3名・技士4名）
1966年2月操業2006年7月更新2250×1（二軸）　ＰＳＭ光洋機械（旧石川島）　太平洋　フローリック　車大型×9台・中小型×6台
2023年出荷13千㎥、2024年出荷12千㎥
G＝河川　S＝河川
普通JIS取得（JTCCM）
◉長谷工場＝〒396－0403　伊那市長谷黒河内サンバネ2322－1
☎0265－98－2107・FAX0265－98－2537
工場長伊沢一郎
従業員3名（主任技士1名・技士1名）
1970年10月操業1987年11月更新56×2　ＰＳＭ光洋機械（旧石川島）　太平洋　フローリック　車大型×1台・中型×1台
2023年出荷11千㎥、2024年出荷13千㎥
G＝河川　S＝河川
普通JIS取得（JTCCM）

上田生コン㈱
1976年4月21日設立　資本金2500万円　従業員16名　出資＝（自）100％
◉本社＝〒389－0812　千曲市羽尾2299
代表取締役関修一
◉工場＝〒386－1101　上田市大字下之条847
☎0268－22－7703・FAX0268－22－7724
✉u-namacon@zc.wakwak.com
代表取締役関修一
従業員12名（主任技士1名・技士4名）
1975年12月操業2013年5月更新1700×1（二軸）　ＰＳＭ北川鉄工　太平洋・UBE三菱　シーカジャパン　車大型×4台・中型×1台・小型×3台
2023年出荷11千㎥、2024年出荷10千㎥
G＝河川　S＝河川
普通JIS取得（GBRC）

大鹿レミコン㈱
1996年7月24日設立　資本金9870万円　従業員8名　出資＝（販）2.15％・（建）14.40％・（製）83.45％
◉本社＝〒399－3502　下伊那郡大鹿村大字大河原371－5
☎0265－39－2117・FAX0265－39－2369
代表取締役社長吉沢賢治　代表取締役会長小木曽逸夫　取締役常務中山祐輔　取締役工場長飯島美緒
◉生コンクリート工場＝本社に同じ
常務中山祐輔
従業員4名（主任技士3名・技士2名）
1974年6月操業2007年4更新1700×1（二軸）　ＰＳＭ北川鉄工　太平洋　フローリック・シーカジャパン　車〔傭車：トランスポート南信州㈲〕
2024年出荷20千㎥
G＝河川　S＝河川
普通JIS取得（JTCCM）
※生コン運送を4工場（4社）にて集約し、運送委託し必要台数を手配。

共栄生コン㈱
1975年9月25日設立　資本金7850万円　従業員14名　出資＝（セ）11％・（建）27％・（骨）21％・（他）41％
◉本社＝〒389－2233　飯山市大字野坂田1162
☎0269－62－4507・FAX0269－62－1276
代表取締役鷲沢幸一　取締役川田昭彦・山岸正・藤澤和彦・永井唯生　監査役菊池千明・中條壮一
◉工場＝本社に同じ
工場長川田昭彦
従業員13名（主任技士1名・技士2名・診断士1名）
1975年9月操業1997年1月更新3000×1（二軸）　ＰＳＭ日工　太平洋　シーカジャパン　車大型×6台・中型×5台・小型×1台
2023年出荷9千㎥、2024年出荷14千㎥

G＝河川・山砂利　S＝河川・山砂
普通・舗装JIS取得(JTCCM)

共和アスコン㈱
1987年11月1日設立　資本金2000万円
従業員29名　出資＝(自)100%
◉本社＝〒399－8305　安曇野市穂高牧766－1
☎0263－83－5411・FAX0263－83－2181
✉ascon-matsukura@aa.wakwak.com
代表取締役社長金原勧　専務取締役松倉充志　取締役江本源俊・江本日東・江本寿東　取締役営業部長曽根原斎　取締役管理部長小島茂男　監査役江本善子
◉生コン工場＝本社に同じ
✉namakon_kyowaascon@yahoo.co.jp
工場長太田誠一郎
従業員9名(主任技士1名・技士2名)
1988年7月操業2022年6月更新1670×1(二軸)　ＰＳＭ日工　太平洋　シーカポゾリス　車大型×7台・中型×1台・小型×2台
2023年出荷8千㎥、2024年出荷7千㎥
G＝陸砂利　S＝砕砂
普通JIS取得(JTCCM)

クインスレミック㈱
(三信生コン㈱と㈱宮坂建材より生産受託)
2010年5月1日設立　資本金900万円　従業員20名
◉本社＝〒394－0033　岡谷市南宮3－1－1
☎0266－22－7575・FAX0266－22－7586
URL https://www.big-advance.site/c/205/1267
✉ready-mixed@quinceremic.com
代表取締役社長大池健治　代表取締役会長山田正一　取締役中村裕則・丸井尚幸
◉本社工場＝本社に同じ
工場長伊藤富夫
従業員20名(主任技士4名・技士3名・診断士3名)
1965年4月操業2003年11月更新2250×1(二軸)　ＰＳＭ光洋機械(旧石川島)　太平洋　GCP・ダラセム・フローリック　車大型×10台・中型×4台・小型×2台
2023年出荷28千㎥、2024年出荷23千㎥
G＝砕石　S＝砕砂
普通・舗装JIS取得(GBRC)
大臣認定単独取得(60N/㎟)

㈱クミアイ生コン
(㈱高瀬建材、大北建材㈱、大信相互㈲、池田レミック工業㈱より生産受託)
2001年3月7日設立　資本金4000万円　従業員16名　出資＝(他)100%
◉本社＝〒399－8501　北安曇郡松川村字中川原7606－7
☎0261－62－6611・FAX0261－62－6938
代表取締役傳刀俊介　取締役中村清司・勝家哲夫・武田雄爾　監査役北村友一
◉本社工場＝本社に同じ
工場長牛越忠夫
従業員16名(主任技士2名・技士2名)
2001年4月操業2004年7月更新2000×1(二軸)　ＰＳＭ光洋機械(旧石川島)　太平洋・住友大阪　フローリック・シーカジャパン　車大型×14台・中型×2台・小型×3台
2023年出荷30千㎥、2024年出荷27千㎥
G＝陸砂利　S＝陸砂
普通JIS取得(JTCCM)

㈱黒澤組
1966年10月5日設立　資本金5000万円
従業員98名　出資＝(自)100%
◉本社＝〒384－1105　南佐久郡小海町大字千代里3162
☎0267－92－2158・FAX0267－92－4314
URL http://www.kurosawagumi.co.jp/
✉info@kurosawagumi.co.jp
代表取締役社長黒澤和彦　取締役中島修次・山中信己　監査役山中美和
◉生コン部＝〒384－1102　南佐久郡小海町大字小海2740－1
☎0267－92－3045・FAX0267－92－3353
✉kurosawa.namakon@agate.plala.or.jp
工場長丹後大和
従業員12名(主任技士1名・技士1名・診断士1名)
1966年12月操業1999年1月更新2000×1(二軸)　ＰＳＭ日工　住友大阪　シーカポゾリス　車大型×8台・中型×2台
G＝砕石　S＝陸砂・砕砂
普通JIS取得(GBRC)

㈱小石興業
1971年11月25日設立　資本金2000万円
従業員60名
◉本社＝〒390－1401　松本市波田10068－3
☎0263－92－3092・FAX0263－92－3095
URL http://koishi-group.jp/
代表取締役小石雅之
◉アップル生コン工場＝〒390－1401　松本市波田2951－23
☎0263－92－8820・FAX0263－92－8825
✉apple@koishi-group.jp
工場長大沢茂生
従業員15名(主任技士3名・技士2名・診断士1名)
2250×1(二軸)　太平洋　フローリック　車大型×7台・中型×5台
2023年出荷27千㎥、2024年出荷29千㎥(ポーラス30㎥・中流動400㎥)
G＝河川・石灰砕石　S＝河川
普通・舗装JIS取得(GBRC)
大臣認定単独取得(80N/㎟)

更水生コン㈱
1984年10月3日設立　資本金1200万円
従業員5名　出資＝(他)100%
◉本社＝〒381－2405　長野市信州新町新町211－3
☎026－262－2157・FAX026－262－330
代表取締役田中章　取締役田中久美・田正彦
◉更水生コン工場＝〒381－2413　長野市信州新町下市場213
☎026－262－2281・FAX026－262－228
工場長寒河江英陸
従業員6名(技士3名)
1972年10月操業1989年8月更新3000×(二軸)　ＰＳＭ日工　太平洋　フローック　車大型×5台・中型×3台・小型3台
2023年出荷5千㎥、2024年出荷7千㎥
G＝河川　S＝河川
普通JIS取得(JTCCM)

坂本屋生コン㈱
1969年2月1日設立　資本金1125万円　従業員14名　出資＝(自)100%
◉本社＝〒399－0424　上伊那郡辰野町大字赤羽386
☎0266－41－1520・FAX0266－41－236
✉skyremic@chorus.ocn.ne.jp
代表取締役社長有賀喜文　取締役会長有賀弘子　取締役有賀澄江・有賀広実
◉工場＝本社に同じ
工場長林茂利
従業員14名(技士4名)
1969年2月操業2013年8月S2016年8月更新1700×1(二軸)　ＰＳＭ北川鉄工　太平洋　シーカジャパン・GCP　車大型×5台・中型×3台・小型×1台
2023年出荷17千㎥、2024年出荷10千㎥
G＝河川　S＝河川
普通JIS取得(JTCCM)

さくら生コン㈱
1997年5月8日設立　資本金1000万円　従業員8名　出資＝(販)100%
◉本社＝〒382－0047　須坂市大字幸高19
☎026－246－6261・FAX026－246－627
代表取締役山本大介
◉須坂工場＝本社に同じ
工場長小川明久
従業員8名(主任技士4名・診断士1名)
1997年7月操業2017年9月更新2250×1(二軸)　ＰＳＭ日工　住友大阪　フローリック　車大型×5台・中型×2台〔傭車㈱ワールドエコ他〕
G＝陸砂利・石灰砕石　S＝陸砂・石灰砕砂
普通・舗装JIS取得(GBRC)
大臣認定単独取得(60N/㎟)

サワンド建設㈱
(㈱金多屋生コンより社名変更)
◉本社＝〒390－1520　松本市安曇3878－72
☎0263－93－1075・FAX0263－93－1077
URL https://www.sawando-k.co.jp/
代表取締役川上隆英
◉生コン事業部(旧㈱金多屋生コン生コン工場)＝本社に同じ
1966年7月操業1985年1月更新36×2　PSM日工
普通JIS取得(JTCCM)

三信生コン㈱
1967年9月30日設立　資本金1000万円
従業員1名　出資＝(セ)30％・(販)70％
◉本社＝〒394－0033　岡谷市南宮3－1－1
☎0266－24－4300・FAX0266－22－7579
代表取締役社長山田正一　取締役清水雅巳・丸井尚幸　監査役藤牧昌樹
※クインスレミック㈱に生産委託

㈱SHIOSAWA
(㈱塩沢産業より社名変更)
1970年12月8日設立　資本金5000万円
従業員180名　出資＝(自)100％
◉本社＝389－0514　東御市加沢430－2
☎0268－63－6155・FAX0268－63－6896
URL http://www.shiosawa-group.jp
代表取締役社長山口英俊　取締役堀籠秀樹
◉生コン事業部東部工場(旧㈱塩沢産業生コン事業部東部工場)＝〒389－0514　東御市加沢285－1
☎0268－64－4121・FAX0268－75－2178
取締役堀籠秀樹
従業員9名(技士2名)
1976年10月操業1984年3月更新2000×1(二軸)　PSM光洋機械　住友大阪　シーカジャパン　車大型×5台・中型×4台
G＝砕石　S＝砕砂
普通JIS取得(GBRC)
◉生コン事業部佐久工場(旧㈱塩沢産業生コン事業部佐久工場)＝〒385－0022　佐久市岩村田4494－1
☎0267－68－1143・FAX0267－68－1247
取締役堀籠秀樹
従業員13名(主任技士1名・技士3名)
1983年11月操業1996年1月更新1750×1(二軸)　PSM北川鉄工　太平洋　フローリック・シーカジャパン　車大型×6台・中型×2台
2023年出荷25千㎥
G＝砕石　S＝陸砂・砕砂
普通JIS取得(GBRC)
◉生コン事業部上田工場(旧㈱塩沢産業生コン事業部上田工場)(操業停止中)＝〒386－0156　上田市林之郷561－2
☎0268－25－2430・FAX0268－25－2877
1983年2月操業1500×1(二軸)　PSM光洋機械

㈱シナノ生コン
2003年7月1日設立
◉本社＝〒385－0053　佐久市野沢94－1
☎0267－62－2345・FAX0267－62－2344
代表取締役小林本幸
◉上田工場＝〒386－0043　上田市下塩尻字諏訪田256－1
☎0268－22－1205・FAX0268－22－1246
工場長一之瀬一憲
従業員17名(主任技士1名・技士3名)
1964年12月操業2015年9月更新1670×1(二軸)　PSM日工　UBE三菱・太平洋　シーカポゾリス　車大型×6台・中型×4台
2023年出荷31千㎥、2024年出荷26千㎥(ポーラス6㎥)
G＝砕石　S＝砕砂
普通JIS取得(JTCCM)
◉軽井沢工場＝〒389－0207　北佐久郡御代田町大字馬瀬口1597－49
☎0267－32－3366・FAX0267－32－5334
工場長三浦真佐実
従業員20名(主任技士3名・技士5名・診断士1名)
1967年6月操業2013年8月更新1750×1(二軸)　PSM日工　住友大阪・太平洋　フローリック・シーカポゾリス　車大型×8台・小型×5台
2023年出荷49千㎥、2024年出荷37千㎥
G＝砕石　S＝砕砂
普通JIS取得(JTCCM)
大臣認定単独取得(60N/㎟)

㈱上越商会
◉本社＝新潟県参照
◉飯山生コン工場＝〒389－2255　飯山市大字静間2552
☎0269－81－1213・FAX0269－81－1210
✉iiyama-n@joetsu-shokai.co.jp
工場長小川康友
従業員8名(主任技士2名・診断士1名)
1972年9月操業1982年10月更新3000×1(二軸)　PM光洋機械(旧石川島)Sパシフィックシステム　太平洋　シーカポゾリス・シーカビスコクリート　車大型×3台・中型×1台・小型×1台
2023年出荷2千㎥、2024年出荷3千㎥
G＝山砂利　S＝山砂
普通・舗装JIS取得(JTCCM)
※濁川生コン工場・直江津生コン工場＝新潟県参照

㈱上小共同生コン
(青木建設工業㈱、長野生コン㈱、丸子生コン㈱より生産受託)
2002年設立　従業員14名
◉本社＝〒386－0155　上田市蒼久保1155
☎0268－35－0358・FAX0268－35－3421
✉j.k.n@josho-kyodo.com
代表取締役社長栗木悦郎　代表取締役水沢明彦・青木友和　執行役員工場長土屋世界樹　執行役稙山博幸　監査役栗木明子・滝沢みゆき・青木祐香
◉本社工場＝本社に同じ
工場長土屋世界樹
従業員(主任技士3名・技士4名)
1964年10月操業1991年2月更新2000×1(二軸)　P日本プラントSパシフィックシステムM光洋機械　太平洋　シーカジャパン・フローリック　車大型×6台・中型×4台
2023年出荷27千㎥、2024年出荷22千㎥(高強度30㎥)
G＝砕石　S＝砕砂
普通JIS取得(JTCCM)

昭和産業㈱
◉本社＝岐阜県参照
◉松本工場＝〒399－0014　松本市平田東1－20－19
☎0263－58－5495・FAX0263－58－5496
工場長濵宏昌
従業員13名(主任技士1名・技士4名)
1964年12月操業2016年11月更新2300×1(二軸)　PSM光洋機械　太平洋　車大型×8台・中型×2台・小型×2台
2023年出荷22千㎥、2024年出荷19千㎥
G＝陸砂利　S＝陸砂
普通JIS取得(JTCCM)
◉木曽生コン工場＝〒399－6101　木曽郡木曽町日義3674
☎0264－26－2311・FAX0264－26－2312
工場長酒井寛
従業員5名(技士4名)
1965年11月操業2023年5月更新2300×1　PSM光洋機械　住友大阪　フローリック　車大型×7台・小型×1台〔傭車：昭和産業㈱木曽営業所〕
2024年出荷20千㎥
G＝河川・砕石　S＝河川
普通JIS取得(JTCCM)
◉穂高生コン工場＝〒399－8302　安曇野市穂高北穂高2643－55
☎0263－82－2558・FAX0263－82－2559
工場長宮下章
従業員10名(主任技士2名・技士2名)
1969年12月操業1984年10月更新1500×1(二軸)　PSM光洋機械　太平洋　フローリック　車大型×5台・中型×3台・小型×1台
2023年出荷10千㎥、2024年出荷9千㎥
G＝陸砂利　S＝陸砂
普通JIS取得(JTCCM)

信州生コン㈱
(9社10工場が集約し、生産受託会社)
2001年12月設立
◉本社＝〒380－0911　長野市大字稲葉622－1
☎026－267－0051・FAX026－267－0061
代表取締役鷲澤幸一
◉更埴工場＝〒387－0018　千曲市大字新田931
☎026－272－4608・FAX026－273－4587
工場長小泉啓一
従業員16名(主任技士2名・技士1名)
1976年10月操業1988年12月ＰＳ2009年5月Ｍ更新2250×1(二軸)　ＰＳＭ日工　UBE三菱　シーカポゾリス・フローリック　車大型×5台・中型×4台
G＝河川　S＝河川・砕砂
普通JIS取得(JTCCM)
◉大橋工場＝〒381－2207　長野市大橋南1－1
☎026－286－0411・FAX026－284－2512
工場長小林秀昭
従業員16名(主任技士2名・技士3名)
1975年10月操業2013年12月更新2300×1(二軸)　ＰＳＭ北川鉄工　太平洋　フローリック　車大型×7台・中型×2台・小型×3台
G＝河川　S＝河川
普通JIS取得(JTCCM)
◉豊野工場＝〒389－1104　長野市豊野町浅野2075
☎026－215－3050・FAX026－215－3055
工場長小林秀昭
従業員17名(主任技士3名・技士2名)
1967年8月操業2015年6月更新2250×1(二軸)　ＰＳＭ日工　太平洋　シーカポゾリス　車大型×6台・小型×2台
G＝河川　S＝河川
普通JIS取得(JTCCM)
◉中野工場＝〒383－0045　中野市大字江部758
☎0269－22－5131・FAX0269－22－4642
工場長小林照幸
従業員18名(主任技士2名・技士3名)
1966年6月操業2005年2月更新2250×1(二軸)　ＰＳＭ日工　太平洋　シーカジャパン　車大型×7台・小型×5台
G＝河川・山砂利　S＝河川・山砂
普通JIS取得(JTCCM)
※白州工場＝山梨県参照

炭平興産㈱
1968年9月6日設立　資本金1000万円　従業員15名　出資＝(他)100%
◉本社＝〒381－0025　長野市大字北長池1667
☎026－244－3751・FAX026－244－8685
URL http://www.sumihei.co.jp
代表取締役社長鷲澤幸一　取締役武井謙二・清水繁文　監査役香取和久

㈱諏訪共同生コン
(㈱タカサワマテリアル、㈲本道商店より生産受託)
◉本社＝〒391－0013　茅野市宮川1110
☎0266－72－7128・FAX0266－72－5950
代表取締役社長本道孔崇
◉本社工場＝本社に同じ
従業員13名(主任技士3名)
1967年4月操業2019年更新1700×1(ジクロス)　ＰＳＭ北川鉄工　住友大阪　ヤマソー・シーカポゾリス　車大型×7台・中型×2台・小型×2台
2024年出荷3千㎥
G＝石灰砕石　S＝石灰砕砂
普通・舗装JIS取得(JTCCM)

㈱関川組・マルス生コン
1961年12月1日設立　資本金3000万円　従業員45名　出資＝(建)100%
◉本社＝〒399－7501　東筑摩郡筑北村西条4269
☎0263－66－2121・FAX0263－66－2215
✉sekigawa.co.ei@aq.wakwak.com
代表取締役関川光寿　取締役専務関川貞二　取締役関川宏子
ISO 9001取得
◉工場＝〒399－7501　東筑摩郡筑北村西条2343－1
☎0263－66－3351・FAX0263－66－3165
✉marusu-namakon@bz04.plala.or.jp
工場長山崎昭二
従業員8名(主任技士1名・技士3名)
1969年8月操業2020年更新2250×1(二軸)　ＰＳＭ日工　太平洋　ヴィンソル　車大型×6台・中型×4台
G＝河川　S＝河川
普通JIS取得(JTCCM)

第一生コンクリート㈱
2010年7月設立　資本金1000万円　従業員25名　出資＝(販)100%
◉本社＝〒399－0033　松本市大字笹賀5652－15
☎0263－25－4671・FAX0263－25－4988
代表取締役坂井勤
◉工場＝本社に同じ
工場長水谷精夫
従業員25名(主任技士1名・技士4名)
1974年9月操業2011年10月更新2250×1(二軸)　ＰＳＭ日工　UBE三菱　シーカポゾリス・シーカビスコクリート・フローリック　車大型×13台・中型×2台・小型×3台
2023年出荷36千㎥、2024年出荷35千㎥
G＝陸砂利　S＝陸砂
普通・舗装JIS取得(JTCCM)

大信相互㈲
1982年5月1日設立　資本金3500万円　従業員19名　出資＝(セ)40%・(建)4%・(骨)4%・(他)52%
◉本社＝〒398－0001　大町市平1040－37
☎0261－22－1940・FAX0261－23－3682
代表取締役中村清司　取締役小林益男・鷲沢忠一
◉本社工場(操業停止中)＝本社に同じ
1982年5月操業56×2　ＰＳＭ光洋機械(旧石川島)
※㈱クミアイ生コンに生産委託

大北建材㈱
1972年7月1日設立　資本金3000万円　従業員8名　出資＝(骨)40%・(他)60%
◉本社＝〒398－0003　大町市社4682
☎0261－22－3031・FAX0261－22－1542
代表取締役鷲澤幸一
◉大町生コン工場(操業停止中)＝本社に同じ
2001年4月操業1990年1月更新2000×1　ＰＳＭ日工
※㈱クミアイ生コンに生産委託

㈱高沢生コン
2018年2月1日　資本金1000万円　従業員18名
◉本社＝〒399－3102　下伊那郡高森町吉田2283
☎0265－35－3121・FAX0265－35－7971
URL http://www.tmaterial.jp/takasawa-rmc
✉t-rmc@ag.wakwak.com
代表取締役社長小林本幸
◉工場＝〒399－3102　下伊那郡高森町吉田2283
☎0265－35－7474・FAX0265－35－7971
工場長小林恵正
従業員18名(主任技士2名・技士1名)
1975年4月操業2018年3月更新1700×1(二軸)　ＰＳＭ北川鉄工　住友大阪　フローリック・シーカポゾリス　車大型×12台・中型×5台
G＝砕石　S＝砕砂
普通JIS取得(JTCCM)
大臣認定単独取得(60N/mm²)

㈱タカサワマテリアル
1949年7月30日設立　資本金10000万円　従業員140名　出資＝(自)100%
◉本社＝〒385－0053　佐久市野沢94－1
☎0267－62－2345・FAX0267－62－2344
代表取締役社長小林本幸
※㈱シナノ生コン、㈱諏訪共同生コンに生産委託

㈲高瀬川生コン
1971年5月1日設立　資本金700万円　従業員14名　出資＝(自)100%

◉本社＝〒399－8302　安曇野市穂高北穂高1588
☎0263－82－2434・FAX0263－82－7799
代表取締役下里泰郎　常務取締役那須義博　取締役下里加代子　監査役下里泰三
◉工場＝本社に同じ
工場長清水慶生
従業員14名(技士4名)
1969年10月操業1986年4月更新1500×1(二軸)　PSM光洋機械(旧石川島)　太平洋　チューポール・ヴィンソル・マイテイ　車大型×8台・中型×4台・小型×2台
G＝河川　S＝河川
普通JIS取得(JTCCM)

㈱高瀬建材
1968年12月設立　資本金4500万円　従業員13名　出資＝(建)30%・(他)70%
◉本社＝〒399－8501　北安曇郡松川字中川原7627－1
☎0261－62－4131・FAX0261－62－9290
取締役社長傳刀俊介　取締役峯村浩文・武田昌之・柳澤努
※㈱クミアイ生コンに生産委託

㈱高見澤
1951年3月29日設立　資本金126430万円　従業員519名　出資＝(自)100%
◉本社＝〒380－0813　長野市鶴賀苗間平1605－14
☎026－228－0111・FAX026－227－8046
URL https://www.kk-takamisawa.co.jp
✉info@kk-takamisawa.co.jp
代表取締役社長高見澤秀茂　専務取締役事業統括佐藤倫正
◉生コン事業部上田工場＝〒386－0004　上田市殿城3726
☎0268－26－1771・FAX0268－26－3060
工場長高見澤茂吉
従業員9名(主任技士2名)
1989年10月操業2009年1月更新2000×1(二軸)　PM光洋機械Sハカルプラス　太平洋　ダラセム　車大型×4台・中型×1台・小型×2台
G＝砕石　S＝砕砂
普通JIS取得(JTCCM)
※上越支店生コン工場＝新潟県参照

㈱高宮組
1984年9月1日設立　資本金6000万円　従業員40名　出資＝(建)100%
◉本社＝〒390－1611　松本市奈川4082－3
☎0263－79－2201・FAX0263－79－2921
✉info@takag.co.jp
代表取締役高宮善郎
◉生コン部＝〒390－1611　松本市奈川3790
☎0263－79－2024・FAX0263－79－2115
✉taka-rmc@go.tvm.ne.jp
取締役社長高宮善郎
従業員10名(主任技士1名・技士4名・診断士1名)
1968年9月操業1994年6月更新1500×1(二軸)　PSM日工　太平洋　ヤマソー　車大型×5台・小型×2台
G＝河川　S＝河川
普通・舗装JIS取得(GBRC)

宝・アサノ生コン㈱
(諏訪アサノ生コン㈱と宝産商㈱より生産受託)
◉本社＝〒391－0012　茅野市金沢字なぎ下72
☎0266－78－1231・FAX0266－78－1241
代表者笠井宗近・諸橋賢二・笠井洋
◉工場＝本社に同じ
工場長日達正之
従業員16名
1976年5月操業2015年10月更新2250×1　PSM光洋機械(旧石川島)　太平洋・UBE三菱　フローリック　車14台〔傭車：生コン輸送・渡辺建材運輸・軽沢通商・トランスポート浅間・新山梨陸送・大月宏文〕
G＝砕石　S＝砕砂
普通JIS取得(JTCCM)

宝産商㈱
1974年1月29日設立　資本金3200万円　従業員25名　出資＝(自)100%
◉本社＝〒391－0013　茅野市宮川11368
☎0266－73－5304・FAX0266－72－0683
代表取締役笠井宗近　専務取締役笠井洋
※宝・アサノ生コン㈱へ生産委託

㈱竹花組
1949年3月29日設立　資本金7560万円　従業員171名　出資＝(自)100%
◉本社＝〒384－2202　佐久市望月30－1
☎0267－53－2345・FAX0267－53－6000
URL http://www.takehanagumi.co.jp
✉INFO@takehanagumi.co.jp
代表取締役社長矢野健太郎　取締役会長矢野政友　専務取締役矢野政美　常務取締役山口勝三　取締役須藤臣隆・大町栄一・小平好武・矢野誠一　執行役員矢野悦雄・木村啓二・依田裕明・岩下英和・沖津順一・小林一
ISO 9001・14001・45001取得
◉佐久チチブ生コン工場＝〒384－2102　佐久市塩名田1166－1
☎0267－58－2663・FAX0267－58－3447
工場長清水勝人
従業員11名(主任技士1名・技士4名・診断士1名)
1975年12月操業1998年2月更新2000×1(二軸)　PSM日工　太平洋　フローリック・シーカポゾリス　車大型×7台・中型×2台・小型×2台
2023年出荷16千㎥、2024年出荷15千㎥
G＝山砂利　S＝山砂
普通JIS取得(GBRC)

竹花工業㈱
1963年1月30日設立　資本金9600万円
従業員140名
◉本社＝〒384－0012　小諸市南町2－6－10
☎0267－22－1750・FAX0267－23－3969
URL https://takehanakogyo.co.jp
✉info@takehanakogyo.co.jp
代表取締役唐澤正幸　取締役副社長山浦友二　専務取締役小川原亮　常務取締役中野裕一　取締役本部長唐澤直宏
ISO 9001取得
◉小諸生コン工場＝〒384－0801　小諸市甲狐穴1816
☎0267－22－5365・FAX0267－23－3968
✉namakon@takehanakogyo.co.jp
工場長掛川直樹
従業員15名(主任技士1名・技士4名)
1967年9月操業2001年M2019年7月S更新2000×1(二軸)　P日本プラントM光洋機械　太平洋　フローリック・シーカポゾリス　車大型×6台・中型×5台・小型×1台
2023年出荷15千㎥、2024年出荷15千㎥(ポーラス7㎥)
G＝砕石　S＝砕砂
普通JIS取得(JTCCM)
◉駒ヶ根工場＝〒399－4231　駒ケ根市中沢12175
☎0265－82－5275・FAX0265－82－5297
工場長酒井秀智
従業員23名(技士3名)
1968年10月操業2007年11月更新2250×1(二軸)　PSM日工　太平洋・UBE三菱　フローリック　車大型×6台・中型×4台
2023年出荷17千㎥、2024年出荷18千㎥
G＝河川　S＝河川
普通JIS取得(GBRC)
※ヤマサマテリアル㈱伊那工場より生産受託

遠山生コンプラント協同組合
1976年7月8日設立　資本金4000万円　従業員6名　出資＝(建)100%
◉事務所＝〒399－1401　飯田市南信濃木沢302－ハ－2
☎0260－34－2537・FAX0260－34－2425
✉tonplant.6go@mis.janis.or.jp
理事長近藤龍治　専務理事南相徳　理事池端清二・山崎裕生・権藤実
◉工場＝事務所に同じ
工場長酒井辰二

従業員6名(主任技士1名・技士1名・診断士1名)
1977年9月操業2024年8月更新2300×1(二軸)　ＰＳＭ光洋機械(旧石川島)　太平洋　シーカポゾリス・フローリック　車小型×2台〔傭車：トランスポート南信州㈲〕
2023年出荷15千㎥、2024年出荷10千㎥(高流動10㎥)
G＝河川　S＝河川
普通JIS取得(JTCCM)

㈲轟商会
資本金1050万円　従業員10名
◉本社＝〒381－0026　長野市松岡1－17－20
☎026－221－3200・FAX026－222－7048
代表取締役轟博司
◉生コン工場＝〒381－0022　長野市大豆島本郷前6021
☎026－221－3200・FAX026－222－2670
工場長塚田勇進
従業員(主任技士1名・技士4名)
1500×1(二軸)　UBE三菱　フローリック　車14台
G＝陸砂利　S＝陸砂
普通JIS取得(JTCCM)

長野生コン㈱
1964年4月10日設立　資本金1200万円　出資＝(セ)8.3%・(販)75.0%・(建)16.7%
◉本社＝〒386－0012　上田市中央2－8－11
☎0268－24－3333・FAX0268－24－3900
代表取締役社長水澤明彦　取締役宮下勝久・喜田伊知郎　監査役山本幸輝・滝沢みゆき
※販売のみ
※㈱上小共同生コンへ生産委託

長野生コン㈱
1994年5月設立　資本金4000万円
◉本社＝〒381－0011　長野市大字村山568－3
☎026－295－0001・FAX026－295－0050
代表取締役勝山一成
◉工場＝本社に同じ
工場長市川久芳
従業員(技士4名)
3000×1(二軸)　UBE三菱　車22台
G＝河川　S＝河川
普通JIS取得(GBRC)
大臣認定単独取得

㈲南木曽生コン工場
1973年5月1日設立　資本金2500万円　従業員10名　出資＝(自)100%
◉本社＝〒399－5301　木曽郡南木曽町読書3681－4
☎0264－57－2268・FAX0264－57－3514
✉namacon@eos.ocn.ne.jp
代表取締役中島照夫　専務取締役中島敏之　取締役中島裕貴　監査役中島節朗
◉工場＝本社に同じ
工場長中島敏之
従業員10名(技士4名)
1970年2月操業2023年8月更新2300×1(二軸)　ＰＳＭ光洋機械　UBE三菱　車大型×11台・中型×1台・小型×1台
2023年出荷7千㎥、2024年出荷7千㎥
G＝河川　S＝河川
普通JIS取得(JTCCM)

西山生コン㈱
1984年6月1日設立　資本金2000万円　従業員8名　出資＝(自)100%
◉本社＝〒381－3205　長野市中条住良木六反沖6700
☎026－268－3211・FAX026－267－2347
✉nisinama@pluto.plala.or.jp
代表取締役社長北澤明義　取締役笠井忠広・松本新二　監査役大日方憲一
◉工場＝本社に同じ
工場長笠井忠広
従業員9名(主任技士1名・技士2名)
1969年4月操業1988年11月更新3000×1(二軸)　ＰＳＭ北川鉄工　太平洋　フローリック・シーカジャパン　車大型×5台・中型×5台
2023年出荷8千㎥、2024年出荷5千㎥(水中不分離300㎥)
G＝河川　S＝河川
普通JIS取得(JTCCM)

㈱野沢総合
1973年10月23日設立　資本金4900万円　従業員18名　出資＝(自)98%・(建)2%
◉本社＝〒389－2234　飯山市大字木島930－1
☎0269－63－1430・FAX0269－62－5420
代表取締役社長半藤大輔　代表取締役会長内田一彦　専務取締役下田友三　取締役野沢温泉支店長竹内邦夫
◉生コン部＝〒389－2502　下高井郡野沢温泉村大字豊郷字道下4451－1
☎0269－85－3171・FAX0269－85－3824
工場長瀧澤正明
従業員8名(主任技士1名・技士1名)
1968年4月操業1991年6月更新2000×1(二軸)　ＰＳＭ日工　太平洋・住友大阪　シーカポゾリス　車大型×5台・中型×2台
2023年出荷4千㎥
G＝河川　S＝河川・山砂
普通JIS取得(JTCCM)

白馬小谷生コン㈱
(㈱姫川プラント、アルプス生コン㈱、金森建設㈱、小谷生コンクリート工業㈱より生産受託)
2002年4月1日設立　資本金4000万円　従業員14名
◉本社＝〒399－9301　北安曇郡白馬村大字北城12867
☎0261－72－6603・FAX0261－72－5835
代表取締役金龍虎
◉白馬工場＝本社に同じ
工場長藤原一幸
従業員14名(主任技士4名・技士3名・診断士1名)
1971年12月操業2006年10月更新3000×1(二軸)　ＰＳＭ光洋機械(旧石川島)　太平洋　フローリック・GCP　車大型×16台・中型×1台・小型×1台
2023年出荷27千㎥
G＝河川　S＝河川
普通・舗装JIS取得(JTCCM)

飯伊綿半生コン㈱
2002年10月1日設立　資本金9000万円　従業員10名　出資＝(販)17%・(他)83%
◉本社＝〒395－0807　飯田市鼎切石5005－3
☎0265－24－7200・FAX0265－24－7212
✉hanni@violin.ocn.ne.jp
代表取締役木下勝貴　取締役会長木下隆由　専務取締役藪中健史　取締役三石邦英・橋爪忠夫・吉川篤　監査役木下悦夫
◉工場＝本社に同じ
工場長竹村也寸志
従業員10名(主任技士2名・技士4名)
2002年10月操業2500×1(二軸)　ＰＳＭ日工　太平洋　シーカポゾリス
2023年出荷24千㎥、2024年出荷30千㎥
G＝河川　S＝河川
普通・舗装JIS取得(JTCCM)

飯栄建設協同組合
1976年8月28日設立　資本金5000万円　従業員7名　出資＝(建)100%
◉事務所＝〒389－2701　下水内郡栄村大字豊栄632
☎0269－87－3128・FAX0269－87－3235
URL http://www.sungroup-japan.jp/
✉han.ei@miy.janis.or.jp
理事長櫻井均　理事福原初・丸山功一・島田和正・矢島稔典
◉工場＝事務所に同じ
工場長島田和正
従業員7名(主任技士1名・技士2名)
1978年8月操業1989年8月更新2000×1(二軸)　ＰＳＭ光洋機械(旧石川島)　住友大阪　車大型×5台・中型×3台・小型×1台
2023年出荷6千㎥

G＝山砂利　S＝山砂・陸砂
普通・舗装JIS取得(JTCCM)

㈱姫川プラント
1962年6月1日設立　資本金1200万円　従業員14名　出資＝(自)100％
◉本社＝〒399－9421　北安曇郡小谷村大字中小谷丙2602－8
☎0261－82－2075・FAX0261－82－2240
URL https://himekawa-plant.co.jp
✉info@himekawa-plant.co.jp
代表取締役郷津健　取締役副社長郷津恵一　取締役郷津信子・郷津直樹
※白馬小谷生コン㈱へ生産委託

㈱富士建商
1966年3月29日設立　資本金3600万円　従業員8名　出資＝(販)48.7％・(建)13％・(骨)10.3％・(他)28％
◉本社＝〒383－0015　中野市大字吉田26
☎0269－22－4131・FAX0269－26－6415
URL http://www.fuji-kensyo.co.jp/
代表取締役社長藤井宏人　常務取締役酒井孝徳　監査役内田一彦
※信州生コン㈱へ生産委託

㈱フルオカ
1971年7月1日設立　資本金3600万円　従業員4名　出資＝(自)100％
◉本社＝〒399－0031　松本市小屋南2－19－1
☎0263－58－4640・FAX0263－58－2378
社長二山政利　取締役二山良一
※松本太平洋生コン㈱へ生産委託

北信生コン㈱
1984年8月1日設立　資本金4000万円　従業員6名
◉本社＝〒949－8321　下水内郡栄村大字堺18403
☎0257－67－2041・FAX0257－67－2042
取締役社長福原初　取締役福原保裕・月岡成仁
◉工場＝本社に同じ
工場長福原保裕
従業員6名(技士3名)
1984年8月操業36×2　PSM日工　住友大阪・太平洋　シーカポゾリス　車大型×4台・小型×1台
2023年出荷5千㎥、2024年出荷3千㎥
G＝河川　S＝河川
普通JIS取得(JTCCM)

㈲堀川工業
資本金1000万円　出資＝(自)100％
◉本社＝〒389－1314　上水内郡信濃町大字穂波1394
☎026－255－2181・FAX026－255－5449
代表者堀川健治
※信州生コン㈱へ生産委託

㈲堀篭骨材店
◉本社＝〒385－0054　佐久市跡部429
☎0267－62－8162
◉工場＝〒385－0054　佐久市跡部493－1
1977年2月操業500×1　PSM徳田屋工業
普通JIS取得(JTCCM)

㈲本道商店
1960年2月1日設立　資本金1000万円　従業員15名　出資＝(自)100％
◉本社＝〒394－0034　岡谷市湖畔1－11－4
☎0266－23－2248
代表取締役本道孔崇　取締役牛山忠・本道幸竜
◉生コン部工場(操業停止中)＝〒394－0034　岡谷市湖畔4－3－60
☎0266－23－6070・FAX0266－24－0813
1967年3月操業2005年8月MP更新1500×1(二軸)　PSM日工
※㈱オークサ・マテックスと㈱諏訪共同生コンを設立し生産委託

松川・モルセラ㈱
(松川コンクリート工業㈱より社名変更)
◉本社＝〒399－3303　下伊那郡松川町大字元大島2715－2
☎0265－36－2626・FAX0265－36－6154
◉本社工場(旧松川コンクリート工業㈱本社工場)＝本社に同じ
1969年11月操業1985年3月更新1500×1(二軸)　P東海プラントSM光洋機械(旧石川島)
普通・舗装JIS取得(JTCCM)

松本太平洋生コン㈱
(松本秩父生コン㈱、㈱矢島建材、㈱フルオカより生産受託)
2003年5月1日設立　資本金3000万円
◉本社＝〒399－0038　松本市小屋南2－19－2
☎0263－85－3336・FAX0263－86－6340
✉matsumototaiheiyo@tea.ocn.ne.jp
代表取締役社長二山政利　代表取締役田村勤・宮下廣大
◉工場＝本社に同じ
工場長細野貴光
従業員13名(主任技士2名・技士3名)
2003年5月操業2023年9月更新2800×1(二軸)　PSM光洋機械　太平洋　ヤマソー・マイテイ　車大型×11台・中型×2台・小型×3台
2023年出荷29千㎥、2024年出荷32千㎥(高強度6㎥)
G＝陸砂利・石灰砕石　S＝陸砂
普通JIS取得(GBRC)
大臣認定単独取得(60N/mm²)

マルタ工業㈱
1963年9月1日設立　資本金3000万円　従業員21名　出資＝(自)100％
◉本社＝〒396－0021　伊那市山寺1938
☎0265－72－3175・FAX0265－78－2355
✉BCF02633@nifty.com
代表取締役会長田中秀明　取締役社長上田利夫
◉工場＝〒399－4511　上伊那郡南箕輪村神子柴7534
☎0265－72－3175・FAX0265－78－2355
✉BCF02633@nifty.com
取締役社長上田利夫
従業員21名(主任技士1名・技士2名)
1963年9月操業2022年5月更新2250×1(二軸)　PSM日工　住友大阪・太平洋　フローリック　車大型×7台・中型×6台・小型×3台
2024年出荷14千㎥
G＝河川　S＝河川
普通JIS取得(JTCCM)

マルモ生コン㈱
1971年8月30日設立　資本金3500万円　従業員19名　出資＝(自)100％
◉本社＝〒399－7104　安曇野市明科七貴5552
☎0263－62－2540・FAX0263－62－5709
代表取締役遠藤清門　取締役遠藤茂門・横山大・藤井欣也　監査役堀ノ内昌江
◉明科工場＝本社に同じ
代表取締役遠藤清門
従業員19名(主任技士1名・技士4名)
1969年6月操業1983年8月P2008年4月M2013年4月S更新1700×1(二軸)　P大平洋機工SハカルプラスM北川鉄工　太平洋　車大型×8台・中型×6台・小型×1台
G＝河川　S＝河川
普通JIS取得(JTCCM)

㈲マル吉横川セメント
1972年8月1日設立　資本金800万円　従業員10名　出資＝(自)100％
◉本社＝〒394－0082　岡谷市長地御所2－17－31
☎0266－27－7765・FAX0266－27－6379
代表取締役横川英雄
◉工場＝本社に同じ
工場長林稔
従業員10名(主任技士1名・技士3名・診断士1名)
1972年8月操業2015年3月更新1700×1(二軸)　PM北川鉄工　太平洋　ヤマソー・マイテイ　車大型×5台・中型×4台
G＝砕石　S＝砕砂
普通JIS取得(GBRC)

大臣認定単独取得（60N/mm²）

㈲峯村商会

1953年4月設立　資本金400万円　従業員9名　出資＝（自）100％

◉本社＝〒381－0022　長野市大字大豆島6019
☎026－221－4188・FAX026－221－8944
代表取締役山田優

◉工場＝〒381－0022　長野市大字大豆島6019
☎026－221－1356
従業員9名（主任技士1名）
1983年4月操業36×2　太平洋　車大型×3台・中型×6台・小型×2台
G＝河川
普通JIS取得（GBRC）

みのちセメント工業㈱

1961年1月20日設立　資本金1000万円　従業員10名　出資＝（他）100％

◉本社＝〒395－0151　飯田市北方23
☎0265－24－3300・FAX0265－24－3336
✉c-minochi78@blue.ocn.ne.jp
代表取締役加藤栄治

◉工場＝本社に同じ
代表取締役加藤栄治
従業員10名
1971年1月操業1979年11月ＳＭ1989年8月Ｐ更新750×1（二軸）　ＰＳＭ北川鉄工　太平洋　車中型×3台・小型×4台
G＝河川　S＝河川

㈱宮坂建材

1982年7月1日設立　資本金1000万円　従業員3名　出資＝（自）100％

◉本社＝〒393－0035　諏訪郡下諏訪町富部西豊6123－13
☎0266－27－5952・FAX0266－27－5995
✉mkenhiro@basil.ocn.ne.jp
代表取締役社長中村裕則　専務取締役大池健治
※クインスレミック㈱へ生産委託

㈱宮下

1952年8月設立　資本金5000万円　従業員57名　出資＝（自）100％

◉本社＝〒381－0024　長野市南長池442
☎026－254－5002・FAX026－243－2502
URL https://miyashita.co.jp
代表取締役宮下秀巳
ISO 9001取得

◉宮下生コンクリート工場＝〒381－0024　長野市南長池442
☎026－215－8080・FAX026－243－2502
工場長和田秀一
従業員13名（主任技士3名）
1992年7月操業3000×1（二軸）　ＰＳＭ北川鉄工　太平洋　ダラセム・スーパー車中型×9台・中型×1台・小型×3台
2023年出荷20千m³、2024年出荷19千m³
G＝石灰砕石・砕石・人軽骨　S＝石灰砕砂・砕砂
普通・軽量JIS取得（JTCCM）
ISO 9001取得
大臣認定単独取得（60N/mm²）

宮島産業㈱

1962年2月26日設立　資本金2000万円　従業員24名　出資＝（自）100％

◉本社＝〒381－4302　長野市鬼無里日影6808－1
☎026－256－2149・FAX026－256－2959
URL https://miyajimasangyo.com
✉k-miyajima@ngn.janis.or.jp
代表取締役社長宮島政美　取締役宮島利子・宮島勇那

◉宮島生コンクリート工場＝本社に同じ
工場長山口秀樹
従業員18名（主任技士3名・技士2名）
1972年4月操業1990年5月更新2000×1（二軸）　ＰＳＭ北川鉄工　太平洋　フローリック・シーカポゾリス　車大型×8台・小型×5台
2023年出荷7千m³、2024年出荷5千m³
G＝砕石　S＝河川・砕砂
普通JIS取得（JTCCM）
ISO 14001取得

㈱本久

1976年11月1日設立　資本金9000万円　従業員770名　出資＝（自）85％・（建）15％

◉本社＝〒381－8588　長野市桐原1－3－5
☎026－241－1151・FAX026－241－6970
代表取締役加藤章

◉長野生コン工場＝〒381－2202　長野市市場1393－3
☎026－284－2204・FAX026－284－3077
責任者青木久利
従業員16名
1969年9月操業2005年2月更新2300×1（二軸）　ＰＳＭ北川鉄工　太平洋　シーカポゾリス・フローリック　車大型×7台・中型×8台
2023年出荷15千m³
G＝陸砂利　S＝陸砂
普通JIS取得（JTCCM）

◉佐久生コン工場＝〒384－0621　佐久市入沢465
☎0267－82－2398・FAX0267－82－3873
✉takafuji@motoq.co.jp
工場長春日政広
従業員16名
1969年3月操業1999年10月更新2000×1（二軸）　ＰＳＭ北川鉄工　太平洋　シーカポゾリス・フローリック　車10台
2023年出荷32千m³、2024年出荷29千m³（ポーラス180m³）
G＝砕石　S＝砕砂
普通JIS取得（JTCCM）

◉海ノ口生コン工場＝〒384－1302　南佐久郡南牧村大字海ノ口字諸沢1557－3
☎0267－96－1050・FAX0267－96－105[illegible]
従業員5名
2014年10月操業1700×1（二軸）　ＰＳＭ北川鉄工　太平洋　シーカジャパン　車2台
2023年出荷7千m³、2024年出荷6千m³
G＝砕石　S＝砕砂
普通JIS取得（JTCCM）

◉駒ヶ根生コン工場＝〒399－4117　駒ヶ根市赤穂9779
☎0265－82－3300・FAX0265－81－722[illegible]
従業員11名（主任技士1名・技士4名）
1969年9月操業2018年7月更新2250×1（二軸）　ＰＳＭ日工　太平洋　シーカポゾリス・シーカビスコクリート　車大型×6台・中型×3台・小型×1台
2023年出荷13千m³、2024年出荷13千m³
G＝河川　S＝河川
普通JIS取得（JTCCM）

㈱森角建材店

1993年7月21日設立　資本金1000万円　従業員10名　出資＝（販）100％

◉本社＝〒385－0022　佐久市岩村田316[illegible]－10
☎0267－67－3334・FAX0267－67－333[illegible]
代表取締役森角忠

◉工場＝本社に同じ
工場長森角忠
従業員6名
1972年5月操業1998年2月更新500×1　ＰＳＭ北川鉄工　太平洋　マノール　車中型×4台・小型×8台
G＝山砂利　S＝河川・砕砂

㈱矢島建材

1963年3月1日設立　資本金7000万円　従業員20名　出資＝（自）70％・（販）30％

◉本社＝〒399－0033　松本市大字笹賀54[illegible]－1
☎0263－58－3230・FAX0263－86－4898
代表取締役社長田村勤　常務取締役早川義史　取締役鷲澤幸一
※松本太平洋生コン㈱へ生産委託

㈲柳沢建材

1971年6月1日設立　資本金500万円　従業員12名　出資＝（自）100％

◉本社＝〒389－0805　千曲市大字上徳間722
☎026－276－2119・FAX026－276－5076
代表取締役社長柳沢茂博

◉工場＝本社に同じ
工場長竹内伸夫

従業員8名（技士3名）
1971年6月操業2006年1月更新1670×1（二軸）　ＰＳＭ日工　太平洋　シーカジャパン　車大型×4台・中型×4台・小型×2台
G＝河川　S＝河川
普通JIS取得（JTCCM）

ヤマサマテリアル㈱
1966年2月1日設立　資本金3000万円　従業員34名　出資＝（自）100％
◉本社＝〒399－0033　松本市大字笹賀7600－22
☎0263－86－5903・FAX0263－86－6601
URL https://www.s-yamasa.co.jp
代表取締役北爪寛孝　取締役小松和彦・久保田高広・大久保典昭・依田剛
※伊那工場は竹花工業㈱駒ヶ根支店へ生産委託
◉松本工場＝〒399－8251　松本市大字島内十ヶ堰下9870－19
☎0263－72－3333・FAX0263－72－4392
✉to.yamaguchi@s-yamasa.co.jp
工場長山口俊文
従業員16名（主任技士1名・技士4名）
1963年9月操業1983年7月ＰＭ1992年4月Ｓ更新2500×1（二軸）　ＰＳＭ光洋機械（旧石川島）　UBE三菱　シーカポゾリス・フローリック　車大型×7台・小型×3台
2023年出荷23千㎥、2024年出荷22千㎥（高流動80㎥・1DAYPAVE10㎥）
G＝陸砂利　S＝陸砂
普通JIS取得（JTCCM）
※松本生コン㈱より生産受託

㈱大和興業
1962年1月8日設立　資本金2030万円　従業員27名
◉本社＝〒399－4431　伊那市西春近5910
☎0265－72－3227・FAX0265－73－8510
✉yamatokg@ina.janis.or.jp
代表取締役社長一志壽良　取締役林鉄也・水上純・戸石三男・一志雅通
◉本社工場＝本社に同じ
工場長林鉄也
従業員27名（主任技士1名・技士4名）
1969年8月操業2024年6月更新2250×1（二軸）　ＰＳＭ日工　太平洋　シーカポゾリス・フローリック　車大型×6台・中型×4台
2023年出荷15千㎥、2024年出荷13千㎥
G＝陸砂利　S＝陸砂
普通JIS取得（JTCCM）

㈲横谷商会
資本金500万円　従業員10名
◉本社＝〒382－0037　須坂市野辺546－7
☎026－245－5129・FAX026－245－5168
代表取締役込山彰
◉工場＝〒382－0037　須坂市野辺町546－ロ－7
1977年3月操業500×1　ＰＭ大平洋機工Ｓ光洋機械　太平洋　車小型×3台

㈱吉川工務店
◉本社＝岐阜県参照
◉大桑生コン工場＝〒399－5502　木曽郡大桑村須原10
☎0264－55－3181・FAX0264－55－3993
✉t.inoue@yoshi-beaver.co.jp
工場長井上健志
従業員17名（技士5名）
1970年3月操業1988年8月更新56×2　ＰＳＭ光洋機械（旧石川島）　住友大阪　マイテイ　車大型×8台・小型×1台〔傭車：㈱吉川工務店〕
G＝河川　S＝河川
普通JIS取得（GBRC）
ISO 14001取得

依田川生コン㈱
1972年4月設立　資本金3000万円　従業員10名　出資＝（自）100％
◉本社＝〒386－0602　小県郡長和町長久保13
☎0268－68－2232・FAX0268－68－2801
✉contact@yodagawa.com
代表取締役髙見沢健　取締役髙見沢久仁子・牛山正彦・中村光男　監査役髙見沢智美
◉工場＝本社に同じ
工場長中村光男
従業員10名（主任技士1名・技士2名）
1972年4月操業1984年1月更新36×2　ＰＳＭ北川鉄工　住友大阪　シーカジャパン　車大型×5台・中型×3台
2023年出荷11千㎥、2024年出荷6千㎥
G＝砕石　S＝砕砂
普通JIS取得（JTCCM）

竜峡レミコン㈱
1969年12月1日設立　資本金5700万円　従業員10名　出資＝（販）19％・（建）11％・（他）70％
◉本社＝〒399－2221　飯田市龍江2551
☎0265－28－7088・FAX0265－28－7080
代表社長小木曽逸夫　代表専務勝亦謙
◉生コン工場＝本社に同じ
工場長荒崎優作
従業員10名（主任技士1名・技士3名・診断士1名）
1980年5月操業1995年9月Ｐ1998年6月ＳＭ更新2000×1（二軸）　Ｐ光洋機械ＳＭ日工　太平洋　シーカポゾリス・フローリック　車大型×2台・中型×1台〔傭車：トランスポート南信州㈲〕
2023年出荷15千㎥
G＝河川　S＝河川
普通JIS取得（JTCCM）

山梨県

㈲岩下産業

1971年7月1日設立　資本金1000万円　従業員16名　出資＝（自）100％
◉本社＝〒402－0025　都留市法能465
☎0554－43－3708・FAX0554－43－5143
✉iwamin05183@yahoo.co.jp
代表取締役岩下稔　会長岩下巌　取締役岩下和子
◉本社工場＝本社に同じ
工場長三浦繁
従業員16名（主任技士1名・技士4名）
1969年7月操業2003年7月更新1750×1（二軸）　ＰＭ光洋機械Ｓパシフィックシステム　太平洋　フローリック　車大型×12台・小型×9台〔傭車：㈲岩下産業〕
2023年出荷20千㎥
G＝砕石　S＝河川・砕砂
普通・舗装JIS取得（GBRC）

大泉生コンクリート㈱

1985年7月29日設立　資本金1000万円
従業員8名　出資＝（自）100％
◉本社＝〒400－0073　甲府市湯村1－9－37
☎055－252－5101・FAX055－253－8781
代表取締役滝田雅彦　取締役瀧田湧基・深沢一典　監査役櫻井豊
◉大泉工場＝〒409－1502　北杜市大泉町谷戸1471
☎0551－38－2331・FAX0551－38－3412
✉oizumi@takida-b.co.jp
責任者深沢一典
従業員7名（主任技士1名・技士1名）
1980年12月操業1000×1　ＰＳＭ北川鉄工（旧日本建機）　住友大阪　シーカポゾリス　車大型×3台・小型×3台〔傭車：新山梨陸送㈱〕
2024年出荷11千㎥
G＝砕石　S＝砕砂
普通JIS取得（JTCCM）

甲斐生コン㈱

1982年10月1日設立　資本金8000万円
従業員19名　出資＝（セ）65％・（販）35％
◉本社＝〒400－0117　甲斐市西八幡847
☎055－276－1921
✉kainamaconshiken@sunny.ocn.ne.jp
代表取締役社長大久保徹　常務取締役真田定美
◉竜王工場＝〒400－0117　甲斐市西八幡847
☎055－276－2824・FAX055－276－4378
✉kainamaconshiken@sunny.ocn.ne.jp
代表取締役社長大久保徹
従業員19名（主任技士1名・技士3名）
1962年1月操業1991年11月更新3000×1（二軸）　ＰＳＭ光洋機械　太平洋　フローリック・シーカポゾリス　車大型×8台・小型×4台
G＝砕石・人軽骨　S＝河川・砕砂
普通・舗装JIS取得（JTCCM）
大臣認定単独取得（60N/mm²）

㈱角屋物産

1976年6月1日設立　資本金4000万円　従業員32名　出資＝（自）100％
◉本社＝〒409－0112　上野原市上野原3037－1
☎0554－62－3153・FAX0554－62－3178
URL http://kadoya-group.co.jp
✉kadoyabussan@kadoya-group.co.jp
代表取締役社長秦孝延　取締役会長秦吉之介　取締役秦美佐子・水越伸和
◉生コン工場＝本社に同じ
工場長黒部貴美雄
従業員28名（技士3名）
1976年7月操業2013年5月更新2250×1（二軸）　ＰＳＭ日工　住友大阪・太平洋　ヤマソー・フローリック・チューポール　車大型×18台・中型×6台〔傭車：佐藤運送〕
G＝河川・砕石　S＝河川・山砂・砕砂
普通・舗装JIS取得（JTCCM）

共栄南部生コンクリート㈱

1976年3月1日設立　資本金2000万円　従業員10名　出資＝（販）100％
◉本社＝〒400－0032　甲府市中央2－12－14
☎055－233－2271・FAX055－232－6629
代表取締役社長中込徹　取締役佐藤雅浩・熊沢茂美　監査役石川透
◉十島工場＝〒409－2303　南巨摩郡南部町十島356－3
☎05566－7－3441・FAX05566－7－3241
工場長佐藤雅浩
従業員9名（主任技士1名・技士4名）
1976年6月操業1991年8月更新2250×1（二軸）　ＰＳＭ日工　太平洋　フローリック・シーカジャパン・チューポール　車大型×8台・小型×5台
2024年出荷15千㎥
G＝河川　S＝河川
普通JIS取得（GBRC）

㈱共和コンクリート

1982年2月1日設立　資本金300万円　従業員21名　出資＝（自）100％
◉本社＝〒409－2403　南巨摩郡身延町帯金112
☎0556－62－3123・FAX0556－62－3217
✉kyouwakonkuri-t0112@lemon.plala.or.jp
代表取締役社長本多道子　取締役本多利光・本多二男・伊藤善文
ISO 9001取得
◉工場＝本社に同じ
工場長伊藤善文
従業員21名（主任技士2名・技士3名・診断士1名）
1982年8月操業1996年8月更新2500×1　ＰＭ光洋機械（旧石川島）Ｓハカルプラス　UBE三菱　シーカポゾリス・プラストクリート　車大型×11台・中型×8台・小型×1台
2023年出荷13千㎥、2024年出荷15千㎥
G＝河川　S＝河川
普通・舗装JIS取得（GBRC）
ISO 9001取得

㈱協和生コン

1984年7月1日設立　資本金2000万円　従業員13名　出資＝（自）100％
◉本社＝〒401－0310　南都留郡富士河口湖町勝山3479
☎0555－83－2306・FAX0555－83－2611
代表取締役会長倉沢鶴義　代表取締役社長渡辺新吾　取締役山内幸男・倉沢光代
◉河口湖工場＝〒401－0302　南都留郡富士河口湖町小立5425－1
☎0555－83－2306・FAX0555－83－2611
工場長山内幸男
従業員13名（技士4名）
1997年11月操業2250×1（二軸）　ＰＭ日工Ｓパシフィックシステム　太平洋　車大型×10台・中型×2台・小型×5台
2023年出荷32千㎥
G＝河川・砕石　S＝河川・砕砂
普通JIS取得（GBRC）

㈱甲府建材商会

1956年8月30日設立　資本金3000万円
従業員45名　出資＝（自）100％
◉本社＝〒400－0025　甲府市朝日5－7－7
☎055－253－3551・FAX055－253－1744
URL http://www.koken-ex.co.jp/
✉namacon@koken-ex.co.jp
代表取締役社長中込茂　専務取締役中込一明　取締役宗像洋司
◉甲府宇部生コン＝〒400－0114　甲斐市万才71
☎055－279－4171・FAX055－279－1040
✉namacon@koken-ex.co.jp
工場長宗像洋司
従業員18名（主任技士1名・技士5名）
1973年3月操業1990年10月改造2000×1（二軸）　ＰＳＭ光洋機械　UBE三菱　フローリック　車大型×7台・中型×3台・小型×7台〔傭車：㈲万才販送〕
G＝砕石　S＝砕砂
普通JIS取得（JTCCM）

㈲甲府骨材センター
1969年5月22日設立　資本金300万円　従業員25名　出資＝(自)100%
◉本社＝〒400－0845　甲府市上今井町221－1
☎055－244－0500・FAX055－241－4186
✉takagi.tamotsu@rose.plala.or.jp
代表取締役社長高木繁
◉工場＝本社に同じ
常務土井正道
従業員25名(技士3名)
1969年5月操業2007年1月M更新2750×1　PS北川鉄工(旧日本建機)M光洋機械(旧石川島)　UBE三菱　シーカビスコクリート　車大型×8台・中型×4台・小型×13台
2023年出荷47千㎥、2024年出荷48千㎥
G＝河川・砕石　S＝河川
普通・舗装JIS取得(GBRC)

㈲甲府第一運送
1959年8月9日設立　資本金50万円　従業員14名　出資＝(自)100%
◉本社＝〒409－3834　中央市今福1038
☎055－274－2255・FAX055－274－2274
代表取締役社長滝田雅彦　常務取締役飯島正伸
◉三洋生コン工場＝本社に同じ
工場長嶋口昌幸
従業員14名(技士3名)
1971年5月操業2015年8月更新2750×1(二軸)　PSM光洋機械(旧石川島)　住友大阪・UBE三菱　シーカポゾリス・シーカコントロール・シーカビスコクリート　車大型×4台・中型×4台
2023年出荷18千㎥、2024年出荷24千㎥
G＝砕石　S＝砕砂
普通JIS取得(JTCCM)
大臣認定単独取得(60N/mm²)

甲陽産業㈱
1970年4月1日設立　資本金2300万円　従業員20名　出資＝(自)100%
◉本社＝〒409－0623　大月市七保町葛野858
☎0554－23－2010・FAX0554－23－2585
代表取締役社長三木範之　取締役三木智恵子・内野晃　監査役曽我昌敏
◉甲陽生コン大月工場＝本社に同じ
工場長桑原栄
従業員24名(主任技士1名・技士2名)
1987年9月操業54×2(傾胴二軸)　PSM北川鉄工　UBE三菱　フローリック　車大型×11台・中型×3台・小型×6台
G＝砕石　S＝河川・砕砂
普通・舗装JIS取得(JTCCM)
ISO 9001取得

小松陸送㈱
1958年10月1日設立　資本金1200万円　従業員18名　出資＝(自)100%
◉本社＝〒400－0336　南アルプス市十日市場890－1
☎055－284－1235・FAX055－284－3687
✉k-komatsu@sky.plala.or.jp
代表取締役社長小松勝治　専務小松敏洋
◉櫛形生コン工場＝本社に同じ
工場長黒澤真也
従業員18名(主任技士1名・技士5名・診断士1名)
1970年4月操業2011年1月更新2750×1　PSM光洋機械　太平洋　車大型×12台・中型×2台・小型×7台
2023年出荷24千㎥、2024年出荷22千㎥
G＝河川・砕石　S＝砕砂
普通JIS取得(JTCCM)

㈲山永キングコンクリート
1970年12月1日設立　資本金342万円　従業員5名
◉本社＝〒408－0021　北杜市長坂町長坂上条2827
☎0551－32－2353
代表取締役社長堀内伸浩
◉工場＝本社に同じ
工場長森沢豊太郎
従業員5名
1971年6月操業1000×1(二軸)　PSM光洋機械　太平洋　GCP　車大型×3台・中型×3台
G＝河川　S＝河川

炭平興産㈱
◉本社＝長野県参照
◉白州工場＝〒408－0315　北杜市白州町白須7458
☎0551－35－2231・FAX0551－35－2546
工場長小林秀樹
従業員18名(主任技士3名・技士2名)
1968年4月操業1996年5月更新3000×1　PSM日工　太平洋　ヤマソー・マイテイ・シーカポゾリス　車大型×12台・中型×2台・小型×4台
G＝砕石　S＝砕砂
普通・舗装JIS取得(JTCCM)
大臣認定単独取得(60N/mm²)

早邦建設㈱
資本金5000万円　出資＝(建)100%
◉本社＝〒409－2732　南巨摩郡早川町高住645－27
☎0556－45－3000・FAX0556－45－2288
代表取締役望月辰男
◉生コンクリート工場＝〒409－2732　南巨摩郡早川町高住栃原島
☎0556－45－2700・FAX0556－45－2707
工場長望月稔
従業員16名(技士3名)
1971年5月操業1991年7月更新2500×2　PSM北川鉄工(旧日本建機)　UBE三菱　車大型×9台・小型×4台
2024年出荷19千㎥
G＝河川　S＝河川
普通JIS取得(GBRC)

㈱タカムラ生コン
1985年10月28日設立　資本金2000万円　従業員98名　出資＝(他)100%
◉本社＝〒401－0501　南都留郡山中湖村山中1
☎0555－62－3500・FAX0555－62－3501
URL http://www.takamura-group.co.jp/
代表取締役高村彰一郎　取締役角田真佐樹・斉藤志郎・佐藤雄治・堀内靖　監査役高村春彦
◉山中工場＝〒401－0501　南都留郡山中湖村山中862－1
☎0555－62－1177・FAX0555－62－5000
✉namakonyamanaka3776@friend.ocn.ne.jp
工場長小宮功次
従業員24名(主任技士1名・技士2名・診断士1名)
1963年4月操業2024年11月更新2800×1(二軸)　PSM北川鉄工　UBE三菱　チューポール　車大型×12台・中型×4台
2023年出荷25千㎥、2024年出荷30千㎥(高流動28㎥・ポーラス48㎥)
G＝河川・砕石　S＝河川・砕砂
普通・舗装JIS取得(GBRC)
大臣認定単独取得(60N/mm²)
◉大月工場(操業停止中)＝〒409－0617　大月市猿橋町殿上369－1
1963年12月操業1991年2月更新2000×1(二段)　PM大平洋機工Sパシフィックシステム
◉都留工場＝〒402－0033　都留市境字矢下1514－1
☎0554－43－7878・FAX0554－43－7814
工場長渡辺健太
従業員14名(技士3名)
1991年10月操業2000×1(二軸)　PM大平洋機工Sパシフィックシステム　UBE三菱　チューポール　車大型×7台・中型×3台
2023年出荷24千㎥、2024年出荷15千㎥
G＝河川・砕石　S＝河川・砕砂
普通JIS取得(MSA)
※静岡工場＝静岡県参照

滝田建材㈱
1966年9月28日設立　資本金2800万円　従業員91名　出資＝(自)100%
◉本社＝〒400－0073　甲府市湯村1－9－37
☎055－252－5101・FAX055－253－8781
代表取締役社長滝田雅彦　取締役飯島正

山梨県

伸・飯島俊子・滝田君江　監査役滝田由美子
ISO 9001取得
◉生コン事業部＝〒407－0005　韮崎市一ツ谷2012
☎0551－22－1241・FAX0551－22－8617
工場長深沢一典
従業員16名(主任技士1名・技士3)
第1P＝1967年10月操業1987年9月更新2500×1(二軸)　PSM光洋機械
第2P＝1967年10月操業1998年11月更新1500×1(二軸)　PSM北川鉄工(旧日本建機)　住友大阪　フローリック・シーカ・シーカポゾリス　車大型×9台・中型×6台〔傭車：新山梨陸送㈱〕
G＝砕石　S＝砕砂
普通・舗装JIS取得(JTCCM)
ISO 9001取得
大臣認定単独取得(80N/mm²)
◉御坂生コン工場＝〒406－0802　笛吹市御坂町金川原287
☎055－262－3210・FAX055－263－3315
✉r.ono@takida-b.co.jp
工場長小野礼司
従業員15名(主任技士1名・技士2名)
1992年2月操業2250×2　PSM北川鉄工　住友大阪　シーカジャパン・フローリック　車大型×4台・小型×4台〔傭車：新山梨陸送㈱〕
2023年出荷19千m³、2024年出荷21千m³
G＝砕石　S＝砕砂
普通JIS取得(JTCCM)
ISO 9001取得
◉中道生コン工場＝〒400－1508　甲府市下曽根町2752－1
☎055－266－7011・FAX055－266－7013
工場長飯島正伸
従業員14名(技士2名)
2001年3月操業2250×1(二軸)　PSM光洋機械　住友大阪　シーカポゾリス・シーカポゾリス・シーカビスコクリート・シーカメント・フローリック　車大型×2台・中型×1台・小型×4台〔傭車：新山梨陸送㈱〕
2024年出荷16千m³(ポーラス71m³)
G＝砕石　S＝砕砂
普通JIS取得(JTCCM)
ISO 9001取得
大臣認定単独取得(80N/mm²)

中部建材興業㈱
1967年8月1日設立　資本金1000万円　従業員31名　出資＝(他)100%
◉本社＝〒407－0031　韮崎市竜岡町若尾新田1212
☎0551－22－2315・FAX0551－22－7819
代表取締役渡辺登　専務取締役渡辺悟　取締役野田倶孝　監査役渡辺鑽代子
◉韮崎工場＝本社に同じ
工場長柴田哲也
従業員31名(技士3名)
1967年8月操業1990年2月更新3000×1(二軸)　PSM光洋機械(旧石川島)　UBE三菱　チューポール　車大型×13台・小型×5台
G＝河川　S＝河川
普通JIS取得(GBRC)

㈱天川組
1929年4月1日設立　資本金4000万円　従業員38名　出資＝(自)100%
◉本社＝〒404－0041　甲州市塩山千野559
☎0553－33－7500・FAX0553－33－7502
代表取締役天川貴　取締役天川殿様子・天川正義・天川勇次・藤田貞夫　監査役天川和美
ISO 9001・14001取得
◉飛鳥生コンクリート工場＝本社に同じ
工場長天川勇次
従業員16名(主任技士1名・技士3名・診断士1名)
1993年6月操業1500×1(二軸)　PSM日工　太平洋　車大型×10台・中型×3台・小型×2台
G＝砕石　S＝河川
普通・舗装JIS取得(GBRC)
ISO 14001取得

㈱フジコン
1994年1月1日設立　資本金1000万円
◉本社＝〒403－0006　富士吉田市新屋中カジヤ作1558－3
☎0555－22－5544・FAX0555－22－5813
代表取締役髙木謙二　取締役副社長髙木俊介
◉工場＝本社に同じ
工場長相本清孝
従業員20名(主任技士3名・技士4名)
1994年1月操業1250×1　住友大阪　シーカメント　車大型×7台・中型×4台・小型×3台
2024年出荷28千m³(ポーラス300m³)
G＝砕石　S＝砕砂
普通JIS取得(JTCCM)

富士生コンクリート㈱
1974年5月1日設立　資本金1000万円　従業員15名　出資＝(自)100%
◉本社＝〒400－0211　南アルプス市上今諏訪843
☎055－283－1755・FAX055－284－3689
代表取締役中込通雄　取締役中込功・中込やよい　監査役中込稔
◉工場＝本社に同じ
工場長井上智幸
従業員15名(技士3名)
1974年3月操業2300×1(二軸)　PSM光洋機械　太平洋　フローリック　車大型×8台・中型×3台・小型×3台〔傭車　山梨生コンクリート協同組合〕
2023年出荷19千m³、2024年出荷18千m³(ポーラス26m³)
G＝砕石　S＝河川・砕砂
普通・舗装JIS取得(JTCCM)

三吹生コン㈱
1970年4月14日設立　資本金1000万円
従業員14名　出資＝(建)30%・(骨)70%
◉本社＝〒408－0301　北杜市武川町三吹1755
☎0551－26－3211・FAX0551－26－3702
URL https://mifuki-namakon.com
✉mifuki@castle.ocn.ne.jp
代表取締役社長渡辺登　取締役渡辺悟・斉藤永三
ISO 9001・14001取得
◉三吹工場＝本社に同じ
工場長山寺隆一
従業員14名(技士2名)
1970年4月操業1500×1(二軸)　PM北川鉄工Sハカルプラス　太平洋　チューポール　車大型×5台・中型×1台・小型×3台
2023年出荷10千m³
G＝河川　S＝河川
普通JIS取得(GBRC)
ISO 9001・14001取得

㈲望月建材
1978年10月25日設立　資本金2000万円
従業員15名　出資＝(自)100%
◉本社＝〒409－3423　南巨摩郡身延町飯富1291－1
☎0556－42－2929・FAX0556－42－4500
代表取締役社長山口喜彦　専務取締役望月公佑　取締役望月喜代美・山口かほる
◉飯富生コン工場＝〒409－3423　南巨摩郡身延町飯富字宮の外2309－105
☎0556－42－2929・FAX0556－42－4500
工場長藤田満
従業員15名(主任技士1名・技士1名)
1995年7月操業2011年12月更新2000×1(二軸)　PSM北川鉄工　住友大阪　フローリック・シーカポゾリス・シーカビスコクリート　車大型×7台・中型×1台・小型×7台
G＝河川　S＝河川
普通JIS取得(JTCCM)

㈱柳澤建設大協生コンクリート
1952年2月27日設立　資本金2000万円
従業員13名　出資＝(自)100%
◉本社＝〒400－0601　南巨摩郡富士川町鰍沢124
☎0556－22－3155・FAX0556－22－1823
✉maruya_124@dream.ocn.ne.jp
代表取締役社長柳澤晋平

ISO 9001取得(建設部門)
●鰍沢工場＝本社に同じ
工場長大堀秀彦
従業員13名(技士3名)
1965年10月 操 業2000年7月 更 新2500×1(二軸)　ＰＳＭ光洋機械　住友大阪　シーカジャパン　車大型×6台・小型×2台
2023年出荷18千㎥、2024年出荷12千㎥
G＝河川　S＝河川
普通JIS取得(JTCCM)
大臣認定単独取得

山梨アサノコンクリート㈱
1976年11月22日設立　資本金2400万円
従業員21名　出資＝(セ)37.5％・(販)62.5％
●本社＝〒400－0212　南アルプス市下今諏訪1466
☎055－276－2731・FAX055－279－1041
✉yamanashiasano@giga.ocn.ne.jp
代表取締役社長平山健二　取締役鮎川英夫・清水雅巳・一瀬直紀・浅野一郎・若杉聡　監査役豊永知明
●工場＝本社に同じ
工場長後藤誠
従業員21名(主任技士3名・技士3名)
1976年11月 操 業2016年1月 更 新3300×1(二軸)　ＰＳＭ日工　太平洋　シーカジャパン・フローリック　車大型×20台・小型×4台
2023年出荷46千㎥、2024年出荷57千㎥
G＝砕石　S＝砕砂
普通・舗装JIS取得(GBRC)
大臣認定単独取得(120N/mm²)

ヤマヨセメント㈱
2003年5月6日設立　資本金4000万円　出資＝(自)100％
●本社＝〒405－0075　笛吹市一宮町東原927－1
☎0553－47－1121・FAX0553－47－1755
代表取締役市村昌士
●工場＝本社に同じ
工場長山本真彦
従業員7名(主任技士1名・技士2名)
2003年10月 操 業2001年8月 更 新2000×1(二軸)　ＰＭ北川鉄工Ｓ東京試験機　太平洋　シーカジャパン・フローリック　車大型×8台・小型×3台
2023年出荷36千㎥
G＝砕石　S＝砕砂
普通JIS取得(GBRC)
●甲府工場＝〒409－3801　中央市中楯1243－2
☎055－274－0804
普通JIS取得(JTCCM)
※群馬中央生コン前橋工場・群馬中央生コン渋川工場＝群馬県参照

埼玉県

㈱赤沼建材店
◉本社＝〒333－0803　川口市藤兵衛新田24
☎048－295－5943・FAX048－295－9916
◉工場＝本社に同じ
1980年4月操業1000×1（二軸）　太平洋　フローリック
普通JIS取得（JTCCM）

㈲アサヒ
2002年8月設立　資本金300万円　従業員20名　出資＝（自）100％
◉本社＝〒334－0061　川口市新堀781
☎048－283－9494・FAX048－284－9321
代表取締役関忠一　取締役関徳弘・関三郎　監査役関和子
◉川口工場＝本社に同じ
工場長根本聡
従業員20名（主任技士1名・技士2名）
1973年1月操業2008年1月更新（二軸）　ＰＳＭ光洋機械　住友大阪　チューポール　車中型×10台・小型×10台
G＝陸砂利・砕石　S＝陸砂
普通JIS取得（JTCCM）

東生コン工業㈱
1974年4月26日設立　資本金1200万円　従業員34名　出資＝（他）100％
◉本社＝〒358－0031　入間市新久112－5
☎04－2964－2237・FAX04－2964－8223
代表取締役社長黒米清　専務取締役黒米文子　取締役黒米永二　監査役黒米寅二
◉工場＝本社に同じ
工場長栄山恒賢
従業員29名（主任技士1名・技士1名）
1969年9月操業1988年8月更新1500×1（二軸）　ＰＳＭ北川鉄工　UBE三菱
G＝砕石　S＝山砂・砕砂
普通JIS取得（MSA）
大臣認定単独取得（45N/mm²）

新井建材㈲
資本金300万円　出資＝（販）100％
◉本社＝〒350－1235　日高市大字楡木50
☎042－989－3779・FAX042－989－7884
代表取締役新井巧二
◉工場＝本社に同じ
1977年10月操業500×1　ＰＳＭ日工　太平洋　車大型×1台・小型×4台

荒井建材
資本金150万円　出資＝（販）100％
◉本社＝〒344－0043　春日部市下蛭田259
☎048－754－0729
代表者荒井三佐夫
◉工場＝本社に同じ
1969年7月操業300×1　太平洋

㈲有山商店
資本金300万円　従業員10名　出資＝（自）100％
◉本社＝〒351－0112　和光市丸山台2－21－5
☎048－461－1222
代表取締役有山誠一郎
◉工場＝本社に同じ
従業員（技士3名）
1965年10月操業1998年3月更新36×2　ＰＭクリハラＳハカルプラス　トクヤマ　車中型×6台
G＝砕石　S＝河川・砕砂
普通JIS取得（GBRC）

飯村建材㈱
◉本社＝東京都参照
◉工場＝〒340－0026　草加市両新田東町203
☎048－925－7499・FAX048－925－7549
工場長新津進久
従業員20名（主任技士1名・技士2名）
2250×1（二軸）　太平洋・UBE三菱　シーカビスコクリート・シーカポゾリス・フローリック　車25台
G＝砕石　S＝陸砂・砕砂
普通JIS取得（GBRC）
大臣認定単独取得
◉春日部工場（操業停止中）＝〒344－0001　春日部市不動院野2648－1
☎048－761－2045
1980年4月操業2002年2月更新1670×1（二軸）　ＰＳＭ日工

井口生コンクリート工業㈲
◉本社＝〒352－0022　新座市本多1－8－51
☎048－481－3431・FAX048－478－2093
◉新座工場＝本社に同じ
工場長木村肇
従業員8名（主任技士1名・技士3名）
1972年2月操業2003年9月更新2250×1（二軸）　ＰＳＭ光洋機械（旧石川島）　太平洋　フローリック　車中型×7台
G＝砕石　S＝砕砂・陸砂
普通JIS取得（JTCCM）

池田建材㈱
1964年7月9日設立　資本金1000万円　出資＝（自）100％
◉本社＝〒358－0011　入間市下藤沢1315－2
☎04－2964－5533・FAX04－2965－0244
代表取締役池田喜一
◉工場（操業停止中）＝本社に同じ
1964年1月操業500×1　ＰＭ秩父エン…ニアＳパシフィックシステム　太平洋…車中型×7台
G＝砕石　S＝河川

今泉建材㈱
1957年2月1日設立　資本金2000万円　従…業員22名　出資＝（自）100％
◉本社＝〒360－0833　熊谷市広瀬800－4…
☎048－521－5026・FAX048－526－274…
✉imaizumikenzai@jcom.zaq.ne.jp
代表取締役今泉勝己　取締役村田好子…三澤秀和・中嶋正樹
◉工場＝本社に同じ
工場長三澤秀和
従業員22名（主任技士1名・技士2名・診…断士1名）
1971年6月操業1984年11月ＰＭ2001年3月…Ｓ更新1000×1　ＰＳＭ北川鉄工　太平…洋　フローリック・シーカポゾリス　車…中型×11台・小型×4台
2024年出荷23千㎥
G＝砕石　S＝陸砂・砕砂
普通JIS取得（GBRC）

植木生コン㈱
◉本社＝東京都参照
◉工場＝〒340－0835　八潮市浮塚342－4…
☎048－995－8562・FAX048－995－702…
✉info@ueki-kk.jp
工場長植木嘉春
従業員29名（主任技士3名・技士3名・診…断士1名）
1965年3月操業1998年9月Ｓ1999年2月Ｐ…Ｍ更新4500×1（二軸）　ＰＳＭ北川鉄工…（旧日本建機）　住友大阪　ヴィンソル・…フローリック・シーカ・マイテイ・チュ…ーポール　車大型×17台・中型×5台〔傭…車：兵藤商会〕
2023年出荷70千㎥
G＝石灰砕石　S＝陸砂・砕砂
普通JIS取得（GBRC）
大臣認定単独取得（60N/mm²）

㈱内山アドバンス
◉本社＝千葉県参照
◉草加工場＝〒340－0831　八潮市大字南…後谷159－1
☎048－936－4107・FAX048－936－318…
✉m-tanaka@uchiyamagroup.com
工場長福田雅之
従業員12名（主任技士2名・技士3名）
1979年5月操業2012年5月更新2750×1（二…軸）　ＰＳＭ光洋機械　太平洋　フロー…リック・ヤマソー・シーカビスコクリー…ト・シーカポゾリス・チューポール　車…大型×11台〔傭車：㈱三恵運輸〕
2023年出荷60千㎥、2024年出荷57千㎥…（高強度5200㎥）

G＝石灰砕石・砕石　S＝山砂・石灰砕砂・砕砂
普通JIS取得(JTCCM)
大臣認定単独取得(85N/mm²)
※技術センター・浦安工場・千葉工場・花見川工場・柏工場＝千葉県、横浜工場・磯子工場＝神奈川県参照

㈲栄進産業
◉本社＝〒352－0024　新座市道場2－18－16
☎048－477－1053・FAX048－477－1308
代表取締役社長石井康幸
◉工場＝本社に同じ
1975年4月操業1992年4月更新1000×1　ＰＳＭ北川鉄工　日立　GCP　車中型×5台
G＝砕石　S＝砕砂
普通JIS取得(GBRC)

㈲大沢商店
資本金400万円　出資＝(骨)100％
◉本社＝〒348－0064　羽生市藤井上組1176
☎048－561－1038
代表取締役大沢勝政
◉工場＝本社に同じ
1973年4月操業500×1　ＰＳＭ北川鉄工　太平洋　車小型×5台

㈲大貫生コン
出資＝(販)100％
◉本社＝〒330－0852　さいたま市大宮区大成町3－670－1
☎048－664－4963・FAX048－664－4923
代表取締役大貫隆志
◉さいたま工場(旧㈲大貫商店大成工場)＝本社に同じ
従業員14名(主任技士1名・技士2名)
1974年10月操業1350×1　太平洋　シーカジャパン・フローリック　車16台
2023年出荷40千㎥、2024年出荷37千㎥
G＝石灰砕石　S＝河川・砕砂
普通JIS取得(JTCCM)

大宮生コン㈱
1962年4月23日設立　資本金3000万円　従業員31名
◉本社＝〒331－0811　さいたま市北区吉野町2－1382
☎048－665－1381・FAX048－667－4804
URL http://www.mutsumi-g.co.jp/
✉yoshino@mutsumi-g2.co.jp
代表取締役社長関根睦己　専務取締役関根大介　取締役宇田川國夫・島田文男・関根久恵・関根美江子・岡本康子・伊東広二　監査役関根孝次
◉吉野工場＝本社に同じ
工場長南保弘生
従業員17名(主任技士4名・技士7名)
第1Ｐ＝1969年10月操業2021年10月更新2800×1　ＰＳＭ光洋機械
第2Ｐ＝1979年10月操業2019年5月更新2800×1　ＰＳＭ光洋機械　太平洋　シーカジャパン・チューポール・フローリック　車大型×15台・小型×2台〔傭車：㈱ムツミ運輸・横田運輸㈲〕
2023年出荷70千㎥、2024年出荷17千㎥(高強度980㎥)
G＝石灰砕石・砕石　S＝陸砂・石灰砕砂・砕砂
普通・高強度・軽量JIS取得(GBRC)
大臣認定単独取得(80N/mm²)
◉栗橋工場＝〒349－1103　久喜市栗橋東6－18－36
☎0480－52－0725・FAX0480－52－0092
✉kurihashi-taguchi@mutsumi-g.co.jp
業務課担当課長田口香織
従業員9名(主任技士1名・技士4名)
1967年5月操業2017年8月更新2750×1(二軸)　ＰＳＭ日工　太平洋　シーカポゾリス・フローリック・チューポール・シーカビスコクリート　車大型×10台・小型×1台〔傭車：㈱ムツミ運輸〕
2024年出荷66千㎥
G＝石灰砕石・砕石　S＝陸砂・石灰砕砂
普通・高強度・舗装JIS取得(GBRC)
大臣認定単独取得(60N/mm²)

岡庭建材工業㈱
1965年4月1日設立　資本金1000万円　従業員40名　出資＝(自)100％
◉本社＝〒341－0035　三郷市鷹野4－59
☎048－955－4411・FAX048－955－8826
✉info@okaniwa-kenzai.co.jp
代表取締役社長岡庭正明　専務取締役岡庭義明　常務取締役江川直人
◉ミサト生コンクリート＝本社に同じ
工場長江川直人
従業員25名(技士2名)
1967年5月操業2005年1月更新1700×1(二軸)　ＰＳＭ北川鉄工　太平洋　シーカポゾリス・シーカビスコクリート・フローリック・シーカポゾリス　車大型×6台・中型×13台
2023年出荷85千㎥
G＝石灰砕石　S＝陸砂・砕砂
普通JIS取得(GBRC)
※夜間、休日出荷

小川ホールディングス㈱
(小川工業㈱より事業承継)
◉本社＝〒361－0022　行田市桜町1－5－16
代表取締役小川貢三郎
◉小川生コン熊谷工場(旧小川工業㈱熊谷工場)＝〒360－0025　熊谷市太井1827
☎048－524－6886・FAX048－525－9287
工場長塩山泰夫
従業員13名(技士4名)
1962年5月操業1992年5月更新3000×1(二軸)　ＰＳＭ北川鉄工　太平洋　車大型×7台・中型×1台・小型×3台
G＝陸砂利・石灰砕石　S＝河川・陸砂
普通JIS取得(GBRC)
ISO 14001取得

小内生コン㈲
1973年4月1日設立　資本金400万円　出資＝(他)100％
◉本社＝〒366－0834　深谷市曲田135
☎048－571－0911・FAX048－571－8275
代表取締役小内信矢　取締役小内登
◉工場(操業停止中)＝本社に同じ
1971年8月操業1977年8月更新1000×1　ＰＳＭ北川鉄工(旧日本建機)

小山レミコン㈱
◉本社＝栃木県参照
◉埼玉工場＝〒361－0031　行田市緑町9－7
☎048－553－1281・FAX048－554－1950
工場長栗原潤一
従業員18名(主任技士2名・技士1名)
1971年6月操業2020年1月更新2800×1　ＰＳＭ北川鉄工　太平洋　フローリック・マイテイ・ヴィンソル・チューポール　車大型×7台・中型×5台・小型×4台
2024年出荷38千㎥(高強度1964㎥)
G＝石灰砕石・砕石　S＝陸砂
普通JIS取得(GBRC)
大臣認定単独取得(60N/mm²)
※小山工場・鹿沼工場・真岡工場＝栃木県、岩井工場・下妻工場・総和工場＝茨城県参照

㈲柿沼生コン
出資＝(骨)100％
◉本社＝〒340－0161　幸手市千塚1383
☎0480－43－3811
代表取締役柿沼義良
◉工場＝本社に同じ
1975年6月操業500×1　ＰＳＭ秩父エンジニア　太平洋　車小型×4台

加倉コンクリート㈱
資本金1000万円　従業員18名
◉本社＝〒339－0056　さいたま市岩槻区加倉239－1
☎048－790－5177・FAX048－790－5178
代表取締役会長横山靖之
◉工場(旧㈲島根建材店工場)＝本社に同じ
1968年1月操業2008年更新1000×1(二軸)　ＰＳＭ光洋機械
普通JIS取得(GBRC)

㈱金杉建材店
1975年5月1日設立　資本金1200万円　従業員16名　出資＝(自)100%
◉本社＝〒333－0834　川口市安行領根岸3138
☎048－281－0106・FAX048－281－0106
代表取締役社長金杉實
◉生コン工場＝〒333－0834　川口市安行領根岸3064
☎048－283－1653・FAX048－285－9363
工場長金杉正
従業員16名(技士1名)
1970年5月操業2005年4月更新54×1(傾胴二軸)　ＰＳＭ北川鉄工　太平洋　車中型×7台
G＝砕石　S＝陸砂・砕砂
普通JIS取得(GBRC)

㈱川村興産
1966年4月1日設立　資本金1000万円　従業員12名　出資＝(自)100%
◉本社＝〒350－1172　川越市大字増形1328－2
☎049－231－5884・FAX049－231－1465
✉namacon@kawamura-kousan.co.jp
代表取締役川村拓也　代表取締役会長川村一夫　取締役竹田満子　監査役川村薫美
◉生コンクリート工場＝本社に同じ
工場長川村拓也
従業員12名(主任技士2名・技士4名)
1968年7月操業2010年8月更新3000×1(二軸)　ＰＳＭ光洋機械　太平洋　フローリック・シーカポゾリス・シーカビスコクリート　車大型×8台・中型×2台・小型×1台
G＝石灰砕石・砕石　S＝陸砂
普通JIS取得(GBRC)
大臣認定単独取得(60N/mm²)

関東宇部コンクリート工業㈱
◉本社＝東京都参照
◉入間工場＝〒358－0015　入間市大字二本木939－5
☎04－2934－1711・FAX04－2934－1715
工場長大澤浩幸
従業員9名(技士2名)
1972年10月操業1990年1月更新3000×1(二軸)　ＰＳＭ光洋機械　UBE三菱　チューポール・フローリック・シーカビスコクリート　車大型×10台・中型×11台・小型×3台〔傭車：豊運輸㈱・㈱旭生コン〕
G＝石灰砕石・砕石　S＝山砂・石灰砕砂・砕砂
普通JIS取得(JTCCM)
大臣認定単独取得(80N/mm²)
※浦安工場＝千葉県、豊洲工場・大井工場・府中工場＝東京都、溝の口工場・横浜工場・相模原工場＝神奈川県参照

㈱関東建商
1965年5月1日設立　資本金4900万円　従業員21名　出資＝(建)4%・(骨)1%・(他)95%
◉本社＝〒344－0057　春日部市南栄町12－9
☎048－752－3091・FAX048－752－2508
代表取締役社長佐藤孝
◉生コン工場＝〒344－0057　春日部市南栄町12－9
☎048－761－5181・FAX048－752－2508
工場長須賀建一
従業員21名(技士3名)
1977年5月操業1999年1月更新2000×1(二軸)　ＰＳＭ日工　住友大阪　ヤマソー・マイテイ・フローリック　車大型×6台・中型×6台・小型×4台
2023年出荷25千㎥、2024年出荷25千㎥
G＝石灰砕石　S＝陸砂・砕砂
普通JIS取得(GBRC)

関東コンクリート㈱
2001年4月13日設立　資本金5000万円　従業員8名　出資＝(他)100%
◉本社＝〒340－0823　八潮市大字古新田608
☎048－996－4321・FAX048－995－6900
✉kantocon_gyomu@abox3.so-net.ne.jp
代表取締役社長西森幸夫　取締役青木規悦・田籠圭一・須田功一・新井智史・佐藤清治・真野康平・菅原繁昭
◉東京工場＝本社に同じ
工場長菅原繁昭
従業員8名(主任技士5名・技士2名)
1966年10月操業2008年9月更新3300×1　ＰＳＭ日工　太平洋　シーカポゾリス・シーカビスコクリート・フローリック・ヴィンソル　車大型×14台〔傭車：上陽レミコン運輸㈱〕
2023年出荷57千㎥、2024年出荷57千㎥(高強度3386㎥)
G＝石灰砕石・人軽骨　S＝陸砂・石灰砕砂・砕砂
普通・高強度・軽量JIS取得(GBRC)
大臣認定単独取得(80N/mm²)

㈲喜多園増田商店
1982年11月1日設立　資本金2000万円　従業員4名　出資＝(自)100%
◉事業所＝〒368－0022　秩父市中宮地22－25
☎0494－22－2812・FAX0494－22－5038
代表取締役社長増田慎　取締役増田耕作・増田和子・増田多紀
◉生コン工場＝〒368－0024　秩父市上宮地町4940
☎0494－22－2812・FAX0494－22－5038
工場長増田慎
従業員4名
1981年9月操業2013年9月更新500×1(二軸)　ＰＳＭ光洋機械　太平洋　車中型×4台
G＝砕石　S＝砕砂

㈲銀映建材
資本金600万円　出資＝(販)100%
◉本社＝〒369－1203　大里郡寄居町大字寄居537
☎048－581－1119
代表取締役加藤紋太郎
◉工場＝本社に同じ
1976年5月操業500×1　太平洋　車小型×6台
G＝河川　S＝河川

串橋建材㈱
1968年10月8日設立　資本金1000万円　従業員20名　出資＝(販)9%・(自)90%・(骨)1%
◉本社＝〒362－0065　上尾市畔吉1351
☎048－781－1500・FAX048－781－9554
URL http://www.kushihashi.co.jp
✉info@kushihashi.co.jp
代表取締役社長串橋貢　取締役串橋礼子
◉串橋生コンプラント工場＝本社に同じ
工場長西川健
従業員10名(主任技士2名・技士2名)
1968年11月操業1998年12月更新1500×1(二軸)　ＰＳＭ北川鉄工　太平洋　シーカポゾリス・シーカビスコクリート　車中型×14台
G＝砕石　S＝山砂・砕砂
普通JIS取得(JTCCM)
大臣認定単独取得(40N/mm²)

クマコン熊谷㈱
1986年8月21日設立　資本金2000万円　従業員45名　出資＝(自)100%
◉本社＝〒360－0215　熊谷市田島16
☎048－588－1616・FAX048－588－5653
URL http://www.kumacon.co.jp
✉kumacon.kumagaya@nifty.com
代表取締役小林一三　取締役小林智・小林洋子・船越貞男・川本一二三・真島清一
◉大宮工場＝〒349－0204　白岡市篠津1308
☎0480－92－2501・FAX0480－92－2504
✉oomiya-f@kumacon.co.jp
工場長小島義久
従業員28名(主任技士2名・技士4名・診断士1名)
1969年10月操業2021年8月更新5000×1(二軸)　ＰＭ光洋機械(旧石川島)Ｓパシフィックシステム　太平洋　フローリッ

ク・シーカジャパン　車大型×26台
2023年出荷120千㎥、2024年出荷90千㎥（高強度155㎥）
G＝石灰砕石・砕石・人軽骨　S＝陸砂・石灰砕砂・砕砂・人軽骨
普通・高強度・舗装・軽量JIS取得（JTCCM）
大臣認定単独取得（80N/mm²）
◉川越工場＝〒350－1331　狭山市新狭山1－1－4
☎04－2968－2110・FAX04－2968－2106
✉kawagoe-f@kumacon.co.jp
工場長竹内孝治
従業員19名（主任技士2名・技士3名）
1967年1月操業2023年3月更新2800×1　P秩父エンジニアSパシフィックシステムM光洋機械　太平洋　シーカ・フローリック・チューポール　車大型×12台
2023年出荷46千㎥、2024年出荷49千㎥（高強度350㎥・高流動6㎥・水中不分離45㎥）
G＝石灰砕石・砕石・人軽骨　S＝陸砂・石灰砕砂・人軽骨
普通・高強度・舗装・軽量JIS取得（JTCCM）
大臣認定単独取得（90N/mm²）

㈲栗原生コン
1972年8月1日設立　資本金1600万円　従業員5名　出資＝（製）100％
◉本社＝〒350－0842　川越市大字北田島364－1
☎049－224－6624・FAX049－224－6691
代表取締役社長栗原忠一
◉工場（操業停止中）＝本社に同じ
1972年8月操業2000×1　PSM北川鉄工

小﨑工業㈱
1957年6月1日設立　資本金1000万円　従業員30名　出資＝（自）100％
◉本社＝〒357－0023　飯能市大字岩沢1122－2
☎042－972－5531・FAX042－974－2258
URL http://www.kozaki-kogyo.com/
✉kozakinamakonn@tea.ocn.ne.jp
代表取締役小﨑都雄　取締役小﨑泰江
ISO 9001取得
◉工場＝本社に同じ
工場長前野政弘
従業員30名（主任技士1名・技士5名）
1982年12月操業2011年8月更新2250×1（二軸）　光洋機械　太平洋　シーカポゾリス・シーカビスコクリート　車大型×9台・中型×14台・小型×3台
2023年出荷57千㎥、2024年出荷55千㎥（高強度533㎥・水中不分離16㎥・ポーラス17㎥）
G＝石灰砕石・砕石　S＝陸砂・砕砂
普通JIS取得（JTCCM）
ISO 9001取得
大臣認定単独取得（71N/mm²）

小島産業㈱
1962年1月1日設立　資本金1300万円
◉本社＝〒343－0111　北葛飾郡松伏町松伏344
☎048－991－2521・FAX048－991－2535
取締役社長小島新次　取締役小島伸一・小島徳次郎・田口義男
◉工場＝本社に同じ
工場長小島伸一
従業員20名（技士2名）
1972年5月操業1985年4月更新1000×1（二軸）　PSM日工　太平洋　フローリック　車大型×3台・小型×13台
G＝河川・砕石　S＝河川・砕砂
普通JIS取得（GBRC）

㈱児玉生コン
1966年5月設立　資本金1000万円　従業員14名　出資＝（自）100％
◉本社＝〒367－0217　本庄市児玉町八幡山355
☎0495－72－1136・FAX0495－72－6060
✉namakonkodama28@yahoo.co.jp
代表取締役社長立川源定
◉工場＝〒367－0204　本庄市児玉町蛭川540
☎0495－72－3072・FAX0495－72－7299
工場長小堺恵美
従業員14名（主任技士1名・技士2名）
1966年5月操業1500×1（二軸）　PSM北川鉄工　太平洋　ヤマソー・マイテイ　車大型×3台・中型×3台・小型×3台
2023年出荷14千㎥、2024年出荷12千㎥
G＝陸砂利・砕石　S＝陸砂・砕砂
普通JIS取得（JTCCM）

㈲壽屋
1978年3月18日設立　資本金300万円　従業員6名　出資＝（販）30％・（建）40％・（他）30％
◉本社＝〒332－0004　川口市領家1－3－12
☎048－224－2321・FAX048－224－6409
代表取締役社長稲川茂雄　専務取締役稲川和子　常務取締役外塚勝昭
◉工場＝〒332－0004　川口市領家1－2－13
☎048－224－2321・FAX048－224－6409
工場長稲川茂雄
従業員6名
1978年3月操業1991年12月更新500×1（二軸）　P東和工機SM光洋機械　住友大阪　車大型×1台・中型×4台
G＝河川・砕石　S＝河川・砕砂

コヤマ工業㈱
1969年4月1日設立　資本金1250万円　従業員13名　出資＝（自）100％
◉本社＝〒346－0035　久喜市清久町3－3
☎0480－23－1622・FAX0480－23－0823
URL https://koyama-industry.com/
代表取締役小山淳　取締役常務小山ミヨ・小山彩　監査役小山有喜恵
◉久喜工場＝〒346－0035　久喜市清久町3－3
☎0480－23－1622・FAX0480－23－1077
工場長久我晶
従業員11名（主任技士4名・技士3名）
1981年10月操業2000年9月更新3000×1（二軸）　PSM日工　太平洋　フローリック・シーカポゾリス　車大型×10台・中型×2台・小型×3台
G＝石灰砕石・砕石　S＝陸砂・石灰砕砂・砕砂
普通JIS取得（JTCCM）

埼央アサノ生コン㈱
1988年2月17日設立　資本金7500万円　従業員21名　出資＝（販）30％・（製）70％
◉本社＝〒339－0011　さいたま市岩槻区大字長宮383
☎048－799－1215・FAX048－799－1701
✉iwatsuki@mutsumi-g2.co.jp
代表取締役関根睦己　取締役関根孝次・関根大介・伊東広二・堀川和夫・鈴木孝行　監査役萩原信好
◉岩槻工場＝本社に同じ
工場長本田隆一郎
従業員7名（主任技士2名・技士4名）
1969年11月操業2004年8月更新3300×1（二軸）　PSM北川鉄工　太平洋　シーカポゾリス　車大型×10台・小型×1台〔傭車：平成運輸㈱〕
2023年出荷40千㎥、2024年出荷45千㎥（高強度1830㎥）
G＝石灰砕石・砕石・人軽骨　S＝山砂・石灰砕砂・砕砂
普通・高強度・軽量JIS取得（GBRC）
大臣認定単独取得（60N/mm²）
◉さいたま工場＝〒338－0007　さいたま市中央区円阿弥1－4－15
☎048－853－1001・FAX048－853－1004
✉saitama@mutsumi-g2.co.jp
工場長荻山茂則
従業員10名（主任技士3名・技士3名・診断士1名）
1970年4月操業1987年9月P2001年5月SM更新3000×1（二軸）　PM光洋機械（旧石川島）Sパシフィックシステム　太平洋　フローリック・シーカジャパン　車大型×8台・小型×1台〔傭車：平成運輸㈱〕
2023年出荷57千㎥、2024年出荷53千㎥（高強度10500㎥）
G＝石灰砕石・砕石　S＝山砂・石灰砕砂
普通・高強度JIS取得（GBRC）

大臣認定単独取得（80N/mm²）

埼玉エスオーシー㈱
1997年2月14日設立　資本金3000万円
従業員7名　出資＝（セ）100％
◉本社＝〒335－0022　戸田市上戸田135
☎048－441－7424・FAX048－445－8579
URL http://www.soc-fc.co.jp/
代表取締役山本浩史　取締役藤澤健一・初治成人　監査役山口正一
◉戸田工場（操業停止中）＝本社に同じ
1962年11月操業1998年6月S1999年1月PM更新6000×1（二軸）　PSM日工
※日立コンクリート㈱戸田橋工場と集約し日立エスオーシー㈱を設立。同社に生産委託

埼玉太平洋生コン㈱
2001年4月1日設立　資本金1億円　従業員51名
◉本社＝〒338－0837　さいたま市桜区田島8－2－1
☎048－838－8111・FAX048－838－8116
URL https : saitama-taiheiyo.jp/
代表取締役社長松原浩明　取締役会長田坂文宏　常務取締役木村昌人　取締役比嘉雄次郎・尾崎浩二　監査役新美健一郎
◉浦和工場＝〒338－0837　さいたま市桜区田島8－2－1
☎048－861－7191・FAX048－861－7890
工場長熊倉文昭
従業員13名（主任技士3名・技士5名）
第1P＝2016年10月更新2800×1（二軸）　PSM光洋機械
第2P＝2021年3月更新2800×1（二軸）　PSM光洋機械　太平洋　シーカジャパン・フローリック・山宗　車大型×16台〔傭車：シーエストランスポート㈱〕
2023年出荷96千m³、2024年出荷90千m³（高強度11270m³）
G＝石灰砕石・人軽骨　S＝陸砂・石灰砕砂
普通・高強度・軽量JIS取得（GBRC）
大臣認定単独取得（80N/mm²）
◉所沢工場＝〒359－0012　所沢市大字坂之下字若水1－1
☎04－2944－3181・FAX04－2944－1586
✉kanji_funabashi@saitama-taiheiyo.co.jp
工場長兼品質管理課課長船橋寛治
従業員9名（主任技士2名・技士3名・診断士1名）
2001年4月操業2018年8月更新2800×1（二軸）　PSM光洋機械　太平洋　シーカポゾリス・シーカビスコクリート・ヤマソー・マイテイ・フローリック　車大型×8台〔傭車：シーエストランスポート㈱〕
2023年出荷63千m³、2024年出荷47千m³
G＝石灰砕石・砕石　S＝山砂・陸砂・砕砂
普通・高強度・軽量JIS取得（GBRC）
大臣認定単独取得（80N/mm²）
◉東松山工場＝〒355－0076　東松山市大字下唐子1485－2
☎0493－22－2761・FAX0493－22－2763
✉gaku_hamaya@saitama-taiheiyo.co.jp
工場長濱谷学
従業員8名（主任技士2名・技士3名）
1968年6月操業1981年9月P1994年5月S2010年1月M更新2750×1（二軸）　P大平洋機工Sパシフィックシステム M日工　太平洋　シーカポゾリス・シーカビスコクリート・フローリック・ヤマソー　車大型×6台〔傭車：シーエストランスポート㈱〕
2023年出荷38千m³
G＝石灰砕石・砕石・人軽骨　S＝陸砂・砕砂
普通・軽量JIS取得（GBRC）
大臣認定単独取得（60N/mm²）
◉熊谷工場＝〒360－0215　熊谷市田島16
☎048－588－1611・FAX048－588－1613
工場長鈴木忠史
従業員7名（主任技士2名・技士2名）
1965年6月操業2008年1月更新3250×1（二軸）　PM光洋機械Sパシフィックシステム　太平洋　シーカビスコクリート・シーカポゾリス・フローリック　車大型×6台〔傭車：シーエストランスポート〕
2023年出荷26千m³、2024年出荷17千m³
G＝石灰砕石・砕石　S＝陸砂・石灰砕砂・砕砂
普通JIS取得（JTCCM）
◉本庄工場＝〒369－0315　児玉郡上里町大字大御堂95
☎0495－33－0316・FAX0495－33－3243
✉nobuo_sakamoto@saitama-taiheiyo.co.jp
工場長坂本信夫
従業員7名（主任技士1名・技士3名）
1971年5月操業2022年1月更新2300×1（二軸）　PSM北川鉄工　太平洋　シーカポゾリス・シーカビスコクリート・フローリック　車大型×4台・小型×2台
2023年出荷24千m³
G＝陸砂利・石灰砕石・砕石　S＝陸砂
普通JIS取得（GBRC）

㈱櫻井建材店
1972年11月28日設立　資本金1000万円
従業員38名　出資＝（自）100％
◉本社＝〒343－0851　越谷市七左町1－123
☎048－987－0211・FAX048－987－0215
代表取締役社長櫻井則和　専務取締役櫻井浩和　常務取締役櫻井拓也　取締役工場長飯塚喜代次　取締役会田勝一　監査役櫻井明美
◉本社工場＝本社に同じ
工場長飯塚喜代次
従業員38名（主任技士4名・技士6名・診断士1名）
1970年1月操業1995年2月更新2000×1　PSM北川鉄工　太平洋　GCP　車中型×30台
2023年出荷60千m³、2024年出荷60千m³
G＝砕石　S＝陸砂・石灰砕砂
普通JIS取得（JTCCM）
◉杉戸工場＝〒345－0036　北葛飾郡杉戸町杉戸634－3
☎0480－34－6987・FAX0480－33－485[illegible]
工場長会田道男
従業員15名（主任技士1名・技士2名）
1983年操業750×1　PSM北川鉄工　UBE三菱　GCP　車中型×10台
G＝石灰砕石　S＝河川・石灰砕砂
普通JIS取得（JTCCM）

㈲佐志多建材
資本金300万円　出資＝（販）100％
◉本社＝〒350－1316　狭山市南入曽935
☎04－2959－2573・FAX04－2958－269[illegible]
代表取締役指田邦男
◉工場＝本社に同じ
1971年3月操業1000×1　太平洋　チューポール　車中型×11台・小型×4台
G＝砕石　S＝山砂・砕砂
普通JIS取得（JTCCM）

三和建業㈱
1961年8月1日設立　資本金1000万円　従業員18名　出資＝（自）100％
◉本社＝〒351－0001　朝霞市大字上内間木164－1
☎048－456－0356・FAX048－456－157[illegible]
URL http://sanwa-namakon.com
✉info@sanwa-namakon.com
代表取締役野島安広　取締役専務執行役員草柳均　常務取締役野島京子　取締役野島英子
◉工場＝本社に同じ
工場長笹岡太一
1973年12月操業2004年12月更新1500×1（二軸）　SMパシフィックシステム　太平洋　フローリック・シーカメント　車中型×15台
G＝砕石　S＝山砂・砕砂
普通JIS取得（JTCCM）
※高炉スラグ微粉末、フライアッシュ標準化

㈲渋谷建材
1975年5月1日設立　資本金300万円　従業員50名　出資＝（自）100％
◉本社＝〒350－0844　川越市鴨田3440－1
☎049－228－7300・FAX049－228－7311
代表取締役社長渋谷学
◉鴨田工場＝本社に同じ

工場長渋谷学
従業員50名（主任技士2名・技士5名）
1971年5月操業2004年7月更新1500×2　ＰＳＭ北川鉄工　太平洋　フローリック　車大型×2台・中型×37台・小型×8台
普通JIS取得（JTCCM）

首都圏コンクリート㈱
1986年9月1日設立　資本金2400万円　従業員19名　出資＝（自）100％
◉本社＝〒340－0031　草加市新里町633
☎048－925－4600・FAX048－927－4129
取締役社長森厚　取締役副社長森貴容子　取締役常務真地実　取締役齋藤敦
◉工場＝本社に同じ
工場長齋藤敦
従業員19名（技士5名）
1971年4月操業2022年8月更新3300×1（二軸）　ＰＳエムイーシーＭ日工　太平洋・UBE三菱　シーカビスコクリート・シーカポゾリス・フローリック・シーカメント・チューポール　車大型×30台〔傭車：豊川運輸・ダイワサービス・兵藤商会〕
2023年出荷150千㎥、2024年出荷150千㎥（高強度8000㎥）
G＝石灰砕石・砕石　S＝山砂・砕砂
普通JIS取得（JTCCM）
大臣認定単独取得（80N/mm²）

㈱菅野建材
1968年4月1日設立　資本金1000万円　従業員24名　出資＝（自）100％
◉本社＝〒344－0115　春日部市米島997－1
☎048－746－0978・FAX048－746－5430
URL http://www.suganokenzai.com
✉namacon@suganokenzai.com
代表取締役菅野博文　取締役菅野蓉子・菅野正記
◉庄和生コン＝〒344－0114　春日部市東中野45－23
☎048－746－8776・FAX048－746－1389
✉namacon@suganokenzai.com
工場長菅野貴之　相談役菅野英記
従業員24名（主任技士2名・技士5名）
1971年4月操業1994年9月更新1500×1（二軸）　ＰＳＭ北川鉄工　住友大阪　シーカポゾリス　車中型×13台・小型×4台
2023年出荷36千㎥
G＝石灰砕石・砕石　S＝山砂・石灰砕砂
普通JIS取得（JTCCM）

鈴木生コン㈱
1978年12月8日設立　資本金4000万円　従業員30名　出資＝（自）100％
◉本社＝〒341－0044　三郷市戸ヶ崎3－24－1
☎048－955－2356・FAX048－955－8471
✉suzunama_3241@yahoo.co.jp
代表取締役鈴木栄一
◉三郷工場＝〒341－0044　三郷市戸ヶ崎3－24－1
☎048－955－7309・FAX048－955－2380
工場長村田博昭
従業員30名（技士3名）
1972年7月操業2008年1月更新2300×1　ＰＭ北川鉄工Ｓハカルプラス　UBE三菱　プラストクリート・シーカメント　車大型×13台・中型×17台・小型×14台
G＝石灰砕石・砕石　S＝陸砂・石灰砕砂
普通JIS取得（GBRC）

㈱鈴木生コン
◉本社＝〒364－0025　北本市石戸宿6－250
☎048－592－0157・FAX048－591－9199
代表取締役鈴木裕一
◉工場＝本社に同じ
従業員19名（主任技士1名）
1970年操業1000×1　太平洋　車19台
G＝砕石　S＝砕砂
普通JIS取得（JTCCM）

㈱大巧コンクリート工業
1967年6月5日設立　資本金1000万円　従業員18名　出資＝（自）100％
◉本社＝〒332－0006　川口市末広1－15－25
☎048－222－6793・FAX048－224－7681
代表取締役高橋竜太郎
◉工場＝本社に同じ
工場長髙橋健二郎
従業員18名（主任技士1名・技士2名）
1966年9月操業1981年12月更新1000×1　ＰＳパシフィックシステムＭ大平洋機工　太平洋　シーカメント　車中型×8台・小型×6台
G＝砕石　S＝砕砂
普通JIS取得（GBRC）

髙橋建材㈱
1956年設立　資本金1000万円　従業員40名　出資＝（自）100％
◉本社＝〒352－0011　新座市野火止8－14－3
☎048－477－2115・FAX048－477－1986
URL http://takahashi-namakon.co.jp
代表取締役社長髙橋清造
◉工場＝本社に同じ
工場長髙橋清造
従業員40名（主任技士4名・診断士1名）
1967年5月操業2015年更新2800×1（二軸）　ＰＭ北川鉄工Ｓパシフィックシステム　太平洋　フローリック・チューポール・シーカメント　車大型×2台・中型×18台・小型×9台
G＝石灰砕石・砕石　S＝河川・砕砂
普通JIS取得（GBRC）
大臣認定単独取得（60N/mm²）

㈲竹内生コン
資本金300万円　出資＝（他）100％
◉本社＝〒338－0001　さいたま市中央区上落合3－13－30
☎048－851－1268・FAX048－852－1281
代表取締役竹内一郎
◉工場＝本社に同じ
1972年12月操業500×1　ＰＳＭ北川鉄工　太平洋　車小型×5台

㈱竹内商店
1978年8月1日設立　資本金1000万円　従業員10名　出資＝（他）100％
◉本社＝〒352－0017　新座市菅沢2－5－14
☎048－481－0131・FAX048－479－9094
代表取締役竹内新
◉工場＝本社に同じ
工場長荒直人
従業員10名（技士4名）
1980年2月操業2021年5月Ｍ更新1500×1　Ｐ東和工機Ｓ度量衡Ｍイトイプラント　太平洋　チューポール　車中型×7台・小型×14台
2023年出荷24千㎥、2024年出荷30千㎥
G＝砕石　S＝砕砂
普通JIS取得（GBRC）

㈲田野商店
1996年8月1日設立　資本金300万円　出資＝（骨）100％
◉本社＝〒366－0001　深谷市中瀬449－1
☎048－587－4508・FAX048－587－4528
代表取締役田野完一
◉工場＝〒366－0001　深谷市中瀬97－1
☎048－587－4508・FAX048－587－4528
責任者田野充一
従業員6名
1977年5月操業1982年5月更新750×1　ＰＳＭ秩父大成鉄工　太平洋　フローリック　車中型×5台・小型×1台
G＝河川・陸砂利・再生　S＝河川・陸砂・海砂

東和生コン㈱
（東和アークス㈱から生コン部門が分社化）
2021年7月1日設立　資本金5000万円　出資＝（他）100％
◉本社＝〒355－0005　東松山市仲田町3
☎0493－22－3520・FAX0493－59－6503
代表取締役社長佐々木誠　代表取締役会長伊田雄二郎　取締役三宅秀明
◉東松山工場（旧東和アークス㈱東松山工場）＝〒355－0005　東松山市仲田町3

☎0493－22－3520・FAX0493－22－3567
工場長谷田貝直樹
2016年10月操業3300×1(二軸)　UBE三菱
2024年出荷30千㎥
G＝石灰砕石・砕石　S＝陸砂・砕砂
普通・高強度・舗装JIS取得(GBRC)
大臣認定単独取得(60N/mm²)
◉富士見工場(旧東和アークス㈱富士見工場)＝〒354－0002　富士見市上南畑2639
☎049－253－2153・FAX049－251－2465
工場長堤大行
従業員13名(主任技士1名・技士5名)
1976年12月操業2005年1月更新3300×1(二軸)　ＰＭ北川鉄工(旧日本建機)Ｓハカルプラス　UBE三菱　フローリック・シーカポゾリス・シーカポゾリス・シーカビスコクリート・シーカコントロール　車大型×12台・中型×5台〔傭車：㈲美咲商事〕
2023年出荷93千㎥、2024年出荷73千㎥(高強度250㎥)
G＝石灰砕石・砕石　S＝山砂・砕砂
普通・高強度JIS取得(GBRC)
大臣認定単独取得(80N/mm²)
◉本庄工場(旧東和アークス㈱本庄工場)＝〒367－0017　本庄市傍示堂578
☎0495－21－1271・FAX0495－22－2804
工場長野本恭正
従業員23名(主任技士4名・技士1名)
1968年4月操業1989年9月更新2000×1(二軸)　ＰＭ光洋機械Ｓ日工　UBE三菱　フローリック・チューポール・シーカポゾリス　車大型×6台・中型×7台・小型×3台〔傭車：マルヒロ商事㈲・㈲オーティー他〕
2024年出荷28千㎥(高強度3㎥)
G＝陸砂利・石灰砕石・砕石　S＝山砂・陸砂
普通JIS取得(GBRC)
大臣認定単独取得(60N/mm²)
◉伊奈工場(旧東和アークス㈱伊奈工場)＝〒362－0812　北足立郡伊奈町内宿台5－157
☎048－728－6808・FAX048－728－6826
工場長安藤悟
従業員12名(主任技士3名・技士4名)
1966年7月操業2003年1月更新3000×1(二軸)　ＰＳＭ日工　UBE三菱　シーカポゾリス・シーカビスコクリート・フローリック　車大型×10台・中型×7台
2024年出荷51千㎥(高強度434㎥)
G＝石灰砕石・砕石　S＝陸砂・砕砂
普通JIS取得(JTCCM)
大臣認定単独取得(80N/mm²)

㈲遠山生コン
1971年6月1日設立　資本金1000万円
◉本社＝〒337－0024　さいたま市見沼区片柳1327
☎048－683－6017・FAX048－683－6089
代表取締役遠山正子　取締役砂川久子・遠山香奈子
◉本社工場＝本社に同じ
工場長遠山正子
従業員20名
1971年6月操業2008年1月更新1300×1　ＰＳＭ北川鉄工　太平洋　竹本・シーカジャパン　車中型×10台・小型×5台
G＝砕石　S＝砕砂
普通JIS取得(JTCCM)

㈲時田建材
◉本社＝〒339－0031　さいたま市岩槻区飯塚857－3
◉工場＝〒339－0035　さいたま市岩槻区笹久保新田579
☎048－798－1305
1979年10月操業500×1
普通JIS取得(JTCCM)

時田生コン㈱
1966年3月設立　資本金2000万円　従業員9名　出資＝(自)100％
◉本社＝〒339－0031　さいたま市岩槻区飯塚1265－1
☎048－798－4049・FAX048－798－0692
代表取締役長島正明
◉工場＝本社に同じ
工場長内山克彦
従業員9名(主任技士1名・技士2名)
1970年8月操業1998年1月更新3000×1　ＰＳＭ光洋機械(旧石川島)　太平洋　シーカジャパン・フローリック　車大型×4台・中型×7台・小型×3台
2023年出荷20千㎥
G＝石灰砕石　S＝陸砂
普通JIS取得(JTCCM)

栃南建材㈱
1971年4月16日設立　資本金5000万円　従業員30名　出資＝(自)100％
◉本社＝〒352－0012　新座市畑中2－14－38
☎048－478－6973・FAX048－478－1961
URL http://www.tochinan.info
✉r.s-a@mbn.nifty.com
代表取締役青木康至　取締役青木君予・青木太恵子　監査役柴田幸一
◉新座工場＝〒352－0016　新座市馬場2－6－2
☎048－478－6970・FAX048－481－8584
工場長近藤秀樹
従業員18名(主任技士2名・技士5名)
1974年10月操業2003年9月更新2500×1(二軸)　ＰＳＭ光洋機械　UBE三菱　シーカポゾリス・シーカビスコクリート・フローリック・チューポール　車大型×14台・中型×7台・小型×9台〔傭車：㈲アシス・㈲シンメイ・㈱assis〕
2024年出荷98千㎥(高強度1166㎥)
G＝石灰砕石・砕石　S＝山砂・砕砂
普通JIS取得(JTCCM)
大臣認定単独取得(60N/mm²)

豊川興業㈱
1969年1月1日設立　資本金1000万円　従業員37名　出資＝(自)100％
◉本社＝〒332－0003　川口市東領家5－9－8
☎048－223－0200・FAX048－223－0205
URL http://www.toyokawakougyou.com/
✉info@toyokawa-k.co.jp
代表取締役社長中村賢一郎　取締役中村憲治・津久井秀樹
◉本社工場＝本社に同じ
工場長渋谷浩正
従業員37名(主任技士5名・技士5名・診断士1名)
1974年4月操業2003年8月更新3250×1(二軸)　Ｐ秩父エンジニアＳＭ光洋機械(旧石川島)　太平洋　ヴィンソル・ヤマソー・フローリック・マイテイ・シーカメント　車大型×30台
2024年出荷137千㎥(高強度8500㎥)
G＝石灰砕石　S＝陸砂・石灰砕砂
普通・高強度JIS取得(GBRC)
大臣認定単独取得(75N/mm²)

㈲中村砂利店
従業員12名
◉本社＝〒363－0027　桶川市大字川田谷4680
☎048－787－0535・FAX048－786－3526
代表取締役中村一考
◉工場＝本社に同じ
従業員12名(技士3名)
1975年6月操業2008年1月更新1300×1(二軸)　太平洋　車7台
G＝砕石　S＝山砂・砕砂
普通JIS取得(JTCCM)

南埼コンクリート㈱
◉本社＝東京都参照
◉越谷工場＝〒343－0856　越谷市谷中町2－61
☎048－964－1483・FAX048－965－4386
工場長中川憲一
従業員13名(主任技士3名・技士7名・診断士1名)
1969年2月操業2009年8月更新2750×1(二軸)　ＰＳＭ光洋機械(旧石川島)　太平洋　マイテイ・ヤマソー・フローリック・チューポール　車大型×14台〔傭車：南松運輸㈱他〕
2024年出荷51千㎥(高強度9800㎥)
G＝石灰砕石　S＝山砂・石灰砕砂・砕

砂
普通JIS取得(GBRC)
大臣認定単独取得(80N/mm²)
※川口工場と集約

㈱西田建材店
1976年8月1日設立　資本金4000万円　従業員20名　出資=(自)100%
◉本社=〒355-0072　東松山市石橋1689-1
☎0493-22-0913・FAX0493-23-7730
URL http://www.nishidakenzai.co.jp
✉iwamoto@nishidakenzai.co.jp
代表取締役西田武雄　専務取締役西田正則
◉生コン工場=本社に同じ
工場長岩本成海
従業員20名(主任技士1名・技士3名)
1968年1月操業1996年6月更新2000×1(二軸)　PM北川鉄工Sパシフィックシステム　太平洋　フローリック・シーカポゾリス　車大型×1台・中型×12台・小型×10台
G=陸砂利・砕石　S=山砂・陸砂・砕砂
普通JIS取得(JTCCM)

㈲貫井建材店
1963年4月1日設立　資本金300万円　従業員12名　出資=(自)100%
◉本社=〒350-1179　川越市かし野台1-11-12
☎049-246-8208・FAX049-246-8210
URL http://nukui-namakon.com
代表取締役貫井茂子
◉工場=本社に同じ
工場長貫井啓弘
従業員12名(主任技士1名)
1975年6月操業1996年9月更新750×1　PSM度量衡　太平洋　フローリック　車中型×2台・小型×7台
G=砕石　S=河川
普通JIS取得(JTCCM)

㈲納見建材
出資=(骨)100%
◉本社=〒360-0005　熊谷市今井112
☎048-521-5274・FAX048-521-5184
代表取締役納見忠雄
◉工場=本社に同じ
1974年10月操業36×1　PSM北川鉄工　太平洋　シーカポゾリス　車中型×6台
G=陸砂利・砕石　S=陸砂・砕砂

橋本建材㈲
1972年9月1日設立　資本金2000万円　従業員13名　出資=(販)100%
◉本社=〒358-0011　入間市大字下藤沢1332-1
☎04-2962-2761・FAX04-2964-6413
代表取締役橋本長男
◉生コン工場=〒358-0034　入間市根岸77
☎04-2934-1318・FAX04-2934-1260
工場長佐藤貴
従業員13名(技士1名)
1972年9月操業2007年5月更新1500×1　PSM北川鉄工　太平洋　シーカポゾリス　車中型×14台
G=砕石　S=山砂・陸砂
普通JIS取得(GBRC)

㈲長谷川建材工業
資本金1000万円　出資=(販)100%
◉本社=〒335-0034　戸田市笹目5-2-41
☎048-421-6965・FAX048-421-6939
✉hasemm@d8.dion.ne.jp
社長長谷川勇
◉工場(操業停止中)=本社に同じ
1968年8月操業1981年1月更新1000×1　PS度量衡M光洋機械(旧石川島)

㈲飯能生コン工業
1967年6月1日設立　資本金1500万円　従業員45名　出資=(自)100%
◉本社=〒357-0013　飯能市芦苅場480-3
☎042-973-1011・FAX042-972-3515
URL https://hanno-namacon.co.jp
✉hannounamacon-honsha@marble.ocn.ne.jp
代表取締役社長宮寺治貞　専務取締役宮寺芳治
◉本社工場=本社に同じ
工場長木口純平
従業員35名(主任技士3名・技士4名・診断士1名)
1967年6月操業2006年1月更新6000×1(二軸)　PM日工Sパシフィックシステム　太平洋　ヤマソー・シーカビスコクリート・フローリック　車大型×29台・中型×5台
2023年出荷61千m³、2024年出荷51千m³(高強度2088m³・水中不分離12m³・1DAYPAVE3m³)
G=石灰砕石・砕石・人軽骨　S=河川・砕砂
普通・舗装・軽量JIS取得(GBRC)
大臣認定単独取得(80N/mm²)
◉日高工場=〒350-1233　日高市下鹿山324-1
☎042-989-0381・FAX042-989-0382
✉hannounamacon-hidaka@marble.ocn.ne.jp
工場長茂木俊昭
従業員9名(主任技士2名・技士1名)
1966年7月操業2005年1月更新3000×1(二軸)　PSM日工　太平洋　シーカポゾリス　車大型×6台・中型×2台・小型×1台
2023年出荷25千m³、2024年出荷23千m³
G=石灰砕石・砕石　S=河川・砕砂
普通・舗装JIS取得(GBRC)
大臣認定単独取得(80N/mm²)
◉越生工場=〒350-0403　入間郡越生町大谷字渋沢568-1
☎049-292-7281・FAX049-292-6050
✉hannounamacon-ogose@guitar.ocn.ne.jp
工場長岡野典正
従業員11名(技士4名)
1997年1月操業2019年10月更新2800×1(ジクロス)　PSM北川鉄工　太平洋　ヤマソー・フローリック　車大型×5台・中型×2台・小型×2台
2024年出荷20千m³
G=石灰砕石・砕石　S=河川・砕砂
普通・舗装JIS取得(JTCCM)
大臣認定単独取得(80N/mm²)

㈲東所沢建材
1978年4月1日設立
◉本社=〒359-0013　所沢市城974-1
☎04-2944-7419・FAX04-2945-0251
役員石井良治　取締役大林慶
◉工場=本社に同じ
従業員8名
500×1　UBE三菱・太平洋　フローリック　車6台
G=砕石　S=砕砂
普通JIS取得(GBRC)

㈲疋野建材
1970年5月設立　資本金300万円　従業員6名　出資=(自)100%
◉本社=〒342-0041　吉川市大字保662-1
☎048-982-2634・FAX048-982-9784
代表取締役疋野薫
◉工場=本社に同じ
責任者疋野薫
従業員10名(技士2名)
1000×1　PSM北川鉄工　太平洋　シーカポゾリス　車中型×6台
G=石灰砕石　S=陸砂・砕砂
普通JIS取得(GBRC)

日立エスオーシー㈱
(埼玉エスオーシー㈱と日立コンクリート㈱戸田橋工場より生産受託)
2016年4月1日設立　資本金2000万円
◉本社=〒332-0027　川口市緑町9-18
☎048-251-2255・FAX048-251-2332
代表取締役社長山本浩史　代表取締役専務兼工場長町屋博文　取締役藤澤健一・草野文康
◉工場=本社に同じ
代表取締役専務兼工場長町屋博文

従業員12名（主任技士6名・技士2名・診断士1名）
1963年1月操業2004年8月更新5000×1（二軸）　ＰＳＭ光洋機械（旧石川島）　日立・住友大阪　ヴィンソル・シーカポゾリス・シーカメント・フローリック・シーカビスコクリート・マイテイ・チューポール　車大型×17台
2023年出荷90千㎥、2024年出荷57千㎥（高強度640㎥）
G＝石灰砕石　S＝陸砂・石灰砕砂・砕砂
普通・高強度JIS取得（JTCCM）
大臣認定単独取得（80N/㎟）

㈲廣嶋建材店
1971年6月1日設立　資本金1600万円　従業員45名　出資＝（自）100％
◉本社＝〒350－2211　鶴ヶ島市脚折町1－5－30
☎049－285－5100・FAX049－285－2390
URL http://hiroshima-kenzai.co.jp/
✉info@hiroshima-kenzai.co.jp
取締役社長廣嶋正夫　専務取締役廣嶋孝文　常務取締役廣嶋裕晃
◉関越生コン工場＝〒350－2211　鶴ヶ島市脚折町5－3－43
☎049－285－5100・FAX049－285－2390
URL http://hiroshima-kenzai.co.jp/
✉info@hiroshima-kenzai.co.jp
工場長岡部圭申
従業員45名（主任技士2名・技士5名）
1968年4月操業2007年8月更新6000×1（二軸）　ＰＳＭ光洋機械　太平洋　フローリック・シーカポゾリス・シーカビスコクリート　車大型×20台・中型×16台・小型×14台
2023年出荷85千㎥、2024年出荷75千㎥（高強度250㎥・ポーラス250㎥）
G＝陸砂利・石灰砕石・砕石　S＝河川・陸砂
普通・高強度JIS取得（GBRC）
大臣認定単独取得（75N/㎟）

藤田建材工業㈱
1973年1月設立　資本金1000万円
◉本社＝〒343－0023　越谷市東越谷8－26－2
☎048－964－3858
✉fujitakenzai@tcat.ne.jp
代表取締役藤田武郎
◉工場＝〒343－0023　越谷市東越谷9－11－10
☎048－966－6218・FAX048－966－6227
✉fujitakenzai.nj@zd.wakwak.com
代表取締役藤田武郎
従業員13名（技士2名）
1972年8月操業2001年1月Ｍ更新1500×1（傾胴）　Ｍイトイプラント　太平洋　フローリック・シーカジャパン・竹本　車中型×12台
2024年出荷27千㎥
G＝砕石　S＝陸砂・石灰砕砂
普通JIS取得（GBRC）

二上建材㈱
資本金1000万円　従業員10名　出資＝（自）100％
◉本社＝〒359－0031　所沢市下新井1463－4
☎04－2994－4903・FAX04－2995－2330
URL http://www.ex-futakami.com
✉con@ken-futakami.com
代表取締役二上善光
◉生コン工場＝〒359－0004　所沢市北原町936－6
☎04－2992－8285・FAX04－2992－5877
工場長森田芳昭
従業員10名（技士3名）
1972年4月操業28×1　Ｐ度量衡Ｓ日工　太平洋　シーカポゾリス・シーカビスコクリート　車中型×4台・小型×1台
G＝砕石　S＝混合砂
普通JIS取得（GBRC）

二上生コン㈱
◉本社＝〒344－0014　春日部市豊野町2－32－10
☎048－735－2121・FAX048－734－1624
✉dm.hutagai-s@biz.mitene.or.jp
代表取締役社長稲葉信行
◉埼玉中部生コン工場＝本社に同じ
工場長田沼高秀
従業員8名（主任技士2名・技士4名・診断士2名）
1983年4月操業1996年12月更新3000×1　ＰＳ日工Ｍ太平洋機工　住友大阪　シーカジャパン・フローリック・ヤマソー　車大型×20台
2023年出荷60千㎥、2024年出荷61千㎥（高強度2100㎥）
G＝石灰砕石・砕石　S＝陸砂・砕砂
普通JIS取得（JTCCM）
大臣認定単独取得（70N/㎟）

三国建設㈱
1960年8月20日設立　資本金3000万円　従業員28名　出資＝（自）100％
◉本社＝〒369－1872　秩父市上影森84－1
☎0494－26－7861・FAX0494－26－7863
URL http://www.mikuni-kensetsu.co.jp
代表取締役千島宏喜
ISO 9001取得
◉生コン工場＝〒369－1901　秩父市大滝1090
☎0494－55－0403・FAX0494－55－0663
✉concrete@mikuni-kensetsu.co.jp
工場長山中基成
従業員8名（技士4名・診断士1名）
1974年10月操業2021年12月更新1750×1　Ｐ秩父エンジニアＳパシフィックシステムＭ光洋機械　太平洋　シーカポゾリス・シーカビスコクリート　車大型×6台・小型×3台
2023年出荷7千㎥、2024年出荷7千㎥
G＝砕石　S＝砕砂
普通JIS取得（GBRC）

㈲武笠建材店
1968年9月21日設立　資本金1000万円　従業員25名　出資＝（自）100％
◉本社＝〒337－0033　さいたま市見沼区御蔵1296－4
☎048－684－5782・FAX048－685－5877
代表取締役社長武笠章　専務取締役春山精一
◉武笠生コン＝〒337－0033　さいたま市見沼区御蔵1295－1
工場長武笠将之
従業員25名（主任技士1名・技士2名）
1969年5月操業1998年5月更新2500×1（二軸）　ＰＳＭ光洋機械（旧石川島）　UBE三菱　車大型×7台・中型×13台・小型×4台
G＝石灰砕石　S＝河川・砕砂
普通JIS取得（JTCCM）

㈲森田商店
◉本社＝〒345－0015　北葛飾郡杉戸町並塚1337－1
☎0480－38－3030
代表取締役森田久一郎
◉工場＝本社に同じ
18×1　太平洋

柳下生コン㈱
1963年9月1日設立　資本金1200万円　従業員18名　出資＝（自）70％・（セ）10％・（販）20％
◉本社＝〒351－0112　和光市丸山台3－7－7
☎048－461－1813・FAX048－462－0390
URL http://www.yagishita-namacon.jp
代表取締役社長柳下涼太　専務取締役歌川嘉矩　取締役柳下龍人
◉本社工場＝〒351－0112　和光市丸山台3－7－7
☎048－465－3033・FAX048－462－0390
✉kouzyou@yagishita-namacon.jp
工場長鎌田祐一
従業員18名（主任技士3名・技士8名）
1966年3月操業2004年8月更新6000×1（二軸）　Ｐ日本プラントＳパシフィックシステムＭ日工　太平洋　シーカコントロール・シーカポゾリス・ヴィンソル・フローリック・シーカビスコクリート・マイテイ・シーカ　車大型×29台・中型×

10台・小型×2台〔傭車：柳下運輸㈱〕
2023年出荷117千㎥
G＝石灰砕石・砕石・人軽骨　S＝山砂・陸砂・石灰砕砂
普通・高強度・舗装・軽量JIS取得(GBRC)
大臣認定単独取得(80N/mm²)

谷郷生コン㈱
1969年8月2日設立　資本金1000万円　従業員21名　出資＝(自)100％
◉本社＝〒361－0023　行田市長野1941－1
☎048－555－1091・FAX048－555－2166
URL http://www8.plala.or.jp/yago/
✉yagokk@beige.plala.or.jp
代表取締役瀧田律子　取締役会長瀧田照子　取締役羽柴賢仁
◉工場＝本社に同じ
工場長羽柴賢仁
従業員21名(主任技士2名・技士2名)
1979年9月操業1500×1(二軸)　ＰＳＭ光洋機械　太平洋・UBE三菱　シーカジャパン・フローリック　車中型×9台・小型×4台〔傭車：兵藤商事〕
G＝陸砂利　S＝石灰砕砂
普通JIS取得(JTCCM)
ISO 9001取得

八洲コンクリート㈱
1968年4月1日設立　資本金1000万円　従業員31名　出資＝(自)100％
◉本社＝〒340－0835　八潮市浮塚557－1
☎048－995－2011・FAX048－995－2014
✉yashimaconcreate@kiryu-yashima.com
代表取締役社長桐生了英
◉本社工場＝本社に同じ
工場長江澤義輝
従業員31名(主任技士3名・技士3名)
1968年10月操業1983年5月更新6000×2(二軸)　ＰＭ北川鉄工(旧日本建機)Ｓパシフィックシステム　住友大阪・太平洋　ヴィンソル・マイテイ・フローリック・シーカ　車大型×16台
2023年出荷60千㎥、2024年出荷60千㎥(高強度3000㎥)
G＝砕石　S＝陸砂・石灰砕砂
普通・高強度JIS取得(GBRC)
大臣認定単独取得(80N/mm²)

㈱ヤナセ
1980年9月設立　資本金1150万円　従業員10名　出資＝(自)100％
◉本社＝〒366－0829　深谷市西大沼246
☎048－571－0014・FAX048－574－1750
代表取締役社長梁瀬正人
◉工場＝〒366－0829　深谷市西大沼173－2
工場長梁瀬正人
従業員10名
1981年3月操業M更新1000×1　太平洋
フローリック　車10台
G＝砕石　S＝陸砂・砕砂
普通JIS取得(GBRC)

湯浅建材㈲
資本金300万円　出資＝(販)100％
◉本社＝〒362－0806　北足立郡伊奈町小室765－1
☎048－721－1078・FAX048－721－1040
代表取締役湯浅信晴
◉工場＝本社に同じ
1979年8月操業500×1　太平洋

横瀬生コン㈱
1980年11月13日設立　資本金2000万円　従業員15名　出資＝(自)100％
◉本社＝〒368－0072　秩父郡横瀬町横瀬1191
☎0494－22－3956・FAX0494－22－3926
✉rmixykze@viola.ocn.ne.jp
代表取締役社長伊藤文子　取締役沓掛誠・今井義則　監査役今井宏美
◉工場＝本社に同じ
工場長今井義則
従業員15名(主任技士1名・技士2名)
1980年11月操業2000×1(二軸)　ＰＳＭ日工　太平洋　フローリック　車大型×8台・中型×2台・小型×5台
2023年出荷20千㎥、2024年出荷20千㎥
G＝石灰砕石　S＝砕砂
普通JIS取得(JTCCM)

横山産業㈱
◉本社＝東京都参照
◉川口第一工場＝〒332－0004　川口市領家4－4－14
☎048－223－7132・FAX048－223－7134
✉kawaguti-1@yokoyama-group.com
工場長北川光俊
従業員22名(主任技士2名)
1974年1月操業2012年9月更新3300×1(二軸)　ＰＳＭ日工　住友大阪　シーカメント・ヤマソー・マイテイ・フローリック　車大型×34台
G＝石灰砕石　S＝陸砂・石灰砕砂・砕砂
普通・高強度JIS取得(GBRC)
大臣認定単独取得(70N/mm²)
◉川口第二工場＝〒333－0844　川口市上青木2－32－9
☎048－262－7000・FAX048－262－7004
✉kawaguti-2@yokoyama-group.com
工場長柿沼義徳
従業員22名(主任技士3名・技士3名)
1983年5月操業1992年7月Ｐ2015年8月Ｍ更新2750×1(二軸)　ＰＳ大平洋機工Ｍ日工　住友大阪・UBE三菱　シーカ・マイテイ・フローリック・ヤマソー・シーカポゾリス　車大型×35台
2023年出荷105千㎥
G＝石灰砕石　S＝石灰砕砂・砕砂
普通・高強度JIS取得(GBRC)
大臣認定単独取得(60N/mm²)
◉大宮工場＝〒337－0011　さいたま市見沼区宮ヶ谷塔1349－1
☎048－756－3311・FAX048－756－5169
工場長長野博文
従業員16名
1969年11月操業1988年3月更新3000×1(二軸)　ＰＳＭ光洋機械　UBE三菱　シーカポゾリス・シーカビスコクリート・フローリック・シーカ　車13台
2024年出荷38千㎥(高強度240㎥)
G＝石灰砕石・砕石　S＝山砂・石灰砕砂・砕砂
普通・高強度JIS取得(GBRC)
大臣認定単独取得(75N/mm²)
◉大和工場＝〒351－0113　和光市中央2－5－29
☎048－465－2881・FAX048－465－2885
✉yamato@yokoyama-group.com
工場長千田拓郎
従業員18名(主任技士3名・技士2名)
1963年1月操業2013年1月更新3250×1(二軸)　ＰＳＭ光洋機械　UBE三菱　シーカビスコクリート・マイテイ・チューポール・フローリック　車大型×35台
2023年出荷107千㎥、2024年出荷105千㎥(高強度10000㎥)
G＝石灰砕石・砕石　S＝山砂・石灰砕砂・砕砂
普通・高強度JIS取得(GBRC)
大臣認定単独取得(80N/mm²)

㈱吉川生コンクリート
1968年5月1日設立　資本金4000万円　従業員21名　出資＝(建)100％
◉本社＝〒342－0005　吉川市大字川藤1778
☎048－982－3828・FAX048－981－4841
URL http://yoshikawa-namakon.jp/index.php
✉yoshinama@aioros.ocn.ne.jp
代表取締役倉本茂　監査役倉本香里
◉工場＝本社に同じ
工場長飯島正夫
従業員21名(主任技士1名・技士5名)
1971年8月操業2001年3月更新2250×1　ＰＳＭ日工　UBE三菱　チューポール・ヤマソー・フローリック　車大型×12台・中型×5台
2024年出荷36千㎥(高強度1400㎥)
G＝石灰砕石　S＝陸砂・石灰砕砂
普通JIS取得(GBRC)
大臣認定単独取得(60N/mm²)

ヨリイ生コン㈱
1971年6月1日設立　資本金1000万円　従業員17名　出資＝(自)100％

◉本社＝〒369－1202　大里郡寄居町桜沢1100－3
☎048－581－0034・FAX048－581－7361
✉yorii.namacon@nifty.com
代表取締役社長市川裕三　取締役金井幹雄・島田義高・黒澤昭彦
◉桜沢工場＝〒369－1202　大里郡寄居町桜沢1319－1
☎048－581－0081・FAX048－581－8191
✉yorii-namacon-s@w7.dion.ne.jp
工場長黒澤昭彦
従業員17名(主任技士2名・技士9名・診断士1名)
1968年10月操業2006年9月更新2300×1(二軸)　ＰＳＭ北川鉄工　太平洋　シーカジャパン・山宗・フローリック・マイテイ　車大型×11台・中型×10台・小型×1台
G＝石灰砕石・砕石　S＝陸砂・砕砂
普通JIS取得(JTCCM)

㈱リックス
◉本社＝〒368－0072　秩父郡横瀬町大字横瀬2326
☎0494－23－1465・FAX0494－22－5762
代表取締役社長髙橋正樹
◉工場＝本社に同じ
工場長大久保正弘
従業員6名(主任技士2名・技士2名・診断士1名)
2004年5月操業3000×1(二軸)　ＰＳＭ光洋機械　太平洋・UBE三菱　フローリック・シーカジャパン　車大型×6台・中型×2台・小型×3台〔傭車：引間運輸㈱・㈱むさしの〕
2023年出荷16千㎥、2024年出荷11千㎥
G＝石灰砕石　S＝石灰砕砂・砕砂
普通JIS取得(GBRC)

㈱両岩
1979年4月1日設立　資本金1000万円　従業員7名　出資＝(自)100%
◉本社＝〒368－0201　秩父郡小鹿野町両神薄2306
☎0494－79－1141・FAX0494－79－0520
✉ryogankk@sainet.or.jp
代表取締役岩田明子　取締役岩田政子・守屋一男・岩田公彦・岩田實・岩田勇二・出浦幸夫
◉工場＝本社に同じ
工場長出浦幸夫
従業員7名(主任技士1名・技士2名)
1979年4月操業36×1　ＰＭ秩父エンジニアＳパシフィックシステム　太平洋　フローリック　車大型×4台・小型×6台
2023年出荷9千㎥、2024年出荷8千㎥
G＝砕石　S＝砕砂
普通JIS取得(JTCCM)

千葉県

㈲相田商店
1973年5月1日設立　資本金300万円　従業員4名　出資＝(自)100%
◉本社＝〒277－0802　柏市船戸1－2－15
☎04－7131－4460・FAX04－7133－3586
社長相田勇三　専務相田登　取締役相田澄江・相田洋子
◉工場＝本社に同じ
工場長相田登
従業員4名(技士1名)
1967年9月操業1979年6月更新18×1　PSM北川鉄工　住友大阪　チューポール　車小型×5台
G＝河川・砕石・人軽骨　S＝河川・砕砂

アサヒ生コン㈲
1971年8月設立　資本金500万円　従業員4名　出資＝(販)100%
◉本社＝〒299－0262　袖ヶ浦市坂戸市場1276
☎0438－62－2455・FAX0438－63－7950
代表取締役渡辺由江　取締役渡辺圭一
◉工場＝〒299－0257　袖ヶ浦市神納字下大川端1802－1
☎0438－62－3767・FAX0438－63－4935
従業員4名
住友大阪　ヴィンソル　車4台
2024年出荷2千㎥

旭明治生コンクリート㈱
◉本社＝〒289－2511　旭市イ－18－1
☎0479－63－2311・FAX0479－63－9803
代表取締役増田暁
◉工場＝本社に同じ
工場長高根隆
従業員17名(技士4名)
2000年1月更新72×2(傾胴二軸)　PM北川鉄工　UBE三菱　ヴィンソル・ヤマソー　車大型×10台・中型×8台
G＝砕石　S＝山砂・陸砂・砕砂
普通・舗装JIS取得(GBRC)

㈲我孫子生コン鈴木建材
1970年3月1日設立　資本金500万円　従業員16名　出資＝(製)100%
◉本社＝〒270－1168　我孫子市根戸583
☎04－7184－7161・FAX04－7182－7099
代表取締役鈴木竜彦
◉工場＝本社に同じ
工場長鈴木敏夫
従業員16名(主任技士1名・技士1名)
1970年6月操業1977年1月P1991年9月SM更新3000×1　PSエムイーシーM大平洋機工　UBE三菱　チューポール・シーカメント　車大型×7台・中型×1台・小型×3台
2024年出荷41千㎥(高強度65㎥)
G＝砕石　S＝陸砂
普通JIS取得(GBRC)
大臣認定単独取得(60N/m㎡)

㈱安藤産業
1967年10月14日設立　資本金4800万円　従業員15名　出資＝(自)100%
◉本社＝〒289－2241　香取郡多古町多古2914
☎0479－76－2454・FAX0479－76－2414
URL http://www.ando-ind.co.jp/
✉a1161@techrowave.ne.jp
代表取締役山崎和敏　取締役山崎敦史・山崎勝矢　監査役浅見達雄
◉多古生コンクリート工場＝〒289－2241　香取郡多古町多古3499
☎0479－76－2521・FAX0479－76－2512
✉m-namiki@ando-ind.co.jp
工場長並木正行
従業員9名(主任技士1名・技士3名)
1967年10月操業1988年1月更新2000×1(二軸)　PM北川鉄工Sハカルプラス　太平洋　シーカビスコクリート・シーカポゾリス・フローリック・チューポール　車大型×7台・中型×5台
2023年出荷18千㎥、2024年出荷20千㎥
G＝砕石　S＝陸砂
普通JIS取得(GBRC)

板橋建材㈱
1957年3月1日設立　資本金1000万円　従業員25名　出資＝(自)100%
◉本社＝〒272－0805　市川市大野町3－1689
☎047－337－8700・FAX047－338－4077
代表取締役板橋亮
◉市川工場＝本社に同じ
工場長板橋浩一
従業員25名(技士2名)
1965年4月操業1980年5月更新1500×1　P日本プラントS日工M大平洋機工　住友大阪　ヤマソー・シーカメント・シーカポゾリス　車小型×26台
G＝石灰砕石　S＝石灰砕砂
普通JIS取得(JTCCM)

市川菱光㈱
1993年5月18日設立　資本金2000万円　従業員13名　出資＝(自)60%・(セ)5%・(販)35%
◉本社＝〒272－0013　市川市高谷2018－28
☎047－327－3318・FAX047－320－5011
✉ichikawaryoukou@mpd.biglobe.ne.jp
代表取締役社長井上一善　取締役芦澤重夫・山岸憲一・阿部俊朗・井上卓哉
◉本社工場＝本社に同じ
工場長村山徳康
従業員6名(主任技士1名・技士3名)
1993年6月操業3000×1(二軸)　PSM北川鉄工　UBE三菱　フローリック・シーカメント　車大型×20台〔傭車：みなみ運輸㈱〕
G＝石灰砕石　S＝山砂
普通JIS取得(GBRC)
大臣認定単独取得

一宮宇部コンクリート㈱
1974年10月1日設立　資本金1000万円　従業員15名　出資＝(自)100%
◉本社＝〒299－4326　長生郡長生村大字一松乙1746
☎0475－32－5567・FAX0475－32－3713
✉ichimiyaubecon@olive.plala.or.jp
社長加藤岡明男　取締役高原滋之・高原ふみ枝・加藤岡里枝
◉工場＝〒299－4326　長生郡長生村大字一松乙1746
☎0475－32－3711・FAX0475－32－3711
工場長加藤岡明男
従業員(技士3名)
1971年5月操業1990年5月更新2000×1(二軸)　PSM光洋機械(旧石川島)　UBE三菱　フローリック　車大型×8台・中型×4台・小型×2台
2023年出荷29千㎥
G＝石灰砕石　S＝山砂
普通JIS取得(GBRC)

㈲伊藤建材
1971年4月21日設立　資本金600万円　従業員16名　出資＝(自)100%
◉本社＝〒273－0128　鎌ヶ谷市くぬぎ山3－10－20
☎047－385－3251・FAX047－385－1366
代表取締役伊藤好
◉本社工場＝本社に同じ
工場長伊藤昭仁
従業員(主任技士3名・技士1名)
1970年7月操業2006年5月M更新2250×1　P秩父エンジニアSパシフィックシステムM光洋機械　太平洋　GCP・サンフロー　車大型×7台・中型×11台
G＝石灰砕石　S＝陸砂・石灰砕砂
普通JIS取得(JTCCM)
大臣認定単独取得

印旛菱光㈱
1998年12月1日設立　資本金2000万円　従業員7名　出資＝(セ)10%・(販)90%
◉本社＝〒270－1616　印西市岩戸字古真木台3552
☎0476－99－0076・FAX0476－99－0580
✉inba@titan.ocn.ne.jp

代表取締役片山裕巳　取締役井上卓哉・高橋明彦　監査役中山佳丈
◉本社工場＝本社に同じ
工場長石井聖司
従業員7名(主任技士1名・技士2名)
1969年8月 操 業1990年10月 更 新3000×1(二軸)　ＰＭ北川鉄工(旧日本建機)Ｓハカルプラス　UBE三菱　ヴィンソル・フローリック・ヤマソー・チューポール・シーカメント　車大型×6台〔傭車：5社〕
G＝石灰砕石　S＝陸砂
普通JIS取得(GBRC)
大臣認定単独取得(70N/mm²)

㈱内山アドバンス
1963年5月15日設立　資本金10000万円
従業員126名　出資＝(セ)19%・(販)31%・(他)50%
◉本社＝〒272－0144　市川市新井3－6－10
☎047－398－8801
URL http://uchiyama-ad.com
代表取締役社長柳内光子　代表取締役会長上村清　代表取締役副社長柳内えり　常務取締役黒津登喜郎・柳内ゆり・石山剛　取締役梅谷純生・松尾達也・川野辺正徳　常勤監査役安永尋幸　監査役荒田建・富田淑子
◉技術センター＝〒279－0043　浦安市富士見1－7－23
☎047－353－6161・FAX047－353－6110
センター長川野辺正徳
従業員8名(主任技士6名・診断士4名)
◉浦安工場＝〒279－0002　浦安市北栄4－10－16
☎047－351－6211・FAX047－353－6551
✉y-tada@uchiyamagroup.com
工場長多田佳史
従業員14名(主任技士3名・技士3名・診断士1名)
第1Ｐ＝1969年11月 操 業2023年1月 更 新3300×1(二軸)　ＰＭ光洋機械Ｓパシフィックシステム
第2Ｐ＝1992年8月 更新3000×1(二軸)　ＰＭ北川鉄工(旧日本建機)Ｓパシフィックシステム　太平洋・住友大阪　シーカポゾリス・シーカビスコクリート・フローリック・シーカメント・竹本　車大型×24台〔傭車：㈱三恵運輸〕
2024年出荷135千㎥(高強度15000㎥・高流動3㎥)
G＝石灰砕石・砕石　S＝山砂
普通・軽量・高強度JIS取得(JTCCM)
大臣認定単独取得(80N/mm²)
◉千葉工場＝〒261－0002　千葉市美浜区新港194
☎043－247－1502・FAX043－246－8949
✉chiba-p@uchiyama-advance.co.jp
工場長大橋晋
従業員12名(主任技士3名・技士3名)
第1Ｐ＝1968年8月 操 業2013年1月 更 新2750×1(二軸)　ＰＭ光洋機械Ｓパシフィックシステム
第2Ｐ＝1992年4月 操 業2016年11月 更 新3300×1(二軸)　ＰＭ光洋機械Ｓパシフィックシステム　太平洋　シーカポゾリス・シーカビスコクリート・フローリック・マイテイ　車大型×16台〔傭車：三恵運輸㈱〕
2023年出荷108千㎥、2024年出荷95千㎥(高強度18000㎥・水中不分離27㎥)
G＝石灰砕石・砕石・人軽骨　S＝陸砂・石灰砕砂・人軽骨
普通・軽量JIS取得(JTCCM)
大臣認定単独取得(80N/mm²)
◉花見川工場＝〒262－0011　千葉市花見川区三角町178－4
☎043－259－1101・FAX043－257－0179
✉t-muroi@uchiyamagroup.com
工場長室井貴人
従業員11名(主任技士3名・技士4名)
1967年12月 操 業2002年3月 更 新3000×1(二軸)　ＰＭ北川鉄工(旧日本建機)Ｓパシフィックシステム　太平洋　シーカジャパン・フローリック　車大型×8台〔傭車：㈱三恵運輸〕
2023年出荷75千㎥、2024年出荷61千㎥(高強度350㎥)
G＝石灰砕石・砕石　S＝山砂・石灰砕砂
普通JIS取得(JTCCM)
大臣認定単独取得(70N/mm²)
◉柏工場＝〒277－0081　柏市富里3－3－1
☎04－7146－0181・FAX04－7145－7393
✉kashiwa-p@uchiyamagroup.com
工場長寺田裕之
従業員11名(主任技士3名・技士2名)
1976年11月 操 業2008年8月 更 新3250×1(二軸)　ＰＭ光洋機械Ｓパシフィックシステム　太平洋　シーカポゾリス・シーカビスコクリート・フローリック・チューポール・ヤマソー　車大型×10台〔傭車：㈱三恵運輸〕
2023年出荷68千㎥、2024年出荷53千㎥(高強度152㎥)
G＝石灰砕石・砕石　S＝陸砂・砕砂
普通JIS取得(JTCCM)
大臣認定単独取得(80N/mm²)
※草加工場＝埼玉県、横浜工場・磯子工場＝神奈川県参照

内山北総レミコン㈱
1996年8月1日設立　資本金3000万円　従業員10名　出資＝(自)100%
◉本社＝〒270－1534　印旛郡栄町西字西耕地650－6
☎0476－95－1131・FAX0476－95－4873
✉hokusou@uchiyamagroup.com
代表取締役社長内山勝弘　代表取締役会長柳内えり　取締役柳内孝彦・柳内ゆり・渡邉宗寿　監査役安永尋幸
◉工場＝本社に同じ
工場長菅原勝
従業員10名(主任技士3名・技士5名・診断士1名)
1969年7月 操業1999年1月 Ｓ2002年8月 ＰＭ更新3000×1(二軸)　ＰＭ北川鉄工(旧日本建機)Ｓパシフィックシステム　太平洋　フローリック・シーカジャパン　車大型×12台〔傭車：㈱三恵運輸〕
2023年出荷50千㎥、2024年出荷42千㎥(高強度1400㎥)
G＝石灰砕石・砕石　S＝陸砂・石灰砕砂・砕砂
普通JIS取得(JTCCM)
大臣認定単独取得(60N/mm²)

㈲エコ開発
◉本社＝〒274－0062　船橋市坪井町477
☎047－457－3851・FAX047－457－3562
◉工場(旧㈲斎藤建材工場)＝本社に同じ

㈲大木商店
出資＝(販)100%
◉本社＝〒272－0805　市川市大野町4－2286
☎047－337－4092
代表取締役社長大木誠一
◉工場＝本社に同じ
1974年6月操業18×1　ＰＳＭ王子機械　住友大阪　車小型×2台

㈲大久保建材店
1962年10月設立　資本金300万円　従業員10名　出資＝(自)100%
◉本社＝〒272－0824　市川市菅野3－10－12
☎047－323－2413・FAX047－324－3317
代表取締役大久保正秋
◉工場＝本社に同じ
1969年6月 操業1989年1月 更新2005年9月ＰＭ改造500×1(二軸)　Ｐ光洋機械Ｍ日工Ｓパシフィックシステム　太平洋　ヴィンソル　車中型×1台・小型×8台
G＝石灰砕石　S＝河川

大利根建材㈱
1967年4月25日設立　資本金1000万円
従業員26名　出資＝(自)100%
◉本社＝〒270－0027　松戸市二ツ木1321
☎047－341－0045・FAX047－341－0804
代表取締役山崎忠雄　専務取締役山崎創　監査役濱組節子
◉本社工場＝本社に同じ
工場長山﨑一洋
従業員26名(主任技士1名・技士7名)
1969年4月操業2003年5月更新1500(二軸)

ＰＳＭ北川鉄工　日立　フローリック　車中型×26台
2023年出荷72千㎥、2024年出荷66千㎥
G＝石灰砕石　S＝陸砂・砕砂
普通JIS取得（GBRC）

小笠原建材金物店
◉本社＝〒270－1325　印西市竹袋1749－11
☎0476－42－3312
代表者小笠原二郎
◉工場＝本社に同じ
1970年4月操業500×1　UBE三菱

㈱小川屋金物店
資本金1000万円　従業員5名　出資＝（販）100％
◉本社＝〒283－0104　山武郡九十九里町片貝3282－2
☎0475－76－2031・FAX0475－76－3212
代表取締役社長小川東南
◉工場＝本社に同じ
従業員4名
1971年8月操業2012年3月更新500×1（二軸）　ＰＳＭ日工　太平洋　フローリック　車中型×3台
2023年出荷2千㎥
G＝砕石　S＝山砂

小澤商事㈱
1963年6月1日設立　資本金1000万円　従業員40名　出資＝（他）99％・（自）1％
◉本社＝〒292－0832　木更津市新田1－5－31
☎0438－22－5285・FAX0438－22－5758
✉ozawa-tr.co@jcom.home.ne.jp
代表取締役勝呂和彦　常務取締役長谷川茂・田辺導男　取締役竹下賢二　監査役河村浩幸
◉成田生コンクリート工場＝〒286－0133　成田市吉倉109
☎0476－22－1061・FAX0476－22－3345
✉nari-con@ceres.ocn.ne.jp
工場長西野正之
従業員15名（主任技士1名・技士5名）
1967年8月操業2019年9月更新2500×1（二軸）　ＰＳＭ日工　UBE三菱　プラストクリート・フローリック・シーカメント　車大型×6台〔傭車：板橋運輸・広瀬リース・明成リース〕
2023年出荷26千㎥、2024年出荷27千㎥
G＝石灰砕石・砕石　S＝陸砂
普通JIS取得（GBRC）
大臣認定単独取得（60N/mm²）
◉袖ヶ浦宇部生コンクリート工場＝〒299－0243　袖ヶ浦市蔵波2039
☎0438－62－4571・FAX0438－62－4573
✉ozawa-sodegauraube@jcom.home.ne.jp
工場長堀江正美
従業員16名（技士2名）
1971年12月操業2012年9月更新2800×1（二軸）　ＰＳＭ北川鉄工　UBE三菱　プラストクリート・シーカメント　車大型×7台
2023年出荷38千㎥、2024年出荷32千㎥（高強度1063㎥）
G＝石灰砕石　S＝山砂
普通JIS取得（GBRC）
大臣認定単独取得（70N/mm²）

小野塚コンクリート
資本金100万円　出資＝（他）100％
◉本社＝〒274－0053　船橋市豊富町601－4
☎047－457－0670
代表取締役小野塚進
◉工場＝本社に同じ
1974年12月操業500×1　トクヤマ

小幡建材㈱
1971年12月8日設立　資本金300万円　従業員25名　出資＝（自）100％
◉本社＝〒286－0101　成田市十余三15－60
☎0476－32－0330・FAX0476－33－1233
代表取締役小幡晋彦　取締役小幡笑子
◉生コン工場＝本社に同じ
工場長秋本利夫
従業員18名（技士2名）
1988年2月操業1500×1（二軸）　ＰＳＭ日工　UBE三菱　車大型×12台・中型×1台・小型×8台
G＝砕石　S＝陸砂
普通JIS取得（GBRC）

㈱カツ山建材
1965年7月1日設立　資本金1000万円　従業員22名　出資＝（自）100％
◉本社＝〒273－0106　鎌ヶ谷市南鎌ヶ谷3－2－53
☎047－443－6335
✉katsuyamakenzai@yahoo.co.jp
代表取締役葛山英雄
◉工場＝〒274－0806　船橋市二和西5－19－11
☎047－447－5440・FAX047－402－6341
✉katsu-yama.namakon@nifty.com
工場長葛山雄介
従業員22名（主任技士1名・技士4名）
1993年4月操業2010年1月更新1500×1（二軸）　ＰＳＭ日工　太平洋　ヤマソー・シーカポゾリス　車中型×11台・小型×9台
2024年出荷38千㎥
G＝石灰砕砂　S＝陸砂
普通JIS取得（GBRC）

㈱香取
1975年6月1日設立　資本金4800万円　従業員31名　出資＝（自）100％
◉本社＝〒262－0033　千葉市花見川区幕張本郷6－24－19
☎043－273－1688
代表取締役社長香取覚　専務取締役香取一子　監査役安藤いね
◉工場＝本社に同じ
工場長宮崎敏行
従業員31名（主任技士1名・技士1名）
1978年4月操業2003年5月更新1000×1　ＰＳＭ北川鉄工　住友大阪　車中型×12台・小型×8台
G＝河川・砕石　S＝河川
普通JIS取得（JTCCM）

金子建材㈱
1969年2月1日設立　資本金1000万円　出資＝（他）100％
◉本社＝〒272－0111　市川市妙典1－9－21
☎047－357－4484・FAX047－357－4499
代表取締役社長金子佳寛　取締役金子由香
◉妙典工場＝本社に同じ
従業員10名
1970年3月操業1991年5月更新36×1　ＰＳＭ北川鉄工　太平洋　シーカジャパン　車中型×4台・小型×3台
2023年出荷13千㎥
G＝石灰砕石　S＝陸砂
普通JIS取得（JTCCM）

鎌形建材㈱
1956年6月設立　資本金1000万円　従業員14名　出資＝（自）100％
◉本社＝〒289－0313　香取市小見川1236－1
☎0478－83－2211・FAX0478－83－2213
代表取締役鎌形裕介
◉工場＝本社に同じ
従業員11名（技士3名）
1978年操業2019年更新1300×1　太平洋
G＝砕石　S＝陸砂
普通JIS取得（GBRC）

鴨川生コン㈱
1968年12月9日設立　資本金3600万円　従業員35名　出資＝（自）100％
◉本社＝〒296－0016　鴨川市坂東391－3
☎04－7093－3208・FAX04－7093－3750
代表取締役青木郁
◉鴨川工場＝〒296－0016　鴨川市坂東391－3
☎04－7092－2184・FAX04－7092－2711
2250×1（二軸）　太平洋　シーカジャパン　車大型×12台・小型×8台
2024年出荷21千㎥

千葉県

G＝石灰砕石　S＝山砂
普通JIS取得（JTCCM）
◉大多喜工場＝〒298－0212　夷隅郡大多喜町猿稲字菖蒲田385－1
☎0470－82－4151・FAX0470－82－4153
工場長磯野記子
従業員11名（主任技士1名・技士1名）
1972年6月操業1988年7月更新2000×1（二軸）　ＰＭ光洋機械Ｓ度量衡　太平洋　車大型×3台・小型×4台
2024年出荷11千㎥
G＝石灰砕石　S＝山砂
普通JIS取得（JTCCM）

関東宇部コンクリート工業㈱
◉本社＝東京都参照
◉浦安工場＝〒279－0002　浦安市北栄4－10－23
☎047－352－5181・FAX047－390－6214
✉h.takagi@kanto-ube.co.jp
工場長高木浩
従業員11名（主任技士5名・技士4名・診断士1名）
1969年12月操業1998年3月ＰＳ2002年1月Ｍ更新3000×1（二軸）　ＰＳＭ光洋機械　UBE三菱　フローリック・シーカメント・チューポール　車大型×27台〔傭車：大京運輸〕
2023年出荷67千㎥、2024年出荷71千㎥（高強度9200㎥・高流動5㎥）
G＝石灰砕石　S＝山砂・石灰砕砂
普通・高強度JIS取得（JTCCM）
大臣認定単独取得（80N/mm²）
※入間工場＝埼玉県、豊洲工場・大井工場・府中工場＝東京都、溝の口工場・横浜工場・相模原工場＝神奈川県参照

関東生コン㈱
1980年7月1日設立　資本金5000万円　従業員15名　出資＝（他）100％
◉本社＝〒289－1732　山武郡横芝光町横芝1048－1
☎0479－82－0451・FAX0479－82－6011
代表取締役社長大木勝雄
◉工場＝本社に同じ
工場長小長谷清
従業員15名（技士2名）
1970年10月操業1999年11月更新1500×1　ＰＭ大平洋機工Ｓパシフィックシステム　太平洋　フローリック　車大型×5台・中型×5台・小型×10台
G＝河川・陸砂利・砕石　S＝河川・陸砂
普通JIS取得（GBRC）

北柏建材㈲
1974年5月2日設立　資本金400万円　従業員17名　出資＝（他）100％
◉本社＝〒277－0832　柏市北柏1－10－12
☎04－7166－0069・FAX04－7166－0092
代表取締役海老原布光朗　取締役海老原玲奈
◉本社工場＝本社に同じ
工場長海老原玲奈
従業員10名（技士4名）
1974年12月操業2002年8月更新2250×1　ＰＳＭ日工　太平洋　ヤマソー・チューポール　車中型×13台
2023年出荷27千㎥
G＝砕石　S＝陸砂・石灰砕砂
普通JIS取得（JTCCM）
大臣認定単独取得（60N/mm²）

木村屋金物建材㈱
1952年12月1日設立　資本金1000万円
従業員50名　出資＝（自）100％
◉本社＝〒289－2144　匝瑳市八日市場イ2585
☎0479－72－1571・FAX0479－73－1963
URL http://kimurayakk.co.jp/
✉eigyou@kimurayakk.co.jp
代表取締役社長江波戸繁之　代表取締役会長江波戸正雄　取締役副社長江波戸陽子　専務取締役江波戸啓輔
◉八日市場工場＝〒289－2144　匝瑳市八日市場イ2585
☎0479－73－5519・FAX0479－73－1963
✉yoka-shiken@kimurayakk.co.jp
工場長川嶌達雄
従業員15名（技士2名）
1976年2月操業2007年7月更新1300×1（二軸）　ＰＳエムイーシーＭ北川鉄工　住友大阪　ダラセム・スーパー　車大型×10台・中型×7台
2024年出荷30千㎥
G＝砕石　S＝山砂
普通JIS取得（JTCCM）
◉横芝工場＝〒289－1733　山武郡横芝光町栗山213
☎0479－82－2210・FAX0479－82－2742
✉yoko-shiken@kimurayakk.co.jp
工場長髙木健二
従業員18名（主任技士2名）
1970年10月操業1990年4月更新2000×1（二軸）　ＰＳＭ日工　住友大阪　シーカメント　車大型×15台・中型×3台
2023年出荷22千㎥、2024年出荷30千㎥（ポーラス20㎥）
G＝砕石　S＝山砂
普通JIS取得（JTCCM）
大臣認定単独取得（60N/mm²）

共立生コンクリート㈱
2001年3月16日設立　2006年10月2日創業　資本金1000万円　従業員20名　出資＝（販）100％
◉本社＝〒270－0135　流山市野々下5－1062－2
☎04－7146－1901・FAX04－7144－012
✉001@kashiwa-kyoritsu.com
代表取締役斉藤淳一　取締役山岸憲一　下村将徳・皆谷直人・西片宏哉・鈴木　城・井上卓哉　監査役室田浩幸
◉柏工場＝〒270－0135　流山市野々下5－1062－2
☎04－7144－0124・FAX04－7144－012
✉001@kashiwa-kyoritsu.com
工場長川村明仁
従業員10名（主任技士2名・技士4名）
1964年12月操業2006年8月更新2750×（二軸）　ＰＳＭ日工　住友大阪　フローリック・チューポール・ヤマソー　車　型×10台
2024年出荷37千㎥（高強度250㎥）
G＝砕石　S＝陸砂・砕砂
普通JIS取得（GBRC）
大臣認定単独取得（60N/mm²）
※西工場＝青森県参照

京葉アサノコンクリート㈱
1995年11月24日設立　資本金2000万円
従業員30名　出資＝（セ）50％・（販）50
◉本社＝〒273－0015　船橋市日の出2－1－1
☎047－431－7660・FAX047－431－811
URL https://keiyo-asano.co.jp
代表取締役社長木伏正克　専務取締役　川英夫　常務取締役春田栄作　取締役　野一郎・角田孝・新山一紀・尾﨑浩二・　川澄尚也・望月智之　監査役竹内紀一
◉船橋工場＝本社に同じ
工場長稲石貴生
従業員10名（主任技士3名・技士3名）
1961年11月操業1987年1月Ｐ1994年6月Ｓ2000年5月Ｍ更新3000×1（二軸）　ＰＭ光洋機械（旧石川島）Ｓ日本マイコン神戸　太平洋　フローリック・マイテイ・ヤマソー・シーカジャパン　車大型×13台〔傭車：日本緑化・ニッタ・東盛・OSK〕
2024年出荷46千㎥（高強度751㎥）
G＝石灰砕石　S＝陸砂・砕砂
普通・高強度JIS取得（GBRC）
大臣認定単独取得（75N/mm²）
◉八千代工場＝〒276－0022　八千代市上高野字野路作1976－8
☎047－484－5438・FAX047－484－9922
工場長横尾強
従業員7名（主任技士3名・技士2名・診断士1名）
1996年3月操業1999年1月Ｐ2002年6月Ｍ更新2500×1　ＰＭ光洋機械（旧石川島）Ｓパシフィックシステム　太平洋　シーカコントロール・シーカポゾリス・シーカビスコクリート・ヤマソー・マイテイ・フローリック・チューポール・シーカメント　車大型×10台〔傭車：㈲馬場運輸〕

G＝石灰砕石　S＝陸砂
普通JIS取得（GBRC）
大臣認定単独取得（60N/mm²）
◉千葉工場＝〒290－0067　市原市八幡海岸通2066－18
☎0436－41－3331・FAX0436－43－5225
✉chiba.shiken@keiyo-asano.co.jp
工場長野口博史
従業員7名（主任技士1名・技士2名）
2006年4月操業2006年8月Ｐ改造3250×1（二軸）　ＰＭ光洋機械（旧石川島）Ｓパシフィックシステム　太平洋　マイテイ・ヴィンソル・フローリック・シーカポゾリス・シーカビスコクリート　車大型×7台〔傭車：京葉アサノ運輸・馬場運輸・京葉ミキサーリース〕
2023年出荷30千㎥、2024年出荷18千㎥（高強度100㎥）
G＝石灰砕石・人軽骨　S＝陸砂
普通・軽量JIS取得（GBRC）
大臣認定単独取得（60N/mm²）

㈱小泉産業
1975年設立　資本金1000万円　従業員35名　出資＝（自）100％
◉本社＝〒285－0846　佐倉市上志津1794－3
☎043－487－3611・FAX043－461－7573
代表取締役社長小泉行央
◉佐倉工場＝〒285－0854　佐倉市上座42
☎043－487－3612・FAX043－461－3520
工場長小泉和義
従業員20名（技士2名）
1973年10月操業1997年4月ＰＭ更新2000×1　ＰＭ光洋機械（旧石川島）Ｓ光洋機械　UBE三菱　車中型×13台・小型×4台
2024年出荷22千㎥
G＝陸砂利　S＝陸砂
普通JIS取得（GBRC）

㈲越川建材
1973年10月1日設立　資本金300万円　従業員15名　出資＝（自）100％
◉本社＝〒289－2602　旭市岩井203
☎0479－55－3402・FAX0479－55－4248
代表取締役木内信善　専務取締役木内英太　常務取締役木内かほる
◉工場＝本社に同じ
従業員13名
1973年10月操業1996年1月更新60×1　ＰＳＭ日工　太平洋　車大型×3台・中型×8台
G＝砕石　S＝山砂・陸砂・砕砂

寿生コン㈱
1975年4月23日設立　資本金1000万円　従業員39名　出資＝（販）100％
◉本社＝〒260－0001　千葉市中央区都町8－6－17
☎043－231－5366・FAX043－233－5366
代表取締役社長藤代忠実　取締役藤代忠久・藤代英理子
◉新港工場＝〒261－0002　千葉市美浜区新港197－4
☎043－241－1060・FAX043－246－5416
工場長宮崎崇
従業員32名（主任技士1名・技士5名）
1972年8月操業2005年3月更新3250×1（二軸）　ＰＳＭ光洋機械　太平洋　シーカポゾリス・シーカビスコクリート・フローリック　車大型×9台・中型×13台
2024年出荷49千㎥
G＝石灰砕石　S＝陸砂
普通JIS取得（GBRC）
大臣認定単独取得（60N/mm²）

小林建材㈱
1963年7月1日設立　資本金1000万円　従業員23名　出資＝（自）100％
◉本社＝〒273－0112　鎌ヶ谷市東中沢1－4－8
☎047－444－0751・FAX047－444－0707
URL http://www.kamanama.com
✉kobaken@kamanama.com
代表取締役小林信基
◉鎌ヶ谷生コン工場＝本社に同じ
工場長柴崎春夫
従業員23名（主任技士2名・技士5名）
1968年5月操業2015年8月更新1750×1（二軸）　Ｐ日工ＳＭエムイーシー　住友大阪　プラストクリート・シーカメント　車大型×6台・中型×7台・小型×6台〔傭車：㈲三瓶興業〕
G＝石灰砕石　S＝陸砂
普通JIS取得（JTCCM）

㈲近藤コンクリート
1964年3月1日設立　資本金1500万円
◉本社＝〒299－0262　袖ヶ浦市坂戸市場1339－1
代表取締役近藤孝幸
◉工場＝〒299－0257　袖ヶ浦市神納1900
☎0438－62－1811・FAX0438－62－1642
従業員20名（主任技士1名・技士2名）
1964年1月操業1980年7月更新2000×1　ＰＳＭ北川鉄工　UBE三菱　シーカポゾリス　車大型×2台・中型×12台
G＝石灰砕石　S＝山砂
普通JIS取得（GBRC）

佐倉エスオーシー㈱
1997年4月1日設立　資本金3000万円　従業員32名　出資＝（セ）10％・（他）90％
◉本社＝〒285－0051　佐倉市長熊290
☎043－485－2131・FAX043－485－1499
URL http://jonouchi.co.jp/
代表取締役城之内利彦　取締役城之内晴美・城之内駿輔・城之内利吉　監査役平山秀樹・山口正一
◉佐倉工場＝本社に同じ
工場長豊田智司
従業員32名（主任技士2名・技士4名）
1969年10月操業2015年8月更新3000×1（二軸）　ＰＳＭ日工　住友大阪　フローリック・シーカポゾリス・シーカポゾリス・シーカビスコクリート・チューポール・シーカメント・ヤマソー・ヴィンソル・シーカコントロール　車大型×22台・中型×3台・小型×4台
2023年出荷50千㎥
G＝石灰砕石・砕石・人軽骨　S＝陸砂・石灰砕砂・人軽骨
普通・高強度・舗装・軽量JIS取得（GBRC）
大臣認定単独取得（74N/mm²）
※城之内建材㈱、成田エスオーシー㈱より生産受託

㈲佐山
1980年9月10日設立　資本金300万円　従業員15名　出資＝（自）100％
◉本社＝〒299－3203　大網白里市四天木乙2874
☎0475－77－2285・FAX0475－77－3352
✉sayama@cameo.plala.or.jp
代表取締役佐山晋　取締役会長佐山鳥雄　取締役佐山真士
◉佐山生コン工場＝〒299－3201　大網白里市北今泉1042－1
☎0475－77－5117・FAX0475－77－5118
✉sayama.con@gol.com
工場長伊藤敏宏
従業員11名（主任技士1名・技士2名）
1992年4月操業2011年9月更新1000×1（二軸）　ＰＳＭ光洋機械　太平洋　フローリック　車中型×7台
G＝石灰砕石・砕石　S＝陸砂
普通JIS取得（GBRC）

三協レミコン㈱
1992年11月14日設立　資本金5000万円　従業員9名　出資＝（他）100％
◉本社＝〒297－0037　茂原市早野1141
☎0475－23－3237・FAX0475－24－9166
✉sankyo-r@uchiyamagroup.com
代表取締役社長渡邉宗寿
◉工場＝本社に同じ
工場長関田英雄
従業員9名（主任技士1名・技士3名）
1971年3月操業2005年1月更新2250×1（二軸）　ＰＳＭ光洋機械（旧石川島）　太平洋　シーカジャパン　車大型×8台・小型×7台〔傭車：㈱三恵運輸〕
2023年出荷38千㎥、2024年出荷39千㎥
G＝砕石　S＝山砂
普通JIS取得（JQA）
大臣認定単独取得（60N/mm²）

千葉県

㈲柴田建材

1982年4月1日設立
◉本社＝〒270－0226　野田市東宝珠花482
☎04－7198－1371
◉工場＝本社に同じ
36×1　太平洋
普通JIS取得(JTCCM)

㈲庄司工業所

◉本社＝〒299－2713　南房総市和田町松田8
☎0470－47－3668
代表者庄司勇
◉工場＝本社に同じ
1980年1月操業500×1　UBE三菱

城之内建材㈱

1963年2月1日設立　資本金2500万円　従業員40名　出資＝(自)100%
◉本社＝〒286－0033　成田市花崎町141－1
☎0476－22－6031・FAX0476－22－6056
URL http://jonouchi.co.jp/
代表取締役社長城之内利彦　取締役城之内駿輔・城之内晴美
※成田エスオーシー㈱・佐倉エスオーシー㈱へ生産委託

鈴木建材㈱

1978年6月1日設立　資本金1000万円　従業員18名　出資＝(自)100%
◉本社＝〒270－1422　白井市復1460
☎047－492－0121・FAX047－492－0077
代表取締役鈴木孝　取締役海老原美奈子・福田茂子
◉工場＝本社に同じ
工場長鈴木孝
従業員18名(主任技士1名・技士2名)
1965年7月操業2004年8月更新1000×1(二軸)　ＰＳＭ日工　太平洋　シーカポゾリス　車中型×14台・小型×4台
2023年出荷34千㎥、2024年出荷33千㎥
G＝河川・石灰砕石　S＝陸砂
普通JIS取得(GBRC)

㈲鈴喜屋建材

資本金3500万円
◉本社＝〒272－0014　市川市田尻3－2－10
☎047－379－0066・FAX047－379－0053
URL https://suzukiyakenzai.jp
✉szky003@helen.ocn.ne.jp
代表取締役坂本孝治
◉市川工場＝本社に同じ
工場長坂本孝治
従業員25名
1976年9月操業1990年12月ＰＳ2007年5月更新3300×1(二軸)　ＰＳＭ日工　UBE三菱・住友大阪　ヤマソー・シーカ・チューポール　車大型×10台・中型×20台・小型×5台〔傭車〕
G＝石灰砕石　S＝山砂
普通JIS取得(GBRC)
大臣認定単独取得(60N/㎟)

泉水建材㈱

1972年1月1日設立　資本金1000万円
◉本社＝〒290－0207　市原市海土有木116
☎0436－36－1360
代表取締役泉水彪
◉工場＝本社に同じ
工場長立野孝夫
従業員17名(技士4名)
1981年3月操業2013年8月更新1250×1(二軸)　ＰＳＭ日工　UBE三菱　シーカジャパン・フローリック　車大型×2台・小型×12台
G＝山砂利・石灰砕石　S＝山砂
普通JIS取得(GBRC)

㈱太陽建商

1970年4月1日設立　資本金2400万円　従業員11名
◉本社＝〒287－0001　香取市粉名口2122－166
☎0478－52－5451・FAX0478－52－5077
代表取締役社長薄井俊雄　取締役薄井光男・薄井芳子・田村貞雄・栗山安秋　監査役薄井弘子・秋山豊
◉観音工場＝〒287－0036　香取市観音169
☎0478－58－1101
工場長島崎義尚
従業員8名
1972年12月操業1992年5月更新500×1(二軸)　ＰＳＭ日工　太平洋　車中型×6台・小型×3台
G＝山砂利・陸砂利　S＝山砂・陸砂

㈲タカギ

1975年2月1日設立　資本金300万円　従業員10名
◉本社＝〒289－0328　香取市五郷内1358－1
☎0478－82－2821・FAX0478－82－1062
代表取締役社長高木浩道
◉工場＝本社に同じ
従業員9名
1975年2月操業1996年8月更新500×1(二軸)　ＰＳＭ日工　日立　ヴィンソル　車大型×1台・中型×2台・小型×3台
G＝河川・砕石　S＝河川

㈱髙橋土木建材

資本金1000万円
◉本社＝〒270－1431　白井市根271－2
☎047－491－8375・FAX047－491－8380
代表取締役髙橋実
◉工場＝本社に同じ
18×1　太平洋
普通JIS取得(GBRC)

㈲田口建設資材

◉本社＝〒270－1112　我孫子市新木265－1
☎04－7188－1522
代表取締役田口是久
◉工場＝本社に同じ
1980年6月操業18×1　太平洋

館山生コン㈱

1987年4月設立　資本金2000万円　従業員21名
◉本社＝〒294－0036　館山市館山95
☎0470－22－6072・FAX0470－22－221
URL https://tateyama-namacon.com/
代表取締役石井裕
◉館山工場＝〒294－0027　館山市西長971－1
☎0470－28－1311・FAX0470－28－192
✉tateyamanamakon@gol.com
工場長石井裕
従業員14名(主任技士1名・技士2名)
1987年5月操業2014年8月更新2250×1(二軸)　ＰＭ光洋機械Ｓパシフィックシステム　UBE三菱　フローリック　車大型×9台・中型×5台・小型×3台
G＝石灰砕石・人軽骨　S＝河川・山砂・人軽骨
普通JIS取得(GBRC)

㈲田中建商

1990年4月1日設立　資本金500万円　従業員26名　出資＝(販)100%
◉本社＝〒278－0033　野田市上花輪138
☎04－7122－3855・FAX04－7122－175
代表取締役社長藤代忠実　取締役神子裕史・志賀光男
◉野田工場＝本社に同じ
従業員26名(主任技士1名・技士1名)
1500×1(二軸)　ＰＳＭ北川鉄工　トクヤマ・日立　車大型×4台・小型×16台
2023年出荷33千㎥、2024年出荷28千㎥
G＝陸砂利　S＝陸砂
普通JIS取得(GBRC)
◉千葉工場＝〒264－0007　千葉市若葉区小倉町1227
☎043－231－3335・FAX043－231－281
✉tanakachiba@beach.ocn.ne.jp
工場長戸村高広
従業員26名(技士4名)
2250×1(二軸)　ＰＳＭ光洋機械　トクヤマ・太平洋・日立　シーカジャパン・フローリック　車大型×3台・中型×台・小型×10台
2023年出荷50千㎥、2024年出荷40千㎥
G＝砕石　S＝陸砂

普通JIS取得(GBRC)
大臣認定単独取得(57N/mm²)
◉船橋工場＝〒274－0814　船橋市新高根1－1－1
☎047－465－3333・FAX047－465－3335
代表取締役社長藤代忠実
1973年5月操業1989年9月更新1500×1(二軸)　ＰＳＭ日工
普通JIS取得(MSA)
※土浦工場＝茨城県参照

千葉宇部コンクリート工業㈱
1970年1月1日設立　資本金3000万円　従業員20名　出資＝(販)100%
◉本社＝〒261－0002　千葉市美浜区新港220－10
☎043－243－1845・FAX043－243－1848
✉chibaube@vega.ocn.ne.jp
代表取締役勝呂和彦　常務取締役長谷川茂　取締役田辺導男
◉本社工場＝本社に同じ
工場長北浦光一
従業員20名(主任技士1名・技士5名)
1973年10月操業2006年8月更新2800×1(二軸)　ＰＳＭ北川鉄工　UBE三菱　プラストクリート・シーカメント・フローリック　車大型×12台
G＝石灰砕石・人軽骨　S＝山砂・人軽骨
普通・軽量JIS取得(GBRC)
大臣認定単独取得(73N/mm²)

千葉菱光㈱
1994年12月21日設立　資本金2000万円
従業員25名　出資＝(セ)10%・(販)90%
◉本社＝〒261－0002　千葉市美浜区新港197－1
☎043－243－4333・FAX043－243－4334
✉cryoko@kem.biglobe.ne.jp
代表取締役井上一善　取締役山岸憲一・長谷俊和・井上卓哉
◉新港工場＝本社に同じ
工場長伊藤智成
従業員5名(主任技士1名・技士3名)
1987年1月操業2003年8月更新3000×1(二軸)　ＰＳＭ光洋機械　UBE三菱　シーカポゾリス・チューポール・フローリック・シーカメント　車大型×17台
G＝石灰砕石　S＝山砂
普通・軽量JIS取得(GBRC)
大臣認定単独取得

㈲東勝建材
◉本社＝〒273－0866　船橋市夏見台3－24－1
☎047－438－8467・FAX047－439－5071
代表取締役渡辺勝也
◉工場＝本社に同じ
1980年7月操業18×1　太平洋

東京エスオーシー㈱
◉本社＝東京都参照
◉市川工場＝〒272－0002　市川市二俣新町22－1
☎047－328－4171・FAX047－320－5010
工場長大見川隆治
従業員10名(主任技士4名・技士3名・診断士1名)
1964年6月操業2004年1月更新3000×1　ＰＭ日工Ｓスミテム　住友大阪　シーカポゾリス・シーカビスコクリート・フローリック・チューポール　車大型×3台〔傭車：㈲ニッタ・㈱サクラ他〕
2023年出荷38千㎥、2024年出荷47千㎥(高強度3400㎥・高流動240㎥)
G＝石灰砕石　S＝山砂・砕砂
普通・高強度JIS取得(JQA)
大臣認定単独取得(80N/mm²)
※芝浦工場＝東京都、横浜工場＝神奈川県参照

東邦レミコン㈱
1968年11月5日設立　資本金1500万円
従業員23名　出資＝(他)100%
◉本社＝〒262－0001　千葉市花見川区横戸町1189－3
☎047－483－2111・FAX047－485－7721
URL http://www.d-s-s.co.jp/toho/index.html
代表取締役社長藤本朋二　取締役野水史雄・荒崎健一・三本武雄　監査役安藤忠・吉田禎恭
◉千葉工場＝〒262－0001　千葉市花見川区横戸町1189－3
☎047－482－1511・FAX047－482－1575
✉toho-chiba@kvd.biglobe.ne.jp
工場長五十嵐剛
従業員12名(主任技士2名・技士4名)
1969年4月操業2007年5月更新2750×1(二軸)　ＰＳＭ日工　太平洋　ヴィンソル・チューポール・シーカビスコクリート　車大型×12台・中型×12台
G＝石灰砕石　S＝陸砂
普通JIS取得(GBRC)
大臣認定単独取得(60N/mm²)
◉八街工場＝〒289－1103　八街市八街に48－36
☎043－443－3311・FAX043－443－3313
工場長川名敏勝
従業員4名(主任技士1名・技士1名)
1973年12月操業2004年6月更新2500×1　ＰＭ光洋機械Ｓパシフィックシステム　太平洋　ヴィンソル　車大型×3台・中型×7台
G＝石灰砕石　S＝陸砂
普通JIS取得(GBRC)

㈲富山生コン
◉本社＝〒299－2221　南房総市合戸388
☎0470－57－3108・FAX0470－57－3127
代表取締役池田芳弘
◉工場＝本社に同じ
1975年1月操業500×1　ＰＳＭ日工　太平洋　車大型×1台・小型×8台

野田生コン㈱
1997年10月17日設立　資本金8000万円
従業員7名　出資＝(セ)100%
◉本社＝〒278－0017　野田市大殿井字仲坪277
☎04－7124－4323・FAX04－7122－0666
代表取締役社長相原英樹　常務取締役鈴木康世　取締役望月智之
◉第一工場＝〒278－0017　野田市大殿井字仲坪277
☎04－7124－4321・FAX04－7122－5388
✉gijutsu@nodanamacon.co.jp
工場長野﨑重二郎
従業員7名(主任技士3名・技士3名・診断士1名)
1966年2月操業1994年12月更新3000×1(二軸)　ＰＳＭ北川鉄工　太平洋　シーカポゾリス・シーカポゾリス・シーカビスコクリート・フローリック　車大型×8台〔傭車：㈱六起商会〕
2023年出荷45千㎥、2024年出荷26千㎥
G＝石灰砕石　S＝陸砂・石灰砕砂
普通JIS取得(GBRC)
大臣認定単独取得(70N/mm²)

㈲福田商店
1968年9月1日設立　資本金1000万円　出資＝(他)100%
◉本社＝〒270－0017　松戸市幸谷182－6
☎047－341－4421・FAX047－342－7796
代表取締役社長髙橋克行
◉流山工場＝〒270－0135　流山市野々下2－651
☎04－7147－1374・FAX04－7147－0447
1970年12月操業1000×1　太平洋　GCP
普通JIS取得(GBRC)

㈲藤田建材店
資本金500万円　出資＝(販)100%
◉本社＝〒270－0135　流山市野々下1－162－8
☎04－7158－8043・FAX04－7158－8044
代表取締役藤田昌恵
◉工場＝本社に同じ
18×1　太平洋

船橋レミコン㈱
1963年4月16日設立　資本金3000万円
従業員55名　出資＝(セ)10%・(販)90%
◉本社＝〒273－0024　船橋市海神町南1－1599
☎047－433－1121・FAX047－434－0996
URL http://www.d-s-s.co.jp/funabashi

✉honsya-funaremi@nifty.com
代表取締役社長藤本朋二　代表取締役青木俊宏　専務取締役野水史雄　常務取締役安藤忠　取締役増田朋也　監査役金島愛昌
◉第1工場＝〒273－0024　船橋市海神町南1－1606
☎047－431－2141・FAX047－434－6832
✉funaremi-1@nifty.com
工場長稲林良介
従業員17名(主任技士3名・技士4名・診断士1名)
1963年4月操業2015年更新3300×1(二軸)　ＰＳＭ日工　太平洋　シーカポゾリス・フローリック・チューポール・シーカビスコクリート　車大型×24台
2023年出荷76千㎥、2024年出荷73千㎥(高強度9000㎥)
G＝石灰砕石　S＝山砂・石灰砕砂
普通・高強度・舗装・軽量JIS取得(JTCCM)
大臣認定単独取得(70N/m㎡)
◉第2工場＝〒274－0082　船橋市大神保町1310－1
☎047－457－1391・FAX047－457－1671
✉funabasiremikon2@nifty.com
工場長稲林良介
従業員26名(主任技士3名・技士2名・診断士2名)
1969年12月操業2018年8月Ｓ2007年8月ＰＭ更新3000×1(二軸)　ＰＭ日工Ｓパシフィックシステム　太平洋・住友大阪　フローリック・マイテイ・チューポール・シーカポゾリス・シーカビスコクリート　車大型×19台
2023年出荷67千㎥、2024年出荷75千㎥(高強度1250㎥)
G＝石灰砕石　S＝山砂・石灰砕砂
普通・高強度・舗装・軽量JIS取得(JTCCM)
大臣認定単独取得(70N/m㎡)
◉北千葉工場＝〒285－0911　印旛郡酒々井町尾上字藤木67－1
☎043－496－1141・FAX043－496－0218
✉funaremi-kita@nifty.com
工場長吉田禎恭
従業員4名(主任技士1名・技士3名)
1969年9月操業2015年5月更新3300×1(二軸)　Ｐ光洋機械(旧石川島)Ｍ日工Ｓパシフィックシステム　太平洋　フローリック　車大型×5台
2024年出荷32千㎥
G＝石灰砕石　S＝山砂・石灰砕砂
普通・高強度・舗装・軽量JIS取得(JTCCM)
大臣認定単独取得(60N/m㎡)

㈱Boso
1968年7月1日設立　資本金1000万円　従業員30名
◉本社＝〒294－0232　館山市竜岡612
☎0470－28－1166・FAX0470－28－1865
✉boso@ueno-group.com
代表取締役上野利光
◉大戸工場＝〒294－0025　館山市大戸78
☎0470－22－7168・FAX0470－22－7139
✉boso@ueno-group.com
工場長相川祐一
従業員19名
北川鉄工　雙龍　車13台
2023年出荷7千㎥
G＝石灰砕石　S＝山砂
普通JIS取得(GBRC)

㈱マジマ生コン
◉本社＝〒272－0014　市川市田尻3－2－5
☎047－376－5413・FAX047－370－0550
URL https://mazima-namacon.co.jp
✉contact@mazima-namacon.co.jp
代表取締役馬嶋大五郎
◉本社工場＝本社に同じ
専務取締役細田健太郎
従業員22名(主任技士1名・技士5名)
1982年7月操業2001年1月更新2750×1(二軸)　ＰＳＭ日工　トクヤマ　フローリック・シーカメント　車大型×8台・中型×5台
2023年出荷90千㎥
G＝砕石　S＝山砂
普通JIS取得(MSA)
大臣認定単独取得(60N/m㎡)

松戸生コンクリート㈱
1962年1月21日設立　資本金3000万円　従業員14名　出資＝(販)100%
◉本社＝〒271－0061　松戸市栄町西4－1140
☎047－362－6116・FAX047－362－6118
代表取締役織田増信　取締役織田善信
◉松戸工場＝本社に同じ
工場長宮川和紀
従業員10名(主任技士2名・技士3名)
1962年1月操業2016年4月更新3300×1(二軸)　ＰＳＭ光洋機械　太平洋　フローリック・ヤマソー　車大型×10台
2023年出荷64千㎥、2024年出荷35千㎥(高強度200㎥・高流動200㎥)
G＝石灰砕石　S＝山砂・石灰砕砂・砕砂
普通JIS取得(GBRC)
大臣認定単独取得(60N/m㎡)
◉常磐工場＝〒270－2231　松戸市稔台425
☎047－365－2191・FAX047－368－2509
責任者小島正臣
従業員11名(主任技士1名・技士7名・診断士1名)
第1Ｐ＝1963年8月操業1990年3月更新3000×1(二軸)　ＰＭ北川鉄工(旧日本建機)Ｓハカルプラス
第2Ｐ＝2004年9月操業2750×1　ＰＭ北川鉄工(旧日本建機)Ｓハカルプラス　太平洋　フローリック・シーカ・ヤマソー　車9台
2023年出荷60千㎥、2024年出荷40千㎥(高強度2600㎥)
G＝石灰砕石　S＝陸砂・石灰砕砂
普通JIS取得(GBRC)
大臣認定単独取得(60N/m㎡)

㈱丸昭建材
1971年4月1日設立　資本金3000万円　従業員18名　出資＝(自)100%
◉本社＝〒277－0861　柏市高田1116－32
☎04－7143－0262・FAX04－7143－532
URL http://www.marusyo-kenzai.co.jp
✉mail@marusyo-kenzai.co.jp
代表取締役宮脇秀仁　取締役小林昭・高橋幸治・猪野みどり・平子健太　監査役小林玲子
◉工場＝本社に同じ
工場長金重賢昭
従業員9名(主任技士1名・技士4名)
1986年4月操業2021年1月更新2800×1(二軸)　ＰＳＭ光洋機械　太平洋　ヤマソー・フローリック・マイテイ　車大型×10台・中型×1台・小型×7台〔傭車：㈱トーケン〕
2024年出荷37千㎥
G＝石灰砕石・砕石　S＝陸砂・石灰砕砂
普通JIS取得(GBRC)
ISO 9001取得
大臣認定単独取得(75N/m㎡)

㈱丸政建材
1995年1月1日設立　資本金1000万円　従業員11名　出資＝(自)100%
◉本社＝〒279－0041　浦安市堀江4－15－6
☎047－351－2524・FAX047－355－1505
代表取締役社長宇田川守　専務取締役宇田川仁　取締役宇田川すみ子・肥後寿子・佐藤英次　監査役高津啓吾
◉工場＝本社に同じ
工場長佐藤英次
従業員11名
1971年7月操業1991年8月更新500×1　ＰＳオリエントＭ大平洋機工　住友大阪　車中型×7台
G＝砕石　S＝山砂・砕砂

ミズホ生コン㈱
資本金1000万円　出資＝(他)100%
◉本社＝〒299－1153　君津市市宿184
☎0439－37－2157
代表取締役奥村保
◉工場＝本社に同じ
1970年12月操業500×1　ＰＳＭ北川鉄工　太平洋　車小型×6台

㈲宮内建材
資本金300万円　出資＝（販）100％
◉本社＝〒270－1102　我孫子市都18－4
☎04－7189－2190・FAX04－7189－3864
URL http://www.miyauchi-k.com/
代表取締役宮内弘行
◉工場（操業停止中）＝本社に同じ
1973年9月操業1000×1　ＰＳＭ北川鉄工

三好生コンクリート㈱
資本金3000万円
◉本社＝〒299－1147　君津市人見1135－1
☎0439－54－3801・FAX0439－54－3803
✉n.aoki@mys.co.jp
代表取締役社長野口忍　取締役藤井良一・井上慶一・青木法昭　監査役遠藤義己
◉君津工場＝本社に同じ
工場長青木法昭
従業員5名（主任技士1名・技士1名）
1967年5月操業1996年10月M2020年5月S更新3000×1　ＰＳ北川鉄工（旧日本建機）Ｍ日工　太平洋　フローリック・シーカビスコクリート　車15台〔傭車：㈲京葉ミキサーリース〕
2023年出荷40千㎥、2024年出荷49千㎥
G＝石灰砕石・人軽骨・スラグ　S＝陸砂・スラグ
普通・舗装JIS取得（GBRC）

明治生コンクリート㈱
1981年12月設立　資本金1000万円　出資＝（自）100％
◉本社＝〒289－2144　匝瑳市八日市場イ－27－3
☎0479－72－3111・FAX0479－73－3457
代表取締役増田建二
◉東金工場＝〒283－0005　東金市田間901－1
☎0475－54－1111・FAX0475－54－1113
✉tougane-meiji@gol.com
工場長小川健市
従業員31名（主任技士1名・技士5名）
1981年11月操業2012年5月更新3300×1（二軸）　ＰＳＭ日工　UBE三菱　フローリック・ヤマソー　車大型×16台・中型×10台
2024年出荷50千㎥（高強度30㎥・ポーラス100㎥）
G＝石灰砕石・砕石・人軽骨　S＝山砂
普通・舗装・軽量JIS取得（GBRC）
大臣認定単独取得（60N/mm²）

ヤスミ生コン㈱
1974年3月16日設立　資本金2000万円
従業員6名　出資＝（自）100％
◉本社＝〒292－0413　君津市吉野300
☎0439－27－3661・FAX0439－27－3757
✉yasumi-siken@if-n.ne.jp
代表取締役齊藤良充　取締役東四郎・保美善和・齊藤良輔
◉工場＝〒292－0413　君津市吉野300
☎0439－27－3661・FAX0439－27－2212
工場長鈴木一史
従業員6名（主任技士1名・技士3名）
1974年8月操業1986年4月ＰＭ2000年10月Ｓ更新2500×1（二軸）　ＰＳＭ光洋機械（旧石川島）　UBE三菱　シーカポゾリス　車大型×9台〔傭車：クリエート開発㈱〕
2023年出荷26千㎥、2024年出荷35千㎥
G＝石灰砕石　S＝山砂
普通JIS取得（GBRC）
大臣認定単独取得（60N/mm²）

山一興産㈱
1969年12月4日設立　資本金5000万円
◉本社＝〒279－0002　浦安市北栄4－20－10
URL https://www.yamaichikousan.co.jp/
代表取締役社長柳内光子
※江戸川工場＝東京都参照、横浜工場・相模工場＝神奈川県参照

ヤマカ建材工業㈱
1971年9月25日設立　資本金3000万円
出資＝（自）100％
◉本社＝〒264－0016　千葉市若葉区大宮町3092－1
☎043－265－1350・FAX043－265－3576
代表取締役笠原啓二
◉千葉工場＝〒266－0001　千葉市緑区東山科町14－43
☎043－228－4551・FAX043－228－4552
工場長笠原真樹
従業員23名（主任技士3名・技士4名・診断士1名）
1979年7月操業2006年1月更新3000×1（二軸）　ＰＳＭ光洋機械　UBE三菱　フローリック・シーカジャパン・竹本　車大型×12台・中型×5台・小型×4台
G＝石灰砕石　S＝山砂
普通JIS取得（GBRC）
ISO 9001取得
大臣認定単独取得
◉袖ヶ浦工場＝〒299－0232　袖ヶ浦市永地1281－1
☎0438－75－3740・FAX0438－75－3742
工場長葛田直仁
従業員22名（主任技士2名・技士2名・診断士1名）
1973年9月操業2005年5月更新2000×1　ＰＳＭ光洋機械　UBE三菱　フローリック・竹本　車大型×10台・中型×10台・小型×3台
2023年出荷56千㎥、2024年出荷55千㎥（高強度1800㎥）
G＝石灰砕石　S＝山砂
普通JIS取得（GBRC）
ISO 9001取得
大臣認定単独取得（60N/mm²）
◉市原工場＝〒299－0107　市原市姉崎海岸112
☎0436－61－5012・FAX0436－61－4037
✉yamaka_ichihara@bz04.plala.or.jp
工場長宮島勝実
従業員25名（主任技士2名・技士3名・診断士1名）
1979年9月操業2008年1月更新2750×1（二軸）　ＰＳＭ光洋機械　太平洋　車大型×11台・中型×6台
2024年出荷52千㎥（高強度1768㎥）
G＝石灰砕石　S＝山砂
普通JIS取得（GBRC）
ISO 9001取得
大臣認定単独取得（60N/mm²）
◉稲毛工場＝〒263－0005　千葉市稲毛区長沼町112－1
☎043－250－5161・FAX043－250－5158
工場長小林哲
従業員10名（主任技士1名・技士3名）
1972年11月操業1981年11月Ｐ1996年1月ＳＭ更新2250×1　ＰＳＭ光洋機械　UBE三菱　フローリック・シーカジャパン　車大型×2台・中型×6台・小型×3台
G＝石灰砕石　S＝山砂
普通JIS取得（GBRC）
ISO 9001取得
大臣認定取得

㈱ヤマセ建材
1967年4月1日設立　資本金1000万円　従業員18名　出資＝（自）100％
◉本社＝〒266－0005　千葉市緑区誉田町2－2306－12
☎043－291－0104・FAX043－291－0080
✉yamase-namacon@kind.ocn.ne.jp
代表取締役高橋清一　専務取締役高橋優子　取締役工場長高橋清美
◉ヤマセ生コン工場＝本社に同じ
取締役工場長高橋清美
従業員18名（技士3名・診断士1名）
1967年4月操業1992年10月更新2000×1（二軸）　ＰＳＭ光洋機械　太平洋　シーカジャパン・山宗・フローリック　車大型×5台・中型×3台・小型×5台
2023年出荷33千㎥、2024年出荷30千㎥
G＝石灰砕石　S＝陸砂
普通JIS取得（JTCCM）

㈲山田興業
1970年11月1日設立　資本金350万円　従業員15名　出資＝（自）100％
◉本社＝〒292－0024　木更津市大寺1070
☎0438－98－0844
代表取締役山田正行　取締役山田静子

◉工場＝本社に同じ
従業員4名
1977年6月操業1990年9月更新36×1　PSM北川鉄工　太平洋　チューポール　車中型×13台
G＝山砂利・砕石　S＝山砂

㈲ユアサ建商
1979年8月1日設立　資本金300万円　従業員30名　出資＝(自)100％
◉本社＝〒264－0007　千葉市若葉区小倉町449－1
☎043－231－8050・FAX043－232－3249
代表取締役湯浅義徳　取締役湯浅淳子・湯浅英幸
◉工場＝〒264－0007　千葉市若葉区小倉町501－1
☎043－232－1380・FAX043－232－3249
工場長湯浅義徳
従業員30名(主任技士1名)
1979年8月操業2007年5月更新1750×1(二軸)　PSM日工　トクヤマ　ヤマソー　車大型×3台・中型×20台
G＝石灰砕石　S＝陸砂
普通JIS取得(JTCCM)

八日市場宇部生コンクリート㈱
資本金1000万円　出資＝(販)100％
◉本社＝〒289－2114　匝瑳市上谷中2215－9
☎0479－72－1511・FAX0479－73－0808
代表取締役増田暁
◉八日市場工場＝本社に同じ
工場長木内昭雄
1965年4月操業1990年8月SM更新81×2　SM北川鉄工　UBE三菱　車大型×9台・中型×8台
G＝砕石　S＝陸砂・砕砂
普通JIS取得(GBRC)
◉茂原工場(操業停止中)＝〒299－4333　長生郡長生村七井土1455
☎0475－32－0111
1966年12月操業28×3　Sハカルプラス　M北川鉄工

吉田建材㈱
◉本部＝東京都参照
◉船橋工場＝〒273－0853　船橋市金杉4－1－10
☎047－438－3354・FAX047－439－3891
✉m.hiramatsu@yoshiken-co.jp
工場長平松宗男
従業員12名(主任技士3名・技士3名・診断士1名)
1970年5月操業2004年1月更新2500×1(二軸)　PSM日工　住友大阪　チューポール・シーカジャパン・フローリック・シーカメント　車大型×11台
G＝石灰砕石　S＝山砂・石灰砕砂
普通JIS取得(GBRC)
※東京若洲工場＝東京都参照

㈱林長
1988年3月5日設立　資本金1000万円
◉本社＝〒289－0601　香取郡東庄町笹川い5552
☎0478－86－0003・FAX0478－86－3927
社長林勝己
◉林長生コン工場＝〒289－0601　香取郡東庄町笹川い6659
☎0478－86－1148・FAX0478－86－1119
✉rinchou1148@aioros.ocn.jp
工場長林勝己
従業員(主任技士2名・技士1名・診断士1名)
1969年11月操業2019年1月更新2300×1(二軸)　太平洋　シーカポゾリス・シーカビスコクリート・チューポール　車大型×9台・中型×6台
G＝砕石　S＝山砂・砕砂
普通JIS取得(GBRC)

東京都

愛知金物建材㈱
1961年10月創業　1974年4月19日設立　資本金1000万円　従業員14名　出資＝(自)100％
◉本社＝〒194－0037　町田市木曽西3－12－16
☎042－791－1100・FAX042－792－4690
URL http://www.aichi-kk.com/
✉aichi@apricot.ocn.ne.jp
代表取締役社長杉浦隆　専務取締役杉浦豊
◉生コン工場＝〒194－0037　町田市木曽西3－12－16
☎042－791－1119・FAX042－792－4690
✉aichi@aichi-kk.com
工場長笠原慎也
従業員8名（技士3名）
1300×1（ジクロス）　ＰＳＭ北川鉄工　太平洋　GCP・シーカ　車中型×6台・小型6台〔傭車：にしむら屋・小松車輌工業㈱〕
G＝砕石　S＝山砂・砕砂
普通・高強度JIS取得（GBRC）
大臣認定単独取得（60N/mm²）

赤間建設㈱
1961年12月4日設立　資本金3000万円　従業員33名　出資＝(自)100％
◉本社＝〒100－1511　八丈島八丈町三根181－15
☎04996－2－4150・FAX04996－2－2818
代表取締役長戸路博
◉赤間生コンクリート工場＝〒100－1511　八丈島八丈町三根4231
☎04996－2－2956・FAX04996－2－5243
工場長浅沼円
従業員10名（技士2名）
1971年4月操業1250×1　ＰＭ光洋機械Ｓパシフィックシステム　UBE三菱　シーカコントロール・シーカポゾリス　車大型×5台・中型×3台
G＝山砂利　S＝山砂
普通JIS取得（JTCCM）

浅田興業㈱
1970年5月1日設立　資本金1000万円　従業員10名　出資＝(自)100％
◉本社＝〒190－0013　立川市富士見町6－62－14
☎042－522－2634・FAX042－524－4347
代表取締役浅田悦嗣　取締役浅田トヨ子・浅田修允
◉工場＝本社に同じ
工場長浅田トヨ子
従業員10名（主任技士3名・技士1名・診断士1名）
1973年9月操業1989年12月更新1250×1（二軸）　ＰＳＭ光洋機械　太平洋　シーカ　車中型×7台・小型×5台
G＝砕石　S＝砕砂・石灰砕砂
普通JIS取得（GBRC）

アサノコンクリート㈱
1951年11月10日設立　資本金30000万円　従業員74名　出資＝(セ)100％
◉本社＝〒103－0004　中央区東日本橋2－27－8　アサノ東日本橋ビル
☎03－5823－6168・FAX03－5823－6180
URL https://www.asano-concrete.co.jp
代表取締役社長本宮秀明　専務取締役鈴木孝治　常務取締役玉木保幸　取締役石田聡・尾崎浩二・森秀樹　監査役竹内紀一郎
◉深川工場＝〒135－0024　江東区清澄1－2－8
☎03－3641－9191・FAX03－3630－1085
工場長及川博文
従業員10名（主任技士3名・技士5名）
1956年11月操業2002年1月Ｍ改造2003年8月Ｐ改造2004年7月Ｓ改造3300×1（二軸）　ＰＳＭ日工　太平洋　シーカコントロール・フローリック・シーカビスコクリート・シーカメント・マイテイ・チューポール・ヤマソー・シーカポゾリス　車大型×18台〔傭車：清澄運輸㈱〕
2023年出荷75千㎥、2024年出荷86千㎥（高強度11500㎥・高流動2500㎥・環境配慮型4900㎥・SPC2300㎥）
G＝石灰砕石　S＝陸砂・石灰砕砂
普通・高強度・軽量JIS取得（GBRC）
大臣認定単独取得（120N/mm²）
◉品川工場＝〒108－0075　港区港南5－8－33
☎03－3474－1431・FAX03－3474－2522
工場長石田聡
従業員19名（主任技士5名・技士9名・診断士2名）
第1Ｐ＝1970年3月操業1988年11月Ｐ2002年8月Ｍ2004年8月Ｓ改造3300×1（二軸）　ＰＳＭ日工
第2Ｐ＝1988年8月操業2004年1月Ｍ2004年8月Ｓ改造3300×1（二軸）　ＰＳＭ日工　太平洋　フローリック・マイテイ・チューポール・ヤマソー・シーカコントロール・シーカビスコクリート・シーカポゾリス　車大型×36台〔傭車：清澄運輸㈱〕
2023年出荷170千㎥、2024年出荷168千㎥（高強度22000㎥・高流動9000㎥・水中不分離9000㎥）
G＝石灰砕石　S＝山砂・石灰砕砂
普通・高強度・軽量JIS取得（GBRC）
大臣認定単独取得（120N/mm²）
◉浮間工場＝〒115－0051　北区浮間1－3－2
☎03－3966－8711・FAX03－3966－8714
工場長西脇康二
従業員11名（主任技士4名・技士4名・診断士1名）
1962年5月操業1987年8月Ｐ2004年8月Ｍ改造3300×1（二軸）　Ｐ北川鉄工（旧日本建機）ＳＭ日工　太平洋　シーカコントロール・フローリック・シーカビスコクリート・シーカメント・ヤマソー・シーカポゾリス・マイテイ・チューポール　車大型×16台〔傭車：清澄運輸㈱〕
2023年出荷68千㎥、2024年出荷76千㎥（高強度20000㎥・水中不分離20㎥）
G＝石灰砕石・人軽骨　S＝陸砂・石灰砕砂
普通・高強度・軽量JIS取得（GBRC）
大臣認定単独取得（120N/mm²）

飯村建材㈱
◉本社＝〒123－0842　足立区栗原3－21－1
☎03－3855－8571
※工場、春日部工場＝埼玉県参照

井口建材工業㈲
1954年12月設立　資本金300万円　従業員17名　出資＝(自)100％
◉本社＝〒180－0011　武蔵野市八幡町3－8－5
☎0422－51－6341・FAX0422－55－2941
URL http://www.iguchi-kenzai.co.jp/
代表取締役井口忠司　取締役井口よし子
◉工場＝本社に同じ
工場長井口忠司
従業員17名（主任技士3名・技士3名・診断士1名）
1969年11月操業2009年1月更新1300×1（二軸）　ＰＳ日工Ｍ北川鉄工　住友大阪　フローリック　車小型×11台
G＝砕石　S＝山砂・砕砂
普通JIS取得（GBRC）
大臣認定単独取得

㈲池田屋
1954年7月29日設立　資本金800万円　従業員23名　出資＝(自)100％
◉本社＝〒194－0211　町田市相原町2071－ロ
☎042－771－2555・FAX042－773－9473
代表取締役池田孝光　取締役池田佳世子
◉工場＝〒194－0211　町田市相原町1672－2
☎042－771－2555・FAX042－773－9473
工場長池田孝光
従業員26名（技士3名）
1969年1月操業2006年8月更新1300×1　ＰＳＭ北川鉄工　太平洋　フローリッ

ク・シーカジャパン　車中型×18台
2023年出荷35千㎥、2024年出荷36千㎥
G＝砕石　S＝陸砂・砕砂
普通JIS取得（JTCCM）

㈲石川建材店
資本金200万円　従業員6名　出資＝（自）100％
◉本社＝〒194－0036　町田市木曽東3－33－2
☎042－791－0045・FAX042－791－3086
代表取締役石川直司　取締役石川文江・石川新一
◉工場＝本社に同じ
工場長石川新一
従業員6名（技士1名）
1994年2月操業28×1　PM王子機械S湘南島津　太平洋　シーカ　車中型×4台
G＝砕石　S＝山砂・陸砂・砕砂

㈲石川商店
1959年10月8日設立　資本金350万円　従業員15名　出資＝（自）100％
◉本社＝〒158－0095　世田谷区瀬田2－21－18
☎03－3700－4321・FAX03－3700－4323
代表取締役石川紀代子　取締役狩野由紀子
※溝口工場＝神奈川県参照

石川生コン㈱
1969年11月17日設立　資本金1000万円　従業員24名　出資＝（他）100％
◉本社＝〒125－0054　葛飾区高砂2－9－9
☎03－3657－6626・FAX03－3673－2340
URL http://www.tokyo-irc.co.jp/
✉info@tokyo-irc.co.jp
代表取締役社長石川太陽　取締役石川洋子・古谷憲一郎・都筑啓一　監査役石川清
◉工場＝〒125－0054　葛飾区高砂2－3－5
☎03－3673－5754・FAX03－3673－4081
工場長都筑啓一
従業員18名（主任技士5名・技士13名・診断士1名）
1970年2月操業2011年1月M改造2750×1（二軸）　PSM日工　太平洋・住友大阪　チューポール・フローリック・シーカ・ヤマソー　車大型×15台・中型×18台・小型×5台
2024年出荷150千㎥（高強度3000㎥）
G＝石灰砕石　S＝陸砂・石灰砕砂
普通・高強度JIS取得（GBRC）
大臣認定単独取得（80N/mm²）

五十鈴建材㈱
1955年1月1日設立　資本金1000万円　従業員20名　出資＝（自）100％
◉本社＝〒189－0002　東村山市青葉町2－43－2
☎042－394－2090・FAX042－393－0853
代表取締役社長小板橋昭雄
◉工場＝本社に同じ
工場長畑中忠彦
従業員20名（主任技士1名・技士4名）
1979年1月操業2005年更新1250×1（二軸）　PSM北川鉄工　太平洋　シーカポゾリス・フローリック　車中型×5台・小型×4台
G＝砕石　S＝混合砂
普通JIS取得（JTCCM）

稲城レミックス㈱
2009年10月1日設立
◉本社＝〒206－0801　稲城市大丸1448－3
☎042－377－8331・FAX042－377－8242
代表取締役社長小林正剛　常務取締役菅敏明　取締役小林勇哉・楠本倫弘・鈴木孝行・安藤公隆
◉工場＝本社に同じ
工場長楠本倫弘
1969年7月操業2010年5月M更新2800×1（二軸）　PM北川鉄工（旧日本建機）S日工　太平洋
2023年出荷62千㎥
G＝石灰砕石・砕石　S＝山砂・石灰砕砂・砕砂
普通JIS取得（GBRC）
大臣認定単独取得（80N/mm²）

㈲岩崎建材店
1987年7月1日設立　資本金500万円　従業員5名　出資＝（自）100％
◉本社＝〒189－0013　東村山市栄町3－6－25
☎042－393－1307・FAX042－392－7177
代表取締役岩崎透　取締役岩崎千明
◉工場＝本社に同じ
工場長岩崎透
従業員5名（技士3名）
1987年7月操業2008年8月更新1300×1（二軸）　PSM北川鉄工　雙龍　シーカジャパン　車大型×3台・中型×4台〔傭車：竹松建材・細渕建材・間野建材〕
2023年出荷8千㎥
G＝砕石　S＝砕砂
普通JIS取得（GBRC）

植木生コン㈱
1970年8月1日設立　資本金2000万円　従業員32名　出資＝（自）100％
◉本社＝〒120－0005　足立区綾瀬5－12－3
☎03－3605－0705・FAX03－3605－0705
✉info@ueki-kk.jp
代表取締役社長植木勝　取締役植木一彦・植木嘉春・植木八重子　監査役植木浩太郎
※工場＝埼玉県参照

内山コンクリート工業㈱
1984年6月1日設立　資本金5000万円　従業員11名　出資＝（自）55％・（セ）45％
◉本社＝〒108－0075　港区港南5－4－5
☎03－3458－1251・FAX03－5462－7126
✉uchicon@uchiyamagroup.com
代表取締役社長柳内光子　代表取締役専務柳内孝彦　常務取締役篠崎勉　取締役梅田睦・堀籠朗　監査役安永尋幸
◉工場＝本社に同じ
工場長飯生昌之
従業員11名（主任技士3名・技士4名・診断士2名）
2019年2月操業3300×1（二軸）　PM光洋機械Sパシフィックシステム　UBE三菱　ヤマソー・マイテイ・シーカ・チューポール・フローリック　車大型×16台〔傭車：㈱三恵運輸〕
2023年出荷90千㎥、2024年出荷87千㎥（高強度17㎥・高流動30㎥）
G＝石灰砕石・砕石　S＝山砂・砕砂
普通・高強度JIS取得（JTCCM）
大臣認定単独取得（80N/mm²）

内山城南コンクリート工業㈱
1994年12月16日設立　資本金3000万円　従業員12名　出資＝（他）100％
◉本社＝〒143－0002　大田区城南島1－1－2
☎03－3790－1001・FAX03－5492－7042
✉jyounan@uchiyamagroup.com
代表取締役社長柳内光子　専務取締役佐野雅二　取締役上村清　監査役安永尋幸
◉工場＝本社に同じ
工場長彦田健太郎
従業員12名（主任技士5名・技士3名・診断士3名）
第1P＝1979年9月操業2016年11月更新3300×1（二軸）　PM光洋機械Sパシフィックシステム
第2P＝1988年6月操業2006年1月更新3300×1（二軸）　PM北川鉄工（旧日本建機）Sパシフィックシステム　太平洋　シーカポゾリス・シーカビスコクリート　車大型×24台〔傭車：㈱三恵運輸〕
2023年出荷129千㎥、2024年出荷121千㎥（高強度14800㎥・高流動2800㎥・水中不分離20㎥）
G＝石灰砕石・砕石・人軽骨　S＝山砂・砕砂
普通・高強度・軽量JIS取得（JTCCM）
大臣認定単独取得（80N/mm²）
※㈱内山アドバンスより生産受託

㈱梅田商店
資本金1000万円　出資＝（他）100％
◉本社＝〒170－0012　豊島区上池袋2－14

－9
☎03－3916－5168・FAX03－3916－5915
代表取締役梅田要一郎
◉池袋生コン工場＝本社に同じ
工場長梅田明夫
従業員22名
1971年8月操業1500×1　太平洋　車25台
2023年出荷40千㎥
G＝石灰砕石　S＝石灰砕砂
普通JIS取得(JTCCM)
大臣認定単独取得(60N/mm²)

大沢建材㈲
1963年4月設立　資本金300万円　従業員13名
◉本社＝〒191－0054　日野市東平山3－32－8
☎042－506－2980・FAX042－506－2981
✉info@osawakenzai.co.jp
取締役大沢由則
◉工場＝本社に同じ
取締役大沢由則
従業員13名(主任技士1名・技士2名)
2019年12月更新　PSM日工　トクヤマ　フローリック・シーカジャパン・チューポール　車大型×8台・中型×7台〔傭車〕
2023年出荷30千㎥、2024年出荷23千㎥
G＝石灰砕石・砕石　S＝山砂・砕砂
普通・高強度JIS取得(JTCCM)
大臣認定単独取得(70N/mm²)

大沢生コン㈱
1969年6月1日設立　資本金2000万円　従業員35名　出資＝(自)100%
◉本社＝〒167－0021　杉並区井草3－1－13
☎03－3397－0111・FAX03－3397－0117
✉gyoumu@ohsawa-namacon.co.jp
代表取締役大澤ヒデ子
◉工場＝本社に同じ
工場長梅田仁志
従業員30名(主任技士3名・技士3名)
1965年操業1988年更新2500×1(二軸)　PM光洋機械Sパシフィックシステム　住友大阪・日立　シーカポゾリス・シーカビスコクリート・フローリック　車大型×7台・中型×13台・小型×8台〔傭車〕
G＝砕石　S＝陸砂・石灰砕砂
普通・高強度JIS取得(GBRC)
大臣認定単独取得(60N/mm²)

㈲小沢建材
◉本社＝〒190－0182　西多摩郡日の出町平井3418
◉生コン工場＝〒190－0182　西多摩郡日の出町平井字狩宿2511－8
☎042－597－4680
500×1　トクヤマ
普通JIS取得(JTCCM)

小野建材工業㈱
1959年7月1日設立　資本金2000万円　従業員14名　出資＝(自)100%
◉本社＝〒132－0035　江戸川区平井7－2－29
☎03－3617－4111・FAX03－3617－4116
代表取締役小野雄久
◉工場＝本社に同じ
従業員14名(技士2名)
1970年操業2003年5月更新1750×1(二軸)　PSM日工　住友大阪　車中型×1台・小型×3台
G＝石灰砕石　S＝砕砂
普通JIS取得(GBRC)

㈱梶野組
1960年4月25日設立　資本金2000万円　従業員15名　出資＝(他)100%
◉本社＝〒100－0400　新島村字川原201－1
☎04992－5－0133・FAX04992－5－1362
代表取締役前田安久　取締役青沼正・前田勝久
◉工場(操業停止中)＝〒100－0402　新島村本村字桧山道東
☎04992－5－0560
1977年12月操業1982年9月S改造500×1　PM大平洋機工S度量衡

㈲鹿島商会
1932年3月3日設立　資本金500万円　従業員8名　出資＝(自)100%
◉本社＝〒174－0065　板橋区若木1－1－4
☎03－3933－0601
代表取締役鹿島一彦　専務取締役鹿島芳子
◉工場＝本社に同じ
工場長鹿島一彦
従業員5名
1978年1月操業1996年11月更新750×1　P秩父エンジニアリングS大平洋機工　太平洋　ヴィンソル・ヤマソー　車小型×5台

河島建材㈱
1955年4月1日設立　資本金1000万円　従業員15名　出資＝(自)100%
◉本社＝〒175－0084　板橋区四葉2－31－9
☎03－3930－8709・FAX03－3975－3575
代表取締役河島芳夫　専務取締役河島正憲
◉工場＝本社に同じ
工場長景山義明
従業員15名(技士2名)
1970年5月操業2003年更新1000×1(二軸)　P太平洋エンジニアリングSパシフィックテクノスM光洋機械　太平洋　フローリック　車中型×10台
G＝砕石　S＝陸砂
普通JIS取得(GBRC)

河島コンクリート工業㈱
1955年10月18日設立　資本金2800万円　従業員46名　出資＝(自)100%
◉本社＝〒175－0081　板橋区新河岸1－11－8
☎03－5921－0308・FAX03－5921－0908
URL http://www.kawashima-concrete.co.jp/
✉info@kawashima-concrete.co.jp
代表取締役河島慎吾　取締役木藤洋・木藤博美　監査役河島公成
◉新河岸工場＝本社に同じ
工場長諏訪眞也
従業員46名(主任技士2名・技士18名・診断士1名)
1951年操業2011年M改造3300×1(二軸)　太平洋・UBE三菱　フローリック・シーカジャパン・ヤマソー　車大型×32台・中型×24台〔傭車：㈱栄光・㈱星野建材・㈲シンメイ・㈱アズケン・㈱アイカーゴ・相武陸運㈱〕
2023年出荷160千㎥
G＝石灰砕石　S＝山砂・石灰砕砂・砕砂
普通・高強度・舗装JIS取得(JTCCM)
大臣認定単独取得(80N/mm²)
※練り水冷却装置、非常用ディーゼル発電設備完備

㈱川端建材
1960年8月1日設立　資本金500万円　従業員14名　出資＝(自)100%
◉本社＝〒156－0054　世田谷区桜丘3－28－3
☎03－3428－4188・FAX03－3428－5696
URL http://www.kawa-bata.com
代表取締役社長川端伸輔　取締役和田拓也
◉工場＝本社に同じ
工場長和田拓也
従業員14名(主任技士2名・技士4名)
1972年11月操業1984年9月PS2010年1月M改造2300×1　PM北川鉄工　日立・UBE三菱　フローリック　車中型×20台
2024年出荷65千㎥
G＝石灰砕石・砕石　S＝混合砂
普通JIS取得(JTCCM)
大臣認定単独取得(60N/mm²)

関東宇部コンクリート工業㈱
2002年3月設立　資本金5000万円　従業員131名　出資＝(他)100%
◉本社＝〒141－0032　品川区大崎3－5－2　エステージ大崎6F
☎03－5759－7696・FAX03－5759－7732

東京都

URL http://www.kanto-ube.co.jp
✉soumu@kanto-ube.co.jp
代表取締役社長嶋津成昭　常務取締役伊藤孝明・藤嶽暢成・菱木誠一・竹下賢二
◉東京・玉川支社＝〒141－0032　品川区大崎3－5－2エステージ大崎6F
☎03－5759－7691・FAX03－5759－7729
常務取締役東京・玉川支社長藤嶽暢成
◉三多摩・神奈川支社＝〒183－0035　府中市四谷3－45－1
☎042－366－2751・FAX042－366－2607
常務取締役三多摩・神奈川支社長菱木誠一
◉技術センター＝〒141－0032　品川区大崎3－5－2　エステージ大崎6F
☎03－5759－7716・FAX03－5759－7729
センター長佐々木彰
◉豊洲工場＝〒135－0061　江東区豊洲4－11－3
☎03－3533－1001・FAX03－3533－1647
工場長高木浩
従業員15名（主任技士5名・技士5名・診断士2名）
1961年10月操業2003年6月更新3250×2（二軸）　ＰＳＭ光洋機械（旧石川島）　UBE三菱　シーカビスコクリート・チューポール・マイテイ・シーカメント　車大型×40台〔傭車：関東生コン輸送㈱・㈲東邦物流〕
G＝石灰砕石・砕石　S＝山砂・石灰砕砂・砕砂
普通・高強度JIS取得（JTCCM）
大臣認定単独取得（120N/mm²）
◉大井工場＝〒143－0002　大田区城南島1－1－1
☎03－3790－2023・FAX03－5492－7043
✉hashizume@kanto-ube.co.jp
工場長橋詰宗博
従業員13名（主任技士4名・技士4名・診断士3名）
第1Ｐ＝1979年9月操業2003年9月ＰＭ更新3300×1（二軸）　ＰＳＭ日工
第2Ｐ＝1989年11月操業2021年1月Ｍ更新3300×1（二軸）　Ｐ光洋機械ＭＳ日工　UBE三菱　シーカビスコクリート・フローリック・チューポール　車大型×43台〔傭車：大京運輸㈲・関東生コン輸送㈱〕
2023年出荷120千m³、2024年出荷97千m³（高強度15000m³）
G＝石灰砕石・人軽骨　S＝山砂・石灰砕砂
普通・高強度・軽量JIS取得（JTCCM）
大臣認定単独取得（120N/mm²）
※関東宇部コンクリート工業㈱品川工場より生産受託
◉府中工場＝〒183－0035　府中市四谷3－45－1
☎042－366－2721・FAX042－366－2725
✉k.takahashi@kanto-ube.co.jp
責任者高橋浩二
従業員9名（主任技士2名・技士4名）
1965年10月操業1983年7月更新3000×1（二軸）　ＰＳＭ光洋機械　UBE三菱　チューポール・マイテイ・シーカジャパン　車大型×14台〔傭車：関東生コン輸送・三多摩生コン輸送・豊運輸〕
2023年出荷64千m³、2024年出荷74千m³（高強度3500m³）
G＝石灰砕石・砕石・人軽骨　S＝山砂・石灰砕砂・砕砂
普通・高強度・軽量JIS取得（JTCCM）
大臣認定単独取得（80N/mm²）
※溝の口工場・横浜工場・相模原工場＝神奈川県、入間工場＝埼玉県、浦安工場＝千葉県参照

桐生レミコン㈱
1961年7月8日設立　資本金1000万円　従業員34名　出資＝（自）100％
◉本社＝〒120－0005　足立区綾瀬3－3－10　太陽ビル3F
☎03－3628－7221・FAX03－3628－7226
✉aeh07020@nifty.com
代表取締役社長桐生了英　取締役板井純一郎
◉大井工場＝〒143－0002　大田区城南島1－1－4
☎03－3790－1945・FAX03－3790－1939
工場長茂野徹
従業員11名（主任技士4名・技士5名）
1980年4月操業2004年8月更新6000×1（二軸）　Ｐ北川鉄工（旧日本建機）ＳＭ日工　住友大阪・太平洋　シーカメント・シーカビスコクリート・フローリック　車大型×24台〔一部傭車：東伸運輸・ゼクスト〕
2023年出荷87千m³、2024年出荷76千m³（高強度5100m³・高流動5300m³・水中不分離200m³）
G＝石灰砕石　S＝山砂
普通・舗装・高強度JIS取得（GBRC）
大臣認定単独取得（70N/mm²）

群峰建商㈱
1970年10月19日設立　資本金2400万円　従業員18名　出資＝（販）100％
◉本社＝〒174－0043　板橋区坂下1－35－3
☎03－3969－2101・FAX03－3969－2123
URL http://www.gunpoh.co.jp
✉kensetu@gunpoh.co.jp
代表取締役町田庄史　取締役町田浩康・町田文夫・市村徳行　監査役溝口雅人
※群馬工場＝群馬県参照

㈱高昭産業
1961年7月1日設立　資本金1200万円　従業員45名　出資＝（自）100％
◉本社＝〒143－0004　大田区昭和島1－1－8
☎03－5767－6960・FAX03－5767－6961
URL http://www.ko-sho.info/
代表取締役早川裕士　常務取締役落合昭彦　取締役早川裕規・武江靖子・早川崇弘・飯高一城
◉昭和島工場＝本社に同じ
工場長落合昭彦
従業員35名
2005年6月操業2750×1（二軸）　光洋機械（旧石川島）　UBE三菱・住友大阪　車大型×12台・中型×30台
2023年出荷90千m³
G＝石灰砕石　S＝山砂・石灰砕砂
普通JIS取得（GBRC）
大臣認定単独取得
※KOUSHO川崎＝神奈川県参照

神山生コン㈱
1968年4月1日設立　資本金1000万円　従業員17名　出資＝（自）100％
◉本社＝〒189－0011　東村山市恩多町1－13
☎042－390－0755・FAX042－390－0756
URL http://www.kouyamanamacon.co.jp
✉con24h@kouyamanamacon.co.jp
代表取締役並木克巳　常務取締役小野浩之
◉工場＝本社に同じ
工場長小野浩之
従業員10名（主任技士3名・技士4名・診断士2名）
1968年4月操業2003年5月更新3000×1　ＰＳＭ日工　住友大阪　フローリック・シーカメント・チューポール・シーカジャパン　車大型×19台・中型×4台
2023年出荷60千m³
G＝石灰砕石・砕石・人軽骨　S＝陸砂・砕砂
普通・軽量JIS取得（JTCCM）
大臣認定単独取得（60N/mm²）

㈱サカタ
資本金2000万円　出資＝（自）100％
◉本社＝〒158－0087　世田谷区玉堤1－16－28
☎03－3705－0547・FAX03－3704－2675
代表取締役坂田眞博
◉工場＝本社に同じ
工場長松井勉
1969年3月操業2009年11月更新1500×1　ＰＳＭエルバ　UBE三菱　フローリック　車中型×18台
G＝砕石　S＝山砂・砕砂・混合砂
普通JIS取得（GBRC）

㈱坂本実業
1976年8月1日設立　資本金1000万円　従

業員8名　出資＝(自)100％
◉本社＝〒193－0934　八王子市小比企町488－1
☎042－637－2221・FAX042－637－3311
代表取締役社長坂本竜人　取締役坂本蓉子　監査役山下美香
◉工場＝本社に同じ
工場長渡辺淳
従業員8名(技士3名)
1968年4月操業1999年1月ＰＳ2012年5月Ｍ改造1350×1(二軸)　ＰＳ光洋機械(旧石川島)Ｍ北川鉄工　トクヤマ　GCP　車中型×6台
G＝砕石　S＝山砂・砕砂
普通JIS取得(GBRC)

㈱真尾商店
1966年11月1日設立　従業員20名　出資＝(自)100％
◉本社＝〒193－0823　八王子市横川町720－4
☎042－626－2321・FAX042－626－2320
✉e-mail@sanao.co.jp
代表取締役真尾邦俊
◉工場＝〒193－0823　八王子市横川町723
☎042－626－2321・FAX042－626－2320
代表取締役真尾邦俊
従業員20名(主任技士1名・技士6名)
1968年6月操業2021年1月更新2300×1(ジクロスネオ)　ＰＳＭ北川鉄工　太平洋　シーカメント・フローリック　車大型×11台・中型×7台・小型×3台
2023年出荷70千㎥
G＝砕石　S＝山砂・砕砂
普通JIS取得(GBRC)
大臣認定単独取得(60N/mm²)

三多摩太平洋生コン㈱
(むさしの生コン㈱調布工場より事業承継)
2011年8月5日設立　資本金3000万円　従業員18名　出資＝(他)100％
◉本社＝〒182－0014　調布市柴崎1－59－6
☎042－481－6593・FAX042－481－5960
URL https://www.musashino-namacon.co.jp/
代表取締役近藤政弥　取締役本宮秀明・玉木保幸・舟山治・尾崎浩二　監査役兼子裕成
◉調布工場(旧むさしの生コン㈱調布工場)＝〒182－0014　調布市柴崎1－55－7
☎042－486－1141・FAX042－440－7560
✉hiroki-nakajima@santama-taiheiyo.co.jp
工場長栗原雅和
従業員18名(主任技士2名・技士8名)
2015年8月操業5000×1(二軸)　ＰＳ光洋機械(旧石川島)Ｍ光洋機械　太平洋　シーカジャパン・フローリック・花王　車大型×37台〔傭車：三多摩トランスポート〕
2023年出荷106千㎥
G＝砕石・石灰砕石・人軽骨　S＝砕砂・石灰砕砂・山砂・人軽骨
普通・舗装・軽量・高強度JIS取得(JTCCM)
大臣認定単独取得(80N/mm²)

㈲三友コンクリート
◉本社＝〒206－0802　稲城市東長沼1257－1
☎042－377－4459
◉稲城工場＝本社に同じ

三洋コンクリート工業㈱
1977年9月19日設立　資本金1000万円
従業員2名　出資＝(建)100％
◉本社＝〒100－0402　新島村本村4－9－1
☎04992－5－0322・FAX04992－5－1312
代表取締役植松民万　取締役内藤政之・大沼聡
◉コンクリートプラント工場＝〒100－0402　新島村字川原
☎04992－5－0691
工場長本間隆
従業員2名(主任技士1名・技士1名)
1977年9月操業1986年8月更新36×1　ＰＳＭ興和プラント　トクヤマ　車中型×4台・小型×3台〔傭車：㈱新島工業所〕
G＝河川　S＝河川

宍戸コンクリート工業㈱
1954年4月1日設立　資本金2000万円　従業員25名　出資＝(自)55％・(販)10％・(他)35％
◉本社＝〒157－0064　世田谷区給田3－2－15
☎03－3326－5251・FAX03－5314－7063
URL https://shishido-concrete.co.jp
代表取締役会長宍戸啓昭　代表取締役社長宍戸邦啓　専務取締役杉田尚彦　取締役山石信次　監査役宍戸紘子
◉世田谷工場＝本社に同じ
工場長安井和孝
従業員25名(主任技士3名・技士10名)
1969年10月操業2003年8月更新3500×1(二軸)　Ｐ光洋機械(旧石川島)ＳＭ日工　太平洋　フローリック・マイテイ・シーカジャパン・竹本　車大型×16台・中型×16台・小型×8台
2023年出荷132千㎥、2024年出荷130千㎥(高強度3300㎥)
G＝石灰砕石・砕石　S＝山砂・砕砂
普通・高強度JIS取得(GBRC)
大臣認定単独取得(60N/mm²)

柴田建材
◉本社＝〒198－0061　青梅市畑中2－232
☎0428－23－4565
◉工場＝本社に同じ
500×1　太平洋

城北小野田レミコン㈱
1976年3月31日設立　資本金5000万円
従業員22名　出資＝(他)100％
◉本社＝〒120－0047　足立区宮城2－3－15
☎03－3919－6123・FAX03－5390－7120
URL http://www.joyo-remicon.co.jp/johoku/
✉sakai@joyo-remicon.co.jp
代表取締役社長西森幸夫　常務取締役須田功一　取締役青木規悦・田籠圭一・新井智史・佐藤清治・仲代英久・酒井宏
◉本社工場＝本社に同じ
工場長酒井宏
従業員13名(主任技士3名・技士6名・診断士1名)
第1Ｐ＝1961年3月操業2019年9月更新3300×1(二軸)　ＰＳＭ光洋機械
第2Ｐ＝2020年1月操業3300×1(二軸)　ＰＳＭ光洋機械　太平洋　フローリック・シーカビスコクリート・マイテイ・シーカポゾリス・チューポール　車大型×30台・小型×2台〔傭車：上陽レミコン運輸㈱〕
2023年出荷123千㎥、2024年出荷120千㎥(高強度27000㎥・高流動500㎥)
G＝石灰砕石　S＝陸砂・石灰砕砂
普通・高強度・軽量JIS取得(JTCCM)
大臣認定単独取得(80N/mm²)

上陽レミコン㈱
1970年9月19日設立　資本金6900万円
従業員50名　出資＝(セ)99.9％・(販)0.1％
◉本社＝〒101－0042　千代田区神田東松下町28－5　吉元ビル3F
☎03－5577－5466・FAX03－5577－5478
URL http://www.joyo-remicon.co.jp/
代表取締役社長森秀樹　取締役相談役斉藤昇一・田籠圭一　取締役会長青木規悦　常務取締役佐藤清治　取締役西森幸夫・須田功一・新井智史・梶野俊明・尾崎浩二　監査役新美健一郎
◉東京工場＝〒136－0075　江東区新砂3－11－5
☎03－3646－4721・FAX03－3646－4720
工場長梶野俊明
従業員15名(主任技士5名・技士7名・診断士1名)
第1Ｐ＝1964年6月操業2014年8月更新2750×1(二軸)　ＰＭ光洋機械Ｓパシフィックシステム
第2Ｐ＝1992年8月操業2016年1月更新2750×1(二軸)　ＰＭ光洋機械Ｓパシフィックシステム　太平洋　シーカビスコクリート・チューポール・マイテイ・フローリック・シーカポゾリス　車大型×

34台〔傭車：上陽レミコン運輸〕
2023年出荷133千㎥、2024年出荷173千㎥(高強度15㎥・高流動4㎥)
G＝石灰砕石・人軽骨　S＝山砂・石灰砕砂・人軽骨
普通・高強度・軽量JIS取得(JTCCM)
大臣認定単独取得(80N/mm²)
※日本強力コンクリート工業㈱若洲工場より生産受託

昭和エスオーシー㈱
1962年11月26日設立　資本金4300万円
従業員11名　出資＝(セ)97.4%・(販)2.6%
◉本社＝〒183－0014　府中市是政2－16
☎042－361－5549・FAX042－363－1542
URL http://www.soc-fc.co.jp/
✉yasayama@showasoc.co.jp
代表取締役矢田正彦　取締役浅山義直・初治成人　監査役山口正一
◉府中工場＝〒183－0014　府中市是政2－16
☎042－361－5351・FAX042－363－1542
工場長蛇見眞悟
従業員11名(主任技士2名・技士4名・診断士1名)
1964年5月操業2003年8月更新3000×1(二軸)　ＰＳＭ日工　住友大阪　フローリック・マイテイ・シーカビスコクリート・GCP・ヤマソー・シーカメント・チューポール・シーカビスコクリート　車大型×11台・中型×2台〔傭車：㈱升建運輸〕
2023年出荷64千㎥、2024年出荷68千㎥(高強度1500㎥)
G＝石灰砕石・砕石・人軽骨　S＝山砂・石灰砕砂・砕砂
普通・軽量・高強度JIS取得(GBRC)
大臣認定単独取得(60N/mm²)

新東京アサノコンクリート㈱
1987年2月1日設立　資本金6000万円　従業員6名　出資＝(他)100%
◉本社＝〒196－0002　昭島市拝島町4－10－2
☎042－519－5610・FAX042－519－4580
代表取締役社長鈴木孝治　取締役本宮秀明・安藤公隆・玉木保幸・石田聡　監査役竹内紀一郎
※新東京アサノコンクリート㈱と吉建秩父生コン㈱が集約化し、令和共同生コン㈱に生産委託

進藤建材店
◉本社＝〒206－0802　稲城市東長沼1714－1
☎042－377－7505・FAX042－378－4936
◉工場＝本社に同じ
500×1　太平洋　ダーレックス
G＝河川・山砂利　S＝河川・山砂

鈴木コンクリート工業㈱
1952年10月23日設立　資本金1000万円
従業員17名　出資＝(自)100%
◉本社＝〒170－0012　豊島区上池袋4－11－1
☎03－3916－0737・FAX03－3916－2088
代表取締役社長鈴木雅章　代表取締役会長鈴木富美子　取締役鈴木康之
◉志村工場＝〒174－0041　板橋区舟渡1－4－11
☎03－3967－5121・FAX03－3967－5199
工場長鈴木康之
従業員15名(主任技士2名・技士4名)
1970年6月操業2004年1月更新2250×1(二軸)　ＰエスオーエンジニアリングＳＭ日工　住友大阪　ヴィンソル・フローリック・マイテイ　車中型×19台・小型×8台
2023年出荷48千㎥、2024年出荷44千㎥(高強度500㎥)
G＝石灰砕石　S＝陸砂・砕砂
普通JIS取得(GBRC)
大臣認定単独取得(60N/mm²)

㈱関口建材店
◉本社＝〒179－0083　練馬区平和台2－47－1
☎03－3933－4153・FAX03－3933－1287
✉sekiguchikenzaiten@jcom.home.ne.jp
◉工場＝本社に同じ
1971年11月操業500×1　トクヤマ・太平洋
普通JIS取得(GBRC)

芹澤建材㈱
1962年3月1日設立　資本金2000万円　従業員45名　出資＝(他)100%
◉本社＝〒179－0076　練馬区土支田3－19－17
☎03－3922－6231・FAX03－3922－6212
✉to-serizawa@seriken.co.jp
代表取締役社長芹澤豊成　取締役芹澤小一・芹澤茂　監査役芹澤奈美
◉土支田工場＝本社に同じ
工場長斉藤卓志
従業員18名(主任技士1名・技士3名)
1969年3月操業2014年1月更新2750×1(二軸)　Ｐ大平洋機工Ｍ日工Ｓパシフィックシステム　太平洋・住友大阪　シーカビスコクリート・フローリック・シーカメント・チューポール　車大型×16台・中型×21台・小型×11台〔傭車：山徳商事〕
2023年出荷85千㎥
G＝石灰砕石・砕石　S＝山砂・石灰砕砂
普通JIS取得(JTCCM)
大臣認定単独取得(83N/mm²)

㈱大角
1959年3月12日設立　資本金3070万円
従業員19名　出資＝(自)100%
◉本社＝〒152－0003　目黒区碑文谷2－11－23　角田ビル2F
☎03－3711－5393・FAX03－5721－7062
代表取締役角田正裕　常務取締役角田和美　監査役角田海斗
◉本社工場＝〒152－0003　目黒区碑文谷2－11－23
☎03－3711－5391・FAX03－5721－7062
工場長白井克幸
従業員15名(主任技士2名・技士3名)
1959年3月操業2012年1月更新3300×1(二軸)　ＰＳＭ日工　太平洋　フローリック・シーカメント・シーカビスコクリート　車大型×12台・中型×16台
G＝石灰砕石・砕石・人軽骨　S＝陸砂・砕砂
普通・軽量JIS取得(GBRC)
大臣認定単独取得(80N/mm²)

大昌建設㈱
◉本社＝〒100－0103　大島町泉津字峠55－2
☎04992－2－8123・FAX04992－2－9036
◉生コンクリート工場＝〒100－0102　大島町岡田字七間沢155－3
☎04992－2－8053
G＝山砂利　S＝山砂
普通JIS取得(GBRC)

大和生コン㈱
1961年4月27日設立　資本金1000万円
出資＝(他)100%
◉本社＝〒198－0024　青梅市新町9－2051
代表取締役和田修一　取締役和田信義
◉工場＝〒198－0023　青梅市今井3－4－24
☎0428－31－2627・FAX0428－31－2689
代表取締役和田修一
従業員11名
1977年12月操業1981年8月更新1670×1(二軸)　ＰＳＭ日工　UBE三菱　車大型×6台・中型×2台・小型×14台
G＝砕石　S＝山砂・砕砂
普通JIS取得(JTCCM)

高橋建材㈱
1955年4月1日設立　資本金1000万円　出資＝(他)100%
◉本社＝〒154－0002　世田谷区下馬1－45－1
☎03－3424－5511・FAX03－3410－8900
✉takahashikk@clock.ocn.ne.jp
取締役会長高橋康勇　代表取締役高橋一成　専務取締役高橋健司
◉工場＝本社に同じ

工場長髙橋一成
従業員25名(診断士2名・主任技士2名・技士1名)
1964年11月操業2006年1月更新2250×1(二軸)　ＰＳＭ日工　UBE三菱　フローリック・チューポール・シーカポゾリス　車中型×11台・小型×6台〔傭車：㈲高商〕
G＝石灰砕石　S＝山砂・石灰砕砂
普通JIS取得(JTCCM)
大臣認定単独取得(60N/mm²)

㈱高浜生コン
1970年2月15日設立　資本金1000万円
従業員20名　出資＝(自)100%
◉本社＝〒133－0073　江戸川区鹿骨1－49－22
URL http://takahama-namacon.co.jp
代表取締役社長高浜頼秋　取締役会長高浜政夫　常務取締役高浜誠次　取締役高浜浩之・藤田茂・瀬下清
◉新木場工場＝〒136－0082　江東区新木場4－3－21
☎03－5534－2030・FAX03－5534－2033
✉hiroyuki@takahama-namacon.co.jp
工場長高浜浩之
従業員13名(主任技士1名・技士4名・診断士1名)
1970年2月操業2014年更新3300×1(二軸)　ＰＳＭ日工　太平洋　シーカポゾリス・マイテイ・フローリック・チューポール　車大型×18台
G＝石灰砕石・砕石・人軽骨　S＝陸砂・砕砂
普通・高強度JIS取得(JTCCM)
大臣認定単独取得(80N/mm²)

竹正建材
出資＝(販)100%
◉本社＝〒183－0005　府中市若松町3－6－5
☎042－363－1866
◉工場＝本社に同じ
1974年4月操業18×1　住友大阪

竹村セメント㈱
◉本社＝〒132－0035　江戸川区平井2－2－7
☎03－3681－0986・03－3681－2118(技術部)・FAX03－3638－7633・03－5836－2290(技術部)
◉工場＝本社に同じ
1967年3月操業2002年5月更新3000×1(二軸)　ＰＳＭ日工　UBE三菱
普通JIS取得(JTCCM)

多幸生コン㈱
1981年7月10日設立　資本金1500万円
従業員3名　出資＝(建)40%・(他)60%

◉本社＝〒100－0601　神津島村322
☎04992－8－1877・FAX04992－8－0148
✉takounamakon@dune.ocn.ne.jp
代表取締役社長松江栄
◉工場＝〒100－0601　神津島村字高処山271
☎04992－8－0790・FAX04992－8－1571
工場長内貴佳子
従業員3名
1973年6月操業1992年5月更新1500×1(二軸)　ＰＳＭ北川鉄工　UBE三菱　チューポール　車大型×3台・小型×1台
G＝砕石　S＝陸砂

㈱谷口商店
1950年11月1日設立　資本金80万円　出資＝(他)100%
◉本社＝〒171－0021　豊島区西池袋4－19－13
☎03－3957－2621・FAX03－3959－0017
◉工場＝本社に同じ
工場長谷口嘉保
従業員13名
1971年8月操業1982年9月更新28×1　Ｐ秩父エンジニアＳキンキスケールＭ光洋機械(旧石川島)　太平洋・トクヤマ　ヴィンソル　車小型×7台
G＝砕石　S＝山砂・陸砂
普通JIS取得(GBRC)

多摩建材㈱
1963年2月設立
◉本社＝〒192－0907　八王子市長沼町235－1
☎042－636－7321・FAX042－636－7323
✉tamakenzai@gmail.com
◉本社工場＝本社に同じ
従業員10名(技士2名)
2013年9月更新750×1　Ｍ大平洋機工　住友大阪　チューポール　車中型×6台・小型×3台〔傭車：小松車輛工業㈱他〕

地崎道路㈱
1968年4月3日設立　資本金35000万円
従業員147名　出資＝(自)100%
◉本社＝〒108－0075　港区港南2－13－31　品川NSSビル6F
☎03－5460－1031・FAX03－5460－1036
URL https://www.chizakiroad.co.jp
✉info@chizakiroad.co.jp
代表取締役社長横平聡　取締役渡邊誠司・髙橋勝之・平岡秀之　監査役吉永龍朗・若栗伸夫
ISO 9001・14001・27001・45001取得
※千歳工場(事務所)＝北海道参照

中央コンクリート㈱
1967年5月1日設立　資本金1000万円　従業員17名　出資＝(自)100%
◉本社＝〒133－0061　江戸川区篠崎町7－1－1
☎03－3676－5555・FAX03－3670－5573
URL http://www.chuo-con.co.jp/
✉info@chuo-con.co.jp
代表取締役藪田健介　取締役黒羽紀子・森川道夫　監査役藪田もとみ
◉本社工場＝〒133－0061　江戸川区篠崎町7－1－1
☎03－3670－5555・FAX03－3670－5572
工場長森川道夫
従業員17名(技士8名)
1991年5月操業3300×1(二軸)　ＰＭ日工　UBE三菱　フローリック・シーカジャパン・山宗・竹本　車大型×30台・中型×5台
2023年出荷140千㎥、2024年出荷136千㎥(高強度1200㎥)
G＝砕石　S＝山砂・砕砂
普通JIS取得(JTCCM)
大臣認定単独取得(80N/mm²)

東京エスオーシー㈱
1997年2月14日設立　資本金6000万円
従業員59名　出資＝(セ)100%
◉本社＝〒103－0015　中央区日本橋箱崎町16－1　東益ビル7F
☎03－3668－8186・FAX03－3668－8736
URL http://www.tokyosoc.co.jp
代表取締役長谷川義孝　専務取締役川合敏之　常務取締役梶浦浩司　取締役中村明・川崎智治・西田伸一　監査役山口正一
◉芝浦工場＝〒108－0075　港区港南5－8－28
☎03－3474－8011・FAX03－5462－7123
工場長松﨑一郎
従業員17名(主任技士8名・技士3名・診断士2名)
第1Ｐ＝1965年6月操業2003年4月Ｓ2004年8月ＰＭ改造6000×1(二軸)　ＰＳＭ日工
第2Ｐ＝2015年12月操業3300×1(二軸)　ＰＳＭ日工　住友大阪　シーカコントロール・シーカポゾリス・シーカビスコクリート・チューポール・マイテイ・シーカメント・フローリック　車大型×38台
2023年出荷161千㎥、2024年出荷140千㎥(高強度12300㎥・高流動1600㎥)
G＝石灰砕石・人軽骨　S＝山砂・石灰砕砂
普通・高強度・舗装・軽量JIS取得(JQA)
大臣認定単独取得(120N/mm²)
※市川工場＝千葉県、横浜工場＝神奈川県参照

東京コンクリート㈱
1952年7月24日設立　資本金15000万円
従業員31名　出資＝(セ)66.7%・(建)

東京都

33.3%
◉本社＝〒136－0075　江東区新砂1－3－12
☎03－5857－6116・FAX03－5857－6117
URL https://www.tokyo-concr.co.jp
代表取締役社長要秀和　専務取締役藤田博已　取締役天野文彦・髙松裕一・森秀樹・川澄尚也・伊坂甲・香田伸次・浪岡大輔　監査役竹内紀一郎
◉砂町工場＝〒136－0075　江東区新砂1－3－12
☎03－3645－6016・FAX03－3644－0059
工場長新村司
従業員15名(主任技士3名・技士7名)
第1P＝1960年6月操業2003年11月更新3000×1(二軸)　PSM北川鉄工
第2P＝1990年11月操業2017年3月更新2750×1(二軸)　PSM日工　太平洋　シーカポゾリス・フローリック・マイテイ・シーカビスコクリート・チューポール　車大型×34台〔傭車：砂町運輸㈱〕
2023年出荷119千㎥、2024年出荷126千㎥(高強度18000㎥・高流動1200㎥・水中不分離64㎥)
G＝石灰砕石・人軽骨　S＝山砂・石灰砕砂・人軽骨
普通・高強度・舗装・軽量JIS取得(GBRC)
大臣認定単独取得(120N/mm²)
◉久留米工場＝〒203－0043　東久留米市下里5－6－14
☎042－471－2629・FAX042－473－0983
工場長金子良
従業員8名(主任技士2名・技士5名)
1963年9月操業2004年9月更新3300×1(二軸)　PSM日工　太平洋　シーカコントロール・フローリック・マイテイ・シーカポゾリス・シーカビスコクリート・チューポール　車大型×15台〔傭車：砂町運輸㈱〕
2023年出荷39千㎥、2024年出荷40千㎥(高強度3800㎥)
G＝石灰砕石・砕石・人軽骨　S＝山砂・砕砂・人軽骨
普通・高強度・軽量JIS取得(GBRC)
大臣認定単独取得(65N/mm²)

㈱東京テクノ
◉本社＝〒195－0064　町田市小野路町3343
☎042－708－0028・FAX042－735－6892
代表取締役岡本利治
◉町田生コンプラント＝本社に同じ
生産技術統括本部長松田信広
従業員8名(主任技士3名・技士2名・診断士2名)
3300×1(二軸)　日工　住友大阪　シーカ　車10台
2023年出荷50千㎥、2024年出荷50千㎥
G＝砕石・再生　S＝陸砂・砕砂・再生
普通JIS取得(JTCCM)
大臣認定単独取得(60N/mm²)

東京トクヤマコンクリート㈱
1974年4月16日設立　資本金8000万円　従業員14名
◉本社＝〒136－0083　江東区若洲1－1－8
☎03－6457－0225・FAX03－3521－8985
URL http://www.tokyotokuyama.co.jp/
✉info@tokyotokuyama.co.jp
代表取締役社長佐藤敬治　取締役尾花忠夫・山中紀隆・中野浩二　監査役宮本陽司
◉東京工場＝〒136－0083　江東区若洲1－1－8
☎03－3521－7051・FAX03－3521－8985
工場長尾花忠夫
従業員12名(主任技士4名・技士5名)
1983年1月操業2015年1月更新4500×1　PSM日工　トクヤマ　フローリック・マイテイ・シーカメント・チューポール・シーカジャパン　車大型×24台
2023年出荷69千㎥、2024年出荷80千㎥(高強度15000㎥)
G＝石灰砕石　S＝山砂・砕砂
普通・高強度・軽量JIS取得(GBRC)
大臣認定単独取得(80N/mm²)

㈱東京菱光コンクリート
2001年10月10日設立　資本金10000万円　従業員23名　出資＝(セ)100%
◉本社＝〒108－0075　港区港南5－8－20
☎03－3471－7040・FAX03－3471－7045
URL https://trcc.co.jp
代表取締役社長一ツ木正　取締役小山宣幸・堀籠朗・中嶋真・園田和博　監査役小川一郎
◉品川工場＝〒108－0075　港区港南5－8－20
☎03－3471－7040・FAX03－3471－7045
工場長小山宣幸
従業員23名(主任技士6名・技士3名・診断士1名)
1965年7月操業2014年8月更新6000×1(二軸)　PSM光洋機械　UBE三菱　チューポール・フローリック　車大型×48台〔傭車：㈱シントウ〕
2023年出荷136千㎥
G＝石灰砕石・砕石　S＝山砂・陸砂・砕砂
普通・高強度・軽量JIS取得(GBRC)
大臣認定単独取得(150N/mm²)

東京湾岸産業㈱
2005年1月1日設立　資本金1000万円
◉本社＝〒143－0003　大田区京浜島3－3－1
☎03－5755－6111・FAX03－3799－8131
代表取締役社長嶋田仁朗
◉工場＝本社に同じ
工場長半波伸之
従業員16名(主任技士6名・技士4名)
第1P＝3000×1
第2P＝3000×1　住友大阪　シーカ・フローリック・チューポール・シーカビスコクリート　車大型×24台・中型×14台
2023年出荷150千㎥、2024年出荷140千㎥(高強度19000㎥)
G＝砕石　S＝山砂・石灰砕砂
普通・高強度JIS取得(GBRC)
大臣認定単独取得(80N/mm²)

㈱トウザキ
1968年10月1日設立　資本金4000万円　従業員60名　出資＝(自)100%
◉本社＝〒133－0073　江戸川区鹿骨1－8－12
☎03－3679－2391・FAX03－3679－2369
URL http://www.touzaki.co.jp
代表取締役社長東﨑匡　専務取締役東﨑健太
◉生コン工場＝本社に同じ
専務取締役東﨑健太
従業員22名(主任技士3名・技士5名・診断士1名)
1976年2月操業2006年1月更新3300×1(二軸)　PSM日工　住友大阪　フローリック　車大型×30台
2024年出荷132千㎥(高強度5000㎥・水中不分離50㎥)
G＝石灰砕石・砕石　S＝石灰砕砂・砕砂
普通JIS取得(JTCCM)
大臣認定単独取得(80N/mm²)

㈱戸越建材
1953年1月設立　資本金1000万円　従業員30名　出資＝(自)100%
◉本社＝〒142－0051　品川区平塚1－21－13
☎03－3787－1561・FAX03－3782－9883
URL http://www.onyx.dti.ne.jp/~togosi/
✉togoshigijutu@island.dti.ne.jp
代表取締役会長鈴木征雄　代表取締役鈴木一行
◉トゴシコンクリート工場＝〒142－0051　品川区平塚1－21－17
☎03－3787－1561・FAX03－3782－9883
工場長菊入映治
従業員30名(技士7名)
1983年5月操業2004年1月更新2500×1(二軸)　PSエムイーシーM大平洋機工　トクヤマ・UBE三菱　チューポール・シーカビスコクリート・フローリック　車中型×15台・小型×11台〔傭車：㈱増建〕
2023年出荷72千㎥、2024年出荷63千㎥(高強度600㎥・ポーラス20㎥)
G＝石灰砕石　S＝山砂・石灰砕砂・砕

砂
普通JIS取得（MSA）
大臣認定単独取得（60N/mm²）

都南生コンクリート
資本金500万円
本社＝〒193－0815　八王子市叶谷町1130
☎042－623－5934・FAX042－625－2772
工場＝本社に同じ
1973年10月操業500×1　太平洋

島商事㈲
1946年6月1日設立　資本金300万円　従業員20名　出資＝（自）100％
本社＝〒142－0054　品川区西中延2－1－21
☎03－3784－0231・FAX03－3786－4020
URL http : //www.nakajimashouji.tokyo/index.html
✉concrete@nakajimashouji.tokyo
代表取締役社長中島哲司　取締役会長中島成子　専務取締役中島浩司　常務取締役中島徳保
工場＝本社に同じ
工場長岡田浩志
従業員20名（主任技士2名・技士5名）
1750×1（二軸）　ＰＳＭ北川鉄工　太平洋　フローリック　車中型×17台・小型×9台
G＝石灰砕石　S＝山砂・石灰砕砂・砕砂
普通JIS取得（GBRC）
大臣認定単独取得（60N/mm²）

中村建材工業
1979年7月3日設立　資本金1000万円　従業員18名　出資＝（自）100％
本社＝〒197－0825　あきる野市雨間322－1
☎042－558－0028・FAX042－558－0045
代表取締役中村常一　専務取締役中村孝　取締役中村栄子　監査役中村富子
◉日の出工場＝〒190－0182　西多摩郡日の出町大字平井23－8
☎042－597－7055・FAX042－597－7033
工場長中村孝
従業員17名（主任技士1名・技士4名）
1996年6月操業1500×1　ＰＳＭ光洋機械　太平洋　フローリック　車中型×14台・小型×3台
G＝砕石　S＝山砂・砕砂
普通JIS取得（JTCCM）

南埼コンクリート㈱
1969年2月21日設立　資本金1000万円
従業員18名　出資＝（自）100％
◉本社＝〒116－0013　荒川区西日暮里1－13－11
☎03－3806－0161・FAX03－3801－7674
代表取締役社長織田善信　代表取締役織田増信
※越谷工場＝埼玉県参照

西多摩コンクリート㈱
2001年11月1日設立　資本金3000万円
従業員7名　出資＝（自）100％
◉本社＝〒190－0053　八王子市八幡町8－4
☎042－627－5515・FAX042－626－1419
✉nisitama-co@krf.biglobe.ne.jp
代表取締役社長平澤玄徳　代表取締役安藤謙治　取締役武井康・大井富雄
◉本社工場＝〒190－0182　西多摩郡日の出町平井8－11
☎042－597－3724・FAX042－597－1959
工場長武井康
従業員10名（主任技士2名・技士2名）
2001年11月操業2019年9月S更新2500×1（二軸）　ＰＳＭ日工　太平洋　チューポール・フローリック　車大型×6台・中型×2台
2023年出荷43千m³、2024年出荷36千m³（高強度1500m³）
G＝砕石　S＝山砂・砕砂
普通JIS取得（GBRC）
大臣認定単独取得（60N/mm²）

西東京生コンクリート㈱
1989年5月1日設立　資本金3000万円　従業員16名　出資＝（自）40％・（販）60％
◉本社＝〒192－0053　八王子市八幡町8－4
☎042－627－3131・FAX042－627－3030
URL https : //www.nishitokyo-nc.co.jp
代表取締役社長矢島秀晃　取締役矢島士郎・矢島隆晃
◉工場＝〒192－0906　八王子市北野町589－2
☎042－645－3541・FAX042－645－0159
工場長白石篤雄
従業員10名（主任技士3名・技士2名・診断士1名）
1967年5月操業2006年5月更新3300×1（二軸）　ＰＳＭ北川鉄工　太平洋　フローリック・シーカメント　車大型×11台〔傭車：高政商事㈲〕
2023年出荷52千m³、2024年出荷46千m³（高強度1000m³）
G＝石灰砕石・砕石・人軽骨　S＝山砂・砕砂
普通・軽量JIS取得（GBRC）
大臣認定単独取得（80N/mm²）

㈱西野建材
1968年6月10日設立　資本金1000万円
従業員19名
◉本社＝〒121－0061　足立区花畑2－3－9
☎03－3883－6655・FAX03－3885－9978
代表取締役西野光義
◉生コン事業部＝〒121－0061　足立区花畑2－3－9
☎03－3883－4466・FAX03－3885－9978
✉nishino.6655@tokyo.zaq.jp
工場長三浦利夫
従業員19名（主任技士1名・技士5名）
1967年10月操業2001年10月更新3000×1　ＰＳＭ光洋機械　トクヤマ　シーカポゾリス・シーカビスコクリート・フローリック・チューポール　車大型×14台〔傭車：㈲高橋リース〕
2023年出荷98千m³
G＝砕石　S＝陸砂・砕砂
普通JIS取得（JTCCM）
大臣認定単独取得（60N/mm²）

日興レミコン㈱
1949年1月10日設立　資本金1000万円
従業員20名　出資＝（自）100％
◉本社＝〒187－0031　小平市小川東町5－13－8
☎042－344－5378・FAX042－344－2399
✉fukushima@nikkoremicon.co.jp
代表取締役社長小川裕之　代表取締役会長小川義幸　取締役田島高志・小川和子　監査役小川幾夫
◉工場＝本社に同じ
工場長福島正登
従業員20名（主任技士3名・技士1名）
1970年7月操業2006年1月更新2800×1　Ｐイトイプラント工業ＳＭ北川鉄工　太平洋　フローリック・シーカメント・シーカジャパン　車大型×16台
2023年出荷55千m³、2024年出荷59千m³（高強度11800m³）
G＝石灰砕石・砕石　S＝山砂・砕砂
普通JIS取得（GBRC）
大臣認定単独取得（60N/mm²）

日本強力コンクリート工業㈱
1956年6月27日設立　資本金1500万円
従業員10名　出資＝（セ）60％・（販）40％
◉本社＝〒136－0083　江東区若洲1－1－6
☎03－3522－0600・FAX03－3522－0602
URL http : //nikkyo-con.com/
✉soumu3@nikkyo-con.com
代表取締役社長酒井勝弘
◉若洲工場（操業停止中）＝〒136－0083　江東区若洲1－1－6
第1Ｐ＝1983年10月操業2003年1月ＳＭ改造3000×1（二軸）　ＰＭ日工Ｓ光洋機械（旧石川島）
第2Ｐ＝1994年5月操業3000×1（二軸）　ＰＳＭ光洋機械（旧石川島）
※上陽レミコン㈱東京工場へ生産委託

東京都

芳賀建材工業㈱
1960年4月1日設立　資本金3100万円　従業員35名　出資＝(自)100%
◉本社＝〒158－0094　世田谷区玉川3－38－8
☎03－3708－1133・FAX03－3708－0244
✉haga-kenzai@ray.ocn.ne.jp
代表取締役芳賀優　取締役芳賀蓉子・芳賀ジェシカ・鈴木文雄・奥貴泉　監査役山田政義
◉本社工場＝本社に同じ
工場長鈴木文雄
従業員35名(主任技士1名・技士3名)
1965年11月操業2012年1月更新1750×1(二軸)　PSM日工　太平洋　フローリック・シーカジャパン　車中型×20台・小型×3台〔傭車〕
2023年出荷10千m³、2024年出荷9千m³
G＝陸砂利　S＝陸砂
普通JIS取得(GBRC)
大臣認定単独取得(60N/mm²)

㈱長谷川商店
出資＝(他)100%
◉本社＝〒112－0011　文京区千石4－45－17
☎03－3947－8787
代表者長谷川俊雄
◉工場＝本社に同じ
工場長佐々木栄吉
1976年3月操業750×1　P秩父エンジニアSキンキスケールM太平洋機工　太平洋　車小型×5台
G＝砕石　S＝河川・砕砂

㈲林建材店
出資＝(自)100%
◉本社＝〒194－0032　町田市本町田3672
☎042－723－0596・FAX042－723－0646
代表取締役林勇二
◉工場＝〒194－0032　町田市本町田3645
☎042－722－5904・FAX042－722－5926
✉0825hayasikenzai@jcom.home.ne.jp
工場長柴田雅実
従業員11名
1975年12月操業1000×1　トクヤマ　チューポール・シーカ　車9台
普通JIS取得(GBRC)

晴海小野田レミコン㈱
1953年12月設立　資本金5000万円　従業員22名　出資＝(セ)100%
◉本社＝〒135－0062　江東区東雲2－13－45
☎03－3520－0355・FAX03－3520－0380
URL https://harumi-onoda-remicon.jp
代表取締役社長堀川和夫　専務取締役諏訪一広・大橋秀一　常務取締役藤山修　取締役尾崎亘・本宮秀明・尾﨑浩二　監査役竹内紀一郎
◉営業部＝〒135－0062　江東区東雲2－13－45
☎03－3520－0360・FAX03－3520－0380
◉工場＝〒135－0062　江東区東雲2－13－45
☎03－3520－0391・FAX03－3520－0394
工場長藤山修
従業員21名(主任技士10名・技士7名・診断士1名)
2015年1月操業5000×2(二軸)　PM光洋機械Sパシフィックシステム　太平洋　シーカポゾリス・シーカビスコクリート・フローリック・ヤマソー・マイテイ・チューポール　車大型×47台〔傭車：晴海レミコン輸送㈱〕
2023年出荷157千m³、2024年出荷157千m³(高強度15000m³)
G＝石灰砕石・砕石・人軽骨　S＝山砂・石灰砕砂・人軽骨
普通・高強度・軽量JIS取得(GBRC)
大臣認定単独取得(130N/mm²)

阪神生コン建材工業㈱
◉本社＝大阪府参照
◉東京工場＝〒125－0032　葛飾区水元4－2－15
☎03－3607－6377・FAX03－3600－9625
1750×1　PSM日工
普通JIS取得(GBRC)
※工場＝大阪府、神戸工場＝兵庫県参照

土方建材㈱
1989年8月18日設立　資本金1000万円　出資＝(自)100%
◉本社＝〒191－0041　日野市南平4－1－8
☎042－591－3300・FAX042－591－3877
代表取締役社長土方利夫
◉工場＝〒191－0041　日野市南平1－36－4
☎042－594－2200・FAX042－594－3100
工場長中巻弘志
従業員44名(主任技士1名・技士4名)
1970年1月操業2001年5月更新2750×1(二軸)　PSM日工　住友大阪　フローリック・シーカメント・シーカジャパン　車大型×18台・中型×8台〔傭車：小松車輛工業㈱〕
G＝砕石　S＝山砂・砕砂
普通JIS取得(GBRC)
大臣認定単独取得

日立コンクリート㈱
1953年1月30日設立　資本金10000万円　従業員37名　出資＝(セ)43.23%・(建)18.05%・(他)38.72%
◉本社＝〒161－0033　新宿区下落合3－14－28
☎03－6908－2825・FAX03－6908－1904
URL https://www.hitachi-concrete.co.jp/
代表取締役社長株木康吉　代表取締役[illegible]務藤本学　取締役草野文康・町屋博文・田中貞信　監査役郷原淳良
※戸田橋工場は日立エスオーシー㈱へ[illegible]産委託
◉新砂工場＝〒136－0075　江東区新砂3－11－18
☎03－5634－4711・FAX03－5634－471[illegible]
✉shinsuna@hitachi-concrete.co.jp
工場菅原博樹
従業員15名(主任技士4名・技士5名)
2014年5月操業3250×2(二軸)　PSM[illegible]洋機械　日立・太平洋　シーカビスコク[illegible]リート・フローリック・チューポール・マイテイ・ヤマソー　車大型×34台〔[illegible]車：㈱城東輸送〕
2023年出荷120千m³(高強度23000m³)、2024年出荷120千m³(高強度8000m³・高[illegible]動700m³)
G＝石灰砕石　S＝山砂・石灰砕砂
普通・高強度JIS取得(JTCCM)
大臣認定単独取得(80N/mm²)

㈱平善
1963年9月9日設立　資本金2000万円　[illegible]業員30名　出資＝(自)100%
◉本社＝〒100－1212　三宅島三宅村阿[illegible]513
☎04994－5－0311・FAX04994－5－059[illegible]
代表取締役大沼孝至・大沼裕正　監査[illegible]平野康江
ISO 9001・14001取得
◉建材工場＝〒100－1211　三宅島三宅[illegible]阿古927－5
☎04994－5－0710・FAX04994－5－007[illegible]
建材部長松下隆一
従業員8名
1982年10月操業1000×1　PSM北川鉄[illegible]工　UBE三菱　車大型×9台・中型×1台
G＝石灰砕石　S＝山砂
ISO 9001・14001取得

平光建設㈱
1977年5月14日設立　資本金2000万円　従業員25名　出資＝(自)100%
◉本社＝〒100－1511　八丈島八丈町三根135－1
☎04996－2－0091・FAX04996－2－261[illegible]
代表取締役会長平井一光　代表取締役社長平井一弘　専務取締役佐藤陽子　監査役奥山めぐみ
◉生コンクリート工場＝〒100－1511　八丈島八丈町三根90
☎04996－2－0749・FAX04996－2－338[illegible]
✉wjpjg029@ybb.ne.jp
工場長菊池貴志
従業員8名(主任技士1名・技士2名)
1966年4月操業1998年9月更新1500×1(二[illegible]

軸）　ＰＳＭ光洋機械（旧石川島）　UBE三菱　ヤマソー・マイテイ　車大型×4台・小型×3台
2023年出荷7千m³
G＝石灰砕石　S＝山砂
普通JIS取得（JTCCM）
大臣認定単独取得（60N/mm²）

㈱ファノス
◉本社＝山口県参照
◉城南島工場＝〒143－0002　大田区城南島4－7－8
☎03－5755－7240・FAX03－5755－7216
✉jonanjima@phanos.co.jp
責任者福澤英幸
従業員8名
1973年1月操業2015年1月更新2750×1（二軸）　ＰＳＭ光洋機械　トクヤマ・太平洋　フローリック　車大型×3台・中型×13台・小型×3台
2023年出荷42千m³、2024年出荷35千m³
G＝石灰砕石　S＝山砂・石灰砕砂
普通JIS取得（JTCCM）
大臣認定単独取得（60N/mm²）
※光工場・下松工場・下関工場＝山口県参照

㈱福田建材店
◉本社＝〒193－0811　八王子市上壱分方町333
☎042－651－4705・FAX042－651－1849
◉工場＝本社に同じ
工場長福田一雄
従業員7名（主任技士1名・技士2名）
1300×1（二軸）　M北川鉄工　太平洋　シーカ・プラストクリート・フローリック・シーカメント　車中型×5台・小型×4台
G＝砕石　S＝山砂・砕砂
普通JIS取得（JTCCM）

㈲藤岩商店
1967年2月28日設立　資本金300万円　従業員22名　出資＝（自）100％
◉本社＝〒121－0823　足立区伊興5－12－27
☎03－3899－2276・FAX03－3899－9230
URL http://www.fujiiwa.com
✉info@fujiiwa.com
代表取締役社長藤波正雄
◉藤岩生コン工場＝〒121－0836　足立区入谷9－13－15
☎03－3853－0052・FAX03－3853－0065
工場長太田陽介
従業員25名（主任技士1名・技士8名・診断士1名）
1974年2月操業2016年8月更新1670×1（二軸）　ＰＳＭ日工　太平洋　ヤマソー・マイテイ　車中型×19台・小型×12台
G＝石灰砕石　S＝山砂・石灰砕砂
普通JIS取得（GBRC）

二見建材興業㈲
資本金2000万円　出資＝（販）100％
◉本社＝〒190－0023　立川市柴崎町6－14－24
☎042－522－5092・FAX042－527－5781
代表取締役社長相田正照
◉工場＝本社に同じ
従業員10名
1976年5月操業2004年3月更新1000×1（二軸）　住友大阪　車中型×6台・小型×2台
2023年出荷17千m³
G＝石灰砕石　S＝陸砂
普通JIS取得（JTCCM）

細野コンクリート㈱
1970年5月1日設立　資本金2000万円　従業員18名　出資＝（自）100％
◉本社＝〒194－0005　町田市南町田1－31－41
☎042－795－2223・FAX042－795－2223
✉gijutuka@hosono-c.co.jp
代表取締役細野泰司　専務取締役細野重信　常務取締役細野文夫　取締役広島昇・神田浩・田中克宣　監査役大貫歩
※工場＝神奈川県参照

堀川建材工業㈱
1952年5月1日設立　資本金1600万円　従業員25名　出資＝（自）100％
◉本社＝〒135－0007　江東区新大橋3－2－14
☎03－3632－5555・FAX03－3632－5558
URL http://www.horikawa-bm.co.jp/
✉horikawakenzai@horikawa-bm.co.jp
代表取締役社長堀川佳洋　代表取締役専務堀川博之　取締役会長堀川光俊　取締役小柳ヨシ子・小川猛夫・中村明仁　監査役堀川由美子
◉K＆H生コン若洲工場＝〒136－0083　江東区若洲1－1－9
☎03－3521－3333・FAX03－3521－3391
✉horikawakenzai@horikawa-bm.co.jp
工場長中村明仁
従業員19名（主任技士4名・技士10名）
1970年4月操業1997年6月更新3000×1（二軸）　ＰＳＭ日工　住友大阪　車大型×11台・中型×13台
2023年出荷138千m³、2024年出荷148千m³（高強度2900m³）
G＝石灰砕石　S＝山砂・石灰砕砂
普通・高強度JIS取得（GBRC）
大臣認定単独取得（70N/mm²）

㈲堀辺建材店
1960年6月1日設立　資本金1000万円　従業員20名　出資＝（自）100％
◉本社＝〒191－0031　日野市高幡609
☎042－591－2668・FAX042－593－8107
代表取締役社長堀辺訓明　専務取締役堀辺明彦
◉高幡工場＝〒191－0031　日野市高幡526
☎042－591－5439・FAX042－593－5540
工場長磯貝利明
従業員15名（主任技士1名・技士1名）
1969年10月操業2004年5月改造1000×1（二軸）　Ｐ大平洋機工ＳＭ北川鉄工　太平洋・トクヤマ　フローリック　車中型×10台・小型×2台
G＝砕石　S＝砕砂・山砂
普通JIS取得（JTCCM）

前抗建設㈱
1964年7月6日設立　資本金4500万円　従業員38名　出資＝（自）100％
◉本社＝〒100－0400　新島村字瀬戸山50－1
☎04992－5－1213・FAX04992－5－1368
✉maekou39@luck.ocn.ne.jp
代表取締役前田大介　取締役前田裕士
◉新島コンクリート工場＝〒100－0400　新島村字瀬戸山50－2
☎04992－5－1057・FAX04992－5－1368
工場長大沼陽一
従業員2名
1977年9月操業1998年4月更新500×1　ＰＳＭ北川鉄工　太平洋　車大型×3台
G＝山砂利　S＝山砂

前田コンクリート工業㈱
1969年12月27日設立　資本金1000万円　出資＝（建）100％
◉本社＝〒100－0402　新島村本村1－1－10
☎04992－5－1115・FAX04992－5－1369
代表取締役前田桂　取締役水島晃　監査役山下竹夫
◉新島工場＝本社に同じ
工場長水島晃
従業員3名（技士1名）
1969年12月操業1990年7月更新1000×1　Ｐ王子機械ＳＭ日工　UBE三菱　車大型×2台・小型×1台
G＝山砂利　S＝山砂

間野建材㈲
1988年7月1日設立　資本金500万円　従業員10名　出資＝（自）100％・（他）100％
◉本社＝〒189－0014　東村山市本町1－23－4
☎042－391－1246・FAX042－394－1246
代表取締役間野敏昭
◉工場＝〒189－0014　東村山市本町1－19－3
☎042－395－1246・FAX042－394－1246

従業員6名
1972年11月操業500×1　Ｓエムイーシー　Ｍ光洋機械　太平洋　車中型×2台・小型×4台
G＝砕石　S＝河川・砕砂
普通JIS取得(GBRC)

水落建材㈱
1952年4月1日設立　資本金1000万円　従業員13名　出資＝(自)100%
◉本社＝〒155－0033　世田谷区代田1－4－6
☎03－3413－1515・FAX03－3413－9617
URL http://www.mizuochi-kenzai.com
✉mizuochi@fork.ocn.ne.jp
代表取締役水落博司
◉工場＝〒154－0023　世田谷区若林2－41
☎03－3413－1515・FAX03－3413－9617
✉mizuochi@fork.ocn.ne.jp
工場長水落博司
従業員18名(主任技士1名・技士7名・診断士1名)
1967年4月操業1983年7月更新1250×1(二軸)　ＰＳ北川鉄工Ｍ日工　UBE三菱　フローリック・シーカメント　車中型×10台・小型×3台〔傭車・小型〕
G＝石灰砕石　S＝陸砂
普通JIS取得(GBRC)

㈱宮川工務店
1959年5月8日設立
◉本社＝〒100－0402　新島村本村4－4－2
☎04992－5－0116・FAX04992－5－1372
代表取締役宮川武
◉工場＝〒100－0402　新島村本村宮塚山
☎04992－5－1087
工場長篠崎修
1978年10月操業36×1　ＰＭ興和プラントＳパシフィックシステム　トクヤマ　車大型×3台・中型×1台
G＝河川　S＝山砂

三宅島建設工業㈱
1960年12月24日設立　資本金8000万円　従業員75名　出資＝(自)100%
◉本社＝〒100－1103　三宅島三宅村伊ケ谷333
☎04994－2－0663・FAX04994－2－1137
URL http://www.sanken-con.co.jp
✉sanken@sepia.ocn.jp
会長長谷川一世　社長肥後政幸　専務長谷川駿　常務櫻田浩夫
◉生コンクリート工場(旧㈱三宅島マテリアル生コンクリート工場)＝〒100－1212　三宅島三宅村阿古1232
☎04994－5－0708・FAX04994－5－0177
工場長島澤昭彦
従業員75名(技士4名)
2024年出荷7千㎥(高流動270㎥・水中不分離1420㎥)
G＝砕石　S＝砕砂

都屋建材㈱
2000年9月1日設立　資本金2000万円　従業員9名　出資＝(自)100%
◉本社＝〒203－0054　東久留米市中央町4－14－36
☎042－471－0251・FAX042－471－5081
URL http://www.miyakoyakenzai.jp/
代表取締役都築伸介　専務取締役都築晋也
◉工場＝本社に同じ
工場長赤間満
従業員9名(主任技士1名・技士7名)
1969年2月操業2014年8月更新1000×1(二軸)　Ｐ太平洋エンジニアリングＳパシフィックシステムＭ日工　太平洋　フローリック・ダラセム・シーカポゾリス　車中型×12台・小型×2台〔傭車：㈱栄光〕
G＝砕石　S＝陸砂
普通JIS取得(JTCCM)

宮松エスオーシー㈱
◉本社＝神奈川県参照
◉りんかい工場＝〒143－0002　大田区城南島2－6－3
☎03－5492－8241・FAX03－5492－8242
工場長池田稔
従業員9名(主任技士1名・技士3名)
第1Ｐ＝2010年3月操業2750×1(二軸)
第2Ｐ＝2015年1月操業2250×1(二軸)
住友大阪　ヤマソー・シーカメント・チューポール　車大型×50台・中型×31台
G＝石灰砕石・再生　S＝山砂・石灰砕砂・砕砂
普通JIS取得(JTCCM)　再生JIS取得(JQA)
大臣認定単独取得(60N/㎟)
※川崎工場＝神奈川県参照

宮松城南㈱
2004年1月設立　資本金9900万円
◉本社＝〒143－0001　大田区東海3－9－2　M&Mビル6階C室
☎03－3790－2243・FAX03－5492－8032
URL http://www.miyamatsu-soc.co.jp
✉info@miyamatsu-j.jp
代表取締役村松直人　取締役村松直也・佐藤宏行
◉工場＝〒143－0002　大田区城南島1－1－3
☎03－3790－2016・FAX03－3790－5745
工場長佐藤宏行
従業員21名(主任技士2名・技士6名)
2800×1(二軸)　Ｍ光洋機械　住友大阪　ヤマソー・シーカ・チューポール　車大型×27台・中型×8台・小型×10台〔傭車：㈱アライアンスコーポレーション〕
2023年出荷140千㎥
G＝砕石・再生　S＝山砂・石灰砕砂・砕砂
普通・舗装・再生JIS取得(JTCCM)
大臣認定単独取得(60N/㎟)

むさしの生コン㈱
2007年10月1日設立　資本金1億円　従業員25名　出資＝(セ)100%
◉本社＝〒182－0014　調布市柴崎1－59－6
☎042－481－6601・FAX042－481－596
URL https://www.musashino-namacon.co.jp
代表取締役近藤政弥　取締役舟山治・中島弘樹・尾崎浩二・竹内紀一郎　監査役兼子裕成
◉横田工場＝〒208－0023　武蔵村山市伊奈平3－33
☎042－560－0711・FAX042－560－397
✉takayuki-fuji@musashino-namacon.co.jp
工場長橋本敦史
従業員11名(主任技士3名・技士4名)
1994年10月操業6000×1(二軸)　ＰＳＭ光洋機械(旧石川島)　太平洋　シーカジャパン・フローリック・花王　車大型×18台〔傭車：三多摩トランスポート〕
2023年出荷65千㎥
G＝砕石・石灰砕石　S＝砕砂・石灰砕砂・山砂
普通・舗装・軽量・高強度JIS取得(JTCCM)
大臣認定単独取得(80N/㎟)

武蔵菱光コンクリート㈱
1986年10月30日設立　資本金10000万円　従業員2名　出資＝(セ)5%・(販)95%
◉本社＝〒182－0025　調布市多摩川1－4－1
☎042－486－4477・FAX042－481－907
✉matsumoto@ryoukou-chofu.co.jp
代表取締役社長芦沢尚幸　代表取締役常務相馬豪　取締役安野健一・芦沢重夫・堀辺徹夫・佐藤進　監査役明石良紀
◉調布工場＝〒182－0025　調布市多摩川1－45－1
☎042－482－6131・FAX042－440－758
✉t.horibe@ryoko-con.com
工場長堀辺徹夫
従業員10名(主任技士1名・技士6名)
1963年11月操業2002年5月更新3000×1(二軸)　Ｐ北川鉄工(旧日本建機)Ｓハカルプラスｍ光洋機械　UBE三菱　シーカポゾリス・シーカビスコクリート・フローリック　車大型×13台・中型×2台〔傭車：調布運輸㈱〕
2023年出荷74千㎥、2024年出荷59千㎥(高強度4000㎥)
G＝石灰砕石・砕石　S＝山砂・砕砂

普通JIS取得(JTCCM)
大臣認定単独取得(60N/mm²)

㈱宗仲建材
1967年4月1日設立　資本金1000万円　従業員2名　出資=(自)100%
◉本社=〒181-0002　三鷹市牟礼1-15-8
☎0422-43-8644・FAX0422-47-4492
代表取締役宗仲和義　取締役宗仲かおる・宗仲駿佑
※宗仲生コンクリート㈱へ生産委託

宗仲生コンクリート㈱
2018年9月11日設立　資本金3000万円
◉本社=〒192-0053　八王子市八幡町8-4
☎042-623-6121・FAX042-626-1419
代表取締役宗仲和義　取締役大井富雄・渡辺浩・安藤公隆・大内貴裕
◉府中工場(旧㈱宗仲建材工場)=〒183-0046　府中市西原町1-16-1
☎042-577-5111・FAX042-577-5221
工場長馬場大介
1967年4月操業2004年5月更新2800×1　ＰＳＭ北川鉄工　太平洋　車大型×8台・中型×4台・小型×1台
2024年出荷35千m³(高強度200m³)
G=石灰砕石・砕石　S=山砂・砕砂
普通JIS取得(GBRC)
大臣認定単独取得(80N/mm²)
※㈱宗仲建材より生産受託

村松興業㈱
1968年9月12日設立　資本金5000万円
従業員34名　出資=(自)100%
◉本社=〒100-0211　大島町差木地字クダッチ無番地
☎04992-4-0511・FAX04992-4-0567
✉m.const@themis.ocn.ne.jp
代表取締役社長村松与志広　代表取締役副社長村松忠広　専務取締役佐藤登　取締役坂上幾男
◉本社工場=本社に同じ
工場長村松与志広
従業員16名(技士3名)
1968年9月操業1988年8月更新1500×1　ＰＭクリハラＳハカルプラス　太平洋　チューポール　車大型×5台・中型×3台
2023年出荷10千m³、2024年出荷5千m³
G=山砂利・砕石　S=山砂
普通・舗装JIS取得(JTCCM)

師岡建材㈱
1972年4月1日設立　資本金1000万円　従業員15名　出資=(自)100%
◉本社=〒198-0022　青梅市藤橋3-1-10
☎0428-31-3945・FAX0428-31-3949
代表者師岡慎一郎
◉三ツ原生コン工場=本社に同じ
責任者師岡慎一郎
従業員15名(技士3名)
1970年4月操業1989年9月更新2000×1(二軸)　ＰＳＭ北川鉄工　太平洋　チューポール　車大型×4台・中型×11台
G=山砂利・砕石　S=山砂・砕砂
普通JIS取得(JTCCM)

山一興産㈱
◉本社=千葉県参照
◉江戸川工場=〒133-0061　江戸川区篠崎町6-4-9
☎03-5879-7811・FAX03-5879-7812
✉k-ookubo@yamaichikousan.co.jp
工場長大久保浩二
従業員11名
2018年11月操業2019年1月更新1800×1　ＰＳＭ光洋機械　トクヤマ　シーカジャパン　車中型×12台
G=石灰砕石　S=山砂・砕砂
普通JIS取得(JTCCM)
※横浜工場・相模工場=神奈川県参照

山田建設㈱
1967年12月12日設立　資本金2000万円
従業員30名　出資=(自)100%
◉本社=〒100-0101　大島町元町2-9-16
☎04992-2-2261・FAX04992-2-1750
✉namacon@axel.ocn.ne.jp
代表取締役山田忠司　取締役清水敏行・阿部泰雄・堺理夫　監査役清水光子
◉生コン工場=〒100-0101　大島町元町3-17-2
☎04992-2-3611・FAX04992-2-4388
工場長高柳昭広
従業員20名(技士4名)
1969年3月操業2009年5月更新1670×1(二軸)　Ｐ北川鉄工ＳＭ日工　UBE三菱　チューポール　車大型×8台・中型×3台
G=砕石　S=陸砂
普通JIS取得(JTCCM)

㈱ユニテック
2001年11月30日設立　資本金1000万円
従業員36名　出資=(自)100%
◉本社=〒121-0832　足立区古千谷本町1-5-1
☎03-3899-5001・FAX03-3899-5040
✉uni_soumu@sck-net.co.jp
代表取締役森厚
◉工場=本社に同じ
工場長高島学
従業員36名(主任技士1名・技士1名)
2001年11月操業1750×1　ＰＳエムイーシーＭ日工　住友大阪・UBE三菱　フローリック　車中型×23台・小型×13台
G=砕石　S=山砂・陸砂・砕砂
普通JIS取得(JTCCM)

横山産業㈱
1964年10月1日設立　資本金10000万円
従業員100名　出資=(自)100%
◉本社=〒121-0807　足立区伊興本町1-12-4
☎03-3855-4550・FAX03-3855-4552
URL http://yokoyama-group.com/
代表取締役会長横山靖之　代表取締役社長三宅薫
※川口第一工場・川口第二工場・大宮工場・大和工場=埼玉県参照

吉建エスオーシー㈱
1997年3月28日設立　資本金1000万円
◉本社=〒135-0016　江東区東陽2-2-4
☎03-3647-2511・FAX03-3640-0059
代表取締役社長吉田博　取締役吉田徹平　監査役笹谷和博
※吉田建材㈱東京若洲工場へ生産委託

吉建秩父生コン㈱
1996年9月1日設立　資本金5000万円　従業員1名　出資=(セ)40%・(販)60%
◉本社=〒196-0002　昭島市拝島町4-10-2
☎042-541-8055・FAX042-519-4580
代表取締役社長本宮秀明　取締役鈴木孝行・尾崎浩二・吉田博・吉田徹平・鈴木孝治　監査役笹谷和博・竹内紀一郎
※令和共同生コン㈱に生産委託

吉田建材㈱
1951年5月5日設立　資本金10000万円
従業員56名　出資=(自)100%
◉本部=〒135-0016　江東区東陽2-2-4
☎03-3647-2511・FAX03-3640-0059
URL http://www.yoshiken-co.jp
✉honbu@yoshiken-co.jp
代表取締役社長吉田博　常務取締役吉田徹平　取締役池澤卓・笹谷和博　監査役大橋節子
◉東京若洲工場=〒136-0083　江東区若洲1-1-10
☎03-3521-8211・FAX03-3521-8115
✉t.ikezawa@yoshiken-co.jp
工場長池澤卓
従業員16名(主任技士4名・技士7名)
第1Ｐ=1988年11月操業2020年8月ＰＳ2021年1月Ｍ改造2750×1(二軸)　ＰＳＭ日工
第2Ｐ=1993年1月操業2021年9月Ｍ改造2750×1(二軸)　ＰＳＭ日工　住友大阪　シーカメント・フローリック・シーカポゾリス・シーカビスコクリート・マイテイ・チューポール　車大型×32台〔傭車：吉建生コンクリート㈱〕

G＝石灰砕石　S＝山砂・石灰砕砂
普通・高強度・軽量JIS取得（GBRC）
大臣認定単独取得（73N/mm²）
※船橋工場＝千葉県参照

㈱リバスター
1965年4月10日設立　資本金4000万円
◉本社＝〒176－0012　練馬区豊玉北1－14－3
☎03－3557－4611・FAX03－3557－3433
URL https：//www.riverstar.co.jp
✉postmaster@riverstar.co.jp
代表取締役星川譲治　専務取締役星川欣也　取締役工場長舘盛英樹　取締役伊藤聖太　監査役星川美恵子
◉本社工場＝本社に同じ
取締役工場長舘盛英樹
従業員19名（主任技士2名・技士5名・診断士2名）
1971年9月操業2007年1月更新2800×1　ＰＳＭ北川鉄工　トクヤマ　シーカメント　車大型×18台・中型×24台
2024年出荷12千m³（高強度2000m³）
G＝砕石　S＝山砂・石灰砕砂
普通JIS取得（GBRC）
大臣認定単独取得

令和共同生コン㈱
（新東京アサノコンクリート㈱と吉建秩父生コン㈱より生産受託）
2019年5月24日設立　資本金2000万円
従業員6名　出資＝（他）100％
◉本社＝〒196－0002　昭島市拝島町4－10－2
☎042－519－4035・FAX042－519－4580
代表取締役社長鈴木孝治　取締役本宮秀明・中川陽一・山口裕之　監査役竹内紀一郎
◉工場＝本社に同じ
代表取締役社長鈴木孝治
従業員6名（主任技士3名・技士3名）
1968年8月操業2019年9月更新2750×1（二軸）　ＰＳＭ日工　太平洋　シーカ・ヤマソー・マイテイ　車11台
2023年出荷60千m³、2024年出荷2千m³
G＝石灰砕石・砕石　S＝山砂・石灰砕砂・砕砂
普通・舗装・高強度JIS取得（GBRC）

神奈川県

㈱青木建材店
1959年11月1日設立　資本金2000万円
従業員4名　出資＝(自)100%
◉本社＝〒232－0053　横浜市南区井土ヶ谷下町41－10
☎045－711－6123・FAX045－721－0310
代表取締役青木まゆ美
◉横浜中央生コンクリート工場＝〒244－0804　横浜市戸塚区前田町89－1
☎045－821－1521
✉aokikenzai-plant@ag.wakwak.com
工場長横井寿男
従業員10名(技士1名)
1977年操業1987年6月更新36×1(傾胴)
ＰＳＭ大平洋機工　住友大阪　シーカメント　車中型×12台
G＝石灰砕石　S＝山砂
普通JIS取得(GBRC)

㈲旭屋
1951年3月1日設立　資本金1500万円　出資＝(販)100%
◉本社＝〒242－0017　大和市大和東2－2－13
☎046－261－0318・FAX046－261－0313
代表取締役大谷充
◉生コン工場＝〒242－0018　大和市深見西3－1－36
☎046－263－6075・FAX046－260－1600
工場長大谷剛
従業員6名
1971年12月操業2003年11月更新1000×1(可傾式)　ＰＳＭ北川鉄工　太平洋　GCP　車小型×4台
G＝陸砂利　S＝陸砂
普通JIS取得(GBRC)

厚木生コン㈱
(厚木レミコン㈱厚木工場と第一コンクリート㈱厚木工場の共同生産会社)
2012年4月1日設立　資本金5000万円　従業員12名　出資＝(製)50%・(販)50%
◉本社＝〒243－0807　厚木市金田1280
☎046－221－8000・FAX046－221－8418
URL http://www.atsugi-rmc.jp
✉info@atsugi-rmc.jp
代表取締役社長石森公夫　代表取締役会長市瀬明宏　取締役清水久・井波尚宏　執行役員吉村卓夫　監査役石森昭行・竹内紀一郎
◉工場＝本社に同じ
責任者吉村卓夫
従業員13名(主任技士3名・技士3名・診断士2名)
1970年12月操業2006年8月更新2750×1(二軸)　ＰＳＭ日工　太平洋　フローリック・シーカジャパン・チューポール　車大型×23台
2023年出荷128千㎥、2024年出荷108千㎥
G＝石灰砕石・砕石・人軽骨　S＝山砂・砕砂
普通・軽量JIS取得(GBRC)
大臣認定単独取得(80N/mm²)

イイダブレンド㈱
2016年2月18日設立　資本金1000万円
従業員9名　出資＝(販)100%
◉本社＝〒230－0034　横浜市鶴見区寛政町24－3
☎045－506－5656・FAX045－506－5657
URL http://kenzai-kanagawa.net/iida/
✉sakuma@iida-b.co.jp
代表者飯田米造
◉工場＝本社に同じ
工場長三浦孝
従業員9名(技士4名)
1250×1(二軸)　トクヤマ・住友大阪　シーカ　車中型×3台・小型×4台
2023年出荷30千㎥
G＝石灰砕石　S＝山砂・石灰砕砂
普通JIS取得(GBRC)

㈱石井建材
資本金6800万円　出資＝(自)100%
◉本社＝〒245－0066　横浜市戸塚区俣野町533
☎045－852－3211・FAX045－852－3235
URL http://ishii-kenzai.jp
✉ishiikenzai@mx1.alpha-web.ne.jp
代表取締役石井毅
◉工場＝本社に同じ
工場長青島雄三
従業員17名(技士3名)
1973年12月操業2004年2月更新1000×1(二軸)　ＰＭ北川鉄工　住友大阪　シーカ　車中型×11台・小型×6台
G＝石灰砕石　S＝山砂・砕砂
普通JIS取得(GBRC)

㈲石川商店
◉本社＝東京都参照
◉溝口工場＝〒213－0014　川崎市高津区新作1－6－4
☎044－866－5121・FAX044－866－5124
従業員15名(主任技士2名)
1969年10月操業1981年8月更新1000×1
ＰＭ光洋機械(旧石川島)Ｓ三立工機　UBE三菱　シーカメント　車中型×4台・小型×10台
2024年出荷10千㎥
G＝石灰砕石　S＝陸砂
普通JIS取得(MSA)
大臣認定単独取得(42N/mm²)

㈱石塚建材
1963年6月15日設立　資本金1200万円
従業員20名　出資＝(自)100%
◉本社＝〒213－0032　川崎市高津区久地3－10－22
☎044－822－2870・FAX044－812－0051
✉ishiduka_kenzai@goo.jp
代表取締役石塚寛郎　専務取締役石塚由章
◉工場＝本社に同じ
従業員20名(主任技士1名・技士3名)
1970年4月操業2015年1月更新1700×1(二軸)　ＰＳＭ北川鉄工　太平洋　ヤマソー・シーカメント　車中型×10台・小型×5台
2023年出荷32千㎥、2024年出荷35千㎥(ポーラス50㎥)
G＝砕石　S＝山砂・石灰砕砂・砕砂
普通JIS取得(GBRC)

㈲市川金物店
1959年9月1日設立　資本金1000万円　出資＝(製)100%
◉本社＝〒220－0111　相模原市緑区川尻1696－1
☎042－782－2440・FAX042－782－3792
代表取締役市川洋子　専務取締役市川幸男
◉城山生コン工場＝本社に同じ
工場長市川幸男
従業員10名(技士3名)
1972年9月操業1999年1月更新1000×1
Ｐ自社Ｍクリハラ　太平洋　フローリック　車中型×7台
G＝砕石　S＝陸砂・砕砂
普通JIS取得(GBRC)

伊藤建材㈲
1964年4月設立　資本金1000万円　従業員15名　出資＝(自)100%
◉本社＝〒241－0005　横浜市旭区白根1－18－6
☎045－953－1601・FAX045－954－1456
URL http://itou-kenzai.com/index.html
代表取締役伊藤洋一
◉工場＝本社に同じ
工場長大下繁男
従業員11名(主任技士1名・技士1名)
1970年2月操業1990年10月更新1000×1
ＰＭ北川鉄工Ｓ湘南島津　トクヤマ　チューポール　車小型×8台
G＝砕石　S＝山砂
普通JIS取得(JTCCM)
◉Bee Mix＝〒246－0026　横浜市瀬谷区阿久和南2－1－15
☎045－367－7061・FAX045－367－7062
普通JIS取得(JTCCM)

㈱伊藤知安商店
資本金300万円　出資＝（販）100％
◉本社＝〒254－0082　平塚市東豊田477
代表取締役伊藤知安
◉工場＝本社に同じ
1967年4月操業1000×1　ＰＳＭ北川鉄工　住友大阪　車小型×8台
普通JIS取得（GBRC）

㈱上村建材
1968年8月20日設立　資本金1000万円　従業員15名　出資＝（自）100％
◉本社＝〒257－0031　秦野市曾屋61－1
☎0463－84－0818・FAX0463－84－0918
代表取締役上村敏一　取締役上村ゆかり・上村喜八
◉工場＝本社に同じ
工場長上村喜八
従業員20名（主任技士1名・技士5名）
2000年11月操業1670×1　太平洋　GCP　車大型×2台・中型×11台・小型×3台
G＝砕石　S＝山砂
普通JIS取得（GBRC）

㈱内田商店
1961年5月1日設立　資本金1000万円　従業員14名　出資＝（自）100％
◉本社＝〒243－0212　厚木市及川柳流767－1
☎046－241－3370・FAX046－241－3083
代表取締役社長内田昇　専務取締役内田豊一　取締役内田文子　監査役露木成秋
◉生コン工場＝〒243－0213　厚木市飯山4519－1
☎046－242－0548・FAX046－242－2602
✉utida@cyber.ocn.ne.jp
工場長柳田之久
従業員12名（技士3名）
1973年12月操業1992年5月Ｍ更新500×1　ＰＳ北川鉄工Ｍ名興機械　太平洋　GCP・チューポール　車中型×11台
2023年出荷18千㎥、2024年出荷16千㎥
G＝砕石　S＝山砂・石灰砕砂・砕砂
普通JIS取得（GBRC）

㈱内山アドバンス
◉本社＝千葉県参照
◉横浜工場＝〒222－0001　横浜市港北区樽町2－6－30
☎045－543－5711・FAX045－543－6125
✉yokohama-p@uchiyama-advance.co.jp
工場長長谷川哲也
従業員10名（主任技士3名・技士4名・診断士1名）
1997年4月操業2017年3月更新3300×1（二軸）　ＰＭ光洋機械Ｓパシフィックシステム　太平洋　フローリック・シーカポゾリス・シーカビスコクリート　車大型×14台〔傭車：㈱三恵運輸〕
2024年出荷36千㎥（高強度500㎥）
G＝石灰砕石・砕石　S＝山砂・砕砂
普通・軽量JIS取得（JTCCM）
大臣認定単独取得（70N/mm²）
◉磯子工場＝〒235－0017　横浜市磯子区新磯子町8
☎045－755－2391・FAX045－755－2494
✉isogo-p@uchiyamagroup.com
工場長石田忠義
従業員9名（主任技士2名・技士2名）
1987年7月操業2020年9月更新3300×1（二軸）　ＰＭ光洋機械Ｓパシフィックシステム　太平洋　フローリック・シーカジャパン　車大型×14台〔傭車：三恵運輸㈱〕
2023年出荷75千㎥、2024年出荷76千㎥（高強度5500㎥・高流動100㎥）
G＝砕石・人軽骨　S＝山砂・砕砂
普通・軽量・高強度JIS取得（JTCCM）
大臣認定単独取得（80N/mm²）
※川崎工場は㈱大陽コンクリートへ生産委託
※技術センター・浦安工場・千葉工場・花見川工場・柏工場＝千葉県、草加工場＝埼玉県参照

㈱永新建材
1960年4月設立　資本金1000万円
◉本社＝〒245－0022　横浜市泉区和泉が丘2－16－19
☎045－803－8813・FAX045－801－8812
代表取締役社長安西史雄
◉工場＝本社に同じ
工場長安西貴司
従業員17名（技士1名）
1000×1（二軸）　太平洋　シーカポゾリス・シーカビスコクリート　車中型×10台・小型×4台
2023年出荷22千㎥、2024年出荷20千㎥
G＝砕石　S＝山砂
普通JIS取得（JTCCM）

OS有限責任事業組合
（小田原生コン㈱と西湘生コンクリート㈱により設立。両社より生産受託）
◉本社＝〒250－0854　小田原市飯田岡341
☎0465－27－2002・FAX0465－36－1208
◉工場（旧小田原生コン㈱工場）＝本社に同じ
工場長斎藤武行
従業員19名
1964年7月操業2024年8月更新2750×1　ＰＳＭ日工　太平洋・住友大阪　シーカポゾリス・シーカビスコクリート・シーカメント　車大型×2台・中型×3台・小型×8台車〔傭車：西部運輸〕
2023年出荷61千㎥、2024年出荷41千㎥（高強度56㎥）
G＝砕石　S＝河川・山砂
普通JIS取得（JTCCM）
大臣認定単独取得（60N/mm²）

㈲大津小型生コン
1970年4月1日設立　資本金300万円　従業員3名　出資＝（自）100％
◉本社＝〒250－0101　南足柄市班目665
☎0465－74－2352・FAX0465－74－2821
代表取締役社長大津岳男　取締役大津淳子
◉工場＝本社に同じ
工場長大津岳男
従業員5名
1967年1月操業1988年11月更新500×1（二軸）　ＰＳＭ光洋機械　UBE三菱　車小型×10台
G＝山砂利　S＝山砂

㈱大和田商店
1975年8月1日設立　資本金1000万円　従業員35名　出資＝（自）100％
◉本社＝〒226－0021　横浜市緑区北八朔町1386
☎045－934－2787・FAX045－932－0478
代表取締役社長大和田敏幸　取締役大和田幸男・加藤信明　監査役大和田政恵
◉生コンクリート工場＝本社に同じ
工場長加藤信明
従業員32名（技士6名）
1971年11月操業1983年6月ＰＳ1989年8月Ｍ更新1500×1（二軸）　ＰＳＭ日工　住友大阪　シーカメント　車中型×16台・小型×5台
2023年出荷35千㎥、2024年出荷38千㎥
G＝砕石　S＝陸砂・石灰砕砂・混合砂
普通JIS取得（GBRC）

㈱オガワ
1961年4月1日設立　資本金2000万円　従業員18名　出資＝（自）100％
◉本社＝〒240－0002　横浜市保土ケ谷区宮田町2－155－10
☎045－332－1411・FAX045－335－2421
URL https://ogawa-yokohama.com
✉info@ogawa-yokohama.com
代表取締役小川和弘・小川勘七　取締役大和田恵子　監査役小川恵子
◉工場＝本社に同じ
工場長綿貫和弘
従業員18名（技士6名）
1971年6月操業2007年更新1300×1　Ｐ日工Ｓハカルプラス M北川鉄工　UBE三菱　シーカポゾリス・シーカビスコクリート　車中型×12台・小型×6台
2023年出荷28千㎥、2024年出荷32千㎥（高強度200㎥）
G＝石灰砕石　S＝山砂
普通JIS取得（GBRC）
大臣認定単独取得（60N/mm²）

㈲オザワ
資本金300万円
◉本社＝〒257－0015　秦野市平沢720－1
☎0463－81－0916
◉工場＝本社に同じ
1973年2月操業1000×1　太平洋
普通JIS取得（GBRC）

㈱小沢商店
1958年9月1日設立　資本金1000万円　従業員25名　出資＝（自）100％
◉本社＝〒241－0025　横浜市旭区四季美台23
☎045－362－1555・FAX045－364－9255
URL https://ozawa-namacon.com
✉info@ozawa-namacon.com
代表取締役小澤孝之　専務取締役小澤重徳
◉小沢生コン工場＝〒241－0802　横浜市旭区上川井町72－6
☎045－920－0031・FAX045－920－0053
✉info@ozawa-namacon.com
工場長越川聡明
従業員15名（主任技士1名・技士3名）
1960年10月操業2004年1月更新1500×1（傾胴）　ＰＳＭ光洋機械（旧石川島）　太平洋　シーカメント　車中型×4台・小型×8台
2024年出荷20千㎥（ポーラス40㎥）
G＝石灰砕石　S＝山砂・石灰砕砂
普通JIS取得（JTCCM）

小田原生コン㈱
（西湘生コンクリート㈱とOS有限責任事業組合を設立し、生産委託）
2011年9月23日設立
◉本社＝〒250－0854　小田原市飯田岡341
☎0465－36－1204・FAX0465－36－1208
代表取締役佐藤大輔　取締役会長石森公夫　取締役山崎秀勅・斉藤武行・佐々木雄二　監査役椎野一巳

小野田商店
◉本社＝〒243－0417　海老名市本郷3994－3
☎046－238－1439
代表者小野田錯資
◉工場＝本社に同じ
1979年11月操業500×1　トクヤマ

㈱金井産業
1967年4月1日設立　資本金500万円　従業員11名　出資＝（自）100％
◉本社＝〒252－0244　相模原市中央区田名5977
☎042－761－0011・FAX042－762－2107
代表取締役金井雅人
◉工場＝本社に同じ
工場長志村広行
従業員11名（主任技士1名・技士2名）
1972年1月操業1981年1月Ｓ1990年1月Ｐ2007年5月Ｍ更新1700×1（二軸）　ＰＳＭ北川鉄工　トクヤマ　チューポール　車大型×4台・中型×7台
G＝砕石　S＝砕砂・混合砂
普通JIS取得（JTCCM）

神奈川秩父レミコン㈱
1996年12月6日設立　資本金3000万円　従業員31名　出資＝（セ）10％・（販）90％
◉本社＝〒213－0032　川崎市高津区久地845－1
☎044－844－7961・FAX044－850－1915
URL http://www.d-s-s.co.jp/kanachichi/index.html
✉kcr.kojyo@dream.com
代表取締役社長塩見伊津夫　代表取締役青木俊宏　取締役渡辺賢一・小原徹・野村繁・黒須純一・堀川和夫　監査役金島愛昌
◉本社工場＝〒213－0032　川崎市高津区久地845－1
☎044－833－2331・FAX044－850－1915
✉kcr.siken@dream.com
工場長野村繁
従業員31名（主任技士1名・技士10名）
第1Ｐ＝1997年1月操業1963年5月Ｐ1993年6月Ｓ2001年3月Ｍ更新3000×1　Ｐ王子機械Ｓパシフィックシステム M光洋機械
第2Ｐ＝1993年6月操業2014年9月更新3250×1　ＰＭ光洋機械Ｓパシフィックシステム　太平洋　シーカジャパン・フローリック・シーカメント　車大型×32台
2023年出荷119千㎥、2024年出荷122千㎥（高強度8900㎥・高流動1800㎥・水中不分離58㎥）
G＝石灰砕石・砕石・人軽骨　S＝山砂・石灰砕砂・人軽骨
普通・高強度・軽量JIS取得（JTCCM）
大臣認定単独取得（80N/㎟）

カナリョウ㈱
（川崎宇部生コンクリート㈱と川崎宇部・カナリョウ有限責任事業組合を設立し、生産委託）
資本金100万円　従業員1名
◉本社＝〒210－0807　川崎市川崎区港町7－11
☎044－200－4680・FAX044－210－1271
代表者仙石浩太郎
◉工場（旧神奈川菱光コンクリート㈱工場）（操業停止中）＝本社に同じ
1969年2月操業1985年7月更新3000×1（二軸）　ＰＳＭ光洋機械

㈱金子コンクリート
1995年6月1日設立　資本金1000万円　従業員35名　出資＝（自）100％
◉本社＝〒236－0003　横浜市金沢区幸浦2－5－2
☎045－784－5921・FAX045－701－3366
URL http://kanecon.jp
代表取締役会長金子雄次　取締役社長金子敬祐
◉工場＝本社に同じ
工場長立川邦夫
従業員35名（技士7名）
1970年6月操業2007年8月更新2750×1　ＰＭ日工Ｓエムイーシー　太平洋・住友大阪　シーカポゾリス・シーカメント・フローリック・チューポール　車大型×11台・中型×18台・小型×3台
2023年出荷61千㎥、2024年出荷53千㎥（水中不分離100㎥・ポーラス4㎥）
G＝石灰砕石　S＝山砂・石灰砕砂
普通・高強度JIS取得（GBRC）

川崎宇部・カナリョウ有限責任事業組合
（カナリョウ㈱、川崎宇部生コンクリート㈱により設立。両社より生産受託）
◉本社＝〒210－0807　川崎市川崎区港町7－11
☎044－244－4401・FAX044－210－1271
◉工場＝本社に同じ
工場長坂井秀紀
従業員9名（主任技士4名・技士4名・診断士2名）
1970年1月操業2012年1月更新5000×1（二軸）　ＰＳＭ光洋機械　UBE三菱　シーカコントロール・チューポール・フローリック・マイテイ　車大型×22台
2023年出荷96千㎥、2024年出荷100千㎥（高強度6000㎥）
G＝石灰砕石　S＝山砂・石灰砕砂・砕砂
普通JIS取得（GBRC）
大臣認定単独取得（75N/㎟）

川崎宇部生コンクリート㈱
（カナリョウ㈱と川崎宇部・カナリョウ有限責任事業組合を設立し、生産委託）
1969年9月18日設立　資本金1000万円　従業員14名　出資＝（自）30％・（他）70％
◉本社＝〒210－0807　川崎市川崎区港町7－11
☎044－244－4403・FAX044－210－1271
✉kawaube@mx3.alpha-web.ne.jp
代表取締役豊田有一朗　取締役社長山下信二　取締役専務豊田浩二朗・北田利明・坂井秀紀・田代真郷

川崎徳山生コンクリート㈱
1965年4月5日設立　資本金4000万円　従業員8名　出資＝（セ）100％

神奈川県

●本社＝〒210－0867　川崎市川崎区扇町13－7
☎044－322－7730・FAX044－329－1156
代表取締役社長黒田隆　取締役田口信行・石田大介・石井昭弘　監査役林和彦
※㈱大陽コンクリートに生産委託

関東宇部コンクリート工業㈱
●本社＝東京都参照
●溝の口工場＝〒213－0013　川崎市高津区末長4－10－8
☎044－822－9435・FAX044－822－9123
✉mizonokuchi@kanto-ube.co.jp
工場長加来正治
従業員13名(主任技士2名・技士6名)
1964年4月操業2005年5月更新3300×1　P光洋機械SM日工　UBE三菱　フローリック・チューポール・シーカビスコクリート　車大型×39台〔傭車：同志運輸㈲・大京運輸㈲〕
2024年出荷95千㎥(高強度4500㎥)
G＝石灰砕石・砕石・人軽骨　S＝山砂・石灰砕砂・砕砂
普通・高強度・軽量JIS取得(JTCCM)
大臣認定単独取得(120N/mm²)
●横浜工場＝〒235－0017　横浜市磯子区新磯子町11－1
☎045－753－5766・FAX045－753－5767
✉s.sato@kanto-ube.co.jp
工場長佐藤真吾
従業員(主任技士2名・技士4名)
1997年1月操業6000×1(二軸)　PSM光洋機械　UBE三菱　チューポール・フローリック　車大型×30台〔傭車：㈱ユーキャリア〕
2024年出荷81千㎥(高強度2700㎥・水中不分離30㎥)
G＝石灰砕石　S＝山砂・石灰砕砂
普通・高強度JIS取得(JTCCM)
大臣認定単独取得(110N/mm²)
●相模原工場＝〒252－0212　相模原市中央区宮下2－17－1
☎042－772－2191・FAX042－772－2194
✉momosawa@kanto-ube.co.jp
工場長桃澤岳徳
従業員9名(主任技士3名・技士4名)
1969年8月操業2013年5月更新3300×1(二軸)　PSM日工　UBE三菱　チューポール・フローリック・シーカメント・シーカジャパン　車大型×22台〔傭車：㈲三多摩生コン輸送・㈱ユーキャリア〕
2023年出荷100千㎥、2024年出荷75千㎥(高強度15000㎥)
G＝石灰砕石・砕石　S＝山砂・石灰砕砂・砕砂
普通・高強度JIS取得(JTCCM)
大臣認定単独取得(80N/mm²)
※豊洲工場・大井工場・府中工場＝東京都、入間工場＝埼玉県、浦安工場＝千葉県参照

㈱岸田
1961年1月1日設立　資本金2000万円　従業員23名　出資＝(自)100%
●本社＝〒223－0051　横浜市港北区箕輪町2－2－7
☎045－562－2101・FAX045－562－7403
URL http://kisida.jp
✉kishida@ninus.ocn.ne.jp
代表取締役岸田祐一　常務取締役岸田弘之　取締役岸田和馬　監査役岸田建子
●岸田生コン＝本社に同じ
工場長長谷川伸弘
従業員23名(技士5名・診断士1名)
1966年11月操業1998年1月更新2500×1(二軸)　PSM日工　トクヤマ　チューポール・フローリック　車中型×18台
2023年出荷31千㎥、2024年出荷33千㎥(高強度470㎥)
G＝石灰砕石　S＝山砂・石灰砕砂・砕砂
普通JIS取得(GBRC)
大臣認定単独取得(60N/mm²)

共栄生コン㈱
1978年11月1日設立　資本金3850万円　従業員21名　出資＝(自)100%
●本社＝〒253－0111　高座郡寒川町一之宮5－7－8
☎0467－74－2673・FAX0467－74－3049
✉kynj@jcom.home.ne.jp
代表取締役平野繁夫　取締役長谷川辰巳・平野大介　監査役長谷川英男
●工場＝〒253－0111　高座郡寒川町一之宮5－7－8
☎0467－74－2673・FAX0467－74－3233
工場長平野繁夫
従業員21名(技士2名)
1971年6月操業1982年6月更新1500×1(二軸)　PSM光洋機械　太平洋　フローリック　車大型×7台・小型×14台
2023年出荷19千㎥、2024年出荷19千㎥
G＝砕石　S＝砕砂
普通JIS取得(GBRC)
大臣認定単独取得(40N/mm²)

草川沼家生コン㈱
(草川生コンクリート㈱と沼家生コンクリート㈱より生産受託)
●本社＝〒238－0023　横須賀市森崎1－9－25
☎046－836－2221・FAX046－836－2223
●工場＝本社に同じ
2009年11月操業2012年1月更新3300×1(二軸)　PSM日工　住友大阪・UBE三菱　チューポール・シーカ
2023年出荷81千㎥、2024年出荷80千㎥(高強度6900㎥)
G＝石灰砕石　S＝山砂
普通JIS取得(JTCCM)
大臣認定単独取得(80N/mm²)

㈱高昭産業
●本社＝東京都参照
●KOUSHO川崎＝〒210－0867　川崎市川崎区扇町6－8
☎044－344－3434・FAX044－344－3400
✉kawasaki@ko-sho.co.jp
工場長代理松岡大通
従業員10名
1961年7月操業1989年10月更新1500×1(二軸)　PSM光洋機械　住友大阪・太平洋　車中型×10台
2023年出荷20千㎥
G＝砕石　S＝山砂・砕砂
普通JIS取得(GBRC)
※昭和島工場＝東京都参照

港北菱光コンクリート工業㈱
●本社＝〒224－0043　横浜市都筑区折本町419－1
☎045－471－7841・FAX045－471－8227
●工場＝本社に同じ
普通JIS取得(GBRC)

小梅商事㈲
1969年4月設立　資本金800万円　従業員23名　出資＝(自)100%
●本社＝〒233－0008　横浜市港南区最戸1－14－37
☎045－712－8191・FAX045－712－8193
✉sourinwings@yahoo.co.jp
代表取締役小梅聡　専務取締役小梅悟　取締役小梅惣一・小梅栄子
●生コンクリート港南工場＝本社に同じ
工場長小梅惣一
従業員23名(主任技士1名・技士3名)
1500×1(二軸)　PSM光洋機械　UBE三菱　フローリック・山宗　車中型×11台・小型×10台
2024年出荷35千㎥
G＝石灰砕石　S＝山砂・河川
普通JIS取得(MSA)

㈲小島建材店
1974年9月1日設立　資本金500万円　従業員21名　出資＝(他)100%
●本社＝〒216－0014　川崎市宮前区菅生ヶ丘12－2
☎044－977－2489
✉kojimakenzai@gmail.com
代表取締役小島康弘　専務取締役柳澤誠　取締役小島泰
●工場＝本社に同じ
工場長安達勝
従業員14名(主任技士1名・技士2名)
1972年11月操業1985年8月更新1000×1

(二軸)　ＰＳＭ日工　太平洋　フローリック　車中型×15台
G＝河川・砕石　S＝山砂・陸砂・砕砂

㈱小島商店
1965年9月1日設立　資本金1000万円　従業員24名　出資＝(自)100％
◉本社＝〒243－0807　厚木市金田1038－4
☎046－221－2061・FAX046－221－8251
代表取締役小嶋完治　専務取締役大野義雄　常務取締役小嶋修　取締役小嶋安子
◉生コン部＝〒243－0807　厚木市金田896－1
☎046－221－5368・FAX046－223－8033
✉info@kojima-syouten.com
工場長小嶋雅治
従業員20名(主任技士1名・技士3名・診断士1名)
1972年5月操業1984年3月更新1000×1　ＰＳＭ北川鉄工　UBE三菱　GCP・ダラセム・シーカポゾリス・シーカビスコクリート　車中型×17台
2023年出荷33千㎥
G＝砕石　S＝山砂・砕砂
普通JIS取得(GBRC)

㈱坂本茂商店
1961年6月1日設立　資本金2000万円　従業員25名　出資＝(自)100％
◉本社＝〒230－0073　横浜市鶴見区獅子ヶ谷2－38－32
☎045－571－1566・FAX045－571－1821
✉info@sakamotoshigeru.co.jp
代表取締役坂本一幸　取締役金子幸一
◉生コン工場＝〒230－0073　横浜市鶴見区獅子ヶ谷2－38－32
☎045－573－6061・FAX045－573－6087
工場長山口航
従業員24名(主任技士1名・技士6名)
1972年9月操業2014年1月更新1700×1(二軸)　ＰＳＭ北川鉄工　トクヤマ　チューポール・シーカメント　車中型×5台・小型×14台
G＝石灰砕石　S＝山砂・石灰砕砂
普通JIS取得(GBRC)

桜ヶ丘生コン㈱
2013年10月設立　資本金500万円　従業員6名
◉本社＝〒242－0025　大和市代官2－1－1
☎046－267－2457・FAX046－267－2458
代表者森本譲
◉工場＝本社に同じ
責任者近藤祐一
従業員6名(主任技士1名・技士2名・診断士1名)
1965年5月操業1999年8月Ｓ2001年1月ＰＭ更新1500×1(二軸)　ＰＭ日工Ｓパシフィックシステム　住友大阪　シーカ車〔傭車：飯盛運輸〕
G＝石灰砕石・砕石　S＝山砂・石灰砕砂・砕砂
普通JIS取得(GBRC)

㈲佐藤建材
資本金300万円　出資＝(販)100％
◉本社＝〒242－0025　大和市代官1－1－10
☎046－269－2332・FAX046－269－2359
代表取締役社長佐藤政彦　取締役佐藤晃子
◉工場＝本社に同じ
従業員8名(主任技士1名・技士1名)
1977年10月操業2005年8月更新1000×1　雙龍　シーカポゾリス
G＝砕石　S＝山砂・石灰砕砂・砕砂
普通JIS取得(JTCCM)

㈲佐藤建材
1970年1月1日設立　資本金2500万円　従業員35名　出資＝(自)100％
◉本社＝〒229－0026　相模原市中央区陽光台6－8－12
☎042－753－1965・FAX042－753－2206
代表取締役社長佐藤良秋　専務取締役佐藤勝己
◉工場＝本社に同じ
工場長佐藤勝己
従業員31名(技士2名)
1970年11月操業2000年8月更新2000×1(二軸)　ＰＭ大平洋機工Ｓパシフィックシステム　太平洋　車中型×25台
G＝砕石　S＝山砂・砕砂
普通JIS取得(JTCCM)

三和石産㈱
1968年5月1日設立　資本金5000万円　従業員50名　出資＝(自)100％
◉本社＝〒252－0823　藤沢市菖蒲沢仲之桜710
☎0466－48－5511・FAX0466－48－5510
URL https://www.sanseki.co.jp
✉morikawa@sanseki.co.jp
代表取締役中田泰司　取締役中田節子・小林宣広・青木真一・蒔野栄次郎・大川憲　監査役中田加奈
◉藤沢工場＝本社に同じ
工場長森川翔太
従業員12名(主任技士2名・技士2名)
第1Ｐ＝2008年10月操業3250×1　ＰＳＭ光洋機械
第2Ｐ＝1970年5月操業2000年8月更新3000×1　ＰＳＭ北川鉄工　住友大阪・太平洋・UBE三菱・トクヤマ　シーカ・フローリック・竹本　車大型×48台〔傭車：㈱エッグ〕
2023年出荷90千㎥、2024年出荷70千㎥(高強度4000㎥)
G＝石灰砕石・砕石・人軽骨　S＝山砂・石灰砕砂・砕砂
普通・軽量JIS取得(GBRC)
ISO 9001取得
大臣認定単独取得(80N/mm²)

㈲神中産業
1962年10月1日設立　資本金600万円　従業員41名　出資＝(自)100％
◉本社＝〒240－0064　横浜市保土ケ谷区峰岡町2－338
☎045－335－4006・FAX045－335－4009
代表取締役中山了司　専務取締役中山百子
◉工場＝〒240－0046　横浜市保土ヶ谷区仏向西16－8
☎045－331－3303・FAX045－335－4009
工場長小熊勝
従業員44名(技士5名)
1962年10月操業1995年7月更新1750×1(二軸)　ＰＳＭ日工　トクヤマ・住友大阪・太平洋　プラストクリート・シーカメント　車中型×13台・小型×9台
G＝石灰砕石　S＝山砂・石灰砕砂
普通JIS取得(JTCCM)

新和商事㈱
1987年8月設立　資本金1000万円　従業員8名　出資＝(自)100％
◉本社＝〒240－0051　横浜市保土ケ谷区上菅田町1571－1
☎045－381－6752・FAX045－373－4685
社長渡辺孝子
◉本社工場＝本社に同じ
従業員8名(技士2名)
1975年2月操業1988年2月Ｐ1988年8月ＳＭ更新1000×1　Ｐ自社設計Ｓ光洋機械Ｍ大平洋機工　太平洋・住友大阪　チューポール　車大型×4台・中型×2台・小型×2台(平日、夜間、休日)
2023年出荷5千㎥
G＝砕石　S＝山砂・石灰砕砂・砕砂
普通・舗装JIS取得(GBRC)

相武生コン㈱
1963年4月15日設立　資本金4500万円　従業員30名　出資＝(自)100％
◉本社＝〒246－0007　横浜市瀬谷区目黒町10－4
☎045－923－8111・FAX045－923－8116
代表取締役加賀裕規　取締役常務執行役員田村義孝　取締役清水義宗　監査役秋山真一郎
◉横浜工場＝〒246－0007　横浜市瀬谷区目黒町10－4
☎045－921－4621・FAX045－921－6364
工場長清水義宗
従業員14名(主任技士3名・技士4名・診断士1名)

神奈川県

1970年5月操業1983年2月Ｐ2001年5月Ｓ2007年8月Ｍ更新3250×1　ＰＭ光洋機械　Ｓパシフィックシステム　太平洋・UBE三菱　ヴィンソル・マイテイ・フローリック・シーカジャパン　車大型×27台〔傭車：相武陸運・三酵物流㈱〕・中型×10台〔傭車：相武陸運〕
G＝石灰砕石・砕石・人軽骨　S＝山砂・石灰砕砂・砕砂
普通・舗装・軽量JIS取得(JTCCM)
大臣認定単独取得(80N/mm²)

第一コンクリート㈱
1959年6月20日設立　資本金9000万円
従業員76名　出資＝(自)100％
◉本社＝〒221－0835　横浜市神奈川区鶴屋町2－26－4　第3安田ビル4F
☎045－328－3083・FAX045－322－7061
URL https://www.dcmh.jp
代表取締役社長市瀬明宏　取締役菊原英・橋田浩・井波尚宏・高橋広洋・水品洋一　監査役竹内紀一郎
※京浜工場は㈱大陽コンクリートに生産委託
◉相模原工場＝〒252－0253　相模原市中央区南橋本4－2－27
☎042－772－4366・FAX042－773－6883
✉takahashi_hajime@dcmh.jp
工場長高橋一
従業員12名(主任技士2名・技士6名・診断士1名)
1964年6月操業2011年5月更新2750×1(二軸)　ＰＭ光洋機械(旧石川島)Ｓパシフィックシステム　太平洋　シーカポゾリス・フローリック・シーカメント　車大型×22台〔傭車：湘南第一運輸㈱〕
2024年出荷73千㎥(高流動58㎥・水中不分離1103㎥)
G＝石灰砕石・砕石　S＝山砂・石灰砕砂・砕砂
普通・高強度JIS取得(GBRC)
大臣認定単独取得(80N/mm²)
◉本牧工場＝〒231－0812　横浜市中区錦町7
☎045－621－1191・FAX045－622－6662
責任者西家芳正
従業員11名
第1Ｐ＝1959年11月操業1988年1月更新3000×1(二軸)　ＰＭ光洋機械(旧石川島)Ｓパシフィックシステム
第2Ｐ＝2008年1月操業3300×1(二軸)　ＰＭ日工Ｓパシフィックテクノス　太平洋　フローリック・マイテイ・シーカジャパン　車大型×15台
2023年出荷49千㎥、2024年出荷57千㎥(高強度1000㎥・水中不分離220㎥)
G＝石灰砕石・砕石・人軽骨　S＝山砂・石灰砕砂・砕砂
普通・舗装・軽量JIS取得(GBRC)
大臣認定単独取得(80N/mm²)
◉港北工場＝〒224－0053　横浜市都筑区池辺町4739
☎045－931－2251・FAX045－933－9250
工場長土井仁
従業員9名
1995年2月操業2005年1月更新3300×1(二軸)　ＰＭ日工Ｓパシフィックテクノス　太平洋　フローリック・マイテイ・シーカジャパン　車16台
2023年出荷39千㎥、2024年出荷25千㎥(高強度575㎥)
G＝石灰砕石・砕石・人軽骨　S＝山砂・石灰砕砂・砕砂・3種混合砂
普通・軽量JIS取得(GBRC)
大臣認定単独取得(80N/mm²)
◉横浜工場＝〒244－0802　横浜市戸塚区平戸1－17－20
☎045－822－3461・FAX045－822－3466
✉fukumoto_nobuyuki@dcmh.jp
工場長福本伸之
従業員10名(主任技士2名・技士4名)
第1Ｐ＝1961年3月操業2005年8月ＰＭ2012年9月Ｓ改造3000×1(二軸)　ＰＭ北川鉄工(旧日本建機)Ｓパシフィックシステム
第2Ｐ＝1995年2月操業2004年2月更新3000×1(二軸)　ＰＭ北川鉄工(旧日本建機)Ｓパシフィックシステム　太平洋　シーカポゾリス・フローリック・シーカビスコクリート・ヤマソー　車大型×14台
2023年出荷40千㎥、2024年出荷38千㎥(高強度160㎥・ポーラス400㎥)
G＝石灰砕石・砕石　S＝山砂・石灰砕砂・砕砂
普通JIS取得(GBRC)
大臣認定単独取得(80N/mm²)

㈱大陽コンクリート
(㈱川崎内山アドバンス、川崎徳山生コンクリート㈱、第一コンクリート㈱京浜工場より生産受託)
資本金900万円
◉本社＝〒210－0863　川崎市川崎区夜光1－1－1
☎044－288－0286・FAX044－288－0170
代表取締役社長黒津登喜郎　代表取締役副社長市瀬明宏・加藤清志
◉京浜工場(旧第一コンクリート㈱京浜工場)＝本社に同じ
工場長木村清司
従業員14名
第1Ｐ＝1964年5月操業2007年2月更新3300×1(二軸)　ＰＭ日工Ｓ光洋機械
第2Ｐ＝1992年8月操業2023年9月更新3300×1(二軸)　ＰＳＭ光洋機械　太平洋　シーカポゾリス・シーカビスコクリート・フローリック・ヤマソー・マイテイ　車大型×24台
2023年出荷60千㎥、2024年出荷70千㎥(高強度500㎥・水中不分離100㎥・ポーラス50㎥)
G＝石灰砕石・人軽骨　S＝山砂・石灰砕砂・砕砂・人軽骨
普通・軽量・高強度JIS取得(JTCCM)
大臣認定単独取得(80N/mm²)

太陽湘南コンクリート㈱
1995年7月21日設立　資本金3000万円
従業員13名　出資＝(セ)40％・(販)40％・(製)20％
◉本社＝〒254－0021　平塚市長瀞2－3
☎0463－25－1720・FAX0463－21－6530
URL https://www.taiyo-shonan.co.jp
✉info@taiyo-shonan.co.jp
代表取締役社長松井淳
◉工場＝〒254－0021　平塚市長瀞2－3
☎0463－21－5256・FAX0463－21－5660
URL https://www.taiyo-shonan.co.jp
✉info@taiyo-shonan.co.jp
工場長熊倉正弥
従業員13名(主任技士1名)
1995年7月操業2020年1月更新2800×1(二軸)　ＰＳＭ光洋機械　太平洋・デイシイ・住友大阪　車大型×20台〔傭車：湘南第一運輸他〕
G＝石灰砕石・砕石　S＝山砂・石灰砕砂・砕砂
普通JIS取得(GBRC)
大臣認定単独取得(60N/mm²)

㈲高橋建材
1959年4月1日設立　資本金800万円　従業員10名　出資＝(自)100％
◉本社＝〒238－0224　三浦市三崎町諸磯1058
☎046－881－3244・FAX046－881－3248
代表取締役高橋孝司　役員高橋孝典
◉三浦工場＝〒238－0101　三浦市南下浦町上宮田354－1
☎046－887－4551・FAX046－887－4542
✉takahashinamakon@forest.ocn.ne.jp
工場長高橋孝典
従業員7名
1970年11月操業1992年8月Ｐ更新3000×1(二軸)　ＰＳＭ日工　トクヤマ　ヴィンソル・シーカ　車中型×4台・小型×3台
G＝石灰砕石　S＝山砂
普通JIS取得(GBRC)

㈱多摩
1986年5月16日設立　資本金5000万円
従業員21名　出資＝(セ)100％
◉本社＝〒213－0032　川崎市高津区久地2－6－10
☎044－811－7734・FAX044－811－3676
代表取締役社長関大行　取締役東原義

浩・佐藤一樹・坂本隆・尾崎浩二　監査役兼子裕成
◉川崎工場＝〒213－0032　川崎市高津区久地2－6－10
☎044－833－7581・FAX044－850－1192
工場長東原義浩
従業員19名(主任技士5名・技士9名)
第1P＝1972年1月操業2016年5月更新3300×1(二軸)　PSM日工
第2P＝1982年12月操業2016年5月更新3300×1　PSM日工　太平洋　フローリック・マイテイ・シーカジャパン・チューポール　車大型×46台〔傭車：ゼクスト・三共陸上輸送・シブヤトランスポートサービス〕
2023年出荷136千㎥、2024年出荷137千㎥(高強度10770㎥・高流動560㎥)
G＝石灰砕石・砕石・人軽骨　S＝陸砂・石灰砕砂
普通・高強度JIS取得(GBRC)
大臣認定単独取得(80N/mm²)

多摩生コンクリート工業㈱
1961年3月28日設立　資本金5000万円
従業員27名　出資＝(自)100%
◉本社＝〒213－0032　川崎市高津区久地2－6－10
☎044－833－7585・FAX044－811－3676
代表取締役田中兵弥　取締役田中方康・玉田健一　監査役佐々木信・田中かおり
※仙台工場＝宮城県参照

㈱津久井建材店
1960年1月31日設立　資本金1000万円
従業員23名　出資＝(自)100%
◉本社＝〒242－0029　大和市上草柳580－1
☎046－261－3535・FAX046－264－6221
✉tukui@tukui.com
代表取締役社長吉田度　専務取締役森山桂太郎
◉工場＝本社に同じ
工場長森山桂太郎
従業員23名(主任技士1名・技士2名)
1973年4月操業2010年1月M更新1250×1　PSM日工　太平洋　車中型×19台
2023年出荷2千㎥、2024年出荷2千㎥
G＝砕石　S＝山砂・石灰砕砂・砕砂
普通JIS取得(GBRC)

鶴見菱光㈱
1996年2月1日設立　資本金1000万円　従業員12名　出資＝(セ)10%・(販)90%
◉本社＝〒230－0053　横浜市鶴見区大黒町7－76
☎045－500－4402・FAX045－500－4403
URL http://ryoko-con.com/
✉t.souma@ryoko-con.com
代表取締役社長芦沢尚幸　代表取締役常務相馬豪　常務取締役星野耕司　取締役郷健太郎・佐藤進・皆谷直人　監査役明石良紀
◉生コン工場＝〒230－0053　横浜市鶴見区大黒町7－76
☎045－521－5821・FAX045－502－1730
工場長堀辺徹夫
従業員11名(主任技士3名・技士6名・診断士2名)
1960年10月操業2022年2月更新6000×1(二軸)　PSM光洋機械　UBE三菱　フローリック・シーカメント・マイテイ・チューポール　車大型×18台〔傭車：㈱日本ムーベックス〕
2023年出荷68千㎥、2024年出荷67千㎥(高強度5674㎥)
G＝石灰砕石・砕石・人軽骨　S＝山砂・陸砂・石灰砕砂
普通・軽量JIS取得(JTCCM)
大臣認定単独取得(120N/mm²)

㈱ティーエムスリー
◉本社＝〒224－0057　横浜市都筑区川和町205
☎045－931－3156・FAX045－936－0344
◉工場＝本社に同じ
1964年10月操業2018年5月更新3300×1(二軸)　PM光洋機械Sハカルプラス
2023年出荷80千㎥、2024年出荷80千㎥(高強度3000㎥・高流動1000㎥)
G＝石灰砕石・砕石　S＝陸砂・石灰砕砂
普通JIS取得(JTCCM)
大臣認定単独取得(60N/mm²)

東京エスオーシー㈱
◉本社＝東京都参照
◉横浜工場＝〒247－0023　横浜市栄区長倉町1－13
☎045－891－7611・FAX045－891－7619
工場長土田雅一
従業員10名(主任技士3名・技士3名・診断士1名)
1969年10月操業1993年1月P1993年7月S2011年1月M改造3300×1(二軸)　PSM日工　住友大阪　シーカメント・シーカビスコクリート・フローリック・マイテイ・チューポール・シーカポゾリス　車大型×23台
2023年出荷70千㎥、2024年出荷53千㎥(高強度136㎥・高流動100㎥)
G＝石灰砕石　S＝山砂
普通JIS取得(JTCCM)
大臣認定単独取得(80N/mm²)
※市川工場＝千葉県、芝浦工場＝東京都参照

㈱東伸コーポレーション
1988年7月1日設立　資本金3200万円　従業員33名　出資＝(自)100%
◉本社＝〒245－0053　横浜市戸塚区上矢部町2066
☎045－815－1175・FAX045－811－1392
URL http://www.toshinco.jp
✉info@toshinco.jp
代表取締役社長廣藤義和
ISO 9001・14001取得
◉工場＝本社に同じ
工場長広瀬弥
従業員33名(主任技士4名・技士5名・診断士1名)
3300×1　PSM日工　太平洋・住友大阪　シーカ・フローリック・竹本・ヤマソー　車大型×14台・中型×8台・小型×3台
2023年出荷55千㎥、2024年出荷56千㎥(高強度230㎥・水中不分離30㎥・ポーラス90㎥)
G＝石灰砕石　S＝山砂・石灰砕砂・砕砂・スラグ
普通・舗装JIS取得(GBRC)
ISO 9001・14001取得
大臣認定単独取得(60N/mm²)

㈱トーホー
資本金300万円　出資＝(販)100%
◉本社＝〒252－0013　座間市ひばりが丘5－34－25
☎046－251－3580・FAX046－251－3582
代表取締役社長木村誠吾
◉工場＝本社に同じ
工場長木村誠吾
従業員20名(技士3名)
1976年4月操業2002年更新1000×1　トクヤマ　フローリック　車中型×15台・小型×2台
G＝砕石　S＝陸砂・砕砂
普通JIS取得(GBRC)

中泉商事㈱
1969年4月19日設立　資本金2000万円
従業員64名　出資＝(自)100%
◉本社＝〒250－0202　小田原市上曽我869－16
☎0465－42－2640・FAX0465－42－4633
URL http://www.nakaizumi-sk.co.jp/
代表取締役社長中島伸一　専務取締役小林宏明
◉泉谷生コン＝〒258－0002　足柄上郡松田町神山931
☎0465－85－1888・FAX0465－83－5553
✉izumiya-n@tampo.ocn.ne.jp
工場長小林宏明
従業員35名(主任技士1名・技士3名)
1998年6月操業1500×1(二軸)　PSM光洋機械　トクヤマ　シーカポゾリス・チューポール・シーカビスコクリート　車大型×7台・中型×27台

2023年出荷72千m³、2024年出荷73千m³
G＝陸砂利　S＝山砂・陸砂
普通JIS取得(JTCCM)

中井生コン㈱
1970年3月20日設立　資本金1000万円
従業員23名　出資＝(自)100%
◉本社＝〒259－0141　足柄上郡中井町遠藤144
☎0465－81－0285・FAX0465－81－0284
URL http://www.nakainamacon.co.jp/
✉info@nakainamacon.co.jp
代表取締役曽我和久
◉工場＝本社に同じ
工場長榎本誠
従業員23名(主任技士3名・技士3名)
1970年3月操業2014年12月更新2250×1　PM日工Sハカルプラス　UBE三菱　シーカジャパン　車大型×11台・小型×17台
2023年出荷65千m³、2024年出荷60千m³(高強度800m³)
G＝河川・山砂利　S＝河川・山砂
普通JIS取得(GBRC)
大臣認定単独取得(60N/mm²)

㈱長澤商店
1977年6月29日設立　資本金1000万円
従業員26名　出資＝(自)100%
◉本社＝〒259－1304　秦野市堀山下119－13
☎0463－87－3313・FAX0463－87－3305
URL http://www.nagasawanamacon.co.jp/
✉info@nagasawanamacon.co.jp
代表取締役長澤健
◉堀山下工場＝本社に同じ
工場長反町達也
従業員25名(主任技士1名・技士3名)
1993年12月操業2014年1月更新2750×1(二軸)　PSM光洋機械　住友大阪　シーカメント・シーカポゾリス・シーカビスコクリート・フローリック　車大型×13台・中型×8台〔傭車：㈱エッグ・相進運輸㈱・㈲落合興業〕
G＝砕石　S＝山砂・砕砂
普通JIS取得(JTCCM)
大臣認定単独取得(60N/mm²)

㈲中野島建材
1967年4月1日設立　資本金2000万円　従業員16名　出資＝(自)100%
◉本社＝〒214－0012　川崎市多摩区中野島2－8－33
☎044－932－1123・FAX044－932－1124
代表取締役社長網野正徳　取締役網野絹子
◉溝口工場＝〒213－0031　川崎市高津区宇奈根691－9
☎044－844－9595・FAX044－844－9600
工場長網野雄太
従業員12名(技士6名)
1989年10月操業1000×1(二軸)　PSM北川鉄工　トクヤマ　車中型×12台
G＝砕石　S＝陸砂
普通JIS取得(GBRC)

西東京相模生コンクリート㈱
1994年1月13日設立　資本金3000万円
従業員11名　出資＝(自)40%・(販)30%・(他)30%
◉本社＝〒252－0253　相模原市中央区南橋本4－11－11
☎042－703－3434・FAX042－703－1413
URL http://www.nishitokyo-sagami.co.jp/
✉info@nishitokyo-sagami.co.jp
代表取締役髙橋恒夫　取締役安藤謙治・熊坂光一・安藤公隆
◉工場＝本社に同じ
工場長熊坂光一
従業員11名(主任技士1名・技士6名)
1963年9月操業2013年1月SM改造5000×1(二軸)　PM光洋機械Sパシフィックシステム　太平洋　フローリック・シーカメント・シーカビスコクリート　車大型×16台
2023年出荷62千m³
G＝石灰砕石・砕石　S＝山砂・石灰砕砂・砕砂
普通・舗装JIS取得(JTCCM)
大臣認定単独取得(80N/mm²)

沼家生コンクリート㈱
1963年3月1日設立　資本金3000万円　従業員8名　出資＝(自)100%
◉本社＝〒238－0023　横須賀市森崎1－9－25
☎046－836－2221・FAX046－836－2223
✉nama-kon@triton.ocn.ne.jp
代表取締役沼田正　取締役沼田正信・沼田真司　監査役沼田明美
※草川沼家生コン㈱へ生産委託

箱根セントラル生コン㈱
1998年2月13日設立　資本金3000万円
従業員11名　出資＝(自)80%・(建)20%
◉本社＝〒250－0631　足柄下郡箱根町仙石原1141
☎0460－84－7722・FAX0460－84－8698
✉hakone-central@au.wakwak.com
代表取締役勝俣信行　取締役勝俣徳彦・勝俣昭彦・勝俣澄雄　監査役勝俣興一
◉工場＝本社に同じ
工場長笠原成浩
従業員11名(主任技士3名・技士1名)
1964年7月操業1999年2月更新3000×1(二軸)　PSM日工　太平洋　シーカメント・シーカポゾリス　車大型×10台・小型×4台〔傭車：神奈川西部運輸㈱〕
2023年出荷30千m³、2024年出荷24千m³
G＝山砂利・砕石　S＝山砂・砕砂
普通JIS取得(GBRC)

平川宇部生コンクリート㈱
1968年12月1日設立　資本金2600万円
従業員33名　出資＝(他)100%
◉本社＝〒239－0826　横須賀市長瀬3－10－5
☎046－842－3111・FAX046－842－3116
✉hirakawaube@adagio.ocn.jp
代表取締役社長平川誠一郎　取締役平川旗太・松本光治・平川正和
◉工場＝本社に同じ
工場長松本光治
従業員30名(技士2名・診断士1名)
1969年9月操業2014年8月更新3300×1(二軸)　PSM北川鉄工　UBE三菱　シーカポゾリス・チューポール・シーカビスコクリート　車大型×10台・小型×8台
2023年出荷26千m³、2024年出荷21千m³(水中不分離30m³)
G＝石灰砕石・人軽骨　S＝山砂・石灰砕砂
普通・軽量JIS取得(JTCCM)
大臣認定単独取得(80N/mm²)

㈲蛭田商店
1967年10月1日設立　資本金300万円　従業員20名　出資＝(自)100%
◉本社＝〒253－0102　高座郡寒川町小動334
☎0467－75－2039・FAX0467－75－4123
代表取締役蛭田国昭
◉工場＝本社に同じ
1700×1(二軸)　PSM北川鉄工　太平洋　フローリック・シーカ　車中型×20台・小型×5台
G＝砕石　S＝砕砂
普通JIS取得(GBRC)

㈱藤川商店
1960年2月17日設立　資本金1500万円
従業員16名　出資＝(自)100%
◉本社＝〒243－0014　厚木市旭町4－10－19
☎046－228－2937・FAX046－228－7025
URL http://www.fj1951.com
✉fj.shop@dolphin.ocn.ne.jp
代表取締役藤川孝幸　専務取締役藤川憲幸　常務取締役永井隆　取締役藤川智恵美・今村恒文　監査役平野壮司
◉生コンクリート工場＝〒243－0014　厚木市旭町4－10－19
☎046－228－0125・FAX046－228－7025
✉fj.namacom@joy.ocn.ne.jp
工場長今村恒文
従業員16名(主任技士1名・技士3名)
1965年2月操業2017年8月更新1300×1(二

軸）　ＰジェコムＳＭ日工　太平洋　ダラセム・NC－3・シーカメント・シーカビスコクリート　車中型×12台
2023年出荷18千㎥
G＝砕石　S＝山砂・石灰砕砂・砕砂
普通JIS取得（GBRC）

藤沢生コン㈱
2008年10月30日設立　資本金5000万円
◉本社＝〒252－0813　藤沢市亀井野2301
☎0466－80－6101・FAX0466－80－6102
URL http://fujisawa-rmc.com/
代表取締役社長市瀬明宏
◉工場＝本社に同じ
2000年3月操業3000×1　ＰＳＭ光洋機械　太平洋　シーカジャパン
2023年出荷76千㎥、2024年出荷63千㎥（高強度3000㎥）
G＝石灰砕石・砕石　S＝山砂・石灰砕砂・砕砂
普通JIS取得（GBRC）
大臣認定単独取得（60N/mm²）

㈱扶桑生コン
資本金1000万円　従業員34名　出資＝（建）100%
◉本社＝〒248－0027　鎌倉市笛田1－2－32
☎0467－44－7171・FAX0467－44－7172
✉info@fusocon.co.jp
社長八巻敏彦
◉工場＝本社に同じ
✉info@fuso-con.com
工場長西村和士
従業員32名（主任技士1名・技士6名・診断士1名）
1964年10月操業2015年1月更新2750×1（二軸）　ＰＳＭ光洋機械（旧石川島）　太平洋・住友大阪・UBE三菱　シーカメント・フローリック　車大型×6台・小型×32台
2023年出荷40千㎥、2024年出荷30千㎥（SR600㎥）
G＝石灰砕石・砕石　S＝山砂・石灰砕砂・砕砂
普通JIS取得（GBRC）
大臣認定単独取得（60N/mm²）

二葉建設㈱
◉本社＝静岡県参照
◉生コン部＝〒258－0113　足柄上郡山北町山北3090－4
☎0465－75－0738・FAX0465－75－0193
✉futaba-yamakita@vesta.ocn.ne.jp
工場長大森正孝
従業員24名（技士5名）
2016年3月操業2750×1（二軸）　ＰＳＭ日工　UBE三菱　チューポール・シーカメント　車大型×8台・中型×6台〔傭車：神奈川西部運輸㈱〕
2023年出荷76千㎥、2024年出荷56千㎥（高流動670㎥・水中不分離200㎥）
G＝河川・砕石　S＝河川・砕砂・スラグ
普通JIS取得（GBRC）
大臣認定単独取得（60N/mm²）

細野コンクリート㈱
◉本社＝東京都参照
◉工場＝〒242－0001　大和市下鶴間2767
☎046－275－6193・FAX046－276－0673
工場長田中克宣
従業員18名（主任技士3名・技士8名・診断士2名）
1970年5月操業2023年1月更新3300×1（二軸）　ＰＭ北川鉄工Ｓハカルプラス　太平洋・UBE三菱・住友大阪　フローリック・プラストクリート　車大型×45台・中型×9台〔傭車：細野運輸㈱〕
G＝石灰砕石・砕石・人軽骨　S＝山砂・砕砂
普通・高強度・軽量JIS取得（GBRC）
大臣認定単独取得（120N/mm²）

㈲本田建材
資本金300万円
◉本社＝〒252－0026　座間市新田宿732
☎046－255－3322
◉工場＝本社に同じ
1978年1月操業750×1　太平洋

前田工業㈱
1954年9月1日設立　資本金1000万円　従業員27名　出資＝（自）100%
◉本社＝〒254－0082　平塚市東豊田480－35
☎0463－53－3070・FAX0463－53－3073
URL http://www.maeda-kk.co.jp/
✉info@maeda-kk.co.jp
代表取締役前田英悟　役員前田宮子・前田宏子
◉豊田工場＝本社に同じ
工場長鈴木健介
従業員27名（主任技士1名・技士3名）
1969年10月操業1998年12月更新2000×1（二軸）　ＰＳＭ北川鉄工　トクヤマ・太平洋・住友大阪　シーカメント　車大型×9台・中型×9台・小型×1台〔傭車：相進運輸㈱・神奈川西部運輸㈱・㈱ユーキャリア〕
2023年出荷40千㎥、2024年出荷37千㎥
G＝石灰砕石・砕石　S＝山砂・砕砂
普通JIS取得（JTCCM）

㈱松倉建材店
資本金1000万円　出資＝（販）100%
◉本社＝〒229－0004　相模原市南区古淵3－16－10
☎042－744－0507・FAX042－743－1674
URL https://kenzai-kanagawa.net/matsukura/index.html
代表取締役社長松倉吉則
◉工場＝本社に同じ
1971年1月操業500×1　太平洋
普通JIS取得（GBRC）

丸栄建材㈱
1973年9月25日設立　資本金1000万円
従業員26名　出資＝（自）100%
◉本社＝〒213－0026　川崎市高津区久末2110
☎044－751－3322・FAX044－751－3484
✉s-maruei@abelia.ocn.ne.jp
代表取締役社長鈴木健
◉工場＝本社に同じ
工場長鈴木純
従業員26名（技士4名）
1973年9月操業2001年更新1500×1　ＰＳＭ北川鉄工（旧日本建機）　トクヤマ　シーカメント　車中型×13台・小型×7台
G＝石灰砕石　S＝山砂
普通JIS取得（GBRC）

㈱丸晶産業
1961年4月1日設立　資本金1000万円　従業員28名　出資＝（自）100%
◉本社＝〒222－0011　横浜市港北区菊名7－9－17
☎045－543－4311・FAX045－544－2395
URL http://marusyosangyou.jp
✉otoiawase@marusyosangyou.jp
代表取締役佐々木規江　取締役佐々木駿　監査役佐々木朱美
◉工場＝〒222－0864　横浜市神奈川区菅田町2753
☎045－470－6200・FAX045－470－6339
工場長矢島実
従業員23名（主任技士1名・技士5名）
2004年4月更新2022年更新1800×1　ＰＳＭ光洋機械　住友大阪・太平洋　フローリック・シーカポゾリス・チューポール　車中型×21台
2023年出荷63千㎥、2024年出荷50千㎥（高強度478㎥）
G＝石灰砕石　S＝山砂・石灰砕砂・砕砂
普通JIS取得（JTCCM）
大臣認定単独取得（60N/mm²）

溝口瀬谷レミコン㈱
1998年4月1日設立　資本金5000万円　従業員78名　出資＝（セ）10%・（販）90%
◉本社＝〒213－0031　川崎市高津区宇奈根764
☎044－844－7761・FAX044－833－7753
URL http://www.d-s-s.co.jp/mizoseya/index.html

神奈川県

✉msr@basil.ocn.ne.jp
代表取締役社長塩見伊津夫　代表取締役青木俊宏　常務取締役小原徹　取締役大澤圭介・佐野直人　監査役金島愛昌
◉溝ノ口レミコン工場＝〒213－0031　川崎市高津区宇奈根764
☎044－844－1291・FAX044－833－7753
工場長勝岡一義
従業員30名（主任技士3名・技士8名・診断士1名）
第1Ｐ＝1972年3月操業3250×1（二軸）　ＰＭ光洋機械Ｓパシフィックシステム
第2Ｐ＝2007年6月操業3300×1（二軸）　ＰＳＭ日工　太平洋　シーカビスコクリート・フローリック・マイテイ・チューポール・シーカポゾリス　車大型×37台〔傭車：㈲吉本興業・周越興業㈱・日建輸送㈱〕
2023年出荷123千㎥、2024年出荷117千㎥（高強度7000㎥）
G＝石灰砕石・砕石・人軽骨　S＝山砂・石灰砕砂
普通・高強度・軽量JIS取得（JTCCM）
大臣認定単独取得（80N/mm²）
◉瀬谷レミコン工場＝〒246－0002　横浜市瀬谷区北町20－7
☎045－921－6601・FAX045－921－5410
✉msrseya.koujyou@dream.com
工場長森田良成
従業員23名（主任技士3名・技士5名）
1985年2月操業1998年8月Ｓ2009年8月Ｍ更新3300×1（二軸）　ＰＭ日工Ｓパシフィックシステム　太平洋・住友大阪　シーカジャパン　車大型×28台
2024年出荷72千㎥（高強度2190㎥）
G＝石灰砕石・砕石　S＝山砂・砕砂
普通・高強度JIS取得（JTCCM）
大臣認定単独取得（85N/mm²）
※吉原レミコン工場＝静岡県参照

㈱三堀建材
1975年5月設立　資本金1000万円
◉本社＝〒253－0008　茅ヶ崎市行谷916
☎0467－52－2010・FAX0467－52－3612
代表者三堀明
◉工場＝本社に同じ
1972年10月操業1500×1（傾胴二軸）　太平洋
普通JIS取得（GBRC）

宮松エスオーシー㈱
1996年6月13日設立　資本金3000万円
従業員29名　出資＝（自）90%・（セ）10%
◉本社＝〒211－0051　川崎市中原区宮内1－22－7
☎044－753－1035・FAX044－753－1036
URL http://www.miyamatsu-soc.co.jp
✉soumu@miyamatsu-soc.co.jp
代表取締役村松悠毅　取締役村松直秀・久保田裕之・池田稔　監査役大須賀弘和
◉川崎工場＝〒211－0051　川崎市中原区宮内1－22－7
☎044－777－0184・FAX044－740－1538
✉kamimoto@miyamatsu-soc.co.jp
工場長神本英喜
従業員18名（主任技士2名・技士2名・診断士1名）
1964年9月操業1990年1月Ｐ1998年5月Ｓ2012年8月Ｍ更新3300×1（二軸）　Ｐ光洋機械ＳＭ日工　住友大阪　ヤマソー・シーカメント・シーカポゾリス・チューポール　車大型×50台・中型×31台
G＝石灰砕石・砕石　S＝陸砂・石灰砕砂・砕砂
普通JIS取得（JTCCM）
大臣認定単独取得（80N/mm²）
※りんかい工場＝東京都参照

森島建興㈱
1981年12月設立　資本金1000万円　従業員27名　出資＝（自）100%
◉本社＝〒244－0813　横浜市戸塚区舞岡町2787－1
☎045－824－3444・FAX045－823－4021
URL http://www.morishima-kenkou.com
✉info@morishima-kenkou.com
代表取締役森島英雄
◉本社工場＝本社に同じ
工場長山崎健太
従業員27名（技士4名）
1981年12月操業1500×1（一軸）　住友大阪・太平洋・雙龍　シーカメント・チューポール　車中型×19台・小型×5台
2023年出荷64千㎥、2024年出荷7千㎥
G＝石灰砕石　S＝山砂
普通JIS取得（GBRC）

山一興産㈱
◉本社＝千葉県参照
◉横浜工場＝〒222－0001　横浜市港北区樽町3－9－31
☎045－548－0811・FAX045－548－2397
責任者木村清司
従業員12名（技士4名）
1982年9月操業2005年8月更新3250×1（二軸）　ＰＳＭ光洋機械（旧石川島）　トクヤマ・太平洋　シーカポゾリス・フローリック・シーカビスコクリート・シーカメント・マイテイ　車大型×16台
G＝石灰砕石　S＝山砂・石灰砕砂
普通・高強度JIS取得（JTCCM）
大臣認定単独取得（70N/mm²）
◉相模工場＝〒252－0002　座間市小松原1－41－5
☎046－253－2222・FAX046－254－6330
責任者富塚崇博
従業員15名
第1Ｐ＝1968年9月操業2022年5月更新2800×1　ＰＳＭ光洋機械
第2Ｐ＝2007年8月操業3250×1（二軸）　ＰＳＭ光洋機械　太平洋・トクヤマ　シーカポゾリス・フローリック・マイテイ・ヤマソー・チューポール　車15台
2023年出荷57千㎥、2024年出荷54千m
（高強度3248㎥・高流動5300㎥）
G＝石灰砕石・砕石・人軽骨　S＝山砂・砕砂
普通・軽量・舗装JIS取得
大臣認定単独取得（80N/mm²）
※江戸川工場＝東京都参照

㈲山崎産業
1975年12月1日設立　資本金300万円　従業員6名　出資＝（自）100%
◉本社＝〒252－0185　相模原市緑区日連521－1
☎0426－87－2023・FAX0426－87－499
代表取締役山崎常治　取締役山崎美矢子　監査役富山志津男
◉工場＝本社に同じ
工場長山崎成克
従業員6名（技士2名）
1975年12月操業1982年12月ＰＳ更新100×1　ＰＭ北川鉄工Ｓハカルプラス　太平洋　チューポール　車中型×3台・小型×1台〔傭車：角屋物産㈱〕
G＝河川　S＝河川・砕砂

㈲山田建材店
1972年4月1日設立　資本金300万円　従業員8名　出資＝（自）100%
◉本社＝〒259－1145　伊勢原市板戸472
☎0463－95－0572・FAX0463－95－6660
代表取締役山田忠男　専務取締役山田克司・山田富
◉工場＝本社に同じ
工場長山田克司
従業員8名
1972年4月操業500×1　太平洋　フローリック　車中型×5台・小型×1台
G＝山砂利・陸砂利　S＝山砂・陸砂

横須賀生コンクリート㈱
1963年4月22日設立　資本金9550万円
従業員8名　出資＝（セ）15%・（販）73%・（建）3%・（他）9%
◉本社＝〒237－0076　横須賀市船越町1－284
☎046－861－5251・FAX046－861－0393
代表取締役社長新倉成是　取締役副社長新倉隆史
◉工場＝本社に同じ
工場長牛尾一博
1970年7月操業2013年8月更新3250×1（二軸）　ＰＳＭ光洋機械（旧石川島）
G＝石灰砕石　S＝山砂
普通JIS取得（JTCCM）

横浜エスオーシー㈱
1997年4月1日設立　資本金5000万円　従業員15名　出資＝(セ)100％
◉本社＝〒230－0053　横浜市鶴見区大黒町7－81
☎045－511－3888・FAX045－503－1297
代表取締役大和丈一　常務取締役大西雅一・勝山正彦　取締役初治成人
◉横浜工場＝〒230－0053　横浜市鶴見区大黒町7－81
☎045－511－3541・FAX045－503－1297
工場長勝山正彦
従業員15名(主任技士3名・技士7名・診断士1名)
1960年7月操業2017年8月更新6000×1(二軸)　ＰＳＭ光洋機械　住友大阪　シーカジャパン・フローリック・竹本・花王　車大型×21台〔傭車：㈱エー＆エーマリン・㈱後藤田商店・㈱ユーキャリア〕
2023年出荷60千㎥、2024年出荷57千㎥(高強度2000㎥)
G＝石灰砕石　S＝山砂・石灰砕砂
普通JIS取得(JTCCM)
大臣認定単独取得(80N/mm²)

横浜コンクリート㈱
1953年4月27日設立　資本金3000万円　従業員11名　出資＝(自)100％
◉本社＝〒240－0022　横浜市保土ケ谷区西久保町6
☎045－331－8661・FAX045－331－7799
代表取締役社長松尾達也　取締役上村清　監査役安永尋幸
◉本社工場＝本社に同じ
工場長岡田淳
従業員11名(主任技士4名・技士2名・診断士2名)
第1Ｐ＝1953年4月操業1988年8月更新3000×1(二軸)　ＰＳＭ光洋機械
第2Ｐ＝2000年9月操業2006年7月改造3000×1(二軸)　ＰＳＭ光洋機械　太平洋　シーカポゾリス・フローリック・シーカビスコクリート　車大型×14台〔傭車：㈱三恵運輸〕
2024年出荷55千㎥(高強度1500㎥)
G＝石灰砕石・人軽骨　S＝山砂
普通・軽量・高強度JIS取得(JTCCM)
大臣認定単独取得(85N/mm²)

㈱横山生コンクリート
1968年4月16日設立　資本金2000万円　従業員10名　出資＝(自)100％
◉本社＝〒215－0003　川崎市麻生区高石1－24－5
☎044－954－5427・FAX044－954－8281
代表取締役社長横山博和　取締役横山英俊・横山真理子
◉工場＝本社に同じ
工場長横山英俊
従業員13名(主任技士1名・技士2名)
1969年9月操業1988年5月更新1000×1　ＰＳＭ北川鉄工　トクヤマ　シーカポゾリス　車中型×10台
2023年出荷12千㎥
G＝砕石　S＝陸砂・砕砂
普通JIS取得(GBRC)

㈱和田砂利商会
1957年7月22日設立　資本金3000万円　従業員26名　出資＝(自)100％
◉本社＝〒222－0001　横浜市港北区樽町4－17－30
☎045－542－2151・FAX045－546－3535
代表取締役社長和田平作　取締役湯本哲也・和田一朱　監査役中村恵弥子
◉和田生コンクリート＝本社に同じ
工場長水島洋
従業員(主任技士2名・技士6名)
1969年5月操業2004年8月更新3000×1(二軸)　ＰＳＭ光洋機械(旧石川島)　住友大阪・東洋　プラストクリート・シーカメント・シーカ　車大型×10台・中型×2台・小型×9台〔傭車：昇和輸送㈱〕
G＝石灰砕石・砕石　S＝陸砂・石灰砕砂
普通JIS取得(JTCCM)
大臣認定単独取得

北　陸　地　区

新潟県

アート建材工業㈱
1985年8月23日設立　資本金1000万円　従業員18名　出資=(自)90%・(他)10%
◉本社=〒959-2136　阿賀野市京ヶ瀬工業団地3610-151
☎0250-67-4633・FAX0250-67-2184
URL http://www.art-kenzai.com
✉info@art-kenzai.com
代表取締役鈴木直明　取締役鈴木直和・小林邦治
◉工場=本社に同じ
工場長渋谷肇
従業員17名(技士4名)
1994年9月操業2023年2月更新1800×1(二軸)　PM北川鉄工Sハカルプラス　太平洋　チューポール・フローリック　車大型×6台・中型×6台・小型×3台〔傭車：㈲コウヤ運送〕
2023年出荷20千㎥、2024年出荷22千㎥
G=河川・陸砂利　S=河川・陸砂
普通JIS取得(GBRC)

阿賀生コン興業㈱
1966年11月1日設立　資本金1000万円　出資=(自)100%
◉本社=〒950-3362　新潟市北区高森新田1105-2
☎025-387-3571・FAX025-387-2908
代表取締役会長戸田東剛　代表取締役社長上松悟
◉工場=本社に同じ
工場長上松悟
従業員8名(主任技士1名・技士1名)
1974年4月操業S2006年6月更新1000×1　PM光洋機械S光洋機械(旧石川島)　太平洋　チューポール　車大型×1台・中型×8台
G=陸砂利　S=河川
普通JIS取得(JTCCM)

阿賀野川生コン㈱
◉本社=〒959-2217　阿賀野市新保689-1
☎0250-68-3192
◉工場(旧㈱三協生コン工場)=本社に同じ
普通JIS取得(JTCCM)

㈲アサヒ興産
◉本社=〒959-2615　胎内市横道1325-96
☎0254-43-5272
◉生コン工場=本社に同じ
普通JIS取得(GBRC)

旭コンクリート㈱
1971年4月24日設立　資本金4000万円　従業員21名　出資=(建)100%
◉本社=〒949-7401　魚沼市下倉1532
☎025-794-3666・FAX025-794-5420
✉asahicon@beige.ocn.ne.jp
代表取締役三友泰彦　取締役中嶋成夫・阿部靖・大島一彦　監査役多田正義
◉堀之内工場=〒949-7401　魚沼市下倉1532
☎025-794-5354・FAX025-794-5881
工場長姉崎聡
従業員7名(主任技士1名・技士2名・診断士1名)
1989年6月操業1500×1　PSM北川鉄工(旧日本建機)　住友大阪　チューポール　車大型×1台・小型×1台
G=陸砂利　S=陸砂
普通JIS取得(GBRC)

㈱石井建材
1973年6月1日設立　資本金1000万円　従業員33名　出資=(骨)100%
◉本社=〒957-0354　新発田市下高関362
☎0254-25-2018・FAX0254-25-3455
代表取締役石井信幸
◉生コン工場=〒957-0347　新発田市大友3504
☎0254-25-2125・FAX0254-25-3478
工場長鈴木孝博
従業員6名(主任技士2名・技士2名)
1978年9月操業2000年10月更新2000×1(二軸)　PSM北川鉄工　太平洋　チューポール　車大型×10台
G=陸砂利　S=陸砂利・陸砂
普通JIS取得(GBRC)

糸魚川デンカ生コン㈱
(㈱かねこ、㈱カネヨ松木商店、須沢生コン㈱、㈱KAGOSEより生産受託)
◉本社=〒949-0301　糸魚川市大字須沢1176-1
☎025-555-7488・FAX025-555-7498
◉黒姫工場=本社に同じ
1971年9月操業2020年1月更新2250×1(二軸)　PSM光洋機械
2024年出荷10千㎥
G=河川　S=河川
普通JIS取得(GBRC)

㈱今町ブロック瓦工業
資本金2000万円　出資=(他)100%
◉本社=〒954-0111　見附市今町7-8-17
☎0258-66-3098・FAX0258-66-327[illegible]
代表取締役木津信明
◉生コン部=本社に同じ
工場長小塚秀樹
1976年11月操業1997年更新2000×1　PSM光洋機械(旧石川島)　UBE三菱　チューポール　車大型×7台・小型×2台
G=陸砂利　S=河川・陸砂
普通JIS取得(GBRC)

岩塚産業㈱
◉本社=〒949-5413　長岡市沢下条甲33[illegible]-1
☎0258-92-2133・FAX0258-92-609[illegible]
URL http://iwacom.co.jp/
代表取締役酒井寿蔵
◉工場=本社に同じ
500×1　UBE三菱

魚沼中央生コン㈱
(㈱大瀬建設、岡部組㈾、新潟永和建設㈱より生産受託)
2008年4月1日設立　資本金3000万円　従業員13名
◉本社=〒946-0043　魚沼市青島1190-1
☎025-792-1581・FAX025-792-1547
代表取締役岡部清太郎・横山和彦・高橋正　役員岡部和馬・滝沢久之・星野信康
◉工場=本社に同じ
工場長滝沢久之
従業員13名(主任技士1名・技士4名・診断士1名)
1965年8月操業1979年6月P1993年5月M2013年7月S改造2000×1(二軸)　PSM光洋機械(旧石川島)　住友大阪・UBE三菱　シーカポゾリス・チューポール　車大型×5台・小型×2台
G=陸砂利　S=陸砂
普通JIS取得(JTCCM)

魚沼デンカ生コン㈱
1970年4月8日設立　資本金1000万円　従業員13名　出資=(セ)15%・(建)25%・(製)60%
◉本社=〒949-6611　南魚沼市坂戸485
☎025-772-2579・FAX025-773-6446
代表取締役佐藤八郎　常務取締役釼持幹夫　取締役森下佳憲・笛田俊彦・関秀俊・町田誠・林新一郎・石神信夫・大野芳秀・飯酒盃昇・割田賢一　監査役吉澤松美・横山信久
ISO 9001取得
◉第一工場=〒949-6407　南魚沼市島新田273

☎025－782－1459・FAX025－782－9715
工場長釼持幹夫
従業員14名（技士3名）
1970年7月操業2022年5月更新1800×1（二軸）　ＰＳＭ光洋機械　太平洋　シーカポゾリス　車大型×6台・小型×1台
2023年出荷13千㎥、2024年出荷13千㎥
G＝陸砂利・砕石　S＝陸砂
普通JIS取得（JTCCM）
ISO 9001取得
大臣認定単独取得

エヌシー㈱
1998年2月25日設立　資本金4500万円
従業員21名　出資＝（他）100％
◉本社＝〒949－5403　長岡市越路中島18－1
☎0258－41－3666・FAX0258－41－3668
✉ncnomoto@m2.nct9.ne.jp
代表取締役社長飯田政士　代表取締役村上典雄・五十嵐祐司　取締役五十嵐悠介・窪田幸郎・野上信起・野本孝史　監査役髙田裕司・廣井由美子・村上裕一
◉越路工場＝本社に同じ
工場長野本孝史
従業員21名（主任技士3名・技士4名）
第1Ｐ＝1998年4月操業2003年1月更新2000×1（二軸）　ＰＳＭ北川鉄工
第2Ｐ＝2017年6月操業2250×1（二軸）　ＰＳＭ日工　太平洋・UBE三菱　シーカジャパン　車大型×12台・小型×3台〔傭車：㈱小千谷運輸商事〕
2023年出荷29千㎥、2024年出荷28千㎥
G＝陸砂利・砕石　S＝河川・陸砂・砕砂
普通JIS取得（GBRC）
大臣認定単独取得（60N/mm²）
※新潟太平洋生コン㈱長岡工場、長陵北越生コン㈱中之島工場、㈱柏崎生コン長岡工場より生産受託

大湊コンクリート工業㈱
◉本社＝〒954－0105　見附市下関町字堤下100
☎0258－66－3253・FAX0258－66－7225
代表取締役大湊金男
◉工場＝本社に同じ
2023年出荷13千㎥
G＝陸砂利　S＝河川
普通JIS取得（GBRC）

㈱岡惣
1961年4月1日設立　資本金2000万円　従業員15名　出資＝（自）100％
◉本社＝〒947－0102　小千谷市高梨町560
☎0258－82－4155・FAX0258－83－4401
代表取締役社長岡きよ子　取締役常務岡健
◉岡惣生コン部＝〒947－0102　小千谷市高梨町沖田1950－1
☎0258－83－2525・FAX0258－83－4401
工場長角張博
従業員15名（技士3名）
1986年12月操業2000×1　ＰＭクリハラＳハカルプラス　太平洋　シーカジャパン・チューポール　車大型×4台・中型×3台〔傭車：㈱小千谷運輸商事〕
2023年出荷5千㎥
G＝河川　S＝河川
普通JIS取得（JTCCM）

岡田土建工業㈱
1954年7月1日設立　資本金4000万円　従業員71名　出資＝（自）100％
◉本社＝〒944－0047　妙高市白山町2－11－6
☎0255－72－3231・FAX0255－72－9663
URL http://www.okadadoken.com
代表取締役岡田巌　取締役岡田名帆子・岡田繁継・見波義晴・峯村光弘
◉生コン部＝〒944－0061　妙高市大字窪松原字ツラマ地内
☎0255－72－6109・FAX0255－72－6158
工場長小嶋一司
従業員14名（技士4名）
1968年4月操業2019年4月更新2300×1　ＰＳＭ北川鉄工　太平洋　GCP・シーカポゾリス　車大型×7台・小型×2台
2023年出荷4千㎥、2024年出荷7千㎥
G＝山砂利　S＝山砂
普通JIS取得（JTCCM）

岡部組㈾
1955年5月26日設立　資本金2250万円
従業員18名　出資＝（自）100％
◉本社＝〒946－0043　魚沼市青島1180
☎025－792－1221・FAX025－792－5907
✉okabe-si@crocus.ocn.ne.jp
社長岡部清太郎　専務岡部義彦　常務岡部和馬・星和男・岡部光政
※魚沼中央生コン㈱に生産委託

小千谷生コン㈱
1964年5月8日設立　資本金2500万円　従業員7名　出資＝（セ）27％・（建）43％・（他）30％
◉本社＝〒947－0002　小千谷市大字横渡887－1
☎0258－82－4515・FAX0258－83－4534
✉ojyanamacon@movie.ocn.ne.jp
代表取締役木村光治　取締役岡村豊・大石保男・佐藤宜二・伴忠雄・西巻一男・川上進　監査役木村順一
◉工場＝本社に同じ
専務川上進
従業員7名（技士4名）
1969年4月操業1981年2月M1994年3月ＰＳ改造2000×1（二軸）　ＰＳＭ北川鉄工　太平洋　シーカジャパン　車大型×5台・中型×3台
G＝山砂利　S＝山砂
普通JIS取得（GBRC）
大臣認定単独取得

㈱カイハツ
1978年9月20日設立　資本金7500万円
従業員25名　出資＝（建）90.6％・（他）9.4％
◉本社＝〒950－3134　新潟市北区新崎508－1
☎025－259－5851・FAX025－259－8349
代表取締役大矢健二　取締役藤田直也・大沢実・皆川義雄・大岩千尋・松本光昭・小田等・山岸裕之・藤田博久・岩川祥二・百武伸晃
◉新崎工場＝〒950－3134　新潟市北区新崎508－1
☎025－259－5853・FAX025－259－7618
工場長太田芳成
従業員8名（主任技士1名・技士3名）
1979年6月操業1992年8月更新3000×1　ＰＳＭ日工　UBE三菱　シーカポゾリス　車大型×17台
G＝陸砂利　S＝山砂
普通・舗装JIS取得（MSA）
◉黒埼工場＝〒950－1101　新潟市西区山田2307－358
☎025－232－8300・FAX025－232－8303
工場長木原貴行
従業員7名（主任技士2名・技士3名）
1997年4月操業2500×1　ＰＳＭ日工　UBE三菱　シーカポゾリス・シーカビスコクリート　車5台
2023年出荷23千㎥、2024年出荷21千㎥（高強度4000㎥）
G＝陸砂利・砕石　S＝河川
普通・舗装JIS取得（MSA）
大臣認定単独取得（60N/mm²）

下越生コン建設㈱
1969年4月1日設立　資本金4000万円　従業員34名　出資＝（自）100％
◉本社＝〒959－3246　岩船郡関川村大字土沢字谷地林666－1
☎0254－64－2236・FAX0254－64－2556
URL http://www.kaetsu-namakon.com
✉info@kaetsu-namakon.com
代表取締役会長萱原正夫　代表取締役社長中束雄二　常務取締役庄司充　取締役本間誠
◉工場＝本社に同じ
工場長長谷川正康
従業員12名（主任技士2名・技士2名・診断士1名）
1969年7月操業1991年3月更新1500×1（二軸）　ＰＭ北川鉄工Ｓ日工　UBE三菱　シーカポゾリス　車大型×11台・中型×

2台・小型×1台
2023年出荷15千㎥、2024年出荷13千㎥
G＝陸砂利　S＝陸砂
普通JIS取得（JTCCM）

㈱柏崎生コン
1970年5月1日設立　資本金2000万円　従業員1名　出資＝（自）100％
◉本社＝〒945－0066　柏崎市西本町3－17－28
☎0257－24－1525・FAX0257－24－3079
✉hakunama@kisnet.or.jp
代表取締役村上典雄　役員村上裕一・村上聡
※エヌシー㈱、西陵生コン㈱に生産委託

春日産業㈱
1975年1月1日設立　資本金500万円　出資＝（販）100％
◉本社＝〒942－0001　上越市中央1－26－45
☎025－543－3208・FAX025－543－2332
代表取締役山田直樹
◉工場（操業停止中）＝〒943－0844　上越市中大字丸山新田61－1

蒲原生コン㈱
1965年5月1日設立　資本金3000万円　従業員13名　出資＝（セ）85％・（販）15％
◉本社＝〒950－1211　新潟市南区白根古川845
☎025－373－3121・FAX025－373－3123
代表取締役岡本孝之　取締役清水雅巳・梶原誠　監査役藤牧昌樹
◉本社工場＝本社に同じ
工場長川井勝茂
従業員13名（主任技士1名・技士1名）
1966年4月操業1984年9月更新1500×1（二軸）　ＰＳＭ光洋機械（旧石川島）　太平洋　GCP　車大型×6台・小型×2台
G＝陸砂利　S＝陸砂
普通JIS取得（GBRC）

菊水生コン㈱
1974年3月1日設立　資本金4000万円　従業員18名　出資＝（自）100％
◉本社＝〒959－1304　加茂市大字前須田1117
☎0256－52－5133・FAX0256－52－5134
代表取締役菊田茂　取締役菊田茂治・菊田光子　監査役菊田弘子
◉工場＝本社に同じ
工場長番場勉
従業員18名（技士3名）
1974年3月操業1988年4月更新1500×1　ＰＳＭ日工　UBE三菱　GCP　車大型×8台・中型×2台・小型×5台
G＝陸砂利　S＝河川
普通JIS取得（GBRC）

㈱木戸生コン
1991年3月20日設立　資本金1000万円　従業員8名　出資＝（自）100％
◉本社＝〒950－0035　新潟市東区平和町14－1
☎025－271－5151・FAX025－271－9009
✉kidocon@sweet.ocn.ne.jp
代表取締役社長徳本成仁　取締役会長徳本載河　専務取締役細川薫　監査役原ゆり子
◉本社工場＝本社に同じ
工場長池浦一雄
従業員8名（主任技士3名・診断士1名）
1995年7月操業2006年9月更新2800×1（二軸）　ＰＭ北川鉄工（旧日本建機）Ｓハカルプラス　UBE三菱　チューポール　車大型×7台・中型×5台
2023年出荷17千㎥
G＝陸砂利・砕石　S＝陸砂
普通・舗装JIS取得（GBRC）
大臣認定単独取得（60N/mm²）

協栄産業㈱
1964年3月21日設立　資本金3050万円　従業員23名　出資＝（セ）8.3％・（他）91.7％
◉本社＝〒941－0071　糸魚川市大字大野1250
☎025－552－1111・FAX025－552－3238
代表取締役社長木島吉朗
◉工場＝本社に同じ
工場長田原克朗
従業員15名（主任技士3名・技士3名）
1991年8月操業2000×1（二軸）　ＰＭ光洋機械Ｓパシフィックシステム　太平洋　フローリック　車大型×9台・中型×2台・小型×1台
G＝河川　S＝河川
普通・舗装JIS取得（GBRC）

くびき生コン㈱
1964年5月21日設立　資本金4000万円　従業員7名　出資＝（セ）35％・（販）34％・（建）1％・（骨）1％・（他）29％
◉本社＝〒943－0805　上越市木田2－13－20
☎025－523－7131・FAX025－523－7134
✉kubiki-namakon@takasuke.jp
代表取締役社長高橋信雄　常務取締役司山建夫　取締役真野耕太郎・渡部陽・嶺村茂・山田知治・清水雅巳　監査役藤牧昌樹
◉高田工場＝本社に同じ
常務取締役司山建夫
従業員7名（技士3名）
1964年11月操業1997年5月更新2000×1　ＰＭクリハラＳハカルプラス　太平洋　車大型×15台・小型×1台〔傭車：頸城運送倉庫㈱〕
2023年出荷5千㎥、2024年出荷7千㎥
G＝山砂利　S＝山砂
普通JIS取得（JTCCM）

㈱熊倉商店
1966年9月1日設立　資本金2000万円　従業員20名
◉本社＝〒950－0809　新潟市東区柳ヶ丘－25
☎025－274－8155・FAX025－274－815
代表取締役熊谷悦男　取締役熊倉浩秀・熊倉弘則
◉熊倉商店生コン工場＝〒950－0809　新潟市東区柳ヶ丘3－24
☎025－274－8155・FAX025－274－815
工場長熊倉浩秀
従業員14名（技士4名）
1975年4月操業1995年8月更新1000×1　Ｐ度量衡Ｓシンクエンジニアリング M光洋機械（旧石川島）　UBE三菱　チューポール　車中型×1台・中型×5台・小型×4台
G＝陸砂利　S＝陸砂
普通JIS取得（JTCCM）

㈱グランドプラン
◉本社＝〒958－0261　村上市猿沢3504－17
☎0254－72－1162
代表取締役中村基
◉工場＝本社に同じ
G＝河川　S＝河川・山砂
普通JIS取得（JTCCM）

こぶし生コン有限責任事業組合
（関越興業㈱、さくら生コン㈱、三矢生コン㈱により設立。各社より生産受託）
◉本社＝〒949－7231　南魚沼市茗荷沢93－10
◉工場（旧三矢生コン㈱工場）＝〒949－7231　南魚沼市茗荷沢1472－82
☎025－779－3588・FAX025－779－3654
1988年8月操業1750×1　太平洋　フローリック　車8台
G＝陸砂利　S＝河川・陸砂
普通JIS取得（GBRC）

㈱小山セメント工業所
1972年5月31日設立　資本金4000万円　従業員15名　出資＝（自）100％
◉本社＝〒956－0001　新潟市秋葉区覚路津字下等別当2481－2
☎025－280－2820・FAX025－280－4934
代表取締役社長五十嵐一英　取締役加藤雄司・五十嵐榮二　監査役北爪文義
◉本社工場＝本社に同じ
工場長野口和彦
従業員13名（主任技士1名・技士5名）

1972年6月操業1994年3月更新1500×1(二軸)　ＰＳＭ北川鉄工　太平洋　チューポール・シーカポゾリス　車大型×7台・中型×1台・小型×5台
2023年出荷23千㎥
G＝陸砂利　S＝陸砂
普通JIS取得(JTCCM)

㈲斎藤建材
1967年4月1日設立　資本金1000万円　従業員9名　出資＝(自)100％
◉本社＝〒957－0011　新発田市島潟1081
☎0254－22－2821・FAX0254－24－9467
代表取締役斎藤光則　専務取締役斎藤悦子
◉工場＝〒957－0011　新発田市島潟1086－1
工場長斎藤光則
従業員8名(技士3名)
1980年6月操業1992年12月更新36×1　ＰＳ度量衡M信和工業所　太平洋　チューポール　車大型×1台・中型×4台・小型×2台
G＝河川　S＝河川

佐渡生コン㈱
1967年6月19日設立　資本金3500万円
従業員22名　出資＝(販)40％・(建)29％・(他)31％
◉本社＝〒952－0014　佐渡市両津湊352－10
☎0259－27－3234・FAX0259－27－6117
URL http://www.wsansyou.com
✉sadonama@mirror.con.ne.jp
代表取締役渡辺宣生　取締役近藤光雄・本間幸次・渡辺一真・遠藤芳輝　監査役広瀬俊三
◉工場＝〒952－1207　佐渡市貝塚1119－1
☎0259－61－1021・FAX0259－63－6001
✉sadonama@mirror.con.ne.jp
工場長岩崎友弘
従業員22名(主任技士1名・技士1名)
1995年8月操業3000×1(二軸)　ＰＳＭ光洋機械(旧石川島)　住友大阪　ヤマソー　車大型×14台・小型×6台
G＝砕石　S＝河川・石灰砕砂
普通JIS取得(JTCCM)

三燕生コン㈱
1955年3月1日設立　資本金2000万円　従業員16名　出資＝(自)100％
◉本社＝〒959－1284　燕市杣木1489
☎0256－82－3904・FAX0256－82－4318
代表取締役矢澤克彦　専務取締役矢澤三信　取締役渡辺則夫・矢澤哲雄
◉岩室工場＝〒953－0125　新潟市西蒲区和納4110
☎0256－82－3904・FAX0256－82－4318
✉sanen@river.ocn.ne.jp
工場長矢澤三信
従業員16名(主任技士1名・技士4名)
1966年4月操業1988年5月更新2000×1(二軸)　ＰＭ北川鉄工Ｓハカルプラス　太平洋　シーカジャパン・レオビルド　車大型×10台・中型×3台
2023年出荷21千㎥、2024年出荷20千㎥(水中不分離11000㎥)
G＝河川　S＝河川
普通JIS取得(JTCCM)

三和生コン㈱
1968年6月21日設立　資本金1400万円
従業員12名　出資＝(販)40％・(建)4％・(骨)56％
◉本社＝〒949－8617　十日町市中条988
☎025－757－8269・FAX025－757－4556
✉plant@sanwanamacon.com
代表取締役社長長谷川吉徳　取締役会長長谷川茂徳　取締役長谷川真利・中島成夫・山﨑正敏・德永喬　監査役福嶋照彦
◉工場＝本社に同じ
工場長德永喬
従業員12名(主任技士1名・技士6名)
1967年6月操業2006年1月更新1700×1(二軸)　ＰＳＭ北川鉄工(旧日本建機)　住友大阪・太平洋　シーカ・ジャパン　車大型×7台・中型×4台
2023年出荷10千㎥、2024年出荷10千㎥
G＝河川・陸砂利　S＝河川・陸砂
普通JIS取得(GBRC)

塩沢生コン㈱
1973年4月14日設立　資本金2000万円
従業員12名　出資＝(セ)7.5％・(建)23％・(骨)7％・(他)62.5％
◉本社＝〒949－6371　南魚沼市関1120－3
☎025－783－2898・FAX025－783－4102
代表取締役社長山井博　代表取締役嶋田由晴　専務取締役関雅夫・中島満・印牧政己
◉工場＝本社に同じ
工場長関雅夫
従業員12名(技士3名)
1973年6月操業2001年4月ＳＭ改造1500×1(二軸)　ＰＳＭ北川鉄工(旧日本建機)　住友大阪・太平洋　車大型×6台
G＝陸砂利　S＝陸砂・砕砂
普通JIS取得(GBRC)

㈱塩善
1950年12月25日設立　資本金1000万円
従業員31名　出資＝(自)100％
◉本社＝〒940－0093　長岡市水道町1－6－3
☎0258－32－6135・FAX0258－32－6137
URL http://www.shiozen.co.jp/
代表取締役佐藤善亮　専務取締役佐藤善則
◉高見生コンプラント＝〒940－0004　長岡市高見町110－1
☎0258－24－9881・FAX0258－24－9875
36×1

㈲志田・金新
1978年7月17日設立　資本金9800万円
従業員45名　出資＝(自)100％
◉本社＝〒950－0813　新潟市東区大形本町5－12－9
☎025－275－0708・FAX025－275－8610
✉sidakanesin@herb.ocn.ne.jp
代表取締役志田正一
◉工場＝本社に同じ
工場長志村良峰
従業員39名(主任技士1名・技士2名・診断士1名)
1975年11月操業2002年9月更新1670×1(二軸)　ＰＳＭ日工　太平洋　シーカポゾリス・シーカビスコクリート　車大型×25台・中型×4台
2023年出荷40千㎥、2024年出荷40千㎥
G＝陸砂利・砕石　S＝陸砂
普通JIS取得(GBRC)
大臣認定単独取得(80N/㎟)
◉第二工場＝〒950－0871　新潟市東区山木戸7－3－44
☎025－256－7016・FAX025－256－7015
✉shidakaneshin@ia5.itkeeper.ne.jp
工場長樋口靖憲
従業員6名(主任技士1名・技士2名・診断士1名)
2009年7月操業1750×1(二軸)　ＰＳＭ北川鉄工　太平洋　シーカポゾリス・シーカビスコクリート　車大型×25台・中型×4台
2023年出荷3千㎥、2024年出荷11千㎥
G＝陸砂利・砕石　S＝陸砂
普通JIS取得(GBRC)
大臣認定単独取得(80N/㎟)

上越建設工業㈱
1968年4月16日設立　資本金4400万円
従業員36名　出資＝(他)95％
◉本社＝〒949－3215　上越市柿崎区直海浜1945－50
☎025－536－3111・FAX025－536－4195
URL http://www.jouken.com
✉kanri@jouken.com
代表取締役西川広範　取締役木口聖也・長谷川浩　監査役弥久保学
◉本社工場＝本社に同じ
技術部長上田勲
従業員12名(主任技士1名・技士3名)
1969年12月操業2022年3月更新1670×1(二軸)　ＰＳＭ日工　太平洋　車大型×5台・小型×2台
2023年出荷5千㎥
G＝山砂利　S＝山砂

普通JIS取得（JTCCM）

上越産業㈱

1966年5月20日設立　資本金4000万円
従業員50名　出資＝（自）100％
◉本社＝〒942－0033　上越市大字福橋689－1
☎025－545－1234・FAX025－544－3006
✉jouetsusangyou@basil.ocn.ne.jp
代表取締役社長新田新市　取締役小竹良夫・青木誠
◉福橋工場＝本社に同じ
工場長小竹良夫
従業員15名（技士5名）
1971年12月操業2003年3月更新1750×1　ＰＭ光洋機械Ｓパシフィックシステム　太平洋　車大型×5台・小型×7台
G＝山砂利　S＝山砂
普通JIS取得（JTCCM）

㈱上越商会

1956年3月28日設立　資本金9000万円
従業員250名　出資＝（セ）6.6％・（他）93.4％
◉本社＝〒943－8616　上越市大字土橋1012
☎025－524－6180・FAX025－522－0062
URL　http：//www.joetsu-shokai.co.jp/
代表取締役社長荊木文明　常務取締役吉原和之・岡田一行・田中重樹　取締役永井慎一・細井憲久・江平要治・近藤久雄・小川康友・渡辺勝治・荊木紀嘉
◉濁川生コン工場＝〒944－0203　妙高市大字下濁川
☎0255－75－2352・FAX0255－75－3129
工場長永井慎一
従業員17名（主任技士1名・技士3名・診断士1名）
1966年9月操業2002年5月ＰＭ2014年10月Ｓ更新3000×1（二軸）　ＰＳＭ光洋機械（旧石川島）　太平洋　シーカポゾリス・フローリック　車大型×11台・小型×5台
2023年出荷10千㎥、2024年出荷17千㎥（スリップフォーム120㎥）
G＝山砂利　S＝山砂
普通・舗装JIS取得（JTCCM）
◉直江津生コン工場＝〒942－0032　上越市大字福田200－2
☎025－543－1021・FAX025－544－0315
工場長羽尾幸雄
従業員12名（主任技士1名・技士4名）
1970年9月操業2021年8月更新2300×1（二軸）　ＰＳＭ光洋機械（旧石川島）　太平洋　シーカポゾリス・フローリック　車大型×5台・中型×2台
2023年出荷7千㎥、2024年出荷6千㎥
G＝山砂利　S＝山砂
普通JIS取得（JTCCM）

※飯山生コン工場＝長野県参照

上越デンカ生コン㈱

1963年2月19日設立　資本金3000万円
従業員10名　出資＝（セ）30％・（販）50％・（建）10％・（他）10％
◉本社＝〒942－0061　上越市春日新田5－21－25
☎025－543－3748・FAX025－543－4209
代表取締役小竹浩一　取締役片岡健太郎・岡野辰彦・敦井一友・伊藤正男・渡邊千城・橋詰重起　監査役小関健司・銘形圭市
◉工場＝本社に同じ
従業員10名（主任技士1名・技士2名）
1963年3月操業2018年1月更新2250×1（二軸）　ＰＳＭ日工　太平洋　GCP　車大型×5台・小型×2台
2023年出荷7千㎥
G＝山砂利　S＝山砂
普通・舗装JIS取得（JTCCM）

新和コンクリート工業㈱

1962年7月30日設立　資本金10000万円
従業員150名　出資＝（建）25％・（他）75％
◉本社＝〒949－6611　南魚沼市坂戸485
☎025－772－2579・FAX025－773－6446
URL　http：//www.swck.jp
✉h-info@swck.jp
代表取締役佐藤八郎　専務取締役櫻井貫・田村三知行　常務取締役青柳和夫・駒形英一・小林直一・八幡充・野呂茂実　取締役櫻井善子・井口和成・山井博・笛田俊彦・島田雅士・角山登一郎・貝瀬甲一・伊藤和彦・廣瀬徳男・武江則孝・馬場智・鈴木堅司　監査役櫻井英一・大平淳史
ISO 9001：2015取得
◉小出工場＝〒946－0035　魚沼市十日町2260－1
☎025－792－2160・FAX025－792－6229
✉e-komagata@swck.jp
工場長駒形英一
従業員13名（主任技士1名・技士3名）
1965年4月操業2019年7月更新2300×1（二軸）　ＰＳＭ北川鉄工　太平洋　シーカポゾリス・スーパー　車大型×5台・小型×2台
2023年出荷21千㎥
G＝陸砂利　S＝陸砂
普通・舗装JIS取得（JTCCM）
ISO 9001取得
大臣認定単独取得（70N/㎟）
※協和生コン㈱より生産受託

水和生コン㈱

1987年7月21日設立　資本金2250万円
従業員21名　出資＝（建）100％
◉本社＝〒953－0033　新潟市西蒲区中
屋748
☎0256－76－2334・FAX0256－76－233
✉suiwa@axel.ocn.ne.jp
代表取締役水倉直人　取締役稲吉哲也・寺田良光　監査役鷲尾勝志
◉工場＝本社に同じ
工場長稲吉哲也
従業員21名（技士3名）
1987年12月操業1500×1（二軸）　ＰＳＭ光洋機械　太平洋　シーカポゾリス　車大型×8台・中型×2台
G＝陸砂利　S＝河川
普通JIS取得（JTCCM）

西陵生コン㈱

（長陵北越生コンクリート、永井生コンクリート㈱、㈱柏崎生コンより生産受託
2001年8月20日設立　資本金3000万円
従業員12名
◉本社＝〒945－0021　柏崎市大字上原4
－2
☎0257－23－5643・FAX0257－24－858
代表取締役飯田政士　役員村上典雄・永井義行
◉工場＝本社に同じ
工場長曽田良則
従業員12名
1988年2月操業1994年11月2011年9月M改造2300×1　ＰＳＭ北川鉄工　太平洋　シーカポゾリス　車大型×6台・小型×2台〔傭車：長陵北越生コン㈱4台〕
2023年出荷25千㎥
G＝陸砂利　S＝陸砂
普通JIS取得（GBRC）

㈱双翔

1995年10月23日設立　資本金5000万円
従業員10名　出資＝（建）100％
◉本社＝〒959－2624　胎内市羽黒1862－11
☎0254－43－3759・FAX0254－43－3787
代表取締役江端和昌　取締役伊藤洋一・八幡和雄　監査役伊藤智幸・大沼雅文
◉本社生コンクリート工場＝本社に同じ
社長江端和昌
従業員10名（主任技士1名・技士3名）
1995年12月操業2006年11月更新1750×1（二軸）　ＰＳＭ光洋機械（旧石川島）　太平洋　シーカポゾリス　車大型×6台・中型×1台
2023年出荷9千㎥、2024年出荷13千㎥
G＝陸砂利　S＝山砂・陸砂
普通JIS取得（JTCCM）

高田生コン㈱

1975年12月19日設立　出資＝（骨）100％
◉本社＝〒943－0145　上越市大字今池348
☎025－525－3816・FAX025－523－8032

✉takanama@joetsu-shokai.co.jp
代表取締役社長荊木文明
◉工場＝本社に同じ
工場長山﨑晃弘
従業員9名(技士3名)
1976年5月操業2021年2月更新1800×1(二軸)　Ｐ太平洋エンジニアリングＳパシフィックシステムＭ光洋機械(旧石川島)　太平洋　シーカポゾリス　車小型×3台〔傭車：㈱上越商会〕
2023年出荷7千㎥、2024年出荷6千㎥
G＝山砂利　S＝山砂
普通JIS取得(JTCCM)

㈱高見澤
◉本社＝長野県参照
◉上越支店生コン工場＝〒942－0023　上越市大字石橋新田字六貫野783－2
☎025－531－1550・FAX025－531－1508
工場長木村勝美
従業員14名(技士3名)
1998年10月操業2018年1月更新2300×1(二軸)　ＰＳＭ光洋機械(旧石川島)　太平洋　シーカポゾリス・GCP　車大型×7台・中型×1台
G＝山砂利　S＝山砂
普通・舗装JIS取得(JTCCM)
※生コン事業部上田工場＝長野県参照

長陵北越生コン㈱
1963年12月13日設立　資本金4500万円
従業員21名　出資＝(セ)20%・(骨)40%・(他)40%
◉本社＝〒940－1161　長岡市左近町1020
☎0258－36－4701・FAX0258－36－4727
✉choryo-h@hyper.ocn.ne.jp
代表取締役社長飯田政士　取締役中川清宣・反町嘉貴・植木義明・瀧川寛人・野上信起・廣井由美子　監査役西脇宏・諸橋陽一
※西陵生コン㈱、エヌシー㈱へ生産委託
◉工場＝本社に同じ
工場長永井真史
従業員21名(主任技士1名・技士5名)
1964年5月操業2019年更新2300×1(二軸)　ＰＳＭ光洋機械　太平洋　シーカジャパン・竹本　車大型×12台・小型×1台〔傭車：㈱小千谷運輸商事・㈱FIT〕
2023年出荷10千㎥、2024年出荷8千㎥
G＝陸砂利　S＝陸砂
普通JIS取得(GBRC)

津川新和生コン㈱
1967年12月1日設立　資本金6000万円
従業員20名　出資＝(販)25%・(製)58%・(他)17%
◉本社＝〒959－4403　東蒲原郡阿賀町平堀3234
☎0254－92－3420・FAX0254－92－3422
代表取締役佐藤八郎　取締役川崎良子・猪俣茂・猪昇・青柳和夫・櫻井貫　監査役櫻井善子
ISO 9001取得
◉工場＝本社に同じ
常務取締役猪昇
従業員18名(主任技士2名・技士1名・診断士1名)
1967年12月操業2024年6月更新1800×1(二軸)　ＰＳＭ光洋機械　太平洋　GCP　車大型×6台・小型×2台
G＝河川　S＝河川
普通JIS取得(JTCCM)
ISO 9001取得

津南生コン㈱
1971年4月14日設立　資本金2100万円
従業員17名　出資＝(販)55%・(建)43%・(骨)2%
◉本社＝〒949－8201　中魚沼郡津南町大字下船渡丁5750
☎025－765－2120・FAX025－765－3029
✉tunan-namakon@mountain.ocn.ne.jp
代表取締役社長中嶋成夫　取締役副社長高橋伸幸　専務取締役高橋三治　取締役上村憲司・中嶋知一・高橋一志　監査役高橋徹・山田泰
◉工場＝本社に同じ
✉k.takahasi@tunan-namakon.jp
工場長高橋和宏
従業員17名(主任技士3名)
1971年7月操業1975年10月Ｐ1986年3月ＳＭ改造1500×1(二軸)　ＰＳＭ北川鉄工(旧日本建機)　住友大阪　チューポール・シーカジャパン　車大型×6台・中型×3台
2023年出荷20千㎥、2024年出荷13千㎥
G＝河川　S＝河川
普通JIS取得(JTCCM)

デンカ工販㈱
1963年12月設立　資本金9360万円　従業員7名　出資＝(セ)33.55%・(販)60.58%・(建)1.87%・(骨)4%
◉本社＝〒950－0954　新潟市中央区美咲町2－3－34
☎025－283－5691・FAX025－285－5801
✉dekohan@poem.ocn.ne.jp
社長永井健司　常務取締役毛呂進一
◉亀田工場＝〒950－0134　新潟市江南区曙町5－1－45
☎025－382－3040・FAX025－382－3323
工場長小林和行
従業員8名(主任技士2名・技士3名)
1974年4月操業2008年5月更新1750×1(二軸)　ＰＳＭ光洋機械　太平洋　シーカポゾリス・ダラセム・シーカビスコクリート　車大型×11台・中型×1台・小型×1台
G＝陸砂利　S＝陸砂
普通・舗装JIS取得(JTCCM)

東頸生コン㈱
1973年6月1日設立　資本金1500万円　従業員12名　出資＝(自)100%
◉本社＝〒942－1106　上越市大島区岡450
☎025－594－3321・FAX025－594－3636
✉toukei@au.wakwak.com
代表取締役武江則孝　取締役髙波正幸・猪良清一　監査役武江純江
◉工場＝本社に同じ
工場長中條伸一
従業員12名(主任技士1名・技士7名)
1973年9月操業2001年5月ＰＭ2021年7月Ｓ更新1500×1　ＰＭ光洋機械(旧石川島)Ｓ光洋機械　太平洋　シーカポゾリス　車大型×8台・小型×3台
2023年出荷8千㎥、2024年出荷7千㎥
G＝山砂利　S＝山砂
普通JIS取得(JTCCM)

㈱東新生コン
◉本社＝〒950－0801　新潟市東区津島屋7－101－2
☎025－274－9595・FAX025－271－2931
代表取締役久保銀河
◉工場＝本社に同じ
1986年4月操業1000×1　住友大阪　チューポール　車大型×7台・中型×13台
2023年出荷60千㎥
G＝陸砂利　S＝山砂・陸砂
普通JIS取得(GBRC)
大臣認定単独取得(60N/mm²)

藤和生コン㈱
(大和コンクリート㈱と藤村クレスト㈱より生産受託)
2000年6月設立
◉本社＝〒949－5406　長岡市浦五百島4145
☎0258－22－1138・FAX0258－22－1236
◉工場＝本社に同じ
工場長佐藤健司
1969年7月操業2015年更新1700×1(二軸)　ＰＳＭ北川鉄工　太平洋　車大型×8台・中型×2台〔傭車〕
2023年出荷21千㎥、2024年出荷19千㎥
G＝陸砂利　S＝陸砂
普通JIS取得(GBRC)

十日町生コン㈱
1965年2月1日設立　資本金1800万円　従業員20名　出資＝(セ)8%・(建)50%・(製)4%・(骨)19%・(他)19%
◉本社＝〒948－0103　十日町市小泉1481
☎025－752－4146・FAX025－752－3570
代表取締役馬場浩一　取締役村山政文・高橋一志・湯沢友和　監査役吉楽正治・

新潟県

竹内秀年
◉本社工場＝〒948－0103　十日町市小泉1481
☎025－752－4148・FAX025－752－6970
工場長樋口伸一
従業員14名(主任技士1名・技士3名・診断士1名)
1965年6月操業2002年4月更新1670×1(二軸)　ＰＳＭ日工　太平洋　シーカポゾリス・シーカポゾリス　車大型×7台・中型×4台
2023年出荷11千㎥、2024年出荷8千㎥(高流動300㎥)
G＝河川　S＝河川
普通JIS取得(JTCCM)
◉清津工場＝〒949－8201　中魚沼郡津南町大字下船渡丙140－7
☎025－763－2011・FAX025－763－2841
✉qqhh6kr9k@trad.ocn.ne.jp
工場長椙沢英和
従業員5名(主任技士1名・技士3名)
1971年9月操業1995年4月更新1500×1(二軸)　ＰＳＭ光洋機械(旧石川島)　太平洋　シーカポゾリス・チューポール　車大型×4台・中型×1台
2023年出荷8千㎥、2024年出荷7千㎥
G＝河川　S＝河川
普通JIS取得(JTCCM)

栃尾産業㈱
1976年6月15日設立　資本金3000万円
従業員13名　出資＝(自)100%
◉本社＝〒940－0203　長岡市楡原705－1
☎0258－52－1538・FAX0258－52－5004
URL http://www.ranpoku.com/tochio/
✉tochio-seki@ranpoku.com
代表取締役刈屋哲　取締役関茂
◉工場＝本社に同じ
取締役社長関茂
従業員13名
1977年3月操業1993年4月更新1500×1(二軸)　ＰＳＭ北川鉄工　太平洋・UBE三菱　チューポール　車大型×7台・中型×3台・小型×1台
2023年出荷17千㎥、2024年出荷11千㎥(高強度50㎥・水中不分離5㎥)
G＝陸砂利　S＝陸砂
普通・舗装JIS取得(JTCCM)
大臣認定単独取得(80N/mm²)

豊栄コンクリート工業㈱
1989年7月1日設立　資本金3000万円　従業員10名　出資＝(自)100%
◉本社＝〒950－3308　新潟市北区下大谷内1672－20
☎025－258－4308・FAX025－258－4736
代表取締役棒文男
◉工場＝本社に同じ
従業員10名(主任技士1名・技士3名)
1989年7月操業1500×1(二軸)　ＰＳＭ北川鉄工　UBE三菱　車大型×8台・中型×3台・小型×1台
G＝陸砂利　S＝陸砂
普通・舗装JIS取得(JTCCM)

永井コンクリート工業㈱
1963年2月1日設立　資本金7500万円　従業員80名　出資＝(自)100%
◉本社＝〒949－4192　柏崎市西山町礼拝457
☎0257－47－2331・FAX0257－47－2336
URL http://www.nagai-con.com
代表取締役社長永井義行　取締役会長永井義夫　専務取締役永井政夫　取締役大谷己代治・大石秀男　監査役永井初子
※西陵生コン㈱へ生産委託

新潟アサノ生コン㈱
1968年11月1日設立　資本金3000万円
出資＝(セ)25%・(販)71%・(建)4%
◉本社＝〒951－8055　新潟市中央区礎町通四ノ町2100
☎025－222－7161・FAX025－222－7160
代表取締役社長高橋秀松　取締役堀健一・清水雅己・揖斐孝浩　監査役豊永知明
※新潟県央生コン㈱へ生産委託

新潟県央生コン㈱
(新潟アサノ生コン㈱より生産受託)
2001年2月15日設立　資本金9600万円
従業員20名　出資＝(セ)20%・(販)80%
◉本社＝〒959－0124　燕市五千石970
☎0256－97－4211・FAX0256－97－4214
代表取締役会長高橋秀松　代表取締役社長揖斐孝浩　取締役堀健一・小柳勝司・清水雅巳・高橋真樹・梶原誠
◉本社工場＝本社に同じ
工場長田村正義
従業員10名(主任技士1名・技士2名)
1993年3月更新2500×1(二軸)　ＰＳＭ光洋機械(旧石川島)　太平洋　シーカポゾリス・シーカビスコクリート　車大型×5台・小型×1台
2024年出荷16千㎥
G＝陸砂利　S＝河川
普通JIS取得(GBRC)
◉燕工場＝〒959－1265　燕市道金字荒処3201
☎0256－64－2821・FAX0256－64－2823
工場長小柳勝司
従業員9名(主任技士1名・技士1名)
2020年1月更新2300×1(二軸)　ＰＳＭ光洋機械　太平洋　シーカポゾリス・シーカビスコクリート　車大型×5台・中型×1台・小型×1台
2024年出荷11千㎥
G＝陸砂利　S＝河川
普通JIS取得(GBRC)

新潟産業㈱
1963年4月2日設立　資本金3600万円　従業員10名　出資＝(セ)0.5%・(建)19%・(骨)0.7%・(他)75.3%
◉本社＝〒949－7101　南魚沼市五日町22－10
☎025－776－2114・FAX025－776－392
代表取締役社長山井博　代表取締役嶋田由晴　代表取締役専務中嶋満　取締役阪雅夫・我田智也
◉生コン工場＝〒949－7135　南魚沼市新堀新田629
☎025－775－3151・FAX025－775－315
工場長我田智也
従業員7名(技士3名)
1965年6月操業1983年4月M1990年3月S2024年7月Ｐ改造1500×1(二軸)　ＰＳＭ北川鉄工(旧日本建機)　住友大阪・太平洋　シーカポゾリス　車大型×5台・中型×1台
G＝陸砂利　S＝陸砂・砕砂
普通JIS取得(GBRC)

新潟太平洋生コン㈱
1969年4月2日設立　資本金4520万円　従業員17名　出資＝(セ)14.60%・(販)74.34%・(骨)4.42%・(他)6.05%
◉本社＝〒951－8124　新潟市中央区医学町通2－10－1　ダイアパレス医学町2F
☎025－228－0127・FAX025－228－238
代表取締役社長宇﨑修一　取締役会長高田裕司　代表取締役専務五十嵐忠樹　取締役清水雅巳・梶原誠・五十嵐悠介・美寺寿人・皆川功　監査役藤牧昌樹・五十嵐祐司
◉新潟工場＝〒950－2035　新潟市西区新通451－1
☎025－262－4161・FAX025－262－416
✉nfactory@nt-namacon.co.jp
工場長皆川功
従業員15名(主任技士2名・技士5名)
1971年7月操業2000年9月更新1670×1(二軸)　ＰＳＭ日工　太平洋　シーカジャパン　車大型×15台・中型×1台・小型×3台
2023年出荷27千㎥、2024年出荷27千㎥(高強度4000㎥)
G＝陸砂利・砕石　S＝陸砂
普通JIS取得(GBRC)
大臣認定単独取得(60N/mm²)
※新潟あやめコンクリート㈱本社工場より生産受託

春木生コン㈱
1968年2月15日設立　資本金2000万円
従業員15名　出資＝(他)100%
◉本社＝〒959－1224　燕市四ッ屋165－1

☎0256－62－4121・FAX0256－62－4125
代表取締役春木和朝　取締役春木あや子
◉工場＝本社に同じ
工場長箕輪一二
従業員15名（主任技士2名・技士2名）
1968年11月操業2017年11月M1991年10月ＰＳ改造1700×1（ジクロス）　ＰＳ北川鉄工（旧日本建機）M北川鉄工　太平洋シーカポゾリス　車大型×9台・中型×3台・小型×4台
2024年出荷20千㎥
G＝陸砂利　S＝河川
普通JIS取得（GBRC）

藤関生コン㈱
（㈱フジムラと関柳コンクリート工業㈱より生産受託）
2001年5月31日設立　資本金3000万円
出資＝（製）100％
◉本社＝〒945－0011　柏崎市松波4－1－34
☎0257－22－5208・FAX0257－22－5209
代表取締役藤村範夫　取締役関睦子・関正信・太田光幸・藤村有為子・新沢洋子　監査役箕輪修
◉柏崎工場＝本社に同じ
従業員7名（主任技士2名・技士2名・診断士1名）
1962年2月操業1991年6月更新2000×1
ＰＳＭ光洋機械（旧石川島）　太平洋　車大型×6台・小型×1台〔傭車：丸高運輸㈱〕
2023年出荷16千㎥、2024年出荷22千㎥（高流動1000㎥）
G＝山砂利・陸砂利　S＝陸砂
普通JIS取得（GBRC）

藤林コンクリート工業㈱
1958年10月30日設立　資本金2000万円
従業員69名　出資＝（自）100％
◉本社＝〒945－1352　柏崎市大字安田2078
☎0257－24－3375・FAX0257－22－6517
URL https://fujibayashi-c.co.jp
✉info@fujibayashi-c.co.jp
代表取締役藤林功　専務取締役岡田和久　常務取締役藤林健　取締役霜田崇・藤沢裕介・小関和弥
◉藤林生コン事業所＝〒945－1353　柏崎市大字平井3414－1
☎0257－24－5541・FAX0257－24－5542
工場長星野三子雄
従業員12名（主任技士2名・技士1名）
1978年12月操業2016年1月更新1700×1（二軸）　ＰＳＭ北川鉄工　住友大阪　シーカジャパン　車大型×7台・小型×4台
2024年出荷10千㎥
G＝陸砂利　S＝陸砂
普通JIS取得（GBRC）

藤村クレスト㈱
1949年12月21日設立　資本金8000万円
従業員298名　出資＝（自）100％
◉本社＝〒945－0061　柏崎市栄町7－8
☎0257－22－3144・FAX0257－22－1087
URL https://fujimura-crest.co.jp
代表取締役社長藤村範夫　取締役秀島元・海藤直樹・岩野俊明・内山文雄・幡田宏樹　監査役箕輪修
※藤和生コン㈱へ生産委託

㈱北部生コン
1996年2月23日設立　資本金6000万円
従業員15名　出資＝（自）100％
◉本社＝〒959－3435　村上市宿田225－12
☎0254－66－8500・FAX0254－66－8501
✉hokubuqc@if-n.ne.jp
代表取締役髙橋賢一　取締役大滝優四郎・本間信
◉工場＝本社に同じ
工場長高橋重広
従業員15名（技士4名）
1996年10月操業2500×1（二軸）　ＰＳＭ光洋機械（旧石川島）　UBE三菱・太平洋　シーカジャパン　車大型×9台・中型×1台・小型×1台
2024年出荷21千㎥
G＝河川　S＝河川・陸砂
普通JIS取得（MSA）

㈱北陸ムラタ
2023年12月5日設立　資本金9400万円
従業員105名
◉本社＝〒952－0604　佐渡市小木町1935－29
☎0259－86－2459・FAX0259－86－2645
URL https://hmk.co.jp/
✉hokuriku.m-c@hmk.co.jp
代表取締役梶田和明
◉工場（旧北陸建材㈱工場）＝〒952－1311　佐渡市八幡字田屋田8
☎0259－57－3644・FAX0259－57－3670
✉hokuriku.m-c@hmk.co.jp
生コン事業部長川端恒博
従業員25名（技士6名）
1972年5月操業2007年1月更新112×2　Ｐ東和工機ＳＭ光洋機械　UBE三菱　シーカジャパン・GCP　車大型×14台・中型×2台・小型×4台
2023年出荷16千㎥、2024年出荷20千㎥（水中不分離55㎥・ポーラス1㎥）
G＝砕石　S＝河川・砕砂
普通JIS取得（JTCCM）

㈱松山組
1921年10月10日設立　資本金3000万円
従業員21名　出資＝（自）100％
◉本社＝〒959－3907　村上市府屋385－8
☎0254－77－3110・FAX0254－77－2920
URL https://www.matsuyamagumi.com/
✉matsu.h1@peach.ocn.ne.jp
代表取締役松山晴久　会長取締役松山鶴吉　取締役松山フサ子
◉府屋工場＝〒959－3907　村上市府屋字上田943－2
☎0254－77－3127・FAX0254－77－3250
工場長菅原政人
従業員6名（技士2名）
1976年10月操業1993年4月更新1500×1　ＰＭクリハラＳハカルプラス　太平洋　シーカポゾリス・ヴィンソル　車大型×4台・中型×1台
2023年出荷5千㎥、2024年出荷8千㎥（水中不分離27㎥）
G＝河川　S＝河川・山砂
普通JIS取得（JTCCM）

㈲三川生コン
1969年10月1日設立　資本金300万円　従業員11名　出資＝（骨）100％
◉本社＝〒959－4625　東蒲原郡阿賀町吉津3711－3
☎0254－99－2111・FAX0254－99－2826
✉mikawanamacon@amber.plala.or.jp
代表取締役清野明　取締役清野スイ子
◉工場＝本社に同じ
工場長清野明
従業員11名（主任技士1名・技士2名）
1970年4月操業1987年7月M改造1500×1（二軸）　ＰＳＭ北川鉄工　UBE三菱　車大型×6台・中型×1台・小型×1台
G＝陸砂利　S＝陸砂
普通JIS取得（JTCCM）

三矢生コン㈱
1988年6月設立　資本金4805万円
◉本社＝〒949－7231　南魚沼市茗荷沢937－10
☎025－779－3229・FAX025－779－3220
✉namacon@mitsuya-jn.com
代表取締役大平克彦
※こぶし生コン有限責任事業組合に生産委託

ミナト生コン㈱
1997年1月20日設立　資本金7000万円
従業員10名　出資＝（販）20％・（建）32％・（他）48％
◉本社＝〒942－0255　上越市下五貫野字開田5
☎025－520－3710・FAX025－520－3705
✉kaiden5@jo-minato.com
代表取締役社長前川秀樹　取締役星野彰・半田和之　監査役大橋眞
◉工場＝本社に同じ
工場長常盤靖
従業員10名（技士4名）

1997年10月操業2021年12月更新2250×1　PSM日工　住友大阪・太平洋　チューポール・シーカポゾリス　車大型×7台〔傭車：㈱ワールドエコ〕
G＝山砂利　S＝山砂
普通・舗装JIS取得(JTCCM)

㈱三原田組
(㈱三商、㈱キヨサト生コンと合併)
1996年10月8日設立　資本金5000万円
従業員12名　出資＝(自)100%
◉本社＝〒943－0513　上越市清里区今曽根685－3
☎025－529－1155・FAX025－529－1157
URL http://miharada.co.jp
✉info@kiyonama.co.jp
代表取締役三原田誠　三原田清隆・三原田逸美・中林武・樋口順造・平田隆・篠原健・日向こずえ
◉生コン事業部(旧㈱キヨサト生コン工場)＝本社に同じ
取締役工場長日向こずえ
従業員12名(主任技士1名・技士4名)
1997年4月操業2018年1月更新2300×1(ジクロス)　PSM北川鉄工　太平洋　シーカジャパン　車大型×11台・小型×2台
2023年出荷100千㎥、2024年出荷16千㎥
G＝山砂利　S＝山砂
普通・舗装JIS取得(JTCCM)

㈱妙高高原生コン
1975年6月25日設立　資本金1800万円
従業員7名　出資＝(自)100%
◉本社＝〒949－2102　妙高市田切643－1
☎0255－86－2807・FAX0255－86－4797
代表者五十嵐健一
◉工場＝本社に同じ
品質監理責任者丸山完一
従業員7名(技士3名)
1975年6月操業1987年4月更新1500×1(二軸)　PSM日工　UBE三菱　シーカポゾリス　車大型×5台・小型×3台〔傭車：上越地区生コンクリート協同組合員各社・その他〕
G＝山砂利　S＝山砂
普通JIS取得(JTCCM)

妙高生コン㈱
1975年4月28日設立　資本金3000万円
従業員4名　出資＝(骨)100%
◉本社＝〒949－2101　妙高市大字二俣436
☎0255－86－3311・FAX0255－86－3312
✉myonama@joetsu-shokai.co.jp
代表取締役社長荊木文明
◉妙高工場＝本社に同じ
工場長徳田正明
従業員4名(主任技士1名・技士1名)
1975年6月操業1988年8月更新2000×1(二軸)　PSM光洋機械(旧石川島)　太平洋　シーカポゾリス・ダラセム　車小型×1台
2023年出荷2千㎥、2024年出荷4千㎥(高流動30㎥・水中不分離10㎥)
G＝山砂利　S＝山砂
普通JIS取得(JTCCM)

㈱明星生コン
1971年12月4日設立　資本金7094万円
従業員19名　出資＝(セ)27.87%・(建)60.38%・(製)0.97%・(骨)2.53%・(他)8.25%
◉本社＝〒941－0003　糸魚川市大字中宿660
☎025－556－7800・FAX025－556－7801
代表取締役山舘達・木島一　取締役会長鈴木秀城　常務取締役白沢大陸　取締役中村康司・猪又直登・郡司政弘・清水雅巳・猪又基博・管原知之　監査役渡邉誠司・藤牧昌樹
◉本社工場＝本社に同じ
工場長郡司政弘
従業員19名(主任技士3名・技士7名)
1979年3月操業2005年5月更新2300×1(二軸)　PSM北川鉄工　太平洋　フローリック　車大型×8台・中型×3台
2023年出荷16千㎥、2024年出荷15千㎥
G＝河川　S＝河川・山砂
普通・舗装JIS取得(GBRC)

村上建設資材㈱
1996年10月設立　資本金3000万円　従業員50名　出資＝(自)100%
◉本社＝〒958－0013　村上市羽下ヶ渕2073
☎0254－53－3270・FAX0254－53－5899
URL http://satou-kougyou.co.jp/muraken.html
✉mura-tama@lake.ocn.ne.jp
代表取締役佐藤明夫　取締役石黒信弘・東海林貴之・小池一也・本間芳幸　監査役佐藤拓也
◉生コン工場＝〒958－0013　村上市羽下ヶ渕2073
☎0254－52－5300・FAX0254－53－5899
✉mks5300@yahoo.co.jp
工場長佐藤拓也
従業員10名(技士2名)
1996年9月操業2004年3月更新1670×1(二軸)　PSM日工　住友大阪・太平洋　チューポール・シーカポゾリス　車大型×9台・中型×4台
2023年出荷8千㎥、2024年出荷9千㎥(高強度65㎥)
G＝陸砂利　S＝陸砂
普通JIS取得(JTCCM)
※新潟太平洋生コン㈱岩船工場より生産受託

◉府屋工場＝〒959－3907　村上市府屋字西間瀬34
☎0254－62－7226・FAX0254－62－7276
✉fuya7226@yahoo.co.jp
工場長大滝剛
従業員7名(技士2名)
2300×1(二軸)　PSM北川鉄工　住友大阪　チューポール・シーカポゾリス　車(生コン工場と兼用)
G＝陸砂利　S＝陸砂
普通・舗装JIS取得(JTCCM)

㈱元店生コン
1979年4月23日設立　資本金2500万円
従業員13名　出資＝(建)90%・(他)10%
◉本社＝〒949－6545　南魚沼市長崎626－2
☎025－782－2402・FAX025－782－3000
代表取締役高橋喜一　取締役青木弘・高橋悟・関隆雄・高橋洋一・田中英雄　監査役長尾博光
◉工場＝本社に同じ
工場長中村克彦
従業員13名(技士3名)
1979年7月操業1988年7月M更新56×2　P度量衡SハカルプラスM日本プラント　UBE三菱　チューポール　車大型×4台・中型×1台〔傭車：㈱ウインコーポレーション・ヒルタ自動車㈱〕
G＝陸砂利　S＝河川・陸砂
普通JIS取得(GBRC)

嵐北産業㈱
1963年7月12日設立　資本金3000万円
従業員40名　出資＝(他)100%
◉本社＝〒955－0166　三条市上大浦965
☎0256－46－2312・FAX0256－46－4874
URL http://www.ranpoku.com/
代表取締役刈屋哲　取締役土田一義・西潟芳博・刈屋学・竹見登
◉生コン部荻堀工場＝〒955－0151　三条市荻堀字ホフリ沢21
☎0256－46－2312・FAX0256－46－4874
✉jns21-ranpoku@soleil.ocn.ne.jp
常務取締役西潟芳博
従業員27名(主任技士1名・技士4名)
1968年12月操業2017年1月更新2800×1　PSM光洋機械　UBE三菱・太平洋　チューポール　車大型×15台・中型×6台〔傭車：㈱嵐北商事〕
2023年出荷19千㎥、2024年出荷15千㎥(高強度150㎥・高流動400㎥)
G＝陸砂利・砕石　S＝河川・陸砂
普通・舗装JIS取得(JTCCM)
大臣認定単独取得(60N/mm²)

㈱涌井建設工業
1950年2月1日設立　資本金2200万円　従業員35名　出資＝(建)100%

◉本社＝〒959－1375　加茂市小橋1－4－27
☎0256－52－4155・FAX0256－52－4154
✉niigata@wakuiken.co.jp
代表取締役社長涌井源一郎　取締役涌井省三・涌井健雄　監査役涌井建夫
ISO 9001取得
◉生コン工場＝〒959－1375　加茂市小橋1－4－27
☎0256－52－4157・FAX0256－53－6630
✉wakui-namacon@future.ocn.ne.jp
工場長高橋尚也
従業員12名(主任技士1名・技士3名・診断士1名)
1966年5月操業1993年4月更新1500×1(二軸)　ＰＭ光洋機械Ｓパシフィックシステム　太平洋　車大型×5台・中型×2台・小型×3台
G＝陸砂利　S＝河川・陸砂
普通JIS取得(GBRC)

富山県

アサノ産業㈱
1969年4月5日設立　資本金4800万円　従業員1名　出資＝(販)100%
◉本社＝〒933－0030　高岡市中央町13
☎0766－22－8850・FAX0766－22－8851
代表取締役立野井慎一
※となみ協立生コン㈱に生産委託

安達建設㈱
1959年5月1日設立　資本金5000万円　従業員68名　出資＝(自)100%
◉本社＝〒939－1842　南砺市野田425－7
☎0763－62－0619・FAX0763－62－3474
URL http://www.adachi-kensetsu.jp
✉adachi@adachi-kensetsu.jp
代表取締役安達正彦　代表取締役専務安達立展　取締役相談役安達功　取締役会長安達卓介　常務取締役得永武司　取締役安達行成・川原恭明
ISO 9001・14001取得
◉生コン工場＝〒939－1978　南砺市下島103
☎0763－67－3637・FAX0763－67－3740
工場長棚田勇
従業員10名(技士3名)
1970年8月操業2021年3月更新1670×1(二軸)　ＰＳＭ日工　太平洋　GCP　車大型×4台・中型×1台
2023年出荷10千㎥、2024年出荷5千㎥
G＝河川　S＝河川
普通JIS取得(GBRC)

㈱あづまコンクリート工業
1977年9月1日設立　資本金1000万円　従業員1名　出資＝(自)100%
◉本社＝〒935－0062　氷見市諏訪野2－77
☎0766－74－0254・FAX0766－74－0262
URL http://aduma-con.com/index.php
✉adumakon@lily.ocn.ne.jp
代表取締役毛利幸一　取締役毛利克彦・毛利羊子
◉富山支店＝〒930－0936　富山市藤ノ木354
☎076－421－7708・FAX076－493－0834
代表取締役毛利幸一
従業員16名(主任技士4名・技士1名)
1977年9月操業2012年2月更新2250×1(二軸)　ＰＳＭ日工　UBE三菱　ヴィンソル・チューポール　車大型×3台・小型×5台〔傭車：みどり運輸〕
2024年出荷35千㎥(ポーラス100㎥)
G＝河川・陸砂利　S＝河川・陸砂
普通JIS取得(IC)

荒川工業㈲
1997年12月設立　資本金1300万円　従業員18名
◉本社＝〒939－8213　富山市黒瀬510
☎076－422－3367・FAX076－491－3383
代表者荒川公成
◉工場＝本社に同じ
従業員18名
1000×1　UBE三菱
G＝陸砂利　S＝陸砂
普通・舗装JIS取得(JTCCM)

アルカスコーポレーション㈱
1964年6月3日設立
◉本社＝〒939－1505　南砺市長源寺89
☎0763－22－1800・FAX0763－22－1801
URL http://arcus-corp.com
✉info@arcus-corp.com
代表取締役社長岩崎弥一
◉生コン工場＝〒939－1322　砺波市中野678
☎0763－33－5130・FAX0763－33－5739
✉shikenshitsu@arcus-corp.com
責任者吉岡毅
従業員9名
1969年10月操業2003年9月更新1500×1(二軸)　ＰＭ北川鉄工(旧日本建機)Ｓハカルプラス　住友大阪　車9台〔傭車：パイオニア運輸㈱〕
G＝河川　S＝河川
普通・舗装JIS取得(IC)

㈲石丸建設
◉本社＝〒932－0812　小矢部市金屋本江339－1
☎0766－67－4530・FAX0766－67－6120
◉工場＝本社に同じ
1983年1月操業1000×1
普通JIS取得(IC)

梅本建設工業㈱
1962年4月25日設立　資本金3600万円　従業員30名　出資＝(建)90%・(骨)10%
◉本社＝〒939－1502　南砺市野尻665
☎0763－22－4111・FAX0763－22－6315
代表取締役社長梅本大輔　役員梅本有美・永田勝也・八幡富二・岩田正
ISO 9001・14001取得
※三協生コン㈱に生産委託

英修興産㈲
◉本社＝〒939－8213　富山市黒瀬501－1
☎076－495－8668
◉工場＝本社に同じ
普通JIS取得(IC)

㈱岡部
1967年1月5日設立　資本金10000万円　従業員127名　出資＝(建)100%
◉本社＝〒930－0026　富山市八人町6－2
☎076－441－4651・FAX076－431－6340
URL http://www.okabe-net.co.jp
✉s-yamada@okabe-net.co.jp
代表取締役社長岡部竜一　専務取締役布原伸一　常務取締役塩原俊一・藤澤徹
ISO 9001・14001取得
◉生コン工場＝〒939－1916　南砺市見座字下向口209
☎0763－66－2204・FAX0763－66－2244
✉ikuta@okabe-net.co.jp
工場長生田登
従業員9名(主任技士1名・技士3名)
1965年7月操業2012年3月更新1500×1(二軸)　ＰＳＭ光洋機械　住友大阪・太平洋　ヤマソー・シーカポゾリス　車大型×5台・小型×1台
2023年出荷5千㎥、2024年出荷9千㎥
G＝陸砂利　S＝陸砂
普通JIS取得(IC)
ISO 9001・14001取得

小川産業㈱
1955年11月7日設立　資本金9000万円　従業員7名　出資＝(自)100%
◉本社＝〒939－0721　下新川郡朝日町三枚橋6
☎0765－83－3011・FAX0765－82－1464
URL http://www.ogawa-gp.co.jp/
代表取締役岡田富治　取締役伊藤政博　監査役藤田聡
◉生コンクリート工場＝〒939－0733　下新川郡朝日町月山2370－1
☎0765－83－3022・FAX0765－82－1016
✉y-tuguo@ogawa-gp.co.jp
工場長米島嗣雄
従業員8名(主任技士1名・技士4名)
1963年10月操業2021年8月更新2800×1(二軸)　ＰＳＭ光洋機械　太平洋　GCP　車大型×10台・中型×3台〔傭車：㈱婦中運輸〕
2023年出荷22千㎥、2024年出荷15千㎥(高流動10㎥)
G＝陸砂利　S＝陸砂
普通JIS取得(GBRC)

黒部生コンクリート工業㈱
1964年3月9日設立　資本金4000万円　出資＝(セ)14%・(販)45%・(建)13%・(骨)5%・(他)23%
◉本社＝〒938－0045　黒部市田家新969
☎0765－52－0495・FAX0765－54－2914
✉kuronama@cronos.ocn.ne.jp
代表取締役酒井基成　専務取締役石田功　取締役平田智・大橋浩一・片岡健太郎　監査役林法之・安達久栄
◉工場＝本社に同じ
工場長大橋浩一
従業員9名(主任技士1名・技士4名)

1964年7月操業2012年9月更新2750×1　ＰＳＭ光洋機械(旧石川島)　太平洋　GCP　車大型×4台・小型×1台〔傭車：㈲幸林産業〕
2023年出荷22千㎥、2024年出荷19千㎥
G＝河川・陸砂利　S＝河川・陸砂
普通・舗装JIS取得(GBRC)

呉西生コン㈱
1972年5月10日設立　資本金4800万円　従業員14名　出資＝(販)51%・(建)49%
◉本社＝〒939－0284　射水市新開発126
☎0766－52－3223・FAX0766－52－3222
代表取締役社長酒井基成　専務取締役山下明　取締役牧田和樹・開章夫・片岡健太郎・岩田恒太郎　監査役平田智・林法之
◉工場＝本社に同じ
工場長紺谷健好
従業員14名(主任技士2名・技士2名)
1974年4月操業2009年8月更新2250×1(二軸)　ＰＳＭ日工　太平洋　GCP・フローリック　車大型×6台・小型×2台
G＝陸砂利　S＝陸砂
普通JIS取得(GBRC)
大臣認定単独取得(60N/mm²)
※庄川生コンクリート工業㈱より生産受託

酒井建設㈱
1925年9月1日設立　資本金6300万円　従業員44名　出資＝(他)100%
◉本社＝〒930－0373　中新川郡上市町下経田226
☎076－472－0222・FAX076－472－6857
URL http://www.sakai-kensetsu1925.co.jp/
✉maruyama-jigyousyo@nifty.com
取締役社長酒井健吉　専務取締役伊東良朗　常務取締役山本茂弘・森川嘉夫　取締役酒井真次・開邦義　監査役酒井麻里子
ISO 9001取得
◉生コン部丸山工場＝〒930－0451　中新川郡上市町極楽寺永長102
☎076－472－3801・FAX076－472－6153
工場長岡部英樹
従業員11名(技士2名)
1970年4月操業1986年10月Ｓ1992年4月ＰＭ改造1500×1(二軸)　ＰＳＭ日工　太平洋　フローリック　車大型×3台・小型×1台〔傭車：朝日運輸㈱〕
2023年出荷7千㎥、2024年出荷5千㎥
G＝河川　S＝河川
普通・舗装JIS取得(GBRC)

桜井建設㈱
1944年8月4日設立　資本金5500万円　従業員77名　出資＝(建)100%
◉本社＝〒938－0056　黒部市新町1
☎0765－52－1200・FAX0765－54－4409
URL http://www.sakuraikensetu.co.jp
✉info@sakuraikensetu.co.jp
代表取締役大愛富美子　取締役篠崎猛・福島正人・窪田洋一・油谷理歌・平田厚志・水島徳広・宮窪与和　監査役大愛高義・松倉勲
◉生コンクリート工場＝〒938－0013　黒部市沓掛字道上割4774
☎0765－52－1146・FAX0765－52－3988
✉namacon@sakuraikensetu.co.jp
工場長平田厚志
従業員6名(主任技士1名・技士2名)
1964年5月操業1989年5月Ｐ2017年9月ＳＭ改造2800×1(二軸)　ＰＳＭ北川鉄工　住友大阪　フローリック・シーカポゾリス　車大型×8台・小型×2台〔傭車：㈲桜栄運輸・東光エキスプレス㈱・経田運輸㈱〕
2023年出荷16千㎥、2024年出荷19千㎥(水中不分離82㎥)
G＝陸砂利　S＝陸砂
普通・舗装JIS取得(GBRC)

三栄生コンクリート㈱
1974年6月1日設立　資本金2000万円　従業員8名　出資＝(骨)80%・(他)20%
◉本社＝〒930－1313　富山市中滝621－7
☎076－483－2002・FAX076－483－3785
✉sanei-concrete@sunny.ocn.ne.jp
代表取締役社長村田義男　代表取締役専務村田正男　取締役森元清隆・小田満　監査役村田美貴
◉工場＝本社に同じ
代表取締役専務村田正男
従業員8名(技士2名)
1974年6月操業1985年4月更新1500×1(二軸)　ＰＳＭ光洋機械　UBE三菱　ヴィンソル　車大型×1台・小型×2台〔傭車：常南運輸㈱〕
G＝河川　S＝河川
普通・舗装JIS取得(GBRC)

三協生コン㈱
2008年11月11日設立　資本金900万円　従業員12名
◉本社＝〒932－0807　小矢部市柳原55
☎0766－67－3886・FAX0766－67－2263
代表者前田智嗣
◉工場＝本社に同じ
工場長岡本博
従業員12名(主任技士1名・技士2名)
2009年4月操業2250×1(二軸)　ＰＳＭ光洋機械　太平洋　シーカポゾリス　車大型×8台・中型×4台・小型×2台
2023年出荷35千㎥、2024年出荷30千㎥
G＝陸砂利　S＝陸砂
普通JIS取得(GBRC)
※石黒産業㈱、高田重建㈱、㈱柴田組、梅本建設工業㈱より生産受託

常願寺川生コンクリート㈲
1970年2月1日設立　資本金1000万円　従業員15名　出資＝(建)75%・(他)25%
◉本社＝〒930－1367　中新川郡立山町宮路27
☎076－483－1256・FAX076－483－1321
✉jyonama@ma.net3-tv.net
代表取締役社長岩木正徳　専務取締役岩木公平
◉工場＝本社に同じ
工場長岩木正徳
従業員15名(技士3名)
1970年2月操業2009年1月更新2250×1(二軸)　ＰＳＭ光洋機械　太平洋　ヤマソー・シーカジャパン　車大型×5台・中型×1台・小型×2台〔傭車：清水屋運輸〕
2023年出荷36千㎥
G＝河川・石灰砕石　S＝河川・石灰砕砂
普通・舗装JIS取得(IC)

神通コンクリート工業㈱
1964年4月21日設立　資本金9800万円　従業員20名　出資＝(建)20%・(他)80%
◉本社＝〒939－2746　富山市婦中町浜子340
☎076－465－3778・FAX076－465－3826
代表取締役社長竹内茂　取締役今浦弘明・竹内将人
◉本社工場＝本社に同じ
工場長竹内将人
従業員20名(技士2名)
第1Ｐ＝1977年4月操業1994年8月更新2000×1(二軸)　ＰＳＭ日工
第2Ｐ＝1981年9月操業1000×1　ＰＳＭ日工　太平洋　フローリック
G＝陸砂利　S＝陸砂
普通・舗装JIS取得(GBRC)

第一建設㈱
1970年10月25日設立　資本金4000万円　従業員46名　出資＝(建)100%
◉本社＝〒938－0004　黒部市飯沢1077
☎0765－56－8125・FAX0765－56－8251
代表取締役吉田政裕　専務取締役千代哲滋　取締役岩木信義・山森俊範・森野宏樹　監査役吉田裕美
◉第一生コンクリート工場＝〒938－0011　黒部市黒部新88
☎0765－56－8911・FAX0765－56－8322
工場長住井豪
従業員7名(主任技士1名・技士4名)
1970年10月操業2016年6月更新2300×1(二軸)　ＰＳＭ光洋機械(旧石川島)　UBE三菱・太平洋　シーカポゾリス・ヤマソー・フローリック　車大型×6台・小型×2台〔傭車：中川運輸㈱・㈲幸林

産業〕
2023年出荷22千㎥、2024年出荷23千㎥
G＝陸砂利　S＝陸砂
普通・舗装JIS取得（GBRC）

高岡中央生コン㈱
（㈱新生、高岡レディコン㈱、藤川商産㈱より生産受託）
2012年3月2日設立　資本金6000万円　従業員12名
◉本社＝〒939－1113　高岡市戸出石代4－28
☎0766－63－5100・FAX0766－63－6610
✉t428-takanama@clear.ocn.ne.jp
代表取締役社長小原紀久雄
◉新生工場＝本社に同じ
工場長越本正弘
従業員6名（主任技士2名・技士3名）
1969年8月操業2010年8月更新2300×1（二軸）　ＰＳＭ北川鉄工　住友大阪　シーカポゾリス・シーカビスコクリート・ヤマソー　車大型×6台・小型×2台
2023年出荷15千㎥、2024年出荷11千㎥
G＝陸砂利　S＝陸砂
普通・舗装JIS取得（IC）
大臣認定単独取得（60N/mm²）
◉高岡工場＝〒933－0949　高岡市四屋837
☎0766－50－8830・FAX0766－50－8831
✉t837-takanama@sage.ocn.ne.jp
工場長丸井原男
従業員6名（主任技士2名・技士2名）
1969年4月操業2016年5月更新2300×1（二軸）　ＰＭ北川鉄工（旧日本建機）Ｓハカルプラス　住友大阪　シーカポゾリス・シーカビスコクリート・ヤマソー　車大型×5台・小型×2台
2023年出荷15千㎥、2024年出荷15千㎥
G＝陸砂利　S＝陸砂
普通・舗装JIS取得（IC）
大臣認定単独取得（60N/mm²）

高岡レディコン㈱
2001年3月1日設立　資本金5000万円　出資＝（自）100％
◉本社＝〒933－0030　高岡市中央町13
☎0766－22－8850・FAX0766－22－8851
代表取締役立野井富二
※高岡中央生コン㈱へ生産委託

デンカコンクリート㈱
2000年11月21日設立　資本金5000万円
出資＝（セ）80％・（販）20％
◉本社＝〒939－2726　富山市婦中町蔵島1－8
☎076－465－4271・FAX076－465－3033
代表取締役社長坪川勝　取締役山本朝義・間嶋豊・酒井基成・小杉林盛　監査役原野豊・田村晃
◉工場＝本社に同じ
工場長小杉林盛
従業員23名（主任技士3名・技士2名）
1961年2月操業2015年12月更新2750×1（二軸）　ＰＳＭ光洋機械（旧石川島）　太平洋　GCP・スーパー　車大型×11台・小型×3台
2023年出荷36千㎥、2024年出荷33千㎥（高強度598㎥）
G＝陸砂利　S＝陸砂
普通・舗装JIS取得（GBRC）
大臣認定単独取得（60N/mm²）
※八尾コンクリート工業㈲工場、八尾生コン㈱より生産受託

デンカ生コン㈱
1968年9月28日設立　資本金3000万円
従業員1名　出資＝（セ）19.5％（販）54.5％・（製）24.3％・（他）1.7％
◉本社＝〒939－1438　砺波市安川787
☎0763－37－1125・FAX0763－37－1127
代表取締役酒井基成　取締役藤原実・石田功・平田智・片岡健太郎　監査役林法之・安達久栄
※となみ協立生コン㈱に生産委託
◉立山生コンクリート工場＝〒930－0358　中新川郡上市町正印新34
☎076－472－4503・FAX076－472－4547
✉tatenama@ma.net3-tv.net
従業員6名（主任技士1名・技士4名・診断士1名）
1973年9月操業2008年3月更新2250×1（二軸）　ＰＳＭ日工　太平洋　GCP　車大型×1台・小型×2台〔傭車：大東通商㈱〕
2023年出荷14千㎥、2024年出荷13千㎥
G＝河川・陸砂利　S＝河川・陸砂
普通・舗装JIS取得（GBRC）

とがコンクリート㈱
2000年4月1日設立　資本金1000万円　従業員7名
◉本社＝〒939－2515　南砺市利賀村細島12－1
☎0763－68－2224・FAX0763－68－2225
✉toga-con@p1.tst.ne.jp
代表取締役社長荒井万勝一
◉細島工場＝本社に同じ
従業員8名（技士2名）
1970年3月操業2000年8月更新1500×1（二軸）　ＰＳＭ光洋機械（旧石川島）　太平洋　GCP　車大型×9台・小型×4台〔傭車：㈱エコー〕
G＝河川・陸砂利　S＝河川・陸砂
普通・舗装JIS取得（GBRC）

となみ協立生コン㈱
2008年8月29日設立　資本金3000万円
従業員10名
◉本社＝〒939－1438　砺波市安川787
☎0763－37－1111・FAX0763－37－1113
代表取締役長長森妙子　取締役立野井富二・酒井基成
◉工場＝本社に同じ
工場長才田祥功
従業員10名（主任技士3名・技士3名・診断士3名）
1969年3月操業2013年3月更新2250×1（二軸）　Ｐ光洋機械（旧石川島）ＳＭ日工　太平洋　GCP・フローリック
2023年出荷29千㎥、2024年出荷23千㎥（高強度110㎥）
G＝陸砂利　S＝陸砂
普通・舗装JIS取得（GBRC）
大臣認定単独取得（60N/mm²）
※デンカ生コン㈱、庄東生コンクリート工業㈱、アサノ産業㈱より生産受託

富山西部生コン㈱
資本金4000万円
◉本社＝〒933－0959　高岡市長江614
☎0766－23－9703・FAX0766－22－3606
✉ftgm-tk@biz.mitene.or.jp
代表取締役藤﨑嘉一　取締役鳴海賢一・柏治男・中橋一寿
◉高岡工場＝本社に同じ
工場長齊藤淳之
従業員8名（主任技士3名・診断士1名）
1992年4月操業2000×1　ＰＳＭ日工　UBE三菱　フローリック・リグエース・チューポール　車大型×6台・小型×1台
G＝陸砂利　S＝陸砂
普通・舗装JIS取得（GBRC）

富山中部生コン㈱
2008年4月設立　資本金1000万円
◉本社＝〒939－8213　富山市黒瀬字向田250－5
☎076－425－0511・FAX076－425－0514
代表取締役橋本昌弘
◉富山工場＝本社に同じ
工場長粟谷卓史
1964年5月操業1990年3月更新1500×1（二軸）　ＰＳＭ日工　住友大阪
G＝陸砂利　S＝陸砂
普通・舗装JIS取得（GBRC）

富山東部生コン㈱
2008年4月設立　資本金1000万円
◉本社＝〒930－0281　中新川郡舟橋村舟橋字川田159
☎076－464－1621・FAX076－464－1111
代表取締役橋本昌弘
◉舟橋工場＝本社に同じ
工場長関野裕一
従業員5名
1970年9月操業2007年8月更新2250×1　ＰＳＭ日工　太平洋　フローリック　車
〔傭車：竹島運輸・大富運輸・荒木運輸〕
G＝河川　S＝河川

普通・舗装JIS取得（GBRC）
大臣認定単独取得（60N/mm²）

富山菱光コンクリート工業㈱
1973年12月1日設立　資本金2000万円
従業員10名　出資＝（自）30%・（セ）10%・（建）60%
◉本社＝〒939－8244　富山市吉倉581
☎076－429－3232・FAX076－429－2423
代表取締役上田信和　常務取締役浜多純一　取締役営業部長灰塚茂雄　取締役水口学・須崎孝幸　監査役石野一男・村井忠人
◉工場＝本社に同じ
常務取締役浜多純一
従業員10名（技士3名）
1974年5月操業1987年12月Ｐ1998年9月Ｓ2007年8月Ｍ改造2250×1（二軸）　ＰＳＭ光洋機械　UBE三菱　フローリック　車大型×4台・小型×1台〔傭車：㈲みどり運輸〕
G＝陸砂利　S＝陸砂
普通JIS取得（MSA）
※富山生コン工業㈱より生産受託

滑川生コン㈱
◉本社＝〒936－0023　滑川市柳原88－4
☎076－475－4185・FAX076－475－4136
◉工場＝本社に同じ
1980年4月操業2000×1（二軸）
普通・舗装JIS取得（GBRC）

ナント生コン㈲
2002年6月1日設立　資本金900万円　従業員6名　出資＝（自）100%
◉本社＝〒939－1822　南砺市林道3260－2
☎0763－62－0563・FAX0763－62－2789
✉nantonamacon@tmt.ne.jp
代表取締役社長夏梅数幸　代表取締役副社長古軸裕一
◉工場＝〒939－1822　南砺市林道3260－2
☎0763－62－2865・FAX0763－62－2789
工場長古軸裕一
従業員6名（主任技士1名・技士3名）
1957年4月操業2019年8月更新1670×1（二軸）　ＰＳＭ日工　住友大阪・UBE三菱　フローリック・シーカジャパン　車大型×7台・小型×3台〔傭車：夏梅運送㈲〕
2023年出荷19千m³、2024年出荷17千m³
G＝陸砂利　S＝陸砂
普通JIS取得（GBRC）
◉工場（操業停止中）＝〒939－1815　南砺市城端東新田2496
☎0763－62－2167・FAX0763－62－3536
1976年5月操業1987年4月更新1000×1（二軸）　ＰＳＭ日工

㈱萩中組
1974年10月17日設立　資本金2800万円
従業員9名　出資＝（自）100%
◉本社＝〒930－0372　中新川郡上市町上経田4－19
☎076－472－0828・FAX076－472－2170
代表取締役萩中久寿男　取締役萩中博治・萩中博文・萩中節子
◉生コン部＝〒930－0372　中新川郡上市町上経田4－19
☎076－472－3800・FAX076－472－2170
工場長富永登志夫
従業員7名（技士3名）
1970年4月操業1986年5月更新1500×1（二軸）　ＰＳＭ日工　太平洋　ヴィンソル　車大型×5台・中型×5台
G＝河川　S＝河川
普通JIS取得（GBRC）

早月生コン㈱
1969年11月29日設立　資本金2000万円
従業員9名　出資＝（セ）30%・（販）40%・（他）30%
◉本社＝〒936－0801　滑川市大島530
☎076－471－2233・FAX076－471－2235
代表取締役社長橋本和宏　取締役立野井慎一・山森誠治・藤田守・間嶋豊・杉原誠　監査役小室享浩・鈴木弘
◉本社工場＝本社に同じ
代表取締役社長橋本和宏
従業員9名（主任技士1名・技士4名・診断士1名）
1970年4月操業1998年12月更新3000×1　ＰＳＭ光洋機械（旧石川島）　太平洋　フローリック・シーカポゾリス　車大型×4台・小型×1台
G＝陸砂利・石灰砕石　S＝陸砂・石灰砕砂
普通JIS取得（GBRC）

氷見生コン㈱
1970年3月1日設立
◉本社＝〒935－0031　氷見市柳田1320
☎0766－91－4100・FAX0766－91－4602
✉hrc@cup.ocn.ne.jp
代表取締役西川武文
ISO 9001取得
◉工場＝本社に同じ
工場長西谷進一
従業員20名
2000×1（二軸）　太平洋　GCP　車大型×9台・中型×4台〔傭車：朝日運輸㈱〕
G＝陸砂利　S＝陸砂
普通・舗装JIS取得（GBRC）
ISO 9001取得
※庄川生コンクリート工業㈱より生産受託

藤川商産㈱
1956年5月1日設立　資本金2000万円　従業員3名　出資＝（自）100%
◉本社＝〒933－0949　高岡市四屋837
☎0766－23－1357・FAX0766－22－8417
✉fujikawasyousan@lime.plala.or.jp
代表取締役藤川泰史　取締役定村好泰
監査役藤川滋郎
※高岡中央生コン㈱へ生産委託

二上生コン㈱
1992年4月7日設立　資本金2000万円　従業員7名　出資＝（販）100%
◉本社＝〒939－0301　射水市稲積176－1
☎0766－55－5571・FAX0766－55－5575
✉ftgm-d2@biz.mitene.or.jp
代表取締役橋本昌弘　取締役柏治男・山岸憲一・斉藤淳一・上坂博見・斎藤力・中橋一寿
◉射水工場＝本社に同じ
工場長角尾芳祐
従業員7名（主任技士1名・技士4名）
1970年4月操業2008年更新1670×1（二軸）　ＰＳＭ日工　住友大阪　フローリック・チューポール　車大型×3台・小型×1台
G＝陸砂利　S＝陸砂
普通・舗装JIS取得（GBRC）
大臣認定単独取得

北陸宇部コンクリート工業㈱
1970年1月23日設立　資本金6000万円
従業員26名　出資＝（セ）35%・（販）15%・（他）50%
◉本社＝〒939－0305　射水市鷲塚932
☎0766－55－2755・FAX0766－55－2757
代表取締役濱田一夫　取締役在田吉保・中田政之・森田昌樹　監査役弓削俊明
◉工場＝本社に同じ
工場長雑賀敏昭
従業員26名（主任技士5名・技士9名・診断士1名）
1970年4月操業2014年8月更新3300×1（二軸）　Ｐ光洋機械Ｍ北川鉄工Ｓエムイーシー　UBE三菱　フローリック　車大型×11台・小型×3台
2023年出荷34千m³、2024年出荷33千m³
G＝陸砂利　S＝陸砂
普通・舗装JIS取得（GBRC）
大臣認定単独取得（80N/mm²）
※富山生コン工業㈱より生産受託

丸新志鷹建設㈱
1964年9月1日設立　資本金4800万円　従業員55名　出資＝（建）100%
◉本社＝〒930－1406　中新川郡立山町芦峅寺49
☎076－481－1201・FAX076－481－1203
URL http://www.shitaka.co.jp
✉marushin@shitaka.co.jp
代表取締役社長志鷹新樹
◉生コンクリート工場（操業停止中）＝〒

930－1406　中新川郡立山町芦峅寺字出し割5
☎076－481－1031・FAX076－481－1033
1969年11月操業1990年5月更新56×2　PSM光洋機械(旧石川島)

八尾生コン㈱

1969年8月13日設立　資本金1500万円
従業員2名　出資＝(セ)12％・(販)6％・(建)6％・(他)76％
◉本社＝〒939－2354　富山市八尾町東町2228
☎076－454－3121・FAX076－454－3122
代表取締役社長益山和之　取締役玉生貴嗣・益山茂・長谷川攻・片岡健太郎・酒井基成・武田満　監査役原野豊・林法之
◉工場(操業停止中)＝〒939－2305　富山市八尾町井田新10
1970年5月操業2001年4月更新72×1　PSM光洋機械(旧石川島)
※デンカコンクリート㈱に生産委託

石川県

㈱アサヒ物産
1974年9月25日設立　資本金2000万円
出資＝(自)100％
◉本社＝〒923－0036　小松市平面町へ112－1
☎0761－21－6600・FAX0761－21－6643
代表取締役社長植木信吉郎
◉工場＝本社に同じ
工場長南照正
従業員9名(主任技士2名・技士1名)
1974年9月操業1995年2月更新2000×1(二軸)　ＰＳＭ日工　UBE三菱　チューポール・ヤマソー　車大型×6台・小型×1台
G＝陸砂利・砕石　S＝陸砂・砕砂
普通・舗装JIS取得(GBRC)

アップルコンクリート㈱
資本金1000万円　従業員6名
◉本社＝〒920－2146　白山市日向町ル4－1
☎0761－47－8881・FAX0761－47－8882
代表取締役端保太市　取締役端保ゆり子・端保フミエ・寺西秀次・端保勇造・端保博司・端保正流　監査役本田香織
◉工場＝〒923－0061　小松市国府台5－21－1
☎0761－47－8881・FAX0761－47－8882
工場長端保淳一
従業員6名(主任技士1名・技士5名・診断士1名)
1997年4月操業2500×1　ＰＳＭ日工　太平洋　シーカポゾリス・シーカビスコクリート・シーカポゾリス　車大型×8台・小型×3台〔傭車：手取川運輸㈱〕
2023年出荷26千㎥
G＝陸砂利　S＝陸砂
普通・舗装JIS取得(IC)
ISO 9001取得
大臣認定単独取得(60N/㎟)
※新生生コンクリート㈱工場より生産受託

石田生コンクリート㈱
1977年12月10日設立　資本金1000万円
従業員9名　出資＝(自)100％
◉本社＝〒925－0562　羽咋郡志賀町栢木レの25－1
☎0767－42－1240・FAX0767－42－2234
代表取締役石田泰子　取締役石田忠夫・石田章・浜中智也・源代治・山田一之
◉工場＝本社に同じ
工場長山田一之
従業員9名(主任技士1名・技士2名)
1966年5月操業2016年6月Ｍ改造1800×1(二軸)　ＰＭ光洋機械Ｓパシフィックシステム　住友大阪　シーカジャパン　車大型×5台・中型×3台
2024年出荷8千㎥
G＝石灰砕石　S＝山砂・陸砂
普通JIS取得(IC)

宇出津生コン・札木建設
1966年4月10日設立　従業員9名
◉本社＝〒927－0441　鳳珠郡能登町字藤波13字1－1
☎0768－62－2138・FAX0768－62－1600
代表者札木元
◉工場＝本社に同じ
工場長札木八洲夫
従業員7名
1970年7月操業1993年12月更新500×1(二軸)　ＰＳＭ北川鉄工　太平洋　車大型×1台・中型×3台・小型×1台
G＝砕石　S＝山砂・陸砂

㈱H.R.C
◉本社＝〒923－1224　能美市和気町ウ16－2
☎0761－52－7676
◉工場＝本社に同じ
普通JIS取得(IC)

加賀生コン㈱
1969年8月1日設立　資本金1500万円　従業員3名　出資＝(自)100％
◉本社＝〒922－0013　加賀市上河崎町子158
☎0761－72－1100・FAX0761－73－1005
✉kaganama@jupiter.ocn.ne.jp
代表取締役池本英史　取締役向出剛一
※ユー・アイ生コン㈱に生産委託

かけはし産業㈱
※梯デンカ生コンクリート㈱より社名変更
◉本社＝〒923－0042　小松市能美町タ154
☎0761－23－1592・FAX0761－23－1465
✉info@kakehashi-industry.co.jp
代表取締役村井啓介
◉工場(旧梯デンカ生コンクリート㈱工場)＝本社に同じ
工場長西山満
従業員9名(主任技士4名・技士2名・診断士2名)
1972年4月操業2022年8月更新2750×1　ＰＳＭ日工　太平洋　チューポール・F-1　車大型×14台・小型×3台〔傭車：梯コンクリート工業㈱〕
2023年出荷35千㎥、2024年出荷24千㎥(高強度370㎥・高流動66㎥)
G＝陸砂利　S＝陸砂
普通・舗装JIS取得(GBRC)
大臣認定単独取得(60N/㎟)
※フライアッシュ標準化

金沢LLP生コン有限責任事業組合
(石川生コンクリート㈱と兼六レミコン㈱より生産受託)
2019年11月1日設立　従業員17名
◉本社＝〒920－1302　金沢市末町壱字157
☎076－213－6124・FAX076－229－2259
✉k-11p@galaxy.con.ne.jp
職務執行者鈴木規秀・小野島誠
◉工場＝〒920－1302　金沢市末町壱字157
☎076－213－6124・FAX076－229－2259
1981年7月操業2000×1(二軸)　ＰＳＭ光洋機械
2024年出荷18千㎥
G＝河川・陸砂利・砕石　S＝河川・陸砂
普通・舗装JIS取得(GBRC)

金沢デンカ生コン㈱
1969年11月7日設立　資本金6000万円
従業員10名　出資＝(セ)89％・(建)11％
◉本社＝〒920－0011　金沢市松寺町辰66
☎076－238－1772・FAX076－238－1774
代表取締役社長坪川勝　取締役専務堤英　取締役間嶋豊・岡田康晴・長山太郎　監査役・田村晃
◉工場＝本社に同じ
工場長長山太郎
従業員10名(主任技士3名・技士1名)
1970年6月操業2006年12月更新(二軸)　ＰＳＭ光洋機械(旧石川島)　太平洋　GCP・竹本・フローリック　車大型×9台・小型×2台〔傭車：金沢デンカ生コン輸送㈱〕
2023年出荷24千㎥、2024年出荷19千㎥
G＝陸砂利　S＝陸砂
普通・舗装JIS取得(IC)
大臣認定単独取得(80N/㎟)
※酒井コンクリート工業㈱より生産受託

金沢生コンクリート㈱
1970年6月16日設立　資本金1000万円
従業員18名　出資＝(自)100％
◉本社＝〒920－0211　金沢市湊4－52
☎076－237－4175・FAX076－237－4178
URL http://www.kin-nama.co.jp/
代表取締役社長豊蔵卓夫　取締役豊蔵享一・苗代久人　監査役豊蔵元子
◉工場＝本社に同じ
従業員18名(主任技士6名・技士3名・診断士2名)
1973年7月操業2021年1月更新2750×1(二軸)　ＰＳＭ日工　UBE三菱・太平洋　チューポール・フローリック・シーカジャパン　車大型×10台・中型×3台
2024年出荷22千㎥(高強度600㎥・ポーラス200㎥)

G＝陸砂利・石灰砕石・人軽骨　S＝陸砂・石灰砕砂・人軽骨
普通・舗装・軽量JIS取得(GBRC)
大臣認定単独取得(60N/mm²)

加能菱光コンクリート㈱
1971年9月23日設立　資本金4500万円
従業員9名　出資＝(自)87%・(建)3%・(他)10%
◉本社＝〒929−0115　能美市下ノ江町ハ123
☎0761−55−3100・FAX0761−55−3102
✉ryokoh@arrow.ocn.ne.jp
代表取締役中西賢
◉工場＝本社に同じ
工場長太田勉
従業員9名(主任技士1名・技士4名)
1972年12月操業2019年5月更新2250×1(二軸)　ＰＳＭ日工　UBE三菱　チューポール・リグエース・フローリック　車大型×7台・小型×1台
2023年出荷13千㎥、2024年出荷12千㎥
G＝陸砂利　S＝陸砂
普通・舗装JIS取得(IC)

北川物産㈱
1968年10月1日設立　資本金3000万円
従業員25名　出資＝(自)100%
◉本社＝〒921−8046　金沢市大桑町チ155
☎076−243−3200・FAX076−243−3204
URL http://www.kitagawa-gp.co.jp
✉ginfo@kitagawa-gp.co.jp
代表取締役社長北川吉博　代表取締役会長北川博
※日本海生コン㈱に生産委託

兼六レミコン㈱
1990年6月11日設立　資本金3500万円
従業員0名　出資＝(自)100%
◉本社＝〒920−1302　金沢市末町壱字157
☎076−229−2251・FAX076−229−2259
代表取締役小野島誠　取締役小野島政孝・小野島三千代
※金沢LLP生コン有限責任事業組合に生産委託

合同生コン㈱
1970年8月29日設立　資本金2920万円
従業員10名　出資＝(セ)9%・(販)9%・(建)82%
◉本社＝〒927−1217　珠洲市上戸町南方ろ部10−1
☎0768−82−0350・FAX0768−82−6260
✉goudou@abeam.ocn.ne.jp
代表取締役中市勝也　取締役谷口永一郎・西中順治・鳴瀬善男・片岡健太郎・林義勝　監査役桜井貴之
◉工場＝本社に同じ
工場長鳴瀬善男
従業員10名(技士4名)
1971年5月操業2015年6月更新1500×1(二軸)　ＰＳＭ日工　太平洋　GCP　車大型×4台・小型×3台
G＝陸砂利　S＝山砂・陸砂
普通JIS取得(GBRC)

㈱紺谷工務店
1973年10月1日設立　資本金2500万円
従業員9名　出資＝(自)100%
◉本社＝〒929−1171　かほく市木津ホ57−2
☎076−281−2230・FAX076−281−2232
代表取締役紺谷和徳　取締役副社長紺谷愛子
◉工場＝〒929−1215　かほく市高松丁28−3
☎076−281−2230・FAX076−281−2232
✉k.kontani@po5.nsk.ne.jp
工場長紺谷幸一
従業員8名(主任技士1名・技士1名)
1965年9月操業1983年10月Ｐ1998年5月Ｍ2024年3月Ｓ改造1800×1(二軸)　ＰＳＭ光洋機械　太平洋　シーカポゾリス・シーカビスコクリート　車大型×6台・小型×2台〔傭車：紺谷商事㈱〕
2024年出荷8千㎥
G＝陸砂利　S＝陸砂
普通・舗装JIS取得(GBRC)

酒井コンクリート工業㈱
1963年9月20日設立　資本金4000万円
出資＝(セ)75%・(販)20%・(建)5%
◉本社＝〒920−0011　金沢市松寺町辰66
☎076−238−5005・FAX076−238−1774
代表取締役社長坪川勝　取締役専務堤英　取締役茨木喜幸・岡田康晴・長山太郎・山本朝義・間嶋豊　監査役・田村晃
※金沢デンカ生コン㈱に生産委託

桜井生コンクリート㈱
資本金2000万円
◉本社＝〒920−0371　金沢市下安原町東101
☎076−249−7050・FAX076−249−7081
代表取締役櫻井龍蔵
◉金沢工場＝本社に同じ
1978年3月操業3000×1　太平洋
普通・舗装・軽量・高強度JIS取得(IC)
◉白山工場＝〒929−0217　白山市湊町井1−130
☎076−256−3617・FAX076−256−3817
✉hakusan-251225@sakurai-knb.co.jp
2750×1　太平洋　シーカポゾリス　車48台
2024年出荷39千㎥
G＝陸砂利　S＝陸砂
普通・舗装JIS取得(IC)
大臣認定単独取得(60N/mm²)

志賀生コンクリート工業㈱
1973年4月9日設立　資本金1000万円　従業員7名　出資＝(自)70%・(他)30%
◉本社＝〒925−0141　羽咋郡志賀町高浜町レ71−1
☎0767−32−0017・FAX0767−32−403
代表取締役南裕基　取締役南秀子・南恵三　監査役南哲郎
◉工場＝〒925−0168　羽咋郡志賀町川尻−1
☎0767−32−1320・FAX0767−32−275
工場長永谷悟史
従業員10名(主任技士1名・技士1名)
1968年6月操業2022年4月更新1800×1(二軸)　ＰＳＭ北川鉄工　住友大阪　シーカジャパン　車大型×6台・中型×3台
2023年出荷4千㎥
G＝陸砂利　S＝山砂
普通JIS取得(IC)

勝二建設㈱
1965年1月1日設立　資本金2000万円　従業員33名　出資＝(自)100%
◉本社＝〒929−1343　羽咋郡宝達志水町小川1部284−1
☎0767−28−3118・FAX0767−28−2199
代表取締役千葉麻里
◉生コン工場＝〒929−1342　羽咋郡宝達志水町麦生ナ68
☎0767−28−3363・FAX0767−28−3219
工場長角毅
従業員7名(主任技士2名・技士1名)
1971年11月操業1998年12月更新36×1　ＰＳＭ北川鉄工　UBE三菱　シーカジャパン　車大型×4台・小型×2台
2023年出荷5千㎥、2024年出荷7千㎥
G＝陸砂利　S＝山砂・陸砂
普通JIS取得(IC)

昭和生コンクリート㈱
1974年7月1日設立　資本金1300万円　従業員20名　出資＝(自)100%
◉本社＝〒927−0032　鳳珠郡穴水町字乙ヶ崎申35−1
☎0768−52−0288・FAX0768−52−2438
代表取締役堀内憲治
◉工場＝本社に同じ
工場長田尻裕彦
従業員20名(主任技士2名・技士4名・診断士1名)
1965年4月操業2017年8月更新2300×1　ＰＭ光洋機械Ｓハカルプラス　UBE三菱　ヴィンソル・マイテイ・ヤマソー　車大型×8台・小型×5台〔傭車：㈱昭和建設運輸〕
G＝石灰砕石　S＝山砂
普通JIS取得(GBRC)

㈱白馬生コンクリート
2006年6月27日設立　資本金1000万円
従業員11名　出資＝(自)100％
◉本社＝〒926－0828　七尾市白馬町8部9－1
☎0767－57－0200・FAX0767－57－0210
✉kotou@marble.ocn.ne.jp
代表取締役今村秀憲
◉工場＝本社に同じ
従業員6名(主任技士2名・技士2名)
2000×1(二軸)　ＰＳＭ北川鉄工　住友大阪　シーカジャパン　車大型×8台・小型×3台
2023年出荷13千㎥、2024年出荷7千㎥
G＝陸砂利　S＝山砂
普通JIS取得(IC)
大臣認定単独取得(60N/mm²)
◉鳳柳工場＝〒928－0313　鳳珠郡能登町字天坂ロ字8－1
☎0768－76－0234・FAX0768－76－0233
1974年8月操業1990年7月更新1000×1(二軸)　ＰＳＭ光洋機械(旧石川島)
2023年出荷2千㎥、2024年出荷4千㎥
G＝石灰砕石　S＝山砂
普通JIS取得(IC)

新協生コン㈱
(アイシーシーレミコン㈱とピーエムコンクリート㈱より生産受託)
2000年6月1日設立　資本金2000万円　従業員8名　出資＝(販)100％
◉本社＝〒924－0821　白山市木津町1570－1
☎076－276－6262・FAX076－276－4333
✉shinkyo@cello.ocn.ne.jp
代表取締役社長橋浦宗一　代表取締役副社長堤英
◉工場＝本社に同じ
従業員8名(主任技士4名・技士1名)
1970年8月操業1991年1月ＳＭ2012年1月Ｐ改造2750×1　ＰＳＭ日工　太平洋　チューポール　車大型×11台・中型×2台〔傭車：アイシーシートラポート㈱〕
2023年出荷23千㎥、2024年出荷24千㎥
G＝陸砂利・人軽骨　S＝陸砂・人軽骨
普通・舗装・軽量JIS取得(GBRC)
ISO 9001取得
大臣認定単独取得(60N/mm²)

新生生コンクリート㈱
従業員10名
◉本社＝〒922－0326　加賀市桑原町ロ66
☎0761－74－6477・FAX0761－74－8305
代表取締役端保太市
◉本社工場(操業停止中)＝本社に同じ
2015年11月更新2250×1　ＰＳＭ日工
※アップルコンクリート㈱工場に生産委託

㈱新出組
1962年8月17日設立　資本金2000万円
従業員37名　出資＝(自)100％
◉本社＝〒928－0001　輪島市河井町21部64－2
☎0768－22－0671・FAX0768－22－6033
社長新出勝
◉生コン部＝本社に同じ
工場長山崎晴彦
従業員12名(主任技士1名・技士2名)
1968年7月操業2014年1月更新1750×1(二軸)　ＰＳＭ光洋機械(旧石川島)　UBE三菱・住友大阪　フローリック　車大型×5台・中型×2台・小型×1台
2023年出荷7千㎥
G＝石灰砕石・砕石　S＝山砂・砕砂
普通JIS取得(IC)

鈴平建設㈱
1964年8月20日設立　資本金5000万円
出資＝(自)100％
◉本社＝〒927－0431　鳳珠郡能登町字宇出津山分2字93
☎0768－62－0637・FAX0768－62－0698
代表取締役池崎義典　取締役池崎正典・油谷公雄・羽根啓介
ISO 9001取得
◉生コン事業部＝〒927－0431　鳳珠郡能登町字宇出津山分36字46－1
☎0768－62－2248・FAX0768－62－2215
✉namakon@suzuhei-co.jp
工場長油谷公雄
従業員6名(技士3名)
1973年1月操業2013年8月更新1250×1(二軸)　ＰＳＭ日工　住友大阪　山宗　車大型×4台・小型×3台
2024年出荷6千㎥
G＝石灰砕石　S＝山砂
普通JIS取得(MSA)
ISO 9001取得

須美矢物産㈱
1971年12月1日設立　資本金1000万円
出資＝(建)100％
◉本社＝〒927－0303　鳳珠郡能登町字小垣8字155
☎0768－67－2255・FAX0768－67－1012
✉sumiya.co@rapid.con.ne.jp
代表取締役炭谷和昭　取締役中谷宣章・中谷崇之
◉工場＝本社に同じ
工場長中谷宣章
従業員14名(主任技士1名・技士2名)
1972年10月操業1997年1月更新1500×1(二軸)　ＰＳＭ光洋機械(旧石川島)　住友大阪　リグエース　車大型×2台・小型×2台
G＝石灰砕石　S＝山砂
普通JIS取得(IC)

総合生コン㈱
◉本社＝〒922－0823　加賀市黒瀬町ネ1－1
☎0761－72－5050・FAX0761－72－5788
代表取締役今村秀憲
◉黒瀬工場＝本社に同じ
1988年9月操業1993年3月ＰＳ改造2000×1(二軸)　ＰＳ日工
G＝陸砂利　S＝陸砂
普通・舗装JIS取得(GBRC)

髙田産業㈱
1953年12月28日設立　資本金1000万円
従業員80名　出資＝(自)100％
◉本社＝〒920－0043　金沢市長田2－4－8
☎076－263－6311・FAX076－263－6318
URL http://www.tk-g.co.jp
✉namacon@tk-g.co.jp
代表取締役髙田直人　取締役秋田峻佑・向井健夫・髙田修平・髙田恒平・髙田英美　監査役明石康宏
◉港生コン工場＝〒920－0231　金沢市大野町4－レ103－1
☎076－239－4811・FAX076－237－3360
✉namacon@tk-g.co.jp
工場長村田悟
従業員20名(主任技士3名・技士1名)
1963年5月操業2009年6月更新2250×1(二軸)　ＰＳＭ日工　住友大阪　チューポール・シーカポゾリス　車大型×7台・小型×5台
G＝陸砂利　S＝陸砂
普通・舗装JIS取得(GBRC)

㈱中部資源再開発
2000年9月1日設立　資本金1000万円
◉本社＝〒920－0211　金沢市湊1－55－16
☎076－238－3262・FAX076－238－6992
URL http://www.chubu-shigen.co.jp/
代表取締役今村秀憲
◉TGコンクリート＝〒920－0211　金沢市湊1－22－7
☎076－255－1111
従業員15名
2017年4月操業2750×1(二軸)　車大型×5台・中型×2台
2023年出荷13千㎥
G＝陸砂利　S＝陸砂・海砂
普通JIS取得(IC)

鶴来建設工業協同組合
1977年3月31日設立　資本金5970万円
従業員16名　出資＝(自)100％
◉事務所＝〒920－2305　白山市河内町江津丙1－1
☎076－273－2256・FAX076－273－2971
✉m.nakada@kenkyo.or.jp
理事長谷口洋明　副理事長中田悟　理事

中田一由・橋場匡基・西山剛央・上野政英・中田雅和　監事上野晋・谷端正宗
◉建協生コン工場＝事務所に同じ
専務理事中田雅和
従業員16名（主任技士1名・技士3名）
1977年6月操業1991年5月Ｐ2011年4月Ｍ改造1670×1（二軸）　ＰＭ日工Ｓ度量衡　太平洋　シーカジャパン　車大型×5台・小型×3台
2023年出荷18千㎥、2024年出荷17千㎥（高流動141㎥・水中不分離4㎥）
G＝河川　S＝河川・陸砂
普通JIS取得（IC）

手取川石産㈱
1973年4月1日設立　資本金4800万円　従業員30名　出資＝（自）100％
◉本社＝〒920－2146　白山市日向町ル4－1
☎076－272－0018
代表取締役社長端保太市　専務端保勇造　常務端保博司・端保正流
◉アップルコンクリート＝〒920－2146　白山市日向町ル4－1
☎076－272－1230・FAX076－272－3838
✉arai@tedori-apple.co.jp
工場長荒井鉄也
従業員6名（主任技士3名・技士2名））
1992年8月操業2021年2月更新2750×1（二軸）　ＰＳＭ日工　太平洋・UBE三菱　シーカジャパン・竹本　車大型×18台・小型×4台〔傭車：手取川運輸㈱〕
2023年出荷19千㎥
G＝陸砂利　S＝陸砂
普通・舗装・高強度JIS取得（GBRC）
大臣認定単独取得（80N/mm²）

手取川生コン㈱
1964年6月1日設立　資本金1500万円　従業員20名　出資＝（自）100％
◉本社＝〒923－1276　能美郡川北町字橘コ128
☎076－277－1234・FAX076－277－1237
✉tedorigawa@po4.nsk.ne.jp
取締役社長小柳哲也　取締役小柳正彦・齊田章人
◉工場＝本社に同じ
工場長寺田嘉夫
従業員20名（主任技士2名・技士5名）
1964年8月操業2000年5月更新2250×1（二軸）　ＰＳＭ日工　住友大阪　フローリック・チューポール　車大型×10台・小型×1台
G＝陸砂利・人軽骨　S＝陸砂
普通・舗装・軽量JIS取得（IC）
大臣認定単独取得

東明産業㈱
1989年2月10日設立　資本金3600万円　従業員2名　出資＝（自）74％・（その他）26％
◉本社＝〒924－0815　白山市三浦町682
☎076－276－1900・FAX076－276－7065
代表取締役辰野直樹
※日本海生コン㈱に生産委託

㈱戸田組
1925年1月10日設立　資本金2000万円　従業員55名　出資＝（自）100％
◉本社＝〒926－0041　七尾市府中町162
☎0767－53－5260・FAX0767－53－2694
URL http://www.todagumi.com/index.html
代表取締役戸田充
◉生コン部（操業停止中）＝〒926－0222　七尾市能登島閨町11－3－1
☎0767－85－2037・FAX0767－85－2036
1975年7月操業1994年5月更新1500×1（二軸）　ＰＳＭ日工
※七尾生コン㈱工場に生産委託

七尾生コン㈱
1991年4月設立　資本金1000万円　従業員4名　出資＝（販）100％
◉本社＝〒926－0012　七尾市万行町5部129－3
☎0767－52－7444・FAX0767－52－1640
✉nanaocon@biz.mitene.co.jp
代表取締役社長渡辺要平
◉工場＝本社に同じ
代表取締役社長渡辺要平
従業員5名（主任技士2名）
1991年1月操業2012年更新1670×1（二軸）　ＰＳＭ日工　住友大阪　チューポール・ヤマソー　車大型×7台・小型×3台
2023年出荷17千㎥、2024年出荷20千㎥
G＝陸砂利　S＝山砂
普通JIS取得（IC）
大臣認定単独取得（60N/mm²）

西工業所
1949年7月16日設立　従業員14名
◉本社＝〒929－1333　羽咋郡宝達志水町免田ム73
☎0767－28－2119・FAX0767－28－4121
代表取締役西一助
◉工場＝本社に同じ
工場長西一助
従業員14名
1971年7月操業500×1　ＰＳＭ北川鉄工　太平洋　車中型×3台
G＝河川　S＝河川

日建コンクリート工業㈱
1972年5月1日設立　資本金3000万円
◉本社＝〒929－1423　羽咋郡宝達志水町菅原ク66
☎0767－29－2345・FAX0767－29－4267
URL http://grundage.sakura.ne.jp/wp3/
代表取締役清水昌彦
◉工場＝本社に同じ
普通・舗装JIS取得（IC）

日本海生コン㈱
（北川物産㈱と東明産業㈱より生産受託
2002年8月28日設立　資本金5000万円
従業員15名　出資＝（自）100％
◉本社＝〒921－8046　金沢市大桑町チ15
☎076－243－3551・FAX076－243－355
URL http://www.kitagawa-gp.co.jp/
代表取締役社長北川博　常務取締役北川貴博　取締役辰野直樹
◉本社工場＝本社に同じ
工場長田中勇
従業員13名（主任技士4名）
1967年3月操業1999年12月更新3000×（二軸）　ＰＭ北川鉄工（旧日本建機）Ｓハカルプラス　太平洋　チューポール　車大型×10台・中型×3台
2024年出荷25千㎥
G＝陸砂利　S＝陸砂
普通・高強度・舗装JIS取得（GBRC）
大臣認定単独取得（80N/mm²）

羽咋生コンクリート工業㈱
1968年8月1日設立　資本金1600万円　従業員16名　出資＝（他）100％
◉本社＝〒925－0049　羽咋市柳橋町五石高70－1
☎0767－22－0631・FAX0767－22－630
代表取締役社長小倉一夫　代表取締役副幸子　取締役専務小倉淳
◉工場＝本社に同じ
工場長表晋介
従業員16名（主任技士1名・技士3名）
1968年11月操業1994年2月更新56×2　ＰＳＭ日工　住友大阪　チューポール　車大型×6台・小型×5台
G＝陸砂利　S＝山砂・陸砂
普通・舗装JIS取得（GBRC）

㈲八田物産
1974年11月26日設立　資本金4000万円
従業員17名　出資＝（自）100％
◉本社＝〒920－0211　金沢市湊1－8－2
☎076－238－6633・FAX076－237－5200
✉hatta@soleil.ocn.ne.jp
代表取締役社長永岡孝　専務取締役永岡美奈子　取締役八田和成
◉工場＝本社に同じ
従業員17名（主任技士3名・技士6名・診断士1名）
1984年3月操業2023年3月更新2800×1　ＰＳＭ光洋機械　太平洋　フローリック・チューポール・GCP　車大型×9台・中型×3台
2024年出荷21千㎥
G＝陸砂利　S＝陸砂

普通・舗装・高強度JIS取得（GBRC）
大臣認定単独取得（60N/mm²）

ピーエムコンクリート㈱
1969年6月24日設立　資本金5000万円
従業員3名　出資＝（セ）44.3％・（建）49.4％・（販）6.3％
◉本社＝〒924－0821　白山市木津町1570－1
☎076－276－3366・FAX076－276－6677
✉pm-con@joy.ocn.ne.jp
代表取締役社長堤英　取締役松野勉・中山敬嗣・川野高広　監査役中村邦裕
※新協生コン㈱に生産委託

北陸建材工業㈱
1953年3月22日設立　資本金2300万円
従業員4名　出資＝（自）100％
◉本社＝〒922－0301　加賀市高塚町へ5
☎0761－74－1445・FAX0761－74－6179
URL https://www.hokkenkaga.com
代表取締役社長坂井弘信　取締役作内志女
※ユー・アイ生コン㈱に生産委託

北陸セメント販売㈱
1961年6月18日設立　資本金3500万円
従業員13名　出資＝（建）2％・（他）98％
◉本社＝〒929－0343　河北郡津幡町南中条チ13
☎076－289－3116・FAX076－289－3118
URL http://www5b.biglobe.ne.jp/~hokuse/
✉hokuse@mug.biglobe.ne.jp
代表取締役廣瀬啓介
◉津幡生コン工場＝本社に同じ
工場長本多智則
従業員13名（主任技士3名・技士4名・診断士1名）
1968年4月操業2000年9月更新3000×1（二軸）　ＰＳＭ光洋機械　住友大阪・UBE三菱　シーカジャパン・チューポール
車大型×7台・小型×4台
G＝陸砂利　S＝陸砂
普通・舗装JIS取得（GBRC）
大臣認定単独取得（60N/mm²）

北陸白山生コンクリート㈱
2003年12月12日設立　従業員13名
◉本社＝〒923－1101　能美市粟生町ハ27
☎0761－58－6750・FAX0761－58－6730
✉hokurikuhakusan@arrow.ocn.ne.jp
代表取締役中野真吾　専務取締役本田忠与志　常務取締役中野博昭
◉工場＝本社に同じ
従業員13名
2004年1月操業2750×1（二軸）　ＰＭ日工ＳＳ日工電子　太平洋　フローリック　車大型×10台・小型×3台
G＝河川・陸砂利・砕石　S＝河川・陸砂
普通・舗装JIS取得（GBRC）
※工場施設は北陸生コンクリート㈱のものを借り受ける

北陸生コンクリート㈱
1970年12月25日設立　資本金3000万円
従業員1名　出資＝（他）100％
◉本社＝〒923－1101　能美市粟生町ハ27
☎0761－57－2072
代表取締役中野真吾　専務取締役中野博昭
※北陸白山生コンクリート㈱に生産委託

北国生コン㈱
2008年4月設立
◉本社＝〒924－0057　白山市松本町1280－4
☎076－276－8400・FAX076－276－6617
◉工場＝本社に同じ
従業員6名（主任技士3名・技士2名）
1991年7月操業2004年9月更新2250×1（二軸）　ＰＭ日工ＳＳ日工電子　チューポール　車大型×7台・小型×2台〔傭車〕
G＝陸砂利　S＝陸砂
普通・舗装JIS取得（IC）
※みずほ生コン工場＝愛知県参照

宮下運輸㈱
1975年7月1日設立　資本金1000万円　出資＝（建）100％
◉本社＝〒927－2151　輪島市門前町走出3－92
☎0768－42－1140・FAX0768－42－1344
✉m-namakn@mkmarumi369.com
代表取締役宮下正博　取締役山下勇人・宮下正充・宮下正人
◉生コン工場＝〒927－2154　輪島市門前町栃木ロの50
☎0768－42－1533・FAX0768－42－0644
工場長長手伸一
従業員6名（技士3名）
1967年7月操業1992年7月更新1500×1（二軸）　ＰＳＭ日工　住友大阪　車大型×3台・小型×3台
G＝砕石　S＝山砂・陸砂
普通JIS取得（IC）

森本生コンクリート㈱
資本金1300万円　出資＝（自）100％
◉本社＝〒920－3117　金沢市北森本町リ30
☎076－258－5821・FAX076－258－5759
社長瀬沢誠二
◉工場＝本社に同じ
工場長井上崇
1973年10月操業2000年10月更新56×2　ＰＳＭ光洋機械（旧石川島）　住友大阪　車大型×8台・中型×2台
G＝陸砂利　S＝陸砂
普通・舗装JIS取得（IC）

山﨑商事㈱
1981年7月1日設立　資本金2000万円　従業員35名　出資＝（自）100％
◉本社＝〒920－2103　白山市小柳町ろ145
☎076－273－5355・FAX076－273－5584
代表取締役社長山﨑貴文　代表取締役専務丸尾治　専務取締役山本靖
◉生コンクリート工場＝〒920－2333　白山市尾添ヨ93－1
☎076－256－7535・FAX076－256－7520
工場長小林進
従業員9名（技士4名）
1981年7月操業2020年5月更新1670×1（二軸）　ＰＳＭ日工　太平洋　シーカジャパン　車大型×4台・中型×1台
G＝河川　S＝河川・陸砂
普通JIS取得（IC）

㈱山本産業
1992年9月1日設立　資本金4000万円　従業員10名　出資＝（自）75％・（販）25％
◉本社＝〒920－2502　白山市桑島10－1－52
☎076－259－2214・FAX076－259－2215
代表取締役山本外勝　取締役山本隆俊
◉生コン工場＝〒920－2502　白山市桑島4－99－12
☎076－259－2321・FAX076－259－2323
✉create-ya@shiramine.jp
取締役山本隆俊
従業員10名（主任技士1名・技士2名）
1966年9月操業1992年12月更新2000×1（二軸）　ＰＳＭ光洋機械　住友大阪　車大型×8台・小型×1台
2023年出荷9千㎥、2024年出荷5千㎥（高強度19㎥・高流動10㎥・水中不分離40㎥）
G＝河川　S＝河川
普通JIS取得（IC）

ユー・アイ生コン㈱
（加賀生コン㈱と北陸建材工業㈱より生産受託）
2011年6月8日設立　資本金1800万円　従業員17名
◉本社＝〒922－0013　加賀市上河崎町子165
☎0761－76－5677・FAX0761－73－1005
✉kaganama@jupiter.ocn.ne.jp
代表取締役社長三輪邦彦　代表取締役副社長坂井弘信
◉工場＝本社に同じ
工場長宮越勉
従業員17名
1969年8月操業2018年3月更新2300×1（二軸）　ＰＭ北川鉄工Ｓ光洋機械　太平洋　フローリック・GCP

石川県

2024年出荷16千㎥
G＝陸砂利　S＝山砂・陸砂
普通・舗装JIS取得（GBRC）

輪島生コンクリート㈱

1969年2月1日設立　資本金2200万円　従業員9名　出資＝（セ）30％・（販）40％・（建）20％・（骨）10％
◉本社＝〒928－0034　輪島市長井町19－7
☎0768－22－2100・FAX0768－22－2651
✉wajima.c@yacht.ocn.ne.jp
代表取締役社長里谷光弘
◉工場＝本社に同じ
専務宮下真一
従業員9名（主任技士2名）
1971年4月操業2024年9月更新1500×1
ＰＳＭ日工　太平洋　GCP・スーパー・ダラセム　車大型×4台・中型×4台
2023年出荷8千㎥
G＝石灰砕石　S＝山砂
普通JIS取得（GBRC）

福井県

㈱ウエキグミ
1943年12月23日設立　資本金9500万円
従業員12名　出資=(建)100%
◉本社=〒915-0071　越前市府中3-9-1
☎0788-24-3300・FAX0788-22-3300
URL https://www.uekigumi.com/
✉con-sabae@uekigumi.com
代表取締役社長上木雅晴　代表取締役専務上木義晴　常務取締役上木貴博　取締役伊藤禎朗・前川孝雄・塚本博巳・岡田浩
ISO14001取得
◉三谷生コン南越工場=〒916-0063　鯖江市鳥井町3-18
☎0778-62-1311・FAX0778-62-1313
工場長市橋靖夫
従業員6名(主任技士1名・技士3名)
1963年3月操業2014年1月更新2250×1(二軸)　PS北川鉄工(旧日本建機)M日工　太平洋　ヤマソー・シーカポゾリス・チューポール　車大型×7台・中型×1台・小型×2台〔傭車：武生コンクリート圧送㈱〕
2023年出荷20千㎥、2024年出荷20千㎥
G=砕石　S=陸砂・砕砂
普通・舗装JIS取得(IC)
ISO 14001取得

大飯生コン㈱
1974年6月28日設立　資本金3500万円
従業員10名
◉本社=〒917-0045　小浜市加斗86-15-3
☎0770-52-0279・FAX0770-53-0300
代表取締役稲葉信行
◉工場=本社に同じ
工場長濱田康夫
従業員10名(主任技士1名・技士2名)
1977年7月操業1998年12月更新2500×1(二軸)　PSM北川鉄工　太平洋　フローリック　車大型×4台・小型×2台
G=砕石　S=陸砂
普通・舗装JIS取得(GBRC)

㈱カモコンテック
1965年10月1日設立　資本金4000万円
従業員43名　出資=(自)100%
◉本社=〒919-1123　三方郡美浜町久々子54-9
☎0770-32-0239・FAX0770-32-5784
URL http://www.kamocon.co.jp
✉soumu@kamocon.co.jp
代表取締役社長加茂直人　取締役加茂浩司・加茂洋子・石川裕夏・加茂健一・武田真通　監査役竹長徹
◉本社工場=本社に同じ
従業員15名(主任技士3名・技士9名・診断士2名)
第1P=2003年9月更新1750×1(二軸)　PSM光洋機械
第2P=2009年9月更新2250×1(二軸)　PSM光洋機械　UBE三菱　フローリック　車大型×16台・小型×3台
2024年出荷20千㎥
G=砕石　S=陸砂・砕砂
普通・舗装JIS取得(GBRC)

㈱ギチユー
◉本社=岐阜県参照
◉勝山工場=〒911-0828　勝山市平泉町大渡10
☎0779-88-2221
工場長中村政之
従業員7名
1971年7月操業1994年3月更新2000×1　PM光洋機械Sパシフィックシステム　太平洋　リグエース　車大型×4台・小型×2台〔傭車：㈱おくえつ〕
G=陸砂利　S=陸砂
普通・舗装JIS取得(GBRC)
※穂積工場=岐阜県参照

協立生コンクリート㈱
1967年10月10日設立　資本金3800万円
◉本社=〒910-0812　福井市新田本町9-121
☎0776-53-4080・FAX0776-53-6632
代表取締役西出勝信
◉本社工場=〒910-0812　福井市新田本町9-121
☎0776-54-2121・FAX0776-53-6632
工場長西出勝信
1967年10月操業1991年5月更新2000×1(二軸)　PSM光洋機械　住友大阪　車大型×11台・小型×1台
G=河川　S=河川・山砂
普通・舗装JIS取得(IC)

九頭竜生コン㈱
◉本社=〒910-0801　福井市寺前町12字川原8-1
☎0776-63-5221
代表取締役鳴海賢一
◉工場=本社に同じ
普通・舗装JIS取得(GBRC)

㈱桑原組
◉本社=滋賀県参照
◉生コンクリート若狭工場=〒917-0226　小浜市平野22-2-1
☎0770-56-0456・FAX0770-56-0555
工場長横山義朗
従業員15名(主任技士2名・技士2名)
1982年8月操業2008年1月更新2250×1(二軸)　PSM光洋機械(旧石川島)　太平洋　フローリック　車大型×5台・中型×1台
2023年出荷23千㎥、2024年出荷13千㎥
G=砕石　S=陸砂・砕砂
普通・舗装JIS取得(IC)
※生コンクリート安曇川工場=滋賀県参照

近藤コンクリート工業㈱
従業員13名　出資=(自)100%
◉本社=〒910-0375　坂井市丸岡町南横地20-4-16
☎0776-66-2414・FAX0776-66-4614
✉kondou21@oregano.ocn.ne.jp
代表取締役近藤邦夫
◉第二工場=〒910-0375　坂井市丸岡町南横地4-3-28
☎0776-66-2414・FAX0776-66-4614
工場長近藤邦夫
従業員13名(技士2名)
1972年1月操業2000年9月更新2000×1(二軸)　PSM光洋機械　太平洋　GCP　車大型×10台・中型×3台
2024年出荷15千㎥
G=陸砂利　S=陸砂
普通・舗装JIS取得(GBRC)

大和コンクリート工業㈱
1960年9月27日設立　資本金1800万円
従業員8名　出資=(自)100%・(他)100%
◉本社=〒914-0812　敦賀市昭和町1-1-4
☎0770-22-2288・FAX0770-23-0376
代表取締役稲葉信孝　取締役稲葉良一
◉本社工場=〒914-0812　敦賀市昭和町1-1-4
☎0770-22-2288・FAX0770-23-4664
✉daiwa-gijutu@rm.rcn.ne.jp
工場長田村隆
従業員8名(主任技士1名・技士3名)
1966年4月操業2005年9月更新2300×1(二軸)　PSM北川鉄工　住友大阪・太平洋　フローリック・チューポール・シーカジャパン　車大型×3台・小型×1台
G=砕石　S=陸砂・砕砂
普通・舗装JIS取得(IC)
◉三方工場(操業停止中)=〒919-1324　三方上中郡若狭町白屋62号峠1-1
☎0770-45-0208・FAX0770-45-1534
1975年6月操業1989年6月更新1500×1(二軸)　PSM北川鉄工

武生小野田レミコン㈱
2008年3月31日設立　資本金1000万円
従業員1名　出資=(販)90%・(セ)10%
◉本社=〒910-0006　福井市中央3-3-

28
☎0776－60－0087・FAX0776－60－0089
代表取締役下原譲
◉武生工場＝〒915－0802　越前市北府1－2－48
☎0778－22－7555・FAX0778－24－0911
工場長山岡秀章
従業員9名(主任技士3名)
1970年5月操業2015年1月更新2250×1(二軸)　ＰＳＭ光洋機械　太平洋　フローリック　車大型×6台・中型×1台・小型×2台
G＝砕石　S＝陸砂・砕砂
普通・舗装JIS取得(IC)

敦賀生コン㈱
2000年4月3日設立　資本金1000万円　従業員6名　出資＝(販)100%
◉本社＝〒914－0141　敦賀市莇生野72－8
☎0770－23－3511・FAX0770－23－5022
✉m-ton2@kore.mitene.or.jp
代表取締役社長稲葉信行　取締役柏治男・斉藤淳一・米村真由　監査役中山佳文
◉工場＝本社に同じ
✉mic-ton2@kore.mitene.or.jp
工場長上野重夫
従業員6名(主任技士2名・技士2名・診断士1名)
1964年11月操業1997年6月更新2500×1(二軸)　ＰＳＭ光洋機械(旧石川島)　太平洋　リグエース・チューポール・フローリック　車大型×7台・中型×1台〔傭車：木崎産業㈱〕
G＝砕石　S＝陸砂・砕砂
普通・舗装JIS取得(GBRC)

寺前生コン㈱
◉本社＝〒910－0801　福井市寺前町12字川原8－1
代表取締役鳴海賢一
◉あわら工場＝〒910－4124　あわら市田中々21字42
☎0776－77－3386・FAX0776－77－3554
1970年9月操業1982年4月更新1500×1　ＰＭ大平洋機工Ｓパシフィックシステム
普通・舗装JIS取得(GBRC)

㈱日盛興産
1981年11月4日設立　資本金1000万円　従業員27名　出資＝(自)100%
◉本社＝〒919－2384　大飯郡高浜町青17－21－6
☎0770－72－4568・FAX0770－72－9028
URL http://wakasa.nissei-web.co.jp
✉nori@nissei-web.co.jp
代表取締役日高規晃
◉日盛生コン＝〒919－2384　大飯郡高浜町青17－21－6
☎0770－72－3355・FAX0770－72－4110
✉toru@nissei-web.co.jp
工場長田中道
従業員15名(主任技士2名・技士4名)
1970年4月操業2023年1月ＰＭ1999年7月Ｓ改造2250×1(二軸)　ＰＳＭ光洋機械　太平洋　チューポール・シーカビスコクリート　車大型×5台・小型×2台
2023年出荷20千㎥、2024年出荷12千㎥(高流動4000㎥)
G＝砕石　S＝陸砂・砕砂
普通・舗装JIS取得(IC)

㈱のぞみ
(市岡産業㈱生コン工場、大野生コンクリート㈱、勝山生コンクリート㈱、㈱宮田組生コンクリート工場より生産受託)
資本金1000万円
◉本社＝〒912－0401　大野市吉27－1
☎0779－65－2522・FAX0779－66－6640
✉nozomisiken@watch.ocn.ne.jp
代表者土本鐵夫
◉第二工場＝本社に同じ
工場長竹内一浩
従業員9名(技士2名)
1970年10月操業2021年2月更新2300×1(二軸)　ＰＳＭ光洋機械　太平洋　シーカポゾリス　車〔傭車：おくえつ㈱〕
2024年出荷20千㎥
G＝砕石　S＝陸砂・砕砂
普通・舗装JIS取得(IC)
◉第三工場(操業停止中)＝〒912－0423　大野市下若生子21字奈良原1－7
☎0779－64－1421・FAX0779－64－1422
1969年4月操業1995年5月更新2000×1(二軸)　ＰＳＭ光洋機械

福井アサノコンクリート㈱
1965年4月1日設立　資本金5000万円　従業員14名　出資＝(セ)38%・(販)62%
◉本社＝〒910－0138　福井市東森田1－2704
☎0776－56－0456・FAX0776－56－0879
✉asacon@inoue-s.co.jp
代表取締役社長井上彪　取締役米林自然・井上繁・山本朝義・小滝英彰　監査役鈴木弘
◉福井工場＝本社に同じ
工場長徳山裕昭
従業員14名(嘱託2名含む)
1965年4月操業1992年5月更新2500×1(二軸)　ＰＭ大平洋機工Ｓパシフィックシステム　太平洋　リグエース　車大型×8台・中型×1台・小型×1台
2024年出荷28千㎥(高強度13㎥)
G＝陸砂利・人軽骨　S＝陸砂・人軽骨
普通・高強度・舗装JIS取得(GBRC)
大臣認定単独取得(80N/mm²)

福井宇部生コンクリート㈱
1950年5月1日設立　資本金1000万円　従業員103名　出資＝(販)100%
◉本社＝〒910－0142　福井市上森田5－1105－1
☎0776－56－1234・FAX0776－56－2217
URL http://www.fukui-ube.com
代表取締役会長南谷義文　代表取締役社長南谷哲彦　取締役南谷一夫・石川裕夏・石川洋子・南谷邦子・南谷加代
◉福井工場＝本社に同じ
工場長石隅久裕
従業員26名(主任技士5名・技士7名・診断士3名)
1963年8月操業1990年5月更新3000×1　ＰＳＭ光洋機械　UBE三菱　シーカジャパン・山宗・マイテイ　車大型×18台・小型×2台
2023年出荷45千㎥
G＝陸砂利　S＝山砂・陸砂
普通・舗装JIS取得(GBRC)
大臣認定単独取得(80N/mm²)
◉南越工場＝〒916－0057　鯖江市有定町2－10－15
☎0778－51－2033・FAX0778－52－8622
工場長吉川昌和
従業員19名(主任技士2名・技士4名・診断士3名)
1964年7月操業1998年8月更新3000×1(二軸)　ＰＳＭ光洋機械　UBE三菱　シーカポゾリス　車大型×13台・小型×2台
G＝砕石　S＝陸砂・砕砂
普通・舗装JIS取得(GBRC)
◉芦原工場＝〒910－4142　あわら市河間7－1
☎0776－77－3339・FAX0776－78－5103
工場長出店隆介
従業員17名(主任技士1名・技士2名)
1970年10月操業1997年8月更新3000×1　ＰＳＭ光洋機械　UBE三菱　シーカジャパン・山宗　車大型×11台・小型×2台
2023年出荷24千㎥、2024年出荷28千㎥(高流動30㎥・水中不分離12㎥)
G＝陸砂利　S＝陸砂
普通・舗装JIS取得(GBRC)
◉大野工場＝〒912－0803　大野市富嶋15－40
☎0779－66－1666・FAX0779－66－1667
工場長古川浩平
従業員17名(主任技士3名・技士2名・診断士2名)
1994年4月操業2013年5月更新2250×1(二軸)　ＰＭ光洋機械　UBE三菱　山宗　車大型×16台・中型×1台・小型×1台
G＝陸砂利　S＝陸砂
普通・舗装JIS取得(GBRC)

北菱生コン㈱
◉本社＝〒910－2146　福井市下毘沙門町1

－33
☎0776－41－8181
代表者永田佳伸
◉足羽工場＝本社に同じ
普通・舗装JIS取得（IC）
大臣認定単独取得（60N/mm²）
◉鯖江工場＝〒916－0016　鯖江市神中町2－501－25
☎0778－51－8880・FAX0778－51－8885
従業員7名（主任技士3名・技士3名）
2250×1（二軸）　住友大阪　フローリック・シーカポゾリス・チューポール　車大型×6台
G＝砕石　S＝陸砂・砕砂
普通・舗装JIS取得（IC）

美方生コン㈱
2017年1月21日設立　資本金1000万円　従業員5名　出資＝（建）100％
◉本社＝〒919－1146　三方郡美浜町大藪27－20
☎0770－32－1818・FAX0770－32－1819
代表取締役稲葉信行　取締役中谷隆幸
◉本社工場＝本社に同じ
工場長下坂正幸
従業員5名（主任技士1名・技士1名）
1984年1月操業2000×1（二軸）　P光洋機械（旧石川島）　住友大阪・太平洋　チューポール・フローリック・シーカ
G＝砕石　S＝陸砂・砕砂
普通・舗装JIS取得（IC）

㈱山田組
1954年5月7日設立　資本金2000万円　従業員36名　出資＝（自）100％
◉本社＝〒915－0852　越前市松森町7
☎0778－22－2466・FAX0778－22－2465
代表取締役山田一泰　取締役山田一宗・山田町子・冨田信一
◉生コン工場＝〒915－0852　越前市松森町7
☎0778－22－0952・FAX0778－24－0952
✉j-575030@iris.ocn.ne.jp
取締役工場長冨田信一
従業員20名（主任技士2名・技士4名）
1966年4月操業1994年4月更新2000×1（二軸）　PSM北川鉄工　UBE三菱　シーカコントロール・リグエース　車大型×10台・小型×4台
G＝陸砂利　S＝陸砂
普通・舗装JIS取得（GBRC）

㈱山中商事
1975年6月1日設立　資本金940万円　従業員9名　出資＝（自）100％
◉本社＝〒916－0225　丹生郡越前町上山中48－25－1
☎0778－36－0196・FAX0778－36－2555
✉yamanakashoji@image.ocn.ne.jp
代表取締役山本将博
◉工場＝本社に同じ
工場長堀義宣
従業員9名（主任技士1名・技士1名）
1975年10月操業1989年10月S改造2000×1（二軸）　PSM光洋機械　住友大阪　シーカポゾリス　車大型×7台・小型×2台
G＝砕石　S＝砕砂・陸砂
普通・舗装JIS取得（GBRC）

ユタカ㈱
1966年7月設立　資本金1600万円　従業員16名
◉本社＝〒910－2352　福井市小宇坂町18号41－1
☎0776－90－1021・FAX0776－90－1351
✉tnamakon@fctv.ne.jp
代表者髙﨑俊二
◉工場＝本社に同じ
工場長辻川清英
従業員16名（主任技士3名・技士2名）
1975年4月操業1994年12月更新3000×1（二軸）　PM北川鉄工（旧日本建機）Sハカルプラス　太平洋　シーカジャパン・リグエース　車10台
2023年出荷38千m³、2024年出荷34千m³
G＝河川・砕石　S＝河川・陸砂・砕砂
普通・舗装JIS取得（IC）

嶺南デンカ生コン㈱
1975年6月1日設立　資本金2000万円　従業員7名　出資＝（セ）35％・（販）65％
◉本社＝〒914－0821　敦賀市櫛川82－5
☎0770－25－1975・FAX0770－25－8570
✉r-denka@rm.rcn.ne.jp
代表取締役社長小森英雄　代表取締役副社長小森正治　取締役中野輝光・片岡健太郎　監査役林法之
◉工場＝本社に同じ
工場長板東慎一
従業員7名（主任技士2名・技士2名・診断士1名）
1975年6月操業2001年5月更新2000×1（二軸）　PSM北川鉄工　太平洋　GCP　車大型×3台・小型×1台〔傭車：若狭ダンプ企業組合〕
2023年出荷11千m³、2024年出荷13千m³
G＝砕石　S＝陸砂・砕砂
普通・舗装JIS取得（IC）

㈲ワイケイ産業
1981年8月1日設立　資本金300万円　従業員16名　出資＝（自）100％
◉本社＝〒910－0362　坂井市丸岡町上安田2字16
☎0776－67－2288・FAX0776－67－2587
✉yk200308.001@arrow.ocn.ne.jp
代表取締役山口啓一
◉丸岡工場＝本社に同じ
工場長川畑邦夫
従業員16名（主任技士1名・技士3名）
1992年7月操業1500×1（二軸）　UBE三菱　チューポール・リグエース　車大型×10台・中型×1台・小型×2台
G＝陸砂利　S＝陸砂
普通JIS取得（IC）
◉清水工場＝〒910－3645　福井市笹谷町7－158
普通JIS取得（IC）

東　海　地　区

静岡県

青島建材㈱
1973年5月16日設立　資本金2100万円　出資＝(自)100%
◉本社＝〒422－8058　静岡市駿河区中原658－1
☎054－281－2561・054－281－2564・FAX054－282－4565
✉aonama48-5-16@ebony.plala.or.jp
代表取締役社長青島哲芙　取締役青島洋平・青島玄一
◉中原工場＝本社に同じ
工場長青島洋平
従業員20名(技士4名)
第1P＝1973年5月操業1997年9月更新2000×2(傾胴二軸)　PSM北川鉄工
第2P＝1997年9月操業750×1　PSM北川鉄工　太平洋・住友大阪　ヤマソー・シーカポゾリス・シーカビスコクリート　車大型×4台・中型×6台・小型×6台
2023年出荷26千㎥、2024年出荷17千㎥
G＝河川・砕石　S＝河川
普通JIS取得(GBRC)

旭生コン㈱
1972年12月1日設立　資本金1000万円　従業員16名　出資＝(自)100%
◉本社＝〒424－0065　静岡市清水区長崎189
☎054－345－9240・FAX054－345－9247
代表者矢澤毅　役員矢澤亜希子
◉工場＝本社に同じ
従業員15名(技士2名)
1973年4月操業1994年12月更新1000×1(二軸)　PSM北川鉄工　住友大阪　チューポール　車中型×3台・小型×6台
2024年出荷11千㎥
G＝河川　S＝河川
普通JIS取得(GBRC)

阿多古建設事業協同組合
1970年10月1日設立　資本金1400万円　従業員9名　出資＝(建)100%
◉事務所＝〒431－3425　浜松市天竜区青谷1084
☎053－926－3052・FAX053－925－2723
代表理事村松敏彦　専務理事清水充　理事今場嘉寿・石川雅彦・長谷川智彦・小城幹夫　幹事片桐重文・柏崎圭亮
◉工場＝事務所に同じ
工場長平井理進
従業員9名(技士2名)
1970年11月操業1981年5月更新1500×1(二軸)　PSM北川鉄工　住友大阪　フローリック・ヤマソー　車大型×4台・中型×3台・小型×2台
2023年出荷7千㎥
G＝河川　S＝河川・陸砂
普通・舗装JIS取得(GBRC)

天城生コン㈱
1978年7月3日設立　資本金1000万円　従業員9名　出資＝(建)100%
◉本社＝〒413－0507　賀茂郡河津町湯ヶ野215－1
☎0558－36－8867・8032・FAX0558－36－8960
代表取締役社長斉藤昭一　取締役斉藤節子・斉藤裕美子　監査役鈴木栄一
◉工場＝本社に同じ
工場長伊藤里志
従業員9名(技士3名)
1978年8月操業1985年7月更新1500×1　P日本プラントSM大平洋機工　太平洋　車大型×4台・中型×4台・小型×2台
G＝砕石　S＝河川・山砂
普通・舗装JIS取得(GBRC)

㈱アルファ
資本金1200万円　従業員8名
◉本社＝〒428－0104　島田市川根町家山4168－10
☎0547－58－0011・FAX0547－58－0012
代表取締役増田剛
◉生コン工場＝本社に同じ
工場長根附洋充
従業員8名(主任技士1名)
1998年6月操業3000×1　住友大阪　チューポール　車大型×5台・中型×1台・小型×1台
2023年出荷10千㎥、2024年出荷10千㎥
普通JIS取得(JTCCM)

伊豆工業㈱
1969年9月9日設立　資本金5000万円　従業員10名　出資＝(建)100%
◉本社＝〒410－3302　伊豆市土肥1814－1
☎0558－98－0109・FAX0558－98－1661
代表取締役社長青木三喜郎　代表取締役専務青木喜代司　取締役青木代司男
◉西伊豆生コン仁科工場＝〒410－3513　賀茂郡西伊豆町中463－1
☎0558－52－0592・FAX0558－52－2268
✉izukougyou@amail.plala.or.jp
工場長青木均
従業員10名(主任技士1名・技士4名)
1969年12月操業1992年6月更新2000×1　PSM光洋機械　UBE三菱　シーカポゾリス・シーカビスコクリート　車大型×7台・中型×3台
2023年出荷12千㎥、2024年出荷11千㎥
G＝砕石　S＝山砂
普通・舗装JIS取得(JTCCM)
◉西伊豆生コン工場(操業停止中)＝〒410－3302　伊豆市土肥1814－1
☎0558－98－1319・FAX0558－98－1318
1969年9月操業2004年7月更新1750×1　PSM光洋機械

伊豆下田生コン㈱
2012年12月1日設立　資本金2000万円　従業員20名
◉本社＝〒415－0028　下田市吉佐美135
☎0558－22－3278・FAX0558－23－5815
URL http://www4.tokai.or.jp/izushimodanamkon/
✉izushimoda-rc@cy.tnc.ne.jp
代表取締役河津市元・永谷和之　取締役河津直行・平田充浩・稲葉克己
◉本社工場＝本社に同じ
従業員20名(主任技士5名)
1962年12月操業2014年11月更新2250×1(二軸)　PSM光洋機械　UBE三菱・太平洋　シーカジャパン・チューポール　車大型×11台・中型×7台・小型×4台
2024年出荷11千㎥
G＝石灰砕石　S＝山砂
普通・舗装JIS取得(GBRC)

伊豆中央コンクリート有限事業責任組合
(㈲長岡生コンクリート、野村マテリアルプロダクツ㈱により設立。両社より生産受託)
◉本社＝〒410－2211　伊豆の国市長岡1407－34
代表野村勝也
◉工場(旧㈲長岡生コンクリート長岡・さくら工場)＝本社に同じ
1963年2月操業2016年10月更新2250×1(二軸)　P度量衡S日本計装M日工
普通・舗装JIS取得(IC)

市川開発㈱
1966年5月21日設立　資本金4000万円　従業員16名
◉本社＝〒421－0112　静岡市駿河区東新田1－3－57
☎054－258－8171・FAX054－259－1637
✉daiichinamacon@za.tnc.ne.jp
代表取締役社長鈴木勝巳　代表取締役市川聡康　取締役市川一郎・市川泰久・市川英里
◉静岡第一生コンクリート工場＝〒421－

0112　静岡市駿河区東新田1－3－55
☎054－259－1216・FAX054－259－1637
工場長鈴木一成
従業員16名(主任技士1名・技士2名)
1958年12月操業1993年7月更新3000×1(二軸)　ＰＳＭ光洋機械　UBE三菱・太平洋　チューポール　車大型×5台・中型×2台・小型×1台
2023年出荷22千㎥、2024年出荷20千㎥(水中不分離30㎥)
G＝河川・砕石・人軽骨　S＝河川・山砂・人軽骨
普通・高強度・舗装・軽量JIS取得(GBRC)
大臣認定単独取得(80N/m㎡)

伊東協同生コン㈱
2017年3月1日設立　従業員13名
◉本社＝〒414－0051　伊東市吉田1026－37
☎0557－45－1366・FAX0557－45－0360
代表取締役稲本浩士
◉工場＝本社に同じ
工場長海野智生
従業員14名(技士5名)
1985年1月操業1991年6月更新2000×1(二軸)　ＰＳＭ光洋機械　太平洋　フローリック　車大型×8台・中型×11台
2023年出荷15千㎥
G＝砕石　S＝河川・山砂
普通JIS取得(IC)
大臣認定単独取得(60N/m㎡)
◉熱海工場(旧野村マテリアルプロダクツ㈱熱海工場)＝〒413－0033　熱海市熱海1993
☎0557－52－6082・FAX0557－86－1117
工場長岩崎昇
従業員4名(主任技士1名・技士1名)
1973年1月操業2007年10月更新2750×1(二軸)　ＰＳＭ日工　太平洋　フローリック　車大型×2台・中型×1台・小型×2台
2023年出荷20千㎥
G＝砕石　S＝河川・山砂
普通JIS取得(GBRC)
大臣認定単独取得(60N/m㎡)

㈱伊東生コン
1973年9月19日設立　資本金1000万円　出資＝(自)100%
◉本社＝〒414－0001　伊東市宇佐美大山3500－1
☎0557－48－8204・FAX0557－48－8428
代表取締役社長齋藤稔　専務取締役関谷哲男　常務取締役土屋三枝子
◉綜合工場＝本社に同じ
工場長矢野喜義
従業員4名(技士4名)
1973年9月操業1981年5月更新1000×1　ＰＭ光洋機械Ｓパシフィックシステム　UBE三菱　チューポール・フローリック　車大型×3台・中型×2台
2023年出荷2千㎥、2024年出荷3千㎥
G＝石灰砕石　S＝山砂・砕砂
普通・舗装JIS取得(GBRC)

引佐生コン㈱
1970年4月10日設立　資本金5000万円
従業員22名　出資＝(販)14%・(建)41.6%・(骨)36.4%・(他)8%
◉本社＝〒431－1305　浜松市浜名区細江町気賀1810－1
☎053－522－1065・FAX053－523－2233
代表取締役影山都希治
◉工場＝本社に同じ
工場長岩木修市
従業員22名(主任技士1名・技士1名)
1970年2月操業1994年1月更新3000×1(二軸)　ＰＳＭ日工　住友大阪　フローリック・ヤマソー・シーカジャパン　車大型×9台・中型×6台・小型×7台
2023年出荷42千㎥
G＝河川・砕石　S＝河川
普通・舗装JIS取得(JTCCM)

稲村生コンクリート㈱
1960年12月5日設立　資本金1000万円
従業員11名　出資＝(自)100%
◉本社＝〒413－0101　熱海市上多賀457－1
☎0120－59－1235・FAX0557－68－0418
✉inacon@rx.tnc.ne.jp
代表取締役稲村貴子　取締役大川友美・稲村美穂
◉工場＝本社に同じ
工場長大川友美
従業員11名(主任技士3名・技士2名)
1969年12月操業2017年5月更新2250×1(二軸)　ＰＳＭ日工　太平洋　シーカメント・チューポール　車大型×4台・中型×5台
G＝河川・砕石　S＝河川・山砂
普通JIS取得(GBRC)
大臣認定単独取得(60N/m㎡)

㈱イワタ
1964年8月21日設立　資本金9450万円
従業員57名　出資＝(販)67.4%・(セ)11.1%・(他)21.5%
◉本社＝〒424－0065　静岡市清水区長崎300
☎054－345－1171・FAX054－346－0943
URL http://www.iwata-kk.co.jp
✉info@iwata-kk.co.jp
代表取締役社長山内敏裕　取締役会長加藤正博　取締役髙坂明彦・大畑直人・小笠原憲・中村藤雄　監査役遠藤匡哉　相談役鈴木與平
◉静岡工場＝〒424－0065　静岡市清水区長崎300
☎054－345－1173・FAX054－345－8280
✉si-hinkan@iwata-kk.co.jp
工場長立花成
従業員11名(主任技士2名・技士4名・診断士1名)
1962年4月操業2001年1月更新2750×1(二軸)　ＰＳＭ日工　太平洋　ヤマソー・マイテイ　車大型×7台・小型×2台〔傭車：清水長崎運輸㈱〕
2023年出荷42千㎥
G＝河川　S＝河川
普通・舗装・軽量JIS取得(GBRC)
大臣認定単独取得(80N/m㎡)
※木内建設㈱セイエン静岡工場より生産受託
※沼津工場は沼津生コン有限責任事業組合に生産委託

㈱内牧コンクリート工業所
資本金1000万円　出資＝(他)100%
◉本社＝〒421－2117　静岡市葵区幸庵新田110
☎054－296－0825・FAX054－296－6212
代表取締役興津毅
◉工場＝本社に同じ
1970年2月操業1977年4月M1996年ＰＳ改造2750×2　ＰＳ日工M北川鉄工　住友大阪　車大型×19台・中型×5台・小型×2台
G＝河川　S＝河川
普通・舗装JIS取得(GBRC)

エーユー生コン㈱
1999年4月1日設立　資本金3000万円　従業員15名　出資＝(自)100%
◉本社＝〒418－0112　富士宮市北山字貫間508
☎0544－58－0707・FAX0544－58－0632
代表取締役加藤雄二　取締役佐野孝・渡辺和博
◉工場＝本社に同じ
工場長荻信泉
従業員15名(主任技士4名・技士4名・診断士2名)
1965年2月操業1999年8月更新3000×1　ＰＳＭ光洋機械　UBE三菱　チューポール　車大型×7台・中型×3台
2023年出荷29千㎥、2024年出荷30千㎥
G＝河川・砕石　S＝河川・山砂・砕砂
普通・舗装JIS取得(GBRC)
※富士宮宇部生コンクリート㈱より生産受託

㈱大塚
資本金5000万円　従業員33名　出資＝(自)100%
◉本社＝〒427－0111　島田市阪本3272－2
☎0547－38－1188・FAX0547－38－4165

URL http://www.o-tuka.co.jp/
✉ootukanm@cronos.ocn.ne.jp
代表取締役会長大塚忠　代表取締役社長大塚正浩
◉生コンクリート工場＝〒427－0111　島田市阪本4553－1
☎0547－38－1353・FAX0547－38－3182
工場長大塚正浩
従業員18名（技士2名）
1998年12月操業2500×1　ＰＭ日工　住友大阪・太平洋　ヤマソー・マイテイ・フローリック　車大型×8台・中型×1台・小型×1台
G＝陸砂利　S＝陸砂
普通JIS取得（GBRC）

㈲岡本コンクリート工業
資本金300万円　従業員18名　出資＝（自）100%
◉本社＝〒437－1201　磐田市豊浜中野1257
☎0538－58－0512
社長岡本剛
◉生コン工場＝本社に同じ
従業員8名（主任技士1名・技士2名）
1972年1月操業1998年1月ＳＭ2000年1月Ｐ改造36×1　ＰＳＭ北川鉄工　住友大阪　車中型×5台・小型×2台
G＝山砂利　S＝山砂
普通JIS取得（GBRC）

興津生コン㈱
1964年4月13日設立　資本金2500万円
従業員25名　出資＝（他）100%
◉本社＝〒424－0202　静岡市清水区興津井上町375－1
☎054－369－0167・FAX054－369－0169
✉okitucon@fancy.ocn.ne.jp
代表取締役岩崎茂雄　取締役岩崎千代子・岡村公靖
◉興津工場＝本社に同じ
工場長村上寿一
従業員25名（主任技士2名・技士2名・診断士1名）
1964年7月操業1980年2月Ｐ1998年1月ＳＭ改造2500×1（二軸）　Ｐ光洋機械（旧石川島）ＳＭ日工　住友大阪・太平洋　シーカポゾリス・マイテイ　車大型×9台・小型×6台
G＝河川・砕石　S＝河川
普通・舗装JIS取得（GBRC）
大臣認定単独取得

㈲尾崎生コンクリート
1971年7月1日設立　資本金500万円　従業員11名　出資＝（自）100%
◉本社＝〒436－0039　掛川市沢田155－2
☎0537－24－3200・FAX0537－22－2775
✉ozakinamacon@cy.tnc.ne.jp
代表取締役尾崎浩史
◉工場＝本社に同じ
工場長田中伸幸
従業員11名（技士2名）
1971年7月操業2003年1月更新54×2　ＰＳＭ北川鉄工　太平洋　チューポール　車大型×5台・中型×6台
2023年出荷28千㎥、2024年出荷27千㎥
G＝山砂利　S＝山砂
普通JIS取得（GBRC）

㈱尾関商店
1976年7月1日設立　資本金1000万円　従業員42名　出資＝（販）100%
◉本社＝〒424－0806　静岡市清水区辻3－3－4
☎054－366－1369・FAX054－366－1372
取締役社長尾関祥隆　専務取締役尾関武久　常務取締役尾関昌弘
◉工場＝〒424－0066　静岡市清水区七ッ新屋491
☎054－345－3321・FAX054－345－3280
✉ozeki@ai.tnc.ne.jp
工場長尾関祥隆
従業員18名（主任技士2名・技士2名）
第1Ｐ＝1964年9月操業1996年9月更新3000×1　ＰＳＭ光洋機械
第2Ｐ＝1994年1月更新3000×1　ＰＳＭ光洋機械　UBE三菱　チューポール・フローリック・ヤマソー・マイテイ　車大型×12台・中型×7台
G＝河川・砕石・人軽骨　S＝陸砂・人軽骨
普通・舗装・軽量JIS取得（GBRC）
大臣認定単独取得

小野建設㈱
1948年4月1日設立　資本金10000万円
従業員80名　出資＝（建）100%
◉本社＝〒411－0801　三島市谷田60－3
☎055－971－2020・FAX055－975－7700
URL http://www.ono-ken.co.jp
✉snamacon@chive.ocn.ne.jp
代表取締役社長小野大和　会長小野徹　取締役松本常宏・中村進・内田真吾・小野大介・勝又隆
◉修善寺生コンクリート工場＝〒410－2412　伊豆市瓜生野150
☎0558－72－0888・FAX0558－72－6744
工場長工藤宏治
従業員20名（主任技士1名・技士3名）
1963年10月操業1997年6月更新2500×1（二軸）　ＰＳＭ光洋機械　太平洋　プラストクリート・フローリック・チューポール　車大型×11台・小型×5台
2023年出荷180千㎥、2024年出荷17千㎥（水中不分離150㎥）
G＝河川・砕石　S＝河川
普通・舗装JIS取得（GBRC）
大臣認定単独取得（60N/mm²）

㈱覚堂環境エンジニアリング
2006年8月4日設立　資本金2005万円
◉本社＝〒437－0011　袋井市村松428－1
☎0538－43－0020・FAX0538－43－0020
URL http://kakudow.co.jp/engineering.html
✉kankyo@kakudow.co.jp
代表取締役中村忠広
◉環境生コン工場（操業停止中）＝〒437－0065　袋井市堀越443
☎0538－43－5200・FAX0538－43－5201
1975年10月操業36×2

河東開発工業㈱
1981年2月18日設立　資本金1275万円
従業員27名　出資＝（自）100%
◉本社＝〒437－1506　菊川市河東5442－229
☎0537－73－5276・FAX0537－73－5912
代表取締役山下武　取締役山下修
◉工場＝本社に同じ
試験課長松下正浩
従業員23名（主任技士1名・技士3名）
第1Ｐ＝1981年2月操業1982年2月更新1000×1（二軸）　ＰＳＭ光洋機械
第2Ｐ＝1988年6月操業2500×1（二軸）　ＰＳＭ光洋機械　太平洋　チューポール　車大型×6台・中型×2台
G＝山砂利　S＝山砂
普通JIS取得（GBRC）

㈱紅林建材
1971年5月8日設立　資本金1500万円　従業員19名　出資＝（建）100%
◉本社＝〒426－0046　藤枝市高洲83－5
☎054－635－2529・FAX054－636－2794
URL https://kurebayashi-kenzai.co.jp
✉t.k2529@kurebayashi-kenzai.co.jp
代表取締役紅林俊隆　取締役紅林由紀子
◉生コン工場＝本社に同じ
✉shiken@kurebayashi-kenzai.co.jp
工場長渡辺千秋
従業員18名（技士2名）
1996年10月操業3000×1（二軸）　ＰＳＭ光洋機械　太平洋　チューポール　車大型×6台・小型×5台
2023年出荷2千㎥、2024年出荷21千㎥
G＝河川　S＝河川
普通JIS取得（GBRC）

㈱兼祥
1988年11月28日設立　資本金3000万円
◉本社＝〒421－0301　榛原郡吉田町住吉4307－1
☎0548－32－8814・FAX0548－32－8485
代表取締役飯田真史
◉工場＝本社に同じ
従業員（技士3名）

1500×1　太平洋　車大型×3台・中型×4台・小型×5台
普通JIS取得(JTCCM)

小杉コンクリート㈱
資本金1000万円　出資=(製)100%
◉本社=〒433-8104　浜松市中央区東三方町361
☎053-436-1731・FAX053-437-0365
代表取締役小杉譲治
◉工場=本社に同じ
1971年7月操業1000×1(二軸)　住友大阪　ヴィンソル
G=河川　S=河川
普通JIS取得(JTCCM)

後藤砕石販売㈱
2000年4月設立
◉本社=〒419-0311　富士宮市上稲子101
☎0544-66-0501・FAX0544-67-0147
代表取締役後藤裕史
◉生コンクリート部=〒419-0312　富士宮市下稲子黍井島21-1
☎0544-67-0510・FAX0544-67-0560
工場長佐野悟
従業員10名(技士6名)
2000年7月操業1500×2(傾胴二軸)　PSM北川鉄工　住友大阪　車大型×18台・中型×7台〔一部傭車:杉山物流㈱・平柳建材・㈲日南通商〕
G=砕石　S=砕砂
普通JIS取得(JTCCM)

㈱古藤田生コン
2009年4月設立　資本金1000万円
◉本社=〒410-2411　伊豆市熊坂472-1
☎0558-72-4728・FAX0558-72-3301
URL http://kotouda.com
✉contact@kotouda.co.jp
代表取締役古藤田博澄
ISO 9001取得
◉第一工場=本社に同じ
品質管理責任者古藤田博澄
従業員16名(主任技士1名・技士2名)
1985年12月操業1993年7月更新2000×1(二軸)　PSM大平洋機工　太平洋　シーカポゾリス・シーカコントロール　車大型×6台・中型×2台・小型×6台
2023年出荷17千㎥、2024年出荷12千㎥(ポーラス60㎥)
G=河川・石灰砕石・砕石　S=河川・砕砂
普通・舗装JIS取得(JTCCM)
ISO 9001取得

㈱相良ドラゴンズクラブ
1966年11月1日設立　資本金6390万円
従業員13名　出資=(自)60%・(建)40%
◉本社=〒421-0502　牧之原市白井7-10
☎0548-55-0311・FAX0548-55-0301
代表取締役社長増田政義　取締役増田義明・増田由美子・増田雄也　監査役増田雅子
◉生コン工場=〒421-0502　牧之原市白井7-10
☎0548-55-0300・FAX0548-55-0301
工場長内田充彦
従業員13名(技士3名)
1969年11月操業2001年3月更新2500×1(二軸)　PSM光洋機械(旧石川島)　住友大阪　チューポール　車大型×7台・中型×3台
2023年出荷18千㎥
G=河川　S=山砂
普通JIS取得(GBRC)

三興開発㈱
1963年6月設立　資本金1000万円　従業員34名　出資=(自)100%
◉本社=〒416-0946　富士市五貫島1320
☎0545-61-2229・FAX0545-63-9497
URL http://www.sankoukaihathu.co.jp/
✉sankou@sankoukaihathu.co.jp
代表取締役社長鈴木正浩　専務取締役鈴木博　常務取締役鈴木秀幸
◉生コン事業部=〒417-0845　富士市大野新田249-1
☎0545-33-0863・FAX0545-33-0657
✉namacon@sankoukaihathu.co.jp
工場長芦澤季孝
従業員27名(主任技士3名・技士3名)
第1P=1971年5月操業2002年4月事業承継1500×1(二軸)　PSM日工
第2P=2250×1(二軸)　UBE三菱・太平洋　フローリック・チューポール・ヤマソー　車大型×8台・小型×3台〔傭車:㈲鈴崇・駿河運輸㈱〕
2023年出荷40千㎥
G=山砂利・砕石　S=山砂
普通JIS取得(GBRC)

志太宇部生コンクリート㈱
1966年4月22日設立　資本金5100万円
従業員28名　出資=(他)100%
◉本社=〒421-0215　焼津市西島342-28
☎054-622-7355・FAX054-622-9401
代表取締役渡仲康之助　取締役渡仲みか子・渡仲守之助　監査役渡仲紳之助
◉大井川工場=〒421-0215　焼津市西島342-28
☎054-622-0721・FAX054-622-9401
工場長小川靖宏
従業員12名(主任技士1名・技士3名・診断士1名)
1966年7月操業1979年7月PM2010年3月S改造2500×1(二軸)　PM光洋機械(旧石川島)S光洋機械　UBE三菱　チューポール　車大型×6台・中型×4台
G=河川　S=河川
◉浜岡工場=〒437-1622　御前崎市白羽188-1
☎0548-63-3065・FAX0548-63-5303
✉shidahamaoka@ai.tnc.ne.jp
工場長小川靖宏
従業員10名(技士6名)
1971年3月操業2000年2月更新3000×1(二軸)　PSM光洋機械(旧石川島)　住友大阪　チューポール　車大型×9台・中型×3台
2023年出荷16千㎥、2024年出荷14千㎥
G=山砂利　S=山砂
普通JIS取得(GBRC)

㈱新興
2017年5月29日設立　資本金800万円
◉本社=〒426-0031　藤枝市築地315-1
☎054-641-5051・FAX054-641-5054
代表取締役菊地昭吾
◉工場=本社に同じ
工場長斉藤芳樹
従業員20名(主任技士2名・技士2名)
1971年4月操業2024年9月更新2300×1(二軸)　PSM光洋機械　UBE三菱　チューポール・フローリック　車大型×5台・中型×4台・小型×3台
2023年出荷23千㎥、2024年出荷20千㎥
G=河川　S=河川
普通JIS取得(GBRC)

新スルガ生コン㈱
1997年4月1日設立　資本金4000万円　従業員27名　出資=(自)100%
◉本社=〒412-0047　御殿場市神場3-16
☎0550-89-0365・FAX0550-89-3842
✉shin-suruga@ai.tnc.ne.jp
代表取締役会長杉山敏夫　代表取締役社長杉山敬尚　取締役杉山琢郎
◉工場=本社に同じ
工場長小林裕典
従業員34名(主任技士2名・技士3名)
1997年4月操業2003年4月更新2500×1(二軸)　PSM光洋機械　太平洋・UBE三菱　ヤマソー・シーカジャパン・チューポール　車大型×11台・小型×7台
G=河川・山砂利・砕石　S=河川・山砂
普通・舗装JIS取得(GBRC)
大臣認定単独取得(60N/mm²)

㈱スエヒロ産業
◉本社=愛知県参照
◉第2工場=〒431-3906　浜松市天竜区佐久間町浦川3390-1
☎053-967-3815・FAX053-967-3249
1971年1月操業1997年9月更新2500×1(二軸)　PSM光洋機械　太平洋
2023年出荷14千㎥、2024年出荷12千㎥

G＝砕石　S＝河川
普通・舗装JIS取得（GBRC）
※工場＝愛知県参照

裾野生コン㈱
資本金1000万円　従業員7名　出資＝（販）100％
◉本社＝〒410－1124　裾野市水窪38－1
☎055－993－7760・FAX055－995－3322
代表取締役吉森貴志
◉工場＝本社に同じ
工場長仲保隆一
従業員7名（主任技士2名・技士2名）
2000年10月操業1998年2月更新3000×1　ＰＭ北川鉄工（旧日本建機）Ｓハカルプラス　住友大阪・太平洋・UBE三菱　車大型×8台・小型×4台〔傭車：駿東産業㈱他〕
2023年出荷53千㎥、2024年出荷39千㎥
G＝石灰砕石・砕石　S＝山砂・砕砂
普通JIS取得（JTCCM）
大臣認定単独取得（60N/mm²）
※渡邊工業㈱より生産受託

大協生コン㈱
1969年4月24日設立　資本金1500万円　従業員19名　出資＝（建）100％
◉本社＝〒427－0033　島田市相賀2505－15
☎0547－36－1533・FAX0547－36－1510
代表取締役朝倉純夫　取締役清水利恭・堀本充啓・朝倉大輔　監査役青島利浩
◉工場＝本社に同じ
工場長堀本充啓
従業員19名（主任技士1名・技士2名）
1970年4月操業1996年12月更新2500×1　Ｐエスオーエンジニアリング　ＳＭ日工　住友大阪　チューポール　車大型×6台・中型×3台・小型×1台
2023年出荷29千㎥、2024年出荷14千㎥
G＝河川　S＝河川
普通JIS取得（GBRC）

ダイサン生コンクリート工業㈱
1989年8月1日設立　資本金2000万円　従業員22名　出資＝（自）100％
◉本社＝〒421－0402　牧之原市勝間515－1
☎0548－28－0711・FAX0548－28－0660
代表取締役社長河守俊行
◉本社工場＝本社に同じ
専務取締役田中一弘
従業員22名（主任技士1名・技士4名）
1990年9月操業2500×1（二軸）　ＰＳＭ光洋機械（旧石川島）　UBE三菱　チューポール・シーカジャパン・フローリック　車大型×20台・中型×1台・小型×1台
G＝河川　S＝河川
普通・舗装JIS取得（GBRC）
大臣認定単独取得（60N/mm²）

大東コンクリート工業㈱
2012年12月13日設立　資本金5000万円　従業員39名　出資＝（販）100％
◉本社＝〒420－8712　静岡市葵区宮前町5
☎054－265－2220・FAX054－261－5170
代表取締役社長肥田隆輔　取締役榛葉宏・篠塚眞和・生子禎則・松下浩康
◉大東工場＝〒437－1405　掛川市中3146
☎0537－74－2230・FAX0537－74－4030
工場長林良明
従業員6名（主任技士1名・技士2名）
1981年6月操業1989年4月ＰＳ1998年5月Ｍ改造2500×1（二軸）　ＰＳＭ北川鉄工　太平洋　フローリック　車大型×8台・中型×2台
G＝山砂利　S＝山砂
普通JIS取得（JTCCM）
◉静岡工場＝〒421－2122　静岡市葵区松野1230
☎054－294－1152・FAX054－294－0562
工場長川端俊介
従業員9名（技士3名）
1967年5月操業1994年9月更新3000×1（二軸）　ＰＳＭ北川鉄工　太平洋　シーカジャパン・フローリック・チューポール・マイテイ　車大型×6台・中型×1台・小型×4台〔傭車〕
2024年出荷25千㎥
G＝陸砂利・砕石　S＝陸砂
普通・舗装JIS取得（JTCCM）
大臣認定単独取得（80N/mm²）
◉梅ヶ島工場＝〒421－2301　静岡市葵区梅ヶ島字小池341－1
☎054－269－2199・FAX054－269－2288
1980年7月操業2015年8月更新2250×1（二軸）　ＰＳＭ光洋機械
普通JIS取得（JTCCM）

太洋コンクリート工業㈱
1963年7月23日設立　資本金2750万円　従業員45名　出資＝（自）100％
◉本社＝〒431－1304　浜松市北区細江町中川500
☎053－522－1847・FAX053－522－3597
URL http://www.taiyo-gr.co.jp
✉info@taiyo-gr.co.jp
代表取締役近藤雅彦　取締役天野啓二・岩崎昭文・近藤隆紀・近藤博之・島靖典
◉細江工場＝本社に同じ
工場長岩崎昭文
従業員29名（主任技士1名・技士5名・診断士1名）
1973年1月操業1983年1月Ｐ1993年5月Ｍ1997年8月Ｓ改造36×1　Ｐ石芝サービス　ＳハカルプラスＭ光洋機械（旧石川島）　住友大阪　チューポール　車大型×1台・中型×4台・小型×2台
G＝砕石　S＝山砂
普通JIS取得（GBRC）

大和工建㈱
1982年7月1日設立　資本金3000万円　従業員15名　出資＝（自）100％
◉本社＝〒427－0019　島田市道悦3－9－19
☎0547－37－5564・FAX0547－37－6465
取締役社長山田和正　取締役専務山田博美　取締役山田恭子・山田葉子　監査役塚本俊司
◉生コン工場＝〒427－0019　島田市道悦3－12－1
☎0547－35－6300・FAX0547－35－7525
工場長山田博美
従業員13名（主任技士1名・技士1名）
1977年3月操業1980年12月更新36×2　ＰＭ光洋機械（旧石川島）Ｓサントレード　太平洋　チューポール　車大型×4台・中型×1台・小型×12台
G＝河川　S＝河川
普通JIS取得（GBRC）

高井生コン砂利㈱
1964年11月26日設立　資本金1000万円　従業員14名　出資＝（自）100％
◉本社＝〒431－3105　浜松市東区笠井新田町135
☎053－434－0803・FAX053－435－3378
代表取締役社長高井栄利　代表取締役高井成幸　取締役杉浦彰・高井貴美枝・高井清永・高井亜矢子　監査役渡邉誠
◉工場＝本社に同じ
工場長冨永昌利
従業員24名（技士3名）
1968年7月操業1993年10月更新3000×1（二軸）　ＰＳＭ北川鉄工　UBE三菱　チューポール・フローリック　車大型×12台・中型×1台・小型×4台
G＝陸砂利・石灰砕石・砕石・人軽骨
S＝陸砂
普通・舗装JIS取得（GBRC）
大臣認定単独取得（70N/mm²）

㈲髙田建材
1969年2月1日設立　資本金1000万円　従業員29名　出資＝（自）100％
◉本社＝〒410－1123　裾野市伊豆島田346－1
☎055－992－0691・FAX055－993－1278
✉t-siken1@thomis.ocn.ne.jp
代表取締役髙田光雄　常務取締役服部勝
◉生コン工場＝本社に同じ
工場長岩田博明
従業員29名（主任技士4名・技士2名・診断士1名）
1967年2月操業2015年5月Ｓ更新2000×1（二軸）　ＰＳＭ光洋機械　UBE三菱　ヤ

マソー・マイテイ・シーカジャパン・チューポール　車大型×8台・中型×5台
2023年出荷40千㎥
G＝河川・山砂利・石灰砕石　S＝山砂・砕砂
普通・舗装JIS取得(GBRC)
大臣認定単独取得(60N/mm²)

㈱タカムラ生コン
◉本社＝山梨県参照
◉静岡工場＝〒412－0042　御殿場市萩原字永原1549
☎0550－82－3466・FAX0550－83－8222
✉shizuoka-tn@za.tnc.ne.jp
工場長長田洋之
従業員20名(主任技士1名・技士2名)
1983年1月操業2021年1月更新2300×1(二軸)　ＰＳＭ北川鉄工　UBE三菱　竹本　車大型×10台・小型×2台〔傭車：6社〕
2023年出荷42千㎥、2024年出荷31千㎥(高強度1345㎥)
G＝河川・砕石　S＝河川・砕砂
普通・舗装JIS取得(GBRC)
大臣認定単独取得(60N/mm²)
※山中工場・大月工場・都留工場＝山梨県参照

中部菱光コンクリート工業㈱
1981年3月10日設立　資本金5000万円
従業員5名　出資＝(他)100%
◉本社＝〒430－0822　浜松市南区東町738
☎053－425－1180・FAX053－426－4730
代表取締役大森俊明
◉浜松工場＝〒430－0822　浜松市南区東町738
☎053－425－0589・FAX053－425－3951
工場長伊藤雄二
従業員6名(主任技士2名・技士3名)
1970年1月操業1991年10月更新2500×1(二軸)　ＰＳＭ日工　UBE三菱　チューポール・シーカビスコクリート　車〔傭車：㈲丸慶起業〕
2023年出荷43千㎥
G＝河川・石灰砕石・人軽骨　S＝河川
普通・舗装JIS取得(GBRC)
大臣認定単独取得(80N/mm²)

天竜川砂利プラント協同組合
1963年12月1日設立　資本金19000万円
従業員30名　出資＝(自)100%
◉事務所＝〒431－3102　浜松市東区豊西町414
☎053－435－8818・FAX053－435－8821
理事長川合勝美　副理事長山口樹・安富敦志　理事河合勝・川合雅二
◉生コン部＝〒431－3103　浜松市東区常光町813－1
☎053－433－1653・FAX053－435－3503
✉purantonamacon@yr.tnc.ne.jp
工場長髙林昌芳
従業員12名(主任技士4名・技士1名)
2004年5月更新3000×1(二軸)　ＰＳＭ光洋機械　太平洋　ヤマソー・フローリック・マイテイ　車大型×7台・小型×1台
2023年出荷60千㎥、2024年出荷63千㎥(高強度730㎥)
G＝河川・石灰砕石　S＝河川
普通・舗装JIS取得(GBRC)
大臣認定単独取得(80N/mm²)

㈲東海建材工業
1949年4月1日設立　資本金540万円　出資＝(他)100%
◉本社＝〒424－0016　静岡市清水区天王西5－30
☎054－367－1060・FAX054－364－7655
✉shimiz-toukai@za.tnc.ne.jp
代表取締役社長岩崎茂雄　取締役岩崎千代子
◉本社工場＝本社に同じ
工場長岡村公靖
従業員41名(主任技士1名・技士3名)
1967年8月操業2000年5月更新2500×1　ＰＳＭ北川鉄工　住友大阪・太平洋　シーカポゾリス　車大型×12台・小型×2台〔傭車：㈲市川運輸・㈲上倉建材〕
2024年出荷28千㎥(水中不分離30㎥)
G＝河川・陸砂利　S＝河川・スラグ
普通・舗装JIS取得(JTCCM)
大臣認定単独取得(80N/mm²)
◉掛川工場＝〒436－0043　掛川市大池2798－7
☎0537－24－8139・FAX0537－24－8138
✉kakegawa-toukai@za.tnc.ne.jp
工場長岩崎茂雄
従業員(主任技士1名・技士2名)
1986年12月操業2000×1　ＰＭクリハラＳ日工　住友大阪　車大型×6台・小型×2台
G＝山砂利　S＝山砂
普通・舗装JIS取得(JTCCM)

東宏生コンクリート工業㈱
1963年12月21日設立　資本金10000万円　従業員25名　出資＝(自)99.3%・(他)0.7%
◉本社＝〒411－0905　駿東郡清水町長沢1138
☎055－975－6741・FAX055－975－4682
✉toukou-1@hejen.ocn.ne.jp
代表取締役社長稲葉豊　専務取締役志村栄一　取締役稲葉貴文・平井靖彦　監査役野田眞一
◉工場＝本社に同じ
工場長平井靖彦
従業員25名(主任技士1名・技士6名・診断士1名)
1963年12月操業1991年1月更新3000×1(二軸)　ＰＳＭ北川鉄工　UBE三菱・住友大阪　チューポール・シーカポゾリス・シーカビスコクリート　車大型×6台・中型×9台
2023年出荷36千㎥、2024年出荷36千㎥(高強度2000㎥)
G＝河川・石灰砕石・砕石　S＝河川・砕砂・銅スラグ
普通JIS取得(GBRC)
大臣認定単独取得(60N/mm²)

㈱トヨオカ
1970年10月1日設立　資本金2000万円
従業員20名　出資＝(建)45%・(他)55%
◉本社＝〒438－0126　磐田市下神増171
☎0539－62－2246・FAX0539－62－4583
代表取締役秋山萬之介　専務取締役三好成佳　取締役秋山享衛　監査役秋山厳
◉工場＝本社に同じ
工場長松島政士
従業員18名(主任技士2名・技士2名)
1970年10月操業1991年2月ＰＳ2000年8月Ｍ改造2500×1(二軸)　ＰＳＭ光洋機械(旧石川島)　住友大阪　車大型×9台・中型×1台
G＝河川・砕石　S＝河川
普通・舗装JIS取得(GBRC)

㈲長岡生コンクリート
1966年6月1日設立　資本金715万円　従業員17名　出資＝(自)100%
◉本社＝〒410－2211　伊豆の国市長岡1407－34
☎055－947－0049・FAX055－947－0052
URL http://www.nr-mix.co.jp
✉nagaoka-rmc@yr.tnc.ne.jp
代表取締役宮本充也
ISO 14001取得
※野村マテリアルプロダクツ㈱と伊豆中央コンクリート有限事業責任組合を設立し生産委託

長島建設
出資＝(建)100%
◉本社＝〒428－0504　静岡市葵区井川1030
☎054－260－2206・FAX054－260－2388
代表者長島吉治
◉本社工場＝〒428－0504　静岡市葵区井川1030
☎054－260－2222・FAX054－260－2388
1972年9月操業24×1　太平洋　シーカジャパン　車大型×7台・小型×2台
G＝河川　S＝河川

沼津生コン有限責任事業組合
(㈱イワタと静岡生コン㈱により設立。両社より生産受託)
2024年4月1日設立　出資金60000万円

執行社員11名
◉本社＝〒410－0806　沼津市丸子町725
☎055－960－6601・FAX055－960－6602
URL https://numadullp.web.fc2.com/
✉numadullp2@thcia.ocn.ne.jp
職務執行者吉森貴志・高坂明彦　理事武内俊幸・高橋正昌・小笠原憲
◉工場(旧㈱イワタ沼津工場)＝本社に同じ
工場長小林直樹
1962年3月操業2004年8月更新3000×1(二軸)　ＰＭ光洋機械(旧石川島)Ｓパシフィックシステム　太平洋
2024年出荷43千㎥(高強度952㎥・高流動385㎥)
G＝河川・砕石　S＝河川・山砂
普通・舗装JIS取得(GBRC)

野村マテリアルプロダクツ㈱
2002年3月21日設立　資本金1000万円
従業員20名　出資＝(販)100%
◉本社＝〒414－0053　伊東市荻578－216
☎0557－44－6600・FAX0557－44－6618
URL http://www.nomuragroup.com
代表取締役野村勝也　取締役野村玲三・野村哲也　監査役野村順子
※㈲長岡生コンクリートと伊豆中央コンクリート有限事業責任組合を設立し生産委託

㈱橋本組
1966年2月1日設立　資本金5000万円　従業員240名　出資＝(自)100%
◉本社＝〒425－0027　焼津市栄町5－9－3
☎054－627－3276・FAX054－628－8007
URL http://www.hashimotogumi.co.jp
✉mhashimoto@hashimotogumi.co.jp
代表取締役橋本真典・橋本勝策　専務取締役橋本和記　取締役橋本喜史
ISO 9001・14001取得
◉生コン工場＝〒425－0052　焼津市田尻2990－1
☎054－624－1617・FAX054－623－4346
✉plant@hashimotogumi.co.jp
工場長笹野井信広
従業員15名(主任技士3名・技士3名・診断士1名)
1970年9月操業1991年7月Ｐ2000年1月Ｍ2009年8月Ｓ改造3000×1(二軸)　ＰＳＭ光洋機械(旧石川島)　太平洋　シーカポゾリス・チューポール・フローリック　車大型×10台・中型×3台・小型×2台
2023年出荷21千㎥、2024年出荷20千㎥(高強度95㎥・ポーラス400㎥)
G＝河川・砕石　S＝河川
普通・舗装JIS取得(JTCCM)
大臣認定単独取得(60N/mm²)

浜名湖生コン㈱
1987年7月25日設立　資本金4100万円
従業員15名　出資＝(自)100%
◉本社＝〒431－0213　浜松市中央区舞阪町浜田784
☎053－592－3288・FAX053－592－3400
✉hamanakonamakon@yahoo.co.jp
代表取締役那須田章隆　取締役遠藤秀一・刑部郁男　監査役鈴木祥一・下村芳之
◉工場＝本社に同じ
責任者遠藤秀一
従業員14名(主任技士1名・技士3名)
1970年12月操業1992年9月更新3000×1(二軸)　ＰＳＭ光洋機械　住友大阪・太平洋　チューポール　車大型×4台・中型×3台・小型×2台
2023年出荷38千㎥
G＝石灰砕石・砕石　S＝河川・陸砂・スラグ
普通・舗装JIS取得(GBRC)
大臣認定単独取得(50N/mm²)

㈲浜松砂利
1958年2月3日設立　資本金300万円　従業員20名　出資＝(自)100%
◉本社＝〒431－3113　浜松市東区大瀬町950
☎053－433－0831・FAX053－433－0019
代表取締役中川雄介　監査役中川昭
◉生コン工場＝本社に同じ
工場長遠藤栄一
従業員20名(技士6名)
1974年10月操業1992年10月ＳＭ改造2000×1　ＰＳ太平洋エンジニアＭ光洋機械(旧石川島)　太平洋　車大型×4台・小型×15台
G＝河川　S＝河川
普通JIS取得(JTCCM)

浜松生コン㈱
1961年7月7日設立　資本金5000万円　従業員37名　出資＝(自)100%
◉本社＝〒435－0002　浜松市東区白鳥町2105
☎053－421－0457・FAX053－421－0812
代表取締役社長大森俊明　代表取締役会長鈴木貞次　取締役須山宏造・中村嘉宏・市川浩透・山本康裕・杉浦政紀・伊藤友輔・杉浦要一
◉浜松生コン工場＝本社に同じ
工場長米山健一
従業員25名(主任技士2名・技士5名)
1962年2月操業1992年9月更新3000×1(二軸)　ＰＳＭ光洋機械　住友大阪　シーカビスコクリート・シーカポゾリス・シーカポゾリス・フローリック　車大型×11台・中型×1台・小型×2台
2023年出荷63千㎥
G＝河川・石灰砕石・砕石　S＝河川
普通・舗装JIS取得(GBRC)
大臣認定単独取得(80N/mm²)
◉新東生コン工場＝〒431－0302　湖西市新居町新居2780
☎053－594－1625・FAX053－594－1845
工場長高柳国男
従業員9名(主任技士3名・技士1名)
1963年8月操業1989年1月更新2000×1(二軸)　ＰＳＭ日工　太平洋　車大型×5台・小型×2台
G＝砕石　S＝河川
普通・舗装JIS取得(GBRC)
大臣認定単独取得

春野建設事業協同組合
1968年4月12日設立7社　資本金8090万円
従業員13名　出資＝(建)100%
◉事務所＝〒437－0605　浜松市天竜区春野町気田111
☎053－989－0233・FAX053－989－0669
✉haruken-soumu0233@athena.ocn.ne.jp
理事長西村正則　理事小林彰・谷田部昭宏・正久厚成　監事森下和美
◉生コン事業部＝〒437－0605　浜松市天竜区春野町気田111
☎053－989－1272・FAX053－989－0234
✉haruken-namakon1272@wing.ocn.ne.jp
工場長青田哲央
従業員9名(主任技士1名・技士1名)
1970年11月操業1987年1月Ｍ1990年11月Ｓ改造2250×1　Ｐ度量衡ＳアイテックＭ光洋機械(旧石川島)　住友大阪　シーカポゾリス・ヤマソー　車大型×4台・中型×2台
2023年出荷5千㎥、2024年出荷6千㎥
G＝河川　S＝河川
普通JIS取得(GBRC)

㈱平野工業
1985年11月25日設立　資本金1000万円
従業員15名　出資＝(自)100%
◉本社＝〒436－0012　掛川市上内田2042
☎0537－22－6547・FAX0537－22－6549
✉hirano@cy.tnc.ne.jp
代表取締役平野勝弘
◉掛川生コン工場＝〒436－0012　掛川市上内田2042
☎0537－22－3210・FAX0537－22－6549
工場長井上貞雄
従業員15名(主任技士1名・技士2名)
1990年7月操業1999年9月更新1500×1(二軸)　ＰＭ大平洋機工Ｓハカルプラス　太平洋　チューポール　車中型×6台・小型×4台
2023年出荷18千㎥
G＝山砂利　S＝山砂
普通JIS取得(JTCCM)

㈱広川生コン
1971年11月1日設立　資本金1000万円

従業員32名　出資＝（自）100％
◉本社＝〒412－0044　御殿場市杉名沢682－10
☎0550－82－2688・FAX0550－84－0687
代表取締役広川龍佑　取締役広川吉江
◉工場＝本社に同じ
工場長広川龍佑
従業員32名（主任技士2名・技士4名）
1996年6月操業1998年10月更新3000×1（二軸）　ＰＳＭ光洋機械　太平洋・住友大阪　フローリック　車大型×11台・中型×6台
G＝山砂利・砕石　S＝山砂・砕砂
普通・舗装JIS取得（JTCCM）

㈱富士宇部
1976年7月設立　資本金3717万円　従業員58名　出資＝（セ）100％
◉本社＝〒421－3304　富士市木島258
☎0545－56－0033・FAX0545－56－2800
URL http://www.ube-ind.co.jp/fujiube/
代表取締役中村宏昭
◉富士工場＝〒421－3304　富士市木島258
☎0545－56－0030・FAX0545－56－2801
✉205fuc@ube-ind.co.jp
取締役事業部長齋藤修
従業員20名（主任技士4名・技士5名）
1972年7月操業1999年2月更新3000×2（傾胴二軸）　ＰＳＭ北川鉄工　UBE三菱　チューポール・ヤマソー・マイテイ・フローリック・シーカビスコクリート　車大型×17台・中型×5台
2023年出荷47千㎥、2024年出荷48千㎥
G＝河川　S＝河川・山砂
普通・舗装JIS取得（GBRC）
大臣認定単独取得（80N/mm²）
◉静岡工場＝〒424－0065　静岡市清水区長崎268
☎054－346－5201・FAX054－346－1401
✉masayuki.matsumoto@mu-cc.com
工場長松本正之
従業員21名（主任技士2名・技士4名）
1961年3月操業2015年8月M更新2750×1（二軸）　ＰＳＭ日工　UBE三菱　チューポール・フローリック・マイテイ　車大型×6台・中型×4台・小型×4台
2023年出荷31千㎥、2024年出荷26千㎥（水中不分離200㎥）
G＝河川・山砂利・砕石　S＝河川・山砂
普通・舗装JIS取得（GBRC）
大臣認定単独取得（80N/mm²）
◉東伊豆工場＝〒413－0411　賀茂郡東伊豆町稲取2230－1
☎0557－95－3168・FAX0557－95－1988
✉noboru.yokoyama@mu-cc.com
工場長横山昇
従業員5名（主任技士2名・技士1名）
1980年7月操業1988年5月Ｐ1993年1月ＳＭ更新1500×1（二軸）　Ｐ日本プラント　ＳＭ光洋機械　UBE三菱　シーカ・竹本　車大型×4台・中型×5台・小型×2台
2024年出荷4千㎥
G＝河川・石灰砕石・砕石　S＝河川・山砂
普通JIS取得（GBRC）
大臣認定単独取得（69N/mm²）
◉掛川工場＝〒436－0222　掛川市下垂木2342－1
☎0537－24－5200・FAX0537－24－8073
工場長齋藤修
従業員15名（主任技士3名・技士3名・診断士1名）
1969年10月操業1990年10月更新3000×1（二軸）　ＰＳＭ光洋機械　UBE三菱　チューポール・シーカジャパン　車大型×5台・中型×4台・小型×1台
2023年出荷32千㎥、2024年出荷27千㎥（高強度150㎥・ポーラス9㎥・吹付1980㎥）
G＝河川　S＝河川
普通・舗装JIS取得（GBRC）
大臣認定単独取得（60N/mm²）

㈲藤枝生コン
1981年7月29日設立　資本金500万円　出資＝（他）100％
◉本社＝〒426－0088　藤枝市堀之内1596－16
☎054－641－3097・FAX054－641－3099
社長杉本保　専務杉本正孝　常務杉本芳江
◉工場＝〒426－0083　藤枝市谷稲葉145－1
☎054－641－3813・FAX054－645－1436
✉fujinama@cy.tnc.ne.jp
工場長杉本哲也
従業員12名（主任技士1名・技士1名・診断士1名）
1972年10月操業1995年更新1500×1（二軸）　ＰＳＭ日工　UBE三菱　チューポール　車大型×3台・中型×7台
G＝河川　S＝河川
普通JIS取得（GBRC）

フジ生コンクリート㈱
1960年5月21日設立　資本金3200万円　従業員13名　出資＝（販）25％・（建）50％・（他）25％
◉本社＝〒417－0833　富士市沼田新田8
☎0545－33－0772・FAX0545－33－0774
代表取締役矢部紘一・木内藤男・石井源一　取締役木内藤丈・矢部顕男・石井肇　監査役草野光春
◉工場＝本社に同じ
工場長池田昭栄
従業員13名（主任技士2名・技士3名）
1960年11月操業1999年8月更新3000×1（二軸）　ＰＭ北川鉄工（旧日本建機）Ｓハカルプラス　太平洋　チューポール・フローリック　車大型×9台・小型×3台
2023年出荷26千㎥、2024年出荷27千㎥（高強度2000㎥）
G＝河川・砕石　S＝河川・山砂
普通・舗装JIS取得（GBRC）
大臣認定単独取得（60N/mm²）

富士宮宇部生コンクリート㈱
1964年10月12日設立　資本金3000万円　出資＝（セ）10％・（建）31.5％・（他）58.5％
◉本社＝〒418－0112　富士宮市北山字貫間508
☎0544－58－0707・FAX0544－58－0632
代表取締役加藤英雄　専務取締役佐野孝　常務取締役渡辺和博　取締役村田暢宏・加藤雄二
※エーユー生コン㈱に生産委託

二葉建設㈱
1943年7月28日設立　資本金4800万円　従業員90名　出資＝（自）100％
◉本社＝〒412－0043　御殿場市新橋1826－3
☎0550－82－2088・FAX0550－84－1028
URL http://www.futaba-kensetu.jp
✉futaba-yamakita@vesta.ocn.ne.jp
代表取締役会長勝間田久嗣　代表取締役社長勝間田慶喜　常務取締役勝間田亥津子　取締役井上欣也・藤田利康・勝間田周子・勝又礼子　監査役望月信吾
※生コン部＝神奈川県参照

ホウコク生コン㈱
1969年6月6日設立　資本金10000万円　従業員27名　出資＝（販）100％
◉本社＝〒421－1213　静岡市葵区山崎2－15－3
☎054－278－6131・FAX054－278－3537
✉houkoku@po4.across.or.jp
代表取締役稲葉卓二
◉工場＝本社に同じ
工場長近藤太治
従業員27名（主任技士1名・技士1名）
1972年8月操業1995年9月ＰＭ2016年1月Ｓ改造2500×2（傾胴二軸）　ＰＳＭ北川鉄工　住友大阪　チューポール・マイテイ・ヤマソー・シーカビスコクリート・シーカポゾリス　車大型×9台・中型×5台
2023年出荷37千㎥、2024年出荷36千㎥
G＝河川・砕石　S＝河川・銅スラグ
普通・舗装JIS取得（GBRC）
大臣認定単独取得（80N/mm²）

㈱堀内土木
1965年7月1日設立　資本金3700万円　従業員50名　出資＝（自）100％

◉本社＝〒438－0013　磐田市向笠竹之内273－1
☎0538－38－2525・FAX0538－38－2290
✉the.only.earth@horiuchidoboku.com
代表取締役堀内祐典　代表取締役堀内豊・堀内浩平・堀内研矢
◉向陽生コンクリート工場＝〒438－0013　磐田市向笠竹之内273－1
☎0538－38－2121・FAX0538－38－2804
✉koyo@horiuchidoboku.com
工場長那須光一
従業員14名(主任技士1名・技士6名・診断士1名)
1975年9月操業1997年5月更新2500×1(二軸)　ＰＳＭ北川鉄工　住友大阪　ヤマソー・シーカジャパン・フローリック・マイテイ　車大型×9台・中型×3台
2023年出荷45千㎥、2024年出荷35千㎥
G＝山砂利・陸砂利　S＝陸砂
普通・舗装JIS取得(GBRC)
大臣認定単独取得(60N/mm²)

丸保生コン㈱
1970年1月5日設立　資本金1000万円　従業員9名　出資＝(建)100%
◉本社＝〒428－0103　島田市川根町身成3475－3
☎0547－53－2346・FAX0547－53－4053
✉maruho-namakon@train.ocn.ne.jp
代表取締役原安彦　専務取締役原和久
◉工場＝本社に同じ
工場長原和久
従業員9名(主任技士2名・技士1名)
1970年1月操業1974年3月Ｐ1983年6月ＳＭ改造1000×2　ＰＭ太平洋エンジニアリングＳパシフィックシステム　太平洋　車大型×3台・中型×2台・小型×2台
G＝河川　S＝河川
普通JIS取得(JTCCM)

三島生コン㈱
1977年10月1日設立　資本金3000万円　従業員10名　出資＝(建)100%
◉本社＝〒411－0815　三島市安久98
☎055－977－1443・FAX055－977－7970
✉mnamacon@ono-ken.co.jp
代表取締役小野大和　取締役柴田嘉郎
◉工場＝本社に同じ
工場長柴田嘉郎
従業員9名(主任技士1名・技士4名)
1970年11月操業2012年8月更新2750×1(二軸)　ＰＳＭ光洋機械　太平洋　プラストクリート　車大型×9台・中型×6台
2023年出荷22千㎥、2024年出荷23千㎥
G＝山砂利・石灰砕石・砕石　S＝山砂・砕砂
普通JIS取得(GBRC)
大臣認定単独取得(60N/mm²)

溝口瀬谷レミコン㈱
◉本社＝神奈川県参照
◉吉原レミコン工場＝〒417－0072　富士市浅間上町15－36
☎0545－52－5237・FAX0545－52－5012
✉msryoshi.shiken@dream.com
工場長佐野
従業員21名
1965年10月操業1982年6月Ｐ2018年8月ＳＭ改造2750×1(二軸)　Ｐ大平洋機工ＳＭ日工　太平洋　シーカジャパン　車大型×12台・中型×5台
2023年出荷23千㎥、2024年出荷18千㎥(1DAYPAVE5㎥)
G＝河川・砕石　S＝河川・砕砂
普通・舗装JIS取得(JTCCM)
※溝ノ口レミコン工場・瀬谷レミコン工場＝神奈川県参照

㈲三ヶ日生コン工業
1975年11月6日設立　資本金600万円　従業員15名　出資＝(建)100%
◉本社＝〒431－1416　浜松市浜名区三ヶ日町釣22－1
☎053－524－0433・FAX053－524－0834
✉info@mikkabi.co.jp
代表取締役鈴木淳公
◉生コン工場＝本社に同じ
工場長古井和弘
従業員6名(主任技士1名・技士2名)
1976年2月操業1994年Ｍ更新1500×1(二軸)　ＰＳＭ北川鉄工　太平洋　チューポール　車大型×7台・小型×5台
2024年出荷17千㎥
G＝石灰砕石・砕石　S＝砕砂・スラグ
普通JIS取得(GBRC)
※民事再生法申請中

都田コンクリート工業㈱
1970年8月1日設立　資本金1000万円　従業員18名
◉本社＝〒431－2102　浜松市北区都田町7866
☎053－428－2755・FAX053－428－3287
✉miyakoda-c@shizuoka.tnc.ne.jp
代表取締役社長影山忠弘
◉工場＝本社に同じ
責任者影山忠弘
従業員18名(主任技士2名・技士4名)
1970年11月操業2001年更新2500×1(二軸)　ＰＳＭ北川鉄工　UBE三菱　ヴィンソル・ヤマソー　車大型×8台・中型×3台・小型×2台
G＝河川　S＝河川
普通・舗装JIS取得(GBRC)
大臣認定単独取得(60N/mm²)

㈱柳澤組
1973年7月25日設立　資本金3300万円　従業員26名　出資＝(自)100%
◉本社＝〒428－0414　榛原郡川根本町東藤川722－2
☎0547－59－2052・FAX0547－59－208
代表取締役菊池松己　取締役榎田喜浩
◉生コン工場＝〒428－0411　榛原郡川根本町千頭字沢間606
☎0547－59－3220・FAX0547－59－336
工場長西井戸眞
従業員5名(技士2名)
1978年10月操業1996年5月更新36×2　ＰＳＭ日工　住友大阪　ヤマソー・マイテイ　車大型×5台・中型×2台・小型×台
2023年出荷7千㎥、2024年出荷6千㎥
G＝河川　S＝河川
普通JIS取得(GBRC)

㈲吉田建材産業
1974年9月1日設立　資本金300万円　従業員24名　出資＝(自)100%
◉本社＝〒438－0026　磐田市西貝塚607－1
☎0538－34－9331・FAX0538－37－4730
✉info@yoshikennamacon.com
代表取締役吉田知史　取締役吉田安秀
◉生コン工場＝本社に同じ
工場長吉田厚子
従業員22名(主任技士1名・技士3名)
1974年9月操業1985年9月ＰＳ1996年1月Ｍ改造1500×1(二軸)　ＰＳＭ北川鉄工　住友大阪　チューポール・フローリック　車大型×4台・中型×4台・小型×4台
2023年出荷26千㎥、2024年出荷28千㎥
普通・舗装JIS取得(GBRC)

㈲竜光生コン
1971年9月6日設立　資本金1000万円　従業員34名　出資＝(自)100%
◉本社＝〒437－0215　周智郡森町森1458－1
☎0538－85－4121・FAX0538－85－5963
代表取締役山本欣宏　取締役会長山本文英　取締役星島泰周・山崎修一　監査役山本明実
◉森工場＝〒437－0215　周智郡森町森1458－3
☎0538－85－4121・FAX0538－85－5963
✉ryuko-namakon.mori@cup.ocn.ne.jp
工場長鈴木啓克
従業員19名(技士3名)
1971年9月操業1983年10月Ｐ1998年4月Ｓ2001年5月Ｍ改造2500×1(二軸)　ＰＳＭ日工　太平洋　チューポール・フローリック　車大型×8台・小型×3台
2023年出荷15千㎥、2024年出荷17千㎥
G＝陸砂利　S＝陸砂
普通・舗装JIS取得(GBRC)

●水窪工場＝〒431－4101　浜松市天竜区水窪町奥領家3593
☎053－987－0551・FAX053－987－0528
工場長高井悟
従業員8名(技士2名)
1969年8月操業1981年10月更新36×2　ＰＳＭ光洋機械(旧石川島)　太平洋　チューポール　車大型×3台・中型×1台・小型×1台
G＝河川　S＝河川
普通・舗装JIS取得(GBRC)

渡邊工業㈱
1953年12月14日設立　資本金2000万円
従業員69名
●本社＝〒410－1102　裾野市深良744
☎055－992－1688・FAX055－992－0887
URL http://www.watakou.co.jp/
代表取締役渡邊康一
●沼津第一生コン工場(操業停止中)＝本社に同じ
1969年6月操業1995年7月更新2500×1
※裾野生コン㈱に生産委託

愛知県

愛三舗道建設協同組合
1970年2月1日設立　資本金3300万円　従業員14名　出資＝(建)100％
◉事務所＝〒447－0801　碧南市野銭町4－7
☎0566－41－7111・FAX0566－48－2183
✉info@aisan-nc.com
理事長長谷清
◉生コン工場＝事務所に同じ
工場長徳増秀太
従業員14名
1970年9月操業2750×1　ＰＳＭ光洋機械(旧石川島)　住友大阪　シーカジャパン　車大型×6台・中型×3台・小型×2台
G＝砕石　S＝山砂・砕砂・フライアッシュ
普通JIS取得(IC)

愛知三協㈱
◉本社＝〒441－8124　豊橋市野依町字三割1－1
☎0532－25－1437・FAX0532－25－5423
◉愛知コンクリート工場＝本社に同じ
1969年8月操業2013年1月更新1750×1(二軸)
普通JIS取得(GBRC)

愛朋コンクリート㈱
1966年11月5日設立　資本金1920万円　従業員11名　出資＝(自)100％
◉本社＝〒484－0037　犬山市字西片草48－8
☎0568－67－2373・FAX0568－67－3060
✉aiho@silk.ocn.ne.jp
代表取締役大竹直樹　常務取締役榎森次男　取締役宮田一芳
◉工場＝本社に同じ
常務取締役榎森次男
従業員11名(主任技士2名・技士4名)
1966年11月操業2007年1月更新1750×1(二軸)　ＰＳＭ日工　太平洋　チューポール・シーカポゾリス・フローリック　車大型×11台・小型×3台〔傭車：㈲エムケイ産業〕
2023年出荷57千㎥、2024年出荷64千㎥
G＝陸砂利・砕石　S＝陸砂・砕砂
普通・舗装JIS取得(GBRC)
大臣認定単独取得(60N/㎟)

㈱赤羽コンクリート
1956年1月8日設立　資本金4500万円　従業員32名　出資＝(自)100％
◉本社＝〒489－0003　瀬戸市穴田町983
☎0561－48－2521・FAX0561－48－3961
URL http://www.akabane-con.co.jp
✉seto@akabane-con.co.jp
代表取締役赤羽宏　取締役村上英樹・伊藤悟・伊藤賢司　監査役鈴木利典
ISO 9001取得
◉瀬戸工場(操業停止中)＝本社に同じ
1974年1月操業1988年1月更新1250×1(二軸)　ＰＳＭ光洋機械
※㈱明知組へ生産委託

㈱明知組
1974年12月1日設立　資本金2000万円　従業員33名　出資＝(自)100％
◉本社＝〒480－0303　春日井市明知町466
☎0568－88－0160・FAX0568－88－1600
代表取締役大野透三　取締役大野伊津美・大野勲・大野順子
◉生コン工場＝〒480－0303　春日井市明知町西尾口259－1
☎0568－88－0361・FAX0568－88－5470
工場長伊藤忠
従業員15名(技士2名)
1974年12月操業1989年6月M1992年8月S改造1250×1(二軸)　ＰＭ光洋機械(旧石川島)Sハカルプラス　住友大阪　マイテイ　車大型×2台・中型×7台
G＝山砂利・陸砂利・砕石　S＝河川・山砂・陸砂
普通JIS取得(MSA)
※㈱赤羽コンクリートより生産受託

足助コンクリート㈱
1969年8月27日設立　資本金1000万円　従業員16名　出資＝(自)100％
◉本社＝〒444－2355　豊田市近岡町和合20
☎0565－62－1313・FAX0565－62－1155
✉ashicon@asuke.aitai.ne.jp
代表取締役平野雅人　取締役安藤忠・大嶽恭仁子
◉工場＝本社に同じ
工場長安藤忠
従業員16名(主任技士1名・技士4名)
1969年11月操業1992年8月更新1500×1(二軸)　Ｐ中部プラントSハカルプラスM北川鉄工　住友大阪　マイテイ・フローリック　車20台〔傭車：高橋商事㈱〕
2023年出荷25千㎥、2024年出荷12千㎥
G＝山砂利　S＝山砂
普通・舗装JIS取得(GBRC)

生駒生コンクリート㈱
1971年11月10日設立　資本金3000万円　従業員14名　出資＝(販)100％
◉本社＝〒470－0371　豊田市御船町大釜34
☎0565－45－1851・FAX0565－44－0080
✉suzuki-h34@wonder.ocn.ne.jp
代表取締役金田浩伺　取締役水嶋春樹・菅原伸之
◉工場＝本社に同じ
工場長鈴木博光
従業員14名(主任技士2名・技士2名)
第1Ｐ＝1972年8月操業1992年5月M201年S改造1500×1(二軸)　Ｐ昭和鋼機Sハカルプラス M日工
第2Ｐ＝1994年9月操業2006年5月更新2015年S改造2800×1　ＰＭ北川鉄工Sハカルプラス　太平洋　フローリック・チューポール・シーカジャパン　車大型×9台〔傭車：㈲小島商事・㈲アジテータサービスオガワ・㈲高橋商事〕
2023年出荷20千㎥、2024年出荷18千㎥
G＝山砂利・砕石　S＝山砂
普通・舗装JIS取得(GBRC)
大臣認定単独取得(60N/㎟)

石川屋建材㈱
1960年7月1日設立　資本金1000万円　出資＝(製)100％
◉本社＝〒452－0942　清須市清洲字弁天113
☎052－400－0311・FAX052－400－0315
社長石川哲雄
◉生コン工場＝本社に同じ
工場長立松五夫
1970年1月操業1300×1　太平洋・UBE三菱
普通JIS取得(GBRC)

㈱磯谷組
1970年12月10日設立　資本金2000万円　従業員26名　出資＝(建)100％
◉本社＝〒445－0022　西尾市岡島町見晴
☎0563－52－1024・FAX0563－52－1363
✉iscon@katch.ne.jp
代表取締役磯谷裕
◉生コンクリート部＝本社に同じ
工場長野澤優宏
従業員16名(主任技士3名・技士1名・診断士1名)
1970年12月操業2001年8月更新1670×1(二軸)　ＰＳＭ日工　UBE三菱　チューポール　車大型×5台・中型×5台
2023年出荷19千㎥、2024年出荷17千㎥
G＝砕石　S＝山砂・砕砂
普通・舗装JIS取得(GBRC)
大臣認定単独取得(60N/㎟)

㈱伊藤商店
1980年1月1日設立　資本金1000万円　従業員31名　出資＝(自)100％
◉本社＝〒477－0032　東海市加木屋町白拍子90－2
☎0562－33－0633・FAX0562－33－3177
URL http://www.ito-syouten.com/index.html
代表取締役伊藤大司
◉工場＝〒477－0032　東海市加木屋町六

反田12
☎0562－33－0633・FAX0562－33－5777
工場長伊藤恭彦
従業員31名(主任技士2名・技士1名・診断士1名)
太平洋　フローリック・チューポール
車大型×18台・小中型×7台
G＝砕石・山砂利　S＝山砂・スラグ
普通・舗装JIS取得(GBRC)
大臣認定単独取得

資伊奈組
1958年5月15日設立　資本金300万円　従業員4名　出資＝(自)100％
◉本社＝〒479－0029　常滑市字古道東割46－5
☎0569－35－2201・FAX0569－34－8239
✉ina-namakon@samba.ocn.ne.jp
代表社員伊奈一郎　無限責任社員伊奈くみ　有限責任社員伊奈栄子・高橋薫・松井俊幸
◉伊奈生コン＝〒479－0029　常滑市字古道東割46－5
☎0569－35－5016・FAX0569－34－8239
工場長伊奈一郎
従業員4名
1961年6月操業1992年5月更新750×1　ＰＳＭ北川鉄工　太平洋　ヴィンソル　車小型×4台
G＝河川・砕石　S＝河川・山砂・陸砂・砕砂
大臣認定単独取得

稲武生コンクリート㈱
1970年6月1日設立　資本金3000万円　従業員25名　出資＝(自)100％
◉本社＝〒441－2521　豊田市桑原町中山形19－6
☎0565－82－2508・FAX0565－82－3046
取締役社長安藤和央　取締役安藤光一・安藤彰洋
◉工場＝本社に同じ
工場長青木一紀
従業員25名(主任技士2名・技士1名)
1970年6月操業2009年8月更新1850×1(二軸)　Ｐ中部プラントＳＭ北川鉄工　太平洋　マイテイ・チューポール・シーカビスコクリート　車大型×15台・中型×3台
2023年出荷30千㎥、2024年出荷30千㎥
G＝砕石　S＝河川
普通・舗装JIS取得(JTCCM)

犬山建設㈱
1958年6月6日設立　資本金2000万円　従業員20名　出資＝(自)100％
◉本社＝〒484－0081　犬山市大字犬山字甲塚5
☎0568－61－0488・FAX0568－61－3981
代表取締役松浦学　専務取締役松浦三男　監査役松浦明美
◉生コンクリート工場＝〒484－0094　犬山市大字塔野地字大畔393－1
☎0568－62－8644・FAX0568－61－5064
工場長河村徹
従業員11名(主任技士2名・技士2名)
1965年4月操業1987年11月ＰＭ2019年4月Ｓ更新1350×1(ジクロス)　ＰＳＭ北川鉄工　UBE三菱　チューポール・シーカポゾリス　車大型×1台・中型×2台・小型×6台
G＝河川・砕石　S＝河川・砕砂
普通JIS取得(GBRC)

内津生コンクリート㈱
1969年8月設立　資本金4500万円　従業員8名　出資＝(販)5％・(骨)5％・(他)90％
◉本社＝〒480－0301　春日井市内津町271
☎0568－88－0331・FAX0568－88－2609
✉ututu@crux.ocn.ne.jp
代表取締役松浦孝彦　取締役松浦利彦・石黒昇
◉工場＝本社に同じ
工場長川島富夫
従業員8名(技士4名)
1970年8月操業2021年9月更新1800×1(二軸)　ＰＳＭ北川鉄工　太平洋　マイテイ　車大型×2台・中型×8台
G＝砕石　S＝山砂・砕砂
普通JIS取得(GBRC)

宇部生コンクリート㈱
1965年9月設立　資本金1200万円　従業員50名
◉本社＝〒460－0022　名古屋市中区金山5－14－2
☎052－665－2800・FAX052－654－3600
URL https://ubenama.jp
代表取締役川中康裕
◉営業所＝〒454－0055　名古屋市中川区十番町7－1－1
☎052－665－2800・FAX052－654－3600
◉名古屋工場＝〒454－0055　名古屋市中川区十番町7－1－1
☎052－651－1181・FAX052－652－5796
工場長成瀬道生
従業員13名(主任技士3名・技士5名・診断士1名)
第1Ｐ＝1953年5月操業1980年6月Ｐ1999年6月Ｓ2011年5月Ｍ改造3250×1(二軸)　Ｐ新和機械ＳＭ光洋機械
第2Ｐ＝2019年10月操業3300×1(二軸)　ＰＳＭ光洋機械　UBE三菱　フローリック・チューポール・シーカポゾリス・マイテイ　車大型×30台〔傭車：㈲宮崎運輸〕
2023年出荷100千㎥、2024年出荷101千㎥(高強度7000㎥・高流動7000㎥・水中不分離100㎥・1DAYPAVE350㎥・舗装1500㎥)
G＝山砂利・石灰砕石・砕石・人軽骨
S＝山砂・陸砂・人軽骨
普通・舗装・軽量JIS取得(GBRC)
大臣認定単独取得(80N/mm²)
◉名古屋南工場＝〒476－0005　東海市新宝町28－5
☎052－603－5465・FAX052－601－0667
✉ube2@lilac.ocn.ne.jp
工場長榊原隆弘
従業員8名(技士6名)
1969年4月操業1996年8月更新3000×1(二軸)　ＰＳＭ光洋機械　UBE三菱　フローリック・シーカジャパン・チューポール　車大型×12台〔傭車：㈲宮崎運輸・㈲山下組〕
2023年出荷48千㎥、2024年出荷51千㎥(高強度390㎥・水中不分離33㎥)
G＝山砂利・砕石　S＝山砂・スラグ
普通・舗装JIS取得(GBRC)
大臣認定単独取得(60N/mm²)
◉岡崎工場＝〒444－0011　岡崎市欠町字藪下24－2
☎0564－21－3241・FAX0564－21－3266
✉ube3@lilac.ocn.ne.jp
工場長井上剛
従業員10名(主任技士2名・技士3名)
1961年4月操業2007年8月更新2500×1(二軸)　ＰＳＭ北川鉄工　UBE三菱　チューポール・フローリック・シーカジャパン　車大型×10台〔傭車：大石㈱〕小型×4台〔自車〕
2023年出荷29千㎥、2024年出荷50千㎥(ポーラス700㎥)
G＝山砂利・砕石・人軽骨　S＝山砂・陸砂・砕砂
普通・舗装JIS取得(GBRC)
大臣認定単独取得(60N/mm²)
※恵那工場＝岐阜県参照

㈱大嶽安城
1955年6月1日設立　資本金5000万円　従業員35名
◉本社＝〒446－0032　安城市御幸本町4－15
☎0566－75－5311・FAX0566－75－5315
URL https://www.ootake.co.jp/
✉anjyo@ootake.co.jp
代表取締役大嶽恭仁子　常務取締役永井慎悟　取締役大嶽利津子
◉豊田生コンクリート工場＝〒470－1219　豊田市畝部西町昆布池22－1
☎0565－21－0310・FAX0565－21－0757
✉y-kondo@ootake.co.jp
工場長近藤夢貴
従業員17名(主任技士2名・技士5名)
1964年12月操業1986年6月Ｐ2007年8月Ｓ

M改造2800×1　ＰＳＭ北川鉄工　住友大阪　フローリック・チューポール　車大型×5台・中型×2台・小型×5台
2024年出荷63千㎥(高強度1000㎥)
G＝山砂利・砕石　S＝山砂・砕砂
普通JIS取得(GBRC)
大臣認定単独取得(66N/mm²)

㈱大嶽名古屋
2002年3月1日設立　資本金5000万円　従業員50名　出資＝(自)100％
◉本社＝〒460－0012　名古屋市中区千代田5－8－22
☎052－261－3351・FAX052－242－1437
URL http://www.otake-nagoya.co.jp
✉info@otake-nagoya.co.jp
代表取締役社長杉田孝浩
◉名西生コンクリート工場＝〒490－1211　あま市篠田鳥羽見35
☎052－442－0370・FAX052－442－0379
✉meisei@otake-nagoya.co.jp
工場長河野一也
従業員10名(主任技士4名・技士3名)
1970年5月操業2012年1月更新3250×1　ＰＳＭ光洋機械(旧石川島)　住友大阪　フローリック・チューポール・シーカビスコクリート・GCP　車大型×20台〔傭車：㈱東郷・藤原運輸㈱〕・小型×3台(自社)
2023年出荷83千㎥
G＝陸砂利・石灰砕石・砕石・人軽骨
S＝山砂・石灰砕砂・スラグ
普通・舗装・軽量・高強度JIS取得(GBRC)
大臣認定単独取得(80N/mm²)

岡崎ブロック工業㈱
資本金1000万円
◉本社＝〒444－0066　岡崎市広幡町4
☎0564－23－2016・FAX0564－23－1095
代表取締役中根薫
◉矢伯工場＝本社に同じ
1990年3月操業1500×1　太平洋
◉宇頭工場＝〒444－0905　岡崎市宇頭町字孤田1
☎0564－32－1190・FAX0564－32－2045
1978年1月操業1999年9月更新1000×1　太平洋
普通・舗装JIS取得(GBRC)

㈲落合建材店
資本金500万円
◉本社＝〒485－0822　小牧市大字上末3100
☎0568－79－2021・FAX0568－79－2038
✉ochiai_kezaiten@md.ccnw.ne.jp
代表者落合裕
◉工場＝本社に同じ
1987年2月操業500×1　UBE三菱
G＝山砂利　S＝山砂

小原開発㈱
2009年1月1日設立　資本金2000万円　従業員8名　出資＝(自)100％
◉本社＝〒470－0543　豊田市北篠平町641
☎0565－65－3636・FAX0565－65－2958
✉obarakaihatu@arion.ocn.ne.jp
代表取締役安藤孔介
◉工場＝本社に同じ
代表取締役安藤孔介
従業員8名(主任技士1名)
1988年11月操業36×2　ＰＳＭ日工　UBE三菱・トクヤマ　GCP　車大型×3台・中型×1台・小型×3台
2023年出荷5千㎥、2024年出荷4千㎥
G＝山砂利　S＝山砂
普通JIS取得(GBRC)

尾張生コンクリート工業㈱
1968年4月15日設立　資本金2000万円　従業員12名　出資＝(販)95％・(他)5％
◉本社＝〒490－1305　稲沢市平和町丸渕上290－2
☎0567－46－2070・FAX0567－46－4628
✉owari-com@gol.com
代表取締役社長大島茂　取締役平林隆・服部憲政・中村治男・大橋賢治
◉工場＝本社に同じ
工場長山本保弘
従業員26名(技士5名)
1970年10月操業1983年5月ＰＳ2016年9月Ｍ更新1670×1(二軸)　ＰＳＭ日工　住友大阪　チューポール・フローリック　車大型×9台・小型×7台
2023年出荷40千㎥、2024年出荷38千㎥
G＝砕石　S＝砕砂
普通・舗装JIS取得(IC)

加賀屋生コン㈱
1968年8月1日設立　資本金1000万円　出資＝(他)100％
◉本社＝〒496－0921　愛西市大井町字石池391
☎0567－31－0072
代表取締役加賀隆
◉工場＝〒496－0921　愛西市大井町七川北72
☎0567－31－0178・FAX0567－31－0104
工場長斉藤境次
従業員(技士3名)
1969年7月操業1995年5月Ｍ改造1750×1(二軸)　ＰＭ北川鉄工Ｓハカルプラス　太平洋　フローリック　車大型×30台・中型×5台
G＝河川　S＝河川

加藤産業㈲
資本金1000万円　出資＝(骨)100％
◉本社＝〒470－0372　豊田市井上町4－38
☎0565－45－0166
◉工場＝本社に同じ
1973年8月操業500×1　住友大阪

㈲カトリヤ
1986年12月設立　資本金1000万円　従業員7名　出資＝(自)100％
◉本社＝〒496－8031　愛西市上東川町宇宮東131
☎0567－37－0080・FAX0567－37－109
代表者加藤洋介
◉工場＝本社に同じ
責任者加藤洋介
従業員7名
1986年12月操業750×1　太平洋　チューポール　車6台

㈱河建
1969年1月1日設立　資本金2000万円　従業員35名　出資＝(自)100％
◉本社＝〒441－3432　田原市野田町山合口2－4
☎0531－25－1188・FAX0531－25－086
代表取締役河合真樹　常務取締役河合弘幸　取締役工場長河合佑紀
◉工場＝本社に同じ
取締役工場長河合佑紀
従業員20名(主任技士1名・技士3名)
1980年12月操業2006年8月更新1500×(二軸)　Ｐ昭和鋼機Ｓハカルプラスｍ日工　太平洋　チューポール　車大型×台・小型×7台
2023年出荷25千㎥
G＝砕石　S＝陸砂・砕砂
普通・舗装JIS取得(GBRC)

㈲木村建材店
1963年1月23日設立　資本金400万円　従業員30名
◉本社＝〒453－0021　名古屋市中村区松原町2－32
☎052－471－7196・FAX052－461－140
代表取締役社長木村隆之
◉甚目寺工場＝〒490－1113　あま市中萱津字稲干場11
☎052－444－8319・FAX052－444－826
工場長木村隆之
従業員23名(技士2名)
1977年9月操業1989年9月更新1500×1　ＰＳＭクリハラ　太平洋　ヴィンソル・マイテイ　車大型×12台・中型×6台
G＝河川　S＝河川
普通JIS取得(GBRC)

㈲草間生コンクリート
1988年3月8日設立　資本金800万円　従業員22名　出資＝(自)100％
◉本社＝〒441－1105　豊橋市石巻平野町字二ツ塚3

☎0532－88－5333・FAX0532－88－5429
代表取締役石川清美　取締役長神義弘
監査役石川好子
●本社工場＝本社に同じ
工場長岡田弘明
従業員22名(主任技士1名・技士2名)
1992年10月操業2009年1月M更新2000×1(二軸)　ＰＳ北川鉄工Ｍ光洋機械　太平洋　チューポール　車大型×5台・中型×12台
2024年出荷22千㎥
G＝砕石　S＝河川・砕砂
普通JIS取得(GBRC)

工南生コン工業㈱
1969年10月30日設立　資本金1200万円
従業員18名　出資＝(自)100%
●本社＝〒483－8121　江南市曽本町二子47
☎0587－55－7151・FAX0587－54－2665
✉ko-nan.7151@almond.ocn.ne.jp
代表取締役社長戸澤清行
●工場＝本社に同じ
工場長鬼頭峰雄
従業員7名(技士2名)
1969年11月操業1992年10月ＰＭ2012年1月Ｓ改造1250×1(二軸)　Ｐ昭和鋼機Ｓハカルプラス M光洋機械　太平洋　シーカポゾリス　車大型×1台・小型×11台〔傭車：ギフレミ運輸〕
G＝河川　S＝河川・山砂
普通JIS取得(GBRC)

コスモ生コン㈱
1987年11月設立　資本金1000万円　従業員30名　出資＝(自)100%
●本社＝〒441－1115　豊橋市石巻本町字初坂5－5
☎0532－88－5506・FAX0532－88－5587
✉cosmo-r@clock.ocn.ne.jp
代表取締役菅沼雅子　専務取締役浜田孝和
●工場＝本社に同じ
工場長浜田孝和
従業員30名(主任技士1名・技士5名)
2018年1月更新1700×1(二軸)　ＰM北川鉄工Ｓハカルプラス　住友大阪　チューポール　車大型×3台・中型×10台・小型×9台〔傭車：コスモテック〕
2023年出荷45千㎥、2024年出荷46千㎥
G＝石灰砕石　S＝河川・石灰砕砂・スラグ
普通JIS取得(GBRC)

㈱小西生コン
1987年7月7日設立　資本金1000万円　出資＝(自)100%
●本社＝〒465－0025　名古屋市名東区上社2－105
☎052－774－0704
社長小西良次
●大府工場＝〒474－0001　大府市北崎町道山92－4
☎0562－47－7070・FAX0562－46－6680
工場長伊東健二
従業員(主任技士1名・技士3名)
1999年5月操業3000×1(二軸)　Ｐ日工　太平洋　ダラセム・GCP・シーカポゾリス・シーカポゾリス・シーカビスコクリート　車大型×21台・小型×8台
G＝山砂利・砕石　S＝山砂・砕砂・銅スラグ
普通・舗装JIS取得(GBRC)
大臣認定単独取得
●小西生コン工場＝〒474－0001　大府市北崎町島原12
☎0562－46－0038・FAX0562－46－1038
工場長長坂亨
従業員(技士1名)
1987年11月操業2250×1(二軸)　Ｐ日工　太平洋　ダラセム・GCP
G＝山砂利・砕石　S＝山砂・砕砂
普通JIS取得(GBRC)
●中川工場＝〒454－0971　名古屋市中川区富田町千音寺上川西804
☎052－439－2300・FAX052－439－2400
工場長荒川敬
従業員(主任技士1名・技士3名)
2003年11月操業3000×1(二軸)　ＰＳＭ光洋機械(旧石川島)　太平洋　GCP　車大型×25台・小型×8台
G＝山砂利・砕石　S＝山砂・砕砂
普通・舗装JIS取得(GBRC)
大臣認定単独取得
●春日井工場＝〒486－0934　春日井市長塚町1－116
☎0568－34－1050・FAX0568－34－1055
✉konishinamakon@rhythm.ocn.ne.jp
工場長本田道則
従業員39名(技士3名)
1994年11月操業2019年10月更新2750×1(二軸)　ＰＳＭ日工　太平洋　GCP　車大型×16台・小型×13台
G＝山砂利・砕石　S＝山砂・砕砂
普通・舗装JIS取得(GBRC)
大臣認定単独取得(60N/mm²)
●瀬戸工場＝〒489－0011　愛知県瀬戸市針原町33
☎0561－87－4300・FAX0561－87－4303
工場長永井邦明
従業員(主任技士2名)
2007年4月操業2018年2月更新2750×1(二軸)　ＰＳＭ日工　太平洋　GCP　車大型×15台・小型×9台
2023年出荷35千㎥
G＝山砂利・砕石　S＝山砂・砕砂
普通・舗装JIS取得(GBRC)
大臣認定単独取得(60N/mm²)

小牧生コン㈱
1969年7月30日設立　資本金5650万円
従業員26名　出資＝(自)100%
●本社＝〒485－0084　小牧市大字入鹿出新田705
☎0568－77－4145・FAX0568－75－1201
代表取締役林輝昭　専務取締役小川学
取締役西尾明夫　監査役林雅人
●工場＝本社に同じ
工場長小川有哉
従業員30名(主任技士1名・技士6名)
1969年11月操業1986年9月ＰＳ2017年8月Ｍ改造1670×1(二軸)　ＰＳＭ日工　UBE三菱　ダラセム・フローリック・チューポール・シーカポゾリス　車大型×7台・小型×10台
2024年出荷90千㎥
G＝陸砂利・石灰砕石・砕石　S＝山砂・陸砂
普通・舗装JIS取得(GBRC)
大臣認定単独取得(60N/mm²)

㈱坂井工業所
1979年4月設立　資本金1000万円　従業員30名　出資＝(他)100%
●本社＝〒494－0017　一宮市祐久字南野黒20
☎0586－68－1502・FAX0586－69－7560
✉sakai-kogyo@if-n.ne.jp
社長坂井俊夫　常務坂井泉
●工場＝本社に同じ
工場長坂井泉
従業員30名(主任技士1名・技士2名)
1970年4月操業1981年12月ＰＳ2017年3月Ｍ改造1500×1(傾胴二軸)　ＰＳＭ北川鉄工　太平洋　GCP　車中型×6台・小型×7台
2024年出荷30千㎥
G＝陸砂利　S＝陸砂
普通JIS取得(GBRC)

三共コンクリート㈱
1970年7月9日設立　資本金1000万円　従業員32名　出資＝(他)100%
●本社＝〒444－0023　岡崎市両町3－56
☎0564－24－2658・FAX0564－24－2773
代表取締役鋤柄隆志・鋤柄英明　取締役小澤健　監査役板倉宏興
●岡崎工場＝〒444－0005　岡崎市岡町字下野川67
☎0564－51－7357・FAX0564－51－7324
✉sankyoc2@ds1.sun-inet.or.jp
工場長高柳藤夫
従業員17名(主任技士1名・技士2名)
1976年11月操業2005年10月更新1670×1(二軸)　ＰＳＭ日工　太平洋　チューポール　車大型×7台・中型×3台・小型×4台

2023年出荷15千㎥、2024年出荷17千㎥
G＝砕石　S＝山砂・砕砂
普通・舗装JIS取得(GBRC)
◉安城工場＝〒446－0005　安城市宇頭茶屋町宮前52
☎0566－98－2349・FAX0566－98－2463
✉sankyoan@ds1.sun-inet.or.jp
工場長島田健二
従業員12名(主任技士1名・技士1名)
1968年10月操業1987年9月更新1670×1(二軸)　PSM日工　太平洋　チューポール　車大型×3台・中型×4台・小型×4台
2023年出荷15千㎥、2024年出荷14千㎥
G＝山砂利・砕石　S＝山砂・砕砂
普通・舗装JIS取得(GBRC)
大臣認定単独取得(60N/mm²)

三竹生コンクリート㈱
1981年4月1日設立　資本金3500万円　従業員18名　出資＝(自)60%・(セ)10%・(販)6%・(他)24%
◉本社＝〒471－0009　豊田市扶桑町4－34－1
☎0565－89－1717・FAX0565－80－8098
URL https://sanchiku.com
✉sanchiku@hm4.aitai.ne.jp
代表取締役社長佐藤則孝
◉工場＝本社に同じ
工場長伊藤博史
従業員14名(主任技士1名・技士3名)
1975年7月操業2016年1月更新1300×1(二軸)　PSM日工　住友大阪　マイテイ　車中型×7台・小型×4台
2023年出荷26千㎥、2024年出荷24千㎥(ポーラス10㎥)
G＝山砂利・砕石　S＝山砂
普通JIS取得(JTCCM)

下山生コン㈱
1976年4月20日設立　資本金6000万円　従業員12名　出資＝(自)100%
◉本社＝〒444－3242　豊田市大沼町石田4－1
☎0565－90－3011・FAX0565－90－3017
✉snamacon@hm10.aitai.ne.jp
代表取締役平松伸治　専務取締役平松秀敏　取締役小幡雄一郎
◉工場＝本社に同じ
代表取締役平松伸治
従業員12名(主任技士1名・技士3名)
1976年9月操業1982年5月PS2013年8月M改造1670×1(二軸)　PSM北川鉄工　太平洋　ヴィンソル・チューポール　車大型×6台・小型×3台
G＝山砂利・砕石　S＝山砂・砕砂
普通・舗装JIS取得(GBRC)

昭和橋宇部生コンクリート㈱
1961年4月1日設立　資本金3000万円　従業員40名　出資＝(自)100%
◉本社＝〒454－0059　名古屋市中川区福川町5－2
☎052－661－0226・FAX052－652－0725
代表取締役安井良豊　常務取締役坪内勝彦　取締役安井富美恵
◉玉川工場＝〒454－0058　名古屋市中川区玉川町1－1
☎052－651－8261・FAX052－652－7120
工場長安井良豊
従業員25名(主任技士1名・技士4名)
1961年5月操業1987年10月更新1500×1　PSM北川鉄工　UBE三菱　フローリック　車中型×21台
2023年出荷42千㎥、2024年出荷37千㎥
G＝山砂利・陸砂利　S＝山砂・陸砂
普通JIS取得(GBRC)
◉佐屋工場＝〒496－0914　愛西市東條町平城8
☎0567－31－3530・FAX0567－31－3578
✉syouwabashi_saya_shikenka@yahoo.co.jp
工場長坪内勝彦
従業員14名(技士4名)
1964年5月操業1980年9月PS1998年1月M改造56×1　P新和機械Sハカルプラス M北川鉄工　UBE三菱　マイテイ　車中型×8台
G＝陸砂利　S＝陸砂
普通JIS取得(GBRC)

㈱白鳥生コン
1988年11月16日設立　資本金8300万円　従業員23名　出資＝(建)100%
◉本社＝〒442－0844　豊川市小田渕町2－5
☎0533－84－7571・FAX0533－84－3271
代表取締役竹内繁雄　取締役斉藤有良・波多野晴康・北河久始・市川毅・岡田司　監査役西郷行彦
◉工場＝本社に同じ
工場長斉藤有良
従業員23名(主任技士2名・技士4名)
1989年6月操業2007年1月更新2300×1(ジクロス)　PSM北川鉄工　麻生・太平洋　チューポール　車大型×8台・中型×2台〔傭車：㈲レミックス〕
G＝砕石　S＝河川・砕砂
普通・舗装JIS取得(JTCCM)
大臣認定単独取得

新城生コン㈱
1981年11月4日設立　資本金1000万円　従業員12名　出資＝(自)100%
◉本社＝〒441－1338　新城市一鍬田字上赤座114
☎0536－26－1136・FAX0536－26－1137
✉shinshiro@8uehiro.co.jp
代表取締役安形代介
※生産委託
◉生コン工場＝本社に同じ
工場長夏目明典
従業員12名(技士3名)
1968年9月操業2007年10月更新1750×1(二軸)　PSM北川鉄工　太平洋　チューポール　車大型×4台・中型×1台・小型×1台
G＝砕石　S＝河川・砕砂
普通・舗装JIS取得(MSA)

新知多コンクリート工業㈱
2000年3月16日設立　資本金1000万円　従業員10名　出資＝(骨)100%
◉本社＝〒478－0041　知多市日長字赤坂51
☎0562－55－3311・FAX0562－54－1645
✉ncc2000@d9.dion.ne.jp
代表取締役鶴田欣也　取締役松山正幸
◉工場＝本社に同じ
工場長松山正幸
従業員10名(主任技士3名・技士3名)
1964年6月操業2015年8月更新2250×1(二軸)　PSM日工　住友大阪　フローリック・チューポール・シーカジャパン　車大型×10台〔傭車：中藤㈲・伊藤運送㈱〕
2023年出荷97千㎥、2024年出荷58千㎥
G＝石灰砕石・砕石　S＝山砂・石灰砕砂・スラグ
普通・舗装JIS取得(GBRC)
大臣認定単独取得(60N/mm²)

伸和生コン㈲
1970年6月10日設立　資本金300万円　出資＝(自)100%
◉本社＝〒449－0401　北設楽郡豊根村三沢字上平7－4
☎0536－85－1301・FAX0536－85－1305
代表取締役新木正明
※山冨建材㈱に生産委託

㈱スエヒロ産業
1970年9月5日設立　資本金1000万円　従業員8名　出資＝(自)100%
◉本社＝〒441－1632　新城市富栄字貝津8
☎0536－32－0506・FAX0536－32－0695
URL https://www.8uchiro.co.jp
✉info@suehiro-i.com
代表取締役安形代介　取締役内山元雄・山本孝典・菅沼ひとみ
◉工場＝〒441－1632　新城市富栄字貝津8
☎0536－32－0508・FAX0536－32－6188
工場長鈴木敏司
従業員16名(主任技士2名・技士4名)
1967年7月操業2009年8月更新2750×1　PSM日工　太平洋　チューポール　車大型×11台・中型×1台・小型×1台

2023年出荷45千㎥、2024年出荷19千㎥（高流動2641㎥）
G＝砕石　S＝河川・砕砂
普通・舗装JIS取得（JTCCM）
大臣認定単独取得（60N/mm²）
※第2工場＝静岡県参照

㈱太啓
1981年10月1日設立　資本金3000万円　従業員37名　出資＝（建）100％
◉本社＝〒470－0371　豊田市御船町大釜5－54
☎0565－46－5001・FAX0565－46－4849
URL http://www.taikei-gr.jp
✉info@taikei-p.co.jp
代表取締役金田浩伺　取締役大矢伸明・水嶋春樹・菅原伸之・高良昭夫・青山正尚　監査役岡本啓嗣
ISO 9001・14001取得
◉豊田生コンクリート工場＝〒470－0371　豊田市御船町大釜5－54
☎0565－46－5002・FAX0565－46－4849
工場長大加浩
従業員16名（主任技士4名・技士1名）
1968年6月操業1997年10月更新2000×2（傾胴二軸）　ＰＳＭ北川鉄工　太平洋　チューポール・フローリック・シーカポゾリス　車大型×7台
2023年出荷30千㎥
G＝山砂利・砕石　S＝山砂
普通・舗装JIS取得（GBRC）
ISO 9001・14001取得
大臣認定単独取得（60N/mm²）

大正建材㈱
◉本社＝〒489－0955　瀬戸市南ヶ丘町195－1
☎0561－85－6869・FAX0561－83－9958
✉taisyo@gctv.ne.jp
代表者渡邉正平
◉南ヶ丘工場＝〒489－0955　瀬戸市南ヶ丘町195－1
☎0561－83－0851・FAX0561－82－2834
工場長藤田隆吉
従業員19名
1979年1月操業2004年10月更新3000×2（二軸）　ＰＳＭ光洋機械　UBE三菱・住友大阪　車26台
G＝山砂利・砕石　S＝山砂・砕砂
普通・舗装JIS取得（GBRC）
大臣認定単独取得（60N/mm²）

㈱ダイセン
1991年設立　資本金3000万円　従業員380名
◉本社＝〒444－0531　西尾市吉良町岡山背撫山4－5
☎0563－35－3121
URL http://www.daisen-g.com/index.html
代表取締役社長大山徳龍
◉工場＝〒444－0531　西尾市吉良町岡山背撫山4－33
☎0563－35－7003
普通JIS取得（GBRC）

ダイナミック生コン㈱
1991年8月1日設立　資本金5000万円　従業員12名　出資＝（自）68％・（セ）8％・（建）24％
◉本社＝〒444－3512　岡崎市鉢地町字不上田10－1
☎0564－48－7800・FAX0564－48－7803
✉dynamic.namacon@rapid.ocn.ne.jp
代表取締役柴田正實　役員青木善昭・柴田正實・安達克己・園山幸喜恵
◉本社工場＝本社に同じ
工場長安達克己
従業員13名（主任技士3名・技士1名）
1991年11月操業2007年5月更新3000×1（二軸）　ＰＳＭ光洋機械　太平洋　チューポール　車大型×8台〔傭車：㈲川島商店・㈲レミックス〕
2024年出荷26千㎥（高流動500㎥・再生骨材10㎥）
G＝砕石　S＝山砂・砕砂・スラグ
普通・舗装JIS取得（GBRC）
大臣認定単独取得（60N/mm²）

㈲大雄
◉本社＝〒462－0063　名古屋市北区丸新町19
☎052－902－3233・FAX052－902－5133
代表取締役社長大角信雄
◉工場＝本社に同じ
1985年5月操業18×1　外国

㈱ダイロク
1985年8月1日設立　資本金5000万円　従業員31名　出資＝（自）100％
◉本社＝〒489－0954　瀬戸市台六町154
☎0561－82－6966・FAX0561－82－6967
URL http://dai6.co.jp
✉info@dai6.co.jp
代表取締役社長立浦猛　取締役西山正玉・小島紀雄・立浦彰徳
◉工場＝本社に同じ
工場長西山正玉
従業員31名（主任技士1名）
1985年8月操業1989年3月更新1500×1　Ｐ東海プラントサービスＳハカルプラスＭ光洋機械（旧石川島）　UBE三菱・東洋　チューポール・フローリック　車中型×2台・小型×4台
G＝山砂利　S＝山砂利
普通JIS取得（GBRC）

谷建材㈱
1960年1月1日設立　資本金1000万円　出資＝（自）100％
◉本社＝〒453－0041　名古屋市中村区本陣通4－36
☎052－471－3163・FAX052－471－3145
✉taniken@smile.ocn.ne.jp
代表取締役社長谷俊一郎　常務取締役杉浦雅司　取締役山口美智子・谷紀子　監査役谷幸子
◉名古屋工場＝〒490－1114　あま市下萱津砂入586
☎052－444－3151・FAX052－442－3163
✉tanikenzai@cap.ocn.ne.jp
工場長猪飼一也
従業員9名（主任技士2名・技士5名）
1960年1月操業2002年1月更新3000×1（二軸）　ＰＳＭ光洋機械　太平洋・UBE三菱・住友大阪　GCP・フローリック・チューポール・マイテイ・シーカジャパン　車大型×30台〔傭車：溝江運輸㈲〕
2024年出荷96千㎥（高強度2500㎥）
G＝石灰砕石・砕石・人軽骨　S＝山砂・石灰砕砂
普通・舗装・軽量JIS取得（GBRC）
大臣認定単独取得（60N/mm²）
◉飛島工場＝〒490－1443　海部郡飛島村大字新政成字戌之切927
☎0567－55－3210・FAX0567－55－3211
責任者塚本好洋
従業員6名（主任技士3名・技士2名・診断士2名）
3000×1（二軸）　住友大阪　チューポール・GCP・フローリック・マイテイ・シーカジャパン　車10台
2023年出荷65千㎥、2024年出荷40千㎥（高強度800㎥・高流動3200㎥）
G＝石灰砕石・砕石・人軽骨　S＝河川・山砂
普通・舗装・軽量JIS取得（GBRC）
大臣認定単独取得（80N/mm²）

田原生コン㈱
1970年11月13日設立　資本金2550万円　従業員10名　出資＝（販）12％・（建）77％・（他）11％
◉本社＝〒441－3431　田原市白谷町坂下55－1
☎0531－22－0182・FAX0531－22－2048
✉t-nama@amitaj.or.jp
代表取締役社長杉田鐘一　常務取締役彦坂雄三　取締役河合登・河辺要吉・板倉四郎・富田雅則・藤城隆雄・大野晶寛・小笠原満
◉工場＝本社に同じ
工場長伊藤邦敏
従業員10名（技士6名）
1990年11月操業3000×1　ＰＳＭ光洋機械　太平洋　AE（竹本）・チューポール　車大型×12台・小型×5台〔傭車：㈱河合組他12社〕

G＝砕石　S＝河川・陸砂・砕砂・人軽骨・輸入（中国）
普通・舗装JIS取得（GBRC）

知多中央生コン㈱
2000年4月1日設立　資本金1000万円　従業員12名　出資＝（自）100％
◉本社＝〒470－2105　知多郡東浦町大字藤江字南栄町1－86
☎0562－82－1091・FAX0562－82－1095
✉syukka@c-chuuou.co.jp
代表取締役社長宮田和典　専務取締役鈴木伸吾　取締役野名安保・竹田秀明　監査役宮田静子
◉工場＝本社に同じ
工場長戸谷慎吾
従業員12名（主任技士3名・技士5名）
2007年11月操業3250×1（二軸）　太平洋　チューポール・フローリック・マイティ・シーカポゾリス　車大型×40台〔傭車：名和陸運㈲〕
2023年出荷114千㎥、2024年出荷104千㎥（高強度100㎥・水中不分離20㎥）
G＝石灰砕石・砕石　S＝山砂・砕砂・スラグ
普通・舗装JIS取得（GBRC）
大臣認定単独取得（60N/mm²）

中部太平洋生コン㈱
2000年2月1日設立　資本金5000万円　従業員35名　出資＝（セ）100％
◉本社＝〒454－0933　名古屋市中川区法華2－1
☎052－361－6411・FAX052－361－7380
✉ctn-corp@alto.ocn.ne.jp
代表取締役内田昌勝　常務取締役竹下幸秀　取締役高橋義弘・濱佳宗・中村藤雄・岡崎浩二　監査役鈴木弘
◉名古屋工場＝〒454－0933　名古屋市中川区法華2－1
☎052－361－7361・FAX052－361－7380
工場長彦坂政寿
従業員26名（主任技士13名・技士9名・診断士4名・技術士2名）
第1P＝1956年6月操業2011年1月更新3250×1（二軸）　P光洋機械（旧石川島）Sパシフィックテクノス M光洋機械
第2P＝2013年5月操業2750×1（二軸）　PM光洋機械 S光洋機械（旧石川島）　太平洋　チューポール・シーカポゾリス・フローリック・マイティ　車大型×50台〔傭車：㈲山下組・伊藤運送㈱・東洋レミコン運輸㈱〕
2023年出荷162千㎥、2024年出荷158千㎥（高強度13000㎥・水中不分離27㎥）
G＝石灰砕石・人軽骨　S＝山砂・陸砂・石灰砕砂・人軽骨
普通・舗装・軽量・高強度JIS取得（GBRC）
大臣認定単独取得（100N/mm²）

◉知多工場＝〒476－0015　東海市東海町5－9　日本製鉄㈱構内
☎052－603－5171・FAX052－603－5174
工場長村瀬佳宏
従業員5名（主任技士3名・技士1名）
1960年11月操業1999年9月更新3000×1（二軸）　PSM光洋機械（旧石川島）　太平洋　チューポール
2023年出荷63千㎥
G＝石灰砕石　S＝山砂・スラグ
※日本製鉄㈱構内用として操業
※四日市工場＝三重県参照

塚本建材㈱
1986年9月10日設立　資本金2000万円　従業員13名　出資＝（自）100％
◉本社＝〒448－0002　刈谷市一里山町南本山38
☎0566－36－0065・FAX0566－36－6585
URL http://www.tk-co.jp/
代表取締役塚本訓弘
◉生コン工場＝本社に同じ
工場長塚本訓弘
従業員13名（主任技士1名・技士1名）
1971年1月操業1976年4月更新1500×1（二軸）　PSM光洋機械　トクヤマ・住友大阪　ヴィンソル・マイティ　車中型×7台・小型×1台
2023年出荷24千㎥
G＝山砂利・砕石　S＝山砂・砕砂
普通JIS取得（MSA）

東海生コン㈱
◉本社＝〒470－0206　みよし市莇生町水洗3
☎0561－34－2288・FAX0561－34－2401
◉三好工場＝本社に同じ
1973年12月操業1985年1月P1993年10月M2008年8月S改良3250×1　PSM光洋機械
普通・舗装JIS取得（GBRC）
◉大高工場＝〒459－8001　名古屋市緑区大高町丸の内50－1
☎052－623－6453・FAX052－623－6426
✉tmn.oh@k6.dion.ne.jp
工場長養松廣道
従業員8名（主任技士2名・技士3名）
1988年6月操業2006年1月更新3000×1（二軸）　PSM北川鉄工　住友大阪　フローリック・チューポール・GCP・シーカメント　車大型×22台〔傭車：杉山陸運・中京サービス・名和陸運〕
G＝砕石　S＝山砂・砕砂・スラグ
普通・舗装JIS取得（GBRC）
大臣認定単独取得（80N/mm²）

東海菱光㈱
1961年8月1日設立　資本金10000万円　従業員15名　出資＝（セ）64.3％・（販）30％・（他）5.7％
◉本社＝〒454－0832　名古屋市中川区清船町5－1－4
☎052－361－2476・FAX052－361－2923
URL https://lotusveda.cfbx.jp/ryoko/
✉tkr@tokairyoko.co.jp
代表取締役磯部朋幸　取締役筒井勝己・進啓一・小木曽一陽　監査役欅田陽介
◉名古屋工場＝〒454－0832　名古屋市中川区清船町5－1－4
☎052－361－4074・FAX052－361－0870
工場長板橋庸行
従業員11名（主任技士4名・技士3名・診断士1名）
1961年10月操業2019年1月更新3300×1（二軸）　PSM光洋機械　UBE三菱　フローリック・マイティ・チューポール・シーカジャパン　車大型×25台〔傭車：新愛光運輸㈲・菱大運輸㈱・菱東運輸㈱〕
2023年出荷77千㎥、2024年出荷78千㎥（高強度11300㎥・水中不分離43㎥）
G＝石灰砕石・砕石・人軽骨　S＝山砂・陸砂
普通・舗装・軽量JIS取得（GBRC）
大臣認定単独取得（80N/mm²）

東名太平洋生コン㈱
2000年2月1日設立　資本金4500万円　従業員24名　出資＝（販）77.8％・（他）22.2％
◉本社＝〒470－0162　愛知郡東郷町大字春木字南切山127
☎0562－92－5171・FAX0562－93－1773
✉shiken@tomei-taiheiyo.co.jp
代表取締役社長板倉宏興　常務取締役土松好数　取締役工場長山田洋二
◉工場＝本社に同じ
工場長山田洋二
従業員24名（主任技士3名・技士4名）
1969年8月操業2016年1月更新2800×1（二軸）　PSM北川鉄工　太平洋　チューポール・マイティ・シーカポゾリス　車大型×10台・中型×2台・小型×4台〔常駐傭車〕15台
2023年出荷68千㎥、2024年出荷68千㎥（高強度1000㎥）
G＝山砂利・石灰砕石　S＝山砂・石灰砕砂
普通・舗装JIS取得（GBRC）
大臣認定単独取得（60N/mm²）

トーヨーテクノ㈱
1988年4月8日設立　資本金2000万円　従業員50名　出資＝（自）100％
◉本社＝〒455－0027　名古屋市港区船見町56
☎052－613－3113・FAX052－614－6577
URL https://toyotechno-namacon.co.jp
✉toyo@crux.ocn.ne.jp

代表取締役大江康夫
◉工場＝〒455－0027　名古屋市港区船見町56
☎052－613－3111・FAX052－613－0351
✉toyo@crux.ocn.ne.jp
工場長八木宏樹
従業員50名(主任技士4名・技士3名・診断士1名)
第1P＝2018年4月操業3300×1　PSM光洋機械
第2P＝1988年4月操業2022年1月更新2800×1　PSM光洋機械　トクヤマ・UBE三菱　フローリック・チューポール　車大型×39台・中型×19台〔傭車：名和陸運㈲〕
2023年出荷170千㎥、2024年出荷160千㎥(水中不分離50㎥)
G＝石灰砕石・砕石　S＝石灰砕砂・スラグ
普通・舗装JIS取得(GBRC)
大臣認定単独取得(80N/mm²)

東洋生コン㈱
2004年6月1日設立　資本金1000万円　従業員8名　出資＝(販)100%
◉本社＝〒470－1204　豊田市配津町家下5－1
☎0565－21－5117・FAX0565－21－5102
代表取締役渡邉伸悟
◉豊田工場＝本社に同じ
工場長岡﨑浩一
従業員8名(主任技士2名・技士3名)
2004年6月操業2500×1(二軸)　PSM日工　UBE三菱　チューポール・フローリック・シーカジャパン　車大型×10台〔傭車：名和陸運㈲〕
2023年出荷40千㎥、2024年出荷66千㎥(高強度1000㎥・水中不分離30㎥)
G＝山砂利・砕石　S＝山砂・砕砂
普通・舗装JIS取得(JTCCM)
大臣認定単独取得(60N/mm²)

豊川コンクリート工業㈱
1987年5月1日設立　資本金4500万円
◉本社＝〒442－0847　豊川市白鳥2－1
☎0533－87－5358
代表取締役吉田充広
◉工場＝本社に同じ
1987年5月操業1000×1　住友大阪
普通JIS取得(JTCCM)

豊橋小野田レミコン㈱
1961年5月2日設立　資本金4500万円　従業員13名　出資＝(セ)40%・(販)60%
◉本社＝〒440－0086　豊橋市下地町字新道16
☎0532－53－2105・FAX0532－53－2109
代表取締役社長板倉宏興　取締役山本朝義・土松好数　監査役鈴木弘
◉工場＝本社に同じ
工場長山本修
従業員13名(主任技士1名・技士4名)
1961年12月操業2007年8月更新2800×1　PSM北川鉄工　太平洋　チューポール　車大型×7台・小型×2台
2023年出荷28千㎥、2024年出荷24千㎥
G＝砕石・人軽骨　S＝陸砂・砕砂
普通・高強度JIS取得(GBRC)
大臣認定単独取得(60N/mm²)

名古屋生コン㈱
◉本社＝〒486－0925　春日井市中切町若原39－1
☎0568－81－1622・FAX0568－84－2053
◉本社工場(旧富山西部生コン㈱名古屋工場)＝本社に同じ
1977年7月操業2007年11月更新3000×1(二軸)　PSM日工
普通・舗装JIS取得(GBRC)

㈱那須第一生コン
1980年3月設立　資本金1000万円　従業員6名　出資＝(自)100%
◉本社＝〒471－0846　豊田市田代町5－52
☎0565－32－1331・FAX0565－32－1332
URL http://www.towa-asucon.co.jp/
✉info@towa-asucon.co.jp
代表取締役那須巨　取締役那須由江・那須拡史　監査役那須実季
ISO 9001・14001取得
◉工場＝本社に同じ
工場長近藤芳明
従業員6名
1967年4月操業1992年2月更新56×2　PM光洋機械(旧石川島)S度量衡　太平洋　チューポール　車大型×2台・中型×3台・小型×3台
2023年出荷12千㎥
G＝山砂利・砕石　S＝山砂
普通JIS取得(GBRC)
ISO 9001・14001取得

㈲成田屋商店
◉本社＝〒452－0905　清須市須ケ口2222
☎052－400－2114
◉本社工場＝〒452－0918　清須市桃栄2－291
☎052－400－2261・FAX052－409－2669
1979年2月操業1000×1
普通JIS取得(GBRC)

西栄ブロック工業㈱
1960年12月21日設立　資本金1000万円　従業員16名　出資＝(他)100%
◉本社＝〒445－0802　西尾市米津町入舟2－73
☎0563－56－3800・FAX0563－56－3807
代表取締役杉崎敏広　取締役大河内有子
◉米津工場＝本社に同じ
代表取締役杉崎敏広
従業員16名(技士2名)
1960年12月操業1980年12月PM改造36×2　PSM北川鉄工　太平洋　フローリック　車大型×4台・中型×7台・小型×3台
G＝山砂利・砕石　S＝山砂
普通JIS取得(GBRC)
◉西浅井工場＝〒445－0004　西尾市西浅井町千地66
☎0563－52－1911
従業員2名(技士1名)
1984年9月操業36×2　車大型×2台・小型×4台
G＝砕石　S＝河川・山砂・陸砂

日進コンクリート興業㈱
1974年4月1日設立　資本金1000万円　従業員3名　出資＝(自)100%
◉本社＝〒470－0131　日進市岩崎町西ノ平60－2
☎0561－72－0865・FAX0561－73－0495
URL https://nissin-concrete.com
✉nissin-conkurito@kir.biglobe.ne.jp
代表取締役井上隆洋　取締役井上真希・井上洋
◉工場＝本社に同じ
工場長井上隆洋
従業員3名(技士2名)
1974年4月操業2018年5月更新2300×1(二軸)　PSM北川鉄工　住友大阪　マイテイ　車大型×2台・中型×7台・小型×5台
2024年出荷39千㎥
G＝山砂利　S＝山砂
普通JIS取得(GBRC)

幡豆生コンクリート㈱
1960年9月17日設立　資本金1000万円　従業員18名　出資＝(建)93%・(他)7%
◉本社＝〒444－0524　西尾市吉良町荻原川中59
☎0563－32－0721・FAX0563－32－0725
✉hazunamakon-ishihara@hazunamaconkira.co.jp
代表取締役社長判治悟史　代表取締役会長羽佐田光保　専務取締役鈴木直一　取締役判治隆男　監査役判治俊哉
◉工場＝本社に同じ
工場長石原昌明
従業員18名(主任技士2名・技士4名・診断士1名)
1960年10月操業1987年10月P2001年5月SM改造2500×1(二軸)　P中部プラントSハカルプラスM北川鉄工　住友大阪　ヴィンソル・マイテイ・チューポール　車大型×6台・中型×2台・小型×6台〔傭車：三栄運送㈲〕

2023年出荷17千㎥、2024年出荷20千㎥（水中不分離200㎥）
G＝砕石・人軽骨　S＝山砂・砕砂・スラグ
普通・舗装JIS取得（GBRC）

ハーバー生コン㈱
2003年7月23日設立　資本金4500万円　従業員11名　出資＝（販）67％・（建）33％
◉本社＝〒443－0036　蒲郡市浜町44
☎0533－69－4175・FAX0533－69－3668
✉harbor-con@clock.ocn.ne.jp
代表取締役山口桂介・板倉宏興
◉工場＝本社に同じ
工場長河合真二
従業員11名（主任技士1名・技士4名）
2003年11月操業2008年8月更新2300×1（二軸）　ＰＳＭ北川鉄工　太平洋　チューポール　車大型×6台・中型×5台
2023年出荷26千㎥、2024年出荷25千㎥（水中不分離130㎥）
G＝砕石　S＝陸砂・砕砂
普通・舗装JIS取得（GBRC）
大臣認定単独取得（60N/mm²）

兵善生コンクリート㈱
1963年10月28日設立　資本金1000万円　従業員60名　出資＝（自）100％
◉本社＝〒479－0827　常滑市保示町5－31
☎0569－35－4151・FAX0569－34－5508
代表取締役谷川洋明　専務取締役谷川洋　常務取締役谷川聖美　監査役谷川聖香
◉工場＝本社に同じ
工場長谷川久夫
従業員9名（主任技士2名・技士5名）
1961年4月操業2006年11月更新1750×1（二軸）　ＰＭ光洋機械（旧石川島）Ｓハカルプラス　UBE三菱　フローリック　車大型×12台・小型×1台
G＝石灰砕石・砕石　S＝山砂・スラグ
大臣認定単独取得

㈱フジックスコンクリート
1986年8月1日設立　資本金1000万円　従業員20名　出資＝（製）75％・（骨）25％
◉本社＝〒498－0063　弥富市東末広9－38－1
☎0567－68－3787・FAX0567－68－3718
URL http://www.fjix.co.jp/
✉webmaster@fjix.co.jp
代表取締役社長藤井健治　取締役藤井俊弘
◉工場＝本社に同じ
工場長藤井俊弘
従業員25名（主任技士2名・技士2名・診断士1名）
1987年2月操業1990年8月更新3000×1　ＰＭクリハラＳ光洋機械　UBE三菱　GCP　車大型×16台・小型×10台
G＝陸砂利・石灰砕石　S＝山砂・石灰砕砂
普通・舗装JIS取得（GBRC）
大臣認定単独取得（60N/mm²）

㈲船仁建材店
1964年6月1日設立　資本金300万円　従業員14名　出資＝（自）100％
◉本社＝〒481－0012　北名古屋市久地野権現110
☎0568－21－0459・FAX0568－23－3418
✉funanikenzaiten@nifty.com
代表取締役堀場好久
◉生コン工場＝〒481－0012　北名古屋市久地野権現109
☎0568－21－0459・FAX0568－23－3418
工場長堀場秀幸
従業員14名（技士3名）
1967年6月操業1990年7月ＰＭ2012年1月Ｓ改造1250×1（二軸）　ＰＳＭ光洋機械　太平洋　シーカジャパン　車中型×9台
G＝河川　S＝河川・山砂
普通JIS取得（GBRC）

北国生コン㈱
◉本社＝石川県参照
◉みずほ生コン工場＝〒490－1107　あま市森1－3－8
☎052－443－0203・FAX052－443－1091
✉mizuho-n@kore.mitene.or.jp
工場長養松廣道
従業員6名（主任技士2名・技士2名）
1983年7月操業2015年1月更新3250×1（二軸）　ＰＳＭ光洋機械（旧石川島）　住友大阪　チューポール・スーパー・フローリック　車大型×14台〔傭車：㈲中京サービス他〕
G＝陸砂利・石灰砕石　S＝陸砂・石灰砕砂・スラグ
普通・軽量・舗装JIS取得（GBRC）
大臣認定単独取得（80N/mm²）
※工場＝石川県参照

㈱本陣
（西村土木㈱から事業譲渡）
資本金9800万円
◉本社＝〒461－0048　名古屋市東区矢田南3－13－7
☎052－722－3000・FAX052－722－8311
代表者梅岡美喜男
◉豊田工場（旧西村土木㈱工場）＝〒470－0364　豊田市加納町向井山23－8
☎0565－45－8116・FAX0565－45－8177
1986年10月操業1500×1
普通JIS取得（GBRC）

㈲丸一建材店
1950年4月設立　資本金500万円　従業員31名　出資＝（他）100％
◉本社＝〒455－0882　名古屋市港区小賀須2－1401
☎052－302－1234・FAX052－301－4368
URL https://maruichi-01.co.jp/
代表者前田典子　取締役鬼頭孝一・前田健吾
◉工場＝本社に同じ
工場長鬼頭孝一
従業員31名
1979年6月操業（二軸）　住友大阪　フローリック・マイテイ　車15台
G＝砕石　S＝山砂・砕砂
普通JIS取得（GBRC）

㈲丸光産商
1978年1月4日設立　資本金900万円　従業員42名　出資＝（自）100％
◉本社＝〒489－0889　瀬戸市原山町106－1
☎0561－82－7787・FAX0561－21－8429
代表取締役金光美登里　取締役金光一憲
◉丸光コンクリート豊田工場＝〒470－0352　豊田市篠原町敷田57－6
☎0565－48－8052・FAX0565－48－4996
工場長花塚幹雄
従業員63名（主任技士1名・技士1名）
第1Ｐ＝2003年4月操業2000×1（二軸）　ＰＳＭ日工
第2Ｐ＝1996年5月操業3000×2（傾胴）　ＰＳＭ冨士機　住友大阪　フローリック・チューポール・マイテイ　車大型×40台・中型×5台
G＝山砂利　S＝山砂
普通・舗装JIS取得（GBRC）
大臣認定単独取得（60N/mm²）

㈱三河屋
1971年7月1日設立　資本金1000万円　従業員14名　出資＝（自）100％
◉本社＝〒497－0048　海部郡蟹江町舟入2－43
☎0567－95－2539・FAX0567－96－2306
URL http://www.mikawa8.co.jp
✉info@mikawa8.co.jp
代表取締役社長平松省三　取締役平松一哉・平松摩祐
◉ファクトリー＝〒497－0048　海部郡蟹江町舟入2－6
☎0567－95－2539・FAX0567－96－2306
工場長那須守
従業員14名（主任技士2名・技士2名）
1973年11月操業1986年2月更新1000×1（二軸）　ＰＳＭ日工　太平洋　AE（竹本）・チューポール　車中型×1台・小型×7台
G＝石灰砕石　S＝山砂・陸砂
普通JIS取得（GBRC）

㈱水谷建材
1984年3月21日設立　資本金2000万円
出資=(自)100%
◉本社=〒463-0026　名古屋市守山区薮田町805
☎052-799-1230・FAX052-799-2161
代表取締役水谷裕行
◉工場=本社に同じ
工場長山口成彦
従業員18名(技士5名)
1976年2月操業1985年8月ＰＭ改造1500×1　Ｐ中部プラントＳ度量衡Ｍ大平洋機工　太平洋　フローリック　車大型×5台・中型×8台
G=山砂利・砕石　S=山砂
普通JIS取得(MSA)

㈱水谷生コンクリート
1984年3月21日設立　資本金1000万円
従業員13名　出資=(自)100%
◉本社=〒463-0037　名古屋市守山区天子田4-302
☎052-771-9707・FAX052-776-1331
代表取締役水谷信治　取締役水谷明子・木村剋彦　監査役岡本富夫
◉工場=本社に同じ
工場長田原達久
従業員13名(技士3名)
1985年8月操業1500×1　Ｐ中部プラントＭ大平洋機工　UBE三菱　フローリック　車大型×1台・中型×11台
G=山砂利・砕石　S=山砂
普通JIS取得(GBRC)

ミナト生コン㈱
1992年4月1日設立　資本金7500万円　従業員8名　出資=(他)100%
◉本社=〒441-8074　豊橋市明海町33-22
☎0532-25-2868・FAX0532-25-2769
✉minatonamacon@eagle.ocn.ne.jp
代表取締役社長大野悦男
◉工場=本社に同じ
工場長大野誠
従業員8名(主任技士4名・技士3名・診断士2名)
1993年1月操業2008年1月ＳＭ更新2750×1　Ｐ光洋機械(旧石川島)Ｓパシフィックシステム Ｍ光洋機械　太平洋　チューポール・マイテイ　車大型×7台・小型×2台
2023年出荷23千㎥、2024年出荷16千㎥(水中不分離85㎥)
G=石灰砕石　S=陸砂・石灰砕砂
普通・舗装・高強度JIS取得(JTCCM)
大臣認定単独取得(60N/mm²)

㈲宮林コンクリート
資本金500万円　出資=(他)100%
◉本社=〒440-0033　豊橋市東岩田2-9-3
☎0532-62-0687・FAX0532-63-8731
社長宮林信子
◉工場=〒440-0833　豊橋市飯村町字高山168-1
従業員5名
1967年3月操業1976年9月更新1000×1
太平洋　車大型×4台・小型×7台
普通JIS取得(GBRC)

明高コンクリート㈱
2008年8月1日設立
◉本社=〒455-0027　名古屋市港区船見町9
☎052-829-1660・FAX052-829-1990
URL http://marumitsu-g.com/meikoindex.html
✉info@marumitsu-g.com
代表取締役松井智明
◉工場=本社に同じ
2014年10月操業
普通・舗装JIS取得(GBRC)

名東生コン㈱
1970年5月26日設立　資本金4800万円
従業員23名　出資=(他)100%
◉本社=〒463-0033　名古屋市守山区森孝東2-410
☎052-771-1201・FAX052-771-9775
✉meito-qc@kuc.biglobe.ne.jp
代表取締役社長牛田光俊
ISO 9001取得
◉本社工場=本社に同じ
工場長岡健一
従業員23名(主任技士2名・技士7名)
1970年10月操業1987年10月Ｐ2007年5月ＳＭ改造2800×1(二軸)　ＰＳＭ北川鉄工　太平洋　チューポール・フローリック・マイテイ　車大型×22台・中型×4台・小型×2台〔傭車：伊藤運送㈱他〕
2023年出荷87千㎥
G=山砂利・砕石・石灰砕石・人軽骨
S=山砂・砕砂・人軽骨
普通・舗装・軽量JIS取得(JQA)
ISO 9001取得
大臣認定単独取得(100N/mm²)

㈱名北
2003年2月28日設立　資本金2000万円
従業員61名
◉本社=〒481-0041　北名古屋市九之坪梅田9-1
☎0568-22-7551・FAX0568-22-7612
URL http://www.meihokudoboku.co.jp
代表取締役前田忍　取締役安田賢一
ISO 9001・14001取得
◉名北生コン工場=〒483-8405　江南市小杁町字鴨ヶ池222
☎0587-57-8315・FAX0587-57-1568
工場長前野崇広
従業員(主任技士3名・技士2名)
1972年6月操業1990年2月ＰＭ1994年1月Ｓ改造1500×1(二軸)　ＰＳＭ北川鉄工　住友大阪
普通・舗装JIS取得(GBRC)

㈱毛受建材
1970年4月1日設立　資本金2000万円　従業員7名　出資=(自)100%
◉本社=〒470-1151　豊明市前後町鎗ヶ名1841
☎0562-92-0350・FAX0562-92-4141
URL http://www.menjo.co.jp/
✉kenzai@menjo.co.jp
代表取締役毛受進　取締役毛受敏夫・毛受すえ子
◉工場=本社に同じ
工場長上田哲也
従業員7名(技士4名)
1970年4月操業2014年8月更新1700×1(二軸)　ＰＳＭ日工　UBE三菱・住友大阪　AE(竹本)・チューポール　車中型×11台・小型×11台〔傭車：毛受コンクリート㈱〕
2023年出荷45千㎥
G=山砂利・砕石　S=山砂
普通JIS取得(MSA)

㈱八洲
1961年3月15日設立　資本金1000万円
従業員57名　出資=(自)100%
◉本社=〒487-0004　春日井市玉野町192
☎0568-51-6655・FAX0568-51-8243
代表取締役加藤宗治　取締役加藤明彦・加藤真澄　監査役大野繁弥
◉生コンクリート部春日井工場=〒486-0901　春日井市牛山町3226-1
☎0568-31-6266・FAX0568-31-4064
✉y.inagaki@yashima-web.co.jp
工場長杉本正樹
従業員16名(主任技士3名・技士6名)
第1Ｐ=1963年8月操業1984年1月更新3000×1(二軸)　ＰＳＭ北川鉄工
第2Ｐ=3250×1(二軸)　ＰＳ日工Ｍ光洋機械　太平洋・住友大阪　フローリック・チューポール・マイテイ・シーカポゾリス　車大型×52台〔傭車：マルハチ工業㈱〕
2023年出荷190千㎥、2024年出荷200千㎥(高強度3000㎥・水中不分離100㎥)
G=山砂利・砕石・人軽骨　S=山砂・人軽骨
普通・舗装・軽量JIS取得(GBRC)
大臣認定単独取得(80N/mm²)
◉生コンクリート部瀬戸工場=〒489-0071　瀬戸市暁町4-3
☎0561-86-9777・FAX0561-86-9700

工場長松本敏郎
従業員7名(主任技士1名・技士1名)
3300×1(二軸) 太平洋 フローリック・チューポール・マイテイ 車大型×10台
2023年出荷49千㎥、2024年出荷19千㎥
G=山砂利・石灰砕石・砕石・人軽骨
S=山砂・砕砂・人軽骨
普通・舗装・軽量JIS取得(GBRC)
大臣認定単独取得(80N/mm²)
◉生コンクリート部名古屋工場=〒481-0011 北名古屋市高田寺中外浦5
☎0568-27-3222・FAX0568-27-3230
✉nagoya@yashima-web.co.jp
工場長髙木邦年
従業員11名(主任技士3名・技士3名)
3250×1(二軸) 住友大阪 フローリック・チューポール・マイテイ・シーカポゾリス
2023年出荷85千㎥、2024年出荷81千㎥(高強度2750㎥・高流動160㎥)
G=山砂利・石灰砕石・砕石・人軽骨
S=山砂・砕砂
普通・舗装・軽量JIS取得(GBRC)
大臣認定単独取得(100N/mm²)

八洲コンクリート㈱
◉本社=〒487-0004 春日井市玉野町164-2
☎0568-51-8077
代表取締役加藤明彦
※多治見工場=岐阜県参照

矢田川建設㈱
1963年1月1日設立 資本金2200万円 従業員33名 出資=(自)100%
◉本社=〒463-0021 名古屋市守山区大森5-1114
☎052-798-1180・FAX052-798-0737
URL http://www.yadagawa-k.co.jp/
✉yadagawa@ruby.ocn.ne.jp
代表取締役寺尾邦子 取締役寺尾正・寺尾奈七子
◉矢田川生コン工場=〒463-0034 名古屋市守山区四軒家1-311
☎052-771-2389・FAX052-772-9752
✉yadagawa@tg.commufu.jp
工場長野々山文男
従業員15名(主任技士2名・技士1名)
1963年2月操業1984年12月更新1000×1(二軸) PM光洋機械Sパシフィックシステム 住友大阪 マイテイ 車中型×4台・小型×10台
G=山砂利 S=山砂
普通JIS取得(GBRC)

矢作コンクリート工業㈱
1962年9月1日設立 資本金1000万円 従業員14名 出資=(自)100%
◉本社=〒444-0316 西尾市羽塚町喜多王東11-4
☎0563-59-6831・FAX0563-59-1196
✉yahagicon@themis.ocn.ne.jp
代表取締役社長古居久幸
◉工場=本社に同じ
工場長井上優貴
従業員14名(技士3名)
1961年12月操業1987年5月更新28×2 PSM北川鉄工 住友大阪 マイテイ 車中型×11台・小型×7台
2023年出荷26千㎥
G=砕石 S=山砂・砕砂
普通JIS取得(JTCCM)

山石建材工業㈱
1961年1月13日設立 資本金5600万円 従業員48名 出資=(自)100%
◉本社=〒470-2103 知多郡東浦町大字石浜字中央13-1
☎0562-83-5155・FAX0562-83-5156
代表取締役鈴木健司 取締役鈴木克己・神田一美
◉東浦工場=〒470-2102 知多郡東浦町大字緒川三角7-1
☎0562-83-6168・FAX0562-83-8588
✉yamaishihigashiura@crest.ocn.ne.jp
責任者鈴木健司
従業員20名(主任技士1名・技士2名)
1970年8月操業1992年2月更新1750×1(二軸) PSM北川鉄工 UBE三菱 チューポール・シーカポゾリス 車中型×12台
2023年出荷31千㎥、2024年出荷30千㎥
G=山砂利・砕石 S=山砂・砕砂
普通JIS取得(GBRC)
◉武豊工場=〒470-2342 知多郡武豊町沢田新田89-9
☎0569-72-5211・FAX0569-73-1230
責任者鈴木芳信
従業員20名
1974年5月操業1997年2月更新2500×1 PSM北川鉄工 UBE三菱 シーカポゾリス 車大型×2台・中型×3台・小型×7台
G=砕石 S=山砂・砕砂
普通JIS取得(GBRC)

山富建材㈱
1975年7月26日設立 資本金4300万円 従業員12名 出資=(自)34.88%・(セ)27.90%・(販)27.90%・(建)9.32%
◉本社=〒441-2601 北設楽郡設楽町津具字行人原9-2
☎0536-83-2321・FAX0536-83-2256
✉ymtmnm1211@amail.plala.or.jp
代表取締役坂井弘昌 取締役伊藤元久・浅野一・和田茂樹・熊谷行史・中村藤雄 監査役鈴木弘
◉津具工場=本社に同じ
工場長鈴木広保
従業員23名(主任技士1名・技士2名)
1968年8月操業1996年7月更新3000×1 P中部プラントSハカルプラスM北川鉄工 太平洋 チューポール・シーカジャパン 車大型×11台・小型×3台
G=砕石 S=河川
普通・舗装JIS取得(GBRC)
※伸和生コン㈲より生産受託

ユタカコンクリート工業㈱
1974年7月11日設立 資本金5000万円 従業員18名 出資=(他)100%
◉本社=〒441-8117 豊橋市浜道町字窪田2-1
☎0532-46-6611・FAX0532-46-6664
✉yutaka@sala.or.jp
代表取締役藤山鎔一 専務取締役松原和夫 取締役藤山島子・藤山虎雄・小野洋司 監査役藤山保徳
◉工場=本社に同じ
✉yutaka@rmcy.co.jp
専務取締役松原和夫
従業員17名(主任技士1名・技士3名)
1980年2月操業2017年8月更新2750×1(二軸) PSM日工 UBE三菱 チューポール・マイテイ 車大型×6台・中型×1台・小型×1台
2023年出荷24千㎥
G=砕石 S=陸砂・砕砂
普通JIS取得(GBRC)
大臣認定単独取得(60N/mm²)

岐阜県

伊藤生コン㈱
1969年2月10日設立　資本金1000万円
従業員17名　出資＝(自)100％
◉本社＝〒503－0014　大垣市領家町2－2－1
☎0584－81－5188・FAX0584－74－6766
✉itounama@gaea.ocn.ne.jp
代表取締役社長伊藤良子　取締役川地智裕・川地夕子
◉工場＝本社に同じ
副社長川地智裕
従業員17名(技士2名)
1969年2月操業1972年2月P1993年8月S2001年2月M更新1500×1(二軸)　PM度量衡Sハカルプラス　住友大阪　ヴィンソル・GCP　車大型×3台・中型×9台
2023年出荷30千㎥、2024年出荷25千㎥
G＝河川　S＝河川・砕砂
普通JIS取得(GBRC)

揖斐川生コンクリート工業㈱
1963年8月1日設立　資本金1000万円　従業員13名　出資＝(自)100％
◉本社＝〒501－0606　揖斐郡揖斐川町房島1226－1
☎0585－22－0800・FAX0585－22－0875
✉inc@wing.ocn.ne.jp
代表取締役宗宮裕樹
◉揖斐川工場＝本社に同じ
工場長上野洋
従業員13名(主任技士1名・技士1名)
1961年4月操業2014年10月更新1850×1　PMS北川鉄工　住友大阪　マイテイ
車大型×8台・中型×1台・小型×3台
G＝石灰砕石　S＝石灰砕砂
普通・高強度JIS取得(JTCCM)
◉藤橋工場＝〒501－0802　揖斐郡揖斐川町鶴見942
☎0585－52－2433・FAX0585－52－2248
1975年4月操業1993年4月更新1500×1(二軸)　PSM日工
普通・舗装JIS取得(IC)
◉根尾工場(旧板屋生コンクリート㈱工場)＝〒501－1516　本巣市根尾東板屋785
☎0581－38－3115・FAX0581－38－3116
工場長小澤博人
従業員6名(技士4名)
1976年7月操業2021年8月更新1670×1(二軸)　PSM日工　住友大阪　シーカポゾリス・マイテイ・AE　車大型×5台・小型×1台
2023年出荷3千㎥

宇部生コンクリート㈱
◉本社＝愛知県参照
◉恵那工場＝〒509－7201　恵那市大井町雀子ヶ根2087－167
☎0573－25－4311・FAX0573－25－4603
工場長吉村尚勝
従業員7名(主任技士2名・技士2名・診断士2名)
1964年2月操業2014年1月更新2500×1(二軸)　PSM光洋機械　UBE三菱　フローリック・シーカジャパン・竹本　車大型×9台・中型×3台・小型×2台〔傭車：宮崎運輸㈱〕
G＝河川・山砂利・砕石　S＝河川・山砂
普通・舗装JIS取得(GBRC)
※営業所・名古屋工場・名古屋南工場・岡崎工場＝愛知県参照

大島商事㈱
1961年2月1日設立　資本金1000万円　従業員37名　出資＝(自)100％
◉本社＝〒501－6232　羽島市竹鼻町狐穴2997
☎058－391－6680・FAX058－392－0056
URL http://www.oshima-syouji.com/
代表取締役大島典之　取締役大島宏章・大島久美子
◉コンクリート工場＝〒501－6232　羽島市竹鼻町狐穴1326－5
☎058－391－6688・FAX058－392－2693
✉osima-09@io.ocn.ne.jp
工場長大島宏章
従業員21名(主任技士1名・技士2名)
1967年6月操業2018年5月更新1670×1(二軸)　PSM日工　住友大阪　ヴィンソル・マイテイ・フローリック・チューポール　車大型×5台・中型×4台・小型×5台〔傭車：大島商事㈱〕
G＝河川　S＝河川
普通JIS取得(IC)

大西商事㈱
1973年4月28日設立　資本金6000万円
従業員8名　出資＝(自)100％
◉本社＝〒501－5126　郡上市白鳥町向小駄良1014－1
☎0575－82－5885・FAX0575－82－5425
✉onishi_con@ong.co.jp
代表取締役社長小保田隆　取締役鷲見千鶴・本田達弘　監査役佐藤茂
◉生コンクリート工場＝本社に同じ
工場長下島博文
従業員8名(主任技士2名)
1968年6月操業1989年5月P1996年5月M2000年10月S改造2000×1　P昭和鋼機Sハカルプラス M日工　住友大阪　マイテイ　車大型×6台・中型×2台
2023年出荷30千㎥、2024年出荷24千㎥
G＝砕石　S＝砕砂
普通・舗装JIS取得(GBRC)

㈱カネサン
1963年8月1日設立　資本金2000万円　従業員47名　出資＝(自)100％
◉本社＝〒509－0201　可児市川合1006
☎0574－62－1175・FAX0574－62－2597
URL http://www.kanesan.net/company/company.php
✉kanesan@kanesan.net
代表取締役三品良治　役員三品利男・三品幸人
◉工場＝本社に同じ
責任者市原智也
従業員28名(技士5名)
第1P＝1963年8月操業1989年5月更新1500×2(傾胴二軸)　PSM北川鉄工
第2P＝2019年9月操業2800×1(二軸)　PSM北川鉄工　太平洋　シーカジャパン・フローリック・GCP　車大型×10台・中型×5台・小型×5台
2024年出荷45千㎥
G＝河川・山砂利・砕石　S＝河川・砕砂
普通・舗装JIS取得(GBRC)
大臣認定単独取得(57N/㎟)

蒲田川工業㈱
1970年6月1日設立　資本金3610万円　従業員15名　出資＝(建)27.5％・(他)72.5％
◉本社＝〒506－1428　高山市奥飛騨温泉郷笹嶋36
☎0578－89－3000・FAX0578－89－3003
代表取締役社長森本禎人　取締役森本一光・清水浩治・森本正人・福岡道夫　監査役奈木良平
◉工場＝本社に同じ
工場長清水浩治
従業員15名(主任技士1名・技士6名)
1969年5月操業2009年6月更新2250×1(二軸)　PSM光洋機械　太平洋　シーカポゾリス・マイテイ　車大型×8台・中型×1台
2023年出荷17千㎥、2024年出荷25千㎥
G＝河川・砕石　S＝河川・砕砂
普通・舗装JIS取得(GBRC)

㈱ギチユー
1969年8月21日設立　資本金5850万円
従業員13名　出資＝(販)76.7％・(建)23.3％
◉本社＝〒500－8842　岐阜市橋本町2－20
代表取締役千木勉　取締役宮崎敏幸・岡部勝・古川聡・柏治男・古田秀一・窪田裕之
◉穂積工場＝〒501－0215　瑞穂市生津天王東町2－54

☎058－326－5311・FAX058－327－5825
責任者千木勉
従業員7名(主任技士2名・技士2名)
1969年12月操業2008年1月更新2750×1(二軸) P中部プラントSハカルプラスM北川鉄工 太平洋 フローリック・GCP 車大型×6台〔傭車:㈱杉山陸運・大丸産業㈲〕
G＝河川・砕石 S＝河川
普通JIS取得(MSA)
大臣認定単独取得
※勝山工場＝福井県参照

岐阜アサノコンクリート工業㈱
1961年6月23日設立 資本金5000万円
従業員8名 出資＝(販)100%
◉本社＝〒503－0111 安八郡安八町西結字奥田4798
☎0584－62－5415・FAX0584－62－5425
代表取締役社長藤澤明義
◉岐阜工場＝本社に同じ
工場長小林正章
従業員8名(主任技士2名・技士1名)
1961年6月操業1994年8月更新2500×1(二軸) P昭和鋼機SハカルプラスM日工 太平洋 シーカポゾリス・シーカビスコクリート・チューポール 車大型×2台・中型×3台〔傭車:名古屋西運輸㈱〕
G＝河川・石灰砕石・人軽骨 S＝河川・石灰砕砂
普通・軽量JIS取得(JTCCM)
◉各務原工場＝〒504－0922 各務原市前渡東町9－215
☎058－386－9371・FAX058－386－9374
✉gifu.asano.k@gmail.com
工場長丸山康之
従業員12名
1969年12月操業1993年6月更新3000×1(二軸) PSM北川鉄工 太平洋 シーカポゾリス・チューポール 車大型×4台・小型×2台
2023年出荷30千㎥、2024年出荷41千㎥(1DAYPAVE15㎥)
G＝砕石 S＝河川・砕砂
普通・舗装JIS取得(GBRC)
大臣認定単独取得(60N/mm²)

岐阜宇部生コンクリート㈱
1964年6月1日設立 資本金1000万円 従業員17名 出資＝(自)10%・(他)90%
◉本社＝〒500－8401 岐阜市安良田町2－3－1
☎058－264－5101・FAX058－266－1316
URL http://www.kameyoshi.co.jp
代表取締役社長廣瀬功
◉岐阜工場＝〒501－6004 羽島郡岐南町野中6－105
☎058－245－9115・FAX058－245－3542
✉gifuube@io.ocn.ne.jp
工場長宮川稔康
従業員16名(主任技士2名・技士4名)
1964年6月操業2020年9月更新2800×1(二軸) PM北川鉄工Sハカルプラス UBE三菱 シーカポゾリス・マイテイ・シーカビスコクリート 車大型×6台・中型×1台・小型×5台〔傭車:広栄運輸㈱〕
2023年出荷56千㎥
G＝陸砂利 S＝陸砂
普通・舗装JIS取得(GBRC)
大臣認定単独取得(80N/mm²)

共栄工業㈱
1974年6月1日設立 資本金1000万円 従業員20名 出資＝(自)100%
◉本社＝〒501－0471 本巣市政田2525
☎058－324－2134・FAX058－324－8148
URL http://www.gifu-kyoei.jp
✉info@gifu-kyoei.jp
代表取締役村瀬貞美 取締役常務香村国雄・若原敏郎 監査役加藤太郎・村瀬法雄
◉工場＝〒501－0303 瑞穂市森232－3
☎058－324－2134・FAX058－324－8148
工場長村瀬貞美
従業員20名(主任技士1名・技士3名)
1962年4月操業2003年6月更新1750×1(二軸) PSM北川鉄工 UBE三菱 チューポール 車大型×4台・中型×2台・小型×5台
2023年出荷23千㎥、2024年出荷18千㎥
G＝河川 S＝河川
普通JIS取得(GBRC)

キング工業㈱
1994年10月3日設立 資本金3000万円
従業員20名 出資＝(自)100%
◉本社＝〒505－0121 可児郡御嵩町中1734－1
☎0574－28－8461・FAX0574－28－8463
URL http://king-rmc.co.jp
✉contact.us@king-rmc.co.jp
代表取締役社長吉田寛 取締役会長吉田明夫 取締役吉田欽一 監査役吉田基子
◉美濃加茂工場＝〒505－0016 美濃加茂市牧野1511
☎0574－28－8461・FAX0574－28－8463
工場長吉田寛
従業員20名(主任技士2名・技士4名)
1995年4月操業3000×1(二軸) PSM光洋機械 住友大阪・太平洋 ダラセム・シーカビスコクリート・ダーレックススーパー 車大型×7台・中型×4台
2023年出荷45千㎥、2024年出荷46千㎥
G＝砕石 S＝砕砂
普通・高強度JIS取得(GBRC)

郡上宇部生コンクリート㈱
1974年2月23日設立 資本金1000万円
従業員9名 出資＝(骨)100%
◉本社＝〒501－5126 郡上市白鳥町向小駄良1－1
☎0575－82－3477・FAX0575－82－4193
✉gujoube@io.ocn.ne.jp
代表取締役社長羽生立美 専務取締役羽生忠輔 取締役横井芳徳
◉工場＝本社に同じ
工場長羽生正和
従業員9名(技士3名)
1972年7月操業1986年3月M1989年3月P2005年9月S更新1500×1(二軸) PM日工Sハカルプラス UBE三菱 シーカポゾリス・シーカビスコクリート・マイテイ 車大型×5台・中型×2台
2023年出荷21千㎥、2024年出荷35千㎥
G＝河川 S＝河川・砕砂
普通・舗装JIS取得(GBRC)

郡上生コン㈱
1966年10月1日設立 資本金1000万円
従業員12名 出資＝(セ)20%・(骨)80%
◉本社＝〒501－4223 郡上市八幡町稲成1074
☎0575－67－1161・FAX0575－67－1162
✉gunnama@gujocity.net
代表取締役杉山隆英 専務取締役高垣宗俊
◉本社工場＝本社に同じ
工場長内ヶ島寛
従業員12名(主任技士1名・技士4名)
1966年8月操業1986年4月P2000年5月S2005年8月M改造1670×1(二軸) PSM日工 住友大阪 マイテイ・シーカポゾリス 車大型×9台・中型×4台
2023年出荷12千㎥
G＝河川 S＝河川・砕砂
普通・舗装JIS取得(GBRC)

下呂生コンクリート㈱
1963年6月17日設立 資本金5750万円
従業員18名 出資＝(セ)34%・(建)43%・(骨)7%・(他)16%
◉本社＝〒509－2201 下呂市東上田570－1
☎0576－25－2186・FAX0576－25－5137
✉geronama@eos.ocn.ne.jp
代表取締役社長日下部剛司 代表取締役専務中島基幸 取締役新田努・栗本忠直・岩佐祐治・森本繁司・松田欣也・松田雅嗣・金子文一・北嶋恒紀 監査役奈木良平・金子博之
◉工場＝本社に同じ
工場長中島基幸
従業員18名(主任技士1名・技士4名・診断士1名)
1963年6月操業2018年1月更新2250×1(二

軸）　ＰＳＭ光洋機械　住友大阪・UBE三菱　ヴィンソル・フローリック・マイテイ　車大型×9台・中型×3台・小型×5台
2023年出荷30千㎥、2024年出荷26千㎥
G＝河川　S＝河川
普通・舗装JIS取得（GBRC）

㈱米金商店
◉本社＝〒502－0005　岐阜市岩崎2－13－12
☎058－213－1658・FAX058－213－5820
URL https://komekins.com
代表取締役深貝一正
◉生コン部＝〒502－0005　岐阜市岩崎3－2－2
☎058－237－2211・FAX058－237－6250
1969年4月操業1986年2月更新2000×1（二軸）　ＰＭ北川鉄工Ｓハカルプラス
普通JIS取得（IC）

三栄㈱
1968年9月21日設立　資本金1260万円
従業員25名　出資＝（自）100％
◉本社＝〒503－1316　養老郡養老町押越940－1
☎0584－32－0819・FAX0584－34－0688
✉saneinet@green.ocn.ne.jp
代表取締役松岡幸一郎　取締役久保田一成・近藤次郎・久保田一史・久保田秀次・久保田智也
ISO 9001取得
◉工場＝本社に同じ
✉saneiexa@io.ocn.ne.jp
製造部長岩田浩司
従業員25名（主任技士1名・技士4名）
1968年9月操業2004年12月更新2750×1（二軸）　ＰＭ日工Ｓハカルプラス　住友大阪・太平洋　マイテイ・シーカジャパン　車大型×10台・小型×5台
2023年出荷71千㎥
G＝河川・人軽骨　S＝河川
普通・舗装・軽量JIS取得（JTCCM）
ISO 9001取得

昭和産業㈱
1960年10月12日設立　資本金1200万円
従業員113名　出資＝（他）100％
◉本社＝〒500－8891　岐阜市香蘭1－1
☎058－255－3333・FAX058－255－3330
URL http://www.showa-con.co.jp/
代表取締役山田尚人　取締役長沢公彦・青木一雄
※松本工場・木曽生コン工場・穂高生コン工場＝長野県参照

白川宇部生コン㈱
1973年9月1日設立　資本金1000万円　従業員20名　出資＝（自）100％
◉本社＝〒501－5507　大野郡白川村大字平瀬396－22
☎05769－5－2346・FAX05769－5－2348
代表取締役小坂健太郎　取締役小坂敏子・小坂園子
◉みほろ工場＝〒501－5506　大野郡白川村御母衣字川原13－2
☎05769－5－2344・FAX05769－5－2305
✉mihoro@kosakaube.co.jp
工場長新谷勇治
従業員16名（技士3名）
1976年7月操業2014年1月更新1750×1（二軸）　ＰＭ光洋機械Ｓハカルプラス　UBE三菱　シーカジャパン・マイテイ　車中型×3台
2023年出荷8千㎥、2024年出荷7千㎥
G＝河川　S＝河川
普通JIS取得（IC）
◉飯島工場＝〒501－5625　大野郡白川村飯島1028
☎05769－6－2371・FAX05769－6－2372
2250×1（二軸）
普通JIS取得（IC）

白川生コン協業組合
1972年9月1日設立　資本金2900万円　従業員15名　出資＝（建）100％
◉事務所＝〒509－1106　加茂郡白川町坂ノ東字熊之島6521－1
☎0574－72－1612・FAX0574－72－2018
✉shirakaw@eos.ocn.na.jp
代表理事安江廣男　専務理事安江孝文　理事安江昭久・藤井紳二・大脇健太郎・杉山義輝
◉工場＝事務所に同じ
工場長杉山義輝
従業員15名（主任技士3名・技士1名）
1973年4月操業2021年1月更新1800×1（二軸）　ＰＳＭ北川鉄工　太平洋　フローリック　車大型×8台・中型×4台
2023年出荷12千㎥、2024年出荷10千㎥（水中不分離20㎥・ポーラス3㎥）
G＝河川　S＝河川
普通・舗装JIS取得（GBRC）

西建産業㈱
1967年5月22日設立　資本金3000万円
従業員40名　出資＝（自）100％
◉本社＝〒501－0622　揖斐郡揖斐川町脛永1645－1
☎0585－22－2411・FAX0585－22－5672
URL http://seiken-style.com/
✉seikenkk@guartz.ocn.ne.jp
代表取締役社長宗宮興裕　取締役宗宮悦子・湯朝忍・増元孝行・宗宮なほみ　監査役宗宮道也
ISO 9001取得
◉粕川生コンクリート工場＝〒501－0622　揖斐郡揖斐川町脛永1647－1
☎0585－22－2415・FAX0585－22－5672
✉kasukawa@io.ocn.ne.jp
工場長中村竹彦
従業員8名（主任技士1名・技士2名）
1971年5月操業1980年6月ＰＭ1992年2月Ｓ改造36×2　ＰＳＭ北川鉄工　太平洋　マイテイ　車大型×5台・小型×2台
G＝陸砂利　S＝河川
普通JIS取得（GBRC）
ISO 9001取得
◉坂本生コンクリート工場＝〒501－0903　揖斐郡揖斐川町坂内坂本3425－1
☎0585－53－2173・FAX0585－53－2125
工場長加藤秀幸
従業員5名（技士2名）
1970年10月操業1982年7月更新36×2　ＰＳＭ北川鉄工　住友大阪・太平洋　マイテイ・ヴィンソル　車大型×1台
G＝河川　S＝河川
普通JIS取得（GBRC）
ISO 9001取得

勢濃生コン㈱
◉本社＝三重県参照
◉南濃工場＝〒503－0403　海津市南濃町志津1524－1
☎0584－55－2233・FAX0584－55－2390
工場長下西博紀
従業員5名
1994年4月操業3000×1　住友大阪　チューポール　車29台（本社共用）
G＝石灰砕石・砕石　S＝石灰砕砂・砕砂
普通・舗装JIS取得（GBRC）
大臣認定単独取得（60N/mm²）
※多度工場＝三重県参照

関中央生コン㈱
1980年8月1日設立　資本金1000万円　従業員10名　出資＝（建）30％・（他）70％
◉本社＝〒501－3815　関市東町4－1－30
☎0575－24－8337・FAX0575－24－5093
代表取締役社長山田元　取締役大野陽男・今井晴久　監査役森前登
◉工場＝〒501－3822　関市市平賀字大久込970
☎0575－22－9898・FAX0575－24－6711
✉cnk-g@orion.ocn.ne.jp
工場長白根裕和
従業員10名（主任技士1名・技士3名・診断士1名）
1997年12月操業2500×1　ＰＳＭ光洋機械　太平洋　マイテイ・シーカポゾリス・シーカビスコクリート　車大型×5台・中型×1台・小型×1台
2023年出荷17千㎥
G＝河川・砕石　S＝河川・砕砂
普通・舗装JIS取得（GBRC）
大臣認定単独取得（60N/mm²）

※二次製品工場を併設

高山宇部生コンクリート㈱
1968年3月1日設立　資本金2150万円　従業員11名　出資＝(自)67%・(販)33%
◉本社＝〒506－0058　高山市山田町1301
☎0577－32－3217・FAX0577－34－3101
✉info@takayama-ube.com
代表取締役社長北村剛治　取締役神山芳郎　監査役広瀬功
◉工場(操業停止中)＝本社に同じ
1968年6月操業1987年4月Ｐ1997年3月ＳＭ改造2500×1　Ｐ北川鉄工ＳＭ日工
※レミック高山㈱に生産委託

㈱竹内商事
出資＝(他)100%
◉本社＝〒501－0313　瑞穂市十七条803－1
☎058－328－2355
代表者竹内延光
◉工場＝本社に同じ
1981年2月操業750×1　住友大阪

㈱多治見生コン
従業員14名
◉本社＝〒507－0063　多治見市松坂町3－29
☎0572－27－2221・FAX0572－27－2223
✉tajimi-n@cronos.ocn.ne.jp
代表取締役西尾太志
◉工場＝本社に同じ
従業員14名(技士2名)
1963年8月操業1992年10月更新2500×1(二軸)　ＰＳＭ日工　住友大阪・太平洋　マイテイ・ヴィンソル　車大型×6台・中型×1台・小型×3台〔傭車：㈱丸代・エスケイリース〕
2023年出荷30千㎥、2024年出荷18千㎥
G＝山砂利・砕石　S＝山砂・砕砂
普通・舗装JIS取得(GBRC)
大臣認定単独取得(60N/mm²)

中央生コンクリート㈱
1962年3月19日設立　資本金1500万円
従業員5名　出資＝(セ)33.3%・(販)33.3%・(他)33.3%
◉本社＝〒508－0001　中津川市中津川863－48
☎0573－66－5181・FAX0573－66－5183
✉chunama@io.ocn.ne.jp
代表取締役社長梅田辰也　取締役飯盛重治・松岡正夫・三宅憲雄・横山豊樹　監査役深町匠
※中津川生コン有限責任事業組合に生産委託

㈱土屋産業
2001年12月21日設立　資本金1000万円
従業員68名　出資＝(自)100%
◉本社＝〒503－0935　大垣市島里1－86
☎0584－89－3148・FAX0584－89－7037
URL http://www.tcysangyo.co.jp
代表取締役髙木敏満　役員土屋智義・目加田直樹・一色博美・北角弘・河村亨・北村東始扶・伊藤敏・長屋昌信
◉R.M.Cセンター＝〒503－0936　大垣市内原1－88－1
☎0584－89－3135・FAX0584－89－3133
✉kitazumi@tcysangyo.co.jp
工場長北角弘
従業員8名(主任技士2名・技士3名)
1969年7月操業2019年5月更新2300×1(二軸)　ＰＳＭ光洋機械　住友大阪　シーカポゾリス・チューポール　車大型×9台・小型×2台
2024年出荷26千㎥
G＝河川・石灰砕石　S＝砕砂
普通・舗装・軽量JIS取得(IC)

東濃生コン㈱
(瑞浪生コン㈱、光生コン㈱、日章産業㈱土岐生コン工場より生産受託)
2007年10月1日設立　資本金1000万円
従業員7名　出資＝(販)100%
◉本社＝〒509－6103　瑞浪市稲津町小里2236－1
☎0572－68－5151・FAX0572－68－5153
✉touno-na@eos.ocn.ne.jp
代表取締役北嶋恒紀　取締役柏治男・明城誉昌・岡﨑浩一
◉工場＝本社に同じ
工場長加藤千尋
従業員6名(主任技士1名・技士3名・診断士1名)
1999年6月操業2013年1月更新2750×1(二軸)　ＰＳＭ北川鉄工　太平洋　チューポール・シーカ・フローリック　車大型×5台・小型×1台〔傭車：㈱坂﨑建材〕
2023年出荷48千㎥、2024年出荷48千㎥(高強度200㎥)
G＝山砂利・砕石　S＝山砂・砕砂
普通・高強度JIS取得(MSA)

ナガイ㈱
1972年12月23日設立　資本金2000万円
従業員50名　出資＝(自)100%
◉本社＝〒509－3203　高山市久々野町柳島320
☎0577－52－2239・FAX0577－52－2237
✉onishi-office@nagai-kk.co.jp
代表取締役村上勉　代表取締役会長永井善久　専務取締役村上聡　常務取締役永井利和　取締役永井鈴子・中井厚司・坂本雅裕・長手弘至
◉生コン工場＝〒509－3201　高山市久々野町大西4－1
☎0577－52－2328・FAX0577－52－2934
✉onishi-office@nagai-kk.co.jp
工場長中井厚司
従業員5名(主任技士1名・技士2名)
1971年6月操業1997年1月更新1500×2(傾胴二軸)　ＰＳＭ北川鉄工　太平洋　シーカポゾリス・ダラセム　車大型×13台・中型×4台
2023年出荷11千㎥、2024年出荷8千㎥
G＝河川　S＝河川
普通・舗装JIS取得(GBRC)

㈱中島工務店
1942年2月設立　資本金5000万円　従業員230名　出資＝(自)100%
◉本社＝〒508－0421　中津川市加子母1005
☎0573－79－3131・FAX0573－79－3214
URL https://www.npsg.co.jp
✉nakashima@npsg.co.jp
代表取締役社長中島紀干　代表取締役専務中島健　常務取締役今井文幸・鳴海雅彦　取締役中島徹・武田省司・中島浩紀　監査役田口心平
ISO 9001取得
◉加子母コンクリート工場＝〒508－0421　中津川市加子母1991－3
☎0573－79－2341・FAX0573－79－2343
✉namacon01@blue.ocn.ne.jp
工場長田口登
従業員24名(主任技士1名・技士5名)
1972年2月操業2017年1月更新2500×1　ＰＭ日工Ｓハカルプラス　住友大阪　マイテイ　車大型×18台・中型×6台
2023年出荷20千㎥、2024年出荷22千㎥
G＝河川　S＝河川
普通・舗装JIS取得(IC)
ISO 9001取得

中津川生コン有限責任事業組合
(中央生コンクリート㈱と㈱吉川工務店中津生コン工場より生産受託)
2011年8月10日設立　資本金3000万円
従業員8名
◉本社＝〒508－0006　中津川市落合下笹目650－1
☎0573－69－3311・FAX0573－66－5181
代表理事梅田辰也　理事吉川幸輝
◉落合工場＝〒508－0006　中津川市落合下笹目650－1
☎0573－69－3311・FAX0573－69－4549
✉ena-09@io.ocn.ne.jp
工場長山本俊二
従業員8名(主任技士3名・技士2名)
1966年10月操業2014年5月更新2250×1　ＰＳＭ日工　太平洋　ヴィンソル・フローリック・マイテイ・GCP・シーカポゾリス　車大型×19台・小型×8台
G＝河川・砕石　S＝河川
普通・舗装JIS取得(GBRC)

ISO 14001取得
◉北野工場(操業停止中)＝〒508－0001　中津川市中津川863－48
☎0573－66－5181・FAX0573－66－5183
1962年3月操業1980年6月ＰＭ1993年1月Ｓ改造36×2　ＰＳＭ光洋機械(旧石川島)
※中津川生コン有限責任事業組合落合工場に生産委託

日章産業㈱
1962年3月12日設立　資本金5000万円　従業員60名　出資＝(自)100％
◉本社＝〒507－0035　多治見市栄町1－6－1　日章ビル2階
☎0572－21－3737・FAX0572－21－3738
URL http://www.nissyo.biz
代表取締役渡邊圭子　専務取締役加藤厚史　常務取締役坂崎永　取締役近藤一政・倉知良也・渡辺千鶴子
※東濃生コン㈱へ生産委託

羽島商事㈱
1968年5月1日設立　資本金3960万円　従業員18名　出資＝(建)100％
◉本社＝〒501－6274　羽島市小熊町西小熊3083
☎058－392－2918・FAX058－392－6361
✉hasinama@io.ocn.ne.jp
代表取締役宗宮裕樹　取締役宗宮正和・宗宮郷　監査役田中由樹
◉生コンクリート工場＝本社に同じ
代表取締役宗宮裕樹
従業員18名(主任技士2名・技士3名)
1968年7月操業1982年10月Ｐ2019年8月ＳＭ改造2250×1(二軸)　Ｐ昭和鋼機ＳハカルプラスＭ日工　太平洋　竹本・シーカジャパン　車大型×6台・中型×3台・小型×4台
2023年出荷30千m³、2024年出荷30千m³
G＝石灰砕石　S＝陸砂・石灰砕砂
普通JIS取得(GBRC)

飛騨生コンクリート㈱
1963年7月9日設立　資本金1000万円　従業員23名　出資＝(販)100％
◉本社＝〒506－0053　高山市昭和町3－111
☎0577－33－1321・FAX0577－33－6124
代表取締役社長三輪義弘　取締役総括部長田中誠司　取締役麻生博・林之下廣一
◉三川工場＝〒509－4117　高山市国府町三川811－3
☎0577－72－2323・FAX0577－72－4134
✉hidanama-sangawa@dance.ocn.ne.jp
工場長重山博
従業員18名(主任技士1名・技士2名・診断士1名)
1958年8月操業2020年1月更新2300×1(二軸)　ＰＳＭ北川鉄工　住友大阪　マイテイ・シーカポゾリス　車大型×13台・小型×4台
2023年出荷12千m³、2024年出荷13千m³
G＝河川　S＝砕砂
普通JIS取得(GBRC)
◉神岡工場＝〒506－1153　飛騨市神岡町堀之内812
☎0578－82－0622・FAX0578－82－5990
工場長旗野敏幸
従業員10名(主任技士1名・技士2名)
1966年10月操業2021年1月更新2300×1(二軸)　ＰＳＭ北川鉄工　太平洋　シーカポゾリス・シーカビスコクリート・マイテイ　車大型×4台・中型×2台
2024年出荷6千m³
G＝砕石　S＝砕砂
普通・舗装JIS取得(GBRC)

氷室建材
◉本社＝〒509－9232　中津川市坂下3189
☎0573－75－2246・FAX0573－75－2814
社長氷室芳助
◉本社工場＝本社に同じ
1989年5月操業500×1　太平洋

㈱平澤商店
1960年6月1日設立　資本金2400万円　従業員13名　出資＝(自)85％・(他)10％
◉本社＝〒501－4206　郡上市八幡町吉野8
☎0575－63－2667・FAX0575－63－2668
URL https://hirazawa.com
代表取締役八木英明　専務取締役大坪義數　常務取締役田口秀樹
◉生コン工場＝〒501－4206　郡上市八幡町吉野3
☎0575－63－2011・FAX0575－63－2658
工場長田口秀樹
従業員12名(技士4名)
1969年11月操業1988年6月ＰＳ1999年5月Ｍ改造1670×1(二軸)　Ｐ昭和鋼機ＳハカルプラスＭ日工　UBE三菱　シーカポゾリス・シーカビスコクリート・マイテイ　車大型×6台・中型×4台
2023年出荷8千m³、2024年出荷10千m³
G＝河川　S＝河川・砕砂
普通・舗装JIS取得(GBRC)

㈱フジコン
資本金3600万円
◉本社＝〒503－0412　海津市南濃町奥条329－1
☎0584－55－1000・FAX0584－55－2151
✉fujicon@octn.jp
代表藤井浩二
◉工場＝本社に同じ
工場長岡田光義
従業員20名(主任技士1名・技士3名)
1969年11月操業1990年5月更新1500×1(二軸)　ＰＳＭ日工　太平洋　ヴィンソル・チューポール・ダラセム　車大型×9台・中型×4台・小型×8台
2023年出荷27千m³、2024年出荷22千m³
G＝陸砂利　S＝陸砂・石灰砕砂
普通JIS取得(GBRC)

北部生コン㈱
1971年11月1日設立　資本金2400万円　出資＝(他)100％
◉本社＝〒502－0801　岐阜市椿洞1189
☎058－237－2121・FAX058－237－5312
✉hokubu1@eagle.ocn.ne.jp
代表取締役雁部美知子　取締役雁部繁夫・雁部議正・雁部悠也
◉工場＝本社に同じ
工場長井川浩昭
従業員40名(主任技士1名・技士6名)
第1Ｐ＝1971年12月操業2018年3月Ｍ改造3300×1(二軸)　ＰＳＭ日工
第2Ｐ＝1997年11月操業2018年3月Ｍ改造3300×1(二軸)　ＰＳＭ日工　住友大阪・太平洋　マイテイ・ヴィンソル・フローリック　車大型×15台・中型×5台
2023年出荷85千m³
G＝河川・陸砂利・砕石　S＝河川・陸砂
普通・舗装JIS取得(GBRC)
大臣認定単独取得(80N/mm²)

松桂生コン㈱
1972年7月1日設立　資本金1000万円　従業員13名　出資＝(自)100％
◉本社＝〒503－0216　安八郡輪之内町大吉新田1253
☎0584－69－2808・FAX0584－69－3451
✉matsukei@io.ocn.ne.jp
代表取締役社長松岡英明　取締役松岡顕靖・松岡ゆかり　監査役松岡香央梨
◉工場＝本社に同じ
工場長尾野藤章弘
従業員13名(技士3名)
1972年7月操業1975年8月Ｐ1985年8月Ｍ1995年8月Ｓ改造1500×1(二軸)　ＰＳＭ光洋機械(旧石川島)　太平洋　GCP・チューポール　車大型×6台・中型×4台
2024年出荷23千m³
G＝河川・砕石　S＝河川・砕砂
普通JIS取得(GBRC)

㈱丸河興業
1966年1月1日設立　資本金1000万円　従業員42名　出資＝(自)100％
◉本社＝〒509－7403　恵那市岩村町2144－2
☎0573－43－3600・FAX0573－43－3601
✉honsha@marukawakougyo.co.jp
代表取締役河原三次
◉岩村工場＝〒509－7403　恵那市岩村町

2144
☎0573－43－3611・FAX0573－43－2747
✉iwashi@marukawa.enat.jp
工場長高橋幸司
従業員21名(技士3名)
第1P＝1969年10月操業2019年更新2800×1(二軸) PSM光洋機械(旧石川島)
第2P＝1989年7月操業2000×1(二軸) PSM光洋機械(旧石川島) 住友大阪 シーカポゾリス 車大型×13台・中型×5台
G＝河川 S＝河川
普通・舗装JIS取得(JTCCM)
◉上矢作工場＝〒509－7505 恵那市上矢作町754－2
☎0573－47－2011・FAX0573－47－2012
✉kamiyahagi@marukawakougyo.co.jp
工場長吉田亨
従業員18名(技士3名)
1964年10月操業1985年7月P1992年2月S1994年7月M改造2000×1(二軸) PSM光洋機械(旧石川島) 住友大阪 シーカポゾリス 車大型×10台・中型×1台
2023年出荷6千㎥、2024年出荷3千㎥
G＝河川 S＝河川
普通JIS取得(JTCCM)

㈱丸代
(㈱丸代生コンクリート工業所と西山工産㈱より生産受託)
1988年9月設立 資本金2160万円 従業員17名 出資＝(自)100%
◉本社＝〒507－0022 多治見市上山町1－103
☎0572－22－1895・FAX0572－22－0521
✉maru-dai@eos.ocn.ne.jp
代表取締役西尾太志
◉工場＝本社に同じ
従業員17名(主任技士2名・技士1名・診断士1名)
1967年2月操業2013年8月更新2300×1(二軸) PSM北川鉄工 UBE三菱・太平洋 マイテイ 車大型×3台・中型×4台・小型×6台
2023年出荷50千㎥、2024年出荷42千㎥
G＝砕石 S＝砕砂
普通・舗装JIS取得(GBRC)

㈱丸八生コン
1977年3月設立 資本金1000万円 従業員15名 出資＝(自)100%
◉本社＝〒501－5304 郡上市高鷲町鮎立2101－1－1
☎0575－72－5036・FAX0575－72－5047
✉maruhach@io.ocn.ne.jp
代表取締役山下優
◉工場＝本社に同じ
工場長羽生光容
従業員15名(主任技士1名・技士3名)
1968年8月操業1500×1(二軸) PSM北川鉄工 UBE三菱 マイテイ・シーカポゾリス・シーカビスコクリート 車大型×7台・中型×4台
2023年出荷5千㎥
G＝河川 S＝河川・砕砂
普通・舗装JIS取得(GBRC)

丸文工業㈱
1961年3月28日設立 資本金2000万円
従業員16名 出資＝(自)100%
◉本社＝〒503－0846 大垣市深池町元屋敷12
☎0584－89－2640・FAX0584－89－5087
URL http://www.ric.hi-ho.ne.jp/marubunkougyou/
✉marubun-2f@ric.hi-ho.ne.jp
代表取締役社長渡邊哲也 代表取締役会長渡邊輝美 取締役渡邊由紀恵 監査役野田由美
◉大垣生コン工場＝本社に同じ
✉marubun@io.ocn.ne.jp
工場長渡邊哲也
従業員15名(技士2名)
1976年3月操業1987年6月M1990年1月S改造1500×1(二軸) P度量衡Sハカルプラス M北川鉄工 UBE三菱 ヴィンソル・シーカコントロール・フローリック 車大型×3台・中型×4台
G＝河川・砕石 S＝河川
普通JIS取得(JTCCM)

マルホ建材㈱
資本金1000万円
◉本社＝〒505－0046 美濃加茂市西町6－162
☎0574－25－7328・FAX0574－25－7328
社長堀部安彦
◉工場＝本社に同じ
1985年1月操業750×1
ISO 9001取得

㈱ミツボシ
1953年12月9日設立
◉本社＝〒503－2401 揖斐郡池田町沓井1367
☎0585－45－3158・FAX0585－45－8004
URL http://www.mitsuboshi-c.jp/
✉info@mitsuboshi-c.jp
代表取締役水谷善美 取締役近藤次郎・久保田一成・相崎宏行
◉生コン工場＝本社に同じ
工場長相崎宏行
従業員13名(主任技士1名・技士2名)
1963年7月操業1985年8月PS1991年6月M改造2000×1(二軸) PSM北川鉄工 住友大阪 マイテイ 車大型×5台・小型×5台
G＝河川 S＝河川
普通・舗装JIS取得(IC)

美山生コン㈱
1969年3月1日設立 資本金2100万円
◉本社＝〒501－2258 山県市中洞351－1
☎0581－52－2103・FAX0581－52－2100
✉miyama@io.ocn.ne.jp
代表取締役社長武藤司
◉工場＝〒501－2259 山県市岩佐1406
☎0581－52－1234・FAX0581－52－1210
工場長江口良治
従業員18名(主任技士1名・技士3名)
2000×1(二軸) 日工 UBE三菱 ヴィンソル・マイテイ 車大型×7台・小型×4台
G＝河川 S＝河川
普通・舗装JIS取得(IC)

八洲コンクリート㈱
◉本社＝愛知県参照
◉多治見工場＝〒507－0815 多治見市大畑町赤松64
☎0572－25－6677
第1P＝36×2
第2P
普通JIS取得(GBRC)

㈱吉川工務店
1937年1月1日設立 資本金9920万円 従業員156名 出資＝(自)100%
◉本社＝〒508－8511 中津川市小川町2－8
☎0573－66－1171・FAX0573－66－1181
URL http://www.yoshi-beaver.co.jp
代表取締役吉川幸輝 専務取締役二村康孝 常務取締役加藤晴彦・伊藤秀哉 取締役吉村覚・糸魚川守人・梅本稔美・熊澤勇人・井口和志・安藤嘉隆 監査役饗庭俊二
ISO 14001取得
※中津川生コン有限責任事業組合へ生産委託
※大桑生コン工場＝長野県参照

㈱吉城生コン
1973年12月28日設立 資本金7325万円
従業員8名 出資＝(販)2%・(建)98%
◉本社＝〒509－4271 飛騨市古川町谷250－1
☎0577－75－2001・FAX0577－75－3002
✉s@yoshinama.com
代表取締役星野彰 専務取締役村山政仁 取締役柳七郎・田近正英・洞口修二・清水昭徳・中屋英明
◉工場＝本社に同じ
工場長村山政仁
従業員8名(主任技士3名・技士4名・診断士1名)
1974年6月操業2000年8月更新2250×1(二

軸）　ＰＳＭ日工　太平洋　シーカポゾリス・フローリック・マイテイ　車中型×2台〔傭車：大型×9台・中型×3台〕
2023年出荷13千㎥、2024年出荷16千㎥
G＝河川　S＝河川
普通・舗装JIS取得(GBRC)

ライン生コン㈱
1965年8月5日設立　資本金2075万円　従業員38名　出資＝(自)100%
◉本社＝〒509－0303　加茂郡川辺町石神681－1
☎0574－53－2567・FAX0574－53－2934
URL http://rainnamakon.com/
✉honnsha@rainnk-gr.co.jp
代表取締役横関宏也　取締役横関光也・棚瀬誠・横関康史・伊藤真弥・安藤伸明
ISO 9001取得
◉川辺工場＝〒509－0303　加茂郡川辺町石神681－1
☎0574－53－2565・FAX0574－53－2934
✉kawbeln@io.ocn.ne.jp
専務取締役伊藤真弥
従業員10名(主任技士2名・技士2名)
1965年9月操業1985年6月Ｐ1994年1月ＳＭ改造2000×1(二軸)　ＰＳＭ日工　UBE三菱・住友大阪・太平洋　シーカジャパン・チューポール・マイテイ・フローリック・花王・山宗　車大型×10台・中型×8台・小型×1台〔傭車：坂崎建材他〕
G＝陸砂利・砕石　S＝陸砂・砕砂
普通・舗装JIS取得(IC)
ISO 9001取得
大臣認定単独取得(60N/㎟)
◉関工場＝〒501－3911　関市肥田瀬207
☎0575－22－2073・FAX0575－24－6029
✉cnk-b@io.ocn.ne.jp
工場長今井隆裕
従業員8名(主任技士1名・技士3名)
1968年3月操業1987年1月Ｍ2001年8月Ｓ2009年3月Ｐ改造1700×1(二軸)　ＰＳＭ日工　住友大阪・UBE三菱　チューポール・シーカポゾリス・マイテイ　車大型×3台・中型×6台〔傭車：大道㈱〕
2023年出荷23千㎥
G＝陸砂利・砕石　S＝陸砂・砕砂
普通・舗装JIS取得(IC)
ISO 9001取得

レミック高山㈱
(高山宇部生コンクリート㈱とデンカ生コン高山㈱から生産受託)
2014年4月1日設立　資本金3000万円　従業員11名　出資＝(他)100%
◉本社＝〒506－0041　高山市下切町145
☎0577－37－0319・FAX0577－37－0320
代表取締役会長北村剛治　代表取締役社長中川由則　常務取締役森本範昭　取締役工場長荻田健二
◉工場＝本社に同じ
工場長荻田健二
1970年7月操業2014年3月更新2250×1　ＰＳＭ光洋機械(旧石川島)　UBE三菱・太平洋　シーカポゾリス・GCP　車大型×11台・中型×3台
2023年出荷30千㎥
G＝河川・砕石　S＝河川・砕砂
普通・舗装JIS取得(GBRC)

岐阜県

三重県

㈱安芸砂利
1968年4月1日設立　資本金1500万円　出資＝(自)100%
◉本社＝〒514－2326　津市安濃町東観音寺437
☎059－268－4100・FAX059－268－4101
代表取締役内田正男　専務取締役内田久尚
◉安芸生コン工場＝〒514－2322　津市安濃町戸島2510
☎059－268－4100・FAX059－268－4101
工場長内田寿久
従業員18名(主任技士1名・技士2名・診断士1名)
1975年10月操業1993年5月更新1500×1(二軸)　ＰＳＭ日工　太平洋　マイテイ　車大型×5台・中型×4台
G＝陸砂利　S＝陸砂
普通JIS取得(GBRC)

飯高砂利㈱
1967年2月1日設立　資本金1000万円　従業員12名　出資＝(他)100%
◉本社＝〒515－1615　松阪市飯高町森121
☎0598－45－0171・FAX0598－45－0811
✉iitaka-g@ma.mctv.ne.jp
代表取締役橋本美智也　取締役竹上亀代司・竹上仁士・竹上初子
◉森工場＝本社に同じ
工場長阪口直司
従業員12名(主任技士1名・技士3名)
1964年6月操業1993年5月Ｓ改造1500×1(二軸)　ＰＭ光洋機械Ｓハカルプラス　住友大阪　シーカジャパン　車大型×6台・小型×5台
2023年出荷5千㎥、2024年出荷6千㎥
G＝河川　S＝河川
普通・舗装JIS取得(GBRC)

伊賀小野田レミコン㈱
1974年1月9日設立　資本金1500万円　従業員12名　出資＝(自)86%(セ)14%
◉本社＝〒518－0022　伊賀市三田719－13
☎0595－23－6938・FAX0595－23－6938
URL http://www.ict.ne.jp/~igaonoda
✉ior@ict.ne.jp
代表取締役余野部卓司　取締役会長余野部猛　専務取締役余野部明子　常務取締役廣地康弘　監査役中村邦裕
◉工場＝〒518－0006　伊賀市羽根670
☎0595－23－6932・FAX0595－24－0824
工場長阪本全治
従業員6名(技士3名)
1974年5月操業1996年5月更新56×2(傾胴二軸)　ＰＳＭ北川鉄工　太平洋　チューポール　車大型×7台・中型×4台
G＝砕石　S＝山砂
普通・舗装JIS取得(GBRC)

石川商工㈱
1957年10月1日設立　資本金1000万円　従業員75名　出資＝(自)100%
◉本社＝〒516－0007　伊勢市小木町57－1
☎0596－36－1000・FAX0596－36－3963
URL http://www.ishikawa-shoko.com
✉isikawas@topaz.ocn.ne.jp
代表取締役社長石川雄一郎
◉伊勢生コン工場＝〒516－1102　伊勢市佐八町字中瀬1670
☎0596－39－1177・FAX0596－39－1371
✉ishikawasyoukou-ise@movie.ocn.ne.jp
工場長岸本一作
従業員15名(主任技士2名・技士6名)
1975年9月操業1992年9月更新1700×1(ジクロス)　ＰＳＭ北川鉄工　UBE三菱　シーカポゾリス・チューポール　車大型×14台・中型×8台・小型×3台
2023年出荷10千㎥、2024年出荷11千㎥(水中不分離39㎥・ポーラス2㎥)
G＝陸砂利　S＝陸砂
普通・舗装JIS取得(GBRC)
◉鳥羽生コン工場＝〒517－0042　鳥羽市松尾町998－1
☎0599－25－4118・FAX0599－25－4115
工場長中世古正司
従業員7名(主任技士2名・技士2名)
1968年10月操業1990年10月更新2000×1(二軸)　ＰＳＭ光洋機械　UBE三菱　シーカポゾリス・チューポール　車大型×7台・中型×1台・小型×1台
2024年出荷10千㎥
G＝河川・陸砂利　S＝河川・陸砂
普通・舗装JIS取得(GBRC)

伊勢コンクリート㈱
1973年12月1日設立　資本金1000万円　従業員17名　出資＝(自)100%
◉本社＝〒519－0425　度会郡玉城町岩出292
☎0596－58－2500・FAX0596－58－7405
代表取締役荒井久夫　専務取締役荒井郁子　常務取締役荒井久樹　取締役荒井保美・荒井佑樹
◉工場＝〒519－0425　度会郡玉城町岩出292
☎0596－58－2500・FAX0596－58－6951
工場長岡村厚
従業員15名(技士2名)
1970年6月操業2008年5月更新1700×1(二軸)　ＰＳＭ北川鉄工　UBE三菱　チューポール・シーカポゾリス　車大型×8台・中型×7台・小型×2台
G＝河川　S＝河川
普通・舗装JIS取得(GBRC)

磯山レミコン㈱
1972年8月7日設立　資本金2000万円　従業員11名　出資＝(セ)7%・(販)7%・(他)86%
◉本社＝〒510－0256　鈴鹿市磯山1－20－51
☎059－386－1181・FAX059－386－6249
代表取締役会長渡邉満之　代表取締役社長東川将之　取締役中野紀生
◉工場＝本社に同じ
工場長政頼正
従業員11名(主任技士3名・技士3名)
1972年8月操業1999年2月Ｐ2016年1月MS更新2500×1(二軸)　ＰＳＭ光洋機械　太平洋　シーカポゾリス・マイテイ　車大型×4台・中型×2台・小型×5台
2023年出荷27千㎥、2024年出荷21千㎥
G＝陸砂利　S＝陸砂
普通・舗装JIS取得(GBRC)
大臣認定単独取得(60N/mm²)

㈱大台
◉本社＝〒519－2427　多気郡大台町上楠276－1
☎0598－83－2531・FAX0598－83－2281
✉oodai-n@ma.mctv.ne.jp
◉工場＝本社に同じ
1969年9月操業1987年6月更新2000×1(二軸)　ＰＳＭ日工
普通JIS取得(GBRC)

㈲太田コンクリート
1964年12月20日設立　資本金1000万円　従業員20名　出資＝(自)100%
◉本社＝〒519－0102　亀山市和田町599－2
☎0595－82－2026・FAX0595－83－0667
URL http://www.ota-concrete.co.jp/
代表取締役太田秀典　専務取締役太田淳子
◉工場＝本社に同じ
工場長太田秀典
従業員17名(主任技士1名・技士3名)
1972年4月操業1990年3月更新1700×1(二軸)　ＰＳＭ北川鉄工　UBE三菱　車大型×8台・中型×7台・小型×3台
G＝河川　S＝河川
普通・舗装JIS取得(GBRC)

大宮ナマコン㈱
1981年5月31日設立　資本金2000万円　従業員4名　出資＝(自)100%
◉本社＝〒519－2732　度会郡大紀町野添765－5
☎0598－83－2411・FAX0598－83－2412
代表取締役社長中倉治久
◉工場＝本社に同じ

工場長中倉治久
従業員13名(主任技士2名)
1976年4月操業1980年8月ＰＭ1997年8月Ｓ改造1700×1　ＰＳＭ北川鉄工　住友大阪　車大型×1台・中型×1台
G＝陸砂利　S＝陸砂
普通JIS取得(MSA)

岡本土石工業㈱
1965年12月1日設立　資本金10000万円
従業員68名　出資＝(自)100%
◉本社＝〒519－5714　南牟婁郡紀宝町鮒田501
☎0735－22－8427・FAX0735－22－4308
URL http://okamoto-dsk.com/
代表取締役社長岡本一彦
◉生コンクリート部鮒田工場＝〒519－5714　南牟婁郡紀宝町鮒田501
☎0735－22－4104・FAX0735－23－0950
工場長小西友和
従業員6名(主任技士1名・技士3名)
1992年12月操業2016年更新1750×1(二軸)　ＰＳＭ光洋機械　太平洋　車大型×8台・中型×5台・小型×1台
G＝河川　S＝河川
普通・舗装JIS取得(GBRC)
※生コンクリート部新宮工場＝和歌山県参照

㈱小倉建材
1978年4月1日設立　資本金500万円　従業員8名　出資＝(自)100%
◉本社＝〒519－3658　尾鷲市倉ノ谷町26－21
☎0597－22－0075・FAX0597－23－1259
代表取締役盛田真之介　取締役天満祐・湯浅信廣
◉生コン工場＝〒519－3407　北牟婁郡紀北町小山浦372
☎0597－32－0536・FAX0597－32－3122
✉oguracon-i@dolphin.ocn.ne.jp
工場長湯浅信彦
従業員6名(主任技士2名・技士2名)
1976年6月操業1992年10月更新1500×1(二軸)　ＰＳＭ日工　住友大阪　チューポール・マイテイ　車〔傭車：大河内生コン〕
G＝河川　S＝砕砂
普通・舗装JIS取得(GBRC)

尾鷲石川商工㈱
1973年10月1日設立　資本金1000万円
従業員18名　出資＝(自)100%
◉本社＝〒519－3604　尾鷲市港町4－1
☎0597－22－1821・FAX0597－23－0372
✉owaseishikawa@sirius.ocn.ne.jp
代表取締役社長石川浩　専務取締役石川泰　取締役石川せい子・石川智将　監査役石川恵子
◉尾鷲生コン工場＝〒519－3613　尾鷲市瀬木山町5－11
☎0597－22－1829・FAX0597－22－1238
工場長岩本秀之
従業員6名(技士4名)
1966年9月操業2006年5月更新2000×1(二軸)　ＰＳＭ光洋機械(旧石川島)　住友大阪　ヴィンソル・シーカポゾリス　車：協組による共同配車
G＝河川　S＝砕砂
普通・舗装JIS取得(GBRC)

㈱紀勢
※㈲紀勢コンクリートより社名変更
1980年3月1日設立　資本金300万円　従業員8名　出資＝(建)100%
◉本社＝〒519－2911　度会郡大紀町錦692－1
☎0598－73－2143・FAX0598－73－4100
代表取締役谷口陽一郎
◉工場(旧㈲紀勢コンクリート工場)＝〒519－2911　度会郡大紀町錦692－1
☎0598－73－4800・FAX0598－73－4100
工場長西村孝征
従業員8名(技士2名)
1980年3月操業1000×1　ＰＳＭ日工　太平洋　シーカポゾリス　車大型×2台・中型×1台
2023年出荷7千㎥、2024年出荷8千㎥(水中不分離200㎥)
G＝河川　S＝河川
普通JIS取得(IC)

㈲小林組
1978年9月1日設立　資本金2500万円　従業員29名　出資＝(自)100%
◉本社＝〒515－2603　津市白山町川口5074－5
☎059－262－3655・FAX059－262－4823
代表取締役小林司　専務取締役山中伸也　取締役小林史弥・小林美保子
◉生コン工場＝本社に同じ
工場長山中昌則
従業員12名(主任技士2名・技士3名)
1973年12月操業1994年8月更新1500×1(二軸)　ＰＳＭ北川鉄工　太平洋　シーカコントロール・シーカポゾリス　車大型×3台・中型×6台・小型×1台
2023年出荷4千㎥
G＝砕石　S＝砕砂
普通・舗装JIS取得(GBRC)

㈱西條
1957年4月1日設立　資本金150万円　従業員20名　出資＝(他)100%
◉本社＝〒518－0816　伊賀市中友生1240
☎0595－23－8000・FAX0595－23－8009
URL http://www.saijyo.net
✉office@saijyo.net
代表取締役中村浩　取締役社長坂口元保
◉伊賀生コン上野工場＝〒518－0816　伊賀市中友生1111
☎0595－21－1596・FAX0595－24－4610
✉k.maeda@saijyo.net
工場長前田弘次
従業員6名(主任技士1名・技士2名)
1970年11月操業1993年5月更新2000×1(二軸)　ＰＳＭ北川鉄工所　住友大阪　シーカポゾリス・チューポール　車大型×5台・中型×4台
2024年出荷13千㎥
G＝河川　S＝河川
普通・舗装JIS取得(GBRC)

阪本生コンクリート㈲
1975年8月1日設立　資本金1000万円　従業員8名　出資＝(自)100%
◉本社＝〒515－3532　津市美杉町川上1120
☎059－274－0134・FAX059－274－0726
✉sakamoto.fc@zc.ztv.ne.jp
代表取締役阪本則生　専務取締役阪本準一
◉工場＝本社に同じ
工場長阪本準一
従業員9名(主任技士1名・技士2名)
1975年8月操業1995年8月Ｓ改造36×2　ＰＳＭ北川鉄工　UBE三菱　シーカポゾリス　車大型×4台・中型×3台
2023年出荷3千㎥、2024年出荷3千㎥
G＝河川　S＝河川
普通JIS取得(GBRC)

さんよう生コン㈱
2016年6月1日設立　資本金100万円　従業員14名　出資＝(自)100%
◉本社＝〒515－0204　松阪市櫛田町747
☎0598－28－2411・FAX0598－28－3643
✉sanyo@mild.ocn.ne.jp
代表取締役大槻和昭　取締役竹上亀代司・橋本美智也・北村淳二・鈴木慎一
◉櫛田工場＝本社に同じ
工場長大槻和昭
従業員14名(主任技士2名・技士4名)
1963年7月操業2005年1月更新2250×1　ＰＳＭ光洋機械(旧石川島)　住友大阪　シーカポゾリス・マイテイ・チューポール　車大型×7台・中型×6台
2023年出荷14千㎥、2024年出荷11千㎥
G＝陸砂利　S＝陸砂
普通JIS取得(GBRC)

杉田土木㈱
1991年7月17日設立
◉本社＝〒514－1251　津市榊原町西山10896
☎059－252－0533・FAX059－252－0263
✉sugita@sugita-doboku.co.jp

代表者杉田浩二
◉生コン工場＝本社に同じ
品質管理責任者綿野團
従業員30名
車16台
G＝砕石　S＝砕砂
普通JIS取得(MSA)

勢濃生コン㈱
1984年3月31日設立　資本金1000万円
従業員48名　出資＝(自)100%
◉本社＝〒511－0118　桑名市多度町大字御衣野1656
☎0594－48－4600・FAX0594－48－2700
代表取締役社長伊藤美恵子　取締役伊藤義則・伊藤タカ子・伊藤恵・伊藤博文
監査役伊藤達子
◉多度工場＝本社に同じ
工場長伊藤隆貴
従業員(主任技士2名・技士4名)
6000×1　住友大阪　チューポール　車大型×29台・小型×3台
G＝石灰砕石・砕石　S＝石灰砕砂・砕砂・スラグ
普通・舗装JIS取得(GBRC)
大臣認定単独取得(60N/mm²)
※南濃工場＝岐阜県参照

創和ネクスト㈱
◉本社＝〒517－0501　志摩市阿児町志島1475
☎0599－45－2185・FAX0599－45－3508
代表取締役山本和宏
◉工場(旧㈲創和生コン工場)＝本社に同じ
責任者福井勇人
従業員9名(主任技士1名・技士3名)
1975年7月操業2008年1月改造1850×1
ＰＳＭ日工　UBE三菱　フローリック・シーカジャパン　車大型×9台・中型×4台・小型×3台
2024年出荷10千㎥(水中不分離68㎥)
G＝河川・砕石　S＝河川
普通・舗装JIS取得(MSA)

㈱大栄工業
1987年4月24日設立　資本金2000万円
従業員57名　出資＝(自)100%
◉本社＝〒518－0809　伊賀市西明寺485－2
☎0595－21－0988・FAX0595－21－4378
URL http://www.dkgr.co.jp/
✉daiei@dkgr.co.jp
代表取締役春山寛典　取締役井上勇人・臼井眞悟・神嵜康之　監査役山本智子
ISO 9001・14001・OHSAS145001取得
◉伊賀生コン名張工場＝〒518－0752　名張市蔵持町原出523
☎0595－64－0456・FAX0595－64－1202
✉h_inoue@dkgr.co.jp
工場長井上勇人
従業員13名(技士4名)
1979年12月操業2005年1月更新1700×1
ＰＳＭ北川鉄工　UBE三菱　シーカジャパン　車大型×6台・中型×3台・小型×3台
2023年出荷16千㎥、2024年出荷15千㎥(高強度66㎥)
G＝河川　S＝河川
普通・舗装JIS取得(GBRC)
ISO 9001・14001・45001取得

㈲大久
◉本社＝〒515－0505　伊勢市西豊浜町3653－21
☎0596－37－2067・FAX0596－37－1121
代表取締役右京久男
◉本社工場＝〒515－0505　伊勢市西豊浜町3653
1982年11月操業1989年9月更新2500×1(二軸)　ＰＳＭ光洋機械　住友大阪・UBE三菱
普通・舗装JIS取得(JTCCM)

㈲大創生コン
1999年9月2日設立　資本金300万円　従業員18名
◉本社＝〒519－2429　多気郡大台町高奈948－1
☎0598－83－2723・FAX0598－83－2735
代表取締役大森正信
◉工場＝本社に同じ
工場長福井勇人
従業員10名(技士2名)
2500×1　ＰＳＭ光洋機械　麻生・住友大阪　フローリック・マイテイ　車大型×7台・中型×2台・小型×2台
G＝河川　S＝河川
普通・舗装JIS取得(IC)

㈱大藤産業
1975年10月7日設立　資本金1000万円
従業員24名　出資＝(自)100%
◉本社＝〒514－0304　津市雲出本郷町字榎縄1805－13
☎059－234－5130・FAX059－234－5520
代表取締役谷川雅史　取締役北角健司
◉工場＝本社に同じ
QMR谷川雅史
従業員24名(主任技士1名・技士5名)
1975年12月操業1994年3月更新2000×1
ＰＳＭ日工　住友大阪　チューポール・マイテイ　車大型×5台・中型×10台
2023年出荷43千㎥、2024年出荷35千㎥
G＝河川　S＝河川
普通・舗装JIS取得(GBRC)

中勢太平洋生コン㈱
2003年3月18日設立　資本金1000万円
従業員16名　出資＝(販)100%
◉本社＝〒515－2105　松阪市肥留町348
☎0598－56－5650・FAX0598－56－4308
代表取締役瀧澤明子　取締役浦川仁志・益川昌頼　監査役加藤嘉一
◉本社工場＝本社に同じ
工場長川井二郎
従業員16名(主任技士5名・技士2名・診断士1名)
1974年10月操業1993年8月更新2500×1(二軸)　ＰＭ光洋機械(旧石川島)Ｓパシフィックシステム　太平洋　フローリック・マイテイ・シーカジャパン　車大型×3台・中型×2台・小型×5台
2023年出荷12千㎥、2024年出荷9千㎥(その他200㎥)
G＝河川　S＝河川
普通・舗装JIS取得(GBRC)

中部産業㈲
1963年2月1日設立　資本金1000万円　従業員7名　出資＝(自)100%
◉本社＝〒511－0825　桑名市上野960
☎0594－23－3271・FAX0594－21－2964
社長伊藤清次
◉上野工場＝本社に同じ
工場長伊藤清次
従業員7名(主任技士1名・技士1名)
1980年9月操業1995年1月更新2016年2月S改造1500×1　ＰＳＭ日工　太平洋　リグエース　車大型×1台・中型×6台
G＝河川・砕石　S＝河川

中部太平洋生コン㈱
◉本社＝愛知県参照
◉四日市工場＝〒510－0051　四日市市千歳町22－2
☎059－353－6363・FAX059－353－6367
✉o-siken@mie-hokuseikyoso.or.jp
工場長竹内聖二
従業員7名(主任技士3名・技士1名)
2004年1月操業2018年8月更新2750×1(二軸)　ＰＭ日工Ｓパシフィックシステム　太平洋　シーカビスコクリート・フローリック・チューポール　車大型×10台〔傭車：伊藤運送㈱〕
2023年出荷30千㎥、2024年出荷27千㎥(高強度350㎥)
G＝石灰砕石　S＝陸砂・石灰砕砂
普通・舗装・高強度JIS取得(GBRC)
大臣認定単独取得(60N/mm²)
※㈱ナカムラ生コンクリートより生産受託
※名古屋工場・知多工場＝愛知県参照

㈲椿コンクリート産業
1973年7月4日設立　資本金3000万円　従業員25名　出資＝(自)100%
◉本社＝〒519－5203　南牟婁郡御浜町下

市木3585－1　池上ブロック内
☎05979－2－1041・FAX05979－2－3067
社長池上登志男　取締役池上智洋　監査役池上弘之
◉御浜工場＝〒519－5324　南牟婁郡御浜町中立字小平1548－2
☎05979－4－1510・FAX05979－4－1030
工場長池上智洋
従業員10名(主任技士1名・技士3名)
1973年7月操業1999年8月更新1500×1(二軸)　ＰＳＭ日工　太平洋　ヤマソー　車〔傭車：㈲芝運送〕
G＝陸砂利　S＝陸砂
普通・舗装JIS取得(GBRC)
◉五郷工場＝〒519－4675　熊野市五郷町大井谷字口谷無29－1
☎0597－83－0222・FAX0597－83－0280
工場長池上弘之
従業員6名(主任技士1名・技士2名)
1996年10月操業1996年11月更新1500×1(二軸)　ＰＳＭ日工　太平洋　ヤマソー　車大型×1台・中型×2台
2023年出荷8千㎥、2024年出荷8千㎥
G＝陸砂利　S＝陸砂
普通・舗装JIS取得(GBRC)

東建生コン㈱
1970年6月12日設立　資本金1000万円
従業員7名　出資＝(建)100%
◉本社＝〒519－3204　北牟婁郡紀北町東長島1300－1
☎0597－47－2565・FAX0597－47－5256
✉touken-namakon@za.ztv.ne.jp
代表取締役東等　取締役東美和・東陽子・東惇・東隆晟　監査役竹田雅彦
◉工場＝本社に同じ
工場長丸本和幸
従業員7名(技士4名)
2011年10月操業1700×1(二軸)　ＰＳＭ北川鉄工　太平洋　ヴィンソル・チューポール　車大型×1台〔傭車：大河内生コン㈲〕
2023年出荷5千㎥、2024年出荷5千㎥
G＝河川　S＝河川
普通・舗装JIS取得(GBRC)

㈱東洋テックス
1982年10月1日設立　資本金9800万円
従業員107名　出資＝(自)100%
◉本社＝〒510－1326　三重郡菰野町杉谷2286－1
☎059－396－1161・FAX059－396－3304
URL http://www.toyo-tex.co.jp
代表取締役服部俊樹　取締役服部尚樹・森雅史・岸本孝雄・加藤剛宏　監査役服部やす子
ISO 9001取得
◉尾高生コン事業部(旧こもの生コン㈱工場)＝〒510－1311　三重郡菰野町大字永井3086
☎059－396－2875・FAX059－396－2877
1959年12月操業1988年3月更新2500×1　ＰＳＭ北川鉄工　UBE三菱　フローリック　車大型×8台
G＝河川・石灰砕石・砕石　S＝河川
普通・舗装JIS取得(GBRC)
大臣認定単独取得

東和レミコン㈱
1987年5月14日設立　資本金2000万円
従業員10名　出資＝(自)100%
◉本社＝〒512－0906　四日市市山之一色町1528－1
☎059－336－3851・FAX059－336－3853
✉touwa@mie-hokuseikyos.or.jp
代表取締役社長杉山健太郎　取締役会長山口国輝　常務取締役種村茂巳
◉生コンクリート工場＝本社に同じ
従業員10名(主任技士2名・技士3名)
1972年11月操業1982年6月更新3000×1(二軸)　ＰＳＭ大平洋機工　太平洋　チューポール・フローリック・シーカポゾリス　車大型×3台
2023年出荷31千㎥、2024年出荷24千㎥(高強度655㎥)
G＝河川・石灰砕石　S＝河川・石灰砕砂
普通・舗装JIS取得(GBRC)
大臣認定単独取得(60N/mm²)
※㈱宝栄コンクリート工場より生産受託

富一コンクリート㈱
1960年12月14日設立　資本金2000万円
従業員26名　出資＝(自)100%
◉本社＝〒512－0913　四日市市西坂部町1515－1
☎059－332－2929・FAX059－332－0900
URL http://www.tomiichi-con.com
代表取締役社長生川平藏
◉工場＝〒512－0913　四日市市西坂部町1515－1
☎059－332－2900・FAX059－332－5557
工場長池内桂子
従業員26名(主任技士1名・技士2名)
1960年12月操業1988年3月更新1500×1(二軸)　ＰＭ相和精機Ｓパシフィックシステム　太平洋　チューポール・GCP　車中型×18台
G＝石灰砕石　S＝河川
普通JIS取得(GBRC)

㈱ナカムラ生コンクリート
資本金1000万円　出資＝(他)100%
◉本社＝〒512－8044　四日市市中村町2293－8
☎059－363－0222・FAX059－364－0367
社長福原啓
◉工場(操業停止中)＝本社に同じ
1969年3月操業1000×1　ＰＳＭ光洋機械
※中部太平洋生コン㈱四日市工場へ生産委託

㈱南島コンクリート
1969年8月1日設立　資本金1000万円　従業員30名　出資＝(自)100%
◉本社＝〒516－1423　度会郡南伊勢町村山1115－1
☎0596－76－0143・FAX0596－76－1612
代表取締役稲葉雄一　取締役阿藤智子・山本一善　監査役稲葉みのり
◉本社工場＝本社に同じ
工場長清水正彦
従業員17名(技士5名)
1969年9月操業1993年8月更新1500×2　ＰＳＭ北川鉄工　太平洋　車大型×9台・中型×4台
G＝河川・砕石　S＝河川
普通・舗装JIS取得(GBRC)
◉南勢工場＝〒516－0104　度会郡南伊勢町神津佐880
☎0599－66－0625・FAX0599－66－1786
✉nancon-n@von.ne.jp
工場長村田文彦
従業員10名
1500×2　太平洋　シーカポゾリス　車大型×7台・中型×3台・小型×1台
2023年出荷14千㎥
G＝河川・砕石　S＝河川
普通・舗装JIS取得(GBRC)
◉度会工場＝〒516－2105　度会郡度会町平生字南沖1371－2
☎0596－62－1073・FAX0596－62－2010
✉nancon-w@amigo2.ne.jp
工場長星合隆義
従業員9名(主任技士2名・技士2名)
1975年6月操業1982年6月更新1250×1(二軸)　ＰＳＭ光洋機械　UBE三菱　シーカジャパン　車大型×6台・中型×4台・小型×1台
2023年出荷7千㎥、2024年出荷5千㎥
G＝陸砂利・砕石　S＝陸砂
普通・舗装JIS取得(GBRC)

日本工業㈱
1962年4月設立　資本金4050万円　従業員26名
◉本社＝〒516－1103　伊勢市津村町1663－50
☎0596－39－7333・FAX0596－39－7334
代表取締役山川敏彦　常務取締役山川靖士
◉生コンクリート事業部ニッコン＝〒516－0113　度会郡南伊勢町斎田字遠州前35－5
☎0599－65－3777・FAX0599－65－3778
工場長小林幸弘
従業員7名(技士4名)

1997年7月操業1500×1　ＰＳＭ日工　住友大阪　ヴィンソル　車大型×2台・中型×1台・小型×1台
G＝陸砂利・砕石　S＝陸砂
普通・舗装JIS取得(GBRC)
ISO 9001取得

林建材㈱
1969年2月4日設立　資本金8000万円　従業員100名　出資＝(自)100%
◉本社＝〒513－0802　鈴鹿市飯野寺家町66－1
☎059－382－2680・FAX059－383－6776
URL http://www.promarthayashi.co.jp
代表取締役社長林健一郎　取締役前野幸則・石塚浩一　監査役野村尚史
◉生コン工場＝〒513－0802　鈴鹿市飯野寺家町字横シメ208
☎059－382－7000・FAX059－382－6566
✉yamashita@promarthayashi.co.jp
工場長山下純矢
従業員20名(主任技士3名・技士1名・診断士1名)
1976年7月操業2004年5月更新2000×1(二軸)　ＰＳＭ光洋機械　太平洋・住友大阪　マイテイ・シーカポゾリス　車大型×6台・中型×9台・小型×1台
2023年出荷24千㎥
G＝河川・砕石　S＝河川・砕砂・FA
普通・舗装JIS取得(GBRC)

㈱日比野生コン
1973年9月1日設立　資本金1000万円　従業員33名　出資＝(自)100%
◉本社＝〒519－5701　南牟婁郡紀宝町鵜殿8
☎0735－32－1146・FAX0735－32－2255
URL http://www.hibino-namacon.jp/
✉office@hibino-namacon.jp
代表取締役日比野勝良　専務取締役日比野芳文　取締役日比野文男　監査役日比野太見子
※新宮工場・勝浦工場＝和歌山県参照

廣嶋建材㈱
1980年12月13日設立　資本金1000万円　従業員21名　出資＝(骨)100%
◉本社＝〒518－0013　伊賀市東条婦え鳥208－1
☎0595－21－3936・FAX0595－23－7342
URL https://hiroshimagroup.com
✉info@hiroshimagroup.com
代表取締役廣嶋伸二　取締役廣嶋景子・廣嶋ゆか・廣嶋千佳・廣嶋孝哉・廣嶋克哉
◉生コンクリート工場＝〒518－0013　伊賀市東条婦え鳥208－1
☎0595－23－4166・FAX0595－21－4399
代表取締役廣嶋伸二
従業員11名(技士5名)
1977年10月操業2011年5月M改造1700×1(二軸)　ＰＳ日工M北川鉄工　太平洋　シーカジャパン　車大型×6台・中型×3台
2023年出荷14千㎥、2024年出荷13千㎥
G＝河川　S＝河川
普通・舗装JIS取得(GBRC)

㈱藤井工業
1969年4月10日設立　資本金1500万円　従業員13名　出資＝(自)100%
◉本社＝〒511－0284　いなべ市大安町梅戸263
☎0594－77－0636・FAX0594－77－1989
✉fujii0636@chic.ocn.ne.jp
代表取締役藤井清和　専務藤井秀樹　常務藤井宏治
◉工場＝本社に同じ
工場長藤井博幸
従業員13名(主任技士1名・技士3名)
1980年8月操業1995年8月更新2500×1　ＰＭ光洋機械Ｓパシフィックシステム　太平洋　GCP　車大型×7台・中型×4台
2023年出荷13千㎥
G＝河川・石灰砕石・砕石　S＝河川・石灰砕砂
普通・舗装JIS取得(GBRC)
大臣認定単独取得(60N/mm²)

㈱フジワラ
1966年5月4日設立　資本金1000万円　従業員16名　出資＝(自)100%
◉本社＝〒511－0512　いなべ市藤原町志礼石新田13－3
☎0594－46－3159・FAX0594－46－4550
URL https://fujiwara-co.jp
✉fujicom1@mecha.ne.jp
代表取締役社長葛山雄一郎　取締役会長葛山一博　取締役葛山和典・葛山和子　監査役葛山緑
◉鈴鹿工場＝〒519－0313　鈴鹿市追分町170
☎059－371－1122・FAX059－371－1132
工場長葛山和典
従業員16名(主任技士2名・技士2名)
1971年8月操業1997年9月更新1500×1(二軸)　ＰＳＭ日工　太平洋　マイテイ　車大型×4台・小型×6台
2023年出荷13千㎥、2024年出荷10千㎥
G＝石灰砕石・砕石　S＝河川
普通・舗装JIS取得(GBRC)

北勢レミコン㈱
1996年4月1日設立　資本金2000万円　従業員7名　出資＝(骨)100%
◉本社＝〒511－0428　いなべ市北勢町阿下喜3436
☎0594－72－7470・FAX0594－72－7734
代表取締役出口玉樹　取締役出口光男・出口克也　監査役出口直子
◉本社工場＝本社に同じ
従業員7名(技士1名・診断士2名)
1997年5月操業3000×1　ＰＳＭ光洋機械(旧石川島)　太平洋　チューポール　車大型×5台
G＝石灰砕石・砕石　S＝陸砂・石灰砕砂
普通・舗装JIS取得(GBRC)

㈲牧野建材
1968年2月27日設立　資本金300万円　従業員8名　出資＝(自)100%
◉本社＝〒510－8112　三重郡川越町大字亀須新田153
☎059－364－2525・FAX059－363－1022
✉info@makinokenzai.co.jp
代表取締役牧野学
◉生コン工場＝〒510－8112　三重郡川越町大字亀須新田153
☎059－364－2525・FAX059－364－2525
✉info@makinokenzai.co.jp
工場長牧野学
従業員8名(主任技士1名・技士4名)
1969年3月操業1995年7月更新2500×1(二軸)　ＰＳＭ日工　住友大阪　フローリック・チューポール・ダラセム　車大型×5台
2023年出荷12千㎥
G＝河川・石灰砕石・砕石　S＝河川・石灰砕砂・スラグ
普通・舗装JIS取得(GBRC)

松阪興産㈱
1954年2月2日設立　資本金1億円　従業員584名
◉本社＝〒515－0005　松阪市鎌田町253－5
☎0598－51－0211・FAX0598－51－1151
URL https://www.matsusaka-kosan.co.jp
代表取締役中川祐
◉高木工場＝〒515－0211　松阪市高木町1007－1
☎0598－28－3311・FAX0598－28－3313
✉matsusaka-p@matsusaka-kosan.co.jp
工場長関岡一樹
従業員7名(主任技士1名・技士1名)
1968年7月操業1996年8月更新2000×1(二軸)　ＰＳＭ日工　UBE三菱　フローリック・チューポール　車大型×7台・中型×6台
G＝河川・砕石　S＝河川
普通・舗装JIS取得(GBRC)
大臣認定単独取得(60N/mm²)
◉津工場＝〒514－0302　津市雲出伊倉津字高峰新田1764
☎059－234－3851・FAX059－234－3175
✉tsu-p@matsusaka-kosan.co.jp

工場長奥出学太
従業員12名（主任技士1名・技士2名）
1992年8月更新2000×1（二軸）　ＰＳＭ日工　UBE三菱・住友大阪　フローリック・チューポール　車大型×3台・中型×2台・小型×3台
2023年出荷16千㎥
G＝河川・陸砂利・砕石　S＝河川・陸砂
普通・舗装JIS取得（GBRC）
大臣認定単独取得（60N/mm²）
◉志摩工場＝〒517－0604　志摩市大王町船越234－3
☎0599－72－2021・FAX0599－72－2022
✉shima-p@matsusaka-kosan.co.jp
工場長山本聡士
従業員10名（主任技士1名・技士1名）
1970年10月操業2007年1月更新（二軸）　ＰＳＭ日工　住友大阪　フローリック・チューポール　車大型×5台・中型×2台・小型×4台
2024年出荷13千㎥（水中不分離30㎥）
G＝河川・砕石　S＝河川・砕砂
普通・舗装JIS取得（GBRC）
◉伊勢工場＝〒516－1102　伊勢市佐八町772－1
☎0596－39－8010・FAX0596－39－1700
✉ise-p@matsusaka-kosan.co.jp
工場長中西優樹
従業員8名（主任技士2名・技士1名）
1976年7月操業2007年12月更新2750×1（二軸）　ＰＳＭ日工　UBE三菱　フローリック・チューポール　車大型×5台・中型×3台
2023年出荷16千㎥、2024年出荷15千㎥（ポーラス5㎥）
G＝河川・砕石・人軽骨　S＝河川・砕砂
普通・舗装JIS取得（MSA）
大臣認定単独取得（60N/mm²）
◉鈴鹿工場＝〒513－0825　鈴鹿市住吉町字石塚6722－118
☎059－378－5840・FAX059－378－1384
✉suzuka-p@matsusaka-kosan.co.jp
工場長森本修司
従業員9名
1975年12月操業2000年更新2750×1（二軸）　ＰＳＭ日工　UBE三菱・住友大阪　車大型×3台・小型×2台
2023年出荷10千㎥
G＝砕石　S＝河川・砕砂
普通JIS取得（GBRC）
大臣認定単独取得（80N/mm²）
◉勢和工場＝〒519－2211　多気郡多気町丹生女夫松4098－1
☎0598－49－3068・FAX0598－49－3057
✉seiwa-p@matsusaka-kosan.co.jp
工場長小林敏幸
従業員5名（主任技士1名・技士3名）
1976年3月操業1997年8月Ｓ改造56×2　ＰＳＭ日工　UBE三菱　シーカポゾリス・チューポール　車大型×2台・中型×4台
2023年出荷11千㎥
G＝河川・砕石　S＝河川・砕砂
普通・舗装JIS取得（GBRC）
◉安濃工場＝〒514－2303　津市安濃町内多字小山田2626－1
☎059－268－1131・FAX059－268－1133
工場長奥出学太
従業員8名（主任技士1名）
1974年8月操業1993年2月更新1500×1（二軸）　Ｐ昭和鋼機ＳＭ日工　住友大阪・UBE三菱　フローリック・チューポール　車大型×3台・中型×4台
2023年出荷14千㎥
G＝河川・砕石　S＝河川
普通JIS取得（GBRC）
◉白山工場＝〒515－2613　津市白山町山田野890－2
☎059－262－0571・FAX059－262－1733
✉hakusan-p@matsusaka-kosan.co.jp
責任者上田真也
従業員6名
3000×1（二軸）　北川鉄工　UBE三菱・住友大阪　竹本・フローリック　車大型×4台・中型×3台
2023年出荷6千㎥、2024年出荷5千㎥
G＝河川・砕石　S＝河川・砕砂
普通・舗装JIS取得（MSA）
◉四日市工場（旧岡本土石工業㈱生コンクリート部四日市工場）＝〒510－0971　四日市市南小松町字道山108
☎059－328－8508・FAX059－328－2508
✉yokkaichi-p@matsusaka-kosan.co.jp
責任者森本修司
従業員7名（技士6名）
1999年10月操業2002年8月更新2500×1（二軸）　ＰＳＭ北川鉄工　太平洋　チューポール　車5台
2024年出荷25千㎥
G＝河川　S＝河川
普通・舗装JIS取得（GBRC）
※㈲八起工場より生産受託
◉大津工場＝〒515－0027　松阪市朝田町字川中1011
☎0598－50－0778・FAX0598－52－1057
従業員4名
普通・舗装JIS取得（GBRC）
◉久居工場（旧岡本土石工業㈱生コンクリート部津工場）＝〒514－1138　津市戸木町500
☎059－256－3000・FAX059－256－7161
✉hisai-p@matsusaka-kosan.co.jp
責任者中村二志夫
従業員4名
1974年3月操業1994年7月更新2000×1（二軸）　ＰＭ日工Ｓスミテム　太平洋　竹本　車大型×1台・中型×4台
2023年出荷13千㎥
G＝河川・砕石　S＝河川・砕砂
普通・舗装JIS取得（GBRC）
※会津工場・いわき工場・南会津工場＝福島県参照

丸西産業㈲
1986年3月3日設立　資本金500万円　従業員8名　出資＝（自）80%・（建）20%
◉本社＝〒519－2525　多気郡大台町滝谷字大熊口412
☎0598－77－2224・FAX0598－77－2225
代表取締役社長西大輔
◉工場＝本社に同じ
従業員8名（技士2名）
1971年12月操業1998年7月更新36×2　ＰＳＭ日工　住友大阪　ヴィンソル　車大型×3台・中型×2台
G＝河川　S＝河川
普通JIS取得（GBRC）

丸山建設㈱生コン部
1981年8月22日設立　資本金2000万円　従業員9名　出資＝（自）100%
◉本社＝〒518－0107　伊賀市枅川359－5
☎0595－37－0051・FAX0595－36－2923
URL http://www.ict.ne.jp/~maruken/
✉maru-ya@ict.ne.jp
代表取締役上村京太　取締役部長前山泰寛
◉工場＝本社に同じ
工場長前山泰寛
従業員9名（主任技士1名・技士1名）
1974年8月操業2016年9月更新1500×1（二軸）　ＰＳＭ日工　麻生　ヤマソー　車大型×4台・小型×4台
2023年出荷8千㎥
G＝砕石　S＝山砂
普通・舗装JIS取得（JTCCM）

三雲生コン㈱
1996年5月14日設立　資本金1000万円　従業員6名　出資＝（他）100%
◉本社＝〒515－2112　松阪市曽原町293－3
☎0598－56－2834・FAX0598－56－2866
✉mikumo@kind.ocn.ne.jp
代表取締役社長中澤廣充
◉三雲工場＝本社に同じ
取締役工場長西岡猛
従業員6名（主任技士1名・技士4名）
1968年11月操業1997年1月更新2500×1（二軸）　ＰＳＭ光洋機械　住友大阪　フローリック　車大型×3台〔傭車：ロイヤルリース〕
2023年出荷18千㎥、2024年出荷12千㎥
G＝河川・砕石　S＝河川
普通・舗装JIS取得（GBRC）

㈲八起
◉本社＝〒511－0204　いなべ市員弁町石仏2020－2
代表取締役日紫喜かおり
◉工場（操業停止中）＝〒511－0217　いなべ市員弁町大泉新田1040－1
☎0594－84－1230・FAX0594－74－2020
※松阪興産㈱四日市工場に生産委託

㈲ヤマセ砂利
資本金300万円　出資＝（骨）100％
◉本社＝〒511－0284　いなべ市大安町梅戸249
☎0594－77－0864・FAX0594－77－1167
代表取締役三﨑孝雄
◉工場＝〒511－0215　いなべ市員弁町東一色中島28－2
☎0594－77－0864
工場長三﨑長雄
1973年10月操業1500×1（二軸）　ＰＳＭ日工　住友大阪　車大型×5台・中型×1台・小型×1台
G＝河川・砕石　S＝河川
普通・舗装JIS取得（GBRC）

㈱四日市菱光
1997年8月28日設立　資本金1000万円
従業員6名　出資＝（自）90％・（セ）10％
◉本社＝〒510－0875　四日市市大治田3－5－40
☎059－345－1305・FAX059－347－2337
✉r-siken@mie-hokuseikyoso.or.jp
代表取締役中澤義一　取締役中澤秀之・中澤仁　監査役中澤美里
◉四日市工場＝本社に同じ
工場長中村仁司
従業員6名（主任技士1名・技士3名）
1965年3月操業1998年1月更新2500×1
ＰＭ北川鉄工ＳハカルプラスUBE三菱　シーカコントロール・フローリック
車大型×7台〔傭車：菱西運輸㈱〕
2023年出荷18千㎥、2024年出荷14千㎥
G＝陸砂利・砕石　S＝陸砂・砕砂
普通・舗装JIS取得（GBRC）
大臣認定単独取得（60N/㎟）

近　畿　地　区

滋賀県

近江アサノコンクリート㈱
1975年10月29日設立　資本金3000万円
従業員14名　出資＝（セ）30%・（販）30%・（建）17%・（他）23%
◉本社＝〒528－0058　甲賀市水口町北泉2－41
☎0748－62－7713・FAX0748－62－7715
URL http://www.oumiasano.co.jp/
✉info@oumiasano.co.jp
代表取締役社長森崎重則　取締役桜田拓人・川野高広・金子寿彦・石井健一郎
監査役川野圭司
◉工場＝〒528－0058　甲賀市水口町北泉2－41
☎0748－62－7711・FAX0748－62－7719
工場長田部恭祐
従業員14名（主任技士1名・技士4名・診断士1名）
1975年10月操業2015年1月更新2750×1（二軸）　PSM日工　太平洋　フローリック・シーカジャパン　車大型×17台・小型×3台
2023年出荷45千㎥、2024年出荷58千㎥（高強度7100㎥）
G＝石灰砕石・人軽骨　S＝石灰砕砂
普通・舗装JIS取得（GBRC）

オオヤマホールディング㈱
2004年12月1日設立　資本金9000万円
従業員14名　出資＝（建）100%
◉本社＝〒520－1212　高島市安曇川町西万木504－1
☎0740－32－1221・FAX0740－32－2995
URL http://www.ohyama-inc.co.jp/
✉honsya@ohyama-inc.co.jp
代表取締役社長大山光善　専務取締役大山祐司・栗山正夫　常務取締役大山洋史
◉生産事業部＝〒520－1212　高島市安曇川町西万木254－1
☎0740－32－1224・FAX0740－32－3330
工場長船野義次
従業員14名（技士2名）
1965年8月操業2020年1月更新2300×1（二軸）　PSM北川鉄工　住友大阪　シーカポゾリス・フォスロックマット　車大型×8台・中型×1台・小型×1台
2023年出荷32千㎥、2024年出荷20千㎥（スリップフォーム1100㎥）
G＝河川　S＝河川・石灰砕砂
普通・舗装JIS取得（IC）

北川建材工業㈱
1959年4月1日設立　資本金2500万円　従業員15名　出資＝（自）100%
◉本社＝〒529－1303　愛知郡愛荘町長野72－1
☎0749－42－3533・FAX0749－42－5975
代表取締役北川孝子　取締役川村武男・寺本美穂子・北川昭義
◉工場＝本社に同じ
工場長小寺治男
従業員14名（技士3名）
1984年2月操業2005年8月更新2250×1（二軸）　PSM日工　住友大阪　シーカポゾリス・チューポール・オーラミックス　車大型×11台・小型×5台〔傭車：㈱西京運輸〕
2023年出荷27千㎥
G＝河川　S＝河川・砕砂
普通・舗装JIS取得（GBRC）

㈱桑原組
1964年7月18日設立　資本金9800万円
従業員235名　出資＝（自）100%
◉本社＝〒520－1212　高島市安曇川町西万木926
☎0740－32－2345・FAX0740－32－0700
URL http://www.kuwahara-group.com/
✉info@kuwaharagumi.com
代表取締役社長桑原勝良　代表取締役会長奥津弥寿信　取締役副社長平井安隆・桑原勇人　専務取締役土井誠治・森本治・清水利之　常務取締役飯塚健次　取締役奥津弥一郎
ISO 9001・14001取得
◉生コンクリート安曇川工場＝〒520－1221　高島市安曇川町青柳1880－1
☎0740－32－0567・FAX0740－32－2206
工場長清水広之
従業員19名（主任技士1名・技士3名）
1965年6月操業2022年8月更新2750×1（二軸）　PSM日工　住友大阪・太平洋　フローリック　車大型×4台・中型×2台
2024年出荷22千㎥
G＝砕石　S＝石灰砕砂・砕砂
普通・舗装JIS取得（IC）
※生コンクリート若狭工場＝福井県参照

鯉口建材
1942年5月設立　出資＝（製）70%・（骨）30%
◉本社＝〒521－1143　彦根市上西川町4
☎0749－43－2082・FAX0749－43－6336
代表者鯉口直行
※平和工業㈱工場へ生産委託

甲賀バラス㈱
1955年8月26日設立　資本金7500万円
従業員45名　出資＝（自）100%
◉本社＝〒528－0235　甲賀市土山町大野2850
☎0748－67－0366・FAX0748－67－0611
URL http://www.kouga-ballas.co.jp/
✉kbc@kouga-ballas.co.jp
代表取締役社長市井善積　常務取締役中嶋大展・村木敏弘　取締役部長藤丸隆司・島田優　監査役鵜飼潔・中郡三彦
◉生コン事業部＝〒528－0235　甲賀市土山町大野2850
☎0748－67－8011・FAX0748－67－0611
工場長吉田末広
従業員13名（主任技士1名・技士4名）
1966年12月操業2001年5月更新2250×1（二軸）　PSM日工　住友大阪　フローリック・ヤマソー　車大型×12台・中型×1台・小型×3台
2023年出荷42千㎥、2024年出荷43千㎥
G＝砕石　S＝石灰砕砂・砕砂
普通・舗装JIS取得（IC）

湖北大阪生コンクリート㈱
1969年5月8日設立　資本金3000万円　従業員12名　出資＝（セ）13%・（販）17%・（建）24%・（骨）8%・（他）38%
◉本社＝〒526－0804　長浜市加納町343－3
☎0749－62－8431・FAX0749－62－8443
URL http://kohokunama.com
代表取締役社長髙田健治　取締役木下孝広・沓水文男　監査役西川雅英
◉工場＝本社に同じ
工場長木下孝広
従業員12名（主任技士1名・技士2名）
1969年8月操業2014年1月更新2750×1（二軸）　P中部プラントSハカルプラスM北川鉄工　住友大阪　車大型×7台・小型×3台
2023年出荷12千㎥、2024年出荷12千㎥
G＝石灰砕石　S＝石灰砕砂
普通・舗装JIS取得（GBRC）

㈱コンテック
従業員10名
◉本社＝〒529－1504　東近江市蒲生寺町461
☎0748－55－2838・FAX0748－55－2839
◉工場＝〒529－1504　東近江市蒲生寺町461
☎0748－55－5852・FAX0748－55－5850
従業員10名
1986年1月操業2013年11月更新2250×1（二軸）　PSM日工　住友大阪　GCP・

チューポール・フローリック・フォスロック
G＝石灰砕石　S＝河川・石灰砕砂
大臣認定単独取得(60N/mm²)

㈱坂本グループ
◉本社＝〒520－0103　大津市木の岡町48－5
☎077－578－4574・FAX077－578－4590
代表者山本清春
◉工場＝〒520－0103　大津市木の岡町48－4
☎077－578－4574・FAX077－578－4590
1984年6月操業1000×1　UBE三菱　車大型×1台・小型×5台
普通JIS取得(GBRC)

滋賀三谷生コン㈱
1970年5月1日設立　資本金1000万円　従業員7名　出資＝(自)100％
◉本社＝〒520－0247　大津市仰木7－18－7
☎077－572－2311・FAX077－572－2313
代表取締役社長大江清志　取締役小林敦
◉工場＝本社に同じ
工場長小林敦
従業員7名(主任技士3名・技士2名)
1971年5月操業1999年5月更新2500×1(二軸)　ＰＳＭ日工　太平洋　リグエース　車大型×5台〔傭車：興産運輸㈱〕
G＝砕石　S＝山砂・砕砂
普通・舗装JIS取得(GBRC)
大臣認定単独取得

信楽生コン㈱
1972年5月1日設立　資本金1000万円　従業員9名　出資＝(建)100％
◉本社＝〒529－1803　甲賀市信楽町牧1669－1
☎0748－83－0755・FAX0748－83－0777
代表取締役宇田毅
◉工場＝本社に同じ
工場長村瀬泰三
従業員9名(主任技士2名・技士2名・診断士1名)
1972年5月操業2020年9月更新2750×1(二軸)　ＰＳＭ日工　住友大阪　フローリック　車大型×6台・中型×1台・小型×2台
2023年出荷45千㎥、2024年出荷47千㎥(高強度75㎥)
G＝砕石　S＝山砂・石灰砕砂
普通・舗装JIS取得(IC)
大臣認定単独取得(72N/mm²)

総合建材イシケンー㈲
1997年12月1日設立　資本金800万円　従業員10名　出資＝(自)100％
◉本社＝〒520－0864　大津市赤尾町9－30
☎077－537－5733・FAX077－534－7864
✉s-ishiken@zeus.eonet.ne.jp
代表者吉田錦一郎
◉工場＝本社に同じ
工場長田中誠
従業員10名(主任技士1名・技士2名)
1997年12月操業36×1(傾胴二軸)　UBE三菱・住友大阪　フローリック　車大型×5台・小型×9台
2023年出荷26千㎥
G＝砕石　S＝山砂・砕砂
普通JIS取得(GBRC)

㈱ダイイチ
◉本社＝〒525－0064　草津市御倉町19
☎077－562－6338・FAX077－563－4933
◉工場＝本社に同じ
1984年10月操業2750×1　トクヤマ　チューポール　車大型×12台・小型×8台
G＝砕石　S＝石灰砕砂・砕砂
普通・舗装JIS取得(IC)
大臣認定単独取得

大圭コンクリート㈱
1971年4月設立　資本金1000万円　従業員12名　出資＝(自)100％
◉本社＝〒523－0016　近江八幡市千僧供町628－1
☎0748－37－6155・FAX0748－37－2720
代表取締役社長安田勉　取締役木村文男
◉工場＝本社に同じ
工場長吉岡八州満
従業員12名(主任技士4名・技士4名)
1971年4月操業2020年更新2750×1(二軸)　ＰＳＭ日工　住友大阪　フローリック　車大型×4台・中型×1台・小型×2台
2024年出荷24千㎥
G＝河川　S＝河川・石灰砕砂
普通・舗装・高強度JIS取得(IC)

大幸生コン㈱
1964年4月1日設立　資本金1000万円　従業員15名　出資＝(自)100％
◉本社＝〒522－0263　犬上郡甲良町法養寺7
☎0749－38－2231・FAX0749－38－2237
✉daikou@gaea.ocn.ne.jp
代表取締役上田旨宏　取締役上田善治・須ヶ崎考生・須ヶ崎秀典　監査役上田成幸
◉工場＝本社に同じ
工場長横山潤二
従業員15名(主任技士2名・技士4名・診断士1名)
1968年9月操業2020年8月更新1800×1(二軸)　ＰＳＭ光洋機械　住友大阪　フローリック　車大型×11台・中型×4台・小型×3台
2024年出荷26千㎥(高流動3㎥)
G＝河川・石灰砕石　S＝河川・石灰砕砂
普通・舗装JIS取得(GBRC)

ダイセイ㈱
1998年4月21日設立　資本金4400万円　従業員10名　出資＝(他)100％
◉本社＝〒527－0126　東近江市大清水町567－1
☎0749－45－8078・FAX0749－45－8073
代表取締役社長秋村修一　取締役副社長西澤米造
◉湖東工場＝〒527－0126　東近江市大清水町568－1
☎0749－45－1275・FAX0749－45－1330
工場長深田和利
従業員(主任技士2名・技士3名)
1999年5月操業3000×1(二軸)　ＰＳＭ光洋機械(旧石川島)　太平洋・住友大阪　リグエース・フローリック　車大型×8台・小型×5台
G＝河川・石灰砕石　S＝河川・石灰砕砂
普通・舗装JIS取得(GBRC)
◉おうみ工場＝〒523－0022　近江八幡市馬淵町430
☎0748－38－8558・FAX0748－38－8559
✉shibata@dai-sei.co.jp
従業員7名(主任技士1名・技士1名)
2000×1(二軸)　ＰＳＭ日工　太平洋　リグエース
G＝河川・石灰砕石　S＝河川・石灰砕砂
普通JIS取得(GBRC)

高月生コンクリート㈱
1967年6月29日設立　資本金1000万円　従業員10名　出資＝(自)100％
◉本社＝〒529－0232　長浜市高月町落川448
☎0749－85－2274・FAX0749－85－5501
代表取締役山内和宏　役員近藤泰彦
◉工場＝本社に同じ
工場長近藤泰彦
従業員10名(技士2名)
1967年4月操業1989年2月更新1500×1　ＰＭ光洋機械Ｓハカルプラス　住友大阪・太平洋　ヴィンソル・シーカポゾリス　車大型×5台・中型×4台
2024年出荷7千㎥
G＝河川　S＝河川・石灰砕砂
普通・舗装JIS取得(GBRC)

田中シビルテック㈱
1961年11月2日設立　資本金5000万円
◉本社＝〒529－0425　長浜市木之本町木之本1768
☎0749－82－4343・FAX0749－82－4346
URL http://tanaka-ct.co.jp/

代表取締役田中和孝
※長浜生コン有限責任事業組合へ生産委託

田中生コン㈱
1973年6月15日設立　資本金2300万円
従業員11名　出資＝(他)100%
◉本社＝〒524－0001　守山市川田町1794
☎077－583－4718・FAX077－583－4721
代表取締役古谷由二郎
◉本社工場＝本社に同じ
従業員11名(主任技士1名・技士3名・診断士1名)
1970年2月操業2008年8月更新2800×1(ジクロス)　ＰＳＭ北川鉄工　UBE三菱　フローリック・シーカポゾリス　車大型×10台・中型×5台・小型×5台
2023年出荷47千㎥、2024年出荷50千㎥(高強度500㎥)
G＝石灰砕石　S＝河川・石灰砕砂
普通・舗装JIS取得(IC)
大臣認定単独取得(60N/m㎡)

㈱中野産業
1994年9月1日設立
◉本社＝〒520－2416　野洲市堤10－2
☎077－589－2220・FAX077－589－5875
代表者中野強
◉工場＝本社に同じ
従業員16名
2002年1月操業2250×1　麻生　フローリック　車大型×10台・小型×9台
G＝砕石　S＝砕砂
普通・舗装JIS取得(GBRC)
大臣認定単独取得

長浜生コン有限責任事業組合
(田中シビルテック㈱、坂浅物産㈱、㈱明豊建設より生産受託)
◉事務所＝〒526－0804　長浜市加納町394
◉びわ工場＝〒526－0103　長浜市曽根町1200－1
☎0749－72－3233・FAX0749－72－2933
✉11p.sin.nakagawa@zeus.eonet.ne.jp
工場長中川真司
従業員12名(主任技士2名・技士5名)
1979年12月操業2007年5月更新2300×1　ＰＳＭ北川鉄工　住友大阪　フローリック　車大型×17台・小型×8台〔傭車：吉原建材運輸㈱〕
G＝石灰砕石　S＝石灰砕砂
普通・舗装JIS取得(GBRC)

灰孝小野田レミコン㈱
◉本社＝京都府参照
◉大津工場＝〒520－0804　大津市本宮1－4－26
☎077－522－9166・FAX077－524－3081
✉info@haikou.co.jp
工場長飯室修
従業員11名(主任技士1名・技士5名・診断士1名)
1965年3月操業2025年1月更新2750×1(二軸)　ＰＳＭ日工　太平洋・日鉄高炉・住友大阪　シーカ　車大型×11台・小型×1台
2023年出荷78千㎥、2024年出荷68千㎥(高強度1000㎥・再生骨材200㎥・ポーラス50㎥)
G＝砕石・再生　S＝山砂・石灰砕砂・砕砂
普通・舗装・軽量JIS取得(IC)
大臣認定単独取得(60N/m㎡)

橋本建材㈱
資本金140万円　従業員9名
◉本社＝〒529－0521　長浜市余呉町下余呉字粧化682－1
☎0749－86－3276・FAX0749－86－2753
代表者橋本毅
◉工場＝本社に同じ
工場長橋本毅
従業員9名(技士3名)
1000×1(二軸)　UBE三菱　リグエース　車12台
2023年出荷4千㎥
G＝石灰砕石　S＝河川・石灰砕砂
普通JIS取得(GBRC)

藤森工業㈱
◉本社＝〒520－3242　湖南市菩提寺584－1
☎0748－74－1059・FAX0748－74－0736
代表者藤森美通雄
◉工場＝本社に同じ
1986年9月操業2000×1
普通・舗装JIS取得(GBRC)

平和工業㈱
1963年11月6日設立　資本金1000万円
従業員7名　出資＝(自)10%・(他)90%
◉本社＝〒527－0043　東近江市神田町463
☎0748－23－1031・FAX0748－23－1051
代表取締役奥捨次郎　取締役奥宗樹・奥ありか・永渕和光・西澤直人　監査役奥文宏
◉工場＝本社に同じ
従業員8名(主任技士1名・技士5名)
1963年11月操業2004年1月更新2250×1　ＰＳＭ日工　住友大阪・UBE三菱　フローリック　車大型×17台・中型×2台・小型×8台〔傭車：ピースライン㈱〕
2023年出荷26千㎥
G＝石灰砕石　S＝河川・石灰砕砂
普通・舗装JIS取得(JTCCM)
大臣認定単独取得(80N/m㎡)
※鯉口建材より生産受託

㈱明豊建設
1965年8月30日設立　資本金9500万円
従業員73名　出資＝(自)100%
◉本社＝〒526－0804　長浜市加納町394
☎0749－62－6580・FAX0749－62－6543
URL http://www.meiho-co.co.jp
代表取締役社長山田浩之　代表取締役会長本庄浩二　取締役相談役本庄憲一　専務取締役本庄賢至　常務取締役竹村茂　取締役白石昌之・下村裕彦　監査役本庄ひとみ
ISO 9001・14001取得
※長浜生コン有限責任事業組合へ生産委託

安田産業㈱
1960年4月26日設立　資本金1000万円
従業員11名　出資＝(自)100%
◉本社＝〒524－0031　守山市立入町334－1
☎077－582－5111・FAX077－582－5939
✉nak@LAKE.OCN.NE.JP
代表取締役山口克己　取締役安田春鏞
◉守山工場＝〒524－0031　守山市立入町334－1
☎077－582－5115・FAX077－582－5939
工場長今阪浩
従業員13名(主任技士2名)
1964年5月操業2019年1月更新2750×1(二軸)　ＰＳＭ日工　住友大阪　チューポール・シーカビスコクリート　車大型×9台・小型×2台
G＝砕石　S＝石灰砕砂・砕砂
普通・舗装JIS取得(IC)
大臣認定単独取得(80N/m㎡)

吉田産業㈱
◉本社＝〒525－0002　草津市芦浦町539－3
☎077－568－1243・FAX077－568－1020
✉yoshinama@etude.ocn.ne.jp
代表取締役吉田孝弘
◉工場＝本社に同じ
1984年1月操業1500×1　太平洋　車大型×6台・中型×6台・小型×7台
普通JIS取得(IC)

京都府

新井土建㈱

1959年6月20日設立　資本金2000万円　従業員13名　出資＝（自）100％
◉本社＝〒622－0321　船井郡京丹波町橋爪桧山14－1
☎0771－86－1111・FAX0771－86－1291
代表取締役社長新井宏明　常務取締役新井里佳　取締役新井淑枝
◉生コン営業部＝本社に同じ
部長小西秀彦
従業員12名（主任技士1名・技士2名）
1969年7月操業1985年1月更新2000×1（二軸）　ＰＳＭ日工　太平洋　フローリック　車大型×5台・中型×2台
G＝砕石　S＝河川
普通・舗装JIS取得（GBRC）

今井生コン㈱

2001年9月1日設立　資本金2000万円　従業員12名　出資＝（自）100％
◉本社＝〒621－0804　亀岡市追分町藪ノ下8－6
☎0771－22－9403・FAX0771－25－2850
代表取締役川勝實
◉工場＝〒629－0341　南丹市日吉町殿田ハジキリ24
☎0771－72－0087・FAX0771－72－1256
✉dsxkn331@yahoo.co.jp
工場長川勝篤
従業員10名（主任技士1名・技士2名）
1970年8月操業2018年1月更新2250×1（二軸）　ＰＳＭ光洋機械（旧石川島）　太平洋　フローリック　車大型×6台・中型×1台・小型×2台
G＝砕石　S＝山砂・砕砂
普通・舗装JIS取得（GBRC）

イマコー生コン㈲

資本金300万円　出資＝（自）100％
◉本社＝〒622－0036　南丹市園部町越方ヒヅミ1－1
☎0771－62－1624・FAX0771－63－0598
✉koimaikk@cans.zaq.ne.jp
代表取締役今井守　取締役今井いとの・今井由美子　監査役湯田美保子
ISO 9001取得
◉工場＝本社に同じ
工場長進士貞
従業員10名（主任技士1名・技士3名）
1968年6月操業1980年9月Ｐ1991年5月ＳＭ改造36×2　ＰＳＭ北川鉄工　麻生　プラストクリート・シーカメント　車大型×3台・小型×2台
G＝砕石　S＝砕砂
普通・舗装JIS取得（GBRC）
ISO 9001取得

㈱宇治川生コン

資本金1000万円　出資＝（製）100％
◉本社＝〒611－0011　宇治市五ヶ庄西田13－1
☎0774－32－6562・FAX0774－32－1196
代表取締役鹿礒泉
◉工場＝本社に同じ
従業員10名（主任技士3名・技士1名）
1972年10月操業2023年8月更新2800×1（二軸）　ＰＳＭ北川鉄工　UBE三菱　フローリック　車大型×8台・小型×2台
2024年出荷33千m³（高強度2500m³）
G＝石灰砕石・砕石・人軽骨　S＝山砂・砕砂
普通・舗装・軽量・高強度JIS取得（GBRC）
大臣認定単独取得（60N/mm²）

㈱栄和資材

1985年4月4日設立　資本金1000万円　従業員22名
◉本社＝〒607－8236　京都市山科区勧修寺小松原町6－1
☎075－501－6839・FAX075－592－9913
URL http://www.kyoto-eiwa.net
✉info@kyoto-eiwa.net
代表取締役松山裕俊　取締役松山麻佐子・松山幸稔　監査役義山唯征
◉工場＝〒607－8236　京都市山科区勧修寺小松原町6－1
☎075－501－6954
工場長田中和宏
従業員28名（技士4名）
1985年4月操業1999年1月ＰＭ2004年Ｓ更新2500×1（二軸）　ＰＭ光洋機械Ｓ鎌長　住友大阪　フローリック・シーカ・シーカビスコクリート
G＝砕石　S＝山砂
普通・舗装・軽量JIS取得（GBRC）
大臣認定単独取得（60N/mm²）

FLC㈱

（㈱京都福田より分社化）
資本金1000万円
◉本社＝〒610－1151　京都市西京区大枝西長町2－166
☎075－331－3137・FAX075－331－3138
代表取締役社長富山正義
◉工場＝本社に同じ
取締役森山正
従業員8名（主任技士3名・技士4名・診断士1名）
1974年3月操業2010年4月更新2250×1　ＰＳＭ光洋機械（旧石川島）　太平洋　リグエース・チューポール　車大型×10台・小型×4台
G＝砕石　S＝山砂・砕砂
普通・舗装・軽量・高強度JIS取得（IC）

大谷生コン㈱

2007年10月1日設立　従業員3名　出資＝（自）100％
◉本社＝〒625－0062　舞鶴市字森66
☎0773－62－3081・FAX0773－62－3082
✉ootani-mxc@ia8.itkeeper.ne.jp
代表取締役木本日出男
◉工場＝〒625－0062　舞鶴市森小字峠70
☎0773－62－3081・FAX0773－62－3082
工場長奥田茂延
従業員3名（主任技士1名・技士1名）
1970年10月操業1998年3月更新56×2　ＰＳＭ北川鉄工　住友大阪　山宗・リグエース　車〔傭車：㈲藤美〕
2023年出荷7千m³、2024年出荷6千m³
G＝砕石　S＝山砂
普通JIS取得（MSA）

木津生コンクリート工業㈱

◉本社＝奈良県参照
◉工場＝〒619－0204　木津川市山城町上狛12
☎0774－86－2328・FAX0774－86－2832
従業員12名（主任技士3名・技士3名・診断士1名）
第1Ｐ＝3000×1（二軸）　ＰＳＭ光洋機械
第2Ｐ＝2500×1（二軸）　ＰＳＭ光洋機械
普通・舗装JIS取得（GBRC）

畿北アサノコンクリート工業㈱

1971年6月1日設立　資本金3000万円　従業員12名　出資＝（セ）30％・（建）70％
◉本社＝〒620－0847　福知山市字岩間小字塩津17－1
☎0773－23－0189・FAX0773－23－0257
✉asano@f4.dion.ne.jp
代表取締役社長西田卓央　取締役西田豊・富長民治・上村知稔・森繁生・水品洋一　監査役西田吉宏
◉工場＝本社に同じ
工場長富長民治
従業員11名（主任技士1名・技士4名・診断士1名）
1971年9月操業1983年1月更新2000×1　ＰＭ北川鉄工Ｓハカルプラス　太平洋

㈲京栄資材

◉本社＝〒612－8294　京都市伏見区横大路天王前42－2
☎075－605－6170・FAX075－605－6171
◉工場＝本社に同じ
普通JIS取得（IC）

㈱京都建材サービス

1980年1月29日設立　資本金1000万円　従業員8名
◉本社＝〒616－8142　京都市右京区太秦

樋ノ内町1－4
☎075－882－3303・FAX075－882－0714
代表取締役長尾泰征
◉伏見生コンクリート＝〒612－8426　京都市伏見区竹田青池町145
☎075－643－2015・FAX075－644－1091
✉krccge-fsm@mezone.co.jp
取締役長尾博史
従業員11名（主任技士5名・技士3名・診断士3名）
1985年9月操業2021年5月更新2800×1（二軸）　ＰＳＭ光洋機械（旧石川島）　太平洋　シーカポゾリス・フローリック・マイテイ・チューポール　車大型×14台・小型×4台〔傭車：丸生運輸㈱〕
2024年出荷（高強度8000㎥）
G＝山砂利・砕石　S＝山砂・砕砂
普通JIS取得（JTCCM）
大臣認定単独取得（60N/mm²）

京都資材建設㈱
1971年2月1日設立　資本金1000万円　従業員10名
◉本社＝〒612－8468　京都市伏見区下鳥羽上向島町102
☎075－681－1221・FAX075－681－7958
代表取締役社長大八木信行　代表取締役林正雄　取締役井上準一　監査役大八木静子
◉工場＝本社に同じ
工場長櫛谷朋久
従業員10名（主任技士1名）
1971年2月操業2000年1月更新2500×1（二軸）　ＰＳＭ北川鉄工　太平洋・UBE三菱　車中型×10台
G＝陸砂利　S＝陸砂
普通JIS取得（GBRC）

京都福田洛南㈱
◉本社＝〒610－0116　城陽市奈島上小路12－1
☎0774－53－1133・FAX0774－56－3366
◉工場（旧㈱京都福田洛南工場）＝本社に同じ
1992年9月操業2800×1（二軸）　ＰＳＭ光洋機械（旧石川島）
普通・舗装・軽量JIS取得（IC）

㈲京央
1985年10月設立
◉本社＝〒612－8496　京都市伏見区久我西出町2－15
☎075－925－0096・FAX075－925－0167
URL https://www.keioh.jp/
✉information@keioh-group.jp
代表取締役田中翼守
◉工場＝本社に同じ
従業員15名（主任技士1名・技士3名）
2300×1　Ｍ日工　シーカジャパン
G＝砕石　S＝山砂・砕砂
普通JIS取得（MSA）

京南生コン㈱
◉本社＝〒610－0302　綴喜郡井手町井手川久保32－1
☎0774－66－6092・FAX0774－66－6093
✉keinan-namacon@outlook.jp
代表取締役大山正芳
◉工場＝本社に同じ
従業員6名（技士5名）
2750×1（二軸）　光洋機械　UBE三菱　シーカジャパン・フローリック
2023年出荷39千㎥、2024年出荷35千㎥（高流動3000㎥）
G＝石灰砕石・砕石　S＝山砂・混合砂
普通JIS取得（IC）

京阪奈生コン㈱
◉本社＝〒610－0113　城陽市中中山26－6
☎0774－55－2300・FAX0774－55－2331
✉khn1010@vmail.plala.or.jp
代表取締役毛谷村喜隆
◉本社工場＝本社に同じ
工場長村田浩綱
従業員12名（主任技士1名・技士2名）
1987年7月操業2000年1月Ｓ改造3000×1（二軸）　ＰＭ北川鉄工（旧日本建機）Ｓハカルプラス　住友大阪・UBE三菱　シーカポゾリス・シーカビスコクリート　車大型×7台・小型×2台
G＝山砂利・砕石　S＝山砂
普通・舗装・高強度JIS取得（IC）
大臣認定単独取得

㈱コント
◉本社＝〒611－0041　宇治市槇島町吹前23
☎0774－24－1400・FAX0774－24－8121
✉cont@kk-fujita.com
◉工場＝本社に同じ
2023年出荷4千㎥、2024年出荷4千㎥
G＝砕石　S＝山砂
普通JIS取得（GBRC）

㈱サンケー生コン
1986年5月1日設立　資本金8700万円　従業員10名　出資＝（他）100％
◉本社＝〒611－0041　宇治市槇島町十六1－1
☎0774－22－1811・FAX0774－20－5454
代表取締役中村壽成　取締役原龍幸・原洋子・田中重美
◉工場＝〒611－0041　宇治市槇島町十六1－1
☎0774－22－1811・FAX0774－24－2411
工場長川島龍幸
従業員10名（主任技士2名・技士1名）
1986年7月操業2007年9月更新2500×1（二軸）　ＰＭ光洋機械Ｓパシフィックシステム　住友大阪　シーカポゾリス・シーカビスコクリート・マイテイ・ヤマソー・チューポール　車大型×10台・小型×2台〔傭車：飯田商店・集栄・藤木建材〕
2023年出荷36千㎥、2024年出荷32千㎥
G＝山砂利・石灰砕石・砕石　S＝山砂
普通・舗装・高強度JIS取得（IC）

㈱三煌産業
1964年1月1日設立　資本金8000万円　従業員70名　出資＝（自）100％
◉本社＝〒621－0016　亀岡市大井町南金岐尾垣内9
☎0771－22－1058・FAX0771－24－8636
URL https://sankosangyo-web.co.jp/
✉sankoco@skyblue.ocn.ne.jp
代表取締役渡辺裕昭　専務取締役渡辺丈洋　監査役下本周二
ISO 9001取得
◉工場＝〒621－0016　亀岡市大井町南金岐尾垣内9
☎0771－23－1313・FAX0771－21－8118
✉namakon@sankosangyo-web.co.jp
工場長野口雅人
従業員12名（主任技士1名・技士3名）
1964年1月操業2004年9月更新54×2（傾胴二軸）　ＰＳＭ北川鉄工　住友大阪　シーカポゾリス・シーカビスコクリート　車大型×6台・中型×3台・小型×3台
G＝砕石　S＝山砂・砕砂
普通JIS取得（IC）

サンコー生コン㈱
1971年8月21日設立　資本金2000万円　従業員8名　出資＝（自）100％
◉本社＝〒620－0846　福知山市字長田小字宿81－7
☎0773－27－4500・FAX0773－27－3325
✉sanko@tatsukawa.co.jp
代表取締役昌山和夫
◉工場＝本社に同じ
✉sanko@dance.ocn.ne.jp
工場長楠正範
従業員7名（主任技士1名・技士2名）
1971年9月操業1988年7月更新1500×1（二軸）　ＰＳＭ日工　住友大阪　シーカポゾリス　車〔傭車〕
G＝砕石　S＝山砂
普通・舗装JIS取得（IC）
※フライアッシュ標準化

㈱三新砂利
◉本社＝〒610－0341　京田辺市薪大仏谷33－1
代表取締役福田雅樹
◉京田辺生コン工場＝〒610－0341　京田辺市薪大仏谷35－3
☎0774－63－5000・FAX0774－63－7676

✉sanshinjari@yahoo.co.jp
従業員20名(技士5名)
3250×1　Mクリハラ　車20台
G＝山砂利・砕石　S＝山砂・砕砂
普通・舗装JIS取得(MSA)

白鳥生コン㈱
1979年12月20日設立　資本金8000万円　従業員10名　出資＝(建)100%
◉本社＝〒625－0062　舞鶴市字森小字大谷160
☎0773－64－2288・FAX0773－63－1174
URL http://www.mizushima-cg.com/shiratori/index.html
代表取締役水嶋亨・神成昭弘　取締役水嶋守・浦田勝
ISO 9001・14001取得
◉工場＝本社に同じ
代表取締役社長神成昭弘
従業員10名(主任技士2名・技士1名)
1500×1(二軸)　ＰＳＭ北川鉄工　UBE三菱　ヤマソー・マイテイ・シーカジャパン　車大型×4台・小型×3台〔傭車：ダイセイ〕
2023年出荷33千㎥
G＝砕石　S＝河川・砕砂
普通・舗装JIS取得(GBRC)
ISO 9001・14001取得

新京都生コン㈱
◉本社＝〒611－0002　宇治市木幡平尾27－333
URL https://shin-kyonama.jp
代表取締役上山大輔
◉工場＝〒601－8213　京都市南区久世中久世町5－37
☎075－921－5361・FAX075－931－0145
✉kyo5361@shin-kyonama.jp
責任者上山大輔
従業員14名(主任技士2名・技士6名・診断士1名)
1960年6月操業1988年1月ＰＳ2021年1月Ｍ改造2800×1(二軸)　ＰＭ光洋機械Ｓ日工　住友大阪
普通・高強度・舗装・軽量JIS取得(GBRC)

㈱眞成生コンクリート
◉本社＝〒611－0041　宇治市槇島町目川110－1
☎0774－22－4325・FAX0774－22－2857
代表取締役原田賢蔵
◉工場＝本社に同じ
従業員7名(主任技士2名・技士3名)
1969年9月操業2004年5月更新3000×1(二軸)　ＰＳＭ光洋機械　麻生　ヤマソー・リグエース・マイテイ　車大型×8台
G＝砕石　S＝山砂・砕砂
普通・舗装・高強度JIS取得(JTCCM)
大臣認定単独取得(60N/㎟)

㈱ソーシンプランニング
2000年7月設立　資本金2000万円　従業員12名
◉本社＝〒625－0051　舞鶴市行永東町35－5
☎0773－65－1600・FAX0773－68－9555
URL https://soshin-inc.com/planning/
代表取締役稲生丈則
◉生コンクリート事業部マイ京生コン＝〒625－0102　舞鶴市字志高1275－1
☎0773－83－0330・FAX0773－83－0086
✉maikyonamakon@zeus.eonet.ne.jp
責任者中野和哉
従業員9名(主任技士1名・技士1名・診断士1名)
1991年12月操業1998年2月Ｍ1998年9月Ｓ改造1500×1(二軸)　Ｐ冨士機ＳＭ日工　太平洋　シーカジャパン
G＝砕石　S＝山砂・陸砂
普通・舗装JIS取得(GBRC)
◉生コンクリート事業部京綾生コン＝〒623－0362　綾部市物部町南車田8－1
☎0773－49－5511・FAX0773－49－5512
従業員9名(主任技士1名・技士2名)
普通・舗装JIS取得(GBRC)

宝ヶ池建材㈱
1968年7月20日設立　資本金1000万円　従業員18名　出資＝(他)100%
◉本社＝〒606－0053　京都市左京区上高野車地町154
☎075－721－2561・FAX075－721－2582
URL http://www.takaragaike.com
代表取締役社長野川家豊
◉生コン工場＝〒601－1122　京都市左京区静市野中町398－1
☎075－741－2132・FAX075－741－1388
工場長今川拓也
従業員18名(主任技士3名・技士5名)
1970年5月操業1986年12月Ｍ改造2500×1(二軸)　ＰＳ光洋機械Ｍ北川鉄工　UBE三菱　フローリック　車中型×2台・小型×3台
G＝砕石　S＝山砂・砕砂
普通・舗装JIS取得(GBRC)

達川商事㈱
(達川商事㈱、トウコー生コン㈱、福知山小野田レミコン㈱が合併)
資本金2000万円
◉本社＝〒620－0042　福知山市字天田小字中長戸45－6
☎0773－23－3456・FAX0773－23－5506
URL https://tatsukawa.co.jp/
代表取締役達川公暢
◉福知山小野田レミコン(旧福知山小野田レミコン㈱工場)＝〒620－0913　福知山市字牧377
☎0773－33－2274・FAX0773－33－2082
従業員5名(技士3名)
1973年9月操業1986年8月更新2000×1(二軸)　ＰＳＭ光洋機械　太平洋
普通・舗装JIS取得(IC)
◉トウコー生コン(旧トウコー生コン㈱工場)＝〒629－1264　綾部市西原町懸石52
☎0773－42－6500・FAX0773－42－6567
✉toko@tatsukawa.co.jp
工場長春田裕哉
従業員5名(主任技士1名・技士3名)
1974年11月操業1987年8月更新2000×1(二軸)　ＰＳＭ日工　太平洋　シーカポゾリス　車大型×1台・中型×1台・小型×3台
2023年出荷11千㎥、2024年出荷11千㎥
G＝砕石　S＝山砂
普通・舗装JIS取得(IC)
※フライアッシュ標準化

千原生コンクリート㈱
1968年12月16日設立　資本金4500万円　従業員40名　出資＝(自)100%
◉本社＝〒601－8393　京都市南区吉祥院中河原里西町4
☎075－312－0404・FAX075－312－0507
代表取締役千原正博　取締役千原義明・千原栄子・千原弘照・松井吉隆　監査役千原智弘
◉工場＝本社に同じ
工場長松井吉隆
従業員40名(主任技士2名・技士4名)
1969年1月操業1991年11月更新3000×1(二軸)　ＰＭ光洋機械Ｓコバック　住友大阪　フローリック・マイテイ・シーカポゾリス　車大型×13台・小型×7台〔傭車：祥豊運輸㈱〕
G＝砕石　S＝山砂
普通・舗装JIS取得(GBRC)
※神戸工場Ⅱ＝兵庫県参照

㈱トーカイコンクリート
2003年6月2日設立　資本金1000万円　従業員10名　出資＝(自)100%
◉本社＝〒612－8496　京都市伏見区久我西出町10－4
☎075－935－7333・FAX075－935－7334
URL https://www.tokai-g.co.jp/
✉kim@tokai-g.co.jp
代表取締役神農峰市　取締役金正守
◉工場＝本社に同じ
工場長東慎也
従業員10名(主任技士3名・技士2名)
2022年5月操業2300×1(二軸)　ＰＳＭ北川鉄工　住友大阪　シーカメント・チューポール・シーカビスコクリート　車大型×4台・中型×5台〔傭車〕
G＝砕石　S＝山砂・砕砂
普通JIS取得(MSA)

中川建材
◉本社＝〒629－3558　京丹後市久美浜町丸山279
☎0772－84－0532
◉工場＝本社に同じ
1986年8月操業500×1　車小型×3台

中原建材㈱
◉本社＝〒601－1123　京田辺市松井柏原4
☎0774－62－0842
URL https : //www.rc-nakahara.com/
✉rc.nakahara@jupiter.ocn.ne.jp
代表取締役中原康隆
◉大住工場＝〒610－0343　京田辺市大住杉ノ森11－6
☎0774－62－0999・FAX0774－62－0993
✉rc.nakahara@jupiter.ocn.ne.jp
工場長秋山昌功
従業員14名（主任技士2名・技士5名）
2300×1（ジクロス）　ＰＳＭ北川鉄工　UBE三菱　シーカポゾリス・シーカビスコクリート　車14台
2023年出荷37千㎥、2024年出荷30千㎥
G＝山砂利・石灰砕石・砕石　S＝山砂・砕砂
普通・高強度JIS取得（GBRC）

西川生コン㈱
（麻生丹和コンクリート㈱より社名変更）
資本金2000万円
◉本社＝〒621－0021　亀岡市曽我部町重利軍垂17
☎0771－22－1040・FAX0771－24－2066
代表取締役社長西川政宏
◉亀岡工場（旧麻生丹和コンクリート㈱本社工場）＝本社に同じ
従業員13名（主任技士1名・技士3名）
1969年2月操業1997年6月更新72×2　ＰＳＭ光洋機械（旧石川島）　麻生　シーカポゾリス・シーカビスコクリート　車大型×6台・中型×1台・小型×3台
2024年出荷14千㎥
G＝砕石　S＝山砂・砕砂
普通JIS取得（GBRC）

日建生コンクリート㈱
◉本社＝〒615－0835　京都市右京区西京極堤下町43－3
☎075－313－0642・FAX075－313－8063
代表取締役坂平親亮
◉工場＝〒601－8390　京都市南区吉祥院流作町15
従業員9名
1985年1月操業1999年8月更新2500×1（二軸）　M北川鉄工　UBE三菱　車小型×13台
G＝砕石　S＝山砂
普通JIS取得（GBRC）

灰孝小野田レミコン㈱
1965年3月12日設立　資本金1400万円
従業員11名　出資＝（セ）4％・（他）96％
◉本社＝〒600－8139　京都市下京区西木屋町通り正面下る八王子町103
☎077－522－9166・FAX077－524－3081
URL https : //haikou.co.jp
✉info@haikou.co.jp
代表取締役山内和宏　取締役山内敏宏
監査役松原節生
※大津工場＝滋賀県参照

橋立生コンクリート工業㈱
1974年3月1日設立　資本金4800万円　従業員6名　出資＝（建）20％・（他）80％
◉本社＝〒629－2251　宮津市字須津2596
☎0772－46－4168・FAX0772－46－2381
代表取締役萩原優　代表取締役会長金下欣司　取締役見田洋二郎　監査役中村浩二
◉工場＝本社に同じ
工場長見田洋二郎
従業員6名（主任技士1名・技士2名）
1974年3月操業1985年1月更新2000×1（二軸）　ＰＳＭ日工　UBE三菱　シーカポゾリス　車〔傭車〕
2023年出荷7千㎥
G＝河川・砕石　S＝河川・スラグ
普通・舗装JIS取得（GBRC）

日吉生コン㈱
1970年8月1日設立　従業員10名　出資＝（他）100％
◉本社＝〒629－0323　南丹市日吉町田原岩吹43－5
☎0771－72－0361・FAX0771－72－0958
代表取締役栃下正行　専務北村重信
◉工場＝本社に同じ
工場長栃下勝義
従業員10名（技士4名）
1970年8月操業1500×1（二軸）　ＰＳＭ光洋機械　住友大阪　フローリック　車大型×5台・小型×3台〔傭車：彦根相互トラック〕
G＝砕石　S＝山砂・砕砂
普通・舗装JIS取得（IC）

北丹生コン㈱
1974年12月19日設立　資本金8000万円
従業員11名　出資＝（自）100％
◉本社＝〒629－2303　与謝郡与謝野町石川1480
☎0772－42－4191・FAX0772－42－4193
代表取締役安田万敦　取締役安田洋一・安田龍治・安田隼　監査役安田勉
◉工場＝本社に同じ
従業員11名（技士2名）
1975年1月操業2004年5月更新2250×1（二軸）　ＰＳＭ光洋機械（旧石川島）　UBE三菱　ヴィンソル　車大型×7台・中型×2台・小型×1台
2023年出荷5千㎥、2024年出荷4千㎥
G＝砕石　S＝河川・山砂・スラグ
普通・舗装JIS取得（GBRC）

北洋生コンクリート㈱
1966年12月6日設立　資本金3000万円
従業員8名　出資＝（自）100％
◉本社＝〒620－0928　福知山市字奥野部小字本庄30
☎0773－22－3834・FAX0773－22－1132
URL https : //www.hokuyounamacon.co.jp/
✉info@hokuyounamacon.co.jp
代表取締役塩見渉　取締役塩見聴　監査役塩見恵利
◉工場＝本社に同じ
工場長塩見渉
従業員10名（主任技士1名・技士5名）
1967年3月操業2006年1月更新2250×1（二軸）　ＰＳＭ光洋機械（旧石川島）　住友大阪・日鉄高炉　シーカポゾリス　車大型×3台・小型×4台〔傭車：㈲ふじみ〕
G＝陸砂利・砕石　S＝陸砂・砕砂
普通・舗装JIS取得（IC）

㈱星山建設
1988年4月12日設立　資本金2000万円
従業員18名　出資＝（自）100％
◉本社＝〒601－8394　京都市南区吉祥院中河原里北町48－2
☎075－314－6341・FAX075－314－6343
URL http : //hoshiyama-kyoto.co.jp/
✉info@hoshiyama-kyoto.co.jp
代表取締役星山達雄　専務取締役星山佑太郎
◉星山生コンクリート工場＝〒615－0815　京都市右京区西京極中沢町23－3
☎075－321－5896・FAX075－311－1826
工場長山口喜弘
従業員（主任技士2名・技士4名）
2001年8月更新2500×1（二軸）　ＰＭ光洋機械Ｓパシフィックシステム　太平洋・日鉄高炉・麻生　シーカポゾリス・シーカビスコクリート　車大型×4台・中型×4台・小型×6台〔傭車：㈲秀商・㈱栄興運〕
G＝砕石　S＝山砂・陸砂
普通・舗装JIS取得（JTCCM）
大臣認定単独取得（60N/㎟）

舞鶴生コン㈱
1967年4月15日設立　資本金3700万円
従業員4名　出資＝（自）100％
◉本社＝〒624－0912　舞鶴市上安東町2
☎0773－75－1641・FAX0773－77－1470
URL http : //im-kk.jp/imamura/kanren.html
✉im-kk@gold.ocn.ne.jp

代表取締役社長今村寿雄
◉工場＝〒624－0912　舞鶴市上安小字風ノ木1238
☎0773－75－1801・FAX0773－75－4664
✉mainamashimad@hyper.ocn.ne.jp
工場長島田英樹
従業員3名(主任技士1名・技士2名)
1967年4月操業1988年6月M1997年1月P2017年10月S更新1500×1(二軸)　PSM北川鉄工　住友大阪　シーカポゾリス　車大型×12台・中型×4台〔傭車：ふじみ〕
G＝砕石　S＝山砂・スラグ
普通・舗装JIS取得(JTCCM)

松岡建材工業㈱
1967年9月1日設立　資本金1000万円　従業員20名
◉本社＝〒610－0115　城陽市観音堂甲畑55
☎0774－55－7080・FAX0774－55－7089
代表取締役芝徳行
◉生コン工場＝〒610－0115　城陽市観音堂甲畑55
☎0774－52－8000・FAX0774－52－8915
従業員20名(技士3名)
1985年1月操業2008年1月更新1100×1(二軸)　住友大阪　車中型×6台・小型×13台
G＝山砂利　S＝山砂
普通JIS取得(IC)

松村産業㈱
1968年10月1日設立　資本金8000万円　従業員65名　出資＝(自)100％
◉本社＝〒627－0006　京丹後市峰山町赤坂555
☎0772－62－0350・FAX0772－62－3113
✉sangyo@matsumura-s.jp
代表取締役松村竹治　取締役松村菊子・村井康子・金子直史・藤原光晃・松村泰亮　監査役金子静子
◉工場＝〒627－0006　京丹後市峰山町赤坂555
☎0772－62－3111
工場長藤原光晃
従業員24名(主任技士2名・技士1名)
1970年7月操業2003年11月更新2250×1(二軸)　PSM日工　UBE三菱　シーカポゾリス　車大型×6台・中型×4台・小型×2台
2023年出荷1千㎥、2024年出荷9千㎥
G＝砕石　S＝山砂
普通・舗装JIS取得(GBRC)

㈱松本建材
1958年4月1日設立
◉本社＝〒603－8801　京都市北区西賀茂下庄田町124
代表者松本義和
◉神山工場＝〒603－8002　京都市北区上賀茂神山2－8
☎075－494－4777・FAX075－494－4888
✉matsumoto1103@dance.ocn.ne.jp
責任者今西喜宣
従業員10名(主任技士2名・技士2名)
1000×1(二軸)　麻生　フローリック　車中型×1台・小型×8台・超小型×6台
2023年出荷10千㎥、2024年出荷10千㎥
G＝砕石　S＝山砂
普通JIS取得(IC)

㈱萬木建材
◉本社＝〒603－8025　京都市北区上賀茂舟着町14－1
☎075－781－0826・FAX075－701－4574
URL https://manki-kenzai.com
代表取締役万木善夫
◉萬木生コンクリート工場＝本社に同じ
従業員15名(主任技士1名・技士3名)
1958年4月操業1250×1(二軸)　M光洋機械　太平洋　車中型×12台・小型×16台
2023年出荷40千㎥、2024年出荷42千㎥
G＝砕石　S＝山砂・砕砂
普通JIS取得(JTCCM)

安田生コン㈱
1985年10月1日設立　資本金1000万円　従業員6名　出資＝(他)100％
◉本社＝〒629－2261　与謝郡与謝野町字男山800－1
☎0772－46－5561・FAX0772－46－5285
URL https://www.yasuda-namakon.com
✉yasuda-namakon@basil.ocn.ne.jp
代表取締役安田昌司　取締役安田浩一　監査役松宮繁雄
◉工場＝〒629－2262　与謝郡与謝野町字岩滝2382
☎0772－46－4145・FAX0772－46－4146
工場長玉垣光紹
従業員6名(技士3名)
1969年11月操業2004年11月更新2250×1(二軸)　P昭和鋼機SハカルプラスM日工　太平洋　シーカポゾリス　車大型×4台・中型×2台
2023年出荷7千㎥、2024年出荷6千㎥
G＝河川　S＝河川・スラグ
普通・舗装JIS取得(GBRC)

山城生コン㈱
1978年10月28日設立　資本金1000万円　従業員8名　出資＝(自)90％・(他)10％
◉本社＝〒629－2263　与謝郡与謝野町字弓木1318－1
☎0772－46－6334・FAX0772－46－2023
URL https://yamashiro.jp/
✉concrete@yamashiro.jp
代表取締役山城倫子　取締役山城甲太郎
◉工場＝〒629－2263　与謝郡与謝野町字弓木1318－1
☎0772－46－2334・FAX0772－46－4323
代表取締役山城倫子
従業員8名(技士2名)
1978年8月操業1984年8月更新500×1(二軸)　PSM日工　住友大阪　ヤマソー・シーカジャパン　車大型×2台・中型×3台
G＝河川・砕石　S＝河川・スラグ
普通・舗装JIS取得(GBRC)

㈱山政
1972年4月1日設立　資本金1500万円　従業員8名　出資＝(自)100％
◉本社＝〒629－3134　京丹後市網野町生野内768
☎0772－72－3530・FAX0772－72－3622
✉yamamasa@yamazaki-inc.com
代表取締役社長山崎高雄　取締役山崎圭只・山崎真知子　監査役沖佐々木敏隆
◉工場＝〒629－3134　京丹後市網野町生野内768
☎0772－72－3530・FAX0772－72－6670
工場長山崎圭只
従業員6名(主任技士1名・技士2名)
1960年8月操業1999年3月更新2000×1(二軸)　PSM北川鉄工(旧日本建機)　住友大阪　シーカポゾリス・シーカポゾリス・シーカビスコクリート　車大型×2台〔近隣の生コン工場の車両を傭車〕
2024年出荷10千㎥(高流動4㎥・水中不分離12㎥)
G＝砕石　S＝山砂
普通・舗装JIS取得(GBRC)

㈱吉岡商店
1982年7月1日設立　資本金4800万円　従業員38名　出資＝(自)100％
◉本社＝〒627－0132　京丹後市弥栄町木橋845
☎0772－65－2645・FAX0772－65－3745
URL https://yoshioka.bsj.jp/
代表取締役吉岡正美
◉工場＝本社に同じ
工場長吉岡広光
従業員37名(主任技士1名・技士3名・診断士1名)
1965年1月操業2004年7月更新1500×1　P伊藤サービスSハカルプラスMクリハラ　太平洋　GCP・シーカジャパン　車大型×6台・中型×7台・小型×2台
2023年出荷9千㎥、2024年出荷8千㎥(ポーラス10㎥)
G＝砕石　S＝山砂
普通・舗装JIS取得(GBRC)

洛北レミコン㈱
1971年5月26日設立　資本金1000万円

従業員12名　出資=(自)90%・(販)10%
●本社=〒601-1123　京都市左京区静市市原町707
☎075-711-1301・FAX075-721-7657
代表取締役社長井辻喜和　取締役紺谷恭生　監査役井辻博美
●工場=本社に同じ
工場長安田智樹
従業員12名(主任技士1名・技士8名)
1971年5月操業2011年1月更新1500×1(二軸)　PSM光洋機械　太平洋　シーカビスコクリート・シーカポゾリス・チューポール　車大型×9台・小型×8台
2023年出荷42千㎥、2024年出荷37千㎥(水中不分離60㎥)
G=砕石　S=山砂
普通・舗装・高強度JIS取得(JTCCM)

奈良県

㈱今西組
◉本社＝〒637－1217　吉野郡十津川村大字風屋374
☎0746－67－0028・FAX0746－67－0431
代表取締役今西孝義
◉十津川生コン工場＝〒637－1103　吉野郡十津川村上野地字河津谷362－2
☎0746－68－0331・FAX0746－68－0333
工場長黒木浩司
従業員14名(主任技士1名・技士3名)
第1P(操業停止中)＝1970年8月操業1750×1(二軸)　PSM北川鉄工
第2P＝2016年8月操業2800×1(二軸)　PSM北川鉄工　UBE三菱　シーカポゾリス　車大型×12台・中型×6台
2023年出荷9千㎥、2024年出荷3千㎥
G＝河川　S＝河川・砕砂
普通・舗装JIS取得(GBRC)

WESTコーポレーション
◉本社＝〒630－8441　奈良市神殿町683
☎0742－62－2455・FAX0742－62－2457
◉工場＝本社に同じ

㈱ウエヒラ
1966年3月30日設立　資本金1500万円
従業員31名　出資＝(製)100%
◉本社＝〒634－0072　橿原市醍醐町338－1
☎0744－24－3071・FAX0744－22－3217
✉uehira.581104@luck.ocn.ne.jp
代表取締役植平清延
◉醍醐工場＝本社に同じ
従業員11名(技士5名)
1970年1月操業2300×1(二軸)　PSM北川鉄工　麻生　リグエース・ヤマソー・フローリック　車大型×6台・小型×6台〔傭車：㈲醍醐運輸〕
G＝砕石　S＝砕砂
普通・舗装JIS取得(GBRC)

㈱関鉄
1983年7月1日設立　資本金4000万円
◉本社＝〒639－2126　葛城市南花内252－1
☎0745－69－3567・FAX0745－69－7540
✉Kantetsu@lapis.plala.or.jp
代表取締役北田雄大　専務取締役俵本祥代
◉工場＝本社に同じ
工場長加奥寛之
従業員18名(主任2名・技士1名)
1959年3月操業2014年12月更新2250×1(二軸)　PSM日工　太平洋　シーカポゾリス・チューポール・シーカビスコクリート・シーカメント　車大型×8台・中型×6台・小型×5台
2023年出荷45千㎥、2024年出荷46千㎥
G＝砕石　S＝石灰砕砂・砕砂
普通・舗装JIS取得(IC)

㈱北山開発
1980年1月1日設立　資本金1000万円　出資＝(建)50%・(骨)50%
◉本社＝〒639－3701　吉野郡上北山村大字河合377－1
☎07468－3－0075・FAX07468－3－0211
代表取締役中谷繁雄　専務取締役中谷守孝
◉工場＝〒639－3806　吉野郡下北山村下池原577
☎07468－5－2230・FAX07468－5－2650
工場長正治潔
従業員3名(主任技士2名)
1972年7月操業1250×1(二軸)　PSM光洋機械　住友大阪　車大型×6台・小型×1台
G＝河川　S＝河川
普通・舗装JIS取得(IC)

木津生コンクリート工業㈱
1969年6月1日設立　資本金2000万円　従業員36名
◉本社＝〒630－8113　奈良市法蓮町744－1
☎0742－22－6966・FAX0742－22－7685
代表取締役西善英
※工場＝京都府参照

㈲コーシンコーポレーション
◉本社＝大阪府参照
◉山政生コン奈良工場＝〒635－0816　北葛城郡広陵町中268－1
☎0745－57－3901・FAX0745－57－3301
✉coshin-nara@ebony.or.jp
責任者藤本剛史
従業員21名
2500×1(二軸)　住友大阪　シーカポゾリス・シーカポゾリス・シーカビスコクリート　車大型×7台・中型×11台・小型×2台
2023年出荷33千㎥
G＝砕石　S＝山砂・石灰砕砂
普通・舗装JIS取得(GBRC)
※山政生コン工場＝大阪府参照

五條生コン㈱
1972年7月31日設立　資本金1500万円
従業員19名　出資＝(自)100%
◉本社＝〒637－0002　五條市三在町1421
☎0747－24－2525・FAX0747－24－4910
✉gojo-namacon.h.k@sand.ocn.ne.jp
代表取締役築林裕記　会長築林正起
◉工場＝本社に同じ
品質管理責任者竹田貴一
従業員18名(主任技士1名・技士2名)
1971年7月操業1984年1月P1990年1月S2001年8月M改造2500×2(傾胴二軸)　PSM北川鉄工　日鉄高炉・トクヤマ　山宗　車大型×9台・中型×8台・小型×4台〔傭車：㈲小松運輸〕
2023年出荷35千㎥、2024年出荷22千㎥(ポーラス5㎥)
G＝砕石　S＝砕砂
普通・舗装JIS取得(GBRC)

御所生コンクリート㈱
1974年5月1日設立　資本金1000万円　従業員10名　出資＝(製)100%
◉本社＝〒639－2244　御所市柏原1426
☎0745－65－0221・FAX0745－65－0223
URL https://gosenamacon.com
✉gosenamakon@ymail.plala.or.jp
代表取締役社長石本宗人　取締役中西博子・石本真也
◉工場＝本社に同じ
工場長森田忠
従業員10名(主任技士1名・技士3名)
1974年5月操業1994年更新2000×1　PSM日工　住友大阪　リグエース　車大型×13台・中型×13台・小型×6台
2023年出荷40千㎥、2024年出荷40千㎥
G＝砕石　S＝砕砂
普通JIS取得(GBRC)

さくら生コン㈱
1994年7月11日設立　資本金1000万円
従業員12名　出資＝(自)100%
◉本社＝〒630－2223　山辺郡山添村大字三ヶ谷字ショト1320－2
☎0743－87－0390・FAX0743－87－0539
✉sakura-kk@kcn.jp
代表取締役川辺須美枝
◉工場＝本社に同じ
参事和田崎昌則
従業員12名(技士1名)
1994年11月操業1500×1(二軸)　PSM北川鉄工　太平洋・日鉄高炉　チューポール　車大型×2台・中型×4台・小型×3台〔傭車：㈲九和商会・㈲登興産・㈲やまやす興業・㈱市商・㈱大栄工業・㈱スフィーダ・㈲伊賀アール・シー・ティ〕
2023年出荷23千㎥、2024年出荷13千㎥
G＝河川　S＝河川
普通・舗装JIS取得(IC)

㈱サンコーレミテック
1998年7月1日設立　資本金1000万円　従業員21名　出資＝(自)100%
◉本社＝〒639－3324　吉野郡吉野町香束5
☎0746－35－9035・FAX0746－35－9036
URL http://tokumoto-g.com/sankoh.html

✉sankohremiteck@eos.ocn.ne.jp
代表取締役徳本達夫　取締役徳本俊夫・徳本浩　監査役徳本久子
◉工場＝本社に同じ
次長植平靖晃
従業員6名（主任技士2名・技士6名・診断士2名）
1989年1月操業2001年3月ＰＳ2001年6月Ｍ改造2500×1　ＰＳＭ光洋機械　住友大阪　ヤマソー・マイテイ　車大型×14台・中型×9台・小型×3台〔傭車：徳本砕石工業㈱〕
G＝砕石　S＝砕砂
普通・舗装JIS取得（GBRC）
ISO 9001取得
※東和開発㈱より生産受託

㈲山水生コン
◉本社＝〒637－0035　五條市霊安寺町761
代表者梶本倫生
※工場＝和歌山県参照

㈱大紀
2001年7月1日設立　資本金5000万円
◉本社＝〒638－0041　吉野郡下市町原谷4－1
☎0747－52－0851・FAX0747－52－9288
代表取締役清水益成
◉生コン工場＝〒638－0041　吉野郡下市町下市2018
☎0747－52－7888・FAX0747－52－7885
従業員6名
1000×1　ＰＳＭ日工　住友大阪　リグエース　車大型×4台・中型×2台・小型×6台
G＝砕石　S＝砕砂
普通JIS取得（GBRC）

天川コンスト
2006年4月1日設立　従業員6名　出資＝（自）100％
◉本社＝〒638－0311　吉野郡天川村澤原48－1
☎07476－3－0254・FAX07476－3－0406
代表者水口公彦
◉工場＝本社に同じ
工場長和泉恵克
従業員6名
1967年4月操業1986年10月更新1000×1（二軸）　ＰＳＭ北川鉄工　住友大阪　フローリック　車大型×3台・中型×1台・小型×4台〔傭車：㈲小松運輸〕
2023年出荷5千㎥
G＝砕石　S＝砕砂
普通・舗装JIS取得（GBRC）

㈱天理生コンクリート
◉本社＝〒632－0006　天理市蔵之庄町56
☎0743－65－3400・FAX0743－65－4633
◉工場＝本社に同じ
普通JIS取得（MSA）

東和開発㈱
1968年8月10日設立　資本金2000万円
従業員6名　出資＝（自）100％
◉本社＝〒633－1304　宇陀郡御杖村大字桃俣2346
☎0745－95－2015・FAX0745－95－3157
✉towanama@m5.kcn.ne.jp
代表取締役西村一良　取締役西村道代
監査役西村千草・西村寛
※㈱サンコーレミテックに生産委託

㈱中谷工業
資本金1000万円　出資＝（骨）100％
◉本社＝〒639－3701　吉野郡上北山村大字河合377－1
☎07468－3－0075・FAX07468－3－0211
代表取締役中谷繁雄
◉工場＝本社に同じ
従業員6名
1973年8月操業36×1　ＰＳＭ北川鉄工　住友大阪　車大型×5台・小型×1台
普通・舗装JIS取得（IC）

奈良生駒生コン㈱
2010年7月6日設立　資本金500万円　従業員9名　出資＝（自）100％
◉本社＝〒630－0135　生駒市南田原町783
☎0743－78－1710・FAX0743－78－2236
✉t.ando@nrikoma.jp
代表取締役磯田龍治　取締役安道斉
◉工場＝本社に同じ
工場長中村嘉
従業員9名
1968年7月操業2020年8月更新2500×1（二軸）　ＰＳＭ北川鉄工　住友大阪　シーカポゾリス・シーカビスコクリート　車大型×12台・中型×6台・小型×6台
2023年出荷53千㎥、2024年出荷53千㎥
G＝砕石　S＝石灰砕砂・砕砂
普通JIS取得

奈良レミコン㈱
1980年1月31日設立　資本金2000万円
出資＝（販）100％
◉本社＝〒639－1039　大和郡山市椎木町311－4
☎0743－56－3121・FAX0743－56－3123
✉nara-remicon@aioros.ocn.ne.jp
代表取締役澁谷健二・中島欣資　取締役石井公明・中島宏行
◉工場＝本社に同じ
従業員7名（主任技士1名・技士5名）
1974年11月操業2023年1月改造2300×1（二軸）　ＰＳＭ北川鉄工　太平洋　チューポール　車大型×8台・中型×4台・小型×5台〔傭車：コタニ運輸㈱〕
2023年出荷43千㎥、2024年出荷44千㎥
G＝山砂利・砕石・人軽骨　S＝山砂・砕砂
普通・舗装JIS取得（IC）
大臣認定単独取得（60N/mm²）

㈱フジ建生コンクリート
1974年3月1日設立　資本金1000万円　従業員30名　出資＝（自）100％
◉本社＝〒633－2113　宇陀市大宇陀下竹190－1
☎0745－83－3378・FAX0745－83－1288
代表取締役藤田弘和　専務取締役山本正行　常務取締役久森康臣・岸岡敏彦　監査役藤田美貴子
◉工場＝本社に同じ
工場長久森泰臣
従業員30名（技士3名）
1974年9月操業1986年9月更新2000×1（二軸）　ＰＳＭ日工　麻生　ヴィンソル　車大型×12台・小型×4台
G＝河川　S＝山砂・陸砂
普通・舗装JIS取得（GBRC）

藤村商事㈱
資本金6000万円　従業員43名　出資＝（他）100％
◉本社＝〒637－1213　吉野郡十津川村野尻246
☎0746－67－0148・FAX0746－67－0402
代表取締役藤村充滋
◉藤村生コン野尻工場＝本社に同じ
工場長辻村正直
従業員10名（技士2名）
1974年6月操業1500×1　ＰＳＭ北川鉄工　住友大阪　ヴィンソル　車大型×8台・小型×5台
G＝河川　S＝河川
普通JIS取得（IC）
◉芦ノ瀬生コン工場＝〒637－1443　吉野郡十津川村折立1－2－1
☎0746－63－0134
工場長谷向卓也
従業員6名
1967年12月操業1975年3月更新1000×1　ＰＳＭ日工　住友大阪　ヴィンソル　車大型×4台・小型×2台
G＝河川　S＝河川

㈱吉田建材生コン
資本金1000万円
◉本社＝〒639－3437　吉野郡吉野町南大野516－2
☎0746－36－6732・FAX0746－36－6223
代表者吉田大亮
◉工場＝〒639－3441　吉野郡吉野町大字矢治385
☎0746－36－6732・FAX0746－36－6223
1987年1月操業1000×1　住友大阪・日鉄

奈良県

高炉
2023年出荷7千㎥、2024年出荷5千㎥
G＝砕石　S＝砕砂
普通・舗装JIS取得(GBRC)

㈱吉田生コンクリート
1972年8月1日設立　資本金1000万円　従業員8名　出資＝(自)100％
◉本社＝〒630－8422　奈良市横井7－509－3
☎0742－62－3618・FAX0742－62－3619
✉yoshidanamacon@ray.ocn.ne.jp
代表者吉田桃子
◉工場＝本社に同じ
工場長下奥信一
従業員8名(主任技士1名・技士4名)
1982年6月操業2500×1(二軸)　ＰＳＭ北川鉄工　トクヤマ　ヤマソー・シーカビスコクリート　車大型10台・中型×8台・小型×5台
2023年出荷43千㎥、2024年出荷48千㎥
G＝砕石　S＝山砂・砕砂
普通・舗装JIS取得(GBRC)
大臣認定単独取得(60N/㎟)

和歌山県

有田生コンクリート産業㈱
1965年4月30日設立　資本金1000万円
従業員10名　出資＝(自)100%
◉本社＝〒643－0032　有田郡有田川町大字天満15－5
☎0737－52－4370
代表取締役社長山崎久義　取締役山崎義子
◉有田生コンクリート工場＝〒649－0302　有田市山田原字鍛冶屋原107－1
☎0737－83－2451・FAX0737－83－2453
✉arida@festa.ocn.ne.jp
工場長大浦博紀
従業員10名（技士3名）
1965年4月操業1998年9月更新2500×1（二軸）　ＰＳＭ光洋機械（旧石川島）　太平洋　フローリック　車大型×4台・中型×8台・小型×2台
2023年出荷9千㎥、2024年出荷9千㎥
G＝砕石　S＝海砂
普通・舗装JIS取得（GBRC）

㈲印南生コンクリート
1972年3月16日設立　資本金2450万円
従業員10名　出資＝(販)42%・(骨)42%・(他)16%
◉本社＝〒649－1522　日高郡印南町古井188－1
☎0738－45－0231・FAX0738－45－0120
✉inaminamakon2@ares.eonet.ne.jp
代表取締役田端静代・谷憲一　取締役田端廣正
◉工場＝本社に同じ
工場長西谷智
従業員10名（主任技士2名・技士1名）
1972年3月操業1998年6月更新2000×1（二軸）　ＰＳＭ日工　住友大阪　シーカポゾリス　車大型×1台・中型×5台・小型×1台
2023年出荷11千㎥、2024年出荷10千㎥
G＝砕石　S＝海砂・砕砂
普通JIS取得（GBRC）

㈱上山商店
1950年3月30日設立　資本金3000万円
従業員15名　出資＝(自)100%
◉本社＝〒641－0014　和歌山市毛見1436
☎073－445－5111・FAX073－445－3666
✉ueyama-s@diary.ocn.ne.jp
代表取締役坂井永宜　専務取締役小阪守　取締役坂井有香子
◉琴浦生コンクリート工場＝本社に同じ
工場長柏木孝博
従業員15名（技士2名）
1968年2月操業1989年1月ＰＭ1989年12月Ｓ改造1500×1　ＰＭ北川鉄工（旧日本建機）Ｓ鎌長製衡　UBE三菱・住友大阪　シーカポゾリス　車大型×3台・中型×7台
2023年出荷18千㎥、2024年出荷15千㎥
G＝河川　S＝海砂
普通JIS取得（IC）

内海生コンクリート㈱
1965年7月1日設立　資本金3000万円　従業員9名　出資＝(自)50%・(他)50%
◉本社＝〒642－0035　海南市冷水大谷325－10
☎073－482－5425・FAX073－484－3183
✉infoutsu@asknet.ne.jp
代表取締役社長吉村文孝　取締役田渕利幸・田渕大祐
※海南ベイコンクリート㈱へ生産委託

岡本土石工業㈱
◉本社＝三重県参照
◉生コンクリート部新宮工場＝〒647－0054　新宮市南桧杖519－1
☎0735－21－2422・FAX0735－21－2441
工場長小野直樹
従業員6名（主任技士1名・技士4名）
1975年3月操業2006年3月更新1750×1（二軸）　ＰＳ北川鉄工（旧日本建機）Ｍ光洋機械　太平洋　シーカジャパン　車〔傭車：鷲熊生コンクリート協同組合〕
2023年出荷10千㎥、2024年出荷10千㎥
G＝河川　S＝河川
普通JIS取得（IC）
※生コンクリート部鮒田工場＝三重県参照

㈱尾花組
1983年7月21日設立　資本金2500万円
従業員40名
◉本社＝〒646－0061　田辺市上の山1－15－22
☎0739－24－6410・FAX0739－26－4864
URL http://www.obana.co.jp
✉info@obana.co.jp
代表取締役谷口庸介
ISO 14001取得
◉生コン工場＝〒649－2621　西牟婁郡すさみ町周参見4572
☎0739－55－2502・FAX0739－55－3471
従業員13名（技士3名）
1972年9月操業1988年5月更新1500×1（二軸）　ＰＳＭ日工　住友大阪　車大型×3台・中型×3台
G＝河川　S＝河川・海砂
普通・舗装JIS取得（GBRC）

オレンジ生コン㈱
（清水生コン㈱、大平コンクリート工業㈱、中紀生コン㈱、東亜生コン㈱、㈲広川より生産受託）
2012年4月1日設立
◉本社＝〒643－0054　有田郡広川町大字前田699－6
☎0737－63－2338・FAX0737－63－2331
◉広川工場＝本社に同じ
1976年12月操業1990年1月ＰＳ1994年1月Ｍ改造2000×1（二軸）　ＰＳＭ光洋機械
G＝砕石　S＝海砂・砕砂
普通・舗装JIS取得（GBRC）
◉清水工場＝〒643－0521　有田郡有田川町大字清水803－1
☎0737－25－1168・FAX0737－25－0850
1969年8月操業1990年5月更新1000×1　ＰＳ度量衡Ｍ北川鉄工
G＝砕石　S＝海砂
普通・舗装JIS取得（GBRC）

海南ベイコンクリート㈱
2011年11月15日設立　資本金2800万円
従業員7名
◉本社＝〒642－0035　海南市冷水325－46
☎073－482－5251
代表取締役田渕利幸　役員大江一元・坂井永宜
◉工場＝〒642－0035　海南市冷水325－46
☎073－484－3181・FAX073－484－3183
工場長吉村文孝
従業員7名（主任技士1名・技士3名）
2012年6月操業2250×1（二軸）　ＰＳＭ光洋機械　トクヤマ　フローリック　車大型×6台・中型×4台
2023年出荷28千㎥
G＝砕石　S＝海砂
普通・舗装JIS取得（GBRC）
※内海生コンクリート㈱、環産業㈱より生産受託

㈲紀州生コン
資本金500万円　出資＝(建)100%
◉本社＝〒640－0342　和歌山市松原394
☎073－479－0740・FAX073－479－2933
代表取締役坂口秀樹
◉工場＝本社に同じ
1972年3月操業3000×1　住友大阪　車大型×10台・小型×10台
普通JIS取得（GBRC）

紀ノ川大阪生コンクリート㈱
1976年3月1日設立　資本金1000万円　従業員5名　出資＝(自)100%
◉本社＝〒649－6321　和歌山市布施屋905－2
☎073－465－3670・FAX073－477－2703
代表取締役谷岡洋　取締役田端静代・平松一彦　監査役栗林節蔵
◉和歌山工場（操業停止中）＝本社に同じ
1988年11月操業1500×1　ＰＳＭ光洋機

械
※㈱大東陽に生産委託

紀北生コン㈱
1967年1月6日設立　資本金1000万円　従業員3名　出資＝(自)100％
◉本社＝〒648－0086　橋本市神野々1224－1
☎0736－33－1313・FAX0736－33－1315
代表取締役福井重之
※ニューリンクコンクリート㈱に生産委託

共栄ナマコン協同組合
1974年6月30日設立　資本金400万円　従業員10名　出資＝(建)100％
◉事務所＝〒645－0302　田辺市龍神村甲斐ノ川1134
☎0739－77－0331・FAX0739－77－0465
代表理事小川裕也　理事小川要・小川美智代　監事伊藤敬
◉工場＝事務所に同じ
工場長太田祐司
従業員10名（主任技士1名・技士2名）
1974年7月操業1999年9月更新1500×1（二軸）　ＰＳＭ北川鉄工　麻生　シーカポゾリス　車大型×7台・小型×5台
2023年出荷7千㎥、2024年出荷6千㎥
G＝河川　S＝河川
普通JIS取得（GBRC）

口熊野生コンクリート製造㈲
2003年2月3日設立　資本金2150万円　従業員17名　出資＝(自)100％
◉本社＝〒649－2321　西牟婁郡白浜町保呂1
☎0739－45－1533・FAX0739－45－1323
✉kucikuma@mist.ocn.ne.jp
代表者山﨑久義
◉工場＝本社に同じ
責任者山﨑久義
従業員17名（主任技士1名・技士3名）
1974年9月操業2004年8月更新2300×1（二軸）　ＰＳＭ北川鉄工　住友大阪・太平洋　シーカビスコクリート　車大型×10台・中型×10台・小型×2台
2023年出荷30千㎥、2024年出荷19千㎥
G＝砕石　S＝海砂・砕砂
普通・舗装JIS取得（GBRC）

㈱小森組
1961年1月19日設立　資本金3600万円　従業員91名　出資＝(建)100％
◉本社＝〒649－3503　東牟婁郡串本町串本1925
☎0735－62－0036・FAX0735－62－5776
URL https : //www.komorigumi.co.jp/
代表取締役小森正剛　取締役小森脩平・尾添進・萩原信也
ISO 9001取得
◉生コンクリート部＝〒649－3513　東牟婁郡串本町高富120
☎0735－62－1335・FAX0735－62－4956
工場長小森正剛
従業員13名（主任技士1名・技士4名）
1968年9月操業1999年9月更新2000×1　ＰＳＭ北川鉄工　住友大阪　ヴィンソル・フローリック　車大型×7台・中型×2台・小型×1台
G＝河川・山砂利　S＝海砂・砕砂
普通・舗装JIS取得（GBRC）

㈱酒直レミコン
1963年4月1日設立　資本金1000万円　従業員10名　出資＝(販)66％・(他)34％
◉本社＝〒640－8404　和歌山市湊1334
☎073－431－1388・FAX073－431－1390
代表取締役社長伊東文紀　取締役酒本徹・村上儀郎
◉工場＝本社に同じ
工場長伊東文紀
従業員10名（主任技士3名・技士2名）
1963年4月操業2016年1月更新2300×1（二軸）　ＰＳＭ光洋機械　太平洋　ヤマソー・マイテイ　車大型×5台・中型×7台
2023年出荷23千㎥、2024年出荷22千㎥（高強度1000㎥）
G＝砕石　S＝海砂
普通・舗装JIS取得（GBRC）
大臣認定単独取得（60N/mm²）

㈲山水生コン
◉本社＝奈良県参照
◉工場＝〒648－0402　伊都郡高野町大字東富貴713
☎0736－53－2244・FAX0736－53－2332
2000年2月操業1500×1　住友大阪
普通・舗装JIS取得（GBRC）

三和建設㈱
1969年1月10日設立　資本金2500万円　従業員17名　出資＝(建)100％
◉本社＝〒642－0023　海南市重根1111
☎073－487－0374・FAX073－487－2060
✉sanwa.kk@jeans.ocn.ne.jp
代表取締役坂上賢　取締役坂上操・西川智代
◉生コンクリート部＝本社に同じ
工場長谷口裕彦
従業員3名（技士1名）
1969年1月操業1972年10月更新500×1　ＰＳＭ北川鉄工　住友大阪　チューポール　車中型×4台・小型×5台
G＝砕石　S＝海砂

スカイコンクリート
1975年7月1日設立　資本金1500万円　従業員3名　出資＝(自)100％
◉本社＝〒643－0614　伊都郡かつらぎ町大字花園新子256－2
☎0737－26－0154・FAX0737－26－044
代表者水田主税
◉工場＝本社に同じ
工場長森本貢
従業員3名
1975年7月操業2001年5月更新2000×1　ＰＳＭ光洋機械（旧石川島）　トクヤマ　フローリック　車中型×3台〔傭車：㈱やなせ産業〕
G＝砕石　S＝砕砂
普通・舗装JIS取得（GBRC）

杉山産業㈱
1964年12月17日設立　資本金2000万円　従業員11名　出資＝(自)100％
◉本社＝〒640－8404　和歌山市湊1342－
☎073－422－5031・FAX073－422－503
代表取締役姜英熙
※大弘平和共同プラント㈱に生産委託

㈱セイシン
（㈱セイシン・レミコンより社名変更）
◉本社＝〒649－1111　日高郡由良町大字里376－10
◉工場（旧㈱セイシン・レミコン工場）＝〒649－1221　日高郡日高町大字志賀字岩戸4339－1
☎0738－65－1777・FAX0738－65－039
1981年2月操業2000×1　ＰＳＭ光洋機械（旧石川島）　UBE三菱　シーカジャパン
G＝砕石　S＝海砂
普通・舗装JIS取得（GBRC）

㈱セイシン・マテリアル
2010年1月5日設立　資本金1000万円　従業員5名
◉本社＝〒644－0011　御坊市湯川町財部字東新田1057－2
☎0738－23－1281・FAX0738－23－4367
代表者山根木一喜
◉工場＝〒644－0003　御坊市島外川原1093
☎0738－24－2511・FAX0738－24－2512
1994年8月操業2000×1（二軸）　ＰＭ北川鉄工Ｓ鎌長製衡
G＝砕石　S＝河川・砕砂
普通・舗装JIS取得（GBRC）

セントラルコンクリート㈱
従業員3名
◉本社＝〒647－1222　新宮市熊野川町東敷屋278－2
☎0735－47－8222・FAX0735－47－8223
◉工場＝本社に同じ
従業員3名（技士1名）
1971年7月操業2012年3月更新1670×1（二軸）　ＰＳＭ北川鉄工　住友大阪　車

〔傭車：㈲芝運送〕
2023年出荷12千㎥
G＝河川　S＝河川
普通・舗装JIS取得(IC)

大弘建材㈱
1951年12月1日設立　資本金9800万円
従業員55名　出資＝(セ)10％・(他)90％
◉本社＝〒649－6262　和歌山市上三毛968
☎073－465－4558・FAX073－465－4559
代表取締役社長大江一元
※㈱大東陽に生産委託

大弘平和共同プラント㈱
1995年1月30日設立　資本金1000万円
従業員27名　出資＝(販)100％
◉本社＝〒640－8404　和歌山市湊1342－4
☎073－427－6006・FAX073－427－6776
代表取締役大江英昭　取締役大江一元
◉工場＝本社に同じ
工場長上田清
従業員27名(主任技士4名・診断士2名)
1996年4月操業3000×1(二軸)　PSM光洋機械(旧石川島)　住友大阪　シーカジャパン・フローリック・マイテイ　車大型×17台・中型×8台
2023年出荷32千㎥、2024年出荷40千㎥
G＝砕石　S＝海砂・砕砂・スラグ
普通・舗装・高強度JIS取得(GBRC)
大臣認定単独取得(60N/mm²)
※杉山産業㈱、和歌山共同建材㈱より生産受託

㈱大東陽
(第一生コンクリート㈱、紀ノ川大阪生コンクリート㈱、大弘建材㈱より生産受託)
1967年6月30日設立　資本金2000万円
出資＝(自)100％
◉本社＝〒640－8269　和歌山市小松原通1－1　大岩ビル5F
☎073－433－2225・FAX073－431－4061
代表取締役桝田敏功
◉工場＝〒649－6262　和歌山市上三毛968
☎073－477－1171・FAX073－477－1383
工場長桝田和業
従業員8名(主任技士2名・技士3名・診断士2名)
1967年6月操業1989年3月更新2500×1(二軸)　PSM光洋機械　UBE三菱　シーカポゾリス・シーカビスコクリート・マイテイ　車大型×4台・中型×4台
2023年出荷42千㎥、2024年出荷30千㎥(水中不分離20㎥)
G＝砕石　S＝海砂・砕砂
普通・舗装JIS取得(GBRC)
大臣認定単独取得(60N/mm²)

大平コンクリート工業㈱
1967年1月1日設立　資本金1000万円　従業員1名　出資＝(自)100％
◉本社＝〒643－0542　有田郡有田川町二川563
☎0737－23－0115・FAX0737－23－0333
社長川原啓次郎
※オレンジ生コン㈱へ生産委託

㈲瀧本生コン
資本金1000万円　出資＝(販)100％
◉本社＝〒640－8306　和歌山市出島134－12
☎073－472－2888
◉本社工場＝本社に同じ
1979年6月操業　住友大阪　車小型×6台
G＝砕石　S＝海砂

㈱田所建設
1976年8月1日設立　資本金2000万円　従業員27名　出資＝(建)100％
◉本社＝〒649－2621　西牟婁郡すさみ町周参見4139－3
☎0739－55－2029・FAX0739－55－3752
代表取締役田所勉
ISO 9001取得
◉すさみ生コン工場＝〒649－2621　西牟婁郡すさみ町周参見1330－1
☎0739－55－3053・FAX0739－55－4475
工場長田所信之
従業員10名(技士3名)
1976年8月操業2250×1　PSM日工　住友大阪　シーカポゾリス　車大型×6台・中型×4台
G＝山砂利　S＝河川・海砂
普通・舗装JIS取得(GBRC)

千鳥建設㈱
1963年1月5日設立　資本金1000万円　出資＝(建)100％
◉本社＝〒649－3503　東牟婁郡串本町串本1917
☎0735－62－0139
代表取締役社長人見一太郎　専務取締役人見幸一　常務取締役人見勇　取締役堀憲一・人見幸夫　監査役前田太郎・大須賀明一
◉二色工場＝〒649－3512　東牟婁郡串本町二色365
☎0735－62－1394・FAX0735－62－0185
工場長人見幸夫
従業員14名
1972年12月操業500×1　PSM北川鉄工　住友大阪　ヴィンソル　車大型×2台・小型×4台
G＝河川　S＝河川
普通JIS取得(GBRC)
◉月野瀬工場(操業停止中)＝〒649－4106　東牟婁郡古座川町月野瀬923
1973年12月操業1977年11月更新1000×1　PM日工S益田衡器

東亜生コン㈱
1967年4月1日設立　資本金4000万円　従業員10名
◉本社＝〒649－0307　有田市初島町里601
☎0737－83－5588・FAX0737－83－4864
URL https://toanamacon.co.jp
✉info@toanamacon.co.jp
代表取締役木下雄太　取締役木下京美・則岡信吾　監査役木下春子
◉工場＝本社に同じ
責任者三上充
従業員10名
1993年5月操業3000×1　PM北川鉄工(旧日本建機)Sハカルプラス　太平洋・UBE三菱　シーカジャパン・マイテイ　車19台
2024年出荷14千㎥
G＝砕石　S＝山砂・海砂
普通・舗装JIS取得(GBRC)

中津産業㈱
(中津産業協同組合より社名変更)
1977年4月1日設立　資本金1000万円　従業員13名　出資＝(自)100％
◉事務所＝〒644－1122　日高郡日高川町大字高津尾1606－1
☎0738－54－0339・FAX0738－54－0714
代表取締役土井光
◉工場(旧中津産業協同組合工場)＝事務所に同じ
従業員13名(主任技士1名・技士4名)
1977年7月操業1991年2月更新1500×1(二軸)　PSM北川鉄工　麻生・住友大阪　車大型×7台・中型×8台・小型×2台
2023年出荷10千㎥
G＝砕石　S＝海砂・砕砂
普通JIS取得(GBRC)

㈱中原組
1964年10月1日設立　資本金2億円　従業員28名
◉本社＝〒642－0018　海南市重根東2－1－6
☎073－485－1177・FAX073－485－1188
代表取締役中原頼子
◉工場(操業停止中)＝〒642－0032　海南市名高73
1965年4月操業500×1　PSM光洋機械

㈲中屋生コン
資本金1200万円　出資＝(製)100％
◉本社＝〒643－0163　有田郡有田川町修理川287
☎0737－32－2397・FAX0737－32－4045
代表者中屋佐良子
◉工場＝本社に同じ

従業員14名（主任技士1名・技士1名）
1973年3月操業1989年更新1000×1　UBE三菱・太平洋　フローリック　車大型×6台・中型×6台・小型×4台
G＝砕石　S＝海砂・砕砂
普通・舗装JIS取得（GBRC）

南海砂利㈱
1949年9月29日設立　資本金4000万円
従業員54名　出資＝（他）100％
◉本社＝〒648－0043　橋本市学文路191－2
☎0736－32－0464・FAX0736－33－0205
URL http://www.nankai-jari.co.jp
✉jigyou@nankai-jari.co.jp
代表取締役上田純也　取締役中尾正・守内起代美・新倉明　監査役田上喜英
※ニューリンクコンクリート㈱に生産委託

南紀田辺生コン有限責任事業組合
資本金3000万円　従業員22名
◉本社＝〒646－0216　田辺市下三栖1475－105
☎0739－25－9303・FAX0739－24－2777
職務執行者丸山泰信
◉きのくに生コン工場＝本社に同じ
3000×1　住友大阪　ヤマソー
G＝砕石　S＝河川・海砂
普通・舗装JIS取得（GBRC）

ニューリンクコンクリート㈱
（紀北生コン㈱、㈲紀見生コンクリート、南海砂利㈱、㈲橋本生コンより生産受託）
2011年2月25日設立　資本金2500万円
従業員15名
◉本社＝〒648－0043　橋本市学文路191－2
☎0736－33－3432・FAX0736－25－5254
✉newlink@mint.ocn.ne.jp
代表取締役社長上田純也　取締役尾上文子・福井重之・岡弘悟　監査役岡律子
◉工場＝本社に同じ
従業員15名
1971年12月操業1984年8月更新2500×1（二軸）　ＰＳＭ北川鉄工　住友大阪・UBE三菱　シーカジャパン　車12台
2023年出荷37千㎥
G＝砕石・人軽骨　S＝砕砂
普通JIS取得（GBRC）
◉第二工場＝〒648－0086　橋本市神野々1224－1
☎0736－26－7573・FAX0736－26－7581
従業員15名
2000年1月操業2500×1（二軸）　ＰＳＭ北川鉄工　住友大阪・UBE三菱　シーカジャパン　車12台
2023年出荷34千㎥、2024年出荷39千㎥
G＝砕石　S＝砕砂
普通JIS取得（GBRC）

㈲橋本生コン
1972年1月1日設立　資本金1000万円　出資＝（他）100％
◉本社＝〒648－0091　橋本市柱本12－5
☎0736－36－7077・FAX0736－36－7568
✉hashinama@mirror.ocn.ne.jp
代表取締役吉田里子　取締役吉田昤子・吉田好作・吉田憲司・音無早希・尾上文子
※ニューリンクコンクリート㈱に生産委託

㈱PALレミコン
（㈲紀北東生コンより社名変更。㈲紀北西生コンと合併）
2022年11月7日設立　資本金660万円　従業員56名
◉本社＝〒649－6423　紀の川市尾崎92－1
☎0736－77－5901・FAX0736－77－5768
代表取締役中西正人
◉かつらぎ工場（旧㈲紀北東生コンかつらぎ工場）＝〒649－7155　伊都郡かつらぎ町島337－1
☎0736－22－1293・FAX0736－22－6974
責任者福岡正治
従業員21名
2300×1（二軸）　Ｍ北川鉄工　太平洋　シーカジャパン　車大型×4台・中型×14台・小型×3台
2023年出荷14千㎥、2024年出荷17千㎥
G＝河川・砕石　S＝海砂・砕砂
普通・舗装JIS取得（GBRC）
◉ねごろ工場（旧㈲紀北東生コンねごろ工場）＝〒649－6202　岩出市根来782
☎0736－69－0730・FAX0736－69－0731
責任者山田弘洙
従業員20名（主任技士1名・技士4名）
2000×1（二軸）　Ｍ光洋機械（旧石川島）　太平洋・麻生　シーカポゾリス・フローリック　車大型×7台・中型×18台・小型×2台
2024年出荷20千㎥
G＝河川・砕石　S＝海砂・砕砂
普通・舗装JIS取得（GBRC）
◉貴志川工場（旧㈲紀北西生コン貴志川工場）＝〒640－0411　紀の川市貴志川町前田37
☎0736－64－3755・FAX0736－64－4208
工場長辻正展
従業員14名（技士5名）
2010年6月更新2250×1　住友大阪　シーカポゾリス・シーカビスコクリート　車大型×8台・中型×13台・小型×4台
2023年出荷20千㎥
G＝河川・砕石・人軽骨　S＝海砂・砕砂
普通JIS取得（GBRC）
大臣認定単独取得（60N/㎟）

日置川開発㈱
1962年2月16日設立　資本金5000万円
従業員18名　出資＝（自）100％
◉本社＝〒649－2511　西牟婁郡白浜町日置525
☎0739－52－2015・FAX0739－52－392
代表取締役森田清郎　取締役会長森田敏行　取締役森田静香　監査役森田茂生
ISO 9001・14001取得
◉日置川生コン＝〒649－2511　西牟婁郡白浜町日置728
☎0739－52－3892・FAX0739－52－392
工場長金澤将人
従業員6名（技士3名）
1972年3月操業1995年7月更新2000×1（二軸）　ＰＳＭ日工　太平洋　シーカポゾリス　車大型×5台・中型×4台・小型×1台
2023年出荷9千㎥、2024年出荷10千㎥
G＝河川　S＝海砂
普通・舗装JIS取得（GBRC）

日高生コンクリート㈱
1967年10月26日設立　資本金2000万円
従業員9名　出資＝（販）41.3％・（骨）26.4％・（他）32.3％
◉本社＝〒644－0025　御坊市塩屋町北塩屋676
☎0738－22－1286・FAX0738－23－4362
代表取締役社長田端廣正　会長谷憲一　専務取締役林弘和　取締役宮本秀彦　監査役川合伸彦
◉工場＝本社に同じ
工場長林弘和
従業員10名（技士2名）
1968年3月操業1999年9月更新2500×1　ＰＳＭ光洋機械（旧石川島）　住友大阪　シーカジャパン　車大型×1台・中型×6台・小型×2台
2023年出荷12千㎥、2024年出荷11千㎥
G＝砕石　S＝海砂・砕砂
普通JIS取得（GBRC）

㈱日比野生コン
◉本社＝三重県参照
◉新宮工場＝〒647－1102　新宮市相賀695－2
☎0735－29－0311・FAX0735－29－0312
✉kado@hibino-namacon.jp
工場長門邦昭
従業員17名（主任技士1名・技士2名）
1995年1月操業1500×1　ＰＳＭ光洋機械　太平洋　ヤマソー・マイテイ　車大型×9台・中型×4台
2023年出荷7千㎥、2024年出荷10千㎥（高流動20㎥）

G＝河川・山砂利　S＝河川・山砂
普通・舗装JIS取得(GBRC)
◉勝浦工場＝〒649－5336　東牟婁郡那智勝浦町湯川897－103
☎0735－52－5515・FAX0735－52－6777
✉fumio@hibino-namacon.jp
工場長日比野文男
従業員11名(主任技士1名・技士2名)
1973年5月操業1000×1　PSM光洋機械　太平洋　ヴィンソル・マイテイ　車大型×5台・中型×6台・小型×1台
G＝河川　S＝河川
普通・舗装JIS取得(GBRC)

㈲広川
1976年5月17日設立　資本金500万円　従業員12名　出資＝(自)100％
◉本社＝〒643－0054　有田郡広川町大字前田699－6
☎0737－63－5580・FAX0737－63－2435
✉takagi@mail-hirokawa.com
代表取締役中平一美　取締役高城敏弘・梅本弘美
※オレンジ生コン㈱へ生産委託

㈲前畑建材店
1968年1月設立　資本金1000万円　従業員15名　出資＝(自)100％
◉本社＝〒641－0012　和歌山市紀三井寺811－4
☎073－444－2870・FAX073－444－2999
URL http://www.maebatakenzai.co.jp/
代表取締役前畑裕
◉工場＝本社に同じ
従業員15名
1980年7月操業500×1(二軸)　PSM光洋機械　住友大阪　フローリック　車小型×5台
G＝河川　S＝海砂

松三建材㈱
1963年3月25日設立　資本金1000万円　従業員12名　出資＝(自)100％
◉本社＝〒640－8425　和歌山市松江北6－8－30
☎073－455－2263・FAX073－455－8119
URL http://www.matsusan.co.jp
代表取締役松本抵三　取締役相談役松本三芳　常務取締役松本功　取締役松本延子・松本陽介
◉日野工場＝〒640－0114　和歌山市磯の浦新田150
☎073－459－2333・FAX073－459－2453
工場長芝典克
従業員15名(主任技士1名・技士2名・診断士1名)
1978年4月操業1991年11月更新500×1(二軸)　PSM日工　住友大阪　シーカポゾリス　車中型×5台・小型×5台
2023年出荷6千㎥、2024年出荷6千㎥
G＝砕石　S＝海砂
普通JIS取得(GBRC)

丸山生コンクリート㈱
1997年8月7日設立　資本金1000万円　従業員14名　出資＝(建)45％・(製)30％・(他)25％
◉本社＝〒642－0035　海南市冷水325－10
☎073－482－5425・FAX073－482－1283
✉maruyamanamacon@dolphin.ocn.ne.jp
代表取締役田渕利幸　代表取締役専務田渕大祐　取締役工場長東信明
◉工場＝〒640－1244　海草郡紀美野町福田字白枝781
☎073－489－2774・FAX073－489－5158
責任者東信明
従業員11名(技士3名)
1972年8月操業1995年7月更新1000×2(傾胴二軸)　PSM北川鉄工　トクヤマ　フローリック・マイテイ　車大型×2台・中型×5台・小型×1台〔傭車：浦野運輸〕
2023年出荷12千㎥、2024年出荷11千㎥
G＝砕石　S＝海砂
普通・舗装JIS取得(GBRC)

南部生コン工業㈱
1973年8月22日設立　資本金1000万円　従業員16名　出資＝(自)100％
◉本社＝〒645－0011　日高郡みなべ町大字気佐藤657
☎0739－72－4314・FAX0739－72－5728
✉namacon-minabe@wine.ocn.ne.jp
代表取締役池田智昭　会長池田尚仁　取締役池田裕仁　監査役池田幸子
◉工場＝本社に同じ
工場長下村浩幸
従業員16名(主任技士1名・技士3名)
1973年8月操業2013年5月更新2250×1　PSM光洋機械　住友大阪・麻生・トクヤマ　シーカポゾリス　車大型×9台・中小型×6台
2023年出荷21千㎥
G＝河川　S＝河川・海砂
普通・舗装JIS取得(GBRC)

美山生コンクリート㈱
1979年12月11日設立　資本金1000万円　従業員7名　出資＝(建)100％
◉本社＝〒644－1201　日高郡日高川町大字川原河472
☎0738－56－0345・FAX0738－56－0344
✉miyama0345@zb.ztv.ne.jp
代表取締役北村智宏　取締役北村真一・北村由枝　監査役南幸子
◉工場＝本社に同じ
工場長鳥居隆
従業員7名(技士2名)
1300×1　UBE三菱・住友大阪　フローリック　車大型×6台・中型×4台・小型×1台
G＝河川　S＝河川・海砂
普通JIS取得(IC)

㈱明神コンクリート
◉本社＝〒649－4226　東牟婁郡古座川町明神78
☎0735－78－0007・FAX0735－78－0358
◉工場＝本社に同じ
工場長浜野貫三
従業員13名(主任技士1名・技士3名)
1978年9月操業1992年6月更新1500×1(二軸)　PSM日工　太平洋　車大型×11台・中型×3台
2023年出荷20千㎥
G＝河川　S＝河川
普通・舗装JIS取得(GBRC)

㈱山久
1965年3月2日設立　資本金3000万円　従業員35名　出資＝(自)100％
◉本社＝〒643－0032　有田郡有田川町大字天満15－5
☎0737－52－4370
代表取締役社長山崎久義　取締役山崎義子
◉由良生コンクリート工業所＝〒649－1104　日高郡由良町江ノ駒448－6
☎0738－65－1133・FAX0738－65－1431
✉daisuke.shinano@w-yamakyu.co.jp
工場長信濃大典
従業員12名(主任技士1名・技士2名)
1972年3月操業1992年5月PS1997年8月M改造2000×1(二軸)　PSM日工　太平洋　フローリック　車大型×4台・中型×8台・小型×1台
2023年出荷11千㎥、2024年出荷10千㎥
G＝砕石　S＝海砂
普通JIS取得(GBRC)

湯浅生コン㈱
◉本社＝〒643－0004　有田郡湯浅町大字湯浅2977
☎0737－63－0295・FAX0737－63－2036
◉工場＝本社に同じ
1970年8月操業1992年6月更新1500×1(二軸)　PSM北川鉄工
普通・舗装JIS取得(IC)

和歌山共同建材㈱
1980年12月22日設立　資本金2000万円　従業員10名　出資＝(他)100％
◉本社＝〒640－8404　和歌山市湊1342－4
☎073－499－4753・FAX073－499－4773
✉wkk@nnc.or.jp
代表取締役武内善徳
※大弘平和共同プラント㈱に生産委託

ワシン生コン㈱

2020年10月1日設立　資本金1000万円
◉本社＝〒646－0061　田辺市上の山1－3－2
☎0739－24－2678・FAX0739－23－1152
代表者山本晃司
◉工場＝〒649－2105　西牟婁郡上富田町朝来2081－1
☎0739－33－7391・FAX0739－33－7392
工場長中村正幸
従業員9名
1983年4月操業1990年5月更新2000×1(二軸)　ＰＳＭ日工　住友大阪　シーカポゾリス　車大型×6台・中型×4台・小型×1台
2023年出荷15千㎥、2024年出荷8千㎥
G＝河川　S＝河川・海砂
普通・舗装JIS取得(GBRC)

大阪府

㈱アップワン
2014年9月10日設立　資本金50万円
◉本社＝〒552－0013　大阪市港区福崎2－10－14
☎06－6577－2277・FAX06－6577－2278
代表取締役窪田昭
◉工場＝本社に同じ
2024年出荷4千㎥(水中不分離100㎥)
G＝砕石　S＝石灰砕砂・砕砂
普通JIS取得(IC)
大臣認定単独取得(60N/mm²)

和泉生コンクリート㈱
1964年4月11日設立　資本金4000万円
従業員10名　出資＝(自)100％
◉本社＝〒598－0048　泉佐野市りんくう往来北1－15
☎072－462－3901・FAX072－462－0369
✉izumirmc3901@vesta.ocn.ne.jp
代表取締役雪本清人
◉本社工場＝本社に同じ
工場長麻生川武史
従業員10名(主任技士1名・技士4名)
1964年10月操業1992年7月更新3000×1(二軸)　ＰＳＭ北川鉄工(旧日本建機)　トクヤマ・住友大阪　フローリック・マイテイ・チューポール・シーカジャパン　車中型×10台〔傭車：貝星コーポレーション〕
2023年出荷25千㎥、2024年出荷30千㎥(高流動150㎥)
G＝砕石　S＝海砂・砕砂
普通・舗装・軽量JIS取得(IC)
大臣認定単独取得(60N/mm²)

猪名川菱光㈱
2003年4月設立　資本金1000万円　従業員5名
◉本社＝〒560－0022　豊中市北桜塚2－1－1
☎06－6853－2805・FAX06－6852－8846
代表取締役社長生田秀一　取締役一ツ橋一裕・福留比呂志　監査役寺田雅夫
※工場＝兵庫県参照

㈱稲田巳建材
2002年6月1日設立　資本金1000万円
◉本社＝〒579－8001　東大阪市善根寺町4－6－31
☎072－984－0227・FAX072－985－0718
代表取締役稲田晃祥
◉水走工場＝〒578－0921　東大阪市水走3－3－33
☎072－966－0336・FAX072－966－0337
2020年1月操業3300×1(二軸)
普通・舗装・軽量JIS取得(GBRC)
ISO 9001取得
大臣認定単独取得

今栖産業㈱
◉本社＝〒618－0002　三島郡島本町大字東大寺86－1
☎075－962－1123・FAX075－962－4100
代表者島田弦季
◉工場＝〒618－0002　三島郡島本町大字東大寺107－4
☎075－962－1123・FAX075－962－4100
1000×1
G＝砕石　S＝山砂・砕砂
普通JIS取得(MSA)

㈲植田生コンクリート工業
1974年6月1日設立　資本金1000万円　従業員24名　出資＝(自)100％
◉本社＝〒569－0831　高槻市唐崎北2－1－2
☎072－677－6339・FAX072－678－6788
代表取締役植田重夫　取締役植田春雄
◉工場＝本社に同じ
工場長植田重夫
従業員20名(主任技士1名・技士3名)
1974年6月操業1983年5月S2008年1月M改造1670×1(二軸)　ＰＳＭ日工　住友大阪　フローリック・チューポール　車大型×4台〔傭車：豊菱〕
G＝砕石　S＝山砂・砕砂
普通・舗装JIS取得(GBRC)
大臣認定単独取得

㈱永和商店
1967年3月23日設立　資本金2500万円
従業員17名　出資＝(自)100％
◉本社＝〒533－0022　大阪市東淀川区菅原4－6－23
☎06－6329－9527・FAX06－6320－0094
URL http://eiwa.co-site.jp
✉info@eiwagp.co.jp
代表取締役松下和彦　取締役松下光伸・松下千代子　監査役深谷光司
◉第1工場＝本社に同じ
工場長石田貴之
従業員7名
1969年6月操業1973年4月更新3000×1　ＰＳＭ北川鉄工(旧日本建機)　UBE三菱　シーカポゾリス・シーカビスコクリート・シーカメント・フローリック　車3台
G＝砕石・人軽骨　S＝海砂・石灰砕砂・砕砂
普通・軽量JIS取得(GBRC)
◉第2工場＝本社に同じ
工場長石田貴之
従業員7名
1983年8月操業3000×1　ＰＳＭ北川鉄工(旧日本建機)　UBE三菱　シーカポゾリス・シーカビスコクリート・シーカメント・フローリック　車3台
G＝砕石・人軽骨　S＝海砂・石灰砕砂・砕砂
普通・軽量JIS取得(GBRC)
大臣認定単独取得(80N/mm²)

㈱江坂資材
資本金4000万円
◉本社＝〒564－0054　吹田市芳野町2－21
☎06－6339－3663・FAX06－6339－3665
URL http://www.con.e-const.jp
✉esaka-c@con.e-const.jp
代表取締役坂本安市
◉吹田工場＝本社に同じ
従業員15名(主任技士2名・技士4名)
1986年10月操業2500×1(二軸)　ＰＳＭ日工　UBE三菱　フローリック・シーカ　車大型×30台・中型×20台・小型×20台
G＝砕石・人軽骨　S＝海砂
普通・舗装JIS取得(MSA)
ISO 9001取得
大臣認定単独取得
◉摂津工場＝〒567－0865　茨木市横江2－8－13
☎072－636－0112・FAX072－636－0132
従業員15名(主任技士3名・技士2名)
2005年10月操業3500×1(二軸)　ＰＳＭ光洋機械　トクヤマ・UBE三菱　フローリック・シーカジャパン　車大型×30台・中型×20台・小型×20台
2024年出荷38千㎥(高強度1381㎥)
G＝砕石・人軽骨　S＝海砂
普通・舗装・軽量JIS取得(JTCCM)
ISO 9001取得
大臣認定単独取得(60N/mm²)

㈱エスシー産業
2002年3月1日設立　資本金1000万円
◉本社＝〒577－0805　東大阪市宝持4－14－23
☎06－6721－2272・FAX06－6721－3132
代表取締役宮本忠義
◉堺工場＝〒587－0011　堺市美原区丹上330－5
☎072－363－5569・FAX072－363－5589
1000×1　UBE三菱
普通・軽量JIS取得(IC)

㈱戎生コン
◉本社＝〒593－8312　堺市西区草部1263－1
☎072－275－1100・FAX072－275－1101
代表取締役泉池敏彦
◉第一工場＝本社に同じ
普通・舗装・軽量JIS取得(MSA)

㈱オーシャン
◉本社＝〒547－0048 大阪市平野区平野馬場1－3－9
☎06－6793－8788・FAX06－6793－8780
代表取締役松永秀樹
◉平野工場＝本社に同じ
1750×1 UBE三菱
普通JIS取得(IC)

㈲大久保建材生コン
2004年6月3日設立 資本金500万円 出資＝(自)100％
◉本社＝〒571－0076 門真市大池町16－18
☎072－886－0002・FAX072－886－1888
代表取締役新井根守
◉門真生コン工場＝本社に同じ
2001年3月操業2021年9月更新3300×1 光洋機械 麻生・トクヤマ フローリック・竹本
G＝山砂利・砕石 S＝海砂・砕砂
普通・舗装JIS取得(IC)
大臣認定単独取得(60N/mm²)
◉寝屋川枚方生コン＝〒572－0088 寝屋川市木屋元町8－6
☎072－835－9999・FAX072－835－0099
第1P＝3300×1(二軸)
第2P＝2000×1 麻生・トクヤマ フローリック・竹本
G＝砕石 S＝山砂・海砂・砕砂
普通・舗装・軽量JIS取得(IC)
大臣認定単独取得(60N/mm²)

大阪アサノコンクリート㈱
1956年2月23日設立 資本金25000万円
従業員25名 出資＝(セ)64％・(他)36％
◉本社＝〒533－0014 大阪市東淀川区豊新2－14－9
☎06－6324－6965・FAX06－6324－6984
✉soumu@osaka-asacon.co.jp
代表取締役三好隆文
◉淀川工場＝〒533－0014 大阪市東淀川区豊新2－14－9
☎06－6328－6992・FAX06－6328－6851
✉yodogawa@osaka-asacon.co.jp
工場長大槻正治
従業員6名(主任技士2名・技士4名)
1960年9月操業1992年11月更新3000×1(二軸) ＰＳＭ北川鉄工 太平洋 フローリック・マイテイ・チューポール・シーカメント・シーカポゾリス・シーカビスコクリート 車大型×7台・小型×1台〔傭車：大阪生コン運輸㈱〕
G＝石灰砕石・砕石・人軽骨 S＝海砂・石灰砕砂・砕砂・人軽骨
普通・高強度・舗装・軽量JIS取得(GBRC)
大臣認定単独取得
◉津守工場＝〒557－0063 大阪市西成区南津守2－1－90
☎06－6651－1601・FAX06－6657－2371
✉tumori@osaka-asacon.co.jp
工場長上原勇人
従業員8名(主任技士4名・技士3名)
1956年7月操業2018年5月更新3300×1(二軸) ＰＳＭ光洋機械 太平洋 シーカポゾリス・フローリック・シーカビスコクリート・チューポール・マイテイ・シーカメント 車大型×13台〔傭車：大阪生コン運輸㈱〕
2023年出荷52千㎥、2024年出荷45千㎥(高強度1200㎥)
G＝石灰砕石・砕石・人軽骨 S＝石灰砕砂・砕砂・人軽骨
普通・高強度・舗装・軽量JIS取得(GBRC)
大臣認定単独取得(120N/mm²)
◉堺工場＝〒590－0987 堺市堺区築港南町8
☎072－221－3013・FAX072－222－5252
工場長山庄司尚之
従業員9名(主任技士3名・技士3名)
1964年7月操業1993年1月Ｐ1998年5月Ｓ1998年8月Ｍ改造3000×1(二軸) Ｐ光洋機械(旧石川島)ＳＭ北川鉄工(旧日本建機) 太平洋 シーカジャパン・竹本・フローリック・山宗 車大型×16台〔傭車：吉川輸送㈱〕
2024年出荷56千㎥(水中不分離156㎥・1DAY PAVE3㎥)
G＝砕石・人軽骨 S＝海砂・石灰砕砂・砕砂・人軽骨
普通・舗装・軽量・高強度JIS取得(GBRC)
大臣認定単独取得(80N/mm²)

大阪大進生コンクリート㈱
1985年10月21日設立 資本金1000万円
従業員8名 出資＝(自)100％
◉本社＝〒577－0835 東大阪市柏田西2－16－20
☎06－6728－8016・FAX06－6720－3658
代表取締役上ノ原泰明 取締役会長上ノ原衆治 取締役中野一喜 監査役上ノ原裕希子
◉工場＝本社に同じ
工場長大西秀樹
従業員8名(主任技士1名・技士4名)
1971年4月操業2018年更新2800×1 ＰＳＭ光洋機械 太平洋 シーカジャパン 車〔自家用、運送委託：UMA㈱〕
2023年出荷101千㎥、2024年出荷90千㎥(高強度300㎥)
G＝砕石・人軽骨 S＝石灰砕砂・砕砂
普通・軽量JIS取得(GBRC)
大臣認定単独取得(60N/mm²)
※東大阪大進生コンクリート㈱より生産受託

㈱大宇宙産業
1999年9月1日設立 資本金2500万円 従業員5名
◉本社＝〒585－0012 南河内郡河南町大字加納751－1
☎0721－93－8451・FAX0721－93－8255
URL http://www.tsujimoto-group.com
✉ur9id9@bma.biglobe.ne.jp
代表取締役辻本大
◉南河内工場＝本社に同じ
代表取締役辻本大
従業員5名(主任技士1名・技士3名)
1500×1 麻生 GCP・チューポール 車13台(傭車30台以上)
2024年出荷39千㎥
G＝砕石 S＝石灰砕砂・砕砂
普通JIS取得(MSA)

㈱岡本生コンクリート
1987年12月21日設立 資本金1000万円
従業員12名 出資＝(自)100％
◉本社＝〒590－0136 堺市南区美木多上1788－1
☎072－296－8000・FAX072－296－8500
✉okamoto-n@onyx.ocn.ne.jp
代表取締役岡本克彦
◉工場＝本社に同じ
従業員12名
1968年1月操業36×2(二軸) UBE三菱 フローリック・シーカメント 車大型×5台・中型×7台
G＝砕石・人軽骨 S＝海砂・砕砂
普通・舗装JIS取得(GBRC)
大臣認定単独取得

㈱岡本生コンクリート
1985年7月設立 資本金1000万円
◉本社＝〒554－0052 大阪市此花区常吉2－2－27
☎06－6462－5803・FAX06－6462－5802
✉okamoto@pluto.plala.or.jp
代表取締役岡本真二
◉工場＝本社に同じ
工場長松永誠
従業員14名(主任技士1名)
1985年7月操業2008年1月更新3300×1(二軸) ＰＳＭ北川鉄工 太平洋 フローリック・チューポール・マイテイ・シーカジャパン 車大型×25台・中型×15台
G＝砕石・人軽骨 S＝石灰砕砂・砕砂
普通・高強度・舗装・軽量JIS取得(GBRC)
大臣認定単独取得(80N/mm²)
◉港工場＝〒552－0013 大阪市港区福崎1－3－41
☎06－6574－3061・FAX06－6574－2023
✉okamoto.m@bz04.plala.or.jp
工場長尾方寛輝
従業員8名(主任技士1名・技士4名)
1956年9月操業2017年5月更新3300×1(二

軸)　ＰＳＭ光洋機械　太平洋　フローリック・チューポール・マイテイ・シーカメント・シーカビスコクリート　車大型×10台・中型×2台
2023年出荷90千㎥、2024年出荷79千㎥(高強度1300㎥・水中不分離50㎥)
G＝石灰砕石・砕石・人軽骨　S＝石灰砕砂・砕砂・人軽骨
普通・高強度・舗装・軽量JIS取得(GBRC)
大臣認定単独取得(70N/mm²)

㈱オクノナマコン
1960年1月1日設立　資本金1000万円
◉本社＝〒576－0051　交野市倉治6－44－1
☎072－891－1112・FAX072－892－1112
✉okuno-namacon@cwk.zaq.ne.jp
代表取締役奥野貴弘
◉工場＝本社に同じ
工場長奥野正人
従業員25名(主任技士1名・技士1名)
第1Ｐ＝1983年11月操業2001年更新1000×1(二軸)　ＰＳＭ北川鉄工　第2Ｐ＝2004年操業1300×1(二軸)　ＰＳＭ北川鉄工　UBE三菱　チューポール　車中型×19台・小型×18台
2024年出荷42千㎥
G＝砕石　S＝山砂
普通JIS取得(GBRC)

加美コンクリート㈱
1972年6月1日設立　資本金1000万円　従業員10名　出資＝(自)100%
◉本社＝〒547－0003　大阪市平野区加美南1－7－8
☎06－6792－2255・FAX06－6792－2261
✉info@kamicon.jp
代表取締役菅生隆史　取締役菅生行男・菅生泰夫・菅生幸治　監査役菅生英恵
◉工場＝本社に同じ
工場長森内隆裕
従業員10名(主任技士3名・技士3名・診断士1名)
1972年6月操業2019年5月更新2800×1(二軸)　ＰＳＭ北川鉄工　トクヤマ　シーカポゾリス・シーカコントロール・シーカビスコクリート　車大型×1台
2023年出荷97千㎥、2024年出荷86千㎥(高強度1900㎥)
G＝石灰砕石・砕石・人軽骨　S＝石灰砕砂・砕砂
普通・軽量JIS取得(GBRC)
大臣認定単独取得(80N/mm²)

㈱関西宇部
2007年4月1日設立　出資＝(セ)100%
◉本社＝〒552－0022　大阪市港区海岸通4－2－23
☎06－4395－9300・FAX06－4395－9301
代表取締役社長北岸一宏
◉港工場＝〒552－0022　大阪市港区海岸通4－2－23
☎06－6575－1414・FAX06－6573－2143
✉akihiro.takei@mu-cc.com
工場長武井章浩
従業員18名(主任技士2名・技士4名・診断士1名)
1957年1月操業2024年12月更新3300×1(二軸)　ＰＳＭ光洋機械　UBE三菱　フローリック・シーカジャパン・マイテイ・チューポール　車大型×15台・中型×1台
2023年出荷119千㎥、2024年出荷68千㎥(高強度11000㎥)
G＝石灰砕石・砕石・人軽骨　S＝石灰砕砂・砕砂
普通・高強度・舗装・軽量JIS取得(GBRC)
大臣認定単独取得(100N/mm²)
◉堺工場＝〒592－8332　堺市西区石津西町15－2
☎072－241－0461・FAX072－241－0533
✉hinshitukanri.sakai@mu-cc.com
工場長本江強二
従業員8名(主任技士2名・技士3名)
1963年4月操業2021年5月更新2800×1(二軸)　ＰＳＭ北川鉄工　UBE三菱　フローリック・シーカ・シーカビスコクリート　車大型×12台
2023年出荷41千㎥
G＝石灰砕石・砕石・人軽骨　S＝石灰砕砂・砕砂・人軽骨
普通・舗装・軽量JIS取得(GBRC)
大臣認定単独取得(80N/mm²)
◉吹田工場＝〒533－0006　大阪市東淀川区上新庄1－2－14
☎06－6327－1000・FAX06－6327－7151
✉hinshitukanri.suita@mu-cc.com
工場長大仲達也
従業員18名(主任技士3名・技士4名・診断士1名)
1960年3月操業2007年2月更新3300×1　ＰＳＭ北川鉄工　UBE三菱　プラストクリート・フローリック・マイテイ・レオプラス・シーカメント・チューポール　車大型×15台・中型×1台・小型×1台
2023年出荷58千㎥、2024年出荷49千㎥(高強度8700㎥・高流動50㎥)
G＝砕石・石灰砕石　S＝石灰砕砂・砕砂
普通・高強度・舗装・軽量JIS取得(GBRC)
大臣認定単独取得(100N/mm²)

㈱北大阪生コン
1995年1月21日設立　資本金1000万円　従業員16名
◉本社＝〒532－0001　大阪市淀川区十八条3－12－14
☎06－6393－1357・FAX06－6393－2468
代表取締役上村寛樹
◉工場＝本社に同じ
工場長山﨑孝
従業員16名(主任技士2名・技士2名)
1977年3月操業2002年1月更新1750×1　UBE三菱・日鉄高炉　シーカメント　車大型×2台・中型×11台・小型×3台
2023年出荷54千㎥、2024年出荷53千㎥
G＝砕石　S＝河川・海砂・石灰砕砂
普通JIS取得(MSA)
大臣認定単独取得(60N/mm²)

北大阪菱光コンクリート工業㈱
1966年7月15日設立　資本金1000万円　従業員6名　出資＝(販)34%・(他)66%
◉本社＝〒560－0022　豊中市北桜塚2－1－1
☎06－6853－2805・FAX06－6852－8846
URL http://www.toyoken.co.jp
✉k-ryoko@toyoken.co.jp
代表取締役社長生田秀一　取締役福留比呂志・一ツ橋一裕　監査役寺田雅夫
◉箕面工場＝〒562－0026　箕面市外院1－1－4
☎072－729－2041・FAX072－729－2175
✉k-ryoko@joy.ocn.ne.jp
工場長吉留勇
従業員6名(主任技士1名・技士2名)
1966年9月操業1996年3月更新3000×1(二軸)　ＰＳＭ光洋機械　UBE三菱・日鉄高炉　フローリック・マイテイ・シーカジャパン・チューポール　車大型×10台〔傭車：㈱豊菱〕
2023年出荷43千㎥、2024年出荷43千㎥(高強度500㎥)
G＝砕石　S＝石灰砕砂・砕砂
普通・高強度・舗装・軽量JIS取得(GBRC)
大臣認定単独取得(80N/mm²)

㈱北口商店
1968年10月28日設立　資本金3000万円　従業員5名　出資＝(自)60%・(販)40%
◉本社＝〒561－0856　豊中市穂積2－6－7
☎06－6863－0935・FAX06－6864－4587
✉kitakon@gold.ocn.ne.jp
代表取締役藤嶋啓祐　取締役藤嶋裕子・石井智明　監査役吉本靖宏
◉工場＝本社に同じ
工場長藤嶋啓祐
従業員5名(技士3名)
1968年10月操業2007年7月更新2300×1(二軸)　ＰＳＭ北川鉄工　麻生　車中型×2台
G＝石灰砕石　S＝海砂・砕砂
普通・舗装JIS取得(GBRC)
大臣認定単独取得(60N/mm²)

キド建材㈱
◉本社＝〒571－0017　門真市四宮2－10－

27
☎072－885－0355・FAX072－885－0362
代表取締役木戸理貴
◉工場(旧木戸建材㈱工場)＝本社に同じ
1000×1　麻生
普通JIS取得(MSA)

極東一生コンクリート工業㈱
2003年10月1日設立　資本金1000万円
従業員7名
◉本社＝〒557－0062　大阪市西成区津守1－14－12
☎06－6568－3900・FAX06－6568－3902
✉kyokutouichi@hera.eonet.ne.jp
代表取締役尾田左知子
◉工場＝本社に同じ
責任者南英次
従業員7名(主任技士2名・技士4名)
2500×1　住友大阪・日鉄高炉　シーカジャパン・フローリック・竹本・山宗
車〔傭車〕
G＝砕石　S＝海砂・石灰砕砂・砕砂
普通・舗装JIS取得(GBRC)
大臣認定単独取得(60N/mm²)

旭光コンクリート工業㈱
◉本社＝〒581－0874　八尾市教興寺1－151
☎072－941－3570・FAX072－941－5870
代表取締役上田哲夫
◉工場＝〒585－0001　南河内郡河南町大字東山725－1
☎0721－93－6478・FAX0721－93－4647
1982年1月操業2500×1　UBE三菱　車大型×5台・小型×14台
普通・舗装JIS取得(MSA)

㈱久保田建材店
◉本社＝〒581－0856　八尾市水越1－94
☎072－941－8640・FAX072－941－5095
代表取締役久保田実代乃
◉工場＝本社に同じ
36×1　麻生・住友大阪　車小型×9台
普通JIS取得(GBRC)

㈱五一
◉本社＝〒577－0848　東大阪市岸田堂西2－2－14
☎06－6728－8686・FAX06－6728－8656
代表取締役森山國雄
◉工場＝本社に同じ
1987年10月操業2000年5月M改造2300×1(二軸)　ＰＳＭ北川鉄工
普通・軽量JIS取得(IC)

㈲コーシンコーポレーション
2002年8月1日設立　資本金300万円
◉本社＝〒587－0061　堺市美原区今井71
☎072－363－3371・FAX072－363－3372
代表取締役山本登
◉山政生コン工場＝〒587－0022　堺市美原区平尾2365－1
☎072－369－7282・FAX072－369－7283
2250×1　住友大阪
G＝砕石　S＝石灰砕砂・砕砂
普通・舗装JIS取得(GBRC)
※山政生コン奈良工場＝奈良県参照

㈱高速産業
◉本社＝〒566－0042　摂津市東別府1－2－33
☎06－6340－6564・FAX06－6340－2168
URL http://www.kosoku-sangyo.co.jp/
代表取締役中川廣司
◉工場＝本社に同じ
1984年4月操業1500×1　太平洋　車大型×10台・小型×8台
普通・舗装・軽量JIS取得(GBRC)
ISO 9001取得

㈱光和
◉本社＝〒581－0845　八尾市上之島町北6－15
☎072－928－2626・FAX072－928－2727
代表取締役上田哲夫
◉生コン工場＝本社に同じ
3000×1　UBE三菱
普通・舗装・軽量JIS取得(MSA)

㈱国土一
◉本社＝〒596－0015　岸和田市地蔵浜町11－1
☎072－423－5900・FAX072－423－5880
代表取締役椿原二朗
◉工場＝本社に同じ
1987年4月操業1500×1　ＰＳＭ新潟鐵工所
普通・舗装JIS取得(GBRC)

㈲さくら生コン
◉本社＝〒559－0011　大阪市住之江区北加賀屋3－1－5
☎06－6684－3939・FAX06－6684－3900
✉sakuranamakon@gmail.com
代表取締役松山淳
◉工場＝本社に同じ
3300×1　麻生
G＝石灰砕石・人軽骨・スラグ　S＝石灰砕砂・砕砂・スラグ
普通・高強度・舗装・軽量JIS取得(JTCCM)
大臣認定単独取得

㈱澤田商店
1948年3月1日設立　資本金1000万円　従業員8名
◉本社＝〒567－0036　茨木市上穂積1－3－52
☎072－622－5223・FAX072－625－1061
✉contact@sawadashouten.co.jp
代表取締役小林将之
◉工場＝本社に同じ
従業員8名(主任技士1名・技士5名)
1000×1　住友大阪　シーカポゾリス・シーカビスコクリート　車12台〔傭車：浪速建資産業・中野商事〕
2023年出荷25千㎥、2024年出荷23千㎥
G＝砕石　S＝石灰砕砂・砕砂
普通JIS取得(GBRC)

㈱サン生コン
◉本社＝〒572－0075　寝屋川市葛原1－31－11
☎072－815－0100・FAX072－815－0101
URL http://www.sunkenzai.com
✉info@sunkenzai.com
代表取締役馬場完
◉工場＝本社に同じ
工場長橘義武
従業員8名(技士1名)
1979年1月操業2015年1月更新1750×1(二軸)　ＰＳＭ日工　住友大阪
G＝砕石　S＝海砂・砕砂・スラグ
普通・舗装・軽量JIS取得(GBRC)

㈱三友生コン
2011年8月10日設立　資本金300万円　従業員7名
◉本社＝〒572－0001　寝屋川市成田東町6－5
代表取締役五十嵐友哉
◉工場＝〒572－0855　寝屋川市寝屋南2－13－16
☎072－821－6019・FAX072－821－8079
1980年1月操業750×1
普通・舗装JIS取得(IC)

三和生コン㈱
1970年7月1日設立　資本金1000万円
◉本社＝〒581－0036　八尾市沼4－72
☎072－948－1133・FAX072－948－1135
✉sanwanamacon@pop02.odn.ne.jp
代表取締役米谷大空
◉工場＝本社に同じ
従業員(技士4名)
2500×1(二軸)　太平洋・住友大阪
G＝石灰砕石・砕石　S＝砕砂
普通・舗装JIS取得(IC)

昭和産業㈱
1990年10月1日設立　資本金1000万円
従業員28名　出資＝(自)100％
◉本社＝〒598－0034　泉佐野市長滝3647
☎072－466－7007・FAX072－466－2150
代表取締役社長矢倉完治　取締役山本忠義
◉工場＝本社に同じ
工場長貝田屋嘉人

従業員15名(主任技士1名・技士6名)
1990年10月操業2000×1(二軸)　ＰＳＭ光洋機械　麻生　ヤマソー・マイテイ　車大型×10台・中型×8台・小型×3台
G＝砕石　S＝海砂・砕砂
普通・舗装・軽量JIS取得(GBRC)
大臣認定単独取得(60N/mm²)

新大阪生コンクリート㈱
1967年12月5日設立　資本金2500万円
従業員16名　出資＝(自)60%・(セ)20%・(他)20%
◉本社＝〒567－0053　茨木市豊原町7－6
☎072－643－6781・FAX072－643－1551
✉gijyutsu-sn@festa.ocn.ne.jp
代表取締役大峠勇　取締役土方康正・山田邦博　監査役土方慶之
◉茨木工場＝本社に同じ
工場長佐藤和幸
従業員19名(主任技士3名・技士5名)
1967年12月操業1985年11月更新2500×1(二軸)　ＰＭ北川鉄工(旧日本建機)Ｓハカルプラス　太平洋・住友大阪　シーカジャパン・フローリック・チューポール・マイテイ・シーカメント　車大型×13台
G＝砕石・人軽骨・スラグ　S＝石灰砕砂・砕砂・人軽骨・スラグ
普通・舗装・軽量JIS取得(GBRC)
大臣認定単独取得(60N/mm²)

新関西菱光㈱
◉本社＝兵庫県参照
◉大阪工場＝〒552－0013　大阪市港区福崎1－2－8
☎06－6576－1131・FAX06－6573－1634
✉hitotsu@mmc.co.jp
工場長生駒修一
従業員5名(主任技士5名)
1961年4月操業1988年8月更新3000×1(二軸)　ＰＳＭ北川鉄工　UBE三菱　シーカポゾリス・フローリック・チューポール・シーカ　車大型×12台〔傭車：㈱シンコウ〕
G＝砕石　S＝山砂・石灰砕砂・砕砂
普通・舗装JIS取得(GBRC)
ISO 9001取得
大臣認定単独取得(80N/mm²)
◉泉北工場(操業停止中)＝〒595－0075　泉大津市臨海町1－46
☎0725－21－1136・FAX0725－21－1138
1971年2月操業1994年8月更新3000×1(二軸)　ＰＳＭ北川鉄工
※尼崎工場＝兵庫県参照

新三和生コン㈱
2003年1月8日設立　資本金3000万円　従業員10名　出資＝(販)100%
◉本社＝〒569－0023　高槻市松川町11－7
☎072－675－5585・FAX072－675－5589
✉sannama@hijikata-s.co.jp
代表取締役作才博義　取締役土方康正・山田邦博　監査役土方慶之
◉本社工場＝本社に同じ
工場長藤谷光徳
従業員10名(主任技士2名・技士3名・診断士1名)
1965年2月操業1988年6月更新2250×1(二軸)　ＰＭ光洋機械Ｓパシフィックシステム　住友大阪　シーカジャパン・フローリック・竹本　車大型×9台〔傭車：アースワード・ダイワ自動車〕
2023年出荷33千㎥、2024年出荷43千㎥
G＝砕石　S＝石灰砕砂・砕砂
普通・高強度・舗装JIS取得(GBRC)

新泉生コン㈱
1996年12月6日設立　資本金3000万円
従業員10名　出資＝(販)100%
◉本社＝〒554－0012　大阪市此花区西九条7－3－2
☎06－6462－7381・FAX06－6462－6953
✉shinsen@peace.ocn.ne.jp
代表取締役松本忠明　取締役武富起久夫
◉春日出工場＝〒554－0012　大阪市此花区西九条7－3－2
☎06－6462－8701・FAX06－6468－2283
✉sinsenkasugade@carol.ocn.ne.jp
工場長安藤正治
従業員7名(技士6名)
1997年1月操業2012年8月更新3300×1　ＰＳＭ北川鉄工　住友大阪　フローリック・ヴィンソル・マイテイ・シーカメント・チューポール　車大型×7台〔傭車：春日出生コン輸送㈱〕
G＝砕石　S＝海砂・砕砂
普通・高強度・舗装・軽量JIS取得(GBRC)
大臣認定単独取得

新淀生コンクリート㈱
1983年5月25日設立　資本金1000万円
従業員15名　出資＝(他)100%
◉本社＝〒555－0041　大阪市西淀川区中島2－9－82
☎06－6471－4456・FAX06－6471－4223
✉shinyodoconcrete@kdp.biglobe.ne.jp
代表取締役岩永光雄
◉工場＝本社に同じ
✉shinyodo-tech@xqg.biglobe.ne.jp
工場長福井直人
従業員15名(主任技士3名・技士2名・診断士2名)
1983年4月操業1997年8月ＰＭ2008年3月Ｓ更新3000×1(二軸)　ＰＳＭ北川鉄工　住友大阪　シーカポゾリス・チューポール・フローリック・マイテイ　車大型×15台〔傭車：タカラ運輸㈲〕
2023年出荷20千㎥、2024年出荷40千㎥
G＝河川　S＝河川
普通・舗装JIS取得(IC)

摂津コンクリート㈱
◉本社＝〒566－0045　摂津市南別府町15－3
☎06－4862－8150・FAX06－4862－8151
代表取締役尾﨑野人
◉工場＝本社に同じ
普通JIS取得(IC)

星揮㈱
◉本社＝〒573－0112　枚方市尊延寺963
☎072－858－0013
代表取締役原大耕
◉工場＝本社に同じ
1200×1　ＰＳＭ光洋機械
G＝再生　S＝山砂・再生
※JIS再生M取得

㈱千石
1962年6月1日設立　資本金9000万円　従業員50名
◉本社＝〒554－0012　大阪市此花区西九条4－3－34　セントメディックビル601
☎06－6463－1059・FAX06－6463－1060
URL http//www.k-sengoku.com
代表取締役千石高史　専務取締役平山一世　常務取締役峰晴太
◉此花工場＝〒554－0012　大阪市此花区西九条7－1－6
☎06－6466－1059・FAX06－6466－1050
✉sengoku-osaka@bcc.bai.ne.jp
1989年11月操業2005年2月更新90×2(可傾式)　ＰＳＭ富士機　UBE三菱・住友大阪　チューポール・フローリック・マイテイ・シーカ
2023年出荷49千㎥、2024年出荷40千㎥
G＝石灰砕石　S＝海砂
普通・軽量JIS取得(GBRC)
◉大阪工場＝〒554－0012　大阪市此花区西九条2－14－27
☎06－6466－1059・FAX06－6466－1050
✉sengoku-osaka@bcc.bai.ne.jp
1983年1月操業2000年12月更新3000×1(二軸)　ＰＳＭ富士機　麻生・住友大阪　チューポール・フローリック・マイテイ・シーカ
2023年出荷47千㎥、2024年出荷39千㎥(高強度600㎥)
G＝石灰砕石　S＝海砂・砕砂
普通・高強度JIS取得(GBRC)
大臣認定単独取得(60N/mm²)

泉北コンクリート工業㈱
1987年12月16日設立　資本金3000万円
従業員9名
◉本社＝〒592－0001　高石市高砂2－8
☎072－268－1066・FAX072－268－3068
✉senboku-p01@aso-group.co.jp

大阪府

代表取締役馬渡実文　取締役西尾隆裕・清原定之・堀之内秀伸・谷口浩司
◉工場＝〒592－0001　高石市高砂2－8
☎072－268－1061・FAX072－268－3068
工場長堀之内秀伸
従業員9名(主任技士2名・技士2名)
1988年2月操業1992年3月更新3000×1(二軸)　ＰＳＭ光洋機械　麻生　シーカポゾリス・シーカビスコクリート・フローリック・ヤマソー・マイテイ　車大型×10台
2023年出荷39千㎥、2024年出荷32千㎥
G＝砕石・人軽骨　S＝海砂・砕砂・人軽骨
普通・舗装・軽量JIS取得(GBRC)

㈱泉北ニシイ
◉本社＝〒593－8307　堺市西区平岡町27－1
☎072－274－2221・FAX072－274－2226
URL http://www.e-senboku.co.jp
代表取締役西井栄次
◉堺臨海工場＝〒592－8331　堺市西区築港新町1－5－1
☎072－241－0764・FAX072－241－3814
✉src-tec@gamma.ocn.ne.jp
責任者岡澤浩則
従業員6名(主任技士1名・技士1名・診断士1名)
1964年1月操業1990年8月更新2500×1(二軸)　ＰＳＭ日工　住友大阪　フローリック・マイテイ・シーカ　車中型×5台
2023年出荷39千㎥、2024年出荷37千㎥
G＝石灰砕石・砕石・人軽骨　S＝海砂
普通・高強度・舗装・軽量JIS取得(GBRC)
ISO 9001取得
大臣認定単独取得(80N/mm²)
※兵庫工場＝兵庫県参照

タイコー㈱
1962年9月8日設立　資本金3000万円　従業員17名　出資＝(セ)19.7%・(他)80.3%
◉本社＝〒573－0064　枚方市北中振4－10－3
☎072－833－3641・FAX072－832－9355
代表取締役社長有山泰功　取締役副社長西田博行　取締役田熊俊雅　監査役奥田典正
◉枚方工場＝〒573－0064　枚方市北中振4－10－3
☎072－831－4421・FAX072－831－7223
✉taikoh-hirakata@poplar.ocn.ne.jp
工場長佐野直記
従業員6名(主任技士1名・技士5名・診断士1名)
1962年9月操業1985年8月Ｐ2019年5月Ｓ2019年8月M改造2750×1(二軸)　ＰＳＭ日工　トクヤマ・住友大阪　フローリック・マイテイ・シーカビスコクリート　車大型×10台・中型×4台
2023年出荷52千㎥、2024年出荷51千㎥(高強度1000㎥・高流動100㎥・水中不分離100㎥)
G＝砕石　S＝山砂・砕砂
普通JIS取得(GBRC)
大臣認定単独取得(60N/mm²)
※兵庫工場＝兵庫県参照

大黒生コンクリート㈱
◉本社＝〒554－0052　大阪市此花区常吉2－2－25
☎06－6462－1000・FAX06－6462－6666
代表取締役矢倉完治
◉工場(旧昭和産業㈱大黒生コン工場)＝本社に同じ
普通・舗装・軽量JIS取得(GBRC)

ダイワN通商㈱
2007年12月20日　資本金1000万円　従業員7名
◉本社＝〒569－1137　高槻市岡本町32－13
☎072－668－1113・FAX072－668－1130
代表取締役大山正芳
◉高槻工場＝〒569－0831　高槻市唐崎北2－23－11
☎072－677－1377・FAX072－677－5388
1984年10月操業2010年8月更新1500×1　UBE三菱・麻生　車大型×4台・小型×4台
G＝砕石　S＝海砂
普通JIS取得(IC)

谷畑産業㈱
2006年2月1日設立　資本金1000万円
◉本社＝〒563－0035　池田市豊島南1－12－9
☎072－763－3071・FAX072－763－3072
代表取締役谷畑照幸
◉工場＝本社に同じ
1500×1　トクヤマ
普通JIS取得(IC)

㈱中央大阪生コン
◉本社＝〒557－0062　大阪市西成区津守3－6－1
☎06－6656－0055・FAX06－6656－0077
代表取締役延山春鷹
◉工場＝本社に同じ
普通・軽量JIS取得(IC)

中央コンクリート㈱
1968年3月29日設立　資本金1000万円　従業員8名　出資＝(自)100%
◉本社＝〒541－0048　大阪市中央区瓦町4－5－3
代表取締役吉田要
◉工場＝〒533－0022　大阪市東淀川区菅原4－6－17
☎06－6329－2231・FAX06－6326－1687
工場長川崎秀徳
従業員8名(技士3名)
1968年3月操業1991年8月更新1500×1(二軸)　ＰＳＭ北川鉄工　住友大阪　マイテイ・フローリック　車大型×3台〔傭車：近酸運輸〕
G＝砕石・人軽骨　S＝山砂・海砂・砕砂・人軽骨
普通・軽量JIS取得(GBRC)

とどろみ鉱業㈱
1990年9月7日設立　資本金8500万円　従業員7名　出資＝(自)100%
◉本社＝〒563－0252　箕面市下止々呂美672－1
☎072－739－2900・FAX072－739－1303
URL http://todoromi-co.com/
代表取締役藤沢斉
◉工場＝本社に同じ
工場長松岡成基
従業員6名(主任技士2名・技士2名)
1990年11月操業2500×1　ＰＳＭ日工　住友大阪　フローリック・マイテイ・チューポール・シーカビスコクリート　車大型×10台・小型×4台〔傭車：宝塚建設資材運輸事業協同組合〕
2023年出荷25千㎥、2024年出荷29千㎥
G＝砕石・人軽骨　S＝海砂・石灰砕砂・砕砂
普通・高強度・舗装・軽量JIS取得(GBRC)
大臣認定単独取得(60N/mm²)

豊中レミコン㈱
1963年7月17日設立　資本金1000万円　従業員8名　出資＝(他)100%
◉本社＝〒561－0891　豊中市走井2－11－10
☎06－6853－0661・FAX06－6853－0663
✉toyonaka-remicon@gamma.ocn.ne.jp
代表取締役社長川西康裕　取締役三木浩一・松尾正実
◉工場＝本社に同じ
工場長三木浩一
従業員7名(主任技士2名・技士2名)
1963年12月操業2009年1月更新2250×1(二軸)　ＰＳＭ光洋機械(旧石川島)　太平洋　シーカジャパン・フローリック・マイテイ　車大型×6台
2023年出荷26千㎥、2024年出荷29千㎥
G＝砕石・人軽骨　S＝海砂・砕砂
普通・軽量JIS取得(GBRC)
大臣認定単独取得(60N/mm²)

ナニワ生コン㈱
1979年12月1日設立　資本金1000万円　従業員13名　出資＝(自)100%

●本社＝〒567－0057　茨木市豊川3－7－10
☎072－643－0963・FAX072－641－3019
✉info@naniwanamacon.co.jp
代表取締役藤中昌則
●工場＝本社に同じ
工場長田島哲夫
従業員13名（主任技士2名・技士5名・診断士1名）
1973年10月操業2014年1月更新3300×1（二軸）　ＰＳＭ北川鉄工（旧日本建機）
UBE三菱・トクヤマ　マイテイ・フローリック・シーカ・シーカポゾリス・チューポール　車大型×8台・中型×11台
G＝石灰砕石・砕石・人軽骨　S＝海砂・石灰砕砂・砕砂
普通・舗装・軽量JIS取得（GBRC）
大臣認定単独取得
※尼崎工場＝兵庫県参照

㈱西野建材店
1968年3月26日設立　資本金1000万円　従業員11名　出資＝（自）100％
●本社＝〒596－0802　岸和田市西大路町218－1
☎072－443－6941・FAX072－443－6944
代表取締役植田浩司　取締役西野仁・池田弘
●生コン工場＝〒596－0802　岸和田市西大路町218－1
☎072－443－0891・FAX072－443－6145
工場長池田弘
従業員11名（主任技士2名・技士2名）
1990年9月操業3000×1（二軸）　ＰＭ北川鉄工（旧日本建機）Ｓハカルプラス　UBE三菱　フローリック・マイテイ　車大型×6台・中型×2台
G＝砕石　S＝海砂・砕砂・スラグ
普通・舗装JIS取得（GBRC）

㈲西半生コン
1978年4月設立　資本金300万円　従業員9名
●本社＝〒567－0072　茨木市郡4－8－1
☎072－641－5935・FAX072－641－5945
✉nishihannamacon@nifty.com
代表取締役西半拓史
●工場＝本社に同じ
工場長滝村潤
従業員9名（主任技士4名・技士1名）
1996年3月操業2005年8月更新1250×1（二軸）　ＰＭ日工　住友大阪　チューポール・シーカポゾリス　車中型×5台・小型×3台
G＝石灰砕石・砕石　S＝砕砂
普通・舗装JIS取得（GBRC）

ニッタイコンクリート工業㈱
1979年3月21日設立　資本金1000万円　従業員18名　出資＝（他）100％
●本社＝〒550－0001　大阪市西区土佐堀3－1－7
URL http://nittaihagi-con.com/
代表取締役社長堀弘和
※奈古工場＝山口県参照

寝屋川コンクリート㈱
1970年11月設立　資本金8000万円　従業員6名　出資＝（他）100％
●本社＝〒572－0039　寝屋川市池田2－11－62
☎072－829－6261・FAX072－827－7260
✉neyagawa@nccorp.co.jp
代表取締役社長高本克法　取締役高本章子
●工場＝本社に同じ
工場長岡田賢二
従業員6名（主任技士1名・技士1名）
1970年11月操業2004年12月更新2500×1　ＰＳＭ光洋機械　太平洋　シーカジャパン・フローリック・チューポール・マイテイ・シーカメント　車大型×7台・中型×2台・小型×2台
G＝石灰砕石・砕石　S＝海砂・石灰砕砂・砕砂
普通・舗装JIS取得（GBRC）
大臣認定単独取得（60N/mm²）

橋本生コンクリート㈱
2019年6月3日設立　資本金800万円　従業員9名　出資＝（自）100％
●本社＝〒598－0071　泉佐野市鶴原3－12－18
☎072－462－1538・FAX072－464－8648
✉hashimotonamacon@utopia.ocn.ne.jp
代表取締役社長橋本優次
●工場＝本社に同じ
工場長橋本善春
従業員9名（主任技士5名・技士1名）
1966年8月操業1985年1月更新3000×1（二軸）　ＰＭ大平洋機工Ｓハカルプラス　UBE三菱　シーカジャパン・フローリック　車大型×5台・中型×2台・小型×4台
G＝砕石　S＝海砂・砕砂
普通・舗装JIS取得（GBRC）
大臣認定単独取得（60N/mm²）

㈱長谷川建材
●本社＝〒571－0017　門真市四宮1－2－28
☎072－881－5104・FAX072－881－5400
代表取締役長谷川崇裕
●工場＝本社に同じ
普通JIS取得（GBRC）

㈱八光
1993年5月設立　資本金9450万円
●本社＝〒581－0077　八尾市西久宝寺3－1
☎072－993－8500・FAX072－993－8517
URL http://www.hakko-namacon.co.jp/
✉hakko@hakko-namacon.co.jp
代表取締役山﨑慎司
●加美工場＝〒577－0836　東大阪市渋川町4－6－30
☎06－6722－8666・FAX06－6722－8668
✉kami.hakko.namacom@gmail.com
従業員7名
2021年4月更新2750×1（二軸）　麻生・UBE三菱　フローリック・チューポール・シーカメント　車〔傭車〕
G＝石灰砕石　S＝海砂・石灰砕砂
普通・高強度JIS取得（GBRC）
大臣認定単独取得（80N/mm²）
●鶴町工場＝〒551－0023　大阪市大正区鶴町4－1－20
☎06－6556－3785・FAX06－6556－3786
3000×1　UBE三菱・麻生
普通・舗装JIS取得（GBRC）
大臣認定単独取得（80N/mm²）
●なみはや工場＝〒551－0023　大阪市大正区鶴町4－12
☎06－6552－8519・FAX06－6552－8539
3000×1　UBE三菱
G＝石灰砕石・人軽骨　S＝海砂・石灰砕砂
普通・軽量JIS取得（GBRC）
大臣認定単独取得（80N/mm²）

阪神生コン建材工業㈱
1964年10月1日設立　資本金4950万円
●本社＝〒557－0062　大阪市西成区津守3－6－25
☎06－6659－0912
代表取締役上田純也
●工場＝本社に同じ
1750×1　住友大阪
G＝砕石・石灰砕石　S＝石灰砕砂・砕砂
普通・舗装JIS取得（GBRC）
大臣認定単独取得（60N/mm²）
※東京工場＝東京都、神戸工場＝兵庫県参照

㈱阪南大阪生コン
2015年4月設立　資本金1000万円　従業員20名
●本社＝〒599－8102　堺市東区石原町1－16
☎072－254－2041・FAX072－254－2051
URL http://www.shinyei-group.co.jp/
✉hannan@shinyei-group.co.jp
代表取締役牧野健也
●工場＝本社に同じ
従業員20名
UBE三菱　シーカジャパン　車中型×30

台・小型×20台
2023年出荷52千㎥、2024年出荷55千㎥
G＝石灰砕石・人軽骨・回収　S＝海砂・石灰砕砂・砕砂・回収
普通JIS取得（MSA）
大臣認定単独取得（60N/mm²）

阪南産業㈱
2009年6月1日設立　資本金100万円　従業員21名　出資＝（自）100％
◉本社＝〒598－0035　泉佐野市南中樫井473－1
☎072－466－8000・FAX072－466－4747
URL http://www.sekaisangyou.co.jp
代表取締役榎並重男　取締役榎並巧二・栗延正成・大阪谷行隆・頓花淳　監査役榎並淳子
◉港工場＝〒552－0022　大阪市港区海岸通3－4－82
☎06－6599－0005・FAX06－6599－0007
工場長頓花淳
従業員9名（主任技士4名・技士2名・診断士1名）
1963年1月操業2008年8月更新3300×1（二軸）　ＰＳＭ日工　トクヤマ・住友大阪　チューポール・フローリック・マイテイ・シーカ・シーカポゾリス
2024年出荷45千㎥
G＝砕石・人軽骨　S＝石灰砕砂・砕砂
普通・軽量JIS取得（GBRC）
大臣認定単独取得（80N/mm²）

東口建材㈱
◉本社＝〒578－0934　東大阪市玉串町西1－3－26
☎072－962－2161・FAX072－964－3232
代表取締役東口定男
◉工場＝本社に同じ
1969年1月操業500×1　太平洋　車中型×2台・小型×5台
G＝石灰砕石　S＝海砂・砕砂
普通JIS取得（JTCCM）

東野建材
◉本社＝〒579－8063　東大阪市横小路町6－6－1
☎072－985－3131
代表者東野勝彦
◉工場＝本社に同じ
1976年1月操業500×1　太平洋　車小型×3台

菱木生コン㈱
資本金1000万円　出資＝（建）100％
◉本社＝〒593－8314　堺市西区太平寺338
☎072－273－7551・FAX072－273－3432
代表取締役西廣秋
◉工場＝本社に同じ
従業員5名
1972年3月操業1500×1　ＰＳＭクリハラ　住友大阪　車大型×6台・小型×9台
普通・舗装JIS取得（GBRC）

富士上新生コン㈱
2003年11月1日設立　資本金3000万円
◉本社＝〒590－0906　堺市堺区三宝町9－417－2
☎072－223－9911・FAX072－223－9912
URL https://kanzan-group.co.jp/
✉fuji-jhoshi@abelia.ocn.ne.jp
代表取締役上野山正作
◉工場＝本社に同じ
工場長河野貴朗
従業員11名（主任技士2名・技士3名）
2300×1　UBE三菱・住友大阪・麻生　フローリック・シーカメント　車大型×7台・中型7台
2023年出荷30千㎥、2024年出荷34千㎥（高強度80㎥）
G＝砕石・再生　S＝海砂・砕砂
普通・舗装JIS取得（GBRC）
大臣認定単独取得（60N/mm²）

藤原生コン㈱
2001年4月1日設立　資本金3000万円　従業員7名　出資＝（自）100％
◉本社＝〒567－0027　茨木市西田中町2－31
☎072－622－4988・FAX072－622－2487
✉namakon@fujiwaraunyu.com
代表取締役会長藤原輝之　代表取締役社長徳田忠夫　取締役塚崎一生
◉工場＝本社に同じ
取締役工場長塚崎一生
従業員7名（主任技士2名・技士3名・診断士1名）
1960年7月操業1989年10月更新2500×1（二軸）　ＰＭ光洋機械Ｓスミテム　住友大阪　シーカビスコクリート・マイテイ・チューポール・シーカポゾリス　車大型×15台〔傭車：藤原生コン運送㈱〕
2023年出荷43千㎥、2024年出荷43千㎥（高強度1840㎥）
G＝石灰砕石・砕石　S＝海砂・石灰砕砂・砕砂
普通・舗装JIS取得（GBRC）
大臣認定単独取得（60N/mm²）

㈲フレシアコンクリート
◉本社＝〒566－0052　摂津市鳥飼本町2－8－29
☎072－653－3823・FAX072－653－3833
✉freccia-concrete@pure.ocn.ne.jp
代表取締役矢谷博
◉工場＝本社に同じ
UBE三菱・住友大阪・日鉄高炉
G＝砕石・人軽骨　S＝海砂・石灰砕砂
普通・軽量JIS取得（IC）
大臣認定単独取得（60N/mm²）

㈱別府建材店
◉本社＝〒561－0854　豊中市稲津町2－1－17
☎06－6863－0270・FAX06－6863－6423
代表取締役小島達也
◉工場＝本社に同じ
従業員20名
1000×1　UBE三菱　プラストクリート・シーカメント　車11台〔傭車：塩田商店〕
G＝砕石　S＝海砂
普通JIS取得（GBRC）

報栄生コン㈱
1984年4月1日設立　資本金2000万円　出資＝（自）50％・（他）50％
◉本社＝〒559－0025　大阪市住之江区平林南2－10－50
☎06－6682－1052・FAX06－6685－1807
URL https://kanzan-group.co.jp/
✉houei-namacon@triton.ocn.ne.jp
代表取締役上野山正作
◉工場＝〒559－0025　大阪市住之江区平林南2－10－50
☎06－6682－1053・FAX06－6685－1807
工場長塩﨑忠昭
従業員9名（主任技士1名・技士3名）
1984年4月操業2002年3月更新3000×1（二軸）　ＰＳＭ北川鉄工　住友大阪　フローリック・シーカメント・マイテイ・チューポール・シーカビスコクリート　車大型×7台・中型×7台
2024年出荷45千㎥（高強度160㎥・水中不分離180㎥・1DAYPAVE140㎥）
G＝石灰砕石・砕石・人軽骨　S＝海砂・砕砂
普通・舗装・軽量JIS取得（GBRC）
大臣認定単独取得（60N/mm²）

㈱北栄産業
1982年7月1日設立　資本金1000万円　従業員15名　出資＝（自）100％
◉本社＝〒594－1112　和泉市三林町547－1
☎0725－56－6330・FAX0725－56－7222
代表取締役社長窪幸一
◉工場＝本社に同じ
工場長今中勝
従業員15名（主任技士1名・技士2名）
1982年7月操業1989年7月更新1000×1（二軸）　ＰＳＭ光洋機械　日鉄高炉・住友大阪・UBE三菱　フローリック　車中型×9台
G＝石灰砕石・スラグ　S＝石灰砕砂・砕砂・スラグ
普通・舗装・軽量JIS取得（GBRC）

堀之内建材㈱
1979年5月21日設立　資本金2000万円
従業員40名
◉本社＝〒573－0001　枚方市田口山1－16－1
☎072－850－3900・FAX072－850－2800
URL http://www.horiken.org/
代表取締役堀之内將次
◉工場＝本社に同じ
2250×1(二軸)　Pクリハラ S ハカルプラス M日工　太平洋　シーカポゾリス・シーカビスコクリート　車大型×1台・中型×2台
2023年出荷40千㎥、2024年出荷38千㎥
G＝砕石　S＝山砂・砕砂
普通JIS取得(IC)

㈱丸正建材生コン
資本金1000万円
◉本社＝〒562－0015　箕面市稲3－9－6
☎072－723－1353・FAX072－723－0616
✉a-show@leaf.ocn.ne.jp
代表取締役金沢充洋
◉工場＝本社に同じ
1989年3月操業1750×1　UBE三菱
普通・舗装JIS取得(GBRC)
ISO 9001取得

㈲丸山建材店
◉本社＝〒566－0055　摂津市新在家1－30－5
☎06－6349－8128・FAX06－6349－8128
代表取締役丸山和正
◉工場＝本社に同じ
1000×1　UBE三菱
普通JIS取得(GBRC)

南大阪大進生コンクリート㈱
1980年7月29日設立　資本金2000万円
従業員11名　出資＝(自)100%
◉本社＝〒583－0991　南河内郡太子町春日357
☎0721－98－2727・FAX0721－98－3848
✉daishin2727@office.eonet.ne.jp
代表取締役櫻井章博　取締役佐藤昇・櫻井なつみ
◉工場＝本社に同じ
工場長佐藤昇
従業員11名(主任技士1名・技士6名)
1973年10月操業1988年12月P1989年1月S2001年1月M改造2800×1(二軸)　P S M北川鉄工　太平洋　シーカメント・シーカビスコクリート・シーカポゾリス・チューポール・フローリック　車大型×11台・中型×6台・小型×4台
2023年出荷37千㎥、2024年出荷31千㎥
G＝砕石　S＝海砂・石灰砕砂・砕砂
普通・高強度・舗装JIS取得(GBRC)
大臣認定単独取得(60N/mm²)

㈱ミノケン
資本金1000万円　従業員10名　出資＝(自)100%
◉本社＝〒562－0001　箕面市箕面5－12－10
☎072－721－3090・FAX072－724－1970
代表取締役星野時夫
◉工場＝本社に同じ
工場長星野時夫
従業員10名(技士1名)
1969年4月操業28×1　P S M北川鉄工　トクヤマ　シーカポゾリス　車小型×9台
2023年出荷10千㎥、2024年出荷9千㎥
G＝砕石　S＝海砂
普通JIS取得(GBRC)

㈲三原コンクリート工業
◉本社＝〒578－0921　東大阪市水走5－3－7
☎072－961－7257・FAX072－961－7487
代表取締役三原忠
◉工場＝本社に同じ
普通JIS取得(GBRC)

宮本生コン㈱
◉本社＝兵庫県参照
◉工場＝〒561－0846　豊中市利倉東1－16－1
☎06－6863－2531・FAX06－6863－1215
✉miyamoto.nk@aioros.ocn.ne.jp
工場長丸山正樹
従業員9名
1974年10月操業2019年8月更新2800×1(二軸)　P S M北川鉄工　太平洋・住友大阪・日鉄高炉　フローリック・ヤマソー・マイテイ・シーカビスコクリート・チューポール・シーカポゾリス　車大型×10台〔傭車：関西総合輸送・浪速建資産業〕
2023年出荷26千㎥、2024年出荷28千㎥
G＝石灰砕石・砕石　S＝石灰砕砂・砕砂
普通・舗装・高強度JIS取得(GBRC)
大臣認定単独取得(60N/mm²)

ミョウケン生コンクリート㈱
2008年11月28日設立　資本金500万円
従業員10名
◉本社＝〒563－0133　豊能郡能勢町野間稲地77－1
☎072－737－2300・FAX072－737－2700
✉myouken@honey.ocn.ne.jp
代表取締役福田定雄
◉工場＝本社に同じ
代表取締役福田定雄
従業員10名(主任技士2名・技士1名)
1973年10月操業1991年12月更新2500×1(二軸)　P S M光洋機械　UBE三菱・トクヤマ　フローリック・シーカジャパン　車大型×6台・中型×6台・小型×4台〔傭車：㈱豊菱・㈱アースワード・㈱イサムコーポレーション〕
G＝砕石　S＝砕砂
普通・舗装JIS取得(IC)

美和生コンクリート㈱
1995年3月6日設立　資本金1000万円
◉本社＝〒587－0022　堺市美原区平尾2375－1
☎072－361－6970・FAX072－361－6971
URL http://miwanamacon.co.jp
✉info@miwanamacon.co.jp
代表取締役稲垣潤
◉工場＝〒587－0022　堺市美原区平尾2365－1
☎072－361－6960・FAX072－361－6961
2300×1　麻生
G＝砕石　S＝海砂・砕砂
普通・舗装JIS取得(GBRC)

ムラタ生コン㈱
1986年10月1日設立　資本金1000万円
従業員16名　出資＝(自)100%
◉本社＝〒561－0845　豊中市利倉2－14－15
☎06－6152－8833・FAX06－6152－8844
URL https://muratanamacon.co.jp
✉muratanamacon@spice.ocn.ne.jp
代表取締役田村雄二　取締役江田政充
監査役田村恵
◉工場＝本社に同じ
工場長江田政充
従業員16名(技士10名)
1986年10月操業2021年8月更新2250×1　P S M日工　トクヤマ・住友大阪　フローリック　車大型×3台・中型×15台・小型×3台〔傭車：㈲トップライン〕
2023年出荷40千㎥、2024年出荷45千㎥(環境配慮型1800㎥)
G＝砕石・人軽骨　S＝海砂・石灰砕砂
普通・舗装・軽量・高強度JIS取得(GBRC)

㈱モトヤマ
◉本社＝〒590－0986　堺市堺区北波止町42－40
☎072－282－1222・FAX072－282－1333
代表取締役元山康弘
◉眞龍生コン工場＝本社に同じ
普通・舗装JIS取得(GBRC)

守口菱光㈱
1996年1月17日設立　資本金1000万円
従業員6名　出資＝(販)45%・(他)55%
◉本社＝〒560－0022　豊中市北桜塚2－1－1
☎06－6853－2860・FAX06－6852－8846

大阪府

URL http://www.toyoken.co.jp/
✉m-ryoko@toyoken.co.jp
代表取締役社長生田秀一　取締役福留比呂志・一ツ橋一裕　監査役寺田雅夫
◉工場＝〒570－0043　守口市南寺方東通6－14－10
☎06－6996－9001・FAX06－6996－9004
✉m-ryoko@toyoken.co.jp
工場長阪口輝
従業員7名（主任技士1名・技士3名）
1964年8月操業1984年11月Ｓ1988年9月Ｐ2006年8月Ｍ改造2750×1（二軸）　ＰＭ光洋機械Ｓエステック　UBE三菱　シーカビスコクリート・フローリック・チューポール・マイテイ・ヤマソー・シーカ
車大型×7台〔傭車：㈱豊菱〕
2023年出荷60千㎥、2024年出荷50千㎥（水中不分離600㎥）
G＝砕石・人軽骨　S＝石灰砕砂・砕砂
普通・高強度・舗装・軽量JIS取得（GBRC）
大臣認定単独取得（60N/㎜²）

㈱ワールド
2002年3月28日設立　資本金1000万円
◉本社＝〒567－0853　茨木市宮島3－3－27
☎072－634－7177・FAX072－634－7311
✉worldwonder7177@samba.ocn.ne.jp
代表取締役藤中昌則
◉工場＝本社に同じ
責任者久世武
従業員10名
2750×1　UBE三菱・トクヤマ　シーカ・フローリック・チューポール　車20台〔傭車〕
2024年出荷55千㎥（高強度3500㎥）
G＝砕石　S＝砕砂
普通JIS取得（MSA）
大臣認定単独取得（80N/㎜²）

兵庫県

赤穂生コン㈱
1971年4月16日設立　資本金1000万円
従業員9名　出資＝(販)60%・(建)30%・(他)10%
◉本社＝〒678－0239　赤穂市加里屋968－5
☎0791－43－2266・FAX0791－43－2269
✉akonamakon@gmail.com
代表取締役社長日木敏彦　代表取締役北浦康至・備生康之　取締役前嶋直毅・加賀順治郎
◉工場＝本社に同じ
工場長加賀順治郎
従業員9名(主任技士2名・技士2名)
1971年5月操業2020年8月更新2300×1(二軸)　ＰＳＭ光洋機械　住友大阪　シーカジャパン・フローリック　車大型×6台・小型×3台
2023年出荷16千㎥
G＝山砂利・人軽骨　S＝山砂・石灰砕砂
普通・舗装JIS取得(GBRC)

㈱旭生コン
1993年5月1日設立　資本金3000万円　従業員8名　出資＝(自)100%
◉本社＝〒661－0953　尼崎市東園田町7－51－1
☎06－6497－3333・FAX06－6497－2123
✉asahi-namacoon@gol.com
代表取締役吉田政男
◉工場＝本社に同じ
工場長西山孝
従業員8名(技士3名)
1993年5月操業2000×1(二軸)　ＰＳＭ北川鉄工　太平洋　フローリック・マイティ　車大型×6台
2023年出荷24千㎥、2024年出荷24千㎥
G＝石灰砕石　S＝石灰砕砂・砕砂
普通・舗装JIS取得(GBRC)

安達建材㈲
◉本社＝〒675－1313　小野市大開町834－71
☎0794－62－4754
代表者安達正樹
◉工場＝本社に同じ
1000×1　UBE三菱

㈱天城建材センター
1983年5月18日設立　資本金3000万円
従業員6名　出資＝(自)100%
◉本社＝〒660－0845　尼崎市西高洲町16－22
☎06－6419－7704・FAX06－6419－7705
✉shiken@amashiro.co.jp
代表取締役鶴田剛　専務取締役鶴田トシ子
◉工場＝本社に同じ
工場長中村洋
従業員6名(技士4名)
1984年10月操業2021年8月M1998年9月S改造2800×1(二軸)　ＰＳＭ北川鉄工　住友大阪　シーカビスコクリート・シーカポゾリス・マイテイ　車大型×4台
2023年出荷28千㎥、2024年出荷30千㎥
G＝石灰砕石　S＝海砂・砕砂
普通JIS取得(JTCCM)
大臣認定単独取得
※平成生コン㈱より生産受託

淡路生コンクリート工業㈱
1966年3月1日設立　資本金4000万円　従業員9名　出資＝(セ)6.3%・(販)31.9%・(建)45.3%・(骨)13.5%・(他)3%
◉本社＝〒656－0473　南あわじ市市小井440
☎0799－42－2271・FAX0799－42－2273
URL https://www.awaji-nck.jp
✉info@awaji-nck.jp
代表取締役松本真吾　取締役谷間榮子・上原精農・柴田拓二・白濱正博・宮本忠博・才花毅・松本光之進　監査役松野治郎・納正一・前川肇
◉工場＝本社に同じ
工場長浪花義治
従業員9名(主任技士4名・技士2名・診断士1名)
1965年11月操業1982年1月ＰM1993年10月S改造2500×1(二軸)　ＰＳＭ日工　住友大阪　フローリック・シーカジャパン　車大型×11台・中型×7台・小型×3台〔傭車：うずしお運輸㈱〕
2023年出荷17千㎥、2024年出荷17千㎥
G＝砕石　S＝石灰砕砂・砕砂
普通・舗装JIS取得(GBRC)
大臣認定単独取得(60N/㎟)

淡路生コン工業㈱
1965年9月1日設立　資本金7800万円　従業員21名　出資＝(自)100%
◉本社＝〒656－2132　淡路市志筑新島2－5
☎0799－62－0421・FAX0799－62－4469
✉armc722@awajinamakon.co.jp
代表取締役井高憲一・琴井谷隆志　取締役作田智治・出雲正・柏木敏孝
◉工場＝本社に同じ
工場長桑田正一
従業員21名(主任技士2名・技士4名・診断士1名)
1965年9月操業1984年8月Ｐ1996年8月M2006年8月S改造3000×1(二軸)　ＰＳＭ北川鉄工　UBE三菱・住友大阪　フローリック　車大型×5台・中型×7台・小型×3台〔傭車：うずしお運輸㈱・和泉産業〕
2023年出荷18千㎥、2024年出荷20千㎥
G＝砕石　S＝石灰砕砂・砕砂
普通・舗装JIS取得(GBRC)
大臣認定単独取得(60N/㎟)

池田建設㈱
資本金1000万円　出資＝(建)100%
◉本社＝〒669－3601　丹波市氷上町成松479－1
☎0795－82－0352・FAX0795－82－6097
代表者池田陽太郎
◉生コン部＝本社に同じ
1967年12月操業1976年8月更新1000×2　ＰＳＭ北川鉄工　トクヤマ　車大型×3台・小型×5台
普通JIS取得(GBRC)

石井建材㈱
1969年4月1日設立　資本金2000万円　従業員60名　出資＝(自)100%
◉本社＝〒667－1311　美方郡香美町村岡区村岡2926－1
☎0796－94－0021・FAX0796－98－1511
URL http://www.isiken.co.jp
✉mail141@isiken.co.jp
代表取締役田村隆
◉生コン部＝〒669－6559　美方郡香美町香住区小原45
☎0796－36－1147・FAX0796－36－3791
✉isikenka@mxa.nkansai.ne.jp
工場長山守孝
従業員35名(主任技士5名・技士3名・診断士4名)
1968年10月操業2001年5月更新6000×1(二軸)　ＰＳＭ日工　住友大阪　フローリック　車大型×15台・中型×5台
2023年出荷35千㎥、2024年出荷32千㎥(高流動2000㎥)
G＝砕石・人軽骨　S＝砕砂
普通・舗装JIS取得(GBRC)

伊丹コンクリート工業㈱
1968年10月23日設立　資本金2000万円
従業員7名　出資＝(建)40%・(他)60%
◉本社＝〒664－0845　伊丹市東有岡4－15
☎072－782－8076・FAX072－772－3289
✉itamicon@skyblue.ocn.ne.jp
代表取締役岸田治夫　監査役岸田英夫
◉工場＝本社に同じ
工場長新井敬治
従業員7名(主任技士1名・技士4名)
1957年4月操業2001年1月更新6000×1(二軸)　ＰＳＭ日工　太平洋　シーカコントロール・シーカビスコクリート・シーカポゾリス　車大型×8台〔傭車：㈱ア

リオカ〕
2023年出荷29千㎥、2024年出荷34千㎥（高強度213㎥・高流動61㎥）
G＝石灰砕石・砕石　S＝石灰砕砂・砕砂
普通・舗装JIS取得（GBRC）
大臣認定単独取得（60N/mm²）

稲垣建材産業㈱
1971年5月設立　資本金1000万円　出資＝（他）100％
◉本社＝〒675－1362　小野市久保木町1835
☎0794－63－2759・FAX0794－63－5956
✉inagaki-kenzai@dune.ocn.ne.jp
代表取締役稲垣孝広
◉工場＝本社に同じ
2005年9月操業1750×1　トクヤマ・日鉄高炉　シーカジャパン　車大型×8台・小型×6台
2023年出荷22千㎥
G＝砕石　S＝石灰砕砂・砕砂
普通JIS取得（GBRC）

猪名川菱光㈱
◉本社＝大阪府参照
◉工場＝〒666－0252　川辺郡猪名川町広根字神子の辻7－1
☎072－766－0270・FAX072－766－2743
工場長阪口輝
従業員7名（主任技士1名・技士3名）
1969年6月操業1990年10月更新2500×1（二軸）　ＰＳＭ光洋機械　UBE三菱　フローリック・マイテイ　車大型×10台〔傭車〕
2023年出荷27千㎥、2024年出荷31千㎥（高流動360㎥）
G＝砕石　S＝石灰砕砂・砕砂
普通・舗装・高強度JIS取得（GBRC）
大臣認定単独取得（60N/mm²）

稲葉生コンクリート㈱
1981年9月設立　資本金1000万円
◉本社＝〒660－0085　尼崎市元浜町1－75－1
☎06－6419－5511・FAX06－6419－7211
代表取締役山本守　取締役杉田聡志
◉工場＝本社に同じ
工場長杉田聡志
1981年9月操業2001年10月更新2250×1（二軸）　住友大阪
G＝石灰砕石　S＝砕砂
普通JIS取得（GBRC）

揖保川生コンクリート㈱
1964年1月8日設立　資本金2130万円　従業員11名　出資＝（自）100％
◉本社＝〒679－4156　たつの市揖保町揖保上字明神ヶ渕384－3
☎0791－67－8121・FAX0791－67－1056
✉ibo_shiken01@royal.ocn.ne.jp
代表取締役勝本りえ
◉工場＝本社に同じ
工場長山本泰規
従業員11名（技士2名）
2300×1（二軸）　ＰＳＭ光洋機械　住友大阪・トクヤマ　フローリック・シーカジャパン　車大型×5台・中型×3台・小型×2台
2023年出荷17千㎥
G＝砕石　S＝砕砂
普通JIS取得（IC）

今津生コン㈱
2000年3月設立　資本金2000万円　従業員7名　出資＝（販）100％
◉本社＝〒660－0832　尼崎市東初島町3
☎06－6489－3801・FAX06－6489－3804
✉imazu@ked.biglobe.ne.jp
代表取締役永田克也
◉工場＝本社に同じ
工場長米澤孝司
従業員7名（主任技士1名・技士2名）
1969年9月操業1988年8月更新2500×1（二軸）　ＰＭ北川鉄工（旧日本建機）Ｓパシフィックシステム　太平洋　シーカポゾリス・フローリック・シーカビスコクリート・マイテイ・チューポール　車大型×13台
G＝砕石　S＝海砂・砕砂
普通・舗装JIS取得（GBRC）
大臣認定単独取得（80N/mm²）

伊万里建材㈱
1989年1月8日設立　資本金1000万円　従業員7名　出資＝（自）100％
◉本社＝〒651－2126　神戸市西区玉津町上池255－1
☎078－911－6463・FAX078－911－6462
URL http://www.imarikenzai.jp
✉info@imarikenzai.jp
代表取締役社長弘川耕治
◉工場＝本社に同じ
工場長山田広治
従業員7名
1979年10月操業2009年1月更新2300×1　ＰＳＭ北川鉄工　トクヤマ　ヤマソー・フローリック・マイテイ
2023年出荷69千㎥、2024年出荷61千㎥
G＝石灰砕石・人軽骨　S＝石灰砕砂
普通・舗装・軽量JIS取得（GBRC）
大臣認定単独取得（60N/mm²）

海山コンクリート㈱
1993年9月1日設立　資本金9600万円　従業員23名　出資＝（自）100％
◉本社＝〒665－0827　宝塚市小浜2－1－19
☎0797－87－6698・FAX0797－87－4077
✉info@umiyama-co.com
代表取締役社長藤沢斉
◉西宮工場＝〒669－1101　西宮市塩瀬町生瀬字赤子谷1137－33
☎0797－85－1244・FAX0797－84－3768
工場長平瀬万紀夫
従業員5名（主任技士1名・技士2名）
1984年4月操業1997年5月更新3000×1　ＰＳＭ光洋機械（旧石川島）　住友大阪　フローリック・マイテイ　車大型×10台・小型×4台〔傭車：宝塚建設資材運輸事業組合〕
G＝砕石・人軽骨　S＝海砂・砕砂
普通・舗装・軽量JIS取得（GBRC）
大臣認定単独取得
◉神戸工場＝〒651－1312　神戸市北区有野町有野字南尾3842
☎078－982－8613・FAX078－982－8617
✉kobe@umiyama-co.com
工場長松岡成基
従業員5名（主任技士1名・技士2名）
1990年2月操業2500×1（二軸）　ＰＳＭ日工　住友大阪　フローリック　車大型×4台・中型×2台
2024年出荷39千㎥
G＝砕石　S＝石灰砕砂・砕砂
普通・舗装JIS取得（GBRC）
◉宝塚工場（操業停止中）＝〒665－0825　宝塚市安倉西1－206－1
☎0797－87－7581・FAX0797－87－0894
1987年7月操業2000×1（二軸）　ＰＳＭ日工

SSKロイヤル㈱
◉本社＝〒651－2223　神戸市西区押部谷町木見812－3
☎078－994－6000・FAX078－994－5260
✉royal-siken@sirius.ocn.ne.jp
代表取締役丸田勇
◉工場＝本社に同じ
工場長前田宣彰
従業員8名（主任技士2名・技士2名）
1991年4月操業2021年5月Ｍ更新2750×1（二軸）　ＰＳＭ日工　UBE三菱　シーカポゾリス・シーカビスコクリート・チューポール・フローリック・マイテイ　車大型×10台〔傭車〕
2023年出荷40千㎥、2024年出荷41千㎥
G＝砕石・人軽骨　S＝石灰砕砂・砕砂
普通・舗装・軽量JIS取得（GBRC）
大臣認定単独取得（80N/mm²）

エス　プレイス　コンクリート㈱
◉本社＝〒669－1357　三田市東本庄2250－1
☎079－568－1851・FAX079－568－6680
URL http://s-place.com/
✉spc-info@s-place.com

代表取締役森本純治
◉工場＝本社に同じ
従業員10名（技士5名）
2300×1（二軸）　ＰＳＭ北川鉄工　住友大阪　チューポール・フローリック・シーカジャパン・ヤマソー　車大型×7台・中型×3台〔傭車：大型×40台・中型×10台〕
2023年出荷24千㎥、2024年出荷26千㎥（高強度150㎥）
G＝砕石　S＝石灰砕砂・砕砂
普通・舗装・軽量JIS取得（GBRC）
大臣認定単独取得（60N/mm²）

㈱大浜資材
◉本社＝〒660－0095　尼崎市大浜町1－18－2
☎06－6430－6672・FAX06－6418－0776
代表取締役泊裕司
◉工場＝本社に同じ
G＝砕石　S＝海砂
普通・舗装JIS取得（MSA）

岡田建材㈱
1990年8月22日設立　資本金500万円　従業員7名
◉本社＝〒675－1102　加古郡稲美町草谷59－47
☎079－495－1788・FAX079－495－1176
代表取締役藤川千治
◉生コン工場＝本社に同じ
従業員7名
1300×1　UBE三菱　シーカジャパン　車中型×9台・小型×3台
2024年出荷16千㎥
G＝砕石　S＝石灰砕石・砕砂
普通JIS取得（IC）

尾上生コン㈱
1968年6月1日設立　資本金3000万円　従業員12名　出資＝（自）100％
◉本社＝〒675－0025　加古川市尾上町養田1577
☎079－423－0945・FAX079－423－0952
代表取締役糟谷正
◉工場＝本社に同じ
工場長糟谷正
従業員12名（主任技士1名・技士3名・診断士1名）
1968年6月操業2000年6月更新1000×1（二軸）　ＰＳＭ北川鉄工　UBE三菱　車大型×2台・中型×3台・小型×5台
G＝砕石　S＝砕砂
普通・舗装JIS取得（GBRC）

片岡生コン㈱
1992年1月10日設立　資本金1000万円
従業員13名
◉本社＝〒679－3112　神崎郡神河町鍛冶134－1
☎0790－34－0203・FAX0790－34－1105
代表取締役社長片岡明　取締役片岡喜美子・片岡要　監査役片岡美代子
◉本社工場＝本社に同じ
代表取締役社長片岡明
従業員12名（技士3名）
1968年11月操業2020年5月更新2300×1（二軸）　ＰＳＭ北川鉄工　UBE三菱　シーカポゾリス・フローリック　車大型×12台・中型×2台・小型×1台
2023年出荷15千㎥
G＝砕石　S＝海砂・砕砂
普通・舗装JIS取得（GBRC）

㈱金海興業
1997年8月7日設立　資本金4000万円　従業員27名
◉本社＝〒678－0071　相生市緑ヶ丘1－14－5
☎0791－22－3381・FAX0791－22－8288
URL http://www.kaneumi.com/
✉info@kaneumi.com
代表取締役金海誠一
◉竜泉事業所・相生コンクリート＝〒678－0072　相生市竜泉町300－1
☎0791－22－3381・FAX0791－22－8288
従業員17名（主任技士1名・技士4名）
2022年6月更新2750×1（二軸）　ＰＳＭ日工　麻生・UBE三菱　シーカジャパン　車大型×6台・中型×4台・小型×1台
2024年出荷2千㎥（水中不分離20㎥）
G＝砕石　S＝海砂・砕砂
普通JIS取得（IC）

関西ポラコン㈱
（大寿コンクリート㈱と合併）
2002年11月1日設立　資本金4000万円
従業員38名
◉本社＝〒669－3151　丹波市山南町草部448－1
☎0795－76－1710・FAX0795－76－1727
URL https://k-poracon.co.jp
✉daiju@basil.ocn.ne.jp
代表取締役松本大介
◉大寿コンクリート工場（旧大寿コンクリート㈱工場）＝〒669－3151　丹波市山南町草部805
☎0795－76－0488・FAX0795－76－0399
✉daiju-office@pearl.ocn.ne.jp
工場長田邊理明
従業員11名（主任技士1名・技士2名）
1968年5月操業1983年6月更新2000×1（二軸）　ＰＳＭ光洋機械　UBE三菱　フローリック　車大型×1台・小型×4台
2024年出荷30千㎥
G＝砕石　S＝山砂・砕砂
普通・舗装JIS取得（GBRC）

㈱岸本組
1962年11月1日設立　資本金2000万円
従業員22名　出資＝（自）100％
◉本社＝〒671－4131　宍粟市一宮町安積1400－8
☎0790－72－0282・FAX0790－72－0567
✉itinama@silver.ocn.ne.jp
代表取締役岸本忠幸
◉一宮生コンクリート＝本社に同じ
工場長三木淳
従業員13名（技士2名）
1974年11月操業1993年11月更新1500×1（二軸）　ＰＳＭ北川鉄工　UBE三菱　車大型×7台・小型×6台〔傭車：㈲ビリオン〕
G＝砕石　S＝石灰砕砂・砕砂
普通・舗装JIS取得（GBRC）

㈱北神戸生コン
1998年10月設立　資本金2300万円　従業員10名　出資＝（自）100％
◉本社＝〒651－1101　神戸市北区山田町小部妙賀11－3
☎078－592－7175・FAX078－592－7129
URL http://www.shinyei-group.co.jp
✉namacon@shinyei-group.co.jp
代表取締役仁木吉光　役員地神秀治・地神秀人
◉工場＝本社に同じ
工場長岡田廣澄
従業員10名
1979年1月操業2007年5月更新3000×1
UBE三菱・太平洋　ダラセム・シーカメント　車大型×30台・中型×16台
2023年出荷87千㎥、2024年出荷73千㎥
G＝砕石・人軽骨　S＝石灰砕砂・砕砂
普通・舗装・軽量JIS取得（GBRC）
大臣認定単独取得（80N/mm²）

北兵庫生コンクリート㈱
1967年2月1日設立　資本金1600万円　従業員32名
◉本社＝〒667－0113　養父市薮崎150
☎079－665－0343・FAX079－665－0667
URL http://kita-hyogo.com
✉soumu@kita-hyogo.com
代表取締役池田薫　取締役福井美樹男・福井タマ子・岡本直樹　監査役杉本淑子
◉養父工場＝〒667－0113　養父市薮崎150
☎079－665－0341・FAX079－665－0667
✉yabu-plant@kita-hyogo.com
工場長片田豊樹
従業員9名（主任技士1名・技士2名）
1967年2月操業2019年8月更新2250×1（二軸）　ＰＳＭ光洋機械　住友大阪　シーカ・フローリック　車大型×5台・小型×2台
2023年出荷8千㎥、2024年出荷11千㎥
G＝砕石　S＝山砂・砕砂

普通・舗装JIS取得(GBRC)
◉豊岡工場＝〒668－0873　豊岡市庄境958－1
☎0796－22－7145・FAX0796－24－0706
✉toyooka-shiken@kita-hyogo.com
工場長寺尾勇一
従業員10名(主任技士1名・技士3名)
1968年6月操業2014年2月更新2250×1(二軸)　ＰＳＭ光洋機械　住友大阪　シーカメント・シーカポゾリス　車大型×4台・小型×1台
G＝砕石　S＝山砂・砕砂
普通・舗装JIS取得(GBRC)
◉和田山工場＝〒669－5262　朝来市和田山町市御堂66－1
☎079－672－4046・FAX079－672－5450
工場長山本研人
従業員9名(主任技士1名・技士2名・診断士1名)
1974年8月操業1993年9月更新3000×1(二軸)　ＰＳＭ光洋機械　住友大阪　シーカ・フローリック　車大型×4台・小型×2台
2023年出荷17千㎥、2024年出荷15千㎥
G＝砕石　S＝山砂・砕砂
普通JIS取得(GBRC)

㈱キヅキ商会
1952年7月1日設立　資本金3629万円　従業員27名　出資＝(自)100％
◉本社＝〒668－0026　豊岡市元町11－21
☎0796－22－5168・FAX0796－24－2568
代表取締役木築基弘　取締役木築清・杉中国治
◉キヅキ生コン工場＝〒668－0844　豊岡市土渕字小川1270－1
☎0796－22－2420・FAX0796－24－0220
責任者杉中国治
従業員14名(主任技士2名・技士4名・診断士1名)
1967年4月操業1988年3月ＰＳ2020年9月M改造2300×1(二軸)　ＰＳＭ光洋機械　住友大阪　フローリック　車大型×6台・中型×1台・小型×2台
G＝砕石　S＝山砂・砕砂
普通・舗装JIS取得(GBRC)

㈱協栄建設
1965年12月17日設立　資本金2000万円　従業員23名
◉本社＝〒666－0252　川辺郡猪名川町広根字神子ノ辻14－4
☎072－766－0606・FAX072－766－2277
代表取締役社長串田康圭　取締役串田和子・串田麻美　監査役串田仁恵
◉生コン部＝本社に同じ
工場長穐本哲
従業員13名(主任技士1名・技士3名)
1971年11月操業2019年8月更新2750×1(二軸)　ＰＳＭ光洋機械　トクヤマ　車大型×8台・中型×4台・小型×1台
2023年出荷33千㎥、2024年出荷38千㎥(高強度1680㎥)
G＝砕石　S＝石灰砕砂・砕砂
普通JIS取得(GBRC)
大臣認定単独取得(60N/mm²)

㈱啓徳
2004年10月15日設立　資本金1000万円　出資＝(自)100％
◉本社＝〒662－0934　西宮市西宮浜1－1－1
☎0798－35－7500・FAX0798－35－4666
URL http://keitoku.jp/
✉namacon@keitoku.jp
代表取締役柳勝啓　取締役柳順啓・柳順啓・細原寛
◉工場＝本社に同じ
工場長細原寛
従業員9名(主任技士3名・技士3名)
1997年5月操業2020年1月M更新2300×1　ＰＳＭ光洋機械　太平洋・トクヤマ　シーカジャパン・フローリック　車〔傭車：㈱TERA運送・㈱三星〕
2023年出荷27千㎥、2024年出荷32千㎥(高強度1100㎥)
G＝石灰砕石　S＝海砂・石灰砕砂
普通・舗装JIS取得(GBRC)
大臣認定単独取得(60N/mm²)

㈱光榮
1972年4月8日設立　資本金5500万円　従業員13名　出資＝(セ)17.6％・(販)11.8％・(他)70.6％
◉本社＝〒651－1243　神戸市北区山田町下谷上字下の勝13－1
☎078－581－1240・FAX078－583－8165
✉koei-con@guitar.ocn.ne.jp
代表取締役鍋田昌敬　取締役鍋田昌臣・道下英樹・有井由紀子　監査役緒方良治
◉神戸工場＝〒651－1243　神戸市北区山田町下谷上字下の勝13－1
☎078－583－5021・FAX078－583－8165
工場長新宅和也
従業員8名(主任技士3名)
1982年3月操業2007年8月更新2500×1　ＰＳＭ北川鉄工　トクヤマ　フローリック・マイテイ・チューポール　車大型×8台・中型×3台・小型×2台〔傭車：昌榮産業㈲〕
G＝石灰砕石・砕石　S＝石灰砕砂・砕砂
普通・舗装JIS取得(GBRC)
大臣認定単独取得

㈱神戸エスアールシー
◉本社＝〒658－0024　神戸市東灘区魚崎浜町42
☎078－441－2612・FAX078－441－2672
✉seizoubu@kobe-src.com
代表取締役松本和弘
◉本社工場＝〒658－0024　神戸市東灘区魚崎浜町42
☎078－411－3123・FAX078－411－3126
工場長西町良市
従業員13名(主任技士2名・技士4名・診断士1名)
1968年4月操業1995年10月更新3000×1(二軸)　ＰＭ北川鉄工Ｓパシフィックシステム　太平洋　シーカジャパン・チューポール・フローリック　車大型×10台
G＝石灰砕石・砕石・人軽骨　S＝石灰砕砂・砕砂
普通・舗装・軽量JIS取得(GBRC)
大臣認定単独取得(80N/mm²)

㈱サンコー
2003年3月13日設立　資本金1000万円　従業員11名　出資＝(自)100％
◉本社＝〒655－0861　神戸市垂水区下畑町242
☎078－752－8282・FAX078－753－6811
✉sanko35@vanilla.ocn.ne.jp
代表取締役西原武淳
◉工場＝〒655－0861　神戸市垂水区下畑町242
☎078－751－6437・FAX078－753－6811
工場長山下淳一
従業員11名(技士6名)
1970年11月操業2022年5月更新2750×1(二軸)　ＰＳＭ日工　太平洋　シーカジャパン・チューポール　車大型×5台
G＝石灰砕石・砕石　S＝石灰砕砂・砕砂
普通・舗装JIS取得(GBRC)
大臣認定単独取得(60N/mm²)

三田宇部コンクリート㈱
2007年8月17日設立　資本金1000万円　従業員10名
◉本社＝〒651－1504　神戸市北区道場町平田1089
☎078－951－6931・FAX078－951－4600
URL https://sanda-ube.jp
✉su6931@globe.ocn.ne.jp
代表取締役谷川徹
◉三田工場＝本社に同じ
工場長棄村美弘
従業員10名(主任技士2名・技士3名)
1970年8月操業1994年1月更新3000×1(二軸)　ＰＳＭ光洋機械　UBE三菱　フローリック　車大型×3台・中型×1台・小型×2台
2023年出荷30千㎥、2024年出荷34千㎥
G＝砕石　S＝石灰砕砂・砕砂
普通・舗装・軽量JIS取得(GBRC)
大臣認定単独取得(60N/mm²)

㈱三田生コン
1983年9月29日設立　資本金1000万円
従業員9名　出資=(自)100%
◉本社=〒673-1234　三木市吉川町福吉340
☎0794-72-1250・FAX0794-72-1252
✉o-iwamoto@san-nama.com
代表取締役岩本浩二
◉工場=本社に同じ
工場長北勝和樹
従業員9名(主任技士2名・技士3名)
1983年4月操業1985年2月S1987年8月PM改造3000×1(二軸)　PM光洋機械S大四衡器　UBE三菱　車中型×4台・小型×1台〔傭車:北神戸運輸〕
G=砕石　S=石灰砕砂・砕砂
普通・舗装JIS取得(GBRC)
大臣認定単独取得(60N/mm²)

㈲柴田商店
資本金400万円　出資=(骨)100%
◉本社=〒671-2244　姫路市実法寺字五反田57-1
☎079-266-3666・FAX079-266-7890
代表取締役社長松本利人
◉柴田生コン=本社に同じ
従業員(主任技士1名・技士3名)
1970年8月操業2023年2月更新2750×1(二軸)　PSM日工　住友大阪・UBE三菱　シーカジャパン　車大型×8台・中型×5台・小型×5台
2023年出荷51千m³、2024年出荷45千m³
G=砕石　S=海砂・砕砂
普通・舗装JIS取得(GBRC)
大臣認定単独取得(60N/mm²)

新関西菱光㈱
1994年2月1日設立　資本金10000万円
従業員25名　出資=(セ)100%
◉本社=〒660-0842　尼崎市大高洲町5
☎06-6409-0781・FAX06-6409-0784
代表取締役山下茂義
◉尼崎工場=〒660-0842　尼崎市大高洲町5
☎06-6409-1251・FAX06-6409-0784
✉skramaga@mmc.co.jp
工場長下臺勝
従業員7名(主任技士4名・技士1名)
1959年5月操業1987年9月更新3000×1(二軸)　PSM北川鉄工　UBE三菱　シーカポゾリス・フローリック・チューポール・シーカ　車大型×10台〔傭車:㈱シンコウ〕
G=砕石　S=山砂・石灰砕砂・砕砂
普通・舗装JIS取得(GBRC)
大臣認定単独取得(80N/mm²)
※大阪工場・泉北工場=大阪府参照

㈱伸興生コンクリート工業
◉本社=〒679-2317　神崎郡市川町浅野503
☎0790-28-1187
◉工場(操業停止中)=本社に同じ

世紀コンクリート㈱
2000年5月1日設立　資本金8000万円　従業員10名　出資=(他)46%・(販)40%・(セ)14%
◉本社=〒651-1243　神戸市北区山田町下谷上字下の勝13-1
☎078-582-3600・FAX078-583-8165
代表取締役鍋田昌臣　取締役植田公一・松本秀夫・鍋田昌敬　監査役川辺拓司
◉工場=〒669-2432　丹波篠山市八上下14
☎079-552-4640・FAX079-552-0707
✉seiki-con@iqa.itkeeper.ne.jp
工場長新宅和也
従業員7名(主任技士2名・技士2名)
1971年10月操業1995年1月更新2500×1　PSM北川鉄工　トクヤマ　フローリック・シーカポゾリス
G=砕石　S=砕砂
普通JIS取得(GBRC)

㈱泉北ニシイ
◉本社=大阪府参照
◉兵庫工場=〒653-0033　神戸市長田区苅藻島町1-1-31
☎078-671-0835・FAX078-671-0840
✉hyougooosaka@themis.ocn.ne.jp
2002年1月操業2014年8月更新2800×1　住友大阪　シーカポゾリス・シーカビスコクリート・シーカメント・フローリック　車大型×12台・小型×2台
2023年出荷22千m³、2024年出荷20千m³(高強度700m³)
G=砕石・人軽骨　S=海砂・砕砂
普通・高強度・舗装・軽量JIS取得(GBRC)
ISO 9001取得
大臣認定単独取得(80N/mm²)
※堺臨海工場=大阪府参照

第一生コン㈱
1966年9月1日設立　資本金4500万円　従業員30名　出資=(自)25%・(販)12%・(建)27%・(他)36%
◉本社=〒656-0511　南あわじ市賀集八幡48
☎0799-54-0771・FAX0799-53-1276
✉daiichinamakon-hg@utopia.ocn.ne.jp
代表取締役社長森本照彦
◉本社工場=〒656-0511　南あわじ市賀集八幡48
☎0799-54-0921・FAX0799-53-1276
工場長仁里雅之
従業員15名(主任技士1名・技士3名)
1979年2月操業2018年8月更新2800×1　PSM北川鉄工　麻生・トクヤマ　シーカポゾリス・シーカビスコクリート　車大型×7台・中型×8台・小型×4台
2023年出荷10千m³、2024年出荷12千m³
G=砕石　S=石灰砕砂・砕砂
普通・舗装JIS取得(GBRC)
◉津名工場=〒656-2132　淡路市志筑新島1-10
☎0799-62-3500・FAX0799-62-4763
工場長藤原政光
従業員11名(主任技士1名・技士3名)
1985年7月操業1997年8月S改造3000×2　PSM日工　麻生・トクヤマ　フローリック　車大型×5台・中型×7台・小型×4台
2023年出荷15千m³、2024年出荷15千m³(水中不分離100m³)
G=砕石　S=石灰砕砂・砕砂
普通・舗装JIS取得(GBRC)

大開産業㈱
1972年1月18日設立　資本金2200万円
従業員32名　出資=(自)100%
◉本社=〒675-1313　小野市大開町100
☎0794-63-1095・FAX0794-63-3982
✉daikai@oregano.ocn.ne.jp
代表取締役松井大典　専務取締役永井秀樹　常務取締役松井宣介
◉工場=〒673-0723　三木市大字加佐字草荷野1251-1
☎0794-63-9090・FAX0794-63-9666
工場長田中耕作
従業員30名(主任技士2名・技士4名)
1972年1月操業2012年1月PM2023年2月S更新2750×1(二軸)　PSM日工　麻生・日鉄高炉・住友大阪・UBE三菱・太平洋　シーカポゾリス・シーカメント・チューポール・フローリック　車大型×13台・中型×4台・小型×7台
2023年出荷54千m³、2024年出荷58千m³
G=砕石　S=石灰砕砂・砕砂・スラグ
普通・高強度・舗装JIS取得(GBRC)
大臣認定単独取得(80N/mm²)

㈱泰慶
1982年11月7日設立　資本金1000万円
従業員21名　出資=(自)100%
◉本社=〒651-2142　神戸市西区玉津町二ツ屋東山99-5
☎078-917-3438・FAX078-917-3437
URL http://www.taikei-rmc.co.jp
✉info@taikei-rmc.co.jp
代表取締役石原成起　取締役石原修三・石原緑・石原功士・モリス寛子
◉本社工場=〒651-2142　神戸市西区玉津町二ツ屋東山99-5
☎078-917-3440・FAX078-917-3437
工場長谷中武士

従業員21名(主任技士1名・技士2名)
1982年11月操業2020年9月更新2300×1(二軸)　PSM日工　UBE三菱・太平洋　フローリック・チューポール・シーカジャパン　車大型×8台・中型×8台
G＝砕石　S＝石灰砕砂・砕砂
普通・舗装JIS取得(GBRC)
大臣認定単独取得(60N/mm²)

タイコー㈱
◉本社＝大阪府参照
◉兵庫工場＝〒652－0866　神戸市兵庫区遠矢浜町2－48
☎078－651－2323・FAX078－651－2326
✉taikoh-hyogo@ninus.ocn.ne.jp
工場長植田誠司
従業員7名(主任技士1名・技士3名)
2015年6月操業2500×1(二軸)　PSM日工　トクヤマ　シーカジャパン・フローリック
G＝砕石　S＝石灰砕砂・砕砂
普通・舗装JIS取得(GBRC)
大臣認定単独取得(80N/mm²)
※枚方工場＝大阪府参照

大同開発工業㈱
1969年1月29日設立　資本金2960万円
従業員16名　出資＝(セ)3.4％・(他)96.6％
◉本社＝〒669－5328　豊岡市日高町東芝395
☎0796－42－1661・FAX0796－42－3423
✉daidou@office.eonet.ne.jp
代表取締役社長石田雄士　取締役杉本義美・池田政隆・谷原利明・植田公一
◉日高工場＝本社に同じ
工場長林敏邦
従業員16名(技士3名)
1969年1月操業2014年3月更新2750×1(水平二軸)　PSM光洋機械(旧石川島)　UBE三菱　フローリック　車大型×5台・中型×1台
2023年出荷14千m³、2024年出荷6千m³
G＝砕石　S＝山砂・砕砂
普通・舗装JIS取得(GBRC)

高砂菱光コンクリート工業㈱
1969年4月1日設立　資本金1000万円　従業員7名　出資＝(自)100％
◉本社＝〒676－0047　高砂市高砂町南本町910
☎079－443－5153・FAX079－443－5222
URL http://www.sankoh-group.com/
代表取締役堀田真弘
◉加古川工場＝〒675－0023　加古川市尾上町池田2075
☎079－423－2033・FAX079－422－2982
工場長杉田壮
従業員7名(主任技士2名・技士1名)
1969年2月操業2017年5月更新2750×1(二軸)　PM光洋機械S日工　UBE三菱　シーカポゾリス・シーカビスコクリート・フローリック　車大型×8台・中型×2台・小型×2台〔傭車：菱高運輸〕
2023年出荷45千m³、2024年出荷35千m³
G＝砕石　S＝海砂・石灰砕砂・砕砂
普通・舗装JIS取得(GBRC)
大臣認定単独取得(60N/mm²)

滝野生コン㈱
2002年7月1日設立
◉本社＝〒679－0221　加東市河高89
☎0795－48－3075・FAX0795－48－3915
✉takinonamacon@mountain.con.ne.jp
代表取締役森村広幸
◉工場＝本社に同じ
従業員6名(主任技士1名・技士4名)
1967年8月操業2011年8月更新2250×1(二軸)　PSM日工　トクヤマ・UBE三菱・住友大阪　シーカジャパン・フローリック　車大型×3台・中型×4台
G＝砕石　S＝石灰砕砂・砕砂
普通・舗装JIS取得(GBRC)

田口建材㈱
◉本社＝〒673－0891　明石市大明石町2－8－2
☎078－912－3761・FAX078－912－0885
◉工場＝本社に同じ

竹野生コンクリート㈱
資本金1000万円　従業員8名　出資＝(自)100％
◉本社＝〒669－6226　豊岡市竹野町下塚12
☎0796－47－0281・FAX0796－47－0082
✉takenonamacon@leto.eonet.ne.jp
代表者中田誠一
◉工場＝本社に同じ
工場長出野満久
従業員8名
2000×1　トクヤマ　フローリック
2023年出荷9千m³、2024年出荷3千m³
G＝砕石　S＝山砂・砕砂
普通・舗装JIS取得(GBRC)

龍野生コンクリート㈱
1968年4月1日設立　資本金2000万円　従業員20名　出資＝(自)100％
◉本社＝〒679－4315　たつの市新宮町井野原618
☎0791－75－0281・FAX0791－75－0282
URL http://tatsuno-namakon.jp/
✉tatuno-nishida@jewel.ocn.ne.jp
代表取締役西田快人　監査役西田大
◉工場＝本社に同じ
工場長藤井武彦
従業員20名(主任技士1名・技士2名)
1968年4月操業2013年10月更新2500×1(二軸)　PM光洋機械Sハカルプラス　UBE三菱・トクヤマ　フローリック・シーカビスコクリート・シーカポゾリス　車大型×7台・中型×3台
G＝砕石　S＝海砂・砕砂
普通・舗装JIS取得(GBRC)
大臣認定単独取得(60N/mm²)

田中工業㈱
1977年7月1日設立　資本金5000万円
◉本社＝〒671－2542　宍粟市山崎町船元15－1
☎0790－62－4116・FAX0790－62－8841
代表取締役田中伸助
◉工場＝本社に同じ
工場長田中好彦
従業員16名
1977年7月操業1000×1　PSM日工　太平洋　フローリック　車大型×6台・小型×4台
G＝河川・砕石　S＝河川・海砂・砕砂
普通・舗装JIS取得(GBRC)

千原生コンクリート㈱
◉本社＝京都府参照
◉神戸工場Ⅱ＝〒658－0024　神戸市東灘区魚崎浜町36－8
☎078－436－8110・FAX078－436－7730
✉chihara-kobe@nifty.com
責任者千原正博
従業員10名
光洋機械(旧石川島)　車大型×7台・小型×7台〔傭車：北神戸運輸〕
2023年出荷21千m³、2024年出荷18千m³
G＝砕石　S＝石灰砕砂・砕砂
普通・舗装JIS取得(GBRC)
大臣認定単独取得(60N/mm²)
※工場＝京都府参照

㈱テシマ
◉本社＝〒666－0022　川西市下加茂2－77－2
☎072－755－4469・FAX072－755－5083
代表取締役鍛治芳明
◉鍛治生コン川西工場＝本社に同じ
1977年6月操業2020年5月更新2300×1　トクヤマ・日鉄高炉　フローリック　車9台
2023年出荷29千m³
G＝砕石・人軽骨　S＝石灰砕砂・砕砂
普通・高強度・舗装・軽量JIS取得(GBRC)
大臣認定単独取得(80N/mm²)

㈲寺田建設
◉本社＝〒653－0033　神戸市長田区苅藻島町2－3－11
☎078－671－4189・FAX078－671－5258
代表取締役寺田政弘

◉工場＝本社に同じ
普通JIS取得(GBRC)

寅倉建設㈱
1992年12月17日設立　資本金3000万円
従業員32名　出資＝(自)100%
◉本社＝〒662－0934　西宮市西宮浜1－10
☎0798－33－3178
代表取締役柳井寅吉　取締役渾大坊順造・坂本潔
◉西宮浜工場＝本社に同じ
工場長柳井吉雄
従業員27名(主任技士1名・技士3名)
1988年11月操業1999年11月更新1500×1(二軸)　ＰＳＭ北川鉄工　UBE三菱　フローリック　車大型×9台・中型×15台〔傭車：日本開発㈲〕
G＝砕石　S＝石灰砕砂・砕砂
大臣認定単独取得

ナニワ生コン㈱
◉本社＝大阪府参照
◉尼崎工場＝〒661－0982　尼崎市食満2－24－15
☎06－4960－2388・FAX06－4960－2389
工場長田島哲夫
従業員9名(主任技士2名・技士4名)
1972年6月操業1987年11月M1999年1月P1999年6月S改造3000×1　P北川鉄工(旧日本建機)Sハカルプラス M光洋機械　UBE三菱・トクヤマ　シーカジャパン・フローリック・山宗・竹本　車15台
G＝石灰砕石・砕石・人軽骨　S＝石灰砕砂・砕砂
普通・舗装・軽量JIS取得(MSA)
大臣認定単独取得(60N/mm²)
※工場＝大阪府参照

㈱ナンセイ
1990年8月1日設立　資本金2000万円　従業員18名　出資＝(自)100%
◉本社＝〒667－0004　養父市八鹿町上小田763－1
☎079－662－6666・FAX079－662－6667
取締役島田正弘・島田幸恵
◉工場＝本社に同じ
工場長植田保弘
従業員18名(技士2名)
第1P＝1990年8月操業1500×1(二軸)　ＰＳＭ日工
第2P＝1997年3月操業2500×1(二軸)　ＰＳＭ日工　UBE三菱　車大型×10台・中型×5台
G＝砕石　S＝陸砂
普通・舗装JIS取得(GBRC)

浜坂小野田レミコン㈱
1972年4月5日設立　資本金1000万円　従業員16名　出資＝(建)51%・(個)19%・(セ)30%
◉本社＝〒669－6747　美方郡新温泉町三谷157－1
☎0796－82－3071・FAX0796－82－3073
✉hamasakaonodaremicon@k5.dion.ne.jp
代表取締役株本高志　取締役株本寛・井上諭・井上昭二・川野高広　監査役川野圭司
◉工場＝本社に同じ
工場長井上諭
従業員16名(主任技士2名・技士3名)
1972年8月操業2005年1月更新2300×1　ＰＳＭ北川鉄工　太平洋　車大型×7台・中型×2台・小型×1台
2023年出荷20千㎥、2024年出荷15千㎥
G＝山砂利・石灰砕石　S＝山砂・陸砂・砕砂
普通・舗装JIS取得(GBRC)

㈱林建材店
◉本社＝〒675－0023　加古川市尾上町池田開拓1951
☎079－423－1432・FAX079－422－0513
代表取締役林文代
◉生コン部＝本社に同じ
1973年10月操業2001年1月更新1000×1　トクヤマ　フローリック　車大型×1台・小型×8台
2024年出荷15千㎥
G＝砕石　S＝石灰砕砂・砕砂
普通・舗装JIS取得(GBRC)

播磨土建工業㈱
1944年10月1日設立　資本金4700万円
従業員35名　出資＝(建)100%
◉本社＝〒678－1231　赤穂郡上郡町上郡370
☎0791－52－0072・FAX0791－52－4087
✉harima.0098@crux.ocn.ne.jp
代表取締役社長江見賢治郎　取締役江見正・江見治　監査役尾崎久夫
◉工場＝〒678－1223　赤穂郡上郡町釜島334－1
☎0791－52－0098・FAX0791－52－4046
✉harima.0098@crux.ocn.ne.jp
工場長山根茂文
従業員12名(主任技士1名・技士5名)
1965年11月操業2016年5月更新2300×1(二軸)　ＰＳＭ光洋機械　UBE三菱・住友大阪　シーカポゾリス・シーカビスコクリート・フローリック　車大型×4台・中型×4台
2023年出荷12千㎥、2024年出荷9千㎥
G＝砕石　S＝海砂・砕砂
普通・舗装JIS取得(GBRC)

阪神生コン建材工業㈱
◉本社＝大阪府参照
◉神戸工場＝〒658－0024　神戸市東灘区魚崎浜町27－24
☎078－413－2200・FAX078－413－2255
1988年4月操業2021年1月更新2800×1(二軸)　ＰＳＭ光洋機械　住友大阪
G＝石灰砕石・砕石　S＝石灰砕砂・砕砂
普通・舗装JIS取得(GBRC)
大臣認定単独取得(80N/mm²)
※東京工場＝東京都、工場＝大阪府参照

㈱播州生コン
1982年5月1日設立　資本金6200万円　従業員18名
◉本社＝〒675－1203　加古川市八幡町下村1233－1
☎079－438－0357・FAX079－438－8188
✉banshunamakon@clock.ocn.ne.jp
代表取締役宮下冨士男　取締役高田寿人
◉工場＝本社に同じ
工場長服部伸一郎
従業員18名(技士4名)
1966年11月操業1990年12月更新3000×2　ＰＳＭ北川鉄工　住友大阪・UBE三菱　フローリック　車大型×9台・中型×1台
2023年出荷32千㎥
G＝砕石　S＝石灰砕砂・砕砂
普通・舗装JIS取得(IC)

東海岸生コンクリート㈱
◉本社＝〒660－0843　尼崎市東海岸町1－14
☎06－4950－0690・FAX06－4950－0695
代表取締役池田学
◉工場(旧㈱協和東海岸コンクリート工場)＝本社に同じ
普通・舗装JIS取得(GBRC)

㈱東神戸宇部生コン
2019年1月17日設立
◉本社＝〒658－0024　神戸市東灘区魚崎浜町41－1
☎078－431－3800・FAX078－431－3801
◉本社工場＝本社に同じ
1969年10月操業2021年5月更新3300×1(二軸)　ＰＳＭ光洋機械　UBE三菱　車大型×15台・中型×5台
2023年出荷75千㎥、2024年出荷88千㎥
G＝砕石・人軽骨　S＝石灰砕砂・砕砂
普通・軽量・高強度・舗装JIS取得(GBRC)
大臣認定単独取得(80N/mm²)

㈱ヒメコン
◉本社＝〒679－2143　姫路市香寺町中仁野446
☎079－232－0499・FAX079－232－7184
代表取締役坂本博
◉工場＝本社に同じ
1971年7月操業1997年1月更新2500×1(二

軸)　ＰＳＭ北川鉄工(旧日本建機)
普通・舗装JIS取得(GBRC)

姫路大阪生コンクリート㈱
1974年10月1日設立　資本金4550万円
従業員11名　出資＝(自)100%・(他)100%
◉本社＝〒672－8035　姫路市飾磨区中島3059－7
☎079－234－1981・FAX079－234－1984
✉himejiosaka@himedai.co.jp
代表取締役社長安田宏行　取締役安田貴彦・岡本光央
◉本社工場＝本社に同じ
工場長柳田徹
従業員11名(主任技士1名・技士3名)
1974年10月操業2021年1月更新2750×1(二軸)　ＰＭ日工Ｓリバティ　住友大阪　シーカジャパン　車大型×10台・中型×3台・小型×2台〔傭車：大セメ運輸㈱・中尾商事㈱〕
2024年出荷36千㎥(ポーラス145㎥)
G＝砕石・人軽骨　S＝石灰砕砂・砕砂
普通・舗装・軽量JIS取得(GBRC)
大臣認定単独取得(80N/mm²)

㈱姫路ユーエヌシー
2003年10月1日設立　資本金1000万円
従業員8名
◉本社＝〒672－8035　姫路市飾磨区中島3059－13
☎079－235－7285・FAX079－234－5703
✉unc@drive.ocn.ne.jp
代表者北岸一宏
◉工場＝本社に同じ
工場長岡田喜裕
従業員8名(主任技士2名・技士4名)
1965年12月操業2019年1月更新2800×1(二軸)　ＰＳＭ光洋機械　UBE三菱　フローリック　車大型×12台・小型×3台
2023年出荷41千㎥
G＝砕石　S＝石灰砕砂・砕砂
普通・舗装JIS取得(GBRC)
大臣認定単独取得(80N/mm²)

姫路菱光コンクリート㈱
1970年2月10日設立　資本金1000万円
従業員22名　出資＝(自)100%
◉本社＝〒671－1132　姫路市大津区勘兵衛町4－35－1
☎079－239－5611・FAX079－239－1023
✉himeryou123rc@cap.ocn.ne.jp
代表取締役井上善隆
◉本社工場＝本社に同じ
工場長小西義人
従業員18名(主任技士1名・技士5名)
1970年2月操業1991年8月更新2250×1(二軸)　ＰＳＭ日工　UBE三菱・トクヤマ・日鉄高炉　フローリック・シーカジャパン　車大型×9台・中型×1台・小型×4台
2023年出荷37千㎥
G＝砕石　S＝海砂・砕砂
普通・舗装JIS取得(GBRC)
大臣認定単独取得(60N/mm²)

兵庫コンクリート㈱
1965年11月設立　資本金1000万円　出資＝(他)100%
◉本社＝〒656－0426　南あわじ市榎列大榎列808－1
☎0799－42－2210・FAX0799－42－2974
代表取締役碇勝徳
◉工場＝本社に同じ
1972年12月操業1500×1　ＰＳＭ神鋼機器　太平洋　車大型×6台・中型×8台・小型×4台
普通・舗装JIS取得(GBRC)

㈱兵庫生コン
資本金1000万円　従業員1名　出資＝(自)100%
◉本社＝〒651－2143　神戸市西区丸塚2－3－12
☎078－928－3053・FAX078－928－3061
✉hyogonamakon@crest.ocn.ne.jp
代表取締役高井康裕　取締役高井陽一朗・吾孫子達夫
◉工場＝〒679－2215　神崎郡福崎町西治137－1
☎0790－22－3748・FAX0790－22－1969
✉hyogonamakon@crest.ocn.ne.jp
専務取締役吾孫子達夫
従業員6名(技士2名)
1971年9月操業2019年5月更新2250×1(二軸)　ＰＳＭ日工　住友大阪　シーカジャパン・フローリック　車大型×6台・小型×2台
2023年出荷17千㎥、2024年出荷15千㎥
G＝砕石　S＝石灰砕砂・砕砂
普通・舗装JIS取得(GBRC)

兵庫播磨コンクリート㈱
2002年4月1日設立　資本金1000万円　従業員17名
◉本社＝〒651－2143　神戸市西区丸塚2－3－12
☎078－928－3053・FAX078－928－3061
✉hyougoharima@mirror.ocn.ne.jp
代表取締役高井康裕
◉神明工場＝本社に同じ
従業員11名
1964年7月操業2013年11月更新3000×1(二軸)　ＰＳＭ日工　住友大阪
2023年出荷21千㎥、2024年出荷21千㎥
G＝砕石　S＝石灰砕砂・砕砂
普通・舗装JIS取得(GBRC)
大臣認定単独取得(80N/mm²)

◉東播工場＝〒676－0072　高砂市伊保港町2－8－23
☎079－447－1534・FAX079－447－1803
✉harimatouban-shiken@sweet.ocn.ne.jp
従業員6名
2250×1　住友大阪
2023年出荷23千㎥、2024年出荷17千㎥
G＝砕石　S＝石灰砕砂・砕砂
普通・舗装・軽量JIS取得(GBRC)

㈱博田商店
◉本社＝〒662－0934　西宮市西宮浜3－22
☎0798－22－7701・FAX0798－22－7707
✉spyr5yg9@rondo.ocn.ne.jp
代表取締役博田昌孝
◉西宮事業所＝本社に同じ
工場長博田昌孝
従業員9名
1700×1　UBE三菱　シーカジャパン・フローリック・竹本　車10台
G＝砕石・人軽骨　S＝海砂・砕砂・スラグ
普通・舗装・軽量JIS取得(GBRC)
大臣認定単独取得(60N/mm²)

㈱藤田建材店
資本金1000万円
◉本社＝〒661－0041　尼崎市武庫の里2－19－10
☎06－6431－7049
代表取締役矢本道宏
◉大浜工場＝〒660－0095　尼崎市大浜町1－19－4
☎06－6413－8118・FAX06－6413－0029
✉fujita-k@ksf.biglobe.ne.jp
工場長森川博
従業員8名
住友大阪　車13台
G＝砕石　S＝海砂・砕砂
普通JIS取得(GBRC)

双葉生コン㈱
1971年3月24日設立　資本金1000万円
従業員8名　出資＝(自)100%
◉本社＝〒675－2312　加西市北条町北条567
☎0790－42－0275・FAX0790－42－5137
URL https://www.futaba-0275.com/
✉futaba@apricot.ocn.ne.jp
代表取締役社長塚原弘行　取締役松岡清貴・飯尾等・塚原健太　監査役塚原健
◉工場＝本社に同じ
工場長飯尾等
従業員8名(技士5名)
1965年8月操業2023年9月更新2750×1(二軸)　ＰＳＭ日工　UBE三菱　ヤマソー・マイテイ・チューポール　車大型×10台・中型×2台・小型×2台
2023年出荷18千㎥、2024年出荷20千㎥

G＝砕石　S＝石灰砕砂・砕砂
普通・舗装JIS取得（GBRC）

船曳土木興業㈱
1968年5月23日設立　資本金5000万円
従業員35名　出資＝（自）100％
◉本社＝〒679－5307　佐用郡佐用町円応寺494－18
☎0790－82－2938・FAX0790－82－3307
✉funabikidoboku@mbr.nifty.com
代表取締役船曳義隆　取締役船曳義隆・井口秀紀・井口寛之・船曳智仁・井口拓・船曳勇太
◉工場＝〒679－5307　佐用郡佐用町円応寺字笹谷480－37
☎0790－82－2938・FAX0790－82－3307
工場長井口寛之
従業員35名（主任技士1名・技士3名）
1971年12月操業2021年1月更新2800×1（二軸）　PSM北川鉄工　UBE三菱・住友大阪・トクヤマ　フローリック　車大型×10台・中型×2台・小型×2台〔傭車：宝興業・㈲ナガモト運輸興業〕
2023年出荷14千㎥、2024年出荷12千㎥
G＝砕石　S＝石灰砕砂・砕砂
普通・舗装JIS取得（GBRC）

フラワー生コン㈱
2000年4月1日設立　資本金300万円　従業員4名
◉本社＝〒675－2231　加西市王子町597－124
☎0790－48－2949・FAX0790－48－2015
✉furawa-n@leto.eonet.ne.jp
代表者森村広幸
◉工場＝本社に同じ
工場長長尾圭一郎
従業員4名（主任技士2名・技士1名）
1971年3月操業2011年更新2300×1（二軸）　PSM北川鉄工　UBE三菱・トクヤマ　シーカジャパン・フローリック・竹本　車大型×4台・中型×2台〔傭車：㈱ミコー総合開発〕
2023年出荷30千㎥、2024年出荷26千㎥
G＝砕石　S＝石灰砕砂・砕砂
普通JIS取得（GBRC）
大臣認定単独取得（60N/㎟）

㈱鳳勇
◉本社＝〒669－5265　朝来市和田山町筒江846
◉工場＝〒669－3634　丹波市氷上町沼六地蔵1
☎0795－82－5051・FAX0795－82－6955
✉k-foryou@tiara.ocn.ne.jp
工場長漆垣雄司
従業員9名
1973年4月操業1992年4月更新2500×1（二軸）　PSM光洋機械　トクヤマ　シーカジャパン　車大型×2台・小型×3台
G＝砕石　S＝砕砂
普通・舗装JIS取得（GBRC）

㈱北淡建設
1964年3月2日設立　資本金1850万円　従業員10名　出資＝（自）49％・（販）51％
◉本社＝〒656－1743　淡路市斗ノ内1407－2
☎0799－82－1000・FAX0799－82－2798
✉n-awaji@hera.ecnet.ne.jp
代表取締役吉川国男
◉北淡路生コン＝本社に同じ
✉h-awaji@maia.eonet.ne.jp
専務取締役芦野晴代
従業員15名（主任技士1名・技士4名・診断士1名）
1970年3月操業1991年9月更新2500×1（二軸）　PSM光洋機械　太平洋　車大型×7台・中型×10台〔傭車：新湊川運送㈱〕
G＝石灰砕石・砕石　S＝石灰砕砂・砕砂
普通・舗装JIS取得（GBRC）

前川建材㈱
1974年9月1日設立　資本金2000万円　従業員16名　出資＝（自）100％
◉本社＝〒669－3601　丹波市氷上町成松西町459－6
☎0795－82－1461・FAX0795－82－1948
URL https://maegawa-kenzai.com/
代表取締役前川廣明　常務前川美佐代
専務取締役前川誠
◉生コン工場＝〒669－3611　丹波市氷上町柿柴中ヶ市290－1
☎0795－82－0560・FAX0795－82－0629
代表取締役前川廣明
従業員14名（主任技士2名・技士3名）
1966年11月操業1998年2月更新1500×2　PSM北川鉄工　トクヤマ　シーカポゾリス・シーカビスコクリート　車大型×7台・中型×5台
2023年出荷12千㎥
G＝砕石　S＝河川・山砂
普通・舗装JIS取得（GBRC）

マツバ商事㈱
1958年7月設立　資本金3600万円　従業員17名　出資＝（自）100％
◉本社＝〒676－0031　高砂市高砂町向島町1474－34
☎079－443－7575・FAX079－443－7766
URL https://matsubacorp.com
✉info@matsubacorp.com
代表取締役佐野弘樹　役員安達和彦・佐野めぐみ・安達明子
◉高砂生コン工場＝〒676－0031　高砂市高砂町向島町1474－25
☎079－442－3912・FAX079－442－3914
工場長香川克二
従業員7名（主任技士1名・技士3名）
1970年10月操業2013年5月更新2250×1（二軸）　PSM日工　トクヤマ・太平洋　シーカポゾリス　車大型×2台・中型×2台・小型×3台
2023年出荷29千㎥、2024年出荷23千㎥
G＝砕石　S＝海砂・石灰砕砂・砕砂
普通・舗装JIS取得（GBRC）
大臣認定単独取得（60N/㎟）

松本生コン㈱
◉本社＝〒675－2354　加西市山下町317
☎0790－46－0303
代表取締役松本休秋
◉工場＝〒675－2354　加西市山下町317
☎0790－46－0388
工場長松本毅彦
1969年5月操業1500×1　PSM日工　太平洋　車大型×4台・小型×6台

㈱溝尾
1950年11月22日設立　資本金2000万円
従業員10名　出資＝（自）100％
◉本社＝〒658－0042　神戸市東灘区住吉浜町6
☎078－811－1161・FAX078－811－1163
✉mz-lnama@mizoo.dp.u-netsurf.ne.jp
代表取締役溝尾廣治郎　取締役溝尾いづみ・阪上一明
◉六甲生コン第二工場＝〒658－0042　神戸市東灘区住吉浜町6
☎078－811－0461・FAX078－811－0464
✉hap82430@star.odn.ne.jp
工場長浜田量稔
従業員7名（主任技士1名・技士4名・診断士1名）
1968年9月操業1996年8月更新3000×1（二軸）　PSM日工　UBE三菱　フローリック・チューポール・マイテイ　車大型×14台〔傭車：菱神運輸㈱〕
G＝砕石　S＝海砂・砕砂
普通・舗装・軽量JIS取得（GBRC）
大臣認定単独取得（80N/㎟）

㈲ミトミ建材センター
資本金300万円　従業員26名　出資＝（自）100％
◉本社＝〒661－0026　尼崎市水堂町4－5－30
☎06－6436－3081・FAX06－6436－3082
✉mitomi@hcc1.bai.ne.jp
代表取締役金村利子
◉工場＝本社に同じ
工場長平沼哲豪
従業員15名（主任技士1名・技士1名）
1997年4月操業2002年4月更新2750×1（二軸）　PSM日工　住友大阪　フローリ

ック・チューポール・シーカ・マイテイ　車大型×10台〔傭車：㈱ミトミ〕
G＝砕石　S＝河川・砕砂
普通・舗装・軽量JIS取得(GBRC)

宮本建材
◉本社＝〒671－3202　宍粟市千種町黒土24－1
☎0790－46－2639
代表者宮本武
◉工場＝本社に同じ
1971年12月操業18×1　太平洋　車小型×5台

宮本生コン㈱
1974年10月1日設立　資本金1000万円
出資＝(自)100％
◉本社＝〒664－0845　伊丹市東有岡3－140
☎072－782－8829・FAX072－785－5792
✉miyamoto.nk@aioros.ocn.ne.jp(工場)
代表取締役宮本泰彦　監査役島田恒一
※工場＝大阪府参照

㈲武庫川生コン
2004年9月20日設立　資本金3600万円
出資＝(自)100％
◉本社＝〒662－0934　西宮市西宮浜2－34－5
☎0798－35－6058・FAX0798－35－6073
✉fvgt0810@mb.infoweb.ne.jp
代表取締役高井康裕
◉工場＝本社に同じ
✉mukogawa@extra.ocn.ne.jp
工場長藤原良幸
従業員7名(主任技士2名・技士4名)
1990年4月操業2004年9月更新1700×1(二軸)　ＰＳ日工M北川鉄工　住友大阪　フローリック・マイテイ・チューポール・シーカジャパン　車大型×7台〔傭車：新湊川運送〕
G＝石灰砕石　S＝石灰砕砂・砕砂
普通・舗装JIS取得(GBRC)
大臣認定単独取得(60N/mm²)

㈱明神コーポレーション
1966年8月設立　資本金1000万円　従業員9名　出資＝(自)100％
◉本社＝〒651－2122　神戸市西区玉津町高津橋703－1
☎078－912－8181・FAX078－912－8183
✉e-namakon@mx1.alpha-web.ne.jp
代表取締役田口淳
◉工場＝本社に同じ
✉meishin-shiken@mx1.alpha-web.ne.jp
工場長前田拓海
従業員9名(主任技士3名・技士3名)
1966年12月操業2015年9月更新2750×1(二軸)　ＰＳＭ日工　トクヤマ　フローリック・チューポール・シーカポゾリス　車大型×20台・中型×2台
G＝砕石・人軽骨　S＝石灰砕砂・砕砂
普通・舗装・軽量JIS取得(GBRC)
大臣認定単独取得(80N/mm²)

㈲明伸コンクリート
◉本社＝〒663－8142　西宮市鳴尾浜1－6－2
☎0798－46－6121・FAX0798－46－1844
代表取締役遠藤功一郎
◉本社工場＝〒663－8142　西宮市鳴尾浜1－6－2
☎0798－44－3930・FAX0798－44－4930
1500×1　UBE三菱
普通JIS取得(MSA)

山崎生コン㈱
1970年5月設立　資本金5000万円　従業員24名　出資＝(自)100％
◉本社＝〒671－2544　宍粟市山崎町千本屋135
☎0790－62－2777・FAX0790－62－4536
代表取締役社長居垣賢司
◉工場＝本社に同じ
工場長居垣吉史
従業員19名(主任技士1名・技士3名)
1970年5月操業1989年5月更新2750×1(二軸)　ＰＳＭ光洋機械(旧石川島)　UBE三菱・日鉄高炉・太平洋・住友大阪　フローリック・シーカジャパン　車大型×15台・中型×1台・小型×6台〔傭車：山崎建材運輸〕
G＝砕石　S＝石灰砕砂・砕砂
普通・舗装JIS取得(GBRC)

㈱大和生コン
資本金2000万円
◉本社＝〒662－0934　西宮市西宮浜1－16
☎0798－26－4600・FAX0798－26－4601
代表取締役山岡哲也
◉工場＝本社に同じ
1997年操業1500×1　UBE三菱
普通・舗装・軽量JIS取得(MSA)

友善生コンクリート㈱
◉本社＝〒671－0221　姫路市別所町別所982
☎079－252－8880・FAX079－252－2915
代表取締役道岡史明
◉本社工場＝本社に同じ
2250×1(二軸)　UBE三菱・住友大阪・日鉄高炉　フローリック・チューポール・シーカポゾリス　車大型×18台・小型×7台
2023年出荷44千㎥、2024年出荷40千㎥
G＝砕石　S＝海砂・砕砂
普通・舗装JIS取得(GBRC)
大臣認定単独取得(60N/mm²)
◉広畑工場＝〒671－1123　姫路市広畑区富士町1
☎079－239－2539・FAX079－239－3976
2300×1(二軸)　UBE三菱・日鉄高炉　フローリック・チューポール　車大型×12台・中型×5台
2023年出荷20千㎥、2024年出荷17千㎥
G＝砕石　S＝海砂・砕砂
普通・舗装JIS取得(GBRC)
大臣認定単独取得(60N/mm²)

㈱ライフコンクリート工業
◉本社＝〒664－0842　伊丹市森本8－96－1
☎072－780－3300・FAX072－780－1100
✉lifeconcrete@cotton.ocn.ne.jp
代表取締役東畑宏美
◉工場＝〒664－0842　伊丹市森本8－96－1
☎072－780－3300・FAX072－780－3333
責任者井上淳
UBE三菱　フローリック
G＝砕石　S＝砕砂・スラグ
普通・高強度・舗装・軽量JIS取得(IC)
大臣認定単独取得(60N/mm²)

㈱ライブコンクリート
1990年7月26日設立　資本金2000万円
従業員9名　出資＝(自)100％
◉本社＝〒651－2312　神戸市西区神出町南621－14
☎078－965－2890・FAX078－965－1315
URL http://www.atomkikaku.co.jp/
✉live-1@minos.ocn.ne.jp
代表取締役社長押部健雄　取締役押部浩子・藤原昇　監査役小山孝治
◉工場＝本社に同じ
工場長中根健一
従業員11名(主任技士1名・技士3名)
1991年7月操業2024年改造2250×1　ＰＭ東日本プラントサービスＳリバティ　UBE三菱　フローリック・ヤマソー・マイテイ　車大型×1台・中型×2台・小型×4台〔傭車：㈲神幸運送〕
2024年出荷46千㎥(1DAY PAVE155㎥)
G＝砕石　S＝石灰砕砂・砕砂・スラグ
普通・舗装・軽量JIS取得(GBRC)
大臣認定単独取得

渡辺建材店
出資＝(販)100％
◉本社＝〒656－1512　淡路市北山1669
☎0799－85－0259
代表取締役渡辺敏郎
◉工場＝本社に同じ
1975年4月操業750×1　太平洋　車大型×1台・小型×8台

中　国　地　区

岡山県

㈱赤木商店
資本金1000万円
◉本社＝〒719－3115　真庭市中215
☎0867－42－1155・FAX0867－42－1156
✉ochiairemicon2@jumo.ocn.ne.jp
代表取締役赤木將城
◉落合工場＝本社に同じ
工場長伴野充
従業員12名（主任技士2名・技士3名）
1970年1月 操 業1988年11月 更 新1500×1（二軸）　ＰＳＭ北川鉄工　太平洋　シーカポゾリス　車大型×5台・小型×6台
2024年出荷12千㎥（高強度300㎥）
G＝砕石　S＝砕砂
普通JIS取得（GBRC）

浅沼建設工業㈱
1952年9月27日設立　資本金2000万円
従業員16名　出資＝（自）100％
◉本社＝〒719－1311　総社市美袋152
☎0866－99－1351・FAX0866－99－1326
代表取締役青江良平
◉生コンクリート工場＝〒719－1311　総社市美袋646
☎0866－99－1077・FAX0866－99－1077
工場長那須敏
従業員5名（技士2名）
1967年8月 操 業1972年10月 更 新1000×1（二軸）　ＰＳＭ北川鉄工　UBE三菱・太平洋　フローリック・マイテイ　車大型×2台・小型×4台・小型×1台
G＝砕石　S＝砕砂
普通JIS取得（GBRC）

旭生コン㈱
1985年6月8日設立　資本金1000万円　出資＝（自）100％
◉本社＝〒709－3405　久米郡美咲町西593
☎0867－27－3636・FAX0867－27－2128
代表取締役社長森脇富美　取締役森脇源一・森脇茂　監査役池田裕長
◉工場＝本社に同じ
工場長坂本哲郎
従業員8名（技士3名）
1985年7月操業1000×1　ＰＳＭ北川鉄工　太平洋　シーカジャパン　車大型×5台・小型×3台
G＝砕石　S＝砕砂
普通・舗装JIS取得（GBRC）

麻生岡山生コンクリート㈱
1970年6月4日設立　資本金2000万円　従業員16名　出資＝（セ）35％・（販）35％・（他）30％
◉本社＝〒710－0133　倉敷市藤戸町藤戸入会1823－2
☎086－428－2511・FAX086－428－2487
代表取締役中村雄一郎　取締役中村健二郎・三浦照貴　監査役清原定之
◉工場＝本社に同じ
工場長中村健二郎
従業員16名（技士6名）
1970年12月 操 業1986年5月 更 新2000×1（二軸）　ＰＳＭ光洋機械（旧石川島）　麻生　車大型×12台・中型×2台
G＝砕石　S＝砕砂
普通・舗装JIS取得（GBRC）

井原生コン㈱
1971年8月1日設立　資本金3000万円　従業員7名　出資＝（建）39％・（骨）1.7％・（他）59.3％
◉本社＝〒715－0006　井原市西江原町字上川原1934－8
☎0866－62－2106・FAX0866－62－2220
代表取締役志多木勝俊　取締役豊池啓一・平松利康
◉工場＝本社に同じ
責任者平松利康　工場長藤原明男
従業員7名（主任技士1名・技士2名）
1971年8月操業1992年8月更新1750×1（二軸）　ＰＳＭ北川鉄工　太平洋　チューポール　車大型×8台・中型×4台・小型×1台〔傭車：井原運輸㈱〕
普通・舗装JIS取得（IC）

㈲オー・エフ・エー
資本金600万円
◉本社＝〒700－0943　岡山市南区新福2－13－15
☎086－902－1370・FAX086－264－7271
取締役豊島道之
◉イナリ生コン工場＝〒701－1351　岡山市北区門前85
☎086－287－5511・FAX086－287－7494
工場長神原憲
従業員7名（技士2名）
1979年3月操業36×1　ＰＳＭ北川鉄工　太平洋・日鉄高炉
普通JIS取得（GBRC）

岡山シーオーシーレミコン㈱
1997年3月18日設立　資本金5000万円　従業員12名　出資＝（セ）10％・（販）90％
◉本社＝〒702－8026　岡山市南区浦安本町3
☎086－262－1171・FAX086－262－1173
代表取締役社長吉永昌雄　常務取締役川上誠　取締役赤木達二・掛田弘　監査役大西恒夫・国貞省壮
◉岡山工場＝本社に同じ
工場長佐藤栄一
従業員6名（主任技士1名・技士2名）
1997年4月操業2500×1（二軸）　ＰＳＭ光洋機械（旧石川島）　太平洋　チューポール　車大型×9台・小型×2台〔傭車：吉永運輸㈱〕
普通・舗装JIS取得（JTCCM）
ISO 9001取得

岡山ブロック㈱
1954年10月1日設立　資本金1200万円
従業員28名　出資＝（自）100％
◉本社＝〒701－0144　岡山市北区久米226
☎086－241－8007・FAX086－241－8008
✉okaburo@oboe.ocn.ne.jp
代表取締役山本一徳　取締役山本由美子・山本剛毅　監査役山本祥子
◉本社工場＝本社に同じ
工場長植田一磨
従業員28名（主任技士2名・診断士1名）
1981年3月操業2006年11月更新2250×1　ＰＳＭ日工　太平洋　フローリック・シーカポゾリス　車大型×12台・中型×4台・小型×12台
G＝砕石　S＝海砂・砕砂
普通・高強度・舗装JIS取得（GBRC）
大臣認定単独取得（60N/mm²）

㈱小原産業
1967年9月1日設立　資本金3000万円　従業員57名　出資＝（自）100％
◉事業本部＝〒708－0841　津山市川崎521－2
☎0868－26－2131・FAX0868－26－3425
✉kkohara@hal.ne.jp
代表取締役小原健司　取締役小原敦子・小原后恵
◉津山工場＝〒708－0841　津山市川崎中河原1964－1
☎0868－26－1450・FAX0868－26－1643
✉namakon-ohara@oregano.ocn.ne.jp
工場長鍋島直継
従業員12名（技士3名）
1967年7月操業1995年8月更新2500×1（二軸）　ＰＭ北川鉄工（旧日本建機）Ｓハカルプラス　住友大阪　シーカポゾリス・シーカビスコクリート　車大型×7台・小型×5台
2023年出荷16千㎥、2024年出荷13千㎥
G＝砕石　S＝陸砂・砕砂
普通・舗装JIS取得（JTCCM）

◉林野工場＝〒707－0003　美作市明見810－1
☎0868－72－0340・FAX0868－72－2959
工場長森藤恭太郎
従業員14名（主任技士1名・技士1名）
1969年11月操業1981年8月更新2000×1　ＰＳＭ北川鉄工（旧日本建機）　住友大阪　シーカポゾリス　車大型×10台・小型×4台
G＝砕石　S＝陸砂・砕砂
普通・舗装JIS取得（JTCCM）

㈱角田興業

1983年4月5日設立　資本金1000万円　従業員18名　出資＝（自）100％
◉本社＝〒714－0057　笠岡市金浦33－2
☎0865－66－2376・FAX0865－66－2454
URL http://kakuda.co.jp
代表取締役社長角田哲也　取締役専務角田淳弘　取締役角田京子・角田光沙　監査役久野名未
◉工場＝本社に同じ
取締役専務角田淳弘
従業員18名（主任技士2名・技士6名）
1988年5月操業1999年5月更新56×2　ＰＳＭ北川鉄工　麻生・UBE三菱　シーカジャパン　車大型×11台・中型×7台・小型×2台
2023年出荷37千㎥、2024年出荷28千㎥
G＝石灰砕石・砕石　S＝海砂・砕砂
普通・舗装JIS取得（GBRC）

かや工業㈱

1977年7月22日設立　資本金5500万円　従業員12名　出資＝（販）2％・（建）24％・（他）74％
◉本社＝〒701－1611　岡山市北区東山内510－1
☎086－299－0608・FAX086－299－0770
✉kayakougyoh@kayoh.co.jp
代表取締役穐山壮一　取締役髙森壮一郎・山本進・髙森昭江　監査役仁木安一
◉生コン工場（操業停止中）＝〒709－2333　加賀郡吉備中央町加茂市場1028－1
☎0867－35－1102・FAX0866－54－1258
1977年7月操業1989年6月更新56×2　ＰＳＭ日工

吉備中央生コン㈱

※㈲大槻生コンとカヨー生コン㈱が合併し設立
2024年4月1日設立　資本金500万円　従業員7名　出資＝（建）100％
◉本社＝〒716－1551　加賀郡吉備中央町北2674
☎0866－55－5046・FAX0866－55－5946
✉kbchu-nk@kibi.ne.jp
代表取締役大槻孝一　専務取締役大槻文雄　取締役大槻敦子・髙森壮一郎
◉生コン工場（旧㈲大槻生コン生コン工場）＝本社に同じ
工場長大槻高道
従業員7名（技士3名）
1979年12月操業1989年8月更新1750×1（二軸）　ＰＭ北川鉄工Ｓハカルプラス　UBE三菱　マイテイ・シーカポゾリス　車大型×4台・小型×4台
2023年出荷2千㎥、2024年出荷3千㎥
G＝砕石　S＝砕砂
普通JIS取得（IC）

共栄コンクリート工業㈱

1971年4月10日設立　資本金1000万円　従業員13名　出資＝（販）84％・（他）16％
◉本社＝〒709－0861　岡山市東区瀬戸町瀬戸647
☎086－952－1966・FAX086－952－3208
代表取締役宍戸真實　取締役宍戸恵美子・宍戸永智　監査役平田宏
◉工場＝本社に同じ
工場長太田圭介
従業員13名（主任技士2名）
1971年8月操業2019年10月更新1670×1　ＰＳＭ日工　住友大阪　フローリック
2023年出荷21千㎥、2024年出荷18千㎥
G＝砕石　S＝砕砂
普通JIS取得（JTCCM）

岡東コンクリート工業㈱

1927年3月30日設立　資本金1000万円　従業員70名　出資＝（自）100％
◉本社＝〒703－8225　岡山市中区神下445
☎086－279－1116・FAX086－279－7799
代表取締役社長宍戸真實　取締役専務宍戸直美　取締役常務三村光一郎　取締役伏見忠男
◉工場＝本社に同じ
工場長妹尾雅弘
従業員15名（主任技士2名・技士3名）
1986年8月操業2250×1（二軸）　ＰＳＭ日工　太平洋・住友大阪　フローリック・チューポール　車大型×9台・中型×2台・小型×6台
G＝砕石　S＝海砂・石灰砕砂・砕砂
普通JIS取得（JTCCM）
大臣認定単独取得

岡北生コンクリート工業㈱

1974年9月1日設立　資本金2600万円　従業員43名　出資＝（他）100％
◉本社＝〒701－1143　岡山市北区吉宗42－60
☎086－294－3322・FAX086－294－4725
URL http://www.kouhokunamacon.com/
✉okayama-office@kouhokunamacon.com
代表取締役近堂伊世
◉岡山工場＝本社に同じ
工場長杉本利克
従業員10名（主任技士2名・技士2名・診断士1名）
1984年10月操業2016年1月更新2300×1（二軸）　ＰＳＭ光洋機械　麻生・住友大阪　車〔傭車：㈱岡北運送〕
2023年出荷22千㎥、2024年出荷21千㎥（高強度4043㎥）
G＝砕石　S＝石灰砕砂・砕砂
普通・舗装JIS取得（JTCCM）
ISO 9001取得
大臣認定単独取得（100N/mm²）
◉南工場＝〒702－8013　岡山市南区飽浦字岩穴672－1
☎086－267－2100・FAX086－267－2800
工場長福田啓亮
従業員20名（主任技士1名・技士2名・診断士1名）
1989年9月操業2022年8月更新2300×1　麻生・住友大阪　車〔傭車：㈱岡北運送〕
2023年出荷42千㎥
G＝砕石　S＝石灰砕砂・砕砂
普通・舗装JIS取得（JTCCM）
大臣認定単独取得（100N/mm²）
◉備前工場＝〒705－0033　備前市穂浪3672－36
☎0869－67－1544・FAX0869－67－1344
工場長伊田涼之介
従業員9名（主任技士1名・技士1名・診断士1名）
2005年1月操業2000×1　麻生・住友大阪・トクヤマ　車〔傭車：㈱岡北運輸〕
G＝砕石　S＝石灰砕砂・砕砂
普通JIS取得（JTCCM）
◉加茂工場＝〒709－3904　津山市加茂町斉野谷62－1
☎0868－42－2402・FAX0868－42－3197
工場長川上孝行
従業員13名（技士3名）
1975年8月操業2007年1月更新1750×1（二軸）　ＰＳＭ光洋機械　麻生・住友大阪　シーカポゾリス　車大型×7台・中型×2台・小型×3台
G＝砕石　S＝陸砂・砕砂
普通JIS取得（JTCCM）
◉鏡野工場＝〒708－0325　苫田郡鏡野町瀬戸356－1
☎0868－54－3900・FAX0868－54－3666
工場長小椋一徳
従業員6名（主任技士1名・技士2名・診断士1名）
1992年10月操業2000×1　住友大阪・麻生・トクヤマ　シーカポゾリス・シーカビスコクリート　車大型×6台・中型×1台・小型×3台
G＝砕石　S＝陸砂・砕砂
普通JIS取得（JTCCM）
大臣認定単独取得（60N/mm²）
◉美作工場＝〒707－0412　美作市古町1541－1

☎0868－78－0067・FAX0868－78－0076
✉mimasaka@kouhokunamacon.com
工場長関根昭二
従業員4名（主任技士1名・技士1名・診断士1名）
2500×1（二軸）　住友大阪・麻生　フローリック　車〔傭車：㈱岡北運送〕
2023年出荷4千㎥
G＝砕石　S＝陸砂・砕砂
普通・舗装JIS取得（JTCCM）
◉総社工場＝〒719－1144　総社市富原1297－1
☎0866－92－8000・FAX0866－92－8100
✉soja-office@kouhokunamacon.com
責任者杉本利克
従業員7名
2300×1（二軸）　住友大阪・麻生　シーカジャパン・フローリック・チューポール　車18台
2023年出荷25千㎥、2024年出荷24千㎥
G＝砕石　S＝山砂・石灰砕砂
普通・舗装・高強度JIS取得（GBRC）

興和瀬戸内コンクリート㈱
（㈲興和コンクリートと瀬戸内コンクリート㈱が合併）
2022年4月1日設立　資本金2000万円　従業員7名　出資＝（自）100％
◉本社＝〒714－8055　倉敷市南畝6－8－8
☎086－456－2411・FAX086－456－2410
✉setouchi_c@arion.ocn.ne.jp
代表取締役浅田耕祐　取締役浅田稔・浅田共子　監査役浅田真理
◉水島工場（旧瀬戸内コンクリート㈱生コンクリート部）＝本社に同じ
普通JIS取得（GBRC）
◉笠岡工場（旧㈲興和コンクリート工場）＝〒714－0077　笠岡市篠坂2315－1
☎0865－66－1397・FAX0865－66－2784
✉kouwacon@yahoo.co.jp
工場長菊地正敏
従業員13名（主任技士1名・技士2名）
1983年9月操業1990年10月更新1500×1（二軸）　ＰＳＭ北川鉄工　太平洋　シーカポゾリス　車大型×6台・中型×6台・小型×2台
2023年出荷18千㎥
G＝砕石　S＝山砂・砕砂
普通JIS取得（GBRC）

三栄コンクリート工業㈱
1972年12月27日設立　資本金1000万円
従業員10名　出資＝（自）100％
◉本社＝〒719－3702　新見市哲西町上神代4072－1
☎0867－94－2262・FAX0867－94－3210
✉saneconcret@mx32.tiki.ne.jp
代表取締役川原勝美　専務取締役川原直樹　取締役川原美ゆき
◉本社工場＝本社に同じ
工場長川原直樹
従業員7名（主任技士1名・技士2名）
1978年10月操業1994年10月M改造1000×1（二軸）　ＰＳＭ光洋機械（旧石川島）　太平洋　車大型×2台・中型×4台
G＝石灰砕石　S＝石灰砕砂・砕砂

三西生コン㈱
1996年11月1日設立　資本金3000万円
従業員7名
◉本社＝〒710－0251　倉敷市玉島長尾408
☎086－526－1251・FAX086－526－4741
代表取締役平松晃弘　取締役富士野誠・光田和弘・荒木康司　監査役吉田謙二
◉工場＝本社に同じ
工場長荒木康司
従業員7名（主任技士2名・技士2名）
1996年11月操業1700×1（二軸）　ＰＭ北川鉄工（旧日本建機）Ｓハカルプラス　トクヤマ　チューポール　車大型×6台・小型×3台〔傭車：㈲足高運輸〕
2023年出荷40千㎥、2024年出荷20千㎥（水中不分離20㎥）
G＝砕石　S＝砕砂
普通JIS取得（JTCCM）
大臣認定単独取得（60N/mm²）

山陽宇部菱光㈱
1966年5月27日設立　資本金5000万円
従業員8名　出資＝（販）90.5％・（セ）9.5％
◉本社＝〒701－0161　岡山市北区川入939－3
☎086－293－1636・FAX086－250－0020
代表取締役木村容治　取締役木村雄介・木村壮・安原啓一・廣野正樹・山﨑裕平　監査役重芳功
◉岡山工場＝〒701－0161　岡山市北区川入939－3
☎086－293－1635・FAX086－293－0204
取締役廣野正樹
従業員7名（主任技士2名・技士4名・診断士2名）
1966年9月操業2006年1月更新2750×1（二軸）　ＰＳＭ光洋機械　UBE三菱　チューポール　車大型×7台・小型×3台
2023年出荷17千㎥、2024年出荷28千㎥（高強度2292㎥）
G＝砕石　S＝石灰砕砂・砕砂
普通・舗装JIS取得（GBRC）
大臣認定単独取得（80N/mm²）

山陽徳山生コンクリート㈱
1965年4月24日設立　資本金5000万円
従業員13名　出資＝（セ）50％・（販）50％
◉本社＝〒710－0012　倉敷市鳥羽636
☎086－464－0500・FAX086－463－3313
URL http://www.sanyo-tokuyama.co.jp
✉s.tokuyama@aioros.ocn.ne.jp
代表取締役社長石倉孝昭　取締役副社長平松晃弘　取締役藤田敦信・岩本健太郎・吉田謙二　監査役柳本達也
◉工場＝本社に同じ
工場長小野琢也
従業員12名（主任技士1名・技士4名）
2001年5月操業2500×1　ＰＳＭ光洋機械（旧石川島）　トクヤマ　シーカポゾリス・マイテイ　車大型×7台・小型×3台
2023年出荷23千㎥
G＝砕石　S＝砕砂
普通JIS取得（IC）
大臣認定単独取得（60N/mm²）

山陽生コン工業㈱
1967年4月20日設立　資本金2000万円
従業員9名　出資＝（販）100％
◉本社＝〒711－0913　倉敷市児島味野4051－10
☎086－472－6101・FAX086－472－6102
取締役社長平松晃弘　取締役那須浩・那須通弘・藤原茂・藤原信昭・小原秀明・藤原哲司・岡田繁　監査役那須丈平
◉工場＝本社に同じ
工場長小原秀明
従業員9名（主任技士2名・技士1名）
1967年操業2018年5月更新1670×1（二軸）　ＰＳＭ日工　トクヤマ　チューポール　車大型×6台・中型×1台・小型×2台
G＝砕石　S＝砕砂
普通JIS取得（JTCCM）

㈱柴田工務店
1971年6月15日設立　資本金2000万円
従業員21名　出資＝（自）100％
◉本社＝〒717－0501　真庭市蒜山中福田759
☎0867－66－3636・FAX0867－66－3638
✉hirohaty@mx3.tiki.ne.jp
代表取締役社長柴田浩伴　常務取締役真壁恭男　監査役柴田育子
◉生コン工場（操業停止中）＝〒717－0604　真庭市蒜山西茅部548－1
1969年5月操業1988年4月更新1500×1（二軸）

㈲シマダ建材
資本金300万円
◉本社＝〒701－1144　岡山市北区栢谷1638－1
☎086－294－1361・FAX086－294－2532
✉shimadanamakon@major.ocn.ne.jp
代表取締役嶋田洋一
◉工場＝本社に同じ
工場長寺尾康則
従業員5名（主任技士1名・技士1名）
1500×1　住友大阪　シーカポゾリス・シーカビスコクリート　車大型×3台・

中型×5台・小型×2台
2023年出荷3千㎥、2024年出荷3千㎥
G＝砕石　S＝海砂・砕砂
普通JIS取得(JTCCM)

白石建設㈲
1972年1月31日設立　資本金1000万円
出資＝(他)100%
◉本社＝〒701－0145　岡山市北区今保171－2
☎086－243－5066・FAX086－241－6944
会長武南正　代表取締役武南厚
◉生コンクリート部＝本社に同じ
工場長武南厚
従業員18名(技士2名)
1976年12月操業1984年10月更新1500×1(二軸)　ＰＳＭ光洋機械　UBE三菱　車大型×12台・中型×3台・小型×2台
G＝砕石　S＝海砂
普通JIS取得(IC)

㈱瀬戸内菱光
1992年7月6日設立　資本金3000万円　従業員26名　出資＝(自)86.7%・(建)13.3%
◉本社＝〒712－8006　倉敷市連島町鶴新田2293－1
☎086－444－9777
取締役会長富樫一清　代表取締役富樫英一　取締役平方謙二・富樫寿二　監査役富樫正子
◉本社工場＝〒719－0301　浅口郡里庄町大字里見字松尾沖4295
☎0865－64－2353・FAX0865－64－6170
✉sp8s4dn9@wish.ocn.ne.jp
工場長岡本昇
従業員5名(主任技士1名・技士2名)
1973年2月操業1988年9月更新1750×1　ＰＭ北川鉄工(旧日本建機)Ｓハカルプラス　UBE三菱　フローリック　車大型×8台・小型×3台〔傭車：㈲エムケイ・サービス〕
G＝砕石　S＝山砂・海砂・砕砂
普通・舗装JIS取得(GBRC)
◉水島工場＝〒712－8071　倉敷市水島海岸通2－6－1
☎086－444－5381・FAX086－444－2672
✉setouchi-ryoukou@vanilla-ocn.ne.jp
工場長富樫寿二
従業員5名(主任技士1名・技士3名)
1965年6月操業1997年10月更新2500×1(二軸)　ＰＭ北川鉄工Ｓハカルプラス　UBE三菱　フローリック　車大型×5台・小型×1台
2023年出荷22千㎥、2024年出荷22千㎥
G＝砕石　S＝海砂・砕砂
普通・舗装JIS取得(GBRC)

㈱瀬戸コンクリート
◉本社＝〒705－0026　備前市佐山5100
☎0869－65－8884・FAX0869－65－8889
◉工場＝本社に同じ
2024年出荷14千㎥
G＝砕石　S＝砕砂
普通・舗装JIS取得(IC)

㈲第一コーポレーション
1993年5月設立　資本金300万円　従業員10名
◉本社＝〒719－1126　総社市総社1378－5
☎0866－93－1860・FAX0866－92－3885
✉yabuki@pure.ocn.ne.jp
代表取締役矢吹周一
◉矢吹生コン工場＝〒719－1144　総社市富原1226－1
☎0866－92－3884・FAX0866－92－3885
工場長流洋
従業員10名(技士3名)
1970年10月操業1981年9月更新84×2　ＰＳＭ北川鉄工　UBE三菱　車大型×4台・中型×4台
2023年出荷14千㎥、2024年出荷15千㎥
G＝砕石　S＝海砂・砕砂
普通JIS取得(GBRC)

大一コンクリート㈱
1950年設立
◉本社＝〒701－1344　岡山市北区新庄下2106
☎086－287－8001・FAX086－287－2832
代表取締役江口敏晃
◉岡山工場＝本社に同じ
工場長江口敏晃
従業員15名
1300×1(二軸)　ＰＳ光洋機械Ｍ北川鉄工　太平洋　シーカジャパン　車大型×7台・中小型×5台
G＝砕石　S＝山砂・砕砂・スラグ
普通JIS取得(JTCCM)
大臣認定単独取得(45N/mm²)

太陽生コン工業㈱
資本金1000万円
◉本社＝〒710－0803　倉敷市中島1405－1
☎086－465－8622
代表取締役嶋田洋一
◉工場＝本社に同じ
工場長石井義宣
従業員9名(主任技士1名・技士2名)
1000×1　麻生
普通JIS取得(GBRC)

竹藤建設㈱
1960年1月8日設立　資本金4800万円　従業員38名　出資＝(自)100%
◉本社＝〒719－3201　真庭市久世2920－12
☎0867－42－1110・FAX0867－42－5027
代表取締役社長竹藤健太郎　取締役会長竹藤泰二　取締役竹藤恵子・竹藤聖子
◉生コン工場＝〒719－3205　真庭市草加部1538－1
☎0867－42－0561・FAX0867－42－0546
✉chikuto_plant@forest.ocn.ne.jp
工場長磯田貢
従業員8名(主任技士1名・技士2名)
1965年10月操業1999年11月更新1100×1(二軸)　ＰＳＭ日工　住友大阪　マイテイ　車大型×3台・中型×4台・小型×1台
G＝砕石　S＝砕砂
普通JIS取得(GBRC)

津山宇部生コンクリート㈱
1971年6月1日設立　資本金1500万円　従業員8名　出資＝(セ)33%・(販)67%
◉本社＝〒708－0013　津山市二宮1931－6
☎0868－28－1101・FAX0868－28－1131
代表取締役小原春弥　取締役小原由季・小原泰栄・福留伸一　監査役江見正暢
◉工場＝本社に同じ
工場長小原青弥
従業員8名(技士2名)
1971年6月操業2023年8月更新1800×1(二軸)　ＰＳＭ光洋機械　UBE三菱　シーカジャパン　車大型×4台・中型×4台
2023年出荷7千㎥、2024年出荷6千㎥
G＝砕石　S＝砕砂
普通・舗装JIS取得(JTCCM)

津山小野田レミコン㈱
1973年6月1日設立　資本金2000万円　従業員14名　出資＝(販)100%
◉本社＝〒709－3701　久米郡美咲町錦織2292
☎0868－66－0888・FAX0868－66－2530
✉tor-yg@hal.ne.jp
代表取締役社長玉木裕一　会長山本悟　取締役山本節　監査役真鍋里枝
◉工場＝本社に同じ
専務脇原勲
従業員14名(主任技士1名・技士2名)
1974年11月操業2014年6月更新1700×1(二軸)　ＰＳＭ北川鉄工　太平洋　シーカポゾリス　車大型×6台・中型×3台
G＝砕石　S＝石灰砕砂・砕砂
普通JIS取得(GBRC)

㈲ティー・エス・シー
1998年5月26日設立　資本金1100万円　従業員11名　出資＝(自)82%・(骨)18%
◉本社＝〒719－1153　総社市宍粟92
☎0866－95－8531・FAX0866－95－8189
代表取締役社長茅原幸志　取締役茅原健次
◉生コン工場＝本社に同じ

代表取締役茅原幸志
従業員10名（技士1名）
1959年3月操業2007年10月更新1300×1（ジクロス）　ＰＭ北川鉄工Ｓハカルプラス　UBE三菱　チューポール　車大型×5台・中型×6台・小型×3台
2023年出荷2千㎥、2024年出荷9千㎥
G＝砕石　S＝砕砂
普通JIS取得（IC）

成広生コン㈱
1967年10月8日設立　資本金2000万円
従業員16名　出資＝（自）100％
◉本社＝〒709－2132　岡山市北区御津草生1084
☎086－724－0811・FAX086－724－0814
代表取締役成広義武　取締役成広通義・成広悦子・成広慎・成広美和子
◉御津工場＝〒709－2132　岡山市北区御津草生2181－1
☎086－724－0747・FAX086－724－0748
✉mitsu-plant@narihiro.co.jp
工場長山根幸司
従業員13名（主任技士1名・技士3名）
1967年10月操業2018年8月更新2250×1（二軸）　ＰＳＭ日工　日鉄高炉・太平洋　チューポール・シーカポゾリス　車大型×12台・中型×2台・小型×4台
2023年出荷13千㎥
G＝砕石　S＝砕砂
普通・舗装JIS取得（JTCCM）
大臣認定単独取得（60N/㎟）

成羽川生コン㈱
1972年1月14日設立　資本金4430万円
従業員10名　出資＝（自）100％
◉本社＝〒716－0113　高梁市成羽町佐々木109
☎0866－42－2502・FAX0866－42－2569
代表取締役大東幸太郎　取締役岡﨑明博・池田英貴・大塚啓次・大月一真　監査役佐野興平・松井秀樹
◉工場＝本社に同じ
工場長三原英明
従業員10名（技士3名）
1972年9月操業1992年8月更新1750×1（二軸）　ＰＭ北川鉄工（旧日本建機）Ｓハカルプラス　太平洋　チューポール　車大型×5台・中型×1台・小型×5台
G＝砕石　S＝砕砂
普通・舗装JIS取得（JTCCM）

新見レミコン㈱
1968年2月15日設立　資本金2000万円
従業員5名　出資＝（販）27％・（建）53％・（他）20％
◉本社＝〒718－0013　新見市正田270
☎0867－72－8555・FAX0867－72－5828
代表取締役田中康信　取締役宮本邦之・内田一隆・藤野健治・小林義和・片岡精一
◉上市工場＝〒718－0005　新見市上市10
☎0867－72－3332・FAX0867－72－8550
✉niimiremicon@citrus.ocn.ne.jp
工場長藤野健治
従業員4名（主任技士1名・技士2名）
1973年2月操業2011年8月更新1750×1（二軸）　ＰＳＭ光洋機械（旧石川島）　太平洋　シーカポゾリス　車大型×5台・中型×6台〔傭車：㈲黒田商事〕
2023年出荷12千㎥、2024年出荷18千㎥
G＝石灰砕石・砕石　S＝石灰砕砂・砕砂
普通・舗装JIS取得（JTCCM）

橋本産業㈱
1953年2月11日設立　資本金3500万円
従業員52名　出資＝（セ）25％・（販）57％・（建）18％
◉本社＝〒700－0838　岡山市北区京町3－21
☎086－222－6701・FAX086－222－6795
URL http://www.hashimotoinc.co.jp
代表取締役小倉清一・前内原徹　取締役前田雅子・中田裕子
◉岡山生コンクリート岡山工場＝〒702－8004　岡山市中区江並347－11
☎086－277－7171・FAX086－277－7038
工場長山本正志
従業員7名（主任技士2名・技士5名）
1964年1月操業2016年1月更新2300×1（二軸）　ＰＳＭ北川鉄工　太平洋・日鉄　シーカポゾリス・シーカビスコクリート・マイテイ・チューポール　車大型×8台・中型×1台・小型×2台〔傭車：岡山生コン運送㈱〕
2023年出荷36千㎥、2024年出荷27千㎥（高強度1300㎥・水中不分離1200㎥・ポーラス15㎥）
G＝砕石・人軽骨　S＝海砂・石灰砕砂・砕砂
普通・舗装・軽量JIS取得（GBRC）
大臣認定単独取得（80N/㎟）
◉岡山生コンクリート水島工場＝〒712－8071　倉敷市水島海岸通3－1
☎086－444－7105・FAX086－444－7108
工場長樋口洋行
従業員6名（主任技士2名・技士1名）
2004年6月操業2500×1（二軸）　ＰＳＭ光洋機械（旧石川島）　太平洋　シーカポゾリス　車大型×3台・小型×1台〔傭車：岡山生コン運送〕
G＝砕石・人軽骨　S＝海砂・石灰砕砂・砕砂
普通・舗装・軽量JIS取得（GBRC）
◉岡山生コンクリート早島工場＝〒701－0206　岡山市南区箕島2600－1
☎086－282－5141・FAX086－282－6161
工場長森本聖
従業員7名（主任技士1名・技士2名）
2007年1月操業1700×1（二軸）　ＰＳＭ北川鉄工　太平洋　シーカポゾリス・マイテイ・チューポール　車大型×5台・中型×2台・小型×1台〔傭車：岡山生コン運送㈱〕
2023年出荷29千㎥、2024年出荷24千㎥
G＝砕石　S＝海砂・石灰砕砂・砕砂
普通JIS取得（GBRC）
大臣認定単独取得（60N/㎟）

八王寺工業㈱
1928年4月10日設立　資本金8000万円
従業員29名　出資＝（自）100％
◉本社＝〒710－0837　倉敷市沖新町90－11
☎086－425－5151・FAX086－424－6113
URL http://www.hachiouji.co.jp/
✉h.hachiouji@muse.ocn.ne.jp
代表取締役長谷川正興　取締役常務村瀬幸信　専務取締役長谷川房子　取締役長谷川夏子
ISO 9001取得
◉倉敷真備工場＝〒710－1313　倉敷市真備町川辺2123
☎086－698－1492・FAX086－698－4657
✉hachiouji.mabi@citrus.ocn.ne.jp
工場長代理外池隆二
従業員31名（主任技士1名・技士4名）
1980年12月操業2024年1月更新2250×1（二軸）　ＰＳＭ日工　太平洋　シーカポゾリス・シーカビスコクリート・チューポール　車大型×7台・小型×8台
2023年出荷44千㎥、2024年出荷40千㎥（水中不分離10㎥）
G＝砕石　S＝山砂・石灰砕砂・砕砂
普通JIS取得（JQA）
ISO 9001取得

ヒカリコンクリート㈱
2001年4月1日設立　資本金5000万円　従業員17名　出資＝（販）100％
◉本社＝〒703－8221　岡山市中区長岡4－4
☎086－279－0466・FAX086－279－0468
URL https://www.hikaricon.com/
✉hikari-co@shore.ocn.ne.jp
代表取締役光田和弘　取締役光田康次・光田真敏　監査役吉原周三
◉工場＝本社に同じ
工場長光田真敏
従業員17名（主任技士3名・技士3名）
1967年10月操業1990年3月Ｐ2013年8月Ｓ2014年1月Ｍ更新2300×1（二軸）　ＰＳＭ北川鉄工　住友大阪　シーカポゾリス・シーカビスコクリート・チューポール　車大型×8台・中型×3台・小型×5台
2023年出荷19千㎥、2024年出荷22千㎥

G＝砕石・人軽骨　S＝石灰砕砂・砕砂
普通・高強度・舗装・軽量JIS取得(JTCCM)
大臣認定単独取得(60N/mm²)

備前コンクリート工業㈱
1970年12月22日設立　資本金1000万円
従業員8名　出資＝(自)90％・(建)10％
◉本社＝〒705－0022　備前市東片上1280
☎0869－64－2849・FAX0869－64－2858
代表取締役小松正和　取締役藤田享広・隅谷忠弘・山崎康正・高橋元一・大上昭仁・大釜勇　監査役延原健郎
◉工場＝本社に同じ
工場長隅谷忠弘
従業員9名(主任技士1名・技士2名)
1967年3月操業1985年5月更新2500×1(二軸)　ＰＳＭ光洋機械(旧石川島)　UBE三菱　シーカポゾリス・シーカビスコクリート　車大型×10台・中型×2台
G＝河川・砕石　S＝石灰砕砂・砕砂
普通・舗装JIS取得(IC)

備北興業㈱
1995年3月28日設立　資本金1000万円
従業員19名　出資＝(自)100％
◉本社＝〒716－0002　高梁市津川町今津335
☎0866－22－1225・FAX0866－22－0636
✉bk432@wind.ocn.ne.jp
代表取締役本多茂
◉生コン工場＝本社に同じ
工場長森上廣茂
従業員19名(主任技士1名・技士1名)
1981年3月操業2018年1月更新2300×1(二軸)　ＰＳＭ光洋機械　住友大阪　シーカジャパン・チューポール　車大型×6台・小型×4台〔傭車：平松運輸・備後商会〕
2023年出荷11千m³、2024年出荷22千m³
G＝砕石　S＝砕砂
普通JIS取得(JTCCM)

南工業㈱
1974年10月1日設立　資本金1000万円
従業員4名　出資＝(自)100％
◉本社＝〒719－3611　新見市神郷下神代5066－1
☎0867－92－6211・FAX0867－92－6213
代表取締役南一郎　取締役南公男・上杉亀夫　監査役南玉江
◉生コンクリート工場＝本社に同じ
工場長南一郎
従業員4名(主任技士1名・技士1名)
1974年10月操業1999年1月更新1500×1　ＰＳＭ北川鉄工　太平洋　車大型×2台・中型×1台・小型×3台
G＝石灰砕石　S＝石灰砕砂・砕砂
普通JIS取得(JTCCM)

美作宇部生コンクリート㈱
1971年5月14日設立　資本金3000万円
従業員12名　出資＝(自)70％・(セ)30％
◉本社＝〒709－4312　勝田郡勝央町黒土795－3
☎0868－38－5195・FAX0868－38－5197
代表取締役社長中山敦雄　監査役中山智子
◉工場＝本社に同じ
工場長谷本省三
従業員7名(技士2名)
1969年8月操業1992年2月更新1500×1(二軸)　ＰＳＭ光洋機械(旧石川島)　UBE三菱　シーカジャパン　車大型×4台・小型×3台
G＝砕石　S＝陸砂・砕砂
普通・舗装JIS取得(IC)

山田建材㈱
1985年7月1日設立　資本金2000万円　従業員10名
◉本社＝〒701－0221　岡山市南区藤田字錦566－72
☎086－296－6230・FAX086－296－6448
代表取締役星島大伍郎
◉生コン工場＝本社に同じ
工場長豊田大典
従業員10名(技士3名)
1985年7月操業2015年1月更新1350×1　ＰＳＭ北川鉄工　住友大阪　シーカポゾリス　車11台〔傭車：オーエフエー〕
2023年出荷11千m³、2024年出荷16千m³
G＝砕石　S＝砕砂
普通JIS取得(JTCCM)

㈲吉井生コン
1974年1月4日設立　資本金1010万円　従業員14名　出資＝(建)100％
◉本社＝〒701－2511　赤磐市稲蒔450
☎086－954－0838・FAX086－954－0814
代表取締役西山堅　取締役西山春子・西山浩二・西山健司・安達政司・安達彰・橋本一哉
◉工場＝〒701－2511　赤磐市稲蒔450
☎086－954－0828・FAX086－954－0814
工場長安達彰
従業員14名(主任技士1名・技士1名)
1974年1月操業1988年5月更新1500×1　ＰＳＭ光洋機械　トクヤマ　シーカジャパン　車大型×6台・小型×5台
G＝砕石　S＝砕砂
普通・舗装JIS取得(JTCCM)

吉田建材㈱
1981年6月1日設立　資本金1000万円　従業員16名　出資＝(自)100％
◉本社＝〒710－1313　倉敷市真備町川辺2965－1
☎086－698－8888・FAX086－698－6868
代表取締役吉田茂　取締役吉田勤・吉田新　監査役那須照正
◉生コン工場＝本社に同じ
工場長宇野健太郎
従業員12名(技士3名)
2012年1月操業1500×1(二軸)　ＰＳＭ北川鉄工　日鉄高炉・麻生　シーカビスコフロー・シーカビスコクリート　車大型×6台・中型×2台・小型×3台
2023年出荷21千m³、2024年出荷17千m³
G＝砕石　S＝山砂・砕砂
普通JIS取得(IC)

広島県

㈱アガ生コン
1968年10月1日設立　資本金1000万円　従業員14名　出資＝(自)100%
◉本社＝〒737－0845　呉市吉浦新町2－1－7
☎0823－20－3366・FAX0823－20－3300
代表取締役下中嘉也　取締役下中和子・弘中融　監査役浜本ミツヨ
◉本社工場＝本社に同じ
従業員11名
1750×1(二軸)　トクヤマ　フローリック　車大型×5台・中型×4台
G＝砕石　S＝砕砂・スラグ
普通JIS取得(GBRC)

安芸菱光㈱
1987年9月1日設立　資本金2000万円　従業員15名　出資＝(セ)7.5%・(販)87.5%・(他)5%
◉本社＝〒739－0036　東広島市西条町田口字居家垣内3024
☎082－425－2672・FAX082－425－1423
✉aki-saijho@eaf.ocn.ne.jp
代表取締役木村容治　常務取締役坂井久雄
◉西条工場＝〒739－0036　東広島市西条町田口字居家垣内3024
☎082－425－1421・FAX082－425－1423
✉aki-sa@polka.ocn.ne.jp
工場長森重俊男
従業員6名(主任技士2名・技士3名)
1969年6月操業2002年1月更新2500×1(二軸)　ＰＳＭ光洋機械　UBE三菱　フローリック・シーカポゾリス　車大型×6台・小型×2台〔傭車：両備トランスポート㈱・㈲八光運送〕
2024年出荷23千㎥
G＝砕石　S＝石灰砕砂・砕砂
普通・舗装JIS取得(GBRC)
大臣認定単独取得(60N/mm²)
◉呉工場＝〒737－0111　呉市広大広2－17－11
☎0823－71－3281・FAX0823－71－3283
取締役工場長小原正男
従業員6名(主任技士4名・診断士1名)
1968年11月操業2008年1月更新2800×1(二軸)　ＰＳＭ北川鉄工　UBE三菱セメント　フローリック・チューポール　車大型×6台・中型×1台〔傭車：両備運輸㈱〕
G＝砕石　S＝石灰砕砂・砕砂
普通・舗装JIS取得(GBRC)
大臣認定単独取得(60N/mm²)

あさやま工業㈱
1973年9月28日設立　資本金5000万円　従業員21名　出資＝(販)15%・(建)15%・(製)15%・(骨)5%・(他)50%
◉本社＝〒731－3502　山県郡安芸太田町津浪29
☎0826－23－0126・FAX0826－23－0127
URL https://asayamakogyo.co.jp
✉asayama2221@iris.ocn.ne.jp
代表取締役社長加川浩司　取締役会長加川征司　取締役斉藤哲也・野川祐介　監査役上川康孝
◉加計工場＝〒731－3502　山県郡安芸太田町津浪29
☎0826－23－0126・FAX0826－23－1070
工場長川本秀明
従業員14名(技士3名)
2019年4月操業1750×1(二軸)　ＰＳＭ光洋機械　UBE三菱　シーカジャパン　車大型×5台・中型×4台〔傭車：鎌手運送㈲・梅木産業㈲等〕
2023年出荷8千㎥、2024年出荷7千㎥(高強度438㎥)
G＝河川　S＝河川
普通JIS取得(JTCCM)

㈱井ノ原建設
資本金3000万円　出資＝(他)100%
◉本社＝〒729－0141　尾道市高須町1247－3
☎0848－46－0240・FAX0848－46－2038
取締役会長井ノ原俊昭　代表取締役井ノ原照規　取締役井ノ原ヒロ子
◉生コン部工場＝〒729－0141　尾道市高須町1199－1
☎0848－46－0240・FAX0848－46－2038
1971年4月操業1978年11月更新1750×1　ＰＳＭ北川鉄工　UBE三菱　車大型×8台・中型×2台・小型×6台
普通JIS取得(JTCCM)

ウベコン浜田㈱
◉本社＝島根県参照
◉広島工場＝〒731－3362　広島市安佐北区安佐町久地234－5
☎082－837－1222・FAX082－837－1225
✉hama1411@eos.ocn.ne.jp
工場長渡邊義弘
従業員7名(主任技士1名・技士2名)
1972年2月操業2018年8月更新2300×1　ＰＳＭ北川鉄工　UBE三菱　フローリック・シーカポゾリス・シーカビスコクリート　車大型×5台・小型×3台〔傭車〕
G＝砕石　S＝山砂・砕砂
普通JIS取得(GBRC)
※浜田工場＝島根県参照

宇部美菱生コン㈱
1999年4月1日設立　資本金1473万円　従業員21名　出資＝(自)100%
◉本社＝〒720－0837　福山市瀬戸町地頭分2004－1
☎084－951－0725・FAX084－951－6610
URL http://ubebiryo.co.jp/
✉ubebiryo@gamma.ocn.ne.jp
代表取締役小澤薫功　取締役小澤安子・小澤満希子・村上泰規・山本忠行
◉工場＝本社に同じ
工場長山本忠行
従業員18名(技士3名)
1999年4月操業1984年5月更新56×2(可傾式)　ＰＭ日工ＳハカルプラスUBE三菱　シーカポゾリス・シーカビスコクリート　車大型×9台・小型×4台
2023年出荷40千㎥
G＝砕石・人軽骨　S＝石灰砕砂・砕砂
普通・舗装・軽量JIS取得(GBRC)

㈲エイブル
2004年1月15日設立　資本金300万円　出資＝(自)100%
◉本社＝〒729－6214　三次市高杉町1470－3
☎0824－66－2234・FAX0824－66－2909
代表取締役斉木孝
◉生コン工場＝本社に同じ
工場長片山一夫
従業員10名(技士3名)
1967年4月操業2001年7月更新1500×1(二軸)　ＰＳＭ光洋機械(旧石川島)　UBE三菱　車大型×4台・小型×2台
G＝砕石　S＝山砂・砕砂
普通・舗装JIS取得(GBRC)

㈱エム・アール・シー
1987年9月1日設立　資本金2000万円　従業員12名　出資＝(販)50%・(他)50%
◉本社＝〒739－0265　東広島市志和町冠10867－94
☎082－433－5071・FAX082－433－5078
代表取締役谷村正志
◉志和工場＝本社に同じ
工場長高木栄一
従業員12名(主任技士2名・技士5名)
1989年3月操業2013年4月更新1750×1(二軸)　ＰＳＭ光洋機械　住友大阪　フローリック　車大型×12台
2023年出荷32千㎥
G＝砕石　S＝石灰砕砂・砕砂
普通JIS取得(JTCCM)

㈱加島建設
1967年2月1日設立　資本金2000万円　従業員37名　出資＝(建)100%
◉本社＝〒727－0402　庄原市高野町新市512－5
☎0824－86－2228・FAX0824－86－2137
代表取締役加島俊次　常務取締役加島伸

夫　取締役加島亮太　監査役加島道子
ISO 9001取得
◉生コンクリート工場＝〒727－0402　庄原市高野町新市418
☎0824－86－2228・FAX0824－86－2137
工場長伊藤光晴
従業員7名(技士2名)
1971年11月操業2003年8月更新1500×1(二軸)　ＰＳＭ北川鉄工　トクヤマ　シーカポゾリス・シーカビスコクリート・フローリック　車大型×3台・中型×5台
2023年出荷2千㎥、2024年出荷2千㎥
G＝砕石　S＝砕砂・加工砂
普通・舗装JIS取得(MSA)
ISO 9001取得

賀茂コンクリート㈱
1987年4月24日設立　資本金4500万円　従業員14名　出資＝(他)100％
◉本社＝〒739－0036　東広島市西条町田口20－3
☎082－425－2277・FAX082－425－2280
URL http://www.namacon.net/kamocon/company.html
✉kamocon@tea.ocn.ne.jp
代表取締役竹本泰志　取締役竹本憲司・竹本浩子　監査役竹本真規
◉工場＝本社に同じ
工場長大田浩司
従業員14名(主任技士2名)
1987年4月操業2009年4月更新2300×1(二軸)　ＰＳＭ北川鉄工　太平洋　シーカコントロール　車大型×8台・中型×3台〔傭車：㈲賀茂運輸〕
2023年出荷24千㎥、2024年出荷23千㎥
G＝石灰砕石・砕石　S＝砕砂・スラグ
普通・舗装JIS取得(GBRC)

呉コンクリート㈱
2001年9月20日設立　資本金1000万円　従業員12名　出資＝(自)100％
◉本社＝〒737－0111　呉市広大広2－18－29
☎0823－72－5910・FAX0823－72－5920
✉r-higawa@goda-sangyo.co.jp
代表取締役合田尚義　取締役尾川達夫・小早川敏・檜川良　監査役堂河内英治
◉呉工場＝〒737－0111　呉市広大広2－18－29
☎0823－71－2211・FAX0823－72－5920
工場長岡田哲郎
従業員10名(主任技士2名・技士3名・診断士1名)
1967年6月操業2009年5月更新2250×1(二軸)　ＰＳＭ光洋機械　UBE三菱　フローリック・シーカジャパン　車大型×10台・小型×2台〔傭車：㈱合田運輸・市川運送㈱〕
2023年出荷22千㎥、2024年出荷2千㎥

G＝砕石　S＝石灰砕砂・砕砂
普通・舗装JIS取得(GBRC)

桑本建材㈱
1968年4月1日設立　資本金3000万円　従業員20名　出資＝(自)100％
◉本社＝〒731－1533　山県郡北広島町有田968
☎0826－72－2251・FAX0826－72－4778
代表取締役社長前原誠
◉生コンクリート工場＝〒731－1533　山県郡北広島町有田957
☎0826－72－2251・FAX0826－72－4321
工場長上手太
従業員20名(主任技士2名・技士2名)
1962年5月操業2020年5月更新1670×1(二軸)　ＰＳＭ日工　トクヤマ・太平洋　フローリック　車大型×6台・中型×4台・小型×1台
2023年出荷9千㎥、2024年出荷9千㎥
G＝砕石　S＝陸砂・砕砂
普通JIS取得(IC)

合田産業㈱
1976年6月22日設立　資本金3000万円　従業員129名　出資＝(自)100％
◉本社＝〒734－0004　広島市南区宇品神田1－2－15
☎082－256－0033・FAX082－254－7665
URL http://www.goda-sangyo.co.jp
代表取締役社長合田尚義　専務取締役尾川達夫　常務取締役小早川敏　取締役相談役村中三郎　取締役永野大輔・久保田良明・藤川伸・合田則子　監査役新田緑
◉福山工場＝〒721－0956　福山市箕沖町64
☎084－959－6383・FAX084－959－6384
責任者村上雅直
従業員12名
1987年12月操業2015年5月更新2250×1(二軸)　ＰＳＭ日工　太平洋　マイテイ・シーカジャパン　車大型×8台・小型×2台
2023年出荷59千㎥、2024年出荷57千㎥(高強度8㎥)
G＝石灰砕石・砕石　S＝石灰砕砂・砕砂
普通・高強度JIS取得(GBRC)
◉神辺工場＝〒720－2124　福山市神辺町大字川南840
☎084－966－8080・FAX084－966－8009

㈲甲奴砕石
1968年3月8日設立　資本金2400万円　従業員5名　出資＝(自)100％
◉本社＝〒729－4103　三次市甲奴町小童2621
☎0847－67－2021・FAX0847－67－2022
代表取締役宮地直偉　取締役宮地秀保・宮地秀聡
◉生コン工場＝〒729－3405　府中市上下町字有福11
☎0847－62－4078・FAX0847－62－4365
工場長田村淳治
従業員5名(診断士1名)
1974年1月操業1350×1(二軸)　ＰＳＭ北川鉄工　トクヤマ　フローリック・シーカポゾリス　車大型×3台・中型×5台〔傭車：備後商会〕
2024年出荷6千㎥(ポーラス6100㎥)
G＝砕石　S＝加工砂
普通JIS取得(GBRC)

㈱合原資材
資本金1000万円　出資＝(自)100％
◉本店＝〒739－0311　広島市安芸区瀬野1－7－4
代表取締役合原則弘
※中国菱光㈱広島工場に生産委託

㈱後藤商店
1952年6月設立　資本金1000万円　従業員21名　出資＝(他)100％
◉本社＝〒729－5121　庄原市東城町川東1135－11
☎08477－2－0070・FAX08477－2－0770
URL http://goto-group.jp/
✉info@goto-group.jp
代表取締役社長後藤茂行
◉東城レミコン工場＝〒729－5123　庄原市東城町戸宇873－1
☎08477－2－0518・FAX08477－2－0771
従業員17名(技士2名)
1992年8月操業2000×1(二軸)　ＰＭ光洋機械(旧石川島)Ｓパシフィックシステム　太平洋　フローリック　車大型×3台・中型×3台・小型×3台
2023年出荷8千㎥、2024年出荷4千㎥(高強度16㎥)
G＝砕石　S＝山砂・砕砂
普通JIS取得(GBRC)

西条河内共同生コン㈱
2009年4月1日設立　資本金1000万円　従業員16名
◉本社＝〒739－2101　東広島市高屋町造賀11723－1
☎082－436－0212・FAX082－436－0213
代表取締役因幡哲也　副社長石﨑泰次郎　取締役佐田賢治・大中幸夫
◉工場＝本社に同じ
従業員16名
1972年11月操業2015年5月更新2250×1(二軸)　ＰＳＭ光洋機械　トクヤマ・日鉄高炉　フローリック・チューポール　車大型×8台・中型×1台
2024年出荷25千㎥
G＝砕石　S＝砕砂

普通JIS取得（GBRC）
※㈱河内物産、西条生コン㈱より生産受託

西条生コン㈱
1986年12月2日設立　資本金8000万円
従業員2名　出資＝（セ）31.25％・（販）68.75％
◉本社＝〒739－2101　東広島市高屋町造賀11723－1
☎082－436－0211・FAX082－401－4477
代表取締役石崎泰次郎　取締役藤田敦信・大中幸夫・西明勝将　監査役亀田博文
※西条河内共同生コン㈱へ生産委託

㈱サンナマ
1978年11月1日設立　資本金2000万円
従業員12名　出資＝（自）100％
◉本社＝〒721－0953　福山市一文字町19－12
☎084－954－1661・FAX084－954－1724
URL https://www.sannama.jp
代表取締役社長桑田英明　専務取締役松岡明義　取締役大場智之・三島昭彦・三浦美延　監査役桑田美代子
◉工場＝本社に同じ
工場長三島昭彦
従業員12名（主任技士1名・技士2名）
1987年12月操業2000年1月更新1800×1（二軸）　PSM北川鉄工　麻生　シーカジャパン　車大型×5台・中型×5台・小型×1台
G＝石灰砕石・砕石・人軽骨　S＝石灰砕砂・砕砂・人軽骨
普通・舗装・軽量JIS取得（GBRC）
大臣認定単独取得

山陽レミコン㈱
1964年6月1日設立　資本金1500万円　従業員19名　出資＝（セ）7％・（販）42％・（他）51％
◉本社＝〒723－0017　三原市港町3－4－1
☎0848－64－5155・FAX0848－64－6614
代表取締役社長吉永昌雄　取締役会長吉永龍平　常務取締役高野裕明・元田裕二　取締役吉永稚乃・吉永幸三・田中正輝・則清和彦　監査役高山真治・坂田明久
ISO 9001取得
◉三原工場＝〒723－0133　三原市沼田1－1－13
☎0848－66－0306・FAX0848－66－0310
工場長元田裕二
従業員8名（主任技士1名・技士1名）
1964年9月操業1989年8月更新2000×1（二軸）　PSM光洋機械　太平洋　フローリック　車大型×6台・中型×2台〔傭車：吉永運輸㈱〕
G＝砕石　S＝砕砂・スラグ
普通・舗装JIS取得（JTCCM）
ISO 9001取得
◉呉工場＝〒737－0111　呉市広大広2－18－27
☎0823－71－0171・FAX0823－71－0173
工場長角智成
従業員8名（主任技士2名）
1967年12月操業2003年6月更新2000×1（二軸）　PSM光洋機械（旧石川島）　太平洋　フローリック　車大型×9台・中型×3台
G＝砕石　S＝河川・石灰砕砂・砕砂
普通・舗装JIS取得（JTCCM）
ISO 9001取得

清水コンクリート㈲
資本金1500万円　従業員21名　出資＝（自）100％
◉本社＝〒738－0021　廿日市市木材港北3－1
☎0829－31－4801・FAX0829－31－4802
代表取締役清水秀一
ISO 9001取得
◉工場＝本社に同じ
従業員21名
1969年12月操業2000年1月更新1670×1　住友大阪　シーカポゾリス・シーカビスコクリート　車大型×5台〔傭車：角商会㈲〕・小型×8台
2023年出荷31千㎥、2024年出荷24千㎥
G＝石灰砕石　S＝石灰砕砂・砕砂
普通JIS取得（GBRC）
ISO 9001取得

神石生コンクリート協同組合
1979年3月22日設立　組合員9社　資本金2900万円　出資＝（建）86.2％・（骨）13.8％
◉事務所＝〒720－1812　神石郡神石高原町油木甲2885－5
☎0847－82－0066・FAX0847－82－2974
✉jinnama-naitou@vega.ocn.ne.jp
代表理事後藤文好　理事村上克朗・村上哲朗・横山義正　監事小塩芳生・槇原邦昌
◉工場＝事務所に同じ
工場長谷川浩嗣
従業員6名（技士2名）
1979年6月操業1997年6月PM改造1500×1　PM北川鉄工Sハカルプラス　太平洋　シーカポゾリス・シーカビスコクリート　車大型×3台・中型×4台
2023年出荷4千㎥、2024年出荷4千㎥
G＝砕石　S＝山砂・石灰砕砂
普通JIS取得（GBRC）

新備広コンクリート㈱
2002年10月1日設立　資本金3400万円
従業員12名　出資＝（建）100％
◉本社＝〒726－0013　府中市高木町1120
☎0847－45－5025・FAX0847－45－5026
代表取締役三尾太郎　取締役佐々田富世・竹内太甫・山本隆士・弓戸淳由　監査役清水康紀
◉工場＝本社に同じ
工場長弓戸淳由
従業員15名（技士3名）
1974年11月操業1994年8月更新1500×1（二軸）　PSM北川鉄工　太平洋　シーカジャパン　車大型×6台・中型×6台・小型×2台
G＝砕石　S＝砕砂
普通・舗装JIS取得（GBRC）

新家産業㈱
1988年11月24日設立　資本金970万円
従業員6名　出資＝（自）100％
◉本社＝〒737－2302　江田島市能美町鹿川678
☎0823－45－5199・FAX0823－45－5192
代表取締役新家博
◉工場＝本社に同じ
工場長高見孝
従業員6名（技士2名）
1988年11月操業1000×1（二軸）　PSM日工　日鉄高炉・麻生　ヴィンソル・マイテイ・ヤマソー　車大型×3台・中型×3台・小型×1台
2023年出荷3千㎥、2024年出荷3千㎥（水中不分離400㎥）
G＝石灰砕石・砕石　S＝山砂
普通JIS取得（GBRC）

瀬戸田生コンクリート㈱
1968年6月1日設立　資本金1400万円　従業員20名　出資＝（建）67％・（骨）6％・（他）27％
◉本社＝〒722－2417　尾道市瀬戸田町名荷2393－1
☎0845－27－0022・FAX0845－27－0030
代表取締役田中民男
◉本社工場＝本社に同じ
工場長田坂和則
従業員19名（技士2名）
1968年6月操業1984年11月P1996年3月M1997年4月S改造1750×1　PSM光洋機械（旧石川島）　UBE三菱　チューポール　車大型×6台・中型×9台
G＝砕石　S＝海砂・砕砂
普通JIS取得（GBRC）

世羅生コン販売㈱
1973年10月23日設立　資本金1000万円
従業員10名　出資＝（自）100％
◉本社＝〒722－1115　世羅郡世羅町大字西神崎866
☎0847－22－0781・FAX0847－22－0782

代表取締役井上礼美　取締役井上浩美・井上民江
◉工場＝本社に同じ
工場長山田孝佳
従業員10名(技士5名)
1982年9月操業2004年10月更新1700×1(ジクロス)　ＰＳＭ北川鉄工　UBE三菱・日鉄高炉　シーカポゾリス　車大型×6台・中型×1台・小型×4台
2023年出荷10千㎥、2024年出荷10千㎥
G＝砕石　S＝山砂
普通・舗装JIS取得(GBRC)

大成生コンクリート㈱
1966年3月24日設立　資本金10000万円　従業員16名　出資＝(建)55％・(他)45％
◉本社＝〒722－2211　尾道市因島中庄町2015－2
☎0845－24－1261・FAX0845－24－3121
✉taisei-nama01@goda-sangyo.co.jp
代表取締役合田尚義　取締役小早川敏・久保田良明　監査役藤川伸
◉因島工場＝本社に同じ
工場長廣兼武彦
従業員21名(主任技士1名・技士6名)
1966年3月操業2015年1月更新1750×1(二軸)　ＰＳＭ光洋機械　UBE三菱　シーカポゾリス・シーカビスコクリート　車大型×6台・中型×3台・小型×1台
2023年出荷7千㎥
G＝砕石　S＝石灰砕砂・砕砂
普通JIS取得(JTCCM)

高月ナマコン㈱
1969年2月1日設立　資本金1000万円　従業員14名　出資＝(自)100％
◉本社＝〒726－0013　府中市高木町1565
☎0847－45－5165・FAX0847－45－8121
✉takanama@pear.ccjnet.ne.jp
代表取締役社長高月行治　取締役高月紀子
◉工場＝本社に同じ
工場長髙垣泰博
従業員12名(主任技士2名・技士2名)
1965年2月操業1995年11月更新56×2(傾胴二軸)　ＰＳＭ北川鉄工　太平洋　シーカメント・マイテイ・フローリック　車大型×5台・中型×5台・小型×2台
G＝砕石　S＝砕砂・スラグ
普通JIS取得(GBRC)

㈱タカヤマ
1983年3月1日設立　資本金3500万円　従業員28名　出資＝(自)100％
◉本社＝〒720－0003　福山市御幸町大字森脇86－1
☎084－983－0785・FAX084－983－1209
代表取締役高山宗久　専務取締役池田昌生　常務取締役高山智有
◉工場(生コン事業部)＝〒722－0312　尾道市御調町貝ヶ原186
☎0848－76－0455・FAX0848－76－0498
常務取締役高山智有
従業員14名(主任技士1名・技士2名)
1981年1月操業1989年8月更新1670×1(二軸)　ＰＳＭ日工　太平洋　シーカポゾリス・シーカビスコクリート　車大型×3台・小型×7台
G＝砕石　S＝砕砂・加工砂
普通JIS取得(JTCCM)

㈱竹下生コン
1976年1月設立　資本金1500万円　従業員17名
◉本社＝〒731－1712　山県郡北広島町都志見567
☎0826－83－0260・FAX0826－83－1236
代表竹下清見
◉本社工場＝〒731－1712　山県郡北広島町都志見567
☎0826－83－1119・FAX0826－83－1235
責任者竹下清見
従業員16名
2250×1(二軸)　太平洋　シーカビスコフロー　車11台
G＝砕石　S＝砕砂・加工砂
普通JIS取得(GBRC)

竹原小野田レミコン㈱
◉本社＝〒723－0017　三原市港町3－4－1
☎0848－64－5155
◉工場＝〒729－2315　竹原市忠海長浜3－4－32
☎0846－24－1203・FAX0846－24－2071
工場長金本英司
従業員5名
1500×1　太平洋　フローリック　車小型×2台
G＝砕石・スラグ　S＝砕砂
普通・舗装JIS取得(JTCCM)
ISO 9001取得

㈲谷口生コン
1981年10月1日設立　資本金800万円　従業員3名　出資＝(自)100％
◉本社＝〒734－0102　呉市豊浜町大字大浜字東松山1974
☎0823－68－2463・FAX0823－68－2317
代表取締役谷口徹　取締役谷口清史　監査役谷口好子
◉工場＝本社に同じ
工場長古谷明義
1967年7月操業1988年3月更新1500×1　ＰＳＭ光洋機械　太平洋　車大型×4台・中型×1台・小型×1台
G＝砕石　S＝加工砂
普通JIS取得(GBRC)

中国生コンクリート㈱
1960年7月19日設立　資本金8000万円　従業員15名　出資＝(セ)52.4％・(建)47.6％
◉本社＝〒734－0013　広島市南区出島3－2－2
☎082－251－4431・FAX082－251－4434
URL https://www.chunama.co.jp
代表取締役山田巧　取締役長沢忠行・長谷憲治・藤田敦信・檜垣純一　監査役井上健聡・中野浩二
◉広島工場＝本社に同じ
工場長長沢忠行
従業員15名(主任技士2名・技士7名・診断士1名)
1961年操業2015年更新3300×1(二軸)　ＰＳＭ北川鉄工　トクヤマ　フローリック・マイテイ・シーカポゾリス・シーカビスコクリート・チューポール・シーカコントロール　車大型×17台〔傭車：中国建材工業㈱〕
2023年出荷58千㎥、2024年出荷55千㎥(高強度2350㎥)
G＝石灰砕石・砕石　S＝石灰砕砂・スラグ・加工砂
普通JIS取得(GBRC)
大臣認定単独取得(80N/mm²)
1965年12月26日設立　資本金3045万円　従業員10名　出資＝(他)100％

中国生コンクリート㈱
◉本社＝〒725－0003　竹原市新庄町62－3
☎0846－29－0041・FAX0846－29－0044
URL http://www.namacon.net/chunama/
✉chunama@namacon.net
代表取締役竹本泰志　取締役竹本憲司・竹本泰明　監査役竹本真規
◉工場＝本社に同じ
✉chunama_sd@namacon.net
工場長竹本泰明
従業員10名(主任技士2名・技士2名)
1966年1月操業2008年9月更新2300×1(二軸)　ＰＳＭ北川鉄工　太平洋　シーカジャパン　車大型×9台・中型×7台
2023年出荷20千㎥、2024年出荷19千㎥
G＝石灰砕石・砕石　S＝砕砂・スラグ
普通・舗装JIS取得(GBRC)

中国菱光㈱
1971年3月25日設立　資本金8500万円　従業員20名　出資＝(セ)100％
◉本社＝〒734－0013　広島市南区出島2－22－66
☎082－256－0800・FAX082－251－9213
URL https://chugoku-ryoko.com/
代表取締役三浦征樹　取締役阿部裕克・安永秀之・福留伸一・内野昌人　監査役長野利昭
※防府工場は防府共同生コン㈱へ生産委

託
松江工場は松江宇部協同生コン㈱へ生産委託
◉広島工場＝〒734－0013　広島市南区出島2－22－66
☎082－251－9211・FAX082－255－3361
✉harumi.iwamoto@mu-cc.com
工場長岩本春美
従業員9名(主任技士3名・技士2名・診断士1名)
1965年2月操業2011年8月更新2800×1(二軸)　ＰＳＭ北川鉄工　UBE三菱　フローリック・チューポール　車大型×13台・小型×4台
2023年出荷53千㎥、2024年出荷40千㎥(高強度4400㎥)
G＝石灰砕石・砕石　S＝石灰砕砂・加工砂
普通JIS取得(GBRC)
大臣認定単独取得(80N/mm²)
※㈱合原資材より生産受託
※松江工場＝島根県参照

中国レミテック㈱
1971年8月1日設立　資本金2500万円　従業員16名　出資＝(セ)28％・(販)12％・(建)41.2％・(他)18.8％
◉本社＝〒729－4207　三次市吉舎町敷地1
☎0824－44－3151・FAX0824－44－3153
✉j2-asano@kato-gr.com
代表取締役社長加藤修司　取締役保本憲昭・實兼稔
◉三次工場＝本社に同じ
工場長保本憲昭
従業員10名(主任技士1名・技士1名・診断士1名)
1971年9月操業2010年6月更新(二軸)　Ｐ北川鉄工ＳＭ日工　太平洋　フローリック・シーカポゾリス　車大型×6台・中型×3台・小型×1台
G＝砕石　S＝山砂・砕砂
普通・舗装JIS取得(GBRC)
◉庄原工場＝〒727－0003　庄原市是松町5020－5
☎0824－75－0585・FAX0824－72－8895
1670×1(二軸)　太平洋
G＝砕石　S＝山砂・砕砂
普通JIS取得(GBRC)

中四国宇部コンクリート工業㈱
1959年5月設立　資本金9950万円　従業員30名　出資＝(セ)100％
◉本社＝〒736－0055　安芸郡海田町南明神町3－2
☎082－822－2125・FAX082－823－0550
代表取締役汐﨑渉　取締役寺内志朗・福留伸一・大町拓也　監査役村上正博
◉広島宇部工場＝〒736－0055　安芸郡海田町南明神町3－2
☎082－822－2126・FAX082－822－2127
kodo.yoshinaka@mu-cc.com
工場長吉中幸道
従業員18名(主任技士7名・技士7名・診断士1名)
1959年9月操業2019年1月更新2800×1(二軸)　Ｐ光洋機械Ｍ北川鉄工Ｓパシフィックシステム　UBE三菱　フローリック・チューポール他　車大型×15台〔傭車：広原海陸運輸・その他〕
2024年出荷55千㎥(高強度1800㎥・水中不分離500㎥)
G＝砕石　S＝石灰砕砂・砕砂・加工砂
普通JIS取得(GBRC)
大臣認定単独取得(100N/mm²)
※四国宇部工場＝香川県参照

中岡生コンクリート㈱
1971年7月27日設立　資本金1000万円
従業員5名　出資＝(自)100％
◉本社＝〒739－2401　東広島市安芸津町木谷3517－5
☎0846－45－5001・FAX0846－45－5720
社長中岡優司
◉工場＝本社に同じ
工場長中岡優司
従業員10名(技士2名)
1969年9月操業1982年1月更新1000×1(二軸)　ＰＳＭ日工　太平洋　車大型×3台・中型×3台・小型×1台
G＝砕石　S＝砕砂
普通JIS取得(GBRC)

長門大和建設㈱
資本金2000万円
◉本社＝〒737－1206　呉市音戸町高須3－15－6
☎0823－50－0023・FAX0823－50－0063
代表者飛原尊
◉音戸工場＝本社に同じ
1500×1　住友大阪
普通JIS取得(JTCCM)

中本建設工業㈱
1968年7月1日設立　資本金2000万円　従業員21名　出資＝(自)100％
◉本社＝〒731－0223　広島市安佐北区可部南4－2－13
☎082－814－3297・FAX082－814－4513
代表取締役中本貴久　取締役中本正行・中本詩帆
◉工場＝本社に同じ
工場長佐﨑明宏
従業員21名(主任技士3名・技士1名)
1969年9月操業2007年8月更新2250×1(二軸)　ＰＳＭ日工　UBE三菱・トクヤマ　車大型×8台・中型×8台・小型×1台
2023年出荷31千㎥、2024年出荷30千㎥
G＝砕石　S＝山砂・砕砂
普通JIS取得(GBRC)

㈱西日本生コンクリート工業
1979年6月1日設立　資本金3000万円　従業員25名
◉本社＝〒731－0223　広島市安佐北区可部南2－21－16
☎082－815－3151・FAX082－815－4197
✉nisinama@crux.ocn.ne.jp
代表取締役真志田宜住
◉工場＝本社に同じ
✉kodama@nishinama.jp
従業員25名(主任技士2名・技士3名)
1972年7月操業2023年2月更新2800×1(二軸)　ＰＳＭ光洋機械　麻生　フローリック　車大型×8台・小型×5台
2023年出荷30千㎥
G＝石灰砕石・砕石　S＝砕砂・加工砂
普通・舗装JIS取得(GBRC)
大臣認定単独取得(60N/mm²)

西広島レミコン㈲
1985年7月1日設立　資本金500万円　従業員28名　出資＝(自)100％
◉本社＝〒731－5143　広島市佐伯区三宅1－1－49
☎082－921－1410・FAX082－921－3861
✉nishiremi@giga.ocn.ne.jp
代表取締役門田隆雄　取締役門田光江・門田雅之
◉工場＝本社に同じ
工場長杉脇祐二
従業員28名(主任技士1名・技士4名)
1979年6月操業2018年1月更新2250×1(二軸)　ＰＳＭ日工　麻生　シーカコントロール　車大型×11台・中型×8台・小型×3台
2023年出荷33千㎥、2024年出荷37千㎥
G＝山砂利　S＝石灰砕砂・砕砂
普通JIS取得(IC)
※麻生広島生コンクリート㈱より生産受託

日本生コン㈱
1992年2月14日設立　資本金1000万円
従業員15名　出資＝(自)100％
◉本社＝〒729－4211　三次市吉舎町吉舎845
☎0824－64－3807・FAX0824－55－6601
✉jcc_honey_takamiya386@ybb.ne.jp
代表取締役重森健二　取締役重森伸江・黒木一哉・重森厚志・重森剛司
◉高宮工場＝〒739－1805　安芸高田市高宮町原田386
☎0826－57－1013・FAX0826－57－1850
工場長重森厚志
従業員7名(技士2名)
1992年2月操業1992年7月Ｐ2000年10月Ｍ2001年1月Ｓ改造1500×1(二軸)　Ｐ光洋

機械ＳＭ日工　住友大阪　フローリック　車大型×14台・中型×5台〔傭車：クロキ運輸㈱〕
G＝砕石　S＝砕砂
普通・舗装JIS取得(JTCCM)
◉大崎工場＝〒725－0231　豊田郡大崎上島町東野1190
☎0846－65－2173・FAX0846－65－3446
✉jccosaki@yahoo.co.jp
責任者長尾健一
従業員5名(技士2名)
2010年12月操業1500×1(二軸)　住友大阪　フローリック　車大型×3台・中型×2台・小型×5台
2023年出荷5千㎥、2024年出荷3千㎥
G＝砕石　S＝砕砂・銅スラグ
普通JIS取得(JTCCM)
◉庄原工場＝〒727－0007　庄原市宮内町字茅ノ谷726
☎0824－72－3636・FAX0824－72－3741
従業員15名(技士3名)
1970年10月操業1987年6月更新1500×1(二軸)　ＰＳＭ日工
普通・舗装JIS取得(JTCCM)

美建工業㈱
1967年6月12日設立　資本金3000万円
従業員220名　出資＝(自)100%
◉本社＝〒720－1133　福山市駅家町近田30
☎084－976－0206・FAX084－976－0211
URL http://www.bikenkougyou.co.jp
✉biken@bikenkougyou.co.jp
代表取締役高田浩平
ISO 9001取得
◉大和工場＝〒729－1211　三原市大和町大草291－1
☎0847－34－0002・FAX0847－34－0003
✉daiwa@bikenkougyou.co.jp
工場長元谷智史
従業員10名(技士4名)
1982年11月操業2017年9月更新1670×1(二軸)　ＰＳＭ日工　太平洋　フローリック　車大型×5台・中型×3台・小型×1台
2023年出荷6千㎥
G＝砕石　S＝山砂・砕砂
普通・舗装JIS取得(JTCCM)
ISO 9001取得
◉広島安佐工場＝〒731－3362　広島市安佐北区安佐町久地1990－11
☎082－837－3320・FAX082－837－3306
✉hiroshima-hi@bikenkougyou.co.jp
工場長沖坂徹也
従業員13名(主任技士1名・技士2名)
1995年9月操業2021年6月更新1670×1(二軸)　ＰＳＭ日工　太平洋　フローリック　車大型×6台・中型×1台・小型×4台
G＝砕石　S＝山砂・砕砂
普通JIS取得(JTCCM)
ISO 9001取得
◉尾道工場＝〒722－0221　尾道市長者原1－220－17
☎0848－48－4500・FAX0848－48－4502
1991年4月操業2020年9月更新1800×1(二軸)　ＰＳＭ北川鉄工　太平洋　竹本・フローリック　車大型×3台・小型×2台
G＝砕石　S＝加工砂
普通JIS取得(JTCCM)
大臣認定単独取得(60N/mm²)
◉福山工場＝〒721－0951　福山市新浜町2－2－23
☎084－953－9151・FAX084－953－9181
✉fukuyama-hi@bikenkougyou.co.jp
工場長浅枝直樹
従業員14名(主任技士1名・技士1名・診断士1名)
2015年8月更新2300×1(二軸)　ＰＳＭ北川鉄工　太平洋　フローリック・チューポール　車大型×8台・中型×4台・小型×1台
2023年出荷33千㎥、2024年出荷27千㎥(高強度3㎥・ポーラス3㎥)
G＝砕石　S＝石灰砕砂・砕砂・スラグ
普通JIS取得(JTCCM)
ISO 9001取得
大臣認定単独取得(60N/mm²)
◉三次工場＝〒729－6334　三次市上川立町1861－1
☎0824－67－3773・FAX0824－67－3772
✉miyoshi-ko@bikenkougyou.co.jp
工場長稲岡克敏
従業員10名(主任技士1名・技士2名)
2001年1月操業2022年2月Ｓ改造1500×1(二軸)　ＰＭ光洋機械(旧石川島)Ｓ日工　太平洋　フローリック　車大型×4台・中型×4台
2023年出荷4千㎥、2024年出荷3千㎥
G＝砕石　S＝山砂・砕砂
普通・舗装JIS取得(JTCCM)
ISO 9001取得
※出雲工場＝島根県参照

日高三次レミコン㈲
2003年2月12日設立　資本金300万円　出資＝(自)100%
◉本社＝〒728－0202　三次市布野町下布野852－1
☎0824－54－2019
✉remicon1@pl.pionet.ne.jp
代表取締役小田大治　取締役沖田英文・川本和弘　監査役中川筆之
◉工場＝本社に同じ
工場長沖田英文
従業員5名
1985年6月更新1500×1(二軸)　ＰＳＭ北川鉄工　太平洋　車大型×6台・中型×1台・小型×2台〔傭車：三次レミコン㈱〕
G＝砕石　S＝砕砂・加工砂
普通・舗装JIS取得(GBRC)

備北小野田レミコン㈱
1974年9月11日設立　資本金4000万円
従業員10名　出資＝(セ)10%・(販)46.75%・(他)43.25%
◉本社＝〒727－0023　庄原市七塚町1339
☎0824－74－0136・FAX0824－74－0335
✉bihokuonoda@eos.ocn.ne.jp
代表取締役伊藤彰英　取締役輪手康二
監査役宮村正男・伊藤舁
◉工場＝本社に同じ
代表取締役伊藤彰英
従業員10名(技士4名)
1975年3月操業1989年8月更新1500×1(二軸)　ＰＳＭ北川鉄工　太平洋　フローリック　車大型×3台・中型×1台・小型×3台
2023年出荷6千㎥、2024年出荷9千㎥
G＝砕石　S＝山砂・砕砂
普通JIS取得(GBRC)

平井興産㈱
◉本社＝〒737－2213　江田島市大柿町大原519－3
☎0823－57－5666・FAX0823－57－2404
URL http://www.hirai-kosan.com/index.html
✉hirai-block@aa.kensetsu.ne.jp
代表取締役平井義治
◉本社工場＝本社に同じ
◉能美営業所＝〒737－2303　江田島市能美町高田212
☎0823－45－2196・FAX0823－45－2146
✉hirai-mesena@aa.alles.or.jp
営業所長徳田隆一
従業員10名
1993年4月操業1000×1　UBE三菱　車大型×1台・中型×2台・小型×2台
G＝砕石　S＝海砂
普通JIS取得(JTCCM)

広島味岡生コンクリート㈱
2005年8月1日設立　資本金1000万円　出資＝(自)100%
◉本社＝〒722－0055　尾道市新高山3－1178－6
☎0848－46－4111・FAX0848－46－8800
URL http://ajioka-namakon.co.jp
✉k.kajiwara@ajioka-namakon.co.jp
代表取締役味岡和國
◉第一工場尾道＝本社に同じ
工場長梶原和博
従業員10名(主任技士2名)
1971年5月操業1988年5月更新1500×1(二軸)　ＰＳＭ北川鉄工　トクヤマ　フローリック　車大型×6台・中型×3台・小型×2台

2023年出荷9千㎥
G＝砕石　S＝砕砂
普通JIS取得（JQA）
大臣認定単独取得（60N/mm²）

広島コンクリート㈱
1982年12月24日設立　資本金1000万円
従業員9名　出資＝（他）100％
◉本社＝〒739－2622　東広島市黒瀬町乃美尾4412－1
☎0823－82－7000・FAX0823－82－7060
代表取締役社長合田尚義　取締役尾川達夫・小早川敏・檜川良　監査役新田緑
◉工場＝本社に同じ
工場長河﨑貴宏
従業員9名（主任技士2名・技士4名）
1982年12月操業2021年2月更新2250×1　ＰＳＭ日工　太平洋・麻生　フローリック　車大型×6台・中型×1台〔傭車：梅木産業㈲・㈱市川運送〕
2023年出荷30千㎥、2024年出荷20千㎥
G＝砕石　S＝石灰砕砂・砕砂
普通JIS取得（GBRC）

広島太平洋共同生コン㈱
◉本社＝〒730－0826　広島市中区南吉島2－4－41
◉工場（旧広島太平洋生コン㈱工場）＝本社に同じ
1965年5月操業2020年1月Ｍ更新2800×1（二軸）　Ｐ光洋機械（旧石川島）Ｓパシフィックシステム Ｍ北川鉄工　太平洋
普通・軽量JIS取得（GBRC）
※広島太平洋生コン㈱工場より生産受託

広島太平洋生コン㈱
2000年5月17日設立　資本金1億円　出資＝（セ）100％
◉本社＝〒730－0826　広島市中区南吉島2－4－41
☎082－298－1194・FAX082－298－1421
✉shiken@hiro-taiheiyo.co.jp
代表取締役社長小野健司　取締役田中孝彦・山﨑学・朝倉敏・山澤賢　監査役清田忍
※広島太平洋共同生コン㈱工場に生産委託

広島トクヤマ生コン㈱
2014年6月2日設立　資本金1億円　従業員39名　出資＝（セ）50％・（販）17％・（他）33％
◉本社＝〒731－4325　安芸郡坂町字鯛尾1－5－3
☎082－885－5611・FAX082－885－5699
代表取締役福冨一虎
◉本社工場＝本社に同じ
工場長岩井宏仁
従業員14名（主任技士2名・技士4名・診断士1名）
1995年4月操業2020年8月更新2800×1（二軸）　ＰＳＭ北川鉄工　トクヤマ　フローリック・マイテイ・ヤマソー・チューポール　車〔傭車：チュウトク物流・ヒラオカ〕
2023年出荷40千㎥、2024年出荷43千㎥
G＝石灰砕石・砕石　S＝海砂
普通JIS取得（IC）
大臣認定単独取得（60N/mm²）
◉西工場＝〒731－5102　広島市佐伯区五日市町石内486
☎082－941－7551・FAX082－941－7552
責任者谷口崇
従業員5名
2004年4月操業　トクヤマ　フローリック・マイテイ　車13台
2023年出荷39千㎥、2024年出荷26千㎥
G＝石灰砕石・砕石　S＝石灰砕砂・加工砂
普通JIS取得（IC）
大臣認定単独取得（60N/mm²）
◉三原工場＝〒729－0413　三原市本郷町南方10993－1
☎0848－86－0633・FAX0848－86－0767
責任者有田誠
従業員9名
1993年11月操業2000×1（二軸）　トクヤマ・日鉄高炉　フローリック・シーカポゾリス・チューポール　車大型×11台・小型×2台
2024年出荷11千㎥
G＝砕石　S＝石灰砕砂・砕砂
普通・舗装JIS取得（IC）
◉福山工場＝〒729－0114　福山市柳津町3－2－6
☎084－934－0024・FAX084－934－0047
✉iwai@hirotoku.co.jp
責任者岩井宏仁
従業員8名（主任技士3名・技士2名・診断士1名）
1967年10月操業2006年6月更新1700×1　ＰＳＭ北川鉄工　トクヤマ・日鉄高炉　マイテイ・チューポール　車〔傭車〕
2023年出荷14千㎥、2024年出荷20千㎥
G＝砕石　S＝石灰砕砂・砕砂
普通・舗装JIS取得（IC）
大臣認定単独取得（60N/mm²）

広島生コン㈱
1967年12月11日設立　資本金4000万円
従業員14名　出資＝（セ）19％・（販）60％・（他）21％
◉本社＝〒738－0021　廿日市市木材港北3－41
☎0829－32－2224・FAX0829－32－2228
URL http://www.hironama.co.jp/
✉hironama@hironama.com
代表取締役社長山田健太郎　代表取締役副社長瀬川恭弘　取締役会長山田敏彦　取締役瀬川長良・藤田敦信
◉廿日市工場＝本社に同じ
工場長橋本明
従業員8名（主任技士1名・技士6名・診断士1名）
1968年8月操業2014年1月更新2250×1（二軸）　ＰＳＭ日工　トクヤマ　フローリック　車大型×7台・小型×4台〔傭車：広島生コン運送㈱・㈱ダイビン運送〕
G＝石灰砕石　S＝石灰砕砂・砕砂
普通JIS取得（GBRC）
大臣認定単独取得（60N/mm²）
◉沼田工場＝〒731－3175　広島市安佐南区伴西町2187－17
☎082－849－6861・FAX082－849－6863
✉numata@hironama.com
工場長大畑寛
従業員6名（主任技士1名・技士3名・診断士1名）
1997年3月操業2005年1月更新1670×1　ＰＳＭ日工　トクヤマ　フローリック・シーカポゾリス・シーカビスコクリート　車大型×5台・小型×3台〔傭車：広島生コン運送㈱〕
2023年出荷30千㎥、2024年出荷20千㎥
G＝砕石　S＝砕砂
普通JIS取得（GBRC）
大臣認定単独取得（60N/mm²）

深江産業㈱
1979年4月1日設立　資本金3500万円　従業員6名　出資＝（建）40％・（他）60％
◉本社＝〒737－2214　江田島市大柿町大字深江2153－1
☎0823－57－5365・FAX0823－57－6328
✉fukae.kk@luck.ocn.ne.jp
代表取締役江口幸三　専務取締役江口慶　常務取締役江口富昭
◉工場＝〒737－2214　江田島市大柿町深江2153－5
☎0823－57－5365・FAX0823－57－6328
工場長中野貴之
従業員7名（技士2名）
1980年4月操業2023年8月Ｍ改造1500×1　ＰＳＭ日工　トクヤマ　フローリック　車大型×6台・中型×4台・小型×1台
2023年出荷9千㎥、2024年出荷7千㎥（高流動60㎥）
G＝砕石　S＝山砂・砕砂
普通・舗装JIS取得（GBRC）

福山共同生コン㈱
1995年10月1日設立　資本金2000万円
従業員12名　出資＝（他）100％
◉本社＝〒721－0951　福山市新浜町1－7－23
☎084－953－1321・FAX084－953－4670
✉fkn.h-office@w7.dion.ne.jp

代表取締役博多充宏　取締役会長博多眞祐　監査役高橋雅和
◉本社工場＝本社に同じ
工場長岡周作
従業員12名（主任技士1名・技士9名）
1995年10月操業2250×1（二軸）　ＰＳＭ日工　トクヤマ　車大型×10台・中型×5台
2023年出荷28千㎥、2024年出荷21千㎥
G＝砕石　S＝石灰砕砂・砕砂・スラグ
普通JIS取得（GBRC）

福山北部生コン㈱
2011年7月1日設立　資本金900万円　従業員23名
◉本社＝〒720－2123　福山市神辺町川北1218
☎084－967－5757・FAX084－962－2812
URL https://hokubu-rmc.co.jp
✉fukuyama@hokubu-rmc.co.jp
代表取締役高田浩平　代表取締役副社長博多充宏
◉工場＝〒720－2123　福山市神辺町川北1218
☎084－962－2895・FAX084－962－2812
責任者高田浩平
従業員18名
2250×1　ＰＳ日工　トクヤマ　シーカポゾリス・シーカビスコクリート・フローリック　車大型×10台・中型×6台
G＝砕石　S＝石灰砕砂・砕砂
普通JIS取得（GBRC）

平成生コン㈱
1978年9月1日設立　資本金3000万円　従業員9名　出資＝（販）50％・（他）50％
◉本社＝〒731－0138　広島市安佐南区祇園3－21－22
☎082－874－1919・FAX082－874－1980
代表取締役社長横山剛之
◉工場＝本社に同じ
代表取締役社長横山剛之
従業員8名（主任技士1名・技士4名・診断士1名）
1971年12月操業2012年1月更新1670×1（二軸）　ＰＳＭ日工　トクヤマ　車大型×2台・中型×4台・小型×4台〔傭車：㈱ダイビン運送〕
G＝砕石　S＝山砂・砕砂
普通JIS取得（IC）

㈱マテリアル・サービス
◉本社＝〒731－0202　広島市安佐北区大林町157－1　中村砕石内
☎082－818－4376・FAX082－818－2024
代表取締役中村元
◉高田工場＝〒731－0501　安芸高田市吉田町吉田2782
☎0826－42－0614・FAX0826－42－2725
責任者山中剛
従業員11名
1969年8月操業1993年7月更新2000×1（二軸）　ＰＳＭ光洋機械（旧石川島）　トクヤマ　フローリック　車大型×5台・中型×5台
2024年出荷5千㎥
G＝砕石　S＝砕砂
普通・舗装JIS取得（IC）

㈱まるせ
1962年2月9日設立　資本金9000万円　従業員35名　出資＝（セ）100％
◉本社＝〒730－0825　広島市中区光南5－3－19
☎082－244－0106・FAX082－241－6054
URL http://www.maruse.jp/
✉eigyobu@maruse.jp
代表取締役百武博之　取締役砂田栄治・児玉容一・山崎学・朝倉敏　監査役清田忍
◉佐東工場＝〒731－0101　広島市安佐南区八木1－1－1
☎082－873－3922・FAX082－873－3432
✉k-kyogoku@maruse.jp
工場長京極和昭
従業員8名（主任技士3名・技士3名・診断士1名）
1971年12月操業2024年7月更新2800×1（二軸）　ＰＳ日工Ｍ北川鉄工　太平洋　シーカビスコクリート・フローリック・マイテイ・チューポール・シーカビスコフロー
2023年出荷73千㎥、2024年出荷52千㎥
G＝石灰砕石・砕石　S＝石灰砕砂・砕砂
普通JIS取得（GBRC）
大臣認定単独取得（60N/mm²）
◉五日市工場＝〒731－5102　広島市佐伯区五日市町大字石内472
☎082－941－1377・FAX082－941－1996
✉h-mizuhara@maruse.jp
工場長水原裕朗
従業員7名（主任技士2名・技士2名）
1971年7月操業2014年8月更新2300×1（二軸）　ＰＳ日工Ｍ北川鉄工　太平洋　シーカビスコクリート・フローリック・チューポール・シーカビスコフロー　車大型×5台
2023年出荷24千㎥、2024年出荷16千㎥
G＝石灰砕石・砕石　S＝石灰砕砂・砕砂
普通JIS取得（JTCCM）
大臣認定単独取得（60N/mm²）

三谷建設㈱
1970年12月1日設立　資本金3000万円　従業員50名　出資＝（自）100％
◉本社＝〒720－0843　福山市赤坂町赤坂1647－1
☎084－951－1254・FAX084－952－0482
代表取締役三谷哲也　専務取締役岡崎哲二　常務取締役岡田喜行
◉生コン工場＝〒720－0843　福山市赤坂町赤坂字鹿田1642－2
☎084－952－0487・FAX084－952－0482
✉freshconcrete@mitani-net.co.jp
工場長岡田善行
従業員9名（主任技士4名・技士1名・診断士2名）
1974年5月操業2005年9月更新1670×1（二軸）　ＰＳＭ日工　トクヤマ　シーカジャパン　車大型×4台・中型×2台・小型×1台
2023年出荷13千㎥、2024年出荷12千㎥
G＝砕石　S＝海砂・石灰砕砂
普通・舗装・軽量JIS取得（JTCCM）
大臣認定単独取得（60N/mm²）

㈱光山組
1955年10月1日設立　資本金3000万円　従業員33名　出資＝（自）100％
◉本社＝〒737－2516　呉市安浦町中央6－3－1
☎0823－84－2209・FAX0823－84－0127
代表取締役社長光山勝範　代表取締役専務光山孝　取締役光山雅義・霜出洋一・半司観英・亀山正則・池田宗三　監査役光山義男
◉生コン工場＝〒737－2511　呉市安浦町赤向坂33－3
☎0823－84－2742・FAX0823－84－4951
工場長光山和彦
従業員8名（技士2名）
1967年2月操業1996年6月更新2000×1（二軸）　ＰＳＭ光洋機械（旧石川島）　太平洋　フローリック　車大型×4台・中型×5台・小型×1台
G＝砕石　S＝石灰砕砂・砕砂
普通JIS取得（JTCCM）

㈱三奈戸
1959年4月1日設立　資本金1000万円　従業員8名　出資＝（自）100％
◉本社＝〒737－2132　江田島市江田島町江南1－2－24
☎0823－42－2323・FAX0823－42－2325
代表取締役三奈戸宣宏　常務取締役三奈戸勉
◉レミコン工場＝本社に同じ
工場長濱本伸夫
従業員12名（主任技士1名・技士1名）
1970年10月操業1992年4月更新1500×1　ＰＳＭ北川鉄工　太平洋　車大型×7台・中型×4台・小型×2台
G＝砕石　S＝加工砂・砕砂
普通・舗装JIS取得（JTCCM）

三原共同生コン㈱
1997年11月28日設立　資本金1000万円
従業員12名　出資＝(販)100%
◉本社＝〒723－0141　三原市沼田東町両名965
☎0848－66－1221・FAX0848－66－2439
代表取締役勝村晋　取締役吉岡一秀・勝村善一郎
◉工場＝本社に同じ
工場長吉岡一秀
従業員12名(主任技士1名・技士3名)
1993年1月操業2021年5月更新2300×1(ジクロス)　ＰＳＭ北川鉄工　UBE三菱　車大型×11台・中型×4台
2023年出荷22千㎥、2024年出荷16千㎥
G＝砕石　S＝石灰砕砂・加工砂
普通JIS取得(GBRC)

㈲宮森石油店
1954年10月31日設立　資本金700万円
従業員19名　出資＝(自)100%
◉本社＝〒739－2317　東広島市豊栄町鍛冶屋494
☎082－432－2221・FAX082－432－2498
代表取締役宮森宏　取締役宮森正治
◉コンクリート工場＝〒739－2317　東広島市豊栄町鍛冶屋464－1
☎082－432－2688・FAX082－432－2967
工場長岸野隆
従業員12名(主任技士2名・技士2名)
1974年7月操業2015年1月更新1300×1(二軸)　ＰＳＭ日工　麻生・UBE三菱　シーカジャパン　車大型×5台・中型×5台・小型×1台
2023年出荷20千㎥、2024年出荷16千㎥
G＝砕石　S＝山砂・砕砂
普通JIS取得(GBRC)

㈱三好建材
1972年4月22日設立　資本金3200万円
従業員38名　出資＝(自)100%
◉本社＝〒728－0403　三次市君田町藤兼399－3
☎0824－53－2311・FAX0824－53－2312
✉miyoshi2@p1.pionet.ne.jp
代表取締役三好裕文　取締役三好雅子
ISO 9001取得
◉生コンクリート工場＝〒728－0403　三次市君田町藤兼365－1
☎0824－53－2316・FAX0824－53－2317
✉miyoshi5@p1.pionet.ne.jp
工場長内田忠
従業員7名(主任技士1名・技士3名・診断士2名)
1975年7月操業2023年4月更新1670×1(二軸)　ＰＳＭ日工　麻生　シーカポゾリス・シーカビスコクリート　車大型×4台・中型×5台
2023年出荷5千㎥
G＝砕石　S＝砕砂・加工砂
普通・舗装JIS取得(GBRC)

森近石材㈲
1963年2月23日設立　資本金500万円　従業員26名　出資＝(自)100%
◉本社＝〒720－0311　福山市沼隈町大字草深2564－2
☎084－987－2133・FAX084－987－2714
✉moritika@orion.ocn.ne.jp
代表取締役森近良友　取締役森近洋治・森近功子・森近尚広・森近昌晃
◉生コン工場＝〒720－0312　福山市沼隈町大字能登原字小桜2493－13
☎084－987－0642・FAX084－987－5021
✉moritika.namakon@silk.ocn.ne.jp
工場長門田浩
従業員12名(技士3名)
1970年9月操業1982年8月更新1500×1(二軸)　ＰＳＭ日工　UBE三菱　シーカポゾリス・シーカビスコクリート　車大型×5台・小型×8台
2023年出荷9千㎥、2024年出荷9千㎥
G＝砕石　S＝石灰砕砂・砕砂
普通JIS取得(GBRC)

山県東部生コン㈱
1972年5月25日設立　資本金1000万円
従業員17名　出資＝(自)74%・(セ)10%・(他)16%
◉本社＝〒731－1533　山県郡北広島町有田676－1
☎0826－72－4083・FAX0826－72－5083
代表取締役社長竹本和道　取締役大野義信・計田信夫　監査役朝倉敏
◉工場＝本社に同じ
工場長沼田清美
従業員17名(技士5名)
1973年1月操業1988年11月更新2000×1(二軸)　ＰＳＭ光洋機械　太平洋　シーカビスコフロー　車大型×6台・中型×5台
2023年出荷15千㎥、2024年出荷16千㎥
G＝砕石　S＝山砂・砕砂
普通JIS取得(IC)

㈱山平組
1972年1月1日設立　資本金3000万円　従業員42名　出資＝(自)100%
◉本社＝〒729－3305　世羅郡世羅町大字別迫711
☎0847－24－0111・FAX0847－24－0035
代表取締役会長山平正登　取締役桑木政行・山平孝吉
◉赤屋生コン工場＝〒729－3304　世羅郡世羅町大字赤屋字長者ヶ原22－1
☎0847－24－0226・FAX0847－24－0229
工場長松井光規
従業員11名(技士2名)
1980年4月操業1994年10月更新1500×1(二軸)　ＰＳＭ日工　UBE三菱　車大型×4台・中型×3台
G＝砕石　S＝加工砂
普通・舗装JIS取得(GBRC)

㈱横山建設
1968年8月1日設立　資本金2000万円　従業員34名　出資＝(自)100%
◉本社＝〒731－4213　安芸郡熊野町萩原8－7－8
☎082－854－0317・FAX082－854－7346
URL http://yokoyamakensetsu.sakura.ne.jp
代表取締役横山隆生
◉生コン部＝〒731－4200　安芸郡熊野町字深原平2673－1
☎082－854－8335・FAX082－854－8449
✉yokoyama-namakon@iaa.itkeeper.ne.jp
工場長兵後知範
従業員20名(技士4名)
1970年9月操業2014年1月更新1700×1(二軸)　ＰＳＭ北川鉄工　UBE三菱　フローリック・シーカポゾリス　車大型×8台・中型×6台・小型×1台
2023年出荷43千㎥、2024年出荷36千㎥
G＝砕石　S＝砕砂
普通・舗装JIS取得(JTCCM)

山口県

岩国共同生コン㈱
1996年12月17日設立　資本金2000万円
従業員9名　出資＝(他)100％
◉本社＝〒741－0092　岩国市多田2－101－8
☎0827－41－2121・FAX0827－43－5162
✉kyod10@kyodocon.co.jp
代表取締役社長田中孝彦
◉岩国工場＝本社に同じ
工場長小川清澄
従業員6名(主任技士3名・技士3名)
1997年1月操業2000年3月S2001年5月PM改造3000×1　PM光洋機械(旧石川島)S光洋機械　太平洋・トクヤマ　フローリック・シーカポゾリス　車大型×10台・小型×2台〔傭車：徳山通運㈱〕
2023年出荷19千㎥、2024年出荷19千㎥(高流動400㎥・水中不分離5㎥)
G＝砕石　S＝山砂・石灰砕砂・砕砂
普通・舗装JIS取得(GBRC)
◉玖北工場＝〒740－0722　岩国市錦町中ノ瀬519－1
☎0827－73－0111・FAX0827－73－0620
✉kuhoku@sea.icn-tv.ne.jp
工場長神田明道
従業員5名(主任技士2名)
1993年2月操業2010年1月更新1100×1(二軸)　PSM日工　太平洋・トクヤマ　フローリック・シーカポゾリス　車大型×3台・小型×3台〔傭車：徳山通運㈱〕
2023年出荷5千㎥、2024年出荷6千㎥
G＝砕石　S＝石灰砕砂・砕砂
普通・舗装JIS取得(GBRC)

岩国コンクリート㈱
1963年7月19日設立　資本金2600万円
従業員8名　出資＝(自)96.8％・(他)3.2％
◉本社＝〒741－0092　岩国市多田3－101－10
☎0827－43－4111・FAX0827－43－3919
✉iwacon@goda-sangyo.co.jp
代表取締役合田尚義・村中三郎　取締役尾川達夫・小早川敏　監査役藤川伸
◉工場＝本社に同じ
工場長吉永通明
従業員8名(主任技士2名・技士3名・診断士2名)
1963年7月操業2021年5月更新2800×1(二軸)　PSM光洋機械　太平洋　フローリック・ビスコクリート　車大型×11台・小型×5台〔傭車：冨岡資材㈱〕
2023年出荷35千㎥、2024年出荷34千㎥(水中不分離30㎥)
G＝砕石　S＝石灰砕砂・砕砂
普通・舗装JIS取得(GBRC)
※松屋産業㈱スーパーベトン岩国工場、三計資材㈱生コン工場、中国明信産業㈱より生産受託

㈱エコミックス
2009年8月1日設立　資本金1200万円
◉本社＝〒742－0021　柳井市柳井1717－1
☎0820－22－5100・FAX0820－22－5102
代表取締役社長藤永清正
◉柳井工場＝〒742－0021　柳井市柳井1717－1
☎0820－22－5086・FAX0820－23－0293
✉eco-mix.yanai@solid.ocn.ne.jp
工場長酒井大輔
従業員8名
1973年11月操業2000×1　PSM日工　UBE三菱・日鉄高炉　ヤマソー・マイティ　車大型×4台・小型×4台
2023年出荷10千㎥、2024年出荷8千㎥
G＝砕石　S＝石灰砕砂・砕砂
普通JIS取得(JTCCM)
◉田布施工場＝〒742－1502　熊毛郡田布施町波野384－6
☎0820－52－0100・FAX0820－51－0188
✉tabunama@mx36.tiki.ne.jp
責任者吉松孝博
従業員10名
1968年1月操業1981年6月更新2005年S改造1500×1　PMクリハラSテクノミヤギ　トクヤマ・太平洋　フローリック　車9台
2023年出荷11千㎥、2024年出荷9千㎥
G＝砕石　S＝石灰砕砂・砕砂
普通JIS取得(GBRC)
◉上関工場(旧コニコン㈱工場)(操業停止中)＝〒742－1403　熊毛郡上関町大字室津317－5
☎0820－62－1203・FAX0820－62－1211
1991年5月操業1500×1(二軸)　PSM日工

大野生コン㈲
1971年12月1日設立　資本金1000万円
従業員4名　出資＝(建)90％・(自)10％
◉本社＝〒742－2601　大島郡周防大島町大字神浦字東浜63
☎0820－75－1133・FAX0820－75－1244
✉o-kogyo@alpha.ocn.ne.jp
代表取締役大野富美子　役員神田洋・木村雅彦・菊田貴代美
◉工場＝本社に同じ
工場長藤岡敬
従業員4名(技士2名)
1973年8月操業1983年8月更新1000×1(二軸)　PSM日工　麻生　シーカポゾリス　車大型×3台・小型×3台
G＝砕石　S＝海砂
普通JIS取得(GBRC)

鹿野宇部コンクリート工業㈱
資本金3000万円
◉本社＝〒745－0304　周南市大字鹿野下一丁田2697
☎0834－68－2638・FAX0834－68－2639
取締役社長松尾和弘
◉工場＝本社に同じ
2000×1　UBE三菱
G＝砕石　S＝石灰砕砂・砕砂
普通・舗装JIS取得(JTCCM)

下松アサノコンクリート㈱
1972年1月21日設立　資本金3000万円
従業員1名　出資＝(セ)83％・(販)17％
◉本社＝〒744－0011　下松市大字西豊井字三谷屋1387－5
☎0833－41－3763・FAX0833－41－3764
代表取締役中沢聡　取締役合田尚義・山﨑学・朝倉敏　監査役清田忍
※周南共同生コン㈱に生産委託

コーウン産業㈱
1997年3月24日設立　資本金1億円　従業員29名　出資＝(他)100％
◉本社＝〒746－0027　周南市小川屋町1－5
☎0834－63－4100・FAX0834－64－1280
代表取締役社長升田伸治　取締役末次勝・友景圭一・中村潤一郎・原田茂雄　監査役森重泰宏
◉生コン部＝〒746－0027　周南市小川屋町1－5
☎0834－63－4150・FAX0834－64－1280
取締役末次勝
従業員13名(主任技士1名・技士5名)
1968年5月操業2022年8月更新2300×1　PSM光洋機械　太平洋　フローリック　車大型×12台(自社2台)・小型×3台(自社1台)〔傭車：トクヤマ海陸運送㈱・東進興業㈲・徳山通運㈱・㈱T.L.G〕
2023年出荷42千㎥、2024年出荷49千㎥
G＝砕石　S＝石灰砕砂・砕砂
普通・舗装JIS取得(GBRC)

サンヨー宇部㈱
1948年7月1日設立　資本金5000万円　従業員77名　出資＝(製)100％
◉本社＝〒753－0871　山口市朝田1091－1
☎083－922－3511・FAX083－922－6163
URL http://www.sanyo-ube.co.jp
✉info@sanyo-ube.co.jp
代表取締役大西利勝　取締役小西和夫・鍋田英俊・村上雅弘・福留伸一・松尾和弘・柴原良行　監査役早坂卓
◉山口工場＝〒753－0871　山口市朝田1091－1
☎083－924－2834・FAX083－928－2093

工場長内田浩嗣
従業員20名(主任技士3名・技士3名)
1968年4月操業1990年7月更新2500×1(二軸)　ＰＳＭ日工　UBE三菱　フローリック・チューポール　車大型×11台・小型×4台(秋穂工場共有)〔傭車：㈱シバタ通商〕
2023年出荷17千㎥
G＝砕石　S＝石灰砕砂・砕砂
普通・舗装JIS取得(JTCCM)
大臣認定単独取得(80N/mm²)
◉秋穂工場＝〒754－1101　山口市秋穂東3475－2
☎083－984－5021・FAX083－984－2918
✉hiroshi.uchida@sanyo-ube.co.jp
工場長内田浩嗣
従業員9名(主任技士3名・技士1名)
2001年7月操業1500×1(二軸)　ＰＳＭ日工　UBE三菱　フローリック・竹本　車大型×4台
2023年出荷17千㎥、2024年出荷17千㎥
G＝砕石　S＝石灰砕砂・砕砂
普通・舗装JIS取得(JTCCM)
大臣認定単独取得(80N/mm²)

芝田建設㈱・豊浦コンクリート工業
◉本社＝〒759－6301　下関市豊浦町大字川棚6386－2
☎083－772－3000・FAX083－772－1126
代表取締役社長芝田大作
◉工場＝〒759－6301　下関市豊浦町大字川棚11578
☎083－772－2411・FAX083－774－3109
✉toyocon@crocus.ocn.ne.jp
工場長長尾隆
従業員10名
1982年6月操業1670×1(二軸)　太平洋　チューポール　車大型×4台・小型×4台
2023年出荷6千㎥、2024年出荷8千㎥
G＝砕石　S＝砕砂・海砂
普通JIS取得(JTCCM)

シマダ㈱
1953年10月28日設立　資本金1億円　従業員92名　出資＝(自)100%
◉本店＝〒753－0214　山口市大内御堀3273－5
☎083－941－2083・FAX083－927－8267
URL http://www.shmd.co.jp
✉shimada@shmd.co.jp
代表取締役社長嶋田広樹　専務取締役三浦政則　取締役長井彰市・岸本明浩・嶋田惟
ISO 9001・14001・OHSAS 18001取得(建設部門)
◉生コン部＝〒753－0011　山口市宮野下字定井手1158
☎083－922－1228・FAX083－922－1284
工場長水津俊和
従業員9名(主任技士2名・技士4名・診断士1名)
1968年9月操業1994年5月更新2250×1(二軸)　ＰＳＭ日工　トクヤマ　フローリック・シーカジャパン・竹本　車大型×5台〔傭車：青木運輸㈱〕・小型×3台
G＝砕石　S＝石灰砕砂・砕砂
普通JIS取得(JTCCM)
※徳地共同生コン㈱より生産受託

下関工業㈱
1944年9月5日設立　資本金2000万円　従業員20名　出資＝(自)100%
◉本社＝〒750－0441　下関市豊田町大字中村386
☎083－766－0206・FAX083－766－1517
代表取締役中谷祐二　取締役爪田徳男　監査役中原範雄
◉豊田生コン工場＝本社に同じ
工場長木下博康
従業員6名(主任技士2名)
1972年9月操業1996年7月更新1500×1　ＰＳＭ日工　日鉄高炉・麻生・UBE三菱　シーカポゾリス　車〔傭車：三河商事㈲〕
G＝砕石　S＝海砂・石灰砕砂
普通・舗装JIS取得(JTCCM)

下関生コンクリート㈱
2003年4月1日設立　資本金1500万円　従業員6名　出資＝(他)100%
◉本社＝〒752－0997　下関市大字前田字陣屋416
☎083－231－3942・FAX083－231－5340
✉shimonama@shirt.ocn.ne.jp
代表取締役林敏一・下石真一郎・川原章吾　取締役中谷悦治・松尾和弘・山口昭博
◉工場＝本社に同じ
工場長橋本勝昭
従業員6名(主任技士2名・技士4名)
1999年7月継承2015年9月更新1750×1(二軸)　ＰＳＭ光洋機械　UBE三菱　フローリック・ヤマソー・シーカビスコクリート・チューポール　車大型×6台・小型×3台
2023年出荷31千㎥、2024年出荷26千㎥(高強度1383㎥・ポーラス198㎥)
G＝砕石　S＝石灰砕砂・砕砂
普通・高強度JIS取得(JTCCM)
大臣認定単独取得(60N/mm²)

周南共同生コン㈱
(萩森興産㈱と下松アサノコンクリート㈱より生産受託)
2002年4月1日設立　資本金2000万円　従業員7名　出資＝(販)50%・(販)50%
◉本社＝〒744－0011　下松市大字西豊井字三谷屋1387－5
☎0833－41－3561・FAX0833－41－3714
✉syunancon@dolphin.ocn.ne.jp
代表取締役社長古本誠一　代表取締役中沢聡　取締役松尾和弘・山﨑学　監査役清田忍・辻田慶志
◉工場＝本社に同じ
工場長林利浩
従業員7名(主任技士3名・技士3名・診断士2名)
1972年5月操業2008年1月更新2250×1(二軸)　ＰＳＭ日工　太平洋・UBE三菱　フローリック・シーカポゾリス・シーカビスコクリート　車大型×4台・中型×1台〔傭車：吉田海運㈱〕
2023年出荷25千㎥、2024年出荷27千㎥
G＝砕石　S＝石灰砕砂・砕砂
普通・舗装JIS取得(GBRC)

㈱周防大島生コン
(㈱ファルコンと㈲東生コンより生産受託)
2005年4月1日設立　資本金1000万円　従業員4名　出資＝(自)70%・30%
◉事業所＝〒742－2301　大島郡周防大島町久賀5130－4
☎0820－79－0233・FAX0820－79－0221
◉大島工場＝〒742－2105　大島郡周防大島町大字小松開作1023－1
☎0820－74－2380・FAX0820－74－2560
工場長大野浩司
従業員5名(主任技士1名・技士2名)
1970年4月操業1000×1　ＰＳＭ日工　トクヤマ　車〔傭車：ユタカ産業㈱〕
2023年出荷15千㎥、2024年出荷13千㎥
G＝石灰砕石　S＝海砂・石灰砕砂
普通JIS取得(JTCCM)

西部徳山生コンクリート㈱
1963年11月6日設立　資本金10000万円　従業員20名　出資＝(セ)100%
◉本社＝〒745－0053　周南市御影町1－1
☎0834－34－2372・FAX0834－27－0371
✉t.ishikawa.47@tokuyamagr.com
代表取締役社長山手孝昭　取締役川本隆次・藤田敦信・河本年史　監査役中野浩二
◉徳山工場＝本社に同じ
工場長山手孝昭
従業員12名
2006年9月更新2250×1(二軸)　トクヤマ　車大型×8台・小型×1台〔傭車：トクヤマ海陸運送㈱〕
2023年出荷16千㎥、2024年出荷20千㎥(水中不分離58㎥)
G＝砕石　S＝石灰砕砂・砕砂
普通・舗装JIS取得(JTCCM)

㈱関谷
1972年11月1日設立　資本金3500万円

従業員15名　出資＝(自)100％
◉本社＝〒753－0212　山口市下小鯖10365－2
☎083－927－2526・FAX083－927－5330
URL https://www.sekitani.net/
✉sekitani.con@car.ocn.ne.jp
代表取締役松本隆博　取締役田口亮太・田口ちひろ・藤田美佐夫　監査役本田康宏
◉工場＝本社に同じ
工場長藤田美佐夫
従業員15名(主任技士1名・技士5名)
1976年7月操業1986年9月Ｐ2001年8月Ｓ2008年Ｍ改造1750×1(二軸)　ＰＳＭ光洋機械(旧石川島)　麻生　チューポール・フローリック・シーカジャパン　車大型×6台・中型×2台・小型×5台
2023年出荷12千㎥、2024年出荷12千㎥
G＝砕石　S＝石灰砕砂・砕砂
普通JIS取得(GBRC)

瀬戸内建設㈱
1982年3月31日設立　資本金1600万円
従業員38名　出資＝(自)100％
◉本社＝〒745－0651　周南市大字大河内2262－2
☎0833－91－0831・FAX0833－91－5691
代表取締役坊邦清　取締役坊清一・坊ツチエ　監査役瀬戸美代子
◉工場(操業停止中)＝本社に同じ
1992年5月ＰＭ1994年12月Ｓ改造1500×1　ＰＳＭ光洋機械(旧石川島)

中国開発コンクリート㈱
1967年7月19日設立　資本金2000万円
従業員29名　出資＝(自)100％
◉本社＝〒741－0092　岩国市多田八幡原116
☎0827－43－0678・FAX0827－43－4433
✉info@cec-n.co.jp
代表取締役村岡茂孝　取締役村岡洋子・村岡達雄・村岡亮太郎・小澤年史・村岡ひとみ・村岡直美　監査役村岡典子
◉岩国工場＝本社に同じ
工場長出合進
従業員29名(主任技士1名・技士4名)
1983年1月操業1993年6月更新2500×1(二軸)　ＰＳＭ光洋機械　トクヤマ　フローリック・シーカジャパン　車大型×8台・中型×2台
G＝砕石　S＝石灰砕砂・砕砂
普通・舗装JIS取得(GBRC)

長陽コンクリート㈱
◉本社＝〒757－0003　山陽小野田市大字山野井字穴角1878－106
☎0836－76－0922
代表者豊嶋憲二
◉山陽生コン工場＝本社に同じ
工場長豊嶋憲二
1670×1　太平洋
普通JIS取得(JTCCM)

徳林工業㈱
1966年12月16日設立　資本金3000万円
従業員25名　出資＝(自)100％
◉本社＝〒747－0231　山口市徳地堀1680－1
☎083－552－0223・FAX083－552－0220
✉tokurin@tokurin.co.jp
代表取締役林茂生　取締役近森英治・小椋靖之　監査役近森博美
◉生コン工場＝〒747－0231　山口市徳地堀字下前原4172－1
☎083－552－0133・FAX083－552－1802
工場長林茂生
従業員25名(主任技士2名・技士3名)
2000年6月操業3000×1　トクヤマ　車大型×5台・中型×4台・小型×1台
G＝砕石　S＝海砂・砕砂
普通・舗装JIS取得(JTCCM)

㈲生コンながと
(長門小野田レミコン㈱、長門コンクリート工業㈱、㈱三隅コンクリートより生産受託)
2003年4月設立　資本金3000万円　従業員17名　出資＝(自)100％
◉本社＝〒759－4102　長門市西深川1374－1
☎0837－23－3103・FAX0837－22－6100
✉namacon-nagato@train.ocn.ne.jp
代表取締役黒瀬正　取締役中原文典・安藤繁之
◉工場＝本社に同じ
工場長中原一樹
従業員17名(技士3名)
1967年7月操業2014年5月更新2300×1(二軸)　ＰＳＭ北川鉄工　UBE三菱　シーカポゾリス・シーカビスコクリート　車大型×7台・小型×3台
2024年出荷17千㎥(高流動3133㎥)
G＝砕石　S＝石灰砕砂
普通JIS取得(GBRC)

㈲錦生コン
1968年6月1日設立　資本金1000万円　従業員11名　出資＝(自)100％
◉本社＝〒741－0092　岩国市多田1－102－4
☎0827－43－0665・FAX0827－43－0773
✉nishiki418@jeans.ocn.ne.jp
代表取締役社長西山隆宏
◉工場＝本社に同じ
工場長春田孝之
従業員11名(主任技士1名・技士2名)
1968年6月操業2014年5月更新1670×1(二軸)　ＰＳＭ日工　UBE三菱　フローリック　車大型×7台・中型×6台
G＝砕石　S＝石灰砕砂・砕砂
普通・舗装JIS取得(GBRC)

西中国コンクリート㈱
◉本社＝〒752－0927　下関市長府扇町8－38
☎083－249－0942
◉工場＝本社に同じ
普通JIS取得(JTCCM)

日産コンクリート工業㈱
1958年7月15日設立　資本金2000万円
従業員10名　出資＝(自)100％
◉本社＝〒751－0826　下関市後田町5－1－6
☎083－222－1131・FAX083－222－9802
✉buchan@mx51.tiki.ne.jp
代表取締役社長田渕清隆
◉工場＝〒751－0816　下関市椋野町2－2－48
☎083－223－2323・FAX083－222－9802
工場長田渕清隆
従業員10名(主任技士1名・技士2名)
1965年7月操業2006年4月更新1670×1　ＰＳＭ日工　トクヤマ　フローリック　車大型×5台・中型×5台
2023年出荷20千㎥、2024年出荷18千㎥
G＝砕石　S＝海砂・砕砂
普通JIS取得(JTCCM)
大臣認定単独取得(60N/㎟)

ニッタイコンクリート工業㈱
◉本社＝大阪府参照
◉奈古工場＝〒759－3622　阿武郡阿武町大字奈古字西2757－1
☎08388－2－2311・FAX08388－2－2001
✉con-nago@nittaihagi-con.com
工場長清水和彦
従業員14名(主任技士1名・技士4名)
1987年11月操業1990年3月更新1500×1(二軸)　ＰＳＭ北川鉄工　太平洋・トクヤマ　フローリック　車大型×3台・中型×4台・小型×1台
G＝砕石　S＝石灰砕砂
普通JIS取得(JTCCM)

萩アサノコンクリート㈱
1971年8月20日設立　資本金2400万円
従業員2名　出資＝(セ)60.43％・(建)20.83％・(販)8.33％・(他)10.41％
◉本社＝〒758－0141　萩市川上1561
☎0838－54－2339・FAX0838－54－2345
✉hagiasano@e-hagi.jp
代表取締役中沢聡　取締役松村孝明・山﨑学　監査役清田忍
※萩開発生コン㈱に生産委託

萩宇部生コンクリート㈱
1965年1月10日設立　資本金1000万円
従業員3名　出資＝(自)62.5％・(セ)25％・(販)12.5％
◉本社＝〒758－0025　萩市大字土原150－1
☎0838－25－1111・FAX0838－25－7770
代表取締役社長井町嘉助　取締役井町弘恵・福留伸一　監査役波多野俊裕
※萩開発生コン㈱に生産委託

萩開発生コン㈱
(萩アサノコンクリート㈱と萩宇部生コンクリート㈱より生産受託)
1996年8月30日設立　資本金2000万円
従業員20名　出資＝(販)100％
◉本社＝〒758－0141　萩市川上5330－1
☎0838－54－5555・FAX0838－54－2777
✉hagikaihatsu@e-hagi.jp
代表取締役社長井町嘉助　専務取締役中沢聡　取締役会長井町實　取締役松村孝明・福留伸一・山崎学　監査役波多野俊裕・上野豊佳
◉川上工場＝本社に同じ
工場長浅野伸也
従業員20名(主任技士2名・技士5名)
1965年2月操業2008年6月更新2300×1(二軸)　ＰＳＭ北川鉄工　太平洋・UBE三菱　シーカビスコフロー・シーカビスコクリート　車大型×7台・中型×6台・小型×2台
2023年出荷13千㎥、2024年出荷17千㎥
G＝砕石　S＝海砂・石灰砕砂
普通・舗装JIS取得(JTCCM)

萩森興産㈱
1938年8月10日設立　資本金2億8245万円
従業員73名　出資＝(セ)100％
◉本社＝〒755－0001　宇部市大字沖宇部525－125
☎0836－31－1678・FAX0836－21－4554
URL http://www.hagimori.co.jp
代表取締役社長松尾和弘　取締役溝口徹・黒澤功・福留伸一・柴原良行　監査役早坂卓・竹光雅信
ISO 45001：2018取得
◉宇部工場＝〒755－0001　宇部市大字沖宇部字沖の山525－6
☎0836－31－1166・FAX0836－31－3108
工場長中冨宜紀
従業員18名(主任技士4名・技士4名)
第1P＝1963年3月操業2006年1月更新3250×1(二軸)　ＰＳＭ光洋機械
第2P＝1971年12月操業2021年2月更新2800×1(二軸)　ＰＳＭ光洋機械　UBE三菱　ヴィンソル・フローリック・ヤマソー・チューポール・シーカ　車大型×19台・小型×7台〔傭車：長栄自動車㈱〕
2023年出荷52千㎥、2024年出荷42千㎥
(水中不分離144㎥)
G＝砕石　S＝石灰砕砂・砕砂
普通・舗装JIS取得(JTCCM)
ISO 45001：2018取得
大臣認定単独取得(80N/mm²)
◉美祢工場＝〒759－2222　美祢市伊佐町伊佐字寺ヶ浴4345
☎0837－52－1012・FAX0837－52－1360
工場長杉山拓也
従業員6名(主任技士1名・技士4名)
1967年10月操業1991年8月更新2000×1(二軸)　ＰＳＭ光洋機械　UBE三菱　ヤマソー・チューポール　車大型×5台・小型×4台〔傭車：長栄自動車㈱〕
2023年出荷14千㎥、2024年出荷11千㎥
G＝砕石　S＝石灰砕砂・砕砂
普通・舗装JIS取得(JTCCM)
ISO 45001取得
※サンヨー宇部㈱より一部生産受託
◉下関営業所＝〒752－0997　下関市前田1－14－21
☎0832－31－2191
所長下石真一郎
※下関生コンクリート㈱へ生産委託
◉山口営業所＝〒753－0871　山口市朝田1091－1　サンヨー宇部㈱内
☎083－923－1050・FAX083－923－1050
所長高橋正篤
※㈱サンヨー宇部㈱へ生産委託
◉下松営業所＝〒744－0011　下松市大字西豊井字三谷屋1387－5
☎0833－41－4011・FAX0833－41－3797
所長古本誠一
※周南共同生コン㈱へ生産委託

㈱ファノス
1957年4月15日設立　資本金9500万円
従業員138名　出資＝(自)100％
◉本社＝〒743－0063　光市島田2－23－10
☎0833－71－1010・FAX0833－71－0603
URL http://www.phanos.co.jp
✉center@phanos.co.jp
代表取締役社長河野正太郎　常務取締役中村仁志　取締役白倉達信・瀧下信彦・的場政浩・河野美季・松本利幸
◉光工場＝〒743－0021　光市浅江6－18－58
☎0833－71－2277・FAX0833－71－0250
✉hikari@phanos.co.jp
工場長藤村大輔
従業員16名(主任技士3名・技士2名)
1967年5月操業2022年更新2300×1(二軸)　ＰＳＭ北川鉄工　日鉄高炉・トクヤマ　シーカジャパン・フローリック　車大型×7台・小型×3台〔傭車：河野生コン販売㈱〕
2023年出荷18千㎥
G＝砕石　S＝海砂・石灰砕砂
普通・舗装JIS取得(JTCCM)
◉下松工場＝〒744－0023　下松市末武中鳥越1135
☎0833－41－3220・FAX0833－41－2223
✉kudamatsu@phanos.co.jp
工場長藤村大輔
従業員10名(主任技士1名・技士2名)
1970年2月操業1991年5月更新2500×1(二軸)　ＰＳＭ北川鉄工(旧日本建機)　トクヤマ　フローリック　車大型×5台〔傭車：河野生コン販売㈱〕
2023年出荷20千㎥
G＝砕石　S＝石灰砕砂・砕砂
普通JIS取得(JTCCM)
◉下関工場(旧西長門コンクリート㈱工場)＝〒759－5512　下関市豊北町大字田耕4138－2
☎083－783－0221・FAX083－783－0222
✉shimonoseki@phanos.co.jp
工場長溝口光芳
従業員9名(主任技士1名・技士1名・診断士1名)
1977年11月操業1992年5月更新2000×1(二軸)　ＰＳＭ日工　トクヤマ・日鉄高炉　フローリック　車大型×3台・中型×3台・小型×1台〔傭車：河野生コン販売㈱〕
2023年出荷5千㎥、2024年出荷4千㎥
G＝砕石　S＝石灰砕砂・砕砂
普通JIS取得(JTCCM)
※城南島工場＝東京都参照

㈱ファルコン
1998年7月28日設立　資本金3000万円
従業員1名　出資＝(自)100％
◉本社＝〒742－2105　大島郡周防大島町大字小松開作1023－1
☎08207－4－3280・FAX08207－4－2560
代表取締役迫田輝男　取締役迫田正美・迫田和彦
※㈱周防大島生コンに生産委託

防府共同生コン㈱
(中国菱光㈱、西部徳山生コンクリート㈱、㈱竜陽より生産受託)
2009年6月15日設立　資本金3000万円
従業員9名
◉本社＝〒747－0054　防府市開出西町23－10
☎0835－22－7273・FAX0835－22－7313
✉ueda.h78@dune.ocn.ne.jp
代表取締役社長田中孝彦　代表取締役副社長三浦征樹・山手孝昭　取締役川本隆次・林訓靖・阿部裕克・本居貴利・米田渉・安永秀之
◉工場＝本社に同じ
取締役工場長川本隆次
従業員9名(主任技士3名・技士4名)
1967年1月操業2016年9月更新2250×1(二軸)　ＰＳＭ日工　太平洋・UBE三菱・

トクヤマ　フローリック・シーカジャパン　車大型×8台・小型×3台〔傭車：青木運輸㈱〕
2023年出荷41千㎥、2024年出荷38千㎥
G＝砕石　S＝石灰砕砂・砕砂
普通・舗装JIS取得（JTCCM）

㈲北新
1975年4月1日設立　資本金1000万円　従業員5名　出資＝（自）100％
◉本社＝〒745－0122　周南市大字須々万本郷561
☎0834－88－1048・FAX0834－88－2155
✉hokushin.concrete@gmail.com
取締役藤井秀代　監査役藤井勝駿
◉長穂工場＝〒745－0125　周南市大字長穂300
☎0834－88－1048・FAX0834－88－2155
取締役藤井秀代
従業員4名（技士1名）
1974年8月操業2014年8月更新1250×1（二軸）　ＰＳＭ日工　トクヤマ　フローリック　車大型×3台・中型×3台・小型×1台
G＝砕石　S＝海砂・砕砂
普通JIS取得（MSA）

益田興産㈱
◉本社＝島根県参照
◉徳佐工場＝〒759－1513　山口市阿東徳佐下1542－1
☎083－956－0141・FAX083－956－0142
取締役本部長桑嶋政徳　工場長河野正敏
従業員14名（主任技士1名・技士2名）
1974年1月操業2015年1月更新1670×1　ＰＳＭ日工　UBE三菱　フローリック　車大型×4台・中型×6台・小型×1台
2023年出荷9千㎥
G＝砕石　S＝海砂・砕砂
普通JIS取得（JTCCM）
※益田宇部生コンクリート工場＝島根県参照

松屋産業㈱
1948年12月16日設立　資本金5000万円　従業員19名　出資＝（自）100％
◉本社＝〒741－0092　岩国市多田3－112－10
☎0827－43－3211・FAX0827－43－3213
URL http://www.namacon.com
✉s-beton@lmcc.com
代表取締役松塚展門　専務取締役松塚美佳子
◉スーパーベトン岩国工場（操業停止中）＝本社に同じ
1977年6月操業3000×1（二軸）　ＰＳＭ光洋機械（旧石川島）
※岩国コンクリート㈱工場に生産委託

㈱三隅コンクリート
1972年8月21日設立　資本金1500万円
出資＝（販）14％・（自）2％・（建）68％・（製）4％・（他）12％
◉本社＝〒759－3803　長門市三隅下2378－30
☎0837－43－1403・FAX0837－43－0424
✉misumi-con@lake.ocn.ne.jp
代表取締役安藤光吉　取締役市川信博・安藤繁之　監査役岡本貢
※㈲生コンながとに生産委託

三計資材㈱
1975年8月1日設立　資本金1000万円　従業員4名　出資＝（自）100％
◉本社＝〒740－1424　岩国市由宇町港2－20－1
☎0827－63－0245・FAX0827－63－0214
代表取締役三計正之　取締役三計貴嗣・三計裕雅
※岩国コンクリート㈱工場に生産委託

㈱宮本建材
1979年1月設立　資本金1000万円　従業員45名　出資＝（自）100％
◉本社＝〒747－0014　防府市江泊315－1
☎0835－38－0136・FAX0835－38－0525
代表取締役宮本俊亮　取締役宮本輝勝・宮本正剛
◉生コン工場＝〒747－0824　防府市新築地町6－3
☎0835－21－8588・FAX0835－21－8885
✉miyaken101@poem.ocn.ne.jp
工場長宮本正剛
従業員16名（主任技士3名・技士2名）
1986年12月操業2001年5月Ｐ1991年5月ＳＭ更新1670×1　ＰＳＭ日工　太平洋・麻生　車大型×10台・中型×5台・小型×2台〔傭車：杖坂陸運〕
G＝砕石　S＝海砂・石灰砕砂
普通・舗装JIS取得（GBRC）

山口小野田レミコン㈱
1963年9月11日設立　資本金3000万円　従業員33名　出資＝（セ）63.3％・（販）36.7％
◉本社＝〒756－0815　山陽小野田市高栄3－7－1
☎0836－83－3342・FAX0836－83－3635
URL http://www.yamaguchi-or.co.jp
✉honsha@yamaguchi-or.co.jp
代表取締役社長鶴森栄一　専務取締役小山健司　常務取締役藤井幸夫　取締役森本潔
◉小野田工場＝〒756－0815　山陽小野田市高栄3－7－1
☎0836－83－3100・FAX0836－83－8415
✉onoda-fa@yamaguchi-or.co.jp
工場長中岡誉志
従業員7名（主任技士2名）
1963年9月操業1991年10月Ｓ1993年4月ＰＭ改造3000×1　ＰＳＭ北川鉄工（旧日本建機）　太平洋　シーカポゾリス・シーカビスコクリート・シーカコントロール・チューポール　車大型×6台・小型×2台〔傭車：嶋田工業㈱〕
2023年出荷30千㎥、2024年出荷19千㎥
G＝砕石　S＝石灰砕砂
普通JIS取得（GBRC）
◉下関工場＝〒751－0886　下関市大字石原字堂籠12－1
☎083－256－2126・FAX083－256－2128
✉shimonoseki-fa@yamaguchi-or.co.jp
工場長佐野浩志
従業員6名（主任技士2名・技士2名）
1967年11月操業2008年1月更新2500×1（二軸）　ＰＳＭ光洋機械　太平洋　フローリック　車大型×11台・小型×1台〔傭車：㈲長岡サンコー〕
2023年出荷28千㎥、2024年出荷33千㎥（高強度6800㎥）
G＝砕石　S＝石灰砕砂・砕砂
普通JIS取得（GBRC）
大臣認定単独取得（72N/mm²）
◉厚狭工場＝〒757－0004　山陽小野田市大字山川字1丁田190－1
☎0836－72－1029・FAX0836－72－1470
✉asa-fa@yamaguchi-or.co.jp
工場長今田康一
従業員6名（主任技士2名・技士2名）
1971年5月操業2016年10月更新2300×1（二軸）　ＰＭ光洋機械Ｓパシフィックシステム　太平洋　シーカポゾリス・シーカビスコクリート・シーカコントロール・チューポール　車大型×5台・小型×1台〔傭車：嶋田工業㈱〕
2023年出荷13千㎥
G＝砕石　S＝石灰砕砂
普通JIS取得（GBRC）
◉山口工場＝〒754－0001　山口市小郡上郷5226
☎083－974－2280・FAX083－974－2278
✉kouhei-kitamura@yamaguchi-or.co.jp
工場長北村耕平
従業員6名（主任技士2名・技士1名・診断士1名）
1998年1月操業2500×1　ＰＳＭ光洋機械（旧石川島）　太平洋　フローリック・シーカポゾリス　車大型×5台・小型×2台〔傭車：嶋田工業㈱〕
2023年出荷11千㎥、2024年出荷14千㎥
G＝砕石　S＝石灰砕砂・砕砂
普通JIS取得（GBRC）

㈱竜陽
1976年9月11日設立　資本金2000万円　従業員37名
◉本社＝〒740－0022　岩国市山手町1－2

－14
☎0827－22－3320・FAX0827－22－0196
URL http : //ryuyo.co.jp
代表取締役田中孝彦
※防府共同生コン㈱・広島太平洋共同生コン㈱・岩国共同生コン㈱に生産委託

鳥取県

㈱ケートス
（小鴨生コン㈱、倉吉生コン㈱、関金生コン㈱より生産受託）
◉本社＝〒689－2104　東伯郡北栄町弓原48
代表取締役井木久博・大島雅広
◉北栄工場＝〒689－2202　東伯郡北栄町東園554
☎0858－37－3621・FAX0858－37－3623
1967年8月操業1989年7月ＰＳ1999年5月M改造1750×1（二軸）　ＰＳＭ北川鉄工（旧日本建機）
◉倉吉工場＝〒682－0932　倉吉市蔵内237
☎0858－28－1511・FAX0858－28－1533
従業員13名
1973年1月操業2004年1月更新1750×1（二軸）　ＰＳＭ北川鉄工　住友大阪　車大型×9台・中型×2台
普通JIS取得（GBRC）

郡家コンクリート工業㈱
1971年5月30日設立　資本金1000万円
従業員25名　出資＝（自）100％
◉本社＝〒680－0427　八頭郡八頭町奥谷206－1
☎0858－72－1154・FAX0858－72－1614
URL https://kooge.co/
✉info@kooge.co
代表取締役社長山根正樹　常務取締役川本富二男
◉工場＝本社に同じ
従業員25名（主任技士1名・技士4名・診断士1名）
1971年5月操業2019年1月更新1700×1
ＰＭ北川鉄工Ｓ鎌長製衡　住友大阪　シーカポゾリス・シーカポゾリス　車大型×4台・中型×1台
2023年出荷8千㎥、2024年出荷14千㎥
G＝砕石　S＝陸砂・砕砂
普通JIS取得（IC）

湖北生コン㈱
2021年2月1日設立　資本金3000万円　従業員25名
◉本社＝〒680－0947　鳥取市湖山町西4－261
☎0857－54－1550・FAX0857－54－1570
代表取締役岡田幸一郎　取締役米村知久・加藤宏・田中直美・田中直樹・鶴石健治　監査役森田則男・網田良枝
◉工場（旧やまこう生コン㈱工場）＝本社に同じ
責任者米村知久
従業員24名
1973年12月操業1992年5月更新2000×1（二軸）　ＰＳＭ北川鉄工（旧日本建機）
普通JIS取得（IC）
※共立建設協同組合、白兎生コン㈱、やまこう生コン㈱より生産受託

サワタ建設㈱
1984年4月9日設立　資本金3300万円　従業員73名　出資＝（自）100％
◉本社＝〒689－5213　日野郡日南町丸山340－1
☎0859－82－0335・FAX0859－82－0471
✉info@sawatakensetsu.co.jp
代表取締役澤田信介　取締役澤田真由美　監査役澤田大志
◉生コン工場＝〒689－5213　日野郡日南町丸山2143－2
☎0859－82－1365・FAX0859－82－0466
工場長荒木春美
従業員11名（技士4名）
1971年11月操業1995年5月ＰＭ2013年9月Ｓ改造1500×1　ＰＭ日工Ｓ光洋機械　太平洋　フローリック　車大型×5台・小型×5台
2023年出荷10千㎥、2024年出荷14千㎥
G＝砕石　S＝石灰砕砂・加工砂
普通・舗装JIS取得（GBRC）

スライヴ生コン㈱
2021年3月1日設立　資本金800万円　従業員18名
◉本社＝〒680－0921　鳥取市古海536－1
☎0857－32－8201・FAX0857－29－1042
代表取締役社長田中恒夫
◉工場（旧鳥取生コンクリート㈱工場）＝本社に同じ
1966年6月操業2015年1月更新2300×1
ＰＳＭ北川鉄工
2023年出荷22千㎥、2024年出荷25千㎥
G＝砕石　S＝砕砂
普通JIS取得（IC）
※鳥取生コンクリート㈱、八頭生コン協同組合より生産受託

㈱大山生コン
1992年9月18日設立　資本金5620万円
出資＝（建）100％
◉本社＝〒689－3224　西伯郡大山町高田1248
☎0859－54－4811・FAX0859－54－4813
✉daisennamakon@sea.chukai.ne.jp
代表取締役社長野津健市　代表取締役会長仁宮修　取締役松浦啓介・金田勝・西澤賢史・武良靖之・但田拓志・石本克之
※加藤商事㈱、㈱はしまや、米子宇部コンクリート工業㈱、米子菱光コンクリート㈱と伯耆生コン㈱を設立。同社に生産委託。

㈱チズコン
1977年8月1日設立　資本金1000万円　従業員15名　出資＝（自）100％
◉本社＝〒680－1167　鳥取市上味野字下狭間18
☎0857－53－3446
✉chizu1@hal.ne.jp
代表取締役玉木裕一　取締役山本悟・椋田隆博　監査役山本節
◉鳥取工場＝本社に同じ
従業員15名
2250×1　太平洋　車10台
G＝石灰砕石　S＝河川・陸砂

㈱中央生コン
（カネックス㈱、㈱フジコン、㈱岡田商店から生産受託）
2008年6月30日設立　資本金300万円　従業員8名
◉本社＝〒683－0102　米子市和田町2214－7
☎0859－25－3445・FAX0859－25－3446
✉chyuou@redy-mixd.com
代表取締役金田孝成　副社長岡田輝昭　取締役金田道英・内藤英二　監査役金田洋子
◉工場＝本社に同じ
工場長内田嘉浩
従業員8名（主任技士1名）
1999年5月操業3000×1（二軸）　ＰＳＭ光洋機械　太平洋・麻生　フローリック　車大型×7台・小型×1台〔傭車：カトウ産業㈱・日通山陰運輸㈱〕
G＝石灰砕石・砕石　S＝加工砂
普通・舗装JIS取得（GBRC）

中部小野田レミコン㈱
1969年10月17日設立　資本金1000万円
従業員17名　出資＝（セ）10％・（販）90％
◉本社＝〒682－0923　倉吉市鴨川町12－1
☎0858－28－1311・FAX0858－28－1346
✉walnut101@blue.ocn.ne.jp
代表取締役社長松尾周平　取締役木村憲司・岡田輝昭・田中孝彦・松尾洋平　監査役内藤英二
※中部共同生コン㈱に生産委託

中部共同生コン㈱
（中部小野田レミコン㈱、ハワイ生コン㈱から生産受託）
2008年4月1日設立　従業員14名
◉本社＝〒682－0923　倉吉市鴨川町12－1
☎0858－28－1311・FAX0858－28－1346
✉walnut101@blue.ocn.ne.jp
代表者松尾周平
◉工場＝本社に同じ
責任者松尾剛
従業員14名（主任技士2名・技士3名・診断士1名）

1969年7月操業1997年3月更新2000×1(二軸)　ＰＳＭ光洋機械(旧石川島)
2023年出荷25千㎥
G＝砕石　S＝山砂・陸砂
普通JIS取得(GBRC)

東部生コン㈱
1970年5月25日設立　資本金2500万円
従業員13名　出資＝(販)12%・(建)24%・(他)64%
◉本社＝〒680－1202　鳥取市河原町布袋521
☎0858－76－3033・FAX0858－76－3077
代表取締役高橋哲夫　取締役藤原正・藪田昌男・菅原国明　監査役橋本正裕・高橋真里奈
◉工場＝本社に同じ
工場長菅原国明
従業員13名(主任技士2名・技士3名)
1970年7月操業1996年9月更新2500×1　ＰＳＭ光洋機械(旧石川島)　住友大阪　シーカジャパン　車大型×7台・小型×2台
2023年出荷10千㎥、2024年出荷13千㎥(水中不分離10㎥)
G＝砕石　S＝陸砂・砕砂
普通JIS取得(JTCCM)

鳥取生コンクリート㈱
2010年2月10日設立　資本金620万円　従業員2名
◉本社＝〒680－0921　鳥取市古海536－1
☎0857－22－8474・FAX0857－29－1042
✉torinama@biscuit.ocn.ne.jp
代表取締役田中恒夫　役員前島壱保
※スライヴ生コン㈱に生産委託

㈲日建レミコン
1974年6月30日設立　資本金1000万円
従業員1名　出資＝(自)100%
◉本社＝〒689－4431　日野郡江府町大字佐川1011－1
☎0859－75－2042・FAX0859－75－3962
代表取締役竹内伸貴　取締役竹内節子・竹内公平
※㈱ニューレミコンへ生産委託

㈱ニューレミコン
(日野小野田レミコン㈱、㈲日建レミコンより生産受託)
1998年4月1日設立　資本金1000万円　従業員11名　出資＝(自)100%
◉本社＝〒689－4411　日野郡江府町大字武庫115－1
☎0859－75－2911・FAX0859－75－2941
✉newremi@blue.ocn.ne.jp
代表取締役社長竹内伸貴　代表取締役専務細田耕治　取締役岡田輝昭・川上富夫　監査役細田弘子・竹内節子
◉工場＝本社に同じ
総務部長川上富夫
従業員12名(主任技士1名・技士4名・診断士1名)
1998年7月操業1988年1月ＰＭ改造2500×1(二軸)　ＰＭ北川鉄工(旧日本建機)Ｓハカルプラス　太平洋　シーカジャパン　車大型×6台・小型×2台
2023年出荷27千㎥、2024年出荷27千㎥(高流動5087㎥)
G＝石灰砕石・砕石・人軽骨　S＝山砂
普通・舗装JIS取得(GBRC)

㈱ハーバーコーポレーション
(サンコー㈱、米子八王寺工業㈱より生産受託)
1997年3月10日設立　資本金1000万円
従業員14名　出資＝(他)100%
◉本社＝〒684－0001　境港市清水町803－1
☎0859－47－1272・FAX0859－47－1274
✉harbor@theia.ocn.ne.jp
代表取締役長谷川正興　代表取締役社長山下昭一　取締役長谷川夏子
◉本社工場＝本社に同じ
工場長花田正道
従業員14名(主任技士2名・技士1名)
1997年5月操業1750×1(二軸)　ＰＳＭ日工　太平洋　シーカポゾリス　車大型×7台・小型×2台
2023年出荷20千㎥
G＝石灰砕石・砕石　S＝山砂
普通・舗装JIS取得(JQA)

日野小野田レミコン㈱
1969年1月20日設立　資本金1000万円
出資＝(販)100%
◉本社＝〒689－4501　日野郡日野町貝原204－1
☎0859－72－2910・FAX0859－72－2941
代表取締役社長細田耕治　代表取締役専務岡田輝昭　取締役近藤修司・本城謙始　監査役細田素女・内藤英二
※㈱ニューレミコンへ生産委託

日野建設業協同組合
1963年10月22日設立　資本金3724万円
従業員8名　出資＝(建)100%
◉事務所＝〒689－4503　日野郡日野町根雨343－5
☎0859－72－0375・FAX0859－72－0077
✉hino343@sea.chukai.ne.jp
代表理事住田孝昭　専務理事大柄司　理事浜本伸介
※㈱ニューレミコンに生産委託

伯耆生コン㈱
(加藤商事㈱、㈱大山生コン、伯雲徳山生コン㈱、㈱はしまや、米子宇部コンクリート工業㈱、米子菱光コンクリート㈱より生産受託)
2017年2月1日設立　資本金5000万円　従業員34名
◉本社＝〒683－0845　米子市旗ヶ崎2319
☎0859－29－2941・FAX0859－29－2750
✉r.kawai@houki-namacon.co.jp
代表取締役社長庄司尚史　代表取締役加藤宏・秦靖英・永瀬正悟・仁宮修
◉よなご工場＝本社に同じ
✉komatsu@houki-namacon.co.jp
工場長松本徹雄
従業員22名
1996年5月操業2007年8月更新2300×1(ジクロス)　ＰＳＭ北川鉄工　UBE三菱　フローリック　車大型×10台・小型×3台
2024年出荷29千㎥
G＝石灰砕石・砕石　S＝加工砂
普通・舗装JIS取得(GBRC)
◉大山工場＝〒689－3224　西伯郡大山町高田1248
☎0859－54－4811・FAX0859－54－4813
✉daisen@houki-namacon.co.jp
工場長石本克之
従業員13名
1993年4月操業1500×1(二軸)　ＰＳＭ光洋機械　住友大阪　シーカポゾリス　車大型×4台・小型×1台
G＝石灰砕石・砕石　S＝加工砂
普通・舗装JIS取得(GBRC)

YAHATA㈱
(八幡コーポレーション㈱より社名変更)
資本金4900万円
◉本社＝〒680－0903　鳥取市南隈835
☎0857－31－0111・FAX0857－31－0111
代表取締役中山忠雄
◉生コン事業部(旧八幡コーポレーション㈱生コン事業部)＝〒680－0903　鳥取市南隈841
☎0857－28－8666・FAX0857－28－8666
1989年7月操業1500×1(二軸)　ＰＳＭ光洋機械　太平洋
G＝石灰砕石　S＝山砂・陸砂
普通JIS取得(GBRC)

八幡生コン㈱
1992年4月4日設立　資本金1000万円　従業員8名
◉本社＝〒689－0605　東伯郡湯梨浜町園2188－2
☎0858－34－3311・FAX0858－34－3312
✉yahata-t@mail3.torichu.ne.jp
代表取締役山本悟
◉工場＝本社に同じ
工場長山本知幸
従業員9名
1993年3月操業2000×1(二軸)　太平洋

ヤマソー・シーカジャパン　車大型×5台・小型×1台
G＝石灰砕石　S＝陸砂・石灰砕砂
普通JIS取得（GBRC）

やまこう生コン㈱
2011年12月1日設立　資本金5000万円
従業員1名　出資＝（建）100％
◉本社＝〒680－0947　鳥取市湖山町西4－261
☎0857－28－2156・FAX0857－28－2155
URL http：//www.yamanama.co.jp/
代表取締役鶴石健治　取締役湯谷政博・岡田幸一郎
※湖北生コン㈱に生産委託

米子宇部コンクリート工業㈱
1964年11月17日設立　資本金5500万円
従業員2名　出資＝（セ）38％・（販）33％・（建）1％・（他）28％
◉本社＝〒689－3543　米子市蚊屋272－14
☎0859－27－0711・FAX0859－27－3183
社長永瀬正悟　取締役福留伸一・山口剛
※伯耆生コン㈱に生産委託
※出雲工場＝島根県参照

米子菱光コンクリート㈱
1989年6月28日設立　資本金1000万円
出資＝（セ）10％・（販）90％
◉本社＝〒683－0845　米子市旗ヶ崎2319
☎0859－29－0753・FAX0859－29－2750
✉r.kawai@houki-namacon.co.jp
代表取締役庄司尚史　取締役福間正純・河合礼二・石原浩・庄司慎平　監査役安達慎一郎
※伯耆生コン㈱に生産委託

島根県

朝日生コンクリート工業㈱
1999年5月25日設立　資本金9500万円
従業員16名　出資＝(自)100%
◉本社＝〒690－2102　松江市八雲町東岩坂965－1
☎0852－54－2019・FAX0852－54－9117
URL http://www.asahi-namacon.co.jp
✉asahi@asahi-namacon.co.jp
代表取締役藤原陽吉　取締役竹谷興志・藤原均・岩尾順平・和多田誠・橋本徹・水野瑞恵
◉工場＝本社に同じ
従業員16名(主任技士1名・技士3名・診断士1名)
2002年6月操業1670×1　ＰＳＭ日工　太平洋・日鉄高炉　マイテイ・チューポール　車大型×14台・小型×5台
2023年出荷35千㎥、2024年出荷31千㎥(ポーラス10㎥)
G＝砕石　S＝山砂
普通・舗装JIS取得(JTCCM)

石飛産業㈱
1972年11月1日設立　資本金2000万円
従業員2名　出資＝(建)100%
◉本社＝〒693－0031　出雲市古志町1029－1
☎0853－21－0905・FAX0853－21－0826
✉ishitobisangyo@m1.izumo.ne.jp
代表取締役社長石飛卓郎　取締役石飛良美・石飛留梨子　監査役石飛英美
◉石飛生コン工場(操業停止中)＝〒693－0033　出雲市知井宮町東原120
1972年11月操業1979年2月ＳＭ1995年2月Ｐ改造1500×1　ＰＳＭ日工
※島根中央生コン㈱工場に生産委託

出雲小野田レミコン㈱
1967年9月2日設立　資本金1000万円　出資＝(販)100%
◉本社＝〒690－0048　松江市西嫁島2－1－27
☎0852－21－4317
代表取締役社長出雲昭博　取締役出雲順子・出雲克子
◉工場(操業停止中)＝本社に同じ
1968年2月操業1991年6月更新1750×1　ＰＳＭ北川鉄工(旧日本建機)
※山陰レミコン㈱工場に生産委託

出雲ミックス㈱
(出雲生コン㈱、インフラテック㈱、ヒカワ共立生コン㈱、平田生コン㈱より生産受託)
◉本社＝〒699－0613　出雲市斐川町神氷2435－7
☎0853－72－8827・FAX0853－72－7172
代表取締役社長野白祐史
◉工場(旧斐神生コン㈱工場)＝本社に同じ
1996年3月操業1500×1(二軸)　ＰＳＭ日工
普通・舗装JIS取得(IC)

今井商事㈱
1972年9月1日設立　資本金8000万円　従業員27名　出資＝(自)100%
◉本社＝〒699－4111　江津市桜江町谷住郷2611－1
☎0855－92－1123・FAX0855－92－1460
✉syoji@pastel.ocn.ne.jp
代表取締役今井久晴　取締役今井久師・今井大造・右田久稔　監査役今井泰之
◉川戸工場＝〒699－4226　江津市桜江町大字川戸131
☎0855－92－1131・FAX0855－92－1132
工場長瓜﨑徹
従業員12名(主任技士1名・技士3名)
1973年3月操業1985年1月更新2000×1(二軸)　ＰＭ北川鉄工Ｓハカルプラス　太平洋・日鉄高炉　フローリック　車大型×5台・小型×3台
G＝砕石　S＝陸砂・砕砂
普通・舗装JIS取得(JTCCM)

ウベコン浜田㈱
2002年11月1日設立　資本金5000万円
従業員19名　出資＝(他)100%
◉本社＝〒697－0002　浜田市生湯町1742－1
☎0855－22－5115・FAX0855－25－8007
URL http://ubecon-cd.com
代表取締役社長河野誠一郎
◉浜田工場＝本社に同じ
工場長松浦安久
従業員7名(技士6名)
1966年11月操業2010年2月更新2250×1　ＰＳＭ光洋機械　UBE三菱
G＝陸砂利・砕石　S＝陸砂・砕砂
普通・舗装JIS取得(GBRC)
※広島工場＝広島県参照

㈱雲南共同生コン生産会社
(大東興産㈱、田中工業㈱、都間土建㈱、㈱中澤建設より生産受託)
資本金2000万円　従業員16名
◉本社＝〒699－1311　雲南市木次町里方1093－17
☎0854－42－5560・FAX0854－42－5382
URL https://www.uknamacon.com
✉satou@ukns.jp
代表取締役都間正隆・中澤豊和・田中浩二　取締役中島大　監査役都間清隆・中澤大輔
◉第1工場＝本社に同じ
工場長佐藤智美
従業員16名(主任技士1名・技士6名)
1978年1月操業2006年3月更新56×2(傾胴二軸)　ＰＳＭ北川鉄工　住友大阪・麻生　マイテイ・シーカポゾリス　車大型×8台・小型×6台
2023年出荷20千㎥
G＝石灰砕石・砕石　S＝加工砂
普通・舗装JIS取得(GBRC)

㈱大芦生コン
1992年4月23日設立　資本金1000万円
従業員12名　出資＝(自)100%
◉本社＝〒690－0402　松江市島根町大芦3567－1
☎0852－85－3580・FAX0852－85－3588
代表取締役竹内伸貴　取締役清水冽・竹内公平　監査役竹内節子
◉工場＝本社に同じ
工場長清水冽
従業員12名(主任技士2名・技士4名・診断士1名)
1987年10月操業2000年8月更新3000×1(二軸)　ＰＳＭ光洋機械(旧石川島)　UBE三菱・太平洋・日鉄　ヤマソー・フローリック　車大型×8台・中型×2台
2023年出荷24千㎥
G＝石灰砕石・砕石　S＝砕砂
普通・舗装JIS取得(IC)

大田生コンクリート㈱
1966年6月18日設立　資本金2000万円
従業員19名　出資＝(他)100%
◉本社＝〒699－2211　大田市波根町1891－1
☎0854－85－7001・FAX0854－85－7088
代表取締役社長堀博彦　専務取締役堀太輔　取締役山崎慶子・堀幸子　監査役増野要
◉波根工場＝本社に同じ
工場長川上哲
従業員19名(主任技士1名・技士3名)
1966年8月操業1981年3月ＰＳ2009年5月Ｍ改造2300×1(二軸)　ＰＳＭ北川鉄工　UBE三菱・日鉄高炉　フローリック　車大型×6台・中型×4台
G＝砕石　S＝陸砂・加工砂
普通・舗装JIS取得(GBRC)
※邑智工場は美郷生コン㈱に生産委託

邑南共同生コン㈱
(今井商事㈱因原工場、石見生コンクリート㈱工場、羽須美建設㈱口羽生コン工場、瑞穂生コンクリート㈲工場、㈲山本建設生コンクリート工場より生産受託)
2007年10月1日設立　資本金2300万円
従業員20名
◉本社＝〒696－0003　邑智郡川本町大字

因原758
☎0855－72－0323・FAX0855－72－0370
代表取締役今井久晴
◉因原工場＝本社に同じ
工場長芦田英聖
従業員10名（主任技士2名・技士1名）
1970年4月操業1984年3月更新1500×1（二軸）　ＰＳＭ北川鉄工　日鉄高炉・太平洋　フローリック　車大型×4台・中型×4台
2023年出荷10千㎥
G＝砕石　S＝陸砂・砕砂
普通JIS取得（JTCCM）
◉瑞穂工場＝〒696－0221　邑智郡邑南町鱒渕3447－1
☎0855－83－1851・FAX0855－83－1612
✉ohnan-mizuho.k@ohtv.ne.jp
責任者田形泰希
従業員9名（主任技士2名・技士2名）
1972年7月操業2024年12月更新1670×1（二軸）　ＰＳＭ北川鉄工　太平洋・日鉄高炉　フローリック　車大型×4台・中型×3台・小型×1台
2023年出荷12千㎥
G＝砕石　S＝陸砂・砕砂
普通JIS取得（JTCCM）

㈱加藤商事
1972年4月1日設立　資本金1000万円　従業員30名　出資＝（自）100％
◉本社＝〒692－0015　安来市今津町38
☎0854－22－3136・FAX0854－23－2065
✉kshoji@ruby.ocn.ne.jp
代表取締役加藤隆志　取締役加藤誠・永田修一・古田友和
◉工場＝本社に同じ
工場長古田友和
従業員26名（主任技士2名・技士3名・診断士1名）
1981年3月操業1991年5月更新1500×1（二軸）　ＰＳＭ北川鉄工　住友大阪　チューポール・シーカジャパン　車大型×5台・小型×3台〔傭車：㈲加藤運送〕
2024年出荷7千㎥
G＝砕石　S＝加工砂
普通・舗装JIS取得（GBRC）

㈲協同商事
1990年6月1日設立　資本金1000万円　従業員8名　出資＝（自）100％
◉本社＝〒693－0212　出雲市馬木町368
☎0853－48－0101・FAX0853－48－0102
URL http://www.kyodo-con.jp
✉kyodo@kyodo-con.jp
代表取締役持田隆治　取締役持田法子・萬代智司
◉出雲工場＝本社に同じ
工場長萬代智司
従業員8名（主任技士2名・技士1名・診断士1名）
1992年3月操業2000年2月更新1100×1（二軸）　ＰＳＭ日工　住友大阪・麻生　シーカビスコフロー　車大型×8台・中型×8台・小型×4台〔傭車：㈲持田物産〕
2023年出荷18千㎥、2024年出荷15千㎥
G＝石灰砕石・砕石　S＝山砂
普通JIS取得（JTCCM）

河野建設㈱
1975年1月4日設立　資本金4000万円　従業員27名　出資＝（自）100％
◉本社＝〒699－3215　浜田市三隅町下古和1000－6
☎0855－35－1121・FAX0855－35－1111
代表取締役筆坂寿之　取締役会長河野千加子　常務取締役原田晴美・筆坂祥子　監査役三浦明
ISO 9001取得
◉乙原生コンクリート工場＝〒699－3213　浜田市三隅町河内314－1
☎0855－32－0849・FAX0855－32－0959
工場長野村和行
従業員11名（主任技士1名・技士4名）
1973年6月操業1994年7月更新2000×1（二軸）　ＰＳＭ光洋機械　UBE三菱　チューポール　車大型×3台・小型×3台
2023年出荷10千㎥、2024年出荷9千㎥
G＝砕石　S＝陸砂・砕砂
普通・舗装JIS取得（GBRC）

㈲西郷生コン
1999年8月2日設立　資本金600万円　従業員8名　出資＝（自）100％
◉本社＝〒685－0023　隠岐郡隠岐の島町西田300－4
☎08512－2－3838・FAX08512－2－2784
✉saigounamakon3838@air.ocn.ne.jp
代表取締役竹田二鎬　取締役竹田栄人・竹田繁二
◉工場＝本社に同じ
工場長亀沢稔
従業員8名（主任技士1名・技士1名・診断士1名）
1980年4月操業1998年10月更新1500×1　ＰＳＭ日工　UBE三菱　シーカジャパン　車大型×5台・中型×2台・小型×2台
2024年出荷6千㎥
G＝砕石　S＝加工砂
普通JIS取得（IC）

山陰レミコン㈱
（出雲小野田レミコン㈱と加藤商事㈱出雲工場より生産受託）
2009年4月1日設立
◉本社＝〒699－0502　出雲市斐川町荘原2261
☎0853－72－0101・FAX0853－72－0108
代表取締役社長出雲昭博
◉工場＝本社に同じ
工場長曽田良明
従業員12名（主任技士2名・技士5名）
1967年7月操業2021年更新2250×1　ＰＳＭ日工　太平洋　フローリック・シーカポゾリス　車大型×6台・小型×2台
2023年出荷11千㎥
G＝砕石　S＝加工砂
普通・舗装JIS取得（IC）

㈱サンエイト
1965年4月28日設立　資本金2000万円　従業員41名　出資＝（自）100％
◉本社＝〒699－1511　仁多郡奥出雲町三成444－18
☎0854－54－0123・FAX0854－54－0124
URL http://www.sato-inc.co.jp/
✉kazuhiko@sato-inc.co.jp
代表取締役社長佐藤和彦　代表取締役専務植田剛士　常務取締役糸原裕朋　取締役植田良二・佐藤恵子　監査役佐藤翔哉
※仁多生コン㈱に生産委託

三瓶生コン㈱
1972年5月16日設立　資本金2400万円　従業員15名　出資＝（自）100％
◉本社＝〒694－0021　大田市久利町行恒106－2
☎0854－82－6244・FAX0854－82－1533
✉sannama1126@ia5.itkeeper.ne.jp
代表取締役俵智子　取締役竹下章司・俵泰紀・荊尾博之　監査役近藤尚男
◉工場＝〒694－0021　大田市久利町行恒106－4
☎0854－82－0252・FAX0854－82－1533
工場長荊尾博之
従業員16名（主任技士3名・技士10名・診断士1名）
1972年9月操業1993年8月Ｐ改造2000×1（二軸）　ＰＳＭ北川鉄工（旧日本建機）　UBE三菱・日鉄高炉　ヤマソー・シーカビスコクリート　車大型×6台・小型×5台〔傭車：安井運送・小川運送・永井運送・高原運送〕
G＝砕石　S＝山砂
普通・舗装JIS取得（GBRC）

㈱サンレミコン
（浜田小野田レミコン㈱金城工場、浜田砕石㈱、㈱山本生コン工業都川工場より生産受託）
◉本社＝〒697－0034　浜田市相生町1445－4
☎0855－23－5655・FAX0855－23－5657
代表取締役社長登田克巳
◉工場＝〒697－0121　浜田市金城町下来原520－1
☎0855－42－0116・FAX0855－42－1683
工場長本藤忠弘

従業員(主任技士1名・技士3名)
2000×1　ＰＳ北川鉄工　太平洋　フローリック
2024年出荷4千㎥
G＝砕石　S＝陸砂・砕砂
普通・舗装JIS取得(MSA)

㈱島根興産
1992年5月1日設立　資本金8300万円　従業員10名　出資＝(販)6%・(建)94%
◉本社＝〒699－5131　益田市安富町748－1
☎0856－25－2314・FAX0856－25－1847
✉shimakou.748-1@iaa.itkeeper.ne.jp
代表取締役高橋宏聡　取締役副社長岡崎克人　取締役増野よし江・藤井洋・植松信行・高橋伴典
◉工場＝本社に同じ
工場長藤枝完
従業員10名(主任技士3名・技士2名)
1992年8月操業1750×1(二軸)　ＰＳＭ北川鉄工　太平洋　フローリック　車大型×4台・中型×1台・小型×2台
2024年出荷12千㎥
G＝砕石　S＝山砂・陸砂・砕砂
普通・舗装JIS取得(JTCCM)

島根中央生コン㈱
(石飛産業㈱、島根菱光コンクリート工業㈱、米子宇部コンクリート工業㈱出雲工場、㈱ロックより生産受託)
2015年9月2日設立　資本金8000万円　従業員29名　出資＝(自)100%
◉本社＝〒693－0104　出雲市稗原町156－2
☎0853－48－9171・FAX0853－48－2425
URL https://shimane-chuounamakon.com
代表者岩﨑哲也　役員福間利行・永瀬正悟・石飛聡・石飛卓郎・永見秀樹・岩崎智子・成相勉
◉工場＝本社に同じ
工場長永見秀樹
従業員29名
1997年10月操業2022年8月更新2250×1(二軸)　ＰＳＭ日工　UBE三菱　シーカジャパン・山宗　車大型×19台・中型×5台・小型×2台
2023年出荷22千㎥、2024年出荷27千㎥(高強度450㎥)
G＝石灰砕石・砕石　S＝加工砂
普通・舗装JIS取得(IC)

島根菱光コンクリート工業㈱
1973年5月1日設立　資本金2000万円　出資＝(販)100%
◉本社＝〒693－0043　出雲市長浜町1372－8
☎0853－28－8111・FAX0853－28－8600
代表取締役社長福間利行　取締役福間正純・福間康介・成相勉　監査役福間道子
※島根中央生コン㈱工場へ生産委託

㈱西部生コン
1982年2月5日設立　資本金5000万円　従業員8名　出資＝(販)13%・(建)87%
◉本社＝〒697－1331　浜田市内村町1188
☎0855－27－2611・FAX0855－27－2621
代表取締役倉本給都
※㈲西部レミコンへ生産委託

㈲西部レミコン
(㈱西部生コンと浜田小野田レミコン㈱本社工場より生産受託)
2005年9月5日設立　資本金300万円　従業員7名
◉本社＝〒697－1331　浜田市内村町1188
☎0855－24－7890・FAX0855－24－7810
代表取締役倉本給都
◉工場＝本社に同じ
従業員9名(主任技士1名・技士4名)
1982年10月操業2005年8月更新2300×1(二軸)　ＰＳＭ北川鉄工　トクヤマ　フローリック
G＝砕石　S＝山砂・陸砂・混合砂
普通・舗装JIS取得(MSA)

大東興産㈱
1965年5月14日設立　資本金2000万円　従業員5名　出資＝(自)100%
◉本社＝〒699－1245　雲南市大東町養賀605－1
☎0854－43－5111・FAX0854－43－5534
代表取締役社長中島大　代表取締役会長中島新吾　取締役大畑勉・大畑雅敬　監査役中島久美子・大畑悦治
※㈱雲南共同生コン生産会社へ生産委託

㈲竹谷運送
従業員21名
◉本社＝〒690－1405　松江市八束町入江426
☎0852－76－2160・FAX0852－76－2163
代表取締役竹谷眞治
◉生コン工場＝〒690－1404　松江市八束町波入1279－4
☎0852－76－2160・FAX0852－76－2163
✉takeshin-rmc@aroma.ocn.ne.jp
代表取締役竹谷眞治
従業員21名(主任技士1名・技士2名)
2001年5月操業1000×1(二軸)　ＰＳＭ北川鉄工　太平洋　竹本・チューポール　車大型×12台・中型×6台
G＝砕石　S＝山砂
普通JIS取得(IC)

田中工業㈱
1971年4月1日設立　資本金4380万円　従業員12名
◉本社＝〒699－1333　雲南市木次町下熊谷1098－8
☎0854－42－0473・FAX0854－42－5406
URL http://www.tanaka-ko.com
✉tnk@bs.kkn.ne.jp
代表取締役田中浩二　常務取締役福島良一　専務取締役田中浩貴　取締役田中洋孔
※㈱雲南共同生コン生産会社へ生産委託

㈱中海麻生生コン
2014年12月22日設立　資本金1000万円　従業員6名　出資＝(自)50%・50%
◉本社＝〒690－0026　松江市富士見町3－7
☎0852－61－1115・FAX0852－61－1333
✉asomnk1@orange.ocn.ne.jp
代表者波多野秀明　役員森脇明美
◉工場＝本社に同じ
責任者越野知敬
従業員6名
1969年11月操業2015年3月更新2250×1(二軸)　ＰＳＭ光洋機械　麻生　シーカジャパン　車大型×7台・小型×1台
2023年出荷11千㎥
G＝石灰砕石・砕石　S＝加工砂
普通・舗装JIS取得(GBRC)

㈱中海建材
1988年8月9日設立　資本金3000万円　従業員15名　出資＝(自)50%・(建)50%
◉本社＝〒690－0025　松江市八幡町796
☎0852－37－2711・FAX0852－37－2712
✉chukai-k@ceres.ocn.ne.jp
代表取締役社長波多野秀明　取締役荒田勉・木村直樹・大塚一郎・松本信行
◉工場＝本社に同じ
工場長松本信行
従業員15名(技士6名)
1989年4月操業1994年11月M1996年3月S改造1500×1　Ｐ新潟鉄工ＳＭ光洋機械　麻生・日鉄高炉　車大型×4台・小型×1台〔傭車：竹谷運送〕
G＝石灰砕石・砕石　S＝加工砂

中国コンクリート製品工業㈱
1957年8月22日設立　資本金2000万円　従業員20名　出資＝(他)100%
◉本社＝〒698－0041　益田市高津7－15－47
☎0856－22－3235・FAX0856－23－6523
✉fujikawa.k@ceres.ocn.ne.jp
代表取締役社長矢冨徹　代表取締役会長安野伸路　取締役安野雄一朗・藤川和夫　監査役領家康元・岩田繁留
◉本社工場＝本社に同じ
工場長藤川和夫
従業員20名(技士6名)
1970年11月操業1999年11月更新1750×1

ＰＳＭ北川鉄工(旧日本建機)　住友大阪　フローリック・シーカポゾリス　車大型×4台・小型×4台
2023年出荷12千㎥、2024年出荷10千㎥
G＝砕石　S＝山砂・陸砂・砕砂
普通JIS取得(JTCCM)

㈱都間土建
1963年6月1日設立　資本金4500万円　従業員53名　出資＝(建)100%
◉本社＝〒690－2402　雲南市三刀屋町給下622－1
☎0854－45－2521・FAX0854－45－4920
代表取締役都間正隆　取締役江田小鷹・都間ゆかり・小川司・都間清隆　監査役山根殷福・松尾勝美
※㈱雲南共同生コン生産会社へ生産委託

津和野コンクリート㈱
1973年設立　資本金1857万円　従業員6名
◉本社＝〒699－5212　鹿足郡津和野町河村817
☎0856－74－0646・FAX0856－74－0380
✉tsu-con@sun-net.jp
代表者堀邦至
◉工場＝本社に同じ
責任者篠原博
従業員6名
1973年12月操業2024年7月更新1250×1(二軸)　ＰＳＭ光洋機械　UBE三菱　チューポール　車3台
2023年出荷7千㎥、2024年出荷3千㎥
G＝砕石　S＝陸砂・砕砂
普通JIS取得(GBRC)

徳畑建設㈱
1973年3月31日設立　資本金9800万円
従業員70名　出資＝(自)100%
◉本社＝〒685－0004　隠岐郡隠岐の島町飯田津ノ井18
☎08512－2－1424・FAX08512－2－3604
URL http://www.tokuhata.co.jp
代表取締役社長徳畑信夫　代表取締役副社長瀧本昌生　専務取締役永海精　常務取締役元井忠一　取締役徳畑陽子　監査役徳畑光江・鈴木勝美
ISO 9001取得
◉生コン工場＝〒685－0004　隠岐郡隠岐の島町飯田有田27番1地先
☎08512－2－4530・FAX08512－2－6454
工場長瀧本孝
従業員10名(主任技士1名・技士3名)
1983年9月操業1995年6月更新1500×1　ＰＳＭ北川鉄工　UBE三菱　シーカポゾリス・シーカビスコクリート　車大型×8台・中型×4台・小型×2台
G＝砕石　S＝加工砂
普通JIS取得(IC)

㈱中澤建設生コン部
2006年2月設立
◉本社＝〒690－2701　雲南市掛合町掛合2429－2
☎0854－62－1091
代表取締役社長中澤豊和　取締役中澤一夫・中澤正子・中澤貞子・陶山守・松本美智子　監査役中澤典子
※㈱雲南共同生コン生産会社へ生産委託

㈱ナカサン
1984年4月21日設立　資本金8900万円
従業員34名　出資＝(建)100%
◉本社＝〒693－0033　出雲市知井宮町1
☎0853－22－8112・FAX0853－22－8062
URL http://www.naka-sun.co.jp
✉info@naka-sun.co.jp
代表取締役社長中筋雄三　取締役勝部継治・中筋元尚
ISO 9001・OHSAS 18001取得
◉生コン工場＝〒693－0034　出雲市神門町字高橋806
☎0853－22－6559・FAX0853－24－0286
工場長米内健
従業員12名(主任技士2名・技士3名)
1974年12月操業2002年8月更新2250×1(二軸)　ＰＳＭ日工　日鉄高炉・住友大阪　シーカビスコフロー・シーカコントロール・シーカビスコクリート　車大型×8台・中型×2台・小型×1台
2023年出荷17千㎥、2024年出荷23千㎥(高強度400㎥・水中不分離5㎥)
G＝砕石　S＝陸砂・加工砂
普通・舗装JIS取得(JTCCM)
※㈱新井建設、㈲出雲西レミコンより生産受託

西ノ島建設㈱
1987年11月18日設立　資本金2800万円
従業員30名
◉本社＝〒684－0303　隠岐郡西ノ島町大字美田3576－1
☎08514－6－0221・FAX08514－6－0095
代表取締役松尾利徳・徳畑信夫　取締役佐藤陽一・真田雅章　監査役元井忠一
◉生コン部＝〒684－0303　隠岐郡西ノ島町大字美田3576－1
☎08514－6－0390・FAX08514－6－0812
✉namacon@nishinoshima.co.jp
工場長松尾利徳
従業員5名(技士2名)
1970年7月操業1997年7月更新1500×1(傾胴二軸)　ＰＳＭ北川鉄工　トクヤマ　シーカポゾリス　車大型×4台・小型×4台
2023年出荷3千㎥
G＝砕石　S＝加工砂
普通JIS取得(IC)

仁多生コン㈱
(㈱サンエイト、㈲中村生コンクリート工業より生産受託)
2004年10月8日設立　資本金4000万円
従業員10名
◉本社＝〒699－1511　仁多郡奥出雲町三成1413－11
☎0854－54－0433・FAX0854－54－0488
URL http://nitanama.com/
代表取締役社長佐藤和彦　取締役中村康二・佐藤福太郎
◉工場＝本社に同じ
工場長淺野幹夫
従業員10名(主任技士1名・技士3名)
1969年5月操業1991年9月更新1500×1(二軸)　ＰＳＭ光洋機械　UBE三菱　フローリック・マイテイ　車大型×4台・小型×4台
2023年出荷8千㎥、2024年出荷6千㎥
G＝砕石　S＝山砂
普通・舗装JIS取得(GBRC)

浜田小野田レミコン㈱
1966年11月1日設立　資本金1200万円
従業員18名　出資＝(販)90%・(建)10%
◉本社＝〒697－0034　浜田市相生町1415－4
☎0855－23－5655
代表取締役社長松本修　専務取締役登田克己　取締役仁科庄
◉本社工場(操業停止中)＝〒697－0034
浜田市相生町1415－4
☎0855－22－3326・FAX0855－22－3327
1966年12月操業1983年9月更新1750×1(二軸)　ＰＳＭ北川鉄工
※㈲西部レミコンへ生産委託。金城工場は㈱サンレミコンへ生産委託

飯古建設㈲
1977年9月1日設立　資本金3000万円　従業員40名　出資＝(自)100%
◉本社＝〒684－0404　隠岐郡海士町大字福井387－2
☎08514－2－0232・FAX08514－2－1701
✉hanko-k2@chorus.ocn.ne.jp
代表取締役飯古晴二　取締役専務真野和男　取締役顧問脇谷満
◉生コン工場＝〒684－0404　隠岐郡海士町大字福井450－1
☎08514－2－0070・FAX08514－2－0122
工場長山戸貴行
従業員8名(主任技士1名・技士2名)
1983年8月操業2016年7月更新1300×1(二軸)　ＰＳＭ日工　トクヤマ　シーカポゾリス　車大型×2台・小型×2台
G＝砕石　S＝加工砂
普通JIS取得(IC)

ヒカワ共立生コン㈱
1995年10月設立　資本金6000万円　従業員1名　出資＝(セ)16.7%・(製)33.3%・(他)50%
◉本社＝〒699－0613　出雲市斐川町神氷2435－7
☎0853－72－5030・FAX0853－72－5031
✉namakon@mountain.ocn.ne.jp
代表取締役野白祐史　取締役江田喜正・山根龍太・藤田敦信・秦靖英　監査役山根龍二
※出雲ミックス㈱へ生産委託

美建工業㈱
◉本社＝広島県参照
◉出雲工場＝〒699－0901　出雲市多伎町久村137－12
☎0853－86－2305・FAX0853－86－3974
✉takano@bikenkougyou.co.jp
責任者高野眞行
太平洋　シーカメント　車大型×4台・中型×3台
2023年出荷7千㎥、2024年出荷7千㎥(ポーラス36㎥)
G＝石灰砕石・砕石　S＝山砂
普通・舗装JIS取得(JTCCM)
ISO 9001取得
※大和工場・広島安佐工場・尾道工場・福山工場・三次工場＝広島県参照

益田興産㈱
1963年5月6日設立　資本金4000万円　従業員57名　出資＝(自)100%
◉本社＝〒698－0041　益田市高津8－13－22
☎0856－22－7888・FAX0856－22－8310
URL http://www.masuda-kosan.co.jp
✉kosan@masuda-kosan.co.jp
代表取締役社長大畑悦治　取締役大畑文誉・大畑周平　監査役山見孝司
◉益田宇部生コンクリート工場＝〒698－0041　益田市高津8－13－22
☎0856－22－2524・FAX0856－25－7144
✉r-nakashima@masuda-kosan.co.jp
工場長中島竜治
従業員12名(主任技士2名・技士3名)
1966年3月操業2002年3月更新2000×1(二軸)　PSM北川鉄工　UBE三菱　フローリック　車大型×5台・中型×2台・小型×1台〔傭車：㈲柿木アポロ・鎌手運送㈲〕
2023年出荷17千㎥
G＝砕石　S＝山砂・陸砂・砕砂
普通JIS取得(JTCCM)
※徳佐工場＝山口県参照

松江宇部共同生コン㈱
㈱山陰産業と中国菱光㈱松江工場と松江レミコン㈱と米子宇部コンクリート工業㈱松江工場より生産受託)
2005年12月1日設立　資本金4000万円　従業員17名
◉本社＝〒699－0202　松江市玉湯町湯町553－4
☎0852－62－0631・FAX0852－62－2513
✉matsueube@fork.ocn.ne.jp
代表取締役会長山下慶喜　代表取締役社長柳原毅　取締役天野裕・永瀬正悟
◉工場＝本社に同じ
工場長柳原毅
従業員12名(主任技士2名・技士2名)
1966年11月操業2013年更新2300×1　PSM北川鉄工　UBE三菱　フローリック・シーカジャパン　車大型×6台・中型×1台
2023年出荷7千㎥、2024年出荷25千㎥
G＝石灰砕石・砕石　S＝加工砂
普通・舗装JIS取得(IC)

松江レミコン㈱
1987年1月5日設立　資本金1000万円　従業員2名　出資＝(セ)100%
◉本社＝〒692－0007　安来市荒島町1787
☎0854－28－6633・FAX0854－28－9033
代表取締役松井修治　取締役熊澤憲一・生田考　監査役中村邦裕
※中国菱光㈱に生産委託

瑞穂生コンクリート㈲
1972年7月1日設立　資本金1000万円　従業員1名　出資＝(建)50%・(他)50%
◉本社＝〒696－0225　邑智郡邑南町大字上田所50－1
☎0855－83－0232・FAX0855－83－1612
代表取締役森脇豊敏　取締役森脇清子
監査役森脇京子
※邑南共同生コン㈱に生産委託

森島建設㈱
1974年10月2日設立　資本金5850万円　従業員31名　出資＝(自)100%
◉本社＝〒690－3513　飯石郡飯南町下赤名473－1
☎0854－76－3527・FAX0854－76－3447
✉morishima-kensetu-n@apricot.ocn.ne.jp
代表取締役森島拓也　取締役副社長森島泰二　取締役森島功武・森島克也・井上修二・小野大輔
◉生コン工場＝〒690－3513　飯石郡飯南町下赤名473－1
☎0854－76－3527・FAX0854－76－3527
工場長小野大輔
従業員11名(主任技士2名・技士2名・診断士1名・技術士1名)
1969年7月操業2002年6月更新1670×1(二軸)　PSM日工　麻生・日鉄高炉　フローリック　車大型×4台・中型×3台
2023年出荷12千㎥、2024年出荷11千㎥
G＝砕石　S＝山砂
普通・舗装JIS取得(GBRC)

安来小野田レミコン㈱
1963年10月2日設立　資本金3000万円　従業員6名　出資＝(セ)50%・(販)50%
◉本社＝〒692－0007　安来市荒島町1787
☎0854－28－8031・FAX0854－28－9033
✉yasugior1@dojocco.jp
代表取締役松井修治　取締役石田崇・岡田輝昭・出雲昭博・山﨑学　監査役清田忍
従業員6名
◉工場＝〒692－0007　安来市荒島町1787
☎0854－28－8032・FAX0854－28－8067
✉yasugior1@dojocco.jp
1964年12月操業1988年10月更新2000×1(二軸)　PSM光洋機械(旧石川島)　太平洋　フローリック・シーカポゾリス　車大型×4台・小型×1台
2023年出荷7千㎥、2024年出荷7千㎥
普通・舗装JIS取得(GBRC)

UM生コン㈱
◉本社＝〒695－0001　江津市渡津町978－1
☎0855－52－0212・FAX0855－52－0394
◉工場＝本社に同じ
工場長山根和幸
従業員16名(主任技士2名・技士5名)
1972年5月操業2016年1月更新2250×1(二軸)　PSM光洋機械　UBE三菱・日鉄高炉　フローリック　車大型×4台・小型×5台
G＝砕石　S＝陸砂・砕砂・加工砂
普通・舗装JIS取得(JTCCM)

吉賀レミコン㈱
1973年1月6日設立　資本金1000万円　従業員6名　出資＝(自)100%
◉本社＝〒699－5525　鹿足郡吉賀町抜月510－1
☎0856－78－0169・FAX0856－78－0483
代表取締役稲倉智　取締役稲倉千鶴枝・稲倉幸子　監査役潮信也
◉工場＝本社に同じ
工場長対馬潤
従業員6名(技士3名)
1973年1月操業1992年5月更新1500×1　PSM北川鉄工　太平洋　フローリック　車大型×4台・中型×3台
2023年出荷3千㎥、2024年出荷3千㎥
G＝砕石　S＝陸砂・砕砂
普通JIS取得(JTCCM)

米子宇部コンクリート工業㈱
◉本社＝鳥取県参照
◉出雲工場(操業停止中)＝〒693－0043　出雲市長浜町337－19

☎0853－28－0700・FAX0853－28－1518
1967年3月操業2002年5月更新1750×2
ＰＳＭ北川鉄工
※島根中央生コン㈱工場へ生産委託
※松江工場は松江宇部共同生コン㈱へ生産委託

㈱ロック
1997年4月12日設立　資本金3000万円
従業員1名　出資＝(自)100％
◉本社＝〒693－0104　出雲市稗原町156－2
☎0853－85－2410・FAX0853－85－2040
代表取締役岩﨑哲也　取締役岩﨑昭子・岩﨑昭子・岩﨑定子　監査役打田延子・岩﨑智子
※島根中央生コン㈱工場に生産委託

四　国　地　区

徳島県

阿南アサノ生コン㈱
1974年12月2日設立　資本金6000万円　従業員1名　出資＝(セ)100％
◉本社＝〒779－1620　阿南市福井町古津184－1
☎0884－34－2101・FAX0884－34－2102
代表取締役秋元英樹　取締役加藤光男
※㈲阿南共同生コンに生産委託

㈲阿南共同生コン
（阿南アサノ生コン㈱と阿南菱光㈱より生産受託）
2001年7月2日設立　資本金900万円　従業員15名
◉本社＝〒779－1620　阿南市福井町古津184－1
☎0884－34－2101・FAX0884－34－2102
代表者松本昌典
◉工場＝本社に同じ
工場長松田高文
従業員11名（主任技士5名）
1993年7月更新1500×1（二軸）　ＰＳＭ北川鉄工　太平洋　シーカジャパン　車大型×7台・中型×4台
2023年出荷17千㎥、2024年出荷15千㎥
G＝石灰砕石・砕石　S＝砕砂・FA
普通JIS取得（JTCCM）

阿南生コンクリート工業㈱
1963年8月1日設立　資本金1000万円　従業員26名　出資＝(自)100％
◉本社＝〒774－0045　阿南市宝田町平岡898
☎0884－22－2020・FAX0884－22－0398
✉anan-namakon@abeam.ocn.ne.jp
代表取締役社長横手晋一郎　取締役原芳和・原キヨ子・横手健二
◉工場＝本社に同じ
代表取締役横手晋一郎
従業員26名（主任技士4名・技士3名）
1964年1月操業2011年10月更新2300×1（二軸）　ＰＳＭ北川鉄工　麻生　チューポール　車大型×8台・中型×6台
2023年出荷35千㎥、2024年出荷38千㎥（高流動370㎥）
G＝石灰砕石・砕石・人軽骨　S＝砕砂・スラグ
普通JIS取得（GBRC）
大臣認定単独取得（45N/mm²）

㈲新野生コン
1977年10月1日設立　資本金500万円　従業員5名　出資＝(自)100％
◉本社＝〒779－1510　阿南市新野町妙見前58－1
☎0884－36－3134・FAX0884－36－3469
✉aratano.namacon@gmal.com
代表取締役社長並川利八　取締役並川秀敏
◉工場＝本社に同じ
工場長並川幸一
従業員5名（技士2名）
1975年7月操業1988年11月更新36×1　ＰＳＭ北川鉄工　麻生　シーカビスコフロー　車大型×1台・中型×5台・小型×7台
2023年出荷9千㎥、2024年出荷8千㎥
G＝砕石　S＝海砂・砕砂
普通JIS取得（JTCCM）

祖谷生コン㈱
1971年10月13日設立　資本金1000万円　従業員20名　出資＝(自)100％
◉本社＝〒778－0007　三好市池田町ヤマダ302－2
☎0883－72－0647・FAX0883－72－6705
代表取締役社長池尻英昭　専務池尻英三朗　常務喜多邦男
◉工場＝〒778－0204　三好市東祖谷若林2－4
☎0883－88－5326・FAX0883－88－5327
工場長梶元幸男
従業員21名（技士4名）
1971年11月操業36×2　ＰＭ北川鉄工Ｓハカルプラス　住友大阪　シーカポゾリス　車大型×5台・中型×5台・小型×2台
G＝砕石　S＝砕砂
普通JIS取得（JTCCM）

㈱小野組
1977年2月11日設立　資本金3000万円　従業員35名　出資＝(建)100％
◉本社＝〒771－6403　那賀郡那賀町木頭和無田字マツギ42－1
☎0884－68－2221・FAX0884－68－2223
取締役社長小野恭補　取締役小野良子
※協業組合共生に生産委託

樫野石灰工業㈱
1977年4月15日設立　資本金1000万円　従業員18名　出資＝(販)100％
◉本社＝〒771－0203　板野郡北島町中村字前須19－1
☎088－698－3331・FAX088－698－3334
代表取締役坂東寛司　取締役大和啓治・松田茂・岡久恒治　監査役十河敏公・降矢高行
◉工場（旧新徳レミコン㈱工場）＝本社に同じ
工場長森拓也
従業員18名（主任技士3名・技士4名）
1968年12月操業2004年4月更新2250×1　ＰＳＭ光洋機械（旧石川島）　太平洋　シーカコントロール　車大型×6台・中型×6台
2024年出荷18千㎥（水中不分離20㎥）
G＝砕石　S＝海砂・砕砂
普通JIS取得（JTCCM）

㈱カシハラ
1972年12月22日設立　資本金1000万円　従業員36名　出資＝(自)100％
◉本社＝〒771－1621　阿波市市場町尾開字八坂62－1
☎0883－36－5275・FAX0883－36－2341
代表取締役樫原聖二　取締役副社長樫原正樹　常務取締役竹内誠治・妹尾邦広　取締役樫原準二・樫原美和子　専務執行役員田中正二　執行役員吉田清　監査役樫原真美
◉生コンクリート工場＝本社に同じ
工場長中西正二
従業員36名（技士3名）
1972年12月操業1985年12月更新56×2　ＰＭ北川鉄工（旧日本建機）Ｓハカルプラス　住友大阪　フローリック　車大型×7台・中型×6台・小型×1台
2023年出荷12千㎥
G＝河川　S＝河川
普通JIS取得（GBRC）

北岡平成生コンクリート㈱
1999年4月30日設立　資本金2000万円　出資＝(自)100％
◉本社＝〒771－0202　板野郡北島町太郎八須字宮ノ西1－1
☎088－698－2021・FAX088－698－4418
代表取締役社長長江俊勝　代表取締役松浦恵　取締役北岡眞文・井端元一・井端いつ子・河内恒春　監査役大岸由紀美
◉工場＝本社に同じ
工場長大西功司
従業員19名（主任技士2名・技士5名）
1964年5月操業2017年1月更新2800×1（二軸）　ＰＳＭ北川鉄工　日鉄高炉・太平洋　シーカポゾリス・シーカビスコクリート・シーカコントロール　車大型×7台・小型×4台
2024年出荷24千㎥
G＝砕石・人軽骨　S＝海砂・砕砂
普通JIS取得（JTCCM）

木頭開発㈱
1969年5月6日設立　資本金5000万円　従業員60名　出資＝(自)100%
◉本社＝〒771－6405　那賀郡那賀町木頭西宇字北野104
☎0884－68－2216・FAX0884－68－2979
代表取締役岡田千恵
※協業組合共生に生産委託

協栄生コンクリート工業㈱
1965年12月11日設立　資本金1000万円　従業員8名　出資＝(自)100%
◉本社＝〒779－3223　名西郡石井町高川原字高川原1334－1
☎088－674－1166・FAX088－675－0754
✉kyoei-siken@voice.ocn.ne.jp
代表取締役社長鈴江健司　取締役阿部光徳　監査役岩﨑清隆
◉石井工場＝本社に同じ
工場長阿部光徳
従業員15名(主任技士1名・技士4名)
1967年9月操業1989年9月ＰＭ1990年1月Ｓ改造3000×1(二軸)　ＰＳＭ日工　住友大阪　シーカポゾリス・シーカビスコクリート・シーカコントロール　車大型×3台・中型×7台
2023年出荷21千㎥、2024年出荷27千㎥
G＝砕石　S＝石灰砕砂・砕砂
普通JIS取得(MSA)

協業組合かみやま
1999年5月19日設立　資本金3000万円　従業員9名　出資＝(自)100%
◉事務所＝〒771－3310　名西郡神山町神領字西上角1－1
☎088－676－0355・FAX088－676－0231
代表理事大南信也　理事松下博史・大南亮・鈴江健司　監査馬渕祐三・阿部光徳
◉第1工場＝〒771－3310　名西郡神山町神領字西上角1－1
☎088－676－0277・FAX088－676－0231
工場長松下博史
従業員9名(技士3名)
1977年11月操業2021年5月更新1800×1(二軸)　ＰＳＭ北川鉄工　住友大阪　シーカコントロール　車大型×4台・中型×7台
2023年出荷12千㎥、2024年出荷8千㎥
G＝山砂利　S＝石灰砕砂
普通・舗装JIS取得(GBRC)

協業組合共生
(㈱小野組、木頭開発㈱、㈱東上、㈱ヒロックスより生産受託)
1997年3月19日設立　資本金5000万円　従業員38名　出資＝(自)100%
◉事務所＝〒771－5408　那賀郡那賀町吉野字森ノ下22
☎0884－62－3211・FAX0884－62－1418
代表理事広瀬芳弘　理事東上和弘・小野恭補・岡田千恵
◉本社工場＝〒771－5408　那賀郡那賀町吉野字森ノ下25
☎0884－62－2265・FAX0884－62－1418
✉kyosei01@mc.pikara.ne.jp
従業員11名(主任技士1名・技士1名)
2015年6月操業2250×1(二軸)　ＰＳＭ北川鉄工　シーカポゾリス・シーカコントロール　車大型×11台・中型×6台・小型×2台
G＝河川　S＝砕砂
普通JIS取得
◉追立工場＝〒771－6106　那賀郡那賀町坂州追立67－6
☎0884－65－2011・FAX0884－64－5045
責任者糸林啓祐
従業員10名(主任技士1名・技士1名)
1973年1月操業1995年6月ＰＭ2013年1月Ｓ改造2500×1　ＰＭ光洋機械Ｓ北川鉄工　太平洋　シーカポゾリス・シーカポゾリス　車12台
2024年出荷7千㎥
G＝河川　S＝河川・海砂
普通JIS取得(GBRC)
◉折宇谷工場＝〒771－6511　那賀郡那賀町木頭折宇字下モ谷18
☎0884－69－2918・FAX0884－64－9981
✉kyosei03@ca.pikara.ne.jp
工場長土山雅生
従業員9名(主任技士1名・技士1名)
1995年1月操業2023年12月更新1800×1(二軸)　ＰＳＭ北川鉄工　トクヤマ　シーカポゾリス・シーカコントロール　車大型×5台・中型×3台・小型×1台
2023年出荷5千㎥、2024年出荷4千㎥
G＝河川　S＝河川・海砂
普通JIS取得(GBRC)
◉鷲敷工場(操業停止中)＝〒771－5209　那賀郡那賀町小仁宇字舟津の上6－1
☎0884－62－2265・FAX0884－64－1245
1966年9月操業1991年7月更新1500×1(二軸)　ＰＳＭ北川鉄工

共友生コンクリート㈱
(㈱多田組、徳島宇部生コンクリート㈱、井上建設㈱鳴門生コンクリート部より生産受託)
1999年4月1日設立
◉本社＝〒779－0311　鳴門市大麻町牛屋島字中須26－1
☎088－689－0207・FAX088－689－3067
◉工場＝本社に同じ
工場長峯田茂
従業員23名(主任技士2名・技士1名)
1964年11月操業1980年12月更新90×2　ＰＳＭ北川鉄工　UBE三菱　車大型×8台・中型×6台
G＝砕石・人軽骨　S＝海砂・砕砂
普通・軽量JIS取得(GBRC)

協和生コン協同組合
1975年5月1日設立　資本金2250万円　従業員16名　出資＝(骨)100%
◉事務所＝〒770－8001　徳島市津田海岸町10－115
☎088－662－6380・FAX088－662－2415
代表理事小田利子
◉工場＝〒774－0046　阿南市長生町西方597－13
☎0884－22－8794・FAX0884－22－3106
✉kyowa@galaxy.ocn.ne.jp
工場長中野泰司
従業員16名(主任技士1名・技士5名)
1975年12月操業2003年1月更新2000×1(二軸)　Ｐ小田建設ＳＭ北川鉄工　トクヤマ　シーカビスコフロー・シーカビスコクリート　車大型×9台・中型×8台
2024年出荷12千㎥
G＝砕石　S＝海砂・砕砂
普通JIS取得(IC)

グリーンレミコン㈱
2002年設立　資本金1050万円　従業員8名　出資＝(建)100%
◉本社＝〒777－0303　美馬市木屋平字森遠41－1
☎0883－68－3111・FAX0883－68－3434
代表取締役宮前手伸
◉本社工場＝本社に同じ
代表取締役宮前手伸
従業員8名(技士4名)
2002年8月操業1500×1(二軸)　ＰＳＭ日工　麻生　シーカポゾリス・シーカコントロール　車大型×7台・中型×3台
G＝河川　S＝河川・海砂
普通JIS取得(GBRC)

四国生コンクリート工業㈱
1963年9月設立　資本金1000万円　出資＝(自)100%
◉本社＝〒770－8006　徳島市新浜町1－1－30
☎088－662－0030・FAX088－663－0075
URL http://www.sunrise-inc.net
✉info@yonnama.com
代表取締役和仁孝成　相談役佐々木圭祐　顧問佐々木章博　常務取締役林郷之
◉工場＝本社に同じ
工場長山中章公
従業員18名(主任技士3名・技士4名・診断士1名)
1963年9月操業2019年6月更新2250×1(二軸)　ＰＳＭ日工　太平洋　シーカポゾリス・シーカビスコクリート・シーカビスコフロー　車大型×4台・中型×10台・小型×2台

G＝砕石　S＝石灰砕砂・砕砂
普通JIS取得（GBRC）

宍喰建設工業㈱
1951年1月29日設立　資本金2000万円
出資＝（建）100％
◉本社＝〒775－0501　海部郡海陽町大字宍喰字松原81－2
☎0884－76－2023・FAX0884－76－3428
URL https://www.sisiken.co.jp/
代表取締役会長谷口良一　代表取締役社長谷口美徳　専務取締役谷口一人　常務取締役山﨑裕督　取締役谷口卓直・谷口要二　監査役谷口眞里
◉宍喰生コンクリート工場＝〒775－0502　海部郡海陽町久保字板取213
☎0884－76－3210・FAX0884－76－2003
工場長堀川輝城
従業員14名（技士3名）
1971年9月操業1988年7月更新1500×1（二軸）　ＰＳＭ光洋機械　太平洋　シーカポゾリス　車大型×8台・中型×4台・小型×1台
2023年出荷8千㎥
G＝河川　S＝河川・海砂
普通JIS取得（GBRC）
大臣認定単独取得（42N/mm²）

㈲勝栄
1989年4月1日設立　資本金378万円　従業員15名　出資＝（自）100％
◉本社＝〒771－4302　勝浦郡勝浦町大字中角字つい口31－5
☎0885－42－2562・FAX0885－42－4483
✉kp-syouei@kkcatv.jp
代表取締役社長岡本佳誉子　取締役岡本朋大
◉勝浦生コンクリート工場＝〒771－4302　勝浦郡勝浦町大字中角字玉の木1
☎0885－42－2293・FAX0885－42－4368
✉kp-syouei@kkcatv.jp
責任者岡本秀明
従業員14名（技士3名）
1965年3月操業1800×1（二軸）　ＰＳＭ北川鉄工　住友大阪　シーカポゾリス　車大型×8台・中型×9台・小型×2台
G＝砕石　S＝石灰砕砂・砕砂
普通JIS取得（MSA）

新徳島菱光コンクリート工業㈱
1970年8月31日設立　資本金1000万円
従業員14名　出資＝（自）100％
◉本社＝〒773－0014　小松島市江田町字大江田90－1
☎0885－32－2570・FAX0885－32－7289
✉shintoku@atlas.plala.or.jp
代表取締役鈴江健司
◉工場＝本社に同じ
工場長矢野雅史
従業員14名（技士3名）
1970年8月操業2018年5月更新2300×1（二軸）　ＰＳＭ光洋機械　UBE三菱　シーカビスコフロー・シーカビスコクリート・シーカコントロール　車大型×3台・中型×5台
2023年出荷12千㎥
G＝砕石　S＝石灰砕砂・砕砂
普通JIS取得（MSA）

㈱セイアマテリアル
2012年4月25日設立　資本金2000万円
従業員25名　出資＝（他）100％
◉本社＝〒778－0020　三好市池田町州津片山125－1
☎0883－72－3131
URL http://www.seia-material.co.jp
代表取締役咲川利夫　役員藤本貢・咲川航志・濵田裕司
※三好コンクリートサービス㈱に生産委託

多田工業㈱
1961年9月19日設立　資本金2000万円
従業員40名　出資＝（自）100％
◉本社＝〒775－0502　海部郡海陽町久保字松本111－1
☎0884－76－3171・FAX0884－76－3674
代表取締役多田久仁男
◉レイホー生コンクリート工場＝〒775－0501　海部郡海陽町宍喰浦字古目15－2
☎0884－76－2301・FAX0884－76－2322
工場長多田久仁男
従業員14名（技士3名）
1974年12月操業1994年12月更新1500×1（二軸）　ＰＳＭ日工　トクヤマ　車大型×7台・小型×7台
G＝河川　S＝河川・海砂
普通JIS取得（GBRC）

東海コンクリート工業㈱
1985年10月14日設立　資本金1000万円
従業員18名　出資＝（自）100％
◉本社＝〒771－1302　板野郡上板町七條字北高瀬55－1
☎088－694－2222・FAX088－694－2294
✉tokai-kamiita3710@piano.ocn.ne.jp
代表取締役山内隆太郎
◉工場＝本社に同じ
工場長川田修
従業員18名（技士3名）
1986年2月操業2013年10月更新1700×1（ジクロス）　ＰＳＭ北川鉄工　麻生・住友大阪　シーカポゾリス・シーカビスコフロー・シーカビスコクリート　車大型×5台・中型×6台
2023年出荷15千㎥、2024年出荷12千㎥
G＝砕石　S＝海砂・砕砂
普通JIS取得（GBRC）

※香川生コン工場＝香川県参照

徳島中央生コンクリート工業㈱
◉本社＝〒779－3633　美馬市脇町字井口222－1
☎0883－53－6552・FAX0883－53－5046
✉t-chuou@quolia.ocn.ne.jp
◉生コン工場＝本社に同じ
工場長佐藤裕三
従業員14名（技士2名）
1968年10月操業1994年7月更新2000×1　ＰＳＭ北川鉄工　麻生　車大型×6台・中型×6台・小型×4台
2024年出荷10千㎥
G＝河川　S＝河川・海砂
普通JIS取得（GBRC）

徳島生コンクリート工業㈱
1992年10月27日設立　資本金1000万円
従業員8名　出資＝（自）100％
◉本社＝〒771－4265　徳島市飯谷町大ノ上83－4
☎088－645－2600・FAX088－645－2611
代表取締役山内隆太郎
◉工場＝本社に同じ
工場長高瀬豊史
従業員8名（主任技士1名・技士5名）
1993年6月操業1998年8月更新2500×2（傾胴二軸）　ＰＳＭ北川鉄工　住友大阪　シーカジャパン　車大型×6台・中型×4台〔傭車：東海産業㈱〕
2023年出荷20千㎥、2024年出荷23千㎥
G＝砕石　S＝海砂・砕砂
普通JIS取得（GBRC）

㈱徳島豊国生コンクリート工業
1972年6月23日設立　資本金1000万円
従業員14名　出資＝（他）100％
◉本社＝〒771－1212　板野郡藍住町徳命字前須東68－1
☎088－692－3011・FAX088－692－8238
✉tokushima-houkoku@gamma.ocn.ne.jp
代表取締役鈴江健司　監査役鈴江貴美子
◉工場＝本社に同じ
工場長木田悟
従業員14名（技士2名）
1972年6月操業1994年4月更新2300×1（二軸）　ＰＳＭ北川鉄工　UBE三菱　シーカコントロール　車大型×4台・中型×5台
2024年出荷23千㎥
G＝砕石　S＝石灰砕砂・砕砂
普通JIS取得（MSA）
※鈴江菱光コンクリート工業㈱、中山生コン㈱より生産受託

㈱トクダイ
1988年12月1日設立　資本金4000万円
従業員18名　出資＝（自）100％

◉本社＝〒770－8056　徳島市問屋町29
代表取締役内藤勝　取締役内藤理・内藤潤　監査役内藤真琴
◉光文生コン工場＝〒770－0942　徳島市昭和町8－23－2
☎088－655－1199・FAX088－655－3395
工場長内藤理
従業員18名（主任技士2名・技士1名）
1989年6月操業2300×1　ＰＳＭ北川鉄工　住友大阪　シーカジャパン　車大型×6台・中型×6台・小型×1台
G＝砕石　S＝砕砂
普通JIS取得（GBRC）

トラストコンクリート㈱
2003年5月1日設立　資本金800万円　従業員14名　出資＝（自）100％
◉本社＝〒779－4103　美馬郡つるぎ町貞光字岡416
☎0883－62－2388・FAX0883－62－3165
代表取締役南恒生　取締役井上惣介・北岡真文
◉貞光工場＝本社に同じ
工場長南恒生
従業員14名（技士2名）
1973年10月操業1995年1月更新2500×1（二軸）　ＰＳＭ日工　太平洋・住友大阪　シーカポゾリス　車大型×7台・中型×8台・小型×2台
2023年出荷10千㎥、2024年出荷7千㎥
G＝河川　S＝河川・石灰砕砂
普通JIS取得（JTCCM）
◉一宇工場（操業停止中）＝〒779－4301　美馬郡つるぎ町一宇字蔭471－11
☎0883－67－2324・FAX0883－67－2734
1973年10月操業1989年12月更新1500×1　ＰＳＭ光洋機械

㈲橋口生コン
1967年4月20日設立　資本金700万円　従業員14名　出資＝（自）100％
◉本社＝〒779－2305　海部郡美波町奥河内字弁財天7－5
☎0884－77－1177・FAX0884－77－2451
代表取締役橋口資生　取締役橋口恵美子　監査役土肥桂子
◉工場＝〒779－2305　海部郡美波町奥河内字櫛ヶ谷2－1
☎0884－77－1245
工場長濵公
従業員15名（主任技士1名・技士2名）
1967年4月操業2001年10月更新2000×1　ＰイトウサービスＳハカルプラスＭ大平洋機工　住友大阪　シーカポゾリス　車大型×8台・小型×4台
G＝河川　S＝河川・海砂
普通JIS取得（GBRC）

㈱ヒロックス
1990年4月1日設立　資本金2000万円　従業員48名　出資＝（建）75％・（他）25％
◉本社＝〒771－5209　那賀郡那賀町小仁宇字舟津ノ上10－1
☎0884－62－2221・FAX0884－62－3055
代表取締役広瀬芳弘　取締役広瀬幸雄・広瀬利幸　監査役広瀬清子・竹原一喜
※協業組合共生に生産委託

㈱福永組
1967年9月1日設立　資本金1000万円　出資＝（建）100％
◉本社＝〒771－1616　阿波市市場町日開谷字稲荷359
☎0883－36－5171
代表者福永明弘
◉生コンクリート工場＝〒771－1612　阿波市市場町上喜来字中佐古1053
☎0883－36－5788・FAX0883－36－5688
工場長藤本正治
従業員17名
1967年9月操業1999年9月更新1000×1（二軸）　ＰＳＭ光洋機械　日鉄高炉・トクヤマ　シーカコントロール　車大型×5台・小型×5台
G＝砕石　S＝砕砂
普通JIS取得（GBRC）

冨士建設工業㈲
1955年8月15日設立　資本金3000万円　従業員33名　出資＝（建）100％
◉本社＝〒779－3120　徳島市国府町南岩延171－3
☎088－642－1477・FAX088－642－2387
代表取締役小林佳司　常務取締役富森正訓
◉岩延工場＝〒779－3120　徳島市国府町南岩延字桑内188
☎088－642－1477・FAX088－642－2387
✉welcome@fujicon1477.co.jp
工場長原浩二
従業員30名（主任技士1名・技士2名）
1966年8月操業1991年7月更新1500×1（二軸）　ＰＳＭ北川鉄工　太平洋　シーカポゾリス・シーカビスコクリート　車大型×5台・中型×5台・小型×1台
2023年出荷9千㎥
G＝砕石　S＝海砂・砕砂
普通JIS取得（GBRC）

㈲松尾建材
1979年9月14日設立　資本金1000万円　従業員27名　出資＝（他）100％
◉本社＝〒779－3741　美馬市脇町字曽江名318－56
☎0883－52－3055・FAX0883－53－7166
URL http：//www.matsuo-kenzai.com/
✉matsuo-kenzai@quolia.ne.jp
代表取締役松尾昭
◉工場＝〒779－3641　美馬市脇町字曽江名359－16
☎0883－52－0269・FAX0883－53－7166
工場長藤田宏三
従業員（主任技士5名・技士9名）
住友大阪　車大型×10台・中型×9台・小型×4台
G＝河川　S＝河川・山砂
普通JIS取得（GBRC）
※多和工場＝香川県参照

三木建材
資本金100万円　出資＝（他）100％
◉本社＝〒771－1704　阿波市南五味知153
☎0883－35－2446・FAX0883－35－6609
社長三木明義
◉工場＝本社に同じ
1974年5月操業21×1　太平洋　車小型×6台

三宅生コン㈲
1979年10月8日設立　資本金400万円　従業員18名　出資＝（自）100％
◉本社＝〒779－3610　美馬市脇町大字脇町813－1
☎0883－52－0108・FAX0883－53－1580
取締役会長三宅仁平　代表取締役三宅英樹　専務取締役三宅晴治　取締役三宅光美
◉工場＝本社に同じ
工場長三宅晴治
従業員18名（主任技士1名・技士2名）
1979年10月操業1987年11月ＰＭ改造54×2　ＰＳＭ北川鉄工　トクヤマ　車大型×8台・小型×13台
G＝河川　S＝河川・海砂
普通JIS取得（IC）

三好コンクリートサービス㈱
（サンサン生コン㈱、㈱セイアマテリアル、ウエストトランスポート㈱より生産受託）
2012年6月1日設立　資本金1000万円　従業員42名　出資＝（自）34％・17％・49％
◉本社＝〒778－0002　三好市池田町マチ2425－1
☎0883－72－5433・FAX0883－72－5434
代表取締役咲川利夫　取締役副社長山口隆司　取締役西村裕・川原隆・内藤勝・藤本貢
◉池田工場＝〒778－0020　三好市池田町州津片山125－1
☎0883－72－1071・FAX0883－72－1085
工場長西岡光一
従業員15名（主任技士1名・技士2名）
1968年3月操業2022年8月更新2250×1（二軸）　ＰＳＭ日工　住友大阪　シーカポゾリス　車大型×4台・中型×9台・小型×1台

2023年出荷17千㎥、2024年出荷14千㎥
G＝砕石　S＝砕砂
普通・舗装JIS取得（JTCCM）
◉大歩危工場＝〒779－5453　三好市山城町下名1008
☎0883－84－1316・FAX0883－84－1318
工場長森兼一
従業員10名（技士3名）
1975年8月操業1995年6月更新2500×1（二軸）　ＰＳＭ日工　住友大阪　シーカポゾリス　車大型×3台・中型×8台
2023年出荷10千㎥、2024年出荷7千㎥
G＝砕石　S＝砕砂
普通JIS取得（GBRC）
◉足代工場＝〒771－2502　三好郡東みよし町足代11－1
☎0883－79－2800・FAX0883－79－2805
工場長船越孝浩
従業員17名（主任技士3名・技士2名）
1981年7月操業1993年5月更新2000×1（二軸）　ＰＳＭ北川鉄工　住友大阪　シーカポゾリス　車大型×4台・中型×8台・小型×2台
2023年出荷15千㎥、2024年出荷13千㎥
G＝砕石　S＝砕砂
普通・舗装JIS取得（JTCCM）

㈱ヤサカ
1991年9月4日設立　資本金3500万円　従業員9名　出資＝（自）100％
◉本社＝〒775－0007　海部郡牟岐町大字内妻字古江109－11
☎0884－72－2468・FAX0884－72－0078
✉yasaka_namakon@yahoo.co.jp
代表取締役谷田勝良　取締役中島佳文・木田和夫・内藤理・長尾光子　監査役松川俊正
◉工場＝本社に同じ
工場長西尾宏継
従業員9名（主任技士1名・技士2名）
1993年2月操業1992年12月更新1500×1（二軸）　ＰＭ日工Ｓハカルプラス　住友大阪　プラストクリート・シーカメント・フローリック　車大型×4台・小型×3台
G＝河川　S＝海砂
普通JIS取得（GBRC）

㈱龍王
1985年7月20日設立　資本金1000万円　従業員8名　出資＝（自）100％
◉本社＝〒771－0144　徳島市川内町榎瀬857
☎088－665－6767・FAX088－665－7217
代表取締役鎌田透　取締役常務鎌田龍一　取締役金田知奈美
◉工場＝本社に同じ
工場長鎌田龍一
従業員8名（技士2名）
1988年6月操業2007年7月更新1700×1（二軸）　ＰＭ北川鉄工Ｓハカルプラス　トクヤマ・日鉄高炉　ヤマソー・フローリック　車大型×2台・中型×6台・小型×2台
G＝砕石　S＝海砂・砕砂
普通JIS取得（GBRC）

香川県

アサノ五色台工業㈱
1992年11月設立 資本金9290万円 出資＝(販)71％・(セ)15％・(他)14％
◉本社＝〒761－8003 高松市神在川窪町294－8
☎087－882－2414・FAX087－882－9148
✉kouzai@asanogoshikidai.jp
代表取締役浅田耕祐 代表取締役会長浅田稔 取締役石井紀行・浅田共子・木伏正克・松原浩明
◉香西工場＝本社に同じ
責任者浅田耕祐
従業員20名(技士3名)
1969年4月操業2019年8月更新1700×1(二軸) ＰＳＭ北川鉄工 太平洋 シーカポゾリス 車大型×8台・中型×6台・小型×2台
G＝石灰砕石・砕石 S＝海砂・石灰砕砂
普通・舗装JIS取得(JTCCM)
大臣認定単独取得(60N/mm²)
◉香南工場＝〒761－1403 高松市香南町吉光1124
☎087－879－8828・FAX087－879－8838
✉asanokounan@key.ocn.ne.jp
工場長愛染進
従業員22名(主任技士1名・技士2名)
1991年7月操業2000×1(二軸) ＰＳＭ北川鉄工 太平洋 シーカポゾリス 車大型×8台・中型×7台・小型×4台
G＝石灰砕石・砕石 S＝海砂・石灰砕砂
普通・舗装JIS取得(GBRC)
◉多度津工場＝〒764－0021 仲多度郡多度津町堀江3－7－11
☎0877－32－4128・FAX0877－32－4120
工場長藤井啓吾
従業員19名(主任技士1名・技士5名)
1969年10月操業2007年1月更新1700×1(二軸) ＰＳＭ北川鉄工 太平洋 シーカコントロール・シーカポゾリス・シーカビスコクリート 車大型×9台・中型×8台・小型×3台
2024年出荷36千㎥(水中不分離5㎥)
G＝砕石 S＝海砂・砕砂
普通JIS取得(GBRC)
◉大内工場＝〒769－2520 東かがわ市馬篠465－1
☎0879－25－1265・FAX0879－24－1265
✉asanooouchi@snow.ocn.ne.jp
工場長江本章
従業員14名(技士4名)
1972年7月操業1991年9月更新1700×1(二軸) ＰＳＭ北川鉄工 太平洋 シーカポゾリス・シーカビスコクリート・シーカコントロール 車大型×7台・中型×5台・小型×1台
2024年出荷16千㎥
G＝石灰砕石・砕石 S＝海砂・石灰砕砂
普通JIS取得(JTCCM)

石井建設㈱
1961年6月1日設立 資本金4500万円 従業員14名 出資＝(建)100％
◉本社＝〒761－3110 香川郡直島町3299－36
☎087－892－2211・FAX087－892－2322
✉ishii.na@go9.enjoy.ne.jp
代表取締役石井政義
◉工場＝〒761－3110 香川郡直島町泊ヶ浦
従業員(技士1名)
1966年3月操業1990年11月更新18×1 ＰＳＭ光洋機械 トクヤマ 車大型×1台・中型×1台・小型×1台
G＝砕石 S＝海砂

㈱えびす石材土木
1969年4月2日設立
◉本社＝〒761－0121 高松市牟礼町1059
☎087－871－3337・FAX087－871－2988
URL http://www.ebisu-sekizaidoboku.jp
✉ebisu-sekizai@rhythm.ocn.ne.jp
代表取締役松原誉人
ISO 9001・14001取得
◉生コン事業所＝〒761－0130 高松市庵治町3334－5
☎087－871－3399・FAX087－871－5688
品質管理責任者岡村修司
従業員9名(技士4名)
1000×1(二軸) ＰＳＭ日工 住友大阪 フローリック 車大型×6台・中型×3台・小型×2台
G＝砕石 S＝砕砂
普通JIS取得(MSA)

香川トクヤマ㈱
2001年10月1日設立 資本金3000万円 従業員24名 出資＝(セ)100％
◉本社＝〒761－8012 高松市香西本町1－45
☎087－881－5241・FAX087－882－7338
✉e.iihara.qj@tokuyamagr.com
代表取締役社長葛原定幸 取締役崎村健二・飯原栄二 監査役柳本達也
◉工場＝本社に同じ
従業員22名(主任技士2名・技士2名)
1969年12月操業2018年8月更新2300×1(二軸) ＰＳＭ北川鉄工 トクヤマ フローリック 車大型×6台・中型×2台・小型×1台〔傭車〕
G＝砕石・人軽骨 S＝海砂・スラグ
普通・舗装JIS取得(IC)

唐渡生コン㈱
2008年10月1日設立 資本金1000万円 従業員30名 出資＝(自)100％
◉本社＝〒761－8032 高松市鶴市町807
☎087－881－3181・FAX087－882－7873
✉karato-807@mx22.tiki.ne.jp
代表者唐渡秀樹
◉本社工場＝本社に同じ
責任者秋山喜昭
従業員30名(主任技士3名・技士4名)
1965年10月操業2024年5月更新2300×1(二軸) ＰＳＭ光洋機械 UBE三菱 シーカジャパン 車大型×13台・中型×3台・小型×2台
2023年出荷74千㎥、2024年出荷61千㎥
G＝砕石・人軽骨 S＝海砂・石灰砕砂
普通・軽量JIS取得(JTCCM)
大臣認定単独取得(60N/mm²)

木村生コン㈱
1972年12月24日設立 資本金1000万円 従業員9名 出資＝(建)45％・(他)55％
◉本社＝〒761－4411 小豆郡小豆島町安田甲1210－1
☎0879－82－3696・FAX0879－82－5816
代表取締役白崎正人
◉工場＝本社に同じ
工場長山下和明
従業員9名(主任技士2名・技士2名・診断士1名)
1973年3月操業1987年3月更新1500×1(二軸) ＰＭ光洋機械Ｓパシフィックシステム 太平洋 シーカポゾリス 車大型×4台・中型×5台・小型×2台
2023年出荷7千㎥、2024年出荷10千㎥
G＝砕石 S＝石灰砕砂・砕砂
普通JIS取得(JTCCM)

㈱協和生コン
1993年4月1日設立 資本金3000万円 従業員22名 出資＝(自)60％・(セ)19％・(販)21％
◉本社＝〒763－0091 丸亀市川西町北178
☎0877－28－7021・FAX0877－28－7025
✉kyonm-01@beach.ocn.ne.jp
代表取締役橋本勉 相談役松永雪夫 取締役松永恵理・水澤一 監査役君羅豊寿
◉工場＝本社に同じ
✉kool@mail.wave.or.jp
工場長水澤一
従業員18名(主任技士1名・技士4名)
1965年8月操業2008年8月更新1700×1 Ｐ度量衡ＳＭ北川鉄工 UBE三菱 シーカコントロール 車大型×10台・中型×7台・小型×5台
2024年出荷32千㎥
G＝砕石 S＝砕砂・スラグ

普通JIS取得(IC)

㈱沢村組
資本金2000万円
◉本社＝〒766－0013　仲多度郡まんのう町東高篠1531
☎0877－73－2790・FAX0877－73－2792
代表者沢村忠芳
◉本社工場＝本社に同じ
1976年1月操業18×1　太平洋

讃和生コンクリート㈱
1981年12月23日設立　資本金3000万円
従業員12名　出資＝(セ)15%・(販)85%
◉本社＝〒769－1101　三豊市詫間町詫間6912－7
☎0875－83－3730・FAX0875－83－2503
代表取締役川崎隆三郎　取締役川崎善之・川崎恭子・川崎翔護　監査役市村多佳子
◉工場＝本社に同じ
従業員12名(技士5名)
1981年12月操業1995年5月更新2000×1　ＰＳＭ日工　UBE三菱　シーカポゾリス・フローリック・シーカコントロール・ヴィンソル　車大型×7台・中型×6台・小型×1台
2023年出荷17千㎥、2024年出荷18千㎥
G＝砕石　S＝海砂・砕砂
普通・舗装JIS取得(GBRC)

塩飽建設㈱
資本金1100万円　出資＝(建)100%
◉本社＝〒763－0223　丸亀市本島町泊523
☎0877－27－3106・FAX0877－27－3038
代表者宮本誠
◉工場＝本社に同じ
1963年8月操業1976年7月更新36×1　ＰＳＭ杉上建機　太平洋　車小型×2台
G＝砕石　S＝海砂

小豆島生コン㈱
資本金3300万円　出資＝(自)60%・(セ)30%・(他)10%
◉本社＝〒761－4301　小豆郡小豆島町池田3623
☎0879－75－1881・FAX0879－75－0081
社長門口秀子
◉工場＝本社に同じ
工場長安達周代
従業員12名
1976年5月操業1500×1　ＰＭ光洋機械　太平洋　車大型×3台・中型×5台・小型×2台
G＝砕石　S＝砕砂
普通JIS取得(IC)

西讃コンクリート㈱
◉本社＝〒767－0021　三豊市高瀬町佐股乙487－1
☎0875－74－7259・FAX0875－74－8088
◉工場＝本社に同じ
1989年1月操業500×1　ＰＳＭ光洋機械

大成生コン㈱
資本金1500万円　出資＝(他)100%
◉本社＝〒769－1101　三豊市詫間町詫間2112－72
☎0875－83－3010・FAX0875－83－6748
社長三宅博
◉本社工場＝本社に同じ
工場長平井一夫
1964年9月操業1970年3月更新56×2　ＰＭ北川鉄工Ｓハカルプラス　UBE三菱・日鉄高炉　車大型×6台・中型×2台・小型×6台
G＝砕石　S＝海砂・砕砂
普通JIS取得(GBRC)
◉観音寺工場＝〒768－0022　観音寺市本大町江藤道東779－9
☎0875－27－6415・FAX0875－27－8831
工場長安藤政晴
1966年9月操業1968年8月更新56×2　ＰＭ北川鉄工Ｓハカルプラス　UBE三菱・日鉄高炉　車大型×7台・中型×5台・小型×5台
G＝砕石　S＝海砂・砕砂
普通JIS取得(GBRC)

高松建材㈱
1975年4月1日設立　資本金1000万円　従業員6名　出資＝(製)100%
◉本社＝〒761－0321　高松市前田西町785－32
☎087－847－8111・FAX087－847－8311
✉t-kenzai@arion.ocn.ne.jp
代表取締役福井浩徳　取締役福井ひろみ　監査役福井ヨシ子
◉工場＝本社に同じ
工場長福井慎也
従業員6名(技士2名)
1975年4月操業1984年4月ＰＳ1990年1月Ｍ改造2000×1(二軸)　Ｐ光サービスＳ中京電機Ｍ北川鉄工(旧日本建機)　太平洋・日鉄高炉　シーカポゾリス　車大型×3台・小型×4台
G＝砕石　S＝山砂・海砂

高松レミコン㈱
1980年5月21日設立　資本金9600万円
従業員18名　出資＝(販)100%
◉本社＝〒761－0431　高松市小村町高野497－1
☎087－847－5121・FAX087－847－4280
✉takamatsu.remicon@able.ocn.ne.jp
代表取締役社長谷俊広　取締役山下貞一・秋元英樹　監査役井上祐一
◉工場＝本社に同じ
工場長中村広宣
従業員21名(主任技士3名)
1969年11月操業1996年1月更新2500×1(二軸)　ＰＳＭ光洋機械(旧石川島)　太平洋　チューポール・シーカビスコフロー　車大型×5台・中型×8台・小型×1台〔傭車：高松レミコン㈱〕
2023年出荷20千㎥、2024年出荷19千㎥
G＝砕石　S＝海砂・石灰砕砂
普通JIS取得(GBRC)

㈲多田土建
資本金700万円　出資＝(建)100%
◉本社＝〒760－0080　高松市木太町1841－1
☎087－862－5645・FAX087－835－1270
社長多田義秋
◉多田生コンクリート工場＝〒760－0080　高松市木太町1864－1
工場長多田憲二
1965年3月操業1973年1月更新1000×1　ＰＳＭ北川鉄工　住友大阪　車大型×10台・小型×9台
G＝砕石　S＝海砂
普通JIS取得(GBRC)
◉多田生コンクリート香川工場(操業停止中)＝〒761－1704　高松市香川町川内原1523
☎087－879－6411
1500×1

谷口生コンクリート㈱
1963年6月1日設立　資本金1000万円　従業員22名　出資＝(自)100%
◉本社＝〒761－8046　高松市川部町宮本924－1
☎087－885－2191・FAX087－886－9551
✉taniguchi@k-sn.co.jp
代表取締役社長谷口浩平　取締役専務谷口博紀　取締役谷口悦子　監査役谷口深雪
◉川部工場＝本社に同じ
工場長谷口博紀
従業員20名(主任技士4名・技士2名)
1964年6月操業2013年4月更新1750×1(二軸)　ＰＳＭ光洋機械(旧石川島)　住友大阪　車大型×5台・中型×7台・小型×2台
2023年出荷19千㎥、2024年出荷17千㎥
G＝砕石　S＝海砂・石灰砕砂・砕砂
普通JIS取得(GBRC)

㈱多丸組
資本金2000万円　従業員10名　出資＝(建)100%
◉本社＝〒761－3110　香川郡直島町1682－1
☎087－892－3076・FAX087－892－3066
✉tamaru@proof.ocn.ne.jp

代表取締役多丸華加
◉工場＝〒761－3110　香川郡直島町へキ
☎087－892－3262
工場長多丸華加
従業員7名（技士2名）
2021年4月操業1300×1（二軸）　ＰＳＭ日工　UBE三菱　車大型×3台・中型×1台
2024年出荷5千㎥（水中不分離2㎥）
G＝砕石　S＝砕砂

多和コンクリート㈱
1980年3月11日設立　資本金1000万円
従業員22名　出資＝（他）100％
◉本社＝〒769－2313　さぬき市造田野間田858－1
☎0879－52－4567・FAX0879－52－4568
代表取締役真部知典　取締役広瀬佳史・真部廣司　監査役広瀬正典
◉工場＝本社に同じ
工場長藤本繁数
従業員22名（診断士1名）
1977年2月操業1997年5月更新2500×1　ＰＳＭ北川鉄工　太平洋　シーカジャパン・ヴィンソル　車大型×17台・小型×8台
G＝砕石　S＝山砂・石灰砕砂
普通JIS取得（GBRC）

中讃協業生コン㈱
1994年9月25日設立　資本金1000万円
従業員17名　出資＝（自）100％
◉本社＝〒762－0002　坂出市入船町1－5－19
☎0877－46－8025・FAX0877－44－4210
✉tyusan-qc@shirt.ocn.ne.jp
代表取締役谷俊広
◉工場＝本社に同じ
責任者井上祐二
従業員17名（主任技士2名・技士5名）
1971年9月操業1983年1月Ｐ2000年9月ＳＭ改造2500×1（二軸）　ＰＳＭ光洋機械（旧石川島）　太平洋　シーカコントロール・シーカポゾリス・シーカビスコクリート　車大型×8台・中型×5台・小型×2台
2023年出荷33千㎥、2024年出荷20千㎥
G＝石灰砕石　S＝石灰砕砂・砕砂
普通JIS取得（GBRC）

中四国宇部コンクリート工業㈱
◉本社＝広島県参照
◉四国宇部工場＝〒762－0004　坂出市昭和町2－7－13
☎0877－46－1831・FAX0877－46－1813
工場長江見一也
従業員13名（主任技士2名・技士6名・診断士1名）
1963年5月操業2018年2月更新2300×1（二軸）　ＰＳＭ光洋機械　UBE三菱　シーカコントロール・シーカビスコフロー・シーカビスコクリート・フローリック　車大型×7台・中型×3台・小型×1台
G＝砕石　S＝砕砂
普通JIS取得（GBRC）
※広島宇部工場＝広島県参照

東海コンクリート工業㈱
◉本社＝徳島県参照
◉香川生コン工場＝〒761－8012　高松市香西本町1－84
☎087－870－5588・FAX087－881－1177
✉kagawanamakon@kind.ocn.ne.jp
責任者山内隆太郎
従業員17名
2000×1（二軸）　麻生　フローリック　車18台
2023年出荷9千㎥、2024年出荷16千㎥（水中不分離50㎥）
G＝石灰砕石・砕石　S＝海砂・石灰砕砂
普通JIS取得（GBRC）
※工場＝徳島県参照

富丘コンクリート㈱
1964年7月1日設立　資本金2000万円　従業員10名　出資＝（自）65％・（建）30％・（他）5％
◉本社＝〒761－4211　小豆郡土庄町上庄765
☎0879－62－0941・FAX0879－62－3121
代表取締役丹生富浩　取締役丹生兼宏・丹生年一・丹生則幸・川本哲也・丹生兼嗣・丹生明子　監査役薮脇博之
◉本社工場＝本社に同じ
工場長濱本浩二
従業員10名（主任技士1名・技士2名）
1964年7月操業1991年6月更新1500×1（二軸）　ＰＳＭ北川鉄工　UBE三菱　シーカビスコフロー　車大型×3台・中型×4台・小型×3台
2023年出荷9千㎥、2024年出荷8千㎥（水中不分離40㎥）
G＝砕石　S＝砕砂
普通JIS取得（JTCCM）

南光生コンクリート㈱
1997年7月1日設立　資本金2500万円　従業員15名　出資＝（自）100％
◉本社＝〒763－0095　丸亀市垂水町888
☎0877－28－7692・FAX0877－28－7453
代表取締役吉野孝雄　常務取締役石田清貴　取締役大上正一　監査役中山芳子
◉工場＝〒763－0095　丸亀市垂水町888
☎0877－28－7111・FAX0877－28－7453
工場長臼杵英和
従業員15名（主任技士1名・技士1名）
1961年2月操業1977年1月更新112×2　ＰＳＭ北川鉄工（旧日本建機）　住友大阪
車大型×5台・中型×4台・小型×2台
G＝砕石　S＝石灰砕砂・砕砂
普通JIS取得（IC）

南部開発㈱
資本金2000万円　従業員28名　出資＝（自）100％
◉本社＝〒761－8058　高松市勅使町299－2
☎087－867－5133・FAX087－867－8821
URL http://nanbu-dvp.com/
代表者杉田数博
ISO 9001・14001取得
◉生コン事業部＝〒769－2705　東かがわ市白鳥1618－2
☎0879－26－5088・FAX0879－26－5087
責任者杉田哲也
従業員5名
1500×1（二軸）　トクヤマ　シーカジャパン　車大型×7台・中型×3台
2023年出荷5千㎥、2024年出荷2千㎥
G＝砕石　S＝砕砂
普通JIS取得（IC）
ISO 9001・14001取得

蓮井コンクリート㈱
1997年7月1日設立　資本金1000万円　従業員11名　出資＝（自）100％
◉本社＝〒760－0065　高松市朝日町4－14－39
☎087－851－7676・FAX087－822－7877
URL https://hasui1947.com/
✉hc-hasuicon@ca.pikara.ne.jp
代表取締役蓮井健司　取締役蓮井康代・蓮井行成
◉工場＝本社に同じ
工場長宇山和良
従業員11名（技士3名・診断士1名）
1967年6月操業2018年5月更新2300×1　ＰＳＭ光洋機械　UBE三菱・日鉄高炉　シーカコントロール・シーカビスコクリート・シーカポゾリス・シーカビスコフロー　車大型×10台・中型×5台
G＝石灰砕石・砕石　S＝海砂・石灰砕砂
普通・舗装JIS取得（GBRC）
大臣認定単独取得（80N/mm²）

㈲松尾建材
◉本社＝徳島県参照
◉多和工場＝〒769－2306　さぬき市多和助光東5－1
☎087－956－2336
1000×1　住友大阪
普通・舗装JIS取得（GBRC）
※工場＝徳島県参照

三豊産業㈲
資本金950万円　従業員23名

◉本社＝〒769－1506　三豊市豊中町本山甲1823－1
☎0875－62－2379・FAX0875－62－6611
URL https : //www.mitoyo-sangyo.jp/
✉kankyo-namakon@air.ocn.ne.jp
代表取締役荻田耕助
◉生コン工場＝〒769－1505　三豊市豊中町本山乙607－24
☎0875－56－6221・FAX0875－62－6611
✉kankyo-namakon@air.ocn.ne.jp
従業員15名（主任技士1名・技士4名）
2250×1（二軸）　光洋機械（旧石川島）
トクヤマ・太平洋　山宗・シーカジャパン・フローリック　車大型×6台・中型×5台・小型×1台
2023年出荷15千㎥、2024年出荷18千㎥
G＝砕石　S＝石灰砕砂・砕砂
普通JIS取得（JTCCM）

㈲山西工業
◉本社＝〒761－8041　高松市檀紙町108－1
☎087－885－1079・FAX087－885－2097
◉工場＝本社に同じ

ロソコン開発㈱
1975年5月12日設立　資本金1000万円
従業員16名　出資＝（自）100％
◉本社＝〒767－0013　三豊市高瀬町下麻726－5
☎0875－74－6065・FAX0875－74－6771
✉rosocon@cc.wakwak.com
代表取締役森本英樹　取締役会長森本剛　取締役森本朝子
◉工場＝本社に同じ
工場長内田琢也
従業員16名（主任技士1名・技士3名）
1975年5月操業2024年8月更新1750×1（二軸）　ＰＳＭ光洋機械　太平洋　フローリック・チューポール　車大型×7台・中型×6台・小型×4台
2023年出荷15千㎥、2024年出荷17千㎥
G＝石灰砕石・砕石　S＝石灰砕砂・砕砂
普通JIS取得（GBRC）

愛媛県

㈱愛協生コン
(久保興業㈱、㈱御荘生コン、愛南小野田レミコン㈱が集約して設立)
資本金3000万円 従業員28名
◉本社＝〒798－4110 南宇和郡愛南町御荘平城4211
☎0895－73－7337・FAX0895－72－3506
代表取締役尾崎浩二・凝地郁夫・宮内善正 取締役社長本町憲治 取締役赤松鷹由木・河町心一
◉御荘工場(旧㈱御荘生コン本社工場)＝本社に同じ
従業員14名(主任技士1名・技士3名)
1974年5月操業1991年6月更新1500×1(二軸) PM光洋機械Sパシフィックシステム 住友大阪 フローリック 車大型×7台・中型×8台・小型×2台
2024年出荷11千㎥
G＝石灰砕石 S＝海砂・石灰砕砂
普通JIS取得(GBRC)
◉満倉工場(旧愛南小野田レミコン㈱工場)＝〒798－4405 南宇和郡愛南町満倉2781
☎0895－73－8115・FAX0895－73－0399
従業員13名(技士2名)
1976年2月操業1988年10月更新1500×1 PM光洋機械(旧石川島)Sハカルプラス 太平洋 車大型×7台・中型×6台・小型×1台
2023年出荷7千㎥、2024年出荷9千㎥
G＝石灰砕石 S＝海砂・石灰砕砂
普通JIS取得(GBRC)

アイル㈱
1969年9月1日設立 資本金2200万円 従業員29名 出資＝(建)100%
◉本社＝〒790－0062 松山市南江戸2－660－1
☎089－943－5460・FAX089－913－7432
代表取締役社長西岡眞一 取締役西山周・乗松宏年
※レッツ太平洋生コン㈱へ生産委託

安藤工業㈱
1952年4月21日設立 資本金2000万円 従業員46名 出資＝(他)100%
◉本社＝〒799－1351 西条市三津屋190－1
☎0898－64－3711・FAX0898－64－2450
URL http://www.andokogyo.co.jp/
✉info@andokogyo.co.jp
代表取締役安藤善太 取締役安藤雅文・安藤千佳子 監査役安藤京子
ISO9001・ISO14001取得
◉セメント事業部生コンクリート工場＝〒799－1101 西条市小松町新屋敷甲1039－2
☎0898－72－2611・FAX0898－72－5650
✉semento@andokogyo.co.jp
工場長安藤一男
従業員9名(技士4名)
1966年5月操業1989年6月更新2000×1(二軸) PM北川鉄工(旧日本建機)Sハカルプラス 住友大阪 チューポール 車大型×5台・中型×3台・小型×2台
2023年出荷15千㎥、2024年出荷15千㎥
G＝石灰砕石・砕石 S＝石灰砕砂・砕砂
普通・舗装JIS取得(IC)

石鎚生コン㈱
1978年12月1日設立 資本金4000万円 従業員11名 出資＝(販)52.5%・(建)47.5%
◉本社＝〒791－1504 上浮穴郡久万高原町大川4761
☎0892－56－0226・FAX0892－56－0107
代表取締役菊野利三郎・久保陽生 取締役沼田真禎・石丸省三・高山哲也
◉工場＝本社に同じ
従業員11名(主任技士2名・技士2名)
PSM北川鉄工 太平洋・日鉄高炉 フローリック・チューポール・シーカジャパン 車大型×6台・中型×2台・小型×2台
G＝砕石 S＝砕砂
普通JIS取得(GBRC)

今治小野田レミコン㈱
1969年5月1日設立 資本金1000万円 従業員9名 出資＝(販)50%・(他)50%
◉本社＝〒794－0031 今治市恵美須町2－1－1
☎0898－53－3250・FAX0898－53－3252
代表取締役社長門脇正弘 取締役門脇崇・野間建紀 監査役中野聡子
◉工場＝〒799－2209 今治市大西町別府2046
☎0898－53－3250・FAX0898－53－3252
工場長曽我部直臣
従業員9名(主任技士2名・技士1名)
1969年11月操業1992年5月更新2000×1(二軸) PM北川鉄工(旧日本建機)Sハカルプラス 太平洋 チューポール・フローリック 車大型×9台・中型×3台〔傭車:大安建設㈱〕
G＝石灰砕石・砕石 S＝山砂・砕砂・スラグ
普通JIS取得(IC)

㈱今治生コン
1972年11月1日設立 資本金1000万円 従業員16名 出資＝(自)100%
◉本社＝〒794－0840 今治市中寺26
☎0898－48－1805・FAX0898－48－8422
✉I-con@apricot.ocn.ne.jp
代表取締役滝本美恵
◉工場＝本社に同じ
工場長中川学
従業員16名(技士4名)
1972年11月操業1995年7月更新2500×1(二軸) PM光洋機械Sパシフィックシステム トクヤマ フローリック・チューポール 車大型×10台・中型×5台・小型×1台
G＝石灰砕石・砕石 S＝砕砂
普通JIS取得(IC)

宇和島生コン㈱
1964年9月1日設立 資本金2200万円 従業員13名
◉本社＝〒798－0077 宇和島市保田甲103
☎0895－27－0211・FAX0895－27－0213
✉uwajimanamacon@royal.ocn.ne.jp
代表取締役社長丸木良文 取締役新津昌雄・村上高志・中畑保一・末光吉幸
◉工場＝本社に同じ
工場長船田忠義
従業員13名(主任技士3名・技士2名)
1965年2月操業2016年5月更新2300×1 PSM北川鉄工 太平洋・日鉄高炉 シーカコントロール 車大型×1台・中型×4台・小型×2台
2023年出荷28千㎥
G＝石灰砕石・砕石 S＝海砂・石灰砕砂
普通・舗装JIS取得(GBRC)

栄南産業㈱
1974年7月8日設立 資本金2000万円 従業員14名 出資＝(自)100%
◉本社＝〒798－3311 宇和島市津島町岩渕甲838
☎0895－32－2757・FAX0895－32－5567
✉einan@deluxe.ocn.ne.jp
代表取締役藤堂洋子 取締役藤堂真二・藤堂寛子・水野明子 監査役稲垣朋子
◉津島工場＝〒798－3303 宇和島市津島町近家甲1607－103
☎0895－32－3511・FAX0895－32－4814
工場長土居利幸
従業員14名(技士3名)
1974年11月操業1989年6月更新1500×1 PSM日工 太平洋・日鉄高炉 フローリック・シーカジャパン 車大型×7台・中型×3台・小型×2台
2024年出荷6千㎥
G＝石灰砕石 S＝海砂・石灰砕砂
普通JIS取得(GBRC)

愛媛中予砕石㈱
(中予砕石㈱より社名変更)

資本金3000万円
◉本社＝〒790－0915　松山市松末町2－1－7
☎089－975－0021・FAX089－997－7005
URL http://www.ehimesaiseki.jp/
◉御三戸生コン工場(旧中予砕石㈱御三戸生コン工場)＝〒791－1501　上浮穴郡久万高原町上黒岩3021－1
☎0892－57－0036・FAX0892－57－0037
部長市川勝利
従業員9名(主任技士2名・診断士1名)
1978年11月操業1996年4月更新1500×1　ＰＳＭ日工　太平洋　車大型×4台・中型×2台〔傭車〕
2024年出荷10千㎥
G＝砕石　S＝砕砂
普通JIS取得(JTCCM)

エヒメ生コン㈱
1974年9月17日設立　資本金4500万円
従業員18名　出資＝(製)80%・(骨)20%
◉本社＝〒795－0083　大洲市菅田町大竹甲1592
☎0893－25－4498・FAX0893－25－1085
代表取締役谷本裕司　取締役谷本邦枝・村上聖・小林千恵・古川新二　監査役村上富朗・谷本奉昭
◉工場＝本社に同じ
工場長松本治
従業員18名(技士4名)
1974年9月操業1999年5月更新2000×1(二軸)　ＰＭ日工Ｓハカルプラス　UBE三菱　シーカジャパン　車大型×8台・中型×5台・小型×2台
2023年出荷23千㎥
G＝砕石　S＝海砂・砕砂
普通・舗装JIS取得(GBRC)

愛媛生コン㈱
1967年3月31日設立　資本金1200万円
従業員30名
◉本社＝〒799－0101　四国中央市川之江町4087－8
☎0896－58－5460・FAX0896－58－2802
URL http://ehime-namacon.com/
✉info@ehime-namacon.com
代表取締役社長岡田美里　代表取締役副社長田中優司　取締役田中絵美
◉工場＝本社に同じ
工場長谷野哲夫
従業員16名
1996年2月操業2022年5月更新2300×1(二軸)　ＰＳＭ北川鉄工　太平洋　車大型×9台・中型×6台・小型×5台
2023年出荷50千㎥
G＝石灰砕石・砕石　S＝砕砂・スラグ
普通・舗装JIS取得(GBRC)

愛媛菱光コンクリート工業㈱
1971年5月13日設立　資本金3000万円
従業員31名　出資＝(建)100%
◉本社＝〒799－2655　松山市馬木町820
☎089－978－1320・FAX089－978－1683
URL https://ehime-ryoko.com
✉ryoko-s.nishioka@wonder.ocn.ne.jp
代表取締役宮内祐二　取締役西岡誠司・花井秀裕　監査役脇田修一
◉工場＝本社に同じ
取締役統括部長西岡誠司
従業員30名(主任技士2名・技士10名)
1971年5月操業2021年9月更新2300×1(二軸)　ＰＳＭ光洋機械　UBE三菱　フローリック・シーカジャパン　車大型×10台・中型×7台・小型×3台
2023年出荷36千㎥、2024年出荷21千㎥
G＝石灰砕石・砕石　S＝石灰砕砂・砕砂
普通JIS取得(IC)

大島生コン㈱
1983年9月1日設立　資本金3000万円　従業員5名　出資＝(建)100%
◉本社＝〒794－2104　今治市吉海町仁江596
☎0897－84－2844・FAX0897－84－4155
代表取締役社長重松光　取締役神野裕之・村上高志　監査役重松哲雄
◉工場＝本社に同じ
工場長村上郁志
従業員5名(技士2名)
1983年10月操業1993年6月更新1500×1(二軸)　ＰＳＭ日工　太平洋　フローリック　車大型×4台・中型×2台
G＝砕石　S＝砕砂
普通JIS取得(IC)

㈱小川レミコン
1979年10月1日設立　資本金500万円　従業員4名　出資＝(建)60%・(他)40%
◉本社＝〒794－2510　越智郡上島町弓削鎌田250
☎0897－77－3503・FAX0897－77－4233
✉ogawarmc@iyo.ne.jp
代表取締役小川憲人・小川俊治　取締役小川千代
◉工場＝本社に同じ
工場長福田弘
従業員4名(技士2名)
1978年10月操業2005年6月更新1300×1(二軸)　ＰＳＭ北川鉄工　UBE三菱　車大型×5台・中型×2台
2023年出荷2千㎥、2024年出荷4千㎥
G＝砕石　S＝砕砂
普通JIS取得(GBRC)

越智生コン㈱
1972年8月1日設立　資本金2000万円　従業員16名　出資＝(自)100%
◉本社＝〒794－0827　今治市辻堂3－4－37
☎0898－48－6640・FAX0898－47－3097
URL http://ochinama.co.jp
✉info@ochinama.co.jp
代表取締役越智文昭　取締役越智睦子・越智裕美子
◉工場＝本社に同じ
代表取締役越智文昭
従業員17名(主任技士3名・技士4名)
1970年8月操業2015年5月更新2750×1(二軸)　ＰＳＭ日工　日鉄高炉・太平洋　フローリック　車大型×8台・小型×9台
2023年出荷16千㎥、2024年出荷13千㎥
G＝砕石　S＝石灰砕砂・砕砂
普通JIS取得(IC)

春日川内共同生コン㈱
◉本社＝〒791－0303　東温市北方甲3361
☎089－966－3500・FAX089－966－5686
代表取締役加藤利明
◉工場＝本社に同じ
1971年3月操業2007年8月更新2250×1(二軸)　ＰＳＭ光洋機械(旧石川島)　太平洋・日鉄　フローリック　車〔傭車：愛新物流㈱〕
2023年出荷37千㎥、2024年出荷30千㎥(ポーラス10㎥)
G＝石灰砕石・砕石　S＝海砂・石灰砕砂・砕砂
普通JIS取得(GBRC)

川上区生コン㈱
1975年3月1日設立　資本金1000万円　従業員25名　出資＝(自)100%
◉本社＝〒797－1503　大洲市肱川町宇和川3371
☎0893－34－2056・FAX0893－34－2235
代表取締役大野盛喜　取締役大野彰一・久保田仁之・安川哲生・冨永大剛　監査役安川知則・橋本福矩
◉本社工場＝本社に同じ
工場長植木忠幸
従業員25名(技士4名)
1975年9月操業1995年7月更新2250×1(二軸)　ＰＳＭ日工　UBE三菱　フローリック　車大型×18台・中型×10台
G＝砕石　S＝海砂・砕砂
普通JIS取得(GBRC)

㈱キクノ
資本金5000万円
◉本社＝〒790－0067　松山市大手町1－8－8
☎089－941－0007・FAX089－932－6541
URL http://www.kikuno.jp
✉soumu@kikuno.jp
代表取締役社長菊野先一　代表取締役会

長菊野利三郎　取締役相談役酒井賢二　専務取締役田中義人　常務取締役馬越伸二・永尾典雄・柴田聡　取締役髙橋信也・長岡純二・三野伸明・得能剛・三好秀男・市川達・福岡宏樹・横山卓哉・土居祐介・千崎崇徳　監査役大西宏昭・河野達也
◉生コン事業部西条工場＝〒793－0046　西条市港174－3
☎0897－55－0607・FAX0897－55－0740
✉n-saijo@kikuno.jp
責任者高橋信也
太平洋
2023年出荷15千㎥、2024年出荷15千㎥（高流動100㎥・水中不分離300㎥）
G＝石灰砕石・砕石・人軽骨　S＝石灰砕砂・砕砂・スラグ
普通JIS取得（GBRC）
大臣認定単独取得（60N/mm²）
◉生コン事業部宇和島工場＝〒798－3301　宇和島市津島町岩松字拝高甲31
☎0895－32－3244・FAX0895－32－4587
✉tsunehiro.kashima@kikuno.jp
責任者加島経規
従業員13名
1973年11月操業2021年8月更新2300×1（二軸）　ＰＳＭ北川鉄工　太平洋・日鉄高炉　シーカジャパン・フローリック・チューポール　車大型×6台・中型×2台・小型×2台
2023年出荷21千㎥、2024年出荷16千㎥（水中不分離10㎥）
G＝石灰砕石　S＝海砂・石灰砕砂
普通・舗装JIS取得（GBRC）
大臣認定単独取得（60N/mm²）
◉生コン事業部八幡浜工場＝〒796－8008　八幡浜市栗野浦482
☎0894－22－1866・FAX0894－24－0254
✉n-yawatahama@kikuno.jp
工場長是澤秀徳
従業員15名
1967年1月操業1995年9月更新2000×1（二軸）　ＰＳＭ北川鉄工　太平洋　シーカジャパン・フローリック　車15台
G＝山砂利・石灰砕石　S＝海砂・石灰砕砂
普通・舗装JIS取得（GBRC）
大臣認定単独取得（60N/mm²）
◉生コン事業部松山工場＝〒799－2656　松山市和気町2－733－1
☎089－978－0005・FAX089－978－0028
✉n-matsuyama@kikuno.jp
工場長福岡宏樹
従業員15名（主任技士1名・技士4名）
2800×1（二軸）　太平洋・日鉄　フローリック・シーカジャパン
2023年出荷18千㎥、2024年出荷14千㎥（高強度300㎥）
G＝石灰砕石・砕石　S＝石灰砕砂・砕砂
普通・舗装・軽量・高強度JIS取得（GBRC）
大臣認定単独取得（80N/mm²）
※生コン事業部高知工場＝高知県参照

北宇和生コン㈱
1972年7月10日設立　資本金5000万円
従業員10名　出資＝（建）40％・（他）60％
◉本社＝〒798－1355　北宇和郡鬼北町大字芝39
☎0895－45－1151・FAX0895－45－1738
代表取締役社長高木常樹　取締役高木恵子　監査役菊野利三郎・吉田幸蔵
◉工場＝本社に同じ
工場長金谷敏文
従業員10名（技士3名）
1972年7月操業1989年6月更新2000×1（二軸）　ＰＳＭ北川鉄工　太平洋・日鉄高炉　シーカポゾリス　車大型×5台・小型×7台
G＝石灰砕石　S＝海砂・石灰砕砂
普通・舗装JIS取得（GBRC）

協和生コン㈱
1970年12月23日設立　資本金1200万円
従業員19名　出資＝（自）100％
◉本社＝〒791－0506　西条市丹原町徳能甲79－1
☎0898－68－7861・FAX0898－68－3083
代表取締役社長信岡一男　取締役会長信岡正志　取締役信岡玲子
◉生コン工場＝本社に同じ
代表取締役社長信岡一男
従業員15名（主任技士1名・技士4名・診断士1名）
1965年1月操業1990年11月更新2000×1　ＰＳＭ日工　麻生・日鉄高炉　ヤマソー・フローリック　車大型×3台・中型×4台・小型×6台
2023年出荷12千㎥、2024年出荷8千㎥
G＝砕石　S＝砕砂
普通JIS取得（GBRC）

久保興業㈱
1967年6月29日設立　資本金4000万円
従業員85名　出資＝（自）100％
◉本社＝〒795－0301　喜多郡内子町五十崎甲918
☎0893－44－3125・FAX0893－43－1456
URL http://www.kubocom.co.jp
代表取締役社長尾崎浩二　取締役上田康司・岡田将太朗・藤本健志　監査役岡田加奈子・木村大二朗
◉本社工場＝〒795－0301　喜多郡内子町五十崎甲918
☎0893－44－3127・FAX0893－43－1445
工場長白石慎也
従業員6名（技士2名）
1967年6月操業1994年6月更新3000×1（二軸）　ＰＳＭ日工　太平洋・日鉄高炉　シーカビスコフロー・シーカコントロール　車大型×7台・中型×5台〔傭車：新興運輸㈱〕
2023年出荷9千㎥、2024年出荷8千㎥
G＝砕石　S＝海砂・砕砂
普通JIS取得（GBRC）
◉南宇和工場（操業停止中）＝〒798－4110　南宇和郡愛南町御荘平城184
☎0895－72－1218・FAX0895－72－5527
1970年10月操業1991年7月更新1500×1（二軸）　ＰＳＭ日工

建協生コンクリート工業㈱
1967年12月15日設立　資本金2500万円
出資＝（販）20％・（骨）40％・（他）40％
◉本社＝〒797－0045　西予市宇和町坂戸10
☎0894－62－1161・FAX0894－62－1162
社長白石泰雄　取締役白石晃浩
◉工場＝本社に同じ
工場長白石晃浩
従業員10名（技士4名）
1968年4月操業1995年8月更新2000×1　ＰＳＭ北川鉄工　太平洋　シーカジャパン　車大型×4台・小型×6台
G＝砕石　S＝海砂・石灰砕砂
普通・舗装JIS取得（GBRC）

㈲三栄生コン
1991年3月16日設立　資本金1500万円
従業員7名　出資＝（自）100％
◉本社＝〒796－0908　西予市三瓶町大字津布理2739
☎0894－33－0373・FAX0894－33－2798
代表取締役山本清典　取締役山本秀美
◉工場＝本社に同じ
工場長山本清典
従業員7名（技士2名）
1991年11月操業1000×1（二軸）　ＰＳＭ北川鉄工　太平洋　シーカビスコフロー・シーカコントロール　車中型×6台・小型×3台
2023年出荷8千㎥、2024年出荷8千㎥
G＝石灰砕石・砕石　S＝海砂・石灰砕砂
普通JIS取得（GBRC）

三星生コンクリート㈱
1973年1月20日設立　資本金3000万円
従業員14名　出資＝（建）94％・（他）6％
◉本社＝〒799－0404　四国中央市三島宮川4－2－18
☎0896－24－4435・FAX0896－24－4030
✉Sanei-773030@shirt.ocn.ne.jp
代表取締役井原一民　取締役井原伸・井原修
◉宮川工場（操業停止中）＝〒799－0404　四国中央市三島宮川1－2398

☎0896－24－6156・FAX0896－24－6217
1973年6月操業1989年1月更新2500×1
ＰＳＭ光洋機械(旧石川島)

㈱三和しまなみ生コン
2016年1月12日設立　資本金100万円　従業員11名　出資＝(自)100%
◉本社＝〒799－2101　今治市波方町波方甲1913－1
☎0898－41－7788・FAX0898－41－6414
✉sakinama@citrus.ocn.ne.jp
代表取締役﨑山恵理　取締役﨑山裕太・﨑山俊紀
◉工場＝本社に同じ
工場長﨑山裕太
従業員11名(主任技士1名・技士1名)
1988年6月操業1990年7月更新2000×1(二軸)　ＰＳＭ日工　太平洋　チューポール・フローリック　車大型×7台・中型×4台
G＝砕石　S＝山砂・砕砂
普通JIS取得(IC)

四國生コン㈱
資本金1000万円　出資＝(自)100%
◉本社＝〒791－2101　伊予郡砥部町高尾田424
☎089－956－0621・FAX089－956－0654
代表取締役山岡勝利
◉工場＝本社に同じ
代表取締役山岡勝利
1964年12月操業3250×1　ＰＳＭ光洋機械　UBE三菱　シーカポゾリス・シーカビスコクリート　車大型×11台・小型×10台
2024年出荷29千m³
G＝砕石　S＝砕砂
普通JIS取得(GBRC)
大臣認定単独取得(60N/mm²)

㈱しろかわ
1967年5月1日設立　資本金6000万円　従業員34名　出資＝(セ)100%
◉本社＝〒791－0303　東温市北方甲3361
☎089－966－5519・FAX089－966－5529
代表取締役細見弘行　取締役脇本正人・岡田拡幸・二宮賢次・橘泰弘・福住直・﨑村健二・松浦永治　監査役石井嘉樹
◉城川工場＝〒797－1717　西予市城川町下相746
☎0894－82－1144・FAX0894－82－0159
工場長岡田拡幸
従業員10名(主任技士1名・技士2名)
1976年6月操業1995年11月Ｓ改造1000×1　ＰＳＭ光洋機械(旧石川島)　トクヤマ　フローリック　車大型×3台・中型×6台・小型×2台
2023年出荷7千m³、2024年出荷7千m³
G＝砕石　S＝海砂・石灰砕砂
普通JIS取得(GBRC)
◉宇和工場＝〒797－0012　西予市宇和町皆田1394－1
☎0894－62－5116・FAX0894－62－5550
工場長二宮賢次
従業員13名(主任技士2名)
1995年6月操業2000×1(二軸)　ＰＳＭ光洋機械(旧石川島)　トクヤマ　フローリック　車大型×5台・中型×4台・小型×3台
2023年出荷8千m³、2024年出荷6千m³
G＝石灰砕石　S＝海砂・石灰砕砂
普通JIS取得(GBRC)

泉陽生コン㈱
1966年9月13日設立　資本金1000万円　従業員21名　出資＝(自)100%
◉本社＝〒792－0002　新居浜市磯浦町18－24
☎0897－34－2222・FAX0897－34－2374
✉senyoo@nifty.com
代表取締役社長一宮眞喜男　代表取締役一宮哲　取締役山内伸介　監査役塩見哲也
◉工場＝本社に同じ
代表取締役社長一宮眞喜男
従業員21名(技士5名)
1966年11月操業2013年5月更新2300×1(二軸)　ＰＳＭ北川鉄工　住友大阪　シーカポゾリス　車大型×8台・小型×3台
2023年出荷28千m³、2024年出荷17千m³
G＝石灰砕石・砕石　S＝山砂・石灰砕砂・スラグ
普通JIS取得(IC)

大協コンクリート工業㈱
1993年2月1日設立　資本金1500万円　従業員14名　出資＝(自)100%
◉本社＝〒799－3131　伊予市大平208－2
☎089－982－6888・FAX089－982－1500
✉daikyou208-2@sage.ocn.ne.jp
代表取締役社長泉圭一　取締役泉正紀・泉千春・泉昌孝・井上雅之　監査役泉智美
◉工場(操業停止中)＝本社に同じ
※レッツ太平洋生コン㈱へ生産委託

大和生コン㈱
1985年5月8日設立　資本金1000万円　従業員53名　出資＝(自)40%・(セ)30%・(他)30%
◉本社＝〒791－1102　松山市来住町1170－1
☎089－975－7141・FAX089－976－9003
URL http://www.daiwanamakon.com
✉matuyama@daiwa-namakon.co.jp
代表取締役大西一次　専務取締役越智修　取締役大西良樹・若田秀行・花井秀裕・河村康英・正木秀彦・三好邦治・坏純一
◉松山工場＝本社に同じ
責任者大西一次
従業員24名(主任技士2名・技士2名)
1963年4月操業1988年6月更新2000×1(二軸)　ＰＳＭ光洋機械(旧石川島)　トクヤマ　フローリック　車18台
2023年出荷20千m³、2024年出荷13千m³
G＝石灰砕石・砕石　S＝石灰砕砂・砕砂
普通JIS取得(GBRC)
大臣認定単独取得(60N/mm²)
◉今治工場＝〒799－1507　今治市東村南1－10－1
☎0898－48－0451・FAX0898－48－0454
✉imabari@daiwa-namakon.co.jp
工場長正木秀彦
従業員10名(技士2名)
1966年11月操業1995年3月更新2000×1(二軸)　ＰＳＭ光洋機械(旧石川島)　トクヤマ　フローリック　車大型×7台・中型×2台・小型×3台
2023年出荷15千m³、2024年出荷11千m³
G＝石灰砕石・砕石　S＝山砂・石灰砕砂・砕砂
普通JIS取得(GBRC)
大臣認定単独取得(60N/mm²)
◉玉川工場＝〒794－0109　今治市玉川町長谷甲1022
☎0898－55－2757・FAX0898－48－0454
工場長正木秀彦
従業員2名(技士2名)
1981年6月操業1992年11月更新1500×1(二軸)　ＰＳＭ光洋機械(旧石川島)　トクヤマ　フローリック
2023年出荷1千m³、2024年出荷1千m³
G＝砕石　S＝砕砂
普通JIS取得(GBRC)
◉西条工場＝〒793－0042　西条市喜多川字八丁847
☎0897－56－3846・FAX0897－56－3828
✉saijo@daiwa-namakon.co.jp
専務取締役越智修
従業員17名(技士2名)
1970年8月操業2021年11月更新2800×1(二軸)　ＰＳＭ光洋機械(旧石川島)　トクヤマ　フローリック　車大型×11台・中型×2台・小型×5台
2023年出荷42千m³、2024年出荷30千m³
G＝石灰砕石・砕石・人軽骨　S＝石灰砕砂・砕砂・スラグ
普通JIS取得(GBRC)
大臣認定単独取得(60N/mm²)

中島建設㈱・中島共同生コン
1927年2月20日設立　資本金1000万円　出資＝(建)100%
◉本社＝〒791－4503　松山市長師428
☎089－997－1252・FAX089－997－1259

代表取締役能田一心　取締役能田吉子・能田一弘・能田幸弘
◉中島共同生コン＝本社に同じ
工場長浜岡英文
従業員(技士1名)
1979年4月操業36×1　ＰＳＭ度量衡　トクヤマ　車大型×2台・中型×2台・小型×10台
G＝砕石　S＝海砂

南予生コン㈱
1969年8月1日設立　資本金2000万円　従業員7名　出資＝(セ)22.5%・(販)77.5%
◉本社＝〒798－0087　宇和島市坂下津甲407－1
☎0895－22－7371・FAX0895－25－8862
✉tachiken@orion.ocn.ne.jp
代表取締役橘泰弘　取締役橘周一・橘良造　監査役橘和佳美
◉宇和島工場＝本社に同じ
工場長橘良造
従業員7名(主任技士2名・技士3名・診断士1名)
1969年9月操業2024年10月更新2300×1(二軸)　ＰＳＭ北川鉄工　トクヤマ　チューポール　車大型×7台・中型×6台・小型×4台〔傭車：関西商事㈱〕
2023年出荷16千㎥、2024年出荷16千㎥
G＝石灰砕石　S＝海砂・石灰砕砂
普通・舗装JIS取得(JTCCM)

㈲新居浜ブロック工業所
資本金300万円　出資＝(自)100%
◉本社＝〒792－0852　新居浜市東田1－甲1065－1
☎0897－41－1359・FAX0897－41－5247
✉n.buloku2@wit.ocn.ne.jp
代表者村上義幸
◉工場＝本社に同じ
従業員16名(技士4名)
1974年5月操業2300×1(二軸)　麻生　チューポール　車大型×3台・中型×9台・小型×4台
2023年出荷28千㎥
G＝砕石　S＝石灰砕砂・砕砂・銅スラグ
普通JIS取得(GBRC)

㈱西田興産
1948年6月14日設立　資本金4750万円
従業員197名　出資＝(他)100%
◉本社＝〒795－8603　大洲市徳森248
☎0893－25－0211・FAX0893－25－0554
✉namakon@cnw.ne.jp
代表取締役社長西田弘二　専務取締役西田圭三　取締役西田翔・西田和恵・猪崎公秀・西田典正　監査役三好郁子・矢野啓文
ISO 9001・14001取得
◉大洲生コンクリート工場＝〒795－8603　大洲市徳森248
☎0893－25－0144・FAX0893－25－1915
工場長上田健一
従業員10名(技士3名)
1967年9月操業2016年4月更新2300×1(二軸)　ＰＳＭ北川鉄工　UBE三菱　フローリック・シーカジャパン　車大型×6台・中型×3台
2023年出荷30千㎥、2024年出荷14千㎥
G＝砕石　S＝海砂・砕砂
普通JIS取得(GBRC)
ISO 14001取得
◉長浜生コンクリート工場＝〒799－3412　大洲市長浜町晴海2－9
☎0893－52－0088・FAX0893－52－2180
工場長上田健一
従業員5名(技士1名)
1973年2月操業2001年8月更新2500×1(二軸)　ＰＳＭ光洋機械(旧石川島)　太平洋　フローリック・シーカジャパン　車大型×4台・中型×2台〔傭車：大型×1台大洲生コンクリート工場〕
G＝石灰砕石・砕石　S＝海砂・石灰砕砂
普通JIS取得(GBRC)
ISO 14001取得

㈱日景生コン
1994年6月29日設立　資本金1000万円
従業員60名　出資＝(自)100%
◉本社＝〒791－0321　東温市河之内字北引岩乙826－3
☎089－966－2323・FAX089－966－2882
URL https://www.ohno-as.jp/company/group/nikkei/
代表取締役社長篠森菊雄　役員大野照旺・山岡勝利・力石傑
◉川内工場＝本社に同じ
従業員10名(主任技士1名・技士2名)
1994年7月操業2500×1　ＰＳＭ日工　住友大阪　シーカジャパン　車大型×12台・中型×2台・小型×1台
2023年出荷36千㎥、2024年出荷24千㎥
G＝砕石　S＝砕砂
普通JIS取得(GBRC)
◉松山工場＝〒790－0054　松山市空港通6－16－4
☎089－965－4074・FAX089－965－4071
従業員52名(主任技士1名・技士1名)
第1P＝2000年8月操業2500×1　ＰＳＭ光洋機械
第2P＝2014年3月操業3250×1　麻生　シーカジャパン・竹本　車大型×25台・中型×2台・小型×12台
2023年出荷90千㎥、2024年出荷96千㎥(高強度6000㎥)
G＝砕石　S＝砕砂
普通JIS取得(GBRC)
大臣認定単独取得(80N/mm²)

野村生コン㈱
1989年9月18日設立　資本金9900万円
従業員15名　出資＝(建)100%
◉本社＝〒797－1212　西予市野村町野村14－90
☎0894－72－0074・FAX0894－72－2713
代表取締役井関智　副社長二宮実千雄
◉生コン工場＝本社に同じ
工場長井関敏広
従業員15名(技士3名)
1989年9月操業1990年9月更新2000×1(二軸)　ＰＳＭ日工　UBE三菱　シーカコントロール　車大型×5台・中型×4台・小型×1台
G＝砕石　S＝海砂・砕砂
普通JIS取得(GBRC)

伯方生コンクリート㈱
1973年1月29日設立　資本金1000万円
従業員10名　出資＝(自)100%
◉本社＝〒794－2301　今治市伯方町有津甲848
☎0897－72－0819・FAX0897－72－2423
代表取締役馬越卓也　取締役野間宣保・村上鐵之助・馬越直也
◉工場＝本社に同じ
工場長馬越卓也
従業員10名
1973年6月操業1990年8月更新1500×1(二軸)　ＰＳＭ日工　UBE三菱　シーカポゾリス　車大型×5台・中型×5台・小型×4台
2023年出荷7千㎥、2024年出荷8千㎥
G＝砕石　S＝砕砂
普通JIS取得(GBRC)

飛鷹生コンクリート㈱
1970年1月1日設立　資本金2000万円　従業員20名　出資＝(自)100%
◉本社＝〒799－0423　四国中央市具定町490
☎0896－23－5342・FAX0896－23－5341
代表取締役社長飛鷹康志　取締役副社長飛鷹惣太郎　常務取締役飛鷹英寛　取締役飛鷹三重子・飛鷹洋子
◉工場＝〒799－0423　四国中央市具定町490
☎0896－23－3166・FAX0896－23－5341
工場長飛鷹惣太郎
従業員20名(技士3名)
1962年7月操業2018年8月更新2300×1　ＰＳＭ北川鉄工　UBE三菱・太平洋・住友大阪　シーカポゾリス・シーカビスコクリート　車大型×12台・中型×2台・小型×4台
2023年出荷42千㎥、2024年出荷30千㎥(水中不分離100㎥)

G＝石灰砕石・砕石　S＝石灰砕砂・砕砂
普通JIS取得(IC)

日吉総合建設㈱
1979年3月31日設立　資本金2000万円
従業員30名　出資＝(自)100%
◉本社＝〒798－1502　北宇和郡鬼北町下鍵山509
☎0895－44－2122・FAX0895－44－2096
✉hiyoshi@mc.pikara.ne.jp
代表取締役岩本渉　取締役岩本泰彰　監査役岩本信江
ISO 9001・14001取得
◉日吉生コンクリート工場＝〒797－1705　西予市城川町高野子3281
☎0894－83－1050・FAX0894－83－0085
✉stnywha3859@ma.pikara.ne.jp
工場長冨永典継
従業員10名(技士3名)
1973年8月操業1990年6月更新1500×1　ＰＳＭ北川鉄工　太平洋　シーカポゾリス・フローリック　車大型×5台・中型×6台・小型×1台
G＝砕石　S＝海砂・石灰砕砂
普通・舗装JIS取得(MSA)

藤岡生コン㈱
1979年2月設立　資本金1000万円　出資＝(建)100%
◉本社＝〒799－1371　西条市周布1758－3
☎0898－68－7239・FAX0898－68－7454
代表取締役藤岡一貴
◉工場＝〒791－0522　西条市丹原町田野上方1096
☎0898－68－7729・FAX0898－68－3738
工場長小笠原幸見
1970年2月操業1979年2月更新36×2　ＰＳＭ日工　UBE三菱　車大型×5台・小型×12台
G＝砕石　S＝海砂
普通JIS取得(GBRC)

㈱ブリッジカンパニー
2001年11月1日設立　資本金3000万円
従業員60名　出資＝(自)100%
◉本社＝〒791－3310　喜多郡内子町城廻991－1
☎0893－44－4175・FAX0893－44－5121
URL http://www.u-bridge.co.jp
代表取締役横久保茂　取締役橋本尚美・橋本隆　監査役橋本茜
◉五百木生コン工場＝〒791－3351　喜多郡内子町五百木219－1
☎0893－44－3676・FAX0893－59－2686
✉plant@u-bridge.co.jp
工場長西岡一行
従業員10名(技士2名)
2000年10月操業2021年7月更新1670×1(二軸)　ＰＳＭ日工　太平洋　フローリック　車大型×7台・中型×3台・小型×1台
2023年出荷8千㎥、2024年出荷7千㎥
G＝砕石　S＝海砂・砕砂
普通JIS取得(GBRC)

㈲マツシン
1996年4月12日設立　資本金500万円　従業員5名　出資＝(自)100%
◉本社＝〒794－2410　越智郡上島町岩城3803
☎0897－75－2886・FAX0897－75－3223
代表取締役松浦範子　取締役松浦尚
◉生コンクリート工場＝本社に同じ
責任者松浦功
従業員5名(技士2名)
1995年8月操業1000×1(二軸)　ＰＳＭ日工　UBE三菱　シーカビスコフロー　車大型×2台・中型×2台
2023年出荷1千㎥、2024年出荷1千㎥
G＝砕石　S＝砕砂
普通JIS取得(GBRC)

松山太平洋生コンクリート㈱
2002年5月1日設立　資本金13000万円
出資＝(セ)100%
◉本社＝〒791－3120　伊予郡松前町大字筒井1317－6
☎089－984－2181・FAX089－984－2188
代表取締役森下宣明　取締役川野高広・秋元英樹　監査役川野圭司
※レッツ太平洋生コン㈱へ生産委託

㈱向井工務店
1978年7月22日設立　資本金1000万円
◉本社＝〒794－2410　越智郡上島町岩城3557
☎0897－75－3181・FAX0897－75－3181
✉bz694878@bz03plala.or.jp
代表取締役向井ます子
◉コンクリート工場＝本社に同じ
責任者田中俊夫
従業員1名(技士1名)
1978年7月操業1000×1(二軸)　UBE三菱　シーカポゾリス　車大型×3台・中型×1台
G＝砕石　S＝砕砂
普通JIS取得(GBRC)

八幡浜生コンクリート㈱
1966年1月14日設立　資本金2000万円
従業員9名　出資＝(他)100%
◉本社＝〒796－0202　八幡浜市保内町宮内1番耕地500
☎0894－36－0663・FAX0894－36－0671
✉hatinamcon@ca.pikara.ne.jp
代表取締役社長丸石祐成　代表取締役村上高志　取締役村上将太・赤松市彦　監査役浜瀬清司・喜島稔
◉工場＝本社に同じ
工場長赤松市彦
従業員9名(主任技士1名・技士2名)
1966年1月操業2018年1月更新2300×1(二軸)　ＰＳＭ北川鉄工　UBE三菱　シーカコントロール・シーカビスコフロー・シーカビスコクリート　車大型×5台・中型×5台・小型×2台〔傭車：大型4台〕
2023年出荷17千㎥、2024年出荷10千㎥
G＝石灰砕石・砕石　S＝海砂・石灰砕砂
普通・舗装JIS取得(GBRC)

臨海建設㈱
資本金2000万円　出資＝(建)100%
◉本社＝〒791－4321　松山市元怒和1809－20
☎089－999－0354・FAX089－999－0128
◉工場＝本社に同じ
1980年6月操業500×1　UBE三菱

レッツ太平洋生コン㈱
(アイル㈱、㈱キクノ生コン松山工場、㈱空港生コン、大協コンクリート工業㈱、松山太平洋生コンクリート㈱より生産受託)
2010年6月18日設立　資本金635万円
◉本社＝〒791－3120　伊予郡松前町大字筒井1317－6
☎089－984－3360・FAX089－984－3362
代表取締役村上英二　取締役西山周・三原天一・菊野先一・森下宣明・泉圭一
監査役秋元英樹
◉工場＝本社に同じ
1964年8月操業2013年5月更新2800×1(二軸)　ＰＳＭ北川鉄工
2023年出荷67千㎥、2024年出荷58千㎥(水中不分離300㎥)
G＝石灰砕石・砕石　S＝石灰砕砂・砕砂
普通JIS取得(GBRC)
大臣認定単独取得(60N/㎟)

高知県

㈱吾川興産
1973年4月1日設立　資本金1000万円　従業員9名　出資=(自)100%
◉本社=〒781-1501　吾川郡仁淀川町大崎122
☎0889-35-0231・FAX0889-35-0237
代表取締役社長片岡寛次
◉工場=〒781-1502　吾川郡仁淀川町川口258
☎0889-35-0231・FAX0889-35-0237
代表取締役社長片岡寛次
従業員9名(技士3名)
1972年5月操業1994年6月更新1000×1　PSM北川鉄工　トクヤマ　フローリック・シーカポゾリス　車大型×2台・中型×6台・小型×4台
2023年出荷4千㎥、2024年出荷3千㎥
G=砕石　S=海砂・砕砂
普通JIS取得(GBRC)

一宮生コンクリート㈱
1972年1月27日設立　資本金1000万円　従業員24名　出資=(自)100%
◉本社=〒781-8130　高知市一宮2651-2
☎088-846-2233・FAX088-845-7766
URL http://fukuyakai.com/ikku-concrete/
✉iqcon01ky@nifty.com
代表取締役社長山﨑一寛　取締役浜田健嗣・片岡義信・山﨑竜　監査役浜田久美子
◉工場=〒781-8130　高知市一宮2651-2
☎088-845-0020・FAX088-845-0277
代表取締役社長山﨑一寛
従業員24名(主任技士2名・技士2名)
1970年9月操業1992年7月更新2500×1(二軸)　PSM日工　UBE三菱　フローリック　車大型×14台・中型×6台・小型×4台
2023年出荷35千㎥、2024年出荷30千㎥(高強度140㎥)
G=石灰砕石　S=海砂・石灰砕砂
普通JIS取得(GBRC)
大臣認定単独取得(60N/mm²)
※フライアッシュ標準化

栄興生コンクリート㈱
1981年12月24日設立　資本金3485万円　従業員9名　出資=(建)82%・(骨)9%・(他)9%
◉本社=〒785-0411　高岡郡津野町船戸3234
☎0889-62-2440・FAX0889-62-3111
代表取締役高橋幸人　取締役嶋﨑勝昭・明神正二　監査役明神正・谷脇幸秀
◉工場=本社に同じ
工場長明神正二
従業員9名(主任技士1名・技士1名)
1982年11月操業1988年4月更新36×2　PSM北川鉄工　UBE三菱・太平洋　シーカコントロール　車大型×5台・小型×3台
2023年出荷7千㎥、2024年出荷7千㎥
G=砕石　S=海砂・砕砂
普通JIS取得(GBRC)

大月生コンクリート㈱
1972年11月18日設立　資本金1000万円　従業員1名　出資=(建)100%
◉本社=〒788-0311　幡多郡大月町鉾土604-37
☎0880-73-1125
代表取締役新谷誠　取締役新谷博・新谷務・新谷玲子
◉工場(操業停止中)=本社に同じ
1973年1月操業1981年11月更新1500×1(二軸)　PSM光洋機械
※㈲宿毛コンクリートサービスに生産委託

岡ノ内ブロック工業㈲
1979年8月1日設立　資本金1000万円　従業員7名　出資=(自)100%
◉本社=〒781-4641　香美市物部町岡ノ内字切抜キ2423-1
☎0887-58-2240・FAX0887-58-3595
代表取締役社長小原智典　取締役専務小原桂子
◉岡ノ内工場=本社に同じ
工場長宗石明雄
従業員7名(主任技士1名・技士1名)
1981年8月操業2002年5月更新1000×1(二軸)　PSM光洋機械　UBE三菱　シーカポゾリス　車大型×4台・小型×2台
G=河川　S=河川・海砂
普通JIS取得(GBRC)

㈲片岡組
1949年10月1日設立　資本金2000万円　従業員22名　出資=(自)100%
◉本社=〒781-1327　高岡郡越知町黒瀬字宮ノ前496-2
☎0889-27-2324・FAX0889-27-2325
代表取締役片岡大介　取締役片岡聖徳・片岡初野
◉生コン工場(操業停止中)=本社に同じ
1984年2月操業500×1(二軸)　PSM日工

香北菱光コンクリート㈱
1974年9月設立　資本金1500万円　出資=(骨)77%・(他)23%
◉本社=〒781-4411　香美市物部町中谷川401
☎0887-58-4105・FAX0887-58-4106
社長今井誠幸　役員今井聖庸
◉工場=本社に同じ
工場長濱田昌保
従業員7名(主任技士1名・技士1名)
1974年9月操業2000×1　PSM光洋機械　UBE三菱　シーカコントロール　車大型×5台・中型×5台
2023年出荷6千㎥、2024年出荷5千㎥
G=河川・石灰砕石　S=河川・海砂
普通JIS取得(GBRC)

㈲上岡コンクリート
1976年6月設立　資本金300万円　従業員10名　出資=(建)100%
◉本社=〒781-1532　吾川郡仁淀川町相能269
☎0889-35-0014・FAX0889-35-0015
代表取締役上岡武司　専務取締役有光泰三
◉工場=本社に同じ
工場長山本辰廣
従業員10名(主任技士1名・技士1名)
1976年6月操業1994年4月更新1500×1　PSM光洋機械　住友大阪　シーカポゾリス　車大型×7台・中型×5台・小型×2台
2023年出荷9千㎥、2024年出荷8千㎥
G=河川　S=河川・海砂
普通JIS取得(GBRC)

㈱川村生コンクリート工業
1972年9月1日設立　資本金1000万円　従業員12名　出資=(自)100%
◉本社=〒781-0304　高知市春野町西分150
☎088-894-2240・FAX088-894-5645
URL https://kawamura-namacon.com
✉kawamura-namacon@friend.ocn.ne.jp
代表取締役川村浩司
◉工場=本社に同じ
工場長清水崇夫
従業員12名(技士3名)
1972年9月操業2003年1月更新1500×1(二軸)　PSM光洋機械　住友大阪　シーカポゾリス　車大型×2台・中型×7台・小型×6台
2023年出荷10千㎥、2024年出荷10千㎥
G=砕石　S=海砂・砕砂
普通JIS取得(JTCCM)

㈱キクノ
◉本社=愛媛県参照
◉生コン事業部高知工場=〒781-8006　高知市萩町1-9-48
☎088-832-4141・FAX088-832-4143
責任者菊野先一
従業員13名
1962年11月操業2000年11月更新1670×1

ＰＳＭ日工　太平洋　シーカジャパン　車小型×5台
2024年出荷8千㎥
G＝石灰砕石・砕石　S＝海砂・石灰砕砂
普通JIS取得（GBRC）
大臣認定単独取得（60N/mm²）
※生コン事業部西条工場・生コン事業部宇和島工場・生コン事業部八幡浜工場・生コン事業部松山工場＝愛媛県参照

㈱協栄
（㈱オーシャンコンクリート、大日生コンクリート㈱、南国生コンクリート㈱より生産受託）
2007年8月29日設立　資本金1000万円
従業員6名
◉本社＝〒781－0112　高知市仁井田2709
☎088－885－2000
代表者西森茂・鎮田勝文・吉良謙一
◉南国工場＝〒783－0084　南国市稲生3132
☎088－821－8412・FAX088－821－8412
普通JIS取得（IC）

共進生コン㈲
1972年12月19日設立　資本金1000万円
従業員10名　出資＝（自）100％
◉本社＝〒785－0167　須崎市浦ノ内灰方1152－24
☎088－856－1781
代表取締役社長中平徳喜　取締役植村稔　監査役中平豊
◉工場（操業停止中）＝本社に同じ
1972年12月操業1986年5月更新1500×1　ＰＭニューライトＳハカルプラス
※高知県ブロック㈱ヒロ・KB生コン工場と協業

㈲共同生コン
1977年10月15日設立　資本金2000万円
従業員6名　出資＝（自）100％
◉本社＝〒785－0621　高岡郡檮原町太郎川3543
☎0889－65－0208・FAX0889－65－0252
代表取締役森田豊秋　取締役片岡孝裕
◉工場＝本社に同じ
工場長片岡孝裕
従業員6名（主任技士2名・技士3名）
1978年3月操業1986年1月更新1500×1　ＰＳＭ光洋機械　住友大阪・太平洋　車大型×10台・小型×3台〔傭車：柴田運送㈱〕
G＝砕石　S＝砕砂
普通JIS取得（GBRC）

黒潮コンクリート㈱
1974年9月3日設立　資本金2250万円　従業員12名　出資＝（自）100％
◉本社＝〒783－0094　南国市前浜741－1
☎088－865－2021・FAX088－865－2022
✉jsk@mb.inforyoma.or.jp
代表取締役常徳祐一　取締役常徳和也・常徳緑　監査役常徳満子
◉工場＝本社に同じ
責任者常徳祐一
従業員12名（技士2名）
1975年1月操業1993年8月更新2000×1（二軸）　ＰＳＭ北川鉄工　住友大阪　シーカコントロール　車大型×14台・小型×3台
2023年出荷23千㎥
G＝陸砂利・石灰砕石　S＝陸砂・海砂
普通JIS取得（IC）

高知麻生生コンクリート㈱
1993年5月28日設立　資本金2500万円
従業員14名
◉本社＝〒781－2124　吾川郡いの町八田1656
☎088－893－5000・FAX088－893－5700
社長石黒雅久
◉工場＝本社に同じ
工場長石元隆
従業員14名（技士2名）
2000×1　ＰＳＭ北川鉄工　麻生　車大型×7台・中型×3台・小型×2台
G＝河川　S＝河川・海砂
普通・舗装JIS取得（GBRC）

高知県西部生コンクリート㈱
1967年10月2日設立　資本金1000万円
従業員2名　出資＝（自）100％
◉本社＝〒787－0050　四万十市渡川1－10－25
☎0880－37－2311・FAX0880－37－1014
代表取締役植田英喜　取締役植田あゆ子・植田英久・植田昌美
※㈲幡多コンクリートサービスに生産委託

高知県生コンクリート㈱
1958年11月8日設立　資本金1500万円
出資＝（販）34％・（建）15％・（他）51％
◉本社＝〒780－8051　高知市鴨部上町2－13
☎088－882－4131・FAX088－882－4136
代表取締役武市隆平　取締役入交章二・野村茂・山﨑寛朗　監査役野村朗
※鏡生コンクリート㈱に生産委託

高知県ブロック㈱
1957年7月5日設立　資本金3000万円　従業員11名　出資＝（自）100％
◉本社＝〒780－8065　高知市朝倉戊773－1
☎088－843－8160・FAX088－843－8161
代表取締役会長弘田淳一　代表取締役社長弘田大輔
◉ヒロ・KB生コン工場＝〒781－1151　土佐市中島458－3
☎088－852－2185・FAX088－852－4838
✉burock@galaxy.ocn.ne.jp
工場長弘嶋隆宏
従業員19名（主任技士2名・技士1名）
1989年11月操業2000×1（二軸）　ＰＳＭ日工　住友大阪・太平洋　車大型×8台・中型×6台・小型×3台
2023年出荷25千㎥、2024年出荷20千㎥
G＝石灰砕石　S＝海砂・石灰砕砂
普通JIS取得（GBRC）
大臣認定単独取得（60N/mm²）
※3社協業

㈲高知コンクリートサービス
（高知県生コンクリート㈱と㈱仁淀コンクリートより生産受託）
1985年2月1日設立　資本金1800万円　従業員6名　出資＝（販）100％
◉本社＝〒780－8051　高知市鴨部上町2－13
☎088－844－1411・FAX088－840－3810
URL http://www.kochi-cs.co.jp/
✉kcs@rhythm.ocn.ne.jp
代表取締役石原昇　取締役伊藤俊明・伊藤安子・田中嘉雄
◉高知工場＝本社に同じ
工場長田中嘉雄
従業員6名（主任技士1名・技士3名）
1958年11月操業1989年9月更新3000×1（二軸）　ＰＳＭ光洋機械　太平洋　シーカポゾリス　車大型×12台・中型×5台・小型×5台〔傭車：㈲アールエフ〕
2023年出荷16千㎥
G＝石灰砕石・人軽骨　S＝海砂・石灰砕砂
普通・軽量JIS取得（GBRC）
大臣認定単独取得（60N/mm²）
※高知県生コンクリート㈱より賃借

高東生コンクリート㈱
1982年10月設立　資本金7000万円　従業員10名　出資＝（自）100％
◉本社＝〒781－5242　香南市吉川町古川941－12
☎0887－55－5140・FAX0887－55－5119
代表取締役西川光城
◉工場＝本社に同じ
工場長土井順二
従業員10名（技士3名）
1982年10月操業1992年7月更新1500×1（二軸）　ＰＳＭ光洋機械　住友大阪・太平洋　フローリック　車中型×10台・小型×2台
2023年出荷11千㎥
G＝石灰砕石　S＝海砂・石灰砕砂
普通JIS取得（GBRC）

㈲高幡コンクリートサービス
2005年9月20日設立　資本金1000万円　従業員41名
◉本社＝〒786－0073　高岡郡四万十町口神ノ川696－2
☎0880－22－4880・FAX0880－22－0443
代表取締役田邊聖
◉窪川工場＝〒786－0003　高岡郡四万十町金上野519
☎0880－22－1345・FAX0880－22－1346
✉sarvis-kubokawa@shimanto.tv
工場長松井武彦
従業員11名
1971年1月操業2005年5月更新1670×1（二軸）　ＰＳＭ日工　太平洋　シーカジャパン　車大型×5台・中型×2台・小型×3台
2023年出荷23千㎥、2024年出荷20千㎥
G＝砕石　S＝海砂
普通JIS取得（GBRC）
◉大正工場＝〒786－0301　高岡郡四万十町大正742－1
☎0880－27－0234・FAX0880－27－1566
✉sarvis-taisyo@shimanto.tv
工場長上山文男
従業員9名（技士3名）
1973年10月操業2017年10月更新1800×1（二軸）　ＰＭ光洋機械Ｓパシフィックシステム　住友大阪　シーカジャパン　車大型×3台・中型×3台・小型×1台
2023年出荷6千㎥、2024年出荷3千㎥
G＝石灰砕石・砕石　S＝海砂・砕砂
普通JIS取得（GBRC）
◉西土佐工場＝〒787－1603　四万十市西土佐用井841
☎0880－31－6603・FAX0880－31－6604
工場長久保光
従業員9名（主任技士1名・技士2名）
1964年9月操業2011年5月更新1500×1（二軸）　ＰＳＭ光洋機械　トクヤマ・住友大阪　シーカポゾリス　車大型×3台・中型×2台・小型×1台
2023年出荷1千㎥、2024年出荷11千㎥
G＝砕石　S＝海砂・砕砂
普通JIS取得（GBRC）
◉中土佐工場（旧㈱新創生コン部中土佐工場）＝〒789－1301　高岡郡中土佐町久札5905
☎0889－52－4111・FAX0889－52－2888
1970年10月操業1990年6月更新1500×1（二軸）　ＰＳＭ光洋機械
2024年出荷9千㎥
G＝石灰砕石・砕石　S＝海砂・砕砂
普通JIS取得（GBRC）

高菱レミコン㈱
（高知菱光コンクリート工業㈱と高知レミコン㈱より生産受託）
2008年10月1日設立　資本金900万円　従業員13名　出資＝（自）50％・50％
◉本社＝〒780－8040　高知市神田1111－1
☎088－832－1268・FAX088－832－1270
✉kochiremicon@star.ocn.ne.jp
代表取締役吉野茂・熊崎貴之　取締役西内裕和・玉川裕司
◉工場＝本社に同じ
工場長西内裕和
従業員13名（主任技士1名・技士2名）
1964年3月操業1992年11月更新1500×1（二軸）　ＰＳＭ光洋機械　太平洋　シーカポゾリス　車大型×7台・小型×3台〔傭車：わかや産業㈱・㈱コスモ〕
2023年出荷12千㎥、2024年出荷8千㎥（高強度300㎥）
G＝石灰砕石　S＝石灰砕砂
普通JIS取得（GBRC）
大臣認定単独取得（60N/mm²）

㈱吾北生コン
1972年7月1日設立　従業員5名　出資＝（販）60％・（建）40％
◉本社＝〒781－2401　吾川郡いの町上八川甲3456
☎088－867－2306・FAX088－867－3131
代表取締役田部和彦　取締役筒井公二
◉工場＝本社に同じ
責任者田部龍二郎
従業員5名（主任技士1名・技士2名）
1973年1月操業1990年8月更新1500×1（二軸）　ＰＳＭ光洋機械　太平洋　車〔傭車〕
2023年出荷4千㎥
G＝河川・石灰砕石　S＝河川・海砂・石灰砕砂
普通・舗装JIS取得（JTCCM）

㈲四万川コンクリート工業
資本金2500万円　従業員5名　出資＝（建）100％
◉本社＝〒785－0661　高岡郡梼原町六丁23
☎0889－67－0819
代表者西村善晴
◉工場＝本社に同じ
従業員5名
1975年8月操業1976年5月更新1000×1　ＰＳＭ北川鉄工　住友大阪・太平洋　車4台
2024年出荷2千㎥
G＝山砂利・砕石　S＝山砂・海砂・砕砂
普通JIS取得（GBRC）

島崎商事㈱
1970年4月設立　資本金2000万円　従業員12名　出資＝（自）100％
◉本社＝〒789－1204　高岡郡佐川町加茂4361
☎0889－22－1121・FAX0889－22－2987
代表取締役社長嶋﨑勝昭　専務取締役島﨑雅哉
◉越知生コンクリート工場＝〒781－1311　高岡郡越知町今成2524－1
☎0889－26－0331
工場長藤野雄策
従業員10名
1970年4月操業1974年2月更新36×2　ＰＭ北川鉄工Ｓハカルプラス　住友大阪・UBE三菱　車大型×10台・中型×6台・小型×5台
2023年出荷23千㎥、2024年出荷19千㎥
G＝砕石　S＝海砂・砕砂
普通JIS取得（GBRC）

四万十生コン㈱
◉本社＝〒786－0003　高岡郡四万十町金上野1478－4
☎0880－22－1170・FAX0880－22－1172
◉工場＝本社に同じ
1998年4月操業1000×1　ＰＳＭ北川鉄工
普通JIS取得（GBRC）

清水コンクリートサービス㈱
（足摺生コンクリート㈱、嶺北興産㈱、清水生コンクリート㈱より生産受託）
1999年5月28日設立　資本金5250万円　従業員14名
◉本社＝〒787－0445　土佐清水市下益野1201
☎0880－85－0727・FAX0880－85－0082
✉simizu12@arion.ocn.ne.jp
代表取締役社長中野正一　代表取締役佐田賢治
◉工場＝本社に同じ
工場長山下年史
従業員13名（技士2名）
1972年12月操業2012年8月更新1700×1（二軸）　ＰＳＭ北川鉄工　トクヤマ　フローリック・シーカジャパン　車大型×9台・中型×1台・小型×6台
2023年出荷12千㎥
G＝石灰砕石・砕石　S＝海砂・砕砂
普通JIS取得（IC）

㈲宿毛コンクリートサービス
（建協生コンクリート㈱、宿毛レミコン㈱、中村生コンクリート㈱宿毛工場、大月生コンクリート㈱より生産受託）
1999年2月設立　資本金2000万円　従業員19名
◉本社＝〒788－0012　宿毛市高砂1－20－6
☎0880－65－6797・FAX0880－65－6794
代表取締役社長新谷誠　役員増田博和・佐田憲昭・伊与田和彦
◉工場＝本社に同じ

工場長松下勝幸
従業員19名(技士3名)
1969年10月操業2010年3月更新2300×1　ＰＳＭ北川鉄工　UBE三菱・太平洋　シーカポゾリス　車大型×13台・中型×6台・小型×2台
2023年出荷31千㎥、2024年出荷20千㎥(水中不分離12㎥)
G＝石灰砕石・砕石　S＝海砂・砕砂
普通JIS取得(IC)

須崎生コンクリート㈱
1968年8月16日設立　資本金4000万円　従業員15名　出資＝(セ)37.5％・(販)50.0％・(建)12.5％
◉本社＝〒785－0051　須崎市神田3721
☎0889－42－3230・FAX0889－42－3232
✉susaki-namacon@ca.pikara.ne.jp
代表取締役社長西山正晃　取締役北川博章・嶋﨑誠・稲垣貴照・小松千代喜・横田英毅　監査役芦田真一・西山正純
◉工場＝本社に同じ
工場長嶋﨑誠
従業員15名
1968年12月操業2004年1月更新2250×1(二軸)　ＰＳＭ光洋機械(旧石川島)　住友大阪　シーカコントロール　車大型×7台・中型×4台
2023年出荷11千㎥、2024年出荷17千㎥
G＝石灰砕石・砕石　S＝海砂・石灰砕砂
普通JIS取得(GBRC)

大日生コンクリート㈱
1983年11月12日設立　資本金1000万円　出資＝(販)50％・(建)50％
◉本社＝〒780－8038　高知市石立町197－1
☎088－831－1105・FAX088－832－1103
代表取締役栗田敬之助・佐田賢治　取締役高橋司・竹山貴司・吉良謙一・半原哲行　監査役津野尊命
※㈱協栄に生産委託

高岡コンクリート工業㈲
1976年8月1日設立　資本金1000万円　従業員12名　出資＝(他)100％
◉本社＝〒781－1105　土佐市蓮池1044－1
☎088－852－5300・FAX088－852－5306
✉yano@y.email.ne.jp
代表取締役矢野武志　取締役野本隆広・矢野雄一・野本佳代・矢野雅子
◉工場＝本社に同じ
工場長浜口章造
従業員12名(主任技士1名)
2003年4月操業2000×1　ＰＳＭ日工　住友大阪　車中型×4台・小型×6台
G＝砕石　S＝河川・海砂

㈲高橋コンクリート
1999年6月1日設立　資本金300万円　従業員14名　出資＝(自)100％
◉本社＝〒781－1302　高岡郡越知町越知乙11－1
☎0889－26－2286・FAX0889－26－3256
✉takahashi_concrete@yahoo.co.jp
代表取締役社長高橋幸一・高橋佳久　取締役高橋久代・高橋清子
◉工場＝本社に同じ
工場長細川源井
従業員14名(技士3名)
1971年11月操業1993年7月更新36×1(二軸)　ＰＳＭ北川鉄工　UBE三菱・住友大阪　シーカポゾリス・シーカコントロール　車中型×6台・小型×4台
G＝砕石　S＝海砂・砕砂
普通JIS取得(GBRC)

中央生コンクリート㈱
1975年9月1日設立　資本金1750万円　従業員17名　出資＝(建)100％
◉本社＝〒783－0006　南国市篠原115
☎088－863－5555・FAX088－864－0243
代表取締役社長池本静男　取締役池本千恵美・長瀬明弘・西森明彦・池本アヤ　監査役田部和彦
◉工場＝本社に同じ
工場長長瀬明弘
従業員17名(主任技士1名・技士3名)
1975年11月操業1983年1月ＰＭ1997年6月Ｓ改造2000×1(二軸)　ＰＳＭ光洋機械　日鉄高炉・太平洋　車大型×8台・中型×6台・小型×4台
G＝石灰砕石　S＝海砂
普通JIS取得(JTCCM)

中部生コンクリート㈱
1967年7月1日設立　資本金2000万円　従業員6名　出資＝(自)100％
◉本社＝〒782－0016　香美市土佐山田町山田281－1
☎0887－53－3033・FAX0887－52－3106
代表取締役会長日和﨑三郎　代表取締役社長杉本守
◉工場＝本社に同じ
工場長島本一成
従業員6名(主任技士1名・技士2名)
1967年7月操業1995年8月更新2500×1(二軸)　ＰＳＭ光洋機械　UBE三菱・住友大阪　フローリック・チューポール　車大型×11台・小型×9台
G＝石灰砕石　S＝海砂・石灰砕砂
普通JIS取得(GBRC)
大臣認定単独取得(60N/mm²)

東部生コンクリート㈱
1969年3月7日設立　資本金6000万円　従業員25名　出資＝(自)62％・(販)38％
◉本社＝〒784－0046　安芸市下山1606
☎0887－34－3322・FAX0887－34－3325
代表取締役社長秦泉寺始　取締役狩野秀彦・佐野嘉紀・吉村文次・小松伸二　監査役小笠原光豊
◉工場＝本社に同じ
常務取締役小松伸二
従業員25名(技士5名)
1968年8月操業1986年8月ＰＳ1994年10月Ｍ改造2250×1(二軸)　ＰＳＭ光洋機械　UBE三菱・住友大阪　シーカコントロール　車大型×12台・中型×2台・小型×5台
G＝石灰砕石　S＝海砂・石灰砕砂
普通JIS取得(MSA)

中村生コンクリート㈱
1964年5月11日設立　資本金1000万円　従業員7名　出資＝(他)100％
◉本社＝〒787－0010　四万十市古津賀2－6
☎0880－35－4101・FAX0880－34－2850
代表取締役社長佐田憲昭　取締役朝比奈宗宏・加用誠
※㈲幡多コンクリートサービスに生産委託

㈱西森建設
資本金2000万円　出資＝(建)100％
◉本社＝〒781－1911　吾川郡仁淀川町長者乙2190
☎0889－32－1732・FAX0889－32－1787
代表取締役西森功
◉生コン工場＝〒781－1911　吾川郡仁淀川町長者乙2179
☎0889－32－2428・FAX0889－32－2428
工場長安井誠
1973年5月操業2004年10月更新1000×2　ＰＳＭ北川鉄工　住友大阪　車大型×5台・中型×5台
G＝石灰砕石　S＝石灰砕砂
普通JIS取得(GBRC)

㈱仁淀コンクリート
1971年10月1日設立　資本金1000万円　出資＝(自)100％
◉本社＝〒781－2120　吾川郡いの町枝川5
☎088－892－0569・FAX088－892－0569
代表取締役社長伊藤俊明　取締役伊藤安子・石原昇・戸田実知子
※㈲高知コンクリートサービスに生産委託

パシフィックコンクリート㈱
2015年10月1日設立　資本金1000万円　従業員5名　出資＝(販)100％
◉本社＝〒789－1302　高岡郡中土佐町上ノ加江2886
☎0889－54－1212・FAX0889－54－1233

代表取締役杉本守　取締役佐竹文雄・澤本卓也・山田憲二
◉工場＝本社に同じ
工場長佐竹文雄
従業員5名（技士2名）
1996年9月操業1999年9月更新2000×1　ＰＳＭ北川鉄工　UBE三菱　フローリック・シーカジャパン　車大型×3台・中型×3台
2023年出荷3千㎥
G＝石灰砕石・砕石　S＝海砂・砕砂
普通JIS取得（GBRC）

㈲幡多コンクリートサービス
（楓生コンクリート工業㈱、高知県西部生コンクリート㈱、㈱大二工業、㈱中村アサノ、中村生コンクリート㈱、㈱幡東生コンクリート、㈲福原ブロックより生産受託）
1998年6月1日設立　資本金7000万円　従業員35名
◉本社＝〒787－0019　四万十市具同7388－9
☎0880－37－4871・FAX0880－37－4872
代表取締役社長山本修　代表取締役中野正一・福原幹・有田忠弘・佐田憲明・植田英喜・市川達也・武政昭彦・野村朗
◉古津賀工場＝〒787－0010　四万十市古津賀2－6
☎0880－35－4333・FAX0880－35－2836
✉hatacon@nx22.tiki.ne.jp
工場長西本昌之
従業員19名（主任技士3名・技士4名）
1998年11月操業2018年5月更新2300×1（二軸）　ＰＳＭ光洋機械（旧石川島）　UBE三菱・太平洋・住友大阪　シーカジャパン・フローリック　車大型×12台・中型×7台・小型×1台
2023年出荷27千㎥、2024年出荷23千㎥
G＝砕石　S＝海砂・砕砂
普通JIS取得（IC）
◉幡東工場＝〒789－1720　幡多郡黒潮町佐賀2988
☎0880－55－3366・FAX0880－55－2408
✉hatabandou@iwk.ne.jp
工場長市川達也
従業員14名（主任技士1名・技士1名・診断士1名）
ＰＳＭ北川鉄工　トクヤマ・住友大阪　シーカポゾリス・フローリック　車大型×9台・小型×7台
2023年出荷22千㎥、2024年出荷18千㎥
G＝砕石　S＝海砂・砕砂
普通JIS取得（IC）
◉楠島工場（操業停止中）＝〒787－0666　四万十市楠島1843
☎0880－37－5533・FAX0880－37－5051
1998年11月操業1993年7月更新1500×1（二軸）　ＰＳＭ北川鉄工

㈱ビルドベース
1970年10月15日設立　資本金1000万円
従業員14名　出資＝（自）100％
◉本社＝〒781－6402　安芸郡奈半利町乙5033
☎0887－38－4614・FAX0887－38－5333
代表取締役社長北岡守男　取締役副社長北岡宏敏　監査役井口章
◉中芸生コンクリート＝本社に同じ
代表取締役社長北岡守男
従業員15名（技士3名）
1970年10月操業2002年7月更新2250×1（二軸）　ＰＳＭ日工　住友大阪・日鉄高炉・トクヤマ　シーカポゾリス・フローリック　車大型×16台・中型×3台
2023年出荷23千㎥
G＝石灰砕石　S＝海砂・砕砂
普通JIS取得（GBRC）
◉芸西生コンクリート工場＝〒781－5242　香南市吉川町古川915
☎0887－55－4161・FAX0887－55－2800
取締役副社長北岡宏敏
1968年4月操業2001年6月更新2250×1（二軸）　ＰＳＭ日工　トクヤマ　車大型×9台・中型×4台
G＝砕石　S＝海砂・砕砂
普通JIS取得（GBRC）

日和崎生コン㈱
1989年12月1日設立　資本金2000万円
従業員5名　出資＝（自）100％
◉本社＝〒781－0112　高知市仁井田朝日ヶ丘4567－5
☎088－847－3333・FAX088－847－5364
URL http://www.hiwasaki-g.co.jp/
代表取締役社長杉本守　会長日和崎三郎　取締役佐竹文雄・澤本卓也・日和崎順子・山田憲二　監査役谷久典
◉日和崎生コン工場＝本社に同じ
QMR佐竹文雄
従業員5名（主任技士1名・技士4名）
1978年11月操業2013年8月更新1670×1（二軸）　ＰＳＭ日工　住友大阪　フローリック・チューポール・シーカジャパン　車大型×17台・小型×7台〔傭車：日和崎運輸㈱〕
2023年出荷41千㎥
G＝石灰砕石　S＝海砂・石灰砕砂
普通JIS取得（GBRC）
大臣認定単独取得（60N/mm²）

㈲福原ブロック
1976年7月16日設立　資本金2200万円
従業員2名
◉本社＝〒787－0033　四万十市中村大橋通7－13－3
☎0880－34－2244・FAX0880－34－2246
代表取締役福原敬祐　取締役福原幹・福原雅敬・福原紀美　監査役福原紀夫
※㈲幡多コンクリートサービスに生産委託

本川生コン工業㈱
1975年12月24日設立　資本金1000万円
従業員4名　出資＝（販）100％
◉本社＝〒781－2614　吾川郡いの町葛原228－12
☎088－869－2301・FAX088－869－2303
代表取締役社長山中伯　取締役山中悠・佐田賢治・栗田敬之助
◉工場＝本社に同じ
工場長境修一
従業員4名（主任技士1名・技士2名）
1976年10月操業1988年5月Ｓ改造36×2　ＰＳＭ北川鉄工　トクヤマ　車大型×5台・中型×2台・小型×1台〔傭車：嶺北興産㈱〕
2023年出荷6千㎥、2024年出荷8千㎥
G＝砕石　S＝海砂・石灰砕砂・砕砂
普通JIS取得（GBRC）

毎日工機㈲
1979年1月14日設立　資本金300万円　従業員12名　出資＝（自）100％
◉本社＝〒783－0057　南国市八京小谷口970－1
☎088－862－3008・FAX088－862－3382
✉mainichikouki@gol.com
代表取締役北添勇清　取締役野村拓・北添大晶
◉工場＝本社に同じ
工場長野村拓
従業員12名（技士2名）
1985年3月操業1989年5月ＰＭ1995年3月Ｓ改造1000×1　ＰＳＭ北川鉄工　住友大阪　フローリック　車大型×4台・中型×1台・小型×9台
G＝石灰砕石　S＝海砂・石灰砕砂
普通JIS取得（GBRC）

室戸菱光コンクリート㈱
1973年2月1日設立　資本金4000万円　従業員9名　出資＝（販）60％・（骨）15％・（他）25％
◉本社＝〒781－7109　室戸市領家708
☎0887－22－3311・FAX0887－23－1771
✉ryokoo-m@sky.quolia.com
代表取締役社長小笠原光豊　取締役吉村文次・畠中忠夫　監査役大北助正・横山昌夫
◉工場＝本社に同じ
工場長畠中忠夫
従業員19名（主任技士1名・技士2名）
1973年10月操業2003年1月更新2250×1（二軸）　ＰＳＭ光洋機械　UBE三菱　シーカコントロール　車大型×8台・中型×4台

G＝砕石　S＝海砂・砕砂
普通JIS取得（GBRC）

本山大豊生コン㈱
1971年4月1日設立　資本金1500万円　出資＝（販）100％
◉本社＝〒781－3609　長岡郡本山町助藤970
☎0887－76－2049・FAX0887－76－2285
✉manager@motoyamanamakon.com
代表取締役会長入交章二　常務取締役津田洋介　取締役山﨑寛朗　監査役野村朗
◉本山工場＝本社に同じ
工場長川井信二
従業員13名（主任技士1名・技士1名）
1971年4月操業1989年6月更新2000×1（二軸）　ＰＳＭ日工　太平洋　シーカポゾリス　車大型×10台・中型×10台
2023年出荷17千㎥、2024年出荷14千㎥
G＝砕石　S＝海砂・砕砂
普通JIS取得（GBRC）

㈲魚梁瀬資源開発
1995年11月15日設立　資本金500万円
従業員6名　出資＝（建）100％
◉本社＝〒781－6202　安芸郡馬路村魚梁瀬10－120
☎0887－43－2321・FAX0887－43－2323
代表取締役湯浅雅喜　取締役湯浅雅文・湯浅久美
◉生コン工場＝〒781－6202　安芸郡馬路村魚梁瀬北郡山569－3
☎0887－43－2320・FAX0887－43－2320
工場長吉松正博
従業員10名（技士1名）
1972年11月操業1989年6月更新36×1　ＰＭ北川鉄工Ｓ讃光工業　UBE三菱　シーカジャパン　車大型×7台・中型×2台
G＝陸砂利　S＝海砂
普通JIS取得（GBRC）

㈲山又建設
1963年5月23日設立　資本金2000万円
従業員24名　出資＝（建）100％
◉本社＝〒781－7220　室戸市佐喜浜町1617
☎0887－27－2514・FAX0887－27－3674
代表取締役社長山本總　取締役山本力・山本和泉
◉生コンクリート工場＝〒781－7220　室戸市佐喜浜町字山口6010－1
☎0887－27－2715・FAX0887－27－3815
工場長山本總
従業員25名（技士1名）
1971年9月操業1983年6月Ｍ改造1500×1（二軸）　ＰＳＭ日工　太平洋　シーカポゾリス　車大型×4台・中型×3台
2023年出荷2千㎥、2024年出荷3千㎥
G＝河川　S＝河川・海砂
普通JIS取得（GBRC）

嶺北興産㈱
2004年4月27日設立　資本金1065万円
従業員15名　出資＝（販）100％
◉本社＝〒781－3408　土佐郡土佐町相川1069
☎0887－82－1032・FAX0887－82－2616
代表取締役稲垣栄　取締役栗田敬之助・永野隆俊・佐田賢治・半原哲行・島内大輔・重光孝俊・田岡大和・坂井博文
◉生コン事業部＝本社に同じ
社長稲垣栄
従業員15名（技士4名）
1975年12月操業1996年12月更新2000×1　ＰＳＭ光洋機械　日鉄高炉・トクヤマ　シーカジャパン　車大型×11台・小型×10台
2023年出荷2千㎥、2024年出荷18千㎥（高流動200㎥・水中不分離150㎥）
G＝砕石　S＝海砂・砕砂
普通JIS取得（IC）
大臣認定単独取得（42N/mm²）

高知県

九　州　地　区

福岡県

㈲赤間工業
1961年4月1日設立　資本金500万円　従業員25名　出資＝（自）100％
◉本社＝〒811－4154　宗像市冨地原1487
☎0940－33－1567・FAX0940－33－1568
代表取締役今泉義廣　取締役今泉恵美子
◉工場＝本社に同じ
従業員21名（技士2名）
1973年4月操業1988年5月更新1300×1（二軸）　Ｐ赤間工業ＳＭ北川鉄工　UBE三菱　チューポール　車大型×4台・中型×7台
G＝砕石　S＝海砂・石灰砕砂
普通JIS取得（IC）

朝倉生コンクリート㈱
1963年8月1日設立　資本金4500万円　従業員35名　出資＝（自）22.7％・（セ）11.1％・（販）18.5％・（建）19.9％・（他）27.8％
◉本社＝〒838－0015　朝倉市持丸644－10
☎0946－22－4309・FAX0946－22－6116
代表取締役福田厚生　取締役会長福田稔　取締役才田善彦・羽野正喜・諌山健次・川波義光　監査役桑野茂晴
◉甘木工場＝本社に同じ
工場長川波義光
従業員16名（技士2名）
1972年10月操業1988年9月更新2500×1（二軸）　ＰＳＭ光洋機械（旧石川島）　麻生　フローリック・マイテイ　車大型×11台・中型×3台
G＝砕石　S＝砕砂
普通・舗装JIS取得（GBRC）
◉筑前工場＝〒838－0212　朝倉郡筑前町四三嶋674－1
☎0946－42－5100・FAX0946－42－4188
工場長塚本元
従業員16名（技士3名）
1981年7月操業2015年12月更新2750×1（二軸）　ＰＳＭ日工　麻生　シーカポゾリス・マイテイ・ヤマソー　車大型×8台・中型×3台
2023年出荷48千㎥
G＝砕石　S＝砕砂
普通JIS取得（GBRC）

旭コンクリート工業㈲
1963年1月17日設立　資本金1000万円　従業員12名　出資＝（製）100％
◉本社＝〒819－1152　糸島市飯原81－1
☎092－322－0261・FAX092－322－0262
✉asahi-my@juno.ocn.ne.jp
代表取締役旭環治　取締役専務服部健
◉工場＝本社に同じ
工場長松尾隆史
従業員12名（主任技士1名・技士6名・診断士1名）
1974年1月操業2014年1月更新2750×1　ＰＳ北川鉄工Ｍ日工　トクヤマ　チューポール　車〔傭車：飯盛運輸㈱・㈲ライサ〕
2023年出荷70千㎥、2024年出荷65千㎥
G＝石灰砕石　S＝海砂・石灰砕砂
普通・舗装JIS取得（JTCCM）
大臣認定単独取得（60N/mm^2）

味岡ヤマト生コンクリート㈱
◉本社＝熊本県参照
◉第一工場柳川＝〒832－0815　柳川市三橋町白鳥635－1
☎0944－72－0090・FAX0944－72－0115
工場長田中博明
従業員24名（技士3名）
1983年8月操業1989年9月更新1500×1（二軸）　ＰＳＭ日工　トクヤマ・住友大阪　チューポール・シーカポゾリス　車大型×5台・中型×4台〔傭車：味岡リース㈱〕
G＝砕石　S＝海砂・砕砂
普通JIS取得（JQA）

麻生コンクリート工業㈱
1987年12月22日設立　資本金3000万円　従業員16名
◉本社＝〒811－2304　糟屋郡粕屋町大字仲原2648
☎092－621－5352・FAX092－621－1137
代表取締役社長後藤英司　取締役和泉雅也・清原定之・本村聖一　監査役上田瑞枝
◉工場＝〒811－2304　糟屋郡粕屋町大字仲原2648
☎092－621－1134・FAX092－621－1137
工場長和泉雅也
従業員16名（主任技士2名・技士5名）
1988年8月操業1990年9月ＰＳ改造2014年1月Ｍ更新2750×1（二軸）　ＰＳＭ光洋機械（旧石川島）　麻生　フローリック・チューポール・シーカビスコクリート　車大型×10台
2023年出荷43千㎥、2024年出荷46千㎥（高強度1000㎥・高流動300㎥）
G＝石灰砕石・砕石・人軽骨　S＝海砂
普通・軽量JIS取得（GBRC）
大臣認定単独取得（80N/mm^2）

麻生田川コンクリート工業㈱
1973年7月23日設立　資本金2000万円　従業員18名　出資＝（建）100％
◉本社＝〒826－0041　田川市大字弓削田2803－2
☎0947－42－7026・FAX0947－44－6687
URL https://asotagawa.com
代表取締役社長鶴田達哉　代表取締役副社長浅地裕太郎　取締役浦野義弘・中牟田和義・中川幸二・関野春俊・永末公正　監査役太田俊樹
◉工場＝本社に同じ
従業員17名（主任技士2名・技士2名・診断士1名）
1973年11月操業2017年3月更新2250×1（二軸）　ＰＭ日工Ｓリバティ　麻生　チューポール・フローリック　車大型×7台・中型×3台
2023年出荷31千㎥
G＝石灰砕石　S＝海砂・石灰砕砂
普通・舗装・高強度JIS取得（JTCCM）
大臣認定単独取得（80N/mm^2）

麻生筑豊コンクリート工業㈱
1970年5月1日設立　資本金1000万円　従業員18名　出資＝（販）85％・（他）15％
◉本社＝〒820－0011　飯塚市柏の森13－1
☎0948－22－2820・FAX0948－24－8418
✉aso13-1@world.ocn.ne.jp
取締役社長金光浩二郎　取締役赤尾英彦・有吉慶祐・藤嶋亮介　監査役金光喜代子・楢崎浩二
◉本社工場＝本社に同じ
工場長藤嶋亮介
従業員18名（主任技士1名・技士3名）
1970年5月操業2018年5月更新2300×1（二軸）　ＰＳＭ光洋機械　麻生　フローリック　車大型×9台・小型×4台
G＝石灰砕石・砕石　S＝海砂・石灰砕砂
普通・舗装JIS取得（IC）

麻生中間生コンクリート㈱
従業員10名
◉本社＝〒808－0022　北九州市若松区大字安瀬66－16
☎093－751－0725・FAX093－751－7803
✉asonakama-w.shiken@wine.ocn.ne.jp
代表取締役梶原康弘　取締役高橋清訓・梶原美穂子
◉若松工場＝本社に同じ
工場長衛藤俊治
従業員10名（主任技士1名・技士3名）
1995年3月操業2020年1月更新2750×1（二軸）　ＰＳＭ日工　麻生　チューポール

車4台
2024年出荷68千㎥
G＝砕石　S＝海砂・石灰砕砂
普通・舗装JIS取得（GBRC）

有明生コンクリート㈱
1963年10月1日設立　資本金3000万円
従業員21名　出資＝（販）85％・（他）15％
◉本社・営業本部＝〒836－0843　大牟田市不知火町2－5－1　シーザリオン2F
☎0944－51－2020・FAX0944－51－2023
URL https://www.ariake.gr.jp/concrete/
✉arinamahan@salsa.ocn.ne.jp
代表取締役田畑和章　取締役会長田畑博幸　取締役蓮尾浩一・平野義広　監査役田畑聡志
◉大牟田工場＝〒836－0074　大牟田市藤田町259
☎0944－52－8211・FAX0944－41－1678
工場長橋本孝司
従業員26名（技士3名）
1968年1月操業2006年1月更新2250×1（二軸）　ＰＳＭ日工　チューポール　車大型×11台・中型×3台
G＝砕石　S＝山砂・海砂・砕砂
普通・舗装JIS取得（GBRC）
※長洲工場＝熊本県参照

㈲あわコーポレーション
2005年12月14日設立　資本金990万円
従業員7名
◉本社＝〒811－0203　福岡市東区塩浜3－490
☎092－606－4496・FAX092－606－4666
代表者林宗一
◉工場＝本社に同じ
責任者新開達郎
従業員7名（主任技士1名・技士1名）
1980年12月操業2007年11月更新2800×1　Ｐ光洋機械（旧石川島）ＳリバティＭ北川鉄工　UBE三菱　シーカポゾリス・シーカビスコクリート・チューポール・マイテイ・フローリック　車〔傭車〕
2023年出荷50千㎥、2024年出荷34千㎥（高強度246㎥）
G＝石灰砕石・砕石　S＝海砂
普通JIS取得（GBRC）
大臣認定単独取得（60N/㎟）

㈲石松建材店
◉本社＝〒807－1312　鞍手郡鞍手町中山2334－22
☎09494－2－1050・FAX09494－2－1051
代表取締役石松明
◉本社工場＝本社に同じ
21×1

㈱猪口工業
出資＝（他）100％
◉本社＝〒839－0805　久留米市宮ノ陣町八丁島232－1
☎0942－39－5311・FAX0942－39－5615
代表取締役猪口武雄
◉工場＝本社に同じ
1981年2月操業18×1　トクヤマ

浮羽生コンクリート㈱
1977年7月21日設立　資本金4610万円
従業員16名　出資＝（他）100％
◉本社＝〒839－1403　うきは市浮羽町東隈上310－10
☎0943－77－5544・FAX0943－77－4119
URL http://ukiha-group.com
代表取締役福嶋逸人・福嶋忠夫　取締役工場長福嶋周一　監査役福嶋リツ子・黒田ゆり
◉朝羽工場＝〒839－1201　久留米市田主丸町大字長栖758－1
☎0943－73－1308・FAX0943－74－7062
工場長福嶋周一
従業員15名（主任技士1名・技士3名）
1975年3月操業2022年5月更新2250×1　ＰＳＭ日工　太平洋　シーカジャパン・竹本　車大型×8台・中型×3台・小型×1台〔傭車：㈲マル生運送〕
2023年出荷30千㎥、2024年出荷18千㎥（ポーラス30㎥）
G＝砕石　S＝砕砂
普通・舗装JIS取得（JTCCM）

㈱梅谷コンクリート
1964年4月1日設立　資本金2250万円　従業員45名　出資＝（自）100％
◉本社＝〒812－0018　福岡市博多区住吉4－4－3　作賑ビル
☎092－451－1501・FAX092－472－4552
URL https://umetani-group.co.jp
代表取締役梅津誠　取締役梅津みどり・田中利光・森口勝広・下川勝司
◉大宰府工場＝〒818－0133　太宰府市坂本1－8－25
☎092－922－8435・FAX092－922－1377
✉umetani2@mua.biglobe.ne.jp
工場長吉田豊
従業員17名（技士3名）
1967年2月操業1996年8月更新2000×1　ＰＳＭ日工　日鉄高炉　フローリック・シーカ　車大型×6台・小型×3台〔傭車：数社〕
G＝石灰砕石・砕石　S＝海砂・砕砂
普通・高強度JIS取得（GBRC）
大臣認定単独取得（60N/㎟）
◉福岡工場＝〒813－0023　福岡市東区蒲田4－13－43
☎092－691－3331・FAX092－691－5425
✉umetani3@mta.biglobe.ne.jp
工場長島本一二三
従業員8名（技士3名）
1969年10月操業1998年9月更新2500×1　ＰＳＭ日工　日鉄高炉・住友大阪　フローリック・マイテイ・チューポール　車大型×16台〔傭車：三和興産㈲〕
G＝石灰砕石・砕石　S＝海砂・砕砂
普通・舗装JIS取得（GBRC）
大臣認定単独取得（60N/㎟）
◉朝倉工場＝〒838－0815　朝倉郡筑前町野町986
☎0946－22－7406・FAX0946－22－7696
工場長倉掛芳朗
従業員8名（技士2名）
1972年7月操業1980年1月更新1500×1　ＰＳＭ日工　日鉄高炉　フローリック・チューポール・マイテイ　車大型×7台・小型×2台〔傭車：㈲シンセイ〕
G＝砕石　S＝陸砂・海砂・砕砂
普通JIS取得（GBRC）

㈱江崎千秋商店
◉本社＝〒832－0806　柳川市三橋町柳河728－1
☎0944－72－4115・FAX0944－74－1800
✉esaki.setaka@iris.ocn.ne.jp
取締役会長江崎次三　代表取締役江崎千草
◉瀬高生コン工場＝〒835－0014　みやま市瀬高町大字河内1938－1
☎0944－63－7890・FAX0944－63－8350
1992年1月操業1700×1　太平洋　チューポール
G＝砕石　S＝山砂・砕砂
普通・舗装JIS取得（GBRC）

㈱エフ・エム・シー
2000年8月設立　資本金4300万円　従業員26名
◉本社＝〒811－1223　那珂川市大字上梶原1008－98
☎092－951－3232・FAX092－951－3233
✉fmc@kiu.biglobe.ne.jp
代表者藤田以和彦　役員藤田桂
◉工場＝本社に同じ
工場長藤田桂
従業員18名
ＰＳＭ冨士機　太平洋　シーカジャパン・フローリック　車16台
G＝石灰砕石　・砕石　S＝海砂・砕砂
普通・舗装JIS取得（MSA）

大川生コン㈱
◉本社＝佐賀県参照
◉工場＝〒831－0045　大川市大字大野島850－1
☎0944－88－3755・FAX0944－86－2278
✉ookawa-shiken@festa.ocn.ne.jp
品質管理責任者船津真一
従業員25名
1980年10月操業2019年7月更新2750×1

（二軸）　トクヤマ　竹本・シーカジャパン　車大型×10台・中型×10台・小型×3台
G＝砕石　S＝山砂・砕砂
普通・舗装・高強度JIS取得（GBRC）

㈱柏木興産
1957年2月1日設立　資本金3500万円　従業員130名　出資＝（自）100％
◉本社＝〒812－0006　福岡市博多区上牟田1－27－7　1F
☎092－473－7858・FAX092－472－8167
URL http : //www.kashiwagi-k.co.jp
✉info@kashiwagi-k.co.jp
代表取締役社長柏木武春　代表取締役専務柏木純二郎　取締役実藤幹
◉生産2部行橋工場＝〒824－0042　行橋市大字寺畔388－1
☎0930－23－6925・FAX0930－23－2185
✉khacchou@kashiwagi-k.co.jp
工場長八丁一英
従業員8名（主任技士3名・技士2名・診断士1名）
1973年1月操業1994年11月更新2500×1（二軸）　ＰＳＭ北川鉄工（旧日本建機）　UBE三菱　チューポール　車大型×14台・中型×4台〔傭車：ミキサーセンター・セフティワン〕
2023年出荷27千㎥、2024年出荷25千㎥（高強度6600㎥）
G＝石灰砕石・砕石　S＝海砂・石灰砕砂
普通・舗装JIS取得（GBRC）
大臣認定単独取得（80N/mm²）
◉生産2部苅田工場＝〒800－0355　京都郡苅田町大字南原2095－11
☎093－434－0188・FAX093－436－3124
✉ykomatu@kashiwagi-k.co.jp
工場長小松幸俊
従業員8名（主任技士1名・技士3名・診断士1名）
1982年12月操業1990年8月更新2500×1（二軸）　ＰＳＭ北川鉄工（旧日本建機）　UBE三菱　AE（竹本）・チューポール　車大型×2台〔傭車：㈱ミキサーセンター・㈲セフティワン〕
2024年出荷43千㎥（水中不分離4㎥）
G＝石灰砕石・砕石　S＝海砂・石灰砕砂
普通・舗装・軽量・高強度JIS取得（GBRC）
大臣認定単独取得（80N/mm²）

㈱環境施設
1987年10月20日設立　資本金5000万円
◉本社＝〒819－0001　福岡市西区小戸3－50－20
☎092－894－6168・FAX092－894－6172
URL http : //www.k-shisetsu.co.jp
代表者田中直継
◉生コンクリート部＝〒818－0003　筑紫野市大字山家2060－7
☎092－926－9661・FAX092－926－9662
✉plant@k-shisetsu.co.jp
責任者梅崎純星
従業員15名（主任技士1名・技士2名）
2750×1　麻生　シーカビスコフロー・シーカビスコクリート・チューポール・フローリック　車大型×15台・中型×2台・小型×6台
2023年出荷55千㎥、2024年出荷55千㎥（高強度1000㎥・高流動100㎥・水中不分離5㎥）
G＝石灰砕石・砕石　S＝海砂・砕砂
普通・高強度JIS取得（MSA）
大臣認定単独取得（60N/mm²）

北九州宇部コンクリート㈱
1989年1月8日設立　資本金5500万円　従業員10名　出資＝（他）100％
◉本社＝〒803－0801　北九州市小倉北区西港町69－2
☎093－561－4331・FAX093－561－4380
代表取締役国重芳宏　取締役吉田一義・松尾和弘　監査役早坂卓
◉工場＝本社に同じ
工場長福田行宏
従業員10名（主任技士2名・技士2名・診断士1名）
1966年7月操業2006年1月更新2500×1（二軸）　ＰＭ光洋機械Ｓハカルプラス　UBE三菱　フローリック・チューポール　車大型×2台
2023年出荷48千㎥
G＝砕石　S＝海砂・砕砂
普通JIS取得（JTCCM）
大臣認定単独取得（80N/mm²）

北九州菱光㈱
1996年1月9日設立　資本金5000万円　従業員33名　出資＝（セ）10％・（販）90％
◉本社＝〒806－0041　北九州市八幡西区皇后崎町11－9
☎093－621－3350・FAX093－621－6030
代表取締役社長永田篤生　代表取締役専務水谷友康　取締役門田満章　監査役永田亜希子
◉洞南工場＝〒807－0812　北九州市八幡西区洞南町1－2
☎093－631－5284・FAX093－641－6806
工場長貞末泰祐
従業員7名（主任技士2名・技士5名・診断士1名）
1961年2月操業2019年2月更新2300×1（二軸）　ＰＭ北川鉄工（旧日本建機）Ｓハカルプラス　UBE三菱　チューポール・シーカポゾリス　車大型×6台〔傭車：九州運輸建設㈱〕
2023年出荷41千㎥、2024年出荷37千㎥
G＝石灰砕石・砕石　S＝海砂・石灰砕砂
普通・舗装JIS取得（GBRC）
◉小倉工場＝〒803－0864　北九州市小倉北区熊谷5－5－10
☎093－561－4036・FAX093－582－7465
工場長門田満章
従業員6名（主任技士2名・技士3名）
1966年12月操業1988年11月更新2500×1（二軸）　ＰＭ北川鉄工（旧日本建機）Ｓハカルプラス　UBE三菱　シーカポゾリス・チューポール　車大型×4台〔傭車：九州運輸建設㈱〕
2023年出荷10千㎥、2024年出荷10千㎥
G＝石灰砕石・砕石　S＝海砂・石灰砕砂
普通・舗装JIS取得（GBRC）
大臣認定単独取得（70N/mm²）

㈲北嶋瓦工業
1983年11月1日設立　資本金1500万円　従業員12名　出資＝（自）100％
◉本社＝〒834－0026　八女市井延45
☎0943－24－2801・FAX0943－24－2803
代表取締役北嶋年雄　専務取締役北嶋芳行
◉生コンクリート工場＝〒834－0026　八女市井延37
☎0943－24－2801・FAX0943－24－2803
工場長北嶋芳行
従業員10名（技士1名）
1984年4月操業1000×1　ＰＳＭ北川鉄工　太平洋　車大型×1台・中型×5台・小型×5台
G＝砕石　S＝山砂・砕砂
普通JIS取得（JQA）

九州アサノ生コンクリート工業㈱
1968年12月3日設立　資本金4500万円　従業員19名　出資＝（他）100％
◉本社＝〒812－0018　博多区住吉4－3－2　博多エイトビル2F
☎092－474－9977・FAX092－474－7016
代表取締役社長中島辰也　常務取締役寺田了司　取締役山岡照彦・穂満敏行・坂本二美・金谷宗輝・大城英隆・的場哲司　監査役西田重和・豊永知明
◉福岡工場＝〒816－0912　大野城市御笠川1－15－15
☎092－586－9007・FAX092－513－0780
✉kyushu-asano@chive.ocn.ne.jp
工場長古賀正宣
従業員16名（主任技士1名・技士3名）
1969年7月操業2009年3月更新2250×1（二軸）　ＰＳＭ日工　太平洋　シーカポゾリス・シーカビスコクリート・チューポール・フローリック　車大型×10台・小型×3台
2023年出荷38千㎥

G＝石灰砕石・砕石　S＝海砂
普通JIS取得(GBRC)
※時津工場・茂木工場＝長崎県参照

九州徳山生コンクリート㈱
1967年8月設立　資本金5000万円　従業員10名
◉本社＝〒812－0055　福岡市東区東浜2－82－2
☎092－651－8667・FAX092－631－4792
代表取締役中村貢三　取締役道下英樹・南家健之　監査役柳本達也
◉福岡工場＝本社に同じ
工場長川上匠
従業員10名(主任技士3名・技士4名)
1968年11月操業1992年5月Ｐ2007年1月Ｍ2022年1月Ｓ更新2800×1　ＰＭ北川鉄工　Ｓリバティ　トクヤマ・太平洋　チューポール・シーカポゾリス・シーカビスコクリート・フローリック・ヤマソー・シーカメント・マイテイ　車×7台〔傭車〕
2023年出荷35千㎥、2024年出荷32千㎥(高強度4000㎥)
G＝石灰砕石・砕石　S＝海砂・石灰砕砂
普通・高強度JIS取得(GBRC)
大臣認定単独取得(80N/mm²)

㈱久大生コン
◉本社＝〒839－1407　うきは市浮羽町三春596－2
☎0943－77－3121・FAX0943－77－3123
URL http://ukiha-group.com/project/kyudai-namakon/
✉kyudai_yt@yahoo.co.jp
代表者高浪靖大
◉工場＝本社に同じ
工場長高浪靖大
従業員10名(技士5名)
1967年6月操業2013年8月更新1670×1(二軸)　ＰＳ北川鉄工Ｍ日工　太平洋　シーカポゾリス・シーカポゾリス　車大型×10台・中型×2台・小型×1台
2023年出荷20千㎥
G＝砕石　S＝砕砂
普通・舗装JIS取得(JTCCM)

㈱共和
1996年4月15日設立　資本金1000万円　従業員22名　出資＝(自)100%
◉本社＝〒824－0031　行橋市西宮市3－6－1
☎0930－23－9722・FAX0930－23－6321
代表取締役太田慶一　専務取締役太田慶治　常務取締役太田英雄
◉工場＝本社に同じ
工場長野田寿
従業員22名(主任技士1名・技士4名)
1980年12月操業2023年8月更新2300×1　ＰＳＭ北川鉄工　住友大阪　プラストクリート・チューポール　車大型×9台・小型×4台
2024年出荷29千㎥
G＝石灰砕石　S＝海砂・石灰砕砂
普通・舗装JIS取得(GBRC)

㈱桐明組
1987年8月1日設立　資本金3600万円　従業員18名　出資＝(セ)20%・(建)80%
◉本社＝〒834－0022　八女市柳島92－1
☎0943－24－3355・FAX0943－24－3356
代表取締役社長桐明和広　取締役桐明高・桐明ヨシヱ・杉本信子・桐明さなみ　監査役杉本勝也・桐明千春
◉生コン工場＝〒834－0021　八女市北田形1044－1
☎0943－24－4326・FAX0943－24－4314
✉kiriake@cap.ocn.ne.jp
工場長田尻秀樹
従業員6名(主任技士1名・技士3名)
1991年3月操業2019年9月更新1350×1(二軸)　ＰＳＭ北川鉄工　UBE三菱　シーカジャパン　車大型×2台・中型×2台
2023年出荷7千㎥、2024年出荷12千㎥
G＝砕石　S＝山砂・砕砂
普通JIS取得(IC)

久留米レミコン㈱
2001年12月17日設立　従業員11名　出資＝(自)100%
◉本社＝〒830－0048　久留米市梅満町1660－6
☎0942－37－8191・FAX0942－37－8167
◉久留米工場＝本社に同じ
工場長坂口義幸
従業員9名(技士3名)
1993年12月操業2016年1月更新2300×1　ＰＳＭ北川鉄工　太平洋　シーカジャパン・チューポール・フローリック　車大型×5台・中型×5台
2023年出荷19千㎥
G＝石灰砕石・砕石　S＝海砂
普通JIS取得(GBRC)

㈱グローバルスタンダード
2005年4月26日設立
◉本社＝〒812－0016　福岡市博多区博多駅南1－8－12　MTビル
☎092－432－7151・FAX092－432－7153
代表取締役佐野村貴
◉中央工場＝〒812－0051　福岡市東区箱崎ふ頭6－6－32
☎092－643－8230・FAX092－643－8231
✉t.hada@global-standard.co.jp
責任者波田辰弥
従業員9名
2008年10月操業　トクヤマ　シーカポゾリス・シーカビスコクリート・プラストクリート・シーカメント・チューポール・フローリック
2023年出荷50千㎥、2024年出荷49千㎥(高強度700㎥)
G＝石灰砕石　S＝海砂
普通JIS取得(GBRC)
大臣認定単独取得(60N/mm²)
◉西工場＝〒819－1304　糸島市志摩桜井463
☎092－327－5775・FAX092－327－5776
✉global-nishi@space.ocn.ne.jp
工場長末松良太
従業員6名(主任技士1名・技士2名)
1996年4月操業2500×1(二軸)　ＰＳＭ冨士機　トクヤマ　チューポール・シーカポゾリス　車〔傭車：グローバルエクスプレス㈱・大庭運輸㈲・㈱ミナミ物流〕
2023年出荷13千㎥、2024年出荷2千㎥
G＝石灰砕石　S＝海砂
普通JIS取得(GBRC)

㈲桑野組
1939年4月1日設立　資本金3000万円　出資＝(建)100%
◉本社＝〒822－1201　田川郡福智町金田632－4
☎0947－22－0500・FAX0947－22－1222
代表取締役桑野秀幸
◉桑野生コンクリート工場＝〒822－1300　田川郡糸田町3980
☎0947－26－0500
工場長中田幸紀
従業員14名(技士2名)
1969年12月操業1982年4月更新56×2　ＰＭ北川鉄工(旧日本建機)Ｓハカルプラス　太平洋　車大型×5台・小型×6台
G＝砕石　S＝海砂・砕砂
普通JIS取得(JTCCM)

㈲古賀生コンクリート
1980年8月1日設立　資本金3300万円　従業員18名　出資＝(自)100%
◉本社＝〒811－3133　古賀市青柳町20
☎092－944－1120・FAX092－944－1122
✉koganamaconcrete@tempo.ocn.ne.jp
代表取締役木戸政善
◉工場＝本社に同じ
工場長鈴木富三郎
従業員19名(主任技士1名・技士3名)
1980年8月操業1990年10月更新2500×1(二軸)　ＰＳＭ光洋機械(旧石川島)　UBE三菱・太平洋　チューポール・シーカポゾリス・フローリック　車大型×11台・小型×3台
2023年出荷45千㎥
G＝砕石　S＝海砂
普通・高強度JIS取得(GBRC)

㈱古賀物産
◉本社＝佐賀県参照
◉コガ生コン福岡工場＝〒819－1613 糸島市二丈松末1230－1
☎092－325－3536・FAX092－325－2810
工場長堤良介
従業員24名(主任技士2名・技士2名・診断士2名)
第1P＝2003年12月操業2500×1(二軸) PSM光洋機械(旧石川島)
第2P＝2021年5月操業3000×1(二軸) トクヤマ シーカビスコフロー・シーカビスコクリート 車大型×14台・小型×7台
G＝砕石 S＝海砂・砕砂
普通・舗装JIS取得(JTCCM)
ISO 9001取得
大臣認定単独取得(60N/mm²)
※コガ生コン伊万里工場＝佐賀県、川棚工場・佐世保工場・諫早工場＝長崎県参照

㈱小倉総合生コン
2000年3月31日設立 資本金2000万円
従業員14名 出資＝(他)100%
◉本社＝〒802－0978 北九州市小倉南区蒲生1－3－8
☎093－961－1781・FAX093－963－2357
✉kokurasogo@dune.ocn.ne.jp
代表取締役村上祐治 常務取締役村上聖治
◉工場＝本社に同じ
工場長山本和政
従業員14名(技士3名)
1962年2月操業1991年2月更新2500×1(二軸) PSM日工 麻生 シーカポゾリス・シーカポリヒード・シーカビスコクリート・シーカコントロール 車大型×4台
2024年出荷33千㎥
G＝石灰砕石・砕石 S＝海砂・石灰砕砂
普通JIS取得(MSA)

㈱西協コンクリート
2004年4月14日設立 資本金300万円 従業員8名 出資＝(自)100%
◉本社＝〒803－0185 北九州市小倉南区石原町395－1
☎093－451－4402・FAX093－451－4802
代表取締役増田哲 取締役増田英晴・増田英子
◉工場＝〒808－0022 北九州市若松区大字安瀬60－1
☎093－761－7320・FAX093－761－7324
✉saikyou.c@hi.enjoy.ne.jp
工場長森岡達也
従業員7名(主任技士1名・技士2名)
1970年6月操業1995年8月更新2250×1(二軸) PSM光洋機械 日鉄高炉 フローリック・マイテイ・シーカポゾリス・チューポール 車大型×5台〔傭車：石原産業㈱〕
2023年出荷30千㎥、2024年出荷26千㎥
G＝石灰砕石・砕石 S＝海砂・石灰砕砂
普通JIS取得(GBRC)

㈱サカヒラ
1966年8月11日設立 資本金9260万円
従業員180名 出資＝(自)100%
◉本社＝〒820－0021 飯塚市潤野1133－6
☎0948－22－8749・FAX0948－22－8713
✉info@kk-sakahira.co.jp
代表取締役坂平隆司 取締役坂平富美
ISO 9001・14001取得
◉生コン工場＝〒820－0021 飯塚市潤野1238
☎0948－25－5388・FAX0948－22－8713
✉info@kk-sakahira.co.jp
工場長山本晃
従業員180名(技士2名)
第1P＝1979年11月操業1996年1月更新2500×1(二軸) PSM日工
第2P＝2004年12月操業2750×1(二軸) PSM日工 麻生・トクヤマ シーカジャパン・チューポール 車大型×50台・小型×8台
G＝石灰砕石・砕石 S＝河川・山砂・海砂・石灰砕砂
普通・舗装JIS取得(GBRC)
ISO 9001・14001取得
大臣認定単独取得(80N/mm²)
◉生コン工場箱崎＝〒812－0051 福岡市東区箱崎ふ頭2－2－12
☎092－651－3308・FAX092－651－3318
工場長穂本道彦
2019年12月操業3300×1(二軸) PSM日工 麻生・トクヤマ・UBE三菱 シーカジャパン・チューポール・フローリック
G＝石灰砕石・砕石 S＝河川・山砂・海砂・砕砂
普通・舗装JIS取得(GBRC)
ISO 9001・14001取得
大臣認定単独取得(80N/mm²)

㈱作販コンクリート
1987年3月3日設立 資本金2000万円 従業員16名 出資＝(自)100%
◉本社＝〒812－0018 福岡市博多区住吉4－4－3
☎092－451－1501・FAX092－472－4552
URL https://umetani-group.co.jp
代表取締役梅津みどり・梅津誠 取締役田中利光・森口勝広・下川勝司
◉東浜工場＝〒812－0055 福岡市東区東浜2－7－12
☎092－641－4016・FAX092－651－0307
✉sakusin1@mtf.biglobe.ne.jp
工場長安部清高
従業員16名(主任技士1名・技士2名)
1978年10月操業2003年9月更新2800×1(二軸) PSM北川鉄工 日鉄高炉・麻生 フローリック・チューポール 車大型×9台
2024年出荷34千㎥(高強度4920㎥・高流動210㎥)
G＝石灰砕石・砕石 S＝海砂
普通・高強度JIS取得(GBRC)
大臣認定単独取得(80N/mm²)

次郎丸建設工業㈱
1974年1月1日設立 資本金1000万円 従業員10名 出資＝(自)100%
◉本社＝〒811－4147 宗像市石丸4－16－1
☎0940－32－3126・FAX0940－32－3122
✉jiromaru@peace.ocn.ne.jp
代表取締役社長次郎丸隆 専務取締役次郎丸智弥 取締役次郎丸江理子 監査役次郎丸一昭
◉工場＝本社に同じ
責任者次郎丸隆
従業員10名(技士4名)
1973年7月操業1997年5月更新2500×1 PSM北川鉄工 麻生・日鉄高炉 フローリック・マイテイ 車〔傭車：飯盛運輸㈱〕
2023年出荷27千㎥、2024年出荷26千㎥
G＝石灰砕石 S＝海砂・石灰砕砂
普通JIS取得(GBRC)

親和産業㈱
1966年2月17日設立 資本金6000万円
従業員29名 出資＝(自)58%・(セ)42%
◉本社＝〒811－4213 遠賀郡岡垣町大字糠塚360
☎093－282－1230・FAX093－283－2460
代表取締役前川友希 取締役吉村澄雄・本村聖一 監査役吉田秀樹
◉生コンクリート工場＝〒811－4213 遠賀郡岡垣町大字糠塚360
☎093－282－3200・FAX093－283－4330
課長伊藤靖孝
従業員20名(技士2名)
1970年3月操業2019年2月更新2750×1(二軸) PSM日工 麻生・太平洋・日鉄高炉 チューポール 車大型×15台
2023年出荷42千㎥、2024年出荷34千㎥
G＝石灰砕石・砕石 S＝海砂・砕砂
普通・舗装・高強度JIS取得(GBRC)

西南コンクリート工業㈱
1991年2月19日設立 資本金2000万円
従業員20名 出資＝(セ)68%・(販)32%
◉本社＝〒811－1101 福岡市早良区重留4

−1−1
☎092−804−2342・FAX092−804−4470
代表取締役中野治
◉工場＝本社に同じ
工場次長川添昭生
従業員12名(技士4名)
1965年4月操業2020年8月更新2300×1　ＰＭ北川鉄工Ｓリバティ　麻生　シーカポゾリス　車大型×5台・小型×9台
2023年出荷35千㎥、2024年出荷33千㎥
G＝石灰砕石・砕石　S＝海砂
普通JIS取得(GBRC)

西部生コンクリート㈱
1968年7月設立　資本金1000万円　従業員9名　出資＝(他)100％
◉本社＝〒819−1305　糸島市志摩馬場411
☎092−327−1321・FAX092−327−3732
✉makizono@seibunamacon.com
代表取締役佐藤寛　取締役清水一隆・高野歩・吉田一義　監査役渡邉直行
◉工場＝本社に同じ
工場長牧園西一郎
従業員10名(技士5名)
1968年7月操業1991年8月更新2500×1　ＰＭ北川鉄工(旧日本建機)Ｓハカルプラス　UBE三菱　フローリック・チューポール・シーカビスコフロー　車大型×4台・小型×1台〔傭車：安川エクスプレス㈱〕
2023年出荷10千㎥、2024年出荷7千㎥
G＝石灰砕石　S＝海砂
普通JIS取得(GBRC)

㈱セントラル商工
1984年8月設立　資本金3000万円　従業員33名　出資＝(自)100％
◉本社＝〒812−0013　福岡市博多区博多駅東1−10−30
☎092−432−1720・FAX092−432−1730
代表取締役藤田以和彦
◉大宰府生コン(旧㈲ちくしの産業大宰府生コン工場)＝〒818−0100　太宰府市大字内山字平田538−1
☎092−403−0182・FAX092−403−0184
普通・舗装JIS取得(IC)

曽根生コンクリート㈱
1980年8月21日設立　資本金3000万円　従業員13名　出資＝(販)100％
◉本社＝〒800−0206　北九州市小倉南区葛原東1−3−5
☎093−471−7335・FAX093−471−7968
✉sonemama@galaxy.ocn.ne.jp
代表取締役松村英信　取締役永田篤生・水谷友康　監査役永田亜希子
◉曽根工場＝本社に同じ
工場長徳永政利
従業員13名(主任技士2名・技士2名)
1969年5月操業2021年8月更新2300×1(二軸)　ＰＳＭ北川鉄工　UBE三菱　チューポール　車大型×6台
2023年出荷26千㎥、2024年出荷26千㎥
G＝石灰砕石・砕石　S＝海砂・石灰砕砂
普通JIS取得(IC)
大臣認定単独取得(70N/mm²)

㈱タイキ工業
◉本社＝熊本県参照
◉八女工場＝〒834−0067　八女市龍ヶ原字中郷82−3
☎0943−24−0930・FAX0943−24−0931
工場長安達秀実　代理佐藤寛
従業員10名(技士2名)
2006年1月更新1670×1(二軸)　ＰＳＭ日工　日鉄高炉・トクヤマ　チューポール・フローリック　車大型×7台・小型×5台
G＝砕石　S＝海砂・砕砂
普通・舗装JIS取得(GBRC)

大博生コン㈱
1988年6月1日設立　資本金1000万円　従業員7名　出資＝(自)100％
◉本社＝〒812−0853　福岡市博多区東平尾1−4−30
☎092−611−6030・FAX092−611−5655
✉taihaku-namacon@feel.ocn.ne.jp
社長関直樹　会長関弘毅　監査役関文子
◉工場＝本社に同じ
工場長久保正孝
従業員7名(主任技士1名・技士5名)
1968年11月操業2023年6月更新1670×1　ＰＭ日工Ｓハカルプラス　麻生　フローリック・チューポール・ポゾリス　車〔傭車：㈲東進運輸・㈲平山物流・㈲江頭運輸・㈱ミキサーセンター〕
G＝砕石　S＝海砂
普通JIS取得(GBRC)

㈱谷口TAS.MA
◉本社＝〒810−0076　福岡市中央区荒津2−3−55
☎092−791−3470・FAX092−791−3478
◉工場＝本社と同じ

㈱筑後生コン
2004年11月1日設立　資本金1000万円　従業員22名　出資＝(販)100％
◉本社＝〒830−0403　三潴郡大木町大角1812−1
☎0944−32−1832・FAX0944−33−1091
代表取締役会長本田邦昭　代表取締役社長嶋﨑吉文　取締役森田順二
◉三潴工場＝本社に同じ
従業員12名(技士3名)
1987年12月操業2007年1月更新1670×1(二軸)　ＰＳＭ日工　麻生　チューポール　車大型×7台・中型×2台
G＝石灰砕石　S＝山砂・砕砂
普通・軽量JIS取得(JTCCM)
大臣認定単独取得(80N/mm²)
◉久留米工場＝〒830−0052　久留米市上津町字向野2228−34
☎0942−21−8466・FAX0942−21−8417
工場長竹下祐二
従業員14名(技士2名)
1987年12月操業1993年5月更新2500×1(二軸)　ＰＳＭ日工　麻生　チューポール・シーカポゾリス　車大型×8台・中型×2台
2023年出荷13千㎥、2024年出荷20千㎥
G＝砕石　S＝山砂・砕砂
普通・舗装JIS取得(JTCCM)
大臣認定単独取得(80N/mm²)

筑紫菱光㈱
1995年3月16日設立　資本金1000万円　従業員85名　出資＝(販)100％
◉本社＝〒816−0912　大野城市御笠川1−11−11
☎092−504−1828・FAX092−504−1827
取締役社長平岡信幸
◉南福岡工場＝〒816−0912　大野城市御笠川1−11−11
☎092−504−1811・FAX092−504−1813
従業員8名(主任技士1名・技士4名)
1971年9月操業2020年1月更新2300×1(二軸)　ＰＭ北川鉄工　UBE三菱　シーカポゾリス・チューポール・ヤマソー・シーカメント・フローリック・シーカビスコクリート　車大型×1台
2023年出荷28千㎥、2024年出荷26千㎥
G＝砕石　S＝海砂・砕砂
普通JIS取得(IC)
大臣認定単独取得(60N/mm²)
◉久留米工場＝〒839−0817　久留米市山川町1486−1
☎0942−43−2310・FAX0942−43−2917
✉yoshiyuki.uchida@mu-cc.com
工場長内田嘉道
従業員8名(主任技士1名・技士4名)
2004年6月操業2023年3月更新2300×1(二軸)　ＰＳＭ光洋機械　UBE三菱　チューポール・フローリック・ヤマソー・シーカ　車大型×2台・中型×2台
2023年出荷18千㎥、2024年出荷14千㎥
G＝砕石　S＝海砂・砕砂
普通JIS取得(IC)
※鳥栖工場＝佐賀県、新菱コンクリート工場＝長崎県、天草工場・小川工場＝熊本県、川薩工場＝鹿児島県参照

筑前生コンクリート㈱
1981年8月1日設立　資本金2000万円　従業員15名　出資＝(自)100％
◉本社＝〒820−0205　嘉麻市岩崎1341

☎0948－42－8833・FAX0948－43－1198
✉tikuzen@coral.ocn.ne.jp
代表取締役中並房則　監査役中並功
◉工場＝本社に同じ
工場長清田徹
従業員15名(技士2名)
1981年9月操業2003年更新1750×1(二軸)　ＰＳＭ北川鉄工　麻生・トクヤマ　チューポール　車大型×8台・小型×4台〔傭車：ミナミ物流・東福興産・永光産業・九州生コン運輸・㈲平山物流・飯盛運輸〕
2024年出荷12千㎥
G＝石灰砕石　S＝海砂
普通・舗装JIS取得(IC)

㈱東部
2001年4月1日設立　資本金3000万円　従業員17名　出資＝(セ)5%・(販)95%
◉本社＝〒811－3434　宗像市村山田字亀の甲1399
☎0940－36－7120・FAX0940－36－5368
✉toubtt@oboe.ocn.ne.jp
代表取締役中島辰也　常務取締役寺田了司　取締役小野康裕・山岡照彦・橋本吉倫　監査役齋田幹夫
◉宗像本社工場＝本社に同じ
工場長前田則彦
従業員17名(主任技士1名・技士2名)
1980年7月操業1996年1月更新2500×1　ＰＳＭ冨士機　太平洋　マイテイ・チューポール・シーカポゾリス　車大型×10台・中型×3台
G＝石灰砕石・砕石　S＝海砂・石灰砕砂
普通・舗装JIS取得(GBRC)

東部生コン㈱
1994年4月1日設立　資本金1000万円　従業員20名　出資＝(自)100%
◉本社＝〒830－0038　久留米市西町733
☎0952－53－2112・FAX0952－53－2655
✉tobukanzaki@cosmos.ocn.ne.jp
代表取締役中村哲也
※神埼工場＝佐賀県参照

東邦生コンクリート㈱
1968年12月12日設立　資本金6000万円　従業員24名　出資＝(販)72%・(セ)20%・(他)8%
◉本社＝〒830－0037　久留米市諏訪野町2360
☎0942－83－4654・FAX0942－83－1858
✉toho-namakon@ray.ocn.ne.jp
代表取締役上野総一郎　取締役國分信吾・下野哲郎・京田健・的場哲司　監査役京田清人
◉柳川工場＝〒832－0806　柳川市三橋町柳河877
☎0944－73－7187・FAX0944－73－7189
工場長藤田重信
従業員10名(主任技士1名・技士2名)
1996年5月操業2000×1(二軸)　ＰＳＭ日工　太平洋・日鉄高炉　シーカポゾリス　車大型×4台・小型×2台
2023年出荷13千㎥
G＝砕石　S＝山砂・砕砂
普通JIS取得(IC)
◉久留米工場(旧㈱作販コンクリート久留米工場)＝〒830－0048　久留米市梅満町1710－1
普通JIS取得(IC)
※鳥栖工場＝佐賀県参照

㈱ナカガワ興産
資本金1000万円
◉本社＝〒811－1246　那珂川市大字西畑1052－1
☎092－954－0243・FAX092－954－0293
代表取締役宮城英夫
◉工場＝本社に同じ
1991年8月操業1750×1　日鉄高炉・麻生
普通JIS取得(GBRC)

中村産業生コン㈱
1981年7月25日設立　資本金2000万円　従業員62名　出資＝(自)100%
◉本社＝〒826－0041　田川市大字弓削田80
☎0947－44－1818・FAX0947－44－5707
代表取締役社長中村一義　代表取締役中村優　取締役中村義道・中村昌幸・中村裕　監査役大久保英一
◉椎田工場＝〒829－0343　築上郡築上町大字西八田1679－30
☎0930－56－4471・FAX0930－56－4477
工場長宮原朋雄
従業員18名(技士3名)
1979年7月操業2007年7月更新2700×1(二軸)　ＰＳＭ日工　麻生・UBE三菱・日鉄　フローリック・シーカポゾリス・シーカビスコクリート・シーカポゾリス　車大型×14台・中型×1台・小型×2台
2023年出荷9千㎥、2024年出荷20千㎥
G＝石灰砕石　S＝海砂・石灰砕砂
普通・舗装JIS取得(GBRC)
大臣認定単独取得(60N/mm²)
◉苅田工場＝〒800－0304　京都郡苅田町鳥越町1－12
☎093－436－5511・FAX093－436－5518
工場長藤原賢明
従業員13名(主任技士1名・技士3名)
1999年4月操業2008年5月更新2750×1　ＰＳＭ日工　太平洋　チューポール　車大型×10台・小型×1台
2023年出荷40千㎥、2024年出荷32千㎥
G＝石灰砕石　S＝石灰砕砂
普通・舗装JIS取得(GBRC)
大臣認定単独取得(80N/mm²)
◉田川工場＝〒822－1212　田川郡福智町弁城4187－6
☎0947－22－0165
責任者日野文博
従業員10名
1670×1(二軸)　麻生　チューポール・シーカポゾリス　車大型×7台・中型×2台・小型×1台
G＝石灰砕石　S＝石灰砕砂
普通・舗装JIS取得(GBRC)
大臣認定単独取得(60N/mm²)
※中津工場＝大分県参照

南協スミセ生コン㈱
1996年3月6日設立　資本金1000万円　従業員17名　出資＝(自)100%
◉本社＝〒803－0185　北九州市小倉南区大字石原町257－2
☎093－452－4736・FAX093－451－1833
✉nankyocon@yahoo.co.jp
代表取締役増田哲　取締役増田英子・片山尹・矢野正博・中野英彦　監査役増田千恵
◉石原町工場＝本社に同じ
工場長片山茂
従業員10名(主任技士1名・技士3名)
1973年4月操業2024年9月更新2750×1(二軸)　ＰＭ日工Ｓスミテム　住友大阪　フローリック・チューポール・シーカポゾリス　車大型×7台〔傭車：石原産業㈱〕・自社3台
2024年出荷32千㎥
G＝石灰砕石・砕石　S＝海砂・石灰砕砂
普通JIS取得(GBRC)

西田工業㈱
1969年3月19日設立　資本金3000万円　従業員85名　出資＝(自)100%
◉本社＝〒820－0001　飯塚市鯰田367－1
☎0948－22－2500・FAX0948－22－4055
URL http://nishidakogyo.p-kit.com/
✉nishida-namacon@nishidakogyo.co.jp
代表取締役西田芳實・西田久美　取締役松下慶・長尾裕也・伊藤恵一・中西冨士美・横山崇
◉工場＝〒820－0001　飯塚市鯰田347－3
☎0948－23－6030・FAX0948－22－4312
工場長中西冨士美
従業員15名(技士3名)
1974年3月操業1995年8月更新2000×1　ＰＳＭ北川鉄工(旧日本建機)　UBE三菱　シーカコントロール・チューポール　車大型×6台・小型×3台〔傭車：九州生コン・ミナミ物流〕
G＝石灰砕石　S＝海砂・石灰砕砂
普通JIS取得(IC)

野方菱光㈱
1978年5月2日設立　資本金4030万円　従業員28名　出資＝（自）80％・（セ）10％・（販）10％
◉本社＝〒819－0037　福岡市西区飯盛419－1
☎092－812－0988・FAX092－811－6159
URL http://www.e-nokata.com
✉namaconinf@e-nokata.com
代表取締役林慶太郎　取締役林宗一・山田芳彦・上田浩和・増本行宏・林伸太郎・山田辰弘・日下部聡・岡泉
◉飯盛工場＝〒819－0037　福岡市西区飯盛425－1
☎092－811－5727・FAX092－811－5729
工場長坂口健太郎
従業員9名（主任技士2名）
1980年12月操業2750×1（二軸）　P度量衡S湘南島津M光洋機械　UBE三菱　チューポール　車大型×51台・中型×19台〔傭車：飯盛運輸㈱〕
2023年出荷53千㎥
G＝石灰砕石・砕石・再生　S＝海砂
普通・舗装JIS取得（GBRC）
大臣認定単独取得（60N/mm²）
※伊万里工場＝佐賀県参照

㈱杷木生コン
1997年4月1日設立　資本金4000万円　従業員9名　出資＝（自）62.5％・（販）12.5％・（骨）12.5％・（他）12.5％
◉本社＝〒838－1514　朝倉市杷木久喜宮1259－1
☎0946－62－0372・FAX0946－62－2053
✉hakinama3@yahoo.co.jp
代表取締役社長山見善光　取締役会長福嶋忠夫　取締役工場長福嶋周一
◉工場＝本社に同じ
工場長山見善光
従業員10名（技士3名）
1983年操業1670×1（二軸）　PSM日工　太平洋　車大型×9台・中型×3台
2024年出荷19千㎥
G＝砕石　S＝砕砂
普通・舗装JIS取得（JTCCM）

林田コンクリート工業㈱
1969年12月25日設立　資本金5000万円　従業員20名　出資＝（セ）20％・（販）75％・（他）5％
◉本社＝〒820－0053　飯塚市伊岐須字後牟田482－11
☎0948－22－4422・FAX0948－29－3630
代表取締役社長林田賢一
◉工場＝本社に同じ
工場長林田賢一
従業員29名（主任技士1名・技士2名）
1970年1月操業1989年12月更新2250×2　PSM北川鉄工　UBE三菱・麻生　チューポール　車大型×12台・中型×5台
G＝山砂利・陸砂利　S＝山砂・陸砂・砕砂
普通JIS取得（IC）

㈲原建材店
1977年10月7日設立　資本金1000万円　従業員18名　出資＝（販）100％
◉本社＝〒834－1216　八女市黒木町桑原903－1
☎0943－42－1414・FAX0943－42－1589
代表取締役原裕
◉原生コン工場＝〒834－1213　八女市黒木町本分1190
☎0943－42－2346・FAX0943－42－2449
従業員14名（技士3名）
1972年9月操業2014年8月更新2250×1（二軸）　PSM日工　UBE三菱　チューポール　車大型×9台・中型×3台
2024年出荷15千㎥
G＝砕石　S＝山砂・砕砂
普通JIS取得（GBRC）

樋口産業㈱
資本金3000万円　従業員53名
◉本社＝〒814－0033　福岡市早良区有田5－5－16
☎092－863－8778・FAX092－863－2054
URL http://www.fk-higuchi.co.jp/
代表取締役社長樋口慶徳
◉東浜工場＝〒812－0055　福岡市東区東浜2－5－40
☎092－631－3310・FAX092－631－3334
責任者吉里哲郎
従業員5名（主任技士1名・技士3名）
2000×1（二軸）　麻生　フローリック・シーカジャパン
2023年出荷8千㎥、2024年出荷10千㎥（再生骨材10000㎥）
G＝石灰砕石・再生　S＝海砂
普通・再生LJIS取得（GBRC）

肥後生コンクリート㈱
1972年6月設立　資本金4000万円　従業員16名　出資＝（他）87.5％・（セ）12.5％
◉本社＝〒836－0843　大牟田市不知火町2－5－1　シーザリオン2F
☎0944－51－2020・FAX0944－51－2023
URL https://www.ariake.gr.jp/concrete/
✉arinamahan@salsa.ocn.ne.jp
代表取締役田畑和章　取締役田畑聡志・平野義広　監査役田畑博幸
※玉名生コンセンター＝熊本県参照

福岡味岡生コンクリート㈱
◉本社＝熊本県参照
◉第一工場三橋＝〒832－0806　柳川市三橋町柳河726－1
☎0944－73－2277・FAX0944－73－2552
工場長土居圭一郎
従業員27名（主任技士1名・技士2名）
1966年12月操業1971年8月P1976年8月M1997年5月S改造1500×2　PM北川鉄工（旧日本建機）S日工　住友大阪・トクヤマ　シーカポゾリス・チューポール　車大型×10台・中型×5台
2023年出荷21千㎥
G＝砕石　S＝海砂・砕砂
普通JIS取得（JQA）

福岡宇部コンクリート㈱
（西福岡宇部コンクリート㈱より社名変更）
1993年4月1日設立　資本金3000万円　従業員23名　出資＝（自）100％
◉本社＝〒811－1122　福岡市早良区早良2－1－1
☎092－804－2615・FAX092－804－2297
✉nfuc.sawara@spice.ocn.ne.jp
代表取締役福岡桂　取締役吉田隆行・有井恵道・安永芳廣・田尻晃祐・西公揮
◉早良工場（旧西福岡宇部コンクリート㈱早良工場）＝本社に同じ
工場長森恵作
従業員15名（主任技士2名・技士3名）
1964年6月操業1977年1月M1982年1月S2008年3月P改造2800×1（二軸）　PM北川鉄工（旧日本建機）S日本計装　UBE三菱　フローリック・マイテイ・チューポール　車大型×8台・小型×2台〔傭車：ペガサス物流・マル生運輸・ミキサーセンター〕
2023年出荷33千㎥、2024年出荷31千㎥（高強度674㎥）
G＝石灰砕石・砕石・人軽骨　S＝海砂
普通・舗装・軽量JIS取得（GBRC）
◉博多工場（旧西福岡宇部コンクリート㈱博多工場）＝〒812－0055　福岡市東区東浜2－82－3
☎092－651－7136・FAX092－641－7054
✉nfuc.hakata@spice.ocn.ne.jp
工場長松嶋信行
従業員8名（主任技士1名・技士3名）
1961年7月操業2024年8月更新2750×1　PSM光洋機械　UBE三菱　フローリック・マイテイ・チューポール　車大型×5台〔傭車：ミキサーセンター〕
G＝石灰砕石・砕石　S＝海砂
普通・舗装JIS取得（GBRC）

福岡太平洋生コン㈱
◉本社＝〒816－0912　大野城市御笠川1－15－19
☎092－503－3515・FAX092－503－3532
代表取締役社長水野俊哉　取締役的場哲司・伊坂甲　監査役豊永知明
◉工場＝本社に同じ
工場長重松圭次郎

従業員7名(主任技士5名・技士1名)
1994年3月操業2017年3月更新2800×1(二軸)　ＰＭ光洋機械(旧石川島)Ｓパシフィックシステム　太平洋　シーカポゾリス　車〔傭車：㈲マル生運送〕
2023年出荷30千㎥、2024年出荷30千㎥
G＝石灰砕石・砕石　S＝海砂
普通・高強度JIS取得(GBRC)
大臣認定単独取得(60N/mm²)

福岡中央生コンクリート㈱
1987年9月26日設立　資本金3000万円
従業員14名　出資＝(自)60％・(セ)40％
◉本社＝〒810－0071　福岡市中央区那の津5－8－14
☎092－712－6751・FAX092－712－6877
代表取締役大熊孝二　取締役伊藤敏浩・市川義弘・大薮真次・小島明・白石一・山本太志　社外取締役的場哲司・伊坂甲　社外監査役豊永知明
◉那の津工場＝本社に同じ
工場長大薮真次
従業員10名(主任技士2名・技士1名)
1974年4月操業2007年9月更新2800×1　ＰＳＭ北川鉄工　太平洋　シーカポゾリス・シーカビスコクリート・チューポール・フローリック　車大型×8台〔傭車：ふくせい産業運輸㈱〕
2024年出荷37千㎥(高強度8000㎥)
G＝石灰砕石　S＝海砂
普通・軽量JIS取得(GBRC)
大臣認定単独取得(80N/mm²)
◉箱崎工場＝〒812－0055　福岡市東区東浜1－8－1
☎092－641－7061・FAX092－641－7065
工場長大薮真次
従業員5名(主任技士1名・技士2名)
1959年12月操業2020年3月更新2000×1(二軸)　ＰＳＭ光洋機械　太平洋　シーカポゾリス・シーカビスコクリート　車大型×5台〔傭車：ふくせい産業運輸㈱〕
2023年出荷12千㎥、2024年出荷9千㎥(高強度444㎥)
G＝石灰砕石　S＝海砂
普通・軽量JIS取得(GBRC)
大臣認定単独取得(80N/mm²)

福岡生コンクリート㈱
1964年6月26日設立　資本金3000万円
従業員4名　出資＝(セ)49％・(他)51％
◉本社＝〒807－1261　北九州市八幡西区木屋瀬4－15－4
☎093－619－1511・FAX093－617－6333
代表取締役会長伊藤敏浩　代表取締役社長大熊孝二　役員市川義弘・大薮真次・小島明・白石一・山本太志・的場哲司・伊坂甲・豊永知明
◉八幡工場＝〒807－1261　北九州市八幡西区木屋瀬4－15－4
☎093－617－0567・FAX093－618－3550
取締役工場長山本太志
従業員12名(主任技士1名・技士3名)
第1Ｐ＝1964年6月操業1996年2月更新2500×1　ＰＳＭ光洋機械(旧石川島)
第2Ｐ＝2001年5月更新1680×1　ＰＳＭ光洋機械(旧石川島)　太平洋・日鉄高炉・UBE三菱　シーカポゾリス・フローリック・シーカビスコクリート・シーカコントロール・チューポール　車大型×20台〔傭車：ふくせい産業運輸㈱〕
2023年出荷55千㎥、2024年出荷54千㎥
G＝石灰砕石・砕石　S＝海砂・砕砂
普通・舗装JIS取得(GBRC)
大臣認定単独取得(60N/mm²)
◉飯塚工場＝〒820－0052　飯塚市相田697
☎0948－23－0567・FAX0948－25－5567
工場長白石一
従業員10名(主任技士2名・技士4名)
1965年4月操業1994年1月更新2000×1(二軸)　ＰＳＭ日工　太平洋　竹本・シーカジャパン　車大型×13台・小型×7台〔傭車：ふくせい産業運輸㈱〕
2023年出荷32千㎥、2024年出荷28千㎥
G＝砕石　S＝海砂・石灰砕砂
普通・舗装JIS取得(GBRC)

㈱福岡ヨシダ
2001年6月1日設立　資本金1000万円　従業員17名　出資＝(他)100％
◉本社＝〒814－0165　福岡市早良区次郎丸2－24－8
☎092－871－4510・FAX092－861－4333
✉yoshida-01@basil.ocn.ne.jp
代表取締役社長吉田和幸　常務取締役波多江義治
◉工場＝本社に同じ
代表取締役吉田和幸
従業員17名(主任技士1名・技士7名・診断士1名)
1967年10月操業1977年8月ＰＭ1989年1月Ｓ改造1500×1　ＰＳ日本計装Ｍ北川鉄工(旧日本建機)　麻生　フローリック・マイテイ・チューポール　車大型×8台・中型×5台
2023年出荷32千㎥
G＝石灰砕石・砕石　S＝海砂
普通JIS取得(GBRC)

福岡菱光㈱
1995年4月1日設立　資本金9500万円　従業員7名　出資＝(販)100％
◉本社＝〒810－0001　福岡市中央区天神4－3－30　天神ビル新館6F
☎092－715－4591・FAX092－715－1128
代表取締役社長吉村太輔　取締役吉村早苗
◉福岡工場＝〒812－0055　福岡市東区東浜2－5－59
☎092－651－8231・FAX092－641－8083
✉f-ryoukou@star.ocn.ne.jp
工場長有田浩之
従業員7名(主任技士1名・技士3名)
1960年4月操業2020年8月更新2800×1(二軸)　ＰＭ北川鉄工(旧日本建機)Ｓハカルプラス　UBE三菱　チューポール・フローリック・シーカビスコクリート　車〔傭車：㈲マル生運送〕
2023年出荷36千㎥、2024年出荷28千㎥(高強度2500㎥)
G＝石灰砕石　S＝海砂
普通・高強度・軽量JIS取得(GBRC)
大臣認定単独取得(70N/mm²)

㈱冨士機
1972年9月設立　資本金5000万円　従業員85名
◉本社＝〒812－0013　福岡市博多区博多駅東1－10－30
☎092－432－8510・FAX092－432－1730
URL http://www.kk-fujiki.jp/
代表取締役藤田岳彦
◉箱崎工場＝〒812－0051　福岡市東区箱崎ふ頭4－1－48
☎092－645－1160
普通・舗装・軽量JIS取得(MSA)

豊前宇部コンクリート工業㈱
1967年6月1日設立　資本金1000万円　従業員11名　出資＝(自)100％
◉本社＝〒828－0048　豊前市大字久路土1590
☎0979－83－2348・FAX0979－82－7681
代表取締役尾家清孝　常務取締役花畑明　取締役尾家靖子・花畑めぐみ　相談役尾家角夫
◉工場＝本社に同じ
工場長矢野春之
従業員10名(主任技士1名・技士2名)
1962年11月操業1985年9月更新2000×1　ＰＳＭ北川鉄工　UBE三菱　チューポール・フローリック　車中型×9台・小型×3台〔傭車：ミキサーセンター〕
G＝砕石　S＝海砂・砕砂
普通・舗装JIS取得(GBRC)

二日市生コン㈱
1974年7月1日設立　資本金1000万円　従業員19名　出資＝(自)100％
◉本社＝〒818－0021　筑紫野市大字下見406
☎092－926－1026・FAX092－926－1065
代表取締役大村重喜　取締役田中雅恵・田中泰光・久保山国昭　監査役小山隆夫
◉工場＝本社に同じ
工場長久保山国昭
従業員19名(主任技士1名・技士4名)
1964年10月操業1994年5月更新2500×1

(二軸)　ＰＳＭ北川鉄工　トクヤマ　チューポール・フローリック　車大型×7台・小型×5台〔傭車：平山物流〕
G＝砕石　S＝海砂・石灰砕砂・砕砂
普通JIS取得(GBRC)

㈱ホリデン生コン
1976年6月14日設立　資本金6900万円
従業員55名　出資＝(販)100％
◉本社＝〒812－0038　福岡市博多区祇園町2－1　シティ17ビル4F
☎092－409－6084・FAX092－409－6149
URL https://sc-cement-west.co.jp/
代表取締役社長田村一誠
◉福岡工場＝〒811－2104　糟屋郡宇美町大字井野710－5
☎092－504－0585・FAX092－504－0593
工場長永尾康弘
従業員8名(主任技士1名・技士3名)
1979年1月操業2008年1月更新2800×1(二軸)　ＰＭ北川鉄工Ｓハカルプラス　住友大阪　チューポール・シーカポゾリス・フローリック・シーカビスコクリート　車〔傭車：㈱ミキサーセンター〕
2023年出荷35千㎥、2024年出荷33千㎥
G＝砕石　S＝海砂
普通・高強度JIS取得(GBRC)
大臣認定単独取得(80N/mm²)
◉久留米工場＝〒830－0048　久留米市梅満町51－1
☎0942－30－1660・FAX0942－30－6028
工場長井手庄次郎
従業員7名(主任技士1名・技士3名)
1967年4月操業2006年8月更新　Ｐ富士機ＳＭ日工　住友大阪　チューポール　車大型×5台〔傭車：㈱ミキサーセンター〕
2023年出荷30千㎥、2024年出荷14千㎥(高強度200㎥)
G＝石灰砕石・砕石　S＝海砂・砕砂
普通JIS取得(GBRC)
大臣認定単独取得(78N/mm²)
◉箱崎工場＝〒812－0063　福岡市東区原田1－44－21
☎092－611－9200・FAX092－611－7395
工場長黒川伸二
従業員9名(主任技士2名・技士3名)
1969年10月操業2021年1月更新2800×1　ＰＭ北川鉄工Ｓハカルプラス　住友大阪　シーカポゾリス・フローリック・シーカビスコクリート・マイテイ・チューポール・シーカビスコフロー　車〔傭車：㈱ミキサーセンター〕
2023年出荷47千㎥、2024年出荷40千㎥
G＝石灰砕石・砕石　S＝海砂
普通・高強度JIS取得(GBRC)
大臣認定単独取得(78N/mm²)
◉新宮工場＝〒811－0112　糟屋郡新宮町下府2－4－12
☎092－962－0334・FAX092－962－0862
✉sakamoto-s@horiden-g.co.jp
責任者坂元修一
従業員9名(主任技士1名・技士2名)
1963年10月操業2015年1月更新2750×1(二軸)　ＰＳ北川鉄工Ｍ日工　日鉄高炉・住友大阪・トクヤマ　フローリック・マイテイ・チューポール・シーカポゾリス　車〔傭車：㈱ミキサーセンター〕
2023年出荷35千㎥、2024年出荷25千㎥
G＝石灰砕石・砕石　S＝海砂
普通・高強度JIS取得(GBRC)
大臣認定単独取得(60N/mm²)
◉那の津工場＝〒810－0071　福岡市中央区那の津5－1－19
☎092－714－0171・FAX092－714－0175
工場長香野貴則
従業員11名(主任技士2名・技士3名)
1982年3月操業2800×1(二軸)　Ｐクボタ　Ｓ湘南島津Ｍ北川鉄工　日鉄高炉・住友大阪・トクヤマ　チューポール・シーカジャパン・フローリック　車〔傭車：㈱ミキサーセンター〕
2024年出荷31千㎥(高強度7000㎥)
G＝石灰砕石・砕石　S＝海砂
普通・高強度JIS取得(GBRC)
大臣認定単独取得(80N/mm²)
※千々賀工場＝佐賀県参照

本田工業㈱
1964年2月1日設立　資本金1500万円　従業員35名　出資＝(自)100％
◉本社＝〒839－1342　うきは市吉井町生葉636
☎0943－75－4161・FAX0943－75－4464
✉honda-k@cronos.ocn.ne.jp
代表取締役社長本田智　取締役本田朝幸
◉工場＝本社に同じ
工場長梶原諒
従業員15名(主任技士1名・技士4名)
1985年8月操業2021年8月更新2300×1　ＰＳＭ北川鉄工　UBE三菱　チューポール　車大型×8台・中型×5台・小型×1台
2023年出荷28千㎥、2024年出荷24千㎥
G＝砕石　S＝山砂・海砂・砕砂
普通・舗装JIS取得(GBRC)

三池生コンクリート工業㈱
1965年2月27日設立　資本金9000万円
従業員80名　出資＝(他)100％
◉本社＝〒836－0083　大牟田市長田町32－1
☎0944－56－1561・FAX0944－56－1565
代表取締役社長本田浩一　代表取締役会長本田邦昭　取締役中村榮勝
◉江浦工場＝〒839－0213　みやま市高田町江浦660
☎0944－22－5931・FAX0944－22－2484
✉h.okajima@miikenck.jp
工場長岡島広樹
従業員15名(技士4名)
1965年6月操業2001年2月更新1670×1　ＰＳＭ日工　麻生　チューポール　車大型×7台・中型×4台
2023年出荷10千㎥、2024年出荷14千㎥
G＝砕石　S＝山砂・砕砂
普通JIS取得(JTCCM)
大臣認定単独取得
※荒尾工場・玉名工場＝熊本県参照

㈱みどり生コン
1988年7月1日設立　資本金2000万円　従業員10名　出資＝(自)100％
◉本社＝〒811－2313　糟屋郡粕屋町大字江辻734－1
☎092－691－2331・FAX092－691－0326
代表取締役岩谷悟郎　取締役副社長佐藤晃一　監査役出海俊賢
◉工場＝本社に同じ
取締役副社長佐藤晃一
従業員10名(主任技士1名・技士3名・診断士1名)
1988年8月操業2019年3月更新2300×1　ＰＭ北川鉄工Ｓハカルプラス　日鉄高炉　フローリック・マイテイ・チューポール　車大型×11台・小型×9台〔傭車：日豊トランスポート㈱〕
2023年出荷34千㎥、2024年出荷39千㎥
G＝砕石　S＝海砂
普通JIS取得(GBRC)

宮田コンクリート工業㈱
1974年8月1日設立　資本金2400万円　従業員18名　出資＝(他)100％
◉本社＝〒823－0016　宮若市四郎丸660
☎09493－2－1831・FAX09493－2－1832
代表取締役林田賢一　取締役逢坂健　監査役渡辺龍雄
◉工場＝本社に同じ
工場長安永正美
従業員18名(主任技士1名・技士1名)
1974年11月操業1999年9月更新56×2　ＰＭ度量衡Ｓハカルプラス　UBE三菱　チューポール　車大型×11台・小型×3台
G＝砕石　S＝山砂・陸砂・海砂・砕砂
普通JIS取得(GBRC)

㈱村上建設
1971年7月7日設立　資本金3000万円　従業員25名　出資＝(自)100％
◉本社＝〒825－0002　田川市大字伊田474－6
☎0947－44－2545・FAX0947－42－0639
URL https://murakami-sogo.com
✉tagawa-sogo@star.ocn.ne.jp
代表取締役村上祐治
◉総合生コン＝本社に同じ
工場長村上聖治

従業員25名（主任技士1名・技士3名）
1978年10月操業2015年11月更新2250×1（二軸）　ＰＳＭ日工　麻生・太平洋　フローリック・シーカポゾリス　車大型×8台・中型×4台
2023年出荷45千㎥
G＝砕石　S＝海砂・砕砂
普通JIS取得（MSA）

㈱門司菱光

1995年4月3日設立　資本金1000万円　従業員7名　出資＝（自）90％・（セ）10％
◉本社＝〒801－0804　北九州市門司区田野浦海岸14－75
☎093－321－5883・FAX093－321－5540
代表取締役柏木武美　取締役柏木武春・沖剛　監査役木村靖
◉工場＝本社に同じ
工場長智原哲
従業員7名（主任技士3名・診断士1名）
1996年7月操業2021年5月更新2300×1　ＰＭ北川鉄工（旧日本建機）Ｓハカルプラス　UBE三菱　チューポール　車〔傭車：㈱ミキサーセンター・セフティーワン〕
2023年出荷26千㎥、2024年出荷26千㎥（高強度2001㎥・水中不分離95㎥）
G＝砕石・人軽骨　S＝海砂・石灰砕砂
普通・舗装・軽量JIS取得（GBRC）
大臣認定単独取得（70N/mm²）

安川生コンクリート工業㈱

1973年10月1日設立　資本金1500万円　従業員15名　出資＝（セ）100％
◉本社＝〒812－0068　福岡市東区社領2－6－31
☎092－611－4475・FAX092－611－4478
代表取締役佐藤寛　取締役清水一隆・高野渉・吉田一義　監査役渡辺直行
◉工場＝本社に同じ
工場長清水一隆
従業員11名（主任技士1名・技士4名）
1965年3月操業1996年1月更新2500×1（二軸）　ＰＳＭ光洋機械（旧石川島）　UBE三菱　チューポール・マイテイ・フローリック　車大型×4台・中型×1台
2024年出荷25千㎥
G＝石灰砕石・砕石　S＝海砂
普通JIS取得（GBRC）
大臣認定単独取得（60N/mm²）

八幡生コン工業㈱

1964年5月18日設立　資本金6000万円　従業員10名　出資＝（セ）100％
◉本社＝〒804－0002　北九州市戸畑区大字中原先の浜46－80
☎093－872－5822・FAX093－881－9573
✉hachinama@star.odn.ne.jp
代表取締役社長岡村明　取締役江頭秀起・宮石玉博　監査役濵砂翔太
◉北九州工場＝本社に同じ
✉tobatashiken@star.odn.ne.jp
工場長濱口充信
従業員10名（主任技士2名・技士5名）
1957年5月操業2015年8月更新2750×1（二軸）　ＰＳＭ日工　日鉄高炉　フローリック・チューポール・シーカジャパン　車大型×10台〔傭車：日豊トランスポート㈱〕
2023年出荷46千㎥、2024年出荷40千㎥（高流動56㎥・水中不分離17㎥）
G＝石灰砕石・砕石・人軽骨　S＝海砂・砕砂
普通・舗装・軽量JIS取得（GBRC）
大臣認定単独取得（60N/mm²）

佐賀県

㈱ウチダ
1985年4月1日設立　資本金3000万円　従業員48名　出資＝（自）100％
◉本社＝〒840－0816　佐賀市駅南本町6－7
☎0952－24－3191
代表取締役社長内田陽三　上席専務取締役内田公向　専務取締役挽地進　常務取締役内田雄介　取締役高柳清貴
◉生コン部久保田工場＝〒849－0201　佐賀市久保田町大字徳万1687
☎0952－68－2241・FAX0952－68－2763
✉u2241@peace.ocn.ne.jp
従業員14名（主任技士3名・技士1名）
1970年1月操業2010年1月更新54×2　PM光洋機械（旧石川島）S日工　UBE三菱・麻生　チューポール・シーカポゾリス　車大型×8台・中型×4台
2023年出荷26千㎥、2024年出荷33千㎥
G＝石灰砕石・砕石　S＝山砂・海砂
普通・舗装JIS取得（GBRC）

大川生コン㈱
出資＝（販）100％
◉本社＝〒840－2213　佐賀市川副町大字南里1174－11
☎0952－45－1215
代表取締役古賀成行
※工場＝福岡県参照

唐津生コンクリート㈱
1965年3月15日設立　資本金6000万円　従業員7名　出資＝（建）78.2％・（販）13.3％・（骨）5％・（他）3.5％
◉本社＝〒847－0102　唐津市八幡町680－1
☎0955－72－8391・FAX0955－72－7079
代表取締役社長瀬口和孝　代表取締役会長前田米藏　取締役岸本剛・山口政美　監査役川添信雄・釘本真二
◉佐志工場＝本社に同じ
工場長小野憲太郎
従業員7名（主任技士1名・技士2名）
1969年1月操業2020年8月更新2250×1（二軸）　PSM日工　太平洋・住友大阪　フローリック　車〔傭車：唐津港運輸㈱〕
2023年出荷15千㎥、2024年出荷13千㎥（水中不分離120㎥）
G＝砕石　S＝海砂・砕砂
普通・舗装JIS取得（JTCCM）
※㈱ホリデン生コン千々賀工場に一部生産委託

川棚商事㈱
◉本社＝〒844－0014　西松浦郡有田町戸矢乙313
☎0955－43－2331・FAX0955－43－3078
代表取締役下今朝隆
◉生コン事業部＝本社に同じ
責任者下台功
従業員9名
1968年8月操業1992年8月更新2500×1（二軸）　PSM光洋機械（旧石川島）　麻生　シーカポゾリス・チューポール・フローリック　車大型×4台・小型×6台〔傭車：㈱飯盛運輸〕
G＝砕石　S＝海砂・砕砂
普通・舗装・軽量JIS取得（GBRC）
大臣認定単独取得（60N/㎟）

協立産業㈱
1967年6月設立　資本金3000万円　従業員47名
◉本社＝〒848－0031　伊万里市二里町八谷搦1049
☎0955－23－4044・FAX0955－22－3016
代表取締役社長北風正春　取締役吉原孝・北風由美子・北風俊輔
◉伊万里工場生コン部＝〒848－0044　伊万里市木須町大字堀田2886－5
☎0955－23－3373・FAX0955－23－3387
工場長吉原孝
従業員51名（採石場含む）（技士5名）
1999年11月操業2250×1（二軸）　PSM日工　日鉄高炉・麻生　チューポール　車大型×9台・中型×10台
2023年出荷30千㎥、2024年出荷25千㎥
G＝砕石　S＝海砂・砕砂
普通・舗装JIS取得（MSA）

㈱古賀物産
1981年8月設立　資本金1000万円　従業員98名　出資＝（自）100％
◉本社＝〒849－4271　伊万里市東山代町長浜2150－1
☎0955－23－4188・FAX0955－22－7639
URL http://www.kogakk.jp
代表取締役社長古賀政博　専務取締役古賀政章
◉コガ生コン伊万里工場＝〒849－4271　伊万里市東山代町長浜2341－1
☎0955－20－4121・FAX0955－20－4123
責任者川上照明
従業員20名（主任技士2名・技士4名・診断士1名）
1999年12月操業2500×1（二軸）　PSM光洋機械（旧石川島）　トクヤマ　シーカビスコフロー・シーカビスコクリート・フローリック　車大型×11台・小型×8台
G＝砕石　S＝海砂・砕砂
普通・舗装JIS取得（JTCCM）
ISO 9001取得
※コガ生コン福岡工場＝福岡県、川棚工場・佐世保工場・諫早工場＝長崎県参照

佐賀宇部コンクリート工業㈱
1964年5月1日設立　資本金5000万円　従業員42名　出資＝（セ）33.2％・（販）47.2％・（建）6％・（骨）6.6％・（他）7％
◉本社＝〒840－0054　佐賀市水ヶ江1－2－33
☎0952－24－0111・FAX0952－29－4301
URL http://www.fuku-st.co.jp/
代表取締役福岡桂　取締役福岡福磨・吉田隆行・安永芳廣・黒尾丸勲
◉佐賀工場＝〒842－0014　神埼市神埼町姉川1878
☎0952－52－3171・FAX0952－53－2525
✉saga-jim@fuku-st.co.jp
工場長冨永隆文
従業員12名（主任技士1名・技士1名）
1964年5月操業1980年9月P1992年1月S1995年1月M改造2750×1（二軸）　PSM光洋機械（旧石川島）　UBE三菱　チューポール・フローリック　車大型×4台・中型×4台
2024年出荷62千㎥（ポーラス30㎥）
G＝石灰砕石・砕石・人軽骨　S＝河川・海砂・砕砂
普通・舗装・軽量JIS取得（GBRC）
大臣認定単独取得（60N/㎟）
◉武雄工場＝〒843－0022　武雄市武雄町大字武雄4949
☎0954－23－3181・FAX0954－23－3183
✉sagaube.takeo@celery.ocn.ne.jp
工場長鶴直樹
従業員9名（主任技士1名・技士1名）
1965年12月操業1981年9月P2014年5月M1992年7月S更新2750×1（二軸）　PSM日工　UBE三菱　チューポール・フローリック・ヴィンソル　車大型×2台・中型×5台
2023年出荷25千㎥、2024年出荷26千㎥
G＝砕石　S＝河川・海砂
普通・舗装JIS取得（GBRC）
◉鳥栖工場＝〒841－0023　鳥栖市姫方町本川565
☎0942－82－3191・FAX0942－82－3192
工場長光武晃一郎
従業員7名（主任技士2名・技士1名）
1968年6月操業1997年9月更新2000×1（二軸）　PSM光洋機械（旧石川島）　UBE三菱　チューポール・フローリック　車大型×1台・中型×3台
2023年出荷24千㎥、2024年出荷21千㎥
G＝石灰砕石・砕石　S＝河川・海砂・砕砂
普通・舗装JIS取得（GBRC）
◉伊万里工場＝〒848－0043　伊万里市瀬戸町字駄槹2564

☎0955－23－3171・FAX0955－23－3120
工場長西村慎吾
従業員8名(主任技士1名・技士2名)
1973年8月操業1989年9月更新2000×1(二軸)　ＰＳＭ光洋機械(旧石川島)　UBE三菱　チューポール・フローリック　車大型×3台・中型×3台
2023年出荷17千㎥、2024年出荷10千㎥
G＝砕石　S＝海砂・砕砂
普通・舗装JIS取得(GBRC)

脊振生コン㈱
1979年12月15日設立　資本金1000万円
従業員11名　出資＝(自)100％
◉本社＝〒842－0201　神埼市脊振町広滝3135－1
☎0952－59－2331・FAX0952－59－2332
代表取締役社長永松久典
◉工場＝本社に同じ
技術部長QMR藤井茂行
従業員11名(技士3名)
1980年4月操業1000×1　ＰＳＭ北川鉄工　住友大阪・トクヤマ　チューポール　車大型×2台・中型×4台
G＝砕石　S＝山砂・海砂
普通JIS取得(GBRC)

筑紫菱光㈱
◉本社＝福岡県参照
◉鳥栖工場＝〒841－0025　佐賀県鳥栖市曽根崎町1080
☎0942－82－4151・FAX0942－82－4154
✉yoshifumi.makise@mu-cc.com
工場長牧瀬義文
従業員11名
2300×1(ジクロス)　UBE三菱　チューポール・ヤマソー・シーカポリヒード　車大型×3台・小型×2台
2023年出荷25千㎥、2024年出荷13千㎥
G＝石灰砕石・砕石　S＝海砂・砕砂
普通JIS取得(IC)
※南福岡工場・久留米工場＝福岡県、新菱コンクリート工場＝長崎県、天草工場・小川工場＝熊本県、川薩工場＝鹿児島県参照

中央生コンクリート㈱
1973年10月1日設立　資本金4500万円
従業員29名　出資＝(セ)33.91％・(販)13.91％・(建)1.30％・(他)50.88％
◉本社＝〒846－0012　多久市東多久町大字別府4224
☎0952－76－2277・FAX0952－76－2279
URL https://chuou-namakon.co.jp
✉chuou-namakon@juno.ocn.ne.jp
代表取締役社長船津美奈子　取締役武富和紀・谷口博文・武富孝介・的場哲司
監査役豊永知明
◉多久工場＝本社に同じ
工場長谷口博文
従業員19名(技士5名)
1974年1月操業1991年6月更新1750×1(二軸)　ＰＳＭ光洋機械　太平洋　車大型×9台・中型×8台・小型×1台
2023年出荷37千㎥、2024年出荷29千㎥(水中不分離16㎥)
G＝砕石　S＝海砂・砕砂
普通・舗装JIS取得(GBRC)
◉佐賀工場＝〒840－2203　佐賀市川副町早津江1459－1
☎0952－45－4810・FAX0952－45－1123
✉chuon-saga@oasis.ocn.ne.jp
責任者山﨑博文
従業員9名
1972年11月操業1992年7月更新1750×1(二軸)　ＰＳＭ北川鉄工　太平洋　シーカポゾリス・シーカビスコクリート・チューポール　車大型×5台・中型×2台
2023年出荷10千㎥、2024年出荷20千㎥(水中不分離300㎥)
G＝砕石　S＝海砂・砕砂
普通・舗装JIS取得(GBRC)

東部生コン㈱
◉本社＝福岡県参照
◉神埼工場＝〒842－0121　神埼市神埼町志波屋2020
☎0952－53－2112・FAX0952－53－2655
工場長石丸羊一
従業員14名(主任技士1名・技士1名)
1981年8月操業1000×1　ＰＳＭ田中鉄工　太平洋・日鉄高炉　チューポール　車大型×5台・中型×12台
G＝砕石　S＝山砂・海砂
普通JIS取得(MSA)

東邦生コンクリート㈱
◉本社＝福岡県参照
◉鳥栖工場＝〒841－0073　鳥栖市江島町熊本1693
☎0942－83－4654・FAX0942－83－1858
✉toho-namakon@ray.ocn.ne.jp
工場長高柳正則
従業員12名(主任技士1名・技士3名)
1969年7月操業2003年9月更新　ＰＳＭ日工　太平洋・日鉄高炉　フローリック　車大型×6台・中型×2台
2023年出荷25千㎥、2024年出荷21千㎥
G＝砕石　S＝砕砂
普通JIS取得(IC)
※久留米工場・柳川工場＝福岡県参照

㈱西村組
1964年6月1日設立　資本金2000万円　従業員39名　出資＝(建)100％
◉本社＝〒849－1411　嬉野市塩田町大字馬場下甲529－1
☎0954－66－2211・FAX0954－66－4180
✉kk-nmg@helen.ocn.ne.jp
代表取締役西村隆　取締役西村博・西村美紀
◉塩田工場＝〒849－1403　嬉野市塩田町大字久間丙4763－1
☎0954－66－5543・FAX0954－66－5745
✉kn.ready-mixed-con@mirror.ocn.ne.jp
工場長西村利則
従業員15名
1999年11月操業56×1(二軸)　ＰＳＭ北川鉄工　UBE三菱　チューポール・ヤマソー　車大型×6台・中型×4台〔傭車：㈲ペガサス物流・飯盛運輸㈱〕
2023年出荷18千㎥、2024年出荷14千㎥
G＝砕石　S＝海砂
普通JIS取得(GBRC)

㈱納所運輸
1976年7月1日設立　資本金1000万円　従業員31名　出資＝(自)100％
◉本社＝〒849－1304　鹿島市大字中村2027
☎0954－63－1241・FAX0954－63－1243
代表取締役鹿島英美　取締役常務納所誠一
◉麻生鹿島コンクリート工場＝本社に同じ
工場長鹿島英隆
従業員9名(主任技士1名・技士2名)
1971年4月操業1984年7月更新1500×1(二軸)　ＰＳＭ光洋機械　麻生　チューポール・フローリック・マイテイ　車大型×10台・小型×6台〔傭車：㈱未来物流〕
G＝砕石　S＝海砂
普通JIS取得(GBRC)

野方菱光㈱
◉本社＝福岡県参照
◉伊万里工場＝〒849－4271　伊万里市東山代町長浜2395－1
☎0955－23－6115・FAX0955－23－4425
責任者川久保智史
従業員7名
1989年10月操業1991年1月更新2000×1(二軸)　ＰＭ北川鉄工(旧日本建機)Ｓハカルプラス　UBE三菱　チューポール・フローリック　車大型×3台・中型×3台〔傭車：㈲未来物流〕
G＝砕石　S＝海砂
普通・舗装JIS取得(GBRC)
※飯盛工場＝福岡県参照

㈱福佐商会
2009年2月1日設立　資本金1000万円　従業員31名　出資＝(自)100％
◉本社＝〒847－0861　唐津市二タ子3－12－99
☎0955－73－5811・FAX0955－73－5814
代表取締役社長松永雅文　取締役松永陽子・鮫島総彦　執行役員桷村辰彦

◉生コン事業部＝〒847－0081　唐津市和多田南先石1－3
☎0955－72－8251・FAX0955－72－8253
✉s-ryoukou@isis.ocn.ne.jp
責任者柳哲治
従業員6名（技士2名）
1968年5月操業1996年5月更新2500×1（二軸）　ＰＭ北川鉄工（旧日本建機）Ｓハカルプラス　UBE三菱　チューポール・フローリック・シーカポゾリス　車〔傭車：唐津港運輸㈱〕
2023年出荷15千㎥、2024年出荷11千㎥
G＝砕石　S＝海砂・砕砂
普通・舗装JIS取得（GBRC）

㈲富士生コン
1977年9月1日設立　資本金300万円　従業員5名　出資＝（販）100％
◉本社＝〒840－0501　佐賀市富士町古湯3134
☎0952－58－2126・FAX0952－58－2127
代表取締役田尻晃祐　取締役福岡桂
◉工場＝本社に同じ
工場長古川隆吉
従業員5名（主任技士2名）
1972年2月操業1984年8月更新1500×1　ＰＭ光洋機械（旧石川島）Ｓ日工　住友大阪　チューポール　車大型×1台・中型×2台〔傭車：ペガサス物流〕
2023年出荷8千㎥
G＝砕石　S＝山砂・海砂
普通・舗装JIS取得（GBRC）

㈱ホリデン生コン
◉本社＝福岡県参照
◉千々賀工場＝〒847－0831　唐津市千々賀1680－1
☎0955－70－3339・FAX0955－78－2272
工場長小柳亮治
従業員12名（主任技士1名・技士4名）
1965年6月操業1981年8月更新2250×1（二軸）　Ｐ光洋機械Ｓパシフィックシステム　Ｍ日工　太平洋・住友大阪　フローリック・シーカジャパン　車大型×25台・中型×6台〔傭車：唐津港運輸㈱〕
G＝砕石　S＝海砂・砕砂
普通JIS取得（GBRC）
大臣認定単独取得（60N/㎟）
※唐津生コンクリート㈱より生産受託
※福岡工場・久留米工場・箱崎工場・新宮工場・那の津工場＝福岡県参照

長崎県

㈱アイエス
資本金1000万円
◉本社＝〒854－0123　諫早市天神町1258
☎0957－28－2588・FAX0957－28－2595
代表者酒井文雄
◉工場＝本社に同じ
1981年4月操業1000×1　太平洋
普通・舗装JIS取得(JTCCM)

旭砕石㈱
1961年6月1日設立　資本金2000万円　従業員86名　出資＝(自)100%
◉本部＝〒856－0815　大村市森園町663－3
☎0957－50－1171・FAX0957－50－1165
代表取締役西畑直　取締役西畑伸造・西畑栄一郎・藤尾茂樹・西畑久美子
◉生コン事業部＝〒859－3809　東彼杵郡東彼杵町口木田郷1
☎0957－46－1295・FAX0957－47－1174
✉s-fujio@sunspa.jp
工場長藤尾茂樹
従業員17名(技士4名)
1978年10月操業2003年9月改造2000×1(二軸)　P度量衡SM光洋機械　麻生・太平洋　シーカポゾリス　車大型×4台・小型×4台
2023年出荷15千㎥、2024年出荷12千㎥
G＝砕石　S＝海砂
普通・舗装JIS取得(GBRC)
◉大村工場＝〒856－0041　大村市徳泉川内町605－1
☎0957－56－8571・FAX0957－56－8572
取締役部長藤尾茂樹
従業員12名(主任技士1名・技士2名)
1976年10月操業2001年11月更新2500×1(二軸)　PM北川鉄工(旧日本建機)Sハカルプラス　UBE三菱　チューポール　車大型×4台・中型×1台・小型×4台
2023年出荷21千㎥、2024年出荷14千㎥
G＝石灰砕石・砕石　S＝海砂
普通・舗装JIS取得(GBRC)

朝日生コン㈲
1973年9月3日設立　資本金300万円　従業員11名　出資＝(自)100%
◉本社＝〒857－4214　南松浦郡新上五島町七目郷字箒山706－14
☎0959－42－1532・FAX0959－42－3279
代表取締役野中昭史　専務取締役野中和三郎　取締役湯川利勝
◉工場＝本社に同じ
工場長福島政己
従業員11名(技士2名)
1972年8月操業1989年1月更新1000×1(二軸)　PSM日工　太平洋・日鉄高炉　シーカポゾリス　車大型×5台・中型×1台・小型×3台
2023年出荷5千㎥、2024年出荷7千㎥
G＝砕石　S＝海砂
普通JIS取得(GBRC)

麻生対馬生コン㈱
1974年11月22日設立　資本金2000万円　従業員12名　出資＝(セ)50%・(販)50%
◉本社＝〒817－0322　対馬市美津島町鶏知乙891
☎0920－54－3393・FAX0920－54－3538
✉aso-tsushima@clock.ocn.ne.jp
代表取締役小川一成　常務取締役小川廣實　取締役深川浩子・早田豊・本村聖一　監査役古賀康夫
◉工場＝本社に同じ
工場長小川廣實
従業員12名(技士2名)
1975年11月操業1990年5月更新1500×1(二軸)　PSM日工　麻生　フローリック・マイテイ　車大型×7台・小型×4台
2023年出荷4千㎥、2024年出荷5千㎥
G＝石灰砕石　S＝海砂
普通JIS取得(GBRC)

㈲有川生コン
資本金1588万円　従業員11名
◉本社＝〒857－4214　南松浦郡新上五島町七目郷642－1
☎0959－42－3710・FAX0959－42－2841
代表取締役田中康裕　取締役石栄八郎
◉工場＝本社に同じ
1990年2月操業1000×1　太平洋
G＝砕石　S＝海砂
普通・舗装JIS取得(JTCCM)

㈲井川建材店
◉本社＝〒859－2605　南島原市加津佐町乙261－2
☎0957－87－2048・FAX0957－87－5538
◉生コン工場＝〒859－2600　南島原市加津佐町前串崎4362
☎0957－87－4843・FAX0957－87－5538
1979年7月操業1991年3月更新1000×1　PSM北川鉄工

壱岐生コン㈱
1968年8月19日設立　資本金3000万円　従業員19名　出資＝(セ)35%・(建)50%・(製)2%・(骨)9%・(他)4%
◉本社＝〒811－5114　壱岐市郷ノ浦町柳田触348
☎0920－47－1310・FAX0920－47－1690
代表取締役社長中原達夫　取締役中原将満・宮坂幸秋・一ツ木正・中原晋輔・岩崎木曽義・末永勝也　監査役森山興邦・山内昇
◉工場＝本社に同じ
試験室長平田正詞
従業員19名(技士3名)
1968年8月操業1997年1月更新2500×1(二軸)　PSM日工　UBE三菱　シーカポゾリス・シーカビスコクリート　車大型×10台・中型×5台
G＝石灰砕石・砕石　S＝海砂
普通JIS取得(JTCCM)

㈲石井産業
1947年1月1日設立　資本金1200万円
◉本社＝〒855－0801　島原市高島2－7203
☎0957－62－3226・FAX0957－64－2252
代表取締役石井義治
◉生コン工場＝本社に同じ
1992年11月操業1000×1　UBE三菱　車大型×1台・小型×5台
G＝砕石　S＝海砂
普通JIS取得(GBRC)

㈱出口組
1963年8月1日設立　資本金2000万円　従業員20名　出資＝(建)100%
◉本社＝〒853－0312　五島市岐宿町中嶽62－1
☎0959－83－1119・FAX0959－83－1560
代表取締役社長出口源一郎　専務取締役出口三男
◉生コン工場＝本社に同じ
工場長小田長政
従業員10名(技士3名)
1976年4月操業1988年7月更新1250×1(二軸)　PSM光洋機械　UBE三菱　車大型×4台・小型×4台
2023年出荷3千㎥
G＝砕石　S＝海砂
普通JIS取得(MSA)

臼浦港運㈱
1945年2月1日設立　資本金3000万円
◉本社＝〒857－0403　佐世保市小佐々町臼ノ浦491－2
☎0956－68－3107・FAX0956－68－3340
代表取締役社長田中逸雄　取締役会長猪野泰雄　取締役猪野紘一郎　監査役猪野晴彦
◉生コン工場＝本社に同じ
工場長川口征光
従業員15名(技士1名)
1973年9月操業1986年3月M改造1000×1(二軸)　PSM北川鉄工　太平洋　車大型×8台・中型×1台・小型×4台
G＝砕石　S＝海砂
普通・舗装JIS取得(GBRC)

NK生コン有限責任事業組合
2009年2月13日設立　資本金6005万円

従業員17名　出資＝(自)100%
◉本部＝〒857－0032　佐世保市宮田町1－6
☎0956－76－7010・FAX0956－76－7002
代表理事吉井誠
◉吉井工場＝〒859－6305　佐世保市吉井町直谷7－1
☎0956－64－2678・FAX0956－64－4322
✉sp4w9wf9@pony.ocn.ne.jp
責任者前田康行
従業員19名(主任技士2名・技士5名)
2250×1(二軸)　PSM日工　UBE三菱　フローリック　車大型×7台・中型×4台〔傭車：飯盛運輸㈱〕
G＝石灰砕石　S＝海砂
普通・舗装・高強度JIS取得(GBRC)

㈱大川建設工業
資本金5000万円
◉本社＝〒817－1701　対馬市上対馬町比田勝956－12
☎0920－86－2695・FAX0920－86－3280
URL http://www.ohkawa-m.jp/
代表者真崎龍介
◉舟志工場＝〒817－2333　対馬市上対馬町舟志甲984
☎0920－86－3761
1500×1　太平洋
普通JIS取得(GBRC)

大川テクノ㈲
1963年4月30日設立　資本金2025万円
出資＝(販)100%
◉本社＝〒859－5131　平戸市大山町581－2
☎0950－24－2314・FAX0950－24－2226
代表取締役眞﨑巌　取締役竹藤朝則・谷山靖浩　監査役眞﨑友英
◉大山工場＝本社に同じ
工場長谷山靖浩
従業員30名(主任技士1名・技士3名)
1971年8月操業1994年6月更新54×2　PSM北川鉄工　トクヤマ　シーカジャパン　車大型×6台・中型×3台・小型×7台
G＝砕石　S＝海砂
普通JIS取得(JTCCM)

加藤産業㈱
1966年9月設立　資本金3000万円
◉本社＝〒852－8014　長崎市竹の久保町20－9
☎095－864－7321・FAX095－864－7320
URL http://csks.net/
代表取締役社長加藤博文
◉生コン事業部県央工場＝〒856－0843　大村市今村町52－3
☎0957－53－9818・FAX0957－54－7140
工場長小田祥
従業員12名
1978年8月操業1500×1(二軸)　麻生　チューポール　車大型×8台・中型×3台
2023年出荷12千㎥、2024年出荷10千㎥
G＝石灰砕石・砕石・人軽骨・再生　S＝砕砂
普通・高強度JIS取得(MSA)

㈲川本建設
◉本社＝〒859－5802　平戸市大島村前平中瀬3606
☎0950－55－2046・FAX0950－55－2935
代表取締役川本龍男
◉生コン工場＝本社に同じ
従業員2名
1987年7月操業750×1　住友大阪

九州アサノ生コンクリート工業㈱
◉本社＝福岡県参照
◉時津工場＝〒851－2107　西彼杵郡時津町久留里郷1522
☎095－882－2356・FAX095－882－5897
✉kyuasa-togitsu@aurora.ocn.ne.jp
責任者椛島康広
従業員19名
1986年10月操業2013年5月更新2250×1　PSM冨士機　太平洋　車大型×7台・小型×3台
2024年出荷17千㎥
G＝石灰砕石・砕石・人軽骨　S＝海砂
普通・舗装・軽量JIS取得(GBRC)
◉茂木工場＝〒851－0254　長崎市飯香浦町5269－5
☎095－836－1311・FAX095－833－6010
✉hayasaka@r4.dion.ne.jp
工場長大城英隆
従業員15名
1998年7月操業2500×1(二軸)　PMS光洋機械　太平洋　シーカポゾリス・チューポール　車大型×10台・小型×3台
G＝陸砂利・石灰砕石　S＝海砂
普通・舗装JIS取得(GBRC)
大臣認定単独取得(60N/mm²)
※福岡工場＝福岡県参照

崎陽生コン㈱
2012年4月1日設立　資本金5000万円　従業員27名　出資＝(販)100%
◉本社＝〒850－0952　長崎市戸町5－672－1
☎095－879－5006・FAX095－879－7127
代表取締役会長大川浩司　代表取締役社長浅本和夫　取締役大川英明・久米幸夫・中島一浩・岩倉正典　監査役野嶋智夫
◉本社工場＝本社に同じ
工場長中島一浩
従業員27名(主任技士3名・技士4名・診断士2名)
1997年11月操業2012年8月S改造3000×1(二軸)　PSM北川鉄工(旧日本建機)　UBE三菱　チューポール・フローリック・シーカポゾリス　車大型×12台・中型×7台
2023年出荷42千㎥、2024年出荷29千㎥
G＝石灰砕石・砕石　S＝海砂
普通・高強度・舗装JIS取得(GBRC)
大臣認定単独取得(60N/mm²)

琴海生コン㈱
1983年7月19日設立　資本金3200万円
従業員17名　出資＝(セ)10%・(自)90%
◉本社＝〒851－3102　長崎市琴海村松町1723
☎095－884－2211・FAX095－884－2247
URL http://kinkainamacon.com/
✉hinkan@kinkainamacon.com
代表取締役下今朝隆　取締役下今朝央・柳本賢太　監査役下辰子
◉工場＝本社に同じ
従業員17名(主任技士1名・技士4名)
第1P＝1983年7月操業2020年12月更新2300×1(二軸)　PSM北川鉄工
第2P＝1750×1(二軸)　M北川鉄工　麻生　シーカポゾリス・シーカビスコクリート・チューポール　車大型×10台・中型×5台
G＝砕石　S＝海砂
普通・舗装JIS取得(GBRC)
大臣認定単独取得(60N/mm²)

㈱ケンオウ
1977年11月29日設立　資本金2000万円
従業員17名　出資＝(自)95%・(他)5%
◉本社＝〒854－0081　諫早市栄田町14－28
☎0957－26－2408・FAX0957－26－3526
代表取締役鳥田誠吾　取締役山口明子・眞﨑和博　監査役上田牧男
◉本社工場＝本社に同じ
工場長村田一憲
従業員17名(主任技士1名・技士2名)
1964年9月操業1991年1月P1991年12月SM改造1500×1　PSM光洋機械(旧石川島)　太平洋　チューポール　車大型×6台・中型×6台
G＝砕石　S＝海砂・砕砂
普通・舗装JIS取得(GBRC)

建設生コン工業㈱
1970年10月9日設立　資本金1500万円
従業員30名　出資＝(セ)18%・(建)82%
◉本社＝〒811－5125　壱岐市郷ノ浦町志原西触1183
☎0920－47－0064・FAX0920－47－6355
✉kennama@image.ocn.ne.jp
取締役社長松永裕一　取締役後藤隆・吉川あやの　監査役宮坂幸秋・吉村広志

◉工場＝本社に同じ
工場長重野哲二
従業員22名(技士4名)
1970年10月操業1997年7月Ｐ2019年ＳＭ改造1670×1(二軸)　Ｐ北川鉄工(旧日本建機)ＳＭ日工　麻生　シーカポゾリス・シーカビスコクリート・シーカポゾリス　車大型×7台・中型×5台・小型×8台
G＝石灰砕石・砕石　S＝海砂
普通JIS取得(GBRC)

港祐産業㈲
1987年5月28日設立　資本金1000万円　従業員21名　出資＝(自)100%
◉本社＝〒859－5144　平戸市下中野町字神曽根116－17
☎0950－22－5400・FAX0950－22－5419
代表取締役山内恒敏　専務取締役山内清二　取締役山内興祐　監査役山内好美
◉工場＝本社に同じ
工場長岩崎秀二
従業員21名(主任技士1名・技士3名)
1988年1月操業1992年7月Ｍ改造56×2　ＰＳＭ北川鉄工　住友大阪　シーカポゾリス　車大型×11台・中型×6台・小型×4台
G＝砕石　S＝海砂
普通JIS取得(JTCCM)

㈱古賀物産
◉本社＝佐賀県参照
◉川棚工場＝〒859－3604　東彼杵郡川棚町石木郷1115－4
☎0956－82－2409・FAX0956－83－3971
工場長堤良介
従業員17名(主任技士2名・技士5名・診断士1名)
1990年9月操業1994年1月Ｍ改造3000×1(二軸)　Ｐ西日本技研サービスＳハカルプラスＭ光洋機械(旧石川島)　トクヤマ　シーカビスコフロー・シーカポゾリス・シーカビスコクリート・フローリック　車大型×10台・小型×7台
G＝砕石　S＝海砂・砕砂
普通・舗装JIS取得(JTCCM)
ISO 9001取得
◉佐世保工場＝〒857－0112　佐世保市柚木町1291－2
☎0956－41－8111・FAX0956－46－0155
✉sasebo@kogakk.co.jp
工場長堤良介
従業員14名(主任技士3名・技士3名・診断士2名)
2006年8月操業2022年9月Ｓ更新3000×1(二軸)　Ｐ西日本テクノサービスＳハカルプラスＭ光洋機械(旧石川島)　トクヤマ　シーカビスコフロー・シーカビスコクリート　車大型×5台・小型×6台
2023年出荷32千㎥、2024年出荷25千㎥
G＝砕石　S＝海砂・砕砂
普通・舗装JIS取得(JTCCM)
ISO 9001取得
大臣認定単独取得(60N/mm²)
◉諫早工場＝〒854－1122　諫早市飯盛町佐田1014－1
☎0957－48－0001・FAX0957－48－0018
✉isahaya@kogakk.co.jp
工場長堤良介
従業員16名(主任技士2名・技士4名・診断士2名)
2015年6月操業2500×1(二軸)　Ｐ西日本技研ＳハカルプラスＭ光洋機械　トクヤマ　シーカビスコフロー・シーカビスコクリート　車大型×9台・小型×7台
G＝砕石　S＝海砂・砕砂
普通・舗装JIS取得(JTCCM)
ISO 9001取得
大臣認定単独取得(60N/mm²)
※コガ生コン福岡工場＝福岡県、コガ生コン伊万里工場＝佐賀県参照

小嶋産業㈱
1971年8月1日設立　資本金100万円　従業員33名　出資＝(自)100%
◉本社＝〒857－2222　西海市西海町中浦北郷2548
☎0959－32－9501・FAX0959－29－9898
URL http://www.kojima-sangyo.jp/
✉namakon@kojima-sangyo.jp
代表取締役豊竹新吾　取締役池田保年・豊竹泰典　監査役太田慶一
◉工場＝〒851－3506　西海市西海町黒口郷そうの崎2532
☎0959－32－0514・FAX0959－32－2030
工場長宮本勇
従業員9名(技士3名)
1971年8月操業1993年8月更新1500×1　ＰＳＭ日工　住友大阪　チューポール　車大型×8台・小型×4台
2023年出荷10千㎥
G＝砕石　S＝海砂
普通JIS取得(JTCCM)

㈱才津組
資本金2000万円
◉本社＝〒853－0064　五島市三尾野3－6－3
☎0959－72－4126・FAX0959－74－3134
代表者戸田博之
◉奈留生コン＝〒853－2201　五島市奈留町浦694－1
☎0959－64－2799・FAX0959－64－2881
工場長平田尚
従業員6名(技士1名)
1985年8月操業2016年1月更新1300×1(二軸)　ＰＳＭ日工　太平洋　シーカポゾリス　車大型×2台・中型×2台
2023年出荷3千㎥、2024年出荷1千㎥
G＝砕石　S＝海砂

佐世保生コン㈱
1963年9月3日設立　資本金1000万円　従業員15名　出資＝(自)100%
◉本社＝〒859－3241　佐世保市有福町164－1
☎0956－58－5001・FAX0956－58－5004
✉sasebonamacon@star.ocn.ne.jp
代表取締役佐護勝久
◉工場＝本社に同じ
工場長黒肥地智
従業員16名(主任技士1名・技士2名)
1963年9月操業2006年3月更新2500×1　ＰＭ光洋機械(旧石川島)Ｓパシフィックテクノス　太平洋　車大型×8台・中型×3台
G＝陸砂利　S＝海砂
普通・舗装JIS取得(GBRC)

三進コンクリート工業㈲
1977年7月1日設立　資本金500万円　従業員10名　出資＝(自)100%
◉本社＝〒853－0052　五島市松山町953
☎0959－73－0775・FAX0959－73－0652
✉sanshin@fctv-net.jp
代表取締役赤崎岩輝　取締役専務萩原利美
◉本社工場＝本社に同じ
工場長小田忠太郎
従業員10名(主任技士2名・技士3名)
1976年4月操業1987年8月更新1000×1(二軸)　ＰＭ北川鉄工Ｓリバティ　トクヤマ　シーカポゾリス　車大型×4台・小型×4台
G＝石灰砕石・砕石　S＝海砂
普通JIS取得(MSA)

鈴木産業㈱
1947年4月1日設立　資本金1000万円　従業員26名　出資＝(自)100%
◉本社＝〒817－0031　対馬市厳原町久田道1458
☎0920－52－6111・FAX0920－52－1615
代表取締役井野貴之　取締役重田譲二
◉小浦生コン工場＝〒817－0001　対馬市厳原町小浦94－2
☎0920－52－6112・FAX0920－52－0071
工場長村瀬新吾
従業員10名(技士2名)
1973年3月操業2003年8月更新1500×1(二軸)　ＰＳＭ光洋機械　太平洋　チューポール　車大型×6台・小型×3台
2023年出荷6千㎥、2024年出荷2千㎥
G＝砕石　S＝海砂
普通JIS取得(GBRC)
◉仁位生コン工場＝〒817－1201　対馬市豊玉町仁位1212－1
☎0920－58－1200・FAX0920－58－0059

工場長波田博信
従業員4名(技士2名)
1974年12月操業1994年6月更新1500×1　ＰＳＭ北川鉄工(旧日本建機)　太平洋　チューポール　車大型×2台・小型×1台
2024年出荷1千㎥
G＝砕石　S＝海砂
普通JIS取得(GBRC)

㈱ダイコウ建設
◉本社＝〒857－4901　佐世保市宇久町平265－4
☎0959－57－2377・FAX0959－57－3169
代表取締役橋元隆典
◉宇久生コンクリート工場＝〒857－4901　佐世保市宇久町平220－1
☎0959－57－3790
1986年6月操業1000×1　日鉄高炉
2024年出荷3千㎥
G＝山砂利　S＝海砂

大公コンクリート㈲
1968年1月20日設立　資本金1200万円　従業員16名　出資＝(他)100%
◉本社＝〒853－0024　五島市野々切町2376－2
☎0959－73－5101・FAX0959－73－5939
代表取締役社長才津輝夫　取締役戸田博之・才津隆文・松岡慎二　監査役才津重子
◉野々切工場＝本社に同じ
専務取締役松岡慎二
従業員18名(主任技士1名・技士4名)
1984年10月操業1000×1(二軸)　ＰＭ光洋機械Ｓパシフィックシステム　太平洋　車大型×4台・中型×4台
2023年出荷5千㎥、2024年出荷5千㎥
G＝砕石　S＝海砂
普通JIS取得(MSA)

㈲対成コンクリート
1989年4月26日設立　資本金500万円　従業員20名　出資＝(自)100%
◉本社＝〒817－1606　対馬市上県町佐護東里1894－1
☎0920－84－5511・FAX0920－84－5522
代表取締役小宮量浩
◉佐護生コン工場＝本社に同じ
工場長小宮康敬
従業員20名(技士4名)
1987年10月操業1500×1(二軸)　Ｐ北川鉄工Ｓ日本計装Ｍ光洋機械　UBE三菱　車大型×7台・小型×4台
G＝石灰砕石　S＝海砂
普通JIS取得(GBRC)
◉美津島生コン工場＝〒817－0322　対馬市美津島町雞知乙760－1
☎0920－54－8833・FAX0920－54－8822
1997年11月操業1500×1(二軸)　ＰＳＭ富士機　UBE三菱　車大型×5台・中型×4台
G＝石灰砕石　S＝海砂
普通JIS取得(GBRC)

㈲タイヨウ
1981年7月1日設立　資本金4600万円　従業員30名　出資＝(建)100%
◉本社＝〒853－0215　五島市富江町職人419
☎0959－86－3050・FAX0959－86－0557
✉taiyo1@crux.ocn.ne.jp
代表取締役本間一義　取締役佐々野義晴
◉工場＝本社に同じ
工場長増田哲博
従業員10名(主任技士1名・技士1名)
1981年10月操業2021年9月更新1350×1(二軸)　ＰＭ北川鉄工Ｓハカルプラストクヤマ　車大型×4台・中型×4台・小型×1台
G＝山砂利　S＝海砂
普通JIS取得(MSA)

筑紫菱光㈱
◉本社＝福岡県参照
◉新菱コンクリート工場＝〒851－2129　西彼杵郡長与町斎藤郷1006－11
☎095－814－5550・FAX095－814－5552
✉mb-sinryou@mu-cc.com
工場長柴原毅志
従業員10名(主任技士4名・技士3名)
2000年8月更新2500×1(二軸)　ＰＳＭ光洋機械　UBE三菱　チューポール・シーカポゾリス・フローリック・シーカビスコクリート　車大型×4台・中型×6台
2023年出荷22千㎥、2024年出荷15千㎥(水中不分離10㎥)
G＝石灰砕石・砕石・人軽骨　S＝海砂
普通・舗装・軽量JIS取得(IC)
大臣認定単独取得(60N/mm²)
※南福岡工場・久留米工場＝福岡県、鳥栖工場＝佐賀県、天草工場・小川工場＝熊本県、川薩工場＝鹿児島県参照

塚原建材㈱
1975年7月1日設立　資本金1000万円　従業員14名　出資＝(自)100%
◉本社＝〒854－0205　諫早市森山町杉谷267
☎0957－36－2749・FAX0957－36－2427
取締役社長塚原進喜　常務取締役塚原正喜・塚原渉
◉生コン工場＝〒854－0205　諫早市森山町杉谷1010
☎0957－36－0105・FAX0957－36－2427
工場長塚原進喜
従業員12名(主任技士2名・技士2名・診断士1名)
1965年12月操業1978年7月ＰＳ2003年1月Ｍ改造1750×1　ＰサントレードＳリバティＭ和泉工機　UBE三菱　チューポール・シーカポゾリス　車大型×4台・中型×6台・小型×2台
2024年出荷10千㎥
G＝石灰砕石・砕石　S＝海砂
普通JIS取得(MSA)

㈲対馬中部生コン工場
資本金300万円　出資＝(他)100%
◉本社＝〒817－1301　対馬市峰町三根3－3
☎0920－83－0331・FAX0920－83－0803
代表者扇茂
◉工場＝〒817－1301　対馬市峰町三根225－4
☎0920－83－0834
1981年11月操業1000×1　太平洋
普通JIS取得(GBRC)

対馬天和産業㈱
1966年6月1日設立　資本金1000万円　従業員15名　出資＝(自)100%
◉本社＝〒817－0022　対馬市厳原町国分1277
☎0920－52－1001・FAX0920－52－0191
✉t.tennwa-i@poppy.ocn.ne.jp
代表取締役森昭春　取締役会長仲田隆　取締役松尾眞弥　監査役仲田薫香
◉大浦生コン工場＝〒817－1722　対馬市上対馬町大浦410
☎0920－86－3183・FAX0920－86－3184
✉t.tennwa-o@poppy.ocn.ne.jp
工場長青柳宏一
従業員6名(技士3名)
1972年8月操業2000年7月更新54×1　ＰＳＭ北川鉄工　UBE三菱　シーカポゾリス・シーカコントロール　車大型×2台・中型×1台・小型×2台
2023年出荷2千㎥、2024年出荷1千㎥
G＝石灰砕石　S＝海砂
普通JIS取得(GBRC)
◉豊玉生コン工場＝〒817－1201　対馬市豊玉町仁位618
☎0920－58－0460・FAX0920－58－1544
工場長松尾眞弥
従業員7名(主任技士1名・技士2名)
1974年7月操業1992年9月更新54×1　ＰＳＭ北川鉄工　UBE三菱　車大型×4台・中型×3台
2023年出荷5千㎥、2024年出荷4千㎥
G＝石灰砕石　S＝海砂
普通JIS取得(GBRC)

㈱TJK
2008年11月1日設立　資本金500万円
◉本社＝〒859－5704　平戸市生月町山田免字黒瀬1707
☎0950－53－0282

長崎県

代表取締役立石優子
◉生月工場（旧泰生商事㈱生月工場）＝本社に同じ
1500×1　住友大阪
2023年出荷4千㎥、2024年出荷2千㎥
G＝砕石　S＝海砂
普通JIS取得（JTCCM）

鳥田組㈱生コン
出資＝（建）100％
◉本社＝〒855－0018　島原市西町丙1235
☎0957－62－4022
代表取締役鳥田力
◉工場＝〒855－0018　島原市西町丙1235
☎0957－63－7627・FAX0957－63－7624
従業員5名
1982年9月操業28×1　太平洋　車大型×1台・小型×4台
G＝石灰砕石・砕石　S＝海砂・石灰砕砂
普通JIS取得（GBRC）

長崎味岡生コンクリート㈱
◉本社＝熊本県参照
◉第一工場島原＝〒859－1505　南島原市深江町戊3058－1
☎0957－72－5888・FAX0957－72－3216
工場長松尾一寿
従業員9名（主任技士1名・技士3名）
1994年4月操業3000×1（二軸）　ＰＳＭ日工　住友大阪・トクヤマ　フローリック　車大型×4台・中型×5台
G＝石灰砕石　S＝海砂
普通JIS取得（JQA）

長崎中央生コン㈱
2006年5月23日設立　資本金9000万円
◉本社＝〒850－0952　長崎市戸町5－642－2
☎095－898－4061・FAX095－898－4062
代表取締役社長野口伸一　取締役中尾道信・吉田一義・髙野渉　監査役渡辺直行
◉長崎工場（操業停止中）＝〒850－0952　長崎市戸町5－645
☎095－878－4111・FAX095－878－4112
◉諫早工場＝〒854－0065　諫早市津久葉町5－143
☎0957－47－8051・FAX0957－25－3600
工場長中尾道信
従業員13名（主任技士3名・技士2名・診断士2名）
1984年3月操業2019年8月更新2500×1（二軸）　ＰＭ北川鉄工（旧日本建機）Ｓ光洋機械　UBE三菱　シーカポゾリス・チューポール　車大型×7台・中型×4台
2024年出荷19千㎥（カラー600㎥）
G＝石灰砕石・砕石　S＝海砂
普通・舗装JIS取得（IC）
大臣認定単独取得（60N/㎟）
◉東長崎工場＝〒851－0134　長崎市田中町1027－42
☎095－839－8281・FAX095－839－8266
✉seko@ncrc.co.jp
工場長瀬子恒
従業員8名（主任技士3名・技士2名）
1978年5月操業2014年2月更新2300×1（二軸）　ＰＳＭ北川鉄工　UBE三菱　シーカポゾリス・シーカビスコクリート・チューポール　車大型×7台・小型×5台
2024年出荷32千㎥（高強度800㎥・水中不分離50㎥）
G＝石灰砕石・砕石　S＝海砂
普通・高強度・舗装JIS取得（GBRC）
大臣認定単独取得（60N/㎟）

長崎生コンクリート㈱
1963年7月30日設立　資本金10000万円
従業員89名　出資＝（セ）25％・（販）39.62％・（他）35.38％
◉本社＝〒850－0961　長崎市小ヶ倉町2－1058
☎095－878－4181・FAX095－878－2264
✉honsya@nagasakinamacon.co.jp
代表取締役下野哲郎　取締役木村均・荒木和広・長野泰大・出口喜文・的場哲司・嶋崎真英・福永大裕　監査役豊永知明
◉本社工場＝本社に同じ
工場長大嶋真弥
従業員20名（主任技士2名・技士2名）
1963年12月操業2024年8月更新2750×1（二軸）　ＰＳＭ日工　太平洋　シーカポゾリス・チューポール・フローリック　車大型×14台・中型×4台
2023年出荷36千㎥、2024年出荷26千㎥（高強度100㎥）
G＝石灰砕石・砕石　S＝海砂・石灰砕砂・砕砂
普通・舗装JIS取得（GBRC）
大臣認定単独取得（60N/㎟）
◉大村工場＝〒856－0034　大村市水計町1196－1
☎0957－53－3178・FAX0957－54－5230
✉omura@nagasakinamacon.co.jp
責任者山口安清
従業員16名（主任技士2名）
2008年3月更新1670×1（二軸）　太平洋　シーカポゾリス・シーカビスコクリート・フローリック　車大型×5台・中型×4台
2023年出荷20千㎥、2024年出荷18千㎥
G＝石灰砕石・砕石・人軽骨　S＝海砂・石灰砕砂
普通・舗装JIS取得（GBRC）
大臣認定単独取得（60N/㎟）
◉島原工場＝〒859－1500　南島原市深江町大野木場名字池平戊3987－89
☎0957－72－6111・FAX0957－72－5763
✉shimabara@nagasakinamacon.co.jp
工場長吉原勝也
従業員7名（主任技士2名・技士1名）
1966年3月操業2006年更新1500×1（二軸）　ＰＳＭ日工　太平洋　シーカポゾリス　車大型×4台・中型×4台
2023年出荷14千㎥、2024年出荷17千㎥（水中不分離200㎥）
G＝砕石　S＝海砂・砕砂
普通・舗装JIS取得（GBRC）
◉小浜工場＝〒854－0515　雲仙市小浜町北野733
☎0957－74－3225・FAX0957－75－0071
工場長吉原勝也
従業員17名（主任技士2名・技士2名）
1968年11月操業1989年6月更新1500×1（二軸）　ＰＳＭ日工　太平洋　シーカポゾリス・チューポール　車大型×5台・中型×6台
2024年出荷20千㎥（水中不分離4㎥）
G＝石灰砕石・砕石　S＝海砂・砕砂
普通・舗装JIS取得（GBRC）
◉小長井工場＝〒859－0166　諫早市小長井町井崎954－5
☎0957－34－3163・FAX0957－34－2815
県央地区長出口喜文
従業員8名（主任技士1名）
1974年2月操業1990年8月更新1500×1（二軸）　ＰＳＭ日工　日鉄高炉・太平洋　車大型×3台・中型×3台
G＝石灰砕砂・砕石　S＝海砂
普通・舗装JIS取得（GBRC）
◉小江原工場＝〒851－1133　長崎市小江町1512
☎095－844－9101・FAX095－845－9048
工場長大嶋真弥
従業員8名（主任技士3名・技士1名）
1968年10月操業2009年1月更新1670×1（二軸）　ＰＳＭ日工　太平洋　シーカポゾリス・フローリック・チューポール　車大型×2台
2023年出荷15千㎥、2024年出荷13千㎥
G＝石灰砕石・砕石　S＝海砂・石灰砕砂・砕砂
普通・舗装JIS取得（GBRC）
大臣認定単独取得（60N/㎟）

奈良尾生コン㈱
1982年5月1日設立　資本金1000万円　従業員15名　出資＝（自）100％
◉本社＝〒853－3101　南松浦郡新上五島町奈良尾郷908－67
☎0959－44－0808・FAX0959－44－0809
代表取締役野村浩　取締役野村泰平・野村圭
◉工場＝本社に同じ
試験室長松藤毅
従業員15名（技士3名）
1982年11月操業1997年6月更新1500×1　ＰＳＭ日工　太平洋　チューポール　車大型×5台・中型×3台・小型×1台

2023年出荷5千㎥、2024年出荷5千㎥
G=砕石　S=海砂
普通JIS取得(MSA)

日誠コンクリート㈱
1973年4月1日設立　資本金2000万円　従業員7名　出資=(自)100%
◉本社=〒851-2206　長崎市三京町671
☎095-850-3936・FAX095-850-2107
URL http://www.nissailing.co.jp
✉yshuuhei@rmc-nissei.co.jp
代表取締役山下茂人　常務取締役山下周平　取締役久保伸一郎・山下眞由美
◉三重工場=〒851-2206　長崎市三京町671
☎095-850-6181・FAX095-850-2106
✉yshuhei@rmc-nissei.co.jp
工場長森山直人
従業員22名(技士3名)
1973年4月操業1988年1月更新2000×1(二軸)　PSM日工　住友大阪・トクヤマ　フローリック・チューポール　車大型×16台・小型×6台
2023年出荷30千㎥、2024年出荷30千㎥(水中不分離80㎥)
G=砕石　S=海砂
普通・舗装JIS取得(JTCCM)
大臣認定単独取得(60N/mm²)
◉西彼工場=〒851-3305　西海市西彼町喰場郷12
☎0959-27-1133・FAX0959-27-0530
✉yshuuhei@rmc-nissei.co.jp
工場長西村輝光
従業員9名(技士3名)
1969年11月操業1987年6月SM1993年2月P改造1500×1(二軸)　PSM日工　住友大阪・トクヤマ　フローリック　車大型×7台・小型×2台
2023年出荷9千㎥、2024年出荷7千㎥
G=砕石　S=海砂
普通・舗装JIS取得(JTCCM)
大臣認定単独取得(60N/mm²)

久田直行　久田生コン
1985年3月21日設立　資本金22400万円　従業員10名　出資=(骨)100%
◉本社=〒859-5503　平戸市上中津良町字大切1285
☎0950-27-0389・FAX0950-27-0615
社長久田直行
◉工場=本社に同じ
工場長日高健市
従業員10名(主任技士1名・技士1名)
1977年4月操業1985年3月更新1000×1(二軸)　PSM光洋機械　トクヤマ　車大型×5台・中型×3台・小型×2台
G=砕石　S=海砂
普通JIS取得(JTCCM)

平尾建設㈱
資本金8000万円
◉本社=〒811-5114　壱岐市郷ノ浦町柳田触142
☎0920-47-5018
代表者平尾健次
◉工場=〒811-5116　壱岐市郷ノ浦町物部本村触719
☎0920-47-1108
✉iki9szdv@hm.iki-vision.jp
責任者斉藤和也
従業員7名
1985年12月操業1500×1　麻生　シーカメント　車大型×2台・中型×2台・小型×2台
2023年出荷1千㎥
G=砕石　S=海砂
普通JIS取得(GBRC)

㈲平山組
1979年4月1日設立　資本金1000万円　出資=(建)100%
◉本社=〒857-4901　佐世保市宇久町平2426-28
☎0959-57-2351
取締役会長平山繁三郎　取締役社長平山忠一郎　取締役田中嚴・田中正・平山トミ子
◉工場=本社に同じ
工場長平山忠一郎
従業員2名
1976年1月操業1000×2　太平洋　車大型×1台・小型×6台
G=山砂利・陸砂利　S=海砂

㈱福勇生コン
1967年11月13日設立　資本金1000万円　従業員31名　出資=(自)100%
◉本社=〒858-0907　佐世保市棚方町235-1
☎0956-47-3171・FAX0956-47-3174
代表取締役吉武直亮
◉相浦工場=本社に同じ
工場長代理野口敏英
従業員22名(技士2名)
1967年11月操業2005年7月更新1750×1(二軸)　PSM光洋機械(旧石川島)　UBE三菱　シーカジャパン　車大型×12台・小型×2台
2023年出荷40千㎥、2024年出荷50千㎥(高流動80㎥)
G=砕石　S=海砂
普通・舗装JIS取得(GBRC)
大臣認定単独取得(60N/mm²)
◉早岐工場=〒859-3216　佐世保市勝海町220
☎0956-38-3171・FAX0956-39-2146
✉fukuyu-haiki@comet.ocn.ne.jp
責任者松尾和彦
従業員8名(技士2名)
1971年5月操業1989年6月更新56×2　PSM光洋機械(旧石川島)　UBE三菱　車大型×5台・中型×1台〔傭車:長崎県北生コン協同組合〕
2023年出荷31千㎥、2024年出荷29千㎥
G=砕石　S=海砂
普通・舗装JIS取得(GBRC)

㈱細川建設
1980年5月1日設立　資本金2000万円　出資=(自)100%
◉本社=〒857-4904　佐世保市宇久町木場569-10
☎0959-57-2159
✉hosoken1@po.nagasakinet.ne.jp
代表取締役細川昭弘　取締役細川義満
◉生コン工場=〒857-4701　北松浦郡小値賀町笛吹郷2684
☎0959-56-4085
従業員10名(主任技士1名・技士1名)
1980年5月操業1990年1月M改造　M光洋機械　太平洋　チューポール　車中型×2台・小型×2台
2023年出荷4千㎥、2024年出荷1千㎥
G=砕石　S=海砂
◉宇久生コン工場=〒857-4904　佐世保市宇久町木場569-10
☎0959-57-3130
G=砕石　S=海砂
◉小値賀生コン工場=〒857-4702　北松浦郡小値賀町前方郷236
☎0959-56-4085

㈱真崎生コン
1979年9月1日設立　資本金1000万円　従業員11名　出資=(自)100%
◉本社=〒853-0041　五島市籠淵町1835-17
☎0959-72-2049・FAX0959-72-5321
✉mskrmc@lime.ocn.ne.jp
代表取締役真﨑博詩　取締役真﨑弥寿子・真﨑一郎　専務取締役真﨑信輔
◉生コン工場=本社に同じ
工場長真﨑博詩
従業員11名(主任技士2名・技士2名)
1969年6月操業1994年5月PM2000年10月S改造1000×1(二軸)　PSM光洋機械(旧石川島)　UBE三菱　車大型×4台・中型×5台
2024年出荷9千㎥(高強度500㎥・ポーラス20㎥)
G=砕石　S=海砂
普通JIS取得(MSA)

㈱松本建材
2010年1月1日設立　資本金300万円　従業員21名　出資=(自)100%
◉本社=〒859-1401　島原市有明町湯江

甲134
☎0957－68－0534・FAX0957－68－1784
代表取締役松本浩幸
◉生コン工場＝〒859－1404　島原市有明町湯江丁22－1
☎0957－68－0649・FAX0957－68－1784
工場長松本義成
従業員19名（主任技士3名・技士2名）
1978年6月操業2015年6月更新1350×1（二軸）　ＰＳＭ北川鉄工　太平洋　シーカポゾリス　車大型×4台・中型×6台・小型×2台
2023年出荷6千㎥
G＝石灰砕石　S＝海砂
普通JIS取得（GBRC）

丸栄生コンクリート㈱
資本金5000万円　出資＝（自）100%
◉本社＝〒856－0806　大村市富の原2－526
☎0957－55－0158・FAX0957－55－4592
✉maruei-group@juno.ocn.ne.jp
代表取締役山口真一
◉本社工場＝本社に同じ
工場長松尾和利
従業員10名
1980年12月操業1993年2月更新2500×1（二軸）　住友大阪　シーカポゾリス　車大型×12台・小型×6台〔傭車：㈲丸栄運送〕
G＝石灰砕石・砕石　S＝海砂
普通・舗装・高強度JIS取得（JTCCM）
大臣認定単独取得（60N/mm²）
◉諫早工場＝〒859－0301　諫早市長田町1028
☎0957－23－9101・FAX0957－23－9838
✉maruei-isahaya@sge.bbig.jp
責任者林浩三
従業員14名
1987年8月操業2500×1　住友大阪　チューポール　車大型×10台・小型×5台
2023年出荷23千㎥、2024年出荷22千㎥
G＝石灰砕石・砕石　S＝海砂
普通・舗装JIS取得（JTCCM）
大臣認定単独取得（60N/mm²）

みのる建材㈱
1975年7月1日設立　資本金5300万円　従業員15名　出資＝（自）100%
◉本社＝〒854－0031　諫早市小野島町1422－1
☎0957－22－2125・FAX0957－24－2622
✉minorukk@mocha.ocn.ne.jp
代表取締役中村満
◉工場＝本社に同じ
工場長緒方哲次
従業員15名（主任技士2名）
1974年4月操業1994年8月更新2500×1（二軸）　ＰＳＭ北川鉄工　麻生・日鉄高炉　チューポール　車大型×4台・中型×6台・小型×1台
G＝砕石　S＝海砂
普通JIS取得（MSA）

㈱モリセ
1969年1月15日設立　資本金1240万円
従業員23名　出資＝（自）100%
◉本社＝〒859－1311　雲仙市国見町土黒甲28－10
☎0957－78－3266
✉info@morise.jp
取締役社長森瀬幸孝　役員森瀬勝久・森瀬竜也・吉田昌之・森瀬文博・森瀬達郎
◉生コン工場＝〒859－1311　雲仙市国見町土黒甲102
☎0957－78－2475・FAX0957－78－2428
✉namacon@morise.jp
工場長吉田昌之
従業員18名（主任技士1名・技士6名）
1969年1月操業1993年8月更新2000×1　ＰＳＭ北川鉄工　太平洋　チューポール　車大型×3台・中型×6台・小型×2台
G＝石灰砕石・砕石　S＝海砂
普通・舗装JIS取得（JTCCM）

㈲山川組生コン
資本金2000万円　出資＝（建）100%
◉本社＝〒859－5802　平戸市大島村前平3633－4
☎0950－55－2927
代表者山川一市
◉工場＝〒859－5805　平戸市大島村的山川内405
☎0950－55－2048・FAX0950－55－2128
1975年11月操業36×1　トクヤマ
1969年3月操業18×1　太平洋　車4台
G＝砕石　S＝海砂

㈲山田建材店
◉本社＝〒859－2601　南島原市加津佐町857－1
☎0957－87－3059
代表取締役山田和彦
◉工場＝本社に同じ
1979年1月操業21×1　太平洋

㈱友建設
1969年10月1日設立　資本金2000万円
従業員32名　出資＝（建）100%
◉本社＝〒857－0852　佐世保市干尽町5－31
☎0956－20－0310・FAX0956－32－2180
URL　http：//www.yu-kensetu.co.jp
✉y2659@plum.ocn.co.jp
代表取締役加山美千子
◉工場＝〒857－4702　北松浦郡小値賀町前方郷217－1
☎0959－56－2318・FAX0959－56－4120
工場長平田栄樹
従業員3名（技士1名）

㈱ユーコム
1982年6月4日設立　資本金3600万円　従業員18名　出資＝（自）100%
◉本社＝〒859－2415　南島原市南有馬町戊245－1
☎0957－85－3966
代表取締役側島秀成　取締役側島雄次・側島祐志　監査役林田恵一
◉工場＝本社に同じ
工場長本多清澄
従業員18名（主任技士1名・技士3名）
1983年11月操業1992年8月更新1500×1（二軸）　ＰＳＭ光洋機械　UBE三菱　フローリック・ヤマソー　車大型×4台・中型×5台・小型×4台
G＝石灰砕石・砕石　S＝海砂
普通JIS取得（GBRC）

良生コンクリート㈱
1977年3月10日設立　資本金1400万円
従業員15名　出資＝（自）100%
◉本社＝〒852－8035　長崎市油木町35－53
☎095－848－4035・FAX095－845－5928
URL　https：//www.ryonama.co.jp
✉shimoda@ryonama.co.jp
代表取締役清水勇樹　取締役中村良春・中ノ瀬隆博・中村良司
◉小江工場＝〒851－1133　長崎市小江町1354
☎095－846－0526・FAX095－846－0578
✉shikennshitu@ryonama.co.jp
工場長中ノ瀬隆博
従業員10名（主任技士2名・技士6名）
第1Ｐ＝1977年3月操業1987年12月M2009年5月ＰＳ改造2000×1（二軸）　ＰＳＭ光洋機械
第2Ｐ＝1993年2月操業3000×1（二軸）　ＰＳＭ光洋機械　住友大阪・日鉄高炉　フローリック・シーカビスコクリート・シーカポゾリス・チューポール　車大型×30台・中型×7台〔傭車：南海産業㈱〕
2023年出荷46千㎥、2024年出荷33千㎥
G＝石灰砕石・砕石　S＝海砂
普通・舗装・高強度JIS取得（GBRC）
大臣認定単独取得（75N/mm²）

菱陽コンクリート工業㈱
1972年6月1日設立　資本金3500万円　従業員9名　出資＝（建）2%・（骨）84.7%・（他）13.3%
◉本社＝〒859－2216　南島原市西有家町龍石6091
☎0957－82－2600
代表取締役側島雄次　取締役安達又造・森政秀・林田恵一　監査役側島敏文

◉工場＝本社に同じ
工場長森政秀
従業員19名(主任技士1名・技士2名)
1972年6月操業2018年7月更新1700×1(二軸)　ＰＳＭ北川鉄工　UBE三菱　フローリック・チューポール　車中型×4台・小型×5台
G＝石灰砕石・砕石　S＝海砂
普通JIS取得(GBRC)

熊本県

飽田コンクリート㈱
1972年10月1日設立　資本金1000万円
従業員42名　出資＝(自)100%
◉本社＝〒861－5265　熊本市南区畠口町782
☎096－227－1133・FAX096－227－2001
代表取締役村岡幸太郎　取締役村岡隆司・村岡秀紀
◉工場＝本社に同じ
工場長小山隆則
従業員42名(主任技士2名・技士4名)
1972年10月操業1981年6月P2006年1月M改造2750×1　PM日工　UBE三菱　チューポール・シーカポゾリス　車大型×16台・中型×1台・小型×4台
2023年出荷27千㎥
G＝砕石　S＝石灰砕砂・砕砂
普通・舗装JIS取得(GBRC)
◉菊陽工場＝〒869－1101　菊池郡菊陽町大字津久礼2524－11
☎096－349－2240・FAX096－349－2241
✉akita@silk.ocn.ne.jp
工場長岡原健次
従業員17名(主任技士2名・技士1名)
2007年4月操業2007年8月更新2250×1(二軸)　PSM日工　UBE三菱・日鉄高炉　チューポール・シーカポゾリス・シーカビスコクリート　車大型×7台・小型×6台
2023年出荷28千㎥、2024年出荷43千㎥(ポーラス50㎥)
G＝砕石　S＝海砂・砕砂
普通・舗装JIS取得(GBRC)

アサノ有明生コン㈱
1962年6月5日設立　資本金5000万円　従業員24名　出資＝(自)100%
◉本社＝〒861－4106　熊本市南区南高江3－1－55
☎096－357－8105・FAX096－357－8106
URL http://ariake-syoji.mydns.jp/concrete
✉asano-con@snow.con.jp
代表取締役田畑博幸・田畑和章　取締役常務平野義広　監査役田畑聡志
◉本社工場＝本社に同じ
工場長竹内優一
1962年11月操業2006年5月更新1670×1(二軸)　PSM日工　太平洋　フローリック・チューポール　車大型×7台・小型×3台
G＝砕石・人軽骨　S＝山砂・海砂・砕砂
普通・高強度JIS取得(MSA)
◉北部工場＝〒861－5515　熊本市北区四方寄町762
☎096－245－1727・FAX096－245－0072
✉hitoshi_maruno@ariake.gr.jp
工場長丸野一
従業員14名(主任技士2名・技士1名)
1967年3月操業2005年6月更新1675×1(二軸)　PSM日工　太平洋・日鉄高炉　フローリック・チューポール　車大型×9台・中型×3台・小型×1台
2024年出荷21千㎥
G＝砕石　S＝山砂・海砂・砕砂
普通・軽量JIS取得(MSA)

旭生コンクリート工業㈱
◉本社＝〒869－0511　宇城市松橋町曲野818
☎0964－32－1893・FAX0964－33－5041
代表者橋口信一
◉工場＝本社に同じ
1972年6月操業1985年4月P2001年1月S改造1670×1　PS日工M度量衡
G＝陸砂利　S＝陸砂・海砂
普通・舗装JIS取得(JTCCM)

味岡有明生コンクリート㈱
◉本社＝〒868－0415　球磨郡あさぎり町免田西3278
☎0966－45－0100・FAX0966－45－0088
URL http://ajioka-namakon.co.jp
代表者味岡和國
※㈱天草みらいコンクリートに生産委託

味岡ガイナン生コンクリート㈱
従業員9名
◉本社＝〒868－0415　球磨郡あさぎり町免田西3278
☎0966－45－0100・FAX0966－45－0088
URL http://ajioka-namakon.co.jp
代表者味岡和國
※第一工場竹田＝大分県参照

味岡建設㈱
1963年12月26日設立　資本金9500万円
従業員137名
◉本社＝〒868－0592　球磨郡多良木町大字多良木144－1
☎0966－42－2444・FAX0966－42－6392
URL http://www.ajioka-const.co.jp/
代表者味岡俊彦　役員味岡謙二郎・味岡憲司
ISO 9001取得
※村所工場＝宮崎県参照

味岡三和生コンクリート㈱
従業員14名
◉本社＝〒868－0415　球磨郡あさぎり町免田西3278
☎0966－45－0100・FAX0966－45－0088
URL http://www.ajioka-namakon.co.jp
✉sanwanamakon_372324@bz04.plala.or.jp
代表取締役社長味岡和國　専務取締役味岡和貴・味岡章徳
◉第一工場五木＝〒868－0201　球磨郡五木村甲6638
☎0966－25－9000・FAX0966－25－9988
✉sanwanamakon_372324@bz04.plala.or.jp
工場長椎葉武年
従業員11名(主任技士1名・技士2名・診断士1名)
1971年8月操業2022年1月更新1800×1(二軸)　PSM北川鉄工　トクヤマ　フローリック　車大型×5台・中型×2台
2024年出荷2千㎥
G＝河川　S＝河川
普通JIS取得(GBRC)

味岡生コンクリート㈱
1972年10月1日設立　資本金1000万円
◉本社＝〒868－0501　球磨郡多良木町大字多良木144－1
☎0966－42－2444・FAX0966－42－6392
代表取締役社長味岡正章　取締役味岡茂・味岡和国・味岡栄　監査役味岡峯子
◉第二工場(操業停止中)＝〒868－0505　球磨郡多良木町槻木496－1
☎0966－44－1111・FAX0966－44－1453
1978年4月操業1986年7月更新1500×1　PSM日工
◉第三工場(操業停止中)＝〒868－0701　球磨郡水上村大字岩野2861－1
☎0966－44－0336・FAX0966－44－0338
1980年11月操業1989年2月更新1000×1　PSM日工
※椎葉工場＝宮崎県参照

味岡ヤマト生コンクリート㈱
1987年10月8日設立　資本金1000万円
従業員14名
◉本社＝〒868－0415　球磨郡あさぎり町免田西3278
☎0966－45－0100・FAX0966－45－0088
URL http://ajioka-namakon.co.jp
✉yamato@ajioka-namakon.co.jp
代表取締役社長味岡章徳
※第一工場柳川＝福岡県参照

阿蘇中央生コンクリート㈱
1987年3月1日設立　資本金9650万円　従業員26名　出資＝(販)10%・(建)90%
◉本社＝〒869－2612　阿蘇市一の宮町宮地4671
☎0967－22－2900・FAX0967－22－2903
代表取締役杉本素一　取締役森今朝光・春山幸夫・中野知茂・渡辺富廣・山内正巳・島村文博・山内義一・亀井正明　監査役成瀬廣・穴見三男
◉工場＝本社に同じ
工場長宇野治雄

従業員26名(主任技士1名・技士3名)
1991年4月操業2500×1(二軸)　ＰＳＭ日工　太平洋　車大型×13台・小型×5台
G=砕石　S=河川・山砂・陸砂
普通・舗装JIS取得(MSA)

阿蘇レミコン㈱
資本金1000万円　出資=(販)100%
◉本社=〒869-2232　阿蘇市赤水905
☎0967-35-0326・FAX0967-35-1639
代表取締役古木善三　取締役松永健児
◉工場=本社に同じ
工場長松永健児
従業員31名
1967年10月操業1972年9月更新1500×1　ＰＭ日工Ｓハカルプラス　太平洋　車大型×16台・小型×6台
普通・舗装JIS取得(JQA)

天草興産㈱
1969年4月28日設立　資本金7000万円
従業員13名　出資=(販)16%・(建)78%・(他)6%
◉本社=〒863-0044　天草市楠浦町80-4
☎0969-22-2622・FAX0969-23-4140
代表取締役佐々木啓二　取締役佐々木淳一・永野靖幸　監査役佐々木浩人
※中村生コン㈱と天草中央生コン有限責任事業組合を設立し、生産委託

天草中央生コン有限責任事業組合
(天草興産㈱と中村生コン㈱より生産受託)
2015年7月10日設立　資本金6000万円
従業員13名　出資=(自)50%・50%
◉本社=〒863-0044　天草市楠浦町80-4
☎0969-23-2325・FAX0969-23-4140
代表者佐々木啓二　役員中村公亮
◉工場=本社に同じ
従業員14名
1969年4月操業2000年1月更新2750×1(二軸)　ＰＳＭ日工　太平洋　シーカポゾリス　車大型×6台・中型×3台・小型×3台
2023年出荷8千㎥、2024年出荷7千㎥
G=砕石　S=海砂
普通JIS取得

㈱天草みらいコンクリート
(味岡有明生コンクリート㈱、協和生コンクリート㈱、光榮産業㈱、第一生コン工業㈱、㈾福冨組より生産受託)
2015年7月1日設立　資本金3000万円　従業員48名
◉本社=〒863-0033　天草市東町7-8
☎0969-23-2226・FAX0969-22-5456
URL https://amakusamirai.kataranna.com/
✉mirai_honsha@wind.ocn.ne.jp
代表取締役谷脇哲也・西田広幸・味岡和國・福冨壽・塩田将之
◉本社工場=本社に同じ
責任者三縄伸
従業員13名(主任技士2名・技士3名)
1967年11月操業2017年5月更新2250×1(二軸)　Ｐ光洋機械(旧石川島)ＳＭ日工　トクヤマ　シーカポゾリス・シーカコントロール・シーカビスコクリート　車大型×7台・中型×4台・小型×3台
G=砕石　S=海砂
普通JIS取得
◉苓北工場=〒863-2505　天草郡苓北町内田126-1
☎0969-35-1177・FAX0969-35-2556
責任者濱﨑末廣
従業員12名(主任技士2名・技士1名・診断士2名)
1973年1月操業2004年1月更新2250×1(二軸)　ＰＳＭ光洋機械(旧石川島)　車大型×6台・中型×6台
G=砕石　S=海砂
◉牛深工場=〒863-1902　天草市久玉町784-1
☎0969-72-5155・FAX0969-72-5157
✉dai1kon@blue.ocn.ne.jp
責任者上野幸喜
従業員12名
1969年8月操業1982年5月更新2000×1　ＰＳＭ日工　トクヤマ　シーカジャパン　車15台
G=砕石　S=海砂
普通JIS取得

有明生コンクリート㈱
◉本社=福岡県参照
◉長洲工場=〒869-0105　玉名郡長洲町大字清原寺字塘添3279-1
☎0968-78-1916・FAX0968-78-5255
工場長西嶋賢治
従業員7名(技士2名)
1971年1月操業2021年12月更新1675×1(二軸)　ＰＳＭ日工　太平洋・日鉄高炉　チューポール　車大型×3台・中型×2台
2024年出荷5千㎥
G=砕石　S=山砂・海砂・砕砂
普通JIS取得(GBRC)
※大牟田工場=福岡県参照

梅本生コン販売㈲
1973年2月8日設立　資本金300万円　従業員14名　出資=(自)100%
◉本社=〒861-4407　下益城郡美里町大字中小路640
☎0964-46-3747・FAX0964-46-2949
✉umemoto-namakon@lemon.plala.or.jp
取締役社長梅本恵二　専務取締役梅本康貴　監査役梅本共仁子
◉工場=本社に同じ
工場長鋼鉄義之
従業員14名(技士2名)
1973年2月操業1989年7月更新57×2　ＰＳＭ北川鉄工　UBE三菱　フローリック　車大型×5台・小型×3台
2024年出荷8千㎥
G=陸砂利・砕石　S=砕砂
普通・舗装JIS取得(GBRC)

㈱緒方生コン
1974年10月1日設立　資本金2000万円
従業員50名　出資=(自)100%
◉本社=〒861-1324　菊池市野間口1097
☎0968-25-4175・FAX0968-25-5239
✉ogata-namakon@ogata-k.com
代表取締役緒方公一　取締役緒方奨・緒方潤子・緒方憲臣
◉工場=本社に同じ
工場長竹下竜美
従業員50名(技士8名)
1973年8月操業1996年8月更新2500×1(二軸)　ＰＳＭ日工　日鉄高炉・太平洋　チューポール　車大型×17台・中型×16台
2023年出荷86千㎥
G=砕石　S=山砂・砕砂
普通・舗装JIS取得(MSA)

鹿児島味岡生コンクリート㈱
2007年3月設立　従業員14名
◉本社=〒868-0415　球磨郡あさぎり町免田西3278
☎0966-45-0100・FAX0966-45-0088
URL http://ajioka-namakon.co.jp
代表者味岡和國
※第一工場春山=鹿児島県参照

加根又レミコン㈱
◉本社=鹿児島県参照
◉相良工場=〒868-0095　球磨郡相良村柳瀬3338
☎0966-23-3351・FAX0966-23-2622
取締役岡本伊智郎
従業員13名(主任技士1名・技士3名)
1970年4月操業2016年10月更新1700×1(二軸)　ＰＳＭ北川鉄工　太平洋　チューポール　車大型×5台・中型×2台・小型×2台
2024年出荷14千㎥
G=河川・陸砂利　S=河川・陸砂
普通JIS取得(GBRC)
※鹿児島工場=鹿児島県参照

鹿北生コン㈱
1990年9月28日設立　資本金1000万円
従業員15名　出資=(自)100%
◉本社=〒861-0601　山鹿市鹿北町四丁字東野1793-1
☎0968-32-3935・FAX0968-32-2176

熊本県

代表取締役社長境和久
◉工場＝本社に同じ
工場長森譲二
従業員15名(技士4名)
1990年12月操業1999年1月更新45×2　PSM北川鉄工　麻生・日鉄高炉　チューポール　車大型×7台・中型×7台・小型×3台
2023年出荷33千㎥、2024年出荷31千㎥
G＝砕石　S＝海砂・砕砂
普通JIS取得(JTCCM)

河北生コンクリート工業㈱
1968年8月13日設立　資本金1600万円
従業員20名　出資＝(自)100％
◉本社＝〒861－5526　熊本市北区下硯川2－9－63
☎096－355－1321・FAX096－355－1327
✉kawakita-con@bz03.plala.or.jp
代表取締役河北敏夫　専務取締役河北義信　取締役後藤伸二郎・小山太郎
◉熊本工場＝本社に同じ
工場長福永和人
従業員16名(技士2名)
1968年8月操業2016年5月更新2250×1(二軸)　PSM日工　太平洋　フローリック　車大型×10台・中型×3台
2023年出荷30千㎥
G＝砕石　S＝海砂・砕砂
普通・舗装JIS取得(GBRC)
◉阿蘇工場＝〒869－1504　阿蘇郡南阿蘇村一関1221
☎0967－62－9031・FAX0967－62－9978
工場長江藤佐利
従業員24名(技士3名)
1970年1月操業1978年10月更新36×2　PSM北川鉄工(旧日本建機)　日鉄高炉・太平洋　フローリック　車大型×11台・中型×3台・小型×1台
G＝砕石　S＝海砂・砕砂
普通JIS取得(MSA)

協和生コンクリート㈱
1973年1月1日設立　資本金2000万円　従業員1名　出資＝(建)40％・(他)60％
◉本社＝〒863－2505　天草郡苓北町内田126－1
☎0969－35－1177・FAX0969－35－2556
✉kyowa-x@arion.ocn.ne.jp
代表取締役社長西田康朗　取締役吉永隆夫・吉永正敬・西田隆寛・宮本真治　監査役吉永禮子
※㈱天草みらいコンクリートに生産委託

球磨アサノコンクリート㈱
1976年7月1日設立　資本金3000万円　従業員12名　出資＝(販)60％・(自)30％・(セ)10％
◉本社＝〒868－0301　球磨郡錦町木上1338
☎0966－38－0058・FAX0966－38－0726
代表取締役社長吉村二三彌　取締役堀川和夫・山並陛一・中島辰也・吉村征二　監査役下川明人
◉工場＝本社に同じ
工場長吉村二三彌
従業員12名(技士3名)
1976年7月操業1983年7月更新2000×1(二軸)　PSM光洋機械　太平洋　車大型×6台・中型×3台・小型×2台
G＝河川・砕石　S＝河川
普通JIS取得(GBRC)

熊南生コン有限責任事業組合
(味岡葦北中央生コンクリート㈱、㈱江口興産生コンクリート事業部、太陽生コンクリート㈱より生産受託)
2010年9月6日設立
◉本社＝〒869－5604　葦北郡津奈木町大字岩代2012－17
☎0966－78－3288・FAX0966－78－3286
代表職務執行者江口隆一　代表者味岡和國・和田貴嗣
◉南工場＝〒869－5604　葦北郡津奈木町小津奈木2120－10
☎0966－78－3500・FAX0966－78－3540
✉taiyounamacon3500@sunny.ocn.ne.jp
工場長無田英樹
従業員7名(主任技士3名・技士2名・診断士1名)
1992年8月操業2250×1(二軸)　PSM光洋機械　UBE三菱　フローリック・シーカポゾリス　車大型×14台・中型×6台・小型×3台〔傭車：熊南運送㈱〕
2024年出荷21千㎥
G＝砕石　S＝海砂・砕砂
普通JIS取得(MSA)
◉北工場＝〒869－5562　葦北郡芦北町大字宮崎88－1
☎0966－82－3175
従業員10名
1995年9月操業2000×1　太平洋　車大型×3台・小型×2台〔傭車：熊南運送〕
普通JIS取得(MSA)

熊本味岡生コンクリート㈱
1987年11月30日設立　資本金3000万円
従業員28名　出資＝(製)60％・(他)40％
◉本社＝〒868－0415　球磨郡あさぎり町免田西3278
☎0966－45－0100・FAX0966－45－0088
URL http://ajioka-namakon.co.jp
代表取締役味岡和國
◉第一工場戸島＝〒861－8043　熊本市東区戸島西2－6－3
☎096－369－1717・FAX096－360－4343
責任者宮本優紀
従業員15名(主任技士1名・技士4名)
1968年9月操業2021年1月更新2250×1　PSM日工　麻生　フローリック　車大型×10台・中型×4台〔傭車：味岡リース〕
2023年出荷35千㎥
G＝砕石　S＝海砂・砕砂
普通JIS取得(IC)
大臣認定単独取得(80N/mm²)
◉第二工場北部＝〒861－5514　熊本市北区飛田4－6－33
☎096－344－6688
工場長皆吉悦夫
従業員6名(主任技士1名・技士2名)
1968年8月操業1982年1月更新1500×1　PM光洋機械(旧石川島)S湘南島津　麻生　フローリック　車大型×4台〔傭車：味岡リース㈱〕
G＝砕石　S＝海砂・砕砂
普通JIS取得(IC)
◉第三工場八代中央＝〒866－0073　八代市本野町中正坊2568－1
☎0965－39－4111・FAX0965－39－4800
工場長皆吉悦夫
従業員16名(主任技士1名・技士3名)
1965年6月操業1997年4月更新2000×1(二軸)　PSM日工　トクヤマ　シーカポゾリス　車大型×6台・中型×1台・小型×4台
2023年出荷12千㎥、2024年出荷10千㎥(水中不分離159㎥・ポーラス5㎥)
G＝石灰砕石・砕石　S＝海砂・砕砂
普通JIS取得(IC)
大臣認定単独取得(60N/mm²)

熊本小野田レミコン㈱
1963年8月28日設立　資本金2000万円
出資＝(販)100％
◉本社＝〒861－4106　熊本市南区南高江1－2－40
☎096－357－7131・FAX096－357－8548
代表取締役出田敬太郎
◉本社工場＝本社に同じ
工場長木下光俊
従業員21名(技士2名)
1963年12月操業2006年8月更新1670×1(二軸)　PSM日工　太平洋　チューポール・フローリック　車大型×11台・中型×1台・小型×3台
G＝砕石　S＝海砂・砕砂
普通・舗装JIS取得(GBRC)
大臣認定単独取得(60N/mm²)

熊本菱光コンクリート工業㈱
1966年3月設立　資本金2200万円　従業員29名
◉本社＝〒862－0976　熊本市中央区九品寺1－13－1
☎096－366－5211・FAX096－378－5213
✉nakabayashi@kumamotoryoukou.co.jp

代表取締役社長松川勝一郎
◉第1工場＝〒862－0945　熊本市東区画図町下無田1781
☎096－378－5211・FAX096－378－5213
工場長中林貢
従業員29名
1964年1月操業2018年2月更新2250×1(二軸)　ＰＳＭ日工　UBE三菱　チューポール・フローリック・マイテイ　車大型×11台・中型×1台・小型×6台
2023年出荷25千㎥、2024年出荷29千㎥(高強度9000㎥)
G＝砕石・人軽骨　S＝山砂・海砂・砕砂
普通・舗装・軽量JIS取得(GBRC)
大臣認定単独取得(60N/mm²)

コーアツ工業㈱
◉本社＝鹿児島県参照
◉熊本工場＝〒869－0524　宇城市松橋町豊福東石田2362－3
☎0964－32－3434・FAX0964－32－3433
工場長飯星幸治
従業員12名
1990年操業2017年7月更新1670×1(二軸)　UBE三菱・日鉄高炉・太平洋　シーカビスコフロー・シーカビスコクリート　車大型×7台・小型×3台
2024年出荷14千㎥(高強度2600㎥・高流動200㎥)
G＝石灰砕石・砕石　S＝海砂・砕砂
普通JIS取得(JTCCM)

光榮産業㈱
1967年11月11日設立　資本金4000万円　出資＝(他)100%
◉本社＝〒863－0033　天草市東町7－8
☎0969－22－3116・FAX0969－22－3117
代表取締役社長吉永陽三　代表取締役会長吉永隆夫　代表取締役副社長吉永正敬・谷脇哲也　取締役吉永禮子・西田康朗　監査役東一成
※㈱天草みらいコンクリートに生産委託

コウサ生コンクリート㈱
◉本社＝〒861－3242　上益城郡甲佐町糸田562
☎096－235－5888
◉工場＝本社に同じ
住友大阪　車大型×6台・中型×5台
2023年出荷18千㎥
G＝石灰砕石・砕石　S＝海砂・石灰砕砂
普通・舗装・高強度JIS取得(JTCCM)
大臣認定単独取得(60N/mm²)

御所浦生コン㈱
◉本社＝〒866－0313　天草市御所浦町御所浦4393－4
☎0969－67－3853・FAX0969－67－3854
◉工場＝本社に同じ
G＝石灰砕石・砕石　S＝海砂
普通JIS取得(GBRC)

三栄開発㈱
1969年7月9日設立　資本金2000万円　従業員60名　出資＝(自)100%
◉本社＝〒861－3543　上益城郡山都町上寺45
☎0967－72－0104・FAX0967－72－4290
✉saneikai@dream.ocn.ne.jp
代表取締役社長藪隆司
◉本社工場＝〒861－3544　上益城郡山都町杉木48
☎0967－72－0104・FAX0967－72－4290
✉saneikai@dream.ocn.ne.jp
工場長鳥井欣也
従業員18名
1971年6月操業2018年8月更新2800×1　ＰＳＭ北川鉄工　UBE三菱　チューポール・シーカポゾリス　車大型×13台・小型×6台
2023年出荷26千㎥、2024年出荷22千㎥
G＝砕石　S＝海砂・砕砂
普通・舗装JIS取得(GBRC)
◉うえじま工場＝〒861－3106　上益城郡嘉島町上島2860
☎096－237－2552・FAX096－237－2561
工場長坂本光隆
従業員16名
1986年3月操業2015年10月更新2300×1　ＰＳ北川鉄工　UBE三菱　チューポール・シーカポゾリス　車大型×10台・小型×7台
2023年出荷30千㎥、2024年出荷30千㎥
G＝砕石　S＝海砂
普通・舗装JIS取得(GBRC)

㈱三星
2009年3月31日設立　資本金1000万円　従業員8名
◉本社＝〒868－0415　球磨郡あさぎり町免田西下乙3244－1
☎0966－45－1044・FAX0966－45－0772
代表者西公晴
◉工場＝本社に同じ
責任者那須智彦
従業員8名
1972年9月操業1972年10月Ｐ1988年7月Ｓ2010年9月Ｍ改造1670×1(二軸)　ＰＭ日工Ｓリバティ　トクヤマ　シーカポゾリス・シーカビスコクリート
2023年出荷48千㎥、2024年出荷37千㎥
G＝陸砂利・砕石　S＝海砂・砕砂
普通JIS取得(GBRC)
※味岡建設㈱、丸昭建設㈱生コン部、㈱和商一より生産受託

三和コンクリート工業㈱
1958年6月6日設立　資本金4000万円　従業員141名　出資＝(自)100%
◉本社＝〒863－0021　天草市港町16－13
☎0969－22－5124・FAX0969－23－7594
URL http://www.sanwa-con.co.jp/
代表取締役錦戸保介　取締役錦戸嘉代子・錦戸啓人　監査役坂西倫子
◉熊本工場＝〒861－8035　熊本市東区御領7－2－2
☎096－389－5050・FAX096－389－4066
✉kumamoto.siken@sanwa-con.co.jp
工場長野口聡士
従業員20名(主任技士1名・技士1名)
1989年3月操業2009年8月更新2250×1(二軸)　ＰＳＭ日工　トクヤマ　シーカ・マイテイ・フローリック・シーカビスコクリート　車大型×10台・中型×3台・小型×4台〔傭車：藤久急送・味岡リース・ミナミ物流〕
2023年出荷27千㎥、2024年出荷29千㎥
G＝砕石　S＝海砂・砕砂
普通JIS取得(JTCCM)
◉松橋工場＝〒869－0532　宇城市松橋町久具1583
☎0964－33－3251・FAX0964－33－3273
✉shikenshitu@sanwa-con.co.jp
工場長長尾明寿
従業員12名(主任技士1名・技士2名)
1974年2月操業2015年5月更新2300×1(二軸)　ＰＳＭ北川鉄工　トクヤマ　フローリック　車大型×4台・中型×3台
2024年出荷19千㎥
G＝砕石　S＝海砂・砕砂
普通JIS取得(JTCCM)

㈱城南曙生コンクリート
2006年1月10日設立
◉本社＝〒861－4226　熊本市南区城南町塚原204－1
☎0964－28－2220・FAX0964－28－6234
代表取締役松浦勝幸　取締役吉田裕司・中山真司　監査役村田正晴
◉工場＝〒861－4226　熊本市南区城南町塚原204－1
☎0964－28－6151・FAX0964－28－6234
工場長福田隆
従業員15名(技士2名)
1973年7月操業1987年8月Ｐ1997年5月Ｓ2014年12月Ｍ更新1670×1(二軸)　Ｐ大平洋機工ＭＳ日工　太平洋　チューポール　車大型×6台・小型×5台
G＝砕石　S＝海砂
普通・舗装JIS取得(JTCCM)

㈱新営生コン
1980年11月28日設立　資本金3000万円　従業員12名　出資＝(販)58%・(建)42%
◉本社＝〒869－5151　八代市敷川内町

2820
☎0965－35－8381・FAX0965－35－8347
代表取締役宮田信彦　取締役松本博芳・土井建・宮田宝一・寺岡伸純
◉工場＝本社に同じ
工場長寺岡伸純
従業員12名(主任技士1名・技士4名)
1976年1月 操 業1993年12月 更 新1000×1(二軸)　ＰＳＭ光洋機械　トクヤマ　フローリック・マイテイ　車大型×4台・中型×5台・小型×2台
G＝砕石　S＝海砂・砕砂
普通JIS取得(GBRC)

住吉生コンクリート㈲
◉本社＝〒861－0801　玉名郡南関町関外目1595
☎0968－53－0141・FAX0968－53－1166
代表者橋口信一
◉南関工場＝本社に同じ
1750×1　住友大阪
2023年出荷8千㎥
G＝砕石　S＝山砂・砕砂
普通・舗装・高強度JIS取得(JTCCM)
◉アイアール工場＝〒861－0821　玉名郡南関町下坂下4821－1
☎0968－53－8001・FAX0968－53－8007
従業員7名
1996年10月操業1500×2(傾胴二軸)　ＰＳＭ北川鉄工　UBE三菱　チューポール・フローリック　車大型×3台・中型×2台
G＝砕石　S＝山砂・砕砂
普通JIS取得(MSA)

㈱タイキ工業
1981年8月1日設立　資本金1000万円　従業員10名　出資＝(自)100%
◉本社＝〒862－0950　熊本市中央区水前寺4－54－12　水前寺飛翔
☎096－387－4455・FAX096－387－4488
✉taiki_ln_nl_concrete@ybb.ne.jp
代表取締役松川裕子　専務取締役藤森和弘　常務取締役安達秀実
※八女工場＝福岡県参照

㈱太陽
2003年9月設立　資本金550万円　従業員6名
◉本社＝〒869－3205　宇城市三角町波多1500－2
☎0964－52－2176・FAX0964－52－2810
✉taiyo2@yoshida-kigyo.co.jp
代表取締役藤木正剛
◉工場＝〒869－3603　上天草市大矢野町中11252－1
☎0964－57－1165・FAX0964－57－1167
✉taiyo@yoshida-kigyo.co.jp
責任者森本実
従業員6名(技士3名)
1250×1　太平洋・日鉄高炉　チューポール　車大型×3台・小型×3台
G＝砕石　S＝海砂
普通JIS取得(JTCCM)
ISO 14001取得

第一生コン工業㈱
1969年8月8日設立　資本金2600万円　出資＝(自)83%・(他)17%
◉本社＝〒863－1902　天草市久玉町784－1
☎0969－72－5155・FAX0969－72－5157
✉dai1kon@blue.ocn.ne.jp
代表取締役塩田将之　取締役塩田志保・森崎洋子・塩田勝
※㈱天草みらいコンクリートに生産委託

㈱髙野組
資本金1000万円　出資＝(建)62%・(他)38%
◉本社＝〒869－4202　八代市鏡町内田1501
☎0965－52－2010
代表取締役髙野大介　取締役髙野洋介・髙野晋介
◉生コン事業部＝〒869－4302　八代市東陽町北3520
☎0965－65－2166・FAX0965－65－2167
工場長宮嶋智恵美
従業員15名
1976年8月操業2019年9月更新(ジクロス)　ＰＭ北川鉄工Ｓ日本マイコン　住友大阪　シーカポゾリス　車大型×7台・中型×2台・小型×4台
2023年出荷11千㎥
G＝石灰砕石　S＝海砂・石灰砕砂
普通JIS取得(MSA)

㈱高森生コンクリート
1971年10月設立　資本金1000万円　従業員10名　出資＝(他)100%
◉本社＝〒869－1602　阿蘇郡高森町大字高森2403－1
☎0967－62－0770・FAX0967－62－1598
✉namakon.kusamura@rice.ocn.ne.jp
代表取締役草村照
◉工場＝本社に同じ
代表取締役草村照
従業員10名(主任技士1名・技士1名・診断士1名)
1971年10月 操 業1998年 更 新2000×1(二軸)　ＰＳＭ光洋機械　UBE三菱　シーカポゾリス　車大型×11台・小型×3台
G＝砕石　S＝海砂・砕砂
普通JIS取得(JQA)

㈱武田建設
資本金2000万円　出資＝(建)100%
◉本社＝〒868－0701　球磨郡水上村大字岩野74－2
☎0966－44－0334・FAX0966－44－0754
✉takeda@ichifusa.jp
代表取締役椎葉保孝
◉工場＝〒868－0701　球磨郡水上村大字岩野27－23
☎0966－44－0605・FAX0966－44－0754
工場長坂本伸二
従業員7名
1974年6月操業1000×1　UBE三菱　シーカジャパン　車大型×4台・中型×3台・小型×2台
2023年出荷4千㎥、2024年出荷5千㎥
G＝河川　S＝河川
普通JIS取得(MSA)

田浦生コン㈲
1978年2月10日設立　資本金700万円　従業員15名　出資＝(自)100%
◉本社＝〒869－5171　八代市二見洲口町771
☎0965－38－1797・FAX0965－38－1802
代表取締役橋口信一　取締役橋口聖一
◉工場＝本社に同じ
専務取締役橋口聖一
従業員15名(主任技士2名・技士1名)
1978年2月操業2021年5月更新1670×1(二軸)　ＰＳＭ日工　住友大阪　シーカポゾリス・シーカビスコクリート・チューポール・シーカコントロール　車大型×6台・中型×6台・小型×1台
2024年出荷15千㎥
G＝石灰砕石・砕石　S＝海砂・石灰砕砂
普通・高強度JIS取得(JTCCM)
大臣認定単独取得(60N/㎟)

筑紫菱光㈱
◉本社＝福岡県参照
◉天草工場＝〒869－3603　上天草市大矢野町中2411－3
☎0964－56－2858・FAX0964－56－2704
工場長本田弘和
従業員10名(主任技士1名・技士4名)
1983年2月操業1998年5月更新1000×1(二軸)　ＰＳＭ北川鉄工　UBE三菱　フローリック　車大型×4台・中型×5台
2023年出荷6千㎥、2024年出荷9千㎥
G＝砕石　S＝海砂
普通JIS取得(IC)
◉小川工場＝〒869－0631　宇城市小川町北新田731
☎0964－43－0476・FAX0964－43－0478
✉gphonda@hkcc.co.jp
責任者本田弘和
従業員14名
1972年3月 操 業2018年5月 更 新2250×1　ＰＳＭ北川鉄工　UBE三菱　フローリッ

ク　車10台
2023年出荷14千㎥、2024年出荷13千㎥
G＝砕石　S＝海砂
普通JIS取得（IC）
※南福岡工場・久留米工場＝福岡県、鳥栖工場＝佐賀県、新菱コンクリート工場＝長崎県、川薩工場＝鹿児島県参照

辻産業㈱
1970年10月1日設立　資本金2000万円
従業員45名　出資＝（自）100％
◉本社＝〒861－1102　合志市須屋1828－6
☎096－344－0427・FAX096－344－7103
URL http://www.tsujisangyo.co.jp
✉info@tsujisangyo.co.jp
代表取締役竹内竜裕　取締役竹内栄子・辻龍馬　監査役辻玲子
◉合志工場＝〒861－1102　合志市須屋2688
☎096－242－3171・FAX096－242－3173
工場長橋本龍一
従業員45名（主任技士2名・技士6名）
第1P＝1988年10月操業2018年8月更新2750×1（二軸）　PSM日工
第2P＝1988年10月操業2018年1月更新2250×1（二軸）　PSM日工　住友大阪　ヤマソー・チューポール・フローリック　車大型×18台・中型×5台・小型×8台〔傭車：六十運輸・味岡リース・藤久急送・未来物流〕
2023年出荷50千㎥、2024年出荷57千㎥（高強度440㎥）
G＝砕石　S＝山砂・石灰砕砂・砕砂
普通・舗装JIS取得（GBRC）
大臣認定単独取得（60N/m㎡）

寺田建設㈱
1982年6月10日設立　資本金2000万円
従業員15名　出資＝（自）100％
◉本社＝〒861－0103　熊本市北区植木町清水1711
☎096－272－0213・FAX096－272－2526
代表取締役寺田俊彦　取締役寺田直美・寺田俊二
◉生コンクリート工場＝本社に同じ
工場長稲葉好宣
従業員16名（技士1名）
1982年8月操業2017年5月更新1700×1（二軸）　Pアサヒ工業SハカルプラスM北川鉄工　住友大阪　チューポール　車大型×10台・中型×1台・小型×3台
2023年出荷18千㎥、2024年出荷24千㎥
G＝砕石　S＝山砂・砕砂
普通JIS取得（JTCCM）

土佐屋生コン㈱
2015年5月1日設立　資本金1000万円　従業員28名　出資＝（自）100％
◉本社＝〒860－0863　熊本市中央区坪井6－38－15
☎096－343－3855・FAX096－345－9606
代表取締役社長富安二三夫　代表取締役会長岡部龍一郎　取締役日髙浩美・内田哲朗　監査役児玉恒友
◉山鹿工場（旧㈱城北生コンクリート工場）＝〒861－0522　山鹿市久原4211
☎0968－44－5000・FAX0968－44－5010
工場長黒田竜童
従業員16名
2021年5月操業　トクヤマ　竹本　車12台
G＝砕石　S＝山砂・砕砂
普通JIS取得（JQA）
◉玉名工場＝〒865－0064　玉名市中751
☎0968－72－6020・FAX0968－72－6021
✉ikegami@tosay-con.co.jp
工場長池上仁
従業員12名（技士5名）
1973年7月操業1998年8月更新1670×1（二軸）　PSM日工　トクヤマ　チューポール　車大型×6台・中型×4台・小型×1台
2023年出荷15千㎥、2024年出荷21千㎥
G＝砕石　S＝山砂・砕砂
普通・舗装JIS取得（MSA）

長崎味岡生コンクリート㈱
1993年4月30日設立　資本金4500万円
従業員8名　出資＝（自）100％
◉本社＝〒868－0415　球磨郡あさぎり町免田西3278
☎0966－45－0100・FAX0966－45－0088
URL http://ajioka-namakon.co.jp
代表取締役味岡和國
※第一工場島原＝長崎県参照

㈲中山生コンクリート工場
1988年9月1日設立　資本金800万円　従業員25名　出資＝（自）100％
◉本社＝〒861－5524　熊本市北区硯川町1102
☎096－245－0013・FAX096－245－0469
URL https://nakayama-namacon.com
✉nakayama-con@fuga.ocn.ne.jp
代表取締役中山雅也　取締役中山晶弘
◉工場＝本社に同じ
工場長中村和裕
従業員25名（主任技士1名・技士4名）
1973年3月操業2005年7月更新1670×1　PSM日工　太平洋　フローリック・マイテイ　車大型×11台・中型×6台
2023年出荷28千㎥
G＝砕石　S＝海砂・砕砂
普通・舗装JIS取得（GBRC）
大臣認定単独取得（60N/m㎡）

南海生コンクリート㈱
1966年5月1日設立　資本金1000万円　従業員13名　出資＝（自）100％
◉本社＝〒866－0813　八代市上片町1698
☎0965－33－4177・FAX0965－33－4179
✉nankainamakon@izm.bbig.jp
代表取締役中島辰也　常務取締役瀧本勝之
◉南海生コンクリート工場＝本社に同じ
工場長瀧本勝之
従業員11名（主任技士1名・技士3名）
1966年9月操業1989年5月M1993年5月PS改造1500×1（二軸）　P度量衡SハカルプラスM光洋機械（旧石川島）　日鉄高炉・太平洋　シーカジャパン　車大型×6台・中型×7台・小型×1台
G＝砕石　S＝海砂・砕砂
普通JIS取得（GBRC）

原田コンクリート㈱
1975年7月4日設立　資本金9450万円　従業員50名　出資＝（セ）5％・（他）95％
◉本社＝〒869－2501　阿蘇郡小国町大字宮原2311
☎0967－46－2480・FAX0967－46－4889
URL http://www.harada-g.co.jp
代表取締役社長原田秀樹　専務取締役北山九州男　常務取締役渡辺透　監査役吉田義一
◉小国工場＝本社に同じ
工場長児玉博昭
従業員12名（主任技士1名・技士3名）
1969年10月操業2003年1月更新2500×1（二軸）　PM北川鉄工Sリバティ　UBE三菱　フローリック・シーカポゾリス　車大型×8台・小型×4台
G＝砕石　S＝砕砂
普通・舗装JIS取得（GBRC）
◉熊本工場＝〒861－8034　熊本市東区八反田1－3－70
☎096－382－2125・FAX096－382－4847
工場長山口哲成
従業員19名（主任技士1名・技士2名）
1966年10月操業1996年9月更新3000×1（二軸）　PSM北川鉄工　UBE三菱　チューポール・マイテイ　車大型×13台・小型×4台
G＝石灰砕石・砕石・人軽骨　S＝海砂・砕砂
普通・舗装・軽量JIS取得（GBRC）
大臣認定単独取得（80N/m㎡）
※日田工場・山国工場＝大分県参照

肥後木村組㈱
1972年12月4日設立　資本金5000万円
従業員80名　出資＝（自）100％
◉本社＝〒869－1219　菊池郡大津町大字大林310
☎096－293－2574・FAX096－293－8717
✉higokimu@d5.dion.ne.jp
代表取締役澤村奈古　取締役木村重宣・

熊本県

木村艶子・澤村智志・西本定勝
◉大津生コン工場＝〒869－1219　菊池郡大津町大林1380－6
☎096－293－5621・FAX096－293－0212
✉oozp@ab.auone-net.jp
工場長西本雄一
従業員21名(主任技士1名・技士4名)
1973年3月操業2001年更新1670×1　ＰＳＭ日工　トクヤマ　シーカジャパン・フローリック　車大型×15台・中型×7台・小型×2台
G＝砕石　S＝海砂
普通・舗装JIS取得(MSA)
大臣認定単独取得(60N/mm²)
◉西原・益城生コン研究所＝〒861－2403　阿蘇郡西原村布田鎌宗611－1
☎096－279－3772・FAX096－279－2712
✉niship@r6.dion.ne.jp
責任者廣瀬龍太
従業員16名(技士2名)
1995年7月操業2500×1(二軸)　ＰＳＭ日工　トクヤマ　シーカポゾリス　車大型×6台・小型×2台〔傭車：飯盛運輸㈱・熊本地区協組・阿蘇地区協組・ミナミ物流〕
2024年出荷28千㎥(水中不分離6㎥)
G＝砕石　S＝海砂・砕砂・フライアッシュ
普通・舗装JIS取得(MSA)
大臣認定単独取得(60N/mm²)

肥後生コンクリート㈱
◉本社＝福岡県参照
◉玉名生コンセンター＝〒865－0013　玉名市下字八ツ枝251－1
☎0968－73－3354・FAX0968－73－3355
✉takahisa-inoue@ariake-syoji.mydns.jp
工場長井上孝久
従業員12名
2001年8月操業1670×1(二軸)　日工　太平洋　チューポール　車大型×7台・小型×3台
2023年出荷16千㎥、2024年出荷13千㎥
G＝砕石　S＝山砂・海砂・砕砂
普通・舗装JIS取得(GBRC)

㈱ひしょう生コン
1966年3月1日設立　資本金1000万円　従業員20名　出資＝(自)100%
◉本社＝〒862－0950　熊本市中央区水前寺4－54－12　水前寺飛翔
☎096－387－4499・FAX096－387－4488
✉hisho_ln_nl_concrete@ybb.ne.jp
代表取締役松川裕子　専務取締役藤森和弘
◉北部工場＝〒861－5515　熊本市北区四方寄町1455
☎096－245－2222・FAX096－245－2223
工場長阿部真也
従業員20名(技士3名)
1966年3月操業2009年8月更新1670×1(二軸)　ＰＳＭ日工　日鉄高炉・トクヤマ　チューポール・フローリック・マイテイ　車大型×11台・小型×3台
2023年出荷15千㎥、2024年出荷20千㎥
G＝砕石　S＝海砂・砕砂
普通・舗装JIS取得(GBRC)

人吉生コンクリート㈱
1965年12月1日設立　資本金3000万円
従業員15名　出資＝(自)80%・(販)20%
◉本社＝〒868－0081　人吉市上林町1540
☎0966－22－5177・FAX0966－24－2100
✉namacon@sea.plala.or.jp
社長地下和志　副社長地下芳文　取締役小田英司
◉工場＝本社に同じ
工場長小田英司
従業員15名
1965年12月操業1981年10月更新2000×1　ＰＭ光洋機械Ｓリバティ　UBE三菱　シーカポゾリス・フローリック　車大型×5台・中型×1台・小型×3台
2023年出荷28千㎥
G＝陸砂利・砕石　S＝陸砂・海砂
普通JIS取得(GBRC)

福岡味岡生コンクリート㈱
◉本社＝〒868－0415　球磨郡あさぎり町免田西3278
※第一工場三橋＝福岡県参照

㈾福冨組
資本金600万円　出資＝(建)100%
◉本社＝〒861－6102　上天草市松島町大字合津3325－1
☎0969－56－2323
社長福冨壽
◉生コン工場(操業停止中)＝〒861－6104　上天草市松島町大字内野河内字倉江280－2
1975年8月操業36×2　ＰＳＭ富士機
※㈱天草みらいコンクリートに生産委託

㈱藤井産業
出資＝(骨)100%
◉本社＝〒869－5461　葦北郡芦北町大字芦北2332－2
☎0966－82－3175・FAX0966－82－4682
代表取締役藤井公輔
◉工場＝本社に同じ
従業員13名
1976年8月操業1978年4月更新2000×1　UBE三菱　車大型×7台・小型×8台
G＝山砂利　S＝海砂
普通JIS取得(MSA)

㈱松川生コン販売
資本金1000万円　出資＝(他)100%
◉本社＝〒869－1219　菊池郡大津町大字大林1060
代表取締役社長松川勝　取締役松川正巳
◉大津工場＝〒869－1219　菊池郡大津町大字大林字上尾迫1060
☎096－293－5372・FAX096－293－5369
営業部長松井勝晃
従業員19名(主任技士1名・技士2名)
1972年5月操業2018年1月M更新2300×1(ジクロス)　ＰＳＭ北川鉄工　UBE三菱　チューポール　車大型×12台・中型×3台・小型×2台
G＝砕石　S＝山砂・砕砂
普通・舗装JIS取得(MSA)

丸昭建設㈱
1956年3月31日設立　資本金9700万円
◉本社＝〒868－0071　人吉市西間上町2479－1
☎0966－24－5650・FAX0966－24－2960
URL http://www.marusho-inc.jp
代表取締役社長松村陽一郎
◉生コン部(操業停止中)＝〒868－0095　球磨郡相良村柳瀬浜の上820－20
☎0966－24－9168・FAX0966－24－9242
1978年8月操業1989年11月更新1500×1(二軸)　ＰＳＭ日工
※㈱三星工場に生産委託

三池生コンクリート工業㈱
◉本社＝福岡県参照
◉荒尾工場＝〒864－0004　荒尾市宮内567
☎0968－62－0281・FAX0968－62－0914
工場長原田浩則
従業員20名
1969年3月操業1997年8月更新2500×1　ＰＳＭ光洋機械(旧石川島)　麻生　チューポール　車大型×11台・中型×4台
2023年出荷27千㎥、2024年出荷28千㎥(水中不分離22㎥)
G＝砕石　S＝山砂・砕砂
普通JIS取得(JTCCM)
大臣認定単独取得(70N/mm²)
◉玉名工場＝〒865－0056　玉名市滑石510－31
☎0968－76－3161・FAX0968－76－3163
工場長鈴木久統
従業員15名(技士3名)
1973年6月操業2023年2月更新2250×1(二軸)　ＰＳＭ日工　麻生　AE(竹本)・チューポール　車大型×7台・中型×4台
2023年出荷12千㎥、2024年出荷11千㎥
G＝砕石　S＝山砂・砕砂
普通JIS取得(JTCCM)
※江浦工場＝福岡県参照

緑川生コンクリート工業㈱
資本金1000万円
◉本社＝〒861－3104　上益城郡嘉島町北甘木2350
☎096－237－1011・FAX096－237－2864
✉midorikawa-con@gamma.ocn.ne.jp
代表者楠原康裕
◉工場＝本社に同じ
工場長富永修弘
従業員8名（主任技士2名・技士1名・診断士1名）
2250×1（二軸）　トクヤマ　シーカポゾリス・チューポール　車大型×10台・中型×3台
2023年出荷20千㎥、2024年出荷30千㎥
G＝砕石　S＝海砂・砕砂
普通・高強度JIS取得（GBRC）
大臣認定単独取得（60N/m㎡）

宮崎味岡生コンクリート㈱
1994年9月1日設立　資本金1020万円　従業員51名　出資＝（自）100％
◉本社＝〒868－0415　球磨郡あさぎり町免田西3278
☎0966－45－0100・FAX0966－45－0088
URL http : //ajioka-namakon.co.jp
代表取締役社長味岡和國
※第一工場諸塚・第二工場えびの・第三工場新富・第四工場串間＝宮崎県参照

㈱宮崎建設
1957年10月1日設立　資本金3020万円
従業員16名　出資＝（自）100％
◉本社＝〒869－6115　八代市坂本町荒瀬6330
☎0965－45－3375・FAX0965－45－3881
代表取締役宮崎浩昭　役員宮崎信子・宮崎照美
ISO 9001取得
◉生コンクリート部＝〒869－6115　八代市坂本町荒瀬6330
☎0965－45－3438・FAX0965－45－3882
工場長宮川一利
従業員12名（技士3名）
1966年1月操業2018年8月更新1700×1（二軸）　ＰＳＭ北川鉄工　UBE三菱・日鉄高炉　フローリック　車大型×6台・中型×3台・小型×3台
2024年出荷12千㎥
G＝砕石　S＝海砂・砕砂
普通JIS取得（MSA）

宮崎生コン㈱
1967年3月1日設立　資本金1000万円　従業員16名　出資＝（自）100％
◉本社＝〒866－0044　八代市中北町3060
☎0965－32－6178・FAX0965－32－2940
会長宮崎照満　代表取締役社長宮崎靖士
◉第2工場＝本社に同じ
工場長高橋俊雄
従業員13名（主任技士1名）
1981年9月操業2019年5月更新2300×1（二軸）　ＰＳＭ北川鉄工　太平洋　フローリック　車大型×8台・中型×7台・小型×1台
G＝砕石　S＝海砂・砕砂
普通JIS取得（GBRC）

森北生コン㈲
1975年10月1日設立　資本金300万円　従業員27名　出資＝（自）100％
◉本社＝〒861－1312　菊池市森北942
☎0968－24－0753・FAX0968－25－0684
URL https : //morikitanamakon.co.jp
✉morikita@mist.ocn.ne.jp
代表取締役岩根友誠
◉工場＝本社に同じ
工場長嶋作一徳
従業員27名（主任技士3名・技士3名）
1975年10月操業2017年1月M改造2300×1（二軸）　ＰＳＭ北川鉄工　UBE三菱　チューポール　車大型×13台・中型×10台・小型×1台
2023年出荷35千㎥、2024年出荷42千㎥（高強度100㎥・ポーラス50㎥）
G＝砕石　S＝山砂・砕砂
普通・舗装JIS取得（GBRC）
大臣認定単独取得（60N/m㎡）

㈱矢部生コンクリート工業
◉本社＝〒861－3544　上益城郡山都町杉木465－1
☎0967－72－2111
◉工場＝本社に同じ
普通JIS取得（IC）

㈱吉田企業
1954年4月8日設立　資本金15000万円
従業員35名　出資＝（自）100％
◉本社＝〒869－3205　宇城市三角町波多1500－2
☎0964－52－2176・FAX0964－52－2810
URL http : //yoshida-kigyo.jp
代表取締役村田正晴
ISO 9001・14001取得
◉生コン工場＝〒869－3205　宇城市三角町波多五反田平575
☎0964－52－2459・FAX0964－52－3663
工場長原田章成
従業員10名（主任技士1名・技士3名）
1971年5月操業1992年4月更新1670×1（二軸）　ＰＳＭ日工　日鉄高炉・太平洋　チューポール　車大型×5台・小型×3台
G＝砕石　S＝海砂
普通JIS取得（MSA）
ISO 14001取得

若草生コンクリート㈱
◉本社＝〒869－0543　宇城市松橋町南豊崎406－1
☎0964－32－2038・FAX0964－33－3867
代表取締役橋口信一
◉工場＝本社に同じ
1973年4月操業1994年1月更新2000×1　ＰＳＭ日工　麻生・住友大阪
G＝砕石　S＝海砂・石灰砕砂・砕砂
普通JIS取得（IC）

㈱和商一
2005年10月4日設立　資本金1000万円
従業員50名　出資＝（自）100％
◉本社＝〒868－0415　球磨郡あさぎり町免田西3005－2
☎0966－45－1251・FAX0966－45－0331
URL http : //www.washo-cc.co.jp
✉info@washo.cc.co.jp
代表取締役社長満石忠弘　取締役専務深水孝浩　取締役上野文明
◉工場（操業停止中）＝〒868－0415　球磨郡あさぎり町免田西3005－2
☎0966－45－5500・FAX0966－45－0413
1973年10月操業1987年10月更新1000×1（二軸）　ＰＳＭ日工
※㈱三星工場に生産委託

大分県

㈱I・S
◉本社＝〒871－0162　中津市永添2684－16
☎0979－22－6328・FAX0979－22－6330
◉工場＝本社に同じ(旧㈱ビーエス工場)
1980年11月操業1984年12月更新1000×1　ＰＳＭ北川鉄工
普通JIS取得(MSA)

味岡ガイナン生コンクリート㈱
◉本社＝熊本県参照
◉第一工場竹田＝〒878－0007　竹田市大字三宅字向堀田975
☎0974－63－4488・FAX0974－62－4422
工場長大神秀喜
従業員11名(主任技士1名・技士1名)
1992年5月操業2000×1(二軸)　ＰＳＭ北川鉄工　トクヤマ　フローリック　車大型×8台・小型×5台
2023年出荷10千㎥、2024年出荷10千㎥
G＝砕石　S＝山砂
普通JIS取得(JQA)
※大分味岡生コンクリート㈱第一工場朝地、大分味岡生コンクリート㈱第二工場荻より生産受託

ANAI㈱
◉本社＝〒879－7761　大分市中戸次4463－1
☎097－574－4515
◉生コン事業部＝〒870－0951　大分市大字下郡466
☎097－574－4515
普通JIS取得(IC)

アネット㈱
1997年1月設立
◉本社＝〒879－4403　玖珠郡玖珠町大字帆足2195－1
☎0973－72－2922・FAX0973－72－1045
URL https://annet-group.com/
工場長岩田浩司
◉玖珠工場＝〒879－4403　玖珠郡玖珠町大字帆足2037－2
☎0973－72－0540
工場長岩田浩司
従業員15名(主任技士1名・技士1名)
1997年1月操業1500×1　ＰＳＭ光洋機械　住友大阪　チューポール　車大型×6台・小型×2台
普通・舗装JIS取得(IC)
◉中津工場＝〒879－0123　中津市大字田尻字和間ヶ鼻西新開2820－23
☎0979－32－3002・FAX0979－32－4558
✉anet@cap.ocn.ne.jp
工場長古會尾誠也
従業員10名(主任技士1名・技士3名)
1500×1　住友大阪　チューポール　車大型×5台・小型×4台
2024年出荷10千㎥(高流動5㎥・水中不分離5㎥)
G＝石灰砕石　S＝海砂・石灰砕砂
普通JIS取得(IC)
◉湯平工場＝〒879－5111　由布市湯布院町湯平384
☎0977－86－2121・FAX0977－86－2123
工場長西村洋平
従業員12名(主任技士1名・技士1名・診断士1名)
1979年6月操業2022年5月更新1500×1(二軸)　ＰＳＭ富士機　住友大阪　竹本　車大型×5台・中型×4台
2024年出荷24千㎥(水中不分離200㎥)
G＝砕石　S＝山砂・海砂
普通JIS取得(IC)

㈱諫山生コン
1964年10月1日設立　資本金300万円　従業員18名　出資＝(他)100%
◉本社＝〒877－0061　日田市大字石井874
☎0973－23－2331・FAX0973－23－3301
URL http://isayama-namacon.com
代表取締役諫山悦子
◉工場＝本社に同じ
1964年10月操業1985年8月更新1500×1　ＰＳＭ光洋機械
普通・舗装JIS取得(IC)

㈲上野産業
資本金100万円　出資＝(他)100%
◉本社＝〒870－0125　大分市松岡1754
☎097－520－1201
代表取締役上野富造
◉工場＝〒870－0125　大分市松岡1760－1
☎097－520－0308
工場長上野信男
1975年12月操業1000×1　トクヤマ　フローリック

㈲臼杵建材
1969年1月1日設立　資本金350万円　従業員10名　出資＝(他)100%
◉本社＝〒875－0004　臼杵市大字大野字赤池山2201－25
☎0972－67－2316・FAX0972－67－2928
✉kanzai@us.oct-net.jp
代表取締役西水英二
◉工場＝本社に同じ
工場長吉良正則
従業員10名(主任技士2名・技士4名・診断士1名)
1970年8月操業1974年2月更新54×2　ＰＳＭ北川鉄工　太平洋　シーカポゾリス　車中型×6台・小型×3台
2024年出荷13千㎥
G＝石灰砕石・砕石　S＝山砂・海砂
普通JIS取得(GBRC)

恵藤建設㈱
1973年1月1日設立　資本金3000万円　従業員47名　出資＝(建)100%
◉本社＝〒879－7404　豊後大野市千歳町長峰1579－1
☎0974－37－2135・FAX0974－37－2137
✉etou-ken@siren.ocn.ne.jp
代表取締役恵藤誠　取締役恵藤スミ子
◉千歳生コン千歳工場＝〒879－7404　豊後大野市千歳町長峰1590
☎0974－37－2135・FAX0974－37－2137
係長大野英治
従業員10名(技士4名)
1971年9月操業1992年6月更新2500×1(二軸)　ＰＳＭ北川鉄工　太平洋・日鉄高炉・住友大阪　車大型×2台・小型×6台〔傭車：㈲ユタカ産業運輸〕
G＝砕石　S＝山砂
普通・舗装JIS取得(GBRC)
◉千歳生コン大分工場＝〒870－0951　大分市大字下郡465
☎097－569－8248・FAX097－569－8504
✉chitose-oita@etou-k.co.jp
工場長佐藤航
従業員6名(主任技士1名)
2003年8月更新2750×1(二軸)　ＰＳＭ日工　太平洋　シーカビスコクリート・シーカコントロール・シーカビスコフロー　車大型×5台・小型×1台〔傭車：㈱ユタカ産業運輸〕
G＝石灰砕石・砕石　S＝石灰砕砂・砕砂
普通JIS取得(GBRC)
大臣認定単独取得(70N/mm²)
◉千歳生コン別府工場＝〒874－0013　別府市古市町881－144
☎0977－66－8110・FAX0977－66－8745
工場長円藤浩伸
従業員5名(主任技士1名・技士3名)
2000年2月更新2000×1(二軸)　ＰＳＭ北川鉄工　太平洋　シーカビスコフロー・シーカビスコクリート　車大型×6台・小型×2台〔傭車：㈲ユタカ産業運輸〕
2024年出荷19千㎥
G＝石灰砕石・砕石　S＝石灰砕砂・砕砂
普通・高強度JIS取得(GBRC)
◉千歳生コン緒方工場(旧㈱おがた生コン工場)＝〒879－6643　豊後大野市緒方下自在96
☎0974－42－2877・FAX0974－42－2833
✉ogatanamakon@trad.ocn.ne.jp
従業員3名
日工　住友大阪・日鉄高炉・太平洋　シ

ーカジャパン　車4台
2024年出荷4千㎥
G＝砕石　S＝石灰砕砂・砕砂
普通JIS取得（GBRC）

大分味岡生コンクリート㈱
2006年6月22日設立
◉本社＝〒879－6202　豊後大野市朝地町下野689－1
☎0974－72－0003・FAX0974－64－2020
◉第三工場臼杵＝〒875－0073　臼杵市大字掻懐水輪2119－3
☎0972－65－2332・FAX0972－65－2900
2000年1月操業　ＰＳＭ日工
普通・舗装JIS取得（JQA）
◉第四工場7号埠頭＝〒870－0301　大分市日吉原1－9
☎097－593－0007・FAX097－593－0110
工場長高野良一
従業員10名
1983年10月操業1996年9月Ｓ改造2000×1（二軸）　ＰＭ光洋機械Ｓハカルプラス　トクヤマ　フローリック　車大型×8台
G＝陸砂利・砕石　S＝山砂・海砂
普通・舗装JIS取得（JQA）
大臣認定単独取得
◉第一工場朝地（操業停止中）＝本社に同じ
1968年5月操業1990年12月ＰＭ1995年8月Ｓ改造1500×1（二軸）　ＰＳＭ光洋機械
※味岡ガイナン生コンクリート㈱に生産委託
◉第二工場荻（操業停止中）＝〒879－6113　竹田市荻町恵良原766
☎0974－68－3800・FAX0974－68－3838
※味岡ガイナン生コンクリート㈱に生産委託

㈱大分宇部
2018年7月2日設立　資本金5000万円　従業員52名　出資＝（自）100％
◉本社＝〒870－0018　大分市豊海1－7－4
☎097－534－9251・FAX097－529－7210
代表取締役社長浅井修　取締役奥野勇・根来和輝
◉大分工場＝〒870－0018　大分市豊海1－7－4
☎097－534－9251・FAX097－534－8576
工場長池田鉄男
従業員13名（主任技士2名・技士2名）
1968年4月操業2022年4月更新2250×1（二軸）　ＰＳＭ日工　UBE三菱　シーカビスコクリート・シーカポゾリス　車大型×7台
2023年出荷16千㎥、2024年出荷13千㎥
G＝砕石　S＝海砂・石灰砕砂
普通・高強度JIS取得（JTCCM）
◉国東安岐工場＝〒873－0212　国東市安岐町塩屋2－3
☎0978－67－1231・FAX0978－67－1233
工場長末清洋治
従業員11名（主任技士2名・技士1名）
1970年9月操業2000年2月更新2000×1（二軸）　ＰＳＭ北川鉄工（旧日本建機）　UBE三菱　チューポール　車大型×6台・中型×5台
2023年出荷19千㎥、2024年出荷20千㎥
G＝石灰砕石　S＝海砂・石灰砕砂
普通JIS取得（JTCCM）
◉安心院工場＝〒872－0675　宇佐市安心院町矢崎673－1
☎0978－44－1878・FAX0978－44－2104
工場長大隈紀昭
従業員14名（主任技士3名・技士2名）
1970年1月操業1997年10月更新2000×1（二軸）　ＰＳＭ北川鉄工　UBE三菱　シーカポゾリス・チューポール　車大型×7台・中型×4台
2023年出荷24千㎥、2024年出荷17千㎥
G＝石灰砕石・砕石　S＝海砂・石灰砕砂
普通・舗装JIS取得（JTCCM）
◉杵築工場＝〒873－0033　杵築市大字守江2－2964－1
☎0978－63－9311・FAX0978－63－9313
工場長田代成男
従業員12名（技士3名）
1968年5月操業1500×1（二軸）　光洋機械　UBE三菱　チューポール　車大型×8台・中型×5台
2023年出荷15千㎥、2024年出荷13千㎥
G＝石灰砕石　S＝海砂・石灰砕砂
普通JIS取得（JTCCM）

大分綜合建設㈱
1953年1月1日設立　資本金2000万円　従業員16名　出資＝（自）100％
◉本社＝〒879－0604　豊後高田市美和1737－1
☎0978－24－3350・FAX0978－24－3170
✉o.sogo@herb.ocn.ne.jp
代表取締役小拂勝則
◉工場＝本社に同じ
工場長小拂勝則
従業員15名（技士3名）
1975年4月操業1993年9月更新36×2　ＰＳＭ日工　トクヤマ　フローリック　車大型×6台・中型×4台
2023年出荷8千㎥
G＝石灰砕石・砕石　S＝海砂・石灰砕砂
普通JIS取得（JTCCM）

㈱大分生コン
1993年6月24日設立　資本金3000万円　従業員13名　出資＝（自）100％
◉本社＝〒879－7764　大分市大字上戸次字中ノ原5990
☎097－597－1055・FAX097－597－1054
✉oitanamacon@aurora.ocn.ne.jp
代表取締役増野芳朗　取締役恵藤豊喜・恵藤修　監査役本田沙織
◉工場＝本社に同じ
工場長秋庭裕輔
従業員13名（技士3名）
1993年7月操業2016年9月更新2500×1（二軸）　Ｐ日工ＳＭ冨士機　住友大阪　竹本・チューポール　車大型×6台・小型×4台
2023年出荷16千㎥
G＝砕石　S＝海砂・砕砂
普通JIS取得（MSA）

㈲小川建材工業
2000年4月3日設立　資本金300万円　従業員12名　出資＝（自）100％
◉本社＝〒879－0124　中津市大字田尻崎6－4
☎0979－32－3145・FAX0979－33－8180
✉ogawakenzaikogyo@grace.ocn.ne.jp
代表取締役社長渡辺健二
◉工場＝本社に同じ
工場長橋本信
従業員12名（技士3名）
1989年7月操業1997年4月更新1500×1（傾胴二軸）　ＰＳＭ北川鉄工　トクヤマ　チューポール　車大型×4台・小型×4台
2023年出荷6千㎥、2024年出荷6千㎥
G＝石灰砕石　S＝海砂・石灰砕砂
普通JIS取得（GBRC）

奥田生コン㈱
1978年1月1日設立　資本金1000万円　従業員14名　出資＝（建）100％
◉本社＝〒879－0462　宇佐市大字別府590－1
☎0978－32－6927・FAX0978－33－0607
代表取締役奥田和茂
◉工場＝本社に同じ
工場長今仁幹彦
従業員14名
1971年9月操業1981年9月ＰＭ1990年5月Ｓ改造1500×2　ＰＭ日工Ｓハカルプラス　太平洋　シーカポゾリス・シーカビスコクリート　車大型×8台・小型×3台
2024年出荷18千㎥
G＝石灰砕石・砕石　S＝海砂
普通JIS取得（GBRC）
大臣認定単独取得（40N/mm²）

㈱甲斐建設
1982年7月1日設立　資本金1500万円　出資＝（建）100％
◉本社＝〒879－2683　津久見市大字四浦字天神ヶ浦5451
☎0972－88－2211・FAX0972－88－2952
代表取締役社長甲斐英宏　専務取締役甲斐直

◉生コン工場＝本社に同じ
工場長神野秀喜
従業員12名(技士3名)
1974年9月操業1983年7月更新1000×1　ＰＳＭ日工　太平洋　チューポール　車大型×2台・小型×1台
G＝砕石　S＝海砂・砕砂
普通・舗装JIS取得(JTCCM)

㈲笠木生コン
◉本社＝〒870－1143　大分市田尻平尾1715
☎097－541－1216・FAX097－542－4144
代表者笠木秀明
◉工場＝本社に同じ
1986年10月操業1000×1　太平洋
2023年出荷29千㎥
G＝山砂利　S＝山砂
普通JIS取得(JTCCM)

㈱九大技建
2011年8月1日設立　従業員20名
◉本社＝〒879－5421　由布市庄内町柿原236
☎097－582－3590・FAX097－582－3595
✉kyudaigiken.rmc@gmail.com
代表取締役浅田潤
◉工場＝本社に同じ
工場長渡邉典幸
従業員6名(技士3名)
1979年11月操業36×2　Ｐサントレード　Ｓ湘南島津Ｍ名興機械　太平洋　チューポール　車大型×4台・中型×3台
2023年出荷2千㎥、2024年出荷17千㎥
G＝砕石　S＝山砂
普通JIS取得(IC)

共同コンクリート㈱
1984年4月1日設立　資本金6150万円　従業員9名　出資＝(自)100％
◉本社＝〒878－0021　竹田市大字穴井迫1330
☎0974－63－2776・FAX0974－63－2773
✉kyodou-c@oct-net.ne.jp
代表取締役社長恵藤豊喜　専務取締役河野公史
◉工場＝本社に同じ
工場長阿南祥一
従業員9名(技士2名)
1984年4月操業1988年2月更新1500×1　ＰＭ北川鉄工Ｓハカルプラス　日鉄高炉・トクヤマ　チューポール・フローリック　車大型×4台・小型×4台
2024年出荷8千㎥
G＝砕石　S＝山砂
普通JIS取得(JTCCM)

㈱旭商
◉本社＝〒879－2111　大分市本神崎字古川98－1
☎097－576－1470
◉幸崎生コン工場＝本社に同じ
1973年4月操業1992年1月更新2500×1　ＰＳＭ日工
普通JIS取得(JTCCM)

㈲玖珠生コン
1967年7月1日設立　資本金1200万円　従業員30名　出資＝(自)100％
◉本社＝〒879－4412　玖珠郡玖珠町大字山田2624－2
☎0973－72－0701・FAX0973－72－3847
✉kn.yabakei@alto.ocn.ne.jp
代表取締役社長森重俊　専務取締役森智恵
◉本社工場＝本社に同じ
工場長岩本征治
従業員20名(技士3名)
1967年4月操業1985年4月更新3000×1(二軸)　ＰＳＭ日工　太平洋　フローリック・マイテイ　車大型×7台・中型×3台・小型×3台
2024年出荷32千㎥
G＝石灰砕石・砕石　S＝海砂
普通・舗装JIS取得(GBRC)
◉耶馬渓工場＝〒871－0405　中津市耶馬渓町大字柿坂1700
☎0979－26－6067・FAX0979－26－6068
代表取締役社長森重俊
従業員6名(技士2名)
1999年10月操業1500×1(二軸)　ＰＳＭ日工　太平洋　フローリック　車大型×3台・小型×1台
2023年出荷3千㎥、2024年出荷6千㎥
G＝石灰砕石・砕石　S＝海砂
普通・舗装JIS取得(GBRC)

県南生コン㈱
◉本社＝〒876－0012　佐伯市大字鶴望433
☎0972－22－1761・FAX0972－22－4579
◉佐伯工場＝本社に同じ
1966年6月操業1994年4月更新2000×1(二軸)　ＰＳＭ光洋機械(旧石川島)
普通・舗装JIS取得(JTCCM)
◉赤嶺・宇目工場＝〒879－3301　佐伯市宇目大字小野市5054－1
☎0972－54－3224・FAX0972－54－3802
1972年6月操業1988年6月更新1000×1　ＰＳＭ日工
普通・舗装JIS取得(JTCCM)
◉中央工場＝〒876－0022　佐伯市字鳥越10101－1
☎0972－29－2111・FAX0972－29－2113
✉chuo-r-con@saiki.tv
責任者桑原明
従業員12名(主任技士1名・技士4名)
1968年9月操業2000年1月更新1670×1(二軸)　ＰＳＭ日工　太平洋　チューポール・シーカポゾリス　車大型×5台・中型×2台
2023年出荷13千㎥、2024年出荷8千㎥(高強度30㎥)
G＝石灰砕石・砕石　S＝河川・山砂・海砂・砕砂
普通・舗装JIS取得(JTCCM)

県北コンクリート㈱
1981年3月5日設立　資本金4200万円　従業員8名　出資＝(セ)10％・(建)90％
◉本社＝〒872－0318　宇佐市院内町副1576－1
☎0978－42－6970・FAX0978－42－7368
代表取締役社長下村和生　取締役岡本昌三
◉工場＝本社に同じ
工場長橋本渡
従業員8名(技士2名)
1981年8月操業1995年8月更新56×2　ＰＳＭ北川鉄工　太平洋　車大型×5台・小型×3台
G＝山砂利・石灰砕石　S＝海砂
普通JIS取得(JTCCM)

佐々木商事㈱
1988年8月9日設立　資本金3000万円　従業員7名　出資＝(自)100％
◉本社＝〒879－0614　豊後高田市来縄2685－1
☎0978－24－3335
代表取締役佐々木啓介　取締役近藤健
◉生コン工場＝〒879－0612　豊後高田市佐野1480－1
☎0978－24－3335・FAX0978－24－3307
工場長古江信一
従業員15名(技士2名)
1973年1月操業1984年10月更新1000×1　ＰＳＭ日工　トクヤマ　フローリック　車大型×5台・中型×4台
G＝砕石　S＝海砂
普通JIS取得(JTCCM)

志村生コンクリート㈱
1983年12月1日設立　資本金9800万円　従業員9名　出資＝(自)100％
◉本社＝〒870－0278　大分市青崎1－2－36
☎097－522－1111・FAX097－527－3170
✉shimura-namacon@ryunan.com
代表取締役古手川正治　常務取締役石井秀利　取締役部長亀山勝彦　監査役古手川節子
◉志村工場＝本社に同じ
工場長川野慎吾
従業員9名(主任技士2名)
2　ＰＳＭ北川鉄工　太平洋　シーカビスコクリート・シーカビスコフロー　車大型×4台

2023年出荷26千㎥、2024年出荷24千㎥(水中不分離200㎥)
G=石灰砕石・砕石　S=山砂・海砂
普通JIS取得(GBRC)

㈲タカシマ運送
◉本社=〒877-0061　日田市大字石井字宮田289-6
☎0973-23-1525
代表取締役高嶋一人
◉生コン事業部日田中央=〒877-0076　日田市大字庄手字宮向815-1
☎0973-22-7141・FAX0973-24-5566
工場長堀田明夫
従業員13名
2000×1(二軸)　麻生　チューポール　車大型×10台・中型×3台
2023年出荷15千㎥、2024年出荷16千㎥
G=砕石　S=山砂・砕砂
普通・舗装JIS取得(JTCCM)

㈱滝尾プラント
1983年8月1日設立　資本金1200万円　従業員19名　出資=(自)100%
◉本社=〒870-0951　大分市大字下郡466
☎097-569-2646・FAX097-569-2630
✉plant@takio-net.com
代表取締役穴井博敏
◉工場=本社に同じ
工場長小松昭信
従業員19名(主任技士2名・技士2名)
1983年8月操業2016年6月更新2250×1(二軸)　ＰＳＭ冨士機　住友大阪・日鉄高炉　シーカビスコフロー・シーカビスコクリート　車大型×7台・中型×4台
2023年出荷14千㎥、2024年出荷19千㎥(ポーラス240㎥)
G=山砂利・砕石　S=山砂
普通・高強度JIS取得(IC)

拓州建設㈱
資本金2200万円　従業員45名
◉本社=〒879-2461　津久見市大字上青江3748-1
☎0972-82-8111・FAX0972-82-6541
✉adachi@takushu.jp
代表取締役近藤剛公　取締役上野信一・安藤正毅・吉水信也・武生健治・田中寛昌・佐世賢文・川上富博・足立憲一　監査役出口博隆
◉工場=本社に同じ
工場長足立憲一
従業員20名(技士5名)
1975年3月操業1992年6月更新1750×1　ＰＳＭ光洋機械　太平洋　チューポール　車大型×8台・小型×4台
2023年出荷10千㎥、2024年出荷6千㎥
G=石灰砕石　S=海砂・石灰砕砂
普通・舗装JIS取得(JTCCM)

谷川建設工業㈱
1953年6月設立　資本金5000万円　従業員65名　出資=(自)100%
◉本社=〒876-0852　佐伯市常盤南町8-33
☎0972-22-2601・FAX0972-22-7179
URL http://www.tngw.jp
✉post@tngw.jp
代表取締会長谷川憲一　代表取締役社長谷川雄太
ISO 9001・14001・45001取得
◉日豊生コン工場=〒876-0111　佐伯市弥生大字井崎89
☎0972-46-1550・FAX0972-46-0955
✉namacon@tngw.jp
責任者清田幸弘
従業員11名(主任技士1名・技士4名・診断士1名)
1995年4月操業2500×1(二軸)　ＰＳＭ北川鉄工　太平洋　フローリック・チューポール　車大型×7台・中型×3台
2023年出荷10千㎥、2024年出荷13千㎥
G=石灰砕石　S=山砂・海砂・石灰砕砂
普通・舗装JIS取得(GBRC)

堤生コン㈱
1967年7月1日設立　資本金1350万円　従業員14名　出資=(建)100%
◉本社=〒872-1202　豊後高田市香々地2923
☎0978-54-2064・FAX0978-54-3457
代表取締役堤俊之　取締役堤静野・江藤康世
◉工場=本社に同じ
工場長後藤象二郎
従業員11名(技士2名)
1967年7月操業1992年5月更新2000×1(二軸)　ＰＳＭ日工　麻生　フローリック　車大型×8台・小型×2台
2023年出荷11千㎥
G=石灰砕石　S=海砂・石灰砕砂
普通・舗装JIS取得(GBRC)
大臣認定単独取得(45N/mm²)

光岡生コン㈱
1968年8月7日設立　資本金1000万円　従業員11名　出資=(自)100%
◉本社=〒877-0078　日田市大字友田3725
☎0973-24-3904・FAX0973-24-3912
URL http://www.kawanami-web.com/
✉terunama@trad.ocn.ne.jp
代表取締役川浪龍哉　取締役鎗光勝則・野村勲　監査役川浪美穂
◉工場=〒877-0078　日田市大字友田3714
☎0973-24-3904・FAX0973-24-3912
工場長林晃
従業員11名(主任技士1名・技士2名)
1968年8月操業2024年更新2300×1(二軸)　ＰＳＭ北川鉄工　日鉄高炉・UBE三菱　フローリック　車大型×11台・小型×2台
2024年出荷14千㎥(水中不分離44㎥)
G=砕石　S=河川・砕砂
普通・舗装JIS取得(GBRC)

㈱友岡組
1953年10月1日設立　資本金4000万円　従業員97名　出資=(自)100%
◉本社=〒879-6433　豊後大野市大野町大原1172-2
☎0974-34-2323・FAX0974-34-2497
URL https://tomookagumi.co.jp
✉info@tomookagumi.co.jp
代表取締役友岡誠一　取締役友岡正春・堀秀樹・友岡文
ISO 9001・14000・45001取得
◉大野生コン大野工場=〒879-6433　豊後大野市大野町大原1150
☎0974-34-2074・FAX0974-34-4750
✉y.kan-163@tomookagumi.co.jp
工場長菅洋一
従業員15名(主任技士1名・技士2名)
1968年2月操業2015年10月更新2250×1(二軸)　ＰＳＭ光洋機械　UBE三菱　シーカビスコフロー・シーカビスコクリート　車大型×7台・中型×1台・小型×4台
2023年出荷10千㎥、2024年出荷12千㎥(高流動141㎥)
G=砕石　S=海砂・砕砂
普通JIS取得(JTCCM)
◉大野生コン三重工場=〒879-7153　豊後大野市三重町玉田1309
☎0974-22-1240・FAX0974-22-2408
✉y.kan-163@tomookagumi.co.jp
工場長菅洋一
従業員15名(主任技士1名・技士1名)
1969年8月操業1989年8月更新1500×1(二軸)　ＰＳＭ光洋機械　UBE三菱　シーカビスコフロー・シーカビスコクリート　車大型×5台・中型×1台・小型×3台
2023年出荷12千㎥、2024年出荷9千㎥
G=砕石　S=海砂・砕砂
普通JIS取得(JTCCM)

㈱豊海
2010年1月7日設立　資本金300万円　従業員6名　出資=(販)100%
◉本社=〒870-0018　大分市豊海4-9
☎097-534-6081・FAX097-538-1528
✉toyomi@axel.ocn.ne.jp
代表取締役松﨑順司　取締役道下英樹・南家健之・稲田修一
◉工場=本社に同じ

工場長吉田哲也
従業員6名（技士3名）
1999年5月操業2500×1（二軸）　ＰＭ北川鉄工Ｓハカルプラス　トクヤマ　フローリック・シーカジャパン　車大型×6台
2023年出荷15千㎥、2024年出荷14千㎥
G＝砕石　S＝海砂・石灰砕砂・砕砂
普通・舗装JIS取得（GBRC）
大臣認定単独取得（60N/mm²）

中村産業生コン㈱
◉本社＝福岡県参照
◉中津工場＝〒871－0205　中津市本耶馬渓町下屋形1225－5
☎0979－43－2882・FAX0979－43－5515
工場長迫博光
従業員9名（主任技士1名・技士2名）
1990年11月操業1670×1（二軸）　ＰＳＭ日工　麻生・住友大阪・UBE三菱　フローリック・マイテイ・シーカポゾリス　車大型×8台・中型×2台
2023年出荷19千㎥、2024年出荷16千㎥
G＝石灰砕石　S＝海砂・石灰砕砂
普通・舗装JIS取得（GBRC）
※椎田工場・苅田工場・田川工場＝福岡県参照

西日本土木㈱
1943年5月1日設立　資本金7200万円　従業員200名　出資＝（自）100％
◉本社＝〒879－0627　豊後高田市新地1071
☎0978－22－1131・FAX0978－22－3429
URL http://www.nnh.co.jp
代表取締役社長隈田英樹　常務取締役出口利則　取締役井元克幸
◉生コン工場＝〒879－0612　豊後高田市佐野5171
☎0978－22－0073・FAX0978－22－0074
✉namakon@po.d-b.ne.jp
工場長芹川忠臣
従業員5名（技士2名）
1967年9月操業1995年1月更新1500×1（二軸）　ＰＳＭ日工　UBE三菱　フローリック　車大型×4台・中型×1台・小型×3台
G＝砕石　S＝海砂
普通JIS取得（JTCCM）

㈱野津生コン
1972年4月14日設立　資本金2000万円　従業員9名　出資＝（販）55％・（建）20％・（他）25％
◉本社＝〒875－0342　臼杵市野津町大字落谷759
☎0974－32－2701・FAX0974－32－2736
代表取締役惠藤豊喜
◉工場＝本社に同じ
専務取締役増野芳朗
従業員9名（主任技士2名）
1972年9月操業1988年7月更新1500×1（二軸）　ＰＳＭ日工　住友大阪・太平洋　シーカポゾリス・シーカビスコクリート　車大型×6台・小型×5台
2023年出荷10千㎥、2024年出荷12千㎥
G＝砕石　S＝山砂
普通JIS取得（MSA）

㈱野津原
2010年1月7日設立　資本金300万円　従業員6名　出資＝（販）100％
◉本社＝〒870－0018　大分市豊海5－4－9
☎097－534－6081・FAX097－538－1528
代表者松﨑順司　取締役道下英樹・南家健之・稲田修一
◉野津原工場＝〒870－1203　大分市野津原字川向287
☎097－588－1700・FAX097－588－1305
工場長松﨑順司
従業員6名（主任技士2名）
1975年6月操業2014年9月更新2500×1（二軸）　ＰＳＭ北川鉄工　トクヤマ　フローリック　車大型×4台・小型×2台〔傭車：中部輸送〕
2023年出荷15千㎥、2024年出荷13千㎥（膨張材170㎥）
G＝砕石　S＝海砂・砕砂
普通JIS取得（GBRC）

㈱挾間生コン
2007年12月1日設立　資本金500万円　従業員11名
◉本社＝〒879－5506　由布市挾間町挾間307－1
☎097－583－2323・FAX097－583－2324
✉hasama-kawano@apricot.ocn.ne.jp
◉挾間工場＝本社に同じ
工場長河野安博
従業員11名（主任技士1名・技士3名）
1970年1月操業1999年更新2000×1（二軸）　ＰＳＭ北川鉄工　UBE三菱・日鉄高炉　シーカビスコフロー・シーカビスコクリート　車大型×3台・小型×4台
2023年出荷18千㎥、2024年出荷16千㎥
G＝陸砂利・砕石　S＝山砂・海砂
普通JIS取得（JTCCM）

橋本建設㈲
資本金500万円　出資＝（建）100％
◉本社＝〒876－2302　佐伯市蒲江西野浦1242
☎0972－43－3817
代表取締役橋本吉夫
◉工場＝本社に同じ
工場長佐藤吉明
1975年5月操業18×1　太平洋

原田コンクリート㈱
◉本社＝熊本県参照
◉山国工場＝〒871－0712　中津市山国町守実392－1
☎0979－62－3321・FAX0979－62－3317
工場長稲葉修
従業員10名（主任技士1名・技士2名）
1981年4月操業2002年1月更新2000×1　ＰＳＭクリハラ　UBE三菱・日鉄高炉　シーカポゾリス　車大型×5台・中型×2台・小型×2台
G＝砕石　S＝陸砂・海砂・石灰砕砂
普通・舗装JIS取得（GBRC）
◉日田工場（操業停止中）＝〒877－0089　日田市大字山田1288
☎0973－28－2221・FAX0973－28－2223
1976年1月操業1997年4月更新2000×1（二軸）　ＰＭ光洋機械Ｓアジア-1A
※小国工場・熊本工場＝熊本県参照

日田生コンクリート㈱
1965年10月1日設立　資本金2000万円　従業員7名　出資＝（自）100％
◉本社＝〒877－0062　日田市上野町656
☎0973－23－2288・FAX0973－22－6397
代表取締役樋口勲　取締役福澤重敏・吉村広志　監査役中村光一・楢崎浩二
◉本社工場＝本社に同じ
工場長樋口勲
従業員5名（技士2名）
1965年10月操業1992年9月更新2000×1　ＰＭ光洋機械Ｓパシフィックシステム　麻生　車大型×7台・小型×2台
G＝砕石　S＝山砂・石灰砕砂・砕砂
普通・舗装JIS取得（JTCCM）

福進㈱
1982年1月8日設立　資本金2000万円　従業員22名　出資＝（自）100％
◉本社＝〒871－0004　中津市大字上如水1333－1
☎0979－32－5688・FAX0979－32－2542
URL https://fukushin.ltd
✉info@fukushin.ltd
代表取締役中川伸雄
◉工場＝本社に同じ
工場長中川伸雄
従業員22名（主任技士1名・技士5名）
1981年12月操業1500×1（二軸）　ＰＳＭ光洋機械　UBE三菱　フローリック　車大型×10台・小型×4台
G＝石灰砕石　S＝海砂・石灰砕砂
普通・舗装JIS取得（JTCCM）

別府中央生コンクリート㈱
2010年3月設立
◉本社＝〒874－0011　別府市大字内竈北尾関61
☎0977－67－3636・FAX0977－67－3637

代表者古川裕宣　取締役岩尾洋一
◉生コン工場＝本社に同じ
工場長岩尾洋一
従業員10名(主任技士2名・技士3名)
2014年5月更新1700×1(ジクロス)　ＰＳＭ北川鉄工　トクヤマ・麻生　フローリック・シーカジャパン　車大型×7台・小型×3台
2023年出荷34千㎥、2024年出荷20千㎥
G＝石灰砕石・砕石　S＝海砂・砕砂
普通・舗装・高強度JIS取得(IC)

豊友産業㈱
1988年5月10日設立　資本金500万円　従業員9名
◉本社＝〒879－6181　竹田市大字小塚1551－1
☎0974－65－2010・FAX0974－65－2071
代表取締役友岡孝幸
◉工場＝本社に同じ
工場長深江長正
従業員9名(主任技士1名・技士1名)
1988年9月操業1500×1　UBE三菱　シーカポゾリス・シーカビスコフロー・シーカビスコクリート　車大型×4台・中型×4台
2023年出荷12千㎥、2024年出荷8千㎥
G＝砕石　S＝海砂・砕砂
普通JIS取得(JTCCM)

㈲堀田産業
◉本社＝〒872－1400　国東市国見町櫛海154－1
☎0978－84－0124・FAX0978－84－0125
◉工場＝本社に同じ
1987年10月操業500×1

松田砂利工業㈲
1967年12月1日設立　資本金300万円　従業員18名　出資＝(自)100%
◉本社＝〒870－0043　大分市中島東2－2－10
☎097－544－4737・FAX097－544－7517
代表取締役松田忠人　取締役松田建治・松田洋一　監査役松田ツヤ子
◉工場＝〒870－0843　大分市元町下鴨5056
☎097－544－4737・FAX097－544－7517
工場長松田健治
従業員(主任技士2名・技士4名)
1973年8月操業1993年5月更新2500×1(二軸)　ＰＳＭ日工　トクヤマ　チューポール　車大型×6台・中型×1台・小型×3台
G＝砕石　S＝山砂・陸砂
普通・舗装JIS取得(IC)

ヤヨイ生コン㈱
1994年11月16日設立　資本金5000万円
従業員4名
◉本社＝〒876－0103　佐伯市弥生大字床木120
☎0972－46－1911・FAX0972－46－2110
代表取締役社長古手川正治　常務取締役山西剛　取締役髙石洋介　監査役迫村祐治
◉工場＝本社に同じ
常務取締役山西剛
従業員4名(主任技士1名・技士1名)
1995年5月操業1750×1(二軸)　ＰＳＭ北川鉄工　麻生・太平洋　シーカポゾリス・シーカビスコフロー・シーカビスコクリート　車大型×9台・中型×4台〔傭車〕
2023年出荷99千㎥、2024年出荷8千㎥(高流動20㎥)
G＝石灰砕石　S＝河川
普通・舗装JIS取得(GBRC)

龍南運送㈱
1959年8月7日設立　資本金3000万円　従業員150名　出資＝(自)100%
◉本社＝〒879－2446　津久見市大字下青江3891
☎0972－82－5281・FAX0972－82－2817
代表取締役会長古手川茂樹　代表取締役社長古手川正治　専務取締役山南英治　常務取締役深井重利　取締役野上彰・石井吉左衛門・古手川保正・迫村裕治・石井秀利　監査役古手川哲・古手川節子
◉津久見小野田レミコン工場＝〒879－2446　津久見市大字下青江3880
☎0972－82－2175・FAX0972－82－2577
✉t-todaka@ryunan.com
工場長戸髙豊秋
従業員13名(技士3名)
1967年6月操業1988年5月更新1750×1(二軸)　ＰＭ北川鉄工Ｓハカルプラス　太平洋　車大型×6台・中型×3台
G＝石灰砕石　S＝山砂・海砂
普通・舗装JIS取得(GBRC)
◉大南レミコン工場＝〒879－7501　大分市大字竹中字長谷原126
☎097－597－1668・FAX097－597－1633
工場長堀口勝也
従業員11名(主任技士2名)
1971年12月操業2019年7月更新1700×1(二軸)　ＰＳＭ北川鉄工　太平洋　車大型×4台・小型×3台
G＝砕石　S＝山砂・海砂
普通・舗装JIS取得(GBRC)
◉日出レミコン工場＝〒879－1504　速見郡日出町大字大神字葦ヶ迫9667－2
☎0977－72－9100・FAX0977－72－9101
工場長伊藤悟
従業員16名(主任技士1名・技士2名)
1991年2月操業1750×1(二軸)　ＰＳＭ北川鉄工　太平洋　シーカポゾリス・フローリック　車大型×7台・小型×3台
2023年出荷24千㎥
G＝山砂利・石灰砕石　S＝山砂・海砂・石灰砕砂
普通・舗装・高強度JIS取得(GBRC)
◉大分レミコン工場＝〒870－0011　大分市大字勢家字春日浦843－180
☎097－536－3331・FAX097－532－1793
工場長山本一寿
従業員18名(主任技士1名・技士4名)
1961年3月操業2022年10月更新2300×1(二軸)　ＰＳＭ北川鉄工　太平洋　フローリック・シーカジャパン　車大型×9台・小型×2台
2023年出荷368千㎥、2024年出荷26千㎥(高強度3700㎥)
G＝石灰砕石・砕石　S＝海砂・石灰砕砂
普通・舗装JIS取得(GBRC)
大臣認定単独取得(60N/mm²)

宮崎県

あさひ生コン㈱
1992年5月1日設立　資本金1000万円　従業員60名
◉本社＝〒883－0062　日向市大字日知屋15837－2
☎0982－52－1818・FAX0982－52－8315
代表者西村賢一
◉工場＝本社に同じ
工場長是則三男
従業員16名（主任技士1名・技士1名）
1992年5月操業2500×1（二軸）　ＰＳＭ冨士機　トクヤマ　シーカポゾリス　車大型×8台・中型×2台・小型×4台
G＝砕石　S＝海砂・砕砂
普通・舗装JIS取得（GBRC）
◉川南工場＝〒889－1301　児湯郡川南町大字川南12751－51
☎0983－27－5858・FAX0983－27－1171
工場長黒木政志
従業員10名（技士2名）
1994年8月操業2000×1（二軸）　ＰＳＭ冨士機　トクヤマ　シーカビスコクリート・シーカビスコフロー・シーカポゾリス　車大型×8台・中型×1台・小型×2台
G＝砕石　S＝海砂・砕砂
普通・舗装JIS取得（GBRC）
◉高原工場＝〒889－4411　西諸県郡高原町大字広原4770
☎0984－42－1061・FAX0984－42－4765
1972年5月操業1987年8月更新36×2　ＰＳＭ北川鉄工　日鉄高炉・太平洋　車大型×5台・小型×3台
G＝砕石　S＝河川・砕砂
普通JIS取得（GBRC）
◉宮崎工場＝〒880－0851　宮崎市港東2－1－7
☎0985－83－2500
2020年操業
普通・舗装JIS取得（GBRC）

あさひ生コン㈲
◉本社＝〒882－0021　延岡市無鹿町1－2031
☎0982－31－5858
代表者西村賢一
◉工場＝本社に同じ
G＝石灰砕石・砕石　S＝海砂・石灰砕砂
普通・舗装JIS取得（GBRC）

味岡建設㈱
◉本社＝熊本県参照
◉村所工場＝〒881－1414　児湯郡西米良村大字竹原404
☎0983－36－1231・FAX0983－36－1233
工場長小川正広
従業員10名（技士2名）
1982年3月操業2015年10月更新（二軸）　ＰＳＭ日工　トクヤマ　シーカジャパン　車大型×6台・中型×2台〔傭車：味岡リース〕
2024年出荷9千㎥
G＝砕石　S＝陸砂・砕砂
普通・舗装JIS取得（GBRC）

味岡生コンクリート㈱
◉本社＝熊本県参照
◉椎葉工場（操業停止中）＝〒883－1601　東臼杵郡椎葉村大字下福良1736－6
☎0982－67－2762
1982年9月操業1000×1（二軸）　ＰＭ光洋機械Ｓパシフィックシステム
※第二工場・第三工場＝熊本県参照

味岡西諸地区建設事業協同組合
資本金5500万円
◉事務所＝〒886－0001　小林市東方字城ヶ迫1046－17
☎0984－22－7788・FAX0984－23－8866
代表理事味岡和國
◉第一工場小林＝事務所に同じ
1986年2月操業2023年1月更新1650×1　トクヤマ　シーカジャパン　車大型×10台・中型×1台・小型×3台
2023年出荷2千㎥、2024年出荷2千㎥
G＝石灰砕石・砕石　S＝河川・陸砂
普通JIS取得（MSA）

㈱有田生コンクリート
1974年4月1日設立　資本金1000万円　従業員10名　出資＝（自）100％
◉本社＝〒882－0034　延岡市昭和町3－1760－3
☎0982－32－5801・FAX0982－29－2381
代表取締役土井篤　専務取締役工場長柳田憲陽　取締役土井裕子　監査役永田美樹子
◉大武工場＝〒882－0024　延岡市大武町1281
☎0982－35－7722・FAX0982－35－7730
✉arinama@hyper.ocn.ne.jp
工場長柳田憲陽
従業員10名（主任技士2名・技士3名）
1974年4月操業1978年12月更新56×2　ＰＭ北川鉄工（旧日本建機）Ｓハカルプラス　太平洋　シーカジャパン　車大型×6台・中型×1台・小型×1台
2023年出荷13千㎥、2024年出荷11千㎥
G＝石灰砕石　S＝海砂・石灰砕砂
普通・舗装JIS取得（GBRC）

井手生コン㈱
1967年9月1日設立　資本金1000万円　従業員6名　出資＝（自）100％
◉本社＝〒888－0004　串間市大字串間1475
☎0987－72－0165・FAX0987－72－0247
代表取締役井手徳康　取締役井手奈穂子
◉工場＝〒888－0004　串間市大字串間字中鶴1810
☎0987－72－1239・FAX0987－72－1361
工場長武田一夫
従業員6名（技士3名）
1970年9月操業2015年10月更新1700×1（二軸）　ＰＳＭ北川鉄工　UBE三菱・トクヤマ　車大型×7台・小型×2台
2023年出荷5千㎥
G＝石灰砕石　S＝陸砂・海砂
普通JIS取得（JTCCM）

江川ブロック工業㈱
◉本社＝〒887－0033　日南市大字平山535－1
☎0987－22－2349
代表取締役江川満
◉生コン事業部北郷工場＝〒889－2402　日南市北郷町郷之原乙356－1
☎0987－55－4002・FAX0987－55－4003
工場長安在恒夫
従業員11名（主任技士1名・技士4名）
1988年5月操業2002年4月更新2000×1（二軸）　ＰＳＭ北川鉄工　UBE三菱　チューポール・ヤマソー　車大型×8台・小型×1台
G＝石灰砕石・砕石　S＝陸砂・砕砂
普通・舗装JIS取得（GBRC）

㈲王生工業
資本金1000万円
◉本社＝〒880－0124　宮崎市大字新名爪4090－11　宮崎北部工業団地内
☎0985－39－0018・FAX0985－39－8936
URL http://oushou.com
✉oushou@wander.ocn.ne.jp
代表取締役中原伸博
◉工場＝本社に同じ
1980年11月操業2000×1　トクヤマ　車大型×10台・中型×2台・小型×6台
G＝石灰砕石・砕石　S＝海砂
普通・舗装JIS取得（GBRC）

大淀開発㈱
1961年1月31日設立　資本金2000万円　従業員250名　出資＝（他）100％
◉本社＝〒885－0042　都城市上長飯町5427－1
☎0986－22－3353・FAX0986－25－5914
URL http://www.oyd.jp
✉info@oyd.jp
代表取締役社長堀之内芳久　代表取締役会長堀之内治美　取締役戸高望・堀之内秀一郎・堀之内幸子・堀之内紀子・堀之

内さき子・福森隆・稲元靖教・岩崎弘造・中島浩二　監査役堀之内秀樹
◉生コン工場＝〒885－0042　都城市上長飯町5462
☎0986－22－3071・FAX0986－22－2585
工場長田中健一
従業員16名(主任技士1名・技士2名)
1965年9月操業2009年7月更新2250×1　ＰＳＭ日工　日鉄高炉・太平洋　チューポール・シーカジャパン　車大型×10台・中型×3台・小型×3台
2024年出荷16千㎥(ポーラス600㎥)
G＝砕石　S＝陸砂
普通・舗装JIS取得(GBRC)

㈱岡崎組
1953年2月13日設立　資本金4000万円
従業員70名　出資＝(自)100％
◉本社＝〒880－0916　宮崎市大字恒久1800－1
☎0985－53－0567・FAX0985－54－2217
URL https://okazakigumi-gr.jp
代表取締役岡﨑勝信
ISO 9001・14001・45001取得
◉生コン事業部＝〒880－0852　宮崎市高洲町2－6
☎0985－20－3977・FAX0985－31－3511
✉namakon@okazakigumi.co.jp
部長大庭悦二
従業員17名(主任技士2名・技士4名・診断士1名)
1963年7月操業1996年5月更新2500×1(二軸)　ＰＳＭ日工　太平洋・UBE三菱　チューポール・フローリック　車大型×10台・中型×3台
2023年出荷17千㎥、2024年出荷15千㎥(高強度415㎥)
G＝石灰砕石・砕石　S＝海砂・石灰砕砂
普通・高強度JIS取得(GBRC)

門川建設業事業協同組合
1983年2月設立　出資金3890万円　従業員15名
◉事務所＝〒889－0603　東臼杵郡門川町大字加草字岡花134－1
☎0982－63－6228・FAX0982－63－5577
代表理事宮前隆之
◉工場＝事務所に同じ
従業員15名(技士4名)
1984年12月操業2006年10月更新2300×1(ジクロス)　ＰＳＭ北川鉄工　UBE三菱　シーカジャパン　車大型×10台・小型×3台
G＝砕石　S＝河川・石灰砕砂
普通・舗装JIS取得(JTCCM)

㈱河北
◉本社＝〒889－1201　児湯郡都農町大字川北4884
代表者河野宏介
◉生コン部＝〒889－1201　児湯郡都農町大字川北5843－5
☎0983－25－3254・FAX0983－25－1515
1980年5月操業1995年7月更新2000×1(二軸)　ＰＳＭ日工
普通・舗装JIS取得(GBRC)

北方インフラテック㈱
◉本社＝〒882－0104　延岡市北方町角田丑1042
☎0982－47－2076・FAX0982－28－5442
◉工場＝本社に同じ
1968年8月操業2021年9月更新1800×1(二軸)　ＰＳＭ北川鉄工　UBE三菱　フローリック　車大型×6台・小型×2台
2023年出荷7千㎥、2024年出荷8千㎥
G＝砕石　S＝海砂・石灰砕砂
普通・舗装JIS取得(GBRC)

木田組生コン㈱
1974年8月1日設立　資本金600万円　従業員4名　出資＝(自)100％
◉本社＝〒882－0401　西臼杵郡日之影町大字七折13463－4
☎0982－87－2732・FAX0982－87－2065
✉info@kida.gr.jp
代表取締役会長木田正美　代表取締役社長木田正隆　副社長佐藤和美　専務田川智統　常務菅菊男　取締役冨士野眞由美・佐藤利美
◉田野工場＝〒889－1702　宮崎市田野町乙4335－1
☎0985－86－0777・FAX0985－86－2234
✉kidatano@arion.ocn.ne.jp
工場長田代幸次
従業員23名(主任技士3名・技士5名)
1988年10月操業2007年2月M改造2750×1(二軸)　ＰＳＭ日工　太平洋・日鉄高炉　チューポール・フローリック　車大型×15台・小型×2台
2023年出荷17千㎥、2024年出荷13千㎥
G＝石灰砕石・砕石　S＝海砂
普通・舗装JIS取得(GBRC)
※日之影本社工場は西臼杵共同生コン㈱へ生産委託
※鹿児島工場＝鹿児島県参照

㈱コーソク
1972年4月設立
◉本社＝〒883－0062　日向市大字日知屋12002
☎0982－52－5391・FAX0982－52－1851
URL http://kosoku-group.co.jp/
代表取締役西村賢一
◉都城工場＝〒885－1105　都城市丸谷町2725－1
☎0986－51－8088・FAX0986－51－4188
✉miyakonojyo1@ko-soku.com
工場長馬渡博明
従業員20名
2250×1(二軸)　UBE三菱　シーカジャパン　車15台
G＝砕石　S＝海砂・砕砂
普通・舗装JIS取得(GBRC)

西都生コン㈱
1984年10月5日設立　資本金2000万円
従業員15名　出資＝(販)100％
◉本社＝〒881－0006　西都市新町2－8
☎0983－43－0285・FAX0983－43－0271
代表取締役佐藤公保
◉西都工場＝本社に同じ
工場長椎葉和浩
従業員15名(主任技士2名・技士5名・診断士1名)
1969年11月操業1999年2月更新2500×1(二軸)　ＰＳＭ日工　UBE三菱　フローリック・シーカジャパン　車大型×10台・小型×3台
G＝砕石　S＝海砂・砕砂
普通・舗装JIS取得(GBRC)

佐藤工業生コン㈱
1971年6月1日設立　資本金2500万円　従業員6名　出資＝(自)100％
◉本社＝〒882－0401　西臼杵郡日之影町大字七折12115－2
☎0982－87－2321・FAX0982－87－2322
代表取締役佐藤司　取締役専務佐藤美智子・佐藤修一　取締役佐藤久美
※西臼杵共同生コン㈱へ生産委託

㈱三共
1964年7月2日設立　資本金1500万円　従業員30名　出資＝(自)100％
◉本社＝〒886－0213　小林市野尻町三ヶ野山3214－1
☎0984－21－6111・FAX0984－21－6112
✉sankyo-1@mist.ocn.ne.jp
代表取締役外村公明
◉野尻工場＝〒880－0213　小林市野尻町三ヶ野山3222－1
☎0984－21－6123・FAX0984－21－6127
✉sankyo-1@mist.ocn.ne.jp
工場長高佐昭則
従業員30名(主任技士1名・技士5名)
2002年7月操業1500×1(二軸)　ＰＳＭ北川鉄工　UBE三菱　シーカジャパン　車大型×6台・中型×3台
2024年出荷11千㎥
G＝陸砂利・砕石　S＝河川
普通JIS取得(JTCCM)
◉えびの工場＝〒889－4222　えびの市大字小田595
☎0984－35－1645・FAX0984－27－3234
工場長堀川誠

従業員6名(技士2名)
1968年7月操業2017年11月更新1300×1(二軸) PSM日工 UBE三菱 シーカポゾリス 車大型×3台・中型×1台
G=陸砂利・砕石 S=河川
普通JIS取得(JTCCM)

椎葉生コンクリート㈱
2000年設立 資本金1800万円 従業員7名
◉本社=〒883-1601 東臼杵郡椎葉村大字下福良106
☎0982-67-2201・FAX0982-67-2665
✉shiiba-namakon@m-link.jp
代表取締役上内龍
◉工場=本社に同じ
従業員7名
2000年操業2000×1(二軸) トクヤマ シーカポゾリス 車〔傭車〕
G=河川 S=河川・海砂
普通JIS取得(IC)

㈱神生
1989年設立 資本金3000万円 従業員29名
◉本社=〒880-0912 宮崎市大字赤江1099
☎0985-53-6120・FAX0985-53-6173
代表者神田輝夫
◉工場=本社に同じ
従業員(主任技士3名・技士5名・診断士2名)
1990年1月操業2016年4月更新2250×1(二軸) PSM日工 トクヤマ シーカジャパン 車大型×17台・中型×1台・小型×4台
G=石灰砕石・砕石 S=海砂
普通・舗装・高強度JIS取得(GBRC)
※北辰運輸㈱工場より生産受託

㈱親和コンクリート工業所
1966年7月1日設立 資本金1000万円 従業員12名 出資=(自)100%
◉本社=〒886-0003 小林市堤3045
☎0984-23-6222・FAX0984-23-3088
代表取締役恒見道則
◉工場=本社に同じ
工場長河野義昭
従業員12名(主任技士1名・技士2名)
1976年11月操業1995年7月更新1500×1(二軸) PSM日工 太平洋・日鉄高炉 フローリック 車大型×4台・中型×3台・小型×2台
2023年出荷6千㎥、2024年出荷6千㎥
G=砕石 S=河川・砕砂
普通JIS取得(GBRC)

鈴木コンクリート㈾
1976年8月3日設立 資本金360万円 出資=(他)100%
◉本社=〒883-1601 東臼杵郡椎葉村大字下福良1819
☎0982-67-2088
代表社員鈴木延子・鈴木孝哉・鈴木克裕
※椎葉生コンクリート㈱へ生産委託

西部生コン㈱
1990年9月19日設立 資本金1000万円 従業員48名 出資=(自)100%
◉本社=〒885-0113 都城市関之尾町7221-264
☎0986-37-0768・FAX0986-37-0984
✉seibu@kag.bbiq.jp
取締役社長堀之内隆志 副社長堀之内真司 取締役堀之内常真・桑畑恵子・岩崎まゆみ・岩崎正弘
◉工場=本社に同じ
品質管理責任者黒木彬亘
従業員48名(主任技士1名・技士4名)
1990年11月操業2018年1月更新1710×1(二軸) PSM北川鉄工 UBE三菱 チューポール 車大型×24台・中型×5台
2024年出荷33千㎥
G=砕石 S=陸砂・砕砂
普通JIS取得(JTCCM)

第一コンクリート工業㈱
1966年6月1日設立 資本金1200万円 従業員5名 出資=(セ)16%・(販)84%
◉本社=〒887-0024 日南市西弁分3-4-2
☎0987-23-3101・FAX0987-23-3102
代表取締役社長田中學 取締役吉田一義・岩部健一 監査役田中幽美子
◉工場=本社に同じ
工場長岩下智紀
従業員5名(主任技士1名・技士2名)
1966年9月操業1987年7月更新1500×1(二軸) PSM北川鉄工 UBE三菱 シーカポゾリス・チューポール 車大型×7台・中型×1台〔傭車:第一運送㈱〕
2023年出荷4千㎥、2024年出荷7千㎥
G=石灰砕石 S=陸砂・石灰砕砂
普通・舗装JIS取得(GBRC)

太陽工業コンクリート㈱
1967年4月27日設立 資本金1000万円 従業員12名 出資=(自)100%
◉本社=〒882-0024 延岡市大武町39-160
☎0982-32-6354・FAX0982-35-1113
代表取締役社長梶井崇之 取締役梶井泰之・梶井政文 監査役木山誠
◉日向工場=〒883-0062 日向市大字日知屋大浜12002-95
☎0982-52-5105・FAX0982-52-5106
✉kk-taiyo@mb.wainet.ne.jp
工場長河野真明
従業員11名(主任技士1名・技士1名)
1974年7月操業1993年9月更新1500×2 PM北川鉄工(旧日本建機)Sハカルプラス UBE三菱 車大型×6台・小型×2台
2023年出荷12千㎥、2024年出荷8千㎥
G=砕石 S=海砂・砕砂
普通・舗装JIS取得(GBRC)

㈱高千穂生コン
1972年10月1日設立 資本金1300万円 従業員12名 出資=(自)100%
◉本社=〒880-0001 宮崎市橘通西5-1-23
☎0985-24-1578・FAX0985-24-1577
代表取締役社長矢野智久 取締役矢野文昭・矢野富士子・坂本聡・辻清 監査役矢野英樹
◉延岡工場=〒882-0024 延岡市大武町779-8
☎0982-22-7373・FAX0982-35-3537
従業員11名(主任技士1名・技士1名)
1995年10月操業1750×1(二軸) PM光洋機械S日工 UBE三菱 シーカポゾリス 車大型×7台・中型×3台
2023年出荷10千㎥、2024年出荷10千㎥
G=石灰砕石 S=海砂・石灰砕砂
普通・舗装JIS取得(GBRC)
◉高千穂工場(操業停止中)=〒882-1101 西臼杵郡高千穂町三田井6204-1
☎0982-72-3221・FAX0982-72-7720
1971年10月操業1984年12月更新1000×1(二軸) PSM光洋機械(旧石川島)
※西臼杵共同生コン㈱に生産委託

高鍋生コン㈱
1972年11月1日設立 資本金1000万円 従業員19名 出資=(自)100%
◉本社=〒884-0005 児湯郡高鍋町大字持田6292-1
☎0983-23-0530・FAX0983-22-3108
✉takanabere@gaea.ocn.ne.jp
代表取締役社長増田哲 常務取締役増田秀文
◉本社工場=本社に同じ
工場長緒方郁男
従業員19名(主任技士1名・技士2名)
1973年1月操業1994年8月更新56×2 PSM光洋機械(旧石川島) UBE三菱 チューポール・シーカポゾリス 車大型×9台・中型×1台・小型×1台
2023年出荷7千㎥、2024年出荷18千㎥
G=砕石 S=海砂・砕砂
普通JIS取得(GBRC)

㈱谷口組
資本金2000万円 出資=(自)100%
◉本社=〒888-0001 串間市大字西方716
☎0987-72-2888・FAX0987-72-1840
代表取締役谷口大海

◉生コンクリート工場＝〒889－3532　串間市大字大平字村下河原6841－1
☎0987－72－2888
工場長佐藤浩
1972年7月操業1975年4月更新36×2　P度量衡Sハカルプラス M信和工業　太平洋　車大型×9台・小型×3台
普通・舗装JIS取得(GBRC)

中央クリエート㈱
1980年10月1日設立　資本金1000万円
従業員24名　出資＝(建)52%・(他)48%
◉本社＝〒880－2112　宮崎市大字小松3266
☎0985－48－1321・FAX0985－48－1324
代表取締役社長桝本正光　常務取締役斉藤隆則　取締役上田篤
◉工場＝本社に同じ
工場長上田篤
従業員24名(主任技士1名・技士5名)
1967年9月操業1992年6月更新2000×1(二軸)　PSM光洋機械(旧石川島)　UBE三菱　シーカジャパン　車大型×18台・小型×2台
G＝石灰砕石　S＝海砂
普通・舗装・軽量JIS取得(GBRC)

都栄工業㈱
1987年11月6日設立　資本金6000万円
従業員10名　出資＝(他)100%
◉本社＝〒881－0001　西都市大字岡富1259－36
☎0983－43－0201・FAX0983－43－0211
URL http://www.toei-industry.co.jp/
代表取締役岡﨑勝信
◉工場＝本社に同じ
代表取締役菅原勉
従業員10名(主任技士1名・技士2名・診断士1名)
1979年11月操業2500×1(二軸)　PSM日工　太平洋　シーカポゾリス・シーカビスコクリート　車大型×11台・小型×3台
G＝砕石　S＝海砂・石灰砕砂
普通・舗装JIS取得(GBRC)

都北産業㈱
1968年10月21日設立　資本金3000万円
従業員118名　出資＝(自)100%
◉本社＝〒885－0005　都城市神之山町4866－2
☎0986－38－2577・FAX0986－38－2860
URL http://www.tohokusangyou.co.jp
✉sizai@tohokusangyou.co.jp
代表取締役社長堀之内秀樹　代表取締役専務堀之内雄一　取締役常務久保幸蔵　取締役堀之内和子・田中洋一　監査役堀之内治美
◉工場＝本社に同じ
工場長堀内慶二
従業員12名(主任技士1名・技士1名)
1971年4月操業2006年8月更新1750×1(二軸)　PSM光洋機械(旧石川島)　太平洋　チューポール・シーカジャパン　車大型×10台・中型×3台
G＝砕石　S＝陸砂
普通・舗装JIS取得(GBRC)

㈱トミシゲ
1999年8月設立　資本金1000万円　従業員16名　出資＝(建)100%
◉本社＝〒882－0063　延岡市古川町82－1
☎0982－35－6478・FAX0982－35－6480
代表取締役社長木村健一　専務取締役木村重俊　常務取締役木村忠徳　取締役部長小田好広
◉工場＝本社に同じ
工場長小田好広
従業員16名(主任技士2名)
1967年2月操業1990年10月更新72×2　PSM北川鉄工(旧日本建機)　UBE三菱・日鉄高炉　車大型×8台・中型×1台・小型×1台
2024年出荷16千㎥
G＝砕石　S＝海砂・石灰砕砂
普通・舗装JIS取得(IC)

㈲長友コンクリート工業所
1971年4月1日設立　資本金500万円　従業員12名　出資＝(自)100%
◉本社＝〒880－1303　東諸県郡綾町大字南俣645－1
☎0985－77－0054・FAX0985－77－1654
代表取締役長友正豪
◉工場＝〒880－1301　東諸県郡綾町大字入野3411
☎0985－77－0011・FAX0985－77－0027
✉nagatomo.c.k@able.ocn.ne.jp
代表取締役長友正豪
従業員12名(主任技士2名・技士3名)
1966年4月操業2016年S更新1500×1(二軸)　PM北川鉄工Sリバティ　太平洋・日鉄高炉　シーカポゾリス・シーカビスコクリート　車大型×7台・小型×2台
G＝石灰砕石・砕石　S＝海砂・砕砂
普通JIS取得(GBRC)

仲摩商事㈱
1950年10月2日設立　資本金1000万円
従業員26名　出資＝(自)100%
◉本社＝〒882－0856　延岡市出北6－1599
☎0982－32－3281・FAX0982－32－5566
代表取締役社長草野新平　常務取締役植野栄樹　取締役増田順丈・馬原和生　監査役小松良二・新田哲史
◉日向生コン工場＝〒883－0062　日向市大字日知屋字中屋敷15628－1
☎0982－52－4181・FAX0982－52－4183
工場長白田一浩
従業員8名(主任技士1名・技士2名)
1965年12月操業2001年10月更新2000×1(二軸)　PSM日工　太平洋　車大型×7台・中型×2台・小型×1台
G＝砕石　S＝石灰砕砂・砕砂
普通・舗装JIS取得(GBRC)

㈱南郷生コンクリート工業
1978年6月1日設立　資本金1300万円　従業員9名　出資＝(自)94%・(建)6%
◉本社＝〒883－0306　東臼杵郡美郷町南郷神門4096
☎0982－59－0132
代表取締役前田誠司　取締役前田廣美・前田富美　監査役前田慎二
◉神門工場＝本社に同じ
工場長古川義弘
従業員11名(主任技士2名・技士4名)
1984年8月操業1996年5月更新1500×1　PMクリハラSハカルプラス　UBE三菱　フローリック　車大型×6台・中型×2台
G＝砕石　S＝海砂・砕砂
普通JIS取得(IC)

南部建設業事業協同組合
1976年6月25日設立　資本金5700万円
従業員8名　出資＝(自)100%
◉事務所＝〒889－3202　日南市南郷町中村甲1242－1
☎0987－64－3100・FAX0987－64－3192
✉nankenkyo@able.ocn.ne.jp
代表理事河野直継　副理事長河野和也　理事川崎秀樹・一政重文・荒武泰隆・原暁人・熊田原敬　監事大毛健次・竹井哲博
◉工場＝事務所に同じ
工場長河上鉄兵
従業員8名(主任技士1名・技士1名)
1977年9月操業2003年7月更新2250×1　PSM光洋機械(旧石川島)　日鉄高炉・住友大阪　フローリック・シーカポゾリス　車大型×8台・小型×2台
2024年出荷8千㎥
G＝石灰砕石　S＝陸砂・石灰砕砂
普通・舗装JIS取得(GBRC)

西臼杵共同生コン㈱
(木田組生コン㈲日之影本社工場、佐藤工業生コン㈱、三栄開発㈱宮崎工場、㈱高千穂生コン高千穂工場より生産受託)
2012年5月11日設立　資本金200万円　従業員35名
◉本社＝〒882－0401　西臼杵郡日之影町大字七折12304－5
☎0982－73－7611・FAX0982－73－7622
代表取締役造隼勇治　役員佐藤修一・木田正隆・矢野智久

◉第一工場＝本社に同じ
工場長伊東利幸
従業員18名(主任技士1名・技士3名)
1974年8月操業1999年1月更新2500×1(二軸)　ＰＳＭ北川鉄工　日鉄高炉・太平洋　チューポール・シーカポゾリス・シーカビスコクリート　車大型×12台・小型×5台
2023年出荷11千㎥
G＝砕石　S＝海砂・砕砂
普通・舗装JIS取得(GBRC)
◉第二工場＝〒882－1201　西臼杵郡五ヶ瀬町鞍岡字原尾野7240
☎0982－83－2122・FAX0982－83－2769
✉sanei-miyazaki@feel.ocn.ne.jp
工場長佐伯和男
従業員16名(主任技士1名・技士3名)
1972年9月操業2001年11月更新1500×2(傾胴二軸)　ＰＭ北川鉄工Ｓハカルプラス　UBE三菱・日鉄高炉　シーカポゾリス・シーカビスコクリート・チューポール　車大型×12台・小型×4台
2024年出荷12千㎥
G＝河川・砕石　S＝海砂・砕砂
普通・舗装JIS取得(GBRC)

㈱日南セメント瓦工業所
1990年9月1日設立　資本金800万円
◉本社＝〒887－0034　日南市大字風田1458
☎0987－22－3240・FAX0987－22－3241
代表者黒岩久登
◉生コン部工場＝本社に同じ
工場長黒岩直樹
従業員14名(技士2名)
1991年9月操業1500×1(二軸)　ＰＳＭ光洋機械　太平洋　フローリック・チューポール　車大型×9台・中型×2台
G＝砕石　S＝陸砂・砕砂
普通・舗装JIS取得(GBRC)

東諸建設事業協同組合
1966年10月6日設立　資本金3580万円
従業員15名　出資＝(建)100％
◉事務所＝〒880－1101　東諸県郡国富町大字本庄550
☎0985－75－2114・FAX0985－75－2240
✉higashimoro@snow.ocn.ne.jp
代表理事藤元建二　理事許斐泰将・金子勝生・小倉雄二・渡辺勝広　監事高橋信一・栗巣景吉・武田直隆・寺田武志・林正一郎・藤元勇貴
◉工場＝事務所に同じ
工場長盛武夕輝
従業員15名(主任技士2名・技士1名)
1970年11月操業2013年6月更新2250×1(二軸)　ＰＳＭ日工　UBE三菱　シーカポゾリス・チューポール　車大型×8台・小型×3台
2023年出荷12千㎥、2024年出荷13千㎥(ECM600㎥)
G＝石灰砕石　S＝海砂
普通JIS取得(GBRC)

丸山生コンクリート工業㈱
1974年10月1日設立　資本金1400万円
従業員10名　出資＝(自)100％
◉本社＝〒887－0024　日南市西弁分3－3－2
☎0987－23－4185・FAX0987－24－0220
✉marunama@rapid.ocn.ne.jp
代表取締役社長丸山哲司　取締役丸山松雄・丸山千愛里　監査役井上豪
◉工場＝本社に同じ
工場長谷口朋範
従業員10名(技士3名)
1968年7月操業1982年12月更新72×2　ＰＳＭ光洋機械(旧石川島)　日鉄・UBE三菱・太平洋　チューポール　車大型×8台・小型×2台
G＝石灰砕石・砕石　S＝陸砂・砕砂
普通・舗装JIS取得(GBRC)

南九州生コン㈱
◉本社＝〒882－0401　西臼杵郡日之影町大字七折13463－4
☎0982－87－2732・FAX0982－87－2065
※吹上工場＝鹿児島県参照

都城生コン㈱
1967年4月11日設立　資本金2000万円
従業員18名　出資＝(自)100％
◉本社＝〒885－0005　都城市神之山町1788
☎0986－38－0005・FAX0986－38－2326
URL https://miyakonojou-namacon.co.jp
✉miyakonojou-namacon@mist.ocn.ne.jp
代表取締役田中學　取締役田中洋希・岩部健一・是枝和幸　監査役神原敦
◉工場＝本社に同じ
工場長岩部健一
従業員18名(主任技士3名・技士4名・診断士1名)
1967年7月操業1990年7月更新1500×2　ＰＳＭ北川鉄工　UBE三菱　車大型×9台・中型×3台
2023年出荷26千㎥、2024年出荷14千㎥
G＝砕石　S＝陸砂
普通・舗装JIS取得(GBRC)

宮崎味岡生コンクリート㈱
◉本社＝熊本県参照
◉第一工場諸塚＝〒883－1301　東臼杵郡諸塚村大字家代4553－5
☎0982－65－0770
工場長藤本博幸
従業員12名(技士2名)
1972年10月操業1989年8月更新1000×1　ＰＭクリハラＳハカルプラス　トクヤマ　車大型×4台・小型×2台
G＝河川　S＝河川・海砂
普通JIS取得(JQA)
◉第二工場えびの(操業停止中)＝〒889－4311　えびの市大明司881－3
☎0984－33－5656・FAX0984－33－5336
1000×1(二軸)
◉第三工場新富＝〒889－1403　児湯郡新富町大字上富田434
☎0983－33－5678・FAX0983－33－0019
工場長吉野光広
従業員21名
1990年12月操業2017年10月更新1650×1　ＰＳＭ日工　麻生・トクヤマ　シーカジャパン　車大型×9台・中型×1台・小型×2台
2023年出荷13千㎥、2024年出荷13千㎥
G＝砕石　S＝海砂・砕砂
普通・舗装JIS取得(JQA)
◉第二工場串間＝〒888－0007　串間市大字南方1027－43
☎0987－72－8004・FAX0987－72－6611
代表取締役村中弘行
従業員11名(主任技士1名・技士2名・診断士1名)
1988年4月操業2006年7月更新2250×1　ＰＳＭ日工　トクヤマ　シーカポゾリス　車大型×7台・小型×1台
2023年出荷5千㎥、2024年出荷10千㎥
G＝石灰砕石　S＝陸砂・海砂
普通・舗装JIS取得(JQA)

宮崎生コン㈱
1988年4月1日設立　資本金9500万円　従業員59名　出資＝(自)100％
◉本社＝〒880－0912　宮崎市大字赤江字飛江田633
☎0985－54－2000・FAX0985－54－3788
✉my-manager@miyanama.co.jp
代表取締役菅徳太郎
◉宮崎工場＝本社に同じ
工場長阿部徹
従業員14名(主任技士2名・技士3名・診断士1名)
1990年7月操業2023年4月更新2250×1　ＰＳＭ日工　太平洋　チューポール・シーカジャパン　車大型×9台・中型×2台・小型×2台
2023年出荷15千㎥
G＝石灰砕石・砕石　S＝海砂
普通・舗装JIS取得(GBRC)
◉えびの工場＝〒889－4306　えびの市大字今西682－5
☎0984－35－1201・FAX0984－35－1203
工場長岡村光義
従業員21名(主任技士1名・技士1名)
1989年1月操業1750×1(二軸)　ＰＳＭ光洋機械　太平洋　車大型×13台・小型×

5台
G＝陸砂利　S＝陸砂
普通JIS取得(GBRC)
◉日向工場＝〒883－0021　日向市大字財光寺1401
☎0982－54－4757・FAX0982－54－4758
1969年6月操業1994年8月更新2500×1(二軸)　ＰＳＭ日工　太平洋
G＝砕石　S＝海砂・石灰砕砂
普通・舗装JIS取得(GBRC)

宮崎レミコン㈱
◉本社＝〒889－2151　宮崎市大字熊野3007－1
☎0985－34－9555
代表者村上豪
◉工場＝本社に同じ
1968年11月操業2000年4月更新2500×1　ＰＳＭ光洋機械(旧石川島)
G＝石灰砕石　S＝海砂・砕砂
普通・舗装JIS取得(GBRC)

㈲諸塚共同ナマコン
1977年9月5日設立　資本金600万円　従業員15名　出資＝(自)100%
◉本社＝〒883－1301　東臼杵郡諸塚村大字家代4336－9
☎0982－65－0011・FAX0982－65－0813
代表取締役金丸正治　取締役綾二男・水本信幸　監査役中本英紀・西村賢一
◉工場＝本社に同じ
工場長坂本忠久
従業員14名(主任技士1名・技士1名)
1977年9月操業1983年7月ＰＭ1993年7月Ｓ改造1500×1(二軸)　ＰＳＭ北川鉄工　太平洋　シーカジャパン　車大型×10台・中型×4台
2023年出荷8千㎥、2024年出荷14千㎥
G＝砕石　S＝海砂・砕砂
普通JIS取得(IC)

鹿児島県

阿久根生コンクリート㈱
1977年10月4日設立　資本金1000万円
従業員18名　出資＝(販)35％・(製)65％
◉本社＝〒891－0122　鹿児島市南栄4－7
☎099－269－5155・FAX099－269－3535
代表取締役徳留眞一郎
◉阿久根工場＝〒899－1602　阿久根市多田字潟3284
☎0996－75－1870
工場長奈良雅夫
従業員15名(主任技士1名・技士2名)
1970年12月操業1988年6月更新1500×1(二軸)　ＰＳＭ日工　UBE三菱　チューポール　車大型×7台・中型×2台
G＝砕石　S＝海砂
普通JIS取得(GBRC)
◉大口工場＝〒895－2511　伊佐市大口里1848
☎0995－22－0623・FAX0995－22－0834
工場長下小薗一路
従業員10名(技士2名)
1978年操業2013年更新1670×1　ＰＳＭ日工　UBE三菱・太平洋　フローリック　車大型×5台・中型×1台・小型×3台
G＝砕石　S＝海砂
普通JIS取得(GBRC)

アクロスコンクリート工業㈱
1992年12月設立　資本金1000万円　従業員8名　出資＝(自)100％
◉本社＝〒893－2601　肝属郡南大隅町佐多伊座敷2022
☎0994－26－0565・FAX0994－26－1438
✉across2002@blue.ocn.ne.jp
代表取締役福谷直哉　役員福谷正剛・福谷正隆
◉工場＝本社に同じ
責任者福谷直哉
従業員8名
1750×1　UBE三菱　フローリック　車大型×5台・中型×1台
2023年出荷4千㎥、2024年出荷6千㎥
G＝砕石・再生　S＝海砂・再生
普通JIS取得(JTCCM)

㈱天城生コンクリート
1979年4月11日設立　資本金1000万円
従業員6名　出資＝(自)100％
◉本社＝〒891－7621　大島郡天城町大字兼久2641－7
☎0997－85－3100・FAX0997－85－2823
✉anamacon@ruby.ocn.ne.jp
代表取締役社長渕上平八郎
◉工場＝本社に同じ
従業員6名(技士1名)
1979年5月操業2001年5月更新1670×1　ＰＳＭ日工　太平洋　車大型×5台・中型×1台
2023年出荷10千㎥、2024年出荷11千㎥
G＝砕石　S＝海砂
普通JIS取得(JTCCM)

奄美コンクリート工業㈱
1971年7月1日設立　資本金1500万円　出資＝(セ)45％・(販)55％
◉本社＝〒894－0027　奄美市名瀬末広町6－11　㈱丸親内
☎0997－52－0398・FAX0997－52－2714
社長竹山広和
◉鳩浜工場＝〒894－0001　奄美市名瀬大熊字鳩1361
☎0997－52－0398・FAX0997－52－2714
責任者與勝利
従業員23名
1971年7月操業2011年更新1750×1(二軸)　ＰＳＭ光洋機械　UBE三菱　チューポール　車大型×6台・中型×4台
G＝砕石　S＝海砂
普通・舗装JIS取得(GBRC)

荒川生コンクリート㈱
1981年12月8日設立　資本金2000万円
従業員10名　出資＝(販)25％・(建)30％・(骨)20％・(他)25％
◉本社＝〒896－0065　いちき串木野市荒川51－1
☎0996－33－1313
代表取締役榎元幸喜　専務取締役前田正信　取締役印南秀隆・坂野敏文・国料修一・平神和義
◉工場＝本社に同じ
工場長印南秀隆
従業員10名(技士3名)
1982年7月操業1993年4月ＰＭ1995年7月Ｓ更新3000×1(二軸)　ＰＳＭ日工　太平洋　チューポール・シーカポゾリス　車大型×6台・小型×2台
G＝砕石　S＝海砂・砕砂
普通JIS取得(GBRC)

㈲有川生コンクリート
1972年12月21日設立　資本金300万円
従業員17名　出資＝(自)100％
◉本社＝〒895－1202　薩摩川内市樋脇町塔之原30
☎0996－37－2110・FAX0996－37－2141
代表取締役有川隆　取締役有川四一・有川マサ子・有川正一・恵はるみ　監査役岩下一美
◉工場＝本社に同じ
工場長山田健一
従業員17名(技士3名)
1972年11月操業1989年5月ＰＳ1994年8月Ｍ更新1500×1　ＰＳＭ日工　日鉄高炉・太平洋　車大型×9台・小型×5台
G＝砕石　S＝河川・山砂・陸砂

㈱穎娃コンクリート工業
1970年6月1日設立　資本金1600万円　従業員13名　出資＝(自)100％
◉本社＝〒891－0702　南九州市穎娃町牧之内160
☎0993－36－0539・FAX0993－36－0533
代表取締役今村次典　取締役塗木弘幸・今村健太郎
◉工場＝本社に同じ
工場長山下一知
従業員13名(主任技士1名・技士3名)
1970年9月操業2018年3月更新　ＰＳＭ日工　日鉄高炉・トクヤマ　チューポール・シーカジャパン　車大型×7台・中型×1台
2023年出荷8千㎥
G＝砕石　S＝海砂・砕砂
普通JIS取得(JTCCM)

エスピー生コン㈱
1996年3月6日設立　資本金3000万円
◉本社＝〒891－1541　鹿児島市野尻町64－3
☎099－221－3311・FAX099－221－3150
代表取締役上野壽一郎
◉工場＝本社に同じ
従業員12名
1996年3月操業2000×1(二軸)　ＰＳＭ光洋機械(旧石川島)　UBE三菱
G＝砕石　S＝海砂
普通・舗装JIS取得(GBRC)

㈲大友生コン
1979年7月1日設立　資本金300万円
◉本社＝〒894－3301　大島郡宇検村湯湾1117
☎0997－67－2339・FAX0997－67－2330
代表取締役大友満輝
◉工場＝本社に同じ
工場長師玉敏彦
従業員5名
1998年5月操業1750×1(二軸)　ＰＳＭ光洋機械　太平洋　チューポール　車大型×5台・小型×2台
G＝砕石　S＝海砂
普通・舗装JIS取得(JTCCM)

沖永良部生コンクリート㈱
1976年1月26日設立　資本金1500万円
従業員7名　出資＝(セ)13.3％・(販)86.7％
◉本社＝〒891－9111　大島郡和泊町手々知名1074－2
☎0997－92－0289・FAX0997－92－2672
代表取締役社長永野利則

◉工場＝本社に同じ
工場長内山住也
従業員7名
1976年5月操業1980年11月更新1000×1
ＰＳＭ日工　太平洋　シーカポゾリス
車大型×9台・小型×3台
2023年出荷6千㎥、2024年出荷4千㎥
G＝砕石　S＝海砂
普通JIS取得(GBRC)

㈱ガイアテック
1960年1月11日設立　資本金1600万円
従業員160名　出資＝(自)100％
◉本社＝〒899－1922　薩摩川内市小倉町5960
☎0996－30－2255・FAX0996－30－2055
URL http://www.gaiatec.jp
代表取締役社長宮脇哲也　取締役副社長大島克之・今屋竜一　取締役宮脇宏一・荒木紀光・宇都幸司・前野正年・植村力
※鹿児島工場は鹿児島地区ガイアテック・NANSAY生コンクリート有限責任事業組合に生産委託
◉川内工場＝〒899－1922　薩摩川内市小倉町5960
☎0996－30－2147・FAX0996－30－2857
✉sendai@gu.gaiatec.jp
工場長福永信郎
従業員20名(主任技士2名・技士3名)
1965年9月操業1996年6月更新2500×1(二軸)　ＰＳＭ日工　日鉄高炉・太平洋　シーカコントロール・シーカポゾリス・シーカビスコクリート　車大型×15台・小型×3台
G＝砕石　S＝海砂・砕砂
普通・舗装JIS取得(JTCCM)
◉阿久根工場＝〒899－1601　阿久根市折口4412－1
☎0996－75－1151・FAX0996－75－1150
✉Akune@gu.gaiatec.jp
工場長餅越輝史
従業員14名(技士3名)
1971年8月操業1997年9月更新1680×1(二軸)　ＰＳＭ光洋機械(旧石川島)　日鉄高炉・太平洋　シーカポゾリス・シーカビスコクリート　車大型×7台・小型×2台
2023年出荷14千㎥
G＝砕石　S＝海砂・砕砂
普通JIS取得(JTCCM)
◉みゆき工場＝〒899－4463　霧島市国分下井前平2299
☎0995－46－1582・FAX0995－45－2570
1996年7月操業2500×1　ＰＳＭ光洋機械　UBE三菱・トクヤマ　シーカジャパン
G＝砕石　S＝海砂・砕砂
普通・舗装JIS取得(JTCCM)

カイコー㈱
1966年9月2日設立　資本金5000万円　従業員70名　出資＝(他)100％
◉本社＝〒893－0015　鹿屋市新川町5503
☎0994－44－5714・FAX0994－42－4142
URL http://www.kaikoh-kk.co.jp/
代表取締役社長宝地雅浩　取締役村上潤・瀬筒弘志・尾園龍一・吉元裕雅・下野哲郎・岡元明宏・下小牧博文・川間一幸
◉志布志生コンクリート事業所＝〒893－7104　志布志市志布志町安楽251
☎099－472－1431・FAX099－472－1269
工場長川間一幸
従業員21名(主任技士2名・技士6名・診断士1名)
1977年5月操業2024年4月更新2750×1(二軸)　ＰＳＭ日工　太平洋　チューポール・シーカポゾリス　車大型×14台・小型×2台
2024年出荷41千㎥
G＝砕石　S＝海砂・砕砂
普通JIS取得(GBRC)

開発供給㈱
1973年11月20日設立　資本金2500万円
従業員5名　出資＝(自)100％
◉本社＝〒896－1101　薩摩川内市里町里3192
☎09969－3－2334・FAX09969－3－2491
代表取締役純浦晩成　取締役純浦友紀・野口優香　監査役東靖
◉工場＝本社に同じ
工場長野島工
従業員5名(技士2名)
1975年10月操業1993年11月更新2000×1(二軸)　ＰＳＭ日工　太平洋　車大型×2台・小型×1台
2023年出荷1千㎥、2024年出荷1千㎥
G＝砕石　S＝海砂
普通JIS取得(GBRC)
大臣認定単独取得

鹿児島味岡生コンクリート㈱
◉本社＝熊本県参照
◉第一工場春山＝〒899－2704　鹿児島市春山町2140－1
☎099－278－0008・FAX099－278－0808
✉h-tokudome@ajioka-namakon.co.jp
工場長徳留仁志
従業員17名(主任技士2名・技士1名・診断士1名)
2500×1(二軸)　麻生・トクヤマ　フローリック　車大型×9台・中型×1台・小型×1台
2023年出荷11千㎥、2024年出荷10千㎥
G＝砕石　S＝海砂・砕砂
普通・舗装JIS取得(JQA)
大臣認定単独取得(60N/mm²)

鹿児島地区ガイアテック・NANSAY生コンクリート有限責任事業組合
(㈱ガイアテック鹿児島工場とNANSAY生コンクリート㈱より生産受託)
◉本社＝〒899－1922　薩摩川内市小倉町5960
☎0996－30－2255
◉工場＝〒891－0122　鹿児島市南栄3－3
☎099－269－2811・FAX099－267－5593
✉inoyae@nansay.co.jp
工場長猪八重秀亮
従業員23名(主任技士4名・技士1名・診断士2名)
1973年9月操業1984年5月Ｐ1987年3月Ｓ2014年1月Ｍ更新2250×1(二軸)　ＰＳＭ日工　太平洋　シーカジャパン・フローリック　車大型×11台・小型×2台
2023年出荷25千㎥、2024年出荷4千㎥
G＝石灰砕石・砕石　S＝海砂・砕砂
普通JIS取得(JTCCM)
大臣認定単独取得(60N/mm²)

鹿児島菱光コンクリート㈱
1969年4月15日設立　資本金2000万円
従業員28名　出資＝(販)37.5％・(建)25％・(他)37.5％
◉本社＝〒890－0072　鹿児島市新栄町24－18
☎099－255－3246・FAX099－206－5857
✉kagoshima-ryokou@cello.ocn.ne.jp
代表取締役江夏洋　専務取締役児玉秀行
◉本社工場＝本社に同じ
工場長福永富夫
従業員20名(主任技士2名・技士2名・診断士1名)
1967年6月操業2002年8月更新2500×1
ＰＳＭ光洋機械　UBE三菱　チューポール・フローリック　車大型×12台・小型×1台
G＝石灰砕石・砕石　S＝山砂・海砂・砕砂
普通JIS取得(GBRC)
大臣認定単独取得(60N/mm²)
◉伊敷工場＝〒890－0003　鹿児島市伊敷町4694
☎099－229－2621・FAX099－228－6099
✉k.ryokou.ishiki@gaea.oce.ne.jp
工場長福永富夫
従業員10名(主任技士1名・技士2名)
1969年11月操業2004年9月更新2500×1
ＰＳＭ光洋機械　UBE三菱　チューポール・フローリック　車大型×5台
G＝石灰砕石・砕石　S＝山砂・海砂・砕砂
普通JIS取得(GBRC)
大臣認定単独取得(60N/mm²)

加根又レミコン㈱
1980年6月2日設立　資本金8000万円　従業員16名　出資＝（販）100％
◉本社＝〒892－0836　鹿児島市錦江町6－8
☎099－226－1967・FAX099－226－1970
代表取締役菅徳太郎　常務取締役濱島正信　取締役岡本伊智郎・新留嘉・的場哲司　監査役森重剛・豊永知明
◉鹿児島工場＝本社に同じ
工場長濱島正信
従業員16名（技士5名）
1980年9月操業2003年1月更新2500×1（二軸）　ＰＳＭ日工　太平洋　チューポール　車大型×8台・小型×1台
2024年出荷15千㎥
G＝石灰砕石・砕石　S＝海砂・砕砂
普通JIS取得（JTCCM）
大臣認定単独取得（60N/mm²）
※相良工場＝熊本県参照

鹿屋小野田レミコン㈱
1967年7月3日設立　資本金2600万円　従業員16名　出資＝（販）21％・（建）12％・（他）67％
◉本社＝〒893－1604　鹿屋市串良町下小原3373
☎0994－63－2500・FAX0994－63－5691
社長村上栄一　取締役菅徳太郎・窪田益男・久木田徳二・小林省三・木山キヨ　監査役下小野田隆・久木田吉伯・窪田森政
◉工場＝本社に同じ
工場長蔵園修
従業員17名（技士3名）
1967年11月操業2004年10月更新2500×1（二軸）　ＰＳＭ光洋機械　日鉄高炉・太平洋　チューポール・フローリック　車大型×11台・小型×2台
2023年出荷13千㎥、2024年出荷10千㎥
G＝砕石　S＝陸砂・砕砂
普通JIS取得（JTCCM）

鹿屋地区南国・土佐屋有限責任事業組合
（土佐屋生コンクリート㈱高山工場と南国生コンクリート㈱大隅工場より生産受託）
◉本社＝〒893－1602　鹿屋市串良町有里5150
☎0994－63－5000・FAX0994－63－5003
◉工場＝本社に同じ
工場長和田義隆
従業員19名（主任技士1名・技士3名）
1977年12月操業2013年1月更新2250×1（二軸）　ＰＳＭ日工　太平洋・日鉄高炉　チューポール・シーカポゾリス　車大型×12台・小型×4台
2023年出荷22千㎥、2024年出荷13千㎥
G＝砕石　S＝陸砂・海砂
普通JIS取得（GBRC）

北大島コンクリート工業㈱
1985年1月19日設立　資本金5000万円　従業員24名　出資＝（建）100％
◉本社＝〒894－0105　大島郡龍郷町大勝メコノツ201
☎0997－62－3777・FAX0997－62－3419
代表取締役碇信一　取締役町田弘子・西利信・岡山和彦　監査役安楽恒樹
◉工場＝本社に同じ
工場長岡山和彦
従業員26名（技士5名）
1984年8月操業2002年6月更新1750×1（二軸）　ＰＳＭ光洋機械　UBE三菱　チューポール　車大型×12台・中型×3台・小型×2台
G＝砕石　S＝海砂
普通・舗装JIS取得（GBRC）
◉大和工場＝〒894－0048　奄美市名瀬根瀬部字田院川内1492
☎0997－54－8600・FAX0997－54－8601
✉kitaooshima-izumi@carol.ocn.ne.jp
責任者岡山和彦
従業員6名（技士2名）
1987年6月操業1000×1（二軸）　UBE三菱　チューポール　車大型×2台・小型×2台
G＝砕石　S＝海砂
普通JIS取得（GBRC）

木田組生コン㈱
◉本社＝宮崎県参照
◉鹿児島工場＝〒899－5203　始良市加治木町小山田3043－1
☎0995－62－8055・FAX0995－62－8067
✉kagoshima@kida.gr.jp
従業員20名（主任技士2名・技士3名・診断士1名）
2000×1（二軸）　住友大阪・日鉄高炉　チューポール・フローリック　車大型×10台・小型×3台
G＝石灰砕石・砕石　S＝陸砂・砕砂
普通・舗装JIS取得（GBRC）
※田野工場＝宮崎県参照

共同コンクリート工業㈱
1972年8月4日設立　資本金9650万円　従業員17名　出資＝（自）27.8％・（セ）1.71％・（建）19.01％・（骨）12.54％・（他）38.94％
◉本社＝〒899－0217　出水市平和町1005
☎0996－62－4111・FAX0996－62－4629
代表取締役桑木喜久　取締役中田博基・森田努・川口清則
◉工場＝本社に同じ
工場長森田努
従業員9名（技士2名）
1972年11月操業2013年8月更新1670×1（二軸）　ＰＳＭ日工　トクヤマ　シーカジャパン　車大型×7台・小型×3台
2023年出荷16千㎥、2024年出荷11千㎥
G＝砕石　S＝山砂・砕砂
普通JIS取得（JTCCM）
◉長島工場＝〒899－1211　出水郡長島町山門野4572－1
☎0996－87－0155・FAX0996－87－0457
従業員8名
1972年10月操業1976年3月更新1000×1（二軸）　ＰＳＭ日工　トクヤマ　シーカジャパン　車大型×6台・小型×3台
2023年出荷9千㎥、2024年出荷4千㎥
G＝砕石　S＝河川・砕砂
普通JIS取得（JTCCM）

旭信興産㈱
◉本社＝〒893－0037　鹿屋市田崎町850
☎0994－42－5251・FAX0994－42－0232
✉kun@lake.ocn.ne.jp
取締役社長大石万希生　取締役会長大石博資　取締役副社長伊集吉郎　専務南浩良
◉工場＝本社に同じ
専務南浩良
従業員33名（主任技士2名・技士5名）
1964年4月操業2004年5月更新2750×1　ＰＳＭ日工　UBE三菱　シーカ　車大型×14台・中型×3台
2023年出荷18千㎥、2024年出荷14千㎥
G＝砕石　S＝陸砂・海砂・砕砂
普通JIS取得（JTCCM）
大臣認定単独取得（60N/mm²）
※根占工場は旭信興産根占工場・田代コンクリート工業有限責任事業組合に生産委託

旭信興産根占工場・田代コンクリート工業有限責任事業組合
（旭信興産㈱根占工場と田代コンクリート工業㈱により設立。両社より生産委託）
◉本社＝〒893－2502　肝属郡南大隅町根占川南5940
☎0994－24－5000・FAX0994－24－5588
◉根占工場（旧旭信興産㈱根占工場）＝本社に同じ
責任者上船純孝
従業員12名（技士2名）
2500×1　住友大阪　シーカポゾリス　車6台
G＝砕石　S＝海砂・砕砂
普通JIS取得（JTCCM）

熊毛生コンクリート㈱
1977年5月4日設立　資本金8400万円　従業員10名
◉本社＝〒891－4311　熊毛郡屋久島町安房825－8

☎0997－46－3741・FAX0997－46－2884
✉kumagenamaconn.anbou.hiclaka@gmail.com
代表取締役社長柴久美子　取締役柴八代志・高橋英文　監査役濱崎信次
◉安房工場＝本社に同じ
工場長岩川純也
従業員10名（技士2名）
1984年9月操業2021年7月更新1670×1（二軸）　ＰＳＭ日工　太平洋　チューポール・シーカポゾリス　車大型×12台・小型×2台〔傭車：㈱熊毛運輸〕
2023年出荷10千㎥
G＝石灰砕石　S＝海砂
普通JIS取得（JTCCM）
◉志戸子工場（操業停止中）＝〒891－4204　熊毛郡屋久島町志戸子1277－5
☎0997－42－0166・FAX0997－42－0261
1973年7月操業1500×1　ＰＳＭ光洋機械（旧石川島）

コーアツ工業㈱
1959年11月10日設立　資本金13億1900万円　従業員275名
◉本社＝〒890－0008　鹿児島市伊敷5－17－5
☎099－229－8181・FAX099－220－5338
URL http://www.koatsuind.co.jp/
代表取締役出口稔
ISO 9001・14001・45001取得
※熊本工場＝熊本県参照

㈱恋島コンクリート
2006年11月設立　資本金1000万円　従業員10名　出資＝（製）100％
◉本社＝〒897－1201　南さつま市大浦町30046
☎0993－62－3600・FAX0993－62－3601
代表取締役社長森成秋　専務取締役片平節賀
◉工場＝本社に同じ
工場長片平節賀
従業員13名（主任技士1名・技士2名）
2001年4月更新2000×1　ＰＳＭ光洋機械　トクヤマ　チューポール　車大型×6台・小型×1台
G＝砕石　S＝陸砂・砕砂
普通JIS取得（JTCCM）

甑クリーンセンター㈱
1999年9月8日設立　資本金300万円　従業員13名　出資＝（建）100％
◉本社＝〒896－1601　薩摩川内市下甑町手打689－イ
☎09969－7－0780・FAX09969－7－0071
代表取締役社長四角仁思
◉鹿島生コン工場＝〒896－1301　薩摩川内市鹿島町藺牟田3307
☎09969－4－2341・FAX09969－4－2341
工場長四角公一
従業員12名（技士3名）
1972年1月操業2008年1月更新1000×1（二軸）　太平洋　シーカポゾリス　車大型×4台・小型×1台
2023年出荷1千㎥、2024年出荷2千㎥
G＝砕石　S＝海砂
普通JIS取得（MSA）

㈱甑号
資本金2300万円
◉本社＝〒896－1601　薩摩川内市下甑町手打1034
代表取締役社長福山俊三
◉工場＝〒896－1601　薩摩川内市下甑町手打字落3487－1
☎09969－7－0102
工場長佐々木博久
従業員（技士1名）
1000×1　太平洋
普通JIS取得（GBRC）

五色産業㈱
1975年12月27日設立　資本金800万円　従業員38名　出資＝（自）100％
◉本社＝〒896－1201　薩摩川内市上甑町中甑475－2
☎09969－2－1111・FAX09969－2－1418
代表取締役大園昌弘　取締役山下智賢　監査役大園シマ子
◉中甑工場＝〒896－1201　薩摩川内市上甑町中甑馬道1160
☎09969－2－1111・FAX09969－2－1418
責任者大園昌弘
従業員16名（主任技士1名・技士1名）
1976年3月操業2008年1月更新1750×1（二軸）　ＰＳＭ日工　太平洋　車大型×4台・中型×1台
G＝砕石　S＝河川・砕砂
普通JIS取得（MSA）

桜島生コンクリート㈱
1994年1月設立　資本金5000万円　従業員10名　出資＝（自）100％
◉本社＝〒891－1420　鹿児島市桜島赤水町900－7
☎099－293－2910・FAX099－293－2906
代表取締役森泰幸　役員森孝之・森英之
◉工場＝本社に同じ
従業員10名（技士2名）
1994年10月操業3000×1（二軸）　ＰＳＭ光洋機械（旧石川島）　太平洋　チューポール　車大型×8台・小型×1台
G＝砕石　S＝海砂
普通・舗装JIS取得（JTCCM）

薩摩コンクリート㈱
1997年9月1日設立　資本金3000万円　従業員25名　出資＝（販）75％・（建）25％
◉本社＝〒891－0516　指宿市山川成川3060
☎0993－34－0763・FAX0993－35－2886
代表取締役社長菅徳太郎　常務取締役新留嘉　取締役河上秀孝
◉指宿工場＝本社に同じ
常務取締役新留嘉
従業員10名（主任技士1名・技士1名）
1973年12月操業2022年4月更新2250×1（二軸）　ＰＳＭ日工　太平洋　チューポール　車大型×6台・小型×1台
2023年出荷15千㎥、2024年出荷11千㎥
G＝砕石　S＝海砂
普通JIS取得（JTCCM）
◉喜入工場＝〒891－0204　鹿児島市喜入一倉町11507
☎099－345－3133・FAX099－345－3141
工場長河上秀孝
従業員5名（主任技士1名）
1993年3月操業1500×1（二軸）　ＰＳＭ光洋機械（旧石川島）　太平洋　チューポール　車大型×3台・小型×1台
G＝砕石　S＝海砂・砕砂
普通JIS取得（GBRC）
◉知覧工場＝〒897－0302　南九州市知覧町郡8412
☎0993－83－2533・FAX0993－83－4167
工場長河上秀孝
従業員19名（主任技士1名・技士1名）
1973年3月操業1988年10月更新1750×1（二軸）　ＰＳＭ光洋機械　太平洋　チューポール　車大型×3台・小型×1台
G＝砕石　S＝海砂・砕砂
普通JIS取得（GBRC）

薩摩産業㈱
1981年7月1日設立　資本金8000万円　従業員34名　出資＝（販）80％・（セ）12.5％・（建）7.5％
◉本社＝〒895－2203　薩摩郡さつま町永野3220－1
☎0996－58－0211
代表取締役菅徳太郎　常務取締役内村祐一郎　監査役林元成子
◉横川工場＝〒899－6301　霧島市横川町上ノ2542－1
☎0995－73－2111・FAX0995－73－2113
工場長塩福猛也
従業員19名（主任技士1名・技士2名）
1996年4月操業1500×1　ＰＳＭ日工　太平洋　チューポール　車大型×4台・小型×2台
G＝砕石　S＝海砂
普通JIS取得（JTCCM）
◉国分工場＝〒899－4462　霧島市国分敷根2770
☎0995－46－6337・FAX0995－46－6557
工場長小鹿野利昭
従業員11名（技士2名）

1993年1月操業2000×1（二軸） ＰＳＭ光洋機械（旧石川島） 太平洋 チューボール 車大型×8台・小型×2台
2023年出荷22千㎥、2024年出荷17千㎥
G＝石灰砕石・砕石 S＝海砂
普通JIS取得（JTCCM）
◉薩摩工場（操業停止中）＝本社に同じ
1980年7月操業1990年9月更新1750×1 ＰＳＭ光洋機械
※宮之城共同生コン㈱へ生産委託

㈱サンコー
1973年4月1日設立 資本金3000万円 従業員69名 出資＝（セ）4%・（販）4%・（建）92%
◉本社＝〒899－7401 志布志市有明町伊崎田5013
☎099－474－2111・FAX099－474－2328
代表取締役社長徳峰進一 代表取締役会長渡辺紘起 取締役渡辺孝・渡辺紘三
◉有明工場＝本社に同じ
工場長鈴木正司
従業員27名（主任技士1名・技士4名）
1985年9月操業3000×1 ＰＳＭ光洋機械 UBE三菱 シーカビスコクリート・シーカポゾリス 車大型×9台・小型×2台
2023年出荷29千㎥、2024年出荷34千㎥（水中不分離10㎥）
G＝砕石 S＝陸砂・砕砂
普通JIS取得（GBRC）
◉大崎工場＝〒899－7306 曽於郡大崎町永吉8201
☎099－476－0351・FAX099－476－3193
✉sankoh.ohsaki@tau.megax.ne.jp
工場長竹下広一
従業員10名（技士2名）
1973年4月操業1981年8月更新3000×1（二軸） ＰＳＭ日工 UBE三菱 シーカジャパン 車大型×2台・小型×1台
2023年出荷9千㎥、2024年出荷15千㎥
G＝砕石 S＝陸砂・砕砂
普通JIS取得（GBRC）
◉末吉工場＝〒899－8606 曽於市末吉町深川10665
☎0986－79－1177・FAX0986－79－1460
工場長本田勉
従業員7名（技士2名）
1989年2月操業1750×1（二軸） ＰＳＭ光洋機械 UBE三菱 車大型×2台・小型×1台
2024年出荷6千㎥
G＝砕石 S＝陸砂・砕砂
普通JIS取得（GBRC）

㈱シートック
1971年10月30日設立 資本金5000万円 従業員96名 出資＝（販）16.6％・（建）57.0％・（骨）1.5％・（他）24.9％
◉本社＝〒890－0055 鹿児島市上荒田町29－23
☎099－250－7316・FAX099－256－0605
代表取締役森政広 取締役森秀俊・肥後誠・今門勝明・大石則人
ISO 9001取得
◉枕崎工場＝〒898－0031 枕崎市枕崎9150
☎0993－72－3126・FAX0993－72－9666
工場長久木田知優
従業員28名（主任技士3名・技士4名）
1971年11月操業2005年8月更新1700×1（二軸） ＰＳＭ北川鉄工（旧日本建機） 太平洋 シーカジャパン 車大型×6台・中型×1台
G＝砕石 S＝海砂・砕砂
普通JIS取得（GBRC）
◉頴娃工場＝〒891－0702 南九州市頴娃町牧之内14200
☎0993－36－2266・FAX0993－36－2267
工場長高吉三則
従業員11名（主任技士2名・技士2名）
1990年11月操業1500×1（二軸） ＰＳＭ日工 太平洋 シーカジャパン 車大型
2024年出荷7千㎥
G＝砕石 S＝海砂・砕砂
普通JIS取得（GBRC）
◉鹿屋工場＝〒893－0021 鹿屋市東原町7104－1
☎0994－40－6222・FAX0994－40－6635
工場長末吉淳
従業員30名（技士2名）
2016年4月更新1670×1（二軸） 日工 UBE三菱 シーカジャパン 車大型×10台・中型×1台・小型×1台
2024年出荷9千㎥
G＝石灰砕石・砕石 S＝陸砂・砕砂
普通・舗装JIS取得（GBRC）
◉喜入工場＝〒891－0202 鹿児島市喜入中名町3－4
☎099－347－0220・FAX099－347－0241
工場長塗木秀利
従業員14名（主任技士1名・技士2名）
1992年12月操業2006年12月更新1670×1 ＰＳＭ日工 麻生 フローリック 車大型×8台・中型×1台・小型×1台
2023年出荷13千㎥
G＝山砂利・石灰砕石・砕石 S＝海砂・砕砂
普通JIS取得（GBRC）

㈱森栄生コン
2000年3月1日設立 資本金3000万円 従業員10名 出資＝（自）67%・（販）33%
◉本社＝〒899－7513 志布志市有明町山重11509－9
☎099－475－1836・FAX099－475－1858
✉shinei@shineinamakon.com
代表取締役森義大 専務取締役平田勝美 取締役今別府英樹 監査役中山昭裕
◉工場＝本社に同じ
工場長平田勝美
従業員10名（技士3名）
1979年9月操業1995年9月更新1500×1 ＰＳＭ日工 住友大阪 フローリック・シーカポゾリス 車大型×6台・小型×1台
2023年出荷11千㎥、2024年出荷19千㎥
G＝砕石 S＝陸砂・砕砂
普通JIS取得（GBRC）

末吉生コンクリート㈱
1988年8月24日設立 資本金5000万円 従業員10名 出資＝（販）60%・（建）40%
◉本社＝〒899－8605 曽於市末吉町二之方4863－1
☎0986－76－0011・FAX0986－76－0815
✉sueyoshi-namacon@crest.ocn.ne.jp
代表取締役川畑勇一郎 取締役久木野広誠・有川裕幸・菅徳太郎
◉工場＝本社に同じ
工場長東和久
従業員10名（主任技士1名・技士3名）
2007年5月操業1750×1（二軸） ＰＳＭ光洋機械 太平洋 チューポール 車大型×8台・小型×2台
G＝砕石 S＝海砂・砕砂
普通JIS取得（JTCCM）

㈲瀬相コンクリート興業
資本金800万円
◉本社＝〒894－1521 大島郡瀬戸内町清水839－1
☎0997－72－0115・FAX0997－72－3180
代表取締役清雅代
◉工場＝〒894－2322 大島郡瀬戸内町大字瀬相167
1977年4月操業1000×1 太平洋

瀬戸内生コン㈱
資本金1000万円 従業員27名 出資＝（骨）100％
◉本社＝〒894－1511 大島郡瀬戸内町阿木名427
☎0997－72－2573・FAX0997－72－1789
代表取締役社長緑健児
◉本社工場＝〒894－1511 大島郡瀬戸内町阿木名砂川235
☎0997－72－2573・FAX0997－72－1789
工場長渡浩幸
従業員12名
1976年11月操業1500×1 ＰＳＭ光洋機械（旧石川島） 太平洋 シーカジャパン 車大型×5台・小型×1台
2024年出荷8千㎥
G＝砕石 S＝海砂・砕砂
普通・舗装JIS取得（GBRC）

㈱センテイ
資本金2106万円
◉本社＝〒892－0836　鹿児島市錦江町9－25
☎099－223－7421・FAX099－225－6244
代表取締役社長久場眞三
◉ケイエスプラント事業部大峯工場＝〒890－0033　鹿児島市西別府町3116－18
☎099－281－0990・FAX099－281－0757
工場長岩重良一
従業員23名
第1P＝1997年5月操業2500×1
第2P＝2007年1月操業2800×1　麻生・トクヤマ　車14台〔傭車：鹿児島マルトラ・永野産業・六十自動車〕
2023年出荷26千㎥、2024年出荷25千㎥
G＝石灰砕石・砕石　S＝石灰砕砂・砕砂
普通JIS取得(GBRC)
大臣認定単独取得(80N/mm²)

種子島小野田レミコン㈱
1970年12月1日設立　資本金2590万円
従業員16名　出資＝(自)72%・(販)28%
◉本社＝〒891－3101　西之表市西之表14555－2
☎0997－22－1177・FAX0997－22－1180
✉tane-remicon@shore.ocn.ne.jp
代表取締役里村明紀
◉工場＝本社に同じ
工場長鮫嶋直道
従業員16名(主任技士2名・技士1名)
1971年3月操業2024年3月更新1800×1(二軸)　PSM光洋機械　太平洋　チューポール　車大型×7台・中型×3台
2023年出荷16千㎥、2024年出荷11千㎥
G＝石灰砕石　S＝山砂・海砂
普通JIS取得(GBRC)

種子島協同コンクリート工業㈱
1973年6月18日設立　資本金4000万円
従業員14名　出資＝(販)72%・(建)28%
◉本社＝〒891－3701　熊毛郡南種子町中之上1774－1
☎0997－26－0399・FAX0997－26－0610
✉tanegasima@nils.jp
代表取締役村山孝人　取締役松浦礼治・石橋正澄・下野哲郎　監査役森脇芳喜
◉工場＝本社に同じ
工場長中峯禎之
従業員14名(技士2名)
1981年1月操業2020年1月更新1500×1　PSM日工　日鉄高炉・太平洋　フローリック　車大型×7台・小型×2台
2023年出荷15千㎥、2024年出荷20千㎥
G＝石灰砕石　S＝山砂・海砂
普通JIS取得(GBRC)

㈱垂水生コン
1973年4月1日設立　資本金1000万円　従業員16名　出資＝(自)100%
◉本社＝〒891－2127　垂水市下宮町72
☎0994－32－0823・FAX0994－32－6129
代表取締役社長上野壽一郎　取締役三重野耕治・下野哲郎・中島務　監査役森脇芳喜
◉工場＝本社に同じ
工場長町田憲
従業員11名(主任技士1名・技士1名)
1973年6月操業1987年4月PM1995年9月S更新1500×1(二軸)　P度量衡S日工　M光洋機械(旧石川島)　UBE三菱　シーカジャパン　車大型×5台・小型×1台
G＝砕石　S＝海砂
普通・舗装JIS取得(GBRC)

筑紫菱光㈱
◉本社＝福岡県参照
◉川薩工場＝〒895－1106　薩摩川内市東郷町斧渕4680
☎0996－42－2141・FAX0996－42－2142
工場長桑水流靖彦
従業員9名(主任技士2名・技士2名)
1500×1　UBE三菱　フローリック　車大型×5台・中型×4台
2024年出荷8千㎥
G＝砕石　S＝陸砂・海砂
普通JIS取得(IC)
※南福岡工場・久留米工場＝福岡県、鳥栖工場＝佐賀県、新菱コンクリート工場＝長崎県、天草工場・小川工場＝熊本県参照

中央コンクリート製品㈱
1988年11月22日設立　資本金2000万円
従業員15名　出資＝(自)100%
◉本社＝〒891－3601　熊毛郡中種子町納官3765－2
☎0997－27－7321・FAX0997－27－7200
代表取締役里村明紀
◉工場＝本社に同じ
従業員15名(技士2名)
1989年11月操業2023年4月更新1000×1(二軸)　PSM光洋機械　太平洋・日鉄高炉　チューポール　車大型×6台・小型×2台
2024年出荷12千㎥
G＝石灰砕石　S＝山砂・海砂
普通JIS取得(GBRC)

㈱中薩
1989年3月22日設立　資本金2000万円
従業員7名　出資＝(他)100%
◉本社＝〒899－3402　南さつま市金峰町大坂2235
☎0993－78－2111・FAX0993－78－2114
代表取締役社長津曲晋作　取締役上原敬一郎・久保和泉　監査役野元教宏・久保辰八
◉工場＝本社に同じ
工場長岩本昭人
従業員7名(主任技士1名・技士1名)
1989年1月操業1670×1　PSM日工　太平洋・日鉄高炉　シーカポゾリス・シーカビスコクリート　車大型×5台・小型×1台
G＝砕石　S＝海砂・砕砂
普通JIS取得(GBRC)

土佐屋生コンクリート㈱
1982年6月14日設立　資本金1000万円
従業員27名　出資＝(他)100%
◉本社＝〒890－0073　鹿児島市宇宿2－9－11
☎099－230－0010・FAX099－230－0485
代表取締役社長岡部龍一郎　取締役日高浩美・宮迫幸治
※高山工場は鹿屋地区南国・土佐屋有限責任事業組合に生産委託
◉国分工場＝〒899－4321　霧島市国分広瀬1－24－12
☎0995－45－0735・FAX0995－45－0737
工場長亀澤純一
従業員15名(技士2名)
1965年8月操業2022年5月更新2250×1(二軸)　PSM日工　日鉄高炉・トクヤマ　シーカビスコフロー　車大型×10台・小型×2台
2023年出荷33千㎥、2024年出荷15千㎥
G＝石灰砕石・砕石　S＝海砂
普通JIS取得(JTCCM)
◉加治木工場＝〒899－5231　姶良市加治木町反土新田4－15－20
☎0995－63－2174・FAX0995－63－2175
✉t-fukudome@tosaya.co.jp
工場長福留隆臣
従業員9名(技士2名)
1968年9月操業2014年8月更新1670×1(二軸)　PSM日工　日鉄高炉・トクヤマ　シーカビスコフロー・シーカビスコクリート　車大型×4台・小型×2台
G＝砕石　S＝海砂
普通・舗装JIS取得(JTCCM)
大臣認定単独取得(45N/mm²)
◉桜島工場＝〒891－1412　鹿児島市桜島二俣町6－1
☎099－293－4001・FAX099－293－4652
✉k-inoue@tosaya.co.jp
工場長井上浩一
従業員10名(主任技士1名・技士1名)
1985年4月操業2007年7月更新1670×1　PSM日工　日鉄高炉・トクヤマ　シーカポゾリス　車大型×6台
2023年出荷8千㎥
G＝砕石　S＝海砂
普通JIS取得(JTCCM)

◉鹿児島工場＝〒891－0122　鹿児島市南栄3－4
☎099－268－8281・FAX099－268－8283
工場長井上浩一
従業員13名（主任技士3名・技士3名）
1972年1月操業2004年7月更新3000×1（二軸）　ＰＳＭ日工　日鉄高炉・トクヤマ　シーカポゾリス　車大型×5台・小型×2台
2024年出荷13千㎥（水中不分離90㎥）
G＝石灰砕石・砕石　S＝海砂・砕砂
普通JIS取得（JTCCM）
◉栗野工場＝〒899－6201　姶良郡湧水町木場1413
☎0995－74－3161・FAX0995－74－3163
工場長元吉孝秀
従業員8名（技士2名）
1966年9月操業2009年9月更新1670×1　ＰＳＭ日工　日鉄高炉・トクヤマ　シーカジャパン　車大型×5台・小型×2台
2023年出荷10千㎥、2024年出荷10千㎥
G＝砕石　S＝海砂
普通JIS取得（JTCCM）

㈲長崎産業
1975年4月1日設立　資本金500万円　従業員9名　出資＝（自）100％
◉本社＝〒899－1303　出水郡長島町指江字郷式日当1843－4
☎0996－88－5601・FAX0996－88－5177
代表取締役長嵜富男　取締役脇田智尋
◉本社工場＝本社に同じ
工場長脇田智尋
従業員10名（主任技士2名・技士2名）
1971年12月操業1984年6月更新1000×1（二軸）　ＰＳＭ光洋機械　UBE三菱　シーカジャパン　車大型×5台・小型×2台
G＝山砂利・砕石　S＝海砂・砕砂
普通JIS取得（JTCCM）

中野建設㈱
資本金1000万円
◉本社＝〒896－1411　薩摩川内市下甑町長浜906
☎09969－5－0191・FAX09969－5－1196
✉n.namakon@nils.jp
代表取締役中野力丸　取締役中野和子・宮田生子
◉生コン事業部＝〒896－1521　薩摩川内市下甑町青瀬風炉ノ前田1167
☎09969－5－0788・FAX09969－5－1196
工場長下野大蔵
従業員10名（技士1名）
1982年6月操業2000×1　ＰＳＭ日工　太平洋　シーカポゾリス・シーカビスコクリート　車大型×5台・中型×1台
2023年出荷2千㎥
G＝砕石　S＝海砂・砕砂
普通JIS取得（JTCCM）

南栄建設協同組合
資本金4360万円　出資＝（建）100％
◉事務所＝〒891－9307　大島郡与論町古里1898
☎0997－97－2348・FAX0997－97－2154
代表理事川畑迫愛
◉工場（操業停止中）＝〒891－9302　大島郡与論町立長321
☎0997－97－4818
1979年8月操業1000×1

南国ガイアレミコン㈱
◉本社＝〒899－2511　日置市伊集院町下神殿2115
☎099－272－5888・FAX099－272－2738
代表取締役上夷一人
◉工場＝本社に同じ
1991年9月操業2000×1（二軸）　ＰＳＭ光洋機械（旧石川島）
G＝砕石　S＝海砂・砕砂
普通JIS取得（JTCCM）

南国生コンクリート㈱
1961年12月25日設立　資本金9000万円　従業員58名　出資＝（セ）30％・（販）49.7％・（建）8.9％・（他）11.4％
◉本社＝〒891－0122　鹿児島市南栄4－7
☎099－269－5155・FAX099－269－3535
代表取締役徳留眞一郎　常務取締役林輝興・上夷一人　取締役川畑孝則・諏訪園隆・上野総一郎・橋本吉倫　監査役前沢貴史・下野哲郎
※大隅工場は鹿屋地区南国・土佐屋有限責任事業組合に生産委託
◉本社工場＝〒891－0122　鹿児島市南栄4－7
☎099－269－5151・FAX099－269－3536
工場長中島和行
従業員11名（主任技士2名・技士1名・診断士1名）
1972年12月操業2004年2月更新2750×1（二軸）　ＰＳＭ日工　太平洋　チューポール・シーカポゾリス・シーカビスコクリート　車大型×7台・小型×1台
G＝石灰砕石・砕石　S＝海砂・砕砂
普通JIS取得（GBRC）
大臣認定単独取得（60N/mm²）
◉鹿児島南港工場＝〒890－0072　鹿児島市新栄町19－28
☎099－254－5111・FAX099－254－5114
工場長川口裕志
従業員15名（主任技士3名・技士2名）
2009年5月操業2750×1（二軸）　ＰＳＭ日工　太平洋　竹本・シーカジャパン　車大型×9台・小型×1台
2023年出荷18千㎥、2024年出荷20千㎥
G＝石灰砕石・砕石　S＝海砂・砕砂
普通JIS取得（GBRC）
大臣認定単独取得（60N/mm²）
◉出水工場＝〒899－0121　出水市米ノ津町60－25
☎0996－67－2111・FAX0996－67－4331
工場長桐野良弘
従業員10名（技士2名）
2000年4月操業2000年12月更新2500×1　ＰＳＭ日工　日鉄高炉・太平洋　チューポール・シーカポゾリス・シーカビスコクリート　車大型×6台・小型×2台
G＝砕石　S＝河川・陸砂
普通JIS取得（GBRC）
◉加治木工場＝〒899－5203　姶良市加治木町小山田字堂ノ前408
☎0995－63－2555・FAX0995－63－5673
工場長多寶剛
従業員14名（主任技士1名・技士3名・診断士1名）
1970年6月操業1992年1月更新3000×1（二軸）　ＰＳＭ日工　太平洋・日鉄高炉　チューポール・シーカポゾリス　車大型×9台・中型×2台
G＝石灰砕石・砕石　S＝海砂
普通JIS取得（GBRC）
◉谷山工場＝〒891－0122　鹿児島市南栄4－5－2
☎099－260－1131・FAX099－260－1112
✉nangoku_rmc-taniyama@adagio.ocn.ne.jp
品質管理責任者井上隆
従業員5名
72×2　太平洋
2023年出荷1千㎥
G＝石灰砕石・砕石　S＝海砂・砕砂
普通JIS取得（GBRC）
◉川内工場＝〒895－0056　薩摩川内市宮里町2997
☎0996－22－3161・FAX0996－23－1181
工場長上田宏
従業員9名（技士3名）
1670×1（二軸）　太平洋・日鉄高炉　チューポール・シーカポゾリス・シーカビスコクリート　車大型×4台・小型×1台
2024年出荷23千㎥（水中不分離92㎥）
G＝砕石　S＝山砂・海砂
普通JIS取得（GBRC）

南州コンクリート工業㈱
1965年12月8日設立　資本金9600万円　従業員54名　出資＝（自）100％
◉本社＝〒891－1231　鹿児島市小山田町448
☎099－238－2222・FAX099－238－4452
代表取締役中西智也　取締役宮原義信・田中昭弘・徳永春雄・宮下毅
※南州平田南九州有限責任事業組合に生産委託

南州平田南九州有限責任事業組合
（南州コンクリート工業㈱本社工場、平

田コンクリート工業㈱、南九州生コン㈲吹上工場より生産受託)
◉本社＝〒892－0804　鹿児島市春日町4－45－402
◉工場＝〒891－1231　鹿児島市小山田町448
☎099－238－2222・FAX099－238－4452
職務執行者中西智也
従業員40名
1965年12月操業2021年2月更新2750×1(二軸)　PSM日工　住友大阪・新日鉄高炉　シーカジャパン・竹本　車大型×19台・中型×2台
G＝石灰砕石・砕石　S＝海砂・砕砂
普通・高強度JIS取得(GBRC)

南西コンクリート工業㈱
1973年9月28日設立　資本金3000万円
従業員13名　出資＝(セ)10%・(販)45%・(他)45%
◉本社＝〒891－9136　大島郡和泊町瀬名東山1141－1
☎0997－92－1800・FAX0997－92－1138
✉nanseikk@po5.synapse.ne.jp
代表取締役松田純矩
◉工場＝本社に同じ
工場長松田純矩
従業員13名(技士2名)
1974年9月操業2003年5月更新1670×1　PSM日工　UBE三菱　フローリック　車大型×6台・中型×1台〔傭車：㈱町田機動〕
G＝砕石　S＝海砂・スラグ
普通・舗装JIS取得(GBRC)

日研マテリアル㈱
1982年9月29日設立　資本金1000万円
従業員26名　出資＝(セ)10%・(販)15%・(建)60%・(他)15%
◉本社＝〒891－0122　鹿児島市南栄4－5－1
☎099－268－6211・FAX099－267－5598
代表取締役米盛直樹　取締役米盛庄一郎・米盛司郎・米盛庄平　監査役塩屋生郎
◉工場＝本社に同じ
工場長武元陽児
従業員26名(主任技士1名・技士2名)
1969年2月操業1980年9月PM1990年11月S更新2500×1(二軸)　PSM日工　住友大阪　フローリック　車大型×8台・小型×2台
2023年出荷14千㎥、2024年出荷13千㎥
G＝石灰砕石・砕石・スラグ　S＝海砂・石灰砕砂・砕砂・スラグ
普通・舗装JIS取得(GBRC)
大臣認定単独取得(60N/mm²)

日新コンクリート工業㈱
1970年2月6日設立　資本金5000万円　従業員48名　出資＝(他)100%
◉本社＝〒897－0002　南さつま市加世田武田14892
☎0993－53－2611・FAX0993－52－0288
代表取締役社長上東伸太郎　代表取締役専務本田義道　取締役上東芳子・東正和・前田剛・永野和弘
◉本社工場＝〒897－0002　南さつま市加世田武田14892
☎0993－53－2052・FAX0993－52－7474
工場長満永治
従業員17名(技士2名)
1972年10月操業2015年8月更新1700×1(二軸)　PSM北川鉄工　太平洋　チューポール　車大型×6台・中型×1台・小型×1台
G＝砕石　S＝山砂・砕砂
普通・舗装JIS取得(GBRC)
◉大野工場＝〒899－3401　南さつま市金峰町大野3507
☎0993－77－1325・FAX0993－77－3675
工場長俵積田竜久
従業員21名(技士4名)
2000×1　麻生　チューポール　車大型×6台・小型×1台
2023年出荷17千㎥、2024年出荷8千㎥
G＝砕石　S＝海砂・砕砂
普通JIS取得(GBRC)

㈱日進商会
1967年7月1日設立　資本金1500万円　出資＝(販)50%・(他)50%
◉本社＝〒894－0106　大島郡龍郷町中勝2404－2
☎0997－62－5525・FAX0997－62－5138
代表取締役尾﨑英哉　常務取締役岡山裕二　取締役尾﨑健一・松島裕一　監査役山下和幸
◉龍郷アサコン工場＝〒894－0106　大島郡龍郷町中勝2404－2
☎0997－62－5135・FAX0997－62－5138
従業員14名
2000×1　太平洋　シーカジャパン　車9台
G＝山砂利　S＝海砂
普通・舗装JIS取得(JTCCM)

㈱ヒガ
1973年8月3日設立　資本金1000万円　従業員14名　出資＝(自)100%
◉本社＝〒891－6201　大島郡喜界町赤連2966
☎0997－65－0212・FAX0997－65－1064
代表取締役比嘉徳和　取締役比嘉武徳・若松哲也
◉生コン工場＝〒891－6201　大島郡喜界町赤連2966
☎0997－65－2448
工場長比嘉徳文
従業員14名(技士1名)
1975年9月操業1989年4月更新1500×1(二軸)　PSM日工　太平洋　チューポール　車大型×6台・小型×1台
G＝砕石　S＝山砂・海砂
普通JIS取得(JTCCM)

福地産業㈱
1971年10月1日設立　出資＝(他)100%
◉本社＝〒899－6507　霧島市牧園町宿窪田2516
☎0995－76－1171・FAX0995－76－1172
代表取締役福地茂穂　取締役福地勇・若松重晴　監査役福地和江
◉生コン工場(操業停止中)＝〒899－6507　霧島市牧園町宿窪田2516－1
☎0995－76－0445
1971年10月操業1974年8月更新36×2　PSM度量衡

㈲フジスミ産業
1976年8月1日設立　資本金300万円　従業員16名　出資＝(他)100%
◉本社＝〒895－2511　伊佐市大口里150
☎0995－22－4212・FAX0995－29－5150
代表取締役藤井純博　取締役藤井尚子
◉工場＝〒895－2705　伊佐市菱刈重留544－1
☎0995－26－1675・FAX0995－26－2523
✉fujisumi@po3.synapse.ne.jp
工場長西屋豊
従業員13名(主任技士1名・技士2名)
1974年8月操業1985年1月M更新1500×1　PSS日工M田中鉄工　住友大阪　チューポール　車大型×4台・中型×2台・小型×2台
G＝砕石　S＝海砂
普通JIS取得(GBRC)

渕上生コンクリート㈱
1978年10月27日設立　資本金1000万円
従業員12名　出資＝(自)100%
◉本社＝〒891－7101　大島郡徳之島町亀津5552－2
☎0997－82－2800・FAX0997－82－2801
代表取締役渕上平八郎　取締役渕上恵美子・石黒秀夫・上村喜教　監査役勝秀博
◉工場＝本社に同じ
工場長勝秀博
従業員12名(技士2名)
1978年10月操業1997年4月更新1500×1(二軸)　PSM日工　太平洋　車大型×8台・中型×1台・小型×1台
G＝砕石　S＝海砂
普通JIS取得(JTCCM)

北薩生コンクリート㈱
1966年5月1日設立　資本金1000万円　従業員23名　出資=(自)100%
◉本社=〒891-1231　鹿児島市小山田町6717
☎099-238-2233・FAX099-238-3850
✉i.kubo@hokusatsu-n.com
代表取締役津曲晋作
◉鹿児島工場=本社に同じ
常務取締役久保和泉
従業員23名(主任技士2名・技士4名)
1967年10月操業2007年1月更新2300×1(二軸)　PSM北川鉄工　太平洋・日鉄高炉　シーカジャパン・フローリック　車大型×12台・小型×1台
2023年出荷23千㎥
G=石灰砕石・砕石　S=海砂・砕砂
普通JIS取得(GBRC)

北南コンクリート㈱
1978年7月1日設立　資本金2000万円　従業員30名
◉本社=〒891-3101　西之表市西之表14175
☎0997-23-1878・FAX0997-22-1896
代表取締役熊谷公喜
◉工場=〒891-3101　西之表市西之表14175
☎0997-23-1005・FAX0997-23-1968
工場長柳和文
従業員15名(技士3名)
1978年7月操業2003年5月更新1500×1(二軸)　PSM光洋機械　UBE三菱　シーカジャパン　車大型×9台・中型×3台
2023年出荷11千㎥、2024年出荷16千㎥
G=石灰砕石　S=山砂・海砂
普通JIS取得(GBRC)

牧園生コンクリート㈱
1979年11月16日設立　資本金3000万円　出資=(販)32%・(製)68%
◉本社=〒891-0122　鹿児島市南栄4-7
☎099-269-5155・FAX099-269-3535
代表取締役林輝興
◉牧園工場(操業停止中)=〒899-6501　霧島市牧園町万膳2970
☎0995-57-1151・FAX0995-57-1152
1979年12月操業2000年1月更新36×2　PSM日工

南大島生コン㈱
1981年1月1日設立　資本金2000万円　出資=(販)50%・(他)50%
◉本社=〒894-1511　大島郡瀬戸内町阿木名字田水333-3
☎0997-72-2713
代表取締役佐々木秀綱
◉工場=〒894-1511　大島郡瀬戸内町阿木名字田水333-3
☎0997-72-2713・FAX0997-72-3839
工場長辻井政廣
従業員12名
1981年1月操業1990年12月更新1500×1(二軸)　PSM日工　太平洋　チューポール　車大型×5台・小型×1台
2023年出荷11千㎥、2024年出荷13千㎥
G=砕石　S=海砂・砕砂
普通・舗装JIS取得(GBRC)

南九州イワタ産業㈱
2005年7月1日設立　資本金1000万円　出資=(自)100%
◉本社=〒890-0069　鹿児島市南郡元町18-8
☎099-257-7266・FAX099-251-6776
代表取締役社長岩田三千生
◉枕崎工場=〒898-0072　枕崎市道野町9
☎0993-72-3325・FAX0993-73-2824
工場長吉峯健一
従業員9名(主任技士2名・技士4名・診断士1名)
1964年8月操業1995年8月更新2250×1　PSM光洋機械　太平洋　チューポール・シーカポゾリス　車大型×6台・小型×1台
2023年出荷8千㎥、2024年出荷8千㎥
G=砕石　S=海砂・砕砂
普通JIS取得(JTCCM)
◉加世田工場=〒897-0003　南さつま市加世田川畑12530
☎0993-53-4611・FAX0993-53-7566
工場長永山圭一郎
従業員10名(主任技士1名・技士4名)
1969年6月操業2012年7月更新1670×1　PSM日工　太平洋・UBE三菱　チューポール・シーカポゾリス　車大型×6台・小型×1台
2024年出荷7千㎥
G=砕石　S=海砂・砕砂
普通JIS取得(JTCCM)

南九州生コン㈱
◉本社=宮崎県参照
◉吹上工場(操業停止中)=〒899-3308　日置市吹上町田尻4485
☎099-297-2511・FAX099-297-2625
※南州平田南九州有限責任事業組合に生産委託

㈱ミネックス
1979年10月19日設立　資本金400万円　従業員20名　出資=(自)100%
◉本社=〒891-6151　大島郡喜界町塩道14-1
☎0997-66-0088・FAX0997-66-0417
代表取締役峰山恵一
◉工場=本社に同じ
従業員10名(技士2名)
1977年4月操業1993年8月更新1500×1(二軸)　PSM光洋機械(旧石川島)　UBE三菱　車大型×10台・小型×1台
G=砕石　S=海砂
普通JIS取得(GBRC)

宮之城共同生コン㈱
2013年2月1日設立　資本金1000万円　従業員21名　出資=(自)100%
◉本社=〒895-1803　薩摩郡さつま町宮之城屋地1209-20
☎0996-29-3006・FAX0996-29-3086
代表者末吉大樹　役員荒木紀光・弓場智将・榎谷良章
◉南工場=〒895-1723　薩摩郡さつま町二渡1096
☎0996-56-8911・FAX0996-56-8687
✉takashisiken@gmail.com
工場長山内崇史
従業員15名(主任技士1名・技士1名)
1977年2月操業2000年6月更新1670×1(二軸)　PSM日工　日鉄・太平洋　シーカジャパン　車大型×11台・小型×2台
2023年出荷15千㎥、2024年出荷9千㎥(ポーラス26㎥)
G=砕石　S=陸砂・海砂・砕砂
普通JIS取得(JTCCM)
◉北工場=〒895-2104　薩摩郡さつま町柏原2682
☎0996-53-1215・FAX0996-53-1217
工場長大久保慎吾
従業員5名(主任技士2名)
1966年5月操業2007年9月更新1670×1(二軸)　PSM日工　太平洋・日鉄高炉　フローリック・シーカジャパン　車大型×1台・小型×2台
2023年出荷12千㎥、2024年出荷5千㎥
G=砕石　S=海砂・砕砂
普通JIS取得(JTCCM)

㈱ムトウ
1976年7月1日設立　資本金2000万円　従業員30名　出資=(自)100%
◉本社=〒891-9301　大島郡与論町大字茶花930-3
☎0997-97-2214・FAX0997-97-4408
✉cyurashima@mutou-yoron.jp
代表取締役武東愛一郎　取締役武東慶樹・有村斉・供利恵治
◉生コン工場=〒891-9301　大島郡与論町大字茶花字牛道906
☎0997-97-2421・FAX0997-97-4408
✉namakon@mutou-yoron.jp
工場長本山稲森
従業員7名(主任技士1名)
1976年7月操業2023年10月更新1000×1(二軸)　PSM日工　太平洋　シーカジャパン　車大型×3台・中型×1台
2024年出荷4千㎥

G＝砕石　S＝海砂
普通JIS取得（IC）

柳田建設
資本金2000万円　出資＝（建）100％
◉本社＝〒891－9300　大島郡与論町茶花270
☎0997－97－2037・FAX0997－97－3590
代表取締役柳田章彦
◉工場＝本社に同じ
1976年10月操業500×1　太平洋

米盛建設㈱
1940年3月1日設立　資本金8000万円　従業員148名　出資＝（建）100％
◉本社＝〒890－0014　鹿児島市草牟田2－2－7
☎099－298－1234・FAX099－263－5333
URL http://www.yoneg-net.co.jp
✉info@yoneg-net.co.jp
代表取締役社長米盛庄一郎　代表取締役専務米盛直樹　取締役米盛実郎・塩屋生郎・立元聡・米盛庄平
ISO 9001・14001取得
◉種子島生コン工場＝〒891－3104　西之表市住吉577
☎0997－23－4167・FAX0997－22－0113
工場長野﨑伸二
従業員19名（主任技士1名・技士2名）
1973年10月操業2019年12月更新2000×1（二軸）　ＰＳＭ日工　UBE三菱　フローリック　車大型×13台・小型×1台
2023年出荷12千㎥、2024年出荷17千㎥
G＝石灰砕石　S＝山砂・海砂
普通JIS取得（GBRC）

米山テック㈱
1992年6月1日設立
◉本社＝〒891－7101　大島郡徳之島町亀津480－4
代表者米山千歳
◉コンクリート工場＝〒891－7115　大島郡徳之島町下久志223
☎0997－84－0224・FAX0997－84－0261
1500×1　UBE三菱
普通JIS取得（GBRC）

若草生コンクリート㈱
資本金1000万円　従業員26名　出資＝（販）100％
◉本社＝〒899－0406　出水市高尾野町上水流1902－1
☎0996－82－4176・FAX0996－82－4102
代表取締役社長橋口信一
◉出水工場＝本社に同じ
工場長奈良雅夫
従業員10名（主任技士1名・技士2名・診断士1名）
1986年6月操業1995年2月更新2000×1
ＰＳＭ北川鉄工　麻生・太平洋　チューポール・シーカビスコクリート　車大型×5台・中型×2台
2023年出荷6千㎥、2024年出荷9千㎥
G＝砕石　S＝海砂・砕砂
普通JIS取得（JTCCM）

鹿児島県

沖縄県

阿嘉生コン
資本金500万円
◉本社＝〒901－3311　島尻郡座間味村阿嘉1210
☎098－987－2627
代表者親泊照光
◉工場＝本社に同じ
500×1　琉球

㈱E－CON
2003年4月16日設立　資本金4900万円
従業員21名　出資＝（自）100％
◉本社＝〒904－2142　沖縄市登川3412－1
☎098－921－2177
URL http：//e-con-okinawa.com
✉e-con@woody.ocn.ne.jp
代表者眞榮城久仁子
◉工場＝本社に同じ
責任者上江洲達
従業員21名（主任技士1名・技士7名）
2750×1（二軸）　UBE三菱　フローリック
2024年出荷4千㎥
G＝砕石　S＝海砂・砕砂
普通・舗装JIS取得（GBRC）
大臣認定単独取得

伊江建生コン㈱
1973年9月7日設立　資本金3638万円　従業員9名　出資＝（自）3.8％・（セ）14.6％・（販）12.3％・（建）69.3％
◉本社＝〒905－0504　国頭郡伊江村字西江前561
☎0980－49－2457・FAX0980－49－5521
代表取締役社長村元翔太　専務取締役大城光博　取締役宮城尊忠・浦崎直幸・知念一吉・知念敏治・内間司・金城清信・大城安弘・比嘉保・宮城操・山城良幸・岸本恵子・山田勇夫・新垣英人　監査役永山和樹・宮里徳尚・仲宗根末光
◉工場＝〒905－0504　国頭郡伊江村字西江前561
☎0980－49－5813・FAX0980－49－5521
工場長知念治
従業員9名（技士1名）
1973年9月操業1996年11月更新1500×1　ＰＳＭ北川鉄工　琉球　プラストクリート　車大型×7台
G＝砕石　S＝海砂・砕砂

石垣生コンクリート工業㈱
1978年4月7日設立　資本金8500万円　従業員27名　出資＝（自）55.88％・（販）17.65％・（建）7.06％・（他）19.41％
◉本社＝〒907－0022　石垣市字大川1536－48
☎0980－82－5520・FAX0980－82－9926
URL https：//ishinama.com
✉i-center@gold.ocn.ne.jp
代表取締役会長大濵達也　代表取締役社長兼盛博文　取締役大濵亜紗希　監査役大底了子
◉工場＝本社に同じ
責任者大濵達也
従業員27名（技士3名）
1978年11月操業2017年3月更新2000×1（二軸）　ＰＭ光洋機械Ｓリバティ　太平洋　シーカビスコクリート・チューポール　車大型×8台・中型×1台
2024年出荷9千㎥
G＝砕石　S＝海砂・砕砂
普通JIS取得（GBRC）

㈲大城生コン工業
1978年12月7日設立　資本金2500万円
従業員52名　出資＝（自）100％
◉本社＝〒901－1204　南城市大里稲嶺107－1
☎098－946－8301・FAX098－946－8837
代表取締役大城昂　専務取締役大城慶則
◉稲嶺工場＝本社に同じ
工場長城間盛吉
従業員31名（主任技士1名・技士4名）
1972年7月操業1986年7月更新2000×1　ＰＭ大平洋機工Ｓパシフィックシステム　UBE三菱　チューポール　車大型×16台〔傭車：（名）宜野湾産業〕
G＝砕石　S＝海砂
普通JIS取得（GBRC）

㈱太名嘉組伊平屋支店
資本金1億円
◉伊平屋支店＝〒905－0704　島尻郡伊平屋村字島尻1982－49
☎0980－46－2733・FAX0980－46－2731
代表取締役名嘉太助
◉工場＝伊平屋支店に同じ
工場長山田義彦
従業員4名
1978年9月操業1986年3月M改造1000×1（二軸）　ＰＳＭ光洋機械　琉球　シーカメント　車大型×5台・小型×1台
2024年出荷1千㎥
G＝砕石　S＝海砂・砕砂

大野産業㈱
1973年11月8日設立　資本金3000万円
従業員28名　出資＝（自）100％
◉本社＝〒901－1105　島尻郡南風原町字新川345
☎098－889－3487・FAX098－889－4659
✉o-no.re48@gold.ocn.ne.jp
代表取締役社長當野幸哉　専務取締役大湾政光　常務取締役當野政江
◉工場＝〒901－1105　島尻郡南風原町字新川345
☎098－889－4303
工場長屋富祖宏
従業員15名（主任技士1名・技士3名）
1973年6月操業1995年9月更新1750×1　ＰＭ北川鉄工（旧日本建機）Ｓハカルプラス　UBE三菱　チューポール　車大型×9台
G＝砕石　S＝海砂・砕砂
普通JIS取得（GBRC）

㈲大山コンクリート工業
1983年6月13日設立　資本金4980万円
従業員15名　出資＝（自）100％
◉本社＝〒901－2223　宜野湾市字大山7－4－11
☎098－897－9146・FAX098－898－6828
代表取締役石川真明　専務取締役知念和子　常務取締役金城定信
◉工場＝本社に同じ
工場長石川清作
従業員15名（主任技士1名・技士5名・診断士1名）
1983年9月操業1993年6月更新2000×1（二軸）　ＰＳＭ光洋機械（旧石川島）　琉球　シーカジャパン　車大型×10台
2023年出荷3千㎥
G＝石灰砕石　S＝海砂・石灰砕砂
普通・舗装JIS取得（GBRC）

㈱沖縄コンクリート
◉本社＝〒901－2128　浦添市伊奈武瀬1－6－1
☎098－943－5700・FAX098－917－5220
◉那覇工場＝〒901－2128　浦添市伊奈武瀬1－6－1
☎098－867－5212・FAX098－861－3423
1963年8月操業1988年1月更新3000×1（二軸）　ＰＳＭ光洋機械（旧石川島）　太平洋　ダラセム
2023年出荷48千㎥
G＝石灰砕石　S＝海砂・石灰砕砂
普通・舗装JIS取得（GBRC）
大臣認定単独取得（60N/mm²）
◉西崎工場＝〒901－0300　糸満市西崎町5－1－5
☎098－840－3456・FAX098－840－3551
3250×1　太平洋　ダラセム・スーパー
2023年出荷41千㎥、2024年出荷29千㎥（高強度5625㎥）
G＝石灰砕石　S＝海砂・石灰砕砂
普通・舗装・高強度JIS取得（GBRC）
大臣認定単独取得（60N/mm²）

沖縄セメント工業㈱
1953年7月7日設立　資本金9150万円　従業員90名　出資＝（建）60％・（セ）40％

◉本社＝〒900－0001　那覇市港町1－3－10
☎098－862－3255・FAX098－862－3709
代表取締役社長小橋川朝和
◉添石工場＝〒901－2404　中頭郡中城村字添石69－1
☎098－895－2181・FAX098－895－2590
工場長大城和文
従業員16名(主任技士2名・技士2名)
1982年2月操業2021年9月更新2300×1(二軸)　ＰＳＭ光洋機械　太平洋　GCP
2024年出荷26千㎥(高強度290㎥)
G＝砕石　S＝海砂・砕砂
普通・舗装JIS取得(GBRC)
大臣認定単独取得(60N/㎟)
◉嘉手納工場＝〒904－0111　中頭郡北谷町字砂辺481
☎098－936－2314・FAX098－936－2449
✉ock-kadena@mco.ne.jp
工場長浦崎辰夫
従業員15名(主任技士3名・技士2名)
1963年5月操業2003年8月更新3000×1(二軸)　ＰＳＭ北川鉄工(旧日本建機)　太平洋　ダラセム・スーパー
2023年出荷34千㎥、2024年出荷34千㎥(高強度4500㎥・水中不分離250㎥)
G＝砕石　S＝海砂・砕砂
普通・舗装JIS取得(GBRC)
大臣認定単独取得(60N/㎟)
◉金武工場＝〒904－1201　国頭郡金武町字金武8033
☎098－968－2336・FAX098－968－3130
✉ock-kin3@okiceme.co.jp
責任者前田将範
従業員11名(主任技士1名・技士2名)
1963年11月操業2024年10月更新2000×1(二軸)　ＰＳＭ北川鉄工　太平洋　GCP　車6台〔傭車：沖縄マテリアル輸送〕
2023年出荷27千㎥、2024年出荷22千㎥
G＝石灰砕石　S＝海砂・石灰砕砂
普通JIS取得(GBRC)
大臣認定単独取得(60N/㎟)

㈱カイコン
1973年5月設立　資本金7000万円　従業員46名　出資＝(販)11%・(他)89%
◉本社＝〒905－1142　名護市字稲嶺770
☎0980－58－2871・FAX0980－51－3704
✉soumu@kaicon.co.jp
代表取締役社長比嘉吉正　代表取締役専務屋部高邦　取締役當間成・比嘉正敏・運天先俊・嘉手納一文
◉工場＝本社に同じ
従業員46名(主任技士1名・技士6名)
1973年2月操業2003年7月更新2300×1(二軸)　ＰＳＭ北川鉄工　太平洋　チューポール　車大型×17台
G＝砕石　S＝海砂・砕砂
普通・舗装JIS取得(GBRC)

㈲海邦生コン工業
◉本社＝〒904－2162　沖縄市海邦町3－33
☎098－934－3472・FAX098－934－3480
◉海邦工場＝本社に同じ
責任者城間勉彦
従業員25名(技士5名)
1998年3月操業2016年3月更新2300×1　ＰＳＭ光洋機械　UBE三菱　チューポール　車大型×14台
G＝石灰砕石　S＝海砂・石灰砕砂
普通JIS取得(GBRC)
大臣認定単独取得(60N/㎟)

㈲狩俣砕石
1994年4月25日設立　資本金1000万円　従業員15名　出資＝(自)100%
◉本社＝〒906－0012　宮古島市平良西里935－13
☎0980－72－2498・FAX0980－73－0597
代表者川満功　役員川満恵子・平安山裕子・川満真理子・川満キヨ
◉工場＝本社に同じ
責任者川満恵子
従業員14名(技士2名)
90×1　ＰＳＭ光洋機械　太平洋　フローリック・チューポール　車大型×9台・中型×2台
2024年出荷12千㎥
G＝河川・輸入(フィリピン)　S＝河川・輸入(フィリピン)
普通JIS取得(MSA)

㈱技建
1971年10月7日設立　資本金7200万円　従業員95名　出資＝(セ)10%・(他)90%
◉本社＝〒901－1207　南城市大里字古堅1206－3
☎098－945－2787・FAX098－945－1181
URL http://www.gikenpc.co.jp
✉kenji-t@gikenpc.co.jp
代表取締役社長津波古健二　専務取締役津波古充　常務取締役津波古充仁・津波古充也　取締役喜屋武長治・伊佐真明・金城陽一・新垣亮
ISO 9001・14001取得
◉大里プレコン工場＝〒901－1207　南城市大里字古堅1246
☎098－945－1213・FAX098－894－5277
工場長喜屋武長治
従業員103名(技士14名)
1980年5月操業2014年5月更新2250×1(二軸)　ＰＳＭ光洋機械(旧石川島)　琉球　GCP　車大型×10台〔傭車：沖縄県生コンクリート協同組合〕
2023年出荷32千㎥、2024年出荷35千㎥
G＝石灰砕石　S＝海砂・砕砂
普通・舗装JIS取得(GBRC)
ISO 9001・14001取得
大臣認定単独取得(60N/㎟)

㈱儀間生コン
1974年2月1日設立　資本金3000万円　従業員15名　出資＝(自)100%
◉本社＝〒901－1105　島尻郡南風原町字新川351
☎098－889－1631・FAX098－889－5118
✉g1631@pure.ocn.ne.jp
代表取締役社長儀間慶久
◉工場＝本社に同じ
工場長屋我昭
従業員15名(主任技士1名・技士2名・診断士1名)
1970年2月操業2000年5月更新2000×1(二軸)　ＰＭ北川鉄工(旧日本建機)Ｓハカルプラス　太平洋　チューポール・シーカメント　車大型×8台〔傭車：沖縄県生コンクリート協同組合〕
G＝石灰砕石　S＝海砂・砕砂
普通JIS取得(GBRC)

球陽生コンクリート㈱
1963年12月14日設立　資本金6039万円　従業員28名　出資＝(セ)50.5%・(建)11.61%・(他)37.89%
◉本社＝〒901－2124　浦添市小湾477
☎098－962－1997・FAX098－962－1996
✉honsha4@kyu-yo-f-con.jp
代表取締役社長運天先俊　取締役大城孝夫・當間成・比嘉正敏・請舛充則　監査役瀧石幹也
◉那覇工場＝〒901－2124　浦添市小湾477
☎098－961－7553・FAX098－961－7556
責任者屋良勉
従業員19名
2018年8月操業　太平洋　シーカジャパン・竹本　車12台
G＝石灰砕石　S＝海砂・石灰砕砂
普通・舗装・高強度JIS取得(GBRC)
大臣認定単独取得(60N/㎟)
◉松本工場＝〒904－2151　沖縄市松本5－12－1
☎098－937－1715・FAX098－938－5376
工場長城間朗
従業員15名(主任技士3名・技士2名)
1965年2月操業2016年5月更新2800×1(二軸)　ＰＭ光洋機械Ｓリバティ　太平洋　シーカポゾリス・シーカビスコクリート・チューポール　車大型×9台〔傭車：㈱比屋根建材販売〕
2023年出荷45千㎥、2024年出荷45千㎥(高強度3000㎥)
G＝石灰砕石　S＝海砂・石灰砕砂
普通・舗装JIS取得(GBRC)
大臣認定単独取得(60N/㎟)

㈱協栄生コン
1980年11月15日設立　資本金4980万円

従業員17名　出資＝(自)100％
◉本社＝〒906－0013　宮古島市平良下里3107－403
☎0980－72－1381・FAX0980－72－9298
代表取締役下地弘晃　取締役佐平八十男・黒鳥正夫・田名猛　監査役仲間盛仁
◉工場＝本社に同じ
従業員14名(技士3名)
1981年7月操業2019年3月更新2300×1(二軸)　ＰＳＭ北川鉄工　太平洋　シーカジャパン・チューポール　車大型×10台
G＝石灰砕石　S＝海砂・石灰砕砂
普通・舗装JIS取得(GBRC)

協栄生コンクリート㈱
1979年11月21日設立　資本金4000万円
従業員22名　出資＝(セ)20％・(建)58％・(自)22％
◉本社＝〒904－0303　中頭郡読谷村伊良皆700
☎098－958－3531・FAX098－958－1267
代表取締役宮城清勝　取締役宮城武・喜久里忍　監査役新垣康
◉工場＝〒904－0303　中頭郡読谷村字伊良皆700
☎098－958－3947・FAX098－958－1267
工場長新垣知雄
従業員22名(技士4名)
1980年7月操業2015年10月ＰＭ2011年11月Ｓ更新2750×1(二軸)　ＰＭ光洋機械　Ｓリバティ　琉球　チューポール　車大型×10台
2023年出荷30千㎥、2024年出荷28千㎥
G＝砕石　S＝海砂・砕砂
普通・舗装JIS取得(GBRC)

㈱キョウリツ
1972年7月6日設立　資本金4650万円　従業員85名　出資＝(他)100％
◉本社＝〒904－1111　うるま市石川東恩納1406－99
☎098－965－6323・FAX098－965－6149
URL http://www.k-kyouritu.co.jp
✉info@k-kyouritu.co.jp
代表取締役社長大城保一　取締役大城保三・当間うめの・大城保二・座嘉比仁喜・内山忠明・座嘉比樹
◉石川工場＝本社に同じ
工場長座嘉比樹
従業員29名(主任技士2名・技士10名・診断士1名)
1972年7月操業2016年9月更新2800×1(二軸)　ＰＳＭ北川鉄工　UBE三菱　シーカ・シーカメント・シーカビスコクリート・チューポール　車大型×18台
2023年出荷46千㎥、2024年出荷45千㎥
G＝石灰砕石　S＝海砂・石灰砕砂
普通・舗装JIS取得(GBRC)
大臣認定単独取得(60N/㎟)

共立生コン工業㈱
1972年3月14日設立　資本金4500万円
従業員20名　出資＝(自)100％
◉本社＝〒907－0003　石垣市字平得522
☎0980－82－3894・FAX0980－82－8882
✉info@k-namakon.co.jp
代表取締役稲嶺淳二　取締役与那覇ヨシ
◉工場＝本社に同じ
工場長新垣信去
従業員20名(技士5名)
1972年3月操業1990年6月更新1500×1(二軸)　ＰＳＭ光洋機械　琉球　プラストクリート・シーカメント　車大型×10台・中型×1台
G＝砕石　S＝河川・輸入(フィリピン)
普通JIS取得(GBRC)
◉西表営業所＝〒907－1541　八重山郡竹富町字上原870
☎0980－85－6570
工場長塩田晋三
従業員1名(技士1名)
1980年11月操業2016年12月更新1250×1(二軸)　ＰＳＭ光洋機械　琉球　プラストクリート・シーカメント　車大型×3台
G＝石灰砕石　S＝河川

協和工業㈱
1971年9月6日設立　資本金4697万円　従業員31名　出資＝(他)100％
◉本社＝〒905－1144　名護市字仲尾次840
☎0980－58－1469・FAX0980－58－2228
代表取締役島袋等　取締役崎浜勝・嘉陽公司・真栄田善史・比嘉裕　監査役運天英彦
◉工場＝本社に同じ
常務取締役工場長嘉陽公司
従業員21名(主任技士3名・技士5名・診断士1名)
1972年1月操業2018年11月更新1700×1(二軸)　ＰＳＭ北川鉄工　琉球　シーカジャパン　車大型×16台
2024年出荷23千㎥
G＝砕石　S＝海砂・砕砂
普通・舗装・高強度JIS取得(JTCCM)

久米島工業開発㈱
1976年1月1日設立　資本金1100万円　従業員9名　出資＝(他)100％
◉本社＝〒901－3111　島尻郡久米島町字山城828－1
☎098－985－8926・FAX098－985－7174
代表取締役社長吉永正
◉工場＝本社に同じ
従業員9名
1976年7月操業1986年12月更新1500×1　ＰＳＭ光洋機械　琉球　プラストクリート　車大型×8台
G＝砕石　S＝海砂

㈲コザ生コン工業
◉本社＝〒904－2173　沖縄市比屋根7－25－13
☎098－932－0128・FAX098－932－0044
代表者当山宏助
◉工場＝本社に同じ
従業員10名
1982年4月操業1500×1　太平洋　チューポール　車大型×4台・小型×1台
G＝石灰砕石　S＝海砂・砕砂
普通・舗装JIS取得(GBRC)

㈱崎元組
1967年4月1日設立　資本金3500万円　従業員9名
◉事務所＝〒907－1801　八重山郡与那国町字与那国123－4
☎0980－87－2023・FAX0980－87－2059
代表取締役社長崎元永文
◉生コン事業所＝〒907－1801　八重山郡与那国町字与那国4623
☎0980－87－2020・FAX0980－87－2283
工場長崎元忠
1976年4月操業2014年9月更新1350×1(二軸)　ＰＳＭ北川鉄工　UBE三菱・琉球　シーカポゾリス　車大型×7台・中型×2台
2024年出荷2千㎥
G＝砕石　S＝海砂・砕砂
普通JIS取得(IC)
◉第二生コン(操業停止中)＝〒907－1801　八重山郡与那国町字与那国4592－1
☎0980－87－2755
1500×1(二軸)　光洋機械

㈲昭和建設工業
1964年6月設立　資本金4819万円　従業員18名　出資＝(自)100％
◉本社＝〒906－0012　宮古島市平良西里1568－1
☎0980－72－2641・FAX0980－72－1152
✉syouwa-sikensitu@chic.ocn.ne.jp
代表取締役平井才己
◉工場＝本社に同じ
工場長武島健治
従業員18名(技士4名)
1969年6月操業2004年1月更新1500×1(二軸)　ＰＳＭ光洋機械(旧石川島)　太平洋　プラストクリート・シーカメント　車大型×9台・小型×1台
2023年出荷13千㎥、2024年出荷14千㎥
G＝砕石　S＝海砂・砕砂
普通JIS取得(GBRC)

㈱進建
2013年11月18日設立　資本金900万円
従業員19名

◉本社＝〒905－0022　名護市世冨慶810－3
☎0980－52－4182・FAX0980－52－6494
代表者神谷實
◉本社工場＝本社に同じ
責任者仲宗根隆
従業員19名
1973年4月操業2019年5月更新2300×1(二軸)　ＰＳＭ北川鉄工　UBE三菱　チューポール・シーカポゾリス・シーカビスコクリート　車大型×13台・小型×1台
2023年出荷17千㎥、2024年出荷20千㎥(水中不分離100㎥)
G＝砕石　S＝海砂・砕砂
普通・舗装JIS取得(GBRC)

㈱創進コンクリート
従業員18名
◉本社＝〒907－0003　石垣市平得741
☎0980－82－1830・FAX0980－82－3087
✉sosin.k@helen.ocn.ne.jp
代表者知念敏治
◉工場＝本社に同じ
従業員(技士6名)
2000×1　北川鉄工　太平洋　GCP　車8台
G＝砕石　S＝河川
普通JIS取得(GBRC)

第一生コンクリート㈱
1983年10月5日設立　資本金1880万円
従業員13名　出資＝(建)48%・(骨)32%・(他)20%
◉本社＝〒907－0022　石垣市大川1536
☎0980－82－1021
代表取締役社長前盛勝仁　取締役後上里洋一・高良新治・前盛みゆき
◉工場＝本社に同じ
工場長平安常和
従業員13名(技士3名)
1983年10月操業2020年7月更新1500×1(二軸)　ＰＳＭ日工　太平洋　車大型×7台・小型×1台
G＝砕石　S＝河川・砕砂
普通JIS取得(GBRC)

㈱大栄生コン
1994年12月8日設立　資本金4750万円
従業員8名　出資＝(自)100%
◉本社＝〒906－0503　宮古島市伊良部伊良部215
☎0980－78－4891・FAX0980－78－4881
代表取締役山里英也　専務取締役久貝克　取締役渡久山健一・富永廣次・大浦貞治・渡久山照夫
◉工場＝〒906－0503　宮古島市伊良部伊良部215
☎0980－78－3001・FAX0980－78－4881
工場長宮城實一
従業員6名(主任技士1名・技士2名)
1972年9月操業2000年9月更新1500×1(二軸)　ＰＳＭ冨士機　琉球　プラストクリート　車大型×8台
G＝陸砂利　S＝海砂
普通JIS取得(GBRC)
ISO 9001取得

㈱大米建設
1962年5月設立　資本金100000000円　従業員325名　出資＝(他)86.7%・(建)13.3%
◉本社＝〒901－0145　那覇市高良3－1－1
☎098－975－9090・FAX098－859－8817
URL http://www.yonewa.co.jp
代表取締役社長国吉修　代表取締役会長下地米蔵　代表取締役副社長下地辰倫　専務取締役伊志嶺達朗・外間清　常務取締役石垣永健・新里智直・津波古昌信
ISO 9001・14001・27001・45001取得
◉宮古工場＝〒906－0008　宮古島市平良字荷川取580
責任者砂川鐵雄
従業員25名
2300×1(二軸)　光洋機械　太平洋　シーカジャパン　車大型×14台・小型×1台
2024年出荷30千㎥(高強度100㎥・水中不分離20.㎥)
G＝砕石　S＝海砂・砕砂
普通・舗装・高強度JIS取得(GBRC)
◉多良間工場＝〒906－0601　宮古郡多良間村字塩川1116
☎0980－79－2501
工場長渡口逸雄
従業員5名
1969年4月操業1990年1月ＰＭ改造1000×1　ＰＭ日工　太平洋　シーカジャパン　車大型×5台
2024年出荷1千㎥
G＝砕石　S＝海砂・砕砂
◉八重山工場＝〒907－0023　石垣市石垣1993－2
☎0980－82－2287・FAX0980－82－6234
支店長桜井忠男
従業員17名(技士5名)
2006年12月操業2019年10月更新2300×1(二軸)　ＰＳＭ北川鉄工　太平洋　プラストクリート・シーカメント　車大型×11台
G＝砕石　S＝海砂・砕砂
普通・舗装JIS取得(GBRC)
◉波照間生コン工場＝〒907－1751　八重山郡竹富町波照間多阿千1500
☎0980－85－8568

㈱平良土建
1989年6月1日設立　資本金3000万円　従業員29名　出資＝(自)100%
◉本社＝〒906－0008　宮古島市平良字荷川取256－1
☎0980－72－1918・FAX0980－72－7488
代表取締役平良聡　取締役下地堅雄・砂川貴子・砂川京子　監査役平良よし子
ISO 9001取得
◉工場＝本社に同じ
工場長下地堅雄
従業員16名(技士3名)
1979年7月操業2020年12月更新2300×1(二軸)　ＰＳＭ北川鉄工　太平洋　シーカメント・チューポール　車大型×10台・小型×1台
2023年出荷18千㎥
G＝砕石　S＝海砂・砕砂
普通JIS取得(GBRC)

㈲田原コンクリート工業
1950年9月20日設立　資本金1000万円
従業員19名　出資＝(自)100%
◉本社＝〒904－2213　うるま市字田場299－1
☎098－973－3289・FAX098－973－3288
代表取締役天願貞信　取締役天願ヨシ子
◉工場＝本社に同じ
工場長野原宏光
従業員19名(技士2名)
1985年8月操業1999年7月更新2000×1(二軸)　ＰＳＭ光洋機械(旧石川島)　太平洋　シーカポゾリス　車大型×8台
2024年出荷25千㎥
G＝砕石　S＝海砂・砕砂
普通JIS取得(GBRC)

㈲知念産業
1982年10月28日設立　資本金3300万円
従業員25名
◉本社＝〒904－2223　うるま市具志川1377
☎098－973－6119・FAX098－974－2617
URL https://chinenindustry.com/
✉info@chinenindustry.com
代表取締役社長知念浩輝
◉工場＝本社に同じ
1982年9月操業1500×1　琉球　シーカポゾリス　車大型×9台
G＝砕石　S＝海砂・砕砂
普通・舗装JIS取得(GBRC)

てだこ建材㈱
2003年4月1日設立　資本金4000万円　従業員20名　出資＝(セ)100%
◉本社＝〒901－2134　浦添市字港川495－2
☎098－874－8122・FAX098－870－1130
代表取締役山城守
◉工場＝〒901－2134　浦添市字港川495－2
☎098－877－4623・FAX098－877－1996

生コン部部長津波古克吉
従業員11名（主任技士3名・技士3名）
2003年4月操業2003年9月更新3000×1（二軸）　ＰＳＭ光洋機械　琉球　シーカジャパン　車大型×12台〔傭車：協同組合・浦西産業㈱・㈱かみもり〕
G＝石灰砕石　S＝海砂・石灰砕砂
普通・舗装JIS取得（GBRC）
大臣認定単独取得（60N/mm²）

東和建設㈱
◉本社＝〒905－0007　名護市字屋部110－2
☎0980－43－6001・FAX0980－43－6002
✉touwatakara@citrus.ocn.ne.jp
代表者東江晴都
◉東江生コン工場＝〒905－0602　島尻郡伊是名村字諸見3944
☎0980－45－2350・FAX0980－45－2922
工場長野村茂男
従業員2名（技士1名）
1977年7月操業1985年8月更新1000×1　ＰＳＭ光洋機械　琉球　プラストクリート　車大型×3台
G＝砕石　S＝海砂・砕砂

㈱トミコン
1977年3月10日設立　資本金2000万円
従業員25名　出資＝（自）100％
◉本社＝〒901－0314　糸満市字座波402
☎098－850－1267・FAX098－856－1422
代表取締役赤嶺秀樹　常務取締役當銘勝　取締役赤嶺裕一・赤嶺進也　監査役赤嶺博也
◉糸満工場＝〒901－0314　糸満市字座波402
☎098－994－6411・FAX098－992－2964
工場長赤嶺裕一
従業員20名（主任技士1名・技士6名）
1977年3月操業2016年2月更新2300×1（二軸）　ＰＭ光洋機械Ｓリバティ　太平洋　シーカポゾリス・シーカビスコクリート・プラストクリート・シーカメント　車大型×13台
2024年出荷35千m³
G＝石灰砕石　S＝海砂・石灰砕砂
普通・舗装JIS取得（JTCCM）

南建工業㈱
1973年8月10日設立　資本金3000万円
従業員30名　出資＝（建）100％
◉本社＝〒901－2225　宜野湾市大謝名5－24－1
☎098－897－9233・FAX098－897－9623
URL https://www.nankenkougyo.co.jp
✉soumu3@nankenkougyo.co.jp
代表取締役比嘉広史
◉工場＝〒901－2225　宜野湾市大謝名5－24－1
☎098－897－3774・FAX098－897－3847
✉syukka@nankenkougyo.co.jp
責任者大城久和
従業員30名（主任技士2名・技士9名）
1975年10月操業2018年1月更新2800×1　ＰＳＭ北川鉄工　太平洋　シーカジャパン　車大型×13台
2023年出荷54千m³、2024年出荷51千m³（高強度744m³）
G＝陸砂利・砕石　S＝海砂・砕砂
普通・舗装JIS取得（GBRC）
大臣認定単独取得（72N/mm²）

㈱南成生コン工業
1982年6月23日設立　資本金3930万円
従業員18名　出資＝（自）49.1％・50.9％
◉本社＝〒901－0362　糸満市真栄里794
☎098－992－3922・FAX098－992－3926
✉nansei-siken@y5.dion.ne.jp
代表取締役社長屋宜辰　取締役屋宜辰・新垣修・天内亜由美・屋宜雄太　監査役新垣秀人
◉工場＝本社に同じ
工場長新垣修
従業員18名（技士4名）
1982年6月操業1994年9月更新2500×1（二軸）　ＰＳＭ光洋機械　琉球　シーカポゾリス　車大型×11台
2024年出荷29千m³
G＝砕石　S＝海砂・砕砂
普通JIS取得（GBRC）

西崎生コン㈱
1998年9月30日設立　資本金3600万円
従業員10名　出資＝（セ）
◉本社＝〒901－0306　糸満市西崎町5－11－9
☎098－994－1902・FAX098－994－1921
代表取締役野原直人
◉工場＝〒901－0306　糸満市西崎町5－11－9
☎098－994－1962・FAX098－994－1921
✉nscon04@beach.ocn.ne.jp
工場長大城悟
従業員10名（技士5名）
琉球　シーカジャパン　車8台
2023年出荷26千m³、2024年出荷26千m³（水中不分離120m³）
G＝砕石　S＝海砂・砕砂
普通・舗装JIS取得（GBRC）
大臣認定単独取得（60N/mm²）

西原産業㈾
1972年7月4日設立　資本金3000万円　従業員25名　出資＝（自）100％
◉本社＝〒903－0101　中頭郡西原町字掛保久252
☎098－946－7888・FAX098－946－1588
代表者崎原盛行　会長崎原盛徳　役員崎原広美
◉工場＝〒903－0101　中頭郡西原町字掛保久252
☎098－945－5157・FAX098－946－9070
工場長笹川達司
従業員25名（主任技士1名・技士4名）
1972年7月操業1995年4月更新3000×1（二軸）　ＰＭ北川鉄工（旧日本建機）Ｓハカルプラス　UBE三菱　チューポール　車大型×10台
G＝石灰砕石　S＝海砂・石灰砕砂
普通・舗装JIS取得（JTCCM）

バルコン㈱
1973年2月17日設立　資本金2730万円
従業員22名　出資＝（自）100％
◉本社＝〒904－1106　うるま市石川2509－2
☎098－965－1111・FAX098－965－1118
✉oki-valcon@dune.ocn.ne.jp
代表取締役仲宗根昇一　取締役専務佐次田秀利　取締役渡辺美智子・与那嶺博・仲宗根智博・仲宗根久子　監査役石川盛友
◉工場＝本社に同じ
工場長与那嶺博　工場次長兼試験室長松井伸一郎
従業員22名（主任技士4名・技士2名・診断士1名）
1974年1月操業2015年10月更新2300×1（二軸）　ＰＭ北川鉄工Ｓハカルプラス　UBE三菱　シーカジャパン・竹本　車大型×10台
2023年出荷37千m³、2024年出荷32千m³
G＝石灰砕石　S＝海砂・砕砂
普通・舗装JIS取得（GBRC）
大臣認定単独取得（60N/mm²）

㈱東生コン工業
1980年4月操業　資本金2260万円　従業員25名　出資＝（自）100％
◉本社＝〒905－0006　名護市字宇茂佐1703－33
☎0980－52－4587・FAX0980－53－6508
代表取締役社長仲泊栄次　取締役仲泊弘次・仲泊尚弘・嘉陽行晃
◉屋部工場＝〒905－0007　名護市屋部1813－3
☎0980－54－4468・FAX0980－54－8587
工場長具志堅勇
従業員24名（技士4名）
2005年12月操業2023年9月更新2300×1（ジクロス）　ＰＳＭ北川鉄工　琉球　シーカポゾリス　車大型×15台
2023年出荷18千m³、2024年出荷23千m³
G＝砕石　S＝海砂・砕砂
普通・舗装・高強度JIS取得（JTCCM）

北陽生コンクリート㈱
1983年9月1日設立　資本金4000万円　従業員14名　出資＝(セ)30％・(販)70％
◉本社＝〒904－1303　国頭郡宜野座村字惣慶1752
☎098－968－8401・FAX098－968－4715
✉hokuyou1752@oki-ginoza.jp
代表取締役社長山田健　取締役仲程俊郎・當間成・上地清・運天先俊
◉工場＝本社に同じ
工場長当真嗣秋
従業員13名(主任技士1名・技士4名)
1983年9月操業2018年更新2300×1(二軸)　ＰＳＭ光洋機械　太平洋　シーカポゾリス・チューポール　車大型×5台〔傭車：宜野座運送〕
2023年出荷19千㎥、2024年出荷19千㎥
G＝砕石　S＝海砂・砕砂
普通・舗装JIS取得(GBRC)
大臣認定単独取得(60N/mm²)

丸三生コンクリート
資本金300万円　出資＝(他)100％
◉本社＝〒901－3702　島尻郡粟国村字東7351
代表者新城国光
◉工場＝本社に同じ
1983年9月操業1997年10月更新1000×1　琉球

三伊土木㈲
1983年6月22日設立　資本金2000万円　従業員8名
◉本社＝〒905－0703　島尻郡伊平屋村字我喜屋1813－1
☎0980－46－2328・FAX0980－46－2833
代表取締役金城信幸　取締役金城信夫
◉金城生コン＝本社に同じ
工場長山川靖
従業員6名
1980年12月操業500×1　ＰＳＭ光洋機械　琉球　プラストクリート　車大型×3台・中型×1台
G＝砕石　S＝海砂・砕砂

㈱宮古生コン
1973年5月29日設立　資本金4500万円　従業員21名　出資＝(自)100％
◉本社＝〒906－0012　宮古島市平良西里888
☎0980－72－3047・FAX0980－72－8289
代表取締役川平勲　専務取締役友利寛忠　取締役松川寿雄・佐平博昭・下地正芳
◉工場＝本社に同じ
工場長下地敏博
従業員21名(技士3名)
1973年11月操業2010年12月更新1300×1(ジクロス)　ＰＳＭ北川鉄工　UBE三菱　車大型×10台・中型×1台
2023年出荷16千㎥、2024年出荷19千㎥
G＝砕石　S＝海砂
普通・舗装JIS取得(GBRC)

本部生コン㈱
1972年12月18日設立　資本金3000万円　従業員26名　出資＝(自)100％
◉本社＝〒905－0223　国頭郡本部町字大嘉陽166
☎0980－47－3176・FAX0980－47－3523
代表取締役社長崎山正治　専務取締役佐藤次雄　取締役仲宗根武光・宮城典孝　監査役渡久地満
◉工場＝本社に同じ
工場長荻堂哲夫
従業員22名(主任技士3名・技士5名・診断士1名)
1973年6月操業2016年8月更新1700×1(二軸)　ＰＳＭ北川鉄工　琉球　シーカメント　車大型×17台
G＝石灰砕石　S＝海砂・石灰砕砂
普通・舗装・高強度JIS取得(JTCCM)

八重山生コン工業㈱
1966年12月3日設立　資本金3500万円　従業員14名　出資＝(自)100％
◉本社＝〒907－0004　石垣市字登野城540－4
☎0980－82－2525・FAX0980－82－2573
URL https://y3-const.co.jp
✉y-namakon@cosmos.ocn.ne.jp
代表取締役社長米盛博和　取締役専務米盛博明
◉工場＝本社に同じ
工場長唐眞博行
従業員14名(技士3名)
1966年12月操業2016年9月更新1700×1(ジクロス)　ＰＳＭ北川鉄工　UBE三菱　チューポール・シーカジャパン　車大型×8台・小型×1台
2023年出荷15千㎥、2024年出荷12千㎥
G＝砕石　S＝海砂・砕砂
普通JIS取得(GBRC)

山城砂販売所
1974年5月1日設立　資本金500万円　従業員8名　出資＝(他)100％
◉本社＝〒901－3501　島尻郡渡嘉敷村字渡嘉敷1779－10
☎098－987－2511・FAX098－987－2576
✉i-love.kariyushi@oki-tokashiki.jp
代表取締役社長山城一正　監査役山城正江
◉山城生コン工場＝本社に同じ
工場長田崎篤
従業員6名(技士1名)
1982年8月操業1000×1　ＰＳＭ光洋機械　太平洋　フローリック　車大型×4台・中型×1台
G＝砕石　S＝海砂

㈱山城生コンクリート工業
1966年9月1日設立　資本金5004万円　従業員54名　出資＝(自)100％
◉本社＝〒902－0064　那覇市字寄宮173
☎098－832－4432・FAX098－835－9132
代表取締役山城正守
◉中部工場＝〒904－2143　沖縄市字知花3－13－1
☎098－937－1565・FAX098－937－5835
工場長仲吉栄人
従業員23名(主任技士1名・技士10名)
1967年2月操業2017年3月更新2800×1(二軸)　ＰＳＭ北川鉄工　琉球　シーカポゾリス・グレニウム・チューポール　車大型×14台
2023年出荷44千㎥、2024年出荷52千㎥(高強度4000㎥)
G＝石灰砕石　S＝海砂・石灰砕砂
普通JIS取得(JTCCM)
大臣認定単独取得(60N/mm²)
◉那覇工場＝〒900－0004　那覇市字銘苅183
☎098－863－8918・FAX098－863－8952
✉yamanahasiken@yahoo.co.jp
工場長比嘉忠雄
従業員33名(主任技士2名・技士12名・診断士2名)
1966年2月操業2017年2月更新2800×1(二軸)　ＰＳＭ北川鉄工　琉球　シーカジャパン・竹本　車大型×16台
2023年出荷53千㎥
G＝石灰砕石　S＝海砂・石灰砕砂
普通・舗装JIS取得(JTCCM)
大臣認定単独取得(60N/mm²)

㈱ヤマト
◉本社＝〒904－2204　うるま市字西原654－1
☎098－974－8519・FAX098－974－8518
代表取締役会長久手堅憲明　代表取締役社長久手堅憲秀　専務取締役久手堅憲利・久手堅憲竜　常務取締役久手堅秀平　取締役久手堅都・久手堅裕香・久手堅憲安　監査役粟国絵海
◉工場(旧ヤマト生コン㈱工場)＝本社に同じ
普通JIS取得(JTCCM)

㈱山正物産
1980年4月1日設立　資本金1500万円　従業員30名　出資＝(自)100％
◉本社＝〒902－0064　那覇市字寄宮173
☎098－834－6104・FAX098－835－9132
代表取締役山城広也
◉山西工場＝〒903－0103　中頭郡西原町字小那覇1082
☎098－945－5009・FAX098－945－4614

✉yamamasa@yamashiro-g.co.jp
工場長屋宜透
従業員26名(主任技士2名・技士7名・診断士2名)
1983年1月操業2016年12月M更新2800×1(ジクロス) PSM北川鉄工 琉球 シーカポゾリス・シーカビスコクリート・シーカコントロール・チューポール 車大型×13台
2023年出荷52千㎥、2024年出荷49千㎥(高強度1700㎥)
G=石灰砕石 S=海砂・石灰砕砂
普通・舗装・高強度JIS取得(GBRC)
大臣認定単独取得(60N/m㎡)

㈱与儀組
2010年9月設立 資本金3000万円 従業員20名 出資=(自)100%
◉本社=〒900－0016 那覇市前島1－18－6
☎098－866－7580
代表取締役会長与儀實哲 代表取締役社長淺沼義功 取締役松原保弘
◉工場=〒901－3902 島尻郡北大東村字中野194－8
☎09802－3－4600・FAX09802－3－4608
従業員9名(技士2名)
1947年9月操業2010年更新1750×1 PSM光洋機械 琉球 車大型×8台・小型×4台
G=砕石 S=海砂

琉栄生コン㈱
2004年1月1日設立
◉本社=〒905－1152 名護市伊差川918－1
☎0980－52－2292・FAX0980－52－6522
✉toshiharu@ryuei-n.sakura.ne.jp
代表取締役高良和正
◉名護工場=〒905－1152 名護市伊差川918－1
☎098－052－3480・FAX098－052－6522
従業員36名
1972年4月操業1987年10月更新1500×1(二軸) 琉球 シーカポゾリス 車16台
2023年出荷19千㎥、2024年出荷20千㎥(高流動300㎥)
G=砕石 S=海砂
普通・舗装・高強度JIS取得(JTCCM)
◉国頭工場=〒905－1424 国頭郡国頭村字辺野喜1410
☎0980－41－5554・FAX0980－41－5727
工場長奥原隆
従業員7名
2004年1月操業2005年6月更新1750×1(二軸) PSM北川鉄工(旧日本建機) 琉球 シーカポゾリス・シーカビスコクリート・シーカコントロール 車大型×2台
2024年出荷2千㎥
G=砕石 S=海砂・砕砂
普通JIS取得(JTCCM)

琉球生コン㈱
1966年4月20日設立 資本金6862万円
従業員18名 出資=(セ)85.9%・(建)4.8%・(他)9.3%
◉本社=〒902－0061 那覇市字古島29
☎098－863－9038・FAX098－863－9166
代表取締役社長志堅原忠
◉那覇工場=本社に同じ
工場長知念孝行
従業員15名(主任技士4名・技士4名・診断士1名)
1966年4月操業2017年6月更新2300×1(二軸) PSM北川鉄工 琉球 シーカポゾリス・シーカメント・チューポール・シーカビスコクリート 車〔傭車:浦西産業㈱〕
2023年出荷42千㎥、2024年出荷40千㎥(高強度100㎥)
G=石灰砕石 S=海砂・石灰砕砂
普通JIS取得(GBRC)
大臣認定単独取得(60N/m㎡)

生コン工場総覧さくいん（…五十音順）

［ア］

［イ］

［カ］

［ク］

［ケ］

［シ］

[ス]

［ナ］

［ハ］

［ヒ］

［ム］

［メ］

［モ］

生コン年鑑 2025年度版　第58巻

2025年4月24日発行

発　行　者　大滝朋宏

編　　　集　株式会社コンクリート新聞社編集出版部

印刷・製本　望月印刷㈱

発　行　所　株式会社コンクリート新聞社
東京都新宿区新宿2－16－8　新宿北斗ビル
〒160－0022　電話03－5363－9711

ISBN978－4－909954－25－1

乱丁・落丁は発行所でお取り替えいたします